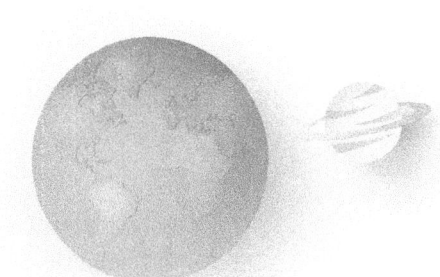

光机系统设计（原书第4版）
卷 I 光机组件的设计和分析

［美］ 小保罗·R. 约德（Paul R. Yoder, Jr.） 主编
丹尼尔·乌克布拉托维奇（Daniel Vukobratovich）

周海宪 程云芳 等译
周华君 程 林 校

机械工业出版社

《光机系统设计（原书第4版）》分两卷、共19章。本书为卷Ⅰ，由11章和附录组成：第1章光机设计过程；第2章环境影响；第3章材料的光机性质；第4章单透镜安装技术；第5章多透镜组件安装技术；第6章光窗、整流罩和滤光片的设计和安装技术；第7章棱镜设计和应用；第8章棱镜安装技术；第9章小型反射镜的设计和安装技术；第10章挠性装置的运动学设计和应用技术；第11章光机设计界面分析。

本书提供的技术内容与实例能够对军事、航空航天和民用光学仪器应用中的设计概念、具体设计、开发、评价和使用提供有益指导。

本书可供在光电子领域中从事光学仪器设计、光学设计和光机结构设计的设计工程师、光机制造工艺工程师、光机材料工程师阅读，也可作为大专院校相关专业本科生、研究生和教师的参考用书。

原书第4版译者序

由美国著名光学仪器专家 Paul R. Yoder, Jr. 先生编撰的《光机系统设计》（*Opto-Mechanical Systems Design*）一书，自 1986 年第 1 版面世以来，颇受全世界光学界读者青睐。随着科学技术的快速发展，新的光学概念、设计和分析方法、制造技术、装配工艺、测试和评价技术不断涌现，应用范围越来越广泛。该书与时俱进，吐故纳新，不断丰富内容，连续再版。2015 年，修订后的原书第 4 版出版了！

与原书第 3 版相比，第 4 版有如下变化。

第一，作者由 Paul R. Yoder, Jr. 一人变为由 7 名专家组成的撰写小组，增补了大量新的材料，内容由第 3 版的共 15 章增至第 4 版的两卷共 19 章，内容更加丰富和翔实，许多内容都不同于第 3 版，也更具权威性。《光机系统设计（原书第 4 版）》（*Opto-Mechanical Systems Design*, Fourth Edition），增编为双卷本，分卷名如下：

卷Ⅰ光机组件的设计和分析（*Design and Analysis of Opto-Mechanical Assemblies*）；

卷Ⅱ大型反射镜和结构的设计与分析（*Design and Analysis of Large Mirrors and Structures*）。

第二，增加了以下全新的章节：

1. 挠性装置的运动学设计和应用技术（卷Ⅰ第 10 章）；
2. 光机设计界面分析（卷Ⅰ第 11 章）；
3. 影响反射镜性能的因素（卷Ⅱ第 1 章）；
4. 大型反射镜设计（卷Ⅱ第 2 章）；
5. 新兴反射镜技术（卷Ⅱ第 8 章）。

第三，对很多章节进行了调整，做了相应删减和补充，主要如下：

1. 将第 3 版第 7 章"棱镜设计和安装"改为两章——第 4 版卷Ⅰ第 7 章"棱镜设计和应用"和第 4 版卷Ⅰ第 8 章"棱镜安装技术"，大大丰富了棱镜的安装技术内容；
2. 对光学玻璃、反射镜材料及其他材料列表进行更新（截至 2015 年），补充了最新研发的 P 类和 N 类玻璃，删除了掺杂有害成分（如铅或砷）的玻璃品种；
3. 增加了新的章节，包括高冲击负载用准直系统、低成本验证/测试系统、多点支撑安装技术、配重补偿技术、变形量的光学补偿技术、光学仪器的密封/清洁/干燥技术、重力对小反射镜的影响、小反射镜的中心安装法和局部安装法等。
4. 整理和修订了 925 幅图、107 张表格和 110 个设计实例，演示验证所述计算公式的应用和结果分析。
5. 补充了大量参考文献。

原书作者 Paul R. Yoder, Jr. 先生是国际光学工程领域著名的光机系统设计专家，从事光学仪器光机系统工程的研发和管理工作将近 70 年，设计和分析过许多光学仪器；是美国光学协会（OSA）、国际光学工程协会（SPIE）、SigmaXi 协会的资深会员，以及其他多个国际组织的成员；发表了许多篇科技论文，参加过《光学手册》和《光机工程手册》的编写，出版了多部光机工程方面的著作。《光机系统设计》一书是其优秀著作的典型代表，是继

Donald H. Jacobs 先生《光学工程基础》(*Fundamentals of Optical Engineering*)（McGraw Hill，1943）一书后对光机系统发展最具贡献的著作。自第 1 版（1986 年）以来，多次修订再版（1993 年第 2 版，2006 年第 3 版和 2015 年第 4 版），极大地推动和规范了光机工程事业的发展。

在原书第 4 版的修订过程中，Paul R. Yoder, Jr. 先生邀请其他 6 位光机专家 Daniel Vukobratovich、David Aikens、Jan Nijenhuis、Kevin A. Sawyer、David M. Stubbs 和 William A. Goodman 共同完成了修订工作。不幸的是，在完成修订出版工作后不久，2016 年 5 月，光机系统领域的著名科学家 Paul R. Yoder, Jr. 先生因病去世，享年 91 岁。

Paul R. Yoder, Jr. 先生将永远活在读者心中！

原书第 4 版卷 I 由 11 章组成：第 1 章光机设计过程；第 2 章环境影响；第 3 章材料的光机性质；第 4 章单透镜安装技术；第 5 章多透镜组件安装技术；第 6 章光窗、整流罩和滤光片的设计和安装技术；第 7 章棱镜设计和应用；第 8 章棱镜安装技术；第 9 章小型反射镜的设计和安装技术；第 10 章挠性装置的运动学设计和应用技术；第 11 章光机设计界面分析。

原书第 4 版卷 II 由 8 章组成：第 1 章影响反射镜性能的因素；第 2 章大型反射镜设计；第 3 章光轴水平放置的大孔径反射镜安装技术；第 4 章光轴垂直放置的大孔径反射镜安装技术；第 5 章大孔径变方位反射镜的安装技术；第 6 章金属反射镜的设计和安装技术；第 7 章光学仪器的结构设计；第 8 章新兴反射镜技术。

在中文版的翻译过程中，得到了 Paul R. Yoder, Jr. 先生的女儿的大力支持。为了使读者能准确地理解和利用本书，保留了英文参考文献，并对书中有重要变动的内容增加了"译者注"。

由于工程习惯和资料来源的差异，在讨论反射镜重力形变时，原书很多相关公式在引入质量（重量）讨论时未写明如何换算为重力（特别是卷II），而在设计实例的计算中是换算的，所以译者对部分公式进行了修改，并加译者注。另外，对于比刚度倒数（也叫反比刚度），采用了惯用的 ρ/E 的形式，方便读者查表，而在实际计算中读者要注意质量到重力的换算。

周海宪主要翻译了卷I的第 1~10 章和卷II第 1~7 章，程云芳主要翻译了卷I第 11 章和卷II第 8 章，参与全书各部分翻译工作的还有曾威、邢妙娟、负亚军、张良、马俊岭、杨耀山、赖宏晖、朱彬、李延蕊、安世甫、庄纪纲、刘风玉、刘永祥、郭世勇、周华伟、张庆华、翟文军、孙维国、李志强、李沛、汪江华、鲁保启、金朝翰、仇志刚、吴健伟、常本康、黄存新、祖成奎、孙隆和。在美国工作的周华君和程林先生认真地对全书进行了补译和中英文审核翻译工作，最后程云芳、邢妙娟、负亚军、许军峰、赵晓峰对全书做了专业技术审核工作。

清华大学教授、中国工程院院士金国藩先生、北京理工大学王涌天教授，以及 Paul R. Yoder, Jr. 先生的女儿对本书的出版给予了极大的关注；祖成奎博士和黄存新博士在光学材料方面与译者进行了非常有益的讨论。

机械工业出版社电工电子分社的领导和王欢编辑对本书的出版给予了非常大的鼓励和支持，在此特别致以谢意！

本书可供从事光学仪器设计、光学设计和光机结构设计的研发设计师、光机制造工艺研究的工程师和光机材料工程师阅读，也可用作大专院校相关专业本科生、研究生和教师的参考书。希望本书能够对军事、航空航天和民用光学仪器应用中的设计概念、具体设计、开发、评价和使用提供有用指导。

译 者

2019 年 10 月

原书第3版译者序

光学是一门古典和传统的学科，又是一门非常活跃的学科。最近几十年来，随着近代光学和光电子技术的迅速发展，光电子仪器及其元件都发生了深刻和巨大的变化，在继承传统光学的基础上创新了许多新的成像技术、新的加工方法和新的光学元件，形成了一些新的光学分支。

光学成像技术的变化主要表现在以下几个方面：
- 光学成像元件和系统的光谱范围已经由可见光光谱几乎扩展到全光谱范围，包括远红外、中红外、近红外、可见光和紫外光谱区；
- 光学成像元件不只是简单的透镜、棱镜和反射镜，已经设计和制造出诸如全息透镜、衍射透镜和微透镜阵列等新型光学元件；
- 光学系统的成像不只是遵守折射定律和反射定律，衍射理论已经成为衍射光学元件的基本成像理论；
- 光学元件的加工方法不只是传统的粗磨、精磨和抛光工艺，已经创立了全息干涉法、蚀刻法以及微透镜加工法；
- 光学元件的外形尺寸在向两个极端方向发展，一些光电子仪器中要求每毫米基板上能制造出千百个透镜（微透镜阵列），而另一些光学仪器则要求主反射镜的通光孔径大到8.1m（Gemini望远镜），全息光栅和薄膜透镜的应用使透镜的厚（薄）度到了极限；
- 光学元件和系统的应用环境已经由实验室和地球表面延伸到了宇宙的其他空间，环境条件对元件和系统的要求越来越高，也越来越苛刻。

光学技术的创新进一步促进了光机系统的发展，为光机零件、组件和系统的设计、制造、装配、检验和测量提出了许多新的研究课题。

Donald H. Jacobs 首次提出将光学设计、机械结构设计和光机系统的设计作为整体设计考虑，多种杂志和出版物发表了许多有关光机系统设计课题的文章，一些专业协会［例如美国光学协会（OSA）和国际光学工程协会（SPIE）］已经认识到了这个课题的重要性，将光机设计和光机系统工程问题列为专题讨论，因此，光学设计和结构设计已经成为一个紧密结合的专业，互相沟通和互相配合是必不可少的。在不同的研制阶段，光学设计和结构设计的主要角色和重要性在不断转换，正如 Donald H. Jacobs 所论述的："在设计任何光学仪器时，不能完全把光学设计和机械设计作为不同的个体分割开来考虑，它们不过是一个问题的两个阶段"。

《光机系统设计》一书的作者 Paul R. Yoder, Jr. 先生是国际光学工程领域中著名的光机系统设计专家，1947 年在 Juniata 学院获得理学学士学位，1950 年在宾夕法尼亚州立大学获得硕士学位。将近 60 年来，一直从事光学仪器光机系统工程的研发和管理工作，设计和分析过许多光学仪器，在美国法兰克福（Frankford）军工厂、Perkin Elmer 公司及 Taunton 技术有限公司担任过各种技术和工程管理职务。Yoder 先生是美国光学协会（OSA）、国际光学工程协会（SPIE）及 SigmaXi 协会会员，是 SPIE 光机/仪器工作委员会的创始成员。Yoder 先生担任过光学工程（Optical Engineering）杂志的评论编辑、应用光学（Applied Optics）杂志的专题编辑，是国际标准化组织（ISO）、红外空间观测站委员会技术委员会（T172 类）、光学和光学仪器美国咨询委员会的成员，是国际光学委员会（ICO）美国委员会的成员。为 SPIE、工业界和美国政府部门承办过许多有关光学工程和光机设计的短期培训班，为康涅狄格（Connecticut）大学讲授研究生课程，为全美技术（网络）大学讲授两门课程。

Paul R. Yoder, Jr. 先生参加过《光学手册》（Handbook of Optics）第 2 版第一卷（McGraw Hill, 1995）和《光机工程手册》（Handbook of Opto-mechanical Engineering）（CRC Press, 1997）一些章节的撰写；出版了《光学仪器中透镜的安装技术》（SPIE Press, 1995）、《光学仪器中棱镜和小反射镜的设计和安装》（SPIE Press, 1998）和《光学仪器中光学件的安装技术》（SPIE Press, 2002）等著作。在许多国际会议和杂志上发表过 65 篇光学工程方面的技术论文。

1986 年，《光机系统设计》一书首次出版，概括和总结了光机系统总的设计过程，从讨论概念设计开始，到评价成品的各项性能，最后形成设计文件，使读者首先懂得一个成功的设计所必须采取的主要步骤。接着介绍环境的影响、光机零件材料、各种典型光学元件的安装技术，包括单透镜、反射镜和棱镜；折射组件和折反射组件；轻质反射镜；光轴水平放置、垂直放置以及可变向运动反射镜的安装；金属反射镜的设计、制造和安装。此后，光机系统设计的多学科研究受到越来越高的重视，陆续发表了大量相关课题新的研究资料，评价机械结构和光学件——镜座安装界面的解析技术也越来越成熟，新材料和性能得到改进后的材料越来越多地进入实用阶段，所以，在 1992 年，出版了本书的修订版（第 2 版），扩充了尽可能多的新技术，增添了大约 300 篇新的参考文献，给出了许多使用新方法设计出的例子，总结了光学件在不利环境条件下的评价技术，拓宽了安装应力对光学零件影响的讨论，在所有的例子中都同时给出了国际单位制（SI）和美国惯用单位（USC）。此后的 14 年内，光机专业以未曾有过的速度继续发展，国际光学工程师协会又举办过多次（至少 33 次）与光机技术有关的学术会议，这些会议文章极详细地阐述和讨论了当今所产生的光学新技术、新的设计工具、新的产品和测试设备，以及诸如宇航望远镜和空间科学仪器等主要系统的性能，提供了更多和更重要的光机系统方面的技术信息。因此，在前两版成功出版的基础上，再次修订后的《光机系统设计》（原书第 3 版）在 2006 年正式出版。

本书（原书第 3 版）共分 4 个部分 15 章：第一部分阐述光机系统总的设计概念，包括第 1 章光机设计过程，第 2 章环境影响和第 3 章材料的光机特性；第二部分是透射式光机系统的设计，包括第 4 章单透镜的安装，第 5 章多透镜的安装，第 6 章光窗和滤光片的安装及第 7 章棱镜的设计和安装；第三部分是反射式光机系统的设计，包括第 8 章小型非金属反射镜、光栅和胶片的设计和安装，第 9 章轻质非金属反射镜的设计，第 10 章光轴水平放置的大孔径反射镜的安装，第 11 章光轴垂直放置的大孔径反射镜的安装，第 12 章大孔径、变方位反射镜的安装技术和第 13 章金属反射镜的设计和安装；第四部分是光机系统的整体分析，包括第 14 章光学仪器的结构设计和第 15 章光机系统设计分析。

在《光机系统设计》中文版的出版过程中，得到了 Paul R. Yoder, Jr. 先生的大力支持，对原版英文书中的有关问题进行了及时和充分的沟通讨论，对书中一些有重要变动的内容增加了"译者注"。为了使读者更准确地理解和利用本书，保留了英文参考文献。

周海宪翻译了第1～第14章，程云芳翻译了第15章。在美国工作的周华君和程林先生对全书进行了认真的校对，程云芳和范斌高级工程师对该书做了专业校对和最终审核。

清华大学教授、中国工程院院士金国藩先生、美国的Paul R. Yoder, Jr. 先生和北京理工大学王涌天教授对本书的出版给予了极大的关注，对有关问题给出了诚恳的建议；与祖成奎博士和黄存新博士在光学材料方面进行了非常有益的讨论；特别是刘永祥、仇志刚、郭世勇、潘新宇等高级工程师都对本书的出版给予了很大支持，在此表示衷心的感谢。同时，也感谢我的同事吴健伟、邢妙娟、朱彬、李延蕊、杨耀山和翟文军高级工程师的真诚帮助。

机械工业出版社电工电子分社的牛新国社长对本书的出版给予了非常大的鼓励和支持，在此特别致以谢意！

本书可供在光电子领域中从事光学仪器设计、光学设计和光机结构设计的研发设计师、光机制造工艺研究的工程师、光机材料工程师阅读，也可以作为大专院校相关专业本科生、研究生和教师的参考书。希望本书提供的材料和例子能够对军事、航空航天和民用光学仪器应用中的设计概念、具体设计、开发、评价和使用提供有用的指导。

译　者
2007年10月

原书第4版前言

第4版的许多内容都不同于前面三版：另一位作者 Daniel Vukobratovich 先生在材料、光机系统设计、光学仪器分析、大型反射镜和结构方面具有渊博的专业知识，承担了本书该部分内容的撰写工作；Jan Nijenhuis 撰写了新的一章，综述了挠性机构的运动学特性和应用；另外几位光机专家撰写了其他非常重要的几个章节。为了向读者展示如何利用本书介绍的理论、公式和分析方法，还对一些章节内容进行了扩充，介绍了总计110个设计实例。第4版以两卷形式出版，将扩充后的内容、新插图、数据表格和参考文献紧密联系在一起，两卷的书名分别是《光机组件的设计和分析》和《大型反射镜和结构的设计与分析》，分别侧重不同的研究范围和技术重心。

卷 I 主要介绍的是小型光学装置，阐述了光机的设计过程、相关环境影响，列表给出了材料的最新关键数据，以插图形式描述了单透镜和多透镜的多种安装方法、光窗及类似组件的典型设计和安装方式、多种类型棱镜的设计和安装技术、小型反射镜的设计和安装技术、挠性运动机构的设计和优点、各种光机界面的分析技术，以及如何确定玻璃材料强度及光学装置应力的方法，并介绍了温度变化对光机组件的影响。

卷 II 重点介绍的是大型光学系统及其结构件的设计和安装，包括一些新的和重要的光学系统。该卷详细讨论了以下内容：影响大型反射镜性能的因素；超大单片、多片拼接以及轻型反射镜的设计和制造技术；光轴处于垂直、水平和可变方向的大型反射镜的安装技术；金属和复合材料反射镜与玻璃反射镜的异同之处；光学仪器结构设计的关键技术；新兴技术——硅和碳化硅材料，在反射镜系统中的应用和发展史，以及其他类型组件的光学应用。

第4版对保留的前三版的相关内容和材料进行了修订，保留了合适的部分，并补充了许多新的材料，使本书更有益于读者。此外，增加了许多新的插图。作者非常赞同 Jacobs（1943）的思想："有时候需要对某些细节的描述采用夸大的手法，否则不可能绘制出清晰的光学仪器功能的图样，虽然有时这些夸张会导致技术的不合理性"。将许多此类图样装配在一起的目的是为了指导而非精确表示一个原始物体，因此，本书对认为是合适的一些细节做了夸张。

本书以国际单位制（SI）和美国惯用单位（USC）两种单位制来表示如材料性质和尺寸之类的参数。利用本书后面给出的变换系数，很容易从一种单位制转换到另一种单位制。

Yoder 先生真诚感谢另外5位作者对解释本书相关重要内容做出的努力，他们大大扩展了本书各个主题的内容，增加了本书的潜在应用性。文前部分给出了对本书编撰做出贡献的几位作者的照片和简介。

参 考 文 献

[1] Jacobs, D. H., *Fundamentals of Optical Engineering*, McGraw-Hill book Company, Inc., New York, 1943, p. vi.

注：MATLAB 是美国 MathWorks 公司的注册商标，相关产品的资料，请与该公司联系。

作 者 简 介

Paul R. Yoder, Jr. 先生, 先后毕业于美国宾夕法尼亚州亨丁顿市朱尼亚塔学院 (Juniata College), 获物理学学士学位 (1947 年); 宾夕法尼亚州州立大学 (Penn State University), 获物理学硕士学位 (1950 年)。在美国陆军法兰克福军工厂从事光学设计和光机工程设计工作 (1951～1961)。他曾在 Perkin-Elmer 公司工作 (1961～1986), 受聘为光学和光机工程方面的专家顾问 (1986～2006); 是美国光学协会 (OSA) 和国际光学工程学会 (SPIE) 会员。他参加了美国光学学会光学手册 (OSA Handbook of Optics) (McGraw Hill, 1995, 2010)、光机工程手册 (Handbook of Optomechanical Engineering) (CRC Press, 1997) 部分章节的编写, 并与 Fischer 和 B. Tadic-Galeb 共同撰写了《光学系统设计》(Optical System Design) (McGraw Hill, 2008) 一书, 还出版了《光学仪器中光学零件的安装技术》(Mounting Optics in Optical Instruments) (SPIE Press, 2002, 2008), 也是本书前三版的作者; 发表了 60 多篇论文, 获得 14 项美国和外国专利, 在国际光学工程学会 (SPIE)、美国政府部门以及美国、欧洲和亚洲的工业部门举办过 75 场光学和光机工程方面的短训班。

Daniel Vukobratovich 先生, 是美国亚利桑那州图森市雷神 (Raytheon) 公司的一名 (多学科) 高级工程师和亚利桑那大学光学工程学院的兼职教授, 主要研究领域是光机设计。他发表了 50 多篇学术论文, 参加了《红外/电光系统手册》(IR/EO Systems Handbook) 第 4 卷光机系统 (SPIE Optical Engineering Press, 1993) 以及《光机工程手册》(Handbook of Optomechanical Engineering) (CRC Press, 1997) 相关章节的编写工作; 在 12 个国家举办过光机方面的短训班, 被聘为 40 多家公司的顾问。2011 年, 他与 Paul Yoder 先生共同撰写了《SPIE's Field Guide to Binoculars and Scopes》。他是国际光学工程学会 (SPIE) 会员和光机工作小组的创办成员; 获得多项国际专利; 并且, 由于在金属基光学复合材料方面的贡献而获得 R&D 100 奖㊀。他利用新型材料 (金属及复合材料, 泡沫芯) 主导研发了一系列超轻型望远镜以及航天飞机 STS-95 任务、火星观察者、火星全球勘测者和远紫外光谱探测仪 (FUSE) 的空间望远镜系统。

㊀ 美国科学杂志《研究与发展》(R&D) 主办的创新奖, 评选出过去一年全球 100 位最具创新和技术意义上的上市产品, 也被誉为 "科技创新奥斯卡奖"。——译者注

光机系统设计（原书第4版） 卷Ⅰ 光机组件的设计和分析

David Aikens 先生，是美国康涅狄格州切斯特市 Savvy Optics 公司的董事长。该公司主要生产光学零件表面质量检测设备。他在光学工程和制造，尤其是光学设计领域工作了 30 多年；长期以来，参与光学制图和规范的标准化工作，担任美国光学标准化委员会（ASC/OP）秘书，还担任光学和电子光学标准化委员会的执行理事，审查美国和国际中所有与美国相关的标准化活动。如卷Ⅰ第1章所述，David Aikens 先生已经为国际标准化组织（ISO）和美国标准化组织提供了许多光学标准化活动的最新消息。

Jan Nijenhuis 先生，是卷Ⅰ第10章的主要作者。1980年，他以优异成绩毕业于荷兰代尔夫特理工大学航天工程系，获得科学硕士；之后，作为机械工程师加入荷兰福克飞机的飞行控制系统设计团队，并工作了8年；然后，到荷兰国家应用科学研究院（TNO）从事应用物理方面的研究，在空间、天文学和光刻仪器的设计和研发项目方面工作了25年；目前，是荷兰 Nijenhuis 精密工程公司的董事长。

Kevin A. Sawyer 先生，在光机领域有30多年的工作经验，主要从事适配器（HSA）工程方面的工作。他在航空工业界工作了28年，其中包括在美国国家航空航天局（NASA）阿姆斯研究中心工作的11年，作为专业顾问工作的9年，以及在美国洛克希德·马丁公司工作的8年。并且，他被圣何塞州立大学机械工程系聘为兼职教授28年，讲授过光机结构和真空工程相关的多门课程。Sawyer 先生，在圣何塞州立大学获得了机械工程、机械设计和控制技术的学士和硕士学位，1995年在亚利桑那大学获得光机工程的博士学位。他是美国机械工程师协会（ASME）的准会员，是美国加利福尼亚州注册专业工程师。他主要负责第4版卷Ⅰ第1章有关技术项目的内容，并反复核对以确保其准确性和完整性。

David M. Stubbs 先生，1976年获得美国佛罗里达州墨尔本市佛罗里达理工大学机械工程系学士学位，此后在一些大学学习了大量的研究生课程。其整个职业生涯都是在航空领域度过的，他先就职于美国斯佩里飞行系统公司和麦道飞机公司，然后进入洛克希德公司飞机飞弹研究实验室一直工作了34年。David 先生在合并成洛克希德·马丁公司之前，领导着一个有30名工程师组成的光机工程团队。其经历包括机械设计的所有阶段：从概念研究到设计分析、硬件和测试。他发表了23篇论文，获得8项专利，目前正在设计技术上颇具挑战性的光学系统。David M. Stubbs 先生在卷Ⅰ第1章中的贡献主要是更新了最新的有关光机系统和仪器研发投资项目的设计研发实际信息。

目　录

原书第 4 版译者序
原书第 3 版译者序
原书第 4 版前言
作者简介

第1章　光机设计过程 ··· 1
1.1　概述 ··· 1
1.2　确定技术要求 ··· 2
1.3　概念设计 ··· 2
1.4　技术性能要求和设计约束 ·· 5
1.5　初步设计 ·· 12
1.6　设计分析和计算机建模 ··· 15
1.7　误差预估和公差 ·· 22
1.8　试验建模 ·· 29
1.9　最终设计 ·· 32
1.10　设计审查 ··· 33
1.11　仪器制造 ··· 35
1.12　最终产品评估 ··· 37
1.13　编制设计文件 ··· 38
1.14　系统和并行工程 ·· 38
参考文献 ··· 39

第2章　环境影响 ·· 41
2.1　概述 ··· 41
2.2　影响产品性能的因素 ·· 42
2.2.1　温度 ·· 43
2.2.2　压力 ·· 47
2.2.3　静态变形和应力 ·· 48
2.2.4　振动 ·· 49
2.2.5　冲击 ·· 55
2.2.6　湿度 ·· 59
2.2.7　腐蚀 ·· 59
2.2.8　环境污染 ·· 60

- 2.2.9 霉菌 ······ 64
- 2.2.10 磨损、侵蚀和撞击 ······ 65
- 2.2.11 高能辐射和微小陨石 ······ 68
- 2.2.12 激光对光学元件的损伤 ······ 70
  - 2.2.12.1 基本原理 ······ 71
  - 2.2.12.2 折射表面和反射镜 ······ 71
  - 2.2.12.3 材料和测量 ······ 72
  - 2.2.12.4 薄膜 ······ 72
  - 2.2.12.5 损伤探测 ······ 72
- 2.3 光学件的环境测试 ······ 75
- 参考文献 ······ 77

第3章 材料的光机性质 ······ 84
- 3.1 概述 ······ 84
- 3.2 折射光学元件的材料 ······ 84
  - 3.2.1 基本要求 ······ 84
  - 3.2.2 光学玻璃 ······ 86
  - 3.2.3 光学塑料 ······ 102
  - 3.2.4 光学晶体 ······ 106
    - 3.2.4.1 碱和碱土金属卤化物 ······ 107
    - 3.2.4.2 玻璃及其他氧化物材料 ······ 108
    - 3.2.4.3 半导体 ······ 110
    - 3.2.4.4 硫属化物 ······ 112
    - 3.2.4.5 与光学材料热特性相关的系数 ······ 112
- 3.3 反射光学元件的材料 ······ 115
  - 3.3.1 高频、中频和低频状态下的平滑度 ······ 118
  - 3.3.2 稳定性 ······ 119
  - 3.3.3 硬度 ······ 122
  - 3.3.4 热特性 ······ 124
- 3.4 机械零件材料 ······ 125
  - 3.4.1 铝 ······ 128
    - 3.4.1.1 铝合金1100 ······ 129
    - 3.4.1.2 铝合金2024 ······ 129
    - 3.4.1.3 铝合金6061 ······ 129
    - 3.4.1.4 铝合金7075 ······ 129
    - 3.4.1.5 铝合金356 ······ 129
  - 3.4.2 铍 ······ 129
  - 3.4.3 铜 ······ 130
    - 3.4.3.1 铜合金C10100 ······ 130
    - 3.4.3.2 铜合金C17200 ······ 131

3.4.3.3	铜合金 C360	131
3.4.3.4	铜合金 C260C	131
3.4.3.5	格立德（Glidcop™）铜合金	131

- 3.4.4 因瓦合金和超因瓦合金 … 131
- 3.4.5 镁 … 131
- 3.4.6 碳钢 … 132
- 3.4.7 不锈钢 … 132
- 3.4.8 钛合金 … 132
- 3.4.9 碳化硅 … 133
- 3.4.10 硅 … 133
- 3.4.11 复合材料 … 134

3.5 黏合密封剂 … 137
- 3.5.1 光学胶 … 137
  - 3.5.1.1 失液胶 … 138
  - 3.5.1.2 热塑胶 … 138
  - 3.5.1.3 热凝胶 … 138
  - 3.5.1.4 光凝胶 … 139
- 3.5.2 物理特性 … 139
- 3.5.3 透射特性 … 140
- 3.5.4 光学表面胶合 … 141
- 3.5.5 结构件黏合剂 … 142
  - 3.5.5.1 环氧树脂 … 145
  - 3.5.5.2 聚氨酯橡胶黏合剂 … 145
  - 3.5.5.3 氰基丙烯酸盐黏合剂 … 145

3.6 密封胶 … 146

3.7 光机材料专用膜层 … 148
- 3.7.1 保护膜 … 148
  - 3.7.1.1 油漆 … 148
  - 3.7.1.2 电镀和阳极镀 … 148
  - 3.7.1.3 专用镀膜 … 149
- 3.7.2 光学发黑处理 … 149
- 3.7.3 改进表面平滑度的镀膜 … 151
  - 3.7.3.1 镀镍 … 151
  - 3.7.3.2 镀铝 … 151

3.8 光机零件加工技术 … 151
- 3.8.1 光学零件加工 … 151
- 3.8.2 机械零件加工 … 153
  - 3.8.2.1 机械加工法 … 154
  - 3.8.2.2 铸造法 … 154

		3.8.2.3 锻造和压延法 ·································	155

        3.8.2.3　锻造和压延法 ·· 155
        3.8.2.4　复合材料加工和固化 ·································· 156
    3.8.3　对加工工艺的综合评估 ·· 157
  3.9　材料硬度 ·· 157
  参考文献 ·· 159

第4章　单透镜安装技术   **165**
  4.1　概述 ·· 165
  4.2　共轴光学 ·· 165
  4.3　透镜重量和重心 ·· 173
    4.3.1　透镜重量计算 ·· 173
    4.3.2　透镜重心 ·· 179
  4.4　低精度单透镜安装技术 ··· 180
    4.4.1　弹簧固定法 ··· 181
    4.4.2　滚边（镜座）安装法 ·· 182
    4.4.3　卡环安装法 ··· 184
  4.5　曲面边缘透镜安装技术 ··· 185
  4.6　轴向预紧力计算方法 ·· 186
    4.6.1　一般考虑 ·· 186
    4.6.2　螺纹压圈安装法 ··· 191
    4.6.3　连续法兰盘安装法 ·· 195
    4.6.4　多悬臂式弹性卡环安装法 ··· 198
    4.6.5　法兰盘和弹簧卡环与透镜的接口界面 ·························· 200
  4.7　面接触光机界面 ·· 202
    4.7.1　尖角界面 ·· 202
    4.7.2　相切界面 ·· 202
    4.7.3　超环面界面 ··· 203
    4.7.4　球形界面 ·· 204
    4.7.5　倒边界面 ·· 204
  4.8　透镜的弹性环安装技术 ··· 206
  4.9　定心车装配工艺（珀克法）··· 210
  4.10　透镜的挠性安装技术 ·· 215
  4.11　塑料透镜安装技术 ··· 220
  参考文献 ·· 224

第5章　多透镜组件安装技术   **227**
  5.1　概述 ·· 227
  5.2　多元件间隔分析 ·· 227
  5.3　定心车装配工艺 ·· 234
  5.4　不包含运动零件的物镜组件的安装实例 ································ 240
    5.4.1　定焦望远镜目镜 ··· 240

	5.4.2	红外传感器物镜	241
	5.4.3	电影放映物镜	242
	5.4.4	低畸变投影物镜	243
	5.4.5	大型天体照相物镜组件	243
5.5	包含运动零件的物镜组件的安装实例		246
	5.5.1	显微物镜	246
	5.5.2	高冲击负载用准直物镜	249
	5.5.3	中红外物镜	251
	5.5.4	内调焦照相物镜	252
	5.5.5	调焦双目望远镜	253
	5.5.6	视度调节	255
	5.5.7	变焦物镜	259
5.6	塑料光学组件		264
5.7	透镜的液体胶合技术		267
5.8	折反射系统		269
	5.8.1	实心折反射物镜	269
	5.8.2	折反式星探测仪	270
	5.8.3	折反式红外物镜	272
	5.8.4	卫星跟踪相机	274
	5.8.5	导弹跟踪照相物镜	274
5.9	物镜组件的对准		279
	5.9.1	概述	279
	5.9.2	望远对准技术	279
	5.9.3	点源显微镜调校技术	281
	5.9.4	精密转轴调校技术	284
	5.9.5	双目望远镜准直误差校准技术	285
	5.9.6	物镜组件的性能优化	289
5.10	高性价比的演示验证/测试系统		300
5.11	反射式望远系统的对准技术		304
参考文献			304
第6章	**光窗、整流罩和滤光片的设计和安装技术**		**306**
6.1	概述		306
6.2	普通光窗安装技术		307
6.3	特殊光窗安装技术		309
6.4	保护盖和整流罩安装技术		314
	6.4.1	球形表面	314
	6.4.2	保形表面	319
6.5	压差效应		327
	6.5.1	光窗最小厚度	327

		6.5.2 光学性能衰退	333
	6.6	滤光片	334
	参考文献		337
第7章	棱镜设计和应用		**340**
	7.1	概述	340
	7.2	几何关系	341
		7.2.1 空气-棱镜界面的折射和反射	341
		7.2.2 平板玻璃造成光束位移	342
		7.2.3 棱镜隧道图	343
		7.2.4 全内反射	347
		7.2.5 棱镜和平板玻璃的像差	350
	7.3	光束折转棱镜	350
		7.3.1 直角棱镜	350
		7.3.2 分束（或合束）立方棱镜	350
		7.3.3 菱形棱镜	352
		7.3.4 泊罗棱镜	353
		7.3.5 阿贝-泊罗棱镜	354
		7.3.6 阿米西棱镜	355
		7.3.7 法兰克福（军工厂）的1类和2类棱镜	357
		7.3.8 五角棱镜	359
		7.3.9 五角屋脊棱镜	360
		7.3.10 BⅡ-45°半五角棱镜	361
	7.4	正像棱镜	362
		7.4.1 泊罗正像系统	362
		7.4.2 阿贝-泊罗正像系统	363
		7.4.3 阿贝-科尼棱镜	364
		7.4.4 施密特屋脊棱镜	365
		7.4.5 列曼棱镜	367
		7.4.6 阿米西/五角和直角/五角屋脊正像系统	368
		7.4.7 60°棱镜/屋脊棱镜系统	369
	7.5	消旋棱镜	369
		7.5.1 道威棱镜	369
		7.5.2 双道威棱镜	370
		7.5.3 倒像棱镜	372
		7.5.4 别汉棱镜	373
		7.5.5 δ 棱镜	374
	7.6	其他棱镜类型	378
		7.6.1 内反射圆锥形棱镜	378
		7.6.2 锥形立方棱镜	379

	7.6.3	合像式测距机的接目棱镜	381
	7.6.4	双目单筒物镜的棱镜系统	383
	7.6.5	色散棱镜	384
	7.6.6	薄楔形棱镜	385
		7.6.6.1 薄楔形镜	385
		7.6.6.2 累斯莱楔形系统	385
		7.6.6.3 平动移像光楔	387
		7.6.6.4 调焦光楔系统	387
7.7	变形棱镜系统		389
参考文献			390

第 8 章 棱镜安装技术 — 392

- 8.1 概述 — 392
- 8.2 运动学、半运动学和非运动学原理 — 392
- 8.3 棱镜的夹持式安装技术 — 393
  - 8.3.1 夹持式棱镜安装支架：运动学方式 — 393
  - 8.3.2 夹持式棱镜安装支架：半运动学方式 — 393
  - 8.3.3 夹持式棱镜安装支架：非运动学方式 — 405
- 8.4 棱镜的黏结安装技术 — 408
  - 8.4.1 概述 — 408
  - 8.4.2 典型应用 — 410
  - 8.4.3 棱镜双侧安装技术 — 413
- 8.5 大尺寸棱镜的挠性安装技术 — 416
- 参考文献 — 419

第 9 章 小型反射镜的设计和安装技术 — 420

- 9.1 概述 — 420
- 9.2 基本设计原则 — 421
  - 9.2.1 反射镜的应用 — 421
  - 9.2.2 几何外形 — 421
  - 9.2.3 反射像的方向 — 421
  - 9.2.4 光学表面上的光束投影 — 424
  - 9.2.5 反射镜镀膜 — 428
  - 9.2.6 后表面反射镜形成的鬼像 — 431
- 9.3 小反射镜的半运动学安装技术 — 433
- 9.4 反射镜的黏结安装技术 — 443
  - 9.4.1 反射镜背面的单点和多点黏结安装技术 — 443
  - 9.4.2 环形黏结安装技术 — 446
- 9.5 小反射镜挠性安装技术 — 448
- 9.6 多反射镜安装技术 — 455
- 9.7 小反射镜中心和多点安装技术 — 461

9.8 重力对小反射镜的影响 …… 464
参考文献 …… 469

第10章 挠性装置的运动学设计和应用技术 …… 470
10.1 概述 …… 470
10.2 自由度控制 …… 471
  10.2.1 静态设计的优点 …… 471
  10.2.2 控制一个自由度 …… 471
  10.2.3 控制两个自由度 …… 473
  10.2.4 控制三个自由度 …… 474
  10.2.5 控制四个自由度 …… 480
  10.2.6 控制五个自由度 …… 482
  10.2.7 控制六个自由度 …… 486
  10.2.8 内部自由度 …… 487
  10.2.9 准静态自由度约束 …… 488
10.3 控制自由度的结构元件 …… 489
  10.3.1 支柱（一个自由度） …… 489
    10.3.1.1 刚度特性 …… 489
    10.3.1.2 减小翘曲 …… 491
    10.3.1.3 提高抗拉-抗弯刚度比 …… 492
  10.3.2 板簧（三个自由度） …… 495
  10.3.3 受约板簧（两个自由度） …… 496
  10.3.4 弹性铰链（一个自由度） …… 497
  10.3.5 准弹性铰链（两个自由度或五个自由度） …… 498
  10.3.6 折叠板簧（一个自由度） …… 500
  10.3.7 不同形状界面上的接触应力 …… 502
    10.3.7.1 平板上的球形接触面 …… 502
    10.3.7.2 V型槽中的球形接触面 …… 503
    10.3.7.3 锥体中的球形接触面 …… 503
10.4 光机组件的安装和自由度约束 …… 505
  10.4.1 光机组件的安装技术 …… 505
    10.4.1.1 光机组件形状 …… 506
    10.4.1.2 透射或反射光学元件的安装技术 …… 506
    10.4.1.3 温度变化产生的热应力 …… 506
    10.4.1.4 隔热 …… 507
    10.4.1.5 批量生产或一次性生产 …… 507
  10.4.2 其他安装技术 …… 508
    10.4.2.1 三板簧安装法 …… 508
    10.4.2.2 运动学安装支架 …… 509
    10.4.2.3 开尔文夹持形式 …… 514

　　　　10.4.2.4　六支柱安装方式 ………………………………………………………… 514
　　10.4.3　其他挠性安装实例 ………………………………………………………… 515
10.5　通过控制自由度调校光学元件 ………………………………………………………… 515
　　10.5.1　调校对准 ………………………………………………………………………… 516
　　10.5.2　对准稳定性 ……………………………………………………………………… 518
10.6　刚度设计 ………………………………………………………………………………… 518
　　10.6.1　拼接反射镜的支撑技术 ………………………………………………………… 519
　　10.6.2　拼接反射镜的轴向支撑技术 …………………………………………………… 520
　　10.6.3　横杠的横向支撑技术 …………………………………………………………… 522
　　10.6.4　时序约束 ………………………………………………………………………… 522
　　10.6.5　运动框架及其挠性 ……………………………………………………………… 523
　　10.6.6　对静态支撑结构的具体考虑 …………………………………………………… 523
致谢 …………………………………………………………………………………………………… 523
参考文献 ……………………………………………………………………………………………… 524

第11章　光机设计界面分析 ……………………………………………………………………… **525**

11.1　概述 ……………………………………………………………………………………… 525
11.2　垂轴透镜元件的自重变形 ……………………………………………………………… 526
　　11.2.1　问题的本质 ……………………………………………………………………… 526
　　11.2.2　平板重力影响的近似表达式 …………………………………………………… 526
　　11.2.3　透镜最大变形量对应的直径-厚度比 …………………………………………… 528
　　11.2.4　透镜形状的影响 ………………………………………………………………… 529
　　11.2.5　机械界面瑕疵的影响 …………………………………………………………… 529
　　11.2.6　大型折射望远物镜的自重变形 ………………………………………………… 530
11.3　玻璃强度 ………………………………………………………………………………… 532
　　11.3.1　概述 ……………………………………………………………………………… 532
　　11.3.2　断裂力学理论 …………………………………………………………………… 533
　　11.3.3　玻璃强度的统计学分析 ………………………………………………………… 537
　　11.3.4　通过玻璃样件测试失效性 ……………………………………………………… 540
　　11.3.5　静态疲劳 ………………………………………………………………………… 543
　　11.3.6　验证试验 ………………………………………………………………………… 546
11.4　光机界面处的应力 ……………………………………………………………………… 547
　　11.4.1　光学元件中压应力与拉伸应力的关系 ………………………………………… 547
　　11.4.2　光学元件的拉伸应力公差 ……………………………………………………… 548
　　11.4.3　应力双折射 ……………………………………………………………………… 549
　　11.4.4　点接触 …………………………………………………………………………… 549
　　11.4.5　短线接触 ………………………………………………………………………… 553
　　11.4.6　环面接触 ………………………………………………………………………… 559
　　　　11.4.6.1　锐角接触界面 …………………………………………………………… 560
　　　　11.4.6.2　相切界面 ………………………………………………………………… 562

- 11.4.6.3 超环面界面 563
- 11.4.6.4 球面界面 565
- 11.4.6.5 平面倒边界面 566
- 11.5 锐角界面、超环界面和相切界面接触情况下透镜安装的机械设计 566
- 11.6 偏心圆环接触界面的弯曲效应 570
  - 11.6.1 光学零件的弯曲应力 570
  - 11.6.2 弯曲光学件表面弧高的变化 571
- 11.7 温度变化的影响 572
  - 11.7.1 温度降低造成的径向影响 573
    - 11.7.1.1 光学元件中的径向应力 573
    - 11.7.1.2 镜座壁内的切向（环向）应力 574
  - 11.7.2 升温后的径向影响 575
  - 11.7.3 温度变化造成轴向预紧力的变化 576
    - 11.7.3.1 影响因素 576
    - 11.7.3.2 仅考虑体效应推导出的 K_3 近似式 578
    - 11.7.3.3 考虑其他影响因素推导出的 K_3 近似式 581
  - 11.7.4 K_3 计算实例 584
  - 11.7.5 镜座轴向消热差和可控柔性的优点 587
    - 11.7.5.1 消热差 589
    - 11.7.5.2 增大轴向柔性 590
    - 11.7.5.3 其他柔性设计实例 591
- 11.8 温度变化造成光学胶合件和黏结件中的应力 595
- 参考文献 603

附录 **607**
- 附录 A 光学零件和光学仪器的环境试验方法总结 607
- 附录 B 术语汇编 612
- 附录 C 单位及其换算 624

第 1 章 光机设计过程

Paul R. Yoder, Jr.

David M. Stubbs, Kevin A. Sawyer, David Aikens

1.1 概述

　　光学仪器的光机系统设计，是一个将多种学科技术紧密集成在一起的过程。当潜在用户（例如，由于新产品开发或产品改进而正寻求销售途径的军事部门、其他政府组织或者商业代表）确定了某项具体设备的技术要求，则设计就已经开始。一旦获得批准、获取资金和配齐人员，设计的主要步骤就按照一定的逻辑顺序进行下去，只有判定该仪器能够满足提出的技术要求，并在成本范围内按照所需数量生产——不论是"单件产品"如非常成功的美国哈勃空间望远镜还是大批量简单产品（如研究大自然使用的设计有积分数码相机的新型望远镜），设计才算结束。

　　本章，将在每个独立的单元论述每一个主要的设计步骤。不可否认，在此叙述的方法是被理想化了，因为几乎没有什么设计是平平稳稳地发展和完成的。希望本章能尽力展现设计过程应当如何开展，并相信通过对这种产品设计的计划编排、执行、评审和批准将能应对和处理不可避免会遇到的问题，能将错误的设计过程重新引回正确的过程中，并使错误设计对计划和成本的影响最小。

　　推动在设计过程中应用这种方法论的驱动力包括：计划约束、员工培训的可行性；设备、装备和其他的资源；市场需求；完成和证明设计成功的固有成本。这些都属于项目管理领域的内容，本书暂不讨论。

　　对光机系统设计过程有较大影响的因素是所用技术的成熟程度。例如，20 世纪 90 年代之前，由于种种原因，使用航天飞机将 2.4m（94.5in）孔径的哈勃空间望远镜（Hubble Space Telescope，HST）送入绕地球运行的轨道上是不可能的。一个机械方面的原因就是，没有合适的机械材料能够满足高硬度、低密度和超低热膨胀特性的综合要求。望远镜桁架结构曾使用铝、钛或因瓦合金（Invar），代替不熟悉但非常有发展前景的新型石墨环氧树脂（GrEp）复合材料（实际上使用），这样材料会严重限制仪器在不稳定热环境中的工作性能⊖。

　　⊖ 根据 Krim（1990）提供的资料，采用铝、钛或因瓦合金材料结构，对哈勃空间望远镜的温度稳定性的要求分别是 ±0.027℃、±0.06℃、±0.35℃。而设计出来的实际消热化望远镜结构（采用 GrEp 桁架）在温度变化范围 ±13℃内仍保持其光学性能。

此外，NASA 对望远镜重量的严格限制也很难满足。

复杂的光机系统通常包括许多子系统：每个子系统都有自己的技术要求和约束条件，因此会伴随特有的设计问题。子系统常常由几个主要组件组成，组件又包含子组件、部件和零件。将总的设计问题划分成一系列相关但又可以独立定义的部分，因此，即使最复杂的系统也可以按照该设计过程完成。

本章不可能只引用一个设计例子解释和说明光机设计过程的所有步骤。为此，会引用相互无关的一些例子，包括军用仪器、航天仪器或消费类产品。现实生活中，在某一个步骤中需要付出的努力程度都会有所增减，以适合具体的设计问题。然而，对每一个设计步骤和总的设计过程，都应该遵循本书介绍的大纲和总体步骤。

1.2 确定技术要求

彼得罗斯基（Petroski，1994）在一本有关工程设计的丛书中指出，新仪器的许多技术要求源自"吸取当今正在运行的设备、系统和过程的失败经验并对新的寄以希望，还有预估的孕育着失败的情况"。换句话说，新技术的有效和可靠应用可能会要求采用全新的硬件设备。一般来说，这些技术要求确定了该项目在某种应用环境下的配置、物理特性和性能，以及寿命和费用等目标。

与使用成熟材料和技术进行的设计相比，要应用新材料成功实现最新水平的仪器设计，则需要更多的理论综合和分析、试验及量化测试。应用较高水平或全新的技术，会使一个系统的性能更好、重量更轻或使用寿命更长，如此可能会比使用较低性能的普通技术投入更高成本。Paraphrasing Sarafin（1995a）从有利于航天事业发展的角度讲过，不应当问"我们能够让系统做……？"，因为答案也许会是"是的，能够"。比较恰当的问法是"我们可以用什么代价让系统做……？技术失败的风险是什么？如果失败了，要投入多少精力和资金去修复？"。仔细考虑这些问题有助于平衡被选方案的优缺点。

在光机设计过程中，可将风险降到最低限度并有助于完成设计任务的重要因素包括，要使参加设计的所有人员交流畅通，人员能非常容易地获取所需要的技术信息。当今，可以借助电子手段，如 E-mail、电信会议及手机和高清大文件图像（GB 级）的快速传输。还可以通过互联网在全世界范围内使用各类优秀图书馆的资料和技术数据文件。现在，详细设计本身是以计算机为基础的，而不再是纸质图样和其他硬拷贝文件。计算机辅助设计和计算机辅助分析（CAD 和 CAE）允许通过多个网络进行信息交换，并且可以控制设计的修改权限。工程设计小组和制造小组之间的交流可以通过电子方式实现，从而缩短传送时间，提高数据传送精度。数据直接进入加工机床的计算机，即计算机辅助加工（CAM），消除了人工干预加工的干扰，降低了数据输入期间出现人为误差的可能性，更便于零件制造。使用计算机控制测试顺序，数据自动存储，恢复和分析也使测试变得比较方便。

1.3 概念设计

光机系统设计的第一步就是确认所设计仪器需要实现的功能。通常，仅确定一种需求会使有创造性的设计工程师对满足该需求的仪器至少形成一个模糊概念，因为可能

第1章 光机设计过程

有一种或多种结构形式都能满足该需求。此时，先前在某种程度上已经满足类似需求的设计的背景知识起着重要作用。根据以往的经验，可以获知该装置如何被认可和不被认可。

与系统主要部分有关的功能框图是整个设计过程中很有价值的交流工具。图1.1显示了一个高性能照相系统的功能框图，该相机应用在航天器机载下视空中侦察环境中，在环绕地球运行轨道飞行。这个系统包括几个主要组件：成像组件、光线折转反射镜、焦平面组件、机械结构和防护罩。一个辅助子系统进行数据处理、存储及将图像下载到地面接收站。

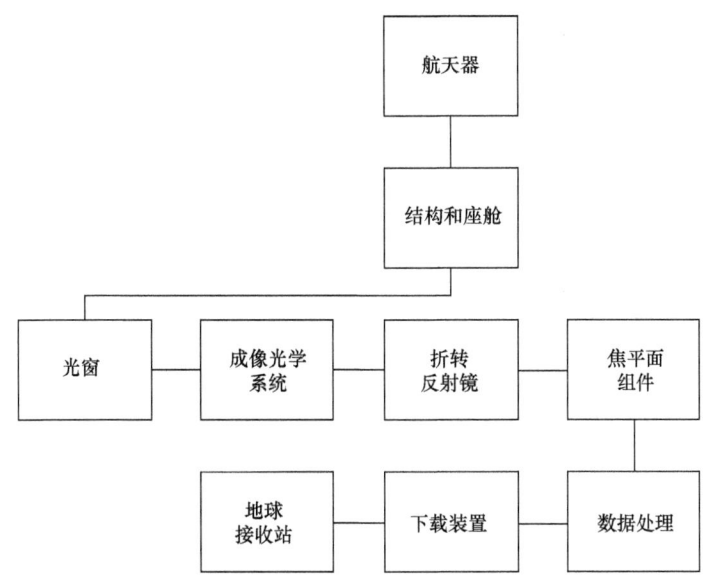

图1.1 航天器机载摄像机的顶层功能框图

图1.1所示的成像光学系统功能框的光机设计概念框图如图1.2所示。可以看到二级框图，表示光学系统从概念上包括，1) 一个同时起着减少光学像差和光窗作用的非球面校正板；2) 一块光束折转反射镜，将垂直入射的光束折转90°后，沿光学系统的水平轴传播；3) 成像光学系统，包括卡塞格林（Cassegrain）结构形式的主镜和次镜及像差补偿用的场镜；4) 焦平面组件（可以想象为一个大型多像素探测器阵列）。利用自身的安装支架将每个组件固定在摄像机的主体结构上。一个机电分系统控制曝光量和调焦、补偿像移、稳定温度，以及一个计算机系统，用来协调其需要的操作功能。

由图1.2顶层可以观察到，该系统提供一种机械结构支撑所有的摄像组件并相互对准，保证摄像机与航天器正确对接。防护罩封盖着光学系统，有助于保持装配期间形成的清洁和干燥的内部环境。

图1.3是上述光学系统的初级示意图。在概念设计阶段，通常不知道组成该系统的每个组件的详细设计。

随着进一步详细审查，即将设计仪器的功能并开始形成子系统的技术要求，可以对提出的设计概念及其他可能的设计概念的优缺点进行评估和权衡。此时，为了在设计变量之间找到近似的关系式，常需要对参变量进行折中分析，有助于发现所要求的技术参数之间存在的

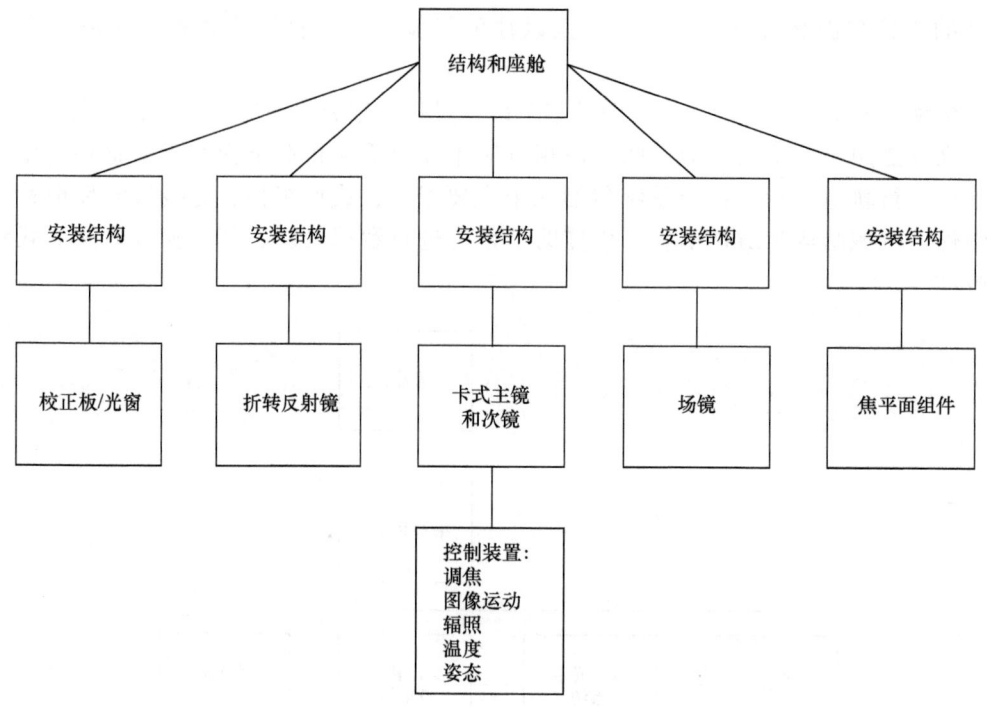

图1.2 图1.1所示的航天器机载摄像机的二级框图

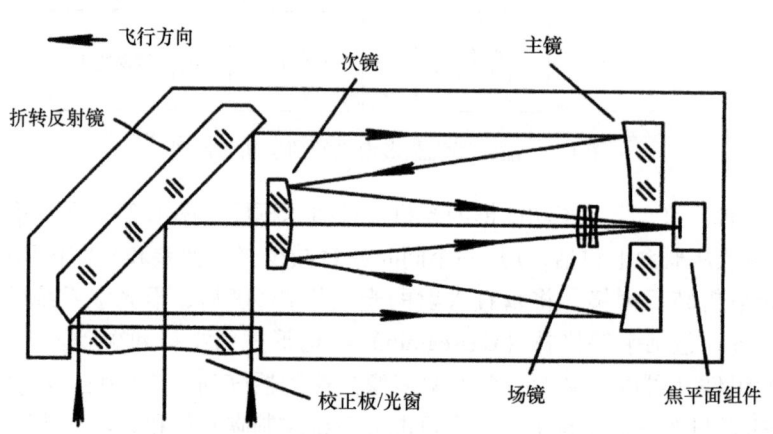

图1.3 图1.1所示的航天器机载摄像机的概念性光学系统示意图

矛盾或不相容性。如果沿着另外一种思路设计，那么，对仪器重量和尺寸进行粗略估计会有助于发现矛盾，从而了解其他设计概念的优越性。在此对材料做初步选择，就不只是确定某种材料，还需要假定透镜和光窗应当使用光学玻璃，反射镜或轻质玻璃-陶瓷，折射和反射光学元件的厚度应当分别约为其直径的10%~17%，系统在物方空间的相对孔径和视场应当取某个合适量且满足规定值。为了评价、比较，并最终确定最佳方案，对绝大多数认为可行的设计概念可以准备一份概念性的布局图，经过审查和批准后，用作初始详细设计的一种起点。

1.4 技术性能要求和设计约束

对设计过程最重要的两项输入就是，技术性能指标和确定外部施加的约束。前者是阐述用户的技术要求，表明成品必须做成什么样，正常运行的合格程度；后者是确定实际限制，如尺寸、重量、布局、使用环境及影响光学、机械和电器接口关系的资源消耗。如果是一个空间探测器使用的科学仪器，一般来说包括许多复杂、比较长的文件。在最简单的情况中，技术要求可以是一份相当简短的文件，提出几项总的技术要求，而技术参数留给光学和机械设计工程师决定。在几乎所有的情况中，比较合适的做法是至少要准备一份图表对该成品的光机界面提出要求。

对光机系统提出技术要求和约束时需要考虑的有代表性的项目列于表1.1。下列项目不是以重要性排序，也并未囊括所有内容。认真、仔细地考虑这些特性（或者其他具体设计中独有的特性），有助于设计队伍创造出一个满意的成品或一种产品。建议在技术要求的起始部分就清楚地表明该仪器的使用目的。

表1.1　光学仪器技术规范和约束定义中包括的有代表性的设计指标

- 如在规定空间频率处的分辨率、MTF、特定波长或数值孔径时的径向能量分布，圆形区域或方形区域的能量等技术要求
- 焦距、放大率（对无焦系统），放大率和物像距（对有限远共轭系统）
- 角视场或线视场（对宽银幕变形系统，是子午视场）
- 入瞳和出瞳的大小及位置
- 对光谱透过的要求
- 图像方向
- 传感器特性，如外形尺寸、光谱响应、像素的大小与间隔和/或频率响应
- 尺寸、形状和重量的限制
- 免损和工作环境条件
- 界面接口（光学、机械、电器等）
- 热稳定性要求
- 占空因数和寿命要求
- 维修和售后服务（访问、维修、清洁、调试等）
- 紧急或者过载条件
- 重心位置（CG）和升高的条件
- 人机界面的要求和限制（包括安全方面）
- 电源方面的要求和限制（功率消耗、频率、相位、接地等）
- 选材方面的建议和限制
- 表面涂层/颜色的要求
- 对防浸湿、霉菌、雨水、沙子/灰尘和盐雾腐蚀的保护要求
- 检验和测试的规定
- 电磁干扰的约束和可磁化率
- 专用标记或标识
- 相关耗材

图1.4给出了一个物镜组件的光机接口图,是一个具体物镜组件的外部尺寸图,物镜焦距为9in(22.9cm),相对孔径为f/1.5,物镜组件的激光输出和成像输入通道共轴,更详细的讨论请参考本书5.3节。该接口图还对总的长度有限制,确定了严格的外形尺寸,分别标出了成像系统的光轴和像平面与安装法兰盘的垂直度要求(基准面A和C),确定了关键尺寸和角度的公差。该透镜的相关技术性能要求,确定了该组件在特定环境下为实现其功能所需的光学特性(焦距、相对孔径、视场、成像质量、允许的轴外渐晕、透过率等)及结构特征。

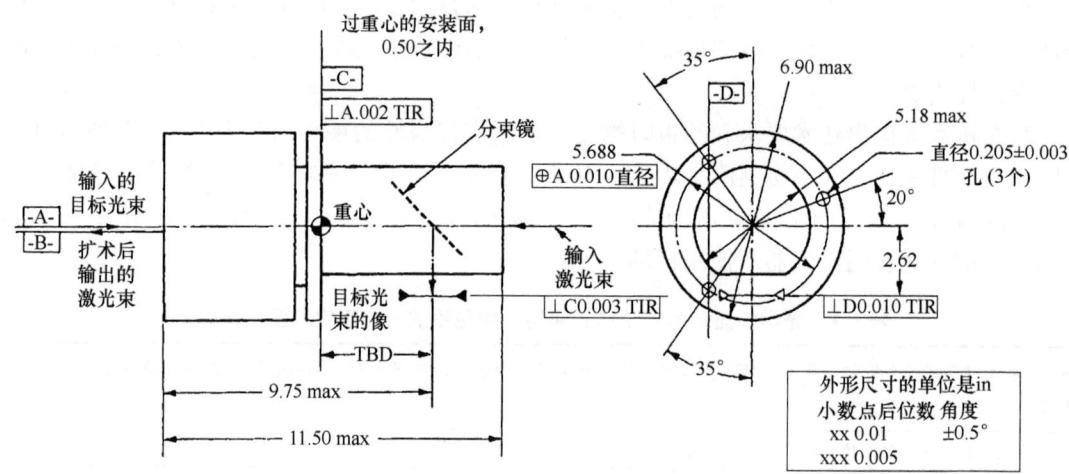

图1.4 光机接口图的例子,显示一个物镜组件的布局、临界尺寸和公差,以及重要的特征指标

在此,值得专门讨论的有关光学仪器技术要求的准备工作是,一旦设计和制造出该仪器,如何确定其量化指标。Smith(1989)建议,提出的技术要求应恰能实现预设目的,多了无益。技术要求应当简单明了,不要过于详细,也不要太笼统,否则会使设计人员无所适从。例如,对一个新的照相物镜性能的要求是"衍射极限",说起来比较容易,但证明比较低的性能指标不能满足要求却并不容易。对于开发设计人员来说,一个基本的工作就是首先要求在性能与成本之间进行折中分析。如果运作得当并能最终形成共识,这类分析所花费的时间和成本还是值得的。作为一种共识,技术要求不是绝对的,性能对系统也不一定总是最重要的贡献。例如,寿命周期成本有时是新硬件设备至关重要的方面,需要长期运行时,一台完全满足要求的系统可能比一台稍有技术优势而比较昂贵、还需要更多维护的新设备更容易被选中。

一个准备满足某特定发射窗口(多年都不会再出现)的空间新项目(或有效载荷),严格的计划约束可能会导致性能方面有适当折中,因为项目中所搜集的科学信息总要比完全没有一点儿信息好。最重要的是,项目研究小组必须明白用户(顾客)真正需要什么,并不仅是在初始的技术要求中读到了什么!在这种情况下,需要所有小组成员相互交流和主动工作,以检查各个应用方面的"要求"是否完全真实。

Price(1985)将折中定义为"所有因素或条件的平衡,而这些因素不会都同时参与"的结果,从而使折中分析的工作有所进展。他引用并讨论了三种有用的观点,其中至少一个观点几乎在所有系统中得到应用:

1. 硬件系统包括从目标到最终输出之间的所有组件。举例来说，一个视频记录或显示系统包括，物体、照明、大气、透镜、照相机、探测器、电子组件、记录设置、记录带、放像组件、监视器和观看者的眼睛。

2. 产品-用户系统包括人和设备之间的相互作用。举例来说，控制、平台、把手、开关、眼睛的位置、眼-手坐标的要求、作用和再作用之间的时间延迟等。

3. 生产系统包括，原料及材料的管理、零件的加工、组件、质量控制、光学元件与产品的界面与测试，以及参与的成本、计划、过程和员工的利用。

Price 的文章提出了富含深意的结论："透彻的分析是认可系统设计的基本条件，但未必是充分条件"。

降低一个光学系统的成本或将一个产品制造得更能吸引未来买主的程度，常与允许偏离"理想"状态的程度密切相关。在满足给定技术要求的前提下，准备好购买最新式摄像系统的顾客面对预测成本，在一定订购数量条件下要求可提供一份"购物清单"，并列出不同分辨率（每毫米线对数）所对应的生产成本，以寻求每种可能降低成本的设计。虽然推导这些因素之间的可靠关系相当困难，但认真研究它们的确有助于各方理解折中的重要性。Shannon（1979）通过现代汽车使用曲面风挡玻璃会引进光学畸变的例子也说明了这一点，它指出由于风格和成本的原因，可以容忍所产生的畸变量。Walker（1979）探讨过目视系统，如在大型望远镜、双目望远镜或潜望镜设计中长度的折中问题。在这类仪器中参与折中讨论的参数是像质、渐晕和光谱透射比，很少使用放大率、视场或孔径与系统复杂程度间、尺寸和成本进行折中。文章结束时，Walker 对技术要求的定义提出如下个人见解："一份详尽和准确的确定材料、外形尺寸、工艺和性能指标的报告，只有在仔细和共同研究过终端用户对系统使用和真实需求之后，才能做出"。这个定义真实地表达了我们参与光机系统设计的许多人员的观点。

第二次世界大战后，美国政府采购新型光学仪器的大部分合同都涉及军用技术规范、标准和其他政府出版文件。这些文件为各种设备项目选择材料、设计、检验和测试提出了总的要求和相关指导。1994 年，美国海陆空发布了一个指令性规定，所有未来的军事采购合同都应参照国家和国际自愿性标准，而非军用规范，官方的指导方向因而发生了转变。为此，军用规范中与光学材料有关的许多内容被取消，另一些宣布停止使用。在某些情况下，停止使用的规范仍然适用于当前的定购合同，但不能用于新合同。大部分美国军用规范都重新做了修订，确保其与最新制造技术同步更新。同时希望民用标准化组织，以此作为参考，修订其中的文件作为新的民用光学标准。以便各国的标准化组织广泛采用并发布，作为生产和采购新产品的规范。

在总部设在瑞士日内瓦的国际标准化组织（ISO）[⊖]的支持下，1979 年开始了国际非官方光学标准的制定工作，这些工作都是在 ISO/TC 172（译者注：国际标准化组织/技术委员会）"光学和光学仪器分委员会"内进行。德国工业标准化研究所（Deutsches Institut fur Normung，DIN）起着该技术委员会秘书处的作用。当前，15 个国家的标准化机构主动参与该项起草工作，参考表 1.2。此外，13 个国家以观察员身份参与其中。

⊖ 为了避免不同语言对该组织给出不同的缩写，统一采用 ISO 名称。

表 1.2 在 ISO/TC 172 支持下参加编写光学元件和光学仪器非官方标准的国际组织

- 法国法兰西标准化协会（AFNOR）
- 美国国家标准化协会（ANSI）
- 罗马尼亚标准化协会（ASRO）
- 英国标准化协会（BSI）
- 德国工业标准化研究所（DIN）（秘书处）
- 伊朗工业研究和标准协会（ISIRI）
- 日本工业标准委员会（JISC）
- 肯尼亚标准化局（KEBS）
- 韩国标准技术局（KATS）
- 奥地利标准化研究所（ON）
- 中国国家标准化管理委员会（SACS）
- 俄罗斯联邦标准化和度量衡学国家委员会（GOSTR）
- 澳大利亚的标准化澳大利亚国际有限公司（SAI）
- 瑞士标准化协会（SNV）
- 意大利国家标准化局（UNI）

　　建立 ISO/TC 172 组织是为了促进光学领域内术语、技术要求、界面和测试方法的标准化工作，包括完整的系统、装置、仪器、光学元件、辅助装置和附件及材料。其工作范围不包括电影技术领域（由 ISO/TC 36 委员会负责）、照相技术领域（由 ISO/TC 42 委员会负责）、眼睛保护技术领域（由 ISO/TC 94 委员会负责）、显微照相技术领域（由 ISO/TC 171 委员会负责）、通信领域的纤维光学技术（由国际电工委员会 IEC/TC 86 负责）以及光学零件电器安全领域中专门条款规定的有关标准化工作。

　　为了促进光学标准的编制及填补美国军标留下的空缺，由 7 个专业协会、商贸协会和公司发起组成了光学和电光学标准委员会（OEOSC），其作用就是管理美国国家光学标准[⊖]。光学和电光学标准委员会已经被美国国家标准化协会（ANSI）认可，称为美国标准委员会光学-电光仪器（分）委员会（ASC OP），并得到授权编制美国的国家标准，光学和电光学标准委员会建立一个由美国光学专家组成的技术咨询小组（TAG）负责 ISO/TC172 的工作，主要责任是对提交的国际光学标准草稿进行审查，做出合适与否的判断，然后通过美国国家标准化协会将这些观点转呈于国际标准化组织技术委员会。

　　在 ISO/TC 172 中，按照不同的课题已经建立了 7 个分委员会，在每个分委员会下设有工作小组（WG），做一些具体的编写工作。表 1.3 介绍了截止到 2011 年中期各分委员会和工作小组的组织结构。在草稿被 ISO 委员会正式批准之前，由各种 ISO 技术委员会准备和改编的国际标准草稿被分发到 ISO 各成员国审查批准，批准至少要得到 75% 会员国的投票接受。

⊖ 有关该委员会的活动、成员资格和工作进展的资料可以在 OEOSC 网址：www.optstd.org 上找到。

第1章 光机设计过程

表 1.3 ISO/TC 172 光学和光学仪器（技术委员会）下属的分委员会和工作小组

分委员会	名称/工作小组
SC1（第1标准化委员会）	基本标准［德国工业标准化研究所（DIN）］
	第1工作小组，一般的光学测试方法
	第2工作小组，光学零件和系统图的准备
	第3工作小组，环境测试方法
SC3（第3标准化委员会）	光学材料和元件［日本工业标准委员会（JISC）］
	第1工作小组，光学玻璃原材料
	第2工作小组，镀膜
	第3工作小组，红外材料特性
SC4（第4标准化委员会）	望远系统［俄罗斯联邦标准化和度量衡学国家委员会（GOSTR）］
	第2工作小组，望远瞄准镜
	第5工作小组，夜视装置
SC5（第5标准化委员会）	显微镜和内镜［德国工业标准化研究所（DIN）］
	第2工作小组，术语和定义
	第6工作小组，内镜
	第8工作小组，光学显微镜的浸没式介质
	第9工作小组，显微镜组件的光学性能
SC6（第6标准化委员会）	测量仪器（没有指定工作小组）［瑞士标准化协会（SNV）］
SC7（第7标准化委员会）	眼科光学和仪器［德国工业标准化研究所（DIN）］
	第2工作小组，眼镜框架
	第3工作小组，眼镜镜片
	第6工作小组，眼科仪器和测试方法
	第7工作小组，眼科植入技术
	第8工作小组，数据交换
	第9工作小组，隐形眼镜
	第10工作小组，透镜屈光度测量装置
SC9（第9标准化委员会）	电子光学系统［德国工业标准化研究所（DIN）］
	第1工作小组，激光术语学和测试方法
	第3工作小组，安全性
	第4工作小组，医用激光系统
	第6工作小组，光学元件及其测试方法
	第7工作小组，激光器之外的电光系统

注：工作小组的秘书处表示在方括号中（缩写词定义请参考表1.2）。

长期以来,美国绝大部分光学公司都是根据美国国家标准化协会(ANSI)的技术规范 Y14.5《尺寸和公差》(Dimensioning and Tolerance)和美国机械工程协会/美国国家标准化协会(ASME/ANSI)的技术规范 Y14.18《光学零件》(Optical Parts)绘制机械和光学零件工程图样。这些文件主要以美国军用标准为基础,包括 MIL-PRF-13830《性能技术规范:火控仪器的光学组件,管理制造、装配和检验工艺的通用技术规范》;MIL-G-174《光学玻璃的军用技术规范》;MIL-C-675《军用技术规范:光学玻璃的镀膜》;和 MIL-STD-34《军用标准:光学零件和光学系统图纸的准备:一般要求》。美国光学界极具重要的相关标准文件已经严重滞后,而国际标准化组织(ISO)第一标准化委员会(SC1)第二工作小组(WG2)在制定其标准 ISO 10110《光学零件和光学仪器——零件和系统光的图纸准备》时,并没有重视到其滞后性。而稍后制定的标准,是以德国工业标准 DIN 3140《光学零件的尺寸和公差数据》为基础的,这个标准与美国标准相差甚远。尽管已成事实,但标准 ISO 10110 还是被一些国家接受,包括德国、法国、俄罗斯和日本。美国标准委员会光学-电光仪器(分)委员会(ASC OP)已经投票决定无须修改标准 ASME/ANSI Y14.18,而是努力采用标准 ISO 10110。该标准的一个重要特性是尽可能多地使用符号表示概念,尽量少用不同国家的语言对图样进行翻译以理解图样和注释,如果对某种特定公差没有要求,则在标准中给出默认值,从而简化了图面。

ISO 10110 由 14 部分组成(译者注:原书错印为 13 部分),列在表 1.4。对此无须投入过多关注。下面叙述的内容大部分来自 Parks(1991)、Willey 和 Parks(1997)提供的资料。第一部分阐述光学制图的机械部分,包括用以审查系统布局、子组件和单个光学零件图完整性的分类项目列表,包含了只对光学件才有的项目。ISO 关于技术图样的标准可以涵盖光学图样中所有的纯机械部分内容,正如 ISO 手册 12 和 33 中所包含的[○]。

表 1.4 ISO 10110《光学件和光学仪器——零件和系统图的准备》中 14 个部分的主题和隶属内容/修订日期

第 1 部分:总论(2006)
第 2 部分:材料的缺陷——应力双折射(1996)
第 3 部分:材料的缺陷——气泡和杂质(1996)
第 4 部分:材料的缺陷——非均匀性和条纹(1997)
第 5 部分:面形公差(修订中)
第 6 部分:定中心公差(1996/1999)
第 7 部分:表面缺陷公差(2008)
第 8 部分:表面组织—粗糙度和波纹度(2010)
第 9 部分:表面处理和镀膜(1996)
第 10 部分:列表表示光学元件和胶合组件的数据(2004)
第 11 部分:无公差数据(1996/2006)
第 12 部分:非球面(2007)
第 14 部分:波前变形公差(2007)
第 17 部分:激光辐射和损伤阈值(2004)

○ 国际标准化组织偶尔以手册形式将公布过的标准分类出版。例如,ISO 标准手册 33《应用度量衡学——限制、配合和表面性质》(Applied Metrology—Limits, Fits, and Surface Properties)在 1988 年出版,将 7 个不同专业委员会编制、与测量科学有关的 58 份标准汇总在一起。该手册包括术语、技术图纸上机械公差和表面条件的标注、限制和配合,表面性质和测量仪器。

ISO 10110 总论后面的前三个部分是有关光学材料的技术规范,即玻璃应力双折射、气泡和杂质、非均匀性(包括条纹)等分类技术规范。

第 5 部分涉及光学表面的形状误差。无论使用样板对表面形状做目视评估,还是用计算机对干涉条纹或相位数据进行换算处理,都可以应用该部分标准。定中心公差是第 6 部分的内容,表示相对于不同基准面如何确定表面的中心。第 7 部分是表面瑕疵或加工缺陷,如通常称为"划痕和麻点"的那些疵病,可以利用其中的任何一种技术评估这些缺陷,也可以对着有合适照明的背景直接测量这些缺陷的面积或评估它们的可见度。Baker(2002)描述过一种简单便宜、对这类缺陷可以进行定量测量的装置,Baker(2004)阐述的高质量镜面的量度就是该专题的一个权威性基准。

ISO 10110 的第 8 部分讨论了粗磨和抛光表面的纹理结构。第 9 部分描述表面镀膜。这部分并没有规定使用什么类型的膜系,也没有规定膜层应当有什么样的特性和性能。另一个国际标准 ISO 9211 规范了光学镀膜的细节。

ISO 10110 的第 10 部分概括论述了,无须准备图样而以表格形式确定简单光学零件的方法。由于光机设计师可通过计算机联网交流加工要求,所以这种方法非常有用。ISO 10110 的第 11 部分给出了一张默认公差表,对图样上未标注外形尺寸公差的零件尺寸做出了规定。例如,除另作说明,否则 10~30mm 直径的零件直径与标称值之差在 0.5mm 之内。如果该精度满足要求,可以省略标注其公差而使图样简化。

第 12 部分阐述如何以一种能够理解和接受的方式,从广义上定义一个非球面。第 14 部分描述波前变形的缺省公差。最后,第 17 部分介绍如何规定激光损伤阈值(激光伤害问题在本书 2.2.12 节讨论)。

为了帮助设计人员和工程技术人员理解和应用 ISO 10110,美国光学协会编纂出版了一本《用户使用指南》。这本指南(Kimmel 和 Parks,2002)非常有助于光学零件和系统图的准备、正确注释及符号标注。当然,不包括目前标准的修订内容。

另外,在此列举出其他相关的 ISO 标准。表 1.5 列出的这些标准包括光学件的计量、验收和测试。标准 ISO 9022 将在本书第 2 章进一步讨论。

表 1.5 光学件计量、验收和测试的 ISO 标准规范列表

- ISO 9022　环境测试方法(20 部分)
- ISO 9039　畸变的确定
- ISO 9211　光学镀膜(4 部分)
- ISO 9335　OTF,照相机,复制物镜和望远镜(3 部分)
- ISO 9336　杂光,定义和测量
- ISO 9802　光学玻璃原材料,汇编
- ISO 10109　环境测试要求(7 部分)
- ISO 10934　显微镜,术语(3 部分)
- ISO 10935　显微镜,界面连接
- ISO 10936　显微镜,操作
- ISO 10937　显微镜,目镜界面
- ISO 11254　激光损伤阈值
- ISO 11421　OTF 测量精度
- ISO 11455　双折射的确定
- ISO 12123　气泡,杂质:测试方法和分类

Willey 和 Parks（1997）指出，应用标准 ISO 9211 的 4 个部分处理相关专题，比使用其他任何普通文件都更详细。第 1 部分阐明了镀膜术语，根据功能定义了 10 种镀膜类型，并举例说明了多种镀膜疵病；第 2 部分介绍了典型膜系的光学性质，以及如何规定它们，为便于理解还举出了一些例子；第 3 部分规定了镀膜在未来应用环境中的耐久性，环境范围包括一台仪器具有的良好密封环境和恶劣的室外条件，还讨论了对光学表面随意（和使用不正确方法）清洗造成的后果；第 4 部分规定了环境的检测方法。

若读者希望获得 ISO 标准的相关出版物，可以直接与 ANSI 联系，通过各自的网站很容易访问到 ANSI、SPIE、OSA 和 OEOSC 等组织与标准的有关活动[⊖]。

参与标准化工作的另一个国际组织是国际电工技术委员会（IEC），是总部设在瑞士日内瓦，负责编纂和出版电工、电子及相关技术方面国际标准（包括电子学、磁学和电磁学、电声学、多媒体、电信、能源生产和分销）的全球领先组织。光机设计和研发的某些方面可能会源自该技术领域。在美国，通过 ANSI 网站能够访问更多细节。

确定了所有技术条件和界面接口要求并形成文件后，接下来进行第一次设计评审（见本书 1.10 节）。评审期间，所有的相关专家会对那些文件的完整性和适当程度提出审查意见。只有获得评审组批准之后，才能继续开展工作，进入初步设计阶段。在某些情况下，只能按照专家的意见对要求或约束文件进行修改，或者对概念完成进一步折中研究和稍加修改后才会得到批准。在一些情况中，为了解决提出的问题，需要对技术要求（或规范）额外进行折中研究和/或确认。可以对某个特定时间段给出有限的批准，直至所有矛盾和冲突之处都得到解决，才完全批准。

1.5 初步设计

确定了一个光机系统的技术要求和约束及（至少）一种设计概念后，就从理想化设计阶段进入初始设计阶段。在这个阶段，光学设计师、光学工程师、机械工程师及其他有关人员相互协作，力争确定一个大概的装配方案，一旦完成研制，完全可能满足系统的设计目的和要求。必须给这些人员足够的时间对设计方案分类挑选，详细查对细节，分析数据，为了解决提出的问题，有时还需要想出新的对策。如果时间不足，在仓促中完成设计，设计队伍研制出来的仪器可能会重复以前的设计错误，或者产生新的意想不到的错误。在初始设计的最早期，可能要用薄透镜或反射镜代表光学元件，有焦距、孔径和轴向间隔，但没有具体的半径、厚度或者材料类型。在该设计阶段，图像和光瞳的位置、大小和方向在一级近似范围内是合适的。

图 1.5a 给出了一种军用潜望式瞄准具薄透镜光学系统图，其光学特性列于图示说明中，并标示出入瞳边缘处平行于光轴进入系统的边缘光线，以及最大正负半视场角主光线的光

⊖ 美国国家标准协会（ANSI）：1910 LST．, NW, Washington, DC 20036, Tel.（202）293 8020, http://www.ansi.org；国际光学工程师协会（SPIE）：P. O. Box 10, Bellingham, WA 98827 0010, Tel.（360）676 3290, http://www.spie.org；美国光学协会（OSA）：2010 Massachusetts Avenue, NW, Washington, DC 20036, Tel.（800）762 6960 或（202）223 1096, http://www.osa.org；光学和电子光学标准委员会（OEOSC）：128 Tobey Road, Pittsford, NY13534, Tel.（585）387 9913, http://www.optstd.org。

路。为了在光路中提供一个横向偏移，在空气间隔处增加一块平面反射镜或棱镜使系统折叠。应当注意的是，如果将薄透镜转换为厚透镜，或者在某些情况下转换为多元件透镜组，需要有适当的间隔，因此，通常都是假定薄透镜的长度要比最终厚透镜系统的设计长度稍短些。

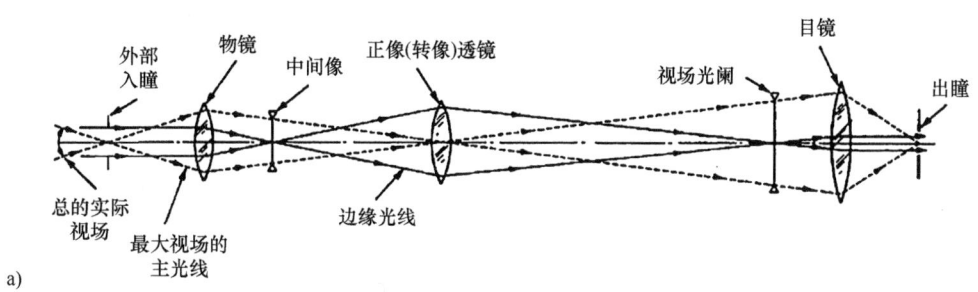

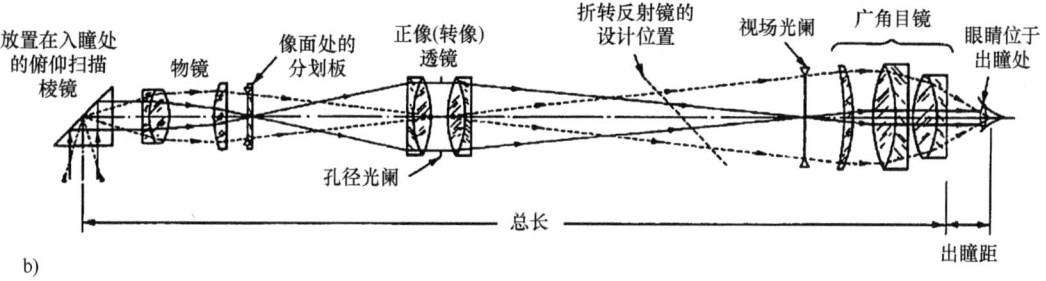

图1.5 一个使用透镜进行转像的潜望式瞄准具的光学系统图，性能如下：放大率为7.5倍；物方总视场为35°；出瞳直径为0.2in（5.08mm），出瞳距离为0.68in（17.3mm）；总长度为23in（584mm）
a）薄透镜形式 b）初始的厚透镜设计形式

对于一台光学仪器，仅知道薄透镜近似形式就设计壳体、镜座、反射镜支架等机械布局图没有太大意义，认真考虑安装设计通常是在初始厚透镜设计完成之后。这个时候，已经知道了光学元件的数量和大概形状，它们之间的间隔几乎完全确定，所有孔径也都知道。图1.5b是图1.5a给出的潜望式瞄准具初始厚透镜的光学系统图，在此不再详细讨论光学设计师如何完成最终的光学设计，这个专题的详细介绍可以在其他出版物中得到，如 Smith（1992，2000，2004）、Kingslake（1978，1983）、Kingslake 和 Johnson（2010）、O'Shea（1985）、Laikin（2007）、Shannon（1997）、Walker（1998，2000）及 Fischer 等人（2008）出版的著作和文章。

图1.5所示的望远系统，如果用作直筒式步枪瞄准望远镜，则对光学设计最有影响的参数是总长度、放大率、入瞳和出瞳直径、允许的渐晕和视场。由于该系统无须折转，因此，使用透镜转像系统比棱镜转像系统更合适。若该设计应用于潜望镜系统，为了能在垂直方向提供大的长度，需要所有的透镜都有较长的焦距，这样会造成给定视场下图像直径成比例增大。出瞳距离一定时，表观视场（像空间）、出瞳直径和允许的渐晕共同决定目镜直径。总长度影响着转像透镜直径，因而影响整个望远镜的直径。为了在大视场大瞳孔直径处有足够好的成像质量，物镜和目镜两者都应当是广角类型。图中给出了一个埃尔弗目镜和一个类似凯尔纳目镜形式的物镜，这种结构方案在许多教科书中都有描述（如 Rosin，1965；Smith，

2000，Walker，2000）。

比较该潜望镜薄和厚透镜设计会发现，当真实透镜替换后，系统长度有很大变化，但厚透镜系统保留了薄透镜的焦距不变。

如果给出了一个初始的厚透镜光学系统，机械工程师就可以开始设计该仪器的机械结构部分。此阶段一个重要的设计输入是对调整环节的预先定义，这些调整环节将用于装配时对零件加工误差的补偿，因此，需要光学设计时先计算出光学元件位置偏离和尺寸误差对成像质量的灵敏度。在机械设计中也需要根据灵敏度数据对光学零件和机械零件尺寸及物理性质给出合适的公差。这方面的设计内容将在1.7节讨论。

设计图1.5所示两种类型光学系统时，另一个要完成的步骤是初步确定装配过程中必需的调整，如调焦和零件的对准。较早考虑这些机理有益于避免在总系统布局设计时为满足这些基本特性而出现空间不够的失误。

确定了几个关键问题而将方案最终确定后，就真正开始初始设计工作了。图1.6给出的通用流程图可以作为评判依据。起草设计概念，要从技术要求及证明该设计能够满足技术要求的判断准则开始。第一组问题的焦点涉及要有足够的加工工艺和性能合适的材料。如果对这些问题的回答都是"是（YES）"，就接着继续进行初始设计。若答案是"否（NO）"，则相应地修改设计或改换合适性质的材料。也可以给出材料和工艺的变化公差。随后的分析和建模（见1.6节）将确认已经具备开展最终设计。否则，为了得到所需要的数据，设计人员就需要设计、制造和测试一些样机，成功了，该项目就进行详细设计阶段（见1.10节），如果不成功，要修改初始设计或在客户许可情况下修改技术要求。重复上述的评估过程，直至改进后的初始设计［在初始设计评审（PDR）中］被接受（见1.10节），然后进入详细设计阶段。

正如本套书卷Ⅱ第2章详细阐述的，反射镜设计是一个由预设计、初步设计和最终设计分析组成的三步过程。所有的反射镜设计都是首先确定性能技术要求。除了如曲率半径、直径和锥形常数等光学性能参数外，还要规定机械参数，包括自重弯曲（变形）和总重量。通常，自重弯曲属于大的误差估算范畴，包括热畸变和制造误差。对于动态应用，自重弯曲变形可以根据频率和静态弯曲变形之间的关系推导出。

对前面设计结果进行缩放是最终分析过程中很常用的一种技术。利用如 Valente（1990）研发的比例定律（或标度律）可以预测反射镜重量，还可以参考 Hsu 和 Johnston（1995）的研究成果。另外，也可以根据面密度估算重量，轻质反射镜面密度的保守估值是 $180kg/m^2$，哈勃空间望远镜的主反射镜是一个典型代表。目前最先进的代表值约为 $15kg/m^2$，詹姆斯·韦伯（James Webb）空间望远镜的主反射镜是其典型代表。应用简单的自重弯曲变形方程是快速估算反射镜性能的另一种方法，这些公式将在本套书卷Ⅱ第1章关于反射镜性能中讨论。

初步设计是利用闭环式或手工计算完成的一种详细设计。实际上，控制着反射镜自重弯曲变形和刚性的公式是非线性的，因此，必须采用计算机进行辅助设计。该设计阶段，通过对参数进行分析决定反射镜的刚性和自重弯曲变形的影响。卷Ⅱ第2章给出反射镜初步设计必需的基本公式。仅利用初步分析有可能完成反射镜设计。一般来说，在进行有限元分析（FEA）之前要完成这一步。

初步设计之后，利用 FEA 对完成的反射镜结构布局进行详细分析。FEA 和初步设计分析法确定的性能之间常有很大差别。后者可作为对 FEA 结果的初步审查。随着两者结果逐

第1章 光机设计过程

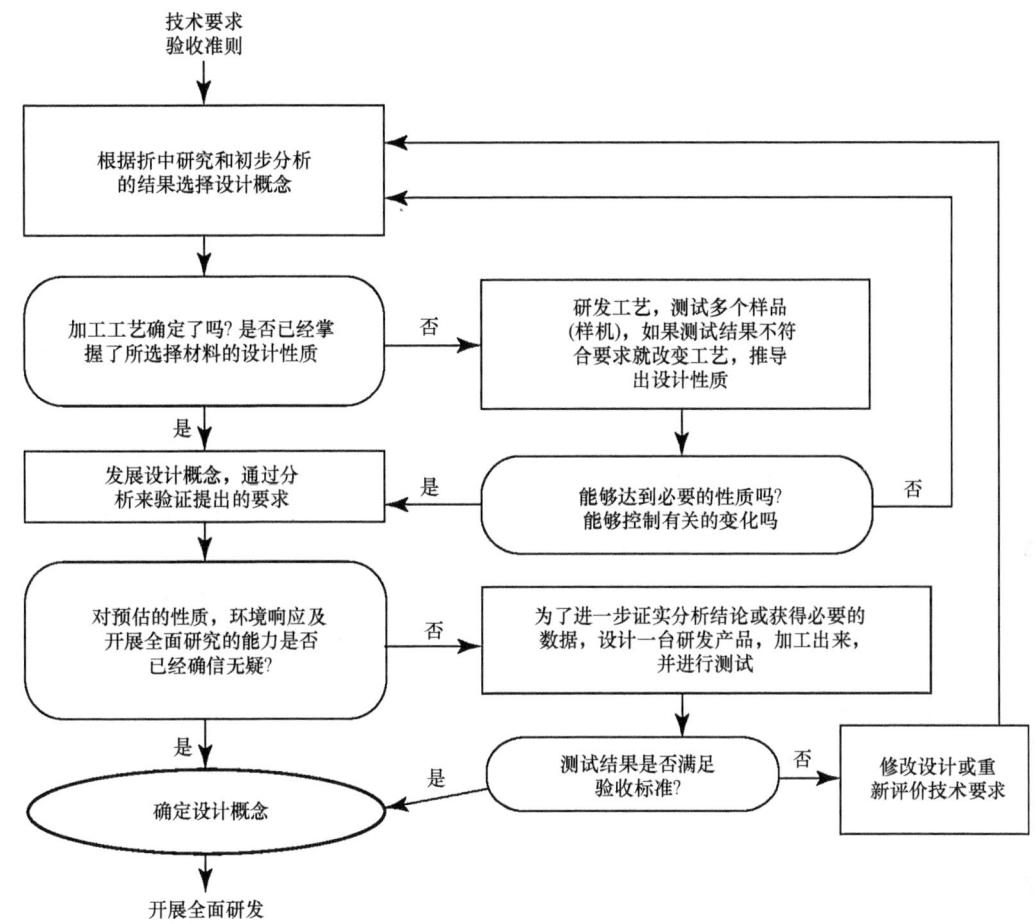

图1.6 在项目的概念性设计和初始设计阶段，设计、材料、工艺确认步骤的流程图
(资料源自Sarafin, T. P., Development confendence in mechanical designs and products, in Spacecraft Structure and Mechanisms, Sarafin T. P. and Larson, W. J., Eds., Microcosm, Torrance and Kluwer Academic Publishers, Boston, MA, 1995b, Chapter 11)

渐一致，差值约小于20%，通常就认为具有良好的一致性。尽管为了实现最佳设计，可能需要在初步设计和FEA法的参数之间进行迭代，但还是利用FEA指导最终设计。越过初步分析而直接进行FEA常是徒劳无益的，耗费大量时间却只产生一个设计方案。FEA法已经超出本书内容。Doyle等人(2002)的著作对利用FEA来分析反射镜设计有详细阐述。

1.6 设计分析和计算机建模

到了设计的这个阶段，仪器中所有主要零件的材料都要选定，至少暂时确定下来，所以就可以分析该设计在预测环境中的热性质和动态特性（冲击和振动）。如果这些分析暴露出初始设计有明显不足，就应当仔细评估并决定是否重新设计。这种变化也许很简单，如用不锈钢替换铝材料，目的是降低机械零件的热膨胀系数，确定一个特别严格的空气间隔。如果这种分析表明，如双胶合透镜的组成元件存在较大的热特性差异而无法承受热冲击，或者焦距随温度变化过大，就需要考虑调换玻璃。对冲击或振动负载的分析模拟表明有过量形变，甚至存在结构失效的可能性，结构设计就要做些相对复杂的改变。

在简单的仪器中，使用传统的梁壳理论计算元件的偏转（即应变）和应力，用传统的热传导理论计算温度的影响，则足以评估受扰系统的力学特性。在这些情况下，尽管对温度分布、元件形变和位移的了解有限，但用以评估这些因素对系统性能的影响是足够的。Roark（1954）及后来从事该项研究的学者（如 Young，1989）提供了计算各种几何体的偏转、内力矩、切应力和应力的通用公式。Roark 给出的公式是后面章节对各类光机元件和组件进行分析的基础。

根据参考书提供的闭合方程计算出的值不一定准确，因为这些公式是以对硬件数学模型的可应用性和特征，以及批量材料重要性质的均匀性进行假设为基础的。此外，它们是利用数学方法推导，常常包含额外的误差。值得庆幸的是，在工程设计或分析中，并非总是需要特别高的精度，所以，使用这些公式进行计算（精度）在大多数情况中是足够的。更复杂但未必更精确、而与结构设计有关的计算通常使用 FEA 完成。即使是简单仪器，如果必须处理与温度变化有关的材料性质、温度的空间变化、瞬态变化（如由于温度的急速变化或者梯度变化产生的热冲击）和不同材料的分析比较或布局折中，计算也是很复杂的。

FEA 已经发展了许多年，是设计和分析机械结构的常用工具，非常适用于光机结构的静态、动态和热传导分析。在一个典型的 FEA 中，光机结构被建成二维/三维连续或网格式小单元分布所组成的模型。假定这些小单元内的形变（即应变）是弹性、均匀的，并按照某些已知的关系分布，小单元的形状通常是三角形、矩形或梯形，并假定是用没有摩擦的销钉将它们在其顶点或结点处连接起来。利用弹性体的关系推导结构件在施加扰动条件下产生形变的多项表达式，可以对该模型施加温度分布以确定热效应，光学元件就被建立为典型的结构件模型。因为对光学元件来说，需要考虑的就是表面形变及应力分布。为了描述整个结构的特征必需求解许多公式，所以，需要使用矩阵运算和复杂的软件编程，以及高速、大容量计算机。计算结果被视为近似值。随着分析的假设模型变得更为复杂，有更大量的小单元参与模型计算的时候（即模型网格划分更细），这些近似值就会接近真值，就是说收敛。

Hatheway（2004）使用下面简单实例说明 FEA 的收敛性质。一根端面为 16in 见方、长 32in 的铝梁的一段悬臂伸出，其重量分布造成自由端在重力作用下下垂。为了讨论切应力的影响及弹性形变，选择铝梁的比例。通过线性弹性计算及假定取不同数量结点的 FEA 分别预测出偏转。图 1.7 给出了 5 种模型，不同的模型有越来越细的网格，因此有更多结点。表 1.6 列出了这些模型的特性。图 1.8 给出了铝梁自由端的偏转量变化，三角表示由线性公式计算值，实心园表示用 FEA 对不同数量的结点完成的计算值。该曲线表示，随着小单元变得越来越小，即随着结点数目的增加，FEA 的近似值逼近线性值。这个特性可以用来评估 FEA 的精确程度，即增加结点数目以检测某已知的计算值，如果计算结果仅变化一个很小的量便出现收敛，就则认为该结果相当精确。

表 1.6　图 1.7 所示铝梁的 FEA 模型的特性

种类（见图 1.7）	a	b	c	d	e
n 为方形截面边上的单元	1	2	4	8	16
小单元的尺寸/in	1	0.5	0.25	0.125	0.062
模型中总的结点数为 $(n+1)^2(2n+1)$	12	45	225	1377	9537

（资料改编自 Hatheway, A. E., *Proc. SPIE*, 5178, 1, 2004）

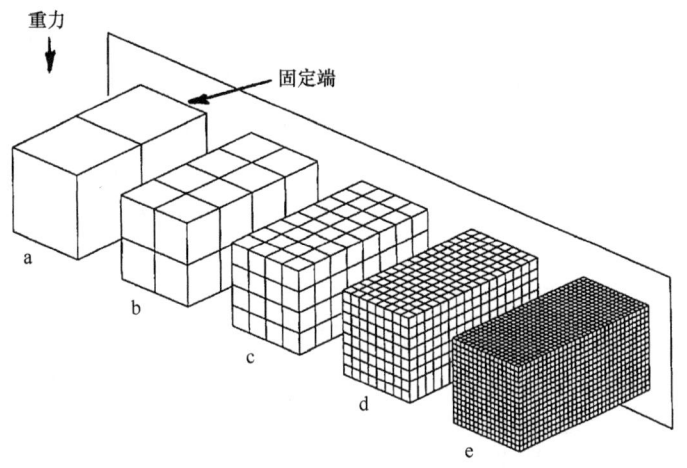

图 1.7　说明复杂性对收敛性影响的 5 种 FEA 模型举例
（资料改编自 Hatheway，A. E.，*Proc. SPIE*，5178，1，2004）

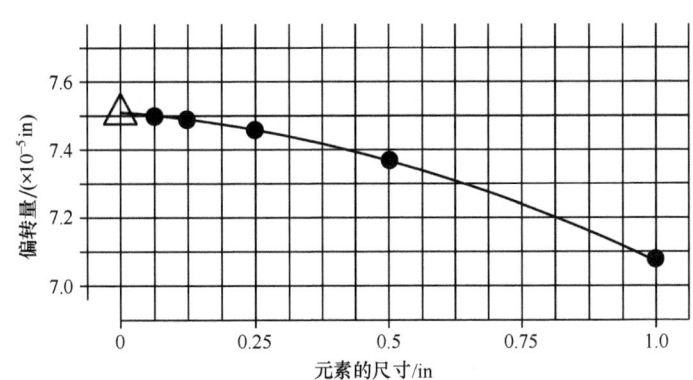

图 1.8　铝梁变形计算值随着 FEA 单元尺寸的减小及结点数目的增加而收敛的曲线关系
（资料改编自 Hatheway，A. E.，*Proc. SPIE*，5178，1，2004）

为了便于结构设计和分析，已经研发出一些计算机结构分析和相关的预处理和后置处理程序，如 ANSYS、NASTRAN、PATRAN 和 STARDYNE 等。就其能力而言，当对结构施加一组假设的负载，或者静态（恒稳态），或者动态（随时间变化），就可以利用这些结构分析软件计算结构的弹性变形及局部应力。为了评估极端环境条件下潜在的结构损伤，会经常使用应力计算。Doyle 等人（2002）专门解释了应用 FEA 对光学仪器进行建模和分析时要考虑的基本因素。

如果与其他软件组合使用，从光机系统观点出发，则 FEA 非常有效。机械和热分析需要利用许多不同类型的软件。若包括光学件，则另需光学分析模型和软件。最强大的软件就是通用的光学设计分析软件，如 CODEV、OSLO 和 ZeMAX。这些软件利用反射定律、折射定律和衍射定律可以计算多种光线的轨迹和交点。通常是根据几何像差、调制传递函数、点扩散函数和线扩散函数、像差的 Zernike 多项式/或光学表面的畸变评价光学性能。光学性能的降低一般是由于刚性元件的倾斜、偏离设计位置和方向及表面形变所致，后者常是造成性能恶化的最主要原因。

绝大部分尖端科技的应用，如用于空间探索或大型地面天文望远镜的复杂仪器的设计和分析，都会涉及各种学科，而不仅是光学和机械学。控制系统、流体力学、电磁学、电子信号处理、通信等相关知识都可能需要。为分析仪器性能，凡参与总系统组成的所有学科都需要共享这些数据。

当今的 CAD 软件包（如 Auto Cad，Pro/Engineer 和 SolidWorks）对于设置光机系统解析模型格式和用图形描述计算结果都是非常强大的工具。光学设计软件和结构分析软件或热分析软件应用不同技术求解各自的方程，它们输入/输出数据的格式都不一样，各软件的计算方式可能会互不兼容，因此计算过程不可能直接链接。为了评价机械或热扰动造成的光学效应，最常使用的方式就是计算无扰动系统的光学性能，再计算因外部扰动如振动或温度变化造成的弹性形变，然后将这些结果输入到光学设计软件中重新计算光学性能。Coronato 和 Juergens（2003）介绍了一种技术，使用 Zernike 圆形（光瞳）多项式进行数据转换。

在 Hatheway（2004）阐述的综合分析法（见图 1.9）中，每一种学科都使用各自的软件，一个数据库管理器将数据从一个软件传递到另一个软件，并对每一种软件的输出重新格式化（或者转换），作为下一个软件的输入。对这些数据进行内插或外推处理，使其变换后能够符合各种软件的不同要求。在这种数据转换过程中引入的误差可能比较大，并且难以量化，因此，对该结果的可靠性需要使用更为严格的方法或通过实验测试予以确认。在某些情况中，如果正在求解的结果已经从以前的闭式计算或测试中知道，就可以认可这些计算。

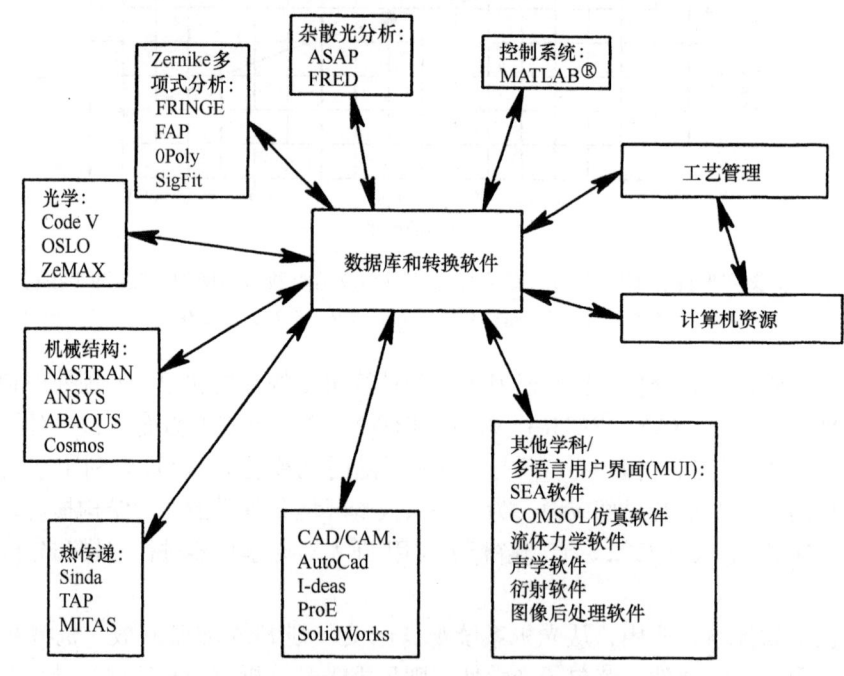

图 1.9 光机分析中各类学科之间的相互作用
（资料源自 Hatheway, A. E., *Proc. SPIE*, 5178, 1, 2004）

这种方法具有一系列完成数据库管理和转换（DBM/TS）功能的软件程序，并使用中央计算机或计算机程控系统把所有的计算步骤相互连接并进行控制。一旦软件的输入文件

(模型)准备完毕,DBM/TS 就可以进行相应计算,将每一个软件的输出直接送到下一个正确的接收器。如果显示出的接收器是另外一个软件的,DBM/TS 就会自动将这些数据处理成正确格式输入到该软件中。例如,数据处理算法可以将一个柱面坐标系的数据转换成一个直角坐标系的数据,或者将温度分布数据进行内插处理成一个比原始数据更细的网格。这是一种非常先进的为集成分析法专门设计的软件编码操作系统。

在设计或研发过程中,由于各种软件程序之间存在复杂的设计数据流,因此,为了显示这种复杂关系,图 1.10 给出另一种更为细致、含有潜路径的综合分析法。实线代表直接影响,虚线表示需要手工设计修改数据流。如果它们都使用标准格式,程序之间的数据交换就容易和方便得多。表 1.7 列出了当前存在的数据交换格式的例子。读者要特别注意表中倒数第二栏(STEP),这是一个源自 ISO 的关于数据表示方式和数据交换的国际标准的程序。STEP 至少部分地阐述了一种数据交换贯穿整个产品寿命周期的概念。这个时间段可能比设计该产品使用的计算机程序的寿命还长。在这段时间内,个人拥有的程序会变得陈旧落后甚至无法与其他所需程序通信。STEP 还提供了一种通用数据模块(NDM),允许数据存储在任一个数据平台上,从而通过一个标准界面从任何应用中读取数据。

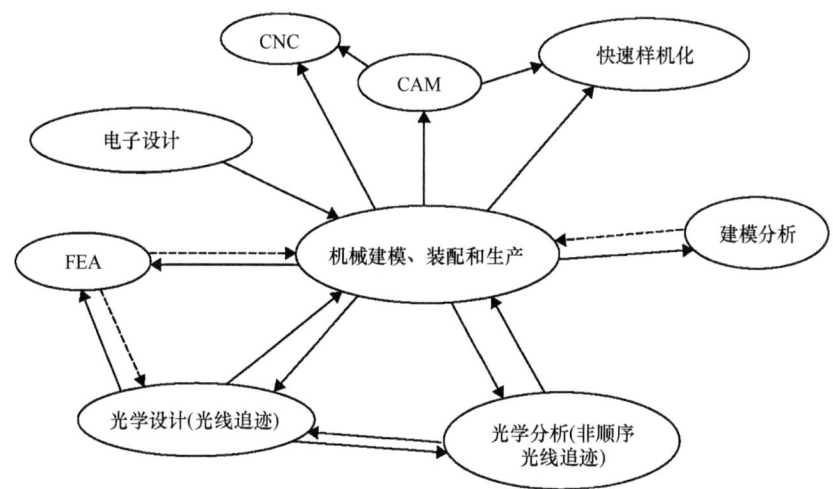

图 1.10 软件包之间设计数据流的可能路径,虚线箭头表示分析数据可以用作设计修改的基础,但分析程序不能直接修改设计数据

(资料源自 Shackelford, C. J. and Chinnock, R. B., *Proc. SPIE*, 4198, 148, 2000)

表 1.7 用于电子数据交换的 CAD 格式及绘图文件格式

格式	名 字	维护单位	备 注
ACIS	Alan, Charles Ian's System	美国 Spatial 公司	3D 建模引擎
BMP	BitMap	美国微软公司	Windows 使用的绘图文格式。文件为每一个像素提供 RBG 绘图数据阵列
DXF	Drawing eXchange Format	美国 Autodesk 公司	以矢量为基础的 3D 格式
IGES	International Graphics Exchange Specification	美国国家计算机图形协会(National Computer Graphics Association)	为传递绘图数据的显示而设置的协议

(续)

格式	名 字	维护单位	备 注
JPEG	Joint Photographic Expert Group	美国 C-Cube Microsystems	JPEG 是一个为编码位图数据设计的压缩算法,不是一个文件格式
JFIF	JPEG 文件交换格式	美国 C-Cube Microsystems	JFIF 是一个实际上的标准互联网 JPEG 格式
STL	Stereo Lithography Interface Format	美国 3D System	ASCII 或者二进制文件允许 CAD 数据被立体测量装置阅读
VDA-FS	Verband Der Automobilindustrie Flachen Schnittstelle	德国 Verband Automobilindustrie	德国的国际标准
STEP	STandard for the Exchange of Product	国际标准化组织(International Standard Organization)	ISO 10303—21:1994 工业自动化系统——产品的表示法和交换
PNG	Portable network Graphic		支持无损耗数据压缩的光栅图形文件格式

(资料改编自 Shackelford, C. J. and Chinnock, R. B., *Proc. SPIE*, 4198, 148, 2000)

注:实体建模利用 STEP、ACIS 和 IGES;二维(2D)画图利用 BMP、JPEG 和 DXF。

解决与光机设计有关的多学科计算问题的另一种方法,是在有关学科与使用的 FEA 软件之间建立一种数学模拟。Hatheway(1988,2004)将这种方法定义为"一元分析法"。在几乎所有的情况中,每一个参与的学科,如热、弹性力学和光学,给出的都是线性公式。将模拟中使用的公式进行线性处理,得到的解只需要一个软件编码,避免了内插、外推、格式变化、舍位、数据展开和紧缩的处理。而在其他方法中,为使问题的解在软件编码之间相互调配,最终达到所希望的结果,可能都需要上述的处理过程。

为了举例说明这种技术,图 1.11a 给出了一个利用 FEA 分析无焦望远镜主镜和次镜支撑结构的模型。由于机械应力通过安装结构传递到主镜中,所以望远镜工作性能的测试结果不是太好。可以认为,(杂质)颗粒陷在安装法兰盘接口,造成其结构变形,最终使主反射镜存在机械应力,这可能是其原因。相对于反射镜的刚体运动,会使反射镜镜面产生少量畸变,从而使直接评估变得复杂。在 FEA 模拟中,一台干涉仪与一种反射镜表面模型相结合以实现光学模拟,当结构发生图 1.11b 所示的变形时,以数学形式迫使该干涉仪随反射镜表面运动,因而,只有相对运动(变形)出现在输出数据中。以合适比例(以波长为单位)绘出的模拟干涉图可以确定反射镜安装法兰盘下各种尺寸的粒子对反射镜面产生的扰动效应。图 1.11c 中,采用间隔是 0.5 个波长(波长是 450nm)的等高线表示一个直径 0.005in(125μm)的坚硬微粒使反射镜产生的形变,该微粒被挤压在主镜安装法兰盘下一个特定的网格位置。测量波长 633nm 时,反射镜总的面形误差相当于 0.71 个波长,从而解释了系统不能正确工作的原因。拆卸、清洗和再装配则解决了该设备的问题。

正确应用 FEA 程序完成如刚才描述的那些分析,可能导致某些分析人员在没有对假设和输入建模的正确性或对选模精度的限制提出怀疑的条件下就相信其计算结果。设计工程师一定不要忘下面事实:在一定环境下,FEA 模型可能会忽略所分析结构的一些重要特性,

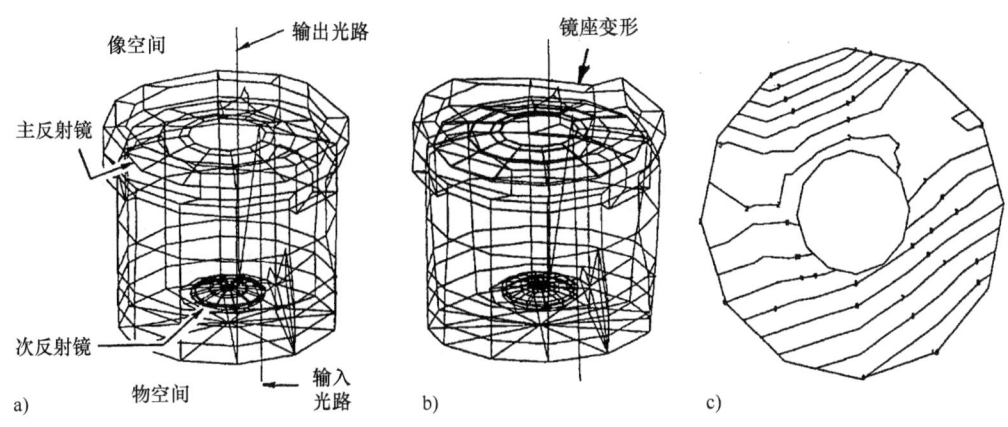

图 1.11 FEA 图形输出示意图

a) 没有形变的望远镜结构 b) 同样的望远镜结构，但包含一个有形变的法兰盘 c) 图 b 所示望远镜变形主镜的模拟干涉图，为了表示出表面图形的详细误差，按照 450nm 波长的光波进行缩放（注意，图 c 上不能分辨的符号代表区别条文顺序的号码）

（资料源自 Hatherway, A. E. , Optics in the finite element domain, in Computers Engineering, American Society of Mechanical Engineering, New York, 1988）

或者被不正确地应用而给出一个错误的结果。正如前面所述，认真、有选择地应用分析弹性结构特性的经典方［如由 Young（1989）或 Timoshenko 和 Goodier（1950）阐述的 Roak（1954）公式，以及使用 FEA 程序对计算结果相互验证］，会对该结果产生更大信心。Genberg 等人（2002）指出，FEA 的结果应看作"假定有罪"。有些作者还指出，工程师必须投入大量精力理解结构/热/FEA 的基础理论，理解 FEA 程序的工作细节，包括它的预处理器和后处理器的特性，做出建模决定和假设，并证明是正确的，对结果做出解释，得出正确结论；最后编制出正确的分析文件。

无论对一个设计的分析采用什么形式，设计每推进一步，都需要有良好的文档备案以供日后参考。例如，选择具体材料的理由，对一个设计（或者一部分）做出的未来能否可靠工作所依据的基础，以及在设计中选择专用工业零件的逻辑等内容都是非常重要的档案材料。这些记录对于设计审查（见 1.10 节）是非常有价值的参考资料。实际经验表明，如果在解决悬而未决问题的过程中会需要这些记录作为进一步的证据，或者为了申报专利和避免产品责任索赔。这些备案记录将会提供非常有效的证明以避免不必要的麻烦。这些文件应当成为正规设计文件的一部分，不应当留在设计师或工程师个人的文件夹中，否则会随时间而逐渐流失。

如果在仪器的寿命周期中，生产成本和产品维护对于仪器的使用非常关键，与一般常见的情况一样，就应当对这方面的设计内容进行分析。如果有另外的方案研究过性能与成本核算之间的比照，那么会有助于得到一个经济的设计，产品维护分析也会使设计得到改善，减少备件存货数量和对特殊工具的需求，或者使用经验丰富的操作人员以减少或消除人为的调整。Willey（1983，1989）、Fischer（1990）、Willey 和 Durham（1990，1992）、Smith（2000）和 Fischer 等人（2008），以及本书之前版本已经提供了许多正反两方面的设计例子和非常好的技术指导意见，建议在对图样最后定稿之前，通过正确的仪器设计和精心选择材料与工艺，来避免出现生产或测试问题。

1.7 误差预估和公差

与1.4节讨论的性能技术要求和约束条件密切相关的就是多级预测的允许偏离量：一种是与元件的设计尺寸的偏离；另一种是与仪器中其他元件的对准偏离。公差对一个光机系统的可用性和仪器寿命都有很大影响。例如，一个电光恒星传感器系统在航天器平台上用做精密的姿态基准，如本书5.8.2节及Cassidy（1982）所述。实现约1/58000（精度等级是在8°视场范围内为0.5″）的指示精度，特别要求所有恒星的图像在全视场范围内均匀对称和能量分布一致。对系统的分析表明，如果功能和性能正常，举例来说，75%所接收能量处的光斑实际直径应当比该强光系统（$f/1.5$）相对孔径对应的衍射极限大得多。为了更有效地完成设计工作，将该透镜轴上靶标图像的能量分布和对该分布允许存在的扰动量（由于像差的影响，并且是半视场角的函数）的预估规定为设计参数。一旦该系统完成加工和调试，很容易达到所要求的性能指标。一份误差分析就能显示出与像质恶化有关的那些单个光学元件是如何倾斜、偏心及对轴向间隔的偏离。预测出的总误差的一部分分配给单个元件或所有内部元件的校准误差，然后就可以进行详细的结构设计。技术人员按照元件偏心、倾斜和轴向间隔误差的要求装配透镜，由于装配技术部分地受制于对微量误差量的测量能力，所以，误差预测的一部分就归结为测量工序中仪器误差和随机误差。在这种预估过程中一个最基本的理想假设就是透镜系统的焦距在运作中保持不变。很明显，温度的变化可以影响焦距，所以，一部分机械设计误差预算量是考虑均匀分布的热效应。应该注意到，透镜上的热梯度会影响图像的对称性，并会形成误差预估量的一部分。系统经过严格的加工和装配，接受质检员的密切监控，保证硬件的质量完全符合设计图样，那么该系统便成为一个非常合格的产品设计。

Smith（1985）指出，针对某特定的设计环境会有许多潜在的误差源需要考虑，所以为了保证设计成功，应当系统地分析误差预估量。Ginsberg（1981）概括描述了一种成功应用于该目的的技术，认为该过程是"在保证有足够优良性能的同时，为光学零件、机械零件和组装件规定最宽松的公差范围"。Fischer等人（2008）对于基本的误差分配/确定公差的过程给出了一个更新的阐述，该基本过程几乎会出现在所有的光机设备研发项目中。

一个包括该过程各步骤的框图见图1.12。首先，从框1"性能技术规范"开始光机系统设计。框2给出暂定公差。通常，这些都是根据经验或常用的制造工艺决定（见表1.8，列出了公开发表的光学零件的典型值）。框3中，进行一定量的调整，包括对所选择的透镜作微量的横向调整以使轴外像差（慧差、像散和畸变）达到最小或调整1个/多个透镜的轴向位置以使球差最小和/或最佳聚焦。本书5.10节给出了一个例子，将介绍一个典型的复杂物镜组件的调整过程。这些调整过程应当在最终装配工艺中并在调试夹具上完成，可以同时测量相关像差。框4中，利用光学设计程序确定系统性能对每个参数微小变化的灵敏度。框5中，调整光学公差，因此，对很敏感的值规定较严格的公差，而对不太敏感的参数则给予较宽松的公差。

第1章 光机设计过程

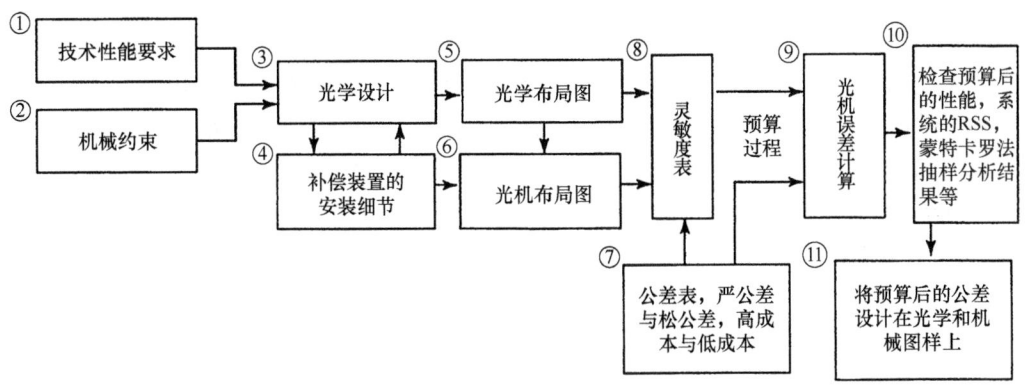

图 1.12 光机仪器设计确定公差过程的框图
(资料源自 Ginsberg, R. H., *Opt. Eng.*, 20, 175, 1981)

表 1.8 光学仪器光机参数的典型公差值

参数	单位	公差			成本影响（％）
		宽	适中值	严	
折射率①	—	±0.0005	±0.0003	±0.0002	N/A②
直径 D ③	mm	±0.1	±0.025	±0.005	>125
半径对样板的偏离量（50mm 直径的透镜）	条纹④	±5	±2	±0.125	~250
对球面或者平面样板的偏离：光焦度（不规则度）	条纹	±5（±2）	±3（±0.5）	±1（±0.1）	~250⑤
零件厚度 t	mm	±0.2	±0.05	±0.01	~200
物理楔形角	′	3	1	0.25	~150
高宽比 D/t	—	10/1	20/1	50/1	~350
物理偏心	mm	0.10	0.010	0.005	N/A
物理倾斜	′	3	0.3	0.1	N/A
棱镜的尺寸误差	mm	0.25	0.010	0.005	N/A
棱镜和光窗的角度误差	′	5	0.5	0.1	N/A
划痕/麻点（根据 MIL-PRF-13830）	—	80~50	60~40	10~5	N/A

(资料部分改编自 Plummer, J. and Lagger, W., *Photon. Spectra*, 65, December 1982; Fischer, R. E. et al., Optical System Design, McGraw-Hill, New York, 2008 and miscellaneous manufacturer's advertised capabilities)

① 取决于零件的尺寸。
② 目前暂缺。
③ 假设与镜筒内径（ID）紧密配合。
④ 一个条纹等于 0.5 个波长（波长 0.546μm，汞灯的绿光），规定是在最大通光孔径内的条纹数。
⑤ 取决于制造工艺。

图 1.13 给出了一个用作激光扩束镜的无焦望远镜实例，Ginsber 早期引用的这篇论文是用来说明如何对一个典型的简单组件进行像差补偿和最终调校对准。在基准面 A 处用法兰盘将望远镜固定，相对于导光筒直径（基准面 B）在径向定位，假定激光束垂直于基准面 A 入射，并且与导光筒直径同心。使用比较大的透镜作为补偿元件使输出的光束聚焦，同时用来调整该光束使其与基准面 A 垂直（在 C 表面上滑动透镜架）。因为第一块透镜是以其第一个抛光表面作为安装基准面的，所以在其外径和金属件的内径之间有一个安装间隙，允许透镜绕着该表面的曲率中心稍有倾斜；另外，第二块透镜是以一个平面为基准的，所以不可能倾斜，只会偏心。如果安装透镜的轴肩相对于基准面 A 倾斜，第一块透镜就会倾斜。由于比较大的透镜镜座可以通过旋转螺纹进行调焦，所以调焦后应当定中心。公差要求方面的其他特点包括表面 A 和表面 C 的平行度及压靠在透镜曲面上的压圈螺纹的配合公差。

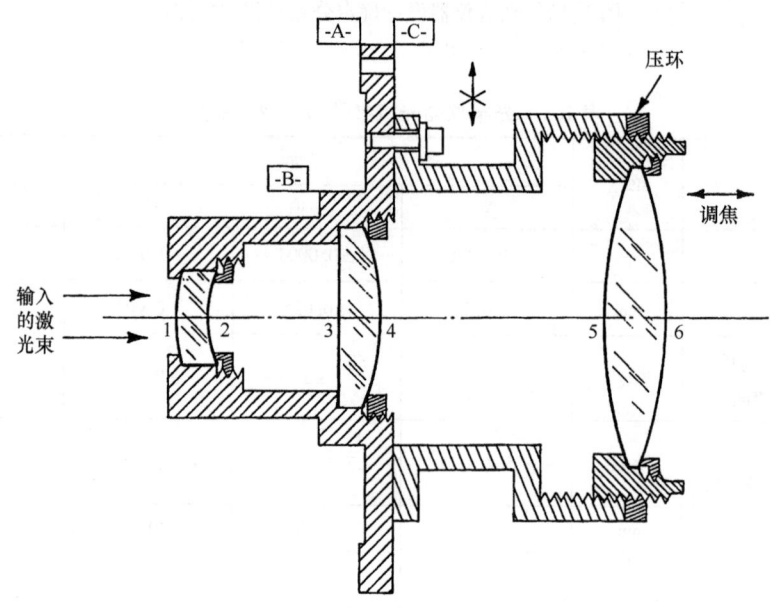

图 1.13　一个简单的激光扩束望远镜的光机图，用作公差分配过程的说明实例
（资料源自 Ginsberg, R. H. , *Opt. Eng.* , 20, 175, 1981）

为了得到图 1.12 所示框 8（译者注：原书错印为框 4）中的灵敏度数据，给出所有潜在误差的最大值的合理近似值，然后将每一个参数都改变一个小的步长。根据预先确定的某种评价函数或像差计算出对应的性能变化，并输入到事先设计好的表格中，如图 1.14 所示。设计人员应该在如何选择性能评价函数上达成共识。假定小的参数变化是线性的。

图 1.14 给出的灵敏度数据是针对图 1.13 所示的硬件实例。在此应注意的重要性能特性是输出光束的发散度 Δdiv（单位是 μrad），其中改变量列在标有 change（变化量）一栏中。图 1.14 中脚注"A"表示在计算发散度的变化之前，轴向调整第三块透镜以校正离焦量，而该透镜的横向位移可以调整其输出光束的方向误差。将这些调整量输入到最后两栏内。如果根据实际情况需要记录其他性能评价函数的灵敏度，表中可以另外增加栏目。

根据灵敏度和最大的近似误差值表得到误差预测量（图 1.12 中框 9）。工作期间外部因素造成的误差放在框 6 中考虑，包括可以预见到的大气扰动或者振动。

第 1 章 光机设计过程

图 1.15 是 Ginsberg 所述例子应用的误差分配表格。为了更容易地将信息转换到光学图和机械图中,应将预测计算所需要的元件参数一并列出,当然,可应用的公差必须作为一个整体。如果误差彼此独立,就可以根据这些误差的方均根评估其总的效应,应当将这个结果与所允许的系统总误差进行比较。一种"最坏情况"的误差分配就是误差直接相加,从统计学观点,并非所有参数都赋予最大公差,所以,并不能真实地表述该项目的误差量。

采用蒙特卡罗(Monte Carlo)法组合考虑一组已经确定公差的参数的影响,则能够获得更好的公差分配。此时,创建了一组至少包括 25 种基本形式的光机设计,每种设计的每个参数在其公差范围内按照正态(高斯)分布随机变化。这些设计代表着一组完成加工的透

Sensitivity table

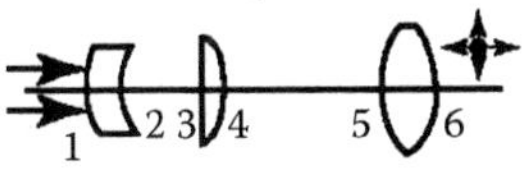

	Surface Element or Group	Change	Parameter and Comments	Δdiv μrad.ⓐ	Req'd Refocus 5–6 in.	Req'd DCNTR 5–6 in.
	1–2	0.001	Index of refraction		✕	✕
	3–4	0.001	-do-		✕	✕
	5–6	0.001	-do-		✕	✕
	1–2	0.00001	Homogeneity		✕	✕
	3–4	0.00001	-do-		✕	✕
	5–6	0.00001	-do-		✕	✕
	1–2	0.001"	Thickness or Air space			✕
	2–3	0.001"	-do-			✕
	3–4	0.001"	-do-			✕
	4–5	0.001"	-do- (without compensation)			✕
	5–6	0.001"	-do-			✕
	1	0.1%	Radius			✕
	2	0.1%	-do-			✕
	4	0.1%	-do-			✕
	5	0.1%	-do-			✕
	6	0.1%	-do-			✕
	3	1 Frng	Non-flat over " φ		✕	✕
	1	1 Frng	Irregty over " φ		✕	✕
	2	1 Frng	-do- " φ		✕	✕
	3	1 Frng	-do- " φ		✕	✕
	4	1 Frng	-do- " φ		✕	✕
	5	1 Frng	-do- " φ		✕	✕
	6	1 Frng	-do- " φ		✕	✕
	1–2	1 Frng	Wedge @ 2		✕	
	3–4	1mr	Wedge @ 4		✕	
	5–6	1mr	Wedge @ 6		✕	
	1–2	0.001"	Roll @ 1		✕	
	5–6	0.001"	Roll @ 5		✕	
	1–2	0.001"	Decenter			

(A) After refocusing output beam with lens 5–6, or correcting output beam direction with lens 5–6.

图 1.14 应用于图 1.13 所示光机组件中具有代表性的灵敏度表格

(资料源自 Ginsberg, *Opt. Eng.*, 20, 175, 1981)

Sensitivity table

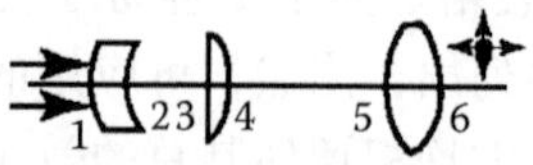

	Surface Element or Group	Change	Parameter and Comments	Δdiv μrad. Ⓐ	Req'd refocus 5–6 in.	Req'd DCNTR 5–6 in.
	3–4	0.001"	Decenter		✕	
	5–6	0.001"	-do- (without compensation)		✕	
	1–2	1 mr	Tilt @ 1 C.A		✕	
	3–4	1 mr	Tilt @ 3		✕	
	5–6	1 mr	Tilt @ 5 C.A		✕	
	✕		Axial displacement Ⓑ	✕		✕
		0.010"	Laser decenter			
	✕	1 mr	Laser tilt @ 1			
	✕	10 mr	Laser tilt @ 1			

(B) Information available from air space changes.

图 1.14　应用于图 1.13 所示光机组件中具有代表性的灵敏度表格（续）

（资料源自 Ginsberg, *Opt. Eng.*, 20, 175, 1981）

镜。应注意到，由于零件制造方式的原因，一些参数的分布可能会偏离高斯分布。例如，通常将透镜元件厚度设置在表面名义尺寸较大的一侧，加工期间，如果一个表面被划伤且必须重新研磨和抛光，则保证有足够的材料被去除。

即使是最简单的光学仪器，应用这种分析流程也会产生不可接受的粗略误差分配，所以，必须对该过程采用迭代法，直至得到一个满意的误差分布，如图 1.12 框 8 所示。若无法获得可以接受的误差分配结果，则必须修订光学设计或机械设计，采用新的公差分配方案。

采用这种循环计算的好处之一就是出于对成本的考虑可以放宽对一种或多种参数提出的严格公差。通常（不是所有情况），调整所允许误差的大小，使最容易控制的参数有最严格

第 1 章 光机设计过程

的公差。Smith（2000）建议了一种合理的误差分配优化方法，即最敏感参数的公差要严，而相对不敏感的那些参数的公差要宽；如果无法得到可接受的预测值，就必须修改光学设计或机械系统，提出新的预测。

经常被忽略（或者在硬件制造阶段发现问题之前一直被忽略）的一个设计内容就是光学和机械子系统的可生产性。图 1.16 还给出了在设计过程中可以适当增加的一些循环环节，以保证充分分析可生产性临界因素。要与未来加工和装配光学及机械零件、测试及系统维护人员在早期就进行协商和咨询，并把他们的反馈意见糅合到设计中，或许这些意见还会有变化。

如果要求光学系统的性能高于前面叙述的较简单的激光扩束系统，就要采用不同的方式

Error budget

Surface Element or Group	Change	Parameter and Comments	Δdiv. μrad. (A)	Req'd Refocus in.	Req'd DCNTR in.
1–2		Index of refraction			×
		Homogeneity			×
	"	Thickness			×
1	"	Radius error FR. %			
2	"	Radius error FR. %			
1	FR	Irregty over. " φ		×	×
2	FR	Irregty over. " φ		×	×
@ 2	mr	Wedge			×
@ 1	"	Roll			
		Decenter, RSS of all causes			
	"	Axial displacement, RSS			
@ 1C.A.	mr	Tilt, RSS			×
3–4		Index of refraction			×
		Homogeneity			×
	"	Thickness			×
3	FR	Nonflat over. " φ			
4	"	Radius error FR. %			
3	FR	Irregty over. " φ			×
4	FR	Irregty over. " φ			×
@ 4	mr	Wedge			×
	"	~~Roll~~			
	"	Decenter. RSS of all causes			
	"	Axial displacement, RSS			
@ 3	mr	Tilt, RSS			×
	"	Laser decenter			
	mm	Laser tilt			

(A) After refocusing output beam with lens 5–6, or correcting output beam direction with lens 5–6.

图 1.15 根据图 1.14 的灵敏度表计算出的误差分配典型值

（资料源自 Ginsberg，*Opt. Eng.*，20，175，1981）

Error budget

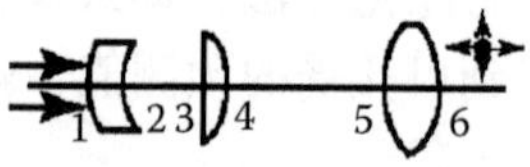

Surface Element or group	Change	Parameter and Comments	Δdiv. μrad. ⓐ	Req'd Refocus in.	Req'd DCNTR in.
5–6		Index of refraction			×
		Homogeneity			×
	"	Thickness			×
5	"	Radius error FR. %			×
6	"	Radius error FR. %			×
5	FR	Irregty over. " φ			×
6	FR	Irregty over. " φ			×
@6	mr	Wedge			×
@5	"	Roll			×
	"	Decenter, RSS of all causes			×
	"	Axial displacement, RSS			×
@5 CA	mr	Tilt, RSS			×
		Index of refraction			
		Homogeneity			
	"	Thickness			
	FR	Irregty over. " φ			
	FR	Irregty over. " φ			
	mr	Wedge			
	"	Roll			
	"	Decenter, RSS of all causes			
	"	Axial displacement, RSS			
	mr	Tilt, RSS			
		Σ			
		RSS			

(A) After refocusing output beam with lens 5–6, or correcting output beam direction with lens 5–6.

图 1.15　根据图 1.14 的灵敏度表计算出的误差分配典型值（续）

(资料源自 Ginsberg, *Opt. Eng.*, 20, 175, 1981)

处理。可以规定光学表面与标定过的样板完全相符，在这种情况下，一种具体仪器的真实半径很容易确定。从生产厂商那里可以得到光学系统中每一块玻璃的折射率数据，这些数据都是厂商测量出的。还可以测量出透镜、棱镜等零件的轴向厚度。使用这些资料对标称的光学设计再次进行优化（通常是调整空气间隔）并获得最佳性能。一般来说，对于高性能系统，这是一种很经济的方法。

对于复杂的系统，可能需要适当地考虑每个子组件的误差分配，然后，对于那些起着刚体作用且与系统平衡相关的子组件，赋予更高一级的误差分配。这只是增加了该过程的复杂性，而每一级的基本过程仍然遵循上述原理。

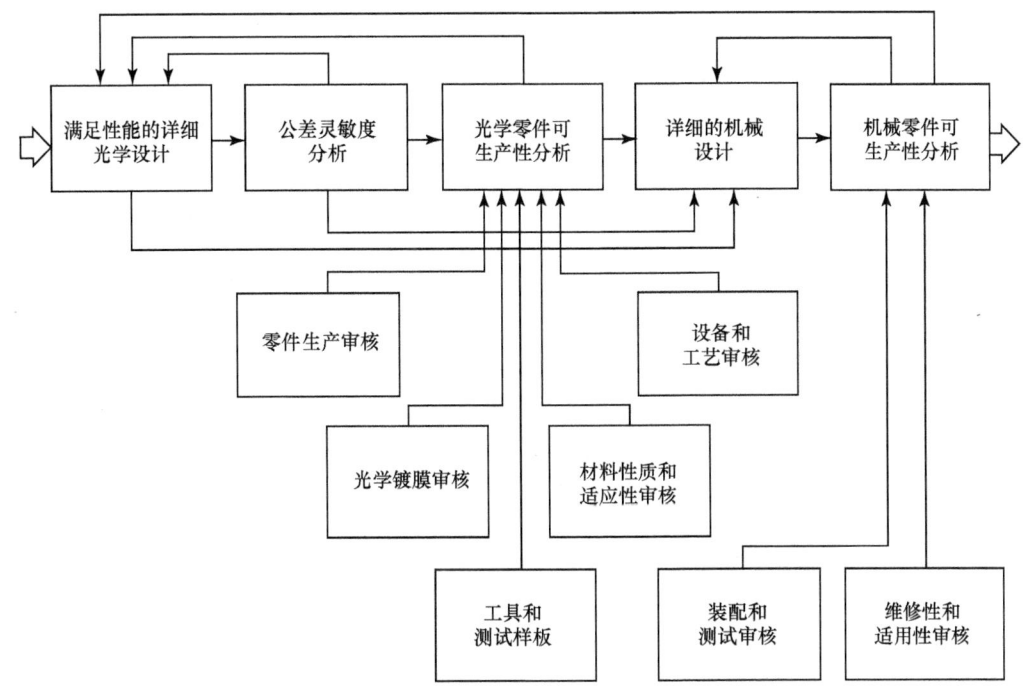

图1.16 将一些循环环节增加到图1.12中的设计/公差确定过程中，确保光学和机械系统的可生产性
（资料源自 Wlley, R. R., *Proc. SPIE*, 399, 371, 1983）

自20世纪90年代初期，引进和采用计算机数控（CNC）研磨机、抛光机和精密制造设备加工关键接口表面以来，降低了光学件的成本，缩短了加工时间且提高了光学质量。最近，广泛采用磁流变加工技术（MRF），可以调整工作接触区域内的研磨/抛光液（悬浮液）的刚度且不断更新悬浮液，因此能形成很高的表面精度并减小了加热的副作用（Pollicove 和 Golini，2003）。该技术本身能够获得高精度的表面形状，其位置和方位可以达到近乎完美。

光机设计至关重要之处是，在各类组件公差的宽严程度（由此造成成本的提高）及调整的必要性（需要决定何时进行调整及是否进行人工调整，这与仪器的成本密切相关）之间实现良好平衡。本节讨论的公差主要应用于光学元件尺寸、位置和方向方面的误差。为了加工、检验和装配机械零件，机械零件的设计也需要公差。一般来说，宽松的公差范围意味着低的生产成本，因为可以使用便宜的加工方法，检验次数也可以减少。

一些机械零件需要严格的公差而又经常被忽视，包括承受切应力的夹持器中孔的尺寸（保持面内刚度并分配负载）、采用合适预紧的光机界面、将致污物进入降至最低、高性能仪器中决定光学对准和调焦的结构零件的尺寸稳定性，以及有较高加速度（如炮弹中的传感器）的光学和机械零件之间的配合。

1.8 试验建模

尽管文字的设计描述已经对产品的功能性解释得很清晰，但对按照该设计制造出的硬件进行测试更能直接表现出其功能性。这个硬件可以是一个功能性的实验模型、电路试验板、实验模块、工程模块或试制样机，这取决于允许的近似程度。采用哪一种形式的模型更合适取决于所允许的成本和计划的限制,还会受到设计中采用技术的成熟程度的影响。相对于一个使用成熟技术和材料的设计来说,希望使用更尖端的技术和材料,就需要更细致、更深入地做工作。

如果研制一个系统并使之成功花费的总代价比较大,对模型进行彻底的测试就特别重要。例如,在对美国NASA哈勃空间望远镜的主反射镜开始粗磨和抛光之前,先加工出一个直径60in(1.52m)(见图1.17)的缩比反射镜,并进行评估。材料、加工和测试技术,以及支撑方案(计量支架)都类似之后制造94.5in(2.4m)直径的实际反射镜所使用的技术。Babish和Rigby(1979)详细描述了这个初始设计,要求非球面反射镜表面形状的质量是$\lambda/61$ rms,测试波长$\lambda = 0.6328\mu m$,这种质量要求是从未有过的。该初始实验的成功,为建造一个全尺寸反射镜提供了可靠的技术基础。用来测试正式反射镜的零透镜在使用之前偶然发生了错对准,这在制造和测试其模型期间肯定是不会预见到的。幸运的是,稍后增加了光学校正系统,补偿了上述误差,并达到了惊人的系统性能。

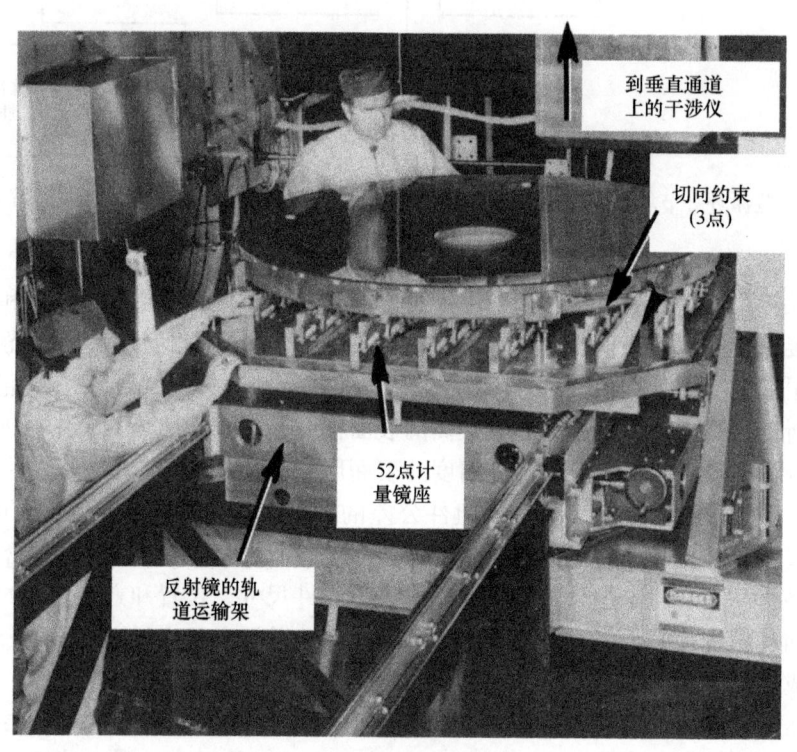

图1.17 一个60in直径(1.52m),表面形状质量方均根值(rms)要求$\lambda/61$的非球面反射镜,后来作为哈勃空间望远镜的缩比实验模型正在加工和测试
(资料源自Montagnino, L. A. et al., *Proc. SPIE*, 183, 109, 1979)

制造实验模型的另一个原因是,在决定按照某份设计图样批量生产光学仪器之前,可以对硬件在工作环境和存储环境下的状态进行评估。一个例子就是美国陆军研发的M19型7×50双筒望远镜。如图1.18所示,比较了验证样机(当时的型号称为T14双筒望远镜)的设计尺寸与先前标准的M17型7×50双筒望远镜(第二次世界大战期间使用的)尺寸的外形图。图1.19所示的T14设计非常独特,为了简化可维修性,采用模块化设计(Brown和

Yoder，1960；Yoder 1960）。该设计的原型样机受到军事人员的广泛评估，在实验室和模拟战场环境中做过严格的环境测试，两者均满足仪器技术条件规定的耐用性需求。虽然光学性能非常好，并且与以前的 7×50 双筒望远镜相比，在尺寸、重量和可维修性，按照要求都有改进，但军事环境下的耐用性仍需改进。

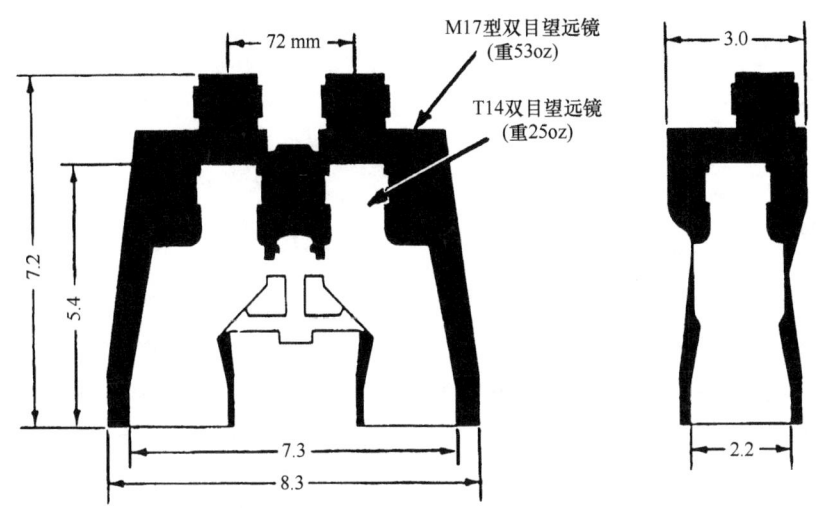

图 1.18 由美国陆军研发的验证样机 T14 双筒望远镜（作为一种尺寸小、重量轻的军用仪器，并准备替代 M17）与以前的军用标准双筒望远镜 M17 的外形尺寸比较。若没有注明，单位是 in。之后生产的双筒望远镜 M19 与 T14 具有相同尺寸

（资料源自 Yoder, P. R., Jr., *J. Opt. Soc. Am.*, 50, 491, 1940）

20 世纪 60 年代期间，美国法兰克福兵工厂研发了一种新型的此类双筒望远镜，具有更为耐用的机械设计，大小和重量只增加了一点。受到高度称赞的模块化设计，仍被保留。这种改进型双筒望远镜通过了用户测试，满足所有技术条件，在 20 世纪 70 年代，作为标准的双筒望远镜替代 M17，定名为 T14EI 型双筒望远镜。后来通过几次细微修改，定型为 M19 型双筒望远镜进行批量生产（Trsar 等人，1981），该仪器如图 1.20 所示，将在本套书卷Ⅱ 7.3.2 节较详细讨论这种设计。虽然在这种情况下，（主要是由于当时 M17 型设备有足够的存货）从开始研发到生产的总时间跨度（1956—1975）很长，但为了进行试验评估而研制的两代原型模型大大方便了其设计进展。

在对实验模型的讨论做出结论之前，再次提醒设计者，要适当考虑使用成品光学件或已列入产品目录的光学件，而不是专门加工的光学件。许多供应商以经济的价格提供高质量的透镜、棱镜、光窗和滤光片等。如果设计波长和材料已经知道，那么根据目录上列出的焦距和厚度可以很容易计算出具有相同半径或一个表面是平面的光学元件的半径。为此可以参考如 Smith（2000）著作中的公式。一些简单镜头（如消色差物镜）都可以在光学系统设计程序的数据库中列出的 Edmund Optics、CVI Melles Griot 及其他许多供应商处获得。一般来说，比较复杂的商业透镜组件的设计是不会公开的，所以不可能进行精确的性能复算。在某些情况下，可以利用从如 Smith（1992，2004）或 Laikin（2007）的资料中得到的标准设计对一个现有的同类型组件的设计作些近似估算。如果只是对一个包含该组件的系统进行计算机建模，或者作为一种新型组件用户定制设计的初期研制，这一类近似设计就足够了。

图1.19 T14 双筒望远镜的第一台原型样机
（资料源自 The U. S. Army）

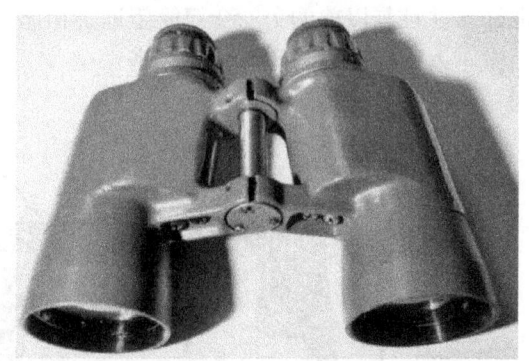

图1.20 M19 型 7×50 双筒望远镜模型，作为图 1.19 所示 T14 双筒望远镜原型机的耐久性改进型

为了对某类光学系统（例如图 1.5b 所示的望远镜）建立一种工作模型，可以根据焦距和孔径从商业供应商提供的目录中挑选一组胶合透镜和单透镜。如果是一种潜望镜结构，或许需要增加一块 90°棱镜和一块平面反射镜以折转光线。可能要购买一个具有合适焦距和孔径的目镜作为子组件。这些元件是安装在一个不经过加工或需要经过精密加工的机械构件中（取决于具体要求）。当然，如此装配起来的光学系统的性能不会最佳，但对于验证、初始评估和模拟包装研究来说是允许的。

如果希望随便使用一些非专门定制的零件就装配出一个简单而功能齐全的照相物镜实验模型，应该说是不实际的，因为像差对透镜的装配方案有很复杂的依赖关系。比较合适的是，选用一个商业物镜，使其焦距和相对孔径与所希望的技术要求来接近。它可以满足初始的评估目的，但定制的产品还需要另外研发。

究竟是选择目录上的光学件还是定制光学件，对其做出选择时必须考虑的因素是所选零件尺寸的合适度、材料、目录零件的质量、镀膜质量和类型。在一些情况中，没有镀膜的零件也能够满足要求。对于透镜，重要的是要知道设计波长和已经优化过的共轭距离。在"F"到"C"光谱范围内（蓝绿—红光）已经消色差的透镜，在许多目视仪器中或在以红色氦氖激光束作为光源的领域中，会有很好的应用效果。

在目录光学件或定制光学件之间做选择时，需要考虑的其他因素是光学透镜共轭距离的设计值。例如，一个为无穷远物体设计的照相物镜在有限远共轭距离下不可能很好工作；反之，一个放大镜组件在有限远共轭距上的工作会比使用无穷远共轭距的物镜更好。在某些应用中，如望远镜，为了正确确定入瞳和出瞳，实验系统中可能会需要一个场镜。

1.9 最终设计

一旦通过分析或模型实验使初始设计得到确认，就要开始准备、校对、审查，按照要求修订和批准所完成的详细设计。将设计交付到加工时通常要有一个严格的设计审查（CDR）。最终设计包含图样和/或电子数据文件。电子文件是单个零件和组件的计算机辅助分析（CAE）文件或计算机辅助加工（CAM）文件，以及调校文件，还应当准备一份包括分析过程的技术报告（保存备查）；然后确定装配和调校方法，作为系统加工过程和最终测试的详细方法。为了完成所有这些任务，需要一些专用的标准测试设备和工装夹具，必须按照计划进度及时确定、制造和获得这些设备。如果项目得到确认，这些监测仪器的标准必须与如美国国家标准技术局（NIST）确定的标准一致。

对最终设计进行加工工艺审查是一个需要按照图1.21所示步骤完成的迭代过程。随着详细图样和相关文件的形成，设计团队有资质的成员要对每一份资料进行评估，检查它们是否满足技术要求和约束文件确定的所有规则。如果满足，就准备进行严格的设计审查（CDR）。

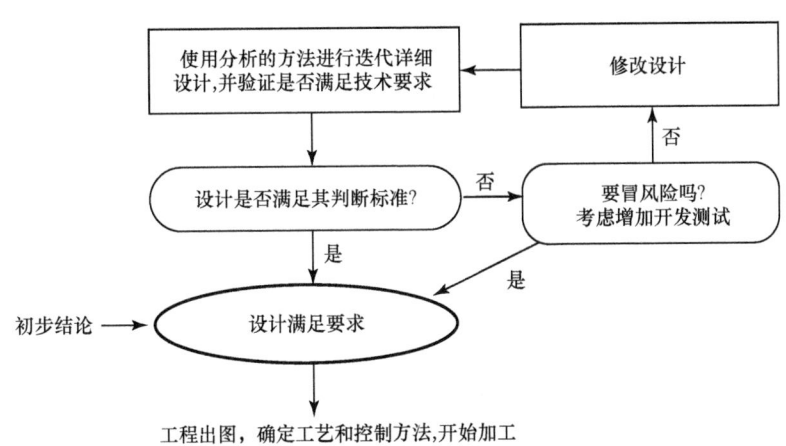

图1.21　在项目详细（最终）设计阶段进行设计审查的步骤流程图

（资料源自 Sarafin, T. P., Developing confidence in mechanical designs and products, in *Spacecraft structure and Mechanism*, Sarafin, T. P., and Larson, W. J., Eds. Microcosm, Torrance and Kluwer Academic Publishers, Boston, 1995b, Chapter 11）

无论一台仪器的设计是多么仔细和认真，对交付的图样和程序总会有修订。这些可能是在前期设计和审查阶段忽略的错误，或者是在硬件形成过程中发现的需要改进之处。如果是用户要求修改技术规范或其他技术要求，则必须及时注册在案。在整个设计过程中，每一个拟修改的提议都必须认真审查，确认这种修改是必要和正确的，并经过批准。如果涉及已经完工或正在生产的硬件，则必须以具体模型和序号、生产日期或其他方法为基础评估这种改变造成的影响。在任何情况下，保留设计变化的记录（如果生产的硬件数量多于一台）都是明智之举。对主要系统，即使仅建造了一台也常常需要完整的记录。这种记录的保存称为"结构管理"，并且，利用计算机可以很方便地对每一个产品保存最原始的文件。这个文件的作用就是让所有需要知道这些变化的各方能充分地互相沟通，减少不协调。

1.10　设计审查

设计过程的一个重要方面就是设计审查。即使最简单的设计，这些项目都需要经过至少3次技术审查。在设计进展过程的一些节点安排时间进行设计审查，大的投资项目，如一个大型新轨道天文望远镜，需要进行更多评审。在所有的评审中，不同技术领域和各级项目责任范围内的专家会根据投资团队的陈述，连同其他重要因素一起，从技术充分性和完整性方面对设计进行评审。只有评审专家同意并批准后，才能进入下一阶段。某些情况下，批准要具备一定条件（或者留置权），例如以下几个：(1) 对设计的具体修改；(2) 完成进一步的折中考虑；(3) 对技术规范或约束文件做某些方面的修改。如果所有这些有可能修改的留置权对于投资项目的继续无法达成一致，则应考虑终止。

上述三种评审通常如下：

1. 如果确信已经确定了技术规范和接口需求的所有输入，并对硬件建立了初步概念，则可以开展系统技术条件评审（SRR）。这项评审先于实际设计。

2. 完成初始设计之后的初始设计审查（PDR）。

3. 详细设计之后且开始生产之前的严格设计审查（CDR）。

评审目的是为了降低新产品或改型产品进入市场后带来的风险。它们同样适用于军事设备、航空航天仪器和商业民用产品，也适用于大批量和中等批量生产。设计团队的每位成员和每个设计评审员都承担着成功完成设计的责任，其专业范围包括（但不局限于）功能、性能、成本、可靠性、外观、适销性及与相关设备的接口和操作人员。参加审查的人员包括（不局限于）设计工程、加工、设计保障、质量保障、可靠性工程、人性因素工程、供应、市场和售后服务等领域中知识渊博的专家。如果是政府或大型承包商采购的情况，审查代表应该来自采购部门。一般来说，主席由工程小组中一位高级别的成员担任，对总的技术状态有全面了解，较理想情况下，此人不应当是直接从事设计的主要人员。

计划阶段包括技术评审及其后续活动，一般来说，为投资团队留有足够的准备时间是非常有利的。表1.9列出了准备和进行这一类审查的主要步骤。现代化的通信和信息交换途径，如 E-mail 和电子数据、图像传输装置，非常便于审查人员、设计批准人员及会议后勤管理人员之间的沟通协调。为了高效，准备审查的文献应当包括该产品的背景材料、准备应用的领域、设计目的和产品的技术要求、实现设计的技术途径（包括折中研究和对结论起支持作用的推理）、已经解决的主要技术问题的总结性描述、尚未解决的技术问题和解决这些问题的计划。如果认为在研制阶段该设计是满意的，则提供一份清晰的真实论证。

表 1.9 进行设计评审的主要步骤

• 列出设计评审计划表
• 公布议程，指定准备专题材料的人员，邀请参加者
• 初始的会议材料，分发审评材料包
• 适当地进行一些演练，根据需要修改材料
• 最终的会议材料，分发复印材料
• 设计评审
• 接受所有评审者的评议
• 评审结果的总结报告，包括所有的决议条款及其完成计划表
• 确认完成项目评审

（资料改编自 Burgess, J. A., *Mach., Des.*, 90, 1968）

光机工程师工具包中较新的研发工具是3D打印机，有助于在设计评审期间表达所建议的硬件概念和结构布局。这是一种根据数字模型制造3D实体（通常是塑料）的过程。这种技术是一种添加制作工艺［或加法制造过程（additive manufacturing process）］，将材料层连续地投放到一个造型台上并构成立体形状，否则，需要利用传统的消去法加工实体棒材而成，或者由一系列相关零件组装而成。评审期间能够近距离审视的实体模型非常有益于解释复杂的设计特点或有时无法利用图样解释的空间关系。

在 3D 工艺中，硬件的 CAD（计算机辅助设计）模型产生横截面切片（或层）图，使机床成功地在彼此的顶部创建模型。市场上有许多种类的 3D 打印机都能够产生真实的塑料模型。一些生产厂商正在以类似的方法研发一些蒸镀和熔融金属或合金的 3D 技术。不久的将来，希望后者的研究成果能够应用于光机仪器硬件的常规制造中。

20 世纪 70 年代，首次公布使用台式热塑模型打印机。由于软件和挤压机设计已经发展到能够很容易加工出廉价和相当精密的零件，所以在过去十年里其应用呈指数增长。在本书撰写期间，已经成功研发出一种具有多个挤压喷嘴的 3D 打印机，熔融塑料的连续层厚度小于 $100\mu m$（0.004in），材料的位置精度达到约 $10\mu m$（0.0004in）。目前使用的材料是聚乳酸纤维（PLA）或丙烯腈丁二烯苯乙烯聚合物（ABS）。可以利用不同颜色的材料生产多色零件，有益于复杂模型多元件间空间关系的可视化。

电信会议技术使与会者无须面对面就可以进行审查，从而节约时间和差旅费。然而，更多的是通过一对一或小组对话完成。在小组会议短暂休息期间，会经常自发地出现这种情况。很自然，工程师们是问题的解决者。有些好的想法，经常是由个人思考产生的，小组的研究效果反而不如个人的效果好。

每一次设计审查之后，迅速准备和分发会议报告很重要。这些报告应使所有的有效决议条款和未解决的问题形成文件，对解决这些问题要明确责任和制定解决措施。

设计评审的一个重要部分还包括确定下一步工作或设计步骤。一般来说，评审机关应首先了解后续的投资计划，然后做出决定：（1）按照该计划或修改意见进行；（2）必须实施特定的留置权，按照规定的时间表有计划地进行；（3）修改该项目的技术规范和/或合同基础；（4）或者终止该项目。

1.11 仪器制造

制造过程包括决定制造每个零件所使用的工艺和机床类型、定购原材料、材料的管理、零件的加工、检验、装配、质量控制、过程检验和最终检验。与此相关的工作是服务成本、计划、工艺验证和人力资源的利用。正如前面指出，整个设计过程当然应包括制造和测试人员在内，因为该项产品不能被加工或检测，就不能证明该项设计是否成功，即完全没有意义。

如果设计本身能够使制造容易和装配简单，则可以提高硬件的可靠性。大部分仪器在交付之前都会经历不同程度的拆卸。容易拆卸不仅方便日后的内部维修，也使维护更容易些。

加工金属零件的最普通方法是机械加工、化学加工、板材成形、铸造、锻造、模压和单刃金刚石切削（SPDT）。加工光学零件的传统工艺是成形、粗磨、抛光、磨边、镀膜、胶合及焊接玻璃或晶体材料。如果材料与工艺兼容，可以使用 SPDT 对一些光学零件成型加工。在过去 30 年内，为光学零件快速成型和抛光而研发的计算机辅助确定法和机械设备，现在已经成为小批量和大批量生产普通尺寸光学零件的必选工艺。这些工艺经过改进也越来越广泛地用于制造很高质量的大型光学件。本书第 3 章将进一步详细阐述各种机械和光学元件的普通制造技术。

装配就是安装光学件,并将它们相对于其他光学件、结构件和机构调准。在整个生产过程中,在各检测点进行过程检验和测试,对于成功制造成品起着非常重要的作用,因为这有助于发现并定量误差,避免之后返工和改造,造成成本昂贵和耗费时间过多。

光学系统通常包括光源、发光二极管、激光器、探测器、多像素焦平面组件、致动器、图形或图像传感器、A-D 转换器。热控制子系统还包括传输电能和提供功能控制的电子装置。一些仪器包括数据处理、存储和检索子系统。这些都需要进行设计、制造和测试,并在制造过程中集成在仪器中。虽然不是严格意义上的光机仪器,但它们的确起着重要作用,如果需要,必须糅合到仪器系统的设计中。

检验是制造过程中一个非常重要的部分。图 1.22 所示的诸多问题都需要在设计完成之前回答和解决。应当考虑这些工艺、单个零件、组件和整台仪器的相关参数。制造过程中进行的分析和检验的作用就是证明合理性和功能性。为了从工程和环境是否合格的观点证实设计的合理性,以及为使下一道工序顺利地接受硬件,必须进行测试。在某些情况下,制造过程中分析结果与测试结果之间缺少对应关系,或者遗漏了某些重要问题,都将导致要求进行额外分析、测试,甚至对硬件重新设计和翻新改进。项目设计人员的一个重要责任就是避免发生这些不必要的事,至少降到最低限度。

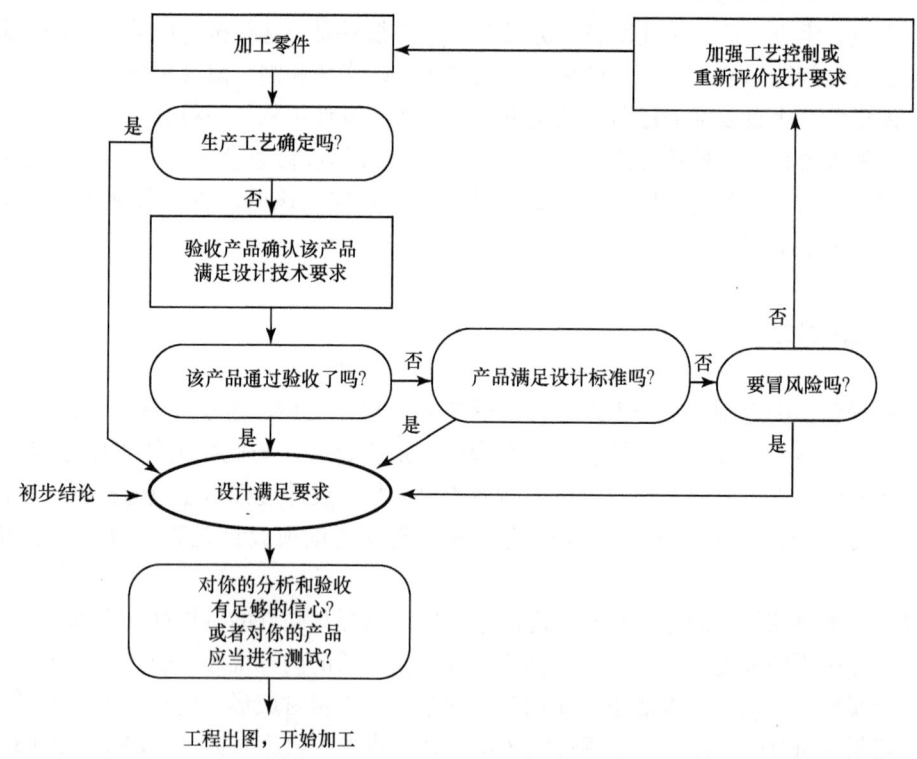

图 1.22　产品制造阶段过程检验步骤流程图,从中可以看出测试的必要性

(资料源自 Sarafin, T. P., Developing confidence in mechanical designs and products, in *Spacecraft Structure and Mechanisms*, Sarafin, T. P., and Larson, W. J., Eds., Microcosm, Torrance and Kluwer Academic Publishers, Boston, 1995b, Chapter 11)

1.12 最终产品评估

长期以来，对成品的早期样机进行工程测试被看作是检验设计合理性和硬件可否实现的一种方法。如果测试结果确实可靠，在认真正确地完成这些测试后，测试结果会使设计工程师对新的设计增加更多信心。对实验模型进行的测试，如 1.7 节所述，会对设计是否成功提供最早期的预示。然而，这些测试对最终产品做出的推断并不总是能判断设计是否成功。只要设计有重大变化，重复对早期硬件进行的所有主要测试都是一个必要过程。特别对关键指标方面的测试应当进行到失效为止，为设计给出安全界限。这些测试应当在生产周期内尽早进行，如果发现问题，可以将加工成本、硬件的重新设计、补救或替换成本降到最低。

对所交付的产品进行验收测试是确认设计合理性的一种常用方式。这不只涉及设计问题，也可证明生产方法、材料和检验过程的正确性。通常，一个成品在进行了完整的质量测试和环境实验之后，在交付使用之前仅需要对每台装置做少量的功能性测试和表观质量检验。

对设计尤为重要的检验通常是对一台有代表性的仪器进行环境测试，称为质量鉴定试验，验证与技术规范规定的所有不利环境条件下的技术要求的一致性。通常，按照一定顺序首先对测试产品做具有最低伤害的试验，最后进行最严酷条件的试验。

图 1.23 总结了仪器研发过程的后期阶段需要回答的主要问题。对这些问题的正面回答再次证明了该设计的正确性，并坚信成品已经满足所有技术要求和界面约束。

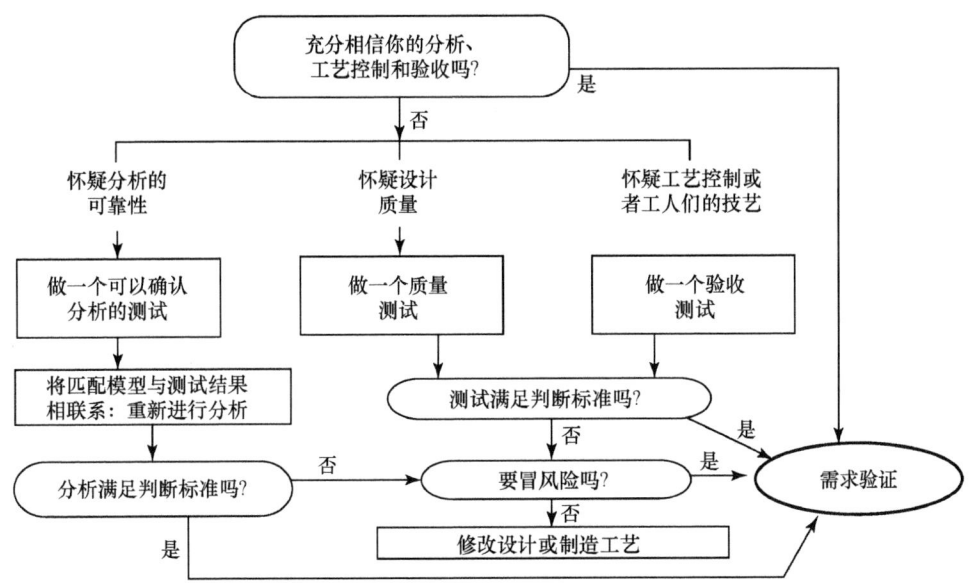

图 1.23 在项目的最终测试阶段，分析、质量、工艺、表观质量检验步骤的流程图

（资料源自 Sarafin, T. P., Developing confidence in mechanical designs and products, in *Spacecraft Structure and Mechanisms*, Sarafin, T. P., and Larson, W. J., Eds., Microcosm, Torrance and Kluwer Academic Publishers, Boston, 1995b, Chapter 11）

1.13　编制设计文件

设计过程的最后一步就是尽可能完整地记录质量信息，包括生产、测试和产品周期维护期间形成的所有信息。工程图样和生产图样文件、CAD、CAE 和 CAM 文件，以及有关的文件（技术要求、程序、分析报告和测试等）都应当认真记录和保存。所有设计中的变化都应当记录在案，要以原始数据的形式保存一定时间，一般按照投资合同文件规定实施。如果以上的记录都详细备案，在解决生产问题时以及在当前设计基础上进行改进（或者仅采用前面设计中某些成功的特点而做出完全不同的设计）时将会非常方便。

另外一个有价值、可以证明一台仪器设计合理性的指标，是随着时间推延而形成的一个数据库。该数据库包括由服务人员提供的工厂和售后出现的问题报告以及顾客连续提供的投诉报告。如果有该数据库，对其分析会为设计工程师提供一种核实其前期分析和测试是否正确的方法，作为对该设计的日后改进或后续新仪器的设计指导。

1.14　系统和并行工程

本章前面章节提到过，为了确保设计及制造出的产品能够全面系统地考虑所有相关的技术观点，并从中受益，需要多种不同学科的代表协同努力。例如，一旦完成了光学设计，机械设计师和工程师就要正确地设计玻璃-金属界面，使其能够承受安装施加的力，保证如振动、冲击和温度变化等环境影响不会使光学系统在转运、存储和工作期间移动或变形而超出所允许的公差范围，换句话说，保证光学系统设计的成功。此外，稍后用来制造、装配和测试产品的设备，其任务是能保证所采用的设备和方法及操作技能能够达到设计规定的所有表面质量及零件的尺寸精度，并且随时可用。上述整个工作称为系统工程法（SE）。

整个设计期间可以采用的另一类协同工作称为并行工程（CE）。这是另一种经营战略，要求将所有的技术任务（光学、机械、电子及其他）编制成计划以便尽早执行，并与设计研发并行开展。由于相关任务的设计、分析和评审都发生在需要的所有资料正式确定之前，乍看之下，这件事似乎是徒劳的，其结果很可能是不现实的。另外，以现有数据（甚至是假设数据）为基础的大多数任务早期实施，有助于工程团队汇编所有的解析及实际的工具和方法，一旦所有的输入信息确定下来，就可以进行充分地准备，有效地完成任务。与顺序执行同样工作的传统方式相比，美国政府机关（如美国 NASA 和各军种）及许多主要工业组织的经验已经证明，这种 CE 加快了硬件设计、制造、测试和交付总的完成时间。许多情况的实践表明，采用这种方法能够更快地完成投资项目，所以成本降低。

为了取得上述优点，CE 需要具备以下工作环境：管理人员和技术人员间的有效沟通及愿意适应彼此间的习惯。为了适应越来越壮大的同项目协作团队，可能需要调整组织结构、团队成员再教育及车间改造。显然，为了使 CE 成为最有效的方法，做好全面资源计划至关重要。

当采用 SE 或 CE 时，设备、过程控制和合适人才的可利用时间对项目的成功起着主要作用。在产品的整个设计、制造、装配和测试阶段需要有一个深思熟虑的计划，防止由于知识不足及元器件和设备在关键时刻不能充分发挥作用而造成项目延迟。如果出现上述问题，由于已经提前预料到这些潜在问题并能以预先计划好的方法迅速处置，因而会非常好地保持项目顺利推进。

参考文献

ANSI Y14.5, *Dimensioning and Tolerancing*, American National Standards Institute, New York, 1982.
ASME/ANSI Y14.18M, *Optical Parts*, American National Standards Institute, New York, 1987.
Babish, R.C. and Rigby, R.R., Optical fabrication of a 60-inch mirror, *Proc. SPIE*, 183, 105, 1979.
Baker, L., Surface damage metrology: Precision at low cost, *Proc. SPIE*, 4779, 41, 2002.
Baker, L., *Metrics for High-Quality Specular Surfaces*, Tutorial Text TT65, SPIE Press, Bellingham, WA, 2004.
Brown, E.B. and Yoder, P.R., Jr., Lightweight binoculars, *ORDNANCE*, January–February, 1960.
Burgess, J.A., Making the most of design reviews, *Mach. Des.*, 90, 1968.
Cassidy, L.W., Advanced stellar sensors—A new generation, in *Proceedings of the AIAA/SPIE/OSA Technology for Space Astrophysics Conference: The Next 30 Years*, Danbury, CT, 1982, p. 164.
Coronato, P.A. and Juergens, R.C., Transferring FEA results to optics codes with Zernikes: A review of techniques, *Proc. SPIE*, 5176, 1, 2003.
DIN 3140, Inscription of Dimensions and Tolerances for Optical Components—Form Errors, 1978.
Doyle, K.B., Genberg, V.L., and Michels, G.J., *Integrated Optomechanical Analysis*, TT58, SPIE Press, Bellingham, WA, 2002.
Fischer, R.E., Optimization of lens designer to manufacturer communications, *Proc. SPIE*, 1354, 506, 1990.
Fischer, R.E., Tadick-Galeb, B., and Yoder, P.R., Jr., *Optical System Design*, McGraw-Hill, New York, 2008.
Genberg, V., Michels, G., and Doyle, K., *Integrated Opto-Mechanical Analysis*, SPIE Short Course Notes SC254, SPIE Press, Bellingham, WA, 2002.
Ginsberg, R.H., Outline of tolerancing (from performance specification to toleranced drawings), *Opt. Eng.*, 20, 175, 1981.
Harris, D.C., History of magnetorheological finishing, *Proc. SPIE*, 80160N, 2011.
Hatheway, A.E., Optics in the finite element domain, in *Computers in Engineering*, American Society of Mechanical Engineering, New York, 1988, p. 3.
Hatheway, A.E., Error budgets for optomechanical modeling, *Proc. SPIE*, 5178, 1, 2004.
Hsu, Y.W. and Johnston, R.A., Design on analysis of one meter beryllium space telescope, *Proc. SPIE*, 2542, 244, 1995.
ISO 9211-1, *Optics and Optical Instruments—Optical Coatings*, ISO Central Secretariat, Geneva, Switzerland, 2010.
ISO 10110-14, *Optics and Optical Instruments—Preparation of Drawings for Optical Elements and Systems*, ISO Central Secretariat, Geneva, Switzerland, 2007.
ISO Standards Handbook 12, *Technical Drawings*, ISO Central Secretariat, Geneva, Switzerland, 1991.
ISO Standards Handbook 33, *Applied Metrology—Limits, Fits and Surface Properties*, ISO Central Secretariat, Geneva, Switzerland, 1988.
Kimmel, R.K. and Parks, R.E., *ISO 10110 Optics and Optical Instruments—Preparation of Drawings for Optical Elements and Systems—A User's Guide*, 2nd edn., Optical Society of America, Washington, DC, 2002.
Kingslake, R., *Lens Design Fundamentals*, Academic Press, New York, 1978.
Kingslake, R., *Optical System Design*, Academic Press, New York, 1983.
Kingslake, R. and Johnson, R.B., *Lens Design Fundamentals*, 2nd edn., SPIE Press, Bellingham, WA, 2010.
Krim, M., *Athermalization of Optical Structures*, SPIE Short Course Notes SC2, SPIE Press, Bellingham, WA, 1990.
Laikin, M., *Lens Design*, 4th edn., CRC Press, Boca Raton, FL, 2007.
MIL-C-675, *Military Specification: Coating of Optical Glass*.
MIL-G-174, *Military Specification, Glass Optical*.
MIL-PRF-13830, *Performance Specification: Optical Components for Fire Control Instruments; General Specification Governing the Manufacture, Assembly, and Inspection of*.

MIL-STD-34, *Military Standard: Preparation of Drawings for Optical Elements and Optical Systems: General Requirements for.*
Montagnino, L.A., Arnold, R., Chadwick, D., Grey, L., and Rogers, G., Test and evaluation of a 60-inch test mirror, *Proc. SPIE*, 183, 109, 1979.
O'Shea, D.C., *Elements of Modern Optical Design*, Wiley, New York, 1985.
Parks, R.E., Private communication, 1991.
Petroski, H., *The Evolution of Useful Things*, Vintage Press, a Division of Random House, New York, 1994, p. 231.Plummer, J. and Lagger, W., Cost-effective design—A prudent approach to the design of optics, *Photon. Spectra*, 65, December 1982.
Pollicove, H. and Golini, D., Deterministic manufacturing processes for precision optics, *Key Engineering Materials*, 238, 53, 2003.
Price, W.H., Trade-offs in optical system design, *Proc. SPIE*, 531, 148, 1985.
Roark, R.J., *Formulas for Stress and Strain*, McGraw-Hill, New York, 1954.
Rosin, S., Eyepieces and magnifiers, in *Applied Optics and Optical Engineering*, Vol. III, Kingslake, R., Ed., Academic Press, New York, 1965, Chapter 9.
Sarafin, T.P., Developing mechanical requirements and conceptual designs, in *Spacecraft Structures and Mechanisms*, Sarafin, T.P. and Larson, W.J., Eds., Microcosm, Torrance and Kluwer Academic Publishers, Boston, MA, 1995a, Chapter 2.
Sarafin, T.P., Developing confidence in mechanical designs and products, in *Spacecraft Structures and Mechanisms*, Sarafin, T.P. and Larson, W.J., Eds., Microcosm, Torrance and Kluwer Academic Publishers, Boston, MA, 1995b, Chapter 11.
Shackelford, C.J. and Chinnock, R.B., Making software get along: Integrating optical and mechanical design programs, *Proc. SPIE*, 4198, 148, 2000.
Shannon, R.R., Making the qualitative quantitative—A discussion of the specification of visual systems, *Proc. SPIE*, 181, 42, 1979.
Shannon, R.R., *The Art and Science of Optical Design*, Cambridge University Press, New York, 1997.
Smith, W.J., Fundamentals of establishing an optical tolerance budget, *Proc. SPIE*, 531, 196, 1985.
Smith, W.J., How to design a lens specification, *Proceedings of the OSA How-to Program*, Orlando, Optical Society of America, Washington, DC, 1989.
Smith, W.J., *Modern Lens Design*, 2nd edn., McGraw-Hill, New York, 1992.
Smith, W.J., *Modern Optical Engineering*, 3rd edn., McGraw-Hill, New York, 2000.
Smith, W.J., *Modern Lens Design*, 3rd edn., McGraw-Hill, New York, 2004.
Timoshenko, S.P. and Goodier, J.N., *Theory of Elasticity*, 3rd edn., McGraw-Hill, New York, 1950.
Trsar, W.J., Benjamin, R.J., and Casper, J.F., Production engineering and implementation of a modular military binocular, *Opt. Eng.*, 20, 201, 1981.
Valente, T.M., Scaling laws for light-weight optics, *Proc. SPIE*, 1340, 47, 1990.
Walker, B.H., Specifying the visual optical system, *Proc. SPIE*, 181, 48, 1979.
Walker, B.H., *Optical Engineering Fundamentals*, SPIE Press, Bellingham, WA, 1998.
Walker, B.H., *Optical Design for Visual Systems*, TT45, SPIE Press, Bellingham, WA, 2000.
Willey, R.R., Economics in optical design, analysis and production, *Proc. SPIE*, 399, 371, 1983.
Willey, R.R., Optical design for manufacture, *Proc. SPIE*, 1049, 96, 1989.
Willey, R.R. and Durham, M.E., Ways that designers and fabricators can help each other, *Proc. SPIE*, 1354, 501, 1990.
Willey, R.R. and Durham, M.E., Maximizing production yield and performance in optical instruments through effective design and tolerancing, *Proc. SPIE*, CR43, 76, 1992.
Willey, R.R., George, R., Odell, J., and Nelson, W., Minimized cost through optimized tolerance distribution in optical assemblies, *Proc. SPIE*, 399, 12, 1983.
Willey, R.R. and Parks, R.E., Optical fundamentals, in *Handbook of Optomechanical Engineering*, CRC Press, Boca Raton, FL, 1997, Chapter 1.
Yoder, P.R., Jr., Two new lightweight military binoculars, *J. Opt. Soc. Am.*, 50, 491, 1960.
Young, W.C., *Roark's Formulas for Stress and Strain*, McGraw-Hill, New York, 1989.

第 2 章 环境影响

Paul R. Yoder, Jr

2.1 概述

影响光学系统设计的一个特别重要因素就是该系统在使用期间所处的环境。一般来说，各种系统的工作、存储和运输环境都不一样，就会有不同的具体要求。系统的应用领域不同，环境条件和影响也不一样。比如，一台应用在实验室、具有可控环境条件的仪器，与世界范围内使用的军用仪器或宇宙空间使用的仪器相比，显然所需要面对的工作环境是不一样的。

对于军事应用，不包括空间环境应用领域，具体的自然气候条件的典型预期值和极端预期值的信息都可以从美军标⊖ MIL-HDBK-310《研发军用产品所需要的全球气候资料》（*Global Climatic Data for Developing Military Product*, 1997）中得到。其中给出了地球热带、温带、寒带、严寒带、海平面或沿海地区的温度、湿度、风速、下雨、下雪、大气压力、臭氧浓度、沙和灰尘等。该标准中所包含的许多数据也可以用于非军用设备，即室外环境下使用的商业和民用消费设备。为了确定军用设备经受预期的气候环境条件的能力而计划和实行的环境测试指南，可以参考美国军标 MIL-STD-810《环境工程备忘录和实验室测试》（*Environmental Engineering Considerations and Laboratory Tests*, 2008）。这些指导性文件也可以适当地应用于商业产品和民用消费产品的测试。

航天飞机所处的空间环境条件变化很大，该变化取决于飞机相对于太阳、地球、月亮和其他天体的位置。表 2.1 对这些主要的环地轨道进行了分类，图 2.1 则是对该分类的图示。低环地轨道（LEO）的环境可以通过仪器和人工进行探测是众所周知的（Musikant 和 Malloy, 1990；Wendt 等, 1995；Shipley, 2003），较高的环地轨道环境也可以相当好地被确定。而对月球和附近行星的探险则是在一种恶劣的环境下进行的，这就向载荷设计师提出了挑战，需要挑选适当的材料并合理安排硬件布局，以保证传感器能够在足够长的时间内完成任务。这样的环境条件已经超出了本书的讨论范畴。

本章的主要内容是定义光机系统设计需要注意的重要环境参数，并讨论与设计光学件有关的专题。应当尽可能完整地确定有推广应用潜力的情况，评估在环境中暴露的耐久性，应

⊖ 正如 1.4 节中指出的，美国军用规范正在被修改或被行业/国际标准替代。由于军用技术规范可能仍有有用信息，并且军用规范被完全替代仍需时日，是一个缓慢的过程，所以本书仍然引证一些经过挑选的美国国防部技术文件作为参考。之后，可以采用这些文件的较新版本或替代文件。

当确定失效的可能性,通过有计划地对测试结果进行评估有可能发现隐藏的设计缺陷,提前注意这些问题,并在整个设计过程中不停地审查,这将提高设计的成功概率。

表 2.1 环地轨道分类

轨 道	高度/km	周 期	应 用
低环地轨道(LEO)	200~700	60~90min	军事 地球/气象监控 航天飞机
中环地轨道(MEO)	300~30000	每天几圈	军事,地球观测,气象监控
地球同步轨道(GEO)	35800	1 天	通信,大众媒体传播,气象监控
高椭圆轨道(HEO)	近地点<3000 远地点>30000	以小时为单位的大范围	通信,军用
环绕太阳/地球/月亮的第一拉格朗日点(L1)的晕轮[①]	绕 L1 点的晕轮到地球的距离约为 150000000	80~90 天	太阳观察,全球观察
环绕太阳/地球/月亮的第二拉格朗日点(L2)的晕轮[①]	绕 L2 点的晕轮到地球的距离约为 150000000	几天~几个月	科学观察,全球观察

(资料源自 Shipley, A. F., *Optomechanics for Space Applications*, SPIE Short Course Notes SC561, 2003)

① 第一和第二拉格朗日点到地球的距离是太阳到地球之间距离的 1%。

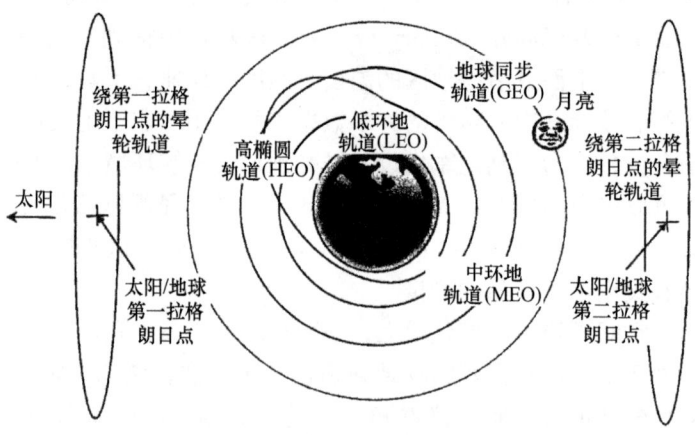

图 2.1 空间环境是轨道高度的函数

(资料改编自 Shipley, A. F., *Optomechanics for Space Applications*, SPIE Short Course Notes SC561, 2003)

注:未按比例绘制。

2.2 影响产品性能的因素

本书第 1 章的表 1.1 定义了几个与环境有关的普通光学仪器设计参数。为了便于阅读,重复叙述如下:

- 温度
- 压力

第2章 环境影响

- 振动
- 冲击
- 湿度
- 侵蚀
- 污染
- 霉菌
- 磨损/腐蚀
- 辐射

在整个设计过程中，这些影响因素应该反复考虑。如果某种仪器与自然条件和未来应用环境无关，这些影响因素就可以排除在外，而其他因素就成为设计重点考虑的对象。下面简要讨论每一种有关的因素。

2.2.1 温度

或许，这是一个最普遍存在的环境参数。历史上，James Clerk Maxwell 将它定义为"一个物体的热态，就是一个物体将热量交流到其他物体上的能力"。经常使用各种温度计测量温度，用温度计测量物质的某些特性（体积、长度、电阻等）如何随温度变化。根据上下文采用的单位，本书相应地使用℃、K 或℉表示温度。利用本书附录中"单位及其转换"一节给出的关系式，可将不同单位的温度量值进行转换。一个物体的温度可以用其内部分子的能量来确定。热传递的模式是传导、对流及辐射和吸收。传导，是指一种物质中分子扰动的直接交流，或者是分子或原子碰撞越过不同物质间的界面；对流，是指温度较高的材料通过运动而进行热传递；在辐射和吸收过程中，在某给定温度下材料散热（即一个"热源"），通过相邻介质或空间转送，被另外一种材料吸收（即"冷源"）。所有热传递模式的作用就是改变热源和冷源两者的温度，直至达到热平衡状态。

以上三种热传递模式在光机设计中都很重要，因为任何真实物体与其周围环境完全实现热平衡是不可能的，存在温度梯度是正常的，并会造成整个零件或被连接起来的零件有不均匀的膨胀或收缩。举一个简单的例子，在轨道上运行的航天器会有"热狗效应"，在一侧连续不断地接受太阳的辐射，在另一侧又将热量辐射到外空间，较热一侧要比较冷一侧膨胀得更多，航天器结构产生弯曲，非常像一根烹调过的法兰克福香肠。热力学定律可以确定在不同温度时零件内部，或者相同温度下由不同材料制成的零件内部，如何形成差分膨胀。

有 4 种外部热辐射源可以影响到航天器的构件，包括上述的太阳辐射、反照辐射（附近行星体的反射辐射）、附近行星体的自发热辐射及航天器本身一些零件的热辐射。图 2.2a 表示的就是这些辐射源。对于一个绕地轨道运行的卫星来说，来自太阳的直接辐射通量（或者单位时间内通过单位面积的能量流）是变化的：7 月，地球离太阳最远（远日点），辐射通量约为 415Btu/(h·ft^2)（1309W/m^2）；1 月，地球离太阳最近（近日点），辐射通量约为 444Btu/(h·ft^2)（1400W/m^2）（Wendt 等，1995）。将通量乘以被辐照的表面面积就得到卫星上产生的热负荷。若受照表面是平面，表面法线相对于太阳辐射的入射方向有一个倾斜角 θ_S，那么热负荷还必须乘以一个系数，即倾斜角 θ_S 的余弦。

反照辐射（见图 2.2b）是反射表面反射率（对于地球来说，平均约为 0.3）、太阳直接辐射通量、角度 γ（见图 2.2）的余弦和一个无量纲的修正系数 k_a 的函数。其中，修正系数

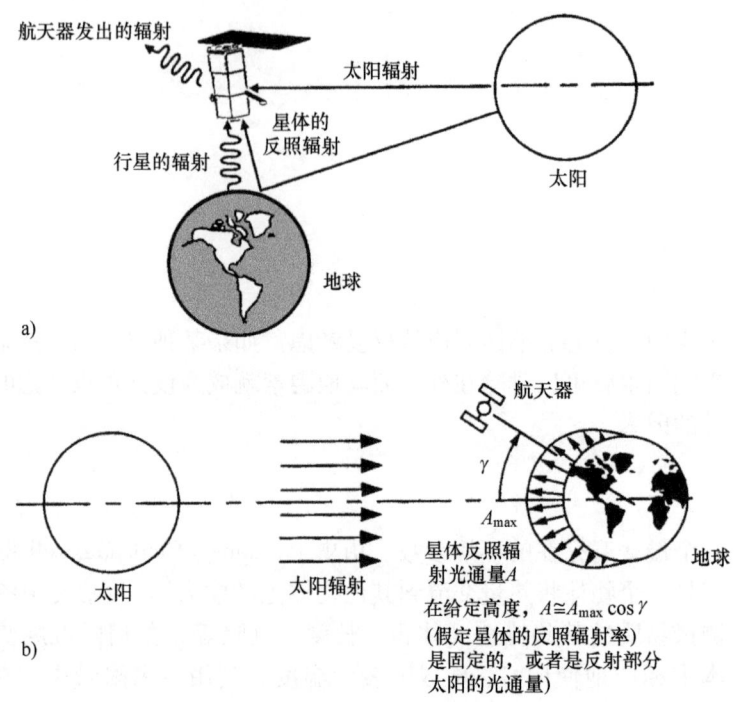

图 2.2 a) 一个在轨道上运行的航天器会受到 4 种热辐射源的影响 b) 地球反照通量的近似变化
(资料源自 Wendt, R. G., et al., Space mission environments, in *Spacecraft Structures and Mechanisms*, Sarafin, T. P. and Larson, W. J. Eds., Microcosm, Torrance and Kluwer Academic Publishers, Boston, 1995, p. 37)

k_a 又是航天器高度及受照表面法线与卫星和反射体 (地球、月亮等) 中心连线的夹角 θ_e 的函数。该修正系数的曲线如图 2.3a 所示。值得注意的是，当 $\gamma > \pm 90°$ 时没有反照。如果不是地球，另外星体产生的反照影响可以按照以上方法进行近似评估，前提是对该星体赋予合适的反照系数。

行星的自发辐射取决于行星的温度，也就是 1 ~ 100μm 范围内的红外辐射。地球的辐射源通量是 60 ~ 83Btu/(h·ft²) (189 ~ 262W/m²)，该辐射仅对低于 7000n mile (海里) 的轨道有较大影响。这一类辐射源入射到一块平面上的通量，可以通过接受行星发出的通量乘以一个无量纲修正系数 k_p 评估。修正系数 k_p 曲线如图 2.3b 所示。

热辐射效应可能是循环的，换句话说是随时间变化的，或者是瞬时的。例如，在较低的绕地轨道中运行的航天器，不断地飞行在地球的阴影中或者阴影之外。又例如一个大功率、脉冲激光光束瞬时照射到一个光学表面，用不同材料制成的构件或在不同的温度下形成的差分膨胀就可能造成足够大的光学校准误差，影响系统性能。有限元分析 (FEA) 技术常用于预测特定热负载情况下的误差量。

当把一台仪器从寒冷区域移到温暖区域，如将一台安装在飞机摄影机舱内的空中侦察瞄准系统升至高空，处于不稳定温度的环境中时，就会出现典型的热冲击。对于暴露在空气中的光学设备来说，这是一个非常重要、值得特别重视的设计因素 (Geary, 1980; Friedman, 1981)。当导弹在高空做高空超音速飞行时，随着导弹进入末端引导，一旦保护盖弹离弹道，导弹中电光传感器的窗口就会出现极端情况下的热冲击。Au (1989) 分析过当温度在

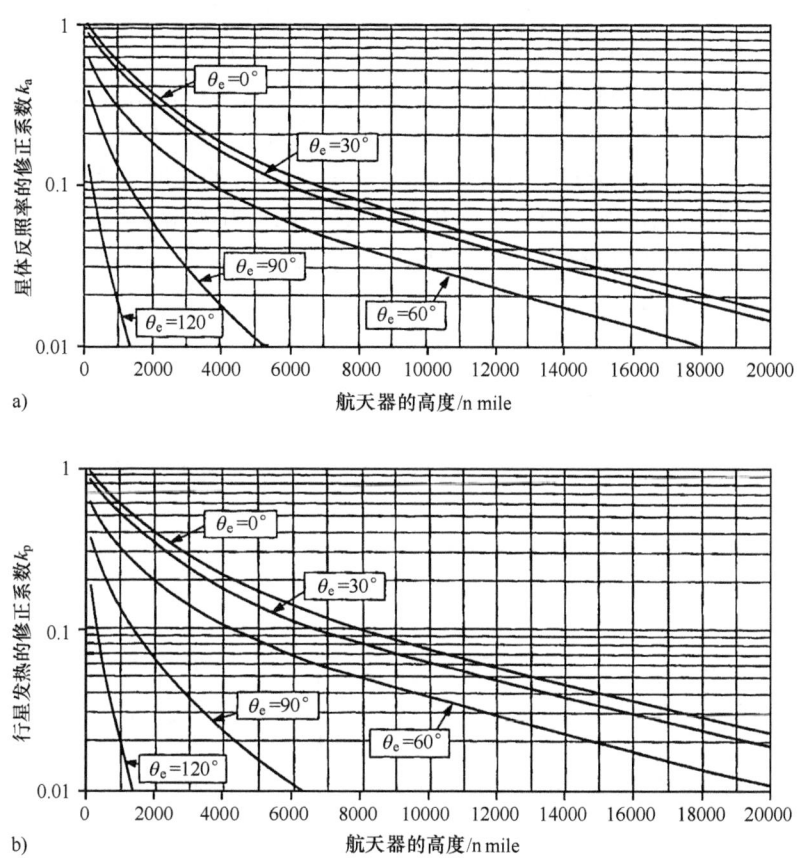

图 2.3 a) 地球的反照修正系数 b) 地球的行星自发辐射修正系数

(资料源自 Wendt, R. G., et al., Space mission environments, in *Spacecraft Structures and Mechanisms*, Sarafin, T. P. and Larson, W. J. Eds., Microcosm, Torrance and Kluwer Academic Publishers, Boston, 1995, p. 37)

300K 时的氧化镁、金刚石、蓝宝石和锗前视红外（FLIR）光窗突然暴露在 65000ft 高度（19.8km）、温度 800K 的冲击波气温环境下时的热效应。Au 指出，温度快速升高可以使某些光窗破裂，即使没有损坏，一个热光窗材料的杂散辐射也能够使传感器的红外探测器饱和，除非在暴露的时间段内，该光窗得到足够的冷却。Kalin 和 Clark（1989）、Kalin 等人（1990）和 Harris（1998）在实验室内研究了极端热效应对这种超音速飞行中传感器光窗影响的模拟技术。Stubb 和 Hsu（1991）设计过一种特殊的透镜镜座，可以在 5min 之内将一个锗透镜从室温冷却到 120K 左右。

下述情况的激光系统也会造成明显的热冲击：大功率光束入射到光学件上；或者虽然是小功率光束，但光学件非常靠近光束聚焦后的像。使用高强度非相干光源，如弧光灯，可以出现类似的效应。即使是镀了增透膜的折射表面产生的"鬼像"（杂光）反射也会将强光束（如脉冲激光束）的大量能量会聚起来，形成过高的热量或热冲击。如果在这些表面附近或表面上聚焦成一个足够小的光斑，这样就可能损伤膜层或光学材料。

一般来说，地球上或靠近地球表面使用的光学仪器的极限温度范围大约为 -62～71℃（-80～160℉）；如果考虑人工操作，极限温度范围通常为 -54～52℃（-65～125℉）。技术规范就要分别反映光学仪器存储和工作环境条件下的温度范围。实验室使用的设备还应当考虑运输环境,极限温度范围至少是从-32~52℃(-25~125℉)。

如果设计的光学仪器是在地球大气层内和大气层外的环境中使用,那么就需要注意温度随高度的变化。图2.4b所示近似地表示出高度到达96km时温度的变化趋势。在最内层比较低的部分(对流层)内,温度以6.5℃/km(18℉/mile)的速度下降。在8~16km(5~10mile)的高度上温度稳定在-60℃(-76℉),是与纬度和季节有关的。在中间层温度升高到0℃(32℉),中间层与热层之间的界面,约80km(50mile)高度处重新下降到约-90℃(-130℉)(参阅 McCartney,1976)。热层的高度一直扩展到约400km(250mile)(见图2.4a),温度再次升高,在太阳黑斑活动最激烈的阶段,温度大约会达到1250℃(2280℉)。正如 Tribble(1995)所指出的,高的温度代表着热速度,因此稀薄气体由于高温而具有动能,但是一个暴露于该环境中的物体,如航天器就没有因此而获得高温。该温度完全取决于前面讨论的4种辐射源对能量的吸收及该物体的辐射特性。热的损耗主要通过辐射。

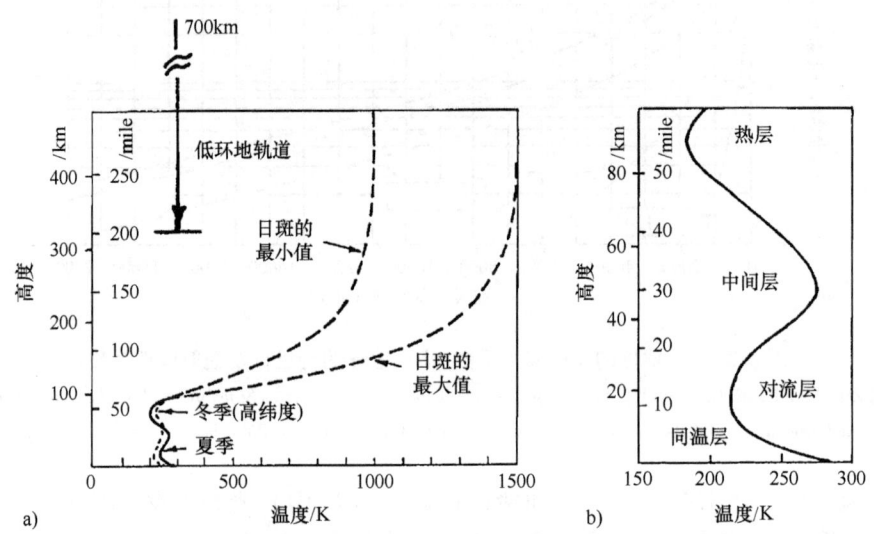

图2.4 地球大气层不同高度上的温度
a) 到250mile高度 b) 到50mile高度(本图是按照大比例尺绘制)

(资料改编自 Glasstone, S., *Sourcebook on the Space Sciences*, Van Nostrand, New York, 1965)

从光机工程的观点来看,材料所具有的基本热特性包括导热性、热辐射系数、吸收比、比热容和热膨胀系数。一些主要材料的重要性质都列在本书第3章的相关表中。

为了说明看似很小的温度变化如何对光学系统的性能有较大影响,下面特举例说明。一个薄的锗透镜应用于变化的温度环境中,工作波长为10.6μm,焦距为8in(203.2mm),F数是2(或者$f/2$)。应用本套书卷Ⅱ7.5.4节中的消热化理论及合适的材料数据,该透镜焦距随温度的变化量是$\Delta f = \delta_G f \Delta T = [(124.87 \times 10^{-6}) \times 203.2 \times 1.00]$mm/℃ = 0.025mm/℃。根据瑞利判据,对该透镜离焦量的要求是1/4个波长的光程差(OPD),即$\pm(2) \times$(波长)$\times (F$数$)^2 = \pm(2 \times 0.0106 \times 2^2)$mm ≈ ±0.085mm(约为0.003in)。如果没有采用某些消热措施,为了保证透镜的聚焦性能满足上述公差,需将其温度变化控制在±3.4℃以内。如果实际情况中不采取散热措施，很难将其控制在这个水平。相反，为该透镜系统做一个有热补偿（即被动消热方式）的光机设计是相当容易的。

测试光学仪器温度的方法参考本书附录 A。

2.2.2 压力

该参数是作用在单位面积上的力的度量。国际单位（SI）中的标准单位是帕斯卡（Pa，$1Pa=1N/m^2$），美国惯用单位制中是磅力每平方英寸（lbf/in^2）[一]。习惯上，流体压力是用某一个特定温度下 mm（或 in）汞（或水）柱的高度表示。在定义标准大气压时，也使用毫米汞柱高度的概念，即在标准重力加速度和温度 0℃ 条件下，海平面处 76cm 汞柱所产生的压力，约等于 101.324kPa，该量值广泛应用于工程类文章中。在美国惯用单位制中，标准的大气压（1 个大气压）是 $1atm \approx 14.7 \ lbf/in^2$。真空环境中的压力常用毫米汞柱高或托（Torr）来定义，$1Torr=1mmHg=0.0013atm$（标准大气压）。

绝大多数光学仪器都应用于地球大气层的压力环境中。例外的是在高压环境下使用的仪器（如潜艇中的潜望镜），或者真空中使用的仪器［如地球或宇宙空间中使用的真空紫外（UV）分光计］。

Glasstone（1965）将地球的大气层定义为紧密包围着地球的混合气体层。这个气体层没有确定的上限，而是逐渐过渡为遍及太阳系的低密度气体介质。根据这种观点，大气层可以分为均质层和非均质层：均质层一直扩展到约 100km（60mile）高度；非均质层向外扩展得更远。均质层内存在有混合气体，而非均质层内几乎没有混合气体，所以非均质层的合成气体物质在重力影响下随高度变化，它的最内层主要包含分子氮和氧，最外层以原子氢为主要要素。在均质层内，大气层的密度按照公式 $\ln(d_1/d_2)=h/4.3$ 所示规律随高度减小。其中，"ln" 代表自然对数（对数的底是 e），d_1 和 d_2 是两个高度处的大气密度，h 是相隔间距（单位是 mile）。在高度约为 0~10000km（0~6214mile）范围内，压力随高度的变化曲线如图 2.5 所示。在地球同步轨道（GEO）中，周围环境的压力近似地为 $2 \times 10^{-17} \ lbf/in^2$（$10^{-15}$Torr）。

压力随高度变化造成的重要结果：高度变化时，一个没有密封好的光学仪器将出现"泵浦"效应。这些变化能够使空气、水蒸气、灰尘或大气层的其他污染成分通过漏洞进入仪器，使仪器受到污染。

如果光学仪器没有密封好，当环境压力降低时，可能导致空气或其他气体从各种镜槽或箱体中泄出，如透镜之间的空间、透镜边缘与其机械镜座间的间隙，或者局部被螺钉堵住的盲螺纹孔内的空隙。如果这些部位得到了良好密封，就可能形成压差，而使光学表面和机械表面发生变形。因此，反射镜和结构中的蜂窝芯及螺纹不通孔应设计排气孔，以避免出现上述问题。

正如 2.2.8 节讨论的，降低压力可能会使某些复合材料、塑料、油漆涂料、黏合剂、密封胶及焊接和钎焊节点使用的一些焊料、垫片、O 形环、波纹管、隔震垫中脱气或排气作用增强，温度升高后问题会更严重。这些材料的逸出物对镀膜是有害的，它们作为致污物可能

⊖ 该单位是美国惯用单位制（USC）中采用的英制单位。

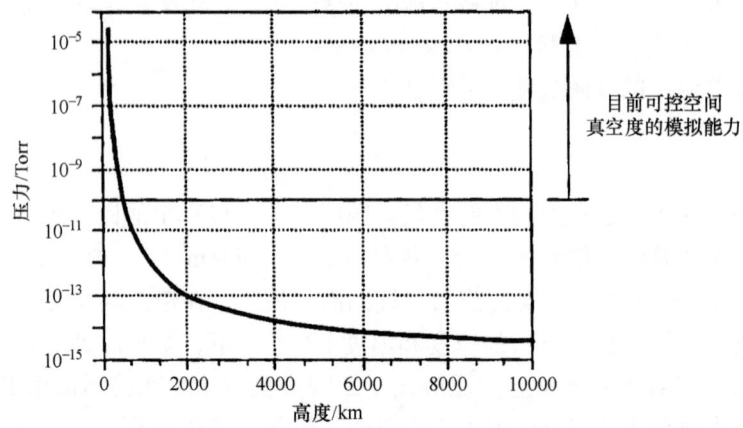

图 2.5 压力随高度变化的曲线

（资料源自 Wendt, R. G., et al., Space mission environments, in *Spacecraft Structures and Mechanisms*, Sarafin, T. P. and Larson, W. J. Eds., Microcosm, Torrance and Kluwer Academic Publishers, Boston, 1995, P. 37）

沉积在光学表面上。一些材料吸收地球上潮湿环境中的水分，并将那些潮气释放到真空中，这可能会造成污染问题，以及使敏感零件的外形尺寸发生变化。

空气动力或液体动力会对暴露在外的光学表面施力，所以在地球大气层内和水下移动的仪器将要承受一个过压。流体流过这些表面可能是湍流或是层流，具体是哪种取决于设计要求和环境因素，如温度、速度、流体密度、环境压力和黏性。由于空气快速流动产生的摩擦力使光窗和整流罩表面发热，会影响到高速飞机和导弹中相关光学仪器的热平衡。对于这类暴露在外的光学仪器，需要使用特殊的镀膜和对温度不敏感的材料，将产生热问题的可能性降到最小。

当一个光学件承受压差和变形时，压力会产生很重要的影响。如果光学件是一个光窗，并且设计成一个平行平板，透过的光束是平行光束，这些影响则最小。但如果是在高性能的光学系统中，即使如此，也应当考虑这些影响造成的潜在问题。这类问题将在本书 6.5 节做定量讨论。

在如微电路光刻印制之类的应用中，通常是将设备的温度变化控制到 ±0.1℃，一般不控制大气压力。气候引发压力的变化能够改变光学件周围空气的折射率，会降低聚焦性能和成像质量，改变系统的放大率，所以在对模板进行连续曝光之间会产生对准（重叠）误差。为了将这些不利影响降至最低，需要对压力的变化进行测量，并对光学系统进行调整和补偿。未来超高分辨率光刻系统的压力环境一定需要严格控制。毫无疑问，这些系统将会在真空中运作。

本书附录 A 总结了测量光学仪器压力的方法。

2.2.3 静态变形和应力

本书特别关注了，由于受到外力或内力的作用，光学元件（透镜、反射镜、棱镜和光窗等）及由机械材料（金属、塑料、复合材料等）制成的结构件会发生外形尺寸和构型的变化（即形变）。一般来说，假定所有的材料都是弹性的、各向同性的、均匀的、无限可分而不会改变其性质的，还假设这些材料都遵守虎克定律，即弹性体的应力（单位表面面积上承受的力）与应变（表面变形）成正比。必须说明的是，每种假设只能在某种程度上成立，而且理论和实验分析都是近似表示的。尽管如此，工程设计阶段对光机系统在具体条件下具有的特性所做出的预测是相当可靠的。

Roak 和 Young（1975）确定了 4 种类型的载荷能够在一个物体内产生应力。以下列出的内容部分改编自 Roak 和 Young《Formulas for Stress and Strain》（1975）一书。

1. 短暂的静态载荷

逐渐地施加载荷，使所有零件基本上随时处于平衡状态。测试时，渐渐地增加载荷，直至出现失效，产生失效需要的总时间不会多于几分钟。在使用过程中，逐渐增加负荷直至其最大值，维持该最大值一个有限时间，并且不要频繁使用该过程，避免零件疲劳失效。通常是用室温下短暂的静态测试确定一种材料的极限强度、弹性极限、屈服点、屈服强度和弹性模量。

2. 长期的静态载荷

逐渐地施加和保持最大载荷。在测试过程中，保持一个足够长的时间，保证能够得到一个有效的最终效果。在使用过程中，在结构的寿命周期内连续或间歇地维持最大载荷。一种材料的蠕变或流动特性，以及可能的永久强度都是使用长期静态载荷测试技术在常用的工作温度下来确定。

3. 反复施加载荷

典型的应用就是首先施加一种载荷或应力，然后整体或局部地反复消除和恢复。如果大的应力反复几个循环或较小的应力反复多次，这类载荷就会起着重要作用。

4. 动态载荷

在这种情况下，必须考虑零件的动量变化速率。一种情况就是相对于一种受控运动，要明确地给出零件的加速度。例如，发动机连接导杆的一部分反复加速运动，讨论应力效应时把这些载荷作为事实上的静态载荷处理。对于惯性力，也完全按照静态载荷处理。

本书重点在静态载荷效应，如重力环境下光学元件的变形，但会介绍几个实例，如军事应用中，优化光学仪器耐弹道冲击的能力对于详细设计直接用于武器射击的光学仪器至关重要。

2.2.4 振动

自然界中的振动对光学仪器的干扰，可以是周期性的也可以是非周期性的。如果一个力只是引起物体或零件的位移，在一个周期性的力（第 3 类载荷）的作用下，使一个弹性体产生摆动就可以称为固有振动。望远镜镜体或者反射镜表面在重力下的变形就是很好的例子。如果一个物体的运动连续地受到外部力量的驱动，这种运动就称为受迫振动。图 2.6 给出了一些周期性作用力的类型，图 2.7 则列出了有代表性的非周期性作用力的例子。图 2.7d 所示情况中，一些阻力，如摩擦或黏性效果会使该运动受到阻尼。

诱发应力的振动源包括某些物质（直接或间接耦合到该物体上）的不平衡转动或摆动、某些类型的液体流动及对物体均匀运动的扰动（如履带装甲车在起伏不平地形上的运动、受到机翼转体扰动的直升机或由于高度控制推进器点火产生抖动的航天飞机）。在对任何元件或组件进行设计时，振动的振幅、频率和方向都是重要的参数变量。

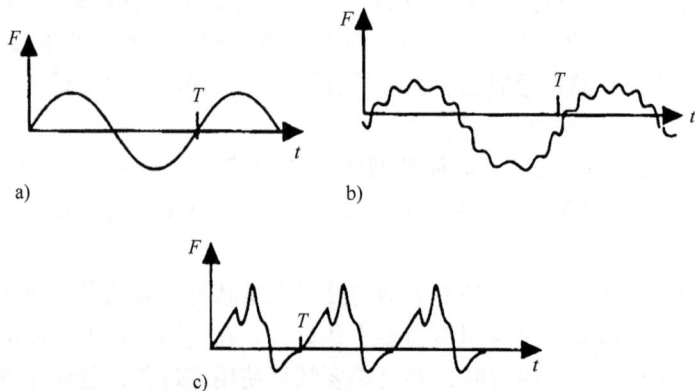

图 2.6 周期性作用力的例子（F 表示力，t 代表时间，T 是一个循环的时间）
a) 正弦或谐波形式　b) 两种正弦波的简单-复杂组合　c) 由傅里叶级数表示的综合复杂组合
（资料源自 Feldman, H. R., et al., Space mission environments, in *Spacecraft Structure and Mechanism*, Sarafin, T. P., and Larson, W. J. Eds., Microcosm, Torrance and Kluwer Academic Publishers, Boston, 1995, p.95）

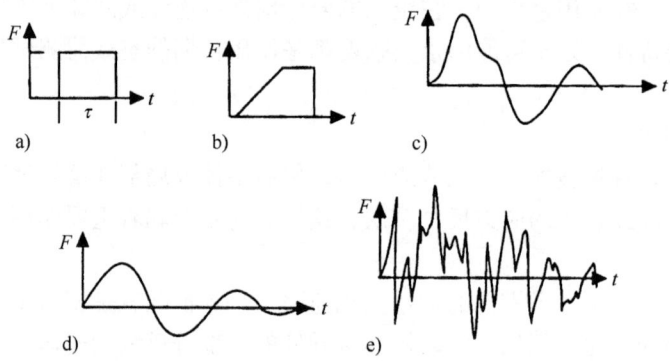

图 2.7 非周期性作用力的例子（F 表示力，t 代表时间，τ 是脉冲的持续时间）
a) 矩形脉冲（简单）　b) 上升到稳态并回到零　c) 复杂瞬态（短期间）　d) 阻尼正弦　e) 随机
（资料源自 Feldman, H. R., et al., Space mission environments, in *Spacecraft Structure and Mechanism*, Sarafin, T. P., and Larson, W. J. Eds., Microcosm, Torrance and Kluwer Academic Publishers, Boston, 1995, p.95）

当周期作用力的频率近似或完全对应于被驱动结构的固有频率或基频时，就会出现一个很重要的现象，除非有效地加以阻尼，否则由此产生的谐振所形成的振幅将会超过同样大小（但具有较低或较高频率）的力所形成的振幅。固有频率 f_N 仅取决于振动体的质量 m⊖ 和振动系统的刚性 k。由下式给出：

$$f_N = \frac{0.5}{\pi}\left(\frac{k}{m}\right)^{1/2} \tag{2.1}$$

成功进行光机仪器的工程化设计，在很大程度上依赖工程师预测和补偿谐振问题的能力。该问题可以通过如下方法实现，就是使零件具有高的刚性，从而使其固有频率比相关驱动力的频率更高，因此安全性更好。从战略的层面讲，设计和安装阻尼辅助机构会产生补偿

⊖ 本书其他部分使用符号 W 和 C 代替 m 和 c。

第 2 章 环 境 影 响

力，使用这种阻尼力以减轻谐振。

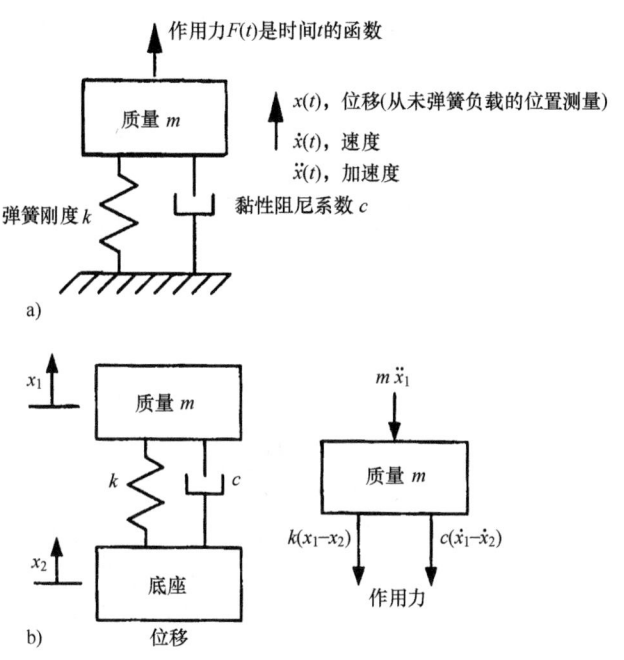

图 2.8 一个理想的单自由度系统的受力示意图
a）直接将力施加在有固定基础结构的物体上 b）通过外部驱动基体来施加力
（资料源自 Feldman, H. R., et al., Space mission environments, in Spacecraft Structure and Mechanism, Sarafin, T. P., and Larson, W. J. Eds., Microcosm, Torrance and Kluwer Academic Publishers, Boston, 1995, p. 95）

图 2.7e 所示为一个受到随机振动干扰的系统，该系统经受着一个频率范围内的所有频率的扰动。根据被驱动体方均根（rms）加速度响应原理，用统计的方法表示这种效应。将这种响应缩写为 ξ。虽然用数学分析或矩阵法比较复杂，但还是应当考虑所有的 6 个自由度。工程师们经常使用的方法是分别处理每一个自由度。图 2.8a 采用图示的方法说明一个简单的单自由度（DOF）系统。其中，一个力 $F(t)$ 直接施加在质量 m 上，该质量受到固定的刚性平台上的某些构件的支撑，这些结构支撑架的弹簧刚度是 k，黏性阻尼器的阻尼系数是 c。声音载荷就是直接驱动力的一个例子。

通常情况下，一个力通过一个或多个相邻的元件作用在光机仪器上。例如，一台望远镜的次镜固定在一个镜座上，镜座安装在网状架（或三脚架）上，而该支架又与望远镜的镜筒或桁架相连接等。图 2.8a 给出了固定这类串联零件的简单情况。任何两个零件的连接处总会有些柔性，可以用一个弹簧和一个相关的阻尼系数代表。来自于基座的振动力通过连接弹簧和阻尼器 c 传递，基座的运动（图 2.8 中的 x_2）造成 m 有一个运动 x_1。同一图中的右视图表示作用在 m 上的所有的力，在图的顶部可以显示牛顿定律，即该力等于质量乘以加速度。弹簧传递一个力，其大小等于弹簧的刚性（或者弹簧常数）乘以两次位移之差。阻尼器施加一个力，量值等于阻尼系数乘以两次速度之差。所有力都随时间变化。

图 2.8b 所示系统的可传送性特征（TR）或弹簧的响应力与峰值输入力之比如图 2.9 所示，不同的曲线对应着不同的阻尼系数 ζ，符号 Ω 是驱动频率，ω_N 是固有频率。当与频率

之比 $\Omega/\omega_N = \sqrt{2}$ 时，可传送性是 1。如果与频率之比大于 $\sqrt{2}$，响应小于输入，即出现衰减；若小于 $\sqrt{2}$，则响应被放大。当 ζ 非常小，就可以看到谐振的效果，这时，可传送性接近 $1/2\zeta$。

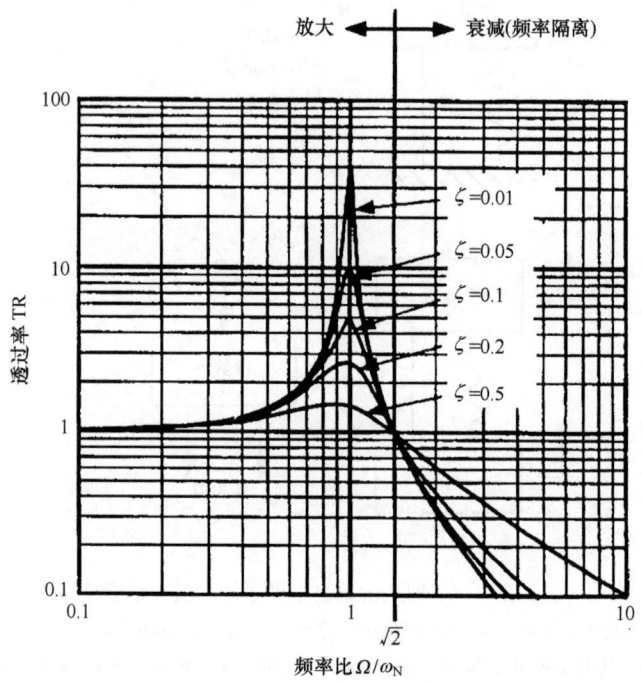

图 2.9 一个基座谐振系统的可传送性，不同曲线代表不同的阻尼作用
（资料源自 Feldman, H. R., et al., Space mission environments, in *Spacecraft Structure and Mechanism*, Sarafin, T. P., and Larson, W. J. Eds., Microcosm, Torrance and Kluwer Academic Publishers, Boston, 1995, p. 95）

图 2.8b 所示那种类型的系统，方均根（rms）加速度响应 ξ 由下式给出[⊖]：

$$\xi = \left(\frac{\pi f_N \text{PSD}_A}{4\zeta}\right)^{1/2} \tag{2.2}$$

式中，ζ 是系统在某已知频率 f 时的阻尼系数；f_N 是基频；PSD_A 是输入的加速度功率谱密度，单位为 g^2/Hz。

Vukobratovich (1997) 给出了常见的军用和航空航天环境下 PSD_A（译者注：原书错印为 PSD_s）的代表值，包括了战船、飞机、一些空间发射火箭和航天飞机（见表 2.2），频率范围为 1~2000Hz，PSD_A 值为 0.001~0.17g^2/Hz。这些应用和其他应用中的 PSD_A 值都是按照相同的标准通过测量确定的，Vukobratovich 还指出，在光机振动工程中，通常假设，大部分机械损伤是由 3σ 加速度所致。如果可能，仪器设计中应当保证每个机械零件都要基于 3σ 加速度数量级进行设计，参考设计实例 2.1。

⊖ 该公式由 J. W. Miles 给出，所以常称为 Miles 公式。

第 2 章 环境影响

> **设计实例 2.1　一种简单振动体系的方均根（RMS）随机加速度响应**（见图 2.8b）
>
> 假设，一块反射镜的质量是 2.00kg，系统的阻尼系数是 0.05，刚度 k 是 1.5×10^5N/m，在频率 30~1000Hz 范围内，基板（支架）处输入的功率谱密度 PSD 是 $0.1g^2$/Hz。计算以下几个参数：(a) 固有频率 f_N；(b) 方均根（RMS）加速度响应 σ；(c) 为了使系统满足规定的输入值，确定设计级和测试级需要的加速度值。
>
> (a) 由式 (2.1)，有 $f_N = (0.5/\pi)\times(1.5\times10^5/2.00)^{1/2} \approx 43.6$Hz。
>
> (b) 由式 (2.2)，有 $\sigma = [(\pi\times43.6\times0.1)/(4\times0.05)]^{1/2} \approx 8$，即 8 倍环境重力。
>
> (c) 设计级加速度应是 $3\sigma = 3\times8.3 \approx 25$，即 25 倍重力。

在对元件、组件和整个仪器进行振动测试时，将测试设备固定在一个振动器上完成规定的运动，从而形成摆动。使用标定过的加速计测量振动级。测量光学仪器振动的方法的概括见本书附录 A。

表 2.2　军用和航空航天环境中有代表性的振动功率谱密度

环　境	频率 f/Hz	功率谱密度（PSD）
阿里亚纳（Ariane）系列运载火箭	5~150 150~700 700~2000	+6dB（分贝）/octave（八度音阶） $0.04g^2$/Hz -3dB（分贝）/octave（八度音阶）
航天飞机轨道飞行器定位控制系统	15~1000 150~700 400~2000	+6dB（分贝）/octave（八度音阶） $0.10g^2$/Hz -6dB（分贝）/octave（八度音阶）
阿波罗（Apolo）飞船	20~80 80~400 400~2000	+3dB（分贝）/octave（八度音阶） $0.04g^2$/Hz -3dB（分贝）/octave（八度音阶）
雷神-德尔塔（Thor-Delta）运载火箭	20~200	$0.07g^2$/Hz
火星观测器任务规范	20~100 100~900 900~2000	+3dB（分贝）/octave（八度音阶） $0.2g^2$/Hz -6dB（分贝）/octave（八度音阶）
泰坦（Titan）系列运载火箭	10~30 30~1500 1500~2000	+6dB（分贝）/octave（八度音阶） $0.13g^2$/Hz -6dB（分贝）/octave（八度音阶）
海军战船	1~50	$0.001g^2$/Hz
按照美军标 MIT-STD-810E 规范进行的最低完整性测试	15~100 100~300	$0.03g^2$/Hz $0.03g^2$/Hz

(续)

环 境	频率 f/Hz	功率谱密度（PSD）
常见的飞机	15~100	$0.03g^2$/Hz
	100~300	$0.03g^2$/Hz
	300~1000	$0.17g^2$/Hz

[更新后资料源自 Vukobratovich, D., Optomechanical design principles, in *Handbook of Optomechanical Design*, A. Ahmad, (ed.), Bocaraton, FL, 1997, chapter 2]

另外，在设计要求抗振的光学仪器时，需要考虑对振动敏感的仪器的使用环境。尽管环境因素容易被忽略，但周围环境中的表面（地板和墙）振动等级及来自空气环流系统、加工设备和仪器内各种供应系统的声音输入都会使仪器的精度受到影响，如目视显微镜、投影光刻设备和电子扫描显微镜。如果振动环境太恶劣，以致无法满足仪器的性能要求，就需要在仪器中或在该仪器与安装该设备的界面处设置隔振机构。采用后一种方法的例子，就是将一个光学平台或工作台放置在具有阻尼作用的低摩擦力空气弹簧上，从而使各种干扰频率降至允许的水平。即使采取了隔振措施，至今只有少数几个单位能提供微小振动的工作环境，纳米技术的研究开发、生产和应用就需要专门设计的环境。

关于可允许的振动等级，如对于实验场地环境的设计，美国环境科学与技术研究所（IEST）⊖拟订的文件 RP-CC012.2，《超净厂房（绝对无尘室）的设计意见》（Consideration in Cleanroom Design），公布了振动标准（VC）曲线的形式。图 2.10 给出了振动标准曲线并介绍了其应用。在此，振动表示为一个方均根速度（与表示成位移和加速度的方法不同），这是因为研究（如 Gooden，1991，1999）表明，一些设备和人对不同频率的敏感程度不同，而且这些敏感点位于匀速曲线上。曲线图的横坐标是一个成比例的带宽，约等于中心频率的 23%。根据观测资料显示，绝大部分环境发生的都是随机振动，而不是周期振动。对于按照某台具体设备要求准备出来的场地环境，测量出的 1/3 八度音阶带速度谱必须低于图形中对应的判断标准曲线之下。给出的这些曲线（值）都比较保守，可以应用于规定目录内的绝大部分（对振动）敏感设备。该判断标准假设，安装在实验台上的设备是放置在刚性台子上，并受到阻尼，因而由谐振造成的放大作用受到了限制。表 2.3 所示将图 2.10 中各种判断标准曲线与详细的振幅等级、大小及应用联系在一起。

表 2.3　对图 2.10 所示一般性 VC 振动判断标准曲线的解释和应用标准

判断曲线	振幅[①] /(μm)[μm/a]	细节尺寸[②]/ μm	应 用 表 述
车间（ISO）	800 [32 000]	N/A	明显可以感觉到振动，适合于车间和非敏感区
办公室（ISO）	400 [16000]	N/A	可感觉到振动，适合于办公室和非敏感区

⊖ 美国环境科学与技术研究所的联系方式：5005 Newport Drive, Suite506, Rolling Meadows, IL60008-3841/Tel.（847）255-1561/www.iest.org。

第 2 章 环 境 影 响

（续）

判断曲线	振幅① /(μm)[μm/a]	细节尺寸②/ μm	应用表述
住宅区的白天（ISO）	200 [8000]	75	几乎感觉不到振动，在大部分情况下适合睡觉，通常完全可以满足计算机设备、探针测试设备和40倍以下显微镜的使用
手术室（ISO）	100 [4000]	25	感觉不到振动，大多数情况下适合100倍的显微镜和其他低灵敏度的设备工作
VC-A	50 [2000]	8	大多数情况下足以满足400倍光学显微镜、微量天平、光学天平、近贴式和投影式光刻机
VC-B	25 [1000]	3	适合3μm线宽的检查仪器和光刻设备（包括步进器）
VC-C	12.5 [500]	1~3	适合1000倍光学显微镜、光刻和1μm细节尺寸的检查设备（包括中等灵敏度的电子显微镜）
VC-D	6.25 [250]	0.1~0.3	适合有过分苛刻要求的设备中的大部分情况，包括许多电子显微镜（扫描电子显微镜和透射电子显微镜）和电子束系统
VC-E	3.12 [125]	<0.1	一个具有挑战性的判断准则，假设完全可以满足大部分有过分苛刻要求的灵敏系统，包括长光路、激光、小目标系统，纳米级电子束光刻系统和其他有非寻常动态稳定性要求的系统
VC-F	1.56 [62.5]	N/A	适合特别安静的研究场合。一般大多数情况下都难以实现，除非超净厂房。建议不要作为一种设计判断标准，仅是一种性能表述
VC-G	0.78 [31.3]	N/A	适合特别安静的研究场合。一般大多数情况下都难以实现，除非超净厂房。建议不要作为一种设计判断标准，仅是一种性能表述

（资料源自 Courtesy of the Institute of Environmental Science and Technology, Rolling Meadows, IL, USA）

① 根据在 8~80Hz（VC-A 和 VC-B）范围内，或者 1~100Hz（VC-C~VC-G）范围内对 1/3 八度音阶频带测量出的数据。

② 细节尺寸是指微电子加工情况中的线宽，医学和药学等研究情况中的粒子（细胞）的尺寸。与探针技术成像、原子力显微术和纳米技术没有关系。

专门生产这种对振动敏感仪器的生产厂商，有时会根据其设备的工作频率域对场地环境提出要求。例如，图 2.11 给出了卖方对 4 类电光设备给出的技术规范及对应的 VC 曲线（从 VC-A 到 VC-E）。影响振动判断标准的另外一个可能因素是希望考虑频率低于 4Hz 和高于 100Hz 的需求。随着新技术的开发，表 2.3 所示对应用的描述应进行修订。

2.2.5 冲击

突然将一个力快速施加于整台仪器上，更常用的是施加于其中一部分上，会将一系列动态条件引入到结构零件中。一般来说会出现弹性（也许是非弹性的）形变，未被正确支撑

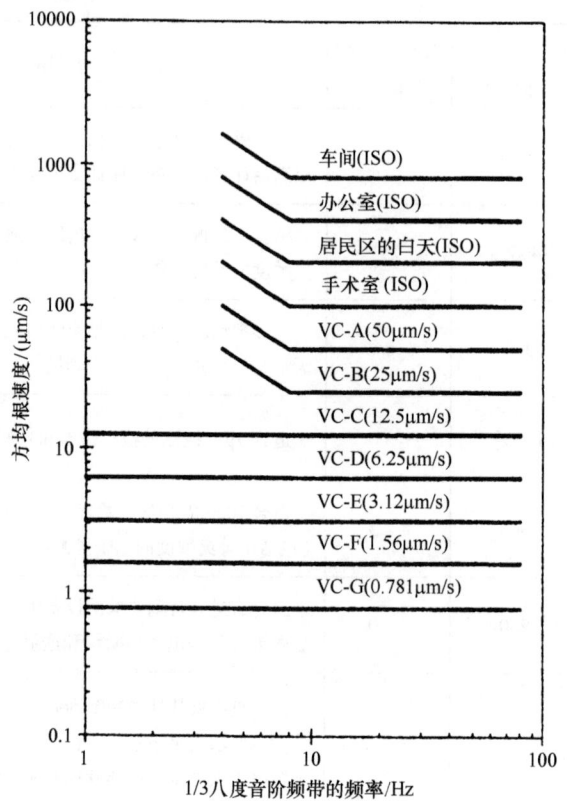

准则	定义
VC-A	4~8Hz为256μg；8~80Hz为50μm/s(2000μin/s)
VC-B	4~8Hz为128μg；8~80Hz为25μm/s(1000μin/s)
VC-C	1~80Hz为12.5μm/s(500μin/s)
VC-D	1~80Hz为6.25μm/s(250μin/s)
VC-E	1~80Hz为3.12μm/s(125μin/s)
VC-F	1~80Hz为1.56μm/s(62.5μin/s)
VC-G	1~80Hz为0.78μm/s(31.3μin/s)

图 2.10 对振动比较敏感的应用中，振动标准曲线的图形定义和数字定义
(资料源自 the Institute of Environmental Science and Technology, Rolling Meadows, IL, USA)

的零件会相对于其周围零部件发生错位。光学对准可能会暂时甚至永久性地受到损害，易碎的元件（如某些光学件）可能会产生过应力和破碎——特别是在生产加工期间，因热处理不完全而产生的内应力在加工时得到释放，这种情况更易发生。使用以下方法可以提高光机系统的抗冲击能力：①使用隔震子系统（抗冲击支架）；②采用一种设计，使相关载荷分散在尽可能大的面积上；③选择合适的材料和加工工艺；④为受冲击体设计最小的质量，所有的元件要有足够的强度和刚性。

一般来说，技术规范都是根据一个特定方向或三个相互正交方向上的几个重力加速度来定义冲击的。在此根据一个无量纲的放大系数 a_G 规定加速度等级，如果采用标准的人工控制光学仪器，冲击等级一般设置为 $a_G \approx 3$。

运输过程常会给仪器带来最严重的冲击。在使用卡车而不是火车或飞机运输时，仪器结

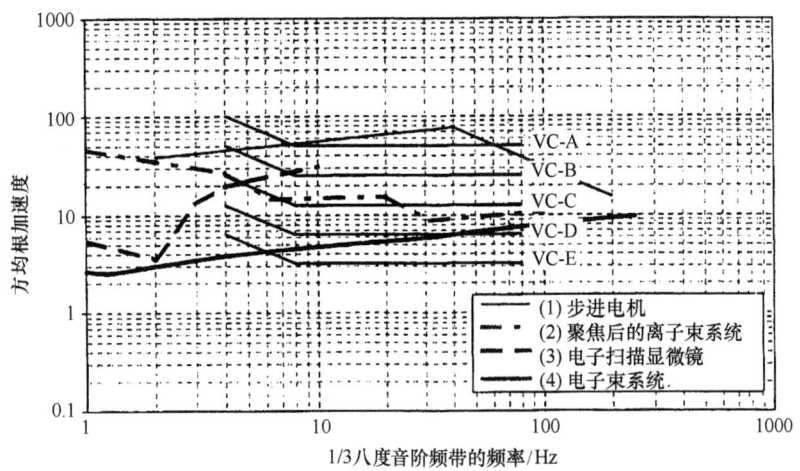

图 2.11 4 类高性能光学仪器卖方环境振动技术规范的例子
（资料源自 Gooden, C. G., *Proc. SPIE*, 3786, 22, 1999）
注：VC 曲线与图 2.10 所示的曲线没有完全对应

构的载荷都比较高。一般来说，一辆卡车会产生瞬时力，如偶然碰上洼坑、突然变速或公路路面高度的突然变化，也许卡车必须行驶在较差的公路上，如年代久远、维护较差的公路（Wendt 等，1995）。一台装有气浮弹簧的卡车会减轻扰动的严重程度。技术规范应当对有无集装箱和抗冲击装置区别对待，如果没有集装箱，或者冲击力直接从卡车传到仪器，则冲击等级可能会超过 $a_G = 25$。正确设计包装可以将运输冲击衰减到封装仪器能够承受的设计值。作为经验，该设计值不应小于 $a_G = 15$。因为存在风力和着陆的冲力，空中运输也会遇到瞬时力，而空气扰动则是一种持续施加的力（振动）。值得注意的是，任何运输方式期间，都会出现较大的压力和温度变化。

运输期间经常产生的另一种冲击，是货物的偶然跌落。标准 ASTM D7386-12，即单件包裹投递系统包裹性能测试标准实施办法，为仪器设计提供了指导。其中列出了道路拖车和运输车辆上货物的功率谱密度（PSD）典型值，是频率 a_G 的函数。

在为一台仪器或其中的一部分准备冲击技术规范时，确定 a_G 的值是必要的，但是还不充分。通常，技术规范定义冲击的持续时间和脉冲形状。例如，ISO 9022 附录 A 第 2 段给出的测试冲击的方法，要求"每个轴向上 3 次冲击，八个严酷度等级之一，加速度范围为 $10 \sim 500g$，半正弦波脉冲，持续时间 $6 \sim 16ms$"。空间有效载荷在发射、多级舱体分离、使用助推器改变轨道、信号装置激活或重新入轨以航天器着陆期间都会遇到严重的冲击。对于设计不合理的系统，尤其是适用于人工操作的系统来说，这些冲击会有非常大的影响，所以，对空间装载的设备一定要有更为明确的要求。图 2.12 所示是一条典型的加速度（以 g 为单位）与时间的关系曲线，脉冲的持续时间非常短，频率范围大约为 $20 \sim 10000Hz$。这种技术规范的目的是根据冲击效果或冲击的损害潜力来确定要求。

一种冲击脉冲（如爆炸载荷释放螺栓通过如航天器之类结构所产生的冲击）的最大加速度，随离开扰动源的距离及遇到大量的连接部位而得到衰减。根据测试和分析，随距离的衰减一般如图 2.13 所示。由图可见，最大加速度在约 20in（50.8cm）处降低到

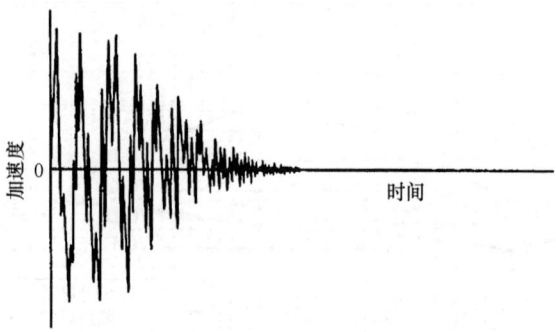

图 2.12 一个冲击脉冲的加速度-时间曲线示意图

(资料源自 Webb, R. W. and Sarafin, T. P., section 12.5.3 in *Spacecraft Structures and Mechanisms*, Sarafin, T. P., and Larson, W. J. Eds., Microcosm, Torrance and Kluwer Academic Publishers, Boston, MA, 1995)

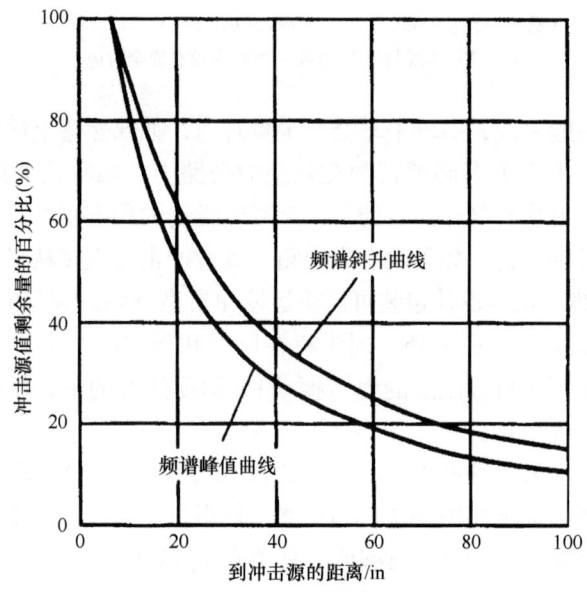

图 2.13 一个冲击脉冲的频谱峰值和斜度随距离衰减的曲线图

(资料源自 Webb, R. W. and Sarafin, T. P., section 12.5.3 in *Spacecraft Structures and Mechanisms*, Sarafin, T. P., and Larson, W. J. Eds., Microcosm, Torrance and Kluwer Academic Publishers, Boston, MA, 1995)

50%,而频谱斜坡曲线在同样的距离上下降到约 64%。每一个用机械方法紧固(不是焊接或黏接)在一起的机械连接处都会有衰减,传播到 3 个结合部时会出现约 40% 的衰减。通常,经过 3 个接合处后,不会再有明显的衰减。一个冲击脉冲通过两个接合处后传递到离冲击源 20in(50.8cm)的一个点时所含有的强度约为峰值输入脉冲强度的 $(1-0.4)^2 \times 0.5 = 18\%$。

很明显,需要确定所设计的光学仪器能否承受外部环境传递到仪器上的冲击脉冲。通常,按照如 MIL-STD-1540 规范(关于运载器、上面级和航天器产品验证的技术要求,1999)完成冲击测试。本书附录 A 给出了光学仪器冲击测试的典型方法。

2.2.6 湿度

光学仪器的大部分应用遇到的大气都是气体和蒸气的混合物，包括热水蒸气、饱和水蒸气，或许还有如云、雾或雨中的液态水。大气的绝对湿度就是实际存在的水蒸气量值——典型的表示方法是单位体积内的重量。另外，相对湿度（RH）就是混合气体中实际存在的水蒸气密度与该混合气体温度下饱和水蒸气密度之比。还与水蒸气实际的部分压力与该温度下饱和水蒸气压力之比相关。无论哪种情况，大气饱和所对应的相对湿度是100%，包含一定量（假设是个常数）水蒸气的大气相对湿度随着温度下降（在不变的压力下）而变大，直至露点时出现饱和凝聚。

使用湿度计或干湿球湿度计可以确定气体——蒸气混合体——的湿度。当气体混合物流经一个温度计的小球时，湿球或干球湿度计就测量出由于蒸发变凉造成的温度下降，温度计的球芯是一种饱和液体，而这种液体是大气中的水蒸气。测量装置的工作原理、可应用的方程式及列线图都可以在各种教科书和工程手册中找到。

光学仪器内部或外露光学表面上有液态或蒸气状的水，会导致光学表面和镀膜层质量下降，加速应力形成裂纹的继续扩展、含铁金属的氧化及吸收或散射都会造成透射或反射率降低。一般来说，设计这些仪器时，采用密封剂、垫圈、O形环等都可以或多或少地提高防水性。为了使湿度造成的内部损伤降到最小，常用的技术就是使用干燥的净化气体（如氮气或氦气）对光学仪器进行冲洗（有时是增压）。对于某些应用，光学仪器也可以使用内部干燥剂，保持仪器内部的气体干燥。许多塑料、复合材料和水溶性晶体（如岩盐或萤石）都必须采取防潮措施，以保证其光学功能。光学仪器密封、净化和干燥技术将在本套书卷Ⅱ第7章阐述。

在大气中有一种成分就是普通的盐（NaCl），该成分常伴随高湿度而对设备产生较大影响。湿气中的高含量盐分沉积在光学元件（如透镜、棱镜和反射镜）上，很快会使镀膜失效，最终使一些光学基板和结构材料被腐蚀。这个问题将在下一节讨论。

本书附录A总结了光学仪器湿度的测量方法。

2.2.7 腐蚀

腐蚀是材料及其环境间发生的一种化学或电化学反应。它是当不同材料放置在一种液体（如水）中会出现最常见的反应形式。其中包括氧化反应（形成金属离子，释放电子）和还原反应（消耗自由电子），电子通过液体实现转移。

为了避免光机仪器所用材料受到腐蚀，最有效的方法是保持零件远离腐蚀源，虽然这种情况很难实现，但仍然是一个有效的目标。当然，在某些情况下可以对敏感材料镀保护膜或涂漆，然而随着时间变长，或者在机械应力及热应力作用下，这些膜层会失效而失去保护功能。最常见的一些腐蚀形式如下：接触腐蚀（或者摩擦腐蚀），是由于振动使表面之间碰撞和挤压造成保护膜（如氧化层）被磨穿；电流腐蚀，即电子从一种金属流向另一种相对的非贵重金属（即不太活跃的金属）；氢脆化腐蚀，即氢气扩散到一种金属中，使其容易变脆断裂；应力腐蚀，由于存有湿气，材料表面的缺陷（如凹坑）在持续张力的作用下会增大，并导致脆性断裂（Wendt等，1995）。对于有机械应力的材料，应力腐蚀会加速材料失效，

Souders 和 Eshbach（1975）对该情况的机理做出了比较实际的解释：材料表面在张力作用下发生变形时，腐蚀形成的凹坑或刻痕被拉开，并充满锈斑和致污物；张力释放，开缝合上并覆盖住杂质，楔形作用会增大零件内的应力，产生额外的更为严重的裂缝。该情况会越来越严重，直到零件疲劳甚至失效。

金属本身固有的抗腐蚀能力有相当大的差别，如铝和铝合金放置在干燥的大气中不会受腐蚀，而潮气、碱金属和盐会造成这些材料腐蚀，其阳极氧化膜会提供相当好的保护作用。如果要求材料具有抗腐蚀性及高的结构强度-重量比，通常都使用金属材料钛。另外，金属材料镁相当容易受到大气污染物（如湿气中盐）的伤害。对于不锈钢⊖材料，由于其固有的惰性，即可以在空气或其他氧化大气环境中自然形成表面特性或惰性膜，因而有不同程度的抗腐蚀能力。例如，410 类抗腐蚀不锈钢（Type-410CRES）暴露于空气中几个星期之后会形成一层表面氧化膜。除了其他的技术标准，316 类抗腐蚀不锈钢（Type-316CRES）有最好的抵抗含盐大气的腐蚀能力（Mantell，1958；Elliott and Home Dickson，1960）。

将金属腐蚀降低到最低限度的技术包括，避免让互不兼容的金属材料直接接触，在加工过程中仔细清除具有腐蚀性的残留物，使用保护膜，不要放置在高湿度的环境中。

Lick 天文观测站位于美国加利福尼亚州哈密尔顿山上，由于附近发生了草原大火，空气中充斥着小颗粒烟雾。Zito（1990）观察和研究过这些颗粒与潮湿大气中的湿气相互作用后对铝反射镜的腐蚀影响。折射光学件的增透膜也会受到环境腐蚀的影响（Baumeister，1965）。

应用化学气相沉积（CVD）技术和离子辅助化学气相沉积（PACVD）技术对光学件镀多晶金刚石膜，该薄膜被称为类金刚石（DLC）膜。这些膜系可以保护易腐蚀表面例如锗、硒化锌和硫化锌表面免受腐蚀及磨损（Willey，1996）。一些类金刚石膜系的结构含有 $10\mu m$ 直径的细颗粒，这种粗糙表面会产生较大的散射，使用研磨、化学或离子/溅射技术，对沉积后的膜层进行抛光，能够改善表面的粗糙度（Moran 等，1990；Snal，1990）。所有的类金刚石膜都呈现出收缩力，大多数都能够很好地附着在经过精心准备的基板上。

能够提高红外光学件抗腐蚀和耐久性的其他膜系包括 PACVD 碳化锗（GeC）、PACVD 磷化硼及由 GeC、Ge 和各种类金刚石组成的多层膜。由 Monachan 等人（1989）介绍的这种多层膜专门用于波长范围为 $3\sim5\mu m$ 和 $8\sim12\mu m$ 的锗材料，以及 $8\sim12\mu m$ 波长范围的硫化锌材料。

本书附录 A 总结了光学仪器抗腐蚀的测量方法。

2.2.8 环境污染

所有光学仪器在制造、存储和使用期间都会受到颗粒和分子物质不同程度的污染。仪器研发初期，评估污染对达到性能指标的重要作用时，就要确定防污染的重要性。一般来说，在地面环境中使用的中等性能的简单系统，在其装配过程中应当清洁零件，仪器不要放置在脏和湿的环境中，必须对其硬件不定期地进行外部清洁。但有些仪器，如为深紫外微（型）光刻技术应用设计的光学投影系统，则是另外一种特例。在这种仪器中，虽然经过仔细清

⊖ 本书提到的不锈钢指抗腐蚀不锈钢（CRES）。

洗，但光学基板、粗磨和抛光介质的细小颗粒及清洗溶剂的残留物仍然可能附着在光学表面上（Keski-Kuha 等，1994）。这些因素会使镀膜层受到污染，或者由于散射、反射和吸收降低了光的透过，从而使系统的性能下降。在具有特别高能量的激光器系统中，如目前正在美国劳伦斯利物浦国家实验室（LLNL）进行测试的国家点火装置（National Ignition Facility，NIF），光束不断地与玻璃表面上的致污物相互作用，就可能导致表面受损，以致光束渐渐地变得暗淡。这将会降低传输到靶标的能量及光学元件的导光能力。泵浦闪光灯的连续工作也会逐渐地损坏较薄的激光器玻璃元件。激光对光学组件的损伤将在2.2.12 节详细讨论。

Honig（2004）指出，测试表明"NIF 是至今建造的最干净的大功率激光器"。对这类系统的清洁度的测量，是按照美国联邦政府关于航空清洁度的标准 209E 及关于表面清洁度的标准 IEST-STD-CC1246D[⊖]完成的。为了测量薄的激光元件，在 NIF 上研制了专用设备，采用大尺寸平板扫描仪，并安装了定制的软件。为了避免出现上述问题，必须在极其清洁的条件下加工、清洗、镀膜、装配和维护光学件。

虽然折射表面和反射表面都是由供应商镀以高品质的增透膜和增反膜，耐久性通常是比较好的，但清洁（或清洗）不可避免地会使膜层性能有不同程度的下降，要避免反复和不必要的擦洗，清洗光学元件应当使用批准过的工艺和材料。最常见的污染源是烟尘、手印、皮肤上的油污、溶解在洁净溶液中的污染物、湿气和化学蒸气的凝聚、灰尘及大气对膜层或附近元件腐蚀作用产生的副产品。产生表面污染的特定条件、膜层和基板材料的性质和清洗时的环境都会影响到清洗工作的效果。Karow（1989）和 Schaick 等人（1989）相当详细地阐述过在光学件上发现的有代表性的各类污染物，以及用来消除污染的各种方法、材料和装置。Zito（1990）论述过用干冰在现场清洗大尺寸光学元件的技术，如天文望远镜的反射镜。使用这种工艺可能存在的问题是空压机中的油会污染二氧化碳气体，利用改进过的过滤器净化二氧化碳气体可以解决该问题（Zito，2000）。

Facey 和 Nonnenmacher（1988）提供的资料表明，哈勃空间望远镜升空前，在对其进行热真空测试时发现，测量出的主反射镜的温度低于预期值，并发现反射镜内存在轴向温度梯度，很显然通过反射镜的前表面消耗了额外的热量，而这种非常态的现象，在计算机建模时并不能预测到。

在反射镜从镀膜机中取出后，即使一直放置在一个受保护的环境中，作为常识可知，在超过 2~3 年后仍会积累少量的颗粒污染（覆盖反射镜表面的 2%~3%）。仔细使用一种定制安装的"真空清洁器"可以成功地将大部分污染颗粒从该表面上清除掉（Facey，1985，1987）。这种清洁器固定在反射镜镀膜表面附近，并且可以在整个表面上运动。理论分析可以知道，剩余的小面积颗粒覆盖区（占总面积的 0.6%），以及在仪器综合使用和测试的 2 年内额外积累下来的污染是大幅度提高表面镀膜有效（热量）发射率的原因。使用一个小型代用熔凝石英反射镜，将 5 种不同量的颗粒物质分布在干净的镀膜面，并在真空中进行实验室测试。根据温度的变化、离子尺寸的分布及使用微密度计分析污染表面的照片，从而得到反射镜变昏暗的面积，以此计算表面的整个半球发射率。结果证实，

⊖ 美国联邦标准 209E 和 IEST-STD-CC1246D 可从 IEST 获取。

污染的灰尘的确造成了有效发射率的增大，并且也解释了意外的反射镜热损耗。发射前没有对反射镜表面的发射率进行评估，但在轨道运行中没有遇到由于表面污染而造成的问题。

军用和民用光学设备可能会接触到润滑剂、硅树脂、冷却液、冷冻液、消防泡沫、氟卤酊树脂、盐雾和喷溅、清洗液、酸及其他的化学物质。在这些设备工作期间要特别小心以保证设备的正常运行。空间有效载荷也许会部分地接触到上述的潜在污染，同时还会遇到 X 射线、质子、电子、微小陨石、人造空间残骸，或者由预发射、发射和轨道修正环境中火箭产生的废弃品（Thornton 和 Gilbert，1990；Tribble，1995；Shipley，2003）。其中一些是具有腐蚀性的，另一些可能是简单地污染表面，降低设备的性能。对准备使用在太空环境中的复杂的高级仪器，建议在设计的最初阶段就采用详细的污染控制工艺，并规定在整个使用期间都要避免所有的零件和整台仪器受到污染。了解和掌握太空应力环境的性质和影响，从而保证系统在轨道运行中的性能是很重要的。

Musikent 和 Malloy（1990）简要总结了低绕地运行轨道的污染环境，更详细的内容请参考 Tribble（1995）提供的资料。

对于长期执行太空任务的设备，尤其是低绕地运行轨道的，原子氧是一种具有很大影响的物质。聚合材料［如特氟隆（Teflon）、聚酰亚胺（Kapton）、聚酯薄膜（Mylar）和黏合剂］、石墨环氧复合材料和其他以碳为主的复合材料、有机漆料、镀膜和薄膜［包括铟锡氧化物和尿烷橡胶（聚合物）——一种白色的热控漆］及某些金属（铝，银）会与原子氧反应，应当对这些材料在航天器运动的方向上进行保护。据 Shipley（2003）的文章，一些材料由于同时暴露于原子氧、紫外辐射和低绕地轨道运行环境中而加速了性能恶化。

如果仪器暴露于真空中，许多材料中的气体（或气泡）会被除去，即消除了气体形式的物质，放气的物质可以是材料的有机成分，或者是前面被吸收的气体，如氧气、氮气或二氧化碳（Wendt，1995）。在空间有效载荷中，放气会造成材料的重要性能降低或被清除出来的物质会凝聚在光学表面和热控设备的表面上，被清除出来的物质还会造成机械结构和轴承的黏结或堵塞（Phinney 和 Britton，1995）。去除真空中气体、湿气或之前吸附在材料表面上其他污染的过程称之为"抽气"。这也可能会造成类似于上述"放气"产生的问题。硅橡胶造成的污染特别难以消除。Uy 等人（1998）证明，航天器载荷中应用的多层隔热层可能是低温仪器温度循环期间的湿度污染源。他还指出，由于一些机构（如门）的启动造成的振动或温度变化，从而使带入轨道的残余颗粒物在仪器内部从新分布。

显然，在设计太空仪器时，最可取的方法是使用耐用的经过低真空除气和没有放射性的材料。制造和装配过程中采用的工艺需要仔细地选择和控制。装配、地面测试和运输中的包装都要在洁净干燥的环境中进行，在整个过程中不断积累的污染量，包括湿气，都要进行仔细的监控。表 2.4 对某太空科学仪器中不同精密表面上的颗粒物质列出了预期的清洁度等级，这种仪器就是 Steakley 等人（1990）叙述过的低温临边阵列标准光谱仪（CLAES）。这种仪器的维护通常都包括周期性的内部和外部清洁及测试，保证仪器足够干净。测试可以采取以下方式：放大状态下的目视检测、化学或光谱分析，或者测量光谱透射比、表面的光谱反射比、散射率及双向反射率分布函数（BRDF）。

表 2.4 对一台有代表性的太空科学仪器［低温临边阵列标准光谱仪（CLAES）］污染物控制值预期实例的总结

污染物：传感器中的颗粒
结果：1. 恶化了双向光谱反射比分布函数（BRDF）；
   2. 吸收了入射辐射，改变了表面的辐射性质；
   3. 使透射表面变得昏暗，造成性能下降。

重要硬件	LAAM①	主镜	次镜	内分光计	焦面内侧	挡板内侧	挡板外侧	CLAES 外部
推导出的清洁度等级目标（A）（根据 MIL-STD-1246）	100	100	100	300	300	200	300	500
遮蔽允许量								
分系统（%）	3	1.5	1.5	9	15			
总量（%）	6	3	3	13	3			
BRDF 允许量（$\times 10^{-3}$）								
分系统（%）	0.75	0.75	2					
总量（%）	2.5	2.5	5					
清洁的实验场所								
预清洗	10000	10000	10000	10000	10000	10000	10000	10000
清洗	100	100	100	100	100	100	100	1000
装配	100	100	100	100	100	100	100	1000
测试	1000	1000	1000	1000	1000	1000	1000	1000
包装	10000	10000	10000	10000	10000	10000	10000	10000

（资料改编自 Strakley, B. C., et al., *Proc. SPIE*, 1329, 31, 1990）
① 分系统搜索和调整反射镜。

应当认识到，对长期执行的空间任务，不可能使光学仪器永远保持足够的清洁度。通常需要人工完成在轨检测和清洁光学装置。目前，这种技术仅适用于国际空间站，并且使用有限。由于沿轨道运行期间存在着污染源，因此，只要有可能，都应当为热性能和光学性能的衰减设计公差。

化学（战争）毒剂是设计地基军用光学仪器时需要认真考虑的一个因素。这些毒剂都是致残或致命的侵蚀性有机化学物质。一旦光学仪器受到污染，其性能会恶化，即使穿上防护服，但在这种污染环境下作业也不能保证安全地操作（Krevor 等，1993）。如果光学仪器沾染上了生物（战争）毒剂或核爆炸的副产品，也会出现上述情况。上述污染中的任何一种都可以滞留在光学仪器硬件上很长一段时间，消除这类污染非常困难，因而造成仪器无法使用。

复杂的光学系统，如折射式微芯片光刻图案叠加系统和美国国家点火装置（NIF），由于具有很多光学表面，很容易局部产生污染问题，所以，一个很小的杂质对其中多个表面的累计影响都会变得很明显。在这类系统中存在着散射及玻璃面变暗淡，所以就有能量损耗。精心清洁和检查及严格控制设备内的环境条件，有助于将这些问题减到最少。

光学光刻系统有一种特别的污染，在生产先进的逻辑存储器件时，会严重地影响着半导体厂商的生产过程，这就是光子对空气中的成分包括 O_2、CO_2 和水蒸气的吸收。为了得到纳米级特征尺寸的芯片，所需的光波波长必须达到或超出极紫外（EUV）的范围。随着波长减小，大气造成光子的吸收会明显增大。以波长 157nm 工作的系统，需要使用过滤后的干燥氮气（N_2）或氦气（He）彻底清洗。那么可将短波长系统设计为真空工作环境以满足产量要求。

所有的紫外（UV）和极紫外（EUV）系统都需要采用非释气材料，以避免光学表面形成分子组合，否则，随着工作时间的久远，会使透过率或反射率特性明显降低。为了避免维修后要对大的空间进行长时间抽真空，真空环境下工作的仪器采用模块化设计和模块隔离是非常有益的。

如果要保持光刻中光掩模板超级清洁，要求整个仪器内部沿光路部分有特别高的清洁度，或者在光掩模附近增加一个薄光窗（薄膜），将它们与颗粒污染隔开。这些薄膜必须放置在距离像平面足够远的地方，才不会过多地影响系统成像。正在研发的一些系统中，使用特别薄的（<10μm）薄膜，这些膜被称为"软"膜。如果可以接受高成本高性能的薄膜，并且它们对系统性能的影响可以在光学系统中得到补偿，就可以使用和制造较厚的被称为"硬膜"的薄膜（约800μm厚）。一些系统设计建议，在工作期间将该薄膜移出工作光路，这种特性会大大增加仪器的复杂程度和成本。

2.2.9 霉菌

当光学仪器，如望远镜、双筒望远镜、照相机或显微镜长时间暴露于温暖和高湿度环境中，可能会生成一层薄膜，并产生局部霉菌。在热带气候中，有机污染在早期阶段就会造成散射，降低性能，造成了很严重的问题。之后，霉菌能够在材料中蚀刻出一些痕迹，所以有可能使光学表面受到永久性的损害。

即使彻底清洗过玻璃表面，消除了手印、灰尘粒子和润滑油迹，在玻璃表面上仍然会繁殖和生长霉菌（Theden 和 Kerner Gang，1965）。极小的（霉菌）孢子无处不在，自身就可以提供足够的营养支持其个体发育。一些对气候有良好适应能力和高抗酸性的玻璃可能会阻止霉菌生长。一些玻璃（如 KzFS4），在高湿度条件下，尽管容易受到气候和酸性的影响较大，但在一定程度上可以阻止霉菌的生长。这种矛盾的性质说明玻璃的化学成分对感霉性起着一定作用。

Sprouse 和 Lawson（1974）在热带（巴拿马运河区）进行的测试证明，光学玻璃和钢材料表面上的天然有机成分可以作为霉菌生长的营养源。从前认为对热带霉菌生长起作用的物质单萜（分子式 $C_{10}H_{16}$）在抽样的热带大气中并没有明显地出现，而发现大气中明显地存有热带草所含的普通脂族酯。

Baker（1967）对一些杀菌剂作为光学件的防霉剂进行了评估。后来，Kaker（1968）又对两种杀菌剂可能出现的不利影响进行过描述。Baigozhin 等人（1977）使用一些化学性质不稳定的光学玻璃做过一些实验，在这些玻璃表面镀上杀菌保护膜，而这些膜系不改变玻璃的光学性能。使用硅保护膜（其中包含有阻止霉菌生长的砷、汞或锡）的光学件测试可达 3~4 个月；对没有镀保护膜的光学件使用同样的测试，结果在 1 个月内霉菌生长迅速。Harris 和 Towch（1989）在准备用于前视红外（FLIR）系统中的几种红外光窗上做了一系列环境测试。这些测试实验包括霉菌的生长、能够免受霉菌影响的材料。在28天之后，测试结果表明，硫化锌样品的大部分防雨膜已经脱落，单晶锗光窗的膜层呈现出损伤。如果没有膜层，透过率损耗就超出了期望值。类似的镀有控制霉菌生长膜层的样品没有招致任何损伤或透过率损耗，恶化的原因是由于霉菌的作用所致。

Bartosik等人（2010）公布的最新研究表明，某些光学仪器生产过程中使用润滑剂（称为4CKP）造成玻璃的生物腐蚀。已经能够确定，润滑剂能够促使黑曲霉真菌孢子的生长。酸菌种代谢物造成玻璃表面越来越糟。对激光束通过玻璃样片透过率的相关测量及对后培养液（postculture fluid）的化学分析表明，含有很高SiO_2成分的玻璃对黑曲霉真菌生长具有最强的耐腐性。

本书附录A总结了光学仪器霉菌的测试方法。

2.2.10 磨损、侵蚀和撞击

风吹动微粒产生的磨损作用对光学元件是一种非常显著的伤害，如位于沙漠地区的地面观测望远镜和太阳能集光器，以及行驶在地面或地表附近的军用交通工具内的风挡玻璃、光窗和光学仪器的暴露表面。后者比较典型的例子是，装甲车中的驾驶人潜望镜和安装在直升机机舱外面的光学设备。一般来说，在这些仪器中多数采用可替换光窗作为这类仪器的暴露光学表面，从而降低维修成本。通常，这种光学件的耐用性重点放在选择增透膜上。

为了保护装载在侦察飞机上昂贵的光窗少受磨损，在飞机做地面滑行、起飞和着陆及低空飞行时，都配备了光窗盖，在应用传感器之前，将这些光窗盖推开或抛掉。通常，航天器负载（如哈勃空间望远镜）中使用的光学仪器常没有光窗。更确切地说，在轨运行时它们可能有可推开的保护盖或遥控驱动的门，而在地面准备、发射和轨道中非工作期间，这些门或保护盖是将通光孔盖上的（因而盖住了内部的光学件）。

颗粒的侵蚀对于机载和导弹上的光学件及整流罩都会有严重影响。颗粒环境包括空气中的灰尘、雨和雪。飞越这些环境时，会影响光窗和其他暴露的光学件，由于表面变暗和表面散射使透过率降低，可能使光学元件破裂或完全失去使用价值。颗粒侵蚀会使整流罩壁厚变薄，引进瞄准误差或使整流罩局部裂化。破裂会造成灾难性的后果。

军用传感器系统的许多操作要求远高于目前材料所能提供的抗离子侵蚀能力，所以必须在一个更宽的范围内研究这些环境问题，而不仅局限于多年来一直采用的简单的质量合格检验。Adler（1987，1991a）提供了一种使用实验室测试结果评估真实飞行损伤的方法。这种方法结合了飞行中粒子碰撞条件的计算机分析和碰撞损伤的计算机分析，研发和改进了测试方法，产生了有效的测试数据，并对粒子的累积碰撞损伤结果完成了预建模。

水滴碰撞实验包括旋臂装置（适合低于1马赫的速度）、弹道靶场（适合亚音速和超音速速度）和火箭（滑）车（适合超音速碰撞条件）。旋臂装置能够形成一个连续不断的多水滴碰撞能力，而一个弹道靶场能够提供一滴水或少量水滴的碰撞（Adler，1991b）。使用火箭车进行雨滴测试可以提供一个多水滴环境。这类测试花费的成本对测试条件的范围设置了一些限制。剑桥大学研制的多级碰撞水喷射装置已经用来模拟水滴碰撞的损伤效应（Seward等，1994）。

一些研究正在致力于使用实心颗粒直接模拟水滴碰撞效应。这种测试方法的优点在于目标是固定的，射弹直接发射到目标中。Adler和Boland（1990）叙述了一个系统，使用软合金珠子实现多水滴模拟碰撞。1~10mm（0.04~0.4in）直径的颗粒可以以0.6~4马赫的速度发射出去。图2.14给出了CVD硫化锌光窗的典型损伤图，其中2mm直径的多个尼龙珠子沿法线方向以462m/s的速度（1.35马赫）模拟雨滴的碰撞。Davies和Field（2001）使用300~600μm石英沙颗粒对CVD金刚石进行过碰撞实验。Field等人（1994）讨论过对硫化锌、硫属镧钙（$CaLa_2S_4$）、CVD金刚石和天然金刚石的沙粒碰撞实验。

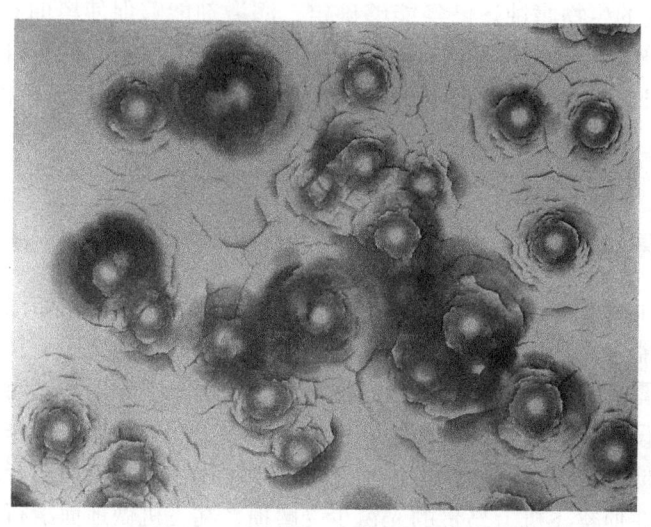

图2.14 用2mm直径的尼龙珠子以462m/s的速度（1.35马赫）、沿法线方向模拟雨滴碰撞CVD硫化锌基板造成损伤的照片

（资料源自 Adler, W. F. et al., *Proc SPIE.*, 1760, 303, 1992）

为了获得预测建模的数据，Adler等人（1992）在大范围的碰撞条件下使用多个合金材料制成的珠子进行了碰撞测试。Adler和Mihora（1994）研发出了一种高保真的三维动态有限元计算模型，用来表述一种雨滴对某种结构靶标的碰撞。该方法允许将雨滴与靶标间的相互作用按照两种碰撞方式（即垂直碰撞和倾斜碰撞方式）表述。计算机建模允许一个靶标（如光窗）的参量在几何性质和材料性质中变化，从而最有效地决定雨滴碰撞的方向。为了优化一个光窗设计需要反复加工和测试大量的材料，计算机分析能够将这种需要降到最低程度。

Seward等人（1990）阐述了一种将单个和多个水流喷向材料样品的方法，并简要地将硫化锌样品上的测试结果与同样材料在现场的飞行测试结果进行了比较。Blackwell和Kalin（1990）给出了小颗粒碰撞蓝宝石光窗的结果，而Weiskopf等人（1990）回顾了对粉浆浇铸熔凝石英整流罩的碰撞建模和测试结果。

Field等人（1974，1979，1983，1989，1994）及Adler等人（1992）已经使用易碎材料的后碰撞强度作为颗粒碰撞损伤的一种定量计量。英国剑桥大学研制开发了一种爆裂技术（Seward等，1992），采用液压的方法对样片施加载荷直到样片失效。在这种技术中，样片表面的大部分面积上会形成一个均匀的双轴应力场，从而保证被碰撞而扩大的所有缺陷都能够同等被采样。因为样品边缘仅感受到非常小的应力，所以几乎完全消除了"边缘"失效。

Seward等人（1992）做过一系列典型的爆裂测试，包括使用直径25mm（1in）、厚度3mm（0.12in）的圆形透红外材料。多个水流沿表面法线喷向每种材料，碰撞速度在80~

200m/s 之间变化，碰撞次数在 1～300 之间变化（译者注：原作者将原书中的 >100 修订为 <300）。图 2.15 给出了 ZnS 样片的结果。在出现损伤之前，碰撞次数必须达到临界值，实线表示该临界值，实线下面的小点代表没有观察到损伤而完成的测试，实线上面的圆圈表示出现损伤的测试。较高的速度碰撞要求较少的碰撞次数，较低的速度情况中出现的损伤，需要较多的碰撞次数。相关文献作者介绍过，氟化镁、尖晶石和蓝宝石有同样的结果。

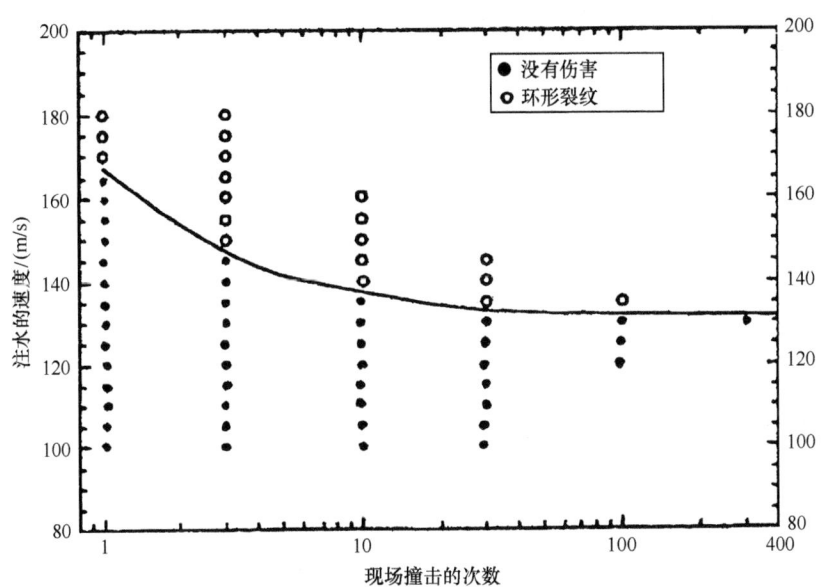

图 2.15 一个水流沿 ZnS 样品表面的法线喷射，进行不同次数的水滴碰撞实验，本曲线图表示损伤与碰撞速度之间的关系（实线代表损伤阈值。实线下面的点是没有出现损伤进行的测试，实线上面的圆代表有损伤的测试）

（资料改编自 Seward, C. R. et al., *Proc. SPIE*, 1760, 280, 1992）

Adler（1991a）和 Adler 等人（1992）利用一种同心环双轴挠性测试技术测量出了光窗的残留强度，使用 FEA 确切表述了这种测试的特征。同心环方案比爆裂测试法优越之处在于，这种方法适用于测试高速飞行条件下由气动力加热出的高温样片。

如果一种光学材料事先经过环境磨损，为了使其在应力下能够经受较大的损伤，还需要完成表面的加工处理工作。大量抛光不会完全消除表面层下的裂纹或研磨损伤，反而会严重降低材料强度。Zwagg 和 Filed（1982）在硫化锌材料上验证了这一点，另外，有人用其他材料证明了类似结果（见本书 11.3 节）。

Stover（1990）以双向透过分布函数的形式（BTDF）测量过锗、硒化锌和砷化镓光窗在雨滴碰撞受损后的散射。其分析中，对一个电光传感器相应性能的下降进行了预测。

为了解决雨滴碰撞对软材料的影响问题，光学薄膜厂商研发出了具有良好光学性能的保护膜，硬膜和弹性膜两种膜层都研究过（Matthewson 和 Field，1980；van der Zwaag 和 Field，1982；van der Zwaag 等，1986）。由于热膨胀性能的不匹配，特别是膜层的厚度大于几个微米时，多层硬膜，如类金刚石膜（DLC），就可能会把应力引入底板中，镀膜可能被裂化成一层一层的。

有多种弹性厚膜适合在材料上涂镀以提高抗雨滴碰撞能力（Mackowski 等，1992），如 PACVD GeC（离子辅助化学气相沉积镀碳化锗）。Manachan 等人（1989）成功地利用

PACVD GeC 和磷化硼，两者都可沉积成几十个微米厚而不会形成额外应力。磷化硼膜层对 8~12μm 辐射的吸收要低于类金刚石膜。已经证明，将类金刚石膜（DLC）与碳化锗（GeC）和锗膜层相组合对于为材料锗镀 8~12μm 的膜系是非常有效的（Waddell 和 Monachan，1990）。Klocek 等人（1992）阐述过使用一种金属-有机物化学气相沉积（MOCVD）工艺，在锗、砷化镓和硫化锌光窗上涂镀多晶或者外延磷化镓膜系，从而提高抗雨滴碰撞损伤能力的研究，其中膜层的厚度大约为 20μm。

Hasan（1990）研究过一种镀在硫化锌光窗上及镀在硒化锌、氟化钍（ThF_4）和氟化铈（CeF_3）整流罩上的多层膜，在 8~12μm 波段内的光谱反射比小于 1%；在环境应力下，包括雨滴碰撞，都能得到很好的应用。Hasan 和 Bui（1992）介绍过一种 ZnS 和 ZnSe 光窗涂镀的具有梯度光谱透射比的耐用多层增透膜，这种膜系从可见光到红外波段都具有宽波段透过能力。ZnSe 和 ThF_4 层一起被蒸发，形成预期的光谱透射比布局。增加一个 ThF_4 外层可以提高耐久性。该膜系已应用到 32in（0.81m）的 ZnSe 光窗中，并通过了 134m/s 速度下的雨滴碰撞测试，结果只有非常小的损伤。对于直升机飞行应用，此速度应当足够了。

最近编写的军用技术规范，包含了安装在地面车辆（如坦克或装甲车）的光学仪器（潜望镜）中暴露在外的保护光窗在受到附近简易爆炸装置（IED）爆炸产生的外来物体碎片撞击时的功能性和耐受性。伊拉克和阿富汗的经历表明，普通的玻璃光窗没有足够抗击这种环境的撞击能力。在实验室内，对氮氧化铝透明陶瓷（ALON）与 Askinazi 等人（2011）研发的硼硅酸盐冕玻璃光窗做的对比试验表明，前者在这方面的性能远优于玻璃。

在下列条件下完成对硼硅酸盐玻璃和 ALON 光窗的撞击试验：直径 2.5cm（1in）、约重 22.5g（约 0.8oz）的花岗岩弹以 45°入射角和约 142mph（约 63m/s）的速度撞击光窗。玻璃光窗被击碎，而 ALON 光窗保持完整且仍可使用。进一步的测试表明，与等效玻璃相比，直至破碎失效，陶瓷类光窗能够经受高达 3 倍速度的冲击。

2.2.11 高能辐射和微小陨石

在综述高能辐射对透明光学元件的影响时，Treadaway 和 Passenheim（1977）论述如下（其中一部分）：

不利于光学传感器系统工作的环境之一，就是高能辐射环境。已知太空环境、商用和科研用的核反应堆及加速器和放射性同位素源都是这种环境。在这些环境中，发现有伽马射线、X 射线、中子、质子和电子的各种组合。这些类型的辐射与物质的反应机理有两类——置换和离子化。置换是一种相互作用，即一个原子从晶格中的原来位置被替换到另外一个位置；电离化的机理是，各种类型的辐射与材料原子中的电子相互作用，从而通过材料聚集能量。

研究一个光学传感器中的被动光学元件，最容易观察到辐射对透明材料，如滤光片基板、透镜和光窗的影响。对这些材料的影响就是辐射诱发吸收（或辐射感生吸收）和辐射诱发发光（或辐射感生发光），这些都会影响光学传感器的性能。辐射感生吸收减弱了到达探测器的信号，而辐射感应发光增大了探测器中的光学噪声。由于信噪比减低，这两种影响都会使性能恶化。

由于玻璃是自然无序材料，所以，置换效应只会少量增大无序的数量，而对玻璃性能没有影响。因此，在辐射环境中，电离化效应对光学玻璃起着主要作用。

第2章 环境影响

一些光学材料本质上就比另一些材料有更高的抗辐射能力。纯熔凝石英材料就是一个抗伽马射线最好的例子,如图2.16a所示。为了便于比较,如图2.16b所示,当一类"防辐射"玻璃(肖特BK7G14,按重量计算,含1.4%的二氧化铈)暴露于10^5Gy(戈瑞)⊖伽马辐射中时,这些样品会稍稍有些变暗。掺有CeO_2的玻璃的紫外透过率完全不同于该类标准玻璃的性能(Marker等,1991)。它们的机械性能基本上与同类的标准玻璃一样。

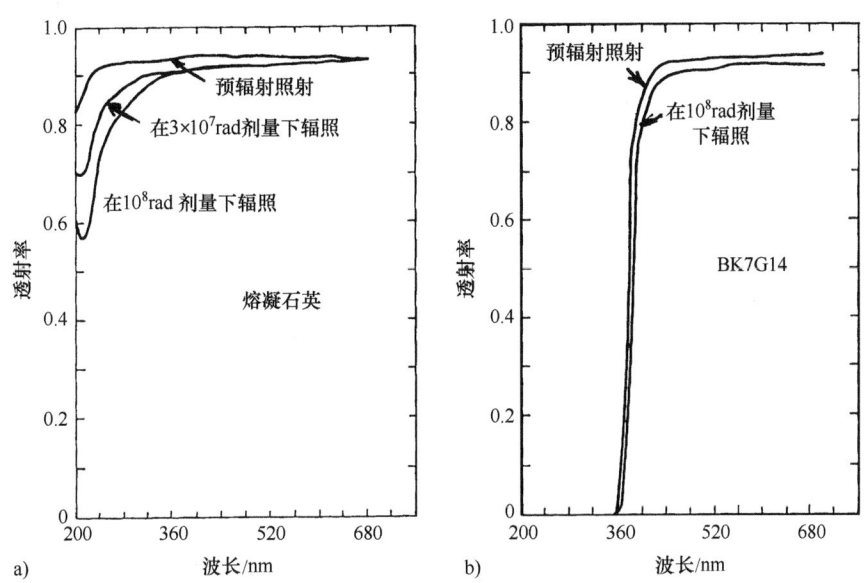

图2.16 样品透过率与波长的关系曲线

a)熔凝石英 b)肖特BK7G14掺二氧化铈玻璃暴露于不同的伽马辐射级($0\sim10^8$rad)中

(资料改编自 Shetter, M. T., and Abreu, V. J., *Appl. Opt.*, 18, 1132, 1979)

二氧化铈能够减轻玻璃中的褪色作用,其效率取决于玻璃成分和辐射类型。有些复合玻璃抗电子辐射更有效,一些抗中子辐射更好,而另一些更容易抗伽马辐射。幸运的是,现在已经有了几类抗辐射光学玻璃,所以,对于给定的辐射环境,可以轻易地选择出合适的玻璃。

在中等高度绕地轨道(MEO)中,进行太空飞行的光学仪器的性能会受到宇宙辐射(质子、电子和一些重粒子)及范艾伦辐射带(Van Allen belt)高能量辐射(质子和电子)的影响。这些辐射的能谱取决于时间、位置和能源。由于银河场的加速度,光和重元素组成宇宙辐射源已经具有非常高的速度。Chua和Johnson(1991)将每秒钟到达地球大气的平均通量表征为1粒子/cm^2,动能范围从小于1MeV到高于10GeV。这种辐射的成分近似地是88.4%的氢(H)、10.6%的氦(He)、0.51%的碳(C)、0.46%的氧(O)和0.03%其他混杂成分(Emiliani,1987)。

核武器爆炸也会制造出一种辐射环境。在这种辐射环境中,一台仪器将会接受大剂量的

⊖ 在SI单位之中,辐射剂量的单位是Gy(戈瑞),1Gy等于100rad(拉德),而1rad是将100erg(尔格)的能量沉积在被辐射材料中所需要的剂量(Curry等,1990)。

热、中子和伽马辐射，以及能够损坏电子装置的电磁脉冲。如果在太空出现了这种情况，地球磁场将会收集带电粒子，形成一个滞留多年的辐射带。

Pellicori 等人（1979）阐述过一系列有关辐射对光学玻璃、有色玻璃、双折射晶体、透镜、塑料和玻璃光纤的影响方面的实验。Lowry 和 Iffrig（1990）介绍了最近完成的辐射对某类光学滤光镜和未进行保护的肖特 BK7 棱镜的测试。对航天器进行保护屏蔽也会很大程度地影响光学载荷接受的剂量。Haffner（1967）、Kase（1972）及 Holzer 和 Passenheim（1979）给出了各种任务中不同屏蔽安装受到辐射影响的例子。一些参考文献，如 Tribble（1995）提供的资料，还会提供有关各种屏蔽辐射材料和技术的专门指南。

尺寸 $0.5 \sim 100 \mu m$ 和速度高达 $50 km/s$ 的微小陨石（Janches 等，2003）及大得多的空间碎片处于绕地轨道时，同样会对宇航员、仪器和航天器造成较大伤害。由于月亮本身提供了天然屏蔽，所以在月亮表面受到微小陨石和辐射的伤害会比较小。

月亮表面上的灰尘带来的问题也可能很大。由于重力比较小，所以，微小陨石的撞击或人和机器的活动造成的粒子运动会有较长的弹道，并且在月亮环境下会减少大气的拖曳。Liu 和 Taylor（2008）公布了阿波罗（Apollo）探险飞船从月亮带回的灰尘样品的理化性质测量值，主要包括尺寸 $10 \sim 45 \mu m$ 及以下（一般情况）、由于撞击产生的带有棱角和锯齿状的细微玻璃颗粒和纳米金属铁。稀薄大气中静电荷的作用，使这些灰尘牢固地附着在所有表面上——包括竖直表面，受到阳光辐照时尤为如此。这些粒子淀积在皮肤、衣物、光学件、太阳电池、机械装置上，以及光路中出现朦胧尘雾等情况在执行月球探索任务中都出现过。宇航员和设备暴露于这种月球灰尘之中，被污染后的宇航员和航天器返回地球后，这种月球粉尘会对宇航员健康和设备造成伤害。

2.2.12 激光对光学元件的损伤

激光器发明以来，强激光辐射与光学材料的相互作用一直是大量技术研究和出版物讨论的主题。自 1969 年，该领域非常著名的学术论坛就是 Boulder 国际会议 "Boulder 激光损伤技术研讨会（之前称为 Boulder 损伤技术研讨会）"。此会议由美国国家科学技术协会在美国科罗拉多州 Boulder 城每年举办一次。该会议论文讨论的主题包括激光损伤的定义（LID）、激光损伤阈值（LDT）、影响、表面和近表面缺陷及表面污染、探测和定量损伤的方法、研究减缓激光损伤点以延长仪器寿命的后置曝光技术、数据处理议定书、报告格式及相互作用的建模技术。

多年来，会议中除口头陈述短会和论文成果展览外，还有关于重要技术的小型研讨会，如关于使用金刚石切削制造反射镜、激光对光刻的光学系统的损伤、污染的影响、激光对光纤的损伤、半导体激光器的寿命及深紫外光学系统、连续波（CW）激光光学系统的寿命、飞秒脉冲的激光损伤、对熔凝硅材料的损伤和激光烧蚀原理。

经过众多与会者的共同努力，这些研讨会在改进基板和镀膜的纯度、均匀性、热导率、表面质量（降低了吸收，提高了损伤阈值）方面，在理解元件失效机理方面，在寻求评价材料的方法及为将激光损伤降到最小或修复损伤以延长寿命等方面，均有了极大进步。这些进步已经提高了各类激光器的性能，其中包括从最小的半导体激光器到大型封闭融合系统，如美国加利福尼亚州利弗莫尔市劳伦斯利弗莫尔国家实验室（LLNL）的国家点火装置（NIF）、法国波尔多市附近的兆焦耳激光器（CEA）及纽约州罗彻斯特市激光力能学实验室

(LLE) 的 OMEGA 激光器。

多年来，Boulder 激光损伤技术研讨会发表的文章数量增长非常快，显示该项快速发展的激光损伤技术的重要性及人们对它的兴趣，影响着所有光机设备和系统（包括高能量和高功率激光器）目前和未来的研发。感兴趣的读者可以参考标题为"Laser Induce Damage in Optical Materials"的多卷集光盘资料：SPIE 在 1999 年（1969—1998 年论文）、2004 年（1999—2003 年论文）、2009 年（2004—2008 年论文）（译者注：原书错印为 1969—2008）、2011 年（2009—2010 年论文）出版的论文汇编。SPIE 数字图书馆（www.spiedl.org）分别馆藏了 Boulder 激光损伤研讨会的所有论文。

这些论文分为 4 个方面：基本原理；表面、反射镜和污染；材料和测量及薄膜。下面从从各方面具有代表性的少量论文中选出的部分资料做简要概述。

2.2.12.1 基本原理

在这个专题中，可以找到有关光子-物质相互作用、非线性效应、对观察到的现象如何建模的技术及各种应用中对激光器性能的分析、报告、讨论和评估，以及损伤现象的理论研究。

理论和建模工作主要是处理连续波及长脉冲激光应用中，由于材料发热、纯度问题及界面上存在的污染而导致失败的问题（Bennett，1971；Hellarth，1972；Gulati 和 Grannemann，1976；Palme 和 Bennett，1983），影响材料激光损伤阈值的其他因素是近表面损伤（Bercegal 等，2007）及波长和脉冲时长（Bertussi 等，2008）。该领域早期关注的问题是研发激光武器和其他高能量激光应用，如 Feit 等人（1996）、Dijon 等人（1998）、Poulingue 等人（1999）和 Shah 等人（1999）的论文所述。早期另外一些工作致力于超短脉冲的研究（Stuart 等，1995；Efimov 等，1996；Koldunov 和 Manenkov，1998），这些研究尚在继续。

激光损伤建模方面的重要内容就是决定激光损伤和材料参数之间的关系，如阈值对透射材料折射率的依赖性（Bettis 等，1974），如何将一种分析或一系列测试结果缩放到其他情况（Guenther 和 Mclver，1994），以及高能量/高功率激光系统中不同材料的光窗适用性比较（Klein，2006，2009）。光窗表面的制造方法对于决定其承受激光损伤的能力也很重要。

在一些文章中，如 Newnam（1992）、Jollay（1995）、Bercegal 等人（2007）和 Soileau（2008）的论文，都证明了在各种成功的激光应用中研究激光损伤基本机理的重要性。Bennett（1995）、Feit 等人（1998）、Schwartz 等人（1999）和 Conder 等人（2007）的文章也均阐述了激光损伤基本机理对极复杂光学系统的影响。

2.2.12.2 折射表面和反射镜

该专题主要表述影响损伤阈值的折射基板和反射基板材料的性质、光学表面的预备和清洁、表面下的缺陷、粗糙度和散射、环境恶化和寿命。

早期研究发现，光学表面下的机械损伤（微小的破碎）会影响光学件在不利的热环境和机械环境下的使用寿命。机械损伤会增加散射（Tesar 等，1991），与光学材料和半导体材料的激光损伤相比，也是非常重要的。减少表面下损伤的一种方法是"控制粗磨"。在粗磨的最后阶段和抛光的开始阶段使用连续的细粒磨料，每个阶段材料的切削深度至少是前一阶段使用磨料颗粒直径的 3 倍，参考 Stoll 等人的文章（1961）。Reicher 等人（1993）指出，使用浮法抛光技术对于加强元件抗激光损伤（LID）能力是有用的。近期，沿着这条思路开展了更多的研究，包括 Chow 等人（2003）、Menapace（2010）和 Harris（2011）研发的光学表面磁流变抛光技术（MRF）。

Bruel（2003）、Guehennuex 等人（2005）、Riede 等人（2005）和 Canham（2007）对环境，尤其是表面污染，对激光损伤的影响做了研究。Bennett（2003）和 Bailey 等人（2008）的经典论文研究了表面清洁的重要性和实现一尘不染表面的技术。

有裂纹面的光学件在机械应力作用下很容易破碎。对于军用和大型封闭融合系统中的熔凝石英真空光窗的研究表明，控制光窗破碎的参数是元件中的张力、光窗厚度与裂纹深度之比及第二次裂纹的传播深度（Campbell 等，1996；Klein，2006，2009；Bercegal 等，2007）。

2.2.12.3 材料和测量

有关激光损伤的专题中主要介绍对块体材料基本性质的测量，并给出测量结果。

Schuhmann（1999）对激光应用中所使用的光学元件提出了一般性要求，包括成像质量、表面散射、吸收率和激光损伤阈值（LDT）。其中光学元件包括民用生产的未镀膜和镀过膜的光窗、反射镜、透镜、偏振片、棱镜和分光镜。该文章参考了标准 ISO/DIS 11151《激光和与激光相关的设备——标准光学元件》（Laser and Laser Related Equipment—Standard Optical Components）。该标准规定了民用产品可以采用的标准公差，说明了若干种材料制成的光学件的典型测量结果，如表面的微粗糙度、表面的总散射，以及使用 1064nm 和 248nm 波长进行激光曝光时的损伤阈值。

当前关注的要点是激光应用中制定光学件的损伤阈值。例如，Mann 等人（1999）讨论过在深紫外激光系统中，使用 193nm 和 248nm 的工作波长，镀过膜和未镀过膜光学件对吸收率和散射的影响。他们还讨论过如彩色中心成像这样的特性，以及由散射对光的透过和损耗造成的影响等。当光学元件受到波长 193nm 的激光脉冲大能量密度的辐照时，在高等级熔凝石英中测量出的退化曲线如图 2.17a 所示。在正常的 193nm 波长辐射条件下，表面微粗糙度对未镀膜、镀增透膜和镀高反膜的氟化钙（CaF_2）样品后向散射的影响如图 2.17b 所示。图 2.17a 和 b 给出的结果和预料的一样，也可以作为其他材料的典型定量值。

刚才叙述的，是在一个实验室使用一组测量设备得到的。在激光损伤领域，按照惯例应当在几个实验室，使用不同的实验设备、用同样（即互相同意的）的方法、同样的样品或同时加工出来的样品完成相同的实验。如果结果互相有关联，可以得出更有意义的结论。这些测试程序经常称为"循环对比试验"。Riede 等人（1998）和 Sistau 等人（1998）阐述过一些典型例子。这些实验中使用的方法分别符合 ISO/DIS 11254-1 标准（属于使用损伤概率数据的线性衰退评估激光损伤的方法）和 ISO 11551 标准（属于使用吸收率的评估方法）。Stoltz（2012）对该方法的最近（竞争）进展做了详细总结，并用作光学工程杂志激光损伤的专门章节。

2.2.12.4 薄膜

在激光损伤专题中，主要研究薄膜对辐射的灵敏度、损伤阈值、薄膜结构、沉积技术、污染和其他环境的影响，以及上述适合光学镀膜领域的所有测量技术。

2.2.12.5 损伤探测

自第一台激光器发明以来，毫无疑问地会对光学组件造成伤害，所以，曾经研究过激光辐射对光学元件的损伤能力和相互作用。早期研究发现，利用镀膜提高光谱透射比与光谱反射比，一般来说会提高激光器的性能，也会提高包含有激光器的光机系统的性能；而结构缺陷、内应力和污染很快被确认是膜层和表面损伤的根源（Reichling 等，1994；Steiger 和

第2章 环境影响

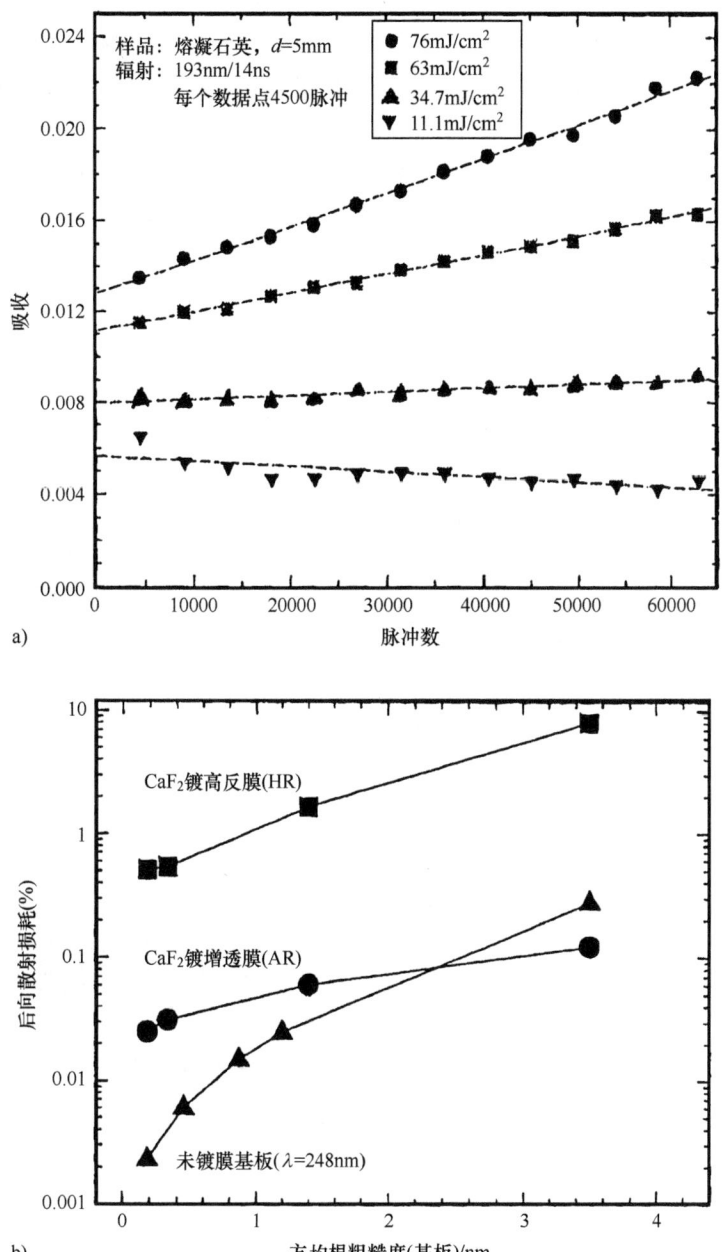

图2.17 a) 在各种能量密度的193nm激光脉冲辐射下形成彩色中心而使高等级熔凝石英性能下降 b) 具有不同表面粗糙度的 CaF_2 样品的后向散射损失。其中包括未镀膜的、镀增透膜的和镀高反射膜的表面。此处镀的膜层是 MgF_2 / LaF_3,工作波长为193nm,垂直入射

(资料改编自 Mann, K., et al., *Proc. SPIE*, 3578, 614, 1999)

Brausse,1994;Fornier 等,1996a,b;Callahan 和 Flint,1998)。标准 ISO/DIS 11151 总结了测量激光损伤光学件的多种方法。

一些作者[包括 Ness 和 Streater(2007),Laurence 等(2009)]阐述了探测到光学表面

受到激光损伤后,如何减轻(或减缓)其影响方面的研究。Wolfe 和 Schrauth(2006)介绍了为美国劳伦斯利弗莫尔国家实验室(LLNL)的国家点火装置研制的一些离线自动检测设备(实验室),以探测和定量确定同曝光剂量下批量光学零件的激光损伤情况。

Conder 等人(2007)阐述了一种自动测试系统,现场检测国家点火装置 192 个光学系统的每一条光路中最终光学组件的损伤。图 2.18 所示为该系统一条光路的示意图。最终光学组件包括一个真空光窗、一个非线性频率转换晶体、聚焦透镜和一个主碎片防护罩(见图 2.19)。图 2.20 示意性给出了上述检测系统,包括位于靶室中心的光学损伤最终检测(FODI)系统。设计的万向接头式望远镜(见图 2.21)能够有序地确定所有的光束传播线路、评估激光损伤,并在几个小时内对其最终光学组件的状态形成文件。去除过度损伤的光学组件并用新的或维修后仍能使用的组件替代。如果可能,调整一下损伤装置。复位后,这些装置可能适合再用。

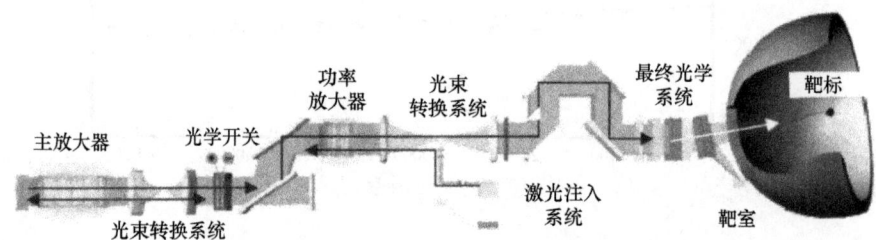

图 2.18　国家点火装置中一束光路示意图。低能量脉冲入射到光路中,在光开关打开之前,多次通过放大器,由此产生的高能量脉冲进入靶室并撞击靶标

(资料源自 Conder, A. et al., *Proc. SPIE*, 6720, 10, 2007)

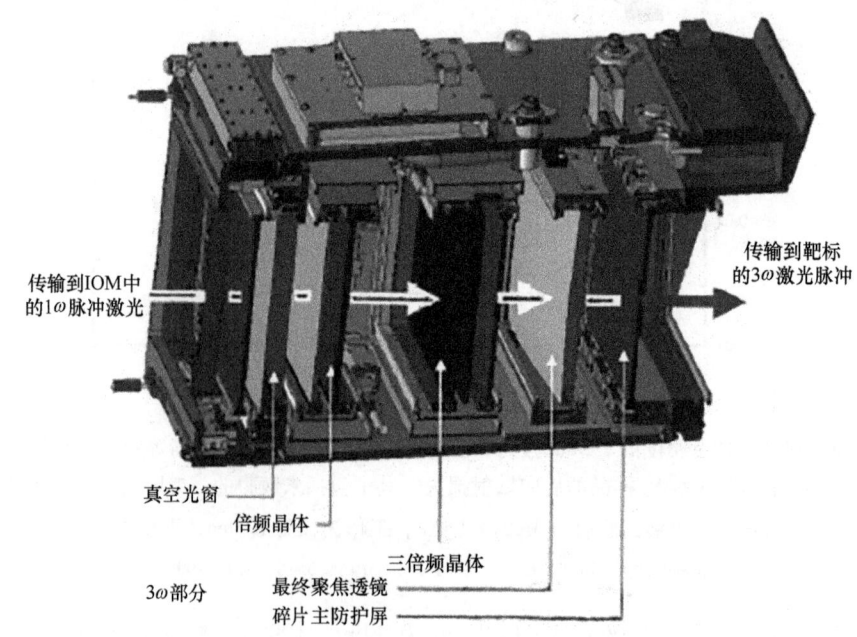

图 2.19　集成光学模块(IOM)包含每条光路内暴露于高能量密度激光脉冲中的最终光学组件

(资料源自 Conder, A. et al., *Proc. SPIE*, 6720, 10, 2007)

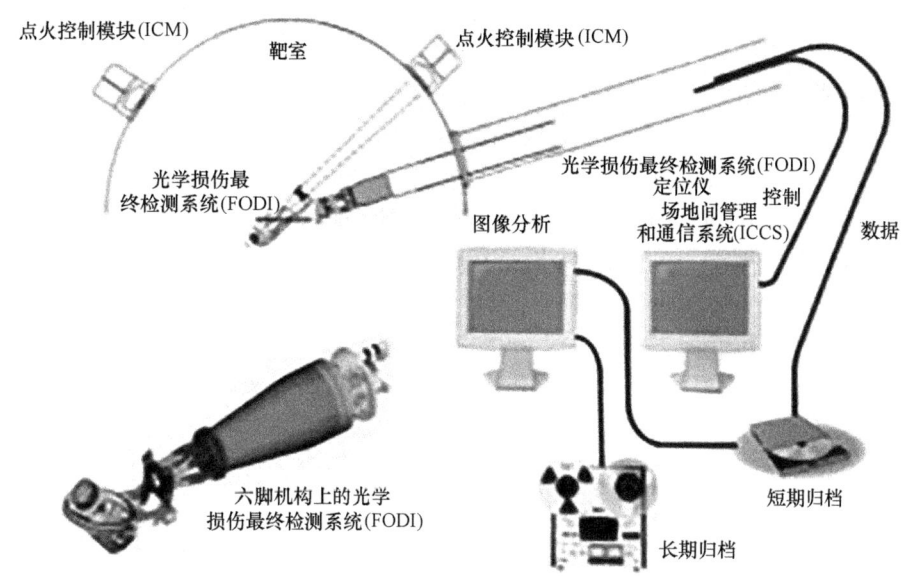

图2.20 光学损伤最终检测系统（FODI）利用定位器将望远镜移动到国家点火装置靶室中心，并在计算机控制和数据采集、分析及存储子系统的监控下，使其对准192条国家点火装置分光路中的一条
（资料源自 Conder, A. et al., *Proc. SPIE*, 6720, 10, 2007）

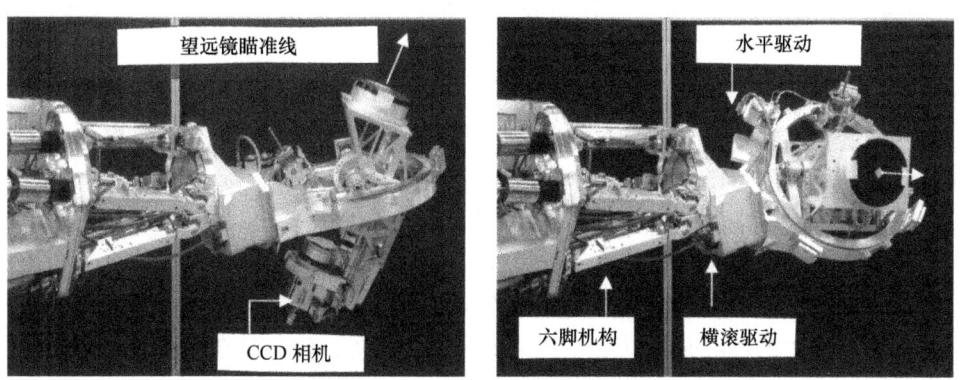

图2.21 光学损伤最终检测（FODI）望远系统具有精确的监控水平、俯仰和横滚台，以及一个六爪机构，从而使望远镜瞄准线与光路光轴对准，并扫描集成光学模块中每个光学表面
（资料源自 Conder, A. et al., *Proc. SPIE*, 6720, 10, 2007）

2.3 光学件的环境测试

对设备进行实验室模拟环境测试的目的，是确保设计和加工出的设备在其使用寿命期间能够经受起所有的设计环境条件。这些设备的环境测试可以单独进行，也可以与其他设备组合进行。无论何时进行环境测试，测试项目（或产品）都应是最终的设备方案，如果合适，要与相关的支撑结构相连接。但是，这种理想的情况往往是不现实的，特别是对一个新的设计更是如此。在这些情况中，测试产品和相关结构要尽可能多地代表最终设计方案。一般来

说，军用标准、国家标准和国际标准允许测试产品与设备的最终方案在功能上有不同之处，但前提是测试产品的结构、材料和加工工艺都能充分代表设计方案。为了在一个较短的时间内获得有价值的结果，常会提高测试条件的激烈程度，要高于普通的预期水平。

本书附录 A 简要总结了 13 类在不利的环境条件下，测试单个光学零件和整台光学仪器的方法。这些考虑主要基于国际标准 ISO 9022《测试不利环境条件下光学元件和光学仪器的方法》(Methods for Testing Optical Components and Optical Instruments under Adverse Environmental Conditions)，原因是这些规范可以直接应用于光学仪器。在许多情况中，ISO 9022 中规定的测试都类似美军标 MIT-STD-810G《环境测试方法和工程指南 2008》(Environmental Test Methods and Engineering Guidelines 2008) 和其他国家使用的类似文件中规定的测试。ISO 标准确定的一些测试来源于国际电工委员会 (IEC) 的有关标准，为适用于光学仪器，经过了适当修改。每一种测试都使用一个不连贯的编号表示该"方法"，从 10 开始，到 89 结束，附录 A 指出了可以应用的编码方法。进行每一种环境测试时，样机处于下面给出的一种工作状态：

- 在运输/存储集装箱中。
- 未加保护，准备工作，断电。
- 工作状态。

除非另有要求，否则测试顺序应包括下述步骤：

- 预测试条件准备：准备测试样机，温度波动稳定在 ±3K 之内。
- 预测（或初测）：按照技术规范对样机进行测试，检查可能影响环境测试结果的条件。
- 准备正式测试条件：按照确定的激烈程度和工作状态，开始测试。要注意的是，在工作状态 2 时，仪器在准备正式测试条件中是做功能测试。
- 恢复：样机被送回到 ±3K 温度波动环境内，准备另外一次功能测试。
- 最终测试：按照技术规范检查和测试样机。
- 评价：评价结果，确定通过/不通过 (pass/fail)。

在实验室受控环境下很难精确复制的一类机械测试，是弹道冲击对武器装备上光学瞄准具的影响。一种简单的情况是运动员步枪上安装的望远镜，较为复杂的情况是军用装甲车辆（坦克）炮塔顶部安装的炮长潜望镜。相关主要武器的射击形成持续时间短和波形复杂的巨大冲击。冲击波通过武器、中间连接结构和仪器箱体传播到内部的光学系统，可能造成透镜、棱镜和/或反射镜偏心、倾斜，或者轴向位移，从而使视轴和/或像质形成短暂的或长期的变化。不能正确支撑光学组件的支架出现故障通常会使仪器无法正常工作。

Ball (2009) 阐述了，在军用车辆运动和武器射击环境下反复经受严重振动和冲击条件下，工作的一种光学仪器。这种光学系统由 10 个分系统组成，每个分系统包括多个透镜、反射镜和棱镜。设计时，需要确定光学系统瞄准性能对各组件对输入扰动响应的灵敏度。施加一个模拟冲击输入量，解析确定每个分系统由此产生的瞄准线变化与时间的函数关系。将这些误差与对应的系统误差的公差值相比较。某些情况下，一次冲击会在仪器内造成周期（谐振）响应。还要利用系统的 FEA 模型计算组件应力。所有这些分析非常耗时，但能够证明该系统具备足够的能力完成未来实际战场情况下所规定的任务。

该篇参考文献还介绍了各种热效应对仪器性能的影响，包括太阳能照射、内部热源、与车辆间的热传导、外部环境温度循环和风的影响。这些分析为设计温控装置（如结构件上的散热片）提供了指导，并指出仪器设计的适用性应当在交付给用户之前现场测试证明。

Ball 和 Gardner（2011）介绍了测试光机仪器响应冲击输入脉冲（如安装光机仪器的武器射击产生的冲击脉冲）所需要的仪器设备，阐述了仪器设计期间综合这些输入及验证最终设计性能的解析技术。

对于太空应用，美军标 MIL-STD-1540D⊖建议按照表 2.5 列出的项目对光学设备进行功能测试。在做质量鉴定或验收测试时，要完成表列测试项。某些测试项并非必须进行，是否测试取决于设计和应用的评价标准。请注意，MIL-STD-1540D 中对光学仪器的要求也常适于太空中运行的光学仪器，但某些测试并未在表中列出，包括热循环、正弦振动、装卸/运输冲击、压力和泄漏测试。本书附录 A 提供的指南中可以找到有关这些额外测试的详细方法和等级。

表 2.5　根据标准 MIL-STD-1540D 对空间载光学设备进行环境试验前后的测试

测试类型	完成测试项		
	质量鉴定试验	验收试验	选择项
热真空	×	×	
正弦振动			×
随机振动	×	×	
爆炸冲击			×
加速度	×		×
湿度			×
寿命			×

[资料源自 Sarafin, T.P., developing confidence in mechanical designs and products in *Spacecraft Structure and Mechanisms*, Sarafin, T.P., and Larson, W.J. (Eds.), Microcosm, Torrance and Kluwer Academic Publishers, Boston, MA, 1995]

参考文献

Adler, W.F., Development of design data for rain impact damage in infrared-transmitting windows and radomes, *Opt. Eng.*, 26, 143, 1987.

Adler, W.F., Rain erosion testing, *Proc. SPIE*, 1112, 275, 1989.

Adler, W.F., Supersonic water drop impact on materials, in *Proceedings of the Sixth European Electromagnetic Structure Conference*, Friedrichshafen, Germany, September 4–6, 1991a, p. 237.

Adler, W.F., *Capabilities Summary*, General Research Corporation, Santa Barbara, CA, 1991b.

Adler, W.F. and Boland, P.L., Multiparticle supersonic impact test program, *Proc. SPIE*, 1326, 268, 1990.

Adler, W.F., Boland, P.L., Flavin, J.W., and Richards, J.P., Multiple simulated water drop impact damage in zinc sulfide at supersonic velocities, *Proc. SPIE*, 1760, 303, 1992.

Adler, W.F. and Mihora, D.J., Biaxial flexure testing: Analysis and experimental results, in *Fracture Mechanics of Ceramics*, Vol. 10, Bradt, R.C., Hasselman, D.P.H., Munz, D., Sakai, M., and Shevchenko, V., Eds., Plenum, New York, 1992.

Adler, W.F. and Mihora, D.J., Analysis of water drop impacts on layered window constructions, *Proc. SPIE*, 2286, 264, 1994.

⊖　被 MIL-HDBK-310，1997 替代。

Askinazi, J., Ceccorulli, M.L., and Goldman, L., High impact resistant optical sensor windows, *Proc. SPIE*, 801609, 2011.

ASTM D7386-12, Standard practice for performance testing of packages for single parcel delivery systems, 2012.

Au, R.H., Optical window materials for hypersonic flow, *Proc. SPIE*, 1112, 330, 1989.

Baigozhin, A., Rodionova, M.S., Panfilenok, E.I., Bereznikovskaya, L.V., and Belova, I.V., Methods of protecting optical components made out of chemically unstable glasses from biological overgrowths, *Sov. J. Opt. Technol.*, 44, 416, 1977.

Bailey, E.S., Confer, N., Lutzke, V., Drochner, D., Vircks, K., and Hamilton, J.P., Increased laser damage threshold by protecting and cleaning optics using first contact polymer stripcoatings: Preliminary data, *Proc SPIE*, 71321L, 2008.

Baker, P.W., An evaluation of some fungicides for optical instruments, *Int. Biodeter. Bull.*, 3, 59, 1967.

Baker, P.W., Possible adverse effects of ethyl-mercury chloride and meta-cresyl-acetate if used as fungicides for optical/electronic equipment, *Int. Biodeter. Bull.*, 4, 59, 1968.

Ball, K.D., Opto-mechanical analysis of a high stability multi-channel vehicle sight, *Proc. SPIE*, 74240L, 2009.

Ball, K.D. and Gardener, D., Acquisition, simulation, and test replication of weapon firing shock applied to optical sights, *Proc. SPIE*, 81250L, 2011.

Bartosik, M., Zakowska, Z., Cedzińska, K., and Rozniakowski K., Biodeterioration of optical glass induced by lubricants used in optical instruments technology, *Pol. J. Microbiol.*, 59, 295, 2010.

Baumeister, P., Interference and optical interference coatings, in *Applied Optics and Optical Engineering*, Vol. 1, Kingslake, R., Ed., Academic Press, New York, 1965, Chapter 8.

Bennett, H.E., Minimizing susceptibility to damage in CO_2 laser mirrors, *Damage in Laser Materials: 1971*, Spec. Publ. 356, Nat. Bur. Stand., Washington, DC, 1971.

Bennett, H.E., Segmented adaptive optic mirrors for laser power beaming and other space applications, *Proc. SPIE*, 2714, 240, 1995.

Bennett, J.M., How to clean surfaces, *Proc. SPIE*, 5273, 195, 2003.

Bercegal, H., Grua, P., Hébert, D., and Morreeuw, J.-P., Progress in the understanding of fracture related laser damage of fused silica, *Proc. SPIE*, 6720, 3, 2007.

Bertussi, B., Cormont, P., Palmier, S., Gaborit, G., Lamaignere, P., Legros, P., and Rullier, J.-L., Effect of the temporal pulse duration on the initiation of damage sites on fused silica surfaces, *Proc. SPIE*, 71320A, 2008.

Bettis, J.R., Guenther, A.H., and Glass, A.J., The refractive index dependence of pulsed laser induced damage, *Damage in Laser Materials: 1974*, Spec. Publ. 414, Nat. Bur. Stand., Washington, DC, 1974.

Blackwell, T.S. and Kalin, D.A., High-velocity, small particle impact erosion of sapphire windows, *Proc. SPIE*, 1326, 291, 1990.

Bruel, L., Environmental effects of optical component ageing, *Proc. SPIE*, 4932, 158, 2003.

Callahan, G.P. and Flint, B.K., Characteristics of deep UV optics at 193 nm and 157 nm, *Proc. SPIE*, 3578, 45, 1998.

Campbell, J.H., Hurst, R.A., Heggins, D.D., Steele, W.A., and Bumpas, S.E., Laser induced damage and fracture in fused silica vacuum windows, *Proc. SPIE*, 2966, 106, 1996.

Canham, J.S., Revisiting mechanisms of molecular contamination induced laser optic damage, *Proc. SPIE*, 67200M, 2007.

Chow, R., Thomas, M.D., Bickel, R., and Taylor, J.R., Comparison of anti-reflective coated and uncoated surfaces figured by pitch-polishing and magneto-rheological processes, *Proc. SPIE*, 4932, 112, 2003.

Chua, K.M. and Johnson, S.W., Foundation, excavation and radiation shielding concepts for a 16-m large lunar telescope, *Proc. SPIE*, 1494, 119, 1991.

Conder, A., Alger, T., Azevedo, S., Chqang, J., Glenn, S., Kegelmeyer, L., Liebman, J., Spaeth, M., and Whitman, P., Final optics damage inspection (FODI) for the national ignition facility, *Proc. SPIE*, 6720, 10, 2007.

Davies, A.R. and Field, J.E., Damage mechanisms involved in the solid particle erosion of CVD diamond, *Proc. SPIE*, 4375, 171, 2001.

Dijon, J., Ravel, G., and André, B., Thermomechanical model of mirror laser damage at 1.06 µm. Part 2: Flat bottom pits formation, *Proc. SPIE*, 3578, 398, 1998.

Efimov, O.M., Gabel, K., Garnov, S.V., Glebov, L.B., Grantham, S., Richardson, M., and Soileau, M.J., Photoinduced processes in silicate glasses exposed to IR Femtosecond pulses, *Proc. SPIE*, 2966, 65, 1996.

Elliott, A. and Home Dickson, J., *Laboratory Instruments: Their Design and Application*, Chemical Publication Co., New York, 1960.

Emiliani, C., *Dictionary of Physical Sciences*, Oxford University Press, New York, 1987.

Facey, T.A., A study of surface particulate contamination on the primary mirror of the Hubble Space Telescope, *Proc. SPIE*, 525, 140, 1985.

Facey, T.A., Particulate contamination control in the optical telescope assembly for the Hubble Space Telescope, *Proc. SPIE*, 777, 200, 1987.

Facey, T.A., Private communication, 1991.

Facey, T.A. and Nonenmacher, A., Measurement of total hemispherical emissivity of contaminated mirror surfaces, *Proc. SPIE*, 967, 308, 1988.

Feit, M.D., Rubenchik, A.M., Faux, D.R., Riddle, R.A., Shapiro, A., Eder, D.C., Penetrante, B.M., Milam, D., Génin, F.Y., and Kozlowski, M.R., Modeling of laser damage initiated by surface contamination, *Proc. SPIE*, 2966, 417, 1996.

Feit, M.D., Rubenchik, A.M., Kozlowski, M.R., Génin, F.Y., Schwartz, S., and Sheehan, L.M., Extrapolation of damage test data to predict performance of large-area NIF optics at 355 nm, *Proc. SPIE*, 3578, 226, 1998.

Feldman, H.R., Demchak, L.J., and MacCoun, J.L., Loads analysis for single degree of freedom systems, in *Spacecraft Structures and Mechanisms*, Sarafin, T.P. and Larson, W.J., Eds., Microcosm, Torrance and Kluwer Academic Publishers, Boston, MA, 1995, Chapter 5.

Field, J.E., Camus, J.J., Gorham, D.A., and Rickerby, D.G., Impact damage produced by large water drops, in *Proceedings of the Fourth International Symposium, Rain Erosion and Associated Phenomenon, Royal Aeronautical Establishment*, Farnborough, U.K., 1974.

Field, J.E., Gorham, D.A., Hagan, J.T., Matthewson, M.J., Swain, M.V., and van der Zwagg, S., Liquid jet impact and damage assessment for brittle solids, *Proceedings of the Fifth International Conference on Erosion by Liquid and Solid Impact*, University of Cambridge, Cambridge, U.K., 1979.

Field, J.E., van der Zwagg, S., and Townsend, T.T., Liquid impact damage assessment for a range of IR materials, *Proceedings of the Sixth International Conference on Erosion by Liquid and Solid Impact*, University of Cambridge, Cambridge, U.K., 1983.

Field, J.E., Hand, R.J., Pickles, C.J., and Seward, C.R., Rain erosion studies of IR materials, *Proc. SPIE*, 1191, 100, 1989.

Field, J.E., Sun, Q., and Gao, H., Solid particle erosion on infrared transmitting materials, *Proc. SPIE*, 2286, 301, 1994.

Fornier, A., Cordillot, C., Bernardino, D., Lam, O., Roussel, A., Amra, C., Escoubas, L. et al., Characterization of optical coatings: Damage threshold/local absorption correlation, *Proc. SPIE*, 2966, 292, 1996a.

Fornier, A., Cordillot, C., Bernardino, D., Lam, O., Roussel, P.B., Geenen, B., Leplan, H., and Alexandre, W., Characterization of HR coatings for the megajoule laser transport mirrors, *Proc. SPIE*, 2966, 327, 1996b.

Friedman, I., Thermo-optical analysis of two long focal-length aerial reconnaissance lenses, *Opt. Eng.*, 20, 161, 1981.

Geary, J.M., Response of long focal length optical systems to thermal shock, *Opt. Eng.*, 19, 233, 1980.

Glasstone, S., *Sourcebook on the Space Sciences*, Van Nostrand, New York, 1965.

Gordon, C.G., Generic criteria for vibration-sensitive equipment, *Proc. SPIE*, 1619, 71, 1991.

Gordon, C.G., Generic vibration criteria for vibration-sensitive equipment, *Proc. SPIE*, 3786, 22, 1999.

Guéhennuex, G., Bouchut, P., Veillerot, M., Pereira, I.T., and Tovena, I., Impact of outgassing organic contamination on laser induced damage threshold of optics. Effect of laser conditioning, *Proc.*

SPIE, 59910F, 2005.

Guenther, A.H. and McIver, J.K., To scale or not to scale, *Proc. SPIE*, 2114, 488, 1994.

Gulati, S.K. and Granneman, W.W., Laser damage to semiconductor materials from 10.6 μm CW CO_2 laser radiation, *Damage in Laser Materials*, Spec. Publ. 462A, Nat. Bur. Stand., Washington, DC, 1976.

Haffner, J., *Radiation and Shielding in Space*, Academic Press, New York, 1967.

Harris, D.C., *Materials for Infrared Windows and Domes*, SPIE Press, Bellingham, WA, 1999.

Harris, D.C., History of magnetorheological finishing, *Proc. SPIE*, 8016, 80160 N-1, 2011.

Harris, R.D. and Towch, A.W., Window evaluation program for an airborne FLIR system: Environmental and optical aspects, *Proc. SPIE*, 1112, 244, 1989.

Hasan, W., Rain erosion resistance coating for ZnS domes, *Proc. SPIE*, 1326, 157, 1990.

Hasan, W. and Bui, H.T., Broadband durable anti-reflection coating for an E-O system window having multiple wavelength applications, *Proc. SPIE*, 1760, 253, 1992.

Hellwarth, R., Fundamental absorption mechanisms in high-power laser window materials, *Damage in Laser Materials*, Spec. Publ. 372A., Nat. Bur. Stand., Washington, DC, 1972.

Holzer, J.A. and Passenheim, B.C., Performance of laser systems in radiation environments, *Opt. Eng.*, 18, 562, 1979.

Honig, J., Cleanliness improvements of National Ignition Facility amplifiers as compared to previous large-scale lasers, *Opt. Eng.*, 43, 2904, 2004.

IEST-STD-CC1246D, Product cleanliness levels and contamination control program, 2005.

ISO 9022, *Optics and Optical Instruments—Environmental Test Methods*, ISO Central Secretariat, Geneva, Switzerland, 2002.

ISO/DIS 11151, *Laser and Laser-Related Equipment—Standard Optical Components*, ISO Central Secretariat, Geneva, Switzerland, 2000.

ISO/DIS 11254-1, *Test Methods for Laser Induced Damage of Optical Surfaces*, ISO Central Secretariat, Geneva, Switzerland, 2011.

Janches, D., Nolan, M.C., Meisel, D.D., Mathews, J.D., Zhou, Q.H., and Moser, D.E., On the geocentric micrometeor velocity distribution, *J. Geophys. Res.*, 108(A6), 1222, 2003.

Jollay, R., Manufacturing experience in reducing environmental induced failures of laser diodes, *Proc. SPIE*, 2714, 679, 1995.

Kalin, D.A. and Clark, R.L., Tabletop experimental simulation of hypersonic aero-optical effects, *Proc. SPIE*, 1112, 377, 1989.

Kalin, D.A., Mullins, S.F., Couch, L.L., Blackwell, T.S., and Saylor, D.A., Experimental investigation of high-velocity mixing/shear layer aero-optic effects, *Proc. SPIE*, 1326, 178, 1990.

Karow, H.H., Cleaning technology review, in *Technical Digest of How-to Program*, Orlando, FL. Optical Society of America, Washington, DC, 1989, p. 123.

Kase, P., The radiation environments of outer-planet missions, *IEEE Trans. Nucl. Sci.*, NS-19, 141, 1972.

Keski-Kuha, R.A.M., Ostantowski, J.F., Blumenstock, G.M., Gum, J.S., Fleetwood, C.M., Leviton, D.B., Saha, T.T., Hagopian, J.G., Tveekrem, J.L., and Wright, G.A., High reflectance coatings and materials for the extreme ultraviolet, *Proc. SPIE*, 2428, 294, 1994.

Klein, C.A., Figures of merit for high-energy laser-window materials: Thermal lensing and thermal stresses, *Proc. SPIE*, 640308, 2006.

Klein, C.A., Biaxial flexural strength of optical window materials, *Proc. SPIE*, 7504, 2009.

Klocek, P., Hoggins, J.T., and Wilson, M., Broadband IR transparent rain erosion protection coating for IR windows, *Proc. SPIE*, 1760, 210, 1992.

Koldunov, M.F. and Manenkov, A.A., Recent progress in theoretical studies of laser-induced damage (LID) in optical materials: fundamental properties of LID threshold in the wide pulse width range from microseconds to femtoseconds, *Proc. SPIE*, 3578, 212, 1998.

Krevor, D.H., Hargovind, N.V., and Xu, A., Effects of military environments on optical adhesives, *Proc. SPIE*, 1999, 36, 1993.

Laurence, T.A., Bude, J.D., Shen, N., Miller, P.E., Steele, W.A., Guss, G., Adams, J.J., Wong, L.L., Feit, M.D., and Suratwala, T.I., Ultra-fast photoluminescence as a diagnostic for laser damage initiation, *Proc. SPIE*, 750416, 2009.

Liu, Y. and Taylor, L.A., Lunar dust: Chemistry and physical properties and implications for toxicity, *Proceedings of NLSI Lunar Science Conference*, Moffett Field, CA, 2008.

Lowry, J.H. and Iffrig, C.D., Radiation effects on various optical components for the Mars Observer Spacecraft, *Proc. SPIE*, 1330, 132, 1990.

Mackowski, J.M., Cimma, B., Pignard, R., Colardelle, P., and Laprat, P., Rain erosion behavior of germanium carbide (GeC) films, *Proc. SPIE*, 1760, 201, 1992.

Mann, K., Apel, O., and Eva, E., Characterization of absorption and scatter losses on optical components for ArF excimer lasers, *Proc. SPIE*, 3578, 614, 1999.

Mantell, C.L., (ed.), *Engineering Materials Handbook*. McGraw-Hill, New York, 1958.

Marker, A.J., III, Hayden, J.S., and Speit, B., Radiation resistant optical glasses, *Proc. SPIE*, 1485, 160, 1991.

Matthewson, M.J. and Field, J.E., An improved strength measurement technique for brittle solids, *J. Phys. Eng.*, 13, 355, 1980.

McCartney, E.J., *Optics of the Atmosphere*. Wiley, New York, 1976.

Menapace, J.A., Developing magnetorheological finishing (MRF) technology for the manufacture of large-aperture optics in megajoule class laser systems, *Proc. SPIE*, 78421W, 2010.

MIL-HDBK-310, *Global Climatic Data for Developing Military Products*. Department of Defense, VA, 1997. Note: This document supersedes MIL-STD-210C, 1987.

MIL-STD-1540D, *Product Verification Requirements for Launch, Upper Stage, and Space Vehicles*. Department of Defense, VA, 1999.

MIL-STD-810G, *Environmental Engineering Considerations and Laboratory Tests*. Department of Defense, VA, 2008.

Monachan, B.C., Kelly, C.J., and Waddell, E.M., Ultrahard coatings for IR materials, *Proc. SPIE*, 1096, 129, 1989.

Moran, M.B., Johnson, L.F., and Klemm, K.A., Diamond films for IR applications, *Proc. SPIE*, 1326, 137, 1990.

Musikant, S. and Malloy, W.J., Environments stressful to optical materials in low earth orbit, *Proc. SPIE*, 1330, 119, 1990.

Ness, D.C. and Streater, A.D., A laser preconditioning process for improving the laser damage threshold and the search for subtle laser damage from long-duration laser exposure for IBS thin films, *Proc. SPIE*, 67200R, 2007.

Newnam, B.E., Optical degradation issues for XUV projection lithography systems, *Proc. SPIE*, 1848, 474, 1992.

Palmer, J.R. and Bennett, H.E., A predictive tool for evaluating the effect of multiple defects on the performance of cooled laser mirrors, *Damage in Laser Materials: 1981*, Spec. Publ. 638, Nat. Bur. Stand., Washington, DC, 1983.

Pellicori, S.F., Russell, S.F., and Watts, L.A., Radiation induced transmission loss in optical materials, *Appl. Opt.*, 18, 2618, 1979.

Phinney, D.D. and Britton, W.R., Developing mechanisms, in *Spacecraft Structures and Mechanisms*, Sarafin, T.P. and Larson, W.J., Eds., Microcosm, Torrance and Kluwer Academic Publishers, Boston, MA, 1995, Chapter 19, p. 665.

Poulingue, M., Dijon, J., Garrec, P., and Lyan, P., 1.06 μm laser irradiation on high reflection coatings inside a scanning electron microscope, *Proc. SPIE*, 3578, 188, 1999.

Reicher, D.W., Kranenberg, C.F., Stowell, R.S., Jungling, K.C., and McNeil, J.R., Fabrication of optical surfaces with low subsurface damage using a float polishing process, *Proc. SPIE*, 1624, 161, 1993.

Reichling, M., Bodemann, A., and Kaiser, N., A new insight into defect-induced laser damage in UV multilayer coatings, *Proc. SPIE*, 2428, 307, 1994.

Riede, W., Allenspacher, P., and Schröder, H., Laser-induced hydrocarbon contamination in vacuum, *Proc. SPIE*, 59910H, 2005.

Riede, W., Willamowski, U., Dieckmann, M., Ristau, D., Broulik, U., and Steiger, B., Laser-induced damage measurements according to ISO/DIS 11 254-1: Results of a national round robin experiment in Nd:YAG laser optics, *Proc. SPIE*, 3244, 96, 1998.

Ristau, D., Willamowski, U., and Welling, H., Measurement of optical absorptance according to ISO 11551: Parallel round-robin test at 10.6 µm, *Proc. SPIE*, 3578, 657, 1998.

Roark, R.J. and Young, W.C., *Formulas for Stress and Strain*, McGraw-Hill, New York, 1975.

Schaick, R., Smith, R., and Weese, C., Classical methods of cleaning, handling and storage of optical components, in *Technical Digest of How-to Program*, Orlando, FL. Optical Society of America, Washington, DC, 1989, p. 165.

Schuhmann, R., Quality of optical components and systems for laser applications, *Proc. SPIE*, 3578, 672, 1999.

Schwartz, S., Feit, M.D., Kozlowski, M.R., and Mouser, R.P., Current 3ω large optic test procedures and data analysis for the quality assurance of National Ignition Facility optics, *Proc. SPIE*, 3578, 314, 1999.

Seward, C.R., Coad, E.J., Pickles, C.S., and Field. J.E., Rain erosion resistance of diamond and other window materials, *Proc. SPIE*, 2286, 285, 1994.

Seward, C.R., Pickles, C.S., and Field, J.E., Single- and multiple-impact jet apparatus and results, *Proc. SPIE*, 1326, 280, 1990.

Seward, C.R., Pickles, C.S.J., Marrah, R., and Field, J.E., Rain erosion data on window and dome materials, *Proc. SPIE*, 1760, 280, 1992.

Shah, R.S., Bettis, J.R., Stewart, A.F., Bonsall, L., Copland, J., Hughes, W., and Echeverry, J.C., Finite element thermal analysis of multispectral coatings for the ABL, *Proc. SPIE*, 235, 3578, 1999.

Shetter, M.T. and Abreu, V.J., Radiation effects on the transmission of various optical glasses and epoxies, *Appl. Opt.*, 18, 1132, 1979.

Shipley, A.F., *Optomechanics for Space Applications*, SPIE Short Course Notes SC561, 2003.

Snail, K.A., CVD diamond as an optical material for adverse environments, *Proc. SPIE*, 1330, 46, 1990.

Soileau, M.J., 40 year retrospective of fundamental mechanisms, *Proc. SPIE*, 7132, 1, 2008.

Souders, M. and Eshbach, O.W., Eds., *Handbook of Engineering Fundamentals*, 3rd edn., Wiley, New York, 1975.

Sprouse, J.F. and Lawson, W.F., III, Ambient organic compounds in the tropics and their relationship to microbial effects, Report 7409001, U.S. Army Tropic Test Center, 1974.

Steakley, B.C., King, A.D., and Rigney, T.E., Contamination control of the cryogenic limb array etalon spectrometer, *Proc. SPIE*, 1329, 31, 1990.

Steiger, B. and Brausse, H., Interaction of laser radiation with coating defects, Ultrashort pulse optical damage, *Proc. SPIE*, 2428, 559, 1994.

Stoll, R., Forman, P.F., and Edelman, J., The effect of different grinding procedures on the strength of scratched and unscratched fused silica, *Proceedings of the Symposium on the Strength of Glass and Ways to Improve It*, Union Scientifique Continentale du Verre, Florence, Italy, 1961.

Stoltz, C.J., Boulder damage symposium annual thin-film laser damage competition, *Opt. Eng.*, 51, 12, 2012.

Stover, J.C., Practical measurement of rain erosion and scatter from IR windows, *Proc. SPIE*, 1326, 321, 1990.

Stuart, B.C., Feit, M.D., Herman, S., Rubenchik, A.M., Shore, B.W., and Perry, M.D., *Proc. SPIE*, 2714, 616, 1995.

Stubbs, D.M. and Hsu, I.C., Rapid cooled lens cell, *Proc. SPIE*, 1533, 36, 1991.

Tesar, A.A., Brown. N.J., Taylor. J.R., and Stolz, C.J., Subsurface polishing damage of fused silica: Nature and effect on laser damage of coated surfaces, *Proc. SPIE*, 1441, 154, 1991.

Theden, G. and Kerner-Gang, W., Results of investigations on the contamination of optical glass by fungi, originally published in 1964 in *Glastec. Ber* 37, 200, 1965. (Translation published by U.S. Defense Documentation Ctr. in 1965 as *Document AD458907*.)

Thornton, M.M. and Gilbert, C.C., Spacecraft contamination database, *Proc. SPIE*, 1329, 305, 1990.

Treadaway, M.J. and Passenheim, B.C., Radiation effects on optical components, *Proc. SPIE*, 121, 67, 1977.

Tribble, A.C., *The Space Environment*, Princeton University Press, Princeton, NJ, 1995.

U.S. Federal Standard 209E, Airborne particulate cleanliness classes for clean rooms and clean zones,

Revised 1992 by Institute of Environmental Sciences, Mount Prospect, IL.
Uy, O.M., Benson, R.C., Erlandson, R.E., Silver, D.M., Lesho, J.C., Galica, G.E., Green, B.D., Boies, M.T., Wood, B.E., and Hall, D.F., Contamination lessons learned from the Midcourse Space Experiment. *Proc. SPIE*, 3427, 28, 1998.
van der Zwagg, S., Dear, J.P., and Field, J.E., The effect of double-layer coatings of high modulus on contact stresses, *Philos. Mag.*, A53, 101, 1986.
van der Zwagg, S. and Field, J.E., Liquid jet impact damage on zinc sulphide, *J. Mater. Sci.*, 17, 2625, 1982.
Vukobratovich, D., Optomechanical design principles, in *Handbook of Optomechanical Design*, A. Ahmad, Ed., CRC Press, Boca Raton, FL, 1997, Chapter 2.
Waddell, E.M. and Monachan, B.C., Rain erosion protection of IR materials using boron phosphide coatings, *Proc. SPIE*, 1326, 144, 1990.
Webb, R.W. and Sarafin. T.P., Establishing environments for dynamic tests, in *Spacecraft Structures and Mechanisms*, Sarafin, T.P. and Arson, W.J., Eds., Microcosm, Torrance and Kluwer Academic Publishers, Boston, MA, 1995.
Weiskopf, F.B., Lin, J.S., Drobnick, R.A., and Feather, B.K., Erosion modeling and test of slip-cast fused silica, *Proc. SPIE*, 1326, 310, 1990.
Wendt, R.G., Miliauskas, R.E., Day, G.R., MacCoun, J.L., and Sarafin, T.P., Space mission environments, in *Spacecraft Structures and Mechanisms*, Sarafin, T.P. and Larson, W.J., Eds., Microcosm, Torrance and Kluwer Academic Publishers, Boston, MA, 1995, Chapter 3.
Willey, R.R., *Practical Design and Production of Optical Thin Films*, Marcel Dekker, New York, 1996.
Wolfe, J.E. and Schrauth, S.E., Automated laser damage test system with real-time damage event imaging and detection, *Proc. SPIE*, 640328-1, 2006.
Zito, R.R., Cleaning large optics with CO_2 snow, *Proc. SPIE*, 1236, 952, 1990.
Zito, R.R., CO_2 snow cleaning of optics: Curing the contamination problem. *Proc. SPIE*, 4096, 82, 2000.

第 3 章 材料的光机性质

Paul R. Yoder, Jr.

3.1 概述

光学仪器原材料的主要种类包括玻璃、塑料、晶体、半导体、陶瓷、金属，以及上述各种材料的薄膜、复合材料、黏结剂、密封材料和专用的表面精饰材料。本章将讨论每类材料对于光机系统设计是非常重要的特性，对于选定的材料和参量，列表给出它们的常用值。有关这些材料及其他材料更为详细的信息可以参考引证的文献。正如 Wolfe (1990) 在阐述红外材料折射性质时所说，光学仪器中使用的大部分材料的机械性质在不同批次、不同厂商之间会稍有不同，在此引证的数值都是近似的，对于最终设计使用不够准确，应联系生产厂商获得该材料的确切值，如果得不到足够精确的数据，应对其样品进行测量。

选择材料时，应当避免过分关注材料的某单一属性的错误选材方法。这样会造成过分关心单项材料特性而忽略其他属性，从而导致一种不平衡和不成功的设计。因此，必须考虑一种材料的各种性质，不仅包括与性能相关的材料性质，而且还包括成本、制造难易度和利用率。

3.2 折射光学元件的材料

3.2.1 基本要求

折射材料，如玻璃，最显著的特征是能够透过紫外至红外波段的电磁波。一束光在进入材料之后，随着光波在材料内部传播距离的增加，实际强度 I 与入射强度 I_0 相比一定会有下降，而这不是所期望的。吸收和散射会造成能量损耗，通常吸收起着主要作用。如下式所示，强度按指数形式随距离增加而下降：

$$\frac{I}{I_0} = \exp[-(a_a + a_s)t] \tag{3.1}$$

式中，t 是光束在材料内部传播的距离；a_a 是材料的吸收系数；a_s 是散射系数。

一般来说，透明材料对光能的内部吸收与光谱有关，某些波长的光比另外一些波长的光有更强的吸收。由于这种选择性，假设透过的辐射光就是入射辐射光的颜色减去被吸收部分光的颜色；同样，由分子、内部断层或杂质所散射的能量一般也与波长有关；所以，直接透过的光束颜色还要进一步改变，从传播光束中再减去被散射的波长。如果散射元素的尺寸一定，那么长波的有效散射要比短波少。式 (3.1) 仅适合单色波长的情况，因为 a_a 和 a_s 是随波长变化的。

如果是一个未镀膜的折射表面，由于表面的菲涅耳反射，一部分额外的入射光束被反射。一个垂直入射的光束 I_0，其实际进入材料的相对强度 I 可以由下式给出：

第3章 材料的光机性质

$$\frac{I}{I_0} = 1 - \frac{(n_2 - n_1)^2}{(n_2 + n_1)^2} \tag{3.2}$$

式中，n_1 和 n_2 分别表示界面两侧材料在已知波长下相对于空气的折射率。应用于斜入射情况更为复杂的公式在光学教科书，如 Smith（2000）撰写的著作，可以找到。同时，不要忽略辐射的偏振态。

正如式（3.2）所示，一个非常重要的参数就是折射率，当辐射从一种介质到另外一种介质时，折射率是要改变的。对这个参数定义了两种形式：绝对折射率 n_{abs} 是真空中的光速与材料中光速之比；在大多数工程应用中，使用材料的绝对折射率与空气的绝对折射率（在标准温度和压力下可见光的绝对折射率约为 1.00029）之比。Owens（1967）讨论过空气折射率随温度、压力、湿度和二氧化碳含量而变化的情况。光学玻璃目录列出了以空气折射率 n_{air} 为基础的相对折射率。

在大部分光学透明实体中，n 介于 1.3 和 4.1 之间。对于光学玻璃，折射率范围大约为 1.4～2.1。Wolfe（1978, 1990）、Wolfe 和 Zissis（1978）及 Tropf 等人（1995）列出了一些玻璃的折射率表，提供了大量的折射率值。

在产品采购目录中，光学玻璃生产厂商会列出它们的产品在几个特定波长（绝大部分对应于夫琅和费吸收线）下的平均相对折射率，如果购买一定量的玻璃材料，对于某一生产批次或熔炉也能够提供几种波长的折射率测量值（称为检验合格证或玻璃熔炼数据）；若支付额外的费用，还可以得到其他波长的测量值。

折射率随波长的变化称为色散。图 3.1 给出了几种有代表性的透可见光光谱的材料。研究这些曲线发现如下几点：①折射率随波长的增加而减小；②在短波长的末端 n 的变化率最大；③在给定波长处高折射率材料曲线的斜率比较陡；④这一点不是很明显，就是一种材料色散曲线的形状不能通过改变比例或变换坐标系由另一种材料的曲线精确导出。

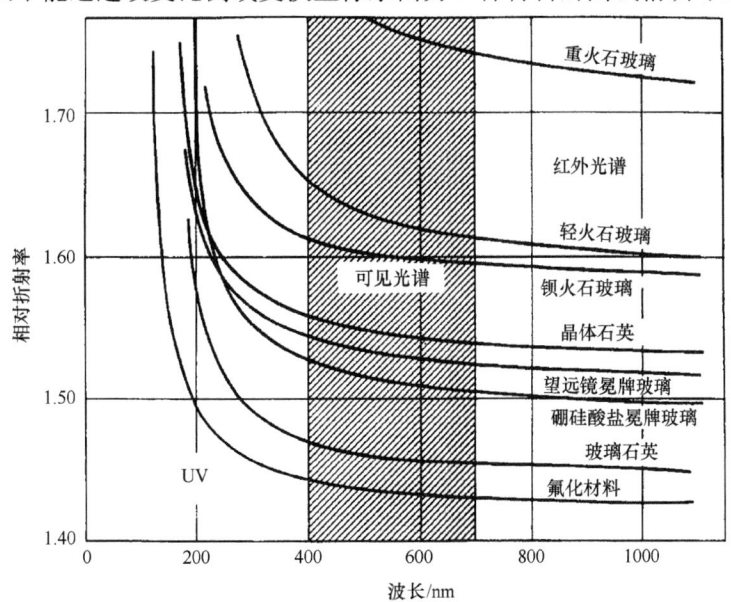

图 3.1 折射光学元件几种常用材料的色散曲线

（资料改编自 Jenkins, F. a., and White, H. E., *Fundamentals of Optics*, McGraw Hill, New York, 1957）

光学材料的折射率也会随着材料的温度变化。这种变化会引起光路长度和折射元件聚焦性能的改变。玻璃的产品目录通常会在材料的有效透过范围内间隔地选取一些波长进行计算，并给出每种产品的绝对和相对折射率随温度的变化率 dn/dT。温度变化 1℃ 引起的折射率变化值会反映在小数点后第 6 位的微小改变。当温度升高时，大部分玻璃折射率变化是增加的，只有几种玻璃，如肖特玻璃 N-FK5 的 dn/dT 是负的。由于变化率 dn/dT 随温度而变化，所以目录提供的值是某温度范围内的平均值，如 $-40 \sim -20$℃ 或 $+20 \sim +40$℃。

光从一种透明材料到另一种材料的传播遵守式（3.3）所表示的 Snell 定律，将该界面前后介质中的入射角 I_1、折射角 I_2、折射率 n_1 和 n_2 相联系，则有下式：

$$n_1 \sin I_1 = n_2 \sin I_2 \tag{3.3}$$

光线夹角由入射点处的成像光线与垂直于局部界面的法线确定。

由于天然形成的原因，或者人造材料由于加工过程的残留效应，如退火不够，实际上会造成一些均匀透明的光学材料的空间折射率发生细微变化。这些材料在外部因素的影响下，如温度变化或外力作用下会显示出内应力。当受到其中任何一种外部因素的影响时，材料就会有双折射。也就是说，对不同偏振态的透射光具有稍稍不同的折射率值。下一节讨论光学玻璃时要进一步介绍这方面的内容。在一些晶体中常会发现天然的双折射，这种现象严重影响偏振光通过晶体后的光路折射。

一种光学材料是否适合光机系统，取决于各种机械性质和光学性质。在此特别关注的是密度、杨氏模量、泊松比、线性热膨胀系数、比热容、热传导性、硬度（比较有代表性的是按照努普或维氏等级进行测量）和转化温度。除最后一项，所有参数对于光机工程师都是普通参数，在标准的工程技术书和手册中都有定义。Parker（1979）对适用于玻璃材料的这些性质做了很有意义的讨论。

转化温度是指升高至该温度时玻璃或其他材料的热膨胀系数会出现明显变化，在这个温度附近材料会变软。本章 3.9 节对硬度给出了简要讨论，为了使这种性质有一个量化的概念，对各种标度的硬度做了近似比较。

3.2.2 光学玻璃

通常是应用 Sellmeier 公式确定光学玻璃在标准室温（68℉ 或 20℃）和标准气压（14.7 lbf/in² 或 0.10133MPa）条件下，某中间波长对应的相对折射率的值，而不是通过测量或从文献中得到（Tropf 等，1995）。根据肖特公司（Schott AG, Mainz, Germany; Schott North America, Inc., Duryea, PA）光学玻璃目录中给出的系数 B_1 到 B_3 和系数 C_1 到 C_3 的值，该公司使用以下公式计算相对折射率：

$$n_\lambda^2 - 1 = \frac{B_1 \lambda^2}{\lambda^2 - C_1} + \frac{B_2 \lambda^2}{\lambda^2 - C_2} + \frac{B_3 \lambda^2}{\lambda^2 - C_3} \tag{3.4}$$

式中，λ 是波长，单位是 μm。任何熔炼玻璃的厂商都能够根据要求提供上述系数的测量值。

一种经常用来度量光学玻璃色散的参量是阿贝数 ν_λ（称为 ν 或 nu 值）。两种波长的色散可以按照下式计算：

$$\nu_d = \frac{n_d - 1}{n_F - n_C} \tag{3.5a}$$

$$\nu_e = \frac{n_e - 1}{n_F - n_C} \tag{3.5b}$$

式中，角标 d、e、F、C 分别代表不同折射率的参数所对应的不同颜色的光线，即 587.5618nm 的氦光谱线、546.0740nm 的汞光谱线、486.1327nm 和 656.2725nm 的氢光谱线。光学设计者感兴趣的其他色散参数是局部色散，例如以下两式：

$$P_{g,F} = \frac{n_g - n_F}{n_F - n_C} \tag{3.6a}$$

$$P_{C,s} = \frac{n_C - n_s}{n_F - n_C} \tag{3.6b}$$

光学玻璃目录中列出了每一种材料的上述值和其他一些类似的量。局部色散表示在一个指定的小光谱范围内材料折射性质的变化情况（相对于大光谱范围的变化）。

肖特公司计算光学玻璃在真空中折射率的变化率 dn/dT 所采用的 Sellmeler 公式如下，很明显，它是波长（单位是 μm）和温度 T（单位是℃）的函数：

$$\frac{dn_{abs}}{dT} = \frac{n_{rel}^2(\lambda, T_0) - 1}{2n_{rel}(\lambda, T_0)} \left(D_0 + 2D_1 \Delta T + 3D_2 \Delta T^2 + \frac{E_0 + 2E_1 \Delta T}{\lambda^2 - \lambda_{TK}^2} \right) \tag{3.7}$$

式中，n_{abs} 和 n_{rel} 是玻璃的折射率⊖，前面已经定义过；T_0 是标准温度（通常是 20℃）；D_i、E_i 和 λ_{TK} 是玻璃特有的系数；$\Delta T = T - T_0$。

图 3.2a 所示是一张阿贝（Abbe）图（通常称为玻璃分布图），给出了 2001 年前肖特公司生产的大量光学玻璃，每个符号代表一种材料。其他几个厂商基本上生产同样的玻璃，这

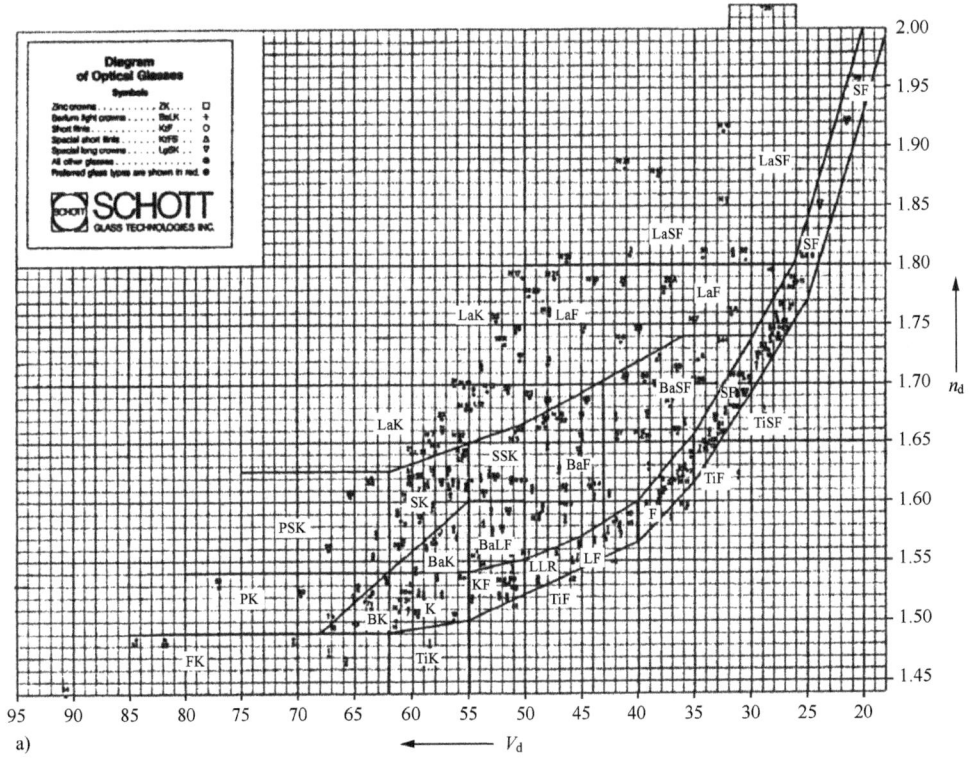

图 3.2 a) 2000 年前由肖特北美玻璃公司生产的各种光学玻璃的玻璃分布曲线图
(资料源自 Schott North America, Inc., Duryea, PA)

⊖ 不带角标的 n 应看作折射率 n_{rel}。

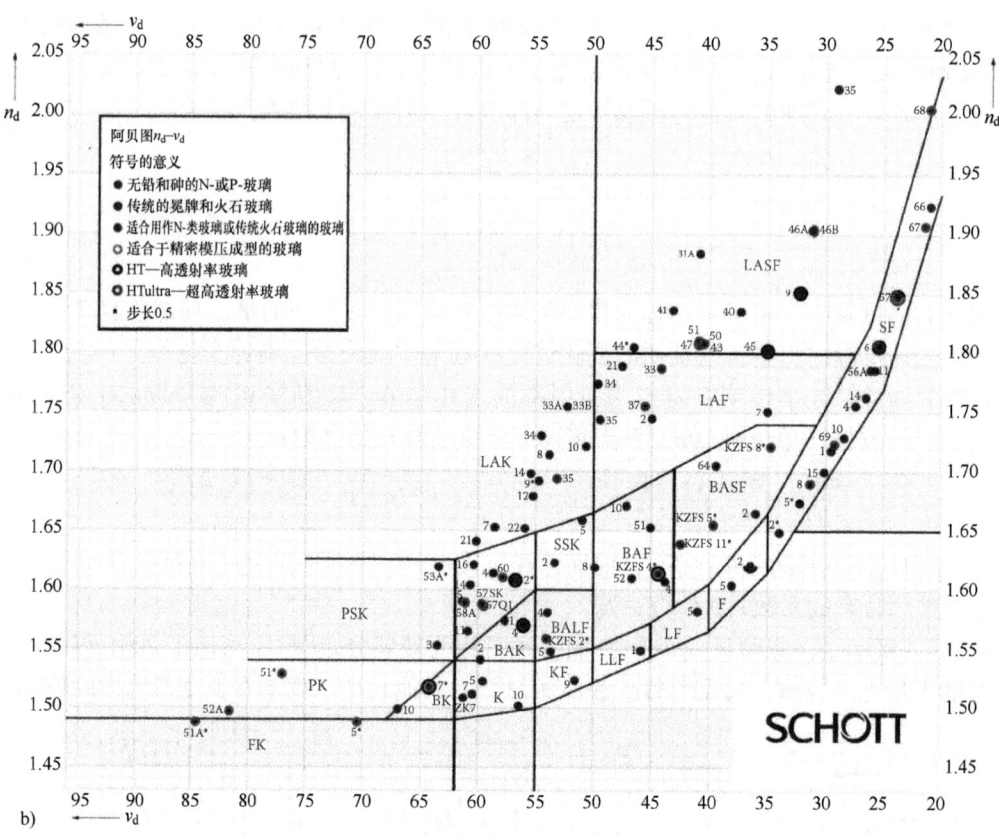

图 3.2 b) 图 3-2a 所示玻璃的供应商最近（2014 年 1 月）生产的玻璃的玻璃分布曲线图（续）
（资料源自 Schott North America, Inc., Duryea, PA）

些玻璃曲线图是按照折射率（纵坐标）和阿贝数（横坐标）绘制的，波长是黄光（氦），为 587.5618nm。这些符号基本上聚集在由化学元素标出的范围内，这些范围一般都位于一条从左下角到右上角的对角线上，表明实际的玻璃只能位于对角线附近。阿贝指出，具有"正常色散性质"的玻璃都是沿着连接 $n_d = 1.511$、$\nu_d = 60.5$ 和 $n_d = 1.620$、$\nu_d = 36.3$ 两点的一条直线分布，而远离直线的玻璃表示或多或少地具有反常色散，可用来校正二级光谱。二级光谱是折射光学系统中一种色差形式。对两种波长校正了像差的透镜（就是有相同的焦距）称为消色差，二级光谱也被校正的透镜与第三种波长会有相同的焦距，称为复消色差。

如图 3.2a 所示，大部分光学设计师和机械工程师都很清楚，现在能够正常提供的光学玻璃种类正在减少。图 3.2b 给出了肖特北美公司目前能够提供的玻璃种类，其他厂商也存在类似的缩产情况。采用新工艺生产的传统玻璃的优点在于不含有害物质，但与曲线图上位于或非常靠近同一点的老材料相比，新材料的光学和机械特性不总是与其一样。根据经验，光学设计软件并不能时刻都能跟随上这些变化。设计时，仍然提供老型号的玻璃参数，但加工光学元件时，可能会找不到这些材料。为了保证设计时每一种玻璃参数的准确性，建议与玻璃制造商直接联系，得到适用的玻璃材料以完成最终设计。为了确保设计所使用的每种玻璃（但并非玻璃目录中通常所列）参数，应对有代表性的样片进行测量。

图 3.3 给出了 2014 年版肖特光学目录中的一页（可以在线下载），用以说明玻璃生产厂

第 3 章 材料的光机性质

n_d = 1.51680	v_d = 64.17	$n_F - n_c$ = 0.008054	N-BK7	517642.251
n_e = 1.51872	v_e = 63.96	$n_{F'} - n_{c'}$ = 0.008110		

折射率		
	λ/nm	
$n_{2325.4}$	2325.4	1.48921
$n_{1970.1}$	1970.1	1.49485
$n_{1529.6}$	1529.6	1.50091
$n_{1060.0}$	1060.0	1.50669
n_t	1014.0	1.50731
n_s	852.1	1.50980
n_r	706.5	1.51289
n_c	656.3	1.51432
$n_{c'}$	643.8	1.51472
$n_{632.8}$	632.8	1.51509
n_D	589.3	1.51673
n_d	587.6	1.51680
n_e	546.1	1.51872
n_F	486.1	1.52238
$n_{F'}$	480.0	1.52283
n_g	435.8	1.52668
n_h	404.7	1.53024
n_i	365.0	1.53627
$n_{334.1}$	334.1	1.54272
$n_{312.6}$	312.6	1.54862
$n_{296.7}$	296.7	
$n_{280.4}$	280.4	
$n_{248.3}$	248.3	

色散公式中的常数	
B_1	$1.03961212 \times 10^{+00}$
B_2	$2.31792344 \times 10^{+01}$
B_3	$1.01046945 \times 10^{+00}$
C_1	$6.00069867 \times 10^{-03}$
C_2	$2.00179144 \times 10^{-02}$
C_3	$1.03580653 \times 10^{+02}$

式 dn/dT 中的常数	
D_0	1.86×10^{-06}
D_1	1.31×10^{-08}
D_2	-1.37×10^{-11}
E_0	4.34×10^{-07}
E_1	6.27×10^{-10}
λ_{TK}/μm	0.170

内部透射率 τ_i		
λ/μm	τ_i(10mm)	τ_i(25mm)
2500	0.67	0.36
2325	0.79	0.56
1970	0.930	0.84
1530	0.992	0.980
1060	0.999	0.997
700	0.998	0.996
660	0.998	0.994
620	0.998	0.994
580	0.998	0.995
546	0.998	0.996
500	0.998	0.994
460	0.997	0.993
436	0.997	0.992
420	0.997	0.993
405	0.997	0.993
400	0.997	0.992
390	0.996	0.989
380	0.993	0.983
370	0.991	0.977
365	0.988	0.971
350	0.967	0.920
334	0.910	0.78
320	0.77	0.52
310	0.57	0.25
300	0.29	0.05
290	0.06	
280		
270		
260		
250		

颜色编码	
λ_{80}/λ_5	33/29

备注	

相对局部色散	
$P_{s,t}$	0.3098
$P_{C,s}$	0.5612
$P_{d,C}$	0.3076
$P_{e,d}$	0.2386
$P_{g,F}$	0.5349
$P_{i,h}$	0.7483
$P'_{s,t}$	0.3076
$P'_{C',s}$	0.6062
$P'_{d',C}$	0.2566
$P'_{c,d}$	0.2370
$P'_{g,F'}$	0.4754
$P'_{i,h}$	0.7432

相对局部色散 ΔP 与标准谱线的偏离量	
$\Delta P_{C,t}$	0.0216
$\Delta P_{C,s}$	0.0087
$\Delta P_{F,e}$	−0.0009
$\Delta P_{g,F}$	−0.0009
$\Delta P_{i,g}$	−0.0035

其他参数	
$\alpha_{-30/+70}/(10^{-6}/K)$	7.1
$\alpha_{+20/+300}/(10^{-6}/K)$	8.3
T_g/°C	557
$T10^{13.0}$/°C	557
$T10^{7.6}$/°C	719
c_p[J/(g·K)]	0.858
λ[W/(m·K)]	1.114
ρ/[g/(cm³)]	2.51
E/[10^3(N/mm²)]	82
μ	0.206
K/(10^{-6}mm²/N)	2.77
$HK_{0.1/20}$	610
HG	3
B	0
CR	2
FR	0
SR	1
AR	2
PR	2.3

折射率的温度系数						
	$\Delta n_{ref}/\Delta T$/(10^{-6}/K)			$\Delta n_{abs}/\Delta T$/(10^{-6}/K)		
/°C	1060.0	e	g	1060.0	e	g
−40~−20	2.4	2.9	3.3	0.3	0.8	1.2
+20~+40	2.4	3.0	3.5	1.1	1.6	2.1
+60~+80	2.5	3.1	3.7	1.5	2.1	2.7

图 3.3 标注时间是 2014 年 2 月 1 日的某玻璃材料目录，列出具有代表性玻璃（NBK7）的光机参数
(资料源自 Schott North America, Inc., Duryea, PA)

商为光学设计和工程加工提供的信息种类。在此提供的光学性质，包括多达23种波长的折射率（几炉玻璃的平均测量值），阿贝数 ν_d 和 ν_e，12种相对局部色散值，折射率与波长式（3.4）中的常数 B_i 和 C_i，折射率计算式（3.7）中的温度变化系数 D_i、E_i 和 λ_{TK}，以及给出了材料厚度分别是10mm和25mm、透射波长在250~2500nm多个波长的内部光谱透射比的平均值 τ_i。

从光学观点出发，关心的其他参数是，均匀性；标称的折射率和阿贝数与目录值的偏离；局部的线状玻璃态杂质（条纹）和残留应力（或许会引起双折射）。这些参数没有列在单独的目录页上，而是放在所购材料的质量合格证技术说明书中。如果支付额外费用，就可以要求采用特别的生产工艺控制措施，并挑选有特殊性能的材料。Parker（1980）对于确定材料的质量和技术要求提出了有价值的指导意见。

一般来说，所有上述光学玻璃的光学和机械性质都会在玻璃目录中给出，如图3.3所示的肖特N-BK7玻璃。表3.1列出了肖特公司使用的每种参数的符号，因为在表列数据中没有另做说明。

表3.1 肖特光学玻璃目录中用以代表机械、热和其他特性的符号定义

玻璃编码	国际标识法：(n_d-1) 加上 $(10\nu_d)$ 加上（密度/10）①
$\alpha_{-30/+70}$	-30~+70℃温度范围内线性热膨胀系数，单位是 $10^{-6}/K$ ②
$\alpha_{20/300}$	+20~+300℃温度范围内线性热膨胀系数，单位是 $10^{-6}/K$ ③
T_G	转化温度，单位是℃
T_{10}^{13}	10^{13} dPa·s 黏度下的玻璃温度，单位是℃
$T_{10}^{7.6}$	$10^{7.6}$ dPa·s 黏度下的玻璃温度，单位是℃
c_p	平均比热容，单位是 J/(g·K)
λ	热导率，单位是 W/(m·K)
ρ	密度，单位是 g/cm³
E	弹性模量，单位是 10^3 N/mm²
μ	泊松比
K	波长589.3nm和温度21℃时的光弹性系数（或应力光学系数），单位是 10^{-6} mm²/N
HK	努氏硬度
HG	易磨性编码
CR	玻璃适应气候的等级。耐空气湿度的CR等级是1（高）~4（低）
FR	耐污染等级。耐污染的FR等级是0（高）~5（低）
SR	耐酸等级。耐酸的SR等级是1（高）~4（低）和51~53（很低）
AR	耐碱等级。耐碱的AR等级是1（高）~4（低）
PR	耐磷酸等级。耐含有碱性磷酸盐溶液的PR等级是1（高）~4（低）

[资料改编自肖特北美公司（Duryea，PA）2014年版的肖特光学玻璃数据表专定玻璃]

① 为了简单，在本书的其他地方，对肖特玻璃的标示有时会略去密度。
② 该参数主要用于设计和分析的目的。
③ 该参数主要是玻璃厂商在退火工艺中使用。

第3章 材料的光机性质

为了从世界范围内主要玻璃供销商提供的各种光学玻璃中选出最佳产品，Walker（1993）根据价格、气泡含量、耐污染特性及对不利环境条件的抵抗能力，挑选出了68种玻璃作为光学设计师最常使用的类型。所列出的玻璃位于"折射率和色散最常用的范围"内，并具有最常用的特性。Zhang 和 Shannon（1995）进行过一项研究——"大多数透镜的设计都能采用最少量的玻璃"。使用双高斯透镜作为原型，并用3种最常用的光学设计库——CODE V 参考手册（1994）、Laikin（1991）和 Cox（1964）——作为专门的设计起点，这些设计库列出了15种最常用玻璃和9种推荐使用的玻璃。在这15种玻璃中的大多数产品没有包括在 Walker 的列表中。部分原因是 Walker 在选择玻璃时考虑了机械性质或耐环境性，不在列表中的玻璃的上述性质不符合使用需求，而 Zhang 和 Shannon 在选择候选玻璃时只考虑了光学性质。应当注意，每个厂商提供的玻璃类型列表会随时更改。

表3.2列出了49种玻璃，是 Walker 及 Zhang 和 Shannon 组合选择的结果，是肖特公司为本书第2版和第3版提供的材料及目前供应的其他光学玻璃。作为当前生产的玻璃类型，49种玻璃中有8种没有列在图3.2b中。这似乎表明，可用玻璃列表继续在压缩。当然，特殊的设计要求可以要求使用其他的非标准玻璃类型。在现有库存中还会有许多老型号玻璃，或者按照特殊订单生产，这类玻璃称为"专定玻璃"。特殊订单的条件是满足大批量定购。

表3.2 肖特光学玻璃（最新版）的重要机械性质

序号和标准	玻璃名称	玻璃编码	杨氏模量 E/GPa	泊松比 μ	$K_G = (1-\nu_G)^2/E_G/$ $(10^{-11}/Pa)$	热膨胀系数 $\alpha_G/(10^{-6}/℃)$	密度 $\rho/$ (g/cm^3)	光弹性系数 $K_S/(10^{-6}/MPa)$
1[①]	N-FK5	487704.245	62	0.232	1.53	9.20	2.45	2.91
2[①]	K10	501564.252	65	0.190	1.48	6.50	2.52	3.12
3[①]	N-ZK7	508612.249	70	0.214	1.36	4.50	2.49	3.63
4[①]	K7	511604.253	69	0.214	1.38	8.40	2.53	2.95
5[①]	N-BK7	517642.251	82	0.206	1.17	7.10	2.51	2.77
6[①]	N-K5	522595.259	71	0.224	1.34	8.20	2.59	3.03
7[①,②]	N-LLF6	不再提供						
8[①]	N-BAK2	540597.286	71	0.233	1.33	8.00	2.86	2.60
9[①]	LLF1	548458.294	60	0.208	1.59	8.10	2.94	3.05
10[①]	N-PSK3	552635.291	84	0.226	1.13	6.20	2.91	2.48
11[①]	N-SK11	564608.308	79	0.239	1.19	6.50	3.08	2.45
12[①]	N-BAK1	573576.319	73	0.252	1.28	7.60	3.19	2.62

(续)

序号和标准	玻璃名称	玻璃编码	杨氏模量 E/GPa	泊松比 μ	$K_G = (1-\nu_G)^2/E_G/$ $(10^{-11}/\text{Pa})$	热膨胀系数 $\alpha_G/(10^{-6}/℃)$	密度 $\rho/$ (g/cm^3)	光弹性系数 $K_S/(10^{-6}/\text{MPa})$
13[①]	N-BALF4	580539.311	77	0.245	1.22	6.52	3.11	3.01
14[①]	LF5	581409.322	59	0.223	1.61	9.10	3.22	2.83
15[①]	N-BAF3	不再提供						
16[①]	F5	603380.347	58	0.220	1.64	8.00	3.47	2.92
17[①]	N-BAF4	606437.289	85	0.231	1.11	7.24	2.89	2.58
18[①]	F4	不再提供						
19[①]	N-SSK8	618498.327	84	0.251	1.12	7.21	3.27	2.36
20[①]	F2	620364.360	57	0.220	1.67	8.20	3.60	2.81
21[①]	N-F2	620364.265	82	0.228	1.16	7.84	2.65	3.03
22[②]	N-SK16	620603.358	89	0.264	1.05	6.30	3.58	1.90
23[①]	SF2	648339.386	55	0.227	1.72	8.40	3.86	2.62
24[①]	N-LAK22	651559.377	90	0.266	1.03	6.60	3.77	1.82
25[②]	N-BAF51	652450.333	91	0.262	1.02	8.37	3.33	2.22
26[②]	N-SSK5	658509.371	88	0.278	1.05	6.80	3.71	1.90
27[①]	N-BASF2	664360.315	84	0.247	1.12	7.12	3.15	3.04
28[①]	SF5	673322.407	56	0.233	1.69	8.20	4.07	2.28
29[①]	N-SF5	673323.286	87	0.237	1.08	7.94	2.86	2.99
30[①]	N-SF8	689313.290	88	0.245	1.07	8.56	2.90	2.95
31[①]	SF15	不再提供						
32[①]	N-SF15	699302.292	90	0.243	1.05	8.04	2.92	3.04
33[①]	SF1	717295.446	56	0.232	1.69	8.10	4.46	1.80
34[①]	N-SF1	717296.303	90	0.250	1.04	9.13	3.03	2.72
35[②]	N-LAF3	不再提供						
36[①]	SF10	728284.428	64	0.232	1.48	7.50	4.28	1.95

（续）

序号和标准	玻璃名称	玻璃编码	杨氏模量 E/GPa	泊松比 μ	$K_G = (1-\nu_G)^2/E_G/$ $(10^{-11}/Pa)$	热膨胀系数 $\alpha_G/(10^{-6}/℃)$	密度 $\rho/$ (g/cm^3)	光弹性系数 $K_S/(10^{-6}/MPa)$
37[①]	N-SF10	728285.305	87	0.252	1.08	9.40	3.05	2.92
38[②]	N-LAF2	744449.430	94	0.288	0.98	8.06	4.30	1.42
39[②]	LAFN7	750350.438	80	0.280	1.15	5.30	4.38	1.77
40[②]	N-LAF7	749348.373	96	0.271	0.97	7.30	3.73	2.57
41[②]	SF4	755276.479	56	0.241	1.68	8.00	4.79	1.36
42[②]	N-SF4	755274.315	90	0.256	1.04	9.45	3.15	2.76
43[①]	SF14	不再提供						
44[①]	SF11	785258.474	66	0.235	1.43	6.10	4.74	1.33
45[①]	SF56A	785261.492	57	0.239	1.65	7.90	4.92	1.10
46[①]	N-SF56	不再提供						
47[①]	SF6	805254.518	55	0.244	1.71	8.10	5.18	0.65
48[①]	N-SF6	805254.337	93	0.262	1.00	9.03	3.37	2.82
49[①]	LASFN9	不再提供						
	P-SF68	005210.619	79	0.275	1.17	8.43	6.19	1.61
	LASF35	022291.541	132	0.303	0.69	7.40	5.41	0.73
	FK5HTi	487705.245	62	0.232	1.53	9.20	2.45	2.91
	N-FK51A	487845.368	73	0.302	1.24	12.74	3.68	0.70
	N-PK52A	497816.370	71	0.298	1.28	13.01	3.70	0.67
	N-BK10	498670.239	71	0.203	1.35	5.80	2.39	3.21
	P-BK7	516641.243	85	0.202	1.13	5.99	2.43	2.77
	N-BK7HT	517642.251	82	0.206	1.17	7.10	2.51	2.77
	N-BK7HTi	517642.251	82	0.206	1.17	7.10	2.51	2.77
	N-KF9	523515.250	66	0.225	1.44	9.61	2.50	2.74
	N-PK51	529770.386	74	0.295	1.23	12.35	3.86	0.54
	N-BALF5	547536.261	81	0.214	1.18	7.34	2.61	2.76
	LLF1HTi	548459.294	60	0.208	1.59	8.10	2.94	3.05
	N-KZFS2	558540.255	66	0.266	1.41	4.44	2.54	4.02
	N-BAK4	569560.305	77	0.240	1.22	6.99	3.05	2.90
	N-BAK4HT	569560.305	77	0.240	1.22	6.99	3.05	2.90
	N-BAK4Ti	569560.305	77	0.240	1.22	6.99	3.05	2.90
	LF5HTi	581409.322	59	0.223	1.61	9.10	3.22	2.83
	P-SK57Q1	586595.301	93	0.249	1.01	7.23	3.01	2.17
	P-SK57	587596.301	93	0.249	1.01	7.23	3.01	2.17
	P-SK58A	589612.297	97	0.245	0.97	6.82	2.97	2.12

(续)

序号和标准	玻璃名称	玻璃编码	杨氏模量 E/GPa	泊松比 μ	$K_G = (1-\nu_G)^2/E_G/$ $(10^{-11}/Pa)$	热膨胀系数 $\alpha_G/(10^{-6}/℃)$	密度 $\rho/$ (g/cm^3)	光弹性系数 $K_S/(10^{-6}/$ MPa)
49[①]	N-SK5	589613.330	84	0.256	1.11	5.50	3.30	2.16
	N-SK14	603606.344	86	0.261	1.08	6.00	3.44	2.00
	N-SK2	607567.355	78	0.263	1.19	6.00	3.55	2.31
	N-SK2HT	607567.355	78	0.263	1.19	6.00	3.55	2.31
	N-BAF52	609466.305	86	0.237	1.10	6.86	3.05	2.42
	P-SK60	610579.308	99	0.253	0.95	7.06	3.08	2.04
	N-KZFS4	613445.300	78	0.241	1.21	7.30	3.00	3.90
	N-KZFS4HT	613445.300	78	0.241	1.21	7.30	3.00	3.90
	N-SK4	613586.354	84	0.261	1.11	6.46	3.54	1.92
	N-PSK53A	618634.357	76	0.288	1.20	9.56	3.57	1.16
	F2HT	620364.360	57	0.220	1.67	8.20	3.60	2.81
	N-SSK2	622533.353	82	0.261	1.14	5.81	3.53	2.51
	N-KZFS11	638424.320	79	0.251	1.19	6.56	3.20	4.21
	N-LAK21	640601.374	91	0.272	1.02	6.80	3.74	1.74
	N-SF2	648338.272	86	0.231	1.10	6.68	2.72	3.06
	N-LAK7	652585.384	90	0.277	1.03	7.10	3.84	1.65
	N-KZFS5	654397.304	89	0.243	1.05	6.38	3.04	3.57
	N-BAF10	670471.375	89	0.271	1.04	6.18	3.75	2.37
	N-LAK12	678552.410	87	0.288	1.05	7.60	4.10	1.44
	P-SF8	689313.290	86	0.253	1.09	9.41	2.90	2.73
	N-LAK9	691547.351	110	0.285	0.84	6.30	3.51	1.83
	P-LAK35	693532.385	101	0.289	0.91	8.13	3.85	1.76
	N-LAK14	697554.363	111	0.283	0.83	5.50	3.63	1.73
	N-BASF64	704394.320	105	0.264	0.89	7.30	3.20	2.38
	N-LAK8	713538.375	115	0.289	0.80	5.60	3.75	1.81
	N-KZFS8	720347.320	103	0.248	0.91	7.77	3.20	2.94
	N-LAK10	720506.369	116	0.286	0.79	5.68	3.69	1.97
	P-SF69	723292.293	96	0.251	0.98	8.99	2.93	2.66
	N-LAK34	729545.402	117	0.290	0.78	5.81	4.02	1.52
	N-LAF35	743494.412	109	0.301	0.83	5.27	4.12	2.29
	P-LAF37	755457.399	115	0.296	0.79	6.26	3.99	2.26
	N-LAK33B	755523.422	122	0.295	0.75	5.83	4.22	1.43

第3章 材料的光机性质

（续）

序号和标准	玻璃名称	玻璃编码	杨氏模量 E/GPa	泊松比 μ	$K_G = (1-\nu_G)^2/E_G/$ $(10^{-11}/\text{Pa})$	热膨胀系数 $\alpha_G/(10^{-6}/℃)$	密度 $\rho/$ (g/cm^3)	光弹性系数 $K_S/(10^{-6}/\text{MPa})$
	N-SF14	762265.312	88	0.259	1.06	9.41	3.12	2.89
	N-LAF34	773496.424	123	0.292	0.74	5.80	4.24	1.44
	N-SF11	785257.322	92	0.257	1.02	8.52	3.22	2.94
	N-LAF33	786441.436	111	0.301	0.82	5.60	4.36	2.21
	N-LAF21	788475.428	124	0.295	0.74	5.99	4.28	1.46
	N-LASF45	801350.363	116	0.281	0.79	7.36	3.63	2.01
	N-LASF45HT	801350.363	116	0.281	0.79	7.36	3.63	2.01
	N-LASF44	804465.444	124	0.293	0.74	6.21	4.44	1.41
	N-SF6HT	805254.337	93	0.262	1.00	9.03	3.37	2.82
	N-SF6HTultra	805254.337	93	0.262	1.00	9.03	3.37	2.82
	SF6HT	805254.518	55	0.244	1.71	8.10	5.18	0.65
	N-LASF43	806406.426	114	0.290	0.80	5.49	4.26	1.92
49[①]	P-LASF47	806409.454	120	0.298	0.76	6.04	4.54	2.39
	P-LASF50	809405.454	119	0.298	0.76	5.90	4.54	2.41
	P-LASF51	810409.458	119	0.299	0.76	6.01	4.58	2.32
	N-LASF40	834373.443	111	0.304	0.82	5.84	4.43	2.19
	N-LASF41	835431.485	124	0.294	0.74	6.19	4.85	1.57
	N-SF57	847238.353	96	0.260	0.97	8.46	3.53	2.78
	N-SF57HT	847238.353	96	0.260	0.97	8.46	3.53	2.78
	N-SF57HTultra	847238.353	96	0.260	0.97	8.46	3.53	2.78
	SF57	847238.551	54	0.248	1.74	8.30	5.51	0.02
	SF57HTultra	847238.551	54	0.248	1.74	8.30	5.51	0.02
	N-LASF9	850322.441	109	0.288	0.84	7.37	4.41	1.72
	N-LASF9HT	850322.441	109	0.288	0.84	7.37	4.41	1.72
	N-LASF31A	883408.551	126	0.301	0.72	6.74	5.51	1.18
	N-LASF46A	904313.445	124	0.298	0.73	6.00	4.45	1.64
	N-LASF46B	904313.451	121	0.303	0.75	5.97	4.51	1.87
	P-SF67	907214.424	90	0.248	1.04	6.23	4.24	2.96
	N-SF66	923209.400	95	0.259	0.98	5.90	4.00	2.86
查询截至2015年1月	N-LAK33A1	754523.422	121	0.292	0.76	5.80	4.22	1.49

(续)

序号和标准	玻璃名称	玻璃编码	杨氏模量 E/GPa	泊松比 μ	$K_G = (1-\nu_G)^2/E_G/$ $(10^{-11}/\text{Pa})$	热膨胀系数 $\alpha_G/(10^{-6}/℃)$	密度 $\rho/$ (g/cm³)	光弹性系数 $K_S/(10^{-6}/\text{MPa})$
专定玻璃*	BAFN6	589485.317	77	0.234	1.23	7.80	3.17	2.50
专定玻璃*	FK3	464658.227	46	0.243	2.05	8.20	2.27	3.71
专定玻璃*	KZFS12	696363.384	66	0.279	1.40	5.20	3.84	2.35
专定玻璃*	N-BAF3	583466.279	82	0.226	1.16	7.20	2.79	2.73
专定玻璃*	N-LAF3	717480.414	95	0.286	0.97	7.60	4.14	1.53
专定玻璃*	N-LAF36	800424.443	110	0.305	0.82	5.70	4.43	2.25
专定玻璃*	N-PSK53	620635.360	78	0.288	1.18	9.40	3.60	1.16
专定玻璃*	N-SF19	667331.290	88	0.231	1.08	7.20	2.90	2.93
专定玻璃*	N-SF56	785261.328	91	0.255	1.03	8.70	3.28	2.87
专定玻璃*	N-SF64	706302.299	88	0.245	1.07	8.50	2.99	2.95
专定玻璃*	N-SK10	623570.364	81	0.266	1.15	6.80	3.64	2.25
专定玻璃*	N-SK15	623580.362	84	0.265	1.11	6.70	3.62	1.93
专定玻璃*	P-PK53	527662.283	59	0.271	1.57	13.30	2.83	2.06
专定玻璃*	SF57HT	847238.551	54	0.248	1.74	8.30	5.51	0.02
专定玻璃*	SFL6	805254.337	93	0.260	1.00	9.00	3.37	2.79
专定玻璃*	SFL57	847236.355	97	0.261	0.96	8.70	3.55	2.73

（资料源自，(a) Walker, B. H., in *The photonics Design and Application Handbook*,, Lauren Publishing, Pittsfield, MA H-356, 1993; (b) Zhang, S. and Shannon, R. R., *Opt. Eng.*, 34, 3536, 1995)

* 专定玻璃仅适用于特定订单。

注：表中数据（除 K_G）均来自肖特公司的肖特光学目录（Schott Optical Glass Catalog, Schott North America, Inc., Duryea, PA, 2014）。

从表 3.2 列出的各种玻璃中，读者可以找到玻璃名字和类型或国际编码（国际编码的计算是 n_d-1 后，保留小数点后三位，然后将 ν_d 的数值乘以 10，再取前三位数值，从而得到 6 位数的编码）。肖特公司玻璃编码的最后 3 位数字代表除以 10 之后的材料密度。表中还分别给出杨氏模量、泊松比、常数 K_G（用来评估在安装力作用下的接触应力）、热膨胀系数和密度。这些值以两种单位制（即英制和公制）给出（译者注：本书第 3 版是两种单位制，第 4 版仅给出公制）。

前面加前缀"N"的玻璃表示该类玻璃不含有害物质砷和铅。有些玻璃仍然含有铅，因此未标"N"。所以，阿贝（Abbe）玻璃图上相同位置可能会同时出现传统的含铅玻璃和未含铅玻璃，如 N-SF57 和 SF57。有"N"标识的玻璃不仅机械性质不同于传统玻璃类型，而且透过率和其他性质也不相同。例如，"传统的 SF 类玻璃"在蓝-紫光谱范围内具有更高的透射率。此外，与 N-SF57 玻璃相比，SF57 玻璃具有很低的应力双折射。另外，这些玻璃的化学敏感度也不相同。应当注意的是，20 世纪 70 年代，肖特公司就已经不再添加氧化钍材料（一种传统材料）。

最近，光学行业遇到了一个未来潜在的光学材料可用性问题。如哈特曼（Hartmann）所述（2014），欧盟相关机构正在研究禁止在光学玻璃中使用某种材料的新规则，如氧化砷、氧化硼及铅、汞和镉。尽管事实是，在玻璃原材料生产期间，这些材料是利用化学方法合成并且是无害的。

熔炉冷却（即退火）期间引入光学玻璃中的应力会给后续元件生产阶段造成一些问题。最常见的就是，一块退火不当的玻璃表面会有压应力，内部有张应力。当一块玻璃材料被切开或从一个表面研磨去除玻璃材料时，这些应力至少会局部释放，元件就会出现挠曲变形。整个加工过程中各种工艺造成的后果是无法预测的。完工后的剩余应力，或者由于机械加工及热环境诱发的临时应力，都可能影响完工零件的光学性能。用偏振测定法测出双折射，以及用干涉测量法测出折射率的综合变化，就可以探测和评估这种应力。对原材料和完工后的光学元件规定允许的剩余双折射，并将施加到该元件上的外力（即安装时施加的力）降到最小，可以大大减小与应力有关的问题。在光学系统设计阶段，使用 Doyle 和 Bell（2000）、Doyle 等人（2002a，b）叙述的方法就可以实现对双折射影响的分析，并确定合适的公差值。

通常是以一定波长下一束透射光平行偏振态（∥）和垂直偏振态（⊥）所允许的光程差表示双折射的公差。根据 Kimmel 和 Parks（1995）的研究，各种仪器应用中元件的双折射不同，如偏振仪或干涉仪，不应当超过 2nm/cm；如显微光刻和天文望远镜一类的精密光学仪器应用领域，双折射不应超过 5nm/cm；对于照相机、目视望远镜和显微物镜，不应超过 10nm/cm；而目镜和取景器之类的，则不超过 20nm/cm。在聚光镜和大部分照明系统中，可以使用较低质量的材料。无论什么情况，材料的光弹性系数 K_S 都决定着所施加的应力和由此产生的 OPD 之间的关系：

$$\text{OPD} = (n_\parallel - n_\perp)t = K_S S t \tag{3.8}$$

式中，t 是材料中的光路长度，单位是 cm；K_S 的单位是 mm^2/N；$S^{\ominus}$ 是张力或压力，单位是

⊖ S 和 Σ 在许多学术文章中都表述为应力的符号。

N/mm²。

表 3.2 列出了肖特公司（最新版）玻璃材料的 K_s 值。可以看到，K_s 的变异率比较大，最大值是 N-KZFS11 玻璃材料的 4.21，而对于 SF57HT、SF57HTultre 和 SF57 玻璃类型是最小值 0.02。表中列出玻璃的所有值都是正值。如果必须使外致双折射降至最小，则可以在关键的光学组件中适当采用表中稍后列出的一种材料。

光学玻璃具有特别好的光透过能力是其成功地应用于光学系统的主要原因。并不是所有材料在透过紫外到近红外光谱区时都完全一样，图 3.4 所示就表明了这一点。与火石玻璃相比，冕牌玻璃的截至波长更短些；反之，火石玻璃可以透过近红外波长，而在绿光到红光区域，所有的普通光学玻璃的内部光谱透射比几乎是一样的。如果没有镀增透膜（A/R），折射率比较高的玻璃就会有比较大的菲涅耳损耗。简单的增透膜，如四分之一波长厚的 MgF_2 薄膜，就可以有效地降低火石类玻璃的菲涅耳损耗，因为这些玻璃有比较高的折射率。

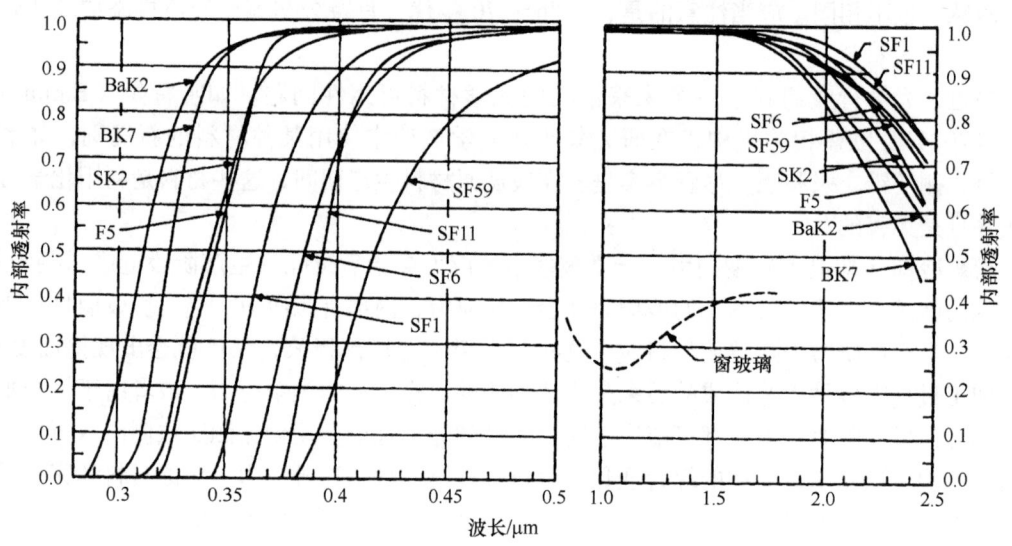

图 3.4 几种有代表性的光学玻璃和普通窗玻璃的内部透光性能，材料厚度均是 25mm
（资料源自 Smith, W. J., *Modern Optical Engineering*, 3rd edn, McGraw Hill, New York, 2008）

众所周知，所有的标准光学玻璃暴露于高等级粒子（电子、质子和中子）辐射或 γ 辐射中，其光谱透射比都会降低（颜色变暗或变褐）。对于这些玻璃，暴露于 10Gy（戈瑞）⊖ 辐射中就足以引起明显的透过率损失。图 3.5 所示标准的 BK7 玻璃暴露于 10^4Gy 的 γ 辐射中出现的变化，这种效应在光谱紫外边缘最为严重。这种变暗随着时间的推移会逐渐消退，正如图中标有"褪色"的曲线所示，在此给出的时间周期是 30 天。虽然可以探测到，但这种"褪色"效应能相当快地消退，使材料的透过性能恢复到最初状态。

Stroud 等人（Stroud, 1961, 1962, 1965; Stroud 等, 1965; Volf, 1984; 及其他）已经说明，含有材料铈（以 CeO_2 的形式）、化学稳定性比较好的（掺杂）光学玻璃，在暴露于

⊖ Gy（戈瑞）是吸收的辐射剂量的 SI 单位，定义为 1kg 物质中沉积 1J 能量所必需的辐射（Curry 等, 1990），1Gy = 100rad（拉德）。

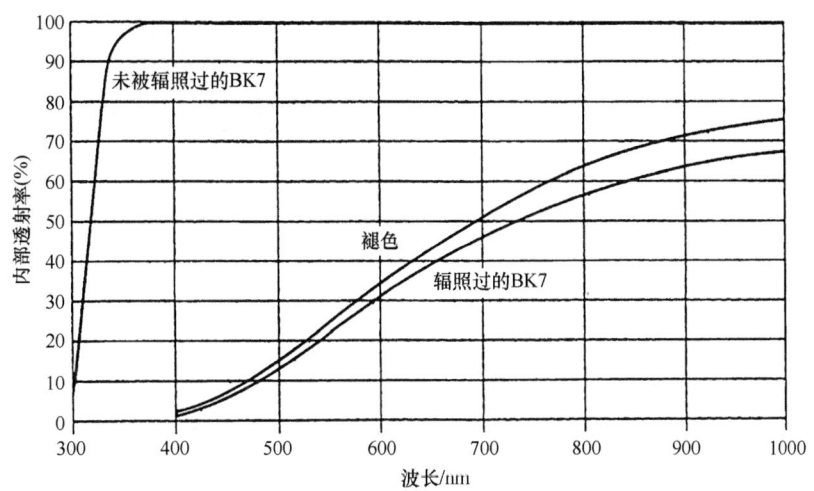

图3.5 未被辐照过的10mm（0.394in）厚标准BK7玻璃样片，暴露于10^4 Gy剂量（10^6 rad）的γ辐射前后的光谱透射比，是波长的函数。γ辐射源是Co60。标有"褪色"的曲线表示30天后部分地得到了恢复
（资料源自Schott，*Technical Information*，No.10017e，*Radiation Resistant Glasses*，Schott Glass North America, Inc.，Duryea, PA, 1990b）

某类辐射时，会对变暗的程度有所抑制。这种掺杂工艺会使整个透过光谱范围内的光透过能力稍有下降，在近紫外区有比较大的下降，但是，有效地降低了辐射引起的变暗效应。图3.6表示了两种10mm厚肖特耐辐射玻璃BK7G18和BK7G25的这种效果（Marker等，1991），玻璃名称上附加的数字是以10倍的比例表示材料中CeO_2的百分比含量。

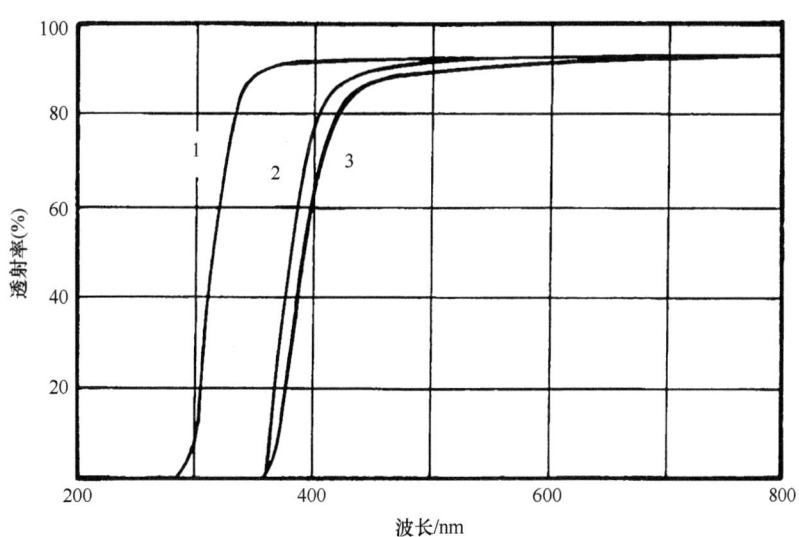

图3.6 10mm（0.394in）厚玻璃样品的光谱透射比是波长的函数，该图主要表示近紫外光谱区的关系
1—标准BK7玻璃 2—BK7G18防辐射玻璃 3—BK7G25防辐射玻璃
（资料源自Marker, A. J., Ⅲ et al., *Proc. SPIE*, 1485, 55, 1991）

最近几年，如肖特公司这样的生产厂商已经提供了许多种耐辐射光学玻璃。图3.7所示的耐辐射玻璃分布图有肖特公司目前生产的7种耐辐射玻璃。图3.8所示是其中一种玻璃

(BK7G25)的数据表。肖特公司目前生产的所有耐辐射玻璃的机械数据都列于表 3.3。图 3.9 给出了表 3.3 所列所有肖特目前生产的耐辐射玻璃的透过损耗。

表 3.3 肖特公司目前生产的 7 种耐辐射玻璃的重要机械数据

玻璃	玻璃编码	杨氏模量 E/GPa	泊松比 μ	$K_\mathrm{G} = (1-\nu_\mathrm{G})^2/E_\mathrm{G}$ $/(10^{-11}/\mathrm{Pa})$	热膨胀系数 $\alpha_\mathrm{G}/$ $(10^{-6}/\text{℃})$	密度 $\rho/$ $(\mathrm{g/cm^3})$	光弹性系数 $K_\mathrm{S}/$ $(10^{-6}/\mathrm{MPa})$
BK7G18	520636.252	82	0.205	1.17	7.00	2.52	2.77
F2G12	621366.360	58	0.222	1.64	8.10	3.60	2.79
K5G20	523568.259	68	0.222	1.40	9.00	2.59	
LAK9G15	691548.353	108	0.288	0.85	6.30	3.53	1.86
LF5G15	584408.322	60	0.228	1.58	9.30	3.22	2.77
LF5G19	597399.330	56	0.242	1.68	10.70	3.30	2.80
SF6G05	809253.520				7.80	5.20	

(资料源自 Schott, *Optical Glass Data sheets Inquiry Glass*, Schott North America, Inc., Advanced Optics, Duryea, PA, 2014)

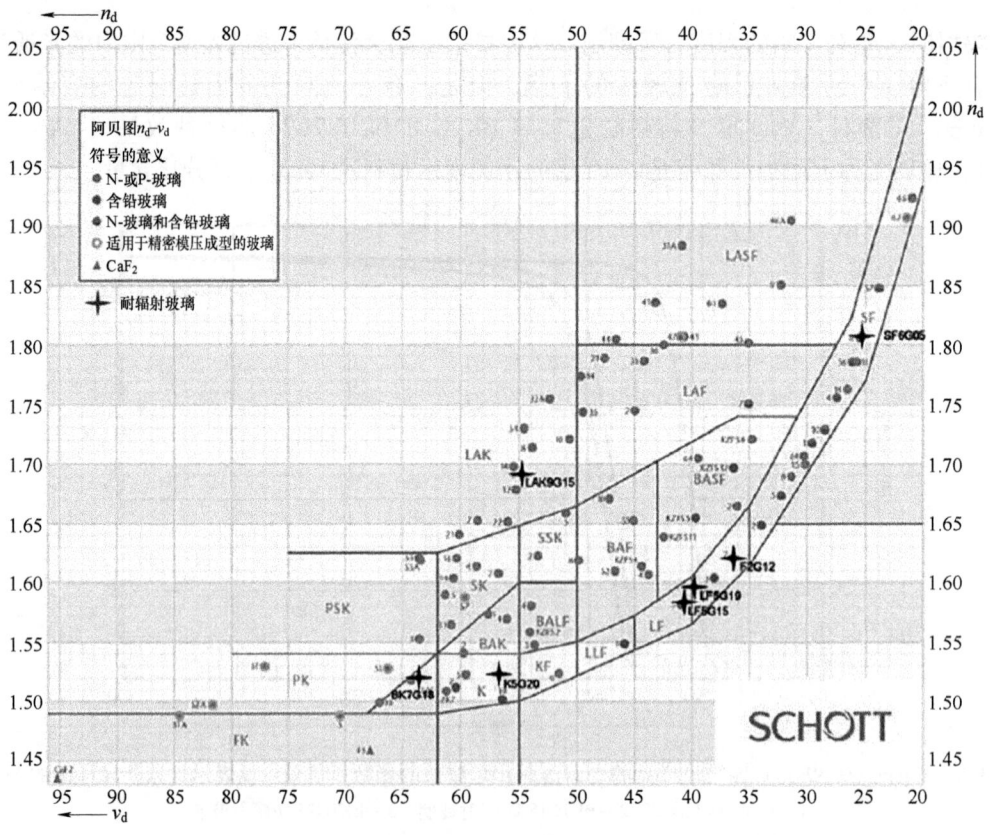

图 3.7　图 3.2a 所示供应商（2008 年 8 月）供应的耐辐射光学玻璃分布图
(资料源自 Schott North America, Inc., Duryea, Pa)

第 3 章 材料的光机性质

数据表　　　　　　　　　　　　　　　　　　　　　　　　　　　　　　　　　　SCHOTT

BK7G18
520636.252

| | | n_d = 1.61076 | v_d = 83.68 | $n_F - n_C$ = 0.008174 |
| | | n_e = 1.62170 | v_e = 83.38 | $n_F - n_C$ = 0.008233 |

折射率

	λ/nm	
$n_{2352.4}$	2325.4	1.49203
$n_{1970.1}$	1970.1	1.49777
$n_{1529.6}$	1529.6	1.50373
$n_{1000.0}$	1000.0	1.50953
n_t	1014.0	1.51015
n_s	852.1	1.51287
n_r	706.5	1.51579
n_Ω	658.3	1.51724
n_Ω	643.8	1.51764
n_{***}	632.8	1.51802
n_Ω	589.3	1.51988
n_d	587.6	1.51975
n_a	546.1	1.52170
n_F	488.1	1.52541
n_F	480.0	1.52587
n_g	435.8	1.52981
n_s	404.7	1.53345
n_i	585.0	1.53970
$n_{334.1}$	334.1	
$n_{312.8}$	312.8	
$n_{206.7}$	206.7	
$n_{250.4}$	280.4	
$n_{248.3}$	248.3	

色散公式中的常数

B_1	1.28538542
B_2	0.0144191073
B_3	1.00323028
C_1	0.00813104078
C_2	0.0543303228
C_3	102.821188

式 dn/dT 中的常数

D_0	1.52×10^{-8}
D_1	1.37×10^{-8}
D_2	-1.26×10^{-11}
E_0	4.38×10^{-7}
E_1	4.17×10^{-10}
$\lambda_{TK}/\mu m$	0.194

内部透射率 τ_i

$\lambda/\mu m$	τ_i(10mm)	τ_i(25mm)
2500	0.634	0.320
2325	0.782	0.540
1970	0.933	0.841
1530	0.992	0.979
1000	0.999	0.908
700	0.997	0.903
660	0.995	0.988
620	0.994	0.984
580	0.992	0.979
540	0.980	0.973
500	0.982	0.957
460	0.970	0.927
438	0.947	0.873
420	0.905	0.780
405	0.815	0.600
400	0.764	0.510
300	0.801	0.280
300	0.380	0.080
370	0.080	
365	0.020	
360		
334		
320		
310		
300		
290		
280		
270		
280		
290		

颜色编号

$\theta_3 \lambda_{10} M_5$	41/37
$\lambda_{10} M_5$	

备注

耐辐射玻璃

相对局部色散

P_C	0.3077
$P_{C,a}$	0.5591
$P_{d,c}$	0.3071
$P_{a,c}$	0.2385
Pg_F	0.5376
$P_{L,n}$	0.7640
$P^a_{a,c}$	0.3055
$P^a_{C,a}$	0.6040
$P^a_{d,C}$	0.2581
$P^a_{a,d}$	0.2368
$P^a_{g,F}$	0.4777
$P^a_{i,n}$	0.7585

相对局部色散 ΔP 与标准谱线的偏离量

$\Delta P_{C,t}$	0.0203
$\Delta P_{C,a}$	0.0080
$\Delta P_{F,a}$	-0.0006
$\Delta P_{g,F}$	0.0007
$\Delta P_{i,g}$	0.0189

其他参数

$\alpha_{-20/+70}/(10^{-10}/K)$	7.0
$\alpha_{+20/+200}/(10^{-10}/K)$	8.2
$T_g/°C$	585
$T10^{10.0}/°C$	570
$T10^{10}/°C$	722
$c_p/[M/(g \cdot K)]$	0.820
$\lambda/[W/(m \cdot K)]$	1.190
$\rho/[g/(cm^3)]$	2.52
$E/(10^3 N/mm^3)$	82
μ	0.205
$K/(10^{-4} mm^2/N)$	2.77
$HK_{0.100}$	580
HG	
CR	
FR	0
SR	1
AR	2
PR	

折射率的温度系数

/°C	$\Delta_{ft/w}/\Delta T/(10^{-6}/K)$			$\Delta_{ft}/\Delta T/(10^{-6}/K)$		
	1060.0	e	g	1080.0	e	g
$-40 \sim -20$	2.2	2.7	3.3	0.2	0.7	1.2
$+20 \sim +40$	2.2	2.8	3.4	0.9	1.5	2.1
$+60 \sim +80$	2.4	3.0	3.7	1.4	2.0	2.6

根据 2014 年 2 月 1 日资料，内容有变化。

图 3.8　肖特 BK7G18 防辐射玻璃的数据表（截至 2014 年 2 月）
（资料源自 Schott North America, Inc., Duryea, PA）

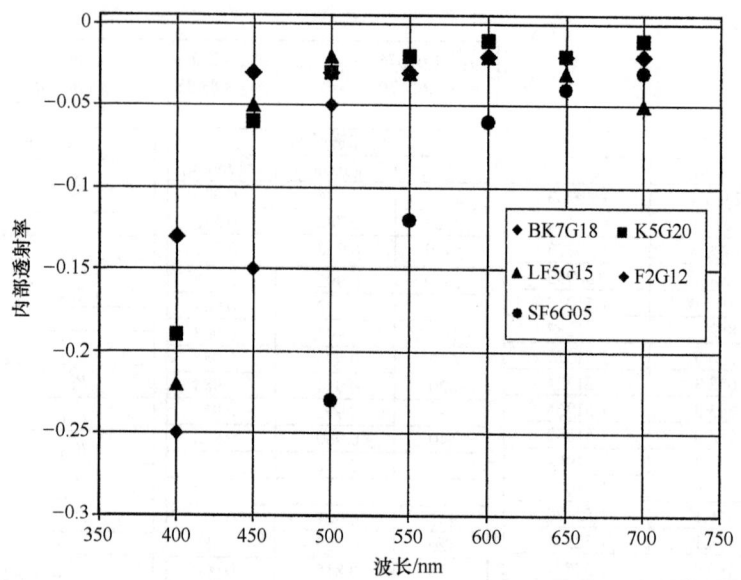

图 3.9 肖特 5 种不同的耐辐射玻璃在经过 10^6 Gy 辐射后的透过率损耗与波长的函数关系
(资料源自 Schott Technical Information, Advanced Optics TIE-42: Radation Resistant Optical Glasses, Schott North America, Inc., Duryea, PA, 2007)

由于其固有的化学成分不同，所以，当耐辐射光学玻璃暴露于不同类型的辐射环境中，其表现的性质亦不相同。Marker 等人（1991）指出，目前生产的 LF5G15 玻璃在经过 γ 射线照射后有比较好的透过性能，而受到电子照射后，透过能力明显下降。另外一种肖特玻璃 SF6G05 经过 γ 射线照射后光谱透射比较低，但受到电子照射后，透过能力反而上升。这些差别是由于在一种材料内铅金属受到抑制，而在另一种材料中没有受到约束。在光学玻璃的应用中，另外一个比较重要的方面就是强紫外辐射的影响。有时候，这种影响称为"日晒作用"。Setta 等人（1988）和 Marker 等人（1991）讨论过紫外辐射对各种标准玻璃和掺 SeO_2 玻璃的影响。与未掺铈的同种材料的玻璃相比较，经过紫外辐照后的掺铈玻璃的透过特性比较差。Liepmann 等人（1988）讨论过含氟冕牌玻璃（UVFK54）和重金属氟化玻璃（ZBLAN）暴露于宽带紫外及 248nm 波长的受激准分子激光辐射时紫外性能的变化。

3.2.3 光学塑料

某些塑料用作折射光学元件材料的主要原因是，塑料原材料具有价格低、用模压方法易于加工、重量轻、耐机械冲击、容易提供非球面及整体装配等优点。应注意到的是，塑料的不足之处是较低的抗磨损性、dn/dT 和 CTE 要比玻璃大得多、软化温度低（可能会低到60℃）、镀膜困难、昂贵的模具和加工成本、易吸湿性、模压过程中产生的应力可能会引起双折射、表面散射和内部散射要比玻璃大（Tanaka 和 Miyamae，1990；Lytle，1995；Preffer，2005）。这些因素将塑料在光学系统中的应用局限于低精度系统，如廉价的照相机、望远镜和双目望远镜，以及一些简单的军用设备如非成像用棱镜式潜望镜（有时称为观察窗）、目镜、接目透镜、隐形眼镜。另外，由于价格和封装原因，必须将光学、机械和电子功能组合在一个单体结构的装置中（Lytle，1995）；以及应用于光纤耦合、波前传感器或数据存储

(Milster, 1995) 中的小透镜和微透镜阵列装置, 或者独立使用的这些透镜阵列装置 (Bäumer, 2005; Pfeffer, 2005)。

比较合适的光学塑料（聚合物）的种类和数量非常有限。图 3.10 所示为塑料分布图, 类似上面讨论过的玻璃分布图, 这里给出了光学系统中最经常使用的一些材料。实践证明对普通光学仪器有应用价值的几种塑料, 不在传统的肖特玻璃分布图（沿 FK-SF 边界线分布）中, 并在边界线的下面。Lytle 等人（2010）给出了聚甲基丙烯酸甲酯（492574）或有机玻璃[括号内的数字是国际玻璃编号, 由 (n_d - 1) 和 10 倍的 ν_d 组成]、聚苯乙烯 (590309)、聚碳酸酯（585299）、聚苯乙烯-氰乙烯聚合物（SAN）(567348)、聚醚酰亚胺 (660183) 和聚甲基丙烯酸环己酯（505561）的折射率值, 精度到小数点后第 3 或第 4 位。由于加工过程存在加热/固化过程, 材料的性质可能会发生变化, 而且, 折射性质在很大程度上还依赖该过程中使用的添加剂（其成分还不太清楚）, 所以不能保证这些数据完全准确。目前还没有高折射率的光学塑料产品, 所以, 用这些材料制成的透镜的曲率一般都比相应玻璃透镜的曲率小（弯曲得更厉害）, 因此焦距一定时会更厚些。

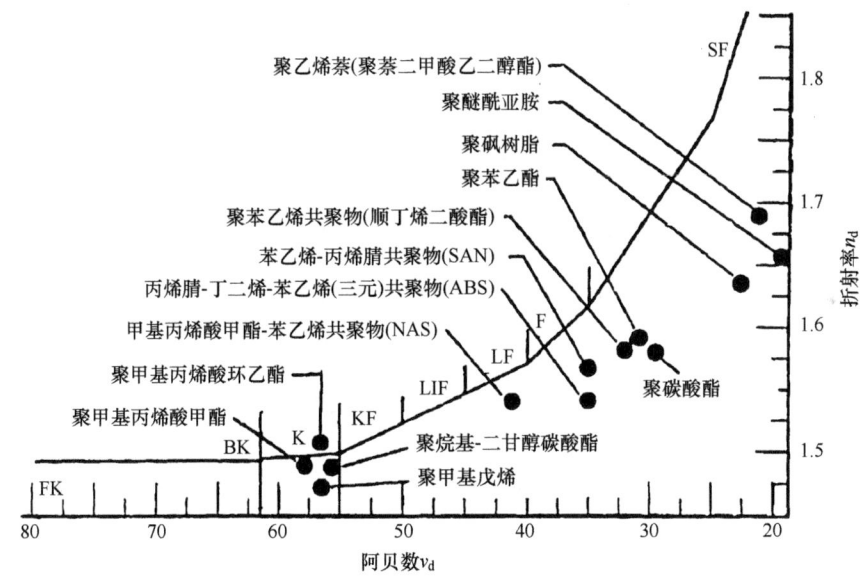

图 3.10 光学聚合物分布图, 参考相近的光学玻璃类型表示塑料光学件使用材料的种类
(资料改编自 Lytle, J. D., polymetric optics, in Bass, M., Van stryland, E., Williams, D. R., and Wolfe, W. L., Eds., *OSA Handbook of Optics*, 2nd edn., Vol. Ⅱ, McGraw Hill, Inc., New York, 1995, Chapter34)

图 3.11 给出了两类聚甲基丙烯酸甲酯、聚苯乙烯和聚碳酸酯材料在 0.2~2.2μm 光谱范围内光谱透射比与波长的关系曲线。除个别材料外, 光学塑料这类材料的光谱透射比在近紫外和近红外区域是比较低的, 在 1150nm 和 1350nm 处有一个吸收带, 这是碳基材料结构的特征。

从机械设计的观点出发, 塑料材料具有一些玻璃材料不具备的优点, 主要包括能够模压成任意面形（包括非球面）的表面, 以及能够进行整体安装。塑料透镜的安装方法在本书第 4 章讨论。塑料的体缩量（典型值是 0.2%~0.6% 的数量级）可以在模具设计时得到补偿。根据 Musikant (1985) 的研究, 以多腔压模方式制造的透镜的焦距（精度）可以保证

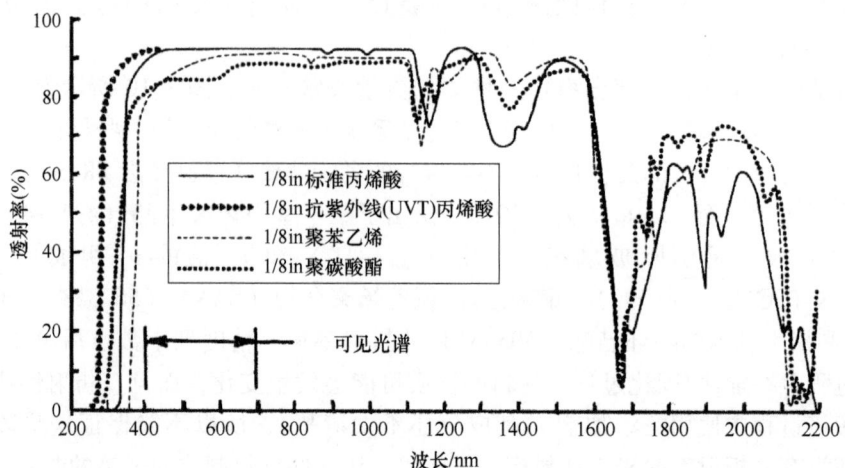

图 3.11 4 种经常使用的光学聚合物的光谱透射比与波长的关系曲线

(资料改编自 Welham, B., Plastic optical components, in Shannon, R. R., and Wyant, J. C., Eds., *Applied Optics. and Optical Engineering*, Vol. VII, Academic Press, New York, 1979, Chapter 3)

在 2%,而使用单腔压模方法可以达到 1%。此外,平面和一些球面光学元件的表面形状精度能保证在 5 个(干涉)条纹(2.5 个波长),而非球面可以控制在 10 个条纹(5 个波长)。Wolpert(1989)给出了注模透镜的一般公差(见表 3.4)。Lytle(2010)和 Pfeffer(2005)都指出,由于制模技术的提高及对体缩效应更深入地了解,其中一些参数可能会更精确。

表 3.4 注模塑料透镜的普通公差

	低成本的	普通的	高精度的
焦距	±(3% ~5%)	±(2% ~3%)	±(0.5% ~1%)
曲率半径	±(3% ~5%)	±(2% ~3%)	±(0.8% ~1.5%)
表面形状的球面度	6 ~10fr①	2 ~5fr	0.5 ~1fr
表面不规则度(每10mm)	2.4 ~4fr	0.8 ~2.4fr	0.8 ~1.2fr
表面质量(擦痕/麻点)	80/50	60/40	40/20
同心度/min	±3	±2	±1
顶点厚度/in	±0.004	±0.002	±0.0006
直径/in	±0.004	±0.002	±0.0006
透镜间的可重复精度(%)	1% ~2%	0.5% ~1%	0.3% ~0.5%
顶点厚度与边缘厚度之比	压模能力		
5:1	困难		
3:1	中等		
2:1	容易		

(资料源自 Wolpert, H. D., *The Photonics Design and Applicantions Handbook*, Lauren Publishing, Pittsfield, H- 321, 1989; Milster, T. D., Miniature and micro- optics, in Bass, M., Van Stryland, E. Williams, D. R.; Wolfe, W. L., Eds., *OSA Handbook of Optics 2nd edn.*, Vol. II, McGraw Hill, New York, 1995, Chapter 7; Pfeffer, M., Optomechanics of plastic optical components, in Baumer, S. M. B., Ed., *Handbook of Plastic Optics*, Willey Inter- science, New York, 2005, Chapter 7)

① 可见光的条纹。

Welham (1979)、美国精密透镜有限公司（U. S. Precision Lens, Inc.）(1983) 和 Preffer (2005) 对选出的塑料材料专门讨论了其光学性质、机械性质、化学性质和加工特性。表3.5列出了6种常用材料的光学和力学特性，所有这些数据都是近似值。Lytle (2010) 给出了另外几种塑料材料的一些物理特性。Preffer (2005) 指出，光学塑料吸收水分会造成尺寸变化，并影响折射率。Schaub (2009) 讨论了塑料光学系统的设计。

表3.5 常用光学塑料的光机性质

性质①	ASMT 测试法	异丁烯酸甲酯（聚丙烯类）	聚苯乙烯	聚碳酸酯	甲基丙烯酸甲酯苯乙烯共聚物（NAS）	苯乙烯丙烯腈共聚物（SAN）	碳酸丙稀（CR39）
折射率 n_d	D542	1.492	1.590	1.585	1.564	1.567	1.504
阿贝数 ν_d	D542	57.4	30.9	29.9	34.8	38	56
dn/dT ($\times 10^{-5}$)	(/℃)$^{-1}$	-8.5	-12.0	-14.3	-14.0		-14.3
浊度	D1003 (%)	<2	<3	<3	<3	3	3
偏转温度/(10^{-5}/℉) 3.6℉/min, 264psi	D648-56	198	180	280		99~104	
偏转温度/(10^{-5}/℉) 3.6℉/min, 66psi	D648-56	214	230	270	212	100	
CTE/(10^{-5}/℃)	D694-44	6.0	6.4~6.7	6.7	5.6	6.4	25~75℃时，6.3
杨氏模量/GPa		3	2.89	2.4	2.34	3.3	3
建议最高的连续工作温度/℃		85	80	120	85	75	100
吸水 (%) (73℉, 24h)	D570-63	0.3	0.03	0.2~0.3	0.15	0.28	
密度 ρ	D792	1.18	1.05	1.25	1.13	1.07	1.32
莫氏硬度 (0.25in 样片)	D785-62	M97	M90	M70	M75		
热导率 k/[cal/(s·cm·℃)]		4~6	2.4~3.3	4.75	4.5	2.8	4.9

(资料改编自 U. S. Precision Lens, Inc., *The Handbook of Plastic Optics*, 2nd edn, Cincinnati, OH, 1983; Wolpert, H. D., *The Photonics Design and Applications Handbook*, Lauren Publishing, Pittsfield, H-321, 1989; Lytle, J. D., Polymetric optics, in Bass, M., Van Stryland, E., Williams, D. R., and aWolfe, W. L., Eds., *OSA Handbook of Optics*, 2nd edn, Vol. Ⅱ, McGraw Hill, New York, 1995, Chapter 34; Preffer, M., Optomechanics of plastic optical components, in Baumer, S. M. B., Ed., *Handbook of Plastic Optics*, Wiley interscience, New York, 2005, Chapter 2)

① 在设计和制定技术规范之前，应当确认材料的成分和特性。

本节引用的资料的大部分作者对塑料光学领域的发展都有着巨大贡献，他们都强调，应该从材料生产商那里得到相关产品材料更详细可靠的资料，并掌握光机设计中需要用到的重要特性。由于每年只有非常非常少的塑料用在光学系统中，所以，增加品种和提高其光学性能的需求就比较小。

3.2.4 光学晶体

光学应用中经常使用的是人工晶体材料，而不是天然晶体（如岩盐 NaCl、萤石 CaF_2、钾盐 KCl 和石英 SiO_2），主要应用在光学玻璃不能透过的紫外和红外波段（见图 3.12）。光学晶体主要分成以下 4 类：碱和碱土卤化物、玻璃及其氧化物、半导体和硫属化物。

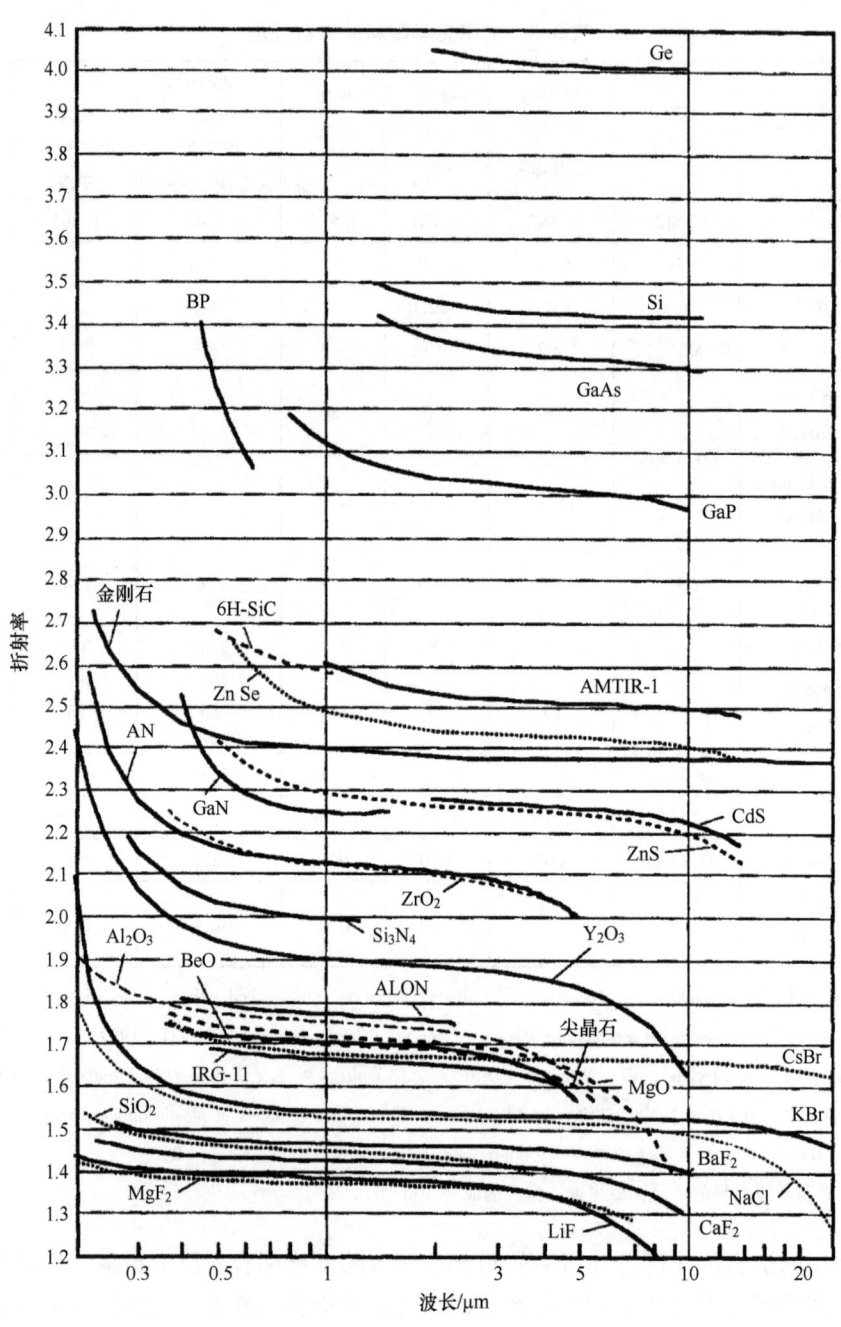

图 3.12 几种透红外和可见光光学材料的折射率随波长的变化曲线

（资料源自 Harris, D. C., *Materials for Infrared Window and Domes*, SPIE Press, Bellingham, 1999）

第3章 材料的光机性质

下面几节将对每类材料做简要叙述，并给出重要的光机性能列表。如果需要了解更为详细的资料，读者可以查阅参考文献，如 *American Institute of Physics Handbook*（Gray，1972）、*Infrared Handbook*（Wolfe 和 Zissis，1978）、*OSA Handbook of Optics*（Lytle 等，2010）和 Wolfe（1978）、Parker（1979）、Musikant（1985）、Taylor 和 Goela（1986）、Savage（1990）、Browderatal（1991）、Harris（1999），以及各生产厂商提供的数据表和目录。Wolfe（1990）对多种透红外材料的重要数据进行了总结，并对其中许多数据的可靠性做了评论，Hoffman 和 Wolfe（1991）测量了常用的三种红外材料（ZnSe、Ge 和 Si）在 10.6μm 处、20～300K 温度范围内的折射率，以及该温度范围内折射率的变化速率，还分析了实验法和曲线拟合法的随机误差和系统误差。

3.2.4.1 碱和碱土金属卤化物

这些晶体易于获得，有非常好的透射率，而且价格相对低廉，通常使用在对机械性能和热性能要求较低的领域（见表3.6）。Savage（1990）查阅和引用了大量的参考文献，对碱金属卤化物（KBr、KCl、LiF、NaCl 和 KRS5）和碱土卤化物（BaF_2、CaF_2、MaF_2、Irtran 1 和 Irtran 3）的加工技术进行了总结。使用活性气体处理技术（Miles，1976；Savage，1990）已经制造出高质量、低价格和无散射的一些晶体材料（特别是 CaF_2）。为改善 CaF_2 在先进的光刻技术中的应用（在紫外光谱193nm 和 157nm 及更短波长处），制造具有极高均匀性、不含杂质和低双折射的 CaF_2 的研究工作最近有了进展。更详细的资料请参考 McCay 等人的文章（2001）。Wang（2002）简要叙述了一种新的技术，这项技术使用一种光弹性调制器替代传统的正交偏阵法，可以快速准确地测量如 CaF_2 等材料的双折射。

表3.6　部分碱金属和碱土金属卤化物的光机性质[①]

材料名（代号）	在λ（单位是μm）处折射率 n	在λ（单位是μm）处 dn/dT/(10^{-6}/℃)	CTE α/(10^{-6}/℃)	杨氏模量 E/(10^{10}Pa)	泊松比 ν	密度 ρ/(g/cm³)	努氏硬度/(kgf/mm²)	$K_G = (1-\nu_G)^2/E_G$/(10^{-11}/Pa)
氟化钡（BaF_2）	1.463（在0.63λ） 1.458（在3.8λ） 1.449（在5.3λ） 1.396（在10.6λ）	-16.0（在0.6λ） -15.9（在3.4λ） -14.5（在10.6λ）	6.7（在75K） 18.4（在300K）	5.32	0.343	4.89	82（500g载荷）	1.659
氟化钙（CaF_2）	1.431（在0.7λ） 1.420（在2.7λ） 1.411（在3.8λ） 1.395（在5.3λ）	-10.4（在0.66λ） -8.1（在3.4λ）	18.9（在300K）	9.6	0.29	3.18	160～178	0.954
溴化钾（KBr）	1.555（在0.6λ） 1.537（在2.7λ） 1.529（在8.7λ） 1.515（在14λ）	-41.9（在1.15λ） -41.1（在10.6λ）	25.0（在75K）	2.69	0.203	2.75	7（200g载荷）	3.564
氯酸钾（KCl）	1.474（在2.7λ） 1.472（在3.8λ） 1.496（在5.3λ） 1.454（在10.6λ）	-36.2（在1.15λ） -34.8（在10.6λ）	36.5	2.97	0.216	1.98	7.2（200g载荷）	3.210

(续)

材料名（代号）	在λ（单位是μm）处折射率 n	在λ（单位是μm）处 $dn/dT/(10^{-6}/℃)$	CTE $\alpha/(10^{-6}/℃)$	杨氏模量 $E/(10^{10}Pa)$	泊松比 ν	密度 $\rho/(g/cm^3)$	努氏硬度/(kgf/mm^2)	$K_G=(1-\nu_G)^2/E_G/(10^{-11}/Pa)$
氟化锂（LiF）	1.394（在0.5λ） 1.367（在3.0λ） 1.327（在5.0λ）	-16.0（在0.46λ） -16.0（在1.15λ） -14.5（在3.39λ）	5.5（在77K） -37（在20℃）	6.48	0.225	2.63	102~113（600g载荷）	1.465
氟化镁（MgF₂）	1.384（在0.460②λ） 1.356（在3.80λ） 1.333（在5.30λ）	+0.88（在1.15λ） +1.19（在3.39λ）	140（∥） 89（⊥）	16.9	0.269	3.18	415	0.549
氯化钠（NaCl）	1.525（在2.7λ） 1.522（在3.8λ） 1.517（在5.3λ）	-36.3（在0.39λ）	39.6	4.01	0.28	2.16	15.2（200g载荷）	2.298
溴碘化铊（KRS5）	2.602（在0.6λ） 2.446（在1.0λ） 2.369（在10.6λ） 2.289（在30λ）	-254（在0.6λ） -240（在1.1λ） -233（在10.6λ） -152（在40λ）	58	1.58	0.369	7.37	40.2（200g载荷）	5.467

（资料改编自Yoder, P. R., Jr., *Mounting Optics in Optical Instruments*, SPIE Press, Bellingham, 2002）
① 表中一些数据与第3版稍有不同。——译者注
② 双折射材料，o表示寻常轴。

已经发现，对熔态长成的晶体进行热铸，能够提高某些碱土卤化物的耐脆性。据Anderson等人（1981）公布的资料，成功地利用热等静压（HIP）材料替代了KBr，并将一块用水法抛光过的单晶基板压制成一块满足光学设计要求的耐热透镜，作为热成像仪的物镜。

20世纪60年代，美国柯达公司研发的6种这类材料，包含了两种热压多晶材料［Irtran 1（MgF₂）和Irtran 3（CaF₂）］。这些材料主要用于小光焦度的红外光窗、透镜和整流罩，可以承受粒子的散射。Wolfe和Zessis（1978）提供了这些材料室温下的光谱透射比曲线。在许多应用中特别需要注意的是，由于制造过程中单轴加压造成曲面基板中密度和散射的变化（Savage, 1990）。这些材料不再生产，但某些光学元件仍在使用。

3.2.4.2 玻璃及其他氧化物材料

非晶态光学玻璃（包括硅）的长波透过截止波长的典型值约为3.7μm。为了使其在红外波谱范围内延长得更远些，通常使用更高（序号）原子的重分子替换其中的硅分子。其中的一些重要材料见表3.7，包括一些氧化物和氮氧化合物。如果光学系统需应用在恶劣的环境下，这些材料都是良好的候选材料。

第3章 材料的光机性质

表 3.7 部分透红外玻璃和其他氧化物的光机性质[①]

材料名（代号）	在 λ（单位是 μm）处折射率 n	在 λ（单位是 μm）处 $dn/dT/(10^{-6}/℃)$	CTE $\alpha/(10^{-6}/℃)$	杨氏模量 $E/(10^{10}\text{Pa})$	泊松比 ν	密度 $\rho/(\text{g/cm}^3)$	努氏硬度/(kgf/mm^2)	$K_G=(1-\nu_G)^2/E_G/(10^{-11}/\text{Pa})$
氮氧化铝（ALON）	1.793（在 0.6λ） 1.66（在 4.0λ）		5.8	32.2	0.24	3.71	1970	0.293
铝矽酸钙（肖特 IRG11）	1.684（在 0.55λ） 1.635（在 3.3λ） 1.608（在 4.6λ）		82（在 293~573K）	10.8	0.284	3.12	608	0.851
铝矽酸钙（康宁 9753）	1.61（在 0.5λ） 1.57（在 2.5λ）		6.0（在 293~573K）	9.86	0.28	2.798	600（500g 负载）	0.935
铝矽酸钙（肖特 IRGN6）	1.592（在 0.55λ） 1.562（在 2.3λ） 1.521（在 4.3λ）		6.3（在 293~573K）	10.8	0.284	3.12	608	0.851
氟化玻璃（阿哈拉 HTF1）	1.51（在 1.0λ） 1.49（在 3.0λ）	-8.19	16.1	6.42	0.28	3.88	311	1.436
氟磷酸玻璃（肖特 IRG9）	1.488（在 0.55λ） 1.469（在 2.3λ） 1.458（在 3.3λ）		1.61（在 293~573K）	7.7	0.288	3.63	346（200g 负载）	1.191
锗（康宁 9754）	1.67（在 0.5λ） 1.63（在 2.5λ） 1.61（在 4.0λ）		6.2（在 293~573K）	8.41	0.290	3.581	560（100g 负载）	1.089
锗（肖特 IRG2）	1.899（在 0.55λ） 1.841（在 2.3λ）		8.8（在 293~573K）	9.59	0.282	5.00	481（200g 负载）	0.960
镧重火石玻璃（肖特 IRG3）	1.851（在 0.55λ） 1.796（在 2.3λ） 1.776（在 3.3λ）		8.1（在 293~573K）	9.99	0.287	4.47	541（200g 负载）	0.918
硅酸铅（肖特 IRG7）	1.573（在 0.55λ） 1.534（在 2.3λ）		96（在 293~573K）	5.97	0.216	3.06	379	1.597
蓝宝石[②]（Al_2O_3）	1.684（在 3.8λ） 1.586（在 5.8λ）	13.7	5.6（∥） 5.0（⊥）	40.0	0.27	3.97	1370（1000g 负载）	0.232
熔凝石英（康宁 7940）	1.561（在 0.19λ） 1.460（在 0.55λ） 1.433（在 2.3λ） 1.412（在 3.3λ）	10~11.2（在 0.5~2.5λ）	0.6（在 73K） 0.58（在 273~473K）	7.3	0.17	2.202	500（200g 负载）	1.333

（资料源自 Yoder, P. R., Jr., *Mounting Optics in Optical Instruments*, 2nd edn., SPIE Press, Bellingham, WA. 2008, p719）

① 表中一些数据与第 3 版稍有不同。——译者注

② 双折射材料。

天然形成或人工生长的石英材料都是双折射材料，所以，这种材料的使用会稍稍受到限制。两种形式的非晶态熔凝石英，又称为玻璃态石英（Laufer，1965），是由天然材料制成的。制作方法有两种：一种是采用直接熔化石英晶体的方法；另一种采用焰熔法将粉末状石英熔化得到。采用第一种方法得到的材料对紫外线有较低的透射率，因为天然材料中存有金属杂质，但具有较高的红外透射率，这是因为它含有比较少的水分，在大约波长 $3\mu m$ 处（译者注：原书错印为3mm）比较容易吸收水分。第二种方法制成的材料，许多天然杂质都被去除，但含水量较大。

通常，通过气相水解一种有机硅化合物，如 $SiCl_4$，生产一种人工合成熔凝石英。这样生成的石英有较高纯度，因此在紫外波谱区有高透射率，光谱透射比性能随着吸水性的不同而变化。图3.13所示对这类熔凝石英的长波和短波透过特性做了比较。与光学玻璃相比，在X射线、紫外线、γ射线及中子、光子和电子轰击情况下，人工合成熔凝石英表现出出色的耐褪色能力。表3.8给出了美国 Heraeus Amersil 有限公司（位于新泽西州 Fairfield 市）制造的两类人工合成熔凝石英玻璃在暴露于特定的辐射剂量后观察到的质量变化。其中一种材料是T19Suprasil1透明石英，曾被选用于阿波罗任务，并置于月亮表面的激光测距回射器中，部分原因是这种材料本身固有的耐辐照性。当温度升高时，人工熔凝石英材料的辐射灵敏度会降低许多。

表3.8 人工合成熔凝石英的耐辐射特性

材料	辐射剂量	观察到的结果
X射线辐射（50kV辐射源）		
透明石英	3×10^6 rad	在光学仪器中没有发现性能衰减
缩聚固化硅酮	1×10^5 rad	在光学仪器中性能稍有损失，紫光区域有些褪色，吸收带在300nm
紫外照射（20kW 氙灯）		
透明石英	$0.4kW\cdot h/cm^2$	没有发现光谱透射比有衰减
缩聚固化硅酮	$0.4kW\cdot h/cm^2$	低于300nm波段的光谱透射比稍有衰减，观察不到褪色
光子		
透明石英	在4.6MeV处为 8×10^{10} p/cm^2	在200~3500nm范围内的光谱透射比没有衰减
缩聚固化硅酮	在3MeV处为 1×10^{14} p/cm^2	低于800nm波段的光谱透射比稍有衰减
电子		
透明石英	在0.75MeV处为 5×10^{15} e/cm^2	在215nm处有一些吸收，其他波段光谱透射比没有变化
缩聚固化硅酮	在1MeV处为 1×10^{15} e/cm^2	在可见光波谱紫光区稍有褪色，吸收带在215nm
中子		
透明石英	4×10^6 n/cm^2	低于300nm波段的光谱透射比稍有衰减，吸收带在215nm
缩聚固化硅酮	4×10^6 n/cm^2	光谱透射比有所衰减，可见光暗紫光部分有褪色

[资料改编自 Heraeus (undated), Fused quartz and fused silica for optics, Publication 40-1015-079, Herasil Amersil, Inc., Buford, GA]

3.2.4.3 半导体

在红外光学系统中非常有用的半导体材料（见表3.9）具有较高的折射率、相当好的热性质和机械性质。一般来说，其光谱透射比低于表3.7和表3.8给出的红外晶体和玻璃的光

第3章 材料的光机性质

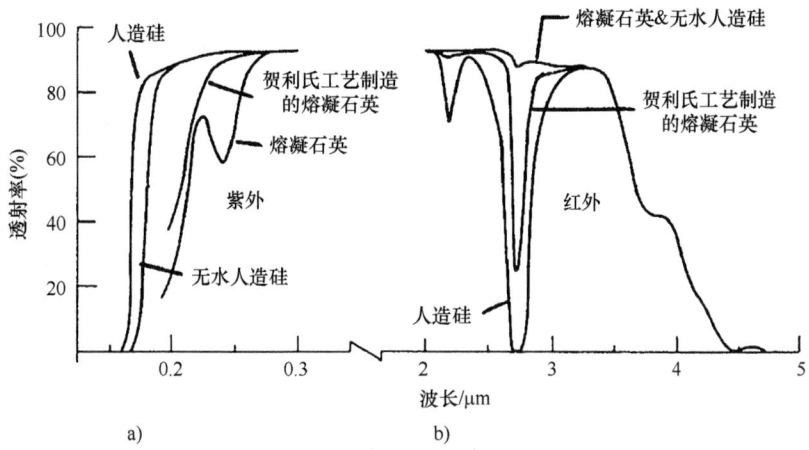

图3.13 4种玻璃态石英的紫外和红外近似光谱透射比
a) 厚度10mm b) 厚度5mm

(资料源自 Parker, C. J., Optical materials-refractive, in Shannon, R. R. and Wyant, J. C., Eds., *Applied Optics and Optical Engineering*, Vol. Ⅶ, Academic Press, New York, 1979, Chapter 2)

谱透射比,特别是短期暴露在高温条件下之后。如果温度升高超过500K（440℃），由于其透光能力大大降低,所以锗材料在大功率激光器或大气中高速运行的导弹整流罩中的可应用性就会受到限制。这种现象称为"热散逸",可能会导致光学元件本身失效（Wilner等,1982）。

表3.9 金刚石和部分半导体红外材料的光机特性

材料名（代号）	在λ（单位是μm）处折射率n	在λ（单位是μm）处dn/dT/(10^{-6}/℃)	CTE α/(10^{-6}/℃)	杨氏模量E/(10^{10}Pa)	泊松比ν	密度ρ/(g/cm³)	努氏硬度/(kgf/mm²)	$K_G = (1-\nu_G)^2/E_G$ /(10^{-11}/Pa)
金刚石（C）	2.382（在2.5λ） 2.381（在5.0λ） 2.381（在10.6λ）		-0.1（在25K） 0.8（在293K） 5.8（在1600K）	114.3	0.069（对CVD）	3.51	9000	0.094
锑化铟（InSb）	3.99（在8.0λ）		4.7	4.9	4.3	5.78	225	
砷化镓（GaAs）	3.1（在10.6λ）		1.5	5.7	8.29	0.31	5.32	721	1.090
锗（Ge）	4.055（在2.7λ） 4.026（在3.8λ） 4.015（在5.3λ） 4.00（在10.6λ）	424（在250~350K）	2.3（在100K） 5.0（在200K） 6.0（在300K）	10.37	0.278	5.323	800	0.890
硅（Si）	3.436（在2.7λ） 3.427（在3.8λ） 3.422（在5.3λ） 3.148（在10.6λ）	1.3	2.7~3.1	13.1	0.279	2.329	1150	0.704

(资料源自 Yoder, P. R., Jr., *Mounting Optics in Optical Instruments*, 2nd edn., SPIE Press, Bellingham, WA. 2008, p721)

3.2.4.4 硫属化物

表 3.10 列出的材料都是同一类硫属化物（氧化物、硫化物、硒化物或锑化物），这些材料有比较高的折射率、较低的吸收系数和较好的机械和热性质。一些材料（特别是 ZnS 和 ZnSe）有比较宽的带通，从可见光的长波端一直延伸到红外波段。ZnSe 在红外波段的透过截止波长远比 ZnS 远，但 ZnS 更硬些，机械表面有更好的耐损伤性。由于这些材料具有高折射率，如果不镀膜，要比其他透红外材料有更高的菲涅耳损失。因为 ZnSe 的内部吸收系数比较低 [在 3.8μm 和 5.25μm（译者注：原书错写为 mm）是 $4 \times 10^{-4}/cm$]，所以，应用在中等能量功率的激光器光学系统中。如果使用化学气相沉积（CVD）工艺加工制造，可以得到高质量、低散射的基板，这种工艺取决于气体在一个受控环境中的化学反应，热、压力和气流条件（的变化）都会使这类硫化物（以不同的变量）沉积在一块基板上。

表 3.10 部分硫属红外材料的光机性质

材料名（代号）	在 λ（单位是 μm）处折射率 n	在 λ（单位是 μm）处 $dn/dT/(10^{-6}/℃)$	CTE $\alpha/(10^{-6}/℃)$	杨氏模量 $E/(10^{10}Pa)$	泊松比 ν	密度 $\rho/(g/cm^3)$	努氏硬度/(kgf/mm^2)	$K_G = (1-\nu_G)^2/E_G /(10^{-11}/Pa)$
三硫化砷（AsS₃）	2.521（在 0.8λ） 2.412（在 3.8λ） 2.407（在 5.0λ）	85（在 0.6λ） 17（在 1.0λ）	26.1	1.58	0.295	3.43	180	5.778
锗玻璃 Ge₃₃As₁₂Se₅₅（AMTIR-1）	2.605（在 1.0λ） 2.503（在 8.0λ）	101（在 1.0λ） 72（在 10.0λ）	12.0	2.2	0.266	4.4	170	4.224
硫化锌（ZnS）	2.36（在 0.6λ） 2.257（在 3.0λ） 2.246（在 5.0λ） 2.192（在 10.6λ）	63.5（在 0.63λ） 49.8（在 1.15λ） 46.3（在 10.6λ）	4.6	7.45	0.29	4.08	230	1.229
硒化锌（ZnSe）	2.61（在 0.6λ） 2.438（在 3.0λ） 2.429（在 5.0λ） 2.403（在 10.6λ）	91.1（在 0.63λ） 59.7（在 1.15λ） 52.0（在 10.6λ）	5.6（在 163K） 7.1（在 273K） 8.3（在 473K）	7.03	0.28	5.27	105	1.311

（资料源自 Yoder, P. R., Jr., *Mounting Optics in Optical Instruments*, 2nd edn., SPIE Press, Bellingham, WA. 2008. p721）

3.2.4.5 与光学材料热特性相关的系数

表 3.11 给出了 185 种肖特玻璃、13 种红外晶体、4 种塑料和 4 种折射率匹配液材料的热散焦系数 δ_G 和热光系数 γ_G 的数值。在折射光学系统中进行被动无热化设计时会用到 δ_G（译者注：原书错写为 γ_G），将在卷 Ⅱ 的 4.5.4 节讨论；而在评估径向温度梯度造成的光学影响时要用到的 γ_G，将在卷 Ⅱ 的 5.7.1 节讨论。表 3.11 给出的数据和使用的一些理论都来自 Jamieson（1992）的有关著作。

表 3.11　185 种肖特玻璃、13 种红外晶体、4 种塑料和 4 种折射率
匹配液材料的热散焦系数和热光系数[①]

材料	热散焦系数 δ_G /(10^{-6}/℃)	热光系数 γ_G /(10^{-6}/℃)	材料	热散焦系数 δ_G /(10^{-6}/℃)	热光系数 γ_G /(10^{-6}/℃)	材料	热散焦系数 δ_G /(10^{-6}/℃)	热光系数 γ_G /(10^{-6}/℃)
光学玻璃			光学玻璃			光学玻璃		
FK3	-11.66	4.74	BAK1	-5.72	9.48	BALF51	-6.75	9.45
FK5	-14.89	3.51	BAK2	-6.96	9.04	SSK1	-1.40	11.20
FK51	-29.35	-2.15	BAK4	-3.00	11.00	SSK2	-1.51	10.89
FK52	-30.68	-1.88	BAK5	-6.73	8.87	SSK3	-1.84	11.36
FK54	-30.66	-1.46	BAK6	-4.91	9.69	SSK4	-3.46	8.74
PK2	-3.95	9.85	BAK50	8.99	16.39	SSKN8	-4.94	9.26
PK3	-4.58	9.62	SK1	-1.62	10.58	SSK51	-6.86	8.34
PK50	-11.42	6.18	SK2	-0.67	11.33	SSK52	-3.53	9.87
PK51	-31.82	-5.62	SK4	-4.22	8.58	LAKN7	-7.86	6.34
PK51A	-28.12	-2.72	SK5	-1.67	9.33	LAK8	-1.07	10.13
PSK2	-3.97	8.83	SK6	-0.94	11.46	LAK9	-2.89	9.71
PSK3	-3.58	8.82	SK9	-0.26	11.74	LAK10	-1.15	10.25
PSK50	-11.64	5.56	SK10	-5.03	8.97	LAK11	-7.96	6.44
PSK52	-11.55	5.45	SK11	-3.51	9.49	LAKN12	-9.69	5.51
PSK53	-15.37	3.43	SK12	-3.54	9.26	LAKN13	-11.03	5.77
BK1	-6.54	8.86	SK14	-3.60	8.40	LAKN14	-2.27	8.73
BK3	1.81	12.41	SK15	-5.89	7.91	LAKN16	1.25	11.85
BK6	-5.88	9.72	SK16	-5.68	6.92	LAK21	-7.63	5.97
BK7	-4.33	9.87	SKN18	0.18	12.98	LAKL21	-3.28	8.92
BK10	-1.49	10.11	SK19	-4.14	8.66	LAK23	-11.19	4.61
BALK1	-10.94	7.26	SK20	-3.38	9.42	LAK28	-0.73	10.67
BALKN3	-5.82	9.98	SK51	-12.69	5.11	LLF1	-5.01	11.19
K3	-7.08	9.52	SK52	0.34	12.34	LLF4	-5.73	10.67
K4	-3.01	11.59	SK55	-3.05	8.95	LLF6	-3.53	11.47
K5	-7.76	8.64	KF3	-3.96	12.24	BAF3	-4.09	11.51
K7	-8.03	8.77	KF9	-1.42	12.18	BAF4	-4.04	11.76
K10	-1.04	11.96	KF50	-1.63	12.97	BAF5	-2.74	11.26
K11	-2.31	10.49	BALF4	0.26	13.06	BAF8	-1.69	12.31
K50	-2.18	11.82	BALF5	-7.27	8.93	BAF9	-0.60	12.40
K51	5.75	14.35	BALF6	-2.03	11.37	BAF50	-7.17	9.43
ZK5	-6.80	10.60	BALF8	-6.50	10.10	BAF52	-8.00	8.80
ZKN7	6.07	15.07	BALF50	-8.19	8.41	BAF53	-1.92	11.08

(续)

材料	热散焦系数 δ_G / (10^{-6}/℃)	热光系数 γ_G / (10^{-6}/℃)	材料	热散焦系数 δ_G / (10^{-6}/℃)	热光系数 γ_G / (10^{-6}/℃)	材料	热散焦系数 δ_G / (10^{-6}/℃)	热光系数 γ_G / (10^{-6}/℃)
光学玻璃			光学玻璃			光学玻璃		
BAF54	-1.96	10.44	LAF9	3.11	17.51	SF14	5.75	18.95
LF1	-6.45	10.55	LAFN10	-0.15	11.25	SF15	-1.15	14.65
LF3	-5.07	11.13	LAF21	-1.90	9.90	SF16	-3.01	13.79
LF5	-6.75	11.45	LAF22	-4.24	9.76	SF18	1.02	17.22
LF8	-6.76	10.24	LAFN23	-9.08	7.12	SF19	-0.27	15.13
F1	-5.32	12.08	LAFN24	0.85	11.65	SF50	-8.73	11.47
F2	-3.82	12.58	LAF25	2.79	14.39	SF53	0.42	16.82
F3	-2.58	13.42	LAF26	3.35	14.55	SF54	1.69	17.09
F4	-4.37	12.23	LAFN28	-1.18	10.42	SF55	0.64	17.04
F5	-2.48	13.52	LASF3	0.66	11.66	SF56	-0.10	15.70
F6	-3.79	13.21	LASFN9	-3.18	11.62	SFL56	-8.36	9.04
F9	-2.20	13.20	LASF11	-0.14	11.46	SF57	4.81	21.41
FN11	-3.93	11.07	LASF13	3.10	15.50	SF58	4.09	22.09
F14	-2.36	13.44	LASFN15	-2.33	10.67	SF61	1.62	17.42
F15	-3.26	12.94	LASFN30	-2.04	10.36	SF62	-1.17	15.23
BASF1	-5.11	11.89	LASFN31	-2.64	10.96	SF63	0.82	17.22
BASF5	6.36	22.16	LASF32	-4.37	11.43	SFN64	-7.30	9.70
BASF6	-3.69	11.11	SF1	0.11	16.31	TIK1	-17.85	2.75
BASF10	-5.38	11.82	SF2	-3.33	13.47	TIF2	-9.87	7.33
BASF13	-2.17	12.03	SF3	0.33	17.13	KZFN1	-3.39	10.81
BASF51	6.32	17.12	SF4	2.51	18.51	KZFN2	-1.54	10.66
BASF52	4.51	14.91	SF5	-2.18	14.22	KZFS1	-2.01	7.99
BASF54	-0.06	14.54	SF6	3.72	19.92	KZFSN2	1.82	10.82
BASF55	5.63	15.83	SFL6	-9.61	8.39	KZFSN4	1.89	10.89
BASF56	-2.36	13.84	SF7	-1.82	13.98	KZFSN5	2.04	11.04
BASF57	-2.21	11.99	SF9	0.97	17.32	KZFS6	-0.96	9.24
BASF64	-3.68	10.92	SF10	1.05	16.05	KZFSN7	2.61	12.21
LAF2	-9.02	7.18	SF11	8.01	20.21	KZFS8	3.30	13.90
LAF3	-7.33	7.87	SF12	-1.89	13.71	LGSK2	-20.31	3.89
LAFN7	3.46	14.06	SF13	2.96	17.16			

(续)

材料		热散焦系数 δ_G / (10^{-6}/℃)	热光系数 γ_G / (10^{-6}/℃)	材料		热散焦系数 δ_G / (10^{-6}/℃)	热光系数 γ_G / (10^{-6}/℃)	材料	热散焦系数 δ_G / (10^{-6}/℃)	热光系数 γ_G / (10^{-6}/℃)
红外材料				红外材料				塑料		
AMTIR1		33.47	59.47	晶体	KBr	-106.44	-51.24	苯乙烯—丙烯腈共聚物 (SAN)	-246.5	-146.5
晶体	锗	124.87	136.27		KI	-125.76	-40.56			
	硅	61.93	66.93		NaCl	-97.44	-9.44			
	ZnSe	34.12	49.32		CsBr	68.84	164.64	折射率匹配液体		
	ZnS	26.17	41.97		CsI	-174.05	-74.05	CG305974	-1076.26	1076.26
	CdTe	52.46	61.46	塑料						
	GaAs	58.56	70.36		丙烯酸	-278.4	-154.4	CG505257	-923.66	-923.66
	KRS5	-233.22	-111.22		聚碳酸酯	-253.4	-117.4	CG710209	-926.27	-926.27
	KCl	-99.25	-27.25		聚苯乙烯	-289.7	-189.7	CG810184	-1113.27	-1113.27

(资料改编自 Jamieson, T. H., *Proc. SPIE*, CR43, 141, 1992)

① 经过与1992年原始材料的比对,对原书表格进行了一些修订。另外出于环保等原因,一些材料的参数已变化。——译者注

3.3 反射光学元件的材料

如果一个光学系统的孔径比较大,要求系统没有色散,光路需要折转,又需要方便地引入一个非球面,在这种情况下,通常要使用反射镜。其实,一块反射镜由两部分组成:反射面(单层薄膜或多层介质或介质/金属薄膜)和一块不同程度的刚性基板。通常,只有非常薄的前反射表面担负着光学任务,因为入射的辐射不会直接透过基板,基板的主要作用是在机械上保证反射表面的正确位置及正确面形,对于第二表面反射的反射镜来说,辐射要透过基板。

根据品质因数选择反射镜和结构材料。材料的品质因数是综合考虑了与最终应用相关的性质。不同应用具有不同的品质因数;可以参考 Ashby(2011)的著作。反射镜材料品质因数习惯上参考 Pellegrin(1985)的著作。近期关于这方面内容的讨论包括 Newwander 和 Crowther(2009)及 Guregian 等人(2003)的文章。稍后将以较大篇幅讨论不同应用中材料的品质因数,尤其是讨论反射镜性能时。本章对某些较重要的品质因数将进行简要讨论,以便更好理解材料性能表。

表 3.12 和表 3.13 给出了用于制作反射镜的主要材料,包括非金属、金属和复合材料的部分力学特性。下面章节将讨论反射镜基板材料的最重要性质。

表 3.12 部分非金属反射镜基板材料的机械性质

材料名字和代号	材料供应企业	CTE α/ (10^{-6}/℃),或 (10^{-6}/℉)	杨氏模量 E/ (10^{10}Pa),或 (10^6 lbf/in^2)	泊松比 ν	密度 ρ/ (g/cm^3),或 (lb/in^3)	比热容 C_p/ [J/(kg·K)],或 [Btu/(lb·℉)]	热导率 k/ [W/(m·K)],或 [Btu/(h·ft·℉)]	努氏硬度 / (kgf/mm^2)	最佳表面平滑度 (rms)/ nm①
杜兰钠合金 (Duran 50)	肖特 (Schott)	3.2 (或 1.8)	6.17 (或 8.9)	0.20	2.23 (或 0.081)	835 (或 0.20)	1.02 (或 0.59)		~0.5

(续)

材料名字和代号	材料供应企业	CTEα/(10^{-6}/℃),或(10^{-6}/℉)	杨氏模量 E/(10^{10}Pa),或(10^6 lbf/in²)	泊松比 ν	密度 ρ/(g/cm³),或(lb/in³)	比热容 C_p/[J/(kg·K)],或[Btu/(lb·℉)]	热导率 k/[W/(m·K)],或[Btu/(h·ft·℉)]	努氏硬度/(kgf/mm²)	最佳表面平滑度(rms)/nm[①]
派热克斯耐热玻璃(Pyrex) 7740	康宁(Corning)	3.3(或1.86)	6.30(或9.1)	0.2	2.23(或0.081)	1050(或0.25)	1.13(或0.65)		~0.5
硼硅酸盐冕玻璃 E6	奥哈拉(Ohara)	2.8(或1.5)	5.86(或8.5)	0.195	2.18(或0.079)				
熔凝石英 7940	康宁(Corning)	0.58(或0.32)	7.3(或10.6)	0.17	2.205(或0.080)	741(或0.177)	1.37(或0.8)	500	~0.5
康宁超低膨胀材料(ULE) 7971	康宁(Corning)	0.015(或0.008)	6.76(或9.8)	0.17	2.205(或0.080)	766(或0.183)	1.31(或0.76)	460	~0.5
微晶玻璃(Zerodur)	肖特(Schott)	0±0.05(或0±0.03)	9.06(或13.6)	0.24	2.53(或0.091)	821(或0.196)	1.64(或0.95)	60	~0.5
微晶玻璃(Zerodur-M)	肖特(Schott)	0±0.05(或0±0.03)	28.9(或12.9)	0.25	2.57(或0.093)	810(或0.194)	1.6(或0.92)	540	~0.5

(资料源自 Yoder, P. R., Jr., *Mounting Optics in Optical Instruments*, 2nd edn., SPIE Press, Bellingham, WA. 2008, p.722)

① 原书单位为 Å(埃),为了符合国际单位制,已经换算为 nm(纳米)。——译者注

表3.13 部分金属和复合材料反射镜基板的力学特性

材料名字和代号	CTEα/(10^{-6}/℃),或(10^{-6}/℉)	杨氏模量 E/(10^{10}Pa),或(10^6 lbf/in²)	泊松比 ν	密度 ρ/(g/cm³),或(lb/in³)	比热容 C_p/[J/(kg·K)],或[Btu/(lb·℉)]	热导率 k/[W/(m·K)],或[Btu/(h·ft·℉)]	硬度	最佳表面平滑度(rms)/nm[①]
铝(6061-T6)	23.6(或13.1)	6.82(或9.9)	0.332	2.68(或0.100)	960(或0.23)	167(或96)	30~95 布氏硬度	~20
铍(1-70H)	11.3(或6.3)	28.9(或42)	0.08	1.85(或0.067)	1820(或0.436)	216(或125)		6~8(溅射镀膜后)
铍(S-200-FH)	11.3(或6.3)	30.3(或44)	0.08	1.85(或0.067)	1820(或0.436)	216(或125)		
铍(O-30H)	11.46(或6.37)	30.3(或44)	0.08	1.85(或0.067)	1820(或0.436)	215/365[②](或125/211)	80 洛氏硬度 B	1.5~2.5

第3章 材料的光机性质

（续）

材料名字和代号	CTEα/ (10^{-6}/℃)，或 (10^{-6}/℉)	杨氏模量 E/ (10^{10} Pa)，或 (10^6 lbf/in²)	泊松比 ν	密度 ρ/ (g/cm³)，或 (lb/in³)	比热容 C_p/ [J/(kg·K)]，或 [Btu/(lb·℉)]	热导率 k/ [W/(m·K)]，或 [Btu/(h·ft·℉)]	硬度	最佳表面平滑度(rms)/nm①
铜 (OFHC③)	16.7（或9.3）	11.7（或17）	0.35	8.94（或0.323）	385（或0.092）	392（或226）	40 洛氏硬度 F	4
格立德铜合金（Glidcop™）	18.4（或10.3）	13.0（或18.9）	0.33	8.84（或0.321）	380（或211）	216（或125）		
钼（TZM）	5.0（或2.8）	31.8（或2.8）	0.32（或46）	10.2（或0.371）	272（或0.368）	146（或0.065）	200（或84.5）维氏硬度	1
硅	2.6（或1.4）	13.1（或19.0）	0.42	2.33（或0.085）	710（或0.170）	137（或79）		0.4~0.1
碳化硅（RB-30%Si）	2.64（或1.47）	31.0（或45）		2.92（或0.106）	660（或0.16）	158（或91）		
碳化硅（RB-12%Si）	2.68（或1.49）	37.3（或54.1）		3.11（或0.113）	680（或0.16）	147（或85）		
碳化硅 CVD	2.4（或1.3）	46.6（或67.6）	0.21	3.21（或0.117）	700（或0.17）	146（或84）	2540 努氏硬度 (500g)	
碳纤维增强碳化硅（CESIC®）	在300K时，2.6（或在68℉时1.4），在20~90K时<0.5	23.5（或34.1）		2.65（或0.096）	660（或0.16）	约135（或约78）		
在型号2124铝中含30%的SiC的SXA金属模板④	12.4（或6.9）	11.7（或17）		2.90（或0.105）	770（或0.18）	130（或75）		
铍铝合金 AlBeMet162	13.9（或7.7）	19.3（或28）		2.10（或0.076）	1560（或0.373）	210（或121）		
铍铝合金 Berylcast 191	13.3（或7.4）	20.1（或29.3）		2.15（或0.078）	1454（或0.34）	178（或103）		
铍铝合金 Al-BeCast 910	13.8（或7.7）	19.2（或28.0）		2.09（或0.076）	1539（或0.36）	104（或60）		

(续)

材料名字和代号	CTEα/$(10^{-6}/℃)$,或$(10^{-6}/℉)$	杨氏模量E/$(10^{10}Pa)$,或$(10^6 lbf/in^2)$	泊松比ν	密度ρ/(g/cm^3),或(lb/in^3)	比热容C_p/$[J/(kg·K)]$,或$[Btu/(lb·℉)]$	热导率k/$[W/(m·K)]$,或$[Btu/(h·ft·℉)]$	硬度	最佳表面平滑度(rms)/nm[①]
铝-硅合金393-T6(22%硅)	16.1(或9.0)	10.3(或15)		2.64(或0.096)	898(或0.21)	15.6(或9.0)		
环氧石墨GY-70/x30	0.02(或0.01)	9.3(或13.5)		1.78(或0.064)		35(或20)		

(资料源自 Paquin, R. A., *Proc. SPIE*, CR67, 3, 1997a; Ahmad, et al., *Proc. SPIE*, 306, 66, 1981; Yoder, P. R., Jr., *Mounting Optics in Optical Instruments*, 2nd edn., SPIE Press, Bellingham, WA, 2008, p. 723; Muller et al., *Proc. SPIE*, 4198, 249, 2001; Parsonage, T., *Proc. SPIE*, 5494, 39, 2004. Brush Wellman Literatur)

① 原书单位为 Å（埃），为了符合国际单位制，已经换算为 nm（纳米）。——译者注
② 在25℃、-166℃温度下测得。
③ 无氧、高传导率。
④ 位于在美国南卡洛莱纳州格里尔（Greer）市的 Advanced Composite Materials 公司，可提供 SiC 粒子平均值为 3.5μm（0.00014in）的材料。

3.3.1 高频、中频和低频状态下的平滑度

实际上，光学仪器中使用的所有反射镜都应经过抛光能达到较高的光洁度。作为例外，红外反射镜由于工作波长较长，可以有较粗糙的表面，但只是大部分如此，并非必须如此。

大部分反射镜表面存在三类表面不规则，最严重的称为面形误差，会在反射后的波前中产生各种形式和级别的光学像差，如球差、慧差和像散，通常用全孔径干涉测量法测量面形误差。Parker（1983）指出，这些误差可以用 Zernike 二维（2D）多项式的前24项或36项表示，每项对应着一定的空间频率，在孔径的径向方向的频率可高达8周/mm，若绕着光轴做方位旋转可以达到4周/mm。

另一方面，空间频率谱存在着高频误差。这些误差有时称为表面微粗糙度，其影响是会将一部分入射辐射以 >1° 的角度散射。通常使用轮廓曲线仪、等色度干涉（FECO）术（测量出的干涉条纹）和外差微干涉测量法测量这些误差，它们可以有高达50周/mm 的频率。Elson 和 Bennett（1979）在理论上对这类缺陷表面造成的散射进行了非常透彻的讨论。

在粗糙表面与光滑表面之间存在着中频误差。利用分孔径干涉度量法能很好地测量出这些误差。在一篇大孔径反射镜性能技术要求的论文中，Patterson 和 Crout（1982）将这种中频不平滑度定义为频率为 0.01~0.25 周/mm 的误差。Noll（1979）、Wetherell（1982）和 Parks（1983）讨论了这些误差的产生原因及对成像质量的影响。

虽然在此考虑的所有材料，总的来说都能满足当今光学系统，至少是较大口径光学系统对表面形状要求的量级，但并不是所有表面都可以抛光到相同等级的光洁度。例如，在熔凝石英或微晶玻璃（Zerodur）反射镜表面上可以形成非常平滑的面，因此常用于X射线光学系统，因为在这种系统中非常重视对短波的散射效应。另一方面，利用如铝或铍金属材料制

成的反射镜通常都有粗糙的表面，因而只适用于红外应用，化学镀镍（ELN）、溅射镀铍或专利形式的铝都已经应用于改善这些金属表面，在金属上形成一层玻璃质，作为一种比较好的抛光层。为此，这些有代表性的膜系将在3.7.3节讨论。Lyons 和 Zaniewski（2002）叙述过一种无须电镀或镀膜就在铝材上生成光学镜面式表面的技术。该技术是，在光学车间利用专用模具抛光时，用新的材料作抛光剂。首先，对铝表面进行金刚石车削或使用细金刚砂进行研磨，粗糙度<10nm，光学形状（误差）在设计值的半波长之内；然后，使用一个沥青磨盘和一种抛光剂进行抛光，抛光剂包括一定比例的炭黑、氢氧化铵、苯酚、乙二酸和水。根据这些学者的研究，使用这种方法已经制造出粗糙度<0.5nm、光学形状误差<0.5个波长的6061-T6铝材反射镜表面。

在这两个极端频率之间，很难对反射镜材料进行等级评价。一般来说，对较硬的材料抛光比软的材料更好。如果不在乎时间上的耗费，任何含少量杂质、气泡或空穴的各向同性材料经抛光后，都能达到所要求的光洁度。然而，要在某种已知材料上实现最终的平滑度就需要光学仪器制造商使用能确保表面形状的工具和技术。对于大孔径（即大相对孔径）非球面，表面的曲率半径从光轴到边缘有较大变化，上述论断尤其适用，必须使用分孔径加工工具。如果要求中等频率的误差，一般使用分孔径工具形成抛光面，使用较大的挠性加工工具容易减小这些误差。Barries 和 McDonough（1979）描述过一种技术，可以在三种材料［熔凝石英、康宁超低膨胀材料和微晶（Cer – Vit）材料］制成的非球面反射镜上实现低散射表面。

3.3.2 稳定性

一旦在一块反射镜基板上完成了光学表面的粗磨和抛光，重要的是要保证面形不随所处环境、温度或（最常遇到的）内应力释放而发生变化。经过良好退火的玻璃及玻璃黏合材料，通常不存在这种应力。图3.14给出了各种低膨胀材料的热膨胀系数与温度变化的关系。图3.15给出了上述材料的尺寸随时间变化的情况。如果普通的微晶（Zerdur）材料在加工或使用期间处于130℃以上的高温中，接着以一种冷却速率冷却到某特定温度，而不是制造商在退火期间使用的温度，释放的结果可能会造成元件外形和热膨胀系数发生小的变化（Jacobs 等，1984；Shaffer 和 Bennett，1984；Lindig 和 Pannhorst，1985；Jacobs，1992）。与最初状态相比，后者的变化会永久性改变材料的热膨胀特性。当这种材料在高温后以低于某特定速率冷却或重新退火，就可以避免这种变化发生。一种新产品，肖特微晶玻璃 M（Schott Zerdur M）材料，就不会发生此变化，如果元件必须在130℃以上的高温环境下使用，推荐使用这种材料。

Pepi 和 Golini（1991a，b）介绍了另外一种效应，即一旦长时间施加的外力解除，会延迟室温下微晶材料的弹性形变。这种影响比较小，但很重要。在加工第一台 Keck 10m 望远镜主镜的各个分反射镜镜片时反复经历过这种效应，后来通过一个单独的测试证实了此效应，并且该效应引起了材料结构内离子的重新分布。Murgatroyd 和 Sykes 的理论指出，这种特性出现在含有碱性氧化物的材料中。Pepi 和 Golini 在上述1991年的参考文献中提到对超低热膨胀材料的测试完成后，显示没有延迟的弹性效应，原因是超低热膨胀材料中没有碱性氧化物。

对于透明材料，通过观察它们在正交偏振片之间的光谱透射比可以测试其应力。遗憾的

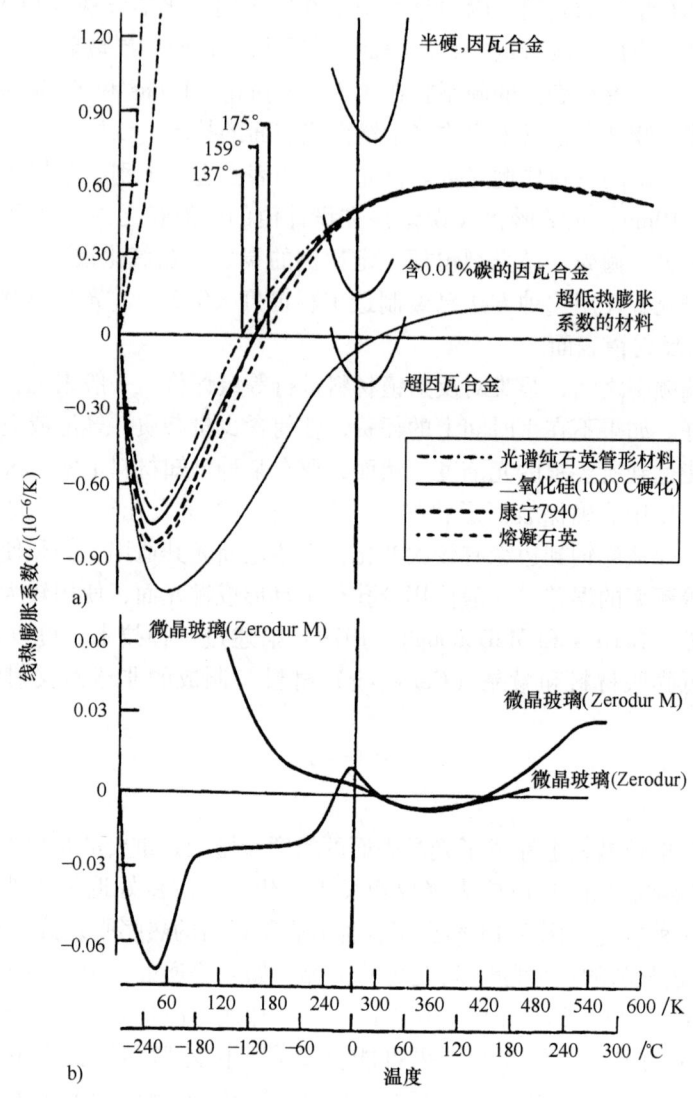

图3.14 热膨胀系数随温度的变化
a) 各种低的热膨胀材料 b) 微晶 (Zerodur) 和微晶 M (Zerodur M) 材料
（资料改编自 Jacobs, S. F., *Proc. SPIE*, CR43, 181, 1992）

是，对金属和不透明材料则无法做到。在此情况中，制造商在加工过程的某些阶段，通过对反射镜进行热循环以减少残余应力产生的可能性。

　　Paquin（1990，1992）、Marschall（1990）和 Hagy（1990）都讨论了非金属材料和金属材料外形尺寸随时间的稳定性。由于论述内容过长，在此不再赘述。而对于从事光学仪器光机设计的工程师来说，值得认真阅读这些论述。Paquin（1995）更详细地提供了铝、铍、铜、金、银、铁、不锈钢、镍、钼、硅、α- 和 β-碳化硅等材料的热膨胀系数，热导率和比热容随温度的变化结果。在 5~700K 温度范围内，这些材料的热膨胀系数的变化数据见表3.14。

第 3 章 材料的光机性质

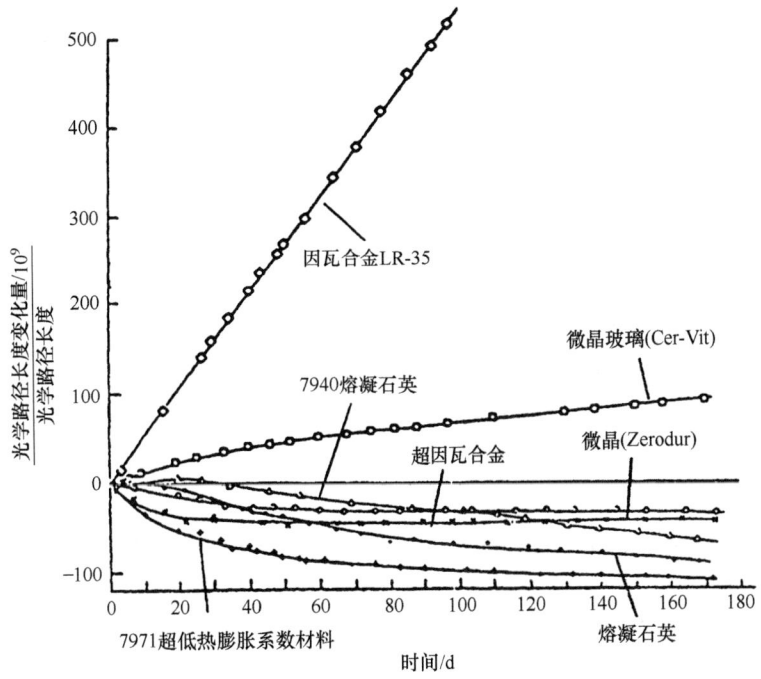

图 3.15 一些低热膨胀系数的样品材料长度随时间的变化
(资料改编自 Berthold, J. W., et al., *Appl. Opt.*, 15, 1898, 1976)

表 3.14 反射镜候选材料的比刚度

材　　料	比刚度 E/ρ /(10^4 N·m/g)	材　　料	比刚度 E/ρ /(10^4 N·m/g)
金属材料		非金属材料	
铍 1-70	15.6	杜兰钠合金 50	2.77
铝 6061-T6	2.55	硼硅酸盐冕玻璃 E6	2.69
无氧高传导性（OFHC）铜	1.31	熔凝石英	3.33
TZM 钼	3.12	超低热膨胀材料 ULE 7971	3.08
反应烧结碳化硅 RB-30%Si	10.6	微晶玻璃（Zerdur）	3.58
反应烧结碳化硅 RB-12%Si	11.99	微晶玻璃 M（Zerdur-M）	3.46
化学气相沉积碳化硅	12.2	微晶玻璃 Cer-Vit C-101	3.67
SXA 金属基碳化硅材料	4.03		
环氧石墨 GY-70/x30	5.22		

外形尺寸不稳定性定义为"内部或外部影响造成外形尺寸的变化"（Paquin, 1992）。两个最重要的影响因素如下（Paquin, 1990）：

1. 可能会产生永久性应变的短时间应力。
2. 可能造成缓慢变化的长时间施加的应力，以及可能造成应力释放的长时间施加的类似应变。

短时间应力，与应变小于 10^{-4} 时的应力和应变存在非线性关系有关。表面微观屈服强度（MYS）定义为材料中产生 10^{-6} 永久性变形所需要的应力，是一种低应变条件下的稳定性指标（Holden，1964）。作为航天工程领域保证具有良好外形尺寸稳定性的一个粗略的经验规则，应当保持应力约为微观屈服强度的 1/2。较高的微观屈服强度意味着有较好的外形尺寸稳定性。对于反射镜，若应变 ε 的范围是 $10^{-7} < \varepsilon < 10^{-4}$，则施加应力与表面形变之间的关系表示如下（Marschall 等，1969）：

$$\delta_{MYS} \approx C_{MYS} d \left(\frac{\sigma}{\sigma_{MYS}}\right)^{1/n'} \quad (3.9)$$

式中，δ_{MYS} 是微观应力应变造成的形变；C_{MYS} 是材料的应变硬化系数；d 是反射镜直径；σ 是施加应力；σ_{MYS} 是材料的表面微观屈服强度；n' 是材料的微观应变硬化指数。

若长时间施加应力，则材料外形尺寸稳定性遵守幂次定律。一种形式是 Andrade 的 β 定律，任一时间的应变 ε 是施加应力和材料性质的函数（Marschall 和 Maringer，1977）：

$$\varepsilon(t) \approx \beta t^n \quad (3.10)$$

式中，β 是 Andrade β 定律常数；n 是材料参数，一般 $n \approx 1/3$。

遗憾的是，在这篇学术文章中，对于大部分材料的 β 和 n 值都没有提供更多信息，通常是通过实验确定这些值。Andrade β 定律对于计划利用加速寿命试验法确定外形长期稳定性非常有用。经常利用热循环完成短期测试，获得 β 和 n 值，从而预测长期稳定性。

3.3.3 硬度

基板材料本身固有的刚度对抛光和安装后反射镜的适宜性有着重要影响。一种较刚性的、低密度材料会减轻抛光、安装、重力以及工作过程中振动造成的形变。各种基板材料的比刚度 E/ρ 见表 3.14。希望使用的材料具有大的比刚度值，基于这种考虑，铍和碳化硅名列前茅。一种老型号微晶材料 Cer–Vit 和新微晶材料 Zerdur 在非金属材料中有最高值。Kishner（1990）讨论了选择反射镜材料时需要注意的硬度问题及其他重要因素。反射镜材料的其他性能系数见表 3.15。

表 3.15 与反射镜设计密切相关的材料的性能系数表

	ρ/E 同样几何形状的质量或变形	$(\rho^3/E)^{1/2}$ 同样变形下的质量	α/k 稳态	α/D 瞬态
优选值	小	小	小	小
派热克斯耐热玻璃	3.54	0.420	2.92	5.08
硼硅酸盐冕玻璃 E6	3.72	0.420		
熔凝石英	3.04	0.382	0.36	0.59
超低膨胀材料 ULE	3.30	0.401	0.02	0.04
微晶玻璃 Zerdur	2.78	0.422	0.03	0.07
微晶玻璃 Zerodur M	2.89	0.437	0.03	
铝 6061	3.97	0.538	0.13	0.33
含 30% SiC-Al 的金属基质材料	2.49	0.459	0.10	0.22
铍 I-70 或 I-220H	0.64	0.149	0.05	0.20
无氧高传导性（OFHC）铜	7.64	2.471	0.04	0.14

（续）

	ρ/E 同样几何形状的质量或变形	$(\rho^3/E)^{1/2}$ 同样变形下的质量	α/k 稳态	α/D 瞬态
Glidcop	6.80	2.305	0.05	0.17
因瓦合金（Invar）36	5.71	1.923	0.10	0.38
超因瓦合金	5.49	1.905	0.03	0.12
钼	3.15	1.812	0.04	0.09
硅	1.78	0.311	0.02	0.03
HP α-碳化硅	0.70	0.268	0.02	0.03
化学气相沉积 β-碳化硅	0.69	0.267	0.01	0.03
反应烧结碳化硅 RB-30%Si	0.88	0.270	0.02	0.03
不锈钢 304	4.15	1.629	0.91	3.59
不锈钢 416	3.63	1.486	0.34	1.23
钛 6A14V	3.89	0.873	1.21	3.03

（资料源自 Paquin, R. A., *Proc. SPIE*, CR67, 3, 1997a）

比刚度是表述材料刚性与重量关系的一种品质因数。对于反射镜应用，可以根据传统的薄板弯曲方法推导出该品质因数。在单位面积负载 q 作用下，一块半径为 r 的薄板的变形量 δ_g 是

$$\delta_g = C_g \frac{qr^4}{D_f} \tag{3.11}$$

式中，C_g 是与薄板支撑架几何形状相关的常数；D_f 是由下式给出的薄板抗挠刚度：

$$D_f = \frac{Eh^3}{12(1-\nu^2)} \tag{3.12}$$

式中，E 是材料的弹性模量；h 是薄板厚度；ν 是材料泊松比。

对于反射镜，单位面积上的负载是自重，所以 $q = \rho h$。其中，ρ 是材料密度。变形量公式变为

$$\delta_g = 12 C_g \frac{\rho(1-\nu^2)}{E} \frac{r^4}{h^2} \tag{3.13}$$

该公式表明，自重变形量受制于材料性质 $\rho(1-\nu^2)/E$，称为比刚度倒数。对于最普通的反射镜材料，泊松比值从凝熔石英材料的 0.17 到铝材料的 0.33。而对大部分反射镜材料，泊松比的影响都小于 10%，讨论比刚度时常忽略不计，因此比刚度简化为 ρ/E。

许多常用的工程材料（包括镁、玻璃、铝、钛和钢），其比刚度不会有太大变化，几乎是个常数，如图 3.16 所示。有时，比较两种材料性质的这类图表称为阿什比（Ashby）表。使用这些材料时，如果反射镜的外形尺寸保持不变，则改换材料不会影响自重变形。然而，也有一些 ρ/E 是异常值的材料，包括铍、碳化硅和复合材料。如果要求变形量非常小或必须减重，可采用这些材料。

一块反射镜的重量 $W_G = \rho A h$。其中，A 是反射镜面积；对于轴对称反射镜，$A = \pi r^2$。求

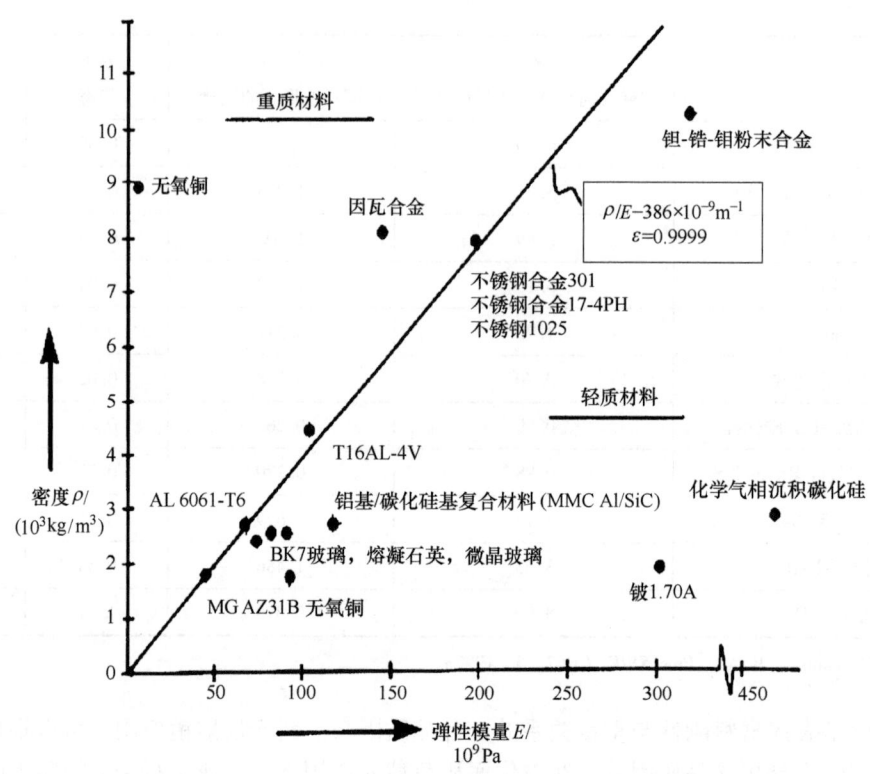

图 3.16 光机系统一些材料的密度 ρ 与弹性模数 E 的比较。对于大部分常用材料（包括镁、铝、钛、玻璃和钢），ρ/E 比值几乎是个常数，如图中直线所示

(资料源自 Vukobratovich, D., Introduction to opto-mechanical design, SPIE Short Course Notes, SC014, 2013)

解式（3.13）得到 h，并代入，得到重量公式如下：

$$W_G = C_W r^4 \left[\frac{1}{\delta} \frac{\rho^3(1-\nu^2)}{E} \right]^{1/2} \tag{3.14}$$

式中，C_W 是由反射镜支撑架几何形状确定的常数。

对于自重变形固定不变的反射镜，其重量的品质因数可以近似为 $(\rho^3/E)^{1/2}$。当讨论反射镜的固有频率或者基频时，可以应用该品质因数。基频 f_n 与自重变形量 δ 具有以下关系：

$$f_n \cong \frac{1}{2\pi}\sqrt{\frac{g}{\delta}} \tag{3.15}$$

式中，g 是地球重力场的加速度。

以频率而非变形量为基础进行替换，一块反射镜的重量 W_f 是

$$W_f = C_f r^4 f_n \left[\frac{\rho^3(1-\nu^2)^{1/2}}{E} \right] \tag{3.16}$$

式中，C_f 是一个由反射镜支撑架几何形状确定的常数。若基频固定不变，则反射镜重量的品质因数仍然近似为 $(\rho^3/E)^{1/2}$。

3.3.4 热特性

根据热负载条件推导热品质因数。对于反射镜应用，重要的参数是表面形状。如果反射

第3章 材料的光机性质

镜材料的热膨胀是各向同性的，并且，反射镜是处于均匀的温度变化环境中，则反射镜表面的几何形状不会发生变化。温度变化能够引起尺寸改变，对于曲面光学表面，会使曲率半径变化而造成焦移。由于在大部分光学系统中，调焦是很正常的事情，这就意味着，与温度相关的反射镜性能是与热膨胀系数无关。

对于很大尺寸的反射镜或温度有很大变化的情况，热膨胀系数的空间变化造成表面变形。当反射镜处于均匀的温度环境下，热膨胀的各向异性也会造成反射镜的不同零件彼此间发生变化。对于大部分反射镜材料，热膨胀的各向异性 $\Delta\alpha$ 都是百分之几数量级。其影响将在反射镜性能和大型反射镜的相关章节讨论。

温度梯度将使反射镜的光学表面变形。沿反射镜光轴或由前到后方向形成的轴向温度梯度会改变光学曲率半径。光学半径为 R_0 的一块反射镜，其曲率半径的变化量 ΔR 是

$$\Delta R = \frac{\alpha}{k} Q R_0^2 \tag{3.17}$$

式中，α 是反射镜材料的热膨胀系数；k 是反射镜材料的导热系数；Q 是单位面积上产生热梯度的热通量。

比值 α/k 是反射镜材料的热变形指数，在讨论温度梯度造成的性能影响时，作为品质因数。为了使温度梯度造成的变形量最小，α/k 应尽量小，这就意味着具有大的导热系数和小的热膨胀系数（按照ISO标准规定，导热系数的符号是 λ，而该符号在光机系统中也表示波长，很容易混淆，所以在此以 k 表示）。通常使用的玻璃反射镜材料，其导热系数几乎是一个常数，范围从派热克斯玻璃（Pyrex）的约 1.1W/(m·K) 到微晶玻璃（Zerodur）的 1.6W/(m·K)，而同样两种材料的热膨胀系数变化约为 66 倍。为了使热梯度对玻璃材料造成的变形量最小，应尽量采用低热膨胀系数的材料。对于 α 和 k 都变化的其他材料，这种方案并不一定正确。例如，即使金属的热膨胀远高于玻璃，但铝材料的热变形指数约为派热克斯玻璃的 4%。

在一块反射镜的表面温度突然发生变化之后，从中心到表面确定温度梯度，并由于表面与内部之间的导热率不同，温度梯度会随时间衰减。如前所述，温度梯度改变光学表面的形状。希望在一个温度变化之后花费最少时间使反射镜达到热平衡。实际上，反射镜内部的温度 T' 成指数形式随时间 t 变化，如下式所示：

$$T' = T\left[1 - \exp\left(\frac{-t}{\tau}\right)\right] \tag{3.18a}$$

$$\tau = \frac{h^2}{\pi^2} \frac{1}{k/\rho c_p} \tag{3.18b}$$

式中，T 是表面温度；τ 是反射镜的热时间常数；h 是反射镜厚度；c_p 是反射镜材料的比热。

热扩散系数是材料参数 $k/(\rho c_p)$，热时间常数反比于热扩散系数，所以，为了使热平衡时间最短，希望采用较大值的热扩散系数。

3.4 机械零件材料

下面将简要叙述制作光学仪器壳体、镜筒、镜座、压圈、结构件、盖板、弹簧、计量杆等零部件的常用金属材料。制造光学仪器中反射镜的金属材料的主要性质见表 3.14 ~

表 3.16。机械零件使用的金属材料的主要性质见表 3.17。某些专用材料的更为详细的资料，读者可以参考如 Boyer 和 Gall（1985）编写的手册、厂商的讲座、Paquin（1995，1997a，b）发表的资料及其中引用的许多参考文献。正如前面所述，其中一些材料用于制作反射镜基板，对其应用将在卷Ⅱ第 6 章进一步讨论。

表 3.16　铝基复合材料的特性

性　　质	仪器级	光学零件级	机械零件级
基质合金	6061-T6	2124-T6	2021-T6
含 SiC 的体积计算百分比（%）	40	30	20
碳化硅的形态	微粒	微粒	线体
CTE/(10^{-6}/K)	10.7	12.4	14.8
热导率/[W/(m·K)]	127	123	
杨氏模量/MPa	145	117	127
密度/(g/mm³)	2.91	2.91	2.86

(资料源自 Mohn, W. R., and Vukobratovich, D., *Opt. Eng.*, 27, 90, 1988)

表 3.17　机械零件使用的部分金属和复合材料的机械性质

材料	CTE α/ (10^{-6}/℃) 或 (10^{-6}/℉)	杨氏模量[①] E_M/ (10^{10}Pa)，或 (10^6 lbf/in²)	屈服强度[①] S_Y/ (10^7Pa)，或 (10^3 lbf/in²)	泊松比 ν_M	密度 ρ/ (g/cm³) 或 (lb/in³)	热导率[①] k/ [W/(m·K)]，或 [Btu/(h·ft·℉)]	硬度[①]	$K_M = (1-\nu_M)^2/E_M/$ (10^{-12}m²/N) 或(10^{-8}in²/lbf)
铝 1110	23.6（或 13.1）	6.89（或 10.0）	3.4~15.2（或 5~22）		2.71（或 0.098）	218~221（或 126~128）	23~24 布氏硬度	
铝 2024	22.9（或 12.7）	7.31（或 10.6）	7.6~39.3（或 11~57）	0.33	2.77（或 0.100）	119~190（或 69~110）	47~130 布氏硬度	1.22（或 8.41）
铝 6061	23.6（或 13.1）	6.82（或 9.9）	5.5~27.6（或 8~42）	0.332	2.68（或 0.097）	167（或 96.5）	30~95 布氏硬度	1.30（或 8.99）
铝 7075	23.4（或 13.0）	7.17（或 10.4）	10.3~50.3（或 15~73）		2.79（或 0.101）	142~176（或 82~102）	60~150 布氏硬度	
铝 356	21.4（或 11.9）	7.17（或 10.4）	17.2~20.7（或 25~30）		2.68（或 0.097）	150~168（或 87~97）	60~70 布氏硬度	
铍 S-200	11.5（或 6.4）	27.6~30.3（或 40~44）	20.7（或 30）		1.85（或 0.067）	220（或 127）	80~90 洛氏硬度 B	
铍 I-400	11.5（或 6.4）	27.6~30.3（或 40~44）	34.5（或 50）	0.08	1.85（或 0.067）	220（或 127）	100 洛氏硬度 B	0.344（或 2.37）
铍 I-70H	11.3（或 6.3）	30.3（或 42）		0.08	1.85（或 0.067）	194（或 112）		0.344（或 2.37）
OFHC 铜 C10100	16.9（或 9.4）	11.7（或 17）	6.9~36.5（或 10~53）	0.343	8.94（或 0.323）	391（或 226）	10~60 洛氏硬度 B	0.748（或 5.16）

第3章 材料的光机性质

（续）

材料	CTE α/ $(10^{-6}/℃)$，或 $(10^{-6}/℉)$	杨氏模量[①]E_M/ $(10^{10}Pa)$，或 (10^6lbf/in^2)	屈服强度[①]S_Y/ $(10^7 Pa)$，或 (10^3lbf/in^2)	泊松比 ν_M	密度 ρ/ (g/cm^3)，或 (lb/in^3)	热导率[①]k/ $[W/(m\cdot K)]$，或 $[Btu/(h\cdot ft\cdot ℉)]$	硬度[①]	$K_M=(1-\nu_M)^2/E_M$ $(10^{-12}m^2/N)$，或 $(10^{-8}in^2/lbf)$
BeCu铜 C17200	17.8（或9.9）	12.7（或18.5）	107~134（或155~195）	0.35	8.25（或0.298）	107~130（或62~75）	27~42 洛氏硬度C	0.691（或4.76）
铜360（黄铜）	20.5（或11.4）	9.65（或14.0）	12.4~35.9（或18~52）		8.50（或0.307）	116（或67）	62~80 洛氏硬度B	
铜C260	20.0（或11.1）	11.0（或16）	7.6~44.8（或11~65）		8.52（或0.308）	121（或70）	55~93 洛氏硬度B	
格立德（Glid cop）铜合金	16.6（或9.23）	13.1（或19.1）	30.3（或44）	0.33	8.75（或0.316）	365（或211）		0.680（或4.69）
因瓦合金36	1.26（或0.7）	14.1（或21.4）	27.6~41.4（或40~60）	0.259	8.05（或0.291）	10.4（或6.0）	160 布氏硬度	0.662（或4.57）
超因瓦合金	0.31（或0.17）	14.8（或21.5）	30.3（或44）	0.29	8.13（或0.294）	10.5（或6.1）	160 布氏硬度	0.629（或4.34）
镁AZ-31B-H241	25.2（或14）	4.48（或6.5）	14.5~25.5（或21~37）	0.35	1.77（或0.064）	97（或56）	73 布氏硬度	1.95（或13.5）
镁MIA	25.2（或14）	4.48（或6.5）	12.4~17.9（或19~26）		1.77（或0.064）	138（或79.8）	42~54 布氏硬度	
（低碳）钢1015	11.9（或6.6）	20.7（或30）	28.3~31.0（或41~45）	0.287	7.75（或0.28）		111~126 布氏硬度	0.44（或3.05）
不锈钢304	14.7（或8.2）	19.3（或28）	51.7~103（或75~150）	0.27	8.0（或0.29）	16.2（或9.4）	83 布氏硬度B；42 洛氏硬度C	0.48（或3.31）
不锈钢416	9.9（或5.5）	20.0（或29）	27.6~103（或40~150）	0.283	7.8（或0.28）	24.9（或14.4）	82 布氏硬度B；42 洛氏硬度C	0.46（或3.17）
钛合金6A14V	8.8（或4.9）	11.4（或16.5）	82.7~106（或120~154）	0.34	4.43（或0.16）	7.3（或4.2）	36~39 洛氏硬度C	0.79（或5.47）
SXA金属基质材料（SiC&2124Al）	12.4（或6.9）	11.7（或17）			1.78（或0.064）	35（或20）	样品内是变化的	
铍铝合金AlBeMet 162	13.8（或7.7）	19.9（或29）	19.3（或28）		2.10（或0.076）	210（或121）		

（续）

材料	CTE α/ $(10^{-6}/℃)$, 或 $(10^{-6}/℉)$	杨氏模量[①]E_M/ $(10^{10}Pa)$, 或 $(10^6 lbf/in^2)$	屈服强度[①]S_Y/ $(10^7 Pa)$, 或 $(10^3 lbf/in^2)$	泊松比 ν_M	密度 ρ/ (g/cm^3), 或 (lb/in^3)	热导率[①]k/ $[W/(m·K)]$, 或 $[Btu/(h·ft·℉)]$	硬度[①]	$K_M = (1-\nu_M)^2/E_M$ $(10^{-12} m^2/N)$, 或 $(10^{-8} in^2/lbf)$
碳纤维增强碳化硅 (CESIC)[①]	300K时2.6（或68℉时1.4）；90~20K时<0.5	23.5（或34.1）			2.65（或0.096）	135（或-78）		

（资料源自 Ypder, P. R., Jr., *Mounting Optics in Optical Instruments*, 2nd edn, SPIE Press, Bellingham, WA, 2008, p.729; Paquin, Private communication, 2003, Muller, C., et al., Papenburg, U., Goodman, W. A., and Jacoby, M., Proc. SPIE, 4198, 249, 2001）

① 给出值的范围适合各种温度。

另外，也采用品质因数选择结构材料。在结构设计一章（卷Ⅱ第7章）将详细讨论结构所用材料的品质因数。某些情况下，反射镜与结构应用采用相同的品质因数。例如，中空圆柱形镜筒的重量 W_B 正比于比刚度的倒数 ρ/E，如下式所示：

$$W_B = C_B \frac{W_L}{\delta_L} \frac{\rho}{E} \left(\frac{L}{R}\right)^2 L^2 \tag{3.19}$$

式中，C_B 是取决于镜筒支撑条件的常数；W_L 是镜筒中的透镜重量；δ_L 是透镜的偏转公差；L 是镜筒从支撑架到透镜的长度；R 是镜筒半径。

对于最常用的工程材料，刚性或弹性模量与强度无关。在典型的光机应用中偏转量小，应力较低，不会接近屈服强度值。由于低强度材料在较低成本下具有相同的刚性，所以通常不希望采用高强度材料。除了挠性材料，一般来说，在光机系统中并不需要特别高强度-重量（比）的材料。

3.4.1 铝

很少使用纯铝设计光学仪器的机械零件，而铝合金有更好的性质，更适合这类应用。这些材料既轻又结实，无论是铸造铝还是锻造铝，价格都较低，并易于加工。铸造铝件经常用于仪器的壳体。铝坯可以被轧、压或锻造成熟铝（或者锻造铝）料，用这种材料制成的零件比铸造出的零件更结实，更有韧性，很少有缺陷。通常对锻造铝材料进行加热处理以提高强度，表3.18简要叙述了普通的回火条件。

表3.18 铝合金的普通回火条件

条件	具体描述
F	无热处理。对已经由冷加工、热加工或铸造工艺加工成形的产品再加工，其中没有专门控制冷热条件或机械硬化（过程）
O	退火。为了得到最低强度的回火而对退过火的锻铝产品退火，为了提高韧性和外形尺寸的稳定性而对退过火的铸铝产品退火
H	机械硬化（仅适合锻铝产品）。对已经机械硬化过的产品进行机械硬化，可以进行热处理或没有热处理

第3章 材料的光机性质

(续)

条件	具体描述
W	溶液热处理。一种不稳定的回火，只适合溶液热处理后（室温下）自然老化了的合金
T	产生稳定回火而不是F、O或者H的热处理。主要是使热处理过的产品有稳定的回火。可以进行另外的机械硬化或无须进行。T后面紧跟着一位或多位数字

（资料源自 Boyer, H. E., and Gall, T. L., Eds., *Metals Handbook- Desk Edition*, American Society For Metals, Metals part, OH, 1985）

所有铝件的表面都应该用一种化学薄膜（如铱或铝材化学氧化成膜剂）或阳极镀膜保护起来。一种例外就是，在一些高精度应用或需要电接触时，作为定位配件的基准表面不需要保护。黑色阳极镀膜可以提高耐磨性，但在一定程度上降低了对光的反射能力，对光学仪器来说，这两方面都是需要的。

下面讨论一些重要的铝材料。

3.4.1.1 铝合金1100

这是一种低强度合金（主要合金成分是0.12%的铜），具有良好的可锻模性和高耐腐蚀性，不能进行热处理；主要用于旋转零件和（金属板坯加工中）深冲压成形的零件；冷加工可以增加这种合金的强度。这种材料有良好的机械加工性能和可焊接性，可以使用助溶剂或（在真空中）不使用助溶剂进行铜焊。

3.4.1.2 铝合金2024

这是一种高强度可以进行热处理的结构合金（主要合金成分是4.5%的铜、0.6%的锰和1.5%的镁），通常使用T4或T351状态。耐胁强腐蚀性较差。如果是条形或棒形，回火处理到T8状态，会有更好的抗腐蚀性（CRES）。可机加工性比较好，但不易焊接。

3.4.1.3 铝合金6061

这是最常用的结构铝合金材料，主要合金成分是0.6%的硅、0.25%的铜、1.0%的镁和0.2%的铬；通常按照T6状态进行回火处理；具有中等强度和良好的外形尺寸稳定性、良好的可加工性及优良的可焊接性；可进行铜焊。

3.4.1.4 铝合金7075

这是一种高强度铝合金，尤其在T6状态；易受到应力腐蚀的影响，在T73状态下，耐应力腐蚀性最好；可加工性好，但不建议采用焊接工艺；主要合金成分是1.6%的铜、2.5%的镁、0.3%的铬和5.6%的锌。

3.4.1.5 铝合金356

这种合金具有良好的可铸造性，使用沙铸、永久性铸模和压模法就可以完成铸造；具有中等强度，有良好的可机加工性，可以使用焊接对铸件进行修补，非常适用于普通的光学仪器设计；主要合金成分是7%的硅和0.3%的镁。

3.4.2 铍

这种重量轻、高刚度、高热导性的材料为光机应用提供了许多结构方面的优点。处于低温条件时，材料的这些优点更为突出。与其他绝大部分金属材料相比，这种材料价格相对昂贵。对铍材料外形尺寸的时间稳定性，目前仍有争论。据Paquin（1992）公布的资料，直径为13in的铍材料反射镜保持在室温下2年后，其光学面型约变化0.06个波长（rms）（$\lambda=633$nm）。Delatte（1993）观察到，直径为5.75in的铍反射镜在室温下约3个月后，光学面型约有0.1个波长（rms）变化。有大量例子表明铍反射镜在各种应用中的温度不稳定性（Polvani等，1981）。

这种六角形晶体结构单质材料在各个方向上的热膨胀特性差别很大。暴露于空气中的表面上可以形成一层薄的氧化铍，所以，一般来说，室温下的耐腐蚀性很好（除易受某些酸和碱的影响外）。尽管电子束（焊接）方法已经取得成功，但不推荐对这种材料进行焊接，这种材料的某些改进型号可以进行铜焊。美国环保局认定铍粉是有毒的，必须在受控环境中加工，并利用有效方法和程序对碎片和尘末进行管制和处理。这一决定受到质疑。详细情况请参考Paquin（1997）的文章。

表3.19给出了一些改进型铍材料的特性。卷Ⅱ 6.4节将介绍更多的信息。最经常供应的铍材料形态是真空热压出来的铍块、热挤压成形的坯件和轧制出的板材。采用HIP（热等静压材料）制造技术可以得到最好的均匀性，并用于光学元件（扫描器、反射镜等）和某些关键的结构零件，需要使用热等静压工艺。

表3.19 铍的牌号及某些性能

性能	不同牌号的铍				
	O-30-H	I-70-H	I-220-H	I-250	S-200-FH
氧化铍的最高含量（%）		0.7	2.2	2.5	1.5
颗粒尺寸/μm	7.7	10	8	2.5	1.5
2%残余变形屈服强度/MPa	295~300	207	345	544	296
微屈服强度/MPa	24~25	21	41	97	34
延伸率（%）	3.5~3.6	3.0	2.0	3.0	3.0

（资料源自 Paquin, R. A., *Proc. SPIE*, ER67, 3, 1997a, Parsonage, T., *Proc. SPIE*, 5494, 39, 2004; Parsonage, T., Private communication, 2005）

3.4.3 铜

在要求有良好导电性或导热性、耐腐蚀性、易加工、高强度、耐疲劳性及无磁性的应用中，都会使用铜及其合金材料。因为易于焊接，铜焊和镀膜，所以铜常用于制作热交换器、管状零件、阀门、热传递带和线，以及电工零件。铜反射镜经常应用于高能量激光器中，良好的导热性使其变形减小。铍铜合金经常用来制作弹簧，而最多含有6%的铅和黄铜的合金广泛用于制造装配机器用的螺钉及悬挂固定装置的硬件（螺栓、铆钉等）。表3.18给出了以铜为基本材料的合金材料的典型性质，下面对这些材料做简要叙述。

3.4.3.1 铜合金 C10100

这种高纯度铜合金是一种无氧、高传导性（OFHC）材料，或者无氧、电子等级的材料。这种材料至少含有99.95%的铜，常用于制造对光学表面有较高热辐射率要求的反射镜（参考卷Ⅱ第6章），或者应用于电子管中、真空密封中，以及需要使用氢钎焊进行组装的零件。另外，其可加工性一般，可以进行软钎焊和硬钎焊。

3.4.3.2 铜合金 C17200

这种高强度铍铜合金材料，主要用于弹簧、线夹、垫圈及电工和电子设备；可加工性较好；可以焊接和铜焊（会有一定难度），焊接需要使用活性钎焊剂；必须在老化或热处理之前完成零件的加工。

3.4.3.3 铜合金 C360

这种合金是工业上标准的免切割黄铜，很容易加工成带有螺纹的产品；可以很好地进行软钎焊和铜焊，但不推荐采用硬钎焊。

3.4.3.4 铜合金 C260C

这种黄铜有非常好的冷加工性，所以广泛用于深冲压外壳、板料冲压、销钉和铆钉等；与其低温焊接和钎焊特性一样，有良好的可加工性，普通的焊接性能一般。

3.4.3.5 格立德（Glidcop™）铜合金

这种专利材料是一种强弥散、比较纯正的铜合金材料，其热导率几乎等于 OFHC 铜材料的热导率，但在高达 1000℃ 温度下钎焊，仍能保持强度不变。根据含有 Al_2O_3 成分的不同，其有三种不同等级。完全退火后，一种含有 0.3%（按重量）Al_2O_3 的合金材料 AL-15 UNS C15715 用作同步加速器及其他应用中的冷却（式）反射镜（Howells 和 Paquin，1997；Paquin，2003）。

3.4.4 因瓦合金和超因瓦合金

如果需要控制由冷热引发的外形尺寸变化，需使用具有低热膨胀性质的铁和镍合金。一种铁合金是因瓦合金 36，包含 36% 的镍和 0.35% 的镁、0.2% 的硅和 0.02% 的碳。在一定温度范围内 [40~100℉（4~38℃）]，这种合金材料不会变化（材料名字由英文 invariable 缩写 invar 而来），并且有较低的热膨胀系数，而在此温度范围之外，热膨胀系数变化较快，如图 3.15 所示。一个因瓦合金 36 零件热膨胀系数的实际值取决于零件的温度及加工过程。如果希望得到最好的稳定性，就要按照 Howell 和 Paquin（1997）资料中所叙述的程序对零件退火。因瓦合金材料的特性见表 3.18。

经过特定的热处理（Lement 等，1950），超因瓦合金（31% 铁和 5% 镍的合金）的热膨胀系数几乎是零，但仅适合于一个非常有限的温度范围（Jacobs，1990，1992），如图 3.15 所示。随着温度变化，标准因瓦合金 36 材料的热膨胀系数变化更缓慢。该特性使其在某些应用领域，包括温度变化较大的应用中比超因瓦合金材料更具优势。此外，当温度降至 -50℃ 以下时，超因瓦合金材料会有一个相位变化，因而在温度如此低的环境下使用超因瓦合金材料就不是一个好的选择。另一方面，Berthold 等人（1976）指出，与超因瓦合金或其他几种非金属低膨胀材料（见图 3.16）相比，因瓦合金 36 在长时间之后稳定性较差（外形尺寸的典型变化值是 ppm/年）。Patterson（1990）将超因瓦合金的高稳定性归结为加工过程中对该种材料完成的机械加工量。有时候，在因瓦合金或超因瓦合金零件上涂镀一层镍或铬，以降低其氧化的可能性。

3.4.5 镁

金属材料镁具有合适的强度，重量又轻。这些特点使其在许多光机应用中成为非常重要的候选材料，应用中通过镀膜或阳极化处理使镁免受腐蚀。虽然镁不像铝那样结实，但比刚度基本上是一样的。可以采用铸造工艺制造零件，也可以通过机加锻造的镁棒材和板材加工零件，还可以通过锻造工艺制造零件。由于这种材料的耐磨损能力较低，一般都需要在镁零件内，如滚筒和车轮内安装（通过热缩或螺纹连接）由较硬材料做成的衬套。表3.18给出了最常用的两类镁材料的性质。3.7节将阐述一种专利膜系，以提高镁零件的耐腐蚀能力。

众所周知，由不同材料制成的零件，应当在化学性质上兼容而在物理结构上分离；或者使用合适的中介材料加以保护，使它们不会形成电耦合。从耐腐蚀的观点看，不锈钢、钛、铜和铝合金如果与镁材料接触，会特别活跃。有机膜，如干乙烯基塑料溶胶、环氧胶和耐高温氟化烃树脂膜，都可作为这些不同材料之间的防腐材料。

镁合金MIA几乎就是纯镁。由于它有良好的阻尼性质，对高性能元件的隔振非常有用。

3.4.6 碳钢

对光学仪器最常见的要求就是减轻重量，所以按照耐腐蚀性（CRES）和低热膨胀性的传统划分方法，这种传统钢产品一般局限于测试设备和支撑设备中使用。当然，如果要求高强度、高耐疲劳性、良好的耐磨性、磁性或其他特殊要求，必须使用钢材料才能得到最好的满足，这种情况属于例外。最常使用的类型是低碳钢和高碳（弹簧）钢，绝大部分类型的钢都有良好的加工性能和焊接性能。为了耐腐蚀，需要喷漆、镀膜或电镀。表3.18给出了几种低碳钢的特性。

3.4.7 不锈钢

耐腐蚀钢（CRES）或不锈钢至少含有12%的铬（按重量），它们的防腐蚀特性是由于在钢的表面会形成一层氧化铬薄膜。不锈钢的延展性和硬度值在碳钢类中是比较高的。300系列或奥氏体不锈钢没有磁性，但400系列铁素体不锈钢是有磁性的。作为一类材料，它们具有较高的加工硬化指数，所以不易加工。只有很少几类材料（包括表3.18中的416号钢），由于含有添加剂如硫或硒，比较容易加工。一些免加工材料的耐腐蚀性会稍有降低。

为了退火、硬化或释放应力，可以对不锈钢进行热处理，根据使用要求决定。对同型号或不同型号的不锈钢，都可以很容易地进行焊接。为了将不锈钢与其他金属固定在一起，最好在真空或氮气中进行铜焊。焊接时，由于发生了一种称之为"激活作用"的效果，在焊点附近形成了无铬区，所以使得300系列的不锈钢丧失了耐腐蚀能力。型号后面标有"L"的不锈钢，如304L不锈钢不会有这种变化（Sarafin等，1995）。在低温下，400系列的不锈钢会变得比较脆。

3.4.8 钛合金

钛合金是一种中等密度的无磁材料，经过合金和形变处理会有很高的强度。由于在其表面很容易形成一层牢固的氧化钛，所以具有耐腐蚀性。钛的热膨胀系数与多种冕牌光学玻璃兼容，因此，当环境温度变化较大时，光学系统设计就选用钛合金材料作为镜座和镜筒。表3.18给出的牌号（Ti6A14V）含有6%的铝和4%的钒（按重量）。这些良好的性质包括可加工性和可铸造性。加工期间，刀具磨损很快。经常使用铜焊连接，可以使用硬钎焊，但高温下［约600℉（约315℃）］的氧化反应，可能会改变材料的性质。使用电子束和激光技术，或者使用惰性防护气体（如氮气或氩气），可以获得很好的焊接。采用粉末冶炼法，包括热等静压（HIP）技术，可以制造钛合金零件。

Vukobratovich（2004）指出，在 Wood 和 Favors（1972）编写的手册中，给出了释放钛合金材料（特别是对6A1-4V）中应力的热处理方法。该手册还指出，钛合金材料中应力的释放与时间成指数关系，还与温度有关。尤其是1小时内，在温度是500℉、700℉、900℉和1100℉时应力分别释放10%、15%、60%和95%。按照最实际的情况，在1100℉温度下，大约2h应当是足够了。热处理应当在真空炉中进行，当温度降低到700℉后，才允许空气进入炉内完成最后的冷却。这种处理方法会使钛钢金属有良好的结构稳定性，同时，再提高温度对其性质也不会有大的改变。

3.4.9 碳化硅

碳化硅（SiC）是一种复合陶瓷材料，用不同方法可以生产出不同种类和等级的材料，这些方法包括反应键合或烧结、化学气相沉积、热压及等热静压。作为这类材料，碳化硅有高的强度、刚性、热传导性和硬度。热膨胀系数和密度中等。与材料铍相比，有较低的热膨胀系数和比刚度。脆性不如玻璃，可以经受高热负载，有低的热变形特性。碳化硅有一个优于其他材料的优点，即通过改变结构组分而改善其特性。表3.14给出了三种SiC的重要力学特性。如表3.20所示，可以查到用4种生产技术制备的碳化硅材料的有关资料。

SiC的一个重要应用就是制造反射镜，将在卷Ⅱ第8章进行深入讨论。

表 3.20 主要 SiC 类型的特性

SiC 类型	成分	密度	生产过程	性质①	备注
热压（HP）	>98% α 加上其他	>98%	粉末在加热后的硬模中被热压	高 E、ρ 和 K_{ic} 和 MOR，较低的 k	仅适于简单的形状，尺寸有限
等热静压（HIP）	>98% α/β 加上其他	>99%	热气压力作用在密封的初加工成形的产品上	高 E、ρ 和 K_{ic} 和 MOR，较低的 k	可能适于复杂的形状，尺寸有限
化学气相沉积（CVD）	100% β	100%	沉积在热的卷筒上	高 E、ρ 和 k，较低的 K_{ic} 和 MOR	薄板材，形成形状
反应烧结（RB）	50%~92% α 加上硅	100%	预先焙烧过的铸件或初加工出来的多孔产品与硅一起进行浸渗烧结	较低的 E、ρ、MOR 和 k，最低的 K_{ic}	已经形成复杂的形状，大的尺寸，性质取决于硅的含量

（资料源自 Paquin R. A., *Proc. SPIE*, CR67, 3, 1997a）

① MOR 是断裂模数，Modulus Of Rupture；K_{ic} 是平面应变断裂韧度。

3.4.10 硅

半导体工业的迅猛发展，使单晶硅以人造刚玉的形式得到应用，直径可达约450mm。单晶硅材料适合许多种反射镜应用，尤其是热传递成为问题的反射镜系统，如同步加速器（Underwood 等，1997）和高能激光器反射镜。利用金刚石车削技术可以加工硅材料，如果必要，还可以采用后抛光技术以提高表面光洁度，因此硅材料的加工成本低。由于表面能够直接抛光，无须另外对其进行表面处理，所以又降低了成本，并避免产生双金属弯曲效应（Paquin 和 McCarter，2009）。利用单晶硅基板有可能达到很高的表面质量。例如，Bly 等人（2012）介绍了一种直径 100mm 单晶硅低温测试镜，表面精度是 0.01 个波长（rms）（λ = 633nm）。表 3.16 列出了硅材料的性质。还可以参考卷 II 第 8 章的相关内容。

硅材料的热变形率约低至普通的派热克斯（Pyrex）耐热玻璃反射镜的 1/100，与如超低膨胀材料（ULE）或微晶玻璃（Zerodur）之类具有低热膨胀系数的材料相同。若应用于致冷型高功率光学系统中，则由于硅材料的弹性模数约比低热膨胀系数材料高 2 倍，从而减小了致冷造成的表面变形，因此优先采用硅材料（Anthony 和 Hopkins，1981）。若镀以低损耗反射膜，则硅材料非常适合用作非致冷型高能量激光反射镜基板，与常规的钼致冷反射镜相比，大大降低了成本（Buelow 等，1995）。

单晶硅的热膨胀系数具有非常好的各向同性，是极好的低温反射镜材料（McCarter 和 Paquin，2013）。20 世纪 90 年代初期，美国国家光学天文台（NOAO）开始对低温硅反射镜开展试验研究，并取得了一定成功（Hinkle 等，1994）。问题是需要在低温下将复制光栅胶结在硅基板上。2004 年，Blake 等人（2004）在 80K 温度下对直径 120mm 的硅反射镜做了测试：光学表面面型在 300~80K 温度范围内的变化量是 4.9nm（rms）。卷 II 第 8 章将详细讨论硅和碳化硅材料的光学和机械性质及其应用。

3.4.11 复合材料

复合材料将两种或更多的材料键合在了一起。这些材料可以分为 4 种类型：聚合（树脂）基复合物（PMC）、金属基复合物（MMC）、陶瓷基复合物（CMC）及碳基复合物，包括碳/碳基（CCC）。它们都比单一成分的材料好得多，其性能（尤其是热膨胀系数）都可以在制造过程中通过改变其成分进行调整。材料的增强能力可以是连续的（均匀排列的纤维），也可以是不连续的（短纤维、须状丝和微粒）。典型的连续增强材料是石墨、玻璃和芳族聚酸胺［凯芙拉（Kevlar[TM]）和 Spectra[TM]］纤维。Zweben（1999）给出了一些表格，列出了多种复合物的物理性质，在此给出的表 3.21 只是其中一个。对于光学仪器应用，也可以使用其他类型的纤维，但这些纤维主要是专利材料，有些特性并不实用。

对光学仪器，最重要的两类复合材料是 PMC 和 MMC，本节重点就放在这几类复合材料的讨论上。表 3.22 将航天工程应用中的几类复合材料进行了比较，其中多数材料都可以用于光机元件和结构件。需要注意的是，该表给出了碳与石墨之间的区别。Lubin（1982）介绍了每一类材料的制造过程。与石墨纤维相比，碳纤维有比较高的极限抗拉强度，但杨氏模量较低（即刚性稍差）。

表 3.21 部分单向聚合基复合物（PMC）的物理性质

纤维类型[①]	密度/ (g/mm^3)， 或（lb/in^3）	轴向 CTE/ (10^{-6}/K)， 或（10^{-6}/°F）	横向 CTE/ (10^{-6}/K)， 或（10^{-6}/°F）	轴向热导率/ [W/(m·K)]， 或[Btu/(h·ft·°F)]	横向热导率/ [W/(m·K)]， 或[Btu/(h·ft·°F)]
E-玻璃	2.1 （或 0.075）	6.3 （或 3.5）	22 （或 12）	1.2 （或 0.7）	0.6 （或 0.3）

第 3 章 材料的光机性质

(续)

纤维类型①	密度/ (g/mm³), 或 (lb/in³)	轴向 CTE/ (10^{-6}/K), 或 (10^{-6}/℉)	横向 CTE/ (10^{-6}/K), 或 (10^{-6}/℉)	轴向热导率/ [W/(m·K)], 或[Btu/(h·ft·℉)]	横向热导率/ [W/(m·K)], 或[Btu/(h·ft·℉)]
芳族聚酰胺	1.38 (或 0.050)	-4.0 (或 -2.2)	58 (或 32)	1.7 (或 1.0)	0.1 (或 0.08)
硼	2.0 (或 0.073)	4.5 (或 2.5)	23 (或 13)	2.2 (或 1.3)	0.7 (或 0.4)
标准碳 (PAN)②	1.58 (或 0.057)	0.9 (或 0.5)	27 (或 15)	5 (或 3)	0.5 (或 0.3)
超高模数碳 (PAN)	1.66 (或 0.060)	-0.9 (或 -0.5)	40 (或 22)	45 (或 26)	0.5 (或 0.3)
超高模数碳 (沥青)	1.80 (或 0.065)	-1.1 (或 -0.6)	27 (或 15)	380 (或 220)	10 (或 6)
超高热传导性 (沥青)	1.80 (或 0.065)	-1.1 (或 -0.6)	27 (或 15)	660 (或 380)	10 (或 6)

(资料源自 Zweben, C, *Proc SPIE*, 3786, 148, 1999)
① 假设光纤的容积率是 60%。
② PAN 是聚丙烯腈。

表 3.22　金属基和聚合基复合 (PMC) 材料的比较

材　料	优　点	缺　点	典型应用
金属基			
铝基碳化硅 (SiC/Al) (不连续的 SiC 微粒)	各向同性 模数和强度是相同质量密度下铝合金的 1.5 倍	大多数是不可焊接的, 可加工, 但是刀具的磨损率很高; 与传统的铝合金相比, 展延性比较低	桁架 支架 反射镜和光学工作台
铝基硼材 (B/Al) (连续的硼纤维)	强度重量比高, 热膨胀系数低	各向异性 昂贵	桁架杆件 航天飞机的负载门
聚合基			
芳族聚酰胺/环氧 [即具有环氧基的凯芙拉 (Kevlar™) 和 Spectra™ 纤维]	耐冲击, 比石墨/环氧纤维的密度低, 有高的强度/重量比	吸水, 除气, 低耐压强度, 负的热膨胀系数	太阳能板阵列结构, 无线电频率 (RF) 天线罩 (雷达天线屏蔽器)
碳/环氧 (高强度纤维)	很高的强度与重量比, 高模数与重量比, 低的热膨胀系数, 成功地应用在许多飞行实验中	除气 (取决于基质), 吸水 (取决于基质)	桁架杆件, 夹心板的面板, 光学工作台, 硬壳圆柱体

(续)

材　料	优　点	缺　点	典型应用
聚合基			
石墨/环氧 （高模量纤维）	很高的模数与重量比，高强度与重量比，低的热膨胀系数，高的热导率	低耐压强度，低张力下断裂，吸水和除气（取决于基质）	桁架杆件，天线吊杆，夹心板的面板，光学工作台，硬壳圆柱体
玻璃/环氧 （连续玻璃纤维）	低的导电率，精确地制定制造工艺	比石墨/环氧的密度大，比石墨/环氧的强度和模数低	印制电路板，雷达天线屏蔽器

（资料源自 Sarafin, T. P., et al., conceptual design of structures, in Sarafin, T. P., Ed., *Spacecraft Structures Mechanisms*, Microcosm, Inc., Torrance and Kluwer Scademic Publishers, Boston, MA, 1995, Chapter15, P.507）

聚合基复合材料中使用的树脂可以是热固性，也可以是热塑性，前者使用最为广泛。通过长聚合链的反应链接完成固化，一旦固化，这些树脂就不会重新组合或软化。这类材料包括环氧树脂、双马来酰亚胺、聚酰亚胺、氰酸酯类、热硬化聚合酯类、乙烯酯类和酚醛塑料。它们承受高温的能力有很大差别：环氧树脂可以应用于大约120℃（250℉）的温度中，双马来酰亚胺的约是200℃（390℉），聚酰亚胺的约是250℃（500℉），氰酸酯类的约是205℃（400℉）。所有材料都容易吸收湿气，并且在真空中释放气体。氰酸酯类的性能最好，正逐步替代环氧树脂而成为光学仪器比较理想的树脂材料。固化期间，热塑料会发生相互缠绕，但不会链接，从而使得热塑料类材料可被软化、凝固及重新软化。

具有连续纤维增强作用的复合材料是多层薄板的组合体，这些薄板类似布带或织出来的布。堆叠在一起的纤维可以按照一个方向排列，或按照不同方向排列。方向性使它们在承受面（剪切）内的负载具有正交各向异性（单向性）或准各向同性（多向性）。前者的排列方式适用于制造管子及轴向加载结构，而后者排列方式适用于制造仪表板或夹心结构的面板。图 3.17 给出了两种形式的准各向同性聚酯树脂增强层材料。图 3.17a 中，有8层单向性薄布放置在不同的方向上；图 3.17b 中，有4层薄布放置在两个方向上。每个单向层的典型厚度为 0.00125~0.01in（0.032~0.254mm），最经常使用的厚度是 0.005in（0.127mm）。多向层的厚度通常是 0.0025~0.10in（0.064~0.254mm），最常用厚度也是 0.005in（0.127mm）。

结构设计的最直接目标，就是使用热膨胀系数近似等于零的复合材料进行构架。哈勃空间望远镜中构成主结构的桁架就使用了一种碳增强环氧复合材料。

表 3.17 给出了三类铝基复合材料的机械特性。其中一种金属基复合材料的例子就是 SXA。它采用粉末冶炼技术，使用一种铝合金，如 2124-T6，经过超精细碳化硅丝或粒子增强后制造。SiC 容易使铝材料的强度增大并变硬，提高材料的蠕变阻力。在仪器的结构和光学应用中，SXA 材料的热膨胀系数可以在有限范围内进行调整，使它与界面材料或膜层（如镍）的热膨胀系数相匹配。与没有经过增强处理的基座材料（如反射镜基板或结构杆架元件）相比，它可以有较薄的横截面，或者在不影响刚性的前提下，加工成袋形及设置一些孔来减轻重量，也可以制成泡沫形式的材料，重量非常轻，又有良好的结构性能。Ulph (1988)、Mohn 和 Vukobratovich (1988)、Pellegrin 等人 (1989)、Vukobratovich (1989) 和 Vukobratovich 等人 (1995) 都阐述过 SXA 材料在光学仪器、飞机结构件及导航系统等领域

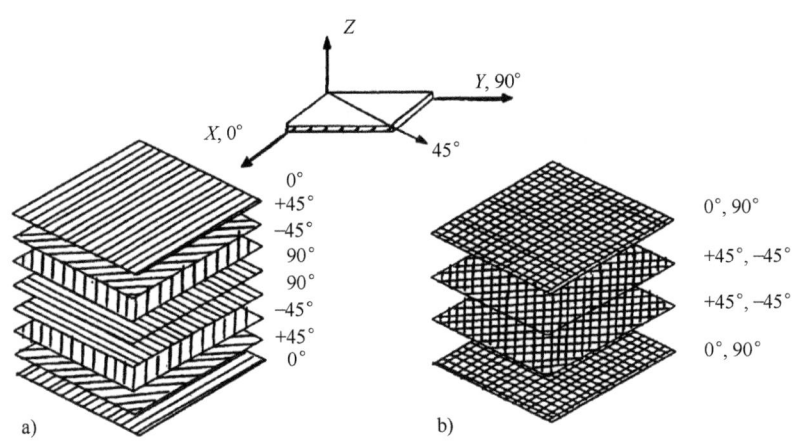

图 3.17 准各向同性层叠复合材料示例
a）按照规定角度叠加的 8 层单向性复合材料 b）按照规定角度叠加的 4 层双向性复合材料
（资料源自 Sarafin, T. P., Heymans, R. L. Wendt, R. G., Jr., and Sabian, R. V., in Spacecraft Structure and Mechanisms, Sarafin, T. P., Ed., Microcosm, Inc., Torrance and Kluwer Academic Publishers, Boston, 507, 1995, Chapter15）

中的应用。

铍铝合金 AlBeMet162^R 材料是一种由美国俄亥俄州 Elmore 市 Brush Wellman 公司生产的专利材料。按照重量计算，这种材料含有 62% 的商业纯铍和 38% 的商业纯铝，比铝材料轻 22%，刚性提高了 3 倍，有更好的热稳定性。这种材料适合轧制成薄板，利用均衡热压技术制成棒材，挤压成条材，以及非常精确地成形。可以进行一般焊接、低温焊接和镀铝一类的膜。

Parsonage（2005）认为，这种材料更适用于反射镜基板。1998 年，一块 15cm（5.90in）直径的反射镜，表面采取化学镀镍，光学表面外形抛光公差方均根值（rms）是 20nm，表面粗糙度小于 1nm。测试表明，当温度从 -50°F 循环到 +150°F 后，其光学表面的外形没有变化，4 年后再次测试，反射镜的质量完全一样，所以材料的稳定性相当好。为了确定其可使用的最大温度范围，对这类材料其他反射镜的测试工作仍在进行中。

3.5 黏合密封剂

在光机仪器中最广泛使用的两类黏合剂有，用来将折射表面固定在一起（如双胶合透镜，光纤之间的连接）的光学胶，以及用于固定机械零件或将光学零件固定到机械零件上的结构胶。对于前一类黏合剂，在使用的光谱范围内必须是透明和匀质的，而后一类黏合剂不要求透明。本节将讨论这两类黏合剂。

3.5.1 光学胶

Hunt（1967）和 Mahe 等人（1979）列出了光学胶应具备的性质，对合适类型进行了详细评估。表 3.23 是对某普通产品的性质列表改编后得出的论述。光学胶的种类从天然树脂（树液）到复杂的聚合材料已经发生了历史性的革命，沿着这些科学思路，大大提高了产品性能（参考 Magyar，1991）。至今，有 4 种基本类型的光学胶能够提供大约 1.47~1.61 范围内的折射率，下面将对其进行介绍。

表 3.23　对光学胶所期望的性质

光学性质	化学和生物性质
在一定的光谱范围内有高的光透过性（透射率） 无色（最小的光谱透过变化） 有与光学界面材料匹配的折射率 最小的荧光性 固化后均匀无应力	具有化学稳定性 对界面材料呈惰性 无毒 耐菌类侵蚀
机械性质	操作性质
固化时有最小的收缩 耐振动、机械冲击和热冲击 在一个大的温度范围内比较稳定 耐紫外和高能量辐射（包括激光） 耐潮湿 薄层就有足够的黏性	很容易配置到所希望的清洁度和黏度 在一个长的时间间隔内，与新胶合元件有比较好的兼容性 如果需要，能够脱胶 容易运输、存储和使用

［资料源自 Hunt，P. G.，*Optical Acta*，14，401，1967；Mahe，C. et al.，*J. Opt.*（Paris），10，41，1979］

3.5.1.1　失液胶

这类高分子量自然或人工合成的黏性溶液，是在一个温度逐渐升高的环境中，通过消除溶液而被固化的。固化过程中会出现大量体缩，需要退火使应力达到最小。加拿大冷杉胶就是这样一个例子，其折射率 $n_D \approx 1.53$，黏性较差。用干热法，或者放在有机溶剂如三氯乙烯或二甲苯中加热，便能使胶合元件分离。

3.5.1.2　热塑胶

有一些纯净或稍有颜色的固体，当加热到约 120℃（248℉）时会转化为液体。缓慢冷却是必要的。癸酸纤维素（Cellulosecaprate）就是一个例子，其折射率约为 1.48，固化过程是可逆的，所以再加热可以将胶合后的元件分开。

3.5.1.3　热凝胶

这些胶基本上都是双组分系统，混合后使用时间很短。室温下就可以完成胶合和对准。广泛使用的一种产品是 Summers 类型 C59 透镜胶。25℃（77℉）时的折射率约为 1.55，70℃时不到 2h 就会固化，实际时间取决于催化剂的含量。这种胶在室温下固化需要 3~6 天，用丙酮可以清洁掉多余的胶。应避免多余的清洁液流到胶合处。将固化后的元件放置在厂商提供的合适溶液中煮沸就可以将其分开。

另一种双组分胶配备有一种可塑剂成分，所以，当采用 Summers 类型 RD3-74 透镜胶做固化剂时，就不会在薄光学元件内出现过量应力。尽管室温下预固化 30min 再在 70℃（160℉）温度下 30min 就可以完成固化，但仍然建议室温下固化时间为 24~36h，具体时间取决于催化剂的比。这种胶在 25℃（77℉）时的折射率也约为 1.55。美军用规范 MIL-A-3920 规定了物理参数、应用方法和测试热硬化光学胶的程序。能够满足该规范的商业用胶包括 Norlan NOA 61（译者注：原书第 3 版是 NOA62）和 Summers C-59、M-62 及 M-65。

3.5.1.4 光凝胶

这类胶都是无色的单组分黏合剂；经紫外光照射固化，在 $0.254\sim0.378\mu m$ 波长范围内有最大吸收；室温下固化和使用。Norland NOA61 是这类黏合剂的典型例子，其折射率约为 1.56。另一个例子是 Summerss SUV-69 透镜胶，25℃（77℉）时的折射率约为 1.55。一般来说，这类胶的固化分为两步：同样距离、同样灯照下一次短的曝光［典型值是 1.2in（30.5cm）距离下紫外太阳灯照射 20min］，接着一次 90min 曝光。如果使用长波长紫外（366nm 波长）荧光管光源，建议第一次曝光 10min，第二次曝光 60min，两者都在 1in（2.5cm）距离。第一次曝光后应小心搬运胶合件，为获得最大的稳定性，搬运前应使胶合处完全固化。

即使胶合件经过较短的紫外光照射，为了能够进行轻微搬运，各公司都要求光硬化元件一定要充分固化，就可以将组件从工装夹具上卸下和清洗。例如，Summers UV-74 透镜胶在 1in（2.5cm）距离上被光源如 General Electric 15-W F-15-T8 荧光管照射 20s，同样辐射条件下再照射 60min，完成全部固化。虽然美军标 MIL-A-3920 是应用于热硬化黏合剂，但 Summers 实验室声称，其研制的 UV-74 类透镜胶也能满足该规范的要求。

为了使胶合产生的机械变形对透过波前产生的影响最小，在将胶合件从其工装上卸下之前，应当保证在完全固化期间整个胶合区域都能受到均匀的紫外光照射。Wimperis 和 Johnston（1984）介绍了一组干涉的质量结果（在 $0.546\mu m$ 处峰峰波前畸变小于 0.1 个波长），实验中使用型号 NOA61 黏合剂将两块石英平板玻璃胶合在一起，胶层厚度 $20\mu m$（0.0008in），用一个均匀照明光源使其曝光固化，保证在 10cm（3.9in）直径空间内的照明均匀性变化量 <10%。

光硬化胶的耐溶剂性比较高，尤其在老化 3 周之后。通常只能在初次固化之后，但在最终固化之前实现脱胶分离，在二氯甲烷（溶液）中浸泡一整夜可能会成功。重要的是第一次固化后要检查胶合件的对准度。

对于光学胶合件的许多应用，紫外固化胶层的胶合强度是足够的，但没有双组分热硬化类那样高。Magyar（1991）解释说，部分原因是紫外固化之后，多碱玻璃与多酸黏合胶之间不完全酸基反应的结果；并指出，将紫外固化后的胶合组件置于 40℃（104℉）温度下 60min，会改善分子间的链接，提高胶合强度。

3.5.2 物理特性

当前，用于黏结光学表面的大部分胶合剂基本上是类似的，除了如助聚剂和聚合引发剂之外，它们的物理特性也类似。如果不能得到某种黏合剂的特定资料，在工程设计中，至少在工程的初始设计阶段，可以使用表 3.24 的所列特性。

表 3.24　普通光学胶的典型物理特性

固化后的折射率 n	$1.48\sim1.55$
热膨胀系数（27~100℃）	63ppm/℃（或 35ppm/℉）
杨氏模量 E	43×10^{10}Pa（或 62×10^{6}lbf/in^2）
抗剪强度	36×10^{6}Pa（或 5200lbf/in^2）
比热容 c_p	837J/(kg·K)［或 0.3Btu/(lb·℉)］

(续)

吸水性（散装材料）	25℃温度24h后0.3%
固化期间的体缩	<6%
黏性	200~320cps
密度	1.22g/mm^3（或0.044lb/in^3）
硬度（肖氏硬度D）	约90
真空中总的质量损耗	3%~6%

3.5.3 透射特性

由于透射能力的限制，上述光学胶仅适用于近紫外到近红外光谱区。图 3.18 给出了光学胶 Norland NOA61 光硬化聚合物的光谱透射比。这种胶在紫外区的吸收特性代表了许多合成胶。

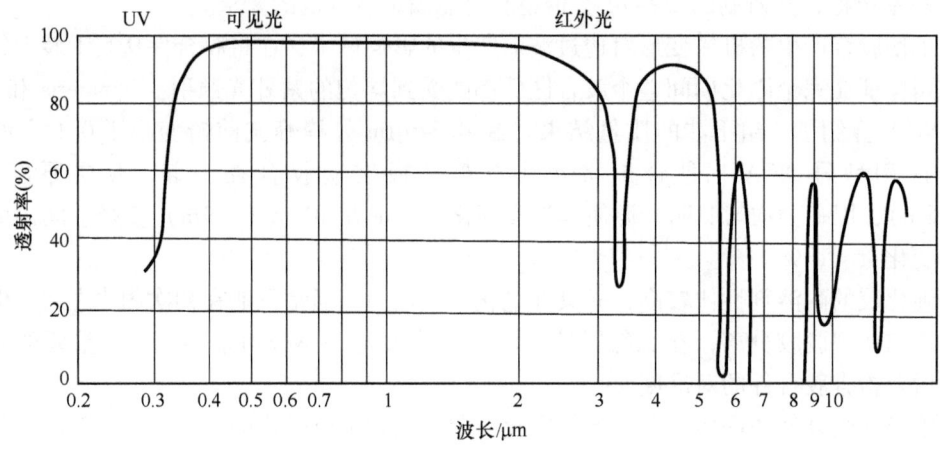

图 3.18 一种有代表性的光硬化光学胶（Norland NOA61）在 0.2~17μm 波长范围内，光谱透射比与波长的关系
（资料源自 Norland Products, Inc., Cranbury, NJ）

Pellicori（1964）指出，加拿大冷杉胶和癸酸纤维素能够透过稍短一些的波长（典型数据是，分别在 0.3μm 和 0.24μm 处约有 50% 的光谱透射比）。而且，人造硅橡胶用作紫外区域的胶合剂有比较合适的特性。后来，Pelliciri（1970）对 5 种人造硅橡胶进行过测试，其中一种（Dow Corning DC93-500）胶层厚度 0.066mm（0.0026in），在大于 0.23μm 的长波范围内，即使受到 10MeV 电子 2×10^6 拉德的辐射之后 7 个月，光谱透射比仍然大于 50%。在更长的波段 $0.32μm < \lambda < 2.2μm$，厚度为 0.060mm（0.0002in）的这些人造硅橡胶的吸收率微不足道。Sedova 等人（1982）介绍过使用催化聚二甲基硅氧烷橡胶作为透紫外胶（称之为 UF-215）的基础，透过范围一直到 0.215μm。

以硅为基础的胶固化后稍微有些软，所以，以该种胶作为两种膨胀系数完全不同的材料之间的黏合剂非常合适（参考 Ivanova 等，1973）。本书第 5 章，将讨论 Sylgard XR-63-489 硅化合物在这一类应用中的特性。还注意到，这种黏合剂可以抗 1.06μm 强激光的透过辐射。遗憾的是，这种材料不再生产，但市场上会找到类似的材料。

Pellicori（1991）介绍过成功使用上述美国康宁公司生产的化合材料（DC93-500）胶合方解石晶体，之后这些密封剂应用于超越木星的空间探索并暴露在极端的温度和高能粒子辐射中而没有出现性能衰减。这种密封物质相当柔软，非常适合晶体非对称热膨胀特性。该应用要求透过紫外辐射，选择的胶要满足此要求。这种材料在真空中有特别低（0.25%）的重量损失，认为非常适合在空间领域用作密封剂或将保护玻璃胶合在太阳电池板上。

Packard（1969）介绍过一种液态环氧树脂 Araldite6010 在 $2\sim14\mu m$ 光谱范围内的光谱透射比。这种黏合剂已经用来胶合红外探测器和光学基板（如透镜），光学基板的材料是 Irtran2 或氟化钡。Ishmuratova 和 Sergeyev（1967）介绍过一种有机硅树脂的红外透过特性，在 $1\sim8\mu m$ 光谱范围内的光谱透射比是 82.1%。

Turtle（1987）发现，非常薄的胶层（$<0.5\mu m$）会将红外光谱区内的吸收效应减少到可接受的值，但胶层中的微小粒子或表面的不平度可能会在薄胶层中造成额外的应力集中。由于这些胶层缺少柔性，如果胶合在一起的元件的热膨胀系数不匹配，在极端温度条件下就会产生很大应力。

Korniski 和 Wolfe（1978）对 8 种黏合剂在 $1\sim5\mu m$ 光谱范围内的折射率进行了测量。为了评估红外应用中胶合层与被胶合零件表面间界面处的菲涅耳损失，需要以该论述作为参考。对于胶与锗界面，有比较大的折射率不匹配，界面处的反射系数大约是 20%。降低折射率不匹配影响的一种方法就是在零件表面镀一层有中间折射率的材料，然后再胶合镀过膜的零件。Willey（1990）为说明该技术专门给出了一个例子，用氧化铝（在 550nm 处折射率约为 1.64）作为中间膜层，降低胶层处高折射率玻璃对可见光的反射。Pellicori（1991）介绍过另一种类似例子，用环氧树脂或其他胶进行胶合之前使用硫化锌或硒化锌对锗完成镀膜。

Pellicori（1991）建议，在 $3\sim5\mu m$ 光谱范围内使用如 Epo-Tek301（一种环氧树脂）、Eastman910（一种氰基丙烯酸盐黏合剂）或 Eastman HE-S-1（一种改良型的甲基丙烯酸丁酯）作为可能的黏合剂。他还指出，使用高折射率材料如比较厚的三硫化二砷或硒化物的熔化层胶合红外材料是可能的，但成功率较低。

3.5.4 光学表面胶合

Sharp 等（1980）阐述过一种胶合光学表面的方法，该方法适用于曲率半径完全相同的曲面或平面，同样的胶合技术可以应用于玻璃元件和塑料元件。这种方法成功的秘诀就是超净室或层流净化罩，胶合之前使用干净的镜头拭纸、无水溶液（如酒精）擦拭，接着使用纯丙酮将匹配表面擦拭得非常干净。Sharp 等（1980）建议，一旦完成清洁，就要让匹配表面在无胶的情况下仔细地合在一起，查看干涉条纹，检查是否有灰尘。如果清洁，就让这些表面先光胶在一起，直到所有胶合准备工作都完成再继续，从而将污染机会降至最低。还要指出的是，最终一次清洁工作完成后的 20min 内应当完成胶合工作。

胶合的过程大致如下：配对透镜组的上透镜要抬升得足够高，允许将一滴或几滴黏合剂（取决于胶合的尺寸）放置在下透镜暴露面（凹面）的中心附近，然后将上透镜缓慢降落，沿横向稍做移动，直至胶液扩展到整个透镜胶合区。使用这种方法可以将气泡赶出胶层。必须小心地处理黏性较小的黏合胶，避免挤压出的胶层太薄。胶层的典型厚度值应当是 $8\sim13\mu m$（$0.0003\sim0.0005in$）。Horne（1972）给出了用不同类型的黏合剂胶合不同形状元件的操作方法。黏合剂生产厂商可以为其产品的使用提供详细说明书。

对几乎所有的胶合件来说，最重要的是胶层不能呈楔形。如在透镜边缘选出的三个（标出的）点上，测量出两个元件的边缘厚度，胶合后再次测量出组件的边缘厚度，就可以计量出胶合引入的楔形。如果玻璃与胶层的折射率差足够大，在单色光照射下，应当看到平行玻璃表面之间的干涉条纹。应用这种方法，借助正确的仪器，可以在胶合件固化过程中校验两个元件的对准程度。

对于透镜一类的元件，沿其边缘倒角对光学面进行正确的胶合将起着重要作用。这些倒角为胶层边缘的过量胶液提供了一个小存储池。随着胶液的固化，胶层的收缩会将倒角处的一小部分胶拉进胶合处。如果倒角槽中没有足够的胶液，或者设计没有给出足够大的倒角，在胶合组件边缘附近就可能会出现不正确的黏结。

一般来说，配对胶合元件的精确对准是在一个工装夹具上完成的，应用机械原理在一个球形表面上实现三点、等间隔接触，以及对每一个元件单独施加横向力进行调整。标准的实施过程中通常的做法是让上、下元件的接触面在方位方向有一个60°的相位差。图3.19给出的就是一般的工装图。作用在光学元件边缘的弹性力可以调整，这是胶合使用的工装夹具必须具有的一个特性。如果使用紫外光线固化胶合胶，设计工装夹具要使整个胶合孔径都能接受均匀的辐射。

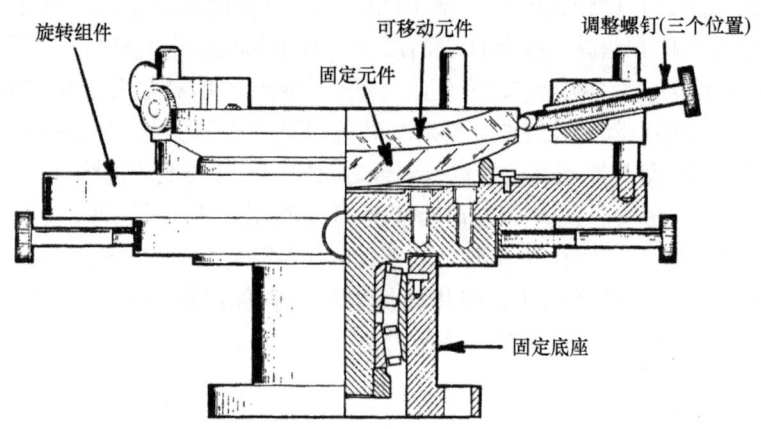

图 3.19 胶合期间保证透镜元件横向（同心）对准的工装夹具图
（资料源自 Home, D. F., *Optical Production Technology*, Adam HilgerLtd., Bristol. England, 1972）

3.5.5 结构件黏合剂

已经发现，在光学仪器的设计和生产中非常喜欢使用各种黏合剂替代螺钉、铆钉、压板及其他形式的紧固件。如果应用于结构件的黏结，它们的作用就是将零件组合成一个整体，不可拆分。与机械方法制造出的零件相比，黏结后的结构件重量轻、成本低、易于装配。与机械紧固方式相比，它们会使应力的分布更均匀，并多少具备些柔性。在某些应用中，包括要承受很高的机械力和要求阻尼的情况，该特性就有很大优势。人造硅橡胶一般不用作黏合剂，因为它们的结合强度低，但正如下一节所介绍的，如果为了密封或阻尼特性，这种材料特别有用。

大部分黏合剂要黏结牢固，都要求被黏合零件表面有一定的微粗糙度，并且在受到压力或切应力时性能最好。抗拉应力的能力要稍稍低于抗切应力的能力。如果可能，应避免剥落

第3章 材料的光机性质

和撕裂。Grandilli（1981）及厂商提供的资料都会给出使用普通黏合剂时的清洁、装填和黏结技术。表3.25对有代表性的结构黏合剂的物理性质进行了总结。挑选出的这些材料是不同类型成分的代表，适于不同的应用要求，这里不再赘述用于某种特定领域的所有胶的种类或参数。在使用之前，应当咨询厂商并取得更详细的资料。对较重要的应用，建议对选择的材料进行测试，对厂商的数据进行确认。

表3.25　有代表性的结构黏合剂的典型力学特性

材料（厂商代码）[①]	推荐温度下对应的固化时间	非固化时的黏度/cP	某温度（℃）下的切变强度/MPa，或（lbf/in²）	使用温度范围/℃，或 ℉	CTE α/$(10^{-6}/℃)$，或 $(10^{-6}/℉)$	黏结层厚度/mm，或 in	杨氏模量 E/MPa，或（lbf/in²）	泊松比 ν
单组分环氧胶								
2214 普通灰 (3M)	121℃下 60min	触变胶（铝填充）	在-55℃时 20.7（或3000） 在24℃时 31.0（或4500） 在82℃时 31.0（或4500） 在121℃时 10.3（或1500） 在177℃时 2.7（或400）	-53~121（或-63~250）	在0~80℃范围内是49（或27）		约5170（或7.5×10⁵）	
双组分环氧树脂								
MILBOND 1:1（重量比）混合比（SO）	71℃下3h 25℃下7d		在-50℃时 17.7（或2561） 在25℃时 14.5（或2099） 在70℃时 6.8（或992）	-54~70（或-65~158）	在-54~20℃时62 在20~70℃时72	0.381±0.025（或0.015±0.001）	在-50℃时592（或8.6×10⁴） 在20℃时158（或2.3×10⁴）	
2216 B/A[②] 灰 2:3（体积比）混合比（3M）	93℃下30min 66℃下2h 24℃下7d	约80000	在-50℃时 13.8（或2000） 在24℃时 17.2（或2500） 在82℃时 2.7（或400） 在121℃时 1.3（或200）	-55~150（或-67~302）	在0~40℃ 102（或57） 在40~80℃ 134（或74）	0.102±0.025（或0.004±0.001）	约689（或1.0×10⁵）	约0.43
2216 B/A[②] 半透明1:1（体积比）混合比（3M）	93℃下60min 66℃下4h 24℃下30d	约10000	在-50℃时 20.7（或3000） 在24℃时 13.8（或2000） 在82℃时 1.4（或200） 在121℃时 0.7（或100）	-55~150（或-67~302）	在-50~30℃时81（或45） 在60~150℃时207（或115）	0.102±0.025（或0.004±0.001）	约475（或6.9×10⁴）	约0.43

（续）

材料（厂商代码）①	推荐温度下对应的固化时间	非固化时的黏度/cP	某温度（℃）下的切变强度/MPa，或（lbf/in²）	使用温度范围/℃，或°F	CTE α/(10^{-6}/℃)，或（10^{-6}/°F）	黏结层厚度/mm，或in	杨氏模量 E/MPa，或（lbf/in²）	泊松比 ν
聚氨酯橡胶								
3532 B/A 棕 1:1（体积比）混合比（3M）	24℃下24h	30000	在-40℃时13.8（或2000）在24℃时13.8（或2000）在82℃时2.1（或300）			~0.127（或~0.005）		
U-05FL 灰白2:1（体积比）混合比（L）	25℃、50% RH下24h		25℃时5.2（或7.50）			0.076~0.229（或0.003~0.009）		
紫外固化								
349 单组分（L）	100mW/cm² 紫外光照固定：基本无间隙照射<8s 完全固化：0.25间隙照射36s	约9500	11.0（或1600）	-54~130（或-65~266）	80（或44）	<0.35（或<0.014）		
OP-30 单组分、低应力（DY）	200mW/cm² 紫外光照10~30s	400	5.2（或750）	<150（或<302）	125℃时111（或62）		17.2（或2500）	
OP-60-LS 单组分、<0.1%的固化收缩（DY）	<300mW/cm² 紫外光照5~30s	80000	31.7（或4600）	-45~180（或-50~350）	<50℃时27（或15）>50℃时66（或37）		6900（或1.0×10⁶）	
氰基丙烯酸盐黏合剂								
460（L）	固定：22℃下1min 完全固化：22℃、50% RH下24h	45	11.7（或1700）		80（44）	很小		

（资料源自Yoder, P. R., Jr., *Mounting Optics in Optical Instruments*, 2nd edn., SPIE, Press, Bellingham, WA, 2008, P. 732）

① 厂商代码/网址：(3M)，3M/www.3m.com；(SO) = Summers Optical/www.emsdiasum.com；(DY) = Dymax Corp/www.dymax.com；(L) = Loctite/www.loctite.com。

② 混合后和使用前将这些黏合剂置于真空中，利于脱气以消除气泡。

3.5.5.1 节讨论的机械结构（即金属-金属）应用中的多种黏合剂也可以用来将光学件固定在机械零件上。一些典型的硬件应用实例将在本书的后续章节讨论。正如下一节要讨论的，一些人造硅橡胶和环氧树脂对于光学零件（玻璃或塑料）之间的胶合非常有用。美军标 MIL-A-48611 适合作为军用仪器中胶合玻璃-金属的黏合剂材料。美军标 MIL-B-48612 规范了使用这些胶合剂的方法。

一般来说，黏合剂包含的成分不会通过化学方法聚合成分子结构，但可能有挥发物产生。如果这些表面暴露于真空和高温环境下，可能会在一个称为放气、去气或"冒烟"的过程中释放出这些物质。挥发出的材料作为一层污染物会凝聚在附近较冷的表面上，特别容易受到影响的是航天载荷中的光学表面、太阳电池板、热控制表面及电器插头。一些生产厂商提供的数据资料会给出高温下或真空中质量损耗的百分比，显示出该产品对空间应用环境的适应程度。

下面讨论光机应用中经常使用的一些黏合剂材料。美国国家航空航天局（NASA）维护着一个黏合剂脱气的数据库：http://outgassing.nasa.gav/。根据美国材料试验协会（ASTM）E595-77/84/90 除气标准测试黏合剂的脱气及其测试结果，若航天飞机应用领域中总的质量损耗最大值（TML）不大于 1.0%，并且，收集到的可冷凝挥发性物质（CVCM）最大值不大于 0.10%，则认为使用该黏合剂是可行的。有时，也可以利用这些标准为非常关注脱气问题的地面应用选择黏合剂。

3.5.5.1　环氧树脂

环氧树脂是万能热硬化树脂。作为广泛应用的一类材料，有着显著的热性能和黏结性能，并能配成液状、膏状、带状、薄膜状和粉状树脂。液状和膏状广泛用作单组分类材料和双组分类材料。一些材料可以在室温下固化，如果这些材料是在 350℉（175℃）以上的温度固化，会有更好的热性能和力学性能。某些类型的环氧树脂材料含有粉末状金属或其他填充物，用以改善某些特定应用所需要的性质。例如，银粉可以提高导电性，氧化铝增大导热性，石英粉可以用作增厚剂。

3.5.5.2　聚氨酯橡胶黏合剂

无论单组分形态，还是双组分形态，聚氨酯橡胶（或者聚合聚氨酯橡胶）黏合剂都可以持久地将许多种基板牢固地黏结在一起。由于其固有的柔软性，所以特别适合黏结非刚性零件和具有不同热膨胀系数的材料。对环境的适应能力比环氧树脂差，可以适应的最高温度是 100℃（212℉），在较低温度环境会工作得很好。

3.5.5.3　氰基丙烯酸盐黏合剂

这些材料是单组分黏合剂，如果零件表面存在碱性潮气和离子物质，该黏合剂就会发生固化。为了使这种材料与惰性或酸性表面黏结得最好，可以使用表面触媒剂或催化剂加速聚合。由于此材料的黏性较低，所以最好应用在光洁的密接表面上。完全固化的时间通常都很短，在合适的条件下会少于 30s。一些改进型材料含有人造橡胶，用以提高柔软性和填缝能力，增加这类添加剂易于增长固化时间。这种材料会很快黏结皮肤，应用中一定要小心，使用时还应对眼睛进行保护。

在一定条件下，这些黏合剂的使用会受到一定限制，包括在温度高于 71℃（160℉），尤其是在高湿度环境中可能会使胶合失败。对玻璃或陶瓷的胶合强度会随时间而降低。未固化的黏合剂挥发的蒸气沉积在邻近的表面上，会留下一种白色的残余物。美军标 MIL-A-

46050 就规范了氰基丙烯酸盐黏合剂的使用。

3.6 密封胶

人造硅橡胶是一种惰性化学聚合物，在 -80~204℃ (-112~400℉) 温度范围内性质很好。某些改进型材料也可以短时间暴露于高温环境中。它们可在室温或高于室温下固化合成。由于室温硫化 (RTV) 形式易于使用，所以特别流行。通常的建议是，在应用 RTV 合成材料之前，应该对金属表面进行预处理。使用这些人造硅橡胶主要是填缝、密封间隙、保护表面和元件免受潮气影响或与大气成分发生有害反应。尽管在某些情况下可以用这些材料将重量较轻的元件正确地胶合在一起，但一般，不认为这些材料是结构黏合剂。不同型号的未固化材料的黏性是不一样的，可以从自流稠度（有时称为"自调平稠度"）到厚的膏状。一些未固化材料具有触变黏度，也就是说，如果它们没有受到扰动，会呈现类凝胶体状，一旦受到搅动或摇动时就会变成流体。在真空中固化或后置固化时，一些挥发性成分就可能从产品中释放出，这种过程称为"放气"。一些专门配方生产的密封剂，如康宁（Dow Corning）DC93-500，就有比较低的挥发性。因此，真空中的质量损失就会最小。这些材料一般应用在空间载荷领域。

固化时间通常取决于温度，具有以下典型特性：在 25℃ (77℉) 温度时 1~2d，在 65℃ (149℉) 温度时 4h，在 100℃ (212℉) 温度时 1h，在 150℃ (302℉) 温度时 15min。固化时间与大气湿度也有关系，上述这些变化的相对湿度大约是 50%。较高湿度会使固化时间稍有缩短。因为这些材料是从表面向内固化，所以使体内中心处完全固化可能需要较长时间。一些室温固化的密封剂需要增加催化剂。选择催化剂决定着固化时间。这些材料可以是任意厚度，也可以在任何禁限环境中固化。

如果人造硅橡胶受到污染，或者污染表面用含硫材料或有机金属含盐材料（如丁基合成橡胶、氯化有机橡胶或其他不明成分的人造硅橡胶）密封，这种情况下尽量不要固化。为了将密封胶正确地黏结到元件上，必须仔细选择密封胶的材料，还要非常仔细地清洁零件表面。

这些材料的一些改进类型具有不同颜色（如白色、黑色、红色、绿色等），透明和半透明。大部分材料的热导率约为 $8.4W/(m^2 \cdot K)$，只有几种密封胶添加了辅料，可以将热导率提高到上述值的 5 倍，从而扩大了它们的使用范围，可以用作电子元件及其他稳温元件的柔性封装材料和电器外封胶。

表 3.26 给出了一些代表性密封胶的典型物理特性。它们都可以应用于不同领域，具有不同的成分。在此不赘述某种具体应用中所有类型的材料及其参数，如果需要应用于某个设计中，应先与厂商联系，以得到更为详细的资料。

根据 Valente 和 Richard (1994) 的研究，空间载荷环境下使用的密封剂 (Dow Corning DC93-500) 的杨氏模量 E 和泊松比 ν 的典型值分别是 500 lbf/in^2 (3.45×10^6 Pa) 和约 0.50。对于某些人造橡胶的泊松比值，Vukobratovich (2001) 建议使用 0.43。因为固化和测试条件的变化及批次间的差别，一般来说，生产厂商都不会给出人造硅橡胶的光机性质。表 3.26 中给出的值在初始设计阶段应作为"经验数据"参考使用。如果应用于高性能的仪器，则要通过试验确定其在特定环境中的精确值。

第3章 材料的光机性质

表 3.26 一些密封胶的典型力学特性

材料（厂商代码）[1]	推荐温度下对应的固化时间	非固化时的黏性[2]	固化后的硬度（肖氏A类）	使用温度范围/℃，或°F	25℃下3天后的收缩量（%）	一定温度下若干小时后质量损耗（%）	CTE α/(10^{-6}/℃)，或(10^{-6}/°F)	抗拉强度/MPa，或(lbf/in^2)
单组分硅橡胶产品								
732 (DC)	25℃和50%RH下24h (0.125in的密封圈)	在90 lbf/in^{2}气压下0.125in内径孔处流量320g/min	25	连续时-60~177（或-76~350）间歇时<204（或400）		乙酸		2.2（或325）
RTV112 (GE)	3mm厚度，25℃下24h	200P	25	连续时<204（或400）间歇时<260（或500）	1.0	乙酸	270（或150）	2.2（或325）
双组分硅橡胶产品								
93-500 10:1混合（重量比）(DC)[3]	77℃和50%RH下，7d		40	-65~200（或-85~392）	0	125℃、<10^{-6} Torr真空度条件下，24h后，0.16	300（或167）	
RTV88 200:1混合（重量比）(GE)	25℃和50%RH下，24h	8800P	58	连续时-54~260（或-65~500）间歇时<316（或600）	0.6	酒精	210（或117）	5.7（或830）
RTV560 200:1混合（重量比）(GE)	25℃和50%RH下，24h	300P	55	-115~260（或-175~500）	1.0		200（或110）	4.8（或690）
RTV8111 33:1混合（重量比）(GE)	25℃和50%RH下，<72h	99P	45	-54~204（或-65~400）	1.0	酒精	250（或140）	2.4（或350）
其他产品								
EC8OI B/A[5] 聚硫密封胶(3M)	不剥落：25℃下<72h完全固化：25℃下1周	黏性液体	35~60（40 Rex）[4]	-54~82（或-65~180）				

（资料源自 Yoder, P. R., Jr. *Mounting Optics in Optical Instruments*, 2nd edn., SPIE, Press, Bellingham, WA, 2008, P.734）

[1] 厂商代码/网址：(3M),3M/www.3m.com；(GE),general electric/GE.com；(DC), Dow Corning/www.dowcorning.com。
[2] 单位：g/min，克每分钟，挤压速率的单位；P，泊，$1P = 10^{-1} Pa \cdot s$；cP，厘泊。
[3] 使用之前真空除气。
[4] 采用 Rex Gauge 公司制造的一种量规测量出的材料硬度。——译者注
[5] 该型号聚硫密封胶未在3M网站找到相关资料。——译者注

适用于人造硅橡胶密封剂的美军标是 MIL-A-46106。而美军标 MIL-S-11030 适合聚硫人造硅橡胶。例如，3M EC-801，这是一种可擦拭的双组分材料，当今用作燃油箱的密封剂。在发明 RTV 类材料之前，该材料在美国被广泛用做军用光学仪器的密封剂，现在仍少量用于将光学零件密封在机械镜座中。

3.7 光机材料专用膜层

有关光学仪器设计的文献阐述镀膜问题时，首先想到的是涂镀到光学基板上的薄膜。该膜层会使入射到光学元件上的光辐射经反射或透射后，其光谱强度分布或偏振状态得到改变，但在此不准备讨论这类膜系。"镀膜"更恰当的定义是，在光学零件和机械零件表面特别增加一层（某种）材料或表面涂层。其目的如下：①保护这些零件免受损伤或在不利环境下性能退化；②实现一些特殊功能，如降低或提高零件表面的光谱吸收比或发射率，通常是为了抑制杂散光，或者出于吸散热的原因；③为金刚石车削或抛光光学件，如金属反射镜，提供一个更合适的表面，使其加工到一个光滑的微粗糙度水平。有关传统的薄膜光学镀膜设计的资料，感兴趣的读者可以参考其他著作，如 Macleaod（1986）、Rancourt（1987）和 Willey（1996）的著作。

3.7.1 保护膜

正如本书第 2 章所述，腐蚀是材料与环境之间一种很普遍的相互反应。它以下述形式存在：摩擦腐蚀形式（由于零件间的相对运动，损伤了表面的氧化保护层）；电侵蚀形式（不同材料之间的电子流动——通常在湿气的条件下）；氢脆化形式［由于原子氢扩散到一种金属中，使它容易变脆断裂］；或者应力腐蚀裂纹形式［在张应力作用下，一个蚀坑延伸（或者生长）到一条裂缝中］。为了降低腐蚀的影响，对特别易腐蚀材料的暴露表面应涂镀各种膜层。下面讨论常用的镀膜。

3.7.1.1 油漆

大部分油漆都是成膜胶合剂（保留连贯性）和色素（保留颜色和不透明性）的混合物。普通类型的油漆是以油或水作为基质材料的漆、清漆（一种树脂和干性油的混合物）、瓷釉或珐琅（用清漆或人造树脂作为黏合剂），或者聚合物（如丙烯酸或乙烯基）。对光学仪器，瓷釉和聚合物是最经常使用的，在生产工序中要求快速干燥的情况下，更是如此。粉末镀膜是将固体放置在表面上，加热形成一种连续的薄膜。有时要增加一些成分，如薄铝片、锌粉、玻璃珠、杀真菌剂、硅或催化剂。为了膜层的牢固性，需要对涂镀表面进行适当的准备（清洁，有时还要粗加工），并且使用多层漆，包括底漆。

3.7.1.2 电镀和阳极镀

经常将镉、铬和镍金属通过电镀的方法覆盖在其他金属上，以保护后者表面免受腐蚀。通过在熔化了的锌中浸渍，在锌粉中加热和翻滚（镀锌过程），电解沉积（或者电镀），使用雾化金属粉进行粉末火焰喷涂（金属喷镀）对含铁的金属进行电镀。另外，也使用电镀的方法将镉镀在铁质零件上，但牢固性会由于大气中存在的硫而受到削弱。常常使用电镀铬来保护碳钢和因瓦合金，在涂镀铬之前要加镀一层镍。铬层很硬，可以起到免受磨损和腐蚀的保护作用。

通常是用一层薄的氧化铝薄膜保护铝合金。在一个铬酸、硫酸或草酸电解液槽中，将铝合金零件作为阳极，就可以在零件表面形成氧化铝保护膜。以这种方式形成的氧化表面会使零件的外形尺寸稍有增加，因此，在连接零件之间的精确定位和对准时应考虑到这一点。阳极镀是不导电的，这种方法不能用于导电表面。使用一种黑色氧化镀膜来实现对杂散光（除掠入射外）的抑制。若考虑美观，阳极镀还可以镀出其他一些颜色。

为了提高不锈钢零件的抗自然腐蚀能力，将该零件作为弱酸电解液槽中的一个低压线圈的阴极，从而使其得以钝化。

3.7.1.3 专用镀膜

近几年，一些专利镀膜已经应用于光学仪器中的金属零件和其他领域。在此，讨论两种此类镀膜。

第一种专用镀膜利用的是室温碱性电解工艺，就是在钛合金上镀一层硬膜。当一钛合金表面与另一钛合金表面摩擦时，这种膜层会降低表面的损伤，一般来说会提高其耐磨损能力。在这种钛化工艺（Tiodize）中（该工艺是由美国 Tiodize 公司创造的），膜层渗入零件表面，再经过超声清洗或磨光后，将最外面的软层去除掉，因而不会增加外形尺寸。这种工艺应用在高性能透镜系统的加工制造中，其中包括一个钛合金镜筒中钛钢透镜镜座的过盈配合。

第二种专用镀膜利用的是美国 General Magnaplate 公司发明的镁化工艺。这种技术提高了镁金属零件的耐腐蚀能力，并使镁零件的表面变硬。清洗之后，零件表面发生化学变化，生成一层水合氧化镁，这是一种多孔渗水陶瓷。然后，这层薄膜与一种聚合物或密封剂相结合形成保护膜。这种膜层比较硬，有较低的摩擦力，可以保护易受腐蚀的镁表面。表面厚度增大约 0.0003~0.0020in（0.008~0.051mm）。

Lytle（1995）讨论了一些提高塑料光学件光谱反射比的专用镀膜。这类膜层通常是将如金属铝和铬真空电镀在光学表面上。为使表面镀膜更为牢固，可以在金属表面镀一层电介质保护膜。在铝膜上通过真空沉积，在铬膜上用喷涂或浸渍一种有机材料来实现保护膜的涂镀。Lytle（1995）还介绍了一些在聚合材料光学元件的折射表面，如光学仪器的透镜和眼镜上涂镀增透膜/增反膜（A/R）、耐磨损膜和抗静电膜的技术。这些膜层通常采用真空镀完成或使用喷涂、浸渍及离心工艺实现。

3.7.2 光学发黑处理

许多光学装置的内表面都要涂黑，以减少系统内部的杂散光反射。在挡板上，一些结构支架如三脚架和叶片、辐射探测器和太阳能收集器的敏感表面及空间载荷系统的温控表面上都需要涂吸收漆。Pompea 和 Breault（1995）对适合此类应用的多种油漆、镀膜及表面处理和典型的测量方法及大量的其他相关资料进行了广泛总结。为了简单化，本书将这些表面处理方法定义为光学发黑处理技术。

光学发黑镀膜具有一些组合特性，从而决定了其功能：①内含一些光吸收材料，如黑色染料、炭黑粒子或碳硅粒子；②在仪器的腔体、凹槽或裂缝处形成多次反射；③会对不平整表面产生的辐射形成散射；④辐射会在一种多层结构内形成干涉。每一种特性都会对波长稍有依赖，因而针对某种应用的具体要求，必须对光学发黑镀膜进行设计。在一种波长下是能量吸收，而在另一种波长下就可能造成辐射，因此干扰了系统的热平衡。

一种广泛使用的光学发黑镀膜就是马丁黑（Marting Black）镀膜这是一种具有凸凹形状的着色阳极氧化镀膜（见图3.20），与铝表面结合后，可以在一个宽光谱范围内很好地工作。其他光学发黑镀膜中的纹理结构类似马丁黑，但看起来像重叠的拉长粒子阵列，或者竖直管状结构阵列。所有这些薄膜测量出的横向尺寸都只有几微米。

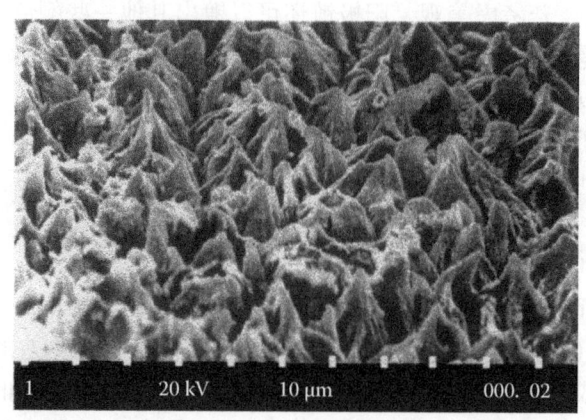

图3.20 一种着色阳极氧化铝表面马丁黑镀膜的 SEM 图。这种表面用于对紫外光、可见光和红外光进行衰减

（图片源自 Stephen M. Pompea，Pompea and Associates，Tuoson AZ）

另一种重要的发黑膜是为提高红外（IR）硬件设备中热控制能力而研制的波尔（Ball）红外发黑（Ball Infrared Black）膜，具有散射表面的特点，有效发射率小于50K。据报道，这种专利涂料符合空间应用的技术要求。

在选择光学发黑镀膜类型时，一些需要慎重考虑的因素包括极端温度和温度变化、冲击和振动、太阳辐射和核辐射、磨损及潮气等因素下的灵敏度。如果是空间应用，还有一些潜在因素，如微小陨石的伤害、除气、与失重有关的问题，以及由于暴露于原子氧中造成的重量损失和老化问题。一种马丁黑改进型（称为加强型马丁黑）镀膜已经成功发明，在受到低绕地运行轨道中原子氧的腐蚀时，可以提高发黑镀膜的耐久性。大部分光学发黑镀膜较脆，若其表面上落有灰尘或其他残渣，比较难于清洗。一些镀膜在后续工序和应用期间很容易受到损伤，有时候这些镀膜失效是由于基板弯曲，所以结构的刚性很重要。

需要对光学发黑镀膜性能进行的一种常规测量，就是它的双向光谱反射比分布函数（BRDF）。这种测量定义为反射后的辐照度与入射辐照度之比。该函数随入射角和辐射波长而变化。上述的各种衰减源容易使入射光在镀膜表面某一局部区域发生散射，以至于使表面的正常光谱反射转换成一种三维（3D）有限范围内的传播，散射范围从几分之一度到几十度。

Pompea 和 Breault（1995）正确地指出，为某种应用选择合适的光学发黑镀膜是一个系统（工程）的问题，应当在设计过程中尽早考虑。所有的因素，包括在系统中的位置、基板材料、对光谱的要求、设计所需要信息的有效性、性能要求、系统中其他部件的影响、可加工性、环境恶化、维修性、成本和计划都应当彻底检查。

3.7.3 改进表面平滑度的镀膜

3.7.3.1 镀镍

有时候，金属反射镜的光学表面会镀电解镍（EN），或者更常见的是化学镀镍（ELN）。化学镀镍使用的镍含有8%~11%的磷。与没有电镀的基板相比，两种电镀都会形成一个更平滑的表面，会降低表面的散射性能。红外应用中对反射镜表面粗糙度方均根（rms）的典型要求值约是4nm（译者注：原书单位为"埃"，不是法定单位，此处已经进行相应修改）。为了满足这种精度要求，只能采用电镀工艺，接着对镍表面进行金刚石车削和抛光。

镍的热膨胀系数是$13.5\times10^{-6}/℃$，与反射镜通常使用的材料铝和铍的热膨胀系数相差较大，铝和铍的热膨胀系数分别是$20.3\times10^{-6}/℃$和$11.5\times10^{-6}/℃$，所以当温度变化时会出现双金属效应。Vukobratovich等人（1997）和Moon等人（2001）分析了在65K温度下使用时，直径180mm、材料6061-T651铝合金、不同构型反射镜的双金属效应。正如先前所讨论的，在反射镜两侧电镀相同类型和厚度的镍膜，并非能完全消除双金属效应，而且增加反射镜的厚度也不能避免反射镜变形。对于某个设计，需要使用有限元分析法精确确定该问题的数值。

3.7.3.2 镀铝

这种专利镀膜是将大于99.9%的非定形铝电镀在铝零件如反射镜基板上，形成一个薄层，经过金刚石车削或抛光可达到特别高的光洁度。这种镀膜是由美国AlumiPlate公司发明的。该膜层厚度约为0.005in（0.125mm）。由于有最小的双金属效应，该膜层在低温下工作得很好（参考Vukobratovich等，1998）。

3.8 光机零件加工技术

光学仪器的设计要实现商业化生产，就要求设计队伍完全掌握所有光机元件加工方式的能力和限制，以及这些元件备选材料的普通性质和特殊性质。本节将对光机零件最常用的加工技术做一总结。

3.8.1 光学零件加工

表3.27是根据Englehaupt（2002）的资料编制的，表中总结了光学零件成形、表面抛光和镀膜的通用方法。其中有关光学零件的大部分材料本章都讨论过。在选择加工方法的适当组合时，重要的是工艺过程，包括电镀或镀膜工艺，不应将过大的内应力或表面应力引入完工后的零件中。有一种加工特殊类型光学元件的方法表3.27未给出，就是将金属沉积在一个精密的卷筒上，电铸形成反射表面。镍、铜、银和金是最经常使用的金属，沉积的厚度可以达几个毫米。仔细控制化学和工艺过程，可以使内应力最小。电铸成形工艺的代表性应用就是小反射镜、用来将能量会聚在探测器上的锥形反射装置、X射线望远镜的大反射镜和显微镜。关于该工艺的细节，可以参考Englehaupt（1997）提供的资料。

表 3.27 对光学（零件）材料进行机械、磨光（或抛光）和镀膜的加工技术

材 料	加工方法①	控制表面磨光的方法	镀膜方法
铝合金 6061、2024	SPDT, SPT, CS, CM, EDM, ECM, IM	ELN + SPDT + PL, 使用蒸馏油 + 金刚石抛光	MgF_2, SiO, SiO_2, AN, AN + Au, ELNiP 和其他
铝基质 铝或铝 + SiC	HIP, CS, EDM, ECM, GR, PL, IM, CM, SPT	ELN + SPDT + PL	MgF_2, SiO, SiO_2, AN, AN + Au
低硅铝铸造件 A-201, 520	SPDT, SPT, CS, CM, EDM, ECM, IM	ELN + SPDT + PL, 使用油 + 金刚石抛光	MgF_2, SiO, SiO_2, AN, AN + Au 和其他
过共晶铝硅合金 393.2 Vanasil + 低硅 A-356.0	CS, EDM, CE, IM, SPDT, SPT, GR, CM, CM——比铝-碳化硅复合材料更容易	ELN + SPDT + PL	ELN 或 ELNIP, 或其他
铍合金	CM, EDM, ECM, EM, GR, HIP, 非 SPDT	ELN + SPDT + PL, 使用油 + 金刚石抛光	没有, 或者镀 ELN
镁合金	SPDT, SPT, CS, CM, EDM, ECM, IM	GR, 使用油 + 金刚石抛光（PL）	类似铝, ELN
SiC 烧结, CVD, RB, 碳 + Si	HIP/卷筒 + GR, CVD/卷筒 + GR, 模压碳 + 与硅烷反应生成的SiC②, HIP/卷筒, GR, CVD/卷筒	GR + PL	真空工艺
钢 奥氏合金钢, PH-17-5、17-7、416 钢	CM, EDM, ECM, Gr, 没有 SPDT, CM, EDM, ECM, GR, 没有 SPDT	ELN 或 ELNIP + SPDT + PL	ELN, ELNiP 和其他
钛合金	CM, HIP, ECM, EDM, GR, 没有 SPDT	PL, IM	ELN + 其他大部分 Cr/Au
玻璃, 石英, 低膨胀系数材料 ULE, Zerodur	CS, GR, IM, PL, CE, SL, MRF	PL, IM, CMP, GL（激光或火焰）	真空工艺 Cr/Au, Cr, Ti-W/Au, SiO, SiO_2, MgF_2, Ag/Al_2O_3

（资料源自 Englehaupt, D., Private Communication, Center for Applied Optics, University of Alabama, in Huntsville, AL, 2002; A revision and expension of information from Ebglehaupt, D., Fabrication methods, in Ahmad, A., Ed., *Handbook of Optomechanical Engineering*, CRC Press, Boca Raton, FL, 1997, Chapter 10. Further adapted to include MRF polishing of glass and related materials）

① 方法代码：AN, 阳极氧化；CE, 化学蚀刻；CM, 传统机加；CMP, 化学机械抛光；CS, 铸造；CVD, 化学气相沉积；ECM, 电化学机加；EDM, 电极放电研磨；ELNiP, 电解镍磷镀（可以替代 ELN）；ELN, 化学镀镍〔通常含 ~11% 的磷（按重量）〕；GL, 上釉；GR, 粗磨, 研磨；HIP, 均衡热压；IM, 离子磨；PL, 抛光；SPDT, 单刃金刚石切削；SPT, 使用刀具而不是金刚石进行精密切削；SL, 塌陷模制。

② 由美国德克萨斯州 Decatur 市 POCO Graphite 公司发明的一种新工艺。

Harris（2011）阐述了一种对光学表面加工具有重要影响的工艺，即磁流变抛光工艺（MRF）。目前，该工艺已经广泛用于制造近乎完美的各种材料的球型表面和非球面。

正如本书第 1 章对光学系统外形尺寸公差的讨论及设计评审的论述中所述，为了使设计

商业化,在设计过程的一些重要阶段(或单元),让光学加工人员、计量人员和质量控制人员参与其中是非常重要的。

Malacara(1978)、DeVany(1981)、Karow(1995)、Englehaupt(1997)及Harris(2011)等作者介绍过光学车间的加工方法和操作工艺。很多年来,有关光学加工和测试技术方面的会议和专题讨论会都是由美国光学协会(OSA)、国际光学工程协会(SPIE)、欧洲光学协会(EOS)、德国应用光学协会(DGaO)、国际光学委员会(ICO)和其他有关组织负责。这些会议为该领域的发展提供了指导和参考。此外,有关专题的技术论文(太多无法在此一一列出)已经以国际光学委员会技术杂志的形式出版发行。

3.8.2 机械零件加工

关于设计可生产的机械零件问题,Phinney and Britton(1995)鼓励设计团队在设计早期阶段就与制造人员咨询协商,包括机械加工专家、装配技术人员、焊工人员等,促进对潜在的加工问题的相互理解,寻找这些问题的解决方法,至少减轻问题的严重程度。通过共同努力,更容易地制造出硬件,并提高产品的可靠性。设计中预测到仪器方便拆卸的需求,并预先做出设计考虑,就会比较容易地解决在装配期间,甚至仪器已经完成装配后的测试期间发现的内在问题。

表3.28给出了加工机械零件的基本方法。在光学仪器的制造过程中有时所有的方法都要使用,但最经常使用的方法是机加、铸造、锻造或模压。通常,铸造和锻造是首道工序,因为由铸造或锻造粗糙成形的零件一般都需要经过机械加工工序,至少加工出一个与其他零件相连接的界面,或者切除多余的材料。这里对这三种关键的加工方法进行了简要总结,讨论了对复合材料制成的零件进行加工和处置的生产工艺。

表3.28 加工金属机械零件的基本工艺

工艺	内容	优点	缺点
机加	通过切削或者磨削去除材料	可以实现多种形状及任意的外形公差,并完成表面的最终加工;不会降低材料的强度;使用数控程序可以自动完成加工	可能比较贵(加工时间和材料的浪费);要求昂贵的工具;形成有害的残留应力
化学铣削(蚀刻)	通过将零件浸渍在一种化学溶液中去除材料	可以实现比机加工艺更薄的壁厚加工;可以去除双曲率轴零件上的材料	零件的复杂程度很有限;完工表面比较粗糙;难于精确地控制厚度尺寸;如果是平面切削,机加成本低
板材金属成形	通过弯曲成形;通常是板材金属,有时是厚板金属	成本低;对小批量生产比较经济	仅适合可延展材料;采用较大弯曲半径的厚零件,因此会限制了可应用范围
铸造	将融化了的材料倒入一个模具中,并使它凝固	通用;不同成本使用不同工艺	依赖铸造工艺
锻造	通过重击迫使热金属成形	在材料纹理方向有高强度和耐疲劳	非纹理方向的强度和耐疲劳性能差;如果是小批量生产较贵

（续）

工艺	内容	优点	缺点
模压	将热金属挤压通过一个模具，形成一个有均匀横截面的零件	经济；有良好的完工表面；可以得到许多标准的形状	横向性能差

（资料源自 Habicht, W. F. et al., Designing for producibility, in Sarafin, T. P., Ed., *Spacecraft Structure and Mechanism*, Microcosm, Inc., Torrance and Kluwer, Academic Publishers, Boston, MA, 735, 1995, Chapter 20, P. 735）

3.8.2.1 机械加工法

机械加工是通过切削或磨削去除材料的过程，包括以下工序：锯、铣、锉、镗、钻、铰、拉削（扩孔）、螺纹（攻丝）、磨、抛光、研磨、磨光。被加工的零件可以静止不动，刀具转动或平动；或者刀具静止，工件旋转或平动（Boothroyd 和 Knight, 1989）。重要的是所设计的零件要用最少的步骤和操作，使用尽可能少的刀具完成机加工，因此容易检验。选择某一种零件的材料应当考虑这种材料与机加工工艺的可兼容性。例如，图 3.21 所示的一个零件选用不同的金属材料，从该零件切除掉等量材料所需要的时间不同。假设各种情况中完工零件的作用都一样，一般来说时间会换算为成本，所以会影响到材料的选择。每个零件的尺寸（如壁厚）应当足够大，以保证加工期间的稳定性。形状尺寸，如被铣表面相交处的圆角，应当有比较大的半径，以便使用与表面成形时同样的刀具完成铣削加工。在一些情况中，设计的零件允许使用两种以上的标准工艺进行加工，这就给机加工专业人员更大的自由度，能够灵活选择最合适的刀具和机床。

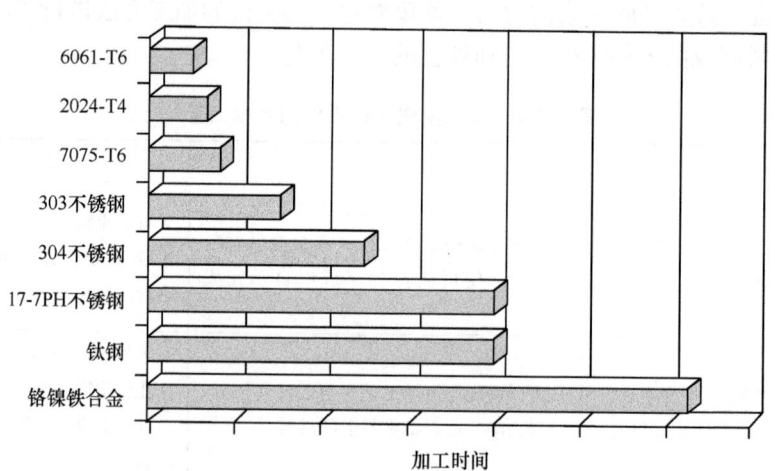

图 3.21 如果一个零件选用不同的金属材料，为了切除掉等量的材料需用不同时间

（资料源自 Habicht, W. F. et al., Designing for producibility, in Sarafin, T. P., Ed., *Spacecraft Structure and Mechanism*, Microcosm, Inc., Torrance and Kluwer, Academic Publishers, Boston, MA, 735, 1995, Chapter 20, P. 735）

3.8.2.2 铸造法

铸造是将金属材料成型为具体形状，包括将金属熔化，注入一个模具，冷却下来后成为固体。表 3.29 给出了 6 种铸造机械零件的普通方法，尺寸和公差适合铝零件。考虑到相同零件的加工数量、零件尺寸及制造模具的成本或劳动量，铸造方法会差别很大。与机加工方

法相比，铸造方法不容易控制质量，必须有比较宽泛的尺寸公差。如果与机加工工艺选用的原材料棒料或板料相比较，铸造出的零件更容易出现疵病，如多孔或不均匀。

表 3.29　铸造工艺比较

工　艺	优　　点	缺点和限制	最佳批量
砂铸	几乎适合于任何金属和尺寸；成本低	表面粗糙；比较宽的外形公差；最小截面厚度：0.09～0.19in；高的劳动成本；几乎总是需要后续机械加工	范围很大
石膏模注型法	表面平滑；比较严的公差；低孔率；对零件的复杂性几乎没有限制	局限于有色金属（非铁）；通常零件重量小于15lb；加工一个模具耗费比较长的时间，每一个零件都需要新的模具；最小厚度为0.01～0.06in	很少，约为几百
熔模铸造	非常平滑的表面；比较严的公差；几乎适合所有的金属；几乎对零件的复杂性没有限制	劳动力成本高；收费低廉的模具和图形；通常零件重量小于10lb；最小厚度为0.01～0.05in	范围很大
永久模铸造	表面平滑；比较严的公差；一个模具可以使用次数多达25000次；生产率高；多孔性低	模具贵；零件的复杂性和尺寸有限；最小厚度为0.094～0.125in；局限于铝、青铜、黄铜和一些钢铁	数千
拉模铸造	非常平滑的表面和很高的尺寸精度；一个拉模可以使用许多次；高的生产率	拉模模具贵；局限于有色金属；零件的复杂性和尺寸受限；最小厚度为0.03～0.08in	大批量
离心浇铸法	可以有比较严的公差；高的生产率	由于模具被放置在旋转的设备上，比较贵；零件的形状受限（代表性的零件是圆柱体）；最小厚度为0.1～0.25in	大批量

（资料源自 Habicht, W. F. et al., Designing for producibility, in Sarafin, T. P., Ed., *Spacecraft Structure and Mechanism*, Microcosm, Inc., Torrance and Kluwer, Academic Publishers, Boston, MA, 735, 1995, Chapter 20, P.735）

3.8.2.3　锻造和压延法

在这两种工艺中，通过对高温可展延金属材料施以高压，就可以得到所希望的形状。当锻造一个零件时，反复冲击（重击）产生压力。最简单的锻造形式中，操作人员将一块烧热的金属放置在机械式冲床或液压冲床的平模之间，连续重击成所希望的基本形状，然后经过若干机加工工序得到最终的理想形状和尺寸。比较精密的锻造方法是将烧热的金属连续重击到单槽模或多槽模中，形成所希望的形状。任何一种工艺都提高了材料在一个方向的强度，使材料纹理之间的空隙变小或消失。

让一定量的热熔金属在高压下通过模具中一个成型孔就可以加工出一个压延零件。新生成的材料有均匀的横截面，所以这种方法通常是用来制造成形零件，如长杆、棒、I形截面、槽形或角形零件。压延方法是制造带状原材料的好方法，在后续工艺中可以把它截短，通过机加工工序再加工到完工零件的形状和尺寸。通过锻造方法批量生产精密零件及使用压延方法制造零件，无论数量多少，都需要使用昂贵的模具。

3.8.2.4 复合材料加工和固化

光学仪器的结构件越来越多地使用聚合基复合（PMC）材料（纤维和树脂）制造，原因是生产商能够提供具有高硬度和特定热膨胀系数（一般都相当低）的材料。表 3.30 给出了 4 种制造这些复合材料的基本方法及它们的优缺点。每种方法使用的原材料（一般称为母体材料）可以是捆扎在一起的单纤维、单向纤维带或纤维布。多纤维原始化合物通常是在制造时浸渍树脂，以此方法制造的产品称为"预浸料"。

表 3.30 制造复合材料元件的基本工序

工序	内容	优点	缺点
纤维缠绕成形	将干的或预浸料纤维丝缠绕在一个旋转的卷筒上；用于大的管状结构和锥状结构	对每一层都可以重复控制纤维的角度；内表面平滑；卷筒可以再利用；自动操作	通常，卷筒比较贵，还必须设计得容易从复合材料零件上卸掉；外表面粗糙
人工铺设	用手将纤维带或预浸料放置在一种工具上（或内部）	不需要昂贵的设备；可以形成局部复合或折叠	耗时；难以精确地排列纤维；每次制造的零件性质都不一样
树脂传递模塑工艺	将低压下的液态树脂注入一个含有纤维品的闭式压模中；用于复杂形状	对于大批量生产，成本是合算的；排气量小；零件边缘处无须加固	设备和模具都是昂贵的；为了能够卸掉零件，必须设计零件和模具；有限的树脂；树脂的分布不均匀
编织成形	将干的或预浸料纤维，纤维束或纤维带编织在一个轴对称的卷筒上；用于复杂形状	可以生产出向外的曲率；可以高速地制造出粗成品；纤维叠加可以形成更结实的连接	低的纤维/树脂比；有限的纤维角度；卷筒必须可以卸除

（资料源自 Habicht, W. F. et al., Designing for producibility, in Sarafin, T. P., Ed., *Spacecraft Structure and Mechanism*, Microcosm, Inc., Torrance and Kluwer, Academic Publishers, Boston, MA, 735, 1995, Chapter 20, P. 735）

表 3.30 首先给出了纤维缠绕成形工艺，这是制造圆柱形或锥形零件的好方法。通过一个传送臂将纤维丝或纤维带缠绕在一个旋转卷筒上。调整输送臂可使铺层与旋转轴之间的角度在 5°~90°的范围内变化。后续的纤维层可以具有不同角度，以满足零件特定的刚度要求。将纤维丝或纤维带以 0°的方位角度缠绕在一个静止的卷筒上，就可以形成正方形或其他平面形状。

将预浸料铺设在一个成形的卷筒上，可以制成平板式和更复杂形状的复合材料零件。这种零件通常用手工完成，因此第二道工序就称为人工铺设。第三项列出的工序是树脂传递模塑工艺，被制成的干纤维丝组件安装在一个闭式压模中，倒入树脂，进行适当的固化。如果需要制造比较复杂的形状就使用这种工序。

固化复合材料的工序见表 3.31。一般来说，被固化的零件（在卷筒上或在闭模内）密封在一个袋子中，然后将袋子抽成真空。大气压力将该复合材料压在卷筒上或迫使模具与原始纤维材料均匀地接触。固化可以在室温或更高温度下，放置在一个炉子或高压锅中进行。

表 3.31 复合材料的固化技术

工序	内容	优点	缺点
真空袋装	将零件放置在一个袋子中，并且密封到真空设备上。抽真空，并控制压力到 14.7 lbf/in^2	在一个大范围内施加高压；抽真空去除零件中的空气	真空可能在零件上是不均匀的；可能需要几个真空通道
室温	使用真空袋或重压，并允许在室温下固化	不要求有专用设备	室温固化的树脂通常对环境不太稳定；释放水蒸气；固化时间长
固化炉	使用真空袋或重压，在一个炉中固化	设备容易得到	零件的尺寸受到炉子的限制；大炉子比较贵；比较大的零件会承受不均匀的温度
高压锅	使用真空袋，在一个高压锅中固化	高压产生少量空隙；通常使用计算机控制固化周期	昂贵的设备；高压锅需要维护，并且作为压力容器需要美国机械工程师协会（AMSE）合格证书

(资料源自 Habicht, W. F. et al., Designing for producibility, in Sarafin, T. P., Ed., *Spacecraft Structure and Mechanism*, Microcosm, Inc., Torrance and Kluwer, Academic Publishers, Boston, MA, 735, 1995, Chapter 20, P.735)

3.8.3 对加工工艺的综合评估

至关重要的一点就是，制造和装配光学零件和机械零件的所有工序都要形成一个完整的文件系统，并按照文件执行。在使用过程中，应当允许和鼓励设计人员根据实际操作中遇到的问题对这些文件进行修订，不应因为纠正这些文件耗费时间和精力，或者不愿意承认更好的方法，就使这些错误做法存在于文件系统中。

无论硬件何时完成装配（或者被拆卸、再装配），内部都存在被污染的可能性。例如，焊接接线盒或为了保证零件对准需要使用机械定位销钉，需要一些机加工工序，如钻孔和铰孔，都可能将助焊物质、焊渣、金属屑、灰尘或微量的润滑剂带入仪器中。上述污染源会对机械零件造成一定干扰，使性能降低或机理失败，因此操作过程中必须十分小心。由于污染造成的这类故障称为外来物损伤（FOD）。

最后，在仪器的制造和测试期间，设计人员的另一任务就是寻找和发现潜在的问题，这些问题在设计阶段并不明显。如果这些问题能够及早发现，常可以轻松解决。最熟悉设计细节、装配顺序及各元件间的相互作用和界面的人是参加和分析该设计的设计师和工程师。在投资的后设计阶段，设计人员的工作也是一种更深层次的实践训练，学习在未来的设计中如何避免重犯类似错误。

3.9 材料硬度

Jastrzebski（1976）、Symonds（1987）、Lines（1991）和 Tropf 等人（1995）都对材料的硬度特性及一般的测量方法做过简要阐述。通常，测量耐机械磨损（擦痕）或在固定负载下一个成型金刚石刀具对材料形成的刻痕来定量硬度。由于确定硬度尚没有基本理论，所以应用中存在着各种硬度表述。在众所周知的莫氏（Mohs）硬度法中，一种已知材料样品的抗划伤性与 10 种材料［按照硬度从 1（滑石）到 10（金刚石）升序排列］中一种材料的抗划伤性进行配比；努氏（Knoop）硬度法具有更大的量化度，将一个硬度试验压头压入到待测材料中,并以某种方法测量其效果。由于该技术的确是为了测量压痕的量值,所以,测量压头的几何形状和负载机构可以根据不同的测试而变化。其他硬度测试方法还有布氏(Brinell)硬度法或洛氏(Rockwell)硬度法。

利用一种方法测量的硬度不能直接转换为另一种方法测量的硬度。然而,有一种近似的经验转换表。图 3.22 给出了最经常使用的 4 种硬度表示方法之间的比较。许多材料(尤其是玻璃)的硬度与其弹性模量及强度密切相关。硬度测量有助于量化材料的易损性对表面损伤的影响。也是该材料抛光一个表面难易程度的一种指标。努氏硬度小于 100kgf/mm^2 的材料很软,难以抛光,工艺过程中易受损伤。努氏硬度大于 750kgf/mm^2 的材料相当硬。晶体的硬度取决于晶轴相对于待测表面的几何取向。本章以图表形式给出一些光学材料的测量值。

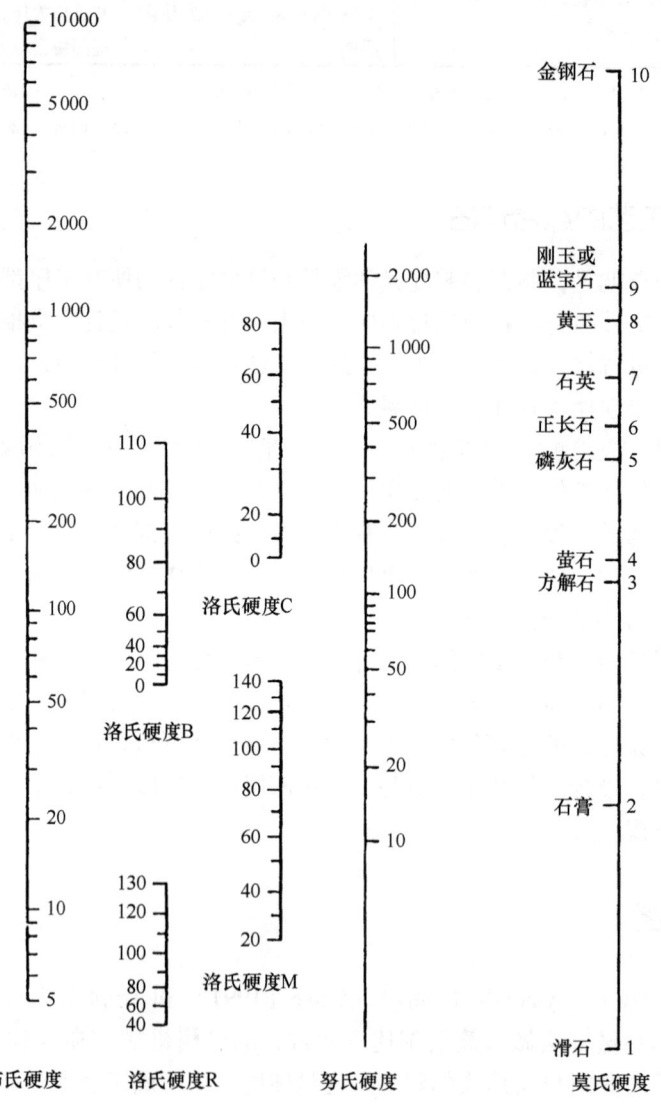

图 3.22 硬度等级的一种近似比较

(资料源自 Jastrzabski, Z. D., *The Nature and Properties of Engineering Materials*, Wiley, New York, 1976)

第3章 材料的光机性质

参考文献

Ahmad, A., Wright, R., and Baker, T., Design of a lightweight telescope with highly stable line of sight, *Proc. SPIE*, 306, 66, 1981.

Ahmad, A., Wright, R., and Baker, T., Design of a lightweight telescope with highly stable line of sight, *Proc. SPIE*, 3786, 323, 1999.

Anderson, R.H., Leung, K.M., Schmit, F.M., and Ready, J.F., Contemporary methods of optical fabrication, *Proc. SPIE*, 306, 66, 1981.

Anthony, F.M. and Hopkins, A.K., Actively cooled silicon mirrors, *Proc. SPIE*, 297, 196, 1981.

Ashby, M.F., *Materials Selection in Mechanical Design*, 4th edn., Elsevier, Amsterdam, the Netherlands, 2011.

Barnes, W.P., Jr. and McDonough, R.R., Low scatter finishing of aspheric optics, *Opt. Eng.*, 18, 143, 1979.

Bass, M., Van Stryland, E., Williams, D.R., and Wolfe, W.L., Eds., *OSA Handbook of Optics*, 2nd edn., Vol. II, McGraw-Hill, New York, 1995.

Bäumer, S., *Handbook of Plastic Optics*, Wiley Interscience, New York, 2005, Chapter 1.

Berthold, J.W., Jacobs, S.F., and Norton, M.A., Dimensional stability of fused silica, Invar, and several ultralow thermal expansion materials, *Appl. Opt.*, 15, 1898, 1976.

Blake, P. et al., High-accuracy surface figure measurement of silicon mirrors at 80 K, *Proc. SPIE*, 5494, 122, 2004.

Bly, V.T., Hill, P.C., Hagopian, J.G., Strojny, C.R., and Miller, T.M., Light weight silicon mirrors for space instrumentation, *Proc. SPIE*, 84860P1, 2012.

Boothroyd, G. and Knight, W.A., *Fundamentals of Machines and Machine Tools*, 2nd edn., Marcel Dekker, New York, 1989.

Boyer, H.E. and Gall, T.L., Eds., *Metals Handbook-Desk Edition*, American Society for Metals, Metals Park, OH, 1985.

Browder, J.S., Ballard, S.S., and Klocek, P., Physical properties of infrared optical materials, in Klocek, P., Ed., *Handbook of Infrared Optical Materials*, Marcel Dekker, New York, 1991.

Buelow, L.D. et al., Overview of fabrication processes for uncooled laser optics, *Proc. SPIE*, 2543, 50 1995.

CodeV Reference Manual, Optical Research Associates, Pasadena, CA, 1994.

Cox, A., *A System of Optical Design: The Basics of Image Assessment and of Design Techniques with a Survey of Current Lens Types*, Focal Press, Woburn, MA, 1964.

Curry, T.S., III, Dowdey, J.E., and Murry, R.C., *Christensen's Physics of Diagnostic Radiology*, 4th edn., Lea and Febiger, Philadelphia, PA, 1990.

Delatte, M.L., Ultralight weight beryllium development, *Proc. SPIE*, 1753, 2, 1993.

DeVany, A.S., *Master Optical Techniques*, Wiley, New York, 1981.

Doyle, K.B. and Bell, W.M., Thermo-elastic wavefront and polarization error analysis of a telecommunication optical circulator, *Proc. SPIE*, 4093, 18, 2000.

Doyle, K.B., Genberg, V.L., and Michels, G.J., Numerical methods to compute optical errors due to stress birefringence, *Proc. SPIE*, 4769, 34, 2002a.

Doyle, K.B., Hoffman, J.M., Genberg, V.L., and Michels, G.J., Stress birefringence modeling for lens design and photonics, *Proc. SPIE*, 4832, 436, 2002b.

Elson, J.M. and Bennett, J.M., Relation between the angular dependence of scattering and the statistical properties of optical surfaces, *J. Opt. Soc. Am.*, 69, 31, 1979.

Englehaupt, D., Fabrication methods, in Ahmad, A., Ed., *Handbook of Optomechanical Engineering*, CRC Press, Boca Raton, FL, 1997, Chapter 10.

Englehaupt, D., Private communication, Center for Applied Optics, University of Alabama in Huntsville, Huntsville, AL, 2002.

Grandilli, P.A., *Technician's Handbook for Plastics*, Van Nostrand Reinhold, New York, 1981.

Gray, D.C., Ed., *American Institute of Physics Handbook*, 3rd edn., McGraw-Hill, New York, 1972.

Guregian, J.J., Pepi, J.W., Schwalm, M., and Azad, F., Material trades for reflective optics from a systems engineering perspective, *Proc. SPIE*, 5179, 85, 2003.

Habicht, W.F., Sarafin, T.D., Palmer, D.L., and Wendt, R.G., Jr., Designing for producibility, in Sarafin, T.P., Ed., *Spacecraft Structures and Mechanisms*, Microcosm, Inc., Torrance and Kluwer Academic Publishers, Boston, MA, 1995, Chapter 20, p. 735.

Hagy, H.E., Dimensional instabilities in glasses and glass ceramics, *Proc. SPIE*, 1335, 230, 1990.

Harris, D.C., *Materials for Infrared Windows and Domes*, SPIE Press, Bellingham, WA, 1999.

Harris, D.C., History of magnetorheological finishing, *Proc. SPIE*, 8016, 80160 N-1, 2011.

Hartmann, P., European regulations may endanger availability of raw materials for optics, *SPIE Professional*, 9, 26, 2014.

Heraeus (undated), Fused quartz and fused silica for optics, Publication 40-1015-079, Herasil Amersil, Inc., Buford, GA.

Hinkle, K.H., Drake, R., and Ellis T.A., Cryogenic single-crystal silicon optics, *Proc. SPIE*, 2198, 516, 1994.

Hoffman, J.M. and Wolfe, W.L., Cryogenic refractive indices of ZnSe, Ge and Si at 10.6 μm, *Appl. Opt.*, 30, 4014, 1991.

Holden, F.C., *A Review of Dimensional Instability in Metals*, AD-602379, Battelle Memorial Institute, Columbus, OH, March 19, 1964.

Horne, D.F., *Optical Production Technology*, Adam Hilger Ltd., Bristol, England, 1972.

Howells, M.R. and Paquin, R.A., Optical substrate materials for synchrotron radiation beam lines, *Proc. SPIE*, CR67, 339, 1997.

Hunt, P.G., Optical cements—A laboratory assessment, *Optica Acta*, 14, 401, 1967.

Ishmuratova, M.S. and Sergeyev, L.V., Optical cements transparent in the infrared, *Sov. J. Opt. Technol.*, 34, 801, 1967.

ISO 12844:1999, Raw optical glass—Grindability with diamond pellets—Test method and classification, Geneva, Switzerland, 1999.

Ivanova, V.G., Vydrova, I.S., and Sergeyev, L.V., Optical cements for joining glasses with a large TEC difference, *Sov. J. Opt. Technol.*, 40, 497, 1973.

Jacobs, S.F., Unstable optics, *Proc. SPIE*, 1335, 20, 1990.

Jacobs, S.F., Variable invariables—Dimensional instability with time and temperature, *Proc. SPIE*, CR43, 181, 1992.

Jacobs, S.F., Johnston, S.C., and Hansen, G.A., Expansion hysteresis upon thermal cycling of Zerodur, *Appl. Opt.*, 23, 3014, 1984.

Jamieson, T.H., Athermalization of optical instruments from the optomechanical viewpoint, *Proc. SPIE*, CR43, 131, 1992.

Jastrzebski, Z.D., *The Nature and Properties of Engineering Materials*, Wiley, New York, 1976.

Jenkins, F.A. and White, H.E., *Fundamentals of Optics*, McGraw-Hill, Inc., New York, 1957.

Karow, H.K., *Fabrication Methods for Precision Optics*, Wiley, New York, 1995.

Kimmel, R.K. and Parks, R.E., ISO 10110 Optics and Optical Instruments—Preparation of drawings for optical elements and systems: A User's guide, Optical Society of America, Washington, DC, 1995.

Kishner, S., Gardopee, G., Magida, M., and Paquin, R., Large stable mirrors—A comparison of glass, beryllium and silicon carbide, *Proc. SPIE*, 1335, 127, 1990.

Korniski, R.J. and Wolfe, W.L., Infrared refractometer measurements of adhesives, *Appl. Opt.*, 17, 3138, 1978.

Laikin, M., *Lens Design*, Marcel Dekker, New York, 1991.

Laufer, J.S., High silica glass, quartz, and vitreous silica, *J. Opt. Soc. Am.*, 55, 458, 1965.

Lement, B.S., Averbach, B.L., and Cohen, M., The dimensional stability of Invar, *Trans. ASM*, 43, 1072, 1950.

Liepmann, M.J., Marker, A.J., and Sowada, U., Ultraviolet radiation effects on UV-transmitting fluor crown glasses, *Proc. SPIE*, 970, 170, 1988.

Lindig, O. and Pannhorst, W., Thermal expansion and length stability of Zerodur in dependence upon temperature and time, *Appl. Opt.*, 24, 3330, 1985.

Lines, M.E., Physical properties of materials: Theoretical overview, in Klocek, P., Ed., *Handbook of Infrared Optical Materials*, Marcel Dekker, New York, 1991, Chapter 1, p. 30.

Lubin, G., Ed., *Handbook of Composites*, Van Nostrand Reinhold, New York, 1982.

Lyons, J.J., III and Zaniewski, J.J., High quality optically polished aluminum mirror and process for producing, U.S. Patent 6,350,176, 2002.

Lytle, J.D., Polymetric optics, in Bass, M., Van Stryland, E., Williams, D.R., and Wolfe, W.L., Eds., *OSA Handbook of Optics*, 2nd edn., Vol. II, McGraw-Hill, New York, 1995, Chapter 34.

Lytle, J.D., Bass, M., Mahajan, V., and Van Stryland, E., Polymeric optics, in Bass, M., Ed., *OSA Handbook of Optics*, 3rd edn., Vol. IV, McGraw-Hill, New York, 2010, Chapter 3.

Macleod, H.A., *Thin Film Optical Filters*, 2nd edn., Macmillan, New York, 1986.

Magyar, J.T., History and potential for optical bonding agents in the visible, *Proc. SPIE*, 1535, 55, 1991.

Mahe, C., Nicolay, N., and Marioge, J.P., Study of the qualities of optical cements, *J. Opt. (Paris)*, 10, 41, 1979.

Malacara, D., *Optical Shop Testing*, Wiley, New York, 1978.

Marker, A.J., III, Hayden, J.S., and Speit, B., Radiation resistant optical glasses, *Proc. SPIE*, 1485, 55, 1991.

Marschall, C.W., Sources and solutions for dimensional stability, *Proc. SPIE*, 1335, 217, 1990.

Marschall, C.W., Hoskins, M.E., and Meringer, R.E., Continuation of a study of stability of structural materials for spacecraft applications for the orbiting astronomical observatory project, NASA NAS5-11195, October 12, 1969.

Marschall, C.W. and Maringer, R.E., *Dimensional Instability*, Pergamon Press, New York, 1977.

McCarter, D.R. and Paquin, R.A., Isotropic behavior of an anisotropic material: Single crystal silicon, *Proc. SPIE*, 8837, 883707, 2013.

McCay, J., Fahey, T., and Lipson, M., Challenges remain for 157-nm lithography, *Optoelectronics World, Supplement to Laser Focus World*, 23, S3, 2001.

MIL-A-3920C, *Adhesive, Optical Thermosetting*, U.S. Department of Defense, Washington, DC, 1997.

MIL-A-46050C, *Adhesives, Cyanoacrylate, Rapid Room-Temperature Curing, Solventless*, U.S. Department of Defense, Washington, DC, 1998.

MIL-A-46106B, *Adhesive—Sealants, Silicone, RTV, One-Component*, U.S. Department of Defense, Washington, DC, 1992.

MIL-A-48611A, *Adhesive System, Epoxy-Elastomeric, for Glass to Metal*, U.S. Department of Defense, Washington, DC, 1997.

MIL-B-48612A, *Bonding with Epoxy-Elastomeric Adhesive System, Glass to Metal*, U.S. Department of Defense, Washington, DC, 1997.

MIL-S-11030F, *Sealing Compound, Single Component, Non Curing, Polysulfide Base*, U.S. Department of Defense, Washington, DC, 1998.

Miles, P., High transparency infrared materials—A technology update, *Opt. Eng.*, 15, 451, 1976.

Milster, T.D., Miniature and micro-optics, in Bass, M., Van Stryland, E., Williams, D.R., and Wolfe, W.L., Eds., *OSA Handbook of Optics*, 2nd edn., Vol. II, McGraw-Hill, New York, 1995, Chapter 7.

Mohn, W.R. and Vukobratovich, D., Recent applications of metal matrix composites in precision instruments and optical systems, *Opt. Eng.*, 27, 90, 1988.

Moon, I.K., Cho, M.K., and Richadr, R.R., Optical performance of bimetallic mirrors under thermal environment, *Proc. SPIE*, 4444, 29, 2001.

Müller, C., Papenburg, U., Goodman, W.A., and Jacoby, M., C/SiC high precision lightweight components for optomechanical applications, *Proc. SPIE*, 4198, 249, 2001.

Murgatroyd, J.B. and Sykes, R.F.R., The delayed elastic effect in silicate glasses at room temperature, *J. Soc Glass Tech.*, 31, 17, 1947.

Musikant, S., *Optical Materials: An Introduction to the Selection and Application*, Marcel Dekker, New York, 1985.

Newswander, T. and Crowther, B., Optical system materials selection using performance indices in a simultaneous optimization approach, *Proc. SPIE*, 7425, 742502, 2009.

Noll, R., Effect of mid- and high-spatial frequencies on optical performance, *Opt. Eng.*, 18, 137, 1979.

Owens, J.C., Optical refractive index of air: dependence on pressure, temperature, and composition, *Appl. Opt.*, 6, 51, 1967.

Packard, R.D., A bonding material useful in the 2–14 μm spectral range, *Appl. Opt.*, 8, 1901, 1969.

Paquin, R.A., Dimensional stability: an overview, *Proc. SPIE*, 1335, 2, 1990.

Paquin, R.A., Dimensional instability of materials: how critical is it in the design of optical instruments?, *Proc. SPIE*, CR43, 160, 1992.

Paquin, R.A., Properties of metals, in Bass, M., Van Stryland, E., Williams, D.R., and Wolfe, W.L., Eds., *OSA Handbook of Optics*, 2nd edn., Vol. II, McGraw-Hill, New York, 1995, Chapter 35.

Paquin, R.A., Advanced materials: an overview, *Proc. SPIE*, CR67, 3, 1997a.

Paquin, R.A., Metal mirrors, in Ahmad, A., Ed, *Handbook of Optomechanical Engineering*, CRC Press, Boca Raton, FL, 1997b, Chapter 4.

Paquin, R.A., Private communication, 2003.

Paquin, R.A. and McCarter, D.R., Why silicon for telescope mirrors and structures, *Proc. SPIE*, 7425, 74250E, 2009.

Parker, C.J., Optical materials-refractive, in Shannon, R.R., and Wyant, J.C., Eds., *Applied Optics and Optical Engineering*, Vol. VII, Academic Press, New York, 1979, Chapter 2.

Parks, R., Optical specifications and tolerances for large optics, *Proc. SPIE*, 406, 98, 1983.

Parks, R.E., Optical component specifications, *Proc. SPIE*, 237, 455, 1980.

Parsonage, T., JWST beryllium telescope: Material and substrate fabrication, *Proc. SPIE*, 5494, 39, 2004.

Parsonage, T., Private communication, 2005.

Patterson, J.S. and Crout, R.R., Optical quality requirements for large mirror systems, *Proc. SPIE*, 389, 18, 1982.

Patterson, S.R., Dimensional stability of Super Invar, *Proc. SPIE*, 1335, 53, 1990.

Pellegrin, P., Stenne, E., Ulph, E., Geiger, A., and Hood, P., Design, manufacturing and testing of a two-axis servo-controlled pointing device using a metal matrix composite mirror, *Proc. SPIE*, 1167, 318, 1989.

Pellicori, S.F., Transmittances of some optical materials for use between 1900 and 3400 Å, *Appl. Opt.*, 3, 361, 1964.

Pellicori, S.F., Optical bonding agents for severe environments, *Appl. Opt.*, 9, 2581, 1970.

Pellicori, S.F., Optical bonding agent for IR and UV refracting elements, *Proc. SPIE*, 1535, 48, 1991.

Pepi, J. and Golini, D., Delayed elastic effects in the glass ceramics Zerodur and ULE at room temperature, *Appl. Opt.*, 30, 3087, 1991a.

Pepi, J. and Golini, D., Delayed elastic effects in Zerodur at room temperature, *Proc. SPIE*, 1533, 212, 1991b.

Pfeffer, M., Optomechanics of plastic optical components, in Baumer, S.M.B., Ed., *Handbook of Plastic Optics*, Wiley-Interscience, New York, 2005, Chapter 2.

Phinney, D.D. and Britton, W.P., Developing mechanisms, in Sarafin, T.P., Ed., *Spacecraft Structures and Mechanisms*, Microcosm, Inc., Torrance and Kluwer Academic Publishers, Boston, MA, 1995, Chapter 19, p. 665.

Polvani, R.S., Christ, B.W., and Fuller, E.R. Jr., Beryllium microdeformation mechanisms, in Wilshire, B. and Owen, D.R.J., Eds., *Creep and Fracture of Engineering Materials and Structures*, Pineridge Press, Swansea, U.K., 1981.

Pompea, S.M. and Breault, R.P., Black surfaces for optical systems, in Bass, M., Van Stryland, E., Williams, D.R., and Wolfe, W.L., Eds., *OSA Handbook of Optics*, 2nd edn., Vol. II, McGraw-Hill, New York, 1995, Chapter 37.

Rancourt, J.D., *Optical Thin Films—Users Handbook*, Macmillan, New York, 1987.

Sarafin, T.P., Heymans, R.L., Wendt, R.G., Jr., and Sabin, R.V., Conceptual design of structures, in Sarafin, T.P., Ed., *Spacecraft Structures and Mechanisms*, Microcosm, Inc., Torrance and Kluwer Academic Publishers, Boston, MA, 1995, Chapter 15, p. 507.

Savage, J.A., Crystalline optical materials for ultraviolet, visible, and infrared applications, in Musikant, S., Ed., *Optical Materials: A Series of Advances*, Vol. 1, Marcel Dekker, New York, 1990, Chapter 3.

Schaub, M.P., *The Design of Plastic Optical Systems*, SPIE Tutorial Rext Vol. TT80, SPIE Press, Bellingham, WA, 2009.

Schott, *Product Information, No. 2105/90, ULTRAN 30-548743, UV Transmitting Glass*, Schott North America, Inc., Duryea, PA, 1990a.

Schott, *Technical Information, No. 10017e, Radiation Resistant Glasses*, Schott North America, Inc., Duryea, Pennsylvania, 1990b.

Schott, *Technical Information, Advanced Optics TIE-42: Radiation Resistant Optical Glasses*, Schott North America, Inc., Duryea, PA, 2007.

Schott, *Optical Glass Data Sheets Inquiry Glass*, Schott North America, Inc., Advanced Optics, Duryea, PA, 2014.

Schott, *Schott Optical Glass Catalog*, Schott North America, Inc., Advanced Optics, Duryea, PA, 2014.

Sedova, V.I., Shepurev, E.I., Sergeev, L.V., Shumilova, T.V., and Kompalova, L.A., Optical polymerizing cement, transparent in the UV, *Sov. Opt. Technol.*, 49, 392, 1982.

Setta, J.J., Scheller, R.J., and Marker, A.J., Effects of UV-solarization on the transmission of cerium-doped optical glasses, *Proc. SPIE*, 970, 179, 1988.

Shaffer, J.J. and Bennett, H.E., Effect of thermal cycling on dimensional stability of Zerodur and ULE, *Appl. Opt.*, 23, 2852, 1984.

Sharp, R., Hunt, P.G., and Webber, J.M.B., *A User's Guide for Optical Cements*, Sira Institute Ltd., Chislehurst, England, 1980.

Smith, W.J., *Modern Optical Engineering*, 4th edn., McGraw-Hill, New York, 2008.

Stroud, J.S., Photoionization of Ce^{3+} in glass, *J. Chem. Phys.*, 25, 844, 1961.

Stroud, J.S., Color centers in cerium-containing silicate glass, *J. Chem. Phys.*, 37, 836, 1962.

Stroud, J.S., Color center kinetics in cerium-containing glass, *J. Chem. Phys.*, 42, 2442, 1965.

Stroud, J.S., Schreves, J.W.H., and Tucker, R.F., Charge trapping and the electronic structure of glass, *7th International Congress on Glass*, Brussels, Belgium, 1965.

Symonds, J., Mechanical properties of materials, in Avallone, E.A. and Baumeister, P., III, Eds., *Marks Standard Handbook for Mechanical Engineers*, 9th edn., Section 5.1, McGraw-Hill, New York, 1987, pp. 5–12.

Tanaka, Y. and Miyamae, H., Analysis on image performance of a moisture absorbed plastic singlet for an optical disk, *Proc. SPIE*, 1354, 395, 1990.

Taylor, R.L. and Goela, J.S., Specification of infrared optical materials for laser applications, *Proc. SPIE*, 607, 22, 1986.

Tropf, W.J., Thomas, M.E., and Harris, T.J., Properties of crystals and glasses, in Bass, M., Van Stryland, E., Williams, D.R., and Wolfe, W.L., Eds., *OSA Handbook of Optics*, 2nd edn., Vol. II, McGraw-Hill, New York, 1995, Chapter 33.

Turtle, R.R., Thin optical bonds for infrared uses, *Appl. Opt.*, 26, 4346, 1987.

Underwood, J.H., Batson, P.J., Beguiristain, H.R., and Gullikson, E.M., Elastic bending and water cooling strategies for producing high quality synchrotron-radiation mirrors in silicon, *Proc. SPIE*, 3152, 88, 1997.

Ulph, E., Fabrication of a metal-matrix composite mirror, *Proc. SPIE*, 966, 116, 1988.

U.S. Precision Lens, Inc., *The Handbook of Plastic Optics*, 2nd edn., Cincinnati, OH, 1983.

Valente, T. and Richard, R., Interference fit equations for lens cell design using elastomeric lens mountings, *Opt. Eng.*, 33, 1223, 1994.

Volf, M.B., *Chemical Approach to Glass*, Elsevier, New York, 1984.

Vukobratovich, D., Lightweight laser communications mirrors made with metal foam cores, *Proc. SPIE*, 1044, 216, 1989.

Vukobratovich, D., Design and fabrication of an astrometric astrograph, *Proc. SPIE*, 1752, 245, 1992.

Vukobratovich, D., Private communication, 2001.

Vukobratovich, D., Private communication, 2004.

Vukobratovich, D., Introduction to opto-mechanical design, SPIE Short Course Notes, SC014, 2013.

Vukobratovich, D., Don, K., and Sumner, R.E., Improved cryogenic aluminum mirrors, *Proc. SPIE*, 3435, 9, 1998.

Vukobratovich, D., Gerzoff, A., and Cho, M.K., Therm-optic analysis of bimetallic mirrors, *Proc SPIE*, 3132, 12, 1997.

Vukobratovich, D., Valenti, T., and Ma, G., Design and construction of a metal matrix composite ultra-lightweight optical system, *Proc. SPIE*, 2542, 142, 1995.

Walker, B.H., Select optical glasses, in *The Photonics Design and Applications Handbook*, Lauren Publishing, Pittsfield, MA, H-356, 1993.

Wang, B., Studying birefringence in calcium fluoride, *Oemagazine*, 2, 48, 2002.

Welham, B., Plastic optical components, in Shannon, R.R., and Wyant, J.C., Eds., *Applied Optics and Optical Engineering*, Vol. VII, Academic Press, New York, 1979, Chapter 3.

Wetherell, W.B., Effects of mirror surface ripple on image quality, *Proc. SPIE*, 332, 335, 1982.
Willey, R.R., Antireflection coating for high index cemented doublets, *Appl. Opt.*, 29, 4540, 1990.
Willey, R.R., *Practical Design and Production of Optical Thin Films*, Marcel Dekker, New York, 1996.
Wilner, K., Klinger, E., and Wild, W.J., Thermal runaway in germanium laser windows, *Appl. Opt.*, 21, 1796, 1982.
Wimperis, J.R. and Johnston, S.F., Optical cements for interferometric applications, *Appl. Opt.*, 23, 1145, 1984.
Wolfe, W.L., Properties of optical materials, in Driscoll, W.G., Ed., *Handbook of Optics*, McGraw-Hill, New York, 1978, Section 7.
Wolfe, W.L., The status and needs of infrared optical property information for optical designers, *Proc. SPIE*, 1354, 696, 1990.
Wolfe, W.L. and Zissis, G.J., Eds., *The Infrared Handbook*, Environmental Research Institute of Michigan/U.S. Naval Research Laboratory, Washington, DC, 1978.
Wolpert, H.D., Optical plastics: Properties and tolerances, in *The Photonics Design and Applications Handbook*, Lauren Publishing, Pittsfield, MA, H-321, 1989.
Wood, R.A. and Favors, R.J., *Titanium Alloys Handbook MCIC-HB-02*, Metals and Ceramics Information Center, Battelle Columbus Laboratories, Columbus, OH, 1972.
Yoder, P.R., Jr., *Mounting Optics in Optical Instruments*, 2nd edn., SPIE Press, Bellingham, WA, 2008.
Zhang, S. and Shannon, R.R., Lens design using a minimum number of glasses, *Opt. Eng.*, 34, 3536, 1995.
Zweben, C., Overview of composite materials for optomechanical, data storage, and thermal management systems, *Proc. SPIE*, 3786, 148, 1999.

第 4 章 单透镜安装技术

Paul R. Yoder, Jr.

4.1 概述

本章,将讨论旋转对称单透镜的各种装配方法,适合直径在 10～250mm(0.4～10in)范围的透镜和反射镜。多透镜组件的装配技术会在本书第 5 章阐述,成像光学系统中较大反射镜的装配将在本书后面章节讨论。

无论何种情况,比较理想的设计是将制造和装配公差做到最小,光学零件的设计位置和方向与不利的环境条件没有多大关系。在许多设计中,随着性能要求的提高,这些条件在很多设计中都难于实现。

在叙述了共轴(或者"同心")光学零件的定义及如何实现共轴系统后,首先讨论严格公差会对成本带来的影响,然后阐述如何估算一块透镜元件的重量和如何确定重心(CG)的位置,以及确定单个折射光学元件轴向预紧力的技术。一般来说,都是从简单、低精度设计逐渐过渡到比较复杂和高精度设计,并建议采用单透镜定心车削(Poker chip)装配技术。也将对一些典型的单透镜装配调校对准方法进行总结。

本章讨论的一些设计是金属与玻璃直接接触,界面在透镜抛光面上或附近,而另一些设计是局部接触透镜边缘或利用弹性材料整体接触。设计人员需要考虑与透镜表面相接触的机械零件界面具有不同的机械外形,以及预紧力在金属和玻璃零件中形成的局部接触应力。本章也给出了一些相关设计实例,介绍了各种设计参数的量化方法。

尽管在此讨论的装配技术也适用于晶体透镜和塑料透镜,但本章讨论的重点仍是玻璃材料制造的光学元件。本章最后将阐述一些专门用于塑料透镜的装配技术。

本书第 4 版的修订,对设计样例采用一种新的很容易理解和使用的方式表述。此外,也为本书读者提供可在线访问 MS Excel 文件,从而获得所有这些实例的解答。

4.2 共轴光学

球形表面及其像差本身具有旋转对称性,遵循 Hopkins(1976,1980)确定的一般准则。不言而喻,光学设计者开始其设计大多遵循如下程序:在空间确定一条直线,所有具有光焦度的表面都以该直线为对称轴,如果所有表面的曲率中心都位于此直线上,就将这条直线定义为光轴,该光学系统定义为共轴光学系统。图 4.1a 所示透镜是一个理想的共轴双凸面透镜元件,表面 R_1 和 R_2 的中心 C_1 和 C_2 确定透镜的光轴。透镜侧边一般呈圆柱形,其中心轴与系统光轴重合。

图 4.1b 所示透镜含有一个平面。该平凸透镜相对于一条任意方向的直线 A-A′（虚线）倾斜，这条直线可以是透镜镜座的机械轴。该透镜的光轴定义为通过表面 1 的中心 C_1 并垂直于表面 2 的直线。只有围绕该光轴时，才存在对称性。具有设计倾斜表面的系统，如楔形镜，或者由于校正像差的原因需要有非对称性结构的系统，不能看作共轴系统或旋转对称系统，在此不讨论这些非对称系统。

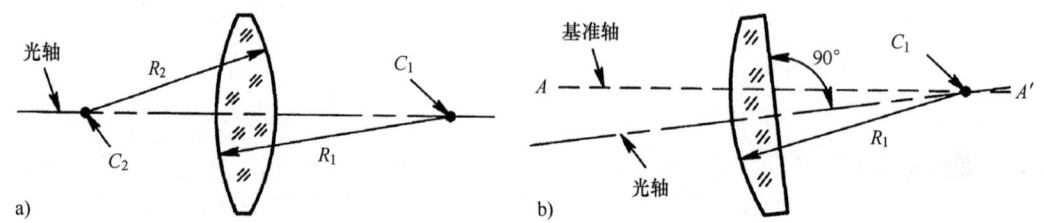

图 4.1　a）理想的共轴双凸透镜，表面 R_1 和 R_2 的中心 C_1 和 C_2 确定透镜的光轴　b）相对于机械基准线 A-A′（过表面中心 C_1）有倾斜的平凸透镜。透镜光轴过 C_1 并垂直于平面

当然，上述对共轴光学系统的定义也适用于折转组件和系统。在这种光学系统中，由于有一个或多个设计性倾斜的反射镜表面，经反射会使光轴偏离一个固定的角度。一个含有这类折转反射镜的光学仪器的例子，就是牛顿型目视天文望远镜。一般来说，折转反射镜都设置在主镜焦点之内，到焦点的距离是 X，如图 4.2 所示。因为非球面外形具有对称性，所以抛物面主镜的光轴通过其顶点的球面中心 C 和反射镜的光学顶点 A。反射之后的光轴定义如下：连接主镜顶点（作为一个虚物体）反射后的像 A′ 和主镜曲率中心反射后的像 C′ 的一条直线。如果目镜的光学表面是以该反射后的光轴作为对称轴，就可以将整个光学系统定义为共轴系统。

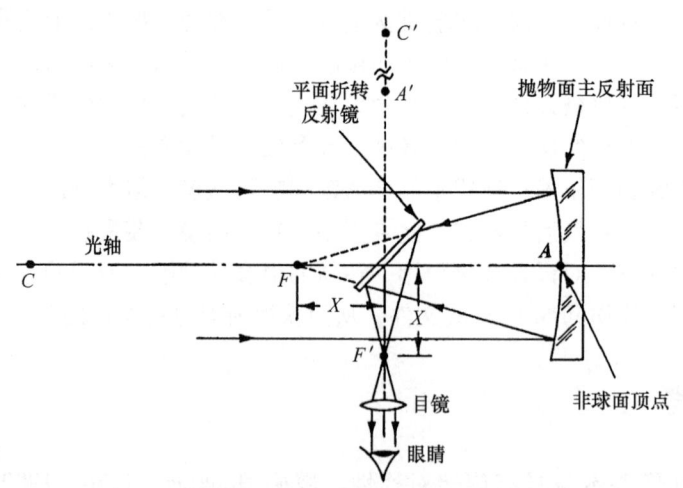

图 4.2　牛顿望远镜是一个含有共轴光学元件的折转光学系统的例子

图 4.3 所示的是一个孔径无遮拦的卡塞格林望远镜，反射镜的光学表面是母体非球面的一部分。两个母体非球面相对于光轴共轴，所以系统是共轴的。该系统的入瞳偏离了光轴，所以该设计称为偏心光瞳系统或离轴光瞳系统。

第4章 单透镜安装技术

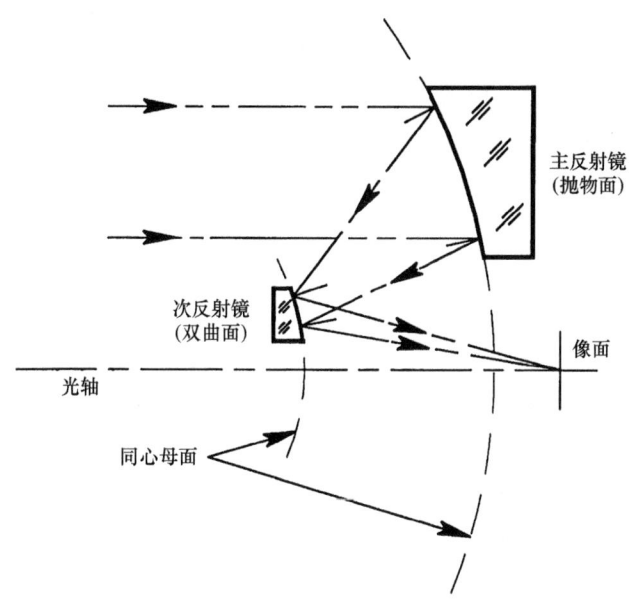

图4.3 一个孔径无遮拦的使用部分反射面的卡塞格林望远镜。该反射面是共轴母体非球面的一部分。该光学系统有时称为离轴系统（更多地称为偏心光瞳系统）

实际上，经抛光和磨边后，所有透镜元件侧边都是圆柱形，这些圆柱体就确定了透镜的机械轴，该机械轴可能与透镜的光轴重合，也可能不重合，重合与否取决于磨边时如何定位光轴。如图4.4所示，一个双凸透镜安装在一台颇具代表性的高精度透镜磨边机的钟形夹具（或卡盘）上，该夹具端部被磨圆为平滑的环状。一般使用腊或沥青作为黏合剂，将透镜固紧在卡盘上，如详细视图所示。某些机器中使用真空卡盘夹持透镜。加热黏结剂使它变软，或者使真空卡盘中的真空度得到部分释放，然后从侧面推动透镜，直到透镜与机器的旋转轴共轴。一定要仔细操作，使整个磨边期间玻璃与卡盘一直接触，从而确保该透镜表面的曲率中心位于机床的旋转轴上。如果其曲率中心不在旋转轴上，则卡盘旋转时，外侧表面会发生颤动。

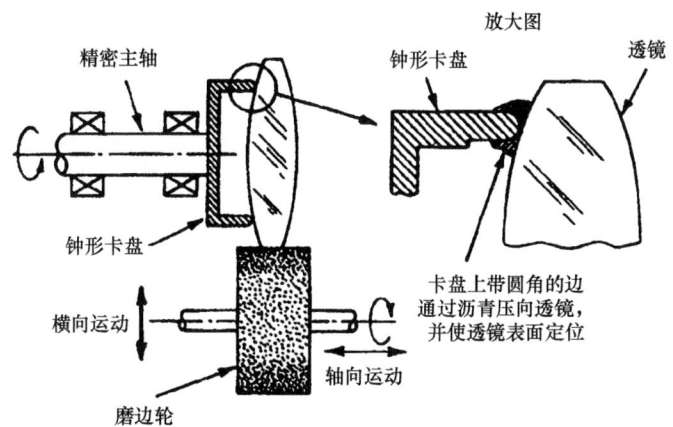

图4.4 透镜零件磨边的典型装置。详细视图表示将透镜固定在磨边机卡盘上的一种方法
(资料源自 Yoder, P. R. Jr, *Mounting Optics in Optical Instruments*, 2nd edn., SPIE Press, Bellingham, WA, 2008)

如图 4.5 所示，一个透镜偏心安装在一台磨边机卡盘上。如果在这种条件下完成该透镜磨边，可能会产生一个楔形角为 $\theta = w/2h$ 的楔形。其中，w 是高度 h 处表面的总跳动量（径向跳动）。该楔形镜会使透射光束偏离近似 $\delta = (n-1)\theta$ 的角度。其中，n 是玻璃折射率；θ 和 δ 单位都为弧度（rad）。要将这些弧度换算成分（′），需除以 0.0000029。在透镜技术规范中，常对该光学楔形角提出严格的公差要求。

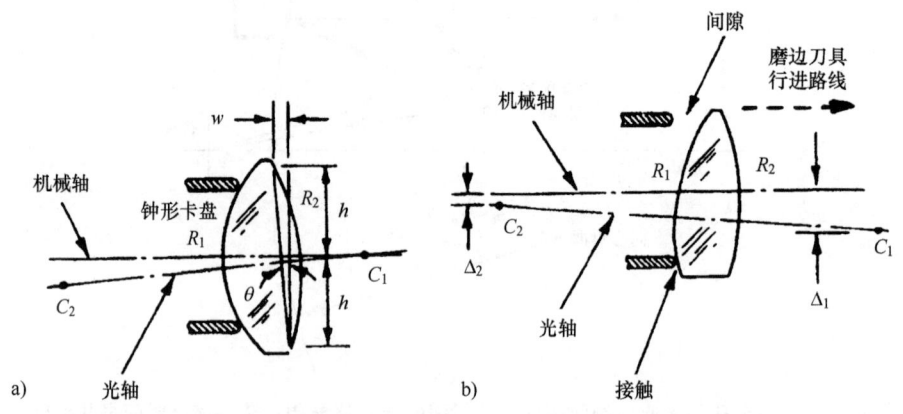

图 4.5 磨边期间，对透镜不正确定位的典型例子
a) C_1 在旋转轴上，C_2 偏离旋转轴 b) C_1 和 C_2 都在所在的平面内，但偏离旋转轴，且偏离量不等

可以利用各种方法确定该透镜外侧表面是否完全共轴，以开始磨边，最简单的机械法如图 4.6 所示。一台精密千分表的测头轻触透镜通光孔径外半径为 h 处的外侧抛光表面，随着卡盘缓慢转动，测头会发生跳动以显示表面的颤动。转动一圈的测量值就是该表面的总机械摆动量 w。在类似方法⊖中，也可以采用电子指示器。

在图 4.7 所示的测试方法中，一个点光源放置在距离透镜外侧表面一定的距离上（以方便为宜），利用肉眼或借助光学装置（小型放大镜，显微镜或望远镜，以适合于目前成像位

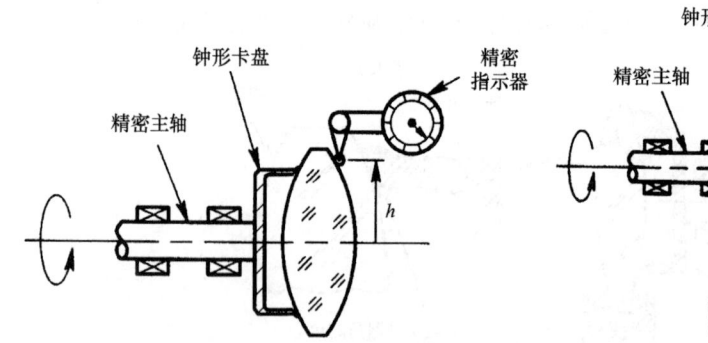

图 4.6 测量转轴上一块透镜元件共轴性误差的技术，千分表显示每旋转一圈时该透镜的最大位移量（径向跳动）

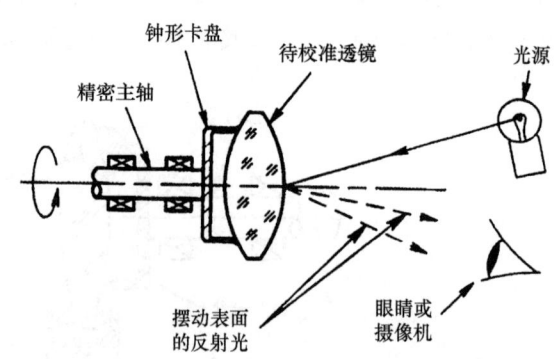

图 4.7 观察一个转动元件外侧表面反射像的位移以确定共轴性误差的方法
（资料源自 Yider, P. R. Jr, *Mounting Optics in Optical Instruments*, 2nd edn., SPIE Press, Bellingham, WA, 2008）

⊖ Bayar（1981）指出，利用一台高质量电容式计量仪可以测量出峰间值为 5μ in（0.13μm）的径向跳动。

置为准）观察该透镜表面反射形成的点光源的实像或虚像。随着钟形卡盘缓慢旋转，如果图像出现移动，则透镜偏心。

图 4.8 所示的布局示意性地表示另外一种测量偏心透镜表面的径向跳动。一块十字线分划板（系统）发出的准直光束通过分束镜后，由一块附加镜头聚焦成像在偏心表面的曲率中心。偏心表面反射的一部分光束通过附加镜头再次准直后返回。在所接受的立体角内，一部分光束反射到设计有另一个十字线的观测望远镜内。如果反射十字线的图像不与望远镜的十字线重合，则透镜外侧表面偏心不共轴。注意到，按照这种方法，透镜夹持在共轴式主轴上两个相对的同轴钟形卡盘之间，所以无须黏合剂或真空卡盘就能够夹持到位。如果透镜倾斜，轴向压力就会施加在其周围附近的曲面上，从而形成一个不相等的径向力分量，使透镜缓慢地移向其共轴位置，如图 4.9 所示。

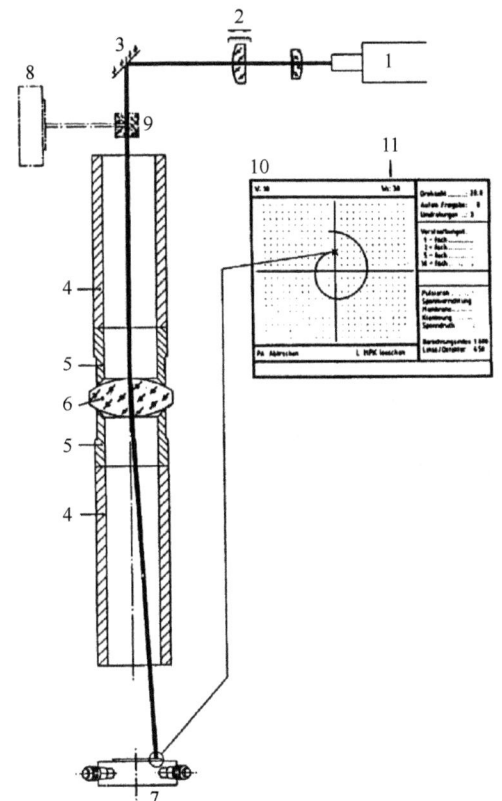

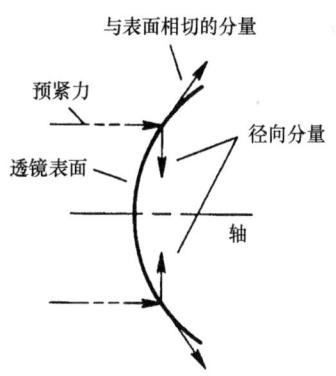

图 4.8 一种商用传感器的光机布局图，通过一块透镜对光束的反射或透射来测量磨边期间透镜的共轴误差
（资料源自 Loh Optical Machinery, Inc., Milwaukee, WI）
1—激光器 2—调焦系统 3—反射镜 4—定心转轴
5—定心主轴 6—透镜 7—透射光探测器
8—反射光探测器 9—反射棱镜（反射法）
10—监视器和激光防护罩 11—表面倾斜角

图 4.9 当透镜处于理想共轴位置时，作用在透镜曲面上的预紧力形成的径向力分量示意。如果透镜倾斜或偏心，则失配平面内径向分量变得不相等。这种方法使透镜的重新对准变得较为容易

如果使用这种装置对一个透镜定心，那么下列公式中的 Z 应当大于 0.56：

$$Z = \left(\frac{2y_C}{R}\right)_1 - \left(\frac{2y_C}{R}\right)_2 \tag{4.1}$$

式中，y_C 是卡盘距离旋转轴的接触高度；R 是表面半径的绝对值（Karow，1993）。Shannon（1990）指出，一个透镜的共轴精度可以包括在光学自动设计软件的评价函数优化中。对于半径较长的透镜，若使用反向卡盘工艺无法完全调整到共轴（即 $Z <$ 0.56 的透镜），必须通过外部装置施加径向力，使透镜能够在卡盘上滑动，手动完成对准。

图 4.10 所示的是一种利用干涉技术确定定心钟形卡盘上透镜偏心的方法。一束激光束通过分光镜及偏心表面附近的平-凹光学样板（或检光板）。样板曲面的半径必须近似等于偏心面的半径。来自相邻表面的两束光束向后反射到分光镜，部分光束反射到眼睛（最好是视频摄像机）中[⊖]。相邻表面反射光束的干涉效应会在监视器上形成干涉条纹。随着卡盘旋转，这些条纹在监视器上移动。可以在监视器表面上设置一个标记作为固定的基准。调整透镜位置，直至干涉条纹固定不动为止。

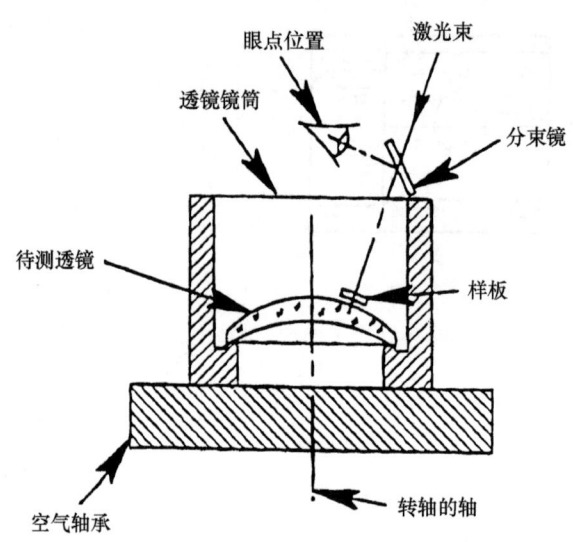

图 4.10 表面晃动会造成菲佐干涉条纹的移动，通过观察这种移动测试透镜与旋转空气轴承转轴对准的程度

（资料源自 Carnell, K. H. et al., *Optical Acta*, 21, 615, 1974）

一旦待加工透镜在卡具上完成调准和固定，就可以将其柱面外侧精磨到合适的外径（OD）尺寸。如图 4.4 所示，驱动磨轮的装置使刀刃平行于转轴做线性移动，并小心控制刀刃的横向（径向）进刀量以切除透镜的材料。

图 4.11 所示的说明对一个双凹透镜进行磨边、定心和倒角时使用的一种典型装置、工具和操作步骤。该透镜有多个二次研磨表面（三个平面和两个圆柱表面的倒角），以及三个

⊖ 若是直接观察，需要进行适当的滤光，以保护眼睛。

保护性倒角。在此示出的机器是一台计算机自动数控（CNC）的精密定心机床；使用两个多面镀金刚石磨轮以加快磨边速度。

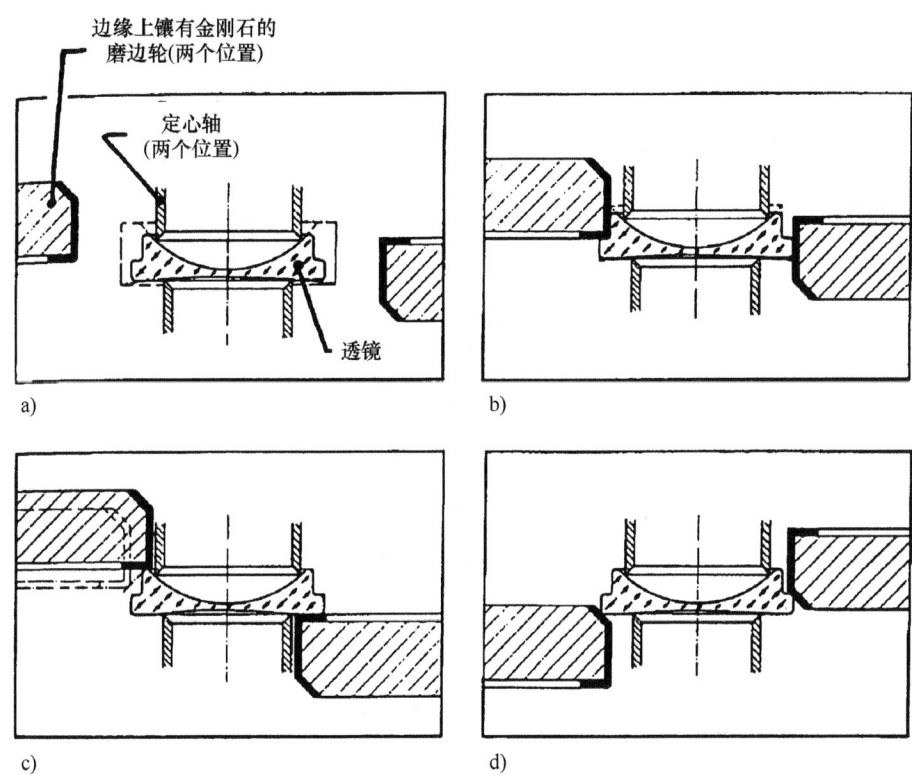

图4.11 透镜安装在一台反向卡盘定心仪中，该设备主要用于数控定心、磨边、磨斜边和倒角。图a~d给出了操作顺序
a）开始位置（被去除的材料由虚轮廓线表示） b）加工两个圆柱体和一个平的斜面
c）加工两个平的斜面和一个保护性倒角 d）加工两个额外的保护性倒角
（资料源自 Loh Optical Machinery, Inc., Milwaukee, WI）

对于依靠边缘接触实现装配的透镜，极不希望在磨边工序中将透镜加工成楔形。图4.12给出了这类装配，透镜外径（OD）与镜框内径（ID）之间留有最小间隙[⊖]。有三种情况：图a中，一个理想的共轴透镜装配到一个理想的柱形镜框中，玻璃边缘与镜框内径（ID）之间的径向间隔基本为零，透镜光轴与镜框的机械轴严格对准；图b中，透镜边缘是在相对于光轴倾斜一定角度的条件下完成磨边，因此，两个表面的曲率中心偏离机械轴，经过透镜传输的光束发生偏离；图c中，透镜光轴相对于镜框内径机械轴具有一定偏心量，但平行于机械轴，因此透射光束也会发生偏离。

对于透镜磨边后保留有一定的机械楔形量来说，利用目前先进的测量仪器并根据光学车间的成熟工作经验，中等尺寸光学零件的边缘厚度差 ΔET 能够控制到小于0.005mm（0.0002in）。Erickson等人（1992）指出，高精度测量技术可以测量出小至1.3μm（50×

⊖ 根据经验，能够将透镜（小心）装配到镜框中的最小径向间隙约为0.0002in（约5μm）。

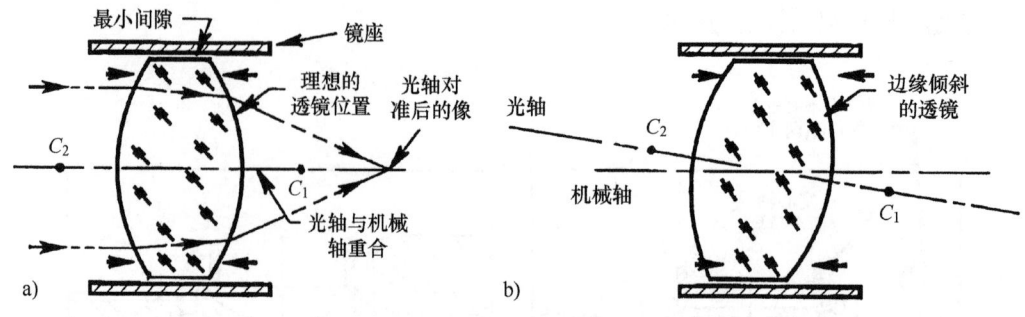

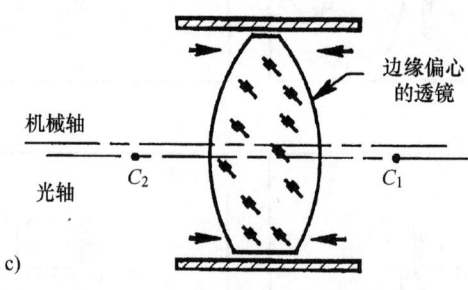

图 4.12 采用边缘接触安装方式装配一个边缘倾斜的透镜（图 b）或偏心透镜（图 c）会使一个远距离轴上物点所成的像偏离图 a 所示理想条件下的图像，产生非对称像差。每个视图中都用一组对称的水平箭头表示轴向预载

10^{-6} in）的 ΔET。若透镜直径是 60mm（2.36in），这些 ΔET 对应的几何楔形角分别是 17.2″ 和 4.5″。具有相同 ΔET 值但孔径更大的透镜则应当具有更小的楔形角。

即使透镜被理想地定心和磨边，但边缘接触装配所使用的有关机械零件并没有正确加工，也会出现对准问题。图 4.13 所示的是三种常见的机加误差造成的情况。图 a 中，由于圆柱形镗孔（基准面 - A -）和镜座凸缘（基准面 - C -）的倾斜，透镜相对于外径（OD）（基准面 - B -）有些倾斜。图 b 中，圆柱形镗孔（基准面 - A -）相对于基准面 - B - 偏心，所以透镜也偏心。图 c 中，一个用于对透镜进行轴向定位的隔圈被加工成楔形，施加轴向预紧力时，由于透镜表面与接触的机械零件间存在局部间隙（见图 c），相接触时将产生不对称的局部应力。很明显，需要控制光学零件及机械零件之间的尺寸和面形关系。

透镜与镜座的最常用装配方式是采用直接接触光学抛光面进行对准的结构，无须第二次研磨，即一个环形平面或倒边这样的斜面作为基准面。这种装配方式称为面接触装配技术，本章稍后讨论。

如果被安装的零件是平面或曲面（即成像）反射镜而不是透镜，只要其外部结构具有旋转对称性，利用本章所述的磨边和装配技术就不会有任何根本的差别。然而，对于反射镜，由于倾斜角为 θ 的反射表面将造成反射后光束的偏离量是 2θ，而具有 θ 楔形角的透射元件造成透射后光束的偏离量为 $(n-1)\theta$，所以定心误差造成的光学效果更为明显。

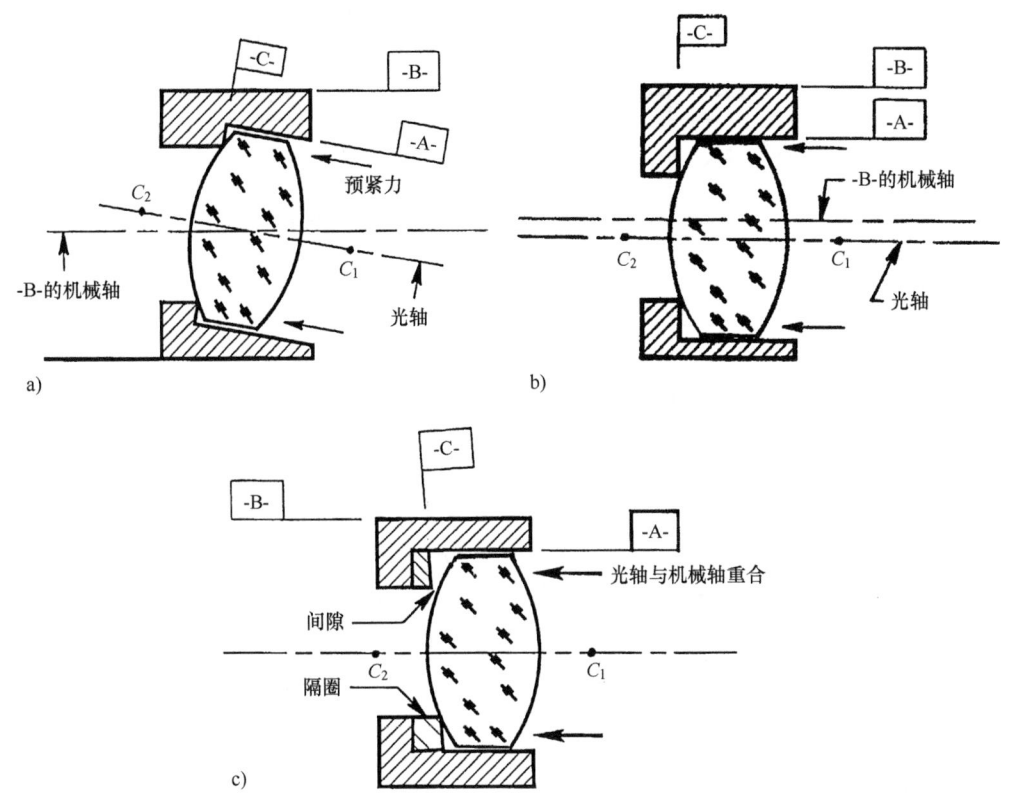

图 4.13 一个理想的透镜安装在一个不理想的边缘接触的镜座中将会
（相对于机械基准面，如基准面 - B - ）产生对准误差

a) 一个倾斜的镗孔和凸缘　b) 一个偏心的镗孔　c) 一个楔形的垫圈，将造成预载的不均匀分布和形成不对称的应力
（资料源自 Yoder, P. R. Jr., *Mounting Optics in Optical Instrument*, 2nd edn., SPIE Press, Bellingham, WA, 2008）

4.3 透镜重量和重心

设计光学仪器的重要内容之一就是估算其光学元件、机械元件和其他元件的重量及这些元件的重心位置。在对零件的这些性质进行测量之前，利用该信息和其他设计资料就可以近似地预估整台仪器的重量并确定组件的重心位置。本节将对透镜或类似普通透镜形状的简单反射镜的计算方法进行总结。

4.3.1 透镜重量计算

任何一块透镜都可以看作是三部分的基本组合：球冠、正圆柱体和截头圆锥体，在此分别称为盖、盘和锥（见图 4.14）。一个凸形盖的重量定义为正，而一个凹形盖的重量是负。因此，如果是一个双凸透镜，就应当将两个盖的重量加上圆盘的重量，如果是一个弯月形透镜，就要将凸形盖的重量加上圆盘的重量，再减去凹形盖的重量。为简单起见，透镜的形状都视为是尖角尖棱，由倒角造成的重量减少，如图 4.15h 和 i 所示的可以忽略不计（译者注：原书漏印了

"图4.15"),因此这种方法对重量的估算结果会比实际重量稍高一些。双胶合透镜及更为复杂系统的重量可以将单个元件的重量相加得到。图4.15给出了9种基本透镜结构截面图。

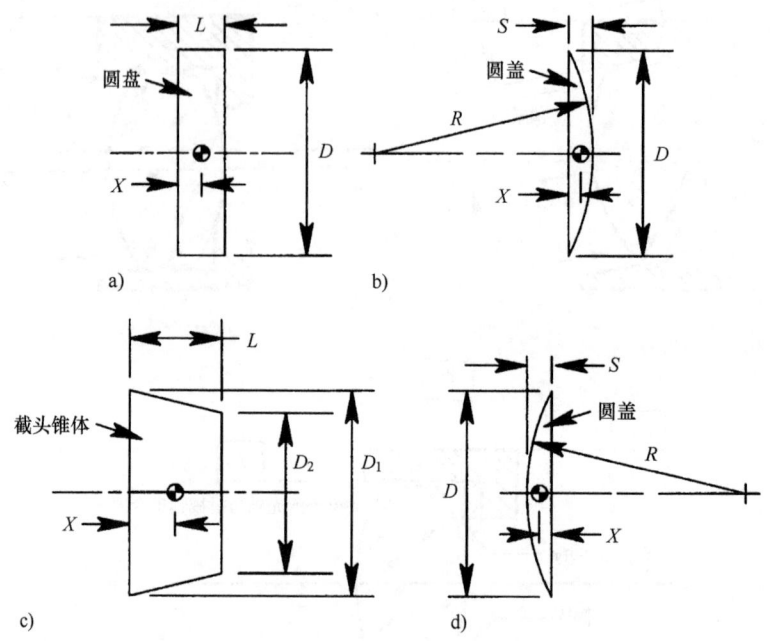

图4.14 实体透镜基本截面形状示意图,标出重心(CG)的近似位置
(资料源自 Yoder, P. R. Jr., *Mounting Optics in Optical Instruments*, 2nd edn., SPIE Press, Bellingham, WA, 2008)

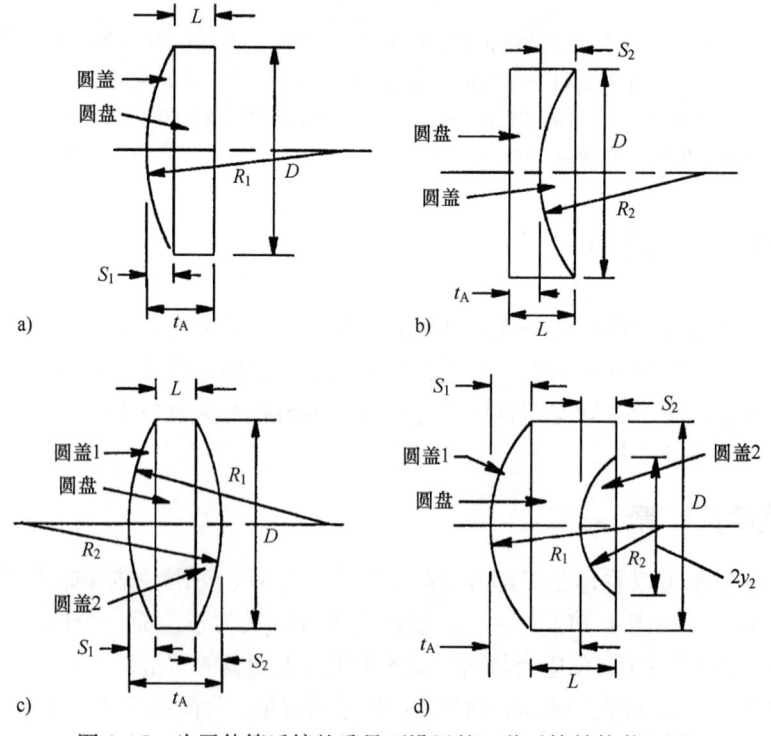

图4.15 为了估算透镜的重量而设置的9种透镜结构截面图
a) 平凸透镜 b) 平凹透镜 c) 双凸透镜 d) 弯月透镜

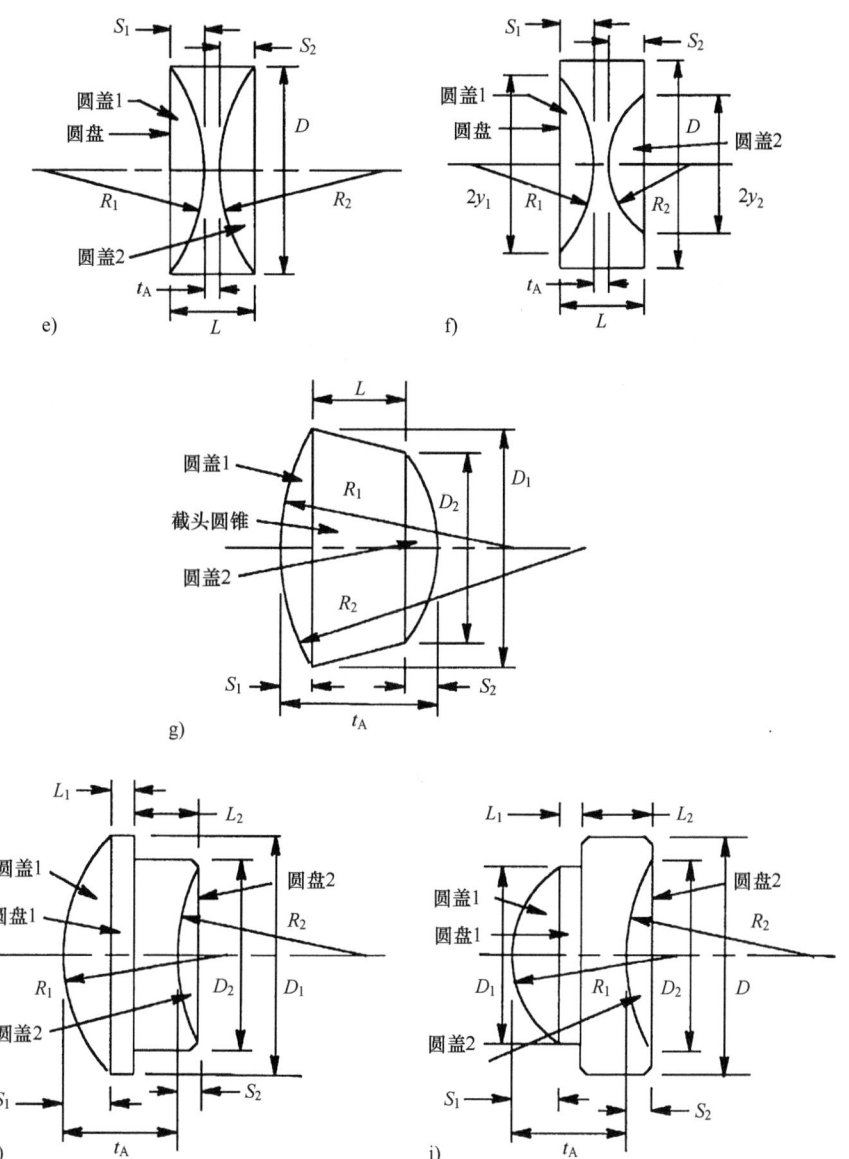

图 4.15 为了估算透镜的重量而设置的 9 种透镜结构截面图（续）
e）双凹透镜 f）具有两个平面倒角的双凹透镜 g）具有锥形截面的双凹透镜
h）具有大平凸元件的弯月透镜 i）具有大平凹元件的弯月透镜

一个盖的弧高 S 和重量 W_{CAP} 是

$$S = R - \left(R^2 - \frac{D^2}{4}\right)^{1/2} \tag{4.2}$$

$$W_{CAP} = \pi \rho S^2 \left(R - \frac{S}{3}\right) \tag{4.3}$$

式中，假设所有半径的代数符号都为正；ρ 是材料的密度；D 是透镜直径。

一块轴向长度为 L 和直径为 D 的圆盘的重量 W_{DISK} 是

$$W_{DISK} = \frac{\pi \rho L D^2}{4} \tag{4.4}$$

一块截锥体的重量 W_{CONE} 是

$$W_{CONE} = \frac{\pi \rho L (D_1^2 + D_1 D_2 + D_2^2)}{12} \tag{4.5}$$

式中，L 是锥体的轴向长度；D_1 是锥体的大端直径；D_2 是锥体的小端直径。

下面通过设计实例 4.1~4.4 进一步解释这些公式的应用。

设计实例 4.1　双凸透镜重量

图 4.15c 所示的双凸透镜具有以下外形尺寸：$D = 2.000\text{in}(50.800\text{mm})$，$t_A = 0.500\text{in}(12.700\text{mm})$，$R_1 = 3.000\text{in}(76.200\text{mm})$，$R_2 = 4.500\text{in}(114.300\text{mm})$。透镜用 NBK7 玻璃制成，$\rho = 0.090 \text{ lb/in}^3$ (2.519g/cm^3)。其重量是多少？

解：
由式（4.2），有

$$S_1 = \left[3.000 - \left(3.000^2 - \frac{2.000^2}{4}\right)^{1/2}\right]\text{in} = 0.172\text{in}(4.358\text{mm})$$

$$S_2 = \left[4.500 - \left(4.500^2 - \frac{2.000^2}{4}\right)^{1/2}\right]\text{in} = 0.113\text{in}(2.585\text{mm})$$

由表面外形，有

$$L = (0.500 - 0.172 - 0.113)\text{in} = 0.215\text{in}(5.461\text{mm})$$

由式（4.3），有

$$W_{CAP1} = \{\pi \times 0.091 \times 0.172^2 \times [3.000 - (0.172/3)]\}\text{lb} = 0.025 \text{ lb}(0.011\text{kg})$$

$$W_{CAP2} = \{\pi \times 0.091 \times 0.113^2 \times [4.500 - (0.113/3)]\}\text{lb} = 0.016 \text{ lb}(0.007\text{kg})$$

由式（4.4），有

$$W_{DISK} = \left(\pi \times 0.091 \times 0.215 \times \frac{2.000^2}{4}\right)\text{lb} = 0.061 \text{ lb}(0.028\text{kg})$$

因此，有

$$W_{LENS} = (0.025 + 0.061 + 0.016)\text{lb} = 0.102 \text{ lb}(0.046\text{kg})$$

（资料源自 Yoder, P. R. Jr., *Mounting Optics in Optical Instruments*, 2nd edn., SPIE Press, Bellingham, WA, 2008）

设计实例 4.2　双凹透镜的重量

图 4.15e 所示的双凹透镜具有以下尺寸：$D = 2.000\text{in}(50.800\text{mm})$，$t_A = 0.280\text{in}(5.080\text{mm})$，$R_1 = 3.000\text{in}(76.200\text{mm})$，$R_2 = 4.500\text{in}(114.300\text{mm})$。透镜材料是 NF2 玻璃，$\rho = 0.095 \text{ lb/in}^3(2.650\text{g/cm}^3)$。其重量是多少？

解：

由式（4.2），有

$$S_1 = \left[3.000 - \left(3.000^2 - \frac{2.000^2}{4}\right)^{1/2}\right]\text{in} = 0.172\text{in}(4.358\text{mm})$$

$$S_2 = \left[4.500 - \left(4.500^2 - \frac{2.000^2}{4}\right)^{1/2}\right]\text{in} = 0.113\text{in}(2.858\text{mm})$$

由透镜几何形状，有

$$L = (0.280 + 0.172 + 0.113)\text{in} = 0.573\text{in}(14.561\text{mm})$$

由式（4.3），有

$$W_{\text{CAP1}} = \{\pi \times 0.095 \times 0.172^2 \times [3.000 - (0.172/3)]\}\text{lb} = 0.026 \text{ lb}(0.012\text{kg})$$

$$W_{\text{CAP2}} = \{\pi \times 0.095 \times 0.113^2 \times [4.500 - (0.113/3)]\}\text{lb} = 0.017 \text{ lb}(0.008\text{kg})$$

由式（4.4），有

$$W_{\text{DISK}} = \left(\pi \times 0.095 \times 0.573 \times \frac{2.000^2}{4}\right)\text{lb} = 0.171 \text{ lb}(0.066\text{kg})$$

则

$$W_{\text{LENS}} = (-0.026 + 0.171 - 0.017)\text{lb} = 0.128 \text{ lb}(0.058\text{kg})$$

设计实例4.3　锥形双凸透镜的重量

图4.15g（译者注：原书错印为h）所示的锥形双凸透镜具有以下尺寸：$R_1 = 6.000\text{in}$（152.400mm），$R_2 = 4.000\text{in}(101.600\text{mm})$，$D_1 = 2.000\text{in}(50.800\text{mm})$，$D_2 = 1.750\text{in}(44.450\text{mm})$，$t_A = 0.880\text{in}(22.353\text{mm})$，透镜材料是 N-SK15 玻璃，$\rho = 0.131 \text{ lb/in}^3(3.620\text{g/cm}^3)$。其重量是多少？

解：

由式（4.2），有

$$S_1 = \left[6.000 - \left(6.000^2 - \frac{2.000^2}{4}\right)^{1/2}\right]\text{in} = 0.084\text{in}(2.132\text{mm})$$

$$S_2 = \left[4.000 - \left(4.000^2 - \frac{1.750^2}{4}\right)^{1/2}\right]\text{in} = 0.097\text{in}(2.461\text{mm})$$

由透镜几何形状，有

$$L = (0.880 - 0.084 - 0.097)\text{in} = 0.699\text{in}(17.755\text{mm})$$

由式（4.3），有

$$W_{\text{CAP1}} = \{\pi \times 0.131 \times 0.084^2 \times [6.000 - (0.084/3)]\}\text{lb} = 0.017 \text{ lb}(0.008\text{kg})$$

$$W_{\text{CAP2}} = \{\pi \times 0.131 \times 0.097^2 \times [4.000 - (0.097/3)]\}\text{lb} = 0.017 \text{ lb}(0.007\text{kg})$$

由式（4.5），有

$$W_{\text{CONE}} = \{[\pi \times 0.131 \times 0.699 \times (2.000 + 2.000 \times 1.750 + 1.750^2)]/12\}\text{lb} = 0.251 \text{ lb}(0.114\text{kg})$$

因此,有
$$W_{\text{LENS}} = (0.017 + 0.251 + 0.015)\text{lb} = 0.283\text{ lb}(0.128\text{kg})$$

设计实例4.4 含有较大孔径平凸透镜的双胶合弯月透镜的重量

图4.15h所示双胶合透镜中,第一个元件是平凸透镜,其相关尺寸是,圆柱体的长度 $L_1 = 0.100\text{in}(2.540\text{mm})$,直径 $D_1 = 1.1802\text{in}(29.972\text{mm})$(译者注:原书错印为1.180),透镜前表面的曲率半径 $R_1 = 1.850\text{in}(46.990\text{mm})$,玻璃材料是NBK7,$\rho_1 = 0.091\text{ lb/in}^3(2.519\text{g/cm}^3)$;第二个元件的相关尺寸是,$D_2 = 0.930\text{in}(23.622\text{mm})$,$R_2 = 1.950\text{in}(49.530\text{mm})$,玻璃材料SF4,$\rho_2 = 0.173\text{ lb/in}^3(4.790\text{g/cm}^3)$,$t_A = 0.491\text{in}(12.471\text{mm})$。该透镜重量是多少?

解:

根据式(4.2),求得玻璃盖形状的弧高,即

$$S_1 = \left[1.850 - \left(1.850^2 - \frac{1.1802^2}{4}\right)^{1/2}\right]\text{in} = 0.097\text{in}(2.464\text{mm})$$

$$S_2 = \left[1.950 - \left(1.950^2 - \frac{0.9302^2}{4}\right)^{1/2}\right]\text{in} = 0.056\text{in}(1.429\text{mm})$$

由透镜几何形状,有

$$L_2 = t_A - S_1 - L_1 + S_2 = (0.491 - 0.097 - 0.100 + 0.056)\text{in} = 0.350\text{in}(8.890\text{mm})$$

盖形部分的重量为

$$W_{\text{CAP1}} = \{\pi \times 0.091 \times 0.097^2 \times [1.850 - (0.097/3)]\}\text{lb} = 0.005\text{ lb}(0.002\text{kg})$$

$$W_{\text{CAP2}} = \{\pi \times 0.173 \times 0.056^2 \times [1.950 - (0.056/3)]\}\text{lb} = 0.003\text{ lb}(0.001\text{kg})$$

圆盘的重量为

$$W_{\text{DISK1}} = \left(\pi \times 0.091 \times 0.100 \times \frac{1.180^2}{4}\right)\text{lb} = 0.010\text{ lb}(0.005\text{kg})$$

$$W_{\text{DISK2}} = \left(\pi \times 0.173 \times 0.350 \times \frac{0.930^2}{4}\right)\text{lb} = 0.041\text{ lb}(0.019\text{kg})$$

透镜的总重量为

$$W_{\text{LENS}} = (0.005 + 0.010 + 0.041 - 0.003)\text{lb} = 0.053\text{ lb}(0.024\text{kg})$$

(资料源自Yoder, P. R. Jr., *Mounting Optics in Optical Instruments*, 2nd ed., SPIE Press, Bellingham, WA, 2008.)

一般来说,除非非球面度非常大,如非常凹的抛物面,否则,都可以将非球面外形的盖作为球面盖处理。对于这类非球面,可以通过计算非球面体的横截面积,乘以 2π,再乘以面积的质心到对称轴的高度,来确定体积(和重量)。本书9.8节将利用这种技术计算背部具有曲线轮廓的拱形反射镜的重量。当然,一定要给出合适的抛物面公式。最一般的非球面可以近似地用二次曲面公式表示。根据正规的立体解析几何学教科书,能够查找到所有锥体截面的相关公式。

4.3.2 透镜重心

图 4.14 给出了四种玻璃透镜的基本截面形状，尺寸 X 表示透镜的重心到左侧的距离。下面给出的公式（Vukobratovich，1993）用以根据图中的标注尺寸确定每一种形状的 X 值：

$$X_{\text{DISK}} = \frac{L}{2} \tag{4.6}$$

$$X_{\text{CAP}} = \frac{S(4R-S)}{4(3R-S)} \tag{4.7}$$

$$X_{\text{CONE}} = \frac{2L(D_1/2 + D_2)}{3(D_1 + D_2)} \tag{4.8}$$

由式（4.2）计算盖状结构的弧高 S。

由 N 个零件和重量 W_{LENS} 计算的任何一个透镜的 CG 位置，可以根据下面公式估算：

$$X_{\text{LENS}} = \frac{\sum_{i=1}^{i=N}(X_i' W_i)}{W_{\text{LENS}}} \tag{4.9}$$

式中，每个零件的 X_{LENS} 和所有力矩臂 X_i' 值都从透镜轴上同一点开始计算。例如图 4.15 所示的 g，选择左边顶点作为基准点，注意到 X_{CAP} 永远都是从平面侧计量，因此，力矩臂 X_i' 是 $X_{\text{CAP1}}' = S_1 - X_{\text{CAP1}}$，$X_{\text{DISK}}' = S_1 + X_{\text{DISK}}$ 和 $X_{\text{CAP2}}' = S_1 + L + X_{\text{CAP2}}$，如设计实例 4.5[⊖] 所示。

设计实例 4.5　图 4.15h 所示双胶合弯月镜的重心（CG）位置

根据设计实例 4.4，该透镜的外形尺寸和重量如下：

盖形结构 1

$S_1 = 0.0966\text{in}(2.464\text{mm})$　$R_1 = 1.8500\text{in}(46.990\text{mm})$　$W_{\text{CAP1}} = 0.0048\text{ lb}(0.0022\text{kg})$

圆盘结构 1

$L_1 = 0.1000\text{in}(2.5400\text{mm})$　　　　$W_{\text{DISK1}} = 0.0098\text{ lb}(0.0045\text{kg})$

圆盘结构 2

$L_2 = 0.3500\text{in}(8.8900\text{mm})$　　　　$W_{\text{DISK2}} = 0.0409\text{ lb}(0.0186\text{kg})$

盖形结构 2

$S_2 = 0.562\text{in}(1.4275\text{mm})$　$R_2 = 1.9500\text{in}(49.5300\text{mm})$

$W_{\text{CAP2}} = 0.0033\text{ lb}(0.0015\text{kg})$

相对于左侧顶点，重心（CG）位于何处？

解：

将式（4.7）应用于盖形结构 1，有

$$X_{\text{CAP1}} = \left[\frac{0.0966 \times (4 \times 1.8500 - 0.0966)}{4 \times (3 \times 1.8500 - 0.0966)}\right]\text{in} = 0.0323\text{in}(0.8204\text{mm})$$

因此，$X_{\text{CAP1}}' = (0.0966 - 0.0323)\text{in} = 0.0643\text{in}(1.6332\text{mm})$

⊖ 计算中，取四位小数以保证精度。

$$(W_i X_i')_{\text{CAP1}} = (0.0048 \times 0.0643)\text{lb} \cdot \text{in} = 3.0864 \times 10^{-4}\text{lb} \cdot \text{in}(3.4870 \times 10^{-5}\text{N} \cdot \text{m})$$

将式（4.6）应用于盘形结构1，有

$$X_{\text{DISK1}} = \left(\frac{0.1000}{2}\right)\text{in} = 0.0500\text{in}(1.2700\text{mm})$$

因此，$X'_{\text{DISK1}} = S_1 + X_{\text{DISK1}} = (0.0966 + 0.0500)\text{in} = 0.1466\text{in}(3.7236\text{mm})$

$$(W_i X_i')_{\text{DISK1}} = (0.0098 \times 0.1466)\text{lb} \cdot \text{in} = 1.4367 \times 10^{-4}\text{lb} \cdot \text{in}(1.6232 \times 10^{-5}\text{N} \cdot \text{m})$$

将式（4.6）应用于盘形结构2，有

$$X_{\text{DISK2}} = \left(\frac{0.3500}{2}\right)\text{in} = 0.1750\text{in}(4.4450\text{mm})$$

因此，有

$$X'_{\text{DISK2}} = S_1 + L_1 + X_{\text{DISK2}} = (0.0966 + 0.1000 + 0.1750)\text{in} = 0.3716\text{in}(9.4386\text{mm})$$

$$(W_i X_i')_{\text{DISK2}} = (0.0098 \times 0.1466)\text{lb} \cdot \text{in} = 1.4367 \times 10^{-4}\text{lb} \cdot \text{in}(1.6232 \times 10^{-5}\text{N} \cdot \text{m})$$

将式（4.7）应用于盖形结构2，有

$$X_{\text{CAP2}} = \left[\frac{0.0562 \times (4 \times 1.9500 - 0.0562)}{4 \times (3 \times 1.9500 - 0.0562)}\right]\text{in} = 0.0188\text{in}(0.4775\text{mm})$$

（译者注：原书错将 W_{CAP2} 印为 W_{CAP1}）

因此，有

$X'_{\text{CAP2}} = S_1 + L_1 + L_2 + X_{\text{CAP2}} = (0.0966 + 0.1000 + 0.3500 - 0.0188)\text{in} = 0.5278\text{in}(13.4061\text{mm})$

$$(W_i X_i')_{\text{CAP2}} = (0.0033 \times 0.5278)\text{lb} \cdot \text{in} = 1.7417 \times 10^{-3}\text{lb} \cdot \text{in}(1.9678 \times 10^{-4}\text{N} \cdot \text{m})$$

根据式（4.9），透镜重心到左侧顶点的位置是

$$X_{\text{LENS}} = \left(\frac{3.086 \times 10^{-4} + 1.437 \times 10^{-3} + 1.520 \times 10^{-2} - 1.742 \times 10^{-3}}{0.0522}\right)\text{in} = 0.2913\text{in}(7.399\text{mm})$$

（资料源自Yoder, P. R. Jr., *Mounting Optics in Optical Instruments*, 2nd edn., SPIE Press, Bellingham, WA, 2008）

可以用下面方法检验重心位置的计算结果：找出每一个零件相对于该透镜重心的力矩。重心位于该透镜重心左侧的那些零件形成逆时针方向（CCW）力矩，而右侧的零件形成顺时针方向（CW）力矩。如果透镜的力矩设置正确，逆时针方向力矩一定等于顺时针方向力矩。在设计实例4.5中，逆时针方向的力矩和是 $[(0.2913 - 0.0643) \times 0.0048 + (0.2913 - 0.1466) \times 0.0098]$ lbf · in = 2.508×10^{-3} lbf · in。顺时针方向力矩和是 $[(0.3716 - 0.2913) \times 0.0409 - (0.5278 - 0.2913) \times 0.0033]$ lbf · in = 2.504×10^{-3} lbf · in。这些力矩相等，误差小于0.12%，因此可以确认透镜的重心位置。

4.4 低精度单透镜安装技术

在此，一个低精度透镜可以（人为地）定义为，定心后每一个表面的剩余光楔所造成的偏离不小于30′，或者相对于一条公共光轴的最大偏心量不小于0.25mm（0.01in）。本节将从低同轴度到高同轴度，循序渐进地讨论将一个单元件透镜固定在

一个机械壳体或镜座中的光机设计问题。最简单的设计包括约束透镜的弹簧。Jacobs（1943）、Richey（1974）和Yoder（1983，2008）描述了比较简单的较高精度透镜的安装设计。所有这些设计都可以归类为"直接放入（drop in）"子组件，镜座内玻璃与金属接触面的内径（ID）及与机械轴的垂直度都预先加工到合理的公差范围之内，透镜的外径（OD）加工到所需要的尺寸，并且给出合适的公差，保证在所有的（工作）温度条件下有一定的径向间隔。在此首先关心的不是透镜的形状，而是玻璃透镜的固定方法，使透镜在机械支撑物中固定不动。为简单起见，将这种支撑物称为镜座，并假定是由金属做成的，除非另有说明。

4.4.1 弹簧固定法

光学装配具有低精度等级的典型例子就是投影仪照明系统中使用的聚光镜和热吸收滤光片。在很大程度上，这种设计是迫于低成本、易维修和没有空气循环等技术条件的要求，从而使光学元件能够承受附近光源的高温。图 4.16a 给出了一种非常简单的安装方式，一块耐热玻璃［如派热克斯玻璃（Pyrex）］受三根弹簧夹持，弹簧与透镜的边缘相接触，弹簧按照 120°的角度间隔设置，对称固定易于使透镜同心。弹簧的柔性降低了透镜破裂的风险。光学元件的对准取决于弹簧上棘爪的轴向位置和形状，这在弹簧制造期间，是很容易控制的。

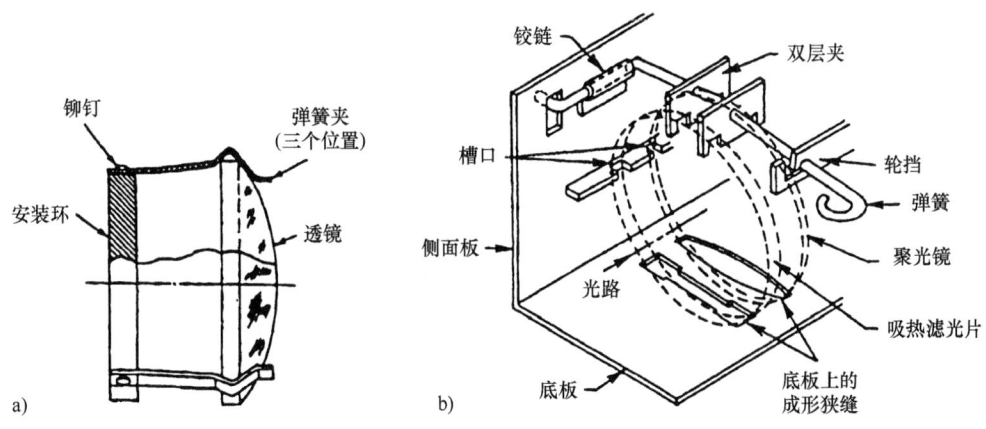

图 4.16　透镜的弹簧固定方式
a）使用三个片簧固定的概念，弹簧在透镜的边缘上按照120°间隔分布
b）在 Kodak Ektagraphic 幻灯投影仪中使用的一块滤光片和一块透镜的固定

（资料源自 Yoder, P. R., Jr., *Mounting Optics in Optical Instruments*, 2nd edn., SPIE Press, Bellingham, WA, 2008）

如图 4.16b 所示，Kodak Ektagraphic 幻灯投影仪中使用了低成本、弹簧加载固定一块吸热滤光片和一块双凸聚光透镜。板材基板上有设计好的切口，光学零件的边缘恰好可以固定在该切口中，并且可以进到金属条状（弹簧）的棘爪中，其中弹簧固定在子组件的侧板上。基板上切口形状的设计确保前后表面具有不同曲率半径的透镜不能反向安装。夹持光学件的弹簧很容易箍紧或放松、装配和服务。来自制冷风扇的风可以直接吹过光学表面，最大程度降低了使用过程中的升温。

4.4.2 滚边（镜座）安装法

图 4.17 给出了将一个透镜滚边压进其镜座中的例子，透镜放入镜座后，将镜座的金属边缘滚压变形，完成从图 a 到图 b 的滚边安装。这种滚边安装技术最常用于小透镜的装配，如显微物镜、内窥镜或短焦距照相物镜。这种方法便宜、紧凑，需要的零件数目最少。预载不确定，安装是永久性的，如果希望丝毫无损地取出透镜，则必须破坏镜座。

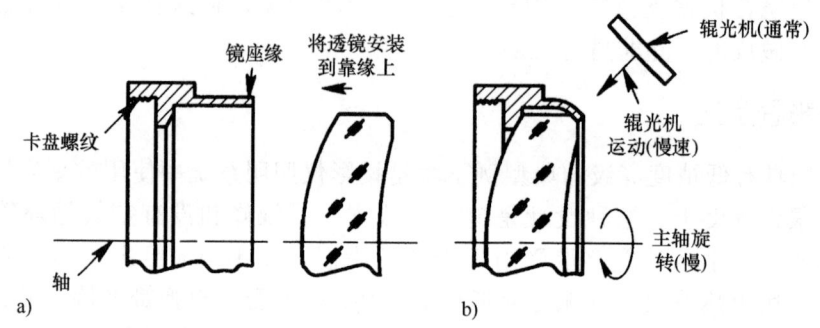

图 4.17　一块透镜滚压进一个由可延展金属材料制成的镜座中
a）镜座和透镜的典型结构　b）完成装配后的部件

（资料源自：Yoder, P. R., Jr. *Mounting Optics in Optical Instruments*, 2nd edn., SPIE Press, Bellingham, WA, 2008）

镜座材料必须是可延展性材料，而不是脆性材料。为此，任何一种黄铜或软铝合金都适合。通常透镜外径和镜座内径之间的径向间隔是 0.005in（0.123mm）。一种滚边安装方法如下：用卡盘将镜座夹持在一台车床上，装上透镜，缓慢地旋转镜座，使用三个或更多淬火而具有更高硬度的圆形刀具，使它们相对于被滚边的边缘成某一角度，用力将镜座边缘压在透镜上。在滚边过程中一定要注意，不要使透镜受到过大应力或变形。在透镜被正确安装到位的工艺初始阶段，必须将透镜牢固地夹持在镜座中，而对金属零件边缘施加一个斜向力，以免使透镜在其径向间隙中偏心。

另外一种具有类似结果的滚边安装技术概念性视图如图 4.18a 所示。镜座轴垂直放置在压力机的基板上。透镜放置在镜座的轴肩上，利用薄垫片或通过检验将它与镜座内径调同心。将一种具有内锥面的刀具或压模向下放，压在镜座的边缘上，借助于控制杆、驱动齿条和齿轮传动机构向下加力将金属凸缘压弯在透镜上（见图 4.18b）。另外，压模可以或多或少地变形，如图 4.18c 所示，使凸缘最靠里面的部分逐渐弯向透镜的通光孔径，而不是保持锥形。

对上述方法的一种改进，有时会在透镜的对外暴露表面侧安装一个稍有些弹性（如尼龙或氯丁橡胶垫圈）的薄的窄垫圈或 O 形环，金属凸缘滚压在弹性垫圈上，而不是直接与玻璃接触。这易于对玻璃金属界面进行密封，并且在金属凸缘遇到高温、从玻璃向外膨胀时，可以提供一些预紧力作用，使玻璃沿轴向与镜座保持压紧。

另外一种滚边镜座安装方法（见图 4.19），是在透镜与镜座轴肩之间安装一个螺旋弹簧（或卷簧），当金属凸缘被旋压好后，弹簧会稍微受到些压力。Jacobs（1943）建议，当该组件易受到严重冲击或需要采用一种低成本方法避免透镜中产生应力时，这种方法是有用的。

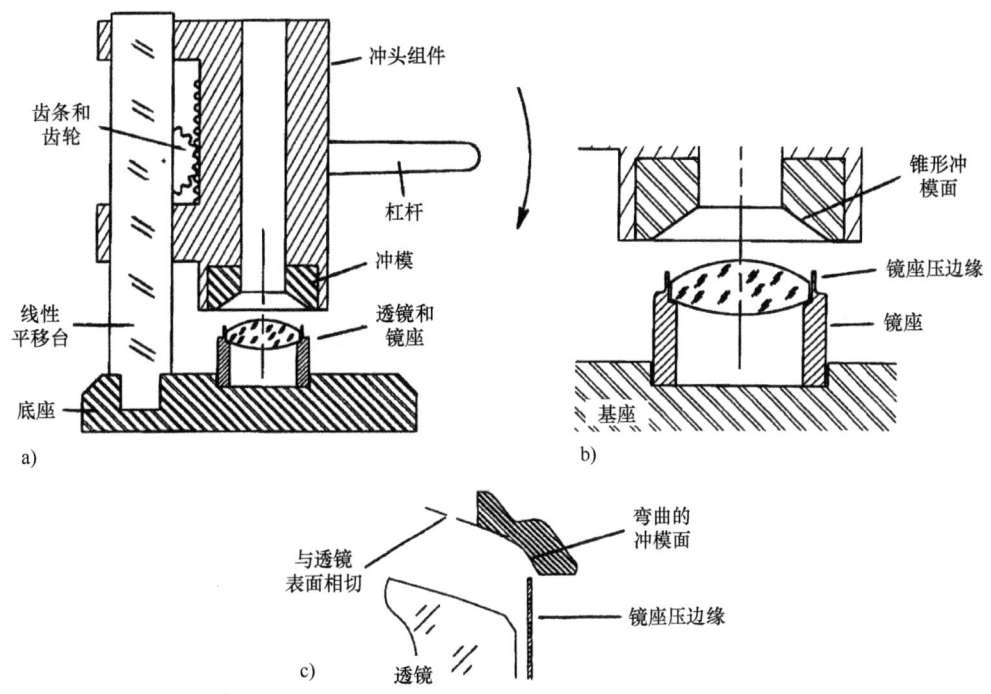

图 4.18 将透镜滚压进镜座的另一种方法,利用一种机械压力机将镜座凸缘压弯而无须旋转镜座和透镜

a) 概念性视图 b) 压模、透镜和镜座的放大视图 c) 另外一种可以使镜座边缘逐渐压弯成形在透镜上的压模

还有一种方法,是在透镜和被滚边的凸缘之间使用弹簧。这种方法使透镜直接靠在镜座的轴肩上,因此提高了定位和对准精度。具有横向交错排列开缝的薄黄铜管就可以作为上述两种设计中的弹簧,避免了在卷簧端部的高点与透镜局部接触时出现集中的应力,即使弹簧两端磨成平面,如图 4.19 所示,也会有这种效果。弹簧必须比滚边凸缘更硬,所以,在工作期间,凸缘是弯曲的,而不是恰恰压住弹簧。

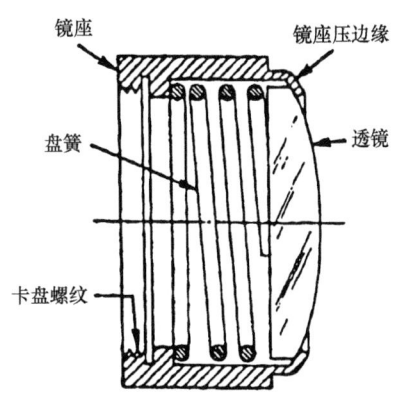

图 4.19 一种透镜滚边安装方法,弹簧靠在靠缘上对透镜施加轴向负载

(资料源自 Jacobs, D. H., *Fundamentals of Optical Engineering*, McGraw Hill, New York, 1943)

4.4.3 卡环安装法

有时候，在镜座内表面加工出一个槽，槽内放置一个卡环就可以将透镜固定在镜座内。图 4.20 所示的就是这样一种设计，卡环的横截面是圆形的。在该环周边上某处切开，使它能够弹性地安装到位。必须将切口边缘研磨平滑以去除易于伤害透镜的毛刺。简单和低成本是它的主要优点。Yoder（2008）为这一类安装设计提供了公式，这种设计适用于与凸表面及有平面倒角的凹表面相接触的界面。由于透镜厚度、槽的位置和深度及卡环尺寸的变化，都会影响透镜与卡环间的接触界面，所以，即使需要，卡环施加在透镜上的预载很难预测。另外，也采用矩形截面的平面卡环，根据规定，其中一些设计有带孔的共面安装耳，以便在装配和拆卸过程中能够用一种双叉工具将盖环扩开。这种方法只能应用于平面倒角透镜。

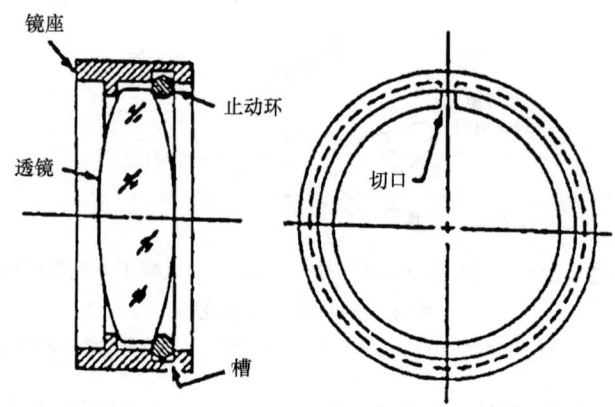

图 4.20　使用一个圆形横截面的卡环将透镜固定在镜座中，卡环放置在镜座内径中的一个槽内

图 4.21 给出了另外一种卡环固定透镜的安装方案，这种方法采用了不同形状的卡槽。一个具有圆形横截面的连续圆形卡环被压入镜座的锥形内壁中。镜座用塑料制成，有相当好的弹性。沟槽是被模压在镜座中，镜座壁的弹性作用使卡环同时接触到透镜表面和斜槽面。与金属镜座和普通的卡槽相比，这种设计对外形尺寸误差不敏感。然而，这种技术很难实现一个特定预载。

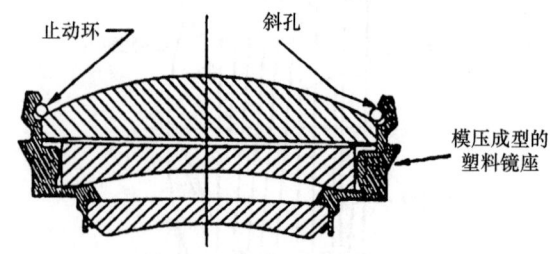

图 4.21　以圆形卡环固定透镜的另外一种技术，将一个圆形横截面的完整卡环压进塑料模压镜座的斜形卡槽中

（资料源自 Plummer, W. T., Precision: How to achieve a littlemore of it, even after assembly, in *Proceedings of the First World Automation Congress* (*WAC'94*), Maui, HI, 1994, p. 193）

如果卡环被压到位后，其外形尺寸和公差能保证卡环与镜座内壁之间过盈配合，则不需要带卡槽的镜座，图 4.22 所示的就举例说明了这种技术。若该组件是应用在温度变化比较大的环境中，卡环和镜座的材料应当有非常接近的热膨胀系数，避免不同的膨胀会造成卡环松脱。这是一种永久性的装配技术，因为实际上无法做到不损伤光学元件而取出压入的卡环。

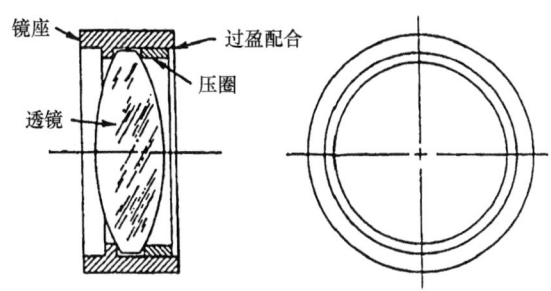

图 4.22　通过压入一个卡环将透镜固定在镜座中的技术，卡环外径和镜座内径之间过盈配合，并且金属零件的热膨胀系数（CTE）相近

该设计的最大问题是不能确定何时停止推送卡环，因为很难探测卡环是否接触到了玻璃。一种首选的装配方法是，将镜座加热，卡环足够冷却，使卡环能很容易地滑入并与透镜接触。当温度稳定下来后，就可以实现所希望的径向过盈配合。在上述两种情况中，对透镜的轴向预载都是不可预测的。Baldo（1987）指出，美国国家标准协会（ANSI）制定的文件 B4.1-1967 定义了使用薄壁零件完成受力/收缩配合时的设计外形尺寸。

4.5　曲面边缘透镜安装技术

4.2 节已经将透镜的边缘接触安装定义为，透镜边缘与镜座内径之间的径向紧密配合。因此，光轴的偏心基本上就是磨边期间圆柱形透镜侧面的同轴度误差。图 4.23 给出了有关一种设计特性的举子（Yoder，1986），当径向间隙比较小时，这种方法可以将透镜安装过程中遇到的问题减到最少。图中，一个透镜侧面被精磨成一个球形，半径等于透镜直径的一半，因此，定心后的透镜边缘就是一个很窄的球表面，很容易以任意一个角度方向放入镜座中。使用这种技术，一个透镜可以安装在仅比透镜直径大几微米的孔中，在其轴向放置到位之前，不会因不可避免的倾斜而卡塞在镜筒中。如果镜片应用在横向有较高加速度负载的环境中，这种径向紧配合技术就比较合适。比较理想的情况是，球形边缘上的高点应当位于垂直于机械轴，并包含透镜重心在内的平面中。

球形边缘装配原理的另一种形式是让透镜有一个冠形（或桶形）边缘，边缘的半径要比

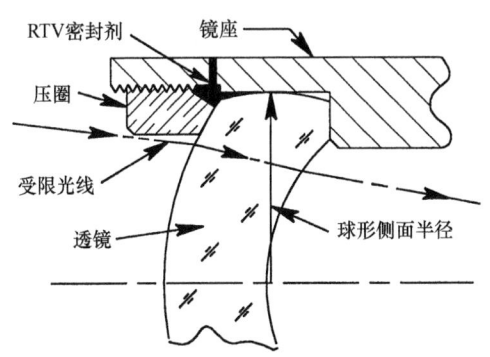

图 4.23　一个位于镜座内的具有球形边缘的透镜
（资料源自 Yoder, P. R., Jr., Optomechanical designs of two special-purpose objective lens assemnlies, Proc. SPIE, 656, 224, 1986）

透镜直径的一半大。利用这种方法，既保证透镜不会卡塞在镜筒内，又使透镜可倾斜的范围比上述的球形边缘略小，但比使用圆柱边缘的大。高精度透镜组件使用的隔圈也常常加工成具有冠形边缘。

虽然球形或冠形边缘需要一些专用光学加工步骤，但由于边缘轮廓不需要很精确，所以加工工具和人力资源方面的成本仅略有增加。当然，这对透镜外径和镜座内径的公差要求会比较严。但是，利用车床装配透镜的情况是一种例外。在装配时，镜座的内径与指定透镜的外径是配对加工的，这种技术将在本书5.3节讨论。当透镜孔径具有最大值，替换起来成本比较昂贵并影响生产计划时，将透镜边缘磨成曲面形状应当是值得采用的设计方法，从而使透镜受到诸如边缘破碎的损伤或装配时卡住透镜的可能性降至最小。如果该透镜是一个配对组的零件，即组件中所有透镜都针对专门熔炼的玻璃参数，或针对系统中其他元件已加工出的厚度进行过优化设计，或者说如果镜座的内径是为某一个要安装的具体透镜定制加工的，那么采用这种方法尤为适用。

图4.23所示设计的另一个优点就是可以通过几个均匀分布在透镜边缘四周的孔（至少三个）注入人造橡胶，如采用室温硫化技术（RTV）将透镜密封在镜座中，并额外提高了保险系数，确保透镜在受到较大冲击或震动时不会移动，密封胶也有助于避免压圈转动。在采用室温硫化技术时，透镜轴处于水平位置，首先将密封胶注入最低的孔中，置换出来的空气通过高处的孔释放。如果密封胶是有色的（即黑色或红色），当它在透镜边缘四周增多时，可以通过透镜的折射端面观察到。当密封胶开始从高处孔中溢出，注入点就可以移到其他的孔，另外再注入密封胶。如果某个孔已经处于镜座的顶部，很容易确定透镜周围的空隙何时灌满，因为密封材料会从最后一个孔中流出。应当通过透镜的折射面目视检查密封的效果，主要检测残留气泡造成的空隙。密封胶固化后，部件应经受压力检测，保证密封完好。

4.6 轴向预紧力计算方法

4.6.1 一般考虑

Delgado和Hallinan（1975）、Hopkins（1976）、Bayar（1981），以及Yoder（1983，1991，2008）都强调过，借助透镜元件的抛光表面（一般是球面）进行透镜安装的优点。在透镜边缘与镜座内径之间留有足够的径向间隙以保证透镜的边缘不会碰到镜座的内径。通过旋紧带有螺纹的压圈，或者通过一个连续的法兰盘，或者采用其他一些机械夹持技术施加轴向预载，从而将透镜压靠在机械基准面（如镜座中的靠缘或一个隔圈）上。图4.24给出了一种螺纹固定环装配方式。一个带螺纹的压圈将一个双凸单透镜压靠在镜座上。这类设计中的主要变量是施加负载的大小及玻璃与金属零件间光机界面的形状。本节稍后再讨论这些变量。这种安装方法可以比较容易地进行拆卸和装配，适用于零件厚度有变化的情况。使用一种精密的人造橡胶密封垫或O形圈就可以很容易地实现环境密封，在同一个镜座或壳体中可以安装多个元件⊖。

这种所谓的"面接触"透镜装配技术的另外一个明显优点就是第二个基准面，如透镜

⊖ 经验表明，不希望利用一个压圈固定三个以上的透镜。

的侧面。其倒角和斜边的位置公差和方向公差都可以放宽,因为它们不再与镜座相接触。图 4.25a 所示的透镜边缘磨得严重倾斜,而图 4.25b(译者注:原书错印为图 4.24b)所示的有一个偏心的边缘。这些误差对透镜的校准没有影响。用这种安装方法对透镜的直径公差要求不太苛刻。

在应用中允许透镜加工残留的几何光楔造成的透镜偏心或光轴角偏误差范围分别为 0.025~0.075mm (0.001~0.003in) 及 0.75′~3′。比较常用的方法就是,预先将光学件和镜座加工到所要求的径向尺寸和设计公差,保证玻璃在最极端的温度条件下也不会受到损伤,这就表明透镜恰好装配到位。有时候,这种安装方法被称为"直接放入"装配法。其优点是简单,拆装都容易。

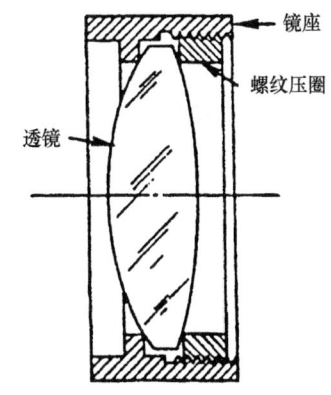

图 4.24 使用带螺纹的压圈安装一个双凸透镜所采用的普通布局,与玻璃相接触的界面就是一般的 90°尖角界面
(资料源自 Yoder, P. R., Jr., Lens mounting techniques, *Proc. SPIE*, 389, 2, 1983)

如果忽略温度变化的影响(温度变化的影响在本书第 11 章讨论),那么,无论使用何种约束方式,装配时为使其固定到位而施加在透镜上的标称总轴向力(预载)P_A(单位是 lbf)可以按以下公式计算:

$$P_A = W \sum a_G \quad (4.10a)$$

式中,W 是透镜重量;$\sum a_G$ 是外部施加的轴向加速度的预期值之和。

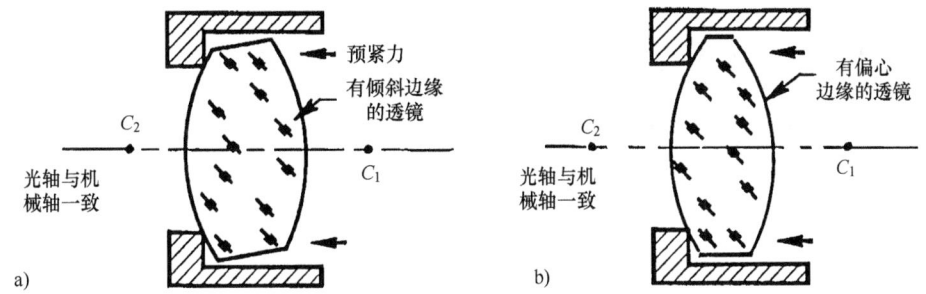

图 4.25 机械界面直接设计在一个透镜的折射抛光表面上,对透镜磨边造成的误差和透镜直径的公差要求就可以放松
a) 倾斜的边缘 b) 偏心的边缘

这些值包括固定加速度、随机振动(3σ)、放大的谐振(正弦形式)、声载荷和冲击。为了容易确定公式中的加速度,在此,将这些加速度表示为周围环境重力的倍数 a_G。因为所有这些外部加速度一般不会同时出现,所以式(4.10a)不需要逐项取和。在某些情况下,对正交方向上出现的加速度取和的二次方根(rss)可能更合适。为简单起见,认为 a_G 是一个最糟糕情况下的单值数字。因此:

$$P = W f_s a_G \quad (4.10b)$$

该公式没有考虑施加在界面上的摩擦力和力矩,并且假设也不包括诸如图 4.23 所示的密封元件。因子 f_s 是一个安全系数,用来补偿计算过程中的近似程度,一般取 1.5~2.0。注意到,如果透镜的重量用千克表示,那么,为了进行单位转换,式(4.10b)必须乘 9.807。

那么，预载的单位是 N（牛顿）。

在透镜的曲面上施加轴向预载将使透镜与安装结构的机械轴共轴。这种效应可以用图 4.9 所示的磨边工艺中自动定心的原理来解释。如果表面的曲率和预紧力相当大，并假定已知表面的形状，那么，压到一个偏心透镜上的轴向力相对应的径向分量之差就会克服摩擦力，使透镜自动定心到某种可能的程度。

对于用面接触方法装配具有曲面表面的共轴透镜，若处于一个径向加速度环境中，则轴向预载还可以避免透镜偏心。如果存在这样一种预载，在名义上，定心后的透镜都是对称地夹持在光学件两侧的机械界面之间（见图 4.26）。在此，将该透镜表示为平凸透镜从而使形状简化。假设透镜外径与镜框内径之间设计有径向间隙。假设一个透镜的重量为 W，一个沿着该透镜重心方向作用、大小为 a_G 的径向加速度将会产生一个向下的径向力 $-Wa_G$，透镜曲面的楔形效应或表面沿加速度方向移动的趋势试图迫使机械界面分离。图中，总楔形角是 θ。若机械镜座和透镜足够结实，不会变形，则相接触的界面就不会在轴向分开，从装配图上可以看出，透镜上有一个向上的力 $+Wa_G$ 来平衡向下的力，从而避免透镜径向移动。

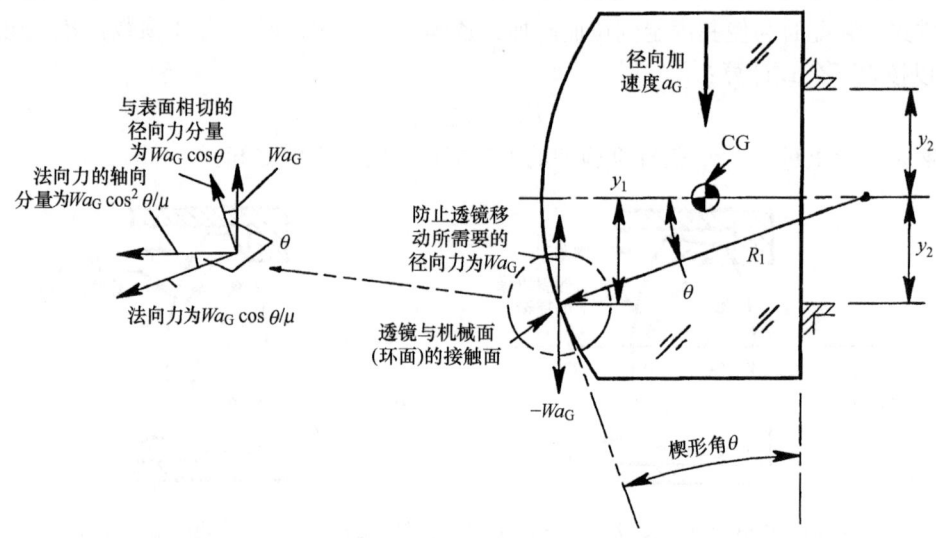

图 4.26　一个面接触透镜在径向加速度作用下会发生偏心，本图用于估算防止透镜偏心所需要的预载

如图 4.26 所示，向上力有一个与曲面相切的分量，大小等于 $(Wa_G\cos\theta)$。与该分量相关的是垂直于透镜表面的另一个分量，大小等于 $(Wa_G/\mu)\cos\theta$，其中 μ 是玻璃-金属界面的摩擦系数。该分量在轴向也有另一个分量，等于为了克服轴向加速度产生的力所需要的轴向预紧力 P_R：

$$P_R = \frac{Wa_G}{\mu}\cos^2\theta \tag{4.11}$$

图 4.27 给出了四种普通的透镜形状及其 θ 角。这里请注意，图 b 所示透镜在向下加速度作用下阻止其向下移动的界面位于轴的两侧。另外一些常见情况（图中未给出）是平板（光窗、滤光片或者分划板）或透镜有两个平（且垂直于光轴）的倒角面作为机械

平面的安装面。这种情况下，名义上的 θ 角应当是零，避免径向移动的最小预紧力应等于 (Wa_G/μ)。

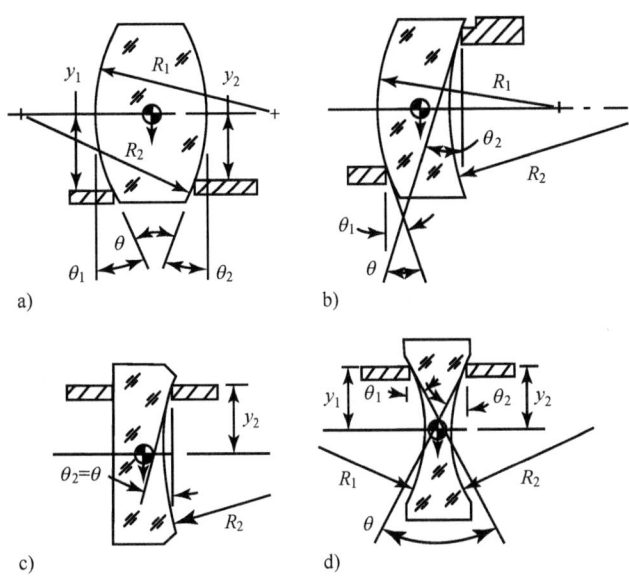

图 4.27 确定四类透镜的 θ 角
a) 双凸透镜 b) 弯月透镜 c) 平凹透镜 d) 双凹透镜

图 4.27a 给出了一个双凸透镜，界面位于距离光轴的不同球面高度上，θ 角可以看作两个角度之和，每个角度都是相对于一个垂直于光轴且通过相应角度 θ 所在表面顶点的平面。由下式可以计算出相应角度：

$$\theta_1 = \arcsin\left(\frac{y_1}{R_1}\right) \quad (4.12a)$$

$$\theta_2 = \arcsin\left(\frac{y_2}{R_2}\right) \quad (4.12b)$$

$$\theta = \theta_1 + \theta_2 \quad (4.12c)$$

应当注意，根据符号规则，曲率中心位于表面左侧的半径为负，而位于右侧的半径为正。设计实例 4.6 利用上述公式给出了图 4.27 所示四种透镜形状的 θ 角，而设计实例 4.7 介绍了如何应用式（4.11）（译者注：原书错印为 4.10b）。

设计实例 4.6　计算图 4.27 所示四种透镜的 θ 角

图 a 所示的双凸透镜：

令 $y_1 = -0.900\text{in}(-22.860\text{mm})$，$y_2 = -0.800\text{in}(-20.320\text{mm})$，
　　$R_1 = 4.000\text{in}(101.600\text{mm})$，$R_2 = -3.000\text{in}(-76.200\text{mm})$。
由式（4.12a），有　$\theta_1 = \arcsin(-0.900/4.000) = -13.003°$
由式（4.12b），有　$\theta_2 = \arcsin(-0.800/-3.000) = 15.466°$

由式 (4.12c)，有　$\theta_a = -(-13.003°) + 15.466° = 28.469°$

图 b 所示的弯月形透镜：

令 $y_1 = -0.900\text{in}(-22.860\text{mm})$，$y_2 = 0.800\text{in}(20.320\text{mm})$，
$$R_1 = 4.000\text{in}(101.600\text{mm}), R_2 = 3.000\text{in}(76.200\text{mm})。$$

由式 (4.12a)，有　$\theta_1 = \arcsin(-0.900/4.000) = -13.003°$

由式 (4.12b)，有　$\theta_2 = \arcsin(0.800/3.000) = 15.466°$

由式 (4.12c)，有　$\theta_b = -(-13.003°) + 15.466° = 28.469°$

图 c 所示的平凹透镜：

令 $y_1 = 0.900\text{in}(22.860\text{mm})$，$y_2 = 0.800\text{in}(20.320\text{mm})$，
$$R_1 = \infty, \quad R_2 = 3.000\text{in}(76.200\text{mm})。$$

由式 (4.12a)，有　$\theta_1 = \arcsin(0.900/\infty) = 0°$

由式 (4.12b)，有　$\theta_2 = \arcsin(0.800/3.000) = 15.466°$

由式 (4.12c)，有　$\theta_c = -(0°) + 15.466° = 15.466°$

视图 d 双凹透镜（译者注：原书错将 R_1 印为 4.000in）：

令 $y_1 = 0.900\text{in}(22.860\text{mm})$，$\quad y_2 = 0.800\text{in}(20.320\text{mm})$，
$$R_1 = -4.000\text{in}(-101.600\text{mm}), R_2 = 3.000\text{in}(76.200\text{mm})。$$

由式 (4.12a)，有
$$\theta_1 = \arcsin(0.900/-4.000) = -13.003°$$

由式 (4.12b)，有
$$\theta_2 = \arcsin(0.800/3.000) = 15.466°$$

由式 (4.12c)，有
$$\theta_d = -(-13.003°) + 15.466° = 28.469°$$

设计实例 4.7　为了避免透镜在径向加速度下偏心所必需的径向预紧力

图 4.27a 所示的双凸透镜具有以下参数：$R_1 = 3.000\text{in}(76.200\text{mm})$，$R_2 = -4.500\text{in}(-114.300\text{mm})$；表面接触位置是 $y_1 = y_2 = -0.900\text{in}(-22.860\text{mm})$。假设透镜边缘周围设计有径向间隙。透镜重量 $W_{\text{LENS}} = 0.102\text{ lb}(0.046\text{kg})$。如果施加的向下径向加速度 $a_G = 20$，那么，为了避免透镜偏心需要的轴向加速度是多少？假设 $\mu = 0.200$。

解：

由式 (4.12a)~式 (4.12c)，有
$$\theta_1 = \arcsin(-0.900/3.000) = -17.458°$$
$$\theta_2 = \arcsin(-0.900/-4.500) = 11.537°$$
$$\theta = -(-17.458°) + 11.537° = 28.995°$$

> 由式 (4.11)，需要的轴向预紧力是
>
> $$P_R = \left(\frac{0.102 \times 20.000}{0.200} \times \cos^2 28.995°\right) \text{lbf} = 7.803 \text{ lbf}(34.711\text{N})$$
>
> 应注意到，根据式 (4.10b)，是在轴向加速度 $a_G = 20$ 和 $f_S = 2.0$ 条件下，为了避免透镜移动所需要的轴向预紧力；但是，没有径向加速度时，是 $(0.102 \times 2.0 \times 20)$ lbf = 4.080 lbf (18.149N)。由该情况可以看出，径向加速度的影响是主要的。

当温度高于装配温度时，可能会出现与轴向预紧力相关的设计问题，通常情况是镜座比透镜膨胀得更多，因此，轴向预紧力从组件上施加处开始减小，最后完全消失。该问题会使透镜在加速度条件下更易于错位失配，将在本书 11.7.3 节讨论。

4.6.2 螺纹压圈安装法

图 4.28a 给出了图 4.24 所示的螺纹压圈的功能。施加在压圈上的扭矩通过螺纹转换成对透镜的轴向力（预紧力）。通常在压圈的露出端都会加工出一些孔或开一些通槽，便于将圆柱扳钳头上的插杆或方形爪插入，用来拧紧压圈（见图 4.28b）。也可以使用可调整的开脚扳手（见图 4.28c 和 d）。另外，一块长度略大于压圈直径的平板类工具（图 4.28 未给出）也可以用作扳钳。所有的工具应当加工成形，从而保证在接触透镜的抛光面时不会伤及表面。圆柱形扳手最方便使用，也更利于测量施加在压圈上的扭矩。图 4.29 给出了一个实际压圈的局部视图。

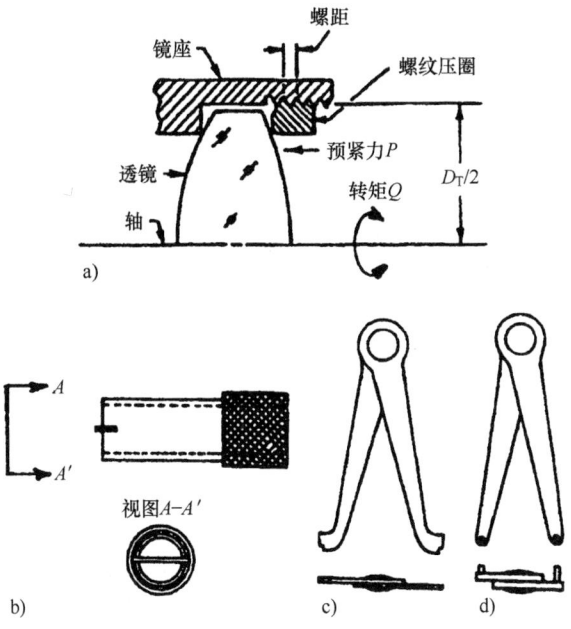

图 4.28　a) 解释施加于螺纹压圈的扭矩与由此对透镜产生的轴向预载间关系的几何图形　b) 转动螺纹压圈的一种管式板钳　c) 可调整板钳，用来转动内径上开缝的压圈　d) 可调整的带插杆板钳，用于转动端部有孔的压圈

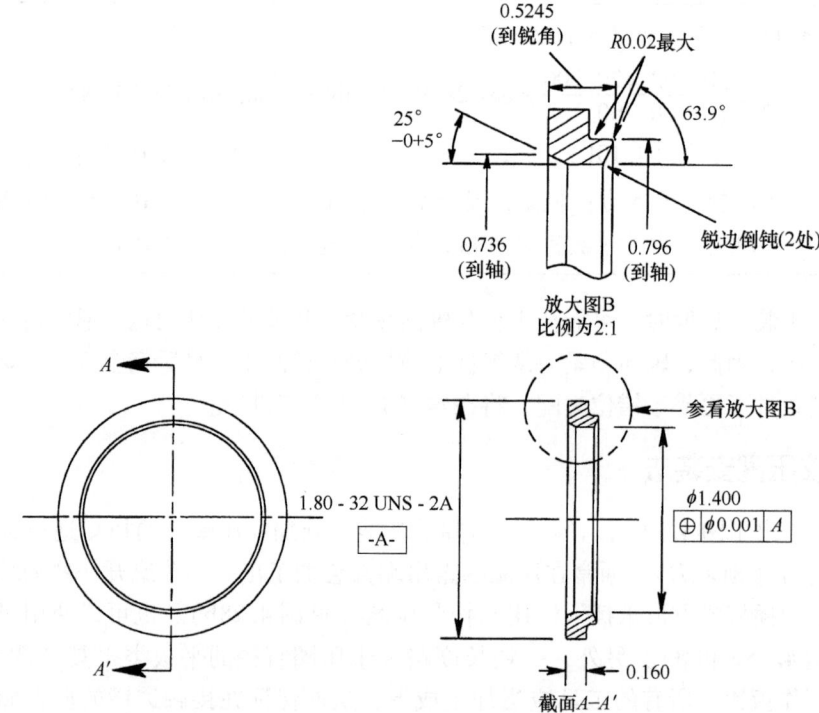

图4.29 一个螺纹压圈的典型工程视图。为了在0.748in（19.00mm）高度上与一个半径是1.671in（42.44mm）的凸透镜的球形表面接触，该零件右端是一个锥形面

注：1. 材料，圆形不锈钢，型号416H，符合ASTM A582规范。
2. 表面处理，钝化，2类，符合SEA-AMS-QQ-P-35规范。
3. 带子或标签上要标注有零件号。
4. 表面光洁度为32。
5. 所标尺寸的单位为in。
6. 公差为xxx±0.005，xxxx±0.0010，±0.5°。

如图4.28a所示，轴向预紧力将透镜夹持到位于左侧的镜座靠缘上。如果需要的轴向力较大或透镜较薄，为了使透镜变形最小，则透镜两侧接触点的高度y_C应基本一致。若不是这种情况，透镜中弯曲应力的估算方法将在卷Ⅱ的5.5节讨论。

压圈螺纹与镜座螺纹的配合应当松一些［美国机械工程协会ASME文件B1.1-1989（2002）中规定的1类或2类］，以便必要时压圈能稍微倾斜，以适应透镜在光学定心后或压圈中残余的楔形角，有助于预载在透镜周边的均匀分布。对于螺纹配合是否适度，有一个经验判定方法，将压圈和定位片装在没有光学件的镜座中，把它放在耳边轻轻摇晃，应能听到压圈在镜座中有轻微的咔塔声。

式（4.13）是由Yoder（2008）推导出的，近似计算螺纹压圈拧紧后产生的轴向预载P_A，D_T是螺距直径，Q是作用在透镜表面上的力矩。分母中的第一项源自一个经典公式，表示一个物体在斜平面（即螺纹面）上由于摩擦力的作用而缓慢滑动的规律，第二项代表透镜表面与旋转压圈端面间在圆形界面处的摩擦效应：

$$P_A = \frac{Q}{D_T(0.577\mu_M + 0.500\mu_G)} \tag{4.13}$$

式中，μ_M 是金属界面间的滑动摩擦系数；μ_G 是玻璃与金属间的摩擦系数。

在一些设计中，为减小压圈拧紧时透镜的转动趋势，在透镜与压圈之间放置一块薄的金属滑动环。如果该环没有移动，则由两种界面中都是金属-金属接触，所以，公式（4.13）中的两项系数都应当使用 μ_M。

由于推导过程中忽略了一些影响较小的因素，以及 μ_M 和 μ_G 值有相当大的不确定性，所以式（4.13）是一个近似表达式。μ_M 和 μ_G 的值在很大程度上取决于金属表面的平滑度（部分取决于机械加工出的表面光洁度及螺纹拧紧的次数），表面是否干燥或是否用水或润滑剂湿润过。Yoder（2008）指出，μ_M 大约是 0.19，而 μ_G 约为 0.15。将这些值代入式（4.13），就得到 $P = 5.42Q/D_T$。这与通常可接受的 P 与 Q 关系的近似表达式（Kowalskie，1980；Vukobratovich，1993）相差在 8% 范围内，通常的表达式是

$$P = \frac{5Q}{D_T} \quad (4.14)$$

利用设计实例 4.8 进一步解释式（4.14）的应用。

设计实例 4.8　为了对一个透镜施加特定的预紧力，螺纹压圈需要的力矩

假设一个外径是 2.1in（53.3mm）的透镜在装配时，通过将一个压圈旋进镜座中进行固定，受到的总轴向预紧力是 12.5 lbf（55.60N），镜座螺纹直径是 2.2in（55.88mm）。施加到压圈上的力矩应是多少？

解：

应用式（4.14），有

$$Q = \frac{PD_T}{5} = \left(\frac{12.500 \times 2.200}{5.000}\right) \text{lbf} \cdot \text{in} = 5.500 \text{ lbf} \cdot \text{in}(0.62\text{N} \cdot \text{m})$$

（资料源自 Yoder, P. R. Jr., *Mounting Optics in Optical Instruments*, 2nd edn., SPIE Press, Bellingham, WA, 2008）

由于摩擦表面容易受到磨损或被吸住，所以，在配装零件上没有使用润滑剂、硬膜或电镀膜的情况下，如铝与铝之类的同类金属绝对不应以螺纹连接形式相接触，这类表面会完全改变摩擦系数，使式（4.14）变得不太精确。

直觉上，粗牙螺纹比细牙螺纹能更好地承受轴向施加的力。另一方面，为了使镜座的壁厚和总的直径达到最小，外形尺寸或封装的限制需要使用细牙螺纹。在旋动细牙螺纹时一定要特别小心，避免"碰伤"螺纹，使零件不能使用。Yoder（2008）给出了一个关系式，用来估算在一个螺纹压圈上应使用多细的螺纹才能得到所希望的预载，通过采用超高金属屈服强度而使螺纹不受损伤，下面就推导该关系式。

按照 Shigley 和 Mischke（1989）给出的定义，图 4.30a 给出了设计螺纹时通常使用的术语，图 4.30b 给出了一个螺纹的基本轮廓图。对外形尺寸的规定适合螺杆（在此，是压圈螺纹）及相配螺母（在此，是镜座内螺纹）。这些也适用于两个主要系列的标准螺纹制，对于粗牙螺纹和细牙螺纹分别称为 "UNC" 和 "UNF"。

螺纹承受的平均应力是总轴向预载除以力所作用的环形总面积。将这种应力与材料的屈服强度进行比较。根据图 4.30b 给出的图形，由下面公式可以将齿顶-齿根的螺纹高度 H 与螺距 p 联系起来：

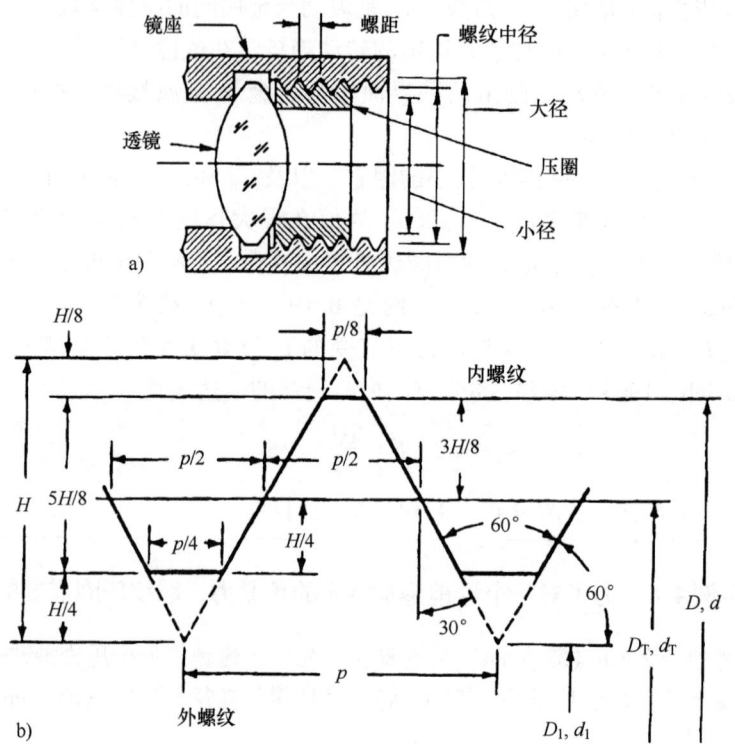

图 4.30 a) 压圈螺钉的术语示意 b) 基本的螺纹轮廓图，$D(d)$ 是大径，$D_1(d_1)$ 是小径，$D_T(d_T)$ 是螺纹直径，p 是螺距。大小写字母分别代表外螺纹和内螺纹

(资料源自 Shigley, J. E., and Mischke, C. R., The design of screws, fasteners, and connections, in *Mechanical Engineering Design*, 5th edn., McGraw Hill, New York, 1989, Chapter 8)

$$H = 0.5p\sqrt{3} \tag{4.15}$$

由该图可以看出，环形接触区的径向尺寸是 $(5/8)H$。因此，每个螺纹的环形面积是

$$A_T = \frac{5\pi D_T H}{8} = 1.700 p D_T \tag{4.16}$$

式中，D_T 是螺纹的螺距直径。

众所周知，当一个螺钉被拧紧后，该螺钉的前几圈螺钉（典型的是 3 圈）承受着由此产生的大部分张力负载。假设螺纹压圈也是这种情况，那么总的环形接触面积就是 $3A_T$。由此，螺纹承受的应力 S_T 近似是

$$S_T = \frac{P}{3A_T} = \frac{0.196P}{pD_T} \tag{4.17}$$

为使该应力不超过金属的屈服强度 S_Y，屈服强度要除以一个适当的安全系数 f_S（译者注：原书错印为 "f"），因此，螺距 p 应当不小于下面公式给出的值：

$$p = \frac{0.196 f_S P}{D_T S_Y} \tag{4.18}$$

在工程实践中，通常是确定单位长度上的螺纹数而不是齿顶间的线性尺寸，这个参数就是 $1/p$。

对于普通的螺纹设计，镜座的热膨胀系数都比透镜的高，因为这种条件下的预紧力最大，代表着最恶劣的情况，螺纹承受的应力应当在最低的可工作温度下估算。本书11.7节将分析随着温度下降到最低设计值，如何估算典型透镜安装布局的负载变化。设计实例4.9利用上述公式确定在最大预紧力条件下不会使螺纹受损的最小螺距及单位长度的螺纹数。

设计实例4.9　采用螺纹压圈技术装配透镜时应保证的最小螺距

假设，装配过程中，利用螺纹压圈将一个直径为2.100in（53.340mm）的透镜安装到镜座中，轴向预紧力是12.500 lbf（55.603N），在规定的最低可承受温度下，轴向预紧力增大到250 lbf（1112N）（译者注：原书错印为"1.112N"）。其中，镜座螺距直径是2.200in（55.880mm），希望安全系数是4。如果镜座和压圈都是6061-T6铝材料，最小屈服强度是8000 lbf/in²（55MPa），那么，应当采用何种细螺纹？

解：
由式（4.18），螺距至少应当等于

$$p = \left[\frac{0.196 \times 4 \times (250 + 12.5)}{2.200 \times 8000}\right]\text{in} = 0.012\text{in}(0.297\text{mm})$$

这是一个 $1/p = 83\text{tpi}$（3.3 圈螺纹/mm）的螺纹。

注：这是一种很细的螺纹，装配过程中，可能会由于（交叉螺纹）失准而造成麻烦。另一种粗螺纹，如40tpi螺纹，或许是更好的选择。

4.6.3　连续法兰盘安装法

图4.31a和b给出了使用连续法兰盘式压圈安装一个透镜的典型设计。这两种方式的区别在于，图a是将多个螺钉拧入镜座中约束透镜，而图b是使用一个有螺钉的螺帽夹持透镜。使用螺钉固定，可能需要增加一个垫圈以增强薄法兰盘的边缘并使其在螺钉之间的弯曲最小，而对于螺帽固定方法就没有必要。

法兰盘压圈最经常应用于大孔径透镜［即直径超过6in（15.4cm）的透镜］，在这种情况下，一个真正的圆形螺纹压圈的制造和装配都比较困难，法兰盘的功能与前面叙述的螺纹压圈基本一样。

如果图中的法兰盘有一个轴向偏转 Δ，就可以按照下面方式对其产生的力进行近似计算，此间把法兰盘看作是一个最外面的边缘被固定、中间穿孔的圆盘。沿法兰盘的内边缘，均匀地施加一个轴向负载，使该边缘偏折。根据Young（1989）提供的资料改编的、反映轴向偏转 Δ 与总预载关系的公式表示如下：

$$\Delta = (K_A - K_B)\frac{P}{t^3} \qquad (4.19)$$

式中

$$K_A = \frac{3(m^2-1)[a^4 - b^4 - 4a^2b^2\ln(a/b)]}{4\pi m^2 E_M a^2} \qquad (4.20)$$

$$K_B = \frac{3(m^2-1)(m+1)\left[2\ln\left(\frac{a}{b}\right)+\frac{b^2}{a^2}-1\right]\left[b^4+2a^2b^2\ln\left(\frac{a}{b}\right)-a^2b^2\right]}{4\pi m^2 E_M[b^2(m+1)+a^2(m-1)]} \quad (4.21)$$

式中，P 是总预载；t 是法兰盘旋臂部分的厚度；a 是悬臂部分最外侧的半径；b 是最内侧的半径；m 是法兰盘材料泊松比 ν_M 的倒数；E_M 是法兰盘材料的杨氏模量。

法兰盘的柔量（compliance）是 $\Delta/P = (K_A - K_B)/t^3$，而（$1/C_F$）是法兰盘的弹簧常数。

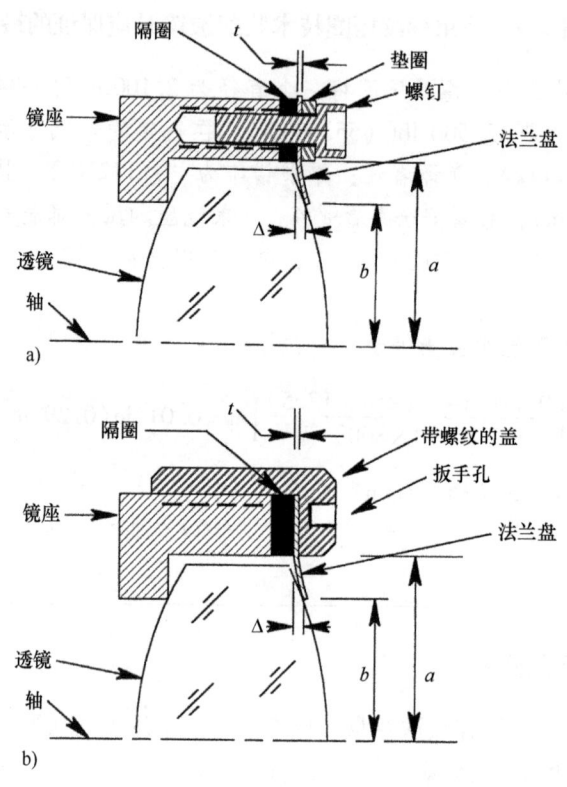

图 4.31　a）法兰盘式压圈将一块透镜轴向约束在镜座中的示意图，增加一个保护垫圈使法兰盘更坚固，使用多个螺钉将法兰盘夹紧
b）法兰盘式透镜压圈的另外一种设计方案，使用一个带有螺纹的螺帽将法兰盘和镜座固定在一起
（资料源自 Yoder, P. R., Jr., *Mounting Optics in Optical Instruments*, 2nd edn., SPIE Press, Bellingham, WA, 2008）

装配过程中可以将镜座与法兰盘间的隔圈磨到一个特定厚度，以便在拧紧螺钉或螺帽实现边缘金属之间紧密接触后能够产生预期的法兰盘偏转。因为加工出的透镜厚度不尽相同，为适应这种情况需要配做隔圈。法兰盘的材料和厚度是主要的设计变量，尺寸 a 和 b 及圆环的宽度（$a-b$）也可以变化，这些参数的设置通常取决于透镜的孔径、镜座的壁厚和对总尺寸的要求。

如果还没有确定法兰盘弯曲部分承受的应力 S_B，就不能认为完成了法兰盘压圈的设计。该应力一定不能超过材料的屈服强度 S_Y。考虑到该限制，建议采用安全系数 2.0。应用下面的公式［改编自 Young（1989）］（译者注：本书 11.7.3.3.2 节中将此式改用符号 σ_B 和 σ_Y 表示）：

$$S_B = \frac{K_C P}{t^2} = \frac{S_Y}{f_S} \qquad (4.22)$$

式中

$$K_C = \frac{3}{2\pi}\left[1 - \frac{2mb^2 - 2b^2(m+1)\ln(a/b)}{a^2(m+1) + b^2(m+1)}\right] \qquad (4.23)$$

利用设计实例 4.19 说明这些公式的应用。

与螺纹压圈相比,使用法兰盘约束的主要优点是可以标定。因而能够相当精确地知道,当法兰盘偏转一个特定的量时传输出的预载是多少。使用一个测压元件或其他测量偏转力的不同方法就可以独立地(或脱机)完成对法兰盘的标定,从而对设计期间利用上述公式预测的法兰盘偏转应力做进一步核实。由于这种测量是非破坏性的,所以可以有把握地认为,实际使用期间其硬件的性质与测试出来的一样。如果使用普通的测微计或高度计对 Δ 进行可靠测量,根据经验,Δ 至少应当是测量装置分辨率的 10 倍。

设计实例 4.10 采用连续法兰盘技术装配大孔径透镜的设计

使用钛合金(Ti6Al4V)法兰盘将一个直径 15.750in(400.050mm)的校正板正确安装在一个天文望远镜中,120.000 lbf(533.7844N)的总预载 P 均匀施加在校正板边缘周围或附近。法兰盘悬臂部分的内径和外径分别是 $a = 7.885$in(200.279mm),$b = 7.750$in(196.850mm)。假设,$\nu_M = 0.340$,$E_M = 1.65 \times 10^6$ lbf/in²(1.14 $\times 10^5$ MPa),$S_Y = 120000$ lbf/in²(827MPa):(a)如果安全系数是 2.0,法兰盘的厚度应当是多少?(b)偏转力应当多大?

解:

(a)根据式(4.23),有

$$K_C = \frac{3}{2\pi}\left[1 - \frac{2 \times 2.941 \times 7.750^2 - 2 \times 7.750^2 \times (2.941+1)\ln\frac{7.885}{7.750}}{7.885^2 \times (2.941-1) + 7.750^2 \times (2.941+1)}\right]$$

$$= 0.0164$$

根据式(4.22),有

$$t = \left(\frac{2 \times 0.0164 \times 120}{120000}\right)^{1/2} \text{in} = 0.0057\text{in}(0.1455\text{mm})$$

(b)根据式(4.20)、式(4.21)和式(4.19),有

$$K_A = \frac{3 \times \left[(2.941^2 - 1) \times (7.885^4 - 7.750^4) - 4 \times 7.885^2 \times 7.750^2 \times \ln\frac{7.885}{7.750}\right]}{4\pi \times 2.941^2 \times 7.885^2 \times (16.5 \times 10^6)}\text{in}^4/\text{lbf}$$

$$= 1.0556 \times 10^{-11}\text{in}^4/\text{lbf}$$

$$K_B = \left\{\frac{7.750^4 + 2 \times 7.885^2 \times 7.750^2 \times \ln\frac{7.885}{7.750} - 7.885^2 \times 7.750^2}{4\pi \times 2.941^2 \times (16.5 \times 10^6) \times [7.750^2 \times (2.941+1) + 7.885^2 \times (2.941-1)]}\right\}\text{in}^4/\text{lbf}$$

$$= 1.8321 \times 10^{-13} \text{in}^4/\text{lbf}$$
$$\Delta = [(1.0556 \times 10^{-11} - 1.8321 \times 10^{-13}) \times (120/0.0057^3)] \text{in} = 0.0067\text{in}(0.1707\text{mm})$$

(资料源自 Yoder, P. R. Jr., *Mounting Optics in Optical Instruments*, 2nd ed., SPIE Press, Bellingham, WA, 2008)

4.6.4 多悬臂式弹性卡环安装法

图 4.32 给出了将透镜固定在镜座中的一种简单方法。透镜靠在三个薄聚酯（Mylar）垫（图中厚度是夸大的）上，聚酯垫固定在镜座的靠缘上以约 120°的间隔设置，并作为半运动配准表面。作用相当于悬臂弹簧的金属卡环施加预紧力，使用螺钉和垫圈将这些金属卡环固定在镜座上。金属卡环和镜座之间的隔圈经过专门加工（或配做），以便金属卡环能够产生规定的偏转，从而提供轴向预紧力。金属卡环的放置要使通过透镜后的预紧力直接对着聚酯垫圈。这样选择位置有可能使施加于光学元件上的弯曲力矩减至最小。采用稍有弹性的聚酯垫圈还有助于降低对镜座靠缘几何尺寸精度和光滑表面公差的技术要求。

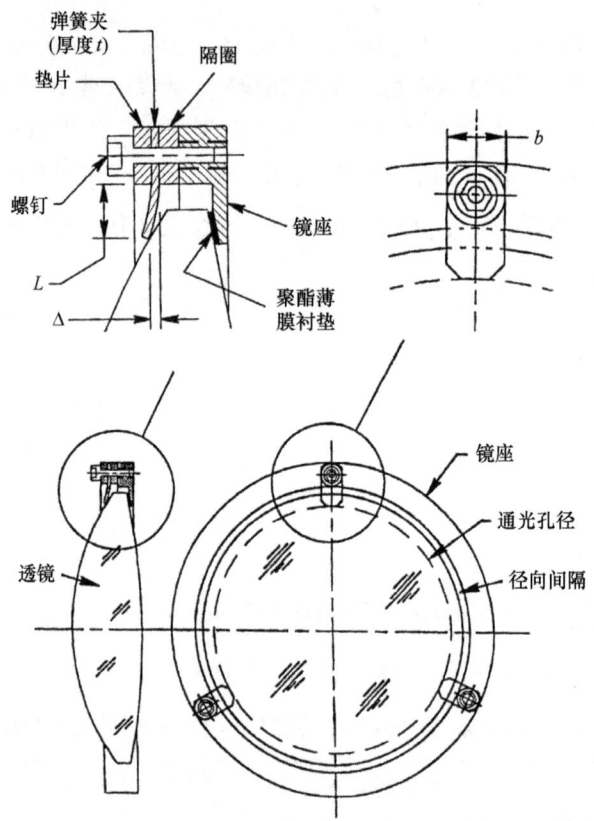

图 4.32 使用三个沿径向排列的悬臂弹簧，将一个透镜压紧在镜座靠缘的聚酯垫圈上，使透镜得到固定
(资料源自 Yoder, P. R., Jr., *Mounting Optics in Optical Instruments*, 2nd edn., SPIE Press, Bellingham, WA, 2008)

可以应用下面公式（Young，1989）计算 N 个同类弹簧卡环中每个弹簧卡环从松弛（未偏转）状态到总预紧力达到规定值 P 所需要的偏转量及每个弯折卡环的应力：

$$\Delta = \frac{(1-\nu_M^2)4PL^3}{E_M bt^3 N} \tag{4.24}$$

$$S_B = \frac{6PL}{bt^2 N} \tag{4.25}$$

式中，ν_M 是弹簧卡环材料的泊松比；P 是预紧力；L 是悬臂弹簧卡环的长度；E_M 是金属的杨氏模量；b 是弹簧卡环宽度；t 是弹簧卡环的均匀厚度；N 是弹簧卡环的数目。

设计实例 4.11 给出一个透镜典型装配方式的计算过程。

设计实例 4.11 采用多悬臂梁卡环结构装配一个圆形孔径透镜的设计

一个圆形透镜在轴向受到三个钛钢弹簧卡环的约束，预紧力是 1.90 lbf（8.45N）。弹簧卡环的尺寸为，$L = 0.313\text{in}$（7.950mm），$b = 0.200\text{in}$（5.080mm），$t = 0.010\text{in}$（0.254mm）。假设，$\nu_M = 0.340$，$E_M = 16.5 \times 10^6$ lbf/in²（1.14×10^5 MPa）。需要计算：(a) 每个弹簧卡环应当偏转多少？(b) 每个弹簧卡环的应力是多少？(c) 卡环弹簧安全系数设计值是多少？(d) 如果采用分辨率为 ±0.0005in（±0.013mm）的高度计，那么能够满足标定用的偏转量应为多少？

(a) 由式 (4.24)，有

$\Delta = \{[(1-0.340^2) \times 4 \times 1.90 \times 0.313^3]/[(16.5 \times 10^6) \times 0.200 \times 0.010^3 \times 3]\}\text{in}$
$= 0.021\text{in}(0.526\text{mm})$

(b) 由式 (4.25)，有

$S_B = [(6 \times 1.90 \times 0.313)/(0.200 \times 0.010^2 \times 3)]$ lbf/in²
$= 59375$ lbf/in²（409.4MPa）

(c) 从表 3.18 可以看到，钛合金的最小屈服强度近似为 120×10^3 lbf/in²（827.4MPa），所以，安全系数 $f_S = 2.0$。

(d) 偏转量/分辨率 = 0.021/0.0005 = 42。它大于 10，因此足够了。

在一些光学系统中，如半导体激光光束准直仪、光学校正板、宽银幕放映仪和一些扫描系统，由于水二次向和垂直方向的视场或光束孔径不同。所以，其中一些透镜、光窗、棱镜和反射镜的口径形成的自然形状，可能是矩形、类似环形跑道（racetrack）、梯形等。在这些光学系统中，为了形成所希望的其他形状的光束，或者在正交方向上形成不同的放大率，会经常使用柱面、超环面及非旋转对称非球面，即变形透镜。这些透镜可能具有非旋转对称的表面形状和/或非圆形孔径，不能按照常规方法将其安装在圆形镜座中，或者使用螺纹压圈夹持固定，原因是一段弧形表面到轴上的距离是不相等的，这类光学元件的安装通常是根据被安装元件专门制作。

图 4.33 给出了这种安装设计的一个简单例子。透镜是一个平凹柱面透镜，孔径的高宽比是 2:1。使用四个弹簧卡环将透镜固定在一个矩形镜座中，该镜座是机加而成的一块金属平板，并呈圆形，所以可以按照普通方法将其固定在仪器的壳体上。注意，平板上加工了一条缝，根据仪器壳体上标示的定位柱或键（未画出）并通过旋转，将透镜的圆柱轴与系统坐标系对准。弹簧卡环产生局部预载，在预计的加速度作用力下将透镜固定在镜座中。

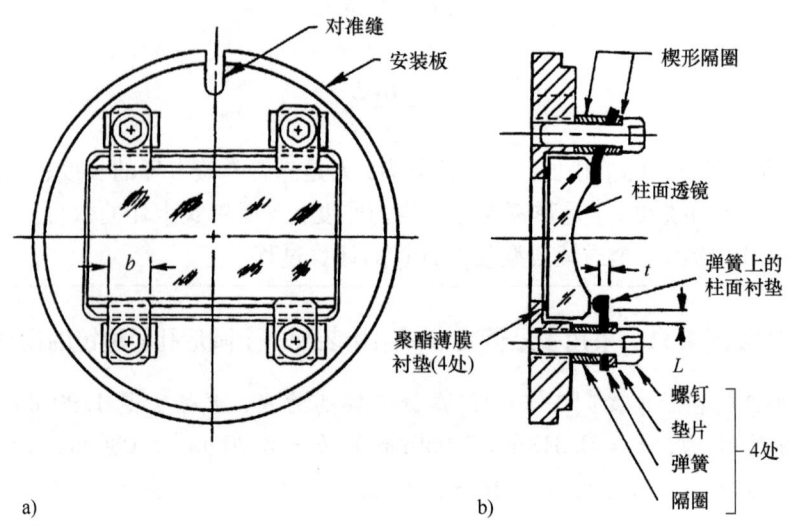

图 4.33 一个矩形孔径透镜的装配示意图
a) 表示四个悬臂式弹簧卡环施加预紧力的主视图
b) 表示弹簧卡环固定方法的侧试图。注意到，图示两种卡环：上侧弹簧是一个倾斜的平面弹簧，能够避免有尖角触及透镜。图 b 中，弹簧卡环上设计一个柱形垫，从而与倒边的接触界面易于受控。

（资料源自 Yoder, P. R., Jr., *Mounting Optics in Optical Instruments*, 2nd edn., SPIE Press, Bellingham, WA, 2008）

根据 Young（1989）观点，如果卡环的固定端夹持到位而不是利用螺钉穿孔方法固定到支架上，则根据式（4.25）计算的卡环弯曲应力能够减少约 3 倍。

4.6.5 法兰盘和弹簧卡环与透镜的接口界面

由于连续环形法兰盘和卡环形式的弹簧必须弯曲才能施加力于透镜，因此，设计时必须特别小心以确保每个弯曲组件与透镜表面之间都有合适的接触。图 4.34a 的截面图表示了装配凸透镜的一种基本方法。玻璃-金属在距离机械轴高度为 y_C 处相接触。由于端部稍有不规则或毛刺就会在玻璃上造成应力集中，因此应避免利用弹簧最末端接触。图中，弹簧的弯曲出现在所示悬臂范围内。在该区域的上下侧，弹簧外形基本上是直线。除非一根弹簧特别薄，否则，在垂直于图面方向上仍将保持其正常的平面形状，因此，玻璃上面的接触区域基本上是一个点。若是一个法兰盘，接触面是一个半径为 y_C、位于透镜抛光表面边缘附近的窄环面。

上述概念的改进型是在每个弹簧卡环上增加一个凸球形结构或在连续法兰盘上设计一个凸形环面，以保证金属与玻璃精确接触，如图 4.34b 所示。为了使界面的接触应力最小，金属接触面的截面曲率半径应当尽可能大。尽管这些凸面形状最好是设计成卡环或连续环形法兰盘，但也可以做成分离件并固定在弹簧上。

对于具有凹表面和平倒边的透镜，也可以在倒边上利用常规的法兰盘或一系列普通的平弹簧卡环完成安装。任何类型的弹簧都可以设计为图 4.34（译者注：原书错印为图 4.33）b 的形状。

图 4.34c 给出了一种直接利用弹簧卡环或连续环法兰盘与凹面而非倒边相接触的装配方

第 4 章 单透镜安装技术

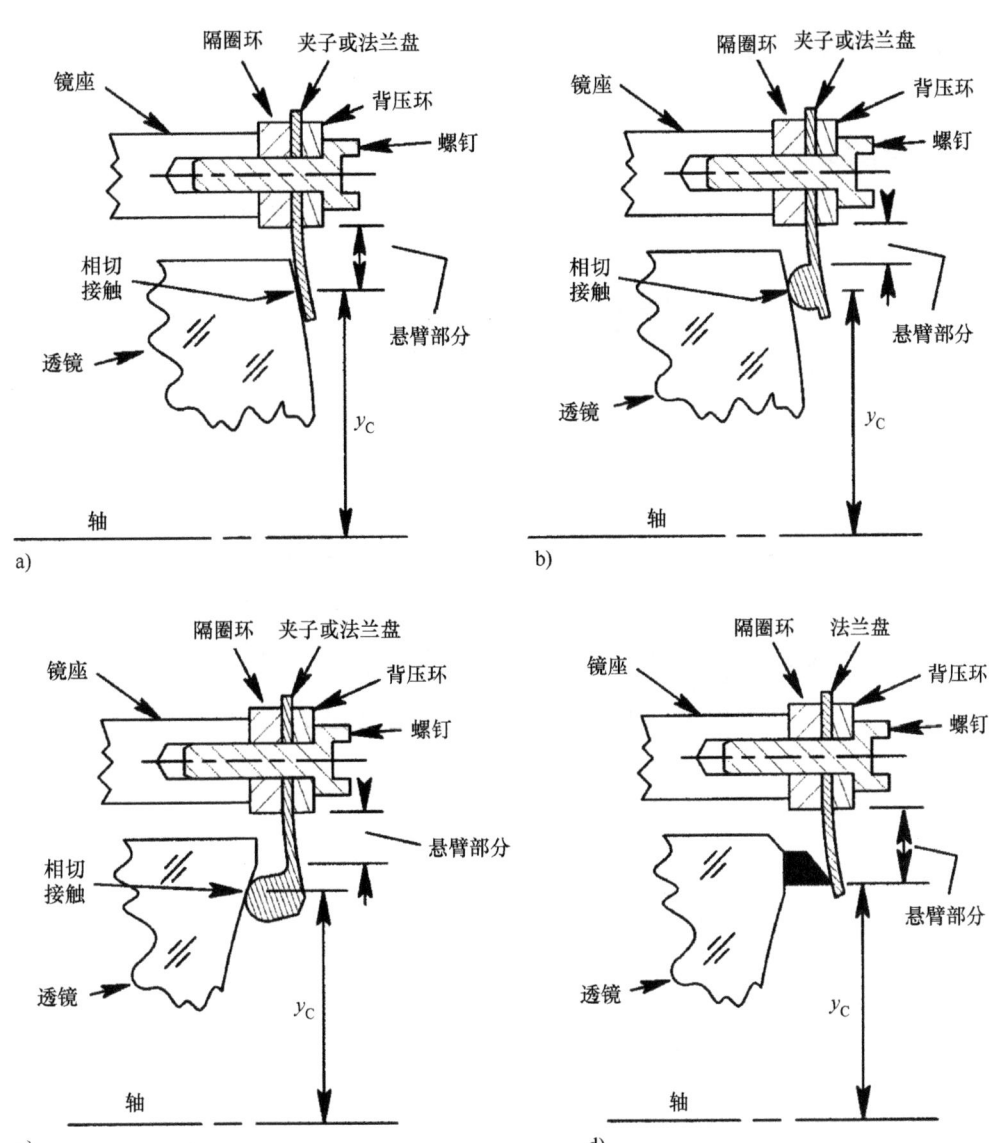

图 4.34 实现弹簧卡环固定方法的可能方案及其与不同形状透镜表面的接触界面
(图 d 源自 Barrera, S. et al., *Proc. SPIE*, 5495, 2004)

法。为了能够形成稍大些的凸球形或凸环形结构以便在高度 y_C 位置与透镜抛光面接触,要用一块厚的坯材加工这种弹簧。

利用弹簧结构固定透镜的另外一种方法如图 4.34d 所示,凹抛光面上有一个平的或阶梯形的倒边。如 Barrera 等人(2004)所述,透镜倒边和法兰盘之间设计一个聚四氟乙烯(译者注:也称为特氟纶材料)垫圈。与弹簧的接触高度取决于垫圈的内径,从而就保证在法兰盘弯曲时,径向接触高度不变。对于具有凸抛光面的透镜,如果将阶梯倒边研磨成透镜面,可以采用相同的安装方式。

4.7 面接触光机界面

4.7.1 尖角界面

透镜镜座中圆柱孔与一个垂直于孔轴线的平面相交就会形成尖角界面。在多数光学仪器中，最容易形成这种界面并被广泛应用。实际上，尖角界面并非是一个真正的刀刃。Delgado 和 Hallinan（1975）对不同机加车间制造和检验过的设计有尖角界面的许多零件进行一系列测试后认为，经车间或工厂精心加工的机械零件表面相交处已经磨光成具有 0.002in（0.05mm）数量级半径的圆角。这种小半径表面在高度 y_C 处与玻璃接触。图 4.35a 给出了一种典型的与凸球面透镜表面相接触的界面，图 4.35b 给出了与凹透镜表面相接触的界面。

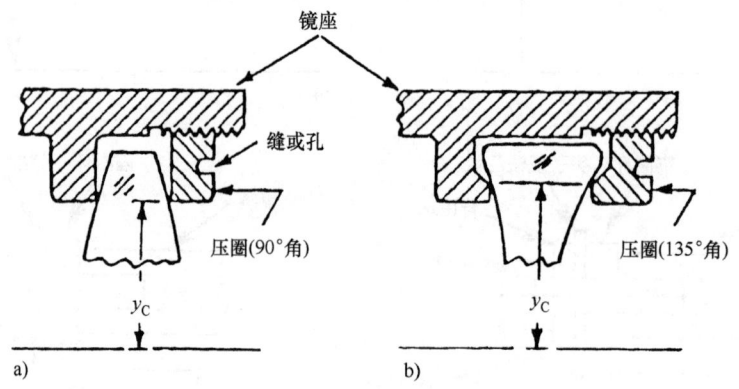

图 4.35　具有代表性的尖角界面
a）与凸透镜表面相接触　b）与凹透镜表面相接触

4.7.2 相切界面

如果与凸透镜球面相接触的机械面是锥形表面，就有一个相切的锥形界面，更简单的，有一个相切界面（参看图 4.36）。半锥角 ψ 由下列公式确定：

$$\psi = 90° - \arcsin\left(\frac{y_C}{R}\right) \quad (4.26)$$

相切界面不适合凹面透镜表面，而对凸透镜表面，一般认为是近于理想的界面。由于利用现代机械加工技术制造起来容易且很经济，所以在一定预载下锥形界面在透镜内可以产生比尖角界面更小的接触应力。相切界面的这种优点将在卷 II 的 5.3 节讨论。图 4.36（译者注：原书错印为"图 4.29"）给出一个具有锥形界面的压圈。

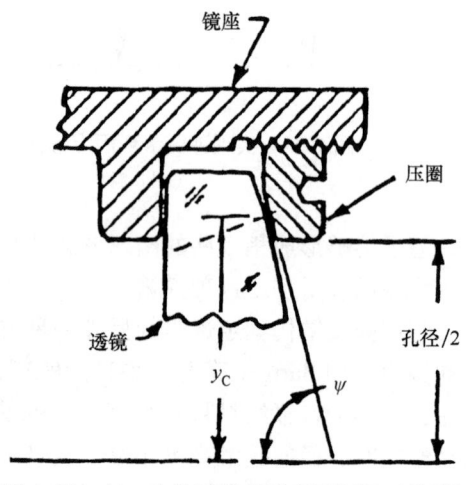

图 4.36　与一个凸透镜球形表面相切（锥形）接触的界面，ψ 是半锥角

4.7.3 超环面界面

图 4.37a 给出了一个与半径为 R 的凸透镜球形表面相接触的超环面或麦圈形状的机械表面。图 4.37b 给出了一个类似界面,但接触的是透镜的凹表面。上述两种情况的名义接触位置都在超环区域的中心处。再次将接触高度定义为 y_C,图 4.38a 和 b 所示为一组超环面接触界面,前者与半径为 R 的凸透镜表面接触,后者与半径为 R 的凹透镜表面接触。在每种情况中,超环面的半径都从 $-R/2$ 变化到 $-R/32$。对于无法使用相切界面的凹透镜表面,这类界面特别有用。至于可以获得最小接触应力的原因将在本书 11.4 节解释。

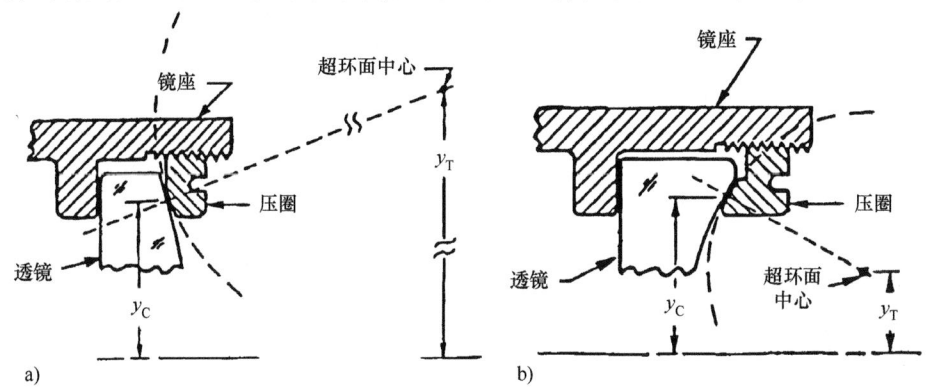

图 4.37 超环(麦圈)界面
a) 接触一个凸透镜球形表面 b) 接触一个凹透镜表面

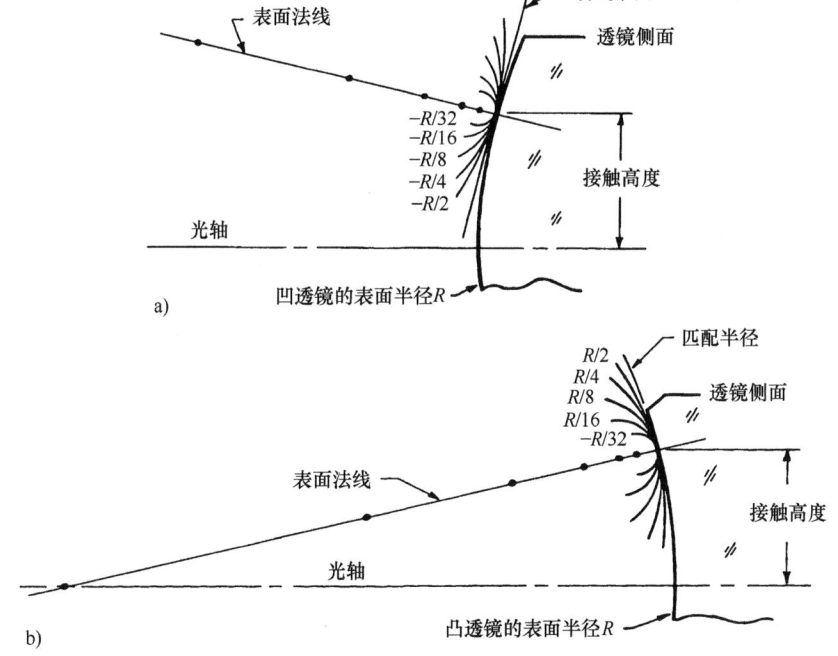

图 4.38 a) 一个半径为 R 的凸透镜表面与不同半径的凸超环表面相接触,极限的情况就是一个相切的锥面
b) 一个半径为 R 的凹透镜表面与不同半径的凸超环表面相接触,极限的情况就是一个球面或相配半径完全一样的表面

(资料源自 Yoder, P. R., Jr., *Proc. SPIE*, 1533, 2, 1991)

4.7.4 球形界面

图 4.39a 和 b 分别给出了与凸透镜球表面和凹透镜球表面相接触的球面区,在整个球面部分都会接触。

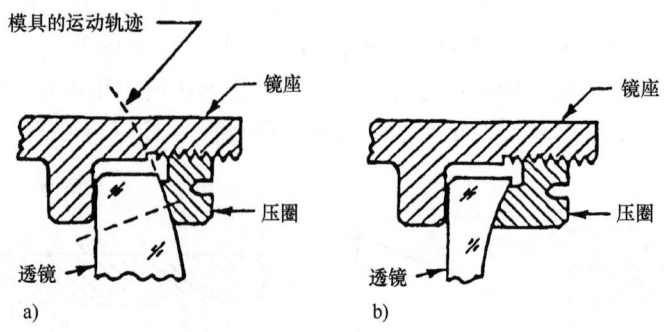

图 4.39 球形界面
a) 与凸透镜相接触的球形表面 b) 与凹透镜相接触的球形表面

为了使机械零件与透镜的配合精度在几个光波波长之内,机械零件的球形接触表面必须研磨。与透镜表面相接触的每一个机械零件都需要设计得易于研磨,这些表面的最终加工阶段通常在光学车间,利用加工相应光学表面的相同工具完成。由于这些表面的加工和测试比较贵,所以球形界面安装技术几乎很少使用。这类界面的确具有明显优点,轴向力分布在大面积范围内,在很大预紧力作用下有较小的接触应力,所以能够承受高加速度。另外,这种界面有利于热传导。

4.7.5 倒边界面

对光学元件所有锐边的轻微倒边是光学车间的标准操作,从而将破碎的危险性降到最低,因此这样的倒边称为保护性倒边。如果重量受到严格限制,或者包装尺寸比较紧张,以及为了提供安装面,就会采用较大的倒边,去除多余的材料。通常,这些不太重要的表面都要安排几道工序并使用越来越细的磨料研磨。如果这些透镜还必须承受较大的压力,也可以将抛光材料倒在一块布或蒙有毛毡的工具上,对倒边和透镜的侧边进行粗的抛光。经过研磨和抛光过程,消除了磨削工艺中产生的内伤,同时也提高了透镜材料的强度。

图 4.40a~c 给出了三种具有倒边的透镜。图 4.40a 所示的平凸透镜具有最小的保护性倒边,通常规定"倒45°角度时,最大倒边宽度0.5mm",或者"相对于两表面对称分布的倒边宽度(0.4±0.2)mm";图 4.40b 所示的双凹透镜每个表面都有一个比较宽的环状平面倒边,并垂直于透镜的光轴。施加轴向预载不可能使该透镜自定心,必须使用一些外部方法。如果希望通过透镜的横向移动,将透镜两个表面的中心同时调整到镜座的机械轴上,就必须对倒边规定出严格的垂直度公差。

图 4.40c 给出了一个弯月形透镜,在凹表面一侧有一个宽的45°倒边,在另一侧(凸面)有一个阶梯形倒边磨到透镜里边,从而在凸面上形成一个与光轴相垂直的平面,因此普通的压圈或隔圈就可以靠压在阶梯倒边过的表面上(见图 4.40d)。压圈的

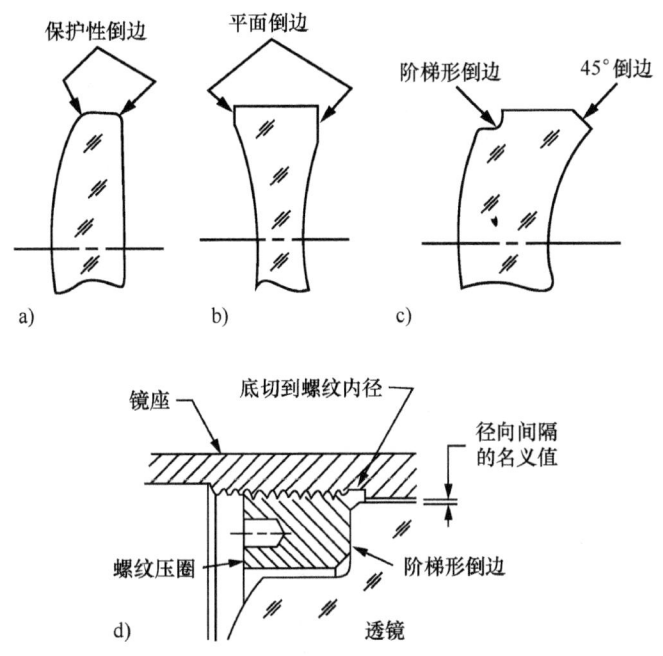

图 4.40 对透镜进行平面倒边的类型

a) 保护性倒边 b) 垂直的平面倒边 c) 阶梯和 45°倒边 d) 凸透镜表面上具有阶梯倒边的详细视图

内前缘应当加工出一个 45°的倒边或半径，以避免与阶梯倒边加工过程中形成的圆形内角发生干涉。

一般情况下，透镜装配过程中唯一被用作机械基准的倒边是平面倒边或阶梯倒边的等效表面。原因是其他倒边的尺寸和角度公差通常都相当宽松，不可能预知其位置。

设计双胶合透镜和三胶合透镜时，有时候让其中一个元件的直径比其他元件大一些。因此，与机械镜座的界面就在上述较大的那个零件上。具有这类结构的两种设计方案如图 4.41 和图 4.42 所示。对这两种设计，至少有两个优点：减轻了一个零件的重量；悬臂零件或胶合处存在的小几何楔形也不会影响安装界面的对称性。如前所述，有意使压圈的螺纹精度相当松，以致尽管被夹持零件中还有残余楔形，仍可以使透镜表面对准。

图 4.41 中，冕牌玻璃零件的孔径比较大。凸面上的机械界面在压圈上被表示为一个锥形表面，而在凹表面上的机械界面表示为超环面，加工成镜座靠缘。为清晰起见，图中所示的超环面半径要比实际尺寸小。该透镜的外径要比镜座的当前内径稍小，使透镜的边缘不会碰到镜座壁。

图 4.42 中，火石牌零件比较大，两侧都有高精度的倒边平面与镜座靠缘的平面及螺纹压圈相接触。胶合面中存在小的楔角对安装没有任何影响。对靠缘面设定的公差应能够保证其精确地垂直于镜座的机械轴。火石玻璃元件的边缘面是球形（视图有些夸大），所以可以与镜筒的内径密切配合。为了在冲击和振动条件下有最好的稳定性，透镜边缘的最高点应近似位于透镜重心所在的平面内。

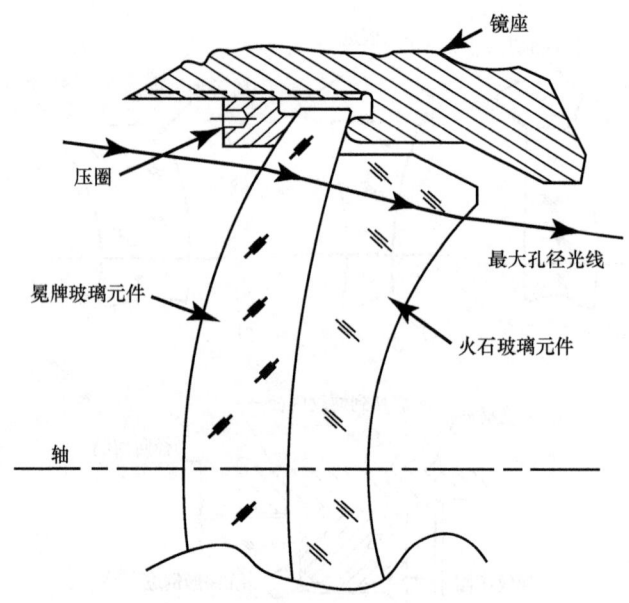

图 4.41 一个双胶合透镜的安装，冕牌零件的直径比火石牌零件的大

(资料源自 Yoder, P. R. Jr., *Mounting Optics in Optical Instruments*, 2nd edn., SPIE Press, Bellingham, WA, 2008)

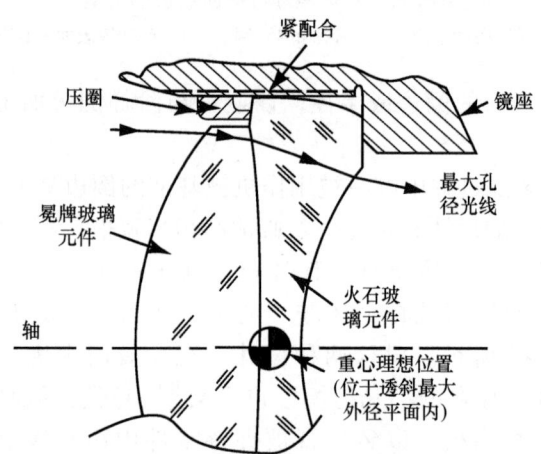

图 4.42 一个双胶合透镜的安装，火石牌零件的直径比冕牌零件的大。在这种边缘接触类型的安装中，火石牌零件的边缘是球面形状

(资料源自 Yoder, P. R. Jr., *Mounting Optics in Optical Instruments*, 2nd edn., SPIE Press, Bellingham, WA, 2008)

4.8 透镜的弹性环安装技术

图 4.43 给出了一种简单的透镜装配技术。这是一种很有代表性的设计，在镜座中放置一个有回弹力的圆环约束透镜，圆环的材料是人造橡胶，如康宁 RTV732 和 RTV93-500、GE RTV88 和 RTV8112 一类的密封合成物都已经成功地得到使用。由美国 3M 公司制造的

EC2216B/A 环氧胶也在使用，是这类人造橡胶的代表性材料。表 3.27 给出了这些密封剂的特性，环氧胶的性质列于表 3.26。遗憾的是，材料供应商并非总是能够详细地给出如泊松比和杨氏模量之类的重要参数。即使能够，其数字通常也都是多个生产批次的平均值，因此不可能准确地应用于某一特定产品。在一些特定的重要应用中，在使用之前最好对所选定批次材料的参数进行测量。

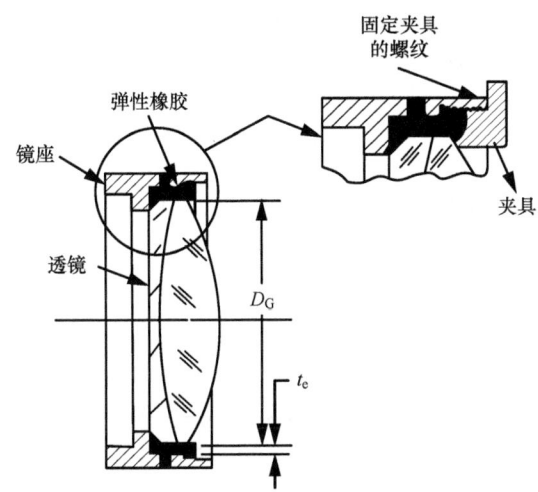

图 4.43　正确使用固化人造橡胶圆环安装透镜的技术说明。
右上角的详细视图给出了一种夹持透镜和在固化期间约束人造橡胶的方法

人造橡胶环的一侧（或许有时是两侧）有意暴露在外，当固化或/和温度变化造成压力或张力时，这种材料会发生形变。一个光学表面相对于一个机械加工过的安装表面对准，就能够实现透镜的轴向对准。在安装人造橡胶环之前应当首先调整至同心，并且在整个固化期间，利用薄垫片或外部夹具保持不变。图 4.43 详细给出了一种简单的环状装置或夹具，能够在固化期间正确夹持透镜并约束橡胶环。外部夹具用特氟纶（聚四氟乙烯塑料）、一种类似的塑料或金属（镀有一种易脱模合成物）材料制成，可以在人造橡胶固化后卸掉。一般来说，使用一支皮下注射器，直接将人造橡胶材料注入透镜与镜座之间的间隙，或者通过镜座上沿径向排列的孔注入，直到透镜周围的空隙填满为止。如果使用薄垫片对透镜定中心，则在固化后撤掉。如果组件需要密封，可以另外再加些人造橡胶以填充剩余的小空隙。

如果环状人造橡胶圈有一个特定的厚度 t_e，就可以近似地认为组件在径向是消热的，从而使得在温度变化时由于透镜、镜座和人造橡胶具有不同的径向膨胀或收缩而在光机元件内形成的应力减至最小。根据 Bayar（1981）的研究，该厚度由下式确定：

$$t_{eBayar} = \frac{D_G}{2} \frac{\alpha_M - \alpha_G}{\alpha_e - \alpha_M} \tag{4.27}$$

式中，α_M、α_G 和 α_e 分别是镜座、玻璃和人造橡胶的热膨胀系数；D_G 是透镜直径。应当注意的是，在该应用中，热膨胀系数的值必须满足关系 $\alpha_G < \alpha_M < \alpha_e$。

人造橡胶的轴向黏结长度 L 一般约等于透镜的边缘厚度[⊖]。由于式（4.27）忽略了人造

⊖ Herbert（2006）建议，轴向黏结长度是 0.05in（1.27mm），两端都小于透镜的边缘厚度，从而使应力造成的透镜表面变形最小。

橡胶的上述长度量、泊松比 ν_e、杨氏模量 E_e 及剪切模量，所以应视为一个近似值。该设计并没有在轴向消热，温度变化时，镜筒、人造橡胶和透镜的长度以不同的速率（正比于相应的热膨胀系数）变化，从而在人造橡胶层内会产生一定量的剪切力。

这类装配技术使用的人造橡胶的泊松比 ν_e 通常是 0.4300～0.4999，最大值是 0.5000。环氧树脂位于该范围的低值端，而室温硫化硅橡胶（RTV）材料位于高值端。Genberg（2002）、Michels 等人（2002）、Herbert（2006）和 Vukobratovich（2003）已经阐述过该性质的重要性。有效 α_e^*（包括泊松比的影响）和体 α_e（不考虑泊松比影响）具有下述关系：

$$\alpha_e^* = \frac{\alpha_e(1+\nu_e)}{1-\nu_e} \tag{4.28}$$

Genberg（1997）给出了曲线图，如图 4.44 所示。该结果是以有限元分析法为基础并显示了 (α_e^*/α_e) 与 (L/t_e) 的函数关系，将黏结的轴向长度 L 与径向厚度 t_e 相联系。该曲线图代表着具有不同泊松比 ν_e 值的材料，若 $(L/t_e) > 5$，(α_e^*/α_e) 基本上是个常数。

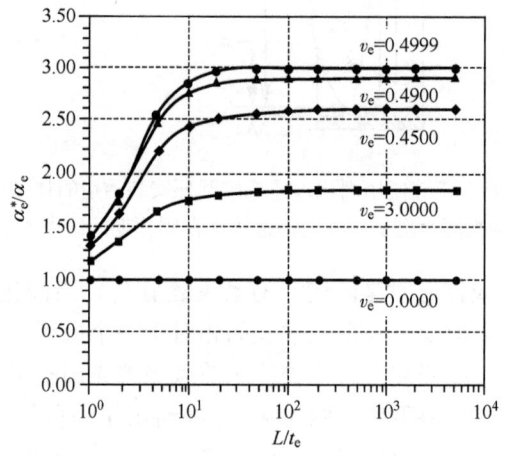

图 4.44 人造橡胶有效热膨胀系数与其纯体热膨胀系数之比值随泊松比及黏结区长宽比变化的曲线图
（资料源自 Gerberg, V. L., Structural analysis of optics, in *Handbook of Optomechanical Engineering*, CRC Press, Boca Raton, FL, 1997, chapter 8）

美国洛克希德马丁航空航天公司的 R. Vanbezooijen 和 Muench（2000）研究并公布了一个比较复杂的 t_e 计算公式，其中 α_e 为体热膨胀系数：

$$t_{eMuench} = \frac{(D_G/2)(1-\nu_e)(\alpha_M - \alpha_G)}{\alpha_e - \alpha_M + \nu_e(\alpha_e - \alpha_G)} \tag{4.29}$$

20 世纪 60 年代，法国爱泰克（ITEK）公司的 A. Deluzio 研究并在内部公布了另一个表征利用人造橡胶弹性环装配透镜的公式：

$$t_{e\,DeLuzio} = \frac{D_0}{2}\left[\frac{1-\nu_e}{1+\nu_e}\right]\frac{\alpha_M - \alpha_G}{(\alpha_e - \alpha_G) - \dfrac{(7-6\nu_e)(\alpha_M - \alpha_G)}{4(1+\nu_e)}} \tag{4.30}$$

根据 Herbert（2006）观点，由于该公式与 Muench 的公式精度相当，但解算比较复杂，所以，下面将不再进一步对此进行讨论。

Herbert（2006）对采用径向消热人造橡胶弹性环装配透镜及其他光学元件的方法进行了深入探讨。研究了橡胶弹性体内的应力—应变关系，并对上述计算 t_e 的式（4.27）~式（4.30）做了比较。

利用设计实例4.12介绍式（4.27）~式（4.30）的应用。

设计实例4.12　根据Bayar和Muench公式计算而得到的弹性垫圈的消热厚度

将一个直径为2.051in（52.095mm）的锗透镜装配在6061铝材料镜座中，其中采用径向消热环形RTV（室温硫化硅橡胶）弹性隔圈。材料性质如下：

$\alpha_G = 3.22 \times 10^{-6}/°F(5.8 \times 10^{-6}/°C)$，$\alpha_M = 12.78 \times 10^{-6}/°F(23.0 \times 10^{-6}/°C)$，$\alpha_e = 137.8 \times 10^{-6}/°F(248 \times 10^{-6}/°C)$ 和 $\nu_e = 0.490$。

（a）应用Bayar公式计算 t_e；（b）Muench公式计算 t_e；（c）对计算结果进行比较；（d）利用式（4.28）中 α_e^*，再次计算（a）中 t_e；（e）（d）与（b）结果。

解：

（a）根据式（4.27），有

$t_{eBayar} = \{[(2.051/2) \times (12.78 - 3.22) \times 10^{-6}]/[(137.8 - 12.78) \times 10^{-6}]\}$ in

$= (9.804 \times 10^{-6}/1.259 \times 10^{-4})$ in $= 0.078$ in$(1.976$mm$)$

（b）根据式（4.29），有

$t_{eMuench} = \left\{\dfrac{(2.051/2) \times (1-0.49) \times (12.78 - 3.22) \times 10^{-6}}{[137.8 - 12.78 + 0.49 \times (137.8 - 3.22)] \times 10^{-6}}\right\}$ in

$= 0.026$ in$(0.665$mm$)$

（c）$0.078/0.026 = 3$，（a）的结果比（b）的结果大3倍。

（d）根据式（4.28），有

$\alpha_e^* = [(137.8 \times 10^{-6}) \times (1+0.490)/(1-0.490)]/°F = 402.600 \times 10^{-6}/°F$

利用 α_e^* 修正式（4.27），有

$t_{eBayar} = \left[\dfrac{(2.051/2) \times (12.78 - 3.22) \times 10^{-6}}{(402.600 - 12.780) \times 10^{-6}}\right]$ in

$= \dfrac{1.026 \times 9.560 \times 10^{-6}}{389.820 \times 10^{-6}}$ in

$= 0.025$ in$(0.635$mm$)$

（e）上述（d）与（b）结果一致，误差在4%之内。毫无疑问，小于输入数据的不确定性，所以无论是改进型Bayar或Muench公式都能满足设计目的。

（资料源自Yoder, P. R. Jr., *Mounting Optics in Optical Instruments*, 2nd edn., SPIE Press, Bellingham, WA, 2008）

当一个透镜安装在一个稍有柔性的人造橡胶环中，Valente和Richard（1994）提出了一种在径向重力载荷作用下，估算透镜偏心量 δ 的解析技术。为了能够包含更为普遍的径向加速度的受力情况，对该公式做了小量变动，增加了一个加速度 α_G，表示如下：

$$\delta = \frac{2\alpha_G W t_e}{\pi D_G t_E \left(\dfrac{E_e}{1-\nu_e^2} + S_e\right)} \tag{4.31}$$

式中

$$S_e = \frac{E_e}{2(1+\nu_e)} \tag{4.32}$$

式中，W 是透镜重量；t_e 是橡胶层厚度；D_G 是透镜直径；t_E 是透镜的边缘厚度；ν_e 是橡胶材料的泊松比；E_e 是橡胶材料的杨氏模量；S_e 是橡胶材料的剪切模量。

通常，小尺寸和中等尺寸光学件在正常重力载荷作用下造成的偏心量都相当小，但在冲击和振动载荷作用下会大大增加。柔性橡胶天然具有弹性，所以，当加速度力消失时，将透镜容易恢复到其未受力时的初始位置和方向。

设计实例 4.13 详细介绍式（4.31）和式（4.32）的应用。

设计实例 4.13 由于横向加速度的作用而造成弹性环装配透镜的偏心

一个用 BK7 材料制成的透镜安装在钛钢材料的镜座中，使用 DC RTV3112 材料的橡胶环固定。透镜直径 $D_G = 10.000\text{in}$（254.000mm），厚度 $t_e = 1.000\text{in}$（25.400mm），重量 $W = 7.147\text{ lb}$（3.242kg）。假设，橡胶环厚度是 0.030in（0.762mm），$E_e = 500.000\text{ lbf/in}^2$（3.447MPa），$\nu_e = 0.499$。如果横向加速度 α_G 分别等于（a）= 1.0 和（b）= 250 环境中偏转量是多少？

解：

初步计算，根据式（4.32），有

$$S_e = \frac{500.000}{2 \times (1+0.499)} \text{ lbf/in}^2 = 166.788 \text{ lb/in}^2 (1.150\text{MPa})$$

(a) $\delta_1 = \dfrac{2 \times 1.000 \times 7.147 \times 0.030}{\pi \times 10.000 \times 1.000 \times [500.00/(1-0.499^2)+166.778]}\text{in}$

$= 1.600 \times 10^{-5}\text{in}(4.1 \times 10^{-4}\text{mm})$

（译者注：原书分母中 166.778 错印为 "167"）

(b) $\delta_{250} = (250 \times 1.600 \times 10^{-5})\text{in} = 0.004\text{in}(0.102\text{mm})$

（资料源自 Yoder, P. R. Jr., *Mounting Optics in Optical Instruments*, 2nd edn., SPIE Press, Bellingham, WA, 2008）

4.9 定心车装配工艺（珀克法）

将单透镜安装在镜座中，然后精密加工镜座边缘和端面，使镜座边缘与透镜光轴同心。并且，一个折射面相对于镜座的某个端面具有正确的轴向位置，从而完成组件或部件装配。这种方法常称为定心车装配工艺（或珀克法）。图 4.45 给出了一个有代表性的例子，其外形尺寸和公差见表 4.1。为了满足表列的光机技术规范，通常都采用单点金刚石切削

(SPDT)技术。这种制造方法（将在卷Ⅱ的6.8节详细讨论）利用专用定向金刚石晶体作为切削刀具，因此能够加工出极精细的工件表面。工件安装在高精度（设计有空气或静压轴承）转轴上并能够随之旋转。刀具缓慢地移动并加工高度线性或旋转台上的工件表面。采用实时干涉控制系统以保证切削刀具在整个工序期间都有很高的位置和方向精度。Erickson 等人（1992）、Arriola（2003）及 Rhorer 和 Evans（2010）已经详细阐述了单点金刚石切削（SPDT）技术及其应用。

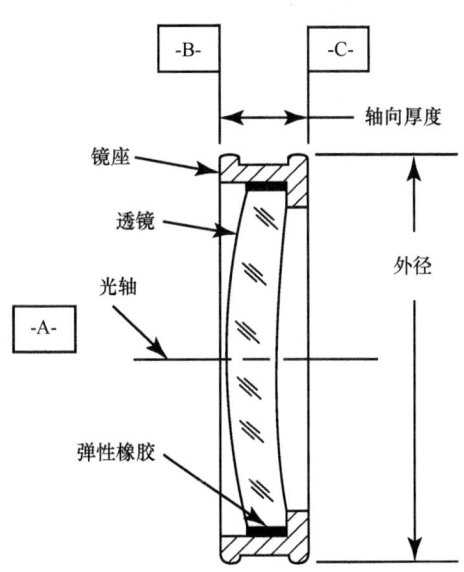

图4.45 利用文中所述的SPDT技术完成装配、对准和最终加工后、准备在定心车装配工艺中使用的高精度透镜—镜座截面图。采用类似的方法设计固定压圈

（资料源自 Yoder, P. R. Jr., *Mounting Optics in Optical Instruments*, 2nd edn., SPIE Press, Bellingham, WA, 2008）

表4.1 图4.45中按照定心车装配工艺要求加工的透镜组件的技术规范

BK7弯月形透镜	通光孔径：3.000±0.005in（76.200±0.127mm）
	轴向厚度：0.667±0.004in（16.942±0.102mm）
	根据式（4.29）确定的轴向厚度，利用GE RTV88弹性材料正确固定透镜
6061-T6铝材镜座	外径：4.0000±0.0002in（101.6000±0.0051mm）
	外径与透镜轴线的同心度在0.0005in（0.013mm）内；外径与光轴平行度在10.0″内
	轴向厚度：1.151±0.0002in（29.2354±0.0051mm）
	表面-B-与-C-的平行度在5.0″内

利用定心车装配工艺成功装配透镜的关键之处（Arriola，2003）是采用图4.46所示的定心夹盘。该装置一般是黄铜材料，原因是利用单点金刚石切削机床很容易精密加工到设计尺寸。以这种方法加工的表面形状一致。由于能够在同一台机床上完成切削，因此可以保证彼此间具有很高精度。其他表面采用普通加工工艺即可。按照设计角度加工锥形界面，以便与装配透镜的凸面准确对接。

用于加工的定心夹盘能够恰如其分地置入基板的插座孔中，而基板固定在单点金刚石切

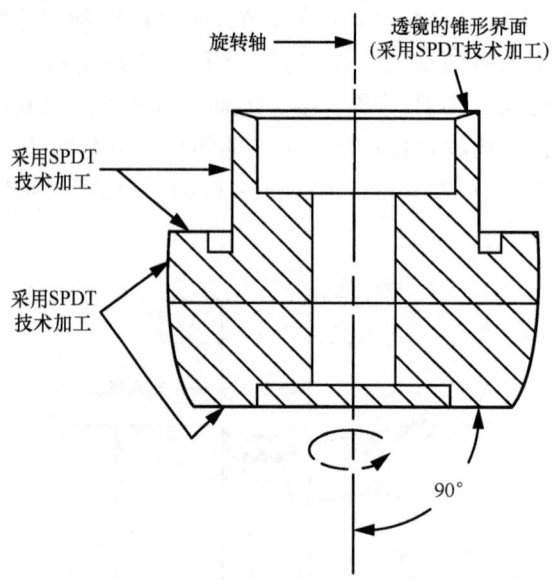

图 4.46　为了保证透镜与 SPDT 机床转轴正确对接而设计的可拆卸定心夹盘。标示有 SPDT 的表面是在同一台设备上完成加工，确保具有最高精度

削机床主轴上，并紧靠在一个设计有气路槽的表面上便于抽真空，从而保证夹盘正确到位。利用上盘蜡［或临时性紫外（UV）固化胶］将抛光后透镜固定到夹盘上（见图 4.47）。在上盘蜡（或紫外胶）固化之前径向移动透镜使其与机床主轴共轴，采用机械方法并借用高精度指示表完成初步对准，再利用干涉仪方法完成最终的精确对准。图 4.47 所示的顶点距测量对于确定后续工艺中镜座端面的轴向位置给出了非常有用的数据。

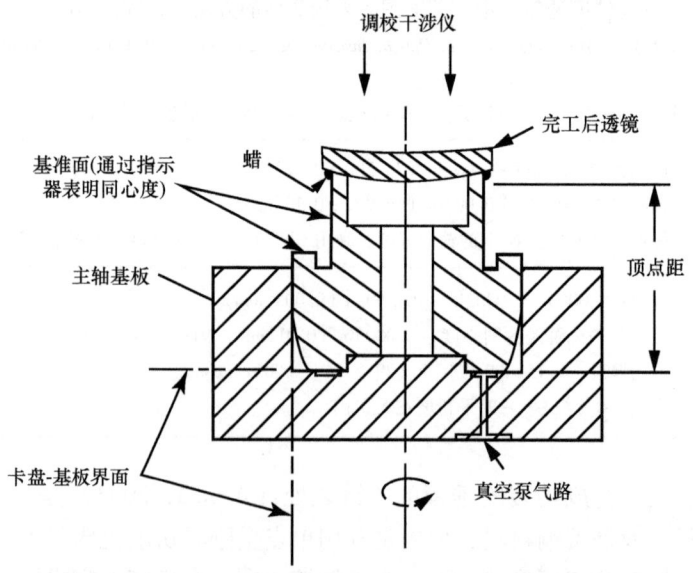

图 4.47　利用上盘蜡和干涉定心技术将透镜和定心夹盘正确安装在 SPDT 机床的主轴基板上

如图 4.48 所示，要装配的透镜镜座放置在透镜的边缘上。除了利用单点金刚石切削工序加工的表面应当满足表 4.1 规定的公差外，该镜座的所有表面都达到了最终尺寸。采用机

械方法使镜座与主轴轴线对准,如图 4.48 所示,用蜡与透镜胶合在一起。

下面工序是从主轴上拆除夹盘和透镜组件。如图 4.49 所示,将其倒置在一个水平面上,并在镜座内径与透镜外径之间的环形腔体中注入人造橡胶。为此利用径向排列的四个孔以确保完全填充满腔体。值得注意的是,由于橡胶弹性体在固化期间必须受到约束,所以,若没有将组件翻转过来,不能进行上述操作。橡胶弹性体固化期间,将夹盘拆除以使单点金刚石切削机床另作他用。

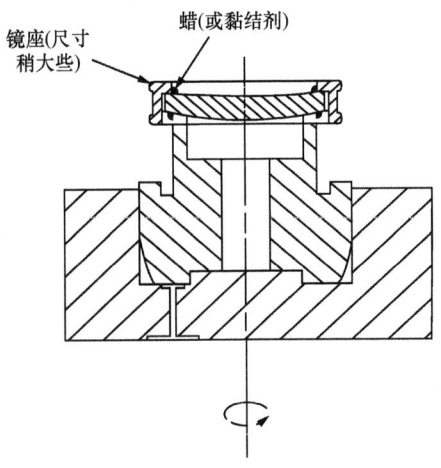 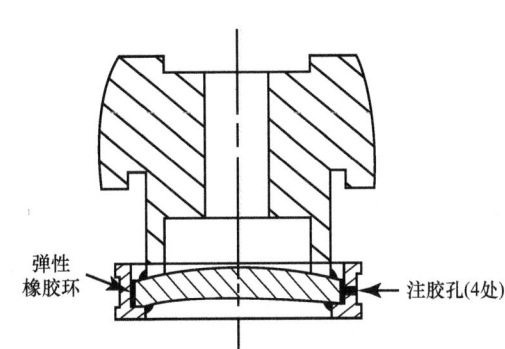

图 4.48 利用机械方法使部分表面经过机加的镜座与主轴同轴,然后与透镜相固定

图 4.49 将定心夹盘和透镜一起从主轴上卸下并翻转过来以备注入人造橡胶

橡胶弹性体完全固化后,将组件再次安装到转轴基板上,将相关的镜座表面加工到最终尺寸(见图 4.50)。为了慎重起见,在将组件从夹盘上卸下之前,建议利用干涉法核实一下定心结果。小心加热使蜡融化或利用溶剂使临时用胶溶解,从而完成拆卸。最后,对组件进行清洗、检验和包装,加以标识以备后用。

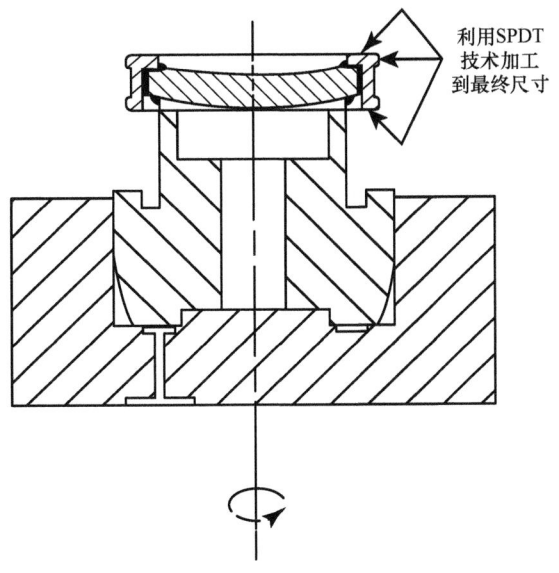

图 4.50 将定心夹盘和透镜重新安装到主轴上,对机械界面进行最终加工

如果透镜材料能够满足单点金刚石切削工艺技术要求，也可以利用这种方法完成其表面的最终加工。最经常使用的这些材料是红外领域应用的晶体及少量的塑料（见表4.2）。与常规光学元件表面的研磨和抛光方法相比，这种工艺具有很重要的优点：①可以利用该机床上的一套装置加工该组件的多个表面，因此能够精确地控制光学和安装表面的相对位置和方向；②能够加工非球面；③对所有表面都会有很高的制造速度。

表4.2 适合利用单点金刚石切削技术加工的晶体材料

金属	非金属	塑料
铝	氟化钙	聚甲基丙烯酸甲酯（有机玻璃）
黄铜	氟化镁	聚碳酸酯
铜	碲化镉	聚酰亚胺
铍青铜	硒化锌	
青铜	硫化锌	
金	砷化镓	
银	氯化钠	
铅	氯化钙	
铂金	锗	
锡	氟化锶	
锌	氟化钠	
无电解镀镍	磷酸二氢钾（KDP）	
	磷酸氧钛钾（KTP）	
	硅	

（资料源自 Rhorer, R. L. and Evans, C. J., Fabrication of optics by diamond turning, in *OSA Handbook of Optics*, 3rd end., Bass, M. Ed., Vol. II, Part2, 2010, Chapter 10）

注：当采用金刚石切削技术时，其中某些材料会使刀具快速磨损或造成较差的表面质量。

图4.51a给出了一块利用上盘蜡黏结在单点金刚石切削机床主轴夹盘上的圆柱形光学材料。图中也给出了成品透镜的外轮廓线。将透镜的凸面（虚线）加工到所需要的半径和表面光洁度。然后，从机床上卸下坯料并固定到一个定心夹盘上，如图4.51b所示，加工凹面、透镜侧面和倒边，并测量透镜的共轴性和表面质量。最后，从定心夹盘上卸下完工后的透镜，清洗、检验、包装和打上标记以备后用。

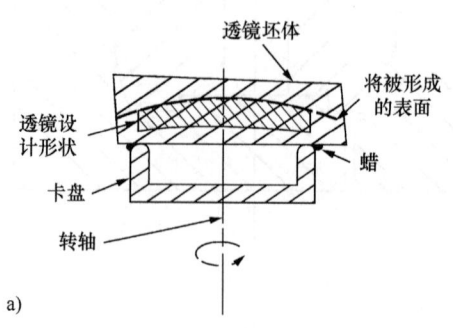

图4.51 a) 将晶体坯料安装在SPDT机床的主轴上，准备加工第一个球面

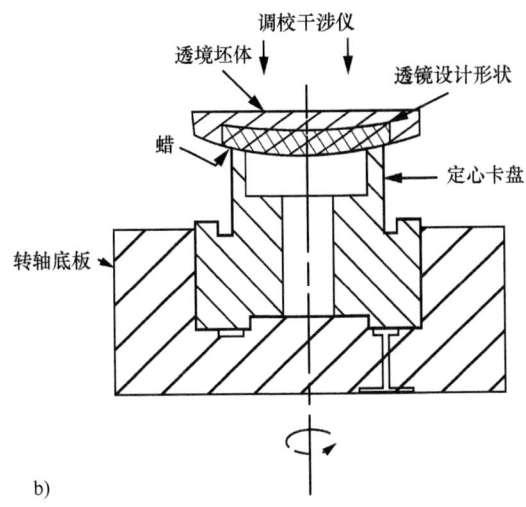

图 4.51 b）加工图 a 所示的卸下的坯料，完成对中心和最终形状（续）

4.10 透镜的挠性安装技术

如果一个光机组件中对某些透镜的性能要求非常高，那么安装该透镜时，相对于系统中其他透镜或机械基准面（一个或多个）的轴向（或间隔）、倾斜和偏心公差都会较严，在经受使用条件下的冲击、振动、压力和温度变化时必须保持对准，在上述恶劣环境下出现的失准能够完全恢复，或者说是可逆的。此外，装配一定不能使光学表面产生大的变形而在使用过程中造成性能下降。对于这些应用，将透镜固定到对称分布的挠性体上是有利的。

虽然表面上看起来比较类似，但从功能上来说，一个挠性构件一般与一个弹簧并不一样。一个挠性构件，是一个通过轻微弯曲或扭曲，使其产生可控并能恢复原形的弹性元件，如可能是由于温度变化造成。一个弹簧是产生一个正比于其弹性形变的可控回复力。在本节，将按照图 4.52 给出的概念性安装结构讨论透镜的挠性安装技术。三个沿径向分布的挠性构件具有一样的柔性，尽管镜座和透镜材料随温度变化会造成不同的伸缩，但仍能使透镜保持共轴。在极端强度（可承受量级）的冲击和振动环境下允许透镜偏心，而这些动态干扰平息之后，透镜能够恢复到正确的位置和方位。挠性结构还能够使外部施加（造成抛光面在工作期间变形）的力降至最小。图 4.52 所示的 C_R 和 C_T 分别代表径向和切向挠性构件的柔度（1/刚性）。通常，径向较软而切向和轴向（垂直于图）刚度较大。本节将选择性介绍几种能够确保单透镜径向对准的挠性装配方案。本书第 10 章将更详细讨论用于安装透镜、反射镜和其他光学元件的挠性结构及某些类型的机械和电子元件，介绍挠性结构的功能，并概述典型挠性结构的设计。

图 4.53 所示的形式是 Ahmad 和 Huse（1990）提出的一种早期设计概念。挠性构件上设计有三个相同的薄叶片，在径向是柔性的，而在其他方向是刚性的。使用黏结剂（如环氧树脂胶）将透镜的柱边固定到三个薄叶片的端部。如果镜座（在此表示为一个简单的框）和透镜的尺寸随温度变化，这些零件热膨胀系数的不匹配将导致挠性构件弯曲。由于这些作用相对于机械轴是对称的，所以透镜保持共轴。

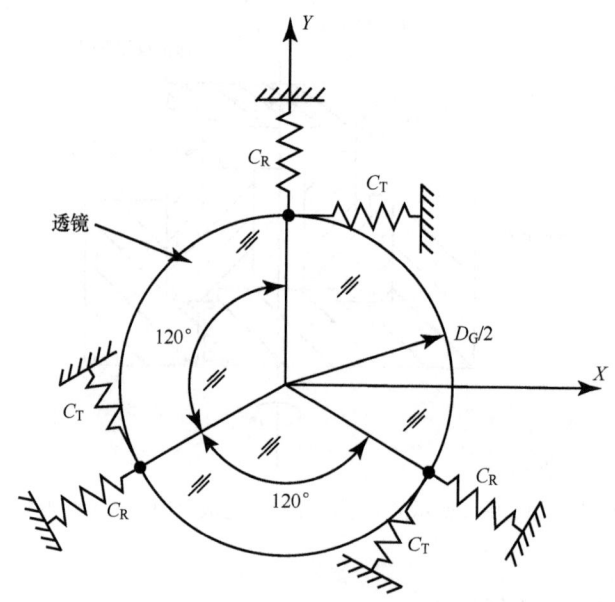

图4.52 "三点式"挠性安装透镜的示意图

(资料源自 Vukobratovich, D., Advances in Optomechanical Design, SPIE, Short Course 048 Notes, 1996 and Vukobratovich, D. and Richard, R. M., Flexure mounts for high resolution optical elements, *Proc. SPIE*, 959, 18, 1988)

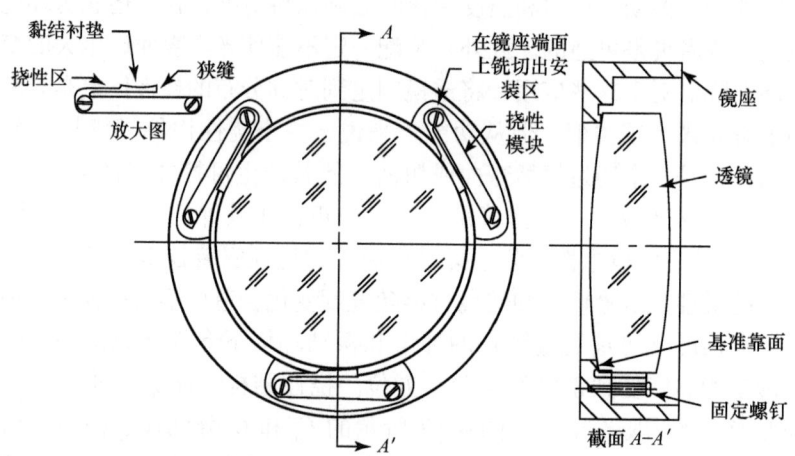

图4.53 一种表示挠性安装技术的视图。透镜的边缘固定在三个可拆卸的挠性构件上。详细视图表示挠性构件的结构形式

(资料源自 Ahmad, A. and Huse, R. L., Mounting for high resolution projection lens, U. S. Patent 4, 929, 054, 1990)

图4.53给出了一种挠性构件，将其单独加工并用螺钉固定到镜座上，所以黏接后的部件（包括透镜和三个挠性构件）可以毫无损伤地取出和替换。由于挠性构件与镜座是分离的，可以选择最适合这种应用的材料加工，如具有高屈服强度的钛合金或不锈钢，而镜座由不同的材料（如铝）来制造。与透镜边缘相连接的金属表面可以做成凹的圆柱面，近似等于透镜侧边的曲率，或者在透镜侧边上局部地磨出一个平面与挠性构件的形

状匹配。无论哪一种情况,所有三个黏结点上黏胶层的厚度必须均匀,从而提供最大的黏结强度并且随温度具有相等的厚度变化。为确保挠性构件相对于镜座不会移动,可以采用销钉定位的机械方式将挠性构件固定,或者采用本书5.9.6节介绍的液体固定方法,用环氧树脂胶固定。

由Bacich(1988)提出的另外一种挠性安装方法如图4.54所示。此处挠性叶片与镜座形成一个整体,不能拆除。必须仔细选择镜座材料,使挠性构件在仪器的有效设计寿命内,虽然经受多次温度循环,仍能可靠地工作。使用电火花加工(EDM)工艺,可以精确控制开槽的厚度与形状。

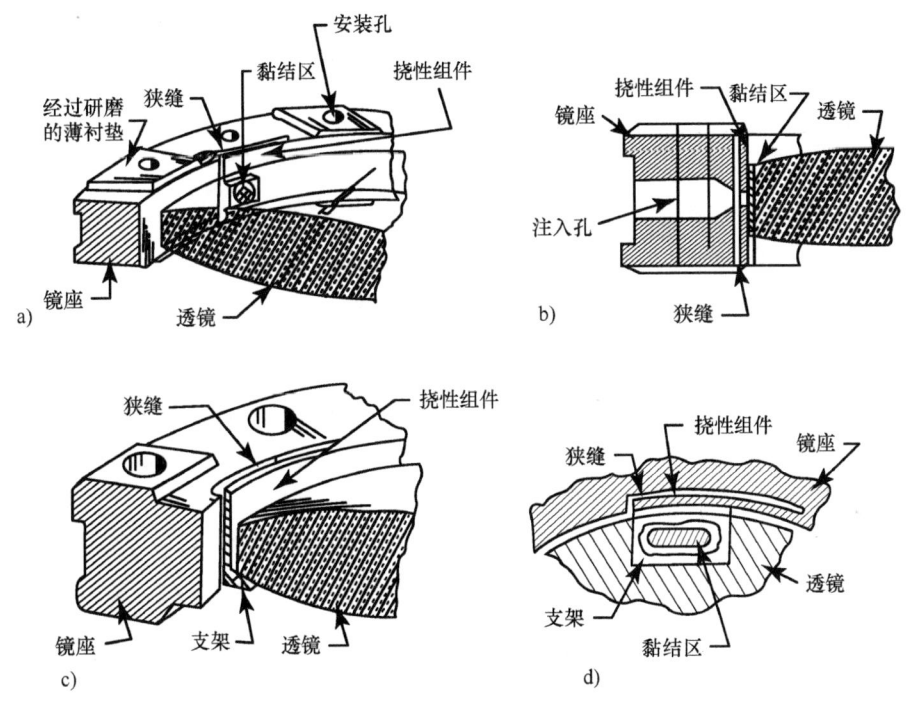

图4.54 另外一种透镜挠性安装技术,其中挠性构件与镜座需整体加工。图a和b中,
黏结固定在透镜的侧边上;图c和d中是黏结在透镜表面的局部区域上
(资料源自Bacich, J. J., Precision lens mounting, U. S. Patent 4,733,945,1988)

图4.54给出了两种基本的安装形式。图a和b中,采用与图4.53所示同样的方式,将透镜的侧边黏结到挠性构件上。图c和d中,挠性叶片上设计有一个小的"支架",透镜的下表面就黏结在这个支架上。后一种情况中,镜座内径的加工比较复杂,必须切削更多材料,轮廓也较复杂。

Kihm等人(2011)阐述了一种更新的挠性安装技术,即利用级联挠性环方法装配透镜。其目的是使空间应用中的透镜实现消热化装配。如图4.55所示,挠性组件整体加工为同心连接环,安装在柱形镜座中。图中装置有6个这样的挠性环。将光学组件(该实例中,是一块熔凝石英平板反射镜,直径为2.000in(50.800mm),厚为0.315in(8.00mm))放入镜筒内,利用机械调试方法与镜座内径共轴,然后进行固定(图中未给出固定方法)。反射镜侧面与挠性组件上中心垫片之间存在很小的等厚度间隙。通过这些垫片上的小孔注入黏结剂以填充空隙，（在固化之后）将反射镜固定在镜座中。生产商根据最大黏结强度确定黏结垫片的厚度。

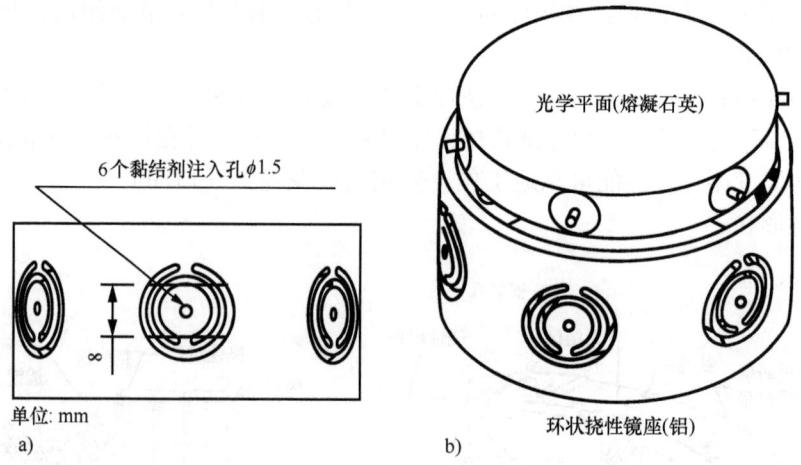

图 4.55 采用级联同心挠性环技术装配透镜
a）截面图　b）拆卸后视图
（资料源自 Kihm, H. et al., *Proc. SPIE*, 8125, 2011）

Kihm 等人（2011）将这种新的装配技术与图 4.56 所示普通的环氧树脂胶安装方法进行了比较。作者将后者称为弹性安装法。利用垫片，并通过镜座壁上的小孔注入黏结剂，直接将反射镜黏结在镜座内径上。该方法没有采用任何挠性组件。根据 Muench 公式［式(4.29)］计算黏结厚度。

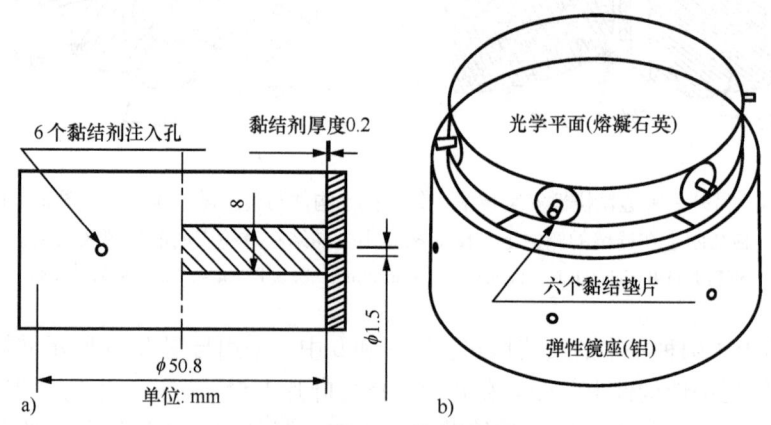

图 4.56 普通的弹性安装透镜法
a）前视图　b）拆卸后视图
（资料源自 Kihm, H. et al., *Proc. SPIE*, 8125, 2011）

首先利用有限元分析法对两种装配技术计算了温度 40℃（104℉）时的情况，然后，利用干涉法对原理样机在更高温度下进行了测试。测试样品中采用了两种黏结剂：美国 3M 公司的 EC2216 和美国 HYSOL 公司的 EA9394。图 4.57 给出了测试结果，包括反射镜中应力产生的干涉图及光程差（OPD）图。

比较图 4.57 f 和 d 所示，可以观察到挠性环设计与普通设计的性能差别。在这些测试项

第4章 单透镜安装技术

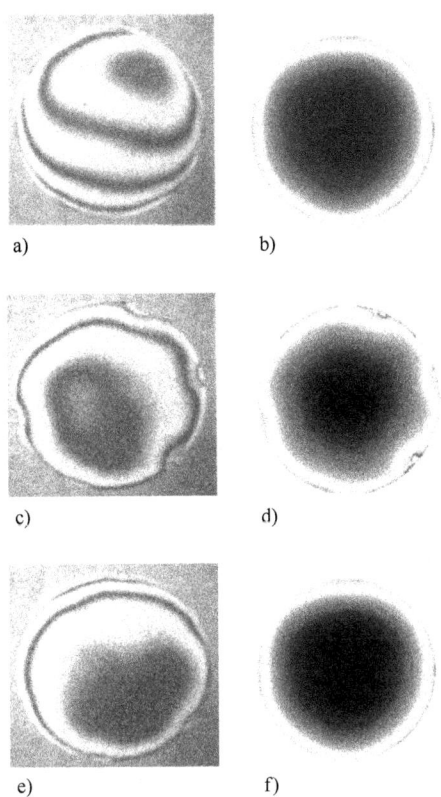

图 4.57 40℃（104℉）时，图 a 和 b 所示的是熔凝石英反射镜热应力形成的反射镜表面干涉图和光程差（OPD）分布，使用 EC2216 黏结剂和挠性环装配技术，PV 和 OPD 误差分别等于 453nm 和 93.4nm；图 c 和 d 所示的使用的是 EA9394 黏结胶和弹性装配技术，PV 和 OPD 误差分别是 961nm 和 238nm；图 e 和 f 所示的使用的是 EA9394 黏结胶和挠性环装配技术，PV 和 OPD 误差分别是 583nm 和 131nm

（资料源自 Kihm, H. et al., *Proc. SPIE*, 8125, 2011）

目中，有两项采用环氧树脂胶 EA9394。对于这种新的结构布局，光程差是 453nm PV 和 93.4nm rms。对于弹性体装配技术，测试结果是 961nm PV 和 238nm rms。表明新设计技术设计的 PV 和 rms 误差减少约 40%。

测试中使用的黏结剂的相关性能如图 4.58 所示，给出了每种装配技术中光程差沿透镜径向的分布曲线。清楚表明，3M 公司的环氧树脂胶优于 HYSOL 公司的产品。

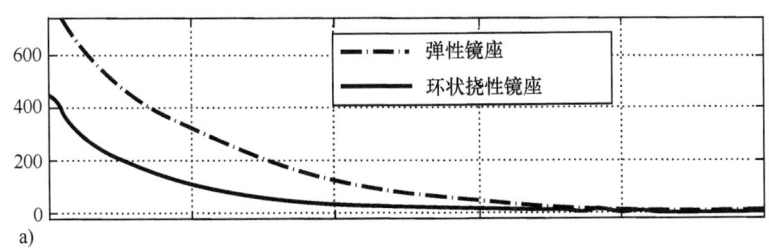

图 4.58 利用下述黏结剂完成弹性体和挠性环装配技术时，沿透镜径向表面分布的 OPD 曲线（两种情况清楚表明，新的挠性装配技术具有较低的表面变形）

a) 黏结剂 EC2216

（资料源自 Kihm, H. et al., *Proc. SPIE*, 8125, 2011）

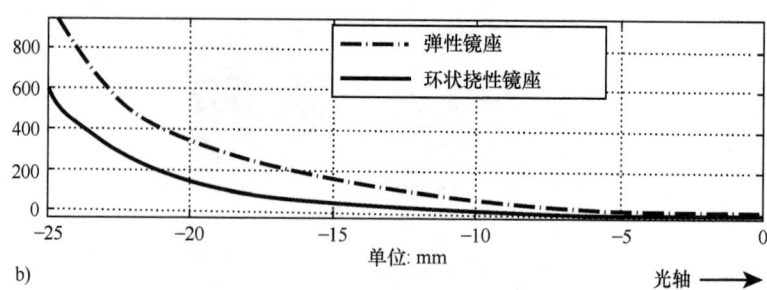

图4.58 利用下述黏结剂完成弹性体和挠性环装配技术时,沿透镜径向表面分布的OPD曲线（两种情况清楚表明,新的挠性装配技术具有较低的表面变形）(续)

b) 黏结剂 EA9394

(资料源自 Kihm, H. et al., *Proc. SPIE*, 8125, 2011)

4.11 塑料透镜安装技术

私营企业从实现大批量专业生产目的出发,开展了许多致力于将塑料材料用于折射光学元件的研发工作。聚甲基丙烯酸甲酯或有机玻璃（丙烯酸）(492574)（注：与光学玻璃的规定一样,是折射率-阿贝数的编码）、聚苯乙烯（590309）、聚碳酸酯（莱克桑）(585299)、甲基丙烯酸甲酯-苯乙烯共聚物（NAS）(562335)、聚合苯乙烯-丙烯腈（SAN）(567348)及树脂（CR39）都是光学应用中最经常使用的材料（Welham, 1979; Altman 和 Lytle, 1980; Lytle, 1995, 2010）。

Lytle (2010) 指出,塑料光学元件的优势是,低密度、光学和机械表面及零件成型容易、耐冲击及批量生产成本低。同时,还列出了一些主要缺点,作为一个良好的工程设计,非常重要的一些性能参数（如折射率、杨氏模量、泊松比和热膨胀系数）数据参差不齐和不够精确。主要原因在很大程度上是由于整个塑料市场只有不到1%是与光学应用有关,因此通常都被忽略了。

在加工塑料透镜的过程中使用三种技术：普通粗磨和抛光法、高温,高压下的注塑模压成形法,精密的金刚石车削法。材料类型和批量决定着最佳的使用方法。

注模/压模成型法是加工非眼科塑料光学元件最通用的方法。这些技术能够生产出与大多数玻璃透镜完全一样的外形,即具有同样的抛光表面、圆柱形侧边及各类倒边。图4.59给出了一组模压塑料透镜,焦距28mm (1.10in) 和 $f/2.8$ 的照相物镜。这些透镜的外形结构适用于本章前面讨论过的常规安装方式。

值得庆幸的是,模压塑料透镜没有旋转对称的要求限制,利用粗磨和抛光工具很容易实现光学和非光学表面的加工。可以为塑料元件提供整体安装的法兰盘、定位销、定向片及整体上需要的定位孔。这些特性大大简化了元件的安装,减少了辅助机械零件的数目和复杂性。Bauer 和 Marschall (2005) 指出,在研发有效可行的模压成型工艺时,很重要的一点是必须考虑对热塑收缩效应的补偿。图4.60给出了一台有代表性的同时制造多个单双凸透镜的注塑模压机。该腔体显示有完成模压成型的产品,等待下模。图4.61给出了其闭模后的近景放大视图。

第 4 章 单透镜安装技术

图 4.59　四元件塑料物镜的照片，元件的外形适合于常规的机械安装方法
（资料源自 Lytle, J. D., *Proc. SPIE*, 181, 93, 1979）

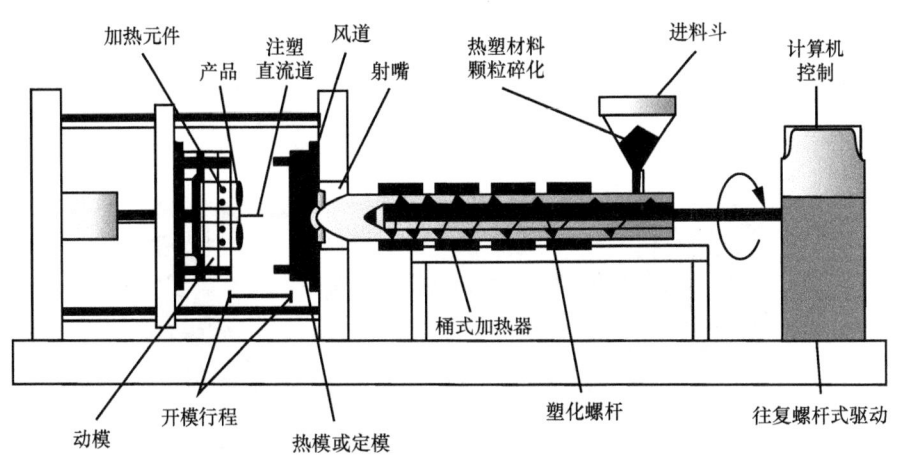

图 4.60　一台注塑模压成型机的截面图

（资料源自 Bauer, T. and Marschall, D., Tooling for injection molded optics, in *Hnadbook of Plastic Optics*, Baumer,
S. Ed., Wiley-VCH, Weinheim, Germany, 2005, Chapter 3）

　　用溶液黏接、热焊接和声波焊接技术进行装配切实可行，而且比较经济。Lytle（1979，1980，1995，2010）讨论过模压透镜独有的另一个设计自由度，其中包括这样一些方法，如将塑料透镜嵌套在另外一个透镜内形成一个分离双透镜，在装配时自动对准、定心和确定间隔。图 4.62 给出了一个模压成正方形的塑料透镜。为了易于将其安装在一个机械组件中，在两侧光学孔径之外设计了矩形的平凸台。凸台具有不等的厚度以防止错误安装。

　　进行光学系统设计时，如果需要使用模压塑料透镜，特别重要的是光学设计师、机械工程师和制造工艺师要密切合作，以便充分发挥材料和加工过程的优势。希望降低生产成本就必须正确设计加工工具和模压设备。例如，Altman 和 Lytle（1980）给出的图 4.63 所示元件，列举了一些典型应用中出现的塑料透镜的例子。作为参考，图 a 给出了一个简单的弯月

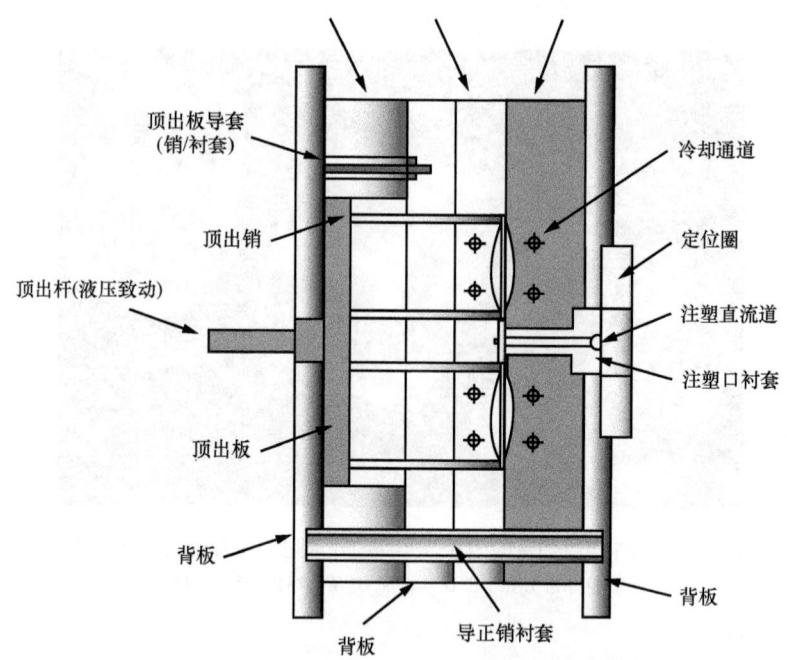

图 4.61　图 4.60（译者注：原书错印为 "4.56"）所示模压机（闭模位置）腔体的详细视图
（资料源自 Bauer, T. and Marschall, D., Tooling for injection molded optics, in *Hnadbook of Plastic Optics*, Baumer, S. Ed., Wiley-VCH, Weinheim, Germany, 2005, Chapter 3）

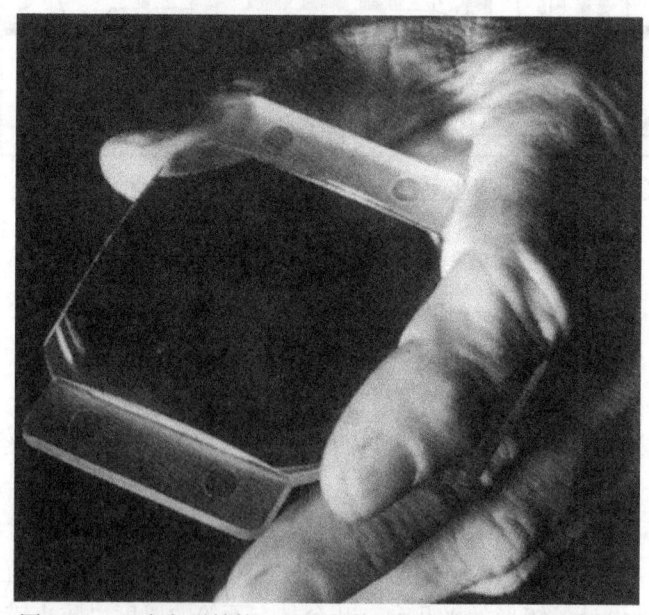

图 4.62　一个方形结构、具有整体机械安装特征的塑料透镜
（资料源自 Lytle, J. D., *Proc. SPIE*, 181, 93, 1979）

形透镜结构，与玻璃材料的透镜一样。图 b 给出了同一个透镜的等效塑料透镜。为了在将塑料材料灌入模具中时，使浇铸口的横截面比较宽大，可以将轴向厚度增大。与其他塑料零件

中可以实现的方法相比,应当会形成一个更好的表面形状。图 c 给出了一个曲率更大的正透镜,要比曲率较小(比较长的半径)的透镜模压得更好,因为表面张力更有效。

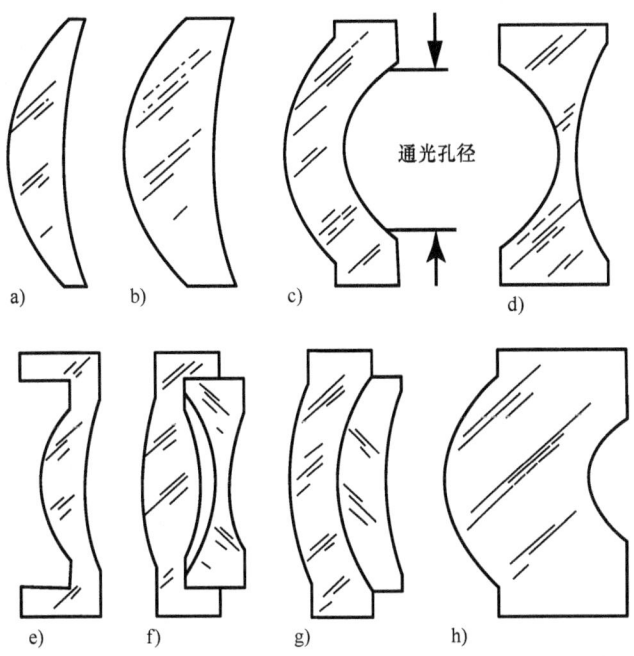

图 4.63　满足不同机械布局要求的模压塑料透镜元件,正如文中讨论的,都有明显的优缺点
(资料源自 Altman, R. M., and Lytle, J. D., *Proc. SPIE*, 237, 380, 1980)

图 d 所示的负透镜模压起来比较麻烦,因为与中心较薄的区域相比,注入的材料更容易灌满边缘较厚的空间。此外,气体很容易挤在该透镜的中心区。一个好的设计是轴向厚度较大,所以边缘—中心厚度比不应超过 3∶1。

如果小心地将材料注入透镜的区域(通光孔径之外),而不是注入法兰盘部分,那么,图 e 所示的形状是相当容易模压成功的。这类法兰盘对于形成一个多元件部件是非常有用的。图 f 所示的基本上就是一个边缘接触设计。由于热膨胀系数的差别会使胶合界面产生大量应力,所以图 g 所示的胶合界面应避免使用。图 h 给出了一个厚弯月透镜,如果正确配料,并仔细设计灌注材料的浇铸口,可以模压得非常好。

单点金刚石切削技术非常适合某些塑料[如聚甲基丙烯甲酯(polymethylmethacrylate),俗称有机玻璃]材料的加工,形成多种可见光和近红外光学领域应用的光学表面。使用这种工艺可以一次性地加工出非球面。如同加工球面一样,很容易批量地将非球面加工在塑料光学元件上。模具可以简单地制造所希望表面的负轮廓形状。Plummer(1994)阐述过在单透镜、反射式 PolaroidSX-70 照相机中,折射校正板、凹面反射镜和取景器的目镜含有的高阶多项式非旋转对称非球面,每个零件都采用注模技术制造。模具首先用 SPDT 技术成形,然后对成形的钢模进行手修。为确定何处需要手修,修正量多大,需要定做一台精度至少是 $0.1\mu m$ 的坐标测量仪。当一个小的蓝宝石球[通常,直径约为 0.031in(0.8mm)]在被测表面上轻轻滑过时,这台测量仪就可以提供出表面的误差图。这种技术也可以用来制造其他应用中任何非球面的模具。

Bäumer 等人（2003）介绍过使用一个注塑模压单透镜组成的小型成像传感器的设计。图 4.64 给出了这种准备大批量生产的传感器的示意图。透镜是一个双凸透镜，在光线输入端有一个圆形的凹孔，用于安装一个滤光片。透镜固定在一个镜筒内，再依次固定在安装有焦平面组件的框架上。$f/2.2$ 的光学系统与 352×288 的像素格式相配合，像素的尺寸是 $5.6\mu m \times 5.6\mu m$。表 4.3 列出了设计的技术要求及系统的设计性能。对这些值进行比较后表明，由于加工误差、杂散光和装配过程中调焦误差造成的某些性能恶化是可以容忍的，并指出需要认真考虑这些影响因素、加工过程的一些细节及材料特性，这些因素对于实现光机设计的最终成功至关重要。

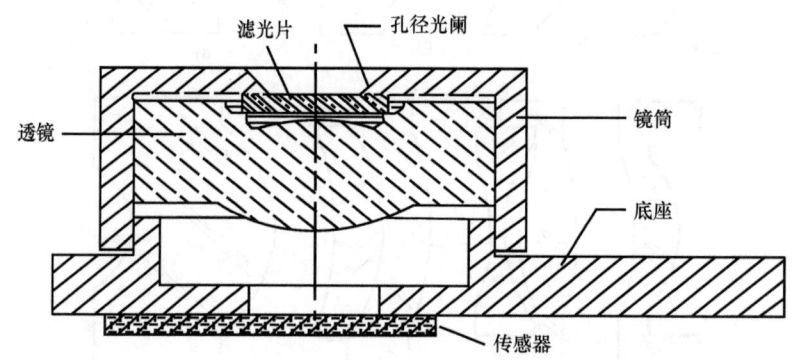

图 4.64　一个由注塑模压光机元件组成的小型成像系统
（资料源自 Bäumer, S., et al., *Proc. SPIE*, 5173, 38, 2003）

表 4.3　图 4.60 所示的 $f/2.2$ 照相系统的技术要求与设计的 41% 标称性能比较

	技术要求	设计性能
总水平视场	54°	54°
25lp/mm 时的水平视场		
50lp/mm 时的轴上的 MTF	>65%	70%
25lp/mm 时的最大半视场的 MTF	>35%	41%
畸变	<5%	4.5%
相对照度	>50%	70%
长度	<4mm	3.4mm

（资料源自 Baumer, S., et al., *Proc. SPIE*, 5173, 38, 2003）

参考文献

Ahmad, A. and Huse, R.L., Mounting for high resolution projection lens, U.S. Patent 4,929,054, 1990.
Altman, R.M. and Lytle, J.D., Optical design techniques for polymer optics, *Proc. SPIE*, 237, 380, 1980.
Arriola, E.W., Diamond turning assisted fabrication of a high numerical aperture lens assembly for 157 nm microlithography, *Proc. SPIE*, 5176, 36, 2003.
ASME B1.1, *Unified Inch Screw Threads (UN and UNR) Thread Form*, ASME International, New York, 2001.
Bacich, J.J., Precision lens mounting, U.S. Patent 4,733,945, 1988.
Baldo, A.F., Machine elements, in *Marks' Standard Handbook for Mechanical Engineers*, Avallone, E.A.

and Baumeister, T. III, Eds., McGraw-Hill, New York, 1987, Chapter 8.2, p. 8.
Barrera, S., Villegas, A., Fuentes, F.J., Correa, S., Pérez, J., Redondo, P., Restrepo, R. et al., EMIR optomechanics, *Proc. SPI*, 5495, 611, 2004.
Bauer, T. and Marschall, D., Tooling for injection molded optics, in *Handbook of Plastic Optics*, Bäumer, S. Ed., Wiley-VCH, Weinheim, Germany, 2005, Chapter 3.
Bäumer, S., Shulepova, L., Willemse, J., and Renkema, K., Integral optical system design of injection molded optics, *Proc. SPIE*, 5173, 38, 2003.
Bayar, M., Lens barrel optomechanical design principles, *Opt. Eng.*, 20, 181, 1981.
Carnell, K.H., Kidger, M.J., Overill, M.J., Reader, A.J., Reavell, F.C., Welford, W.T., and Wynne, C.G., Some experiments on precision lens centering and mounting, *Optica Acta*, 21, 1974. (Reprinted in *Proc. SPIE*, 770, 207, 1974.)
Delgado, R.F. and Hallinan, M., Mounting of lens elements, *Opt. Eng.*, 14, S-11, 1975. (Reprinted in SPIE Milestone Series, Vol. 770, p. 173, 1988.)
Erickson, D.J., Johnston, R.A., and Hull, A.B., Optimization of the optomechanical interface employing diamond machining in a concurrent engineering environment, *Proc. SPIE*, CR43, 329, 1992.
Genberg, V.L., Structural analysis of optics, in *Handbook of Optomechanical Engineering*, Ahmad, A. Ed., CRC Press, Boca Raton, FL, 1997, Chapter 8.
Herbert, J.J., Techniques for deriving optimal bondlines for athermal bonded mounts, *Proc. SPIE*, 6288OJ-1, 2006.
Hopkins, R.E., Some thoughts on lens mounting, *Opt. Eng.*, 15, 428, 1976.
Hopkins, R.E., Lens mounting and centering, in *Applied Optics and Optical Engineering*, Vol. VIII, Shannon, R.R. and Wyant, J.C. Eds., Academic Press, New York, 1980, Chapter 2.
Jacobs, D.H., *Fundamentals of Optical Engineering*, McGraw-Hill, New York, 1943.
Karow, H.H., *Fabrication Methods for Precision Optics*, Wiley, New York, 1993.
Kihm, H., Yang, H., Lee, Y., and Lee, J., Lens mount with ring-flexures, for athermalization, *Proc. SPIE*, 81260P, 2011.
Kowalskie, B.J., A user's guide to designing and mounting lenses and mirrors, in *Digest of Papers, OSA Workshop on Optical Fabrication and Testing*, North Falmouth, MA, 1980, p. 98.
Lytle, J.D., Specifying glass and plastic optics—What's the difference? *Proc. SPIE*, 181, 93, 1979.
Lytle, J.D., The influence of physical configuration on the quality of injection molded lenses, in *Digest of Papers, OSA Workshop on Optical Fabrication and Testing*, Mills College, Oakland, CA, 1980, p. 54.
Lytle, J.D., Polymeric optics, in *OSA Handbook of Optics*, 3rd edn., Vol. IV, Bass, M. and Van Stryland, E. Eds., McGraw-Hill, New York, 2010, Chapter 3.
Michels, J., Genberg, V.L., and Doyle, K.B., Finite element modeling of nearly incompressible bonds, *Proc. SPIE*, 4771, 287, 2002.
Munch, T., Private communication to D. Vukobratovich, 2000.
Plummer, W.T., Precision: How to achieve a little more of it, even after assembly, in *Proceedings of the First World Automation Congress (WAC'94)*, Maui, HI, 1994, p. 193.
Rhorer, R.L. and Evans, C.J., Fabrication of optics by diamond turning, in *OSA Handbook of Optics*, 3rd edn., Vol. II, Bass, M. Ed., McGraw-Hill, New York, Part 2, 2010, Chapter 10.
Richey, C.A., Aerospace mounts for down-to-earth optics, *Mach. Des.*, 46, 121, 1974.
Shannon, R., How to design a lens for manufacturing, in *Digest of Papers, OSA 'How-To' Program*, Boston, MA, 1990.
Shigley, J.E. and Mischke, C.R., The design of screws, fasteners, and connections, in *Mechanical Engineering Design*, 5th edn., McGraw-Hill, New York, 1989, Chapter 8.
Valente, T. and Richard, R., Interference fit equations for lens cell design using elastomeric lens mountings, *Opt. Eng.*, 33, 1223, 1994.
Vukobratovich, D., Optomechanical systems design, in *The Infrared & Electro-Optical Systems Handbook*, Dudzik, M. Ed., Vol. 4, ERIM, Ann Arbor, MI and SPIE, Bellingham, WA, 1993, Chapter 3.
Vukobratovich, D., Advances in optomechanical design, SPIE Short Course SC048, 1996.
Vukobratovich, D., Introduction to optomechanical design, SPIE Short Course SC014, 2003.
Vukobratovich, D. and Richard, R.M., Flexure mounts for high resolution optical elements, *Proc. SPIE*, 959, 18, 1988.
Welham, W., Plastic optical components, in *Applied Optics and Optical Engineering*, Vol. VII, Shannon,

R.R. and Wyatt, J.C. Eds., Academic Press, New York, 1979, Chapter 3, p. 79.
Yoder, P.R. Jr., Lens mounting techniques, *Proc. SPIE*, 389, 2, 1983.
Yoder, P.R. Jr., Optomechanical designs of two special-purpose objective lens assemblies, *Proc. SPIE*, 656, 225, 1986.
Yoder, P.R. Jr., Axial stresses with toroidal lens-to-mount interfaces, *Proc. SPIE*, 1533, 2, 1991.
Yoder, P.R. Jr., *Mounting Optics in Optical Instruments*, 2nd edn., SPIE Press, Bellingham, WA, 2008.
Young, W.C., *Roark's Equations for Stress and Strain*, 6th edn., McGraw-Hill, New York, 1989.

第 5 章 多透镜组件安装技术

Paul R. Yoder, Jr.

5.1 概述

本章将讨论以各种方法将两块或更多透镜装配在一起而形成光机部件或组件的例子,这些论述不可能包含全部。给出的例子是为了说明本书第 4 章所述单个透镜和元件的安装技术如何使用,并讨论以下方法:如何确定元件间的正确间隔、带或不带有移动部件的透镜组件的安装技术、车削装配技术、典型的折射和反射式显微物镜的安装技术、折射式双目望远镜安装技术及由塑料光学元件和机械零件组成的光学装置的安装技术、用液体而非黏结胶连接元件的技术、各种折反射式光学仪器的设计,以及已经验证是正确的对组件中透镜进行调试对准的技术。

5.2 多元件间隔分析

在多透镜组件设计中,各元件常常紧靠在镜座靠缘或隔圈上。为了在元件表面顶点之间得到所需要的轴向空气间隔,都是通过精密的机械加工保证它们的轴向长度,图 5.1 给出了

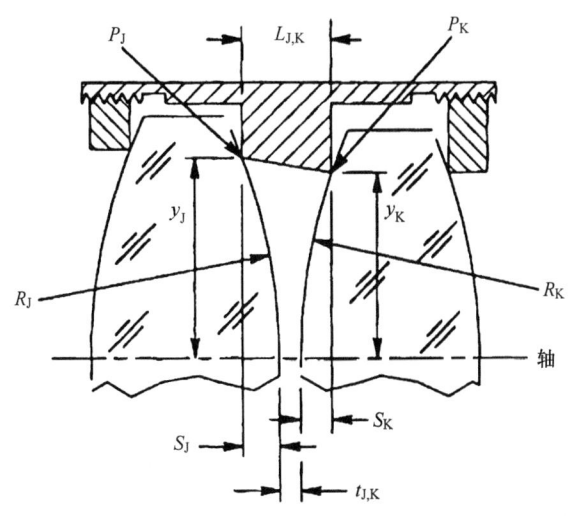

图 5.1 根据两透镜间的轴向空气间隔计算靠缘或隔圈长度所需要的重要参数

一个典型例子。图中参数是为了确定靠缘在接触点 P_J 和 P_K 之间的长度 $L_{J,K}$ 所需要的。接触点在球表面上的高度分别是 y_J 和 y_K，球面的绝对半径是 $|R_J|$ 和 $|R_K|$，相邻顶点间的间隔是 $t_{J,K}$，从通过 P_J 和 P_K 的平面测量出的透镜表面的弧高分别是 S_J 和 S_K。如果接触点位于表面顶点右侧，上述各量是正的，若在表面顶点左侧，则为负。图中，S_J 是负的，而 S_K、$t_{J,K}$ 和 $L_{J,K}$ 是正的。利用下面公式计算表面弧高和靠缘长度：

$$S_J = R_J - (R_J^2 - y_J^2)^{1/2} \tag{5.1}$$

$$S_K = R_K - (R_K^2 - y_K^2)^{1/2} \tag{5.2}$$

$$L_{J,K} = t_{J,K} - S_J + S_K \tag{5.3}$$

[译者注：原书式 (5.3) 中错印为 $+S_J$]

设计实例 5.1 具体解释了上述公式的应用。

设计实例 5.1　图 5.1 所示两块透镜之间靠缘或隔圈的轴向长度计算

两个透镜轴向间隔是 0.196in (4.978mm)。相邻凸面的半径是 −2.944in (−74.778mm) 和 +2.720in (+69.008mm)。隔圈上尖角压靠在这些表面上的接触高度分别是 0.960in (24.384mm) 和 0.864in (21.946mm)。(a) 表面接触点处的弧高多少？(b) 接触点之间隔圈的轴向长度应是多少？

解：

(a) 根据式 (5.1)，有

$$S_J = -[2.944 - (2.944^2 - 0.960^2)^{1/2}]\text{in} = -0.161\text{in}(-4.088\text{mm})$$

根据式 (5.2)，有

$$S_K = +[2.720 - (2.720^2 - 0.864^2)^{1/2}]\text{in} = +0.141\text{in}(+3.578\text{mm})$$

(b) 根据式 (5.3)，有

$$L_{J,K} = [0.196 - (-0.161) + (+0.141)]\text{in} = 0.498\text{in}(12.649\text{mm})$$

在许多组件中，这些透镜都安装在同一个镜座或镜筒中，依次使用隔圈保证其有正确的空间位置。最后使用一个压圈将所有零件夹持到位。可以根据上面对靠缘的分析确定隔圈的轴向长度。

图 5.2 给出了一个透镜组件的分解图，包括一个镜座、三个透镜元件、两个隔圈和一个螺纹压圈。隔圈是一个具有矩形横截面的薄圆环。理想情况的话，隔圈与透镜表面边缘处的接触界面形状应与透镜表面形状相配合。换句话说，如果是凸透镜表面，界面的形状是相切（锥面）金属表面；若是凹透镜表面，界面就是超环面（麦圈形状）金属表面；如果是平面或阶梯倒边面，界面就是精密的平面金属面。4.7 节对每一种界面都讨论过。为了将成本降至最低，在轴向预紧力作用下，即使压圈会增大透镜的接触应力，但许多压圈仍采用尖角结构。

图中给出的三个紧固螺钉用于压圈拧紧后将其固定到位，如图 5.2 所示，它们顶压着压圈上的螺纹。由于螺钉施加的力会使螺纹变形，在维修组件时，很难卸下压圈，所以这并非是最佳方式。较好的一种设计是在镜筒壁上有可能触及固定螺钉的部位切口，从而使螺纹保持完好无损。使用螺纹锁紧复式螺钉或许是一种更合适的方法，这种螺钉不会影响压圈的螺

第 5 章 多透镜组件安装技术

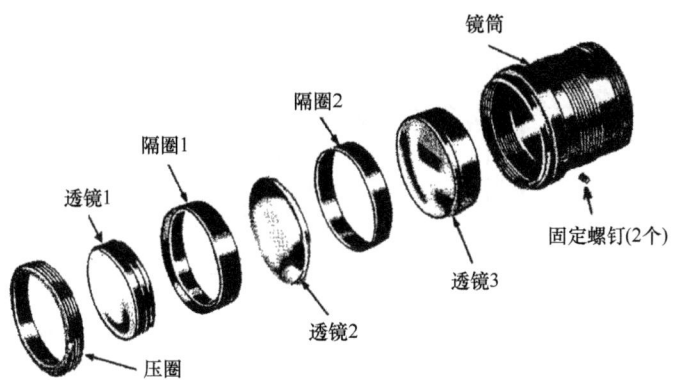

图 5.2 一个透镜组件的分解图（或爆炸图），包括三个透镜和两个隔圈。使用螺纹压圈将它们固定到位

纹形状。对于极端的振动环境，可以增加一个压圈，将第一个压圈锁紧到位。

Westort（1984）介绍过一种加工精密透镜隔圈的技术。给出的例子是高性能（即 λ = 0.63μm 波长时单通道透过的最大波前误差大于 0.1λ）潜艇潜望镜中三片型转像系统使用的零件。其中，光学系统的孔径是 100mm（3.94in），相对孔径是 $f/12$。这种技术能够保证隔圈有正确的内径和外径、圆度、端面的平行度及这些端面与机械轴的垂直度。图 5.3 给出了该组件中使用的一个隔圈。图 5.4a 给出了透镜的镜座，图 5.4b 给出了一个完整的组件，图 5.3 所示的隔圈放置在第一与第二个透镜之间。

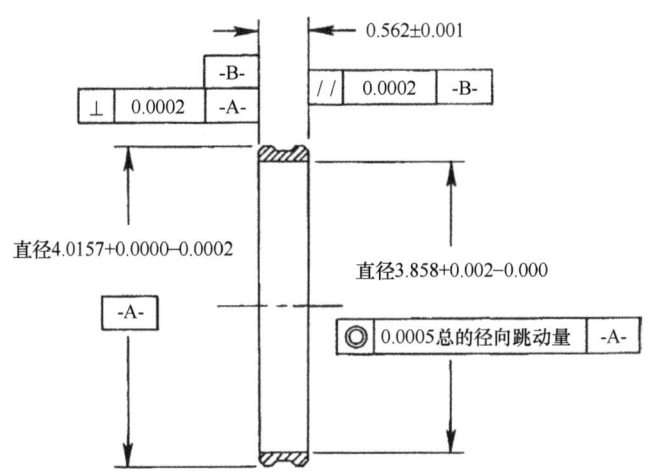

图 5.3 一个典型的高精度透镜隔圈，尺寸单位是 in
（资料源自 Westort, K., *Proc. SPIE*, 518, 40, 1984）

前面提到的属性是各种透镜组件中使用的隔圈应具有的性质，所以在此对 Westort 的方法做些总结和概括。图 5.5 给出了该过程的主要步骤。使用的材料是 400 系列的不锈钢（CRES）。首先将隔圈粗加工到接近完工的尺寸（见图 5.5a），并进行热处理。然后，将它放入一个工装夹具中，用一种低熔点合金充满间隙（见图 5.5b），以保证该零件被钻孔加工到最终内径尺寸期间，一直处于无应力的环境条件，之后将该金属熔化，卸下零件。将一串隔圈套在一个精密的轴架上，轴向夹持固紧，并研磨到最终的外径尺寸（见图 5.5c）。将每

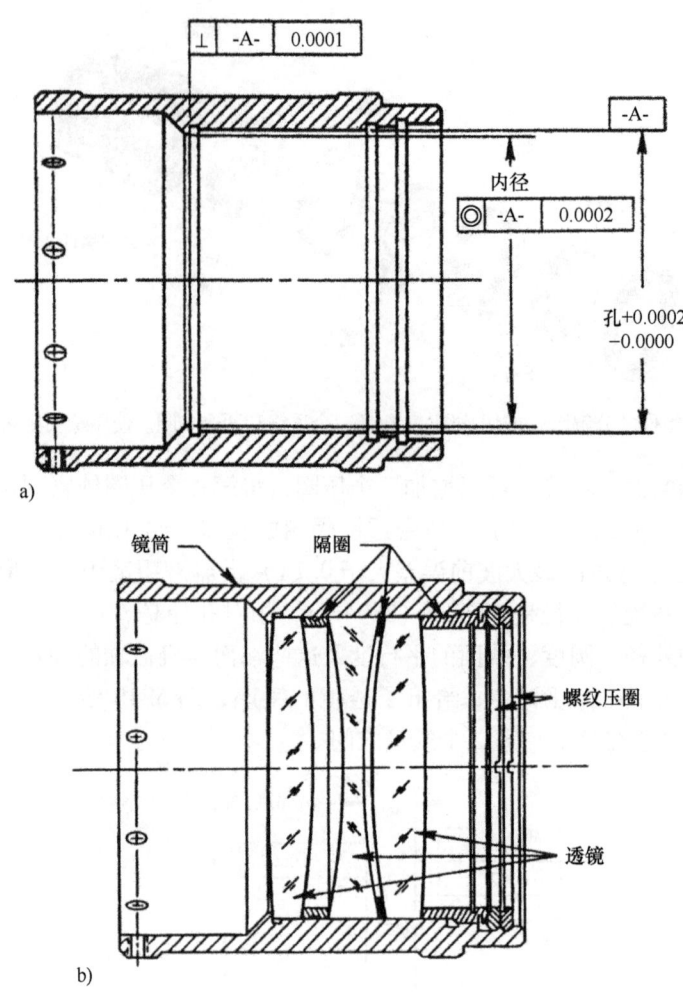

图 5.4 a）为安装图 5.3 中的隔圈而设计的镜座 b）高性能潜艇潜望镜的转像透镜组件
（资料源自 Westort, K., *Proc. SPIE*, 518, 40, 1984）

一个隔圈安装到另外一个工装夹具上（见图 5.5d），该工装的内径与隔圈的外径是紧配合，将隔圈的上端面磨成平面，翻转过来将下端面也磨成平面，平行于上端面，并且到完工的厚度。最后，进行发黑处理。对于准备与透镜表面相切接触的锥形面隔圈，在这种基本工序中增加一道工艺就可以完成加工。应当注意的是，可以将这种方法应用到压圈的加工，因为压圈相当薄，也需要是圆形的。应当在第三步骤（安装在精密轴架）中加工螺纹。

另外一个隔圈放置在图 5.4b 所示的转像组件中第二与第三个透镜之间。这是一个经过发黑处理、非常薄的环形不锈钢圈。如果是高精度组件，在安装期间，常常对其中的透镜手动旋转（类似时钟调整或逐步调整）以便抵消彼此间残余的光楔，可能形成最好的图像。当使用压圈施加预载，接触到相邻透镜的球形表面时，该金属环会发生变形。图 5.4b 所示的第三个隔圈的作用相当于一个滑动环，所以压圈的旋转不会拉着透镜与它一起转动，也不会影响对最后一个透镜光轴的旋转对准。这个隔圈有足够长度，可以使压圈旋到一个合适的位置。应当注意到，这里使用了两个压圈，第二个压圈将第一个压圈锁紧，避免在严重振动条件下松开。此外，两个压圈的螺纹都经过防滑物质处理。其原因是，如果不将潜望镜返回

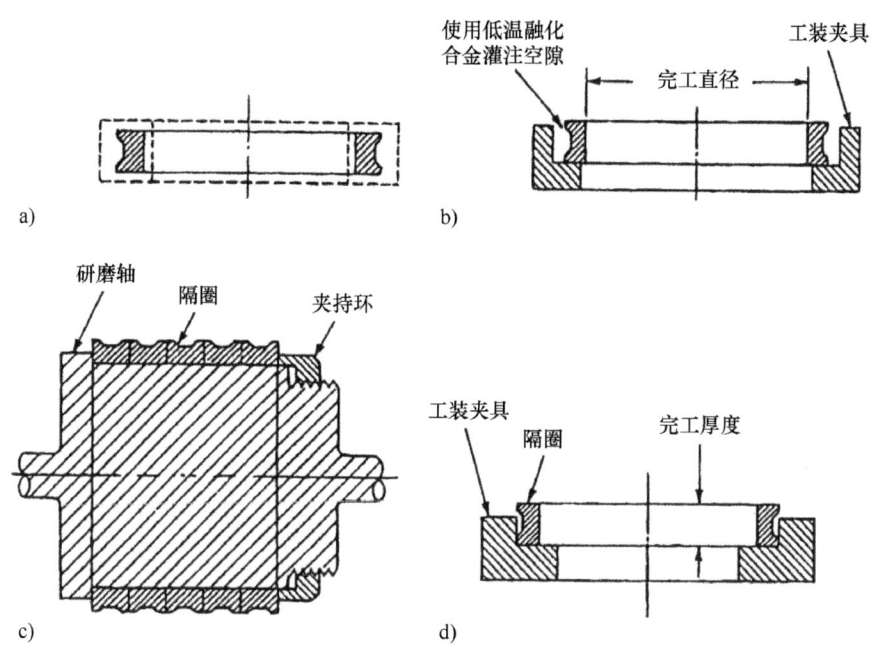

图5.5 加工高精度透镜隔圈包含的主要步骤和顺序
a) 步骤1，粗机加热处理 b) 步骤2，放入夹具中，完成最终内径（ID）尺寸
c) 步骤3，在精密的转轴上，研磨到最终的外径（OD）尺寸 d) 步骤4，研磨到最终厚度
（资料源自Westort, K., *Proc. SPIE*, 518, 40, 1984）

到岸上维修厂，仪器内部一个松动的压圈就不可能被拧紧，因此，这种看似多余的锁定（或称锁定冗余）是必须和适当的。

图5.6给出了航天应用中使用的一个隔圈的部分工程图样，一侧设计了一个锥形截面以便与一个特定的凸球形表面相配，另一侧是超环面与凹球面匹配。

图5.7a所示冲切塑料隔圈（die-cut plastic spacer）有三个凸台，可以按照刚刚叙述过的图5.4所示的第二个隔圈的形式，安装于轴向空气间隔较小的两个透镜之间。Addis（1983）认为，聚酯薄膜材料制成的这类隔圈是安装分离双透镜的一种经济易行的选择。外环支撑着凸台，位于透镜外径之外。凸台伸入到透镜表面之间，几乎达到元件的通光孔径。Addis指出，一个优点就是在组件清除湿气时气体可以很容易地流入透镜表面间的空间，连续垫片没有这种情况发生，除非在隔圈或透镜侧面上切出些沟槽来。

图5.7b给出了一个典型的带有沟槽（通风孔）的模压塑料隔圈，便于空气流通。为了分散预载，与透镜接触的绝大部分是在组件的四周。从批量生产的成本考虑，模压隔圈的优势比较明显；对于不需要特别高精度的应用来说，制造精度足以满足使用要求。如果隔圈采用黑塑料材料制成，并且内部有一定的纹理组织，如图所示，这有利于杂散光的衰减。

在某些设计中，使相邻的两个玻璃表面直接接触，因而无须使用隔圈确定两个透镜之间的轴向间隔，图5.8给出了一个例子。从透镜设计者的观点，如果两个曲率较大的相邻表面之间需要控制非常小的轴向间隔，那么采用这种方式就是一个节省空间的简单方法。采取的设计必须保证两个表面在距离光轴的合适高度上相交。凹表面要倒边到相接触的直径，对轴

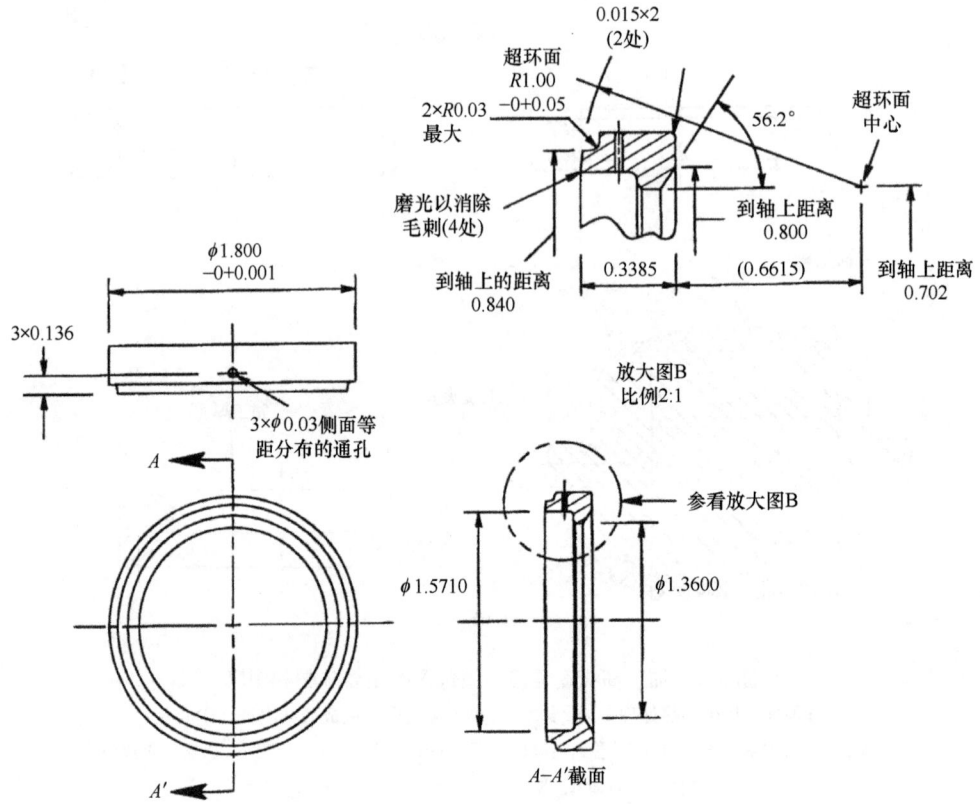

图 5.6 工程制图中一个典型隔圈的视图。为了与一个凹透镜面接触，零件的左端有一个超环面，而右端的锥形面是为了与凸透镜面接触

注：1. 材料，圆不锈钢，ASTM A582 416H 型。
2. 表面处理，按照 SAE-AMS-QQ-P-35，二类标准钝化。
3. 袋子和标签上印有零件号。
4. 表面光洁度，32。
5. 尺寸单位，in。
6. 公差，.xxx±0.005，.xxx±0.0010，±0.5°。

向间隔的严格公差转换为对倒边内径的等效公差。对这个直径进行精确测量要比精确测量本身形成的间隔更容易些。

在许多情况中，在轴向预载作用下，两个互相接触的曲率较大的凸凹透镜表面具有自对准的作用，这是边缘接触方式中一个很吸引人的特点。在一个有代表性的安装例子中，玻璃与金属及玻璃与玻璃的界面都设计在光学性能比较灵敏的球面上。这类设计的成功取决于许多因素，Price（1980）指出，在采用边缘接触设计之前需要考虑以下内容（Polster，1964）：

- 两个相邻表面的相关半径；
- 在一个合适的直径上相接触的能力；
- 玻璃的硬度和脆度（特别是火石玻璃零件的尖角处易于脆裂）；
- 表面半径与接触直径之比；

第 5 章　多透镜组件安装技术

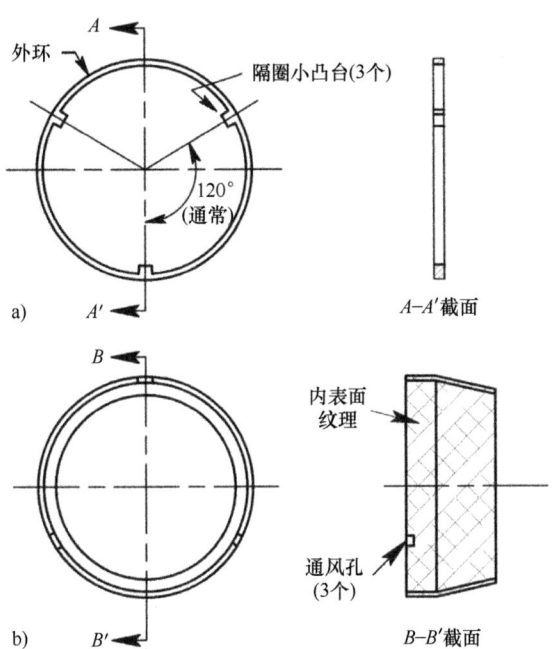

图 5.7　a）为了将透镜表面隔开，使用一种带有凸台的薄塑料隔圈　b）一种具有通风槽的模压塑料隔圈
（资料源自 Addis, E. C., *Proc. SPIE*, 3879, 36, 1983）

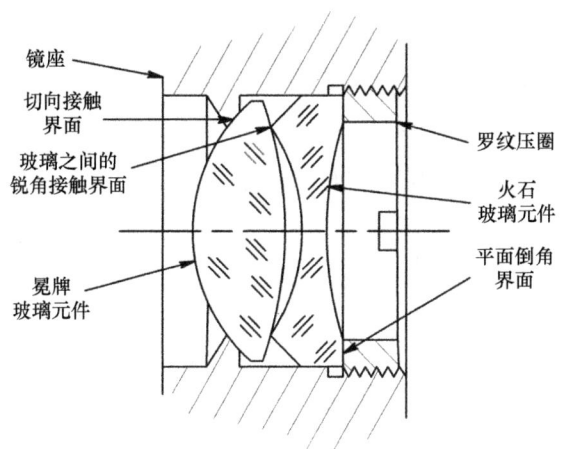

图 5.8　使用相邻表面间玻璃—玻璃尖角界面装配透镜的例子。
火石玻璃的外径（OD）静配合安装到镜筒的内镜中
（资料源自 Price, W. H., *Proc. SPIE*, 237, 466, 1980）

- 对空气间隔变化和透镜倾斜的灵敏度；
- 光学件的大小及质量。

设计边棱接触的双透镜时，若已知相邻表面的半径和空气间隔，则一个重要的参数是从光轴到接触点的高度。该高度通常要比界面处最大无渐晕光线高度小零点几毫米。

233

5.3 定心车装配工艺

定心车装配工艺中，通过与配装镜筒或镜座内径的精密配合而使透镜元件实现径向定位。每个元件的外径都必须经过精确研磨而具有很高的圆度并完成测量。配装零件的内径被研磨加工到能与该特定元件精密相配。若是多元件设计，则在切削内径时，通过正确设置机加座来确定各个元件的轴向位置。由于这种机加工艺传统上是在车床或类似机床主轴上完成，因此称为定心车装配工艺。

若用这种工艺装配高性能物镜，光学零件的外径与金属零件内径之间的直径间隙可以小至 0.0002in（0.005mm）。如果透镜圆柱面和镜筒是理想圆形，则足以使透镜准确滑进镜筒。由于低温条件下镜筒相对于透镜具有不同的收缩，因此，在采用该工艺之前，应当利用本卷 11.7 节给出的公式计算环向应力，评估透镜在承受潜在的径向预紧力情况下，这样的设计是否充分。

为了进一步解释车削装配工艺，现在，讨论直径约 2.25in（约 57mm）的分离双透镜的装配，如图 5.9 所示。第一透镜的锥形镜座 D 被加工成与透镜表面相切的形状和精确的弧

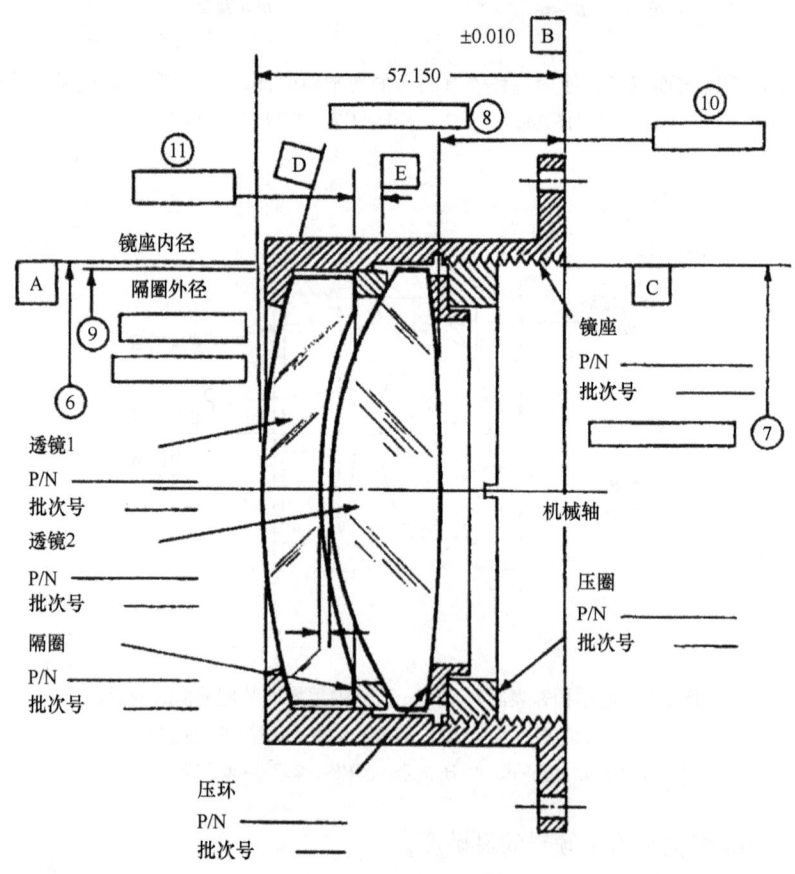

图 5.9 采用定心车削装配工艺装配光机组件的实例。尺寸单位是 mm
(资料源自 Yoder, P. R. Jr., *Proc. SPIE*, 389, 2, 1983)

高，从而使该表面顶点到安装法兰盘表面 B 的尺寸是（2.2500 ± 0.0004）in［（57.150 ± 0.010）mm］。轴向空气间隔 F 的公差值控制到设计标称值的 ±0.0010in（±0.025mm）内。利用单螺纹压圈（有一个锥形面与第二个透镜的第二个表面相切）固定两个透镜，目的是在压圈旋转时不至于造成透镜旋转。如果系统中的光学元件残留有机械楔形，那么在装配过程中，需要通过相对于其他楔形元件的旋转定位而消除其楔形影响，从而使光学性能得到改善，因此，这种固定方式就显得特别重要。5.8.2 节将讨论这类透镜的应用。

采用该工艺，首先对待装配透镜进行测量。图 5.10 所示的 5 个框表示记录的 5 个数据项，包括（透镜设计）需要的空气间隔。完成测量后，除了后续安装镜座和测量必须使用的接触面积外，可以利用易剥离漆膜对其他透镜表面进行临时性地良好保护。

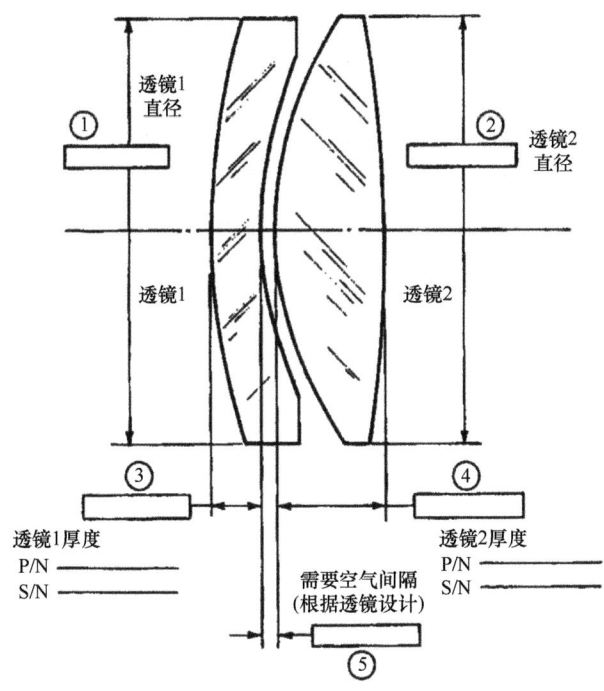

图 5.10　利用定心车削装配工艺装配图 5.9 所示组件时记录的透镜尺寸
（资料源自 Yoder, P. R. Jr., *Proc. SPIE*, 389, 2, 1983）

通过一块转接板（图 5.9 未给出）将镜座法兰盘安装到一个精密车床主轴上。在垂直方向将镜座内径相对于法兰盘表面 B 的精度加工到 1.5′以内，对于第一透镜外径测量值的直径间隔达到 0.0003～0.0005in（0.008～0.013mm）。记录下该镜座内径作为第 6 个外形尺寸。然后，加工第二个镜座（表面 C）的内径，相对于表面 A 的同心度小于 0.0003in（0.008mm），与第二块透镜外径测量值的直径间隙是 0.0003～0.0005in（0.008～0.013mm）。测量该内径值并记录为第 7 个尺寸。

根据式（4.24）计算锥面 D 的角度并完成加工。在该情况中，相对于机械轴的角度约为 75°，公差是 ±0.5°。通过反复试装透镜及测量凸面顶点相对于法兰盘轴向设计距离的实际值，就能够确定表面 D 的轴向位置。若位于公差范围内，记录下第 8 个尺寸的实际值。

在一台车床装配主轴上分别加工隔圈，以便使其与第二个透镜的界面是一个尖角接触。

其外径垂直于表面 E，误差在 15′ 内，并且，相对于镜座（第 6 个尺寸）内径的直径间隙是 0.0003~0.0005in（0.008~0.013mm）。测量外径并记录为第 9 个尺寸（译者注：原书错印为"7"）。将隔圈和压圈安装在组件中，完成第一和第二透镜的装配。测量第 2 透镜外侧表面相对于表面 B 的实际轴向位置，记录为第 10 个临时尺寸。减去透镜厚度（外形尺寸 3 和 4），可以得到目前的空气间隔。该尺寸会稍大于需要值。去除隔圈，并切除少量材料，再次进行测量。若空气间隔误差在公差范围内（根据透镜设计值），则记录下隔圈长度作为第 11 个外形尺寸。然后，清洁透镜和金属零件并重新装配，安装上压圈和定位环，最终完成装配。绕其光轴旋转透镜以调整其光学楔形，使其光学性能达到最佳，最后旋紧定位环。

如果损坏，则无法修理，必须进行替换，所以一台以定心车削装配工艺装配的仪器通常被看作是一台不可拆卸组件。根据这种结构特点，这类组件特别适用于如许多军事应用中经常遇到的高冲击和振动环境。

利用定心车削装配工艺装配的光学组件且适合这类环境的一个实例是图 5.11 所示的望远物镜。其具体应用是装甲车的炮手潜望镜。三个单透镜被磨边到具有相同外径，并装配到径向间隙为 0.0002in（0.005mm）的镜筒中。所有透镜都从右侧装入。第一块透镜是 Schott SF4 玻璃，光线入射侧是平面，压靠在镜筒的靠缘上。第一个隔圈是（0.0026 ± 0.0002）in[（0.066 ± 0.005）mm]厚的板材。预紧力作用下，会与透镜的曲面共形以保证具有正确的轴向间隔。第二块和第三块透镜分别是 Schott SK16 玻璃和 Schott SSK4 玻璃。第二个隔圈的形状能保证与相邻的凸透镜表面相切。固定压圈与第三块透镜上的平面环状界面精密接触。如第 4 章所述，固定压圈上的螺纹与镜筒螺纹满足 2 类配合。所有的金属零件都采用 316 型不锈钢材料并被发黑钝化。

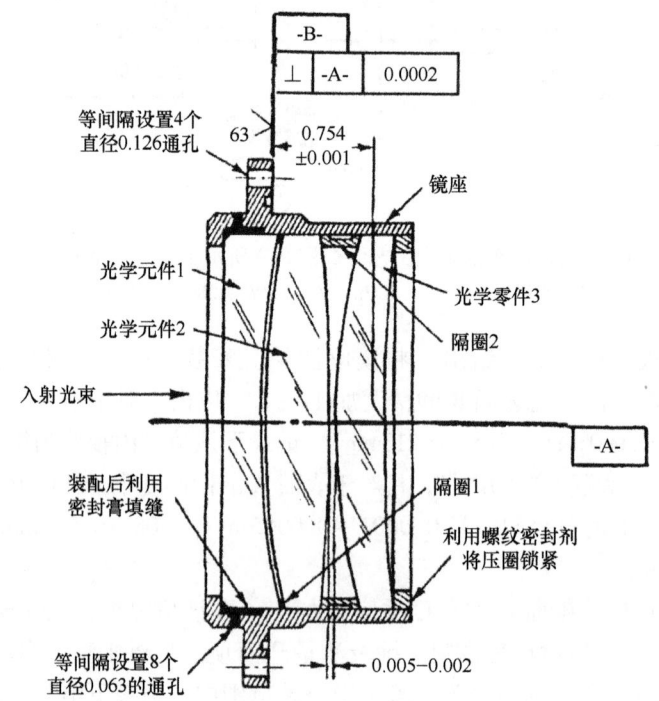

图 5.11　采用定心车削装配工艺装配高性能军用望远物镜组件的实例。尺寸单位是 in

（资料源自 Yoder, P. R. Jr., *Proc. SPIE*, 389, 2, 1983）

光学透镜和隔圈的机械楔形公差都是10′。从平面环形界面到第三个透镜第一表面的楔形厚度最大变化量公差是±0.0004in（±0.010mm）。如前所述，最终装配工艺中，使组件中透镜元件绕着其公共光轴做相对旋转，尽量保证一个无穷远点光源的轴上虚像达到最佳对称状态，反复和逐步调整透镜元件的楔形效应。这种过程有时称为"钟表调整法"。

有益于定心车削装配工艺的另一个组件是图5.12所示的定焦中继成像（或转像）组件。这种系统是一种双高斯型、固定孔径的中继透镜，由两个双胶合透镜和两个单透镜组成，分布在一个固定孔径光阑两侧。虚线表示对透射光线有效的透镜孔径。左侧的两个透镜直接安装在铝材料镜筒中并利用螺纹固定环压紧。采用类似的方法将右侧的两个透镜安装在一个独立的铝材料镜筒中，然后，通过螺纹旋装在镜筒的配合螺纹内。

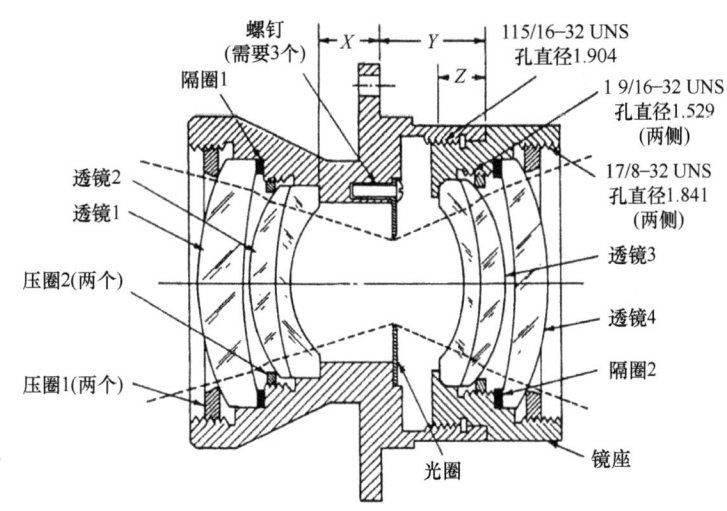

图5.12　利用螺纹连接方式将两个部件组装在一起的定焦中继透镜组件的结构布局，单位是in。控制外形尺寸X、Y和Z以保证轴向空气间隔

每个固定压圈都设计为尖角接触形式，大约在光学元件通光孔径设计值之外0.01~0.02in（0.25~0.50mm）位置的球面处接触。主镜筒上的公差尺寸X和Y及右侧镜筒上的Z控制着表面5与6中心之间的空气间隔，因此，其最糟糕情况下的总误差等于空气间隔的可允许公差。另外，加工主镜筒右端面，使Y等于以X和Z实际测量值为基础计算获得的值，也可调整组件内该空气间隔。这种方法额外增加了一道车削加工工艺，但使三维尺寸公差更宽松。加工单透镜与其镜座之间的隔圈以满足对组件尺寸的实际值要求，能够使单透镜与双胶合透镜之间的小空气间隔达到最佳值。生产过程中，可以准备厚度稍有不同的一系列隔圈，针对具体组件选用合适的隔圈。只要将透镜的残余楔形量控制到很小值，则无须在固定环下使用压圈。

在该设计中，双胶合透镜的外径相同，单透镜的外径相同。对应的定位环可以是一样的，因而降低了成本。如果设计的是正切接触形式，则由于透镜表面曲率不同，所以这些定位环是不能交换的。

采用定心车削装配工艺并不局限于小的光学部件，已经成功应用于恶劣环境中工作的高性能大尺寸组件。下面讨论这类结构的两个实例。

图5.13给出了第一个实例的照片。Yoder和Friedman（1972）阐述过该物镜的性

能：焦距9in（22.9cm），F数$f/1.5$。Yoder（1986）讨论过该物镜机械方面的设计。此物镜配合军用飞机潜望式设备中电光图像增强器的使用而研发，提高了夜视能力。该系统还集成有一个同轴扩束镜，将波长1.06μm的激光束透射到物空间，进行目标指示和测距。

图5.13 军用夜视潜望镜中集成有共轴激光通道的物镜，可以提高飞机对目标的指示和测距能力
（资料源自Yoder, P. R. Jr., *Proc. SPIE*, 656, 225, 1986）

图5.14给出了光学系统主成像分系统和激光系统的光路图。物镜的结构形式源自双高斯照相物镜，但与普通设计相比，像增强器在0.50~0.90μm光谱范围内的成像质量得到提高。棱镜作用有三个：折转光路90°；通过组装在主棱镜上的背负式中心合束镜将激光束投射出去；相当于在焦平面附近设置一个厚弯月透镜，以减小了场曲。

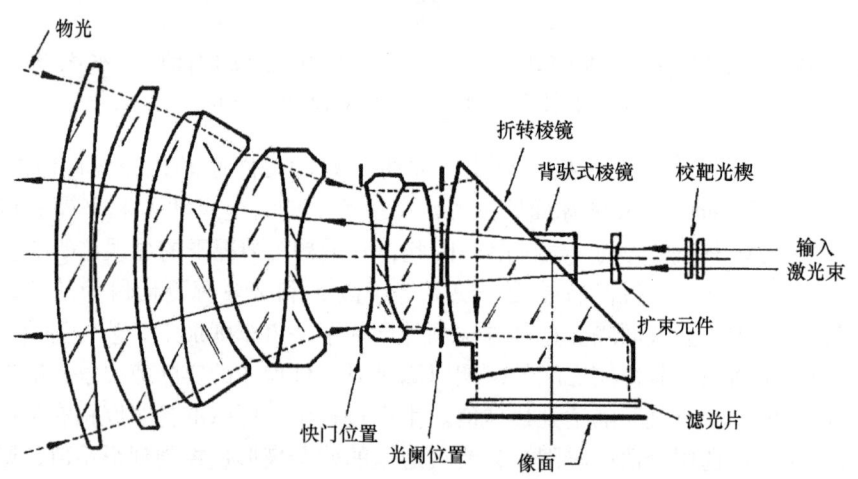

图5.14 图5.13所示物镜的光学系统示意图
（资料源自Yoder, P. R. Jr. and Friedman, I., *Opt. Eng.*, 11, 127, 1972）

图5.15给出了光机组件的半剖视图，长约11.4in（29.0cm），最大直径处6.7in（17.0cm）。为了避免像增强器对物镜金属镜筒造成高压电弧放电，焦平面设计在出瞳之外0.55in（14.0mm）位置。该组件安装在从重心附近的镜筒上突出的三个托耳结构上。专门研磨一些隔圈安装在这些托耳上，以便该组件相对于潜望系统其他部分存在离焦时能够进行

调整，确保与类似装置可以互换。

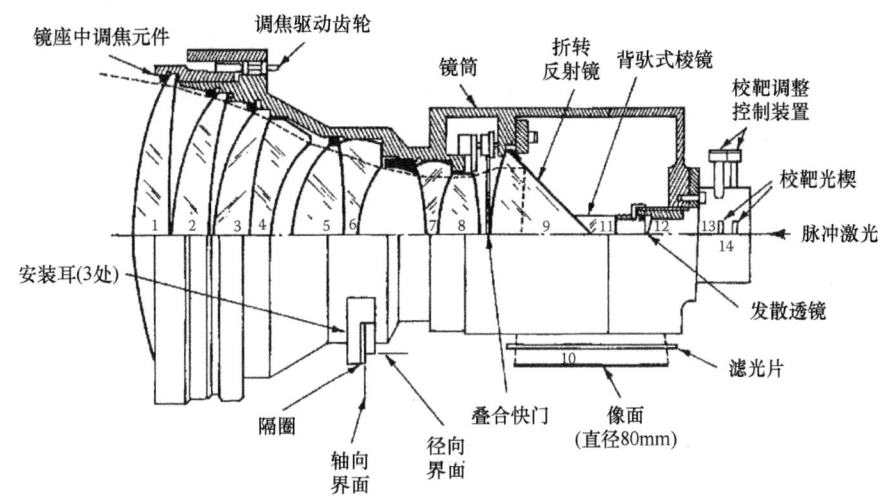

图 5.15　图 5.13 所示物镜的光机结构
(资料源自 Yoder, P. R. Jr., *Proc. SPIE*, 656, 225, 1986)

装配有单块弯月透镜的前镜座通过螺纹旋拧到主镜筒上，利用外部可逆转电机（未标出）及压圈和小齿轮结构能够进行旋转，以便目标（或景物）移动到 45m（约 148ft）时，完成对光学系统的调焦。该光学元件与其镜座间的接口示意如图 4.23 所示，并在附文中作为实例进行阐述。该透镜球面上设计了环形接触面，可以以最小的径向间隙（几个微米）安装到镜筒中。只有装配时将镜筒抛光而与待装透镜外径相匹配，才能使该设计成为现实。该工艺称为定心车削装配工艺。

在执行某项任务之前，手动调整直径 7mm（0.28in）准直输入激光束中的两个独立的可旋转光楔，使激光束对准目视潜望镜中的分划板图像。如图 5.13 所示的右侧，可以观察到一个光楔的驱动涡轮和控制旋钮。如图 5.14 所示，当光束通过一个小的背负棱镜（胶合在折转棱镜斜边面未镀铝中心区上）传播之前，一块负透镜使光束发散。然后，经过组件中不同透镜的折射，最后作为直径 70mm（2.8in）的（名义上）准直激光束从物镜的入瞳出射。

为了使后向反射和光能损耗降至最低，激光束传播过程中，棱镜和透镜表面上接受其照射的部分应镀以增透膜（激光波长 $1.06\mu m$）。在对该透镜进行光学设计期间，需要特别注意的是将所有聚焦、反射的激光图像置于空气间隔中，以保护膜层。若激光频率是 10Hz 和每个脉冲能量是 100~150mJ，在相当长一段持续时间内，此处给出的设计完全能够承受输入激光束能量的照射。之所以具有如此良好的工作能力，应归功于其中一个设计特点：用不锈钢波纹管将棱镜和发散透镜（即图 5.15 中的光学元件 11 和 12）之间的光路封闭起来，反射和散射光无法传播到金属镜筒内表面及光学表面镀膜材料上，避免被激光能量烧蚀。通过实验已经发现，通常适合于金属零件的注入式铸造工艺和多种精加工工艺不适用于这种组件的关键部位。为此，整个镜筒都需采用铝锻坯材料加工。为了避免湿气滞留在组件内部，需要彻底密封，并在装配后抽真空，然后，通过一个阀门充填干燥氮气（未画出），保证压强绝对值达到约 19 lbf/in^2（比环境大气压高约 4 lbf/in^2）。本版卷 II 的 7.7 节将讨论光学仪器的密封、冲压和干燥技术。

正如 11.8 节所示，由于相邻玻璃的热膨胀系数（CTE）差别很大，所以普通的光学元件不适合用于该系统的双胶合透镜。测试结果表明，在军用低温环境下，这些透镜较脆。成功地采用美国康宁公司之前生产的双组分硅酮弹性材料 Sylgard XR-63-489 进行胶合。为了具有合适的柔性，胶层的厚度约为 0.050mm（0.002in）。由于胶层较薄，胶合过程中必须格外谨慎，避免引入过大的光学楔形量。

定心车削装配工艺已经成功应用于高性能航空照相物镜，如图 5.16 所示，长为 13.3in（338mm），直径为 9.2in（234mm），等效焦距（EFL）为 24in（610mm），$f/3.5$。每个透镜的镜座都与其对应透镜元件配装加工，无须调整就能满足轴向间隔的要求。

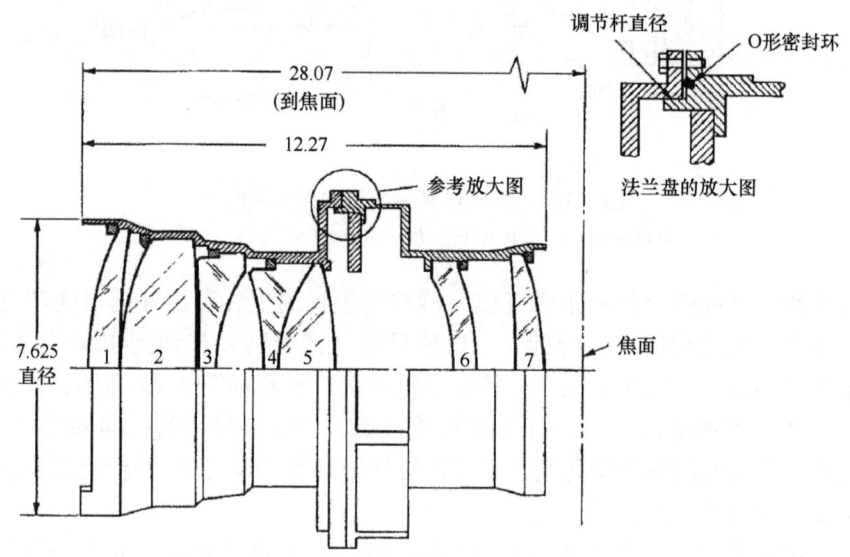

图 5.16 采用定心车削装配工艺装配的航空摄像物镜。钛合金镜筒与经过专门测量的光学元件配装。注意透镜 3、4 和 6 上面的阶梯倒边。固定环轴向约束透镜。尺寸单位是 in
（资料源自 Bayer, M., *Opt. Eng.*, 20, 181, 1981）

应当注意，该物镜组件由前后镜筒组成，完成透镜装配后再用螺栓固定在一起。该方法便于利用车床逐个加工镜筒，并从小到大加工透镜镜座，与对应的透镜配装。这种结构也非常适合在两个镜筒配装之前，将光圈和快门安装在中心空气间隔内。

5.4 不包含运动零件的物镜组件的安装实例

5.4.1 定焦望远镜目镜

图 5.17 给出了一个三倍放大率的军用望远镜定焦目镜组件。两个一样（或近似）的消色差双胶合透镜（冕牌透镜彼此相对）形成一个对称的 Plossl 型目镜（Rosin, 1965）。透镜和隔圈都放置在铝制镜座的内孔中，标称径向间隙 0.003in（0.075mm）。一般来说，这些透镜在胶合之后都会磨边，使两个元件有同样的外径，通常是 0.001in（0.025mm）之内。第

一个被安装的透镜靠在镜座的靠缘上，如图5.17右侧所示。与隔圈的界面是尖角形式接触，与螺纹压圈中的接触方式一样的压圈将两个透镜都能固定到位。由于有较大的球面曲率，当受到固定环预紧力向一起挤压时，透镜会自动定心。

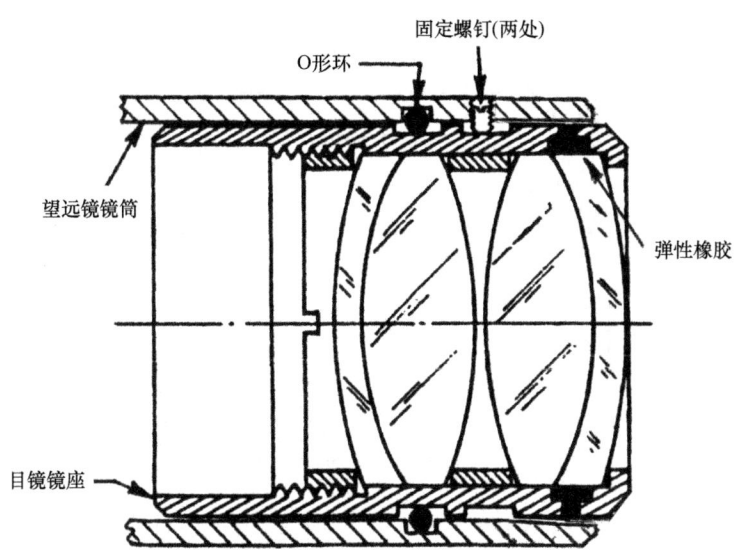

图5.17 一种低放大倍率（3×）军用望远镜的定焦目镜。装配和调焦后，拧紧两个螺钉以保证像质稳定
（资料源自 Yoder, P. R., Jr., *Proc. SPIE*, 389, 2, 1983）

完成装配后，通过镜座上三个或更多径向通孔注入密封材料，将右边的透镜密封，使之与外界环境隔绝。这些孔与镜座内侧、紧靠透镜侧边的一个环形沟槽相通。连续注入密封材料，直至从所有的孔中溢出为止，透过研磨过的透镜侧面可以看到连续的密封材料。固化之后，这种密封作用相当有效。

镜座外侧上面有两个沟槽是值得一提的。该组件是设计安装在望远镜壳体的一个圆柱形的孔中。两个紧固螺钉穿过壳体，直到右侧沟槽的底部，并且将已经调整好焦距的目镜夹紧固定。重要的是注意到，紧固螺钉挤压着沟槽的内表面而非目镜的外表面。其对沟槽面不可避免的损伤不会妨碍目镜在与壳体内径相接触的支撑界面上移动。沟槽的轴向长度要比需要调整量稍微大些，以满足透镜焦距公差及目镜组件标称调焦范围是 -3/4 屈光度的要求。一个放置在左侧沟槽中的O形环将目镜组件与望远镜壳体密封在一起。应当注意，为避免有螺钉孔的地方漏气，O形环位于固定夹持螺钉孔的内侧，并且镜筒会伸长到盖住注胶孔。这非常有益于防止好奇的军事人员从孔中掏挖密封胶。

5.4.2 红外传感器物镜

图5.18给出了为红外（IR）辐射传感器设计的一个物镜组件的光机布局图，焦距为69mm（2.72in），相对孔径为 $f/0.87$。单透镜和双胶合透镜第一块透镜的材料是硅，第二个透镜的材料是蓝宝石。为了确保光束对安装法兰盘具有足够的垂直度，单透镜凹表面上平面倒边相对于其光轴的楔形角保持在10″，对双胶合透镜则保持在30″。

镜座由材料因瓦合金（Invar）36制造，并于粗加工后，在320℉与室温之间反复循环使之稳定。定位用的外径（基准 -A-）和安装界面（基准 -B-）的直径及对光轴的垂直

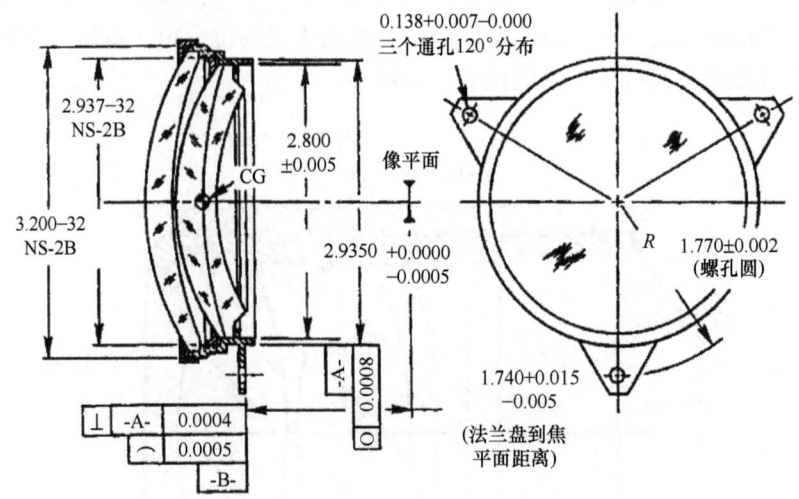

图 5.18 安装在军用飞机上的红外三透镜传感器组件的剖视图和前视图，尺寸单位是 in
(资料源自 Goodrich Corporation, Danbury, CT)

度都要给出严格的公差，以保证传感器系统相关元件能够精确对准。

使用车床装配工艺将透镜安装在镜座中，最大间隔是 0.0002in（0.005mm），用 303 型不锈钢螺纹压圈对透镜进行轴向固定。压圈拧紧之前，让透镜绕着机械轴稍稍转动，使轴上图像有最大的对称性，图像相对于控制直径（基准 – A –）的偏心量也随之降至最小。

5.4.3 电影放映物镜

图 5.19 给出了为放映宽银幕电影设计的物镜组件的剖视图，焦距为 90mm（2.54in），相对孔径为 $f/2$。由于物镜在放映期间要承受来自附近的高强度氙灯的高温，胶合件可能会受到损伤，所以组件中只使用单透镜。这些透镜的实际孔径要比透射光束孔径大得多以便使几何渐晕最小，画幅拐角处的相对照度保持比较高。规定 50 lp/mm 处的调制传递函数（MTF）是轴上 MTF 的 70% 以上，在图像最远拐角处的平均弧矢和子午 MTF 只能够下降到 30%。该组件的场曲与胶片快速通过片门时自然形成的圆柱形曲率相一致，并保持水平方向图像边缘清晰。使用这种透镜时不需要可变光阑，物镜是在一个固定相对孔径模式下工作。

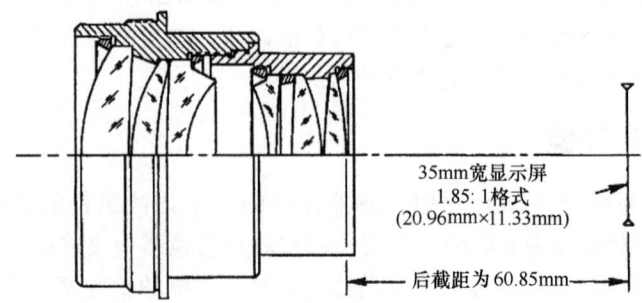

图 5.19 为放映宽银幕电影设计的物镜组件，焦距为 90mm，相对孔径为 $f/2$。
设计独特之处是适合高温环境工作
(资料源自 Schneider Optics, Inc., Hauppauge, NY)

所有金属零件都是阳极化处理过的铝合金。镜筒由两部分组成，在中心处利用定位螺纹面连接，简化了装配工艺。在设计轴向间隔和透镜厚度时一定要考虑热膨胀的影响。该物镜组件没有密封。

5.4.4 低畸变投影物镜

Fischer（1991）介绍过一个光学性能要求很高的透镜组件，就是远心投影物镜。在整个视场范围内要求有接近衍射极限的 MTF 和小于 0.05% 的畸变。图 5.20 表示该光机系统的设计图。该透镜应用在有限远共轭和可见光光谱范围内，横向放大率是 4.23 倍。用单刃金刚石车削方法和薄的硫化锌晶体材料 Cleartran™ 加工一个非球面透镜，放置在第一块双胶合透镜前面（图 5.20 所示的透镜 1），达到相当高的畸变校正水平。

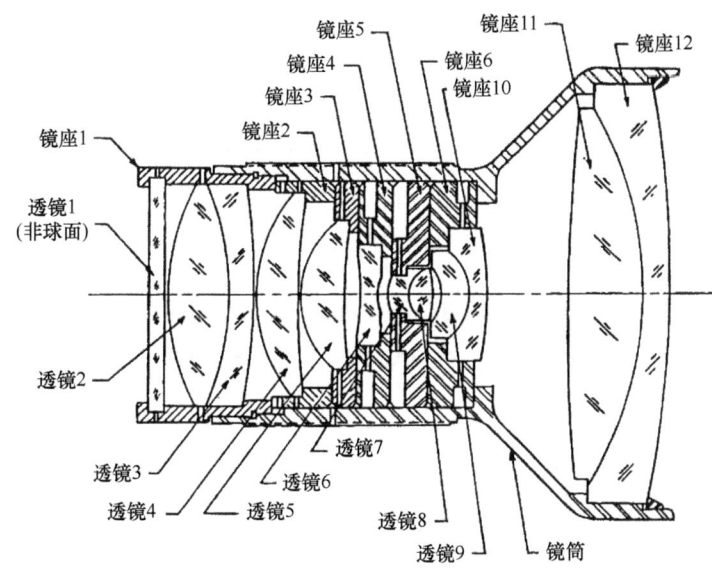

图 5.20 低畸变远心投影物镜组件的光机图，系统中设计有顺序装配透镜
(资料源自 Fischer, R. E., *Proc. SPIE*, 1533, 27, 1991)

通过透镜零件的安装实现所要求的对准并要求在 0~60℃（32~140℉）工作温度范围内保持对准，这就提出了一个很重要的设计问题。一些透镜零件的公差需要小到诸如偏心公差 0.0005in（0.013mm），楔形角造成的边缘厚度跳动 0.0001in（0.003mm），倾斜造成的表面边缘跳动 0.0003in（0.008mm）。Daniel Vukobratovich 提出的机械解决方法就是旋转放置在旋转台上的镜座，使每个透镜或透镜组在不锈钢镜座中对中心，再注入 0.015in（0.381mm）厚的环状 3M2216 环氧树脂胶将透镜黏结到镜座上。固化以后，每个镜座透镜部件（有时称为"插片式部件"）安装在不锈钢的物镜镜筒中，并用压圈牢固拧紧。对性能的评估测试表明，该透镜组件满足 MTF 和畸变的要求。

5.4.5 大型天体照相物镜组件

美国亚利桑那大学光学中心（Optical Sciences Center, University of Arizona）为美国海军气象台（U. S. Naval Observatory）研发了一个大孔径高性能的物镜组件，采用弹性物镜安装技术。R. R. Shannon 设计的光学系统焦距为 81.102in（2059.99mm），相对孔径为 $f/10$，视场为 $\pm 4.8°$，如图 5.21 所示，准备作为天体照相望远物镜。

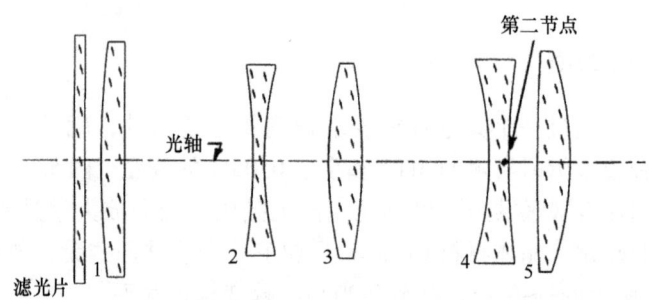

图 5.21　长焦距 $f/10$ 天体望远物镜的光学示意图
（资料源自 Vukobratovich, D., *Proc. SPIE*, 1752, 254, 1992）

Vukobratovich（1992）介绍过透镜组件的机械设计和性能。组件的镜筒（见图 5.22 和图 5.23a）采用 6A14V 钛合金坯料加工。安装透镜零件［典型的直径尺寸约为 10.4in（26.4cm）］的技术就是使用厚度约为 0.20in（5.08mm）的人造橡胶环，采用康宁 93-500 材料。正如本卷 4.9 节所述，此即顺序装配部件。

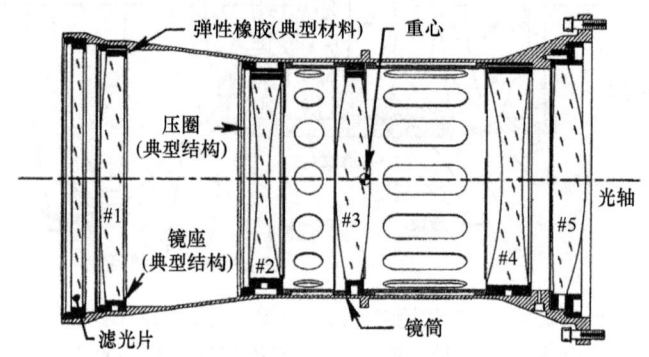

图 5.22　天体照相望远物镜的剖视图。透镜被弹性地约束在镜座中，然后采用干涉配合方法将镜座压入镜筒中
（资料源自 Vukobratovich, D., *Proc. SPIE*, 1752, 254, 1992）

用轻微干涉配合的压入方法将镜座装配到钛合金材料的壳体中，再用两个隔圈和压圈将它们压紧。图 5.23b 所示的照片显示了该透镜组件的机械零件，组件的总重量约为 44.6kg（98.3lb），其中 21.9kg（48.4lb）是玻璃。

Valente 和 Richard（1994）介绍过一种解析方法，可以计算使用该装配技术在镜座、人造橡胶层和透镜中引入的应力。图 5.24a 所示的物镜阐述了这种概念。这些研究者给出的解析公式，已经被有限元分析法证明精度高于 8%，图 5.24b 给出了其模型。一旦知道每个透镜中的径向应力，根据玻璃的光弹性系数及玻璃中的光路长度就可以估算由此产生的双折射。

上述参考文献中，Valente 和 Richard 还推导出一个公式，可以计算组件的机械轴处于水

图 5.23　天体照相望远物镜的钛合金零件

a) 钛合金材料制造的主镜筒　b) 为六块透镜制造的镜筒、镜座（无缝环）和两个隔圈（有缝环）

（资料源自 Vukobratovich, D., Optical Sciences Centere, University of Arizona, Tucson, AZ）

平位置时，自身重量造成的透镜横向变形。该公式［式（4.31）］表明，透镜在这个组件中的变形特别小［最坏情况是 0.0002in（0.005mm）］，满足透镜性能要求，在偏心量允许的范围［0.001in（0.025mm）］之内。作者研究表明，由解析公式得出的变形量与有限元方法得出的结果相差小于6%。

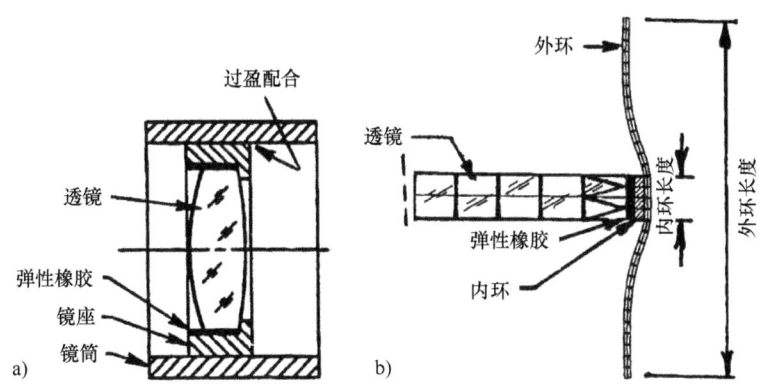

图 5.24　a) 采用弹性安装透镜技术装配天体望远物镜的设计概念

b) 用来计算压力装配部件径向应力的有限元分析模型

（资料源自 Valente, T. M., and Richard, R. M., *Opt. Eng.*, 33, 1223, 1994）

5.5 包含运动零件的物镜组件的安装实例

5.5.1 显微物镜

为了达到设计所要求的高性能,必须对显微物镜中的透镜/反射镜进行精密装配。在很大程度上是因为小直径零件对偏心和倾斜特别敏感,其中许多表面都有非常短的半径。在这类设计中对空气间隔的要求也非常苛刻,使用过程中基本上要求精确齐焦(或等焦面)。

正如 Benford (1965) 指出的,由于文献中很少详细阐述这类物镜的装配方法,所以,在此仅解释作者设计的放大倍率43倍、数值孔径(NA)0.65的折射显微物镜的装调技术,如图5.25所示。

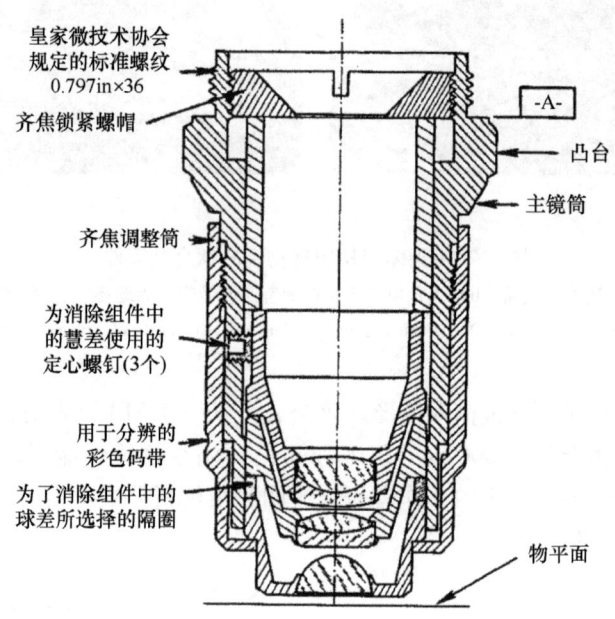

图 5.25 一个43倍放大倍率和数值孔径为0.65的折射显微物镜的典型结构
(资料源自 Benford, J. R., Microscope Objective, in *Applied Optics and Optical Engineering*,
Kingslake, R., Ed., Vol. Ⅲ, Academic Press, New York, 1965, Chapter 4)

装配显微物镜的过程:首先将两个双胶合透镜和前端的半球单透镜分别装配在各自的镜座中。正如4.4.2节所述,将每一块透镜压靠在一个内靠缘上,镜座在精密车床的卡盘上缓慢转动,随即将一块非常薄的金属凸缘旋压到透镜上,使之固定到位。此后,仔细清洁部件,再将它们装入一个共用的安装套筒中,在最下面的两个透镜镜座之间装上一个标准隔圈。

测试显微物镜(成像质量)的一个简单方法就是星点检验法。Malacara (1978) 非常详细地阐述过这种方法。一个由背后光源照明的小孔形成人工点物体,放置在物镜物平面的轴上,标准的显微镜载物玻璃(即显微镜使用的一类玻璃板)放置在小孔和物镜之间,模拟平常使用的情况。使用一台辅助显微镜,在调校过程中,可以观察到物镜形成的虚像。直到图像质量达到可以接受的水平，图像到物镜壳体法兰盘的距离要满足要求。

第一次调整就是校正球差，措施就是选择最合适的隔圈并放在最下面两个透镜镜座之间。图 5.26 给出了使用典型的合适隔圈和不合适隔圈时所观察到的图像。调试人员尝试不同的隔圈，直到出现最小球差的图像为止。

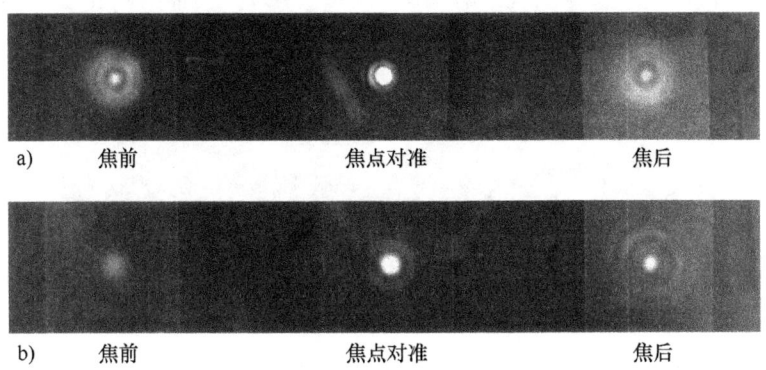

图 5.26　调整显微物镜间隔过程中，在焦点前后观察到的人造星点的像。
应当注意到，能够观察到衍射环结构是在焦点前而非焦点后
a) 各零件都经过正确校准　b) 各零件还没有完好校准好

（资料源自 Benford, J. R., Microscope Objective, in *Applied Optics and Optical Engineering*, Kingslake, R., Ed., Vol. Ⅲ, Academic Press, New York, 1965, Chapter 4）

第二次调整是使物镜齐焦（或等焦面）。如图 5.25 所示，透镜镜座通过一个齐焦面调整镜筒支撑在主镜筒中，并用一个细螺纹齐焦锁紧螺帽将其固定到位。松开齐焦锁紧螺帽并调整齐焦面调整镜筒可以精确地轴向移动物镜组件内的光学零件，使图像到安装法兰盘靠缘（基准 - A -）的间隔位于标准距离上。从而保证多物镜转盘上的物镜可以交换，而不会严重影响聚焦。

第三次调整就是校正慧差。用三个同心螺钉（图 5.25 给出了一个）在两个正交方向上，径向移动上面的双胶合透镜，直至图像旋转对称及慧差减至最小。在这个过程中，再次使用上面用过的孔作为物体，利用辅助显微镜来判断图像。至此，齐焦调整镜筒是一个临时调整筒，筒上有非常方便调整这些螺钉用的通孔。图像调整好后，将螺钉固紧。对图像检验后，卸下临时调整筒，再装上正式的调整筒。对物镜进行最终检验、包装、准备销售。

通常，为显微物镜还要设计一块盖板玻璃覆盖在标本上，玻璃厚度为 0.17mm（0.007in），折射率为 1.515。由于并非所有盖板玻璃都是这个厚度，样本和盖板玻璃间嵌套的介质厚度可能也是变化的，所以，一些高倍率物镜可能备有外部可操作的校正环，盖板玻璃的厚度以毫米数刻在该校正环上。为使显微镜具有最佳性能，手动调整校正环以适应具体的使用情况。图 5.27 给出了德国蔡司公司生产的具有该特性的显微物镜。调整范围是 0.14 ~ 0.18mm。转动校正环会轴向移动内部的透镜零件，以实现其调整。

某些物镜设计有弹性支架，如果调焦过程中它们突然与样本碰撞，就可以保护样本和物镜的前端免受伤害。图 5.28 给出了一个装有内置盘簧的例子，可以使内置部件缩

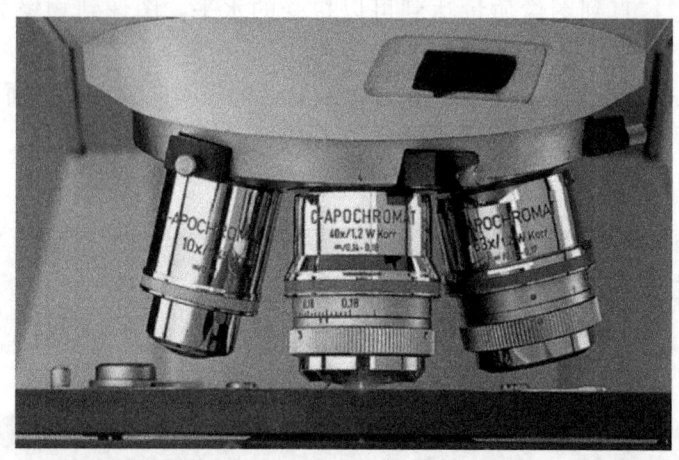

图 5.27　具有校正环的显微物镜。使用校正环调整内部的透镜间隔，以满足不同厚度的盖板玻璃
(资料源自 Carl Zess Microimaging, Inc., Thornwood, NY)

回。Benford (1965) 指出，必须设计有这样的机构，并提供非常好的平稳滑动配合而使透镜能够缩回，不受过大的摩擦力，在回到使用位置时仍保持良好的同心度。一些显微物镜，特别是油浸物镜可以锁定在缩回的位置，有助于显微物镜旋转盘转动时避免样本受到油的污染。

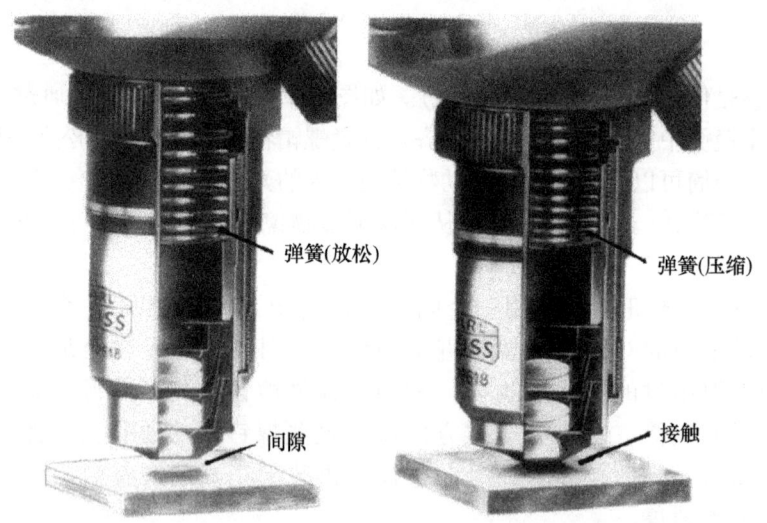

图 5.28　调焦器件发生突然接触时，保护样本和显微物镜前端免受伤害的弹性支架
(资料源自 Benford, J. R., Microscope Objective, in Applied Optics and Optical Engineering, Kingslake, R., Ed., Vol. Ⅲ, Academic Press, New York, 1965, Chapter 4)

一般来说，反射式显微物镜要比折射式物镜简单，因为在施瓦兹希尔德型（Schwarzschild）反射式显微物镜中，仅有两块反射镜。图 5.29 给出了一个有代表性的反射式显微物镜组件的光机设计图。用压靠在次反射镜锥形表面上的固定螺钉调整短焦距零件的同心度，使物镜的性能达到最好。尽管通常设计时没有考虑在标本上加盖盖板玻璃，但采用了更为复

杂的机械设计，用外部滚花轮结构逐渐调整反射镜的轴向间隔，以此补偿（有限范围内）盖板玻璃的厚度。

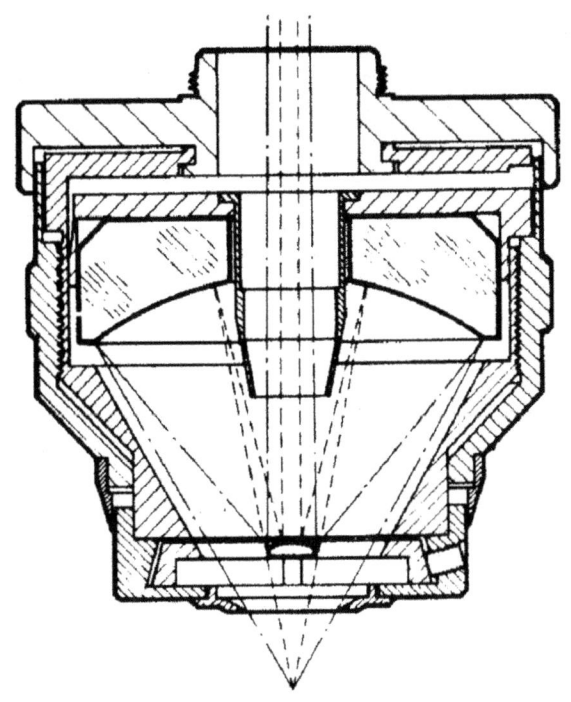

图 5.29　反射式显微物镜的典型光机结构图

5.5.2　高冲击负载用准直物镜

图 5.30 给出了一个军用飞行模拟器中准直物镜组件的剖视图，在该装置进行振动试验时，将红外目标透射到前视红外（FLIR）系统中。准直物镜装置有两个分离镜组：前组是直径约为 9in（23cm）的双透镜组，后组是平均直径约为 1.5in（3.8cm）的三透镜组。透镜材料是硅和锗，因此该光学系统能够在 $3\sim5\mu m$ 光谱范围内成像。总体来讲，该组件长为 24.18in（614.2mm），最大端直径（不包括较大直径的安装法兰盘）为 12.43in（315.7mm），重量约为 80 lb（36.3kg）。

Palmer 和 Murray（2001）指出，由于大尺寸透镜替换成本高，因此，该透镜组件的最终用户要求这些透镜始终完好、无损伤，因为模拟器系统中该元件的故障会造成严重影响。并非要求整个组件的设计都能承受起冲击，而是要求这些高成本透镜的机械支撑结构能够承受 $a_G=30$ 的负载，并以一种安全方式加以固定而使其免受伤害，还可以重新用于另一替换组件中。

用户和设计师决定，只有在垂直于组件光轴的方向才会出现这种严重影响。为了使组件在弯折力作用下具有良好的机械刚性，主镜筒采用 6061-T6 铝材料，其大部分长度的结构采用一种很新颖的截面形式，图 5.31 给出了该组件的外观照片。透镜组镜筒两端呈圆柱形，而柱形结构之间是整个外径上设计有 6 根轮辐的轮毂形式，以此保证长镜筒内表面不变形，从小孔径透镜出射的光束经过扩束后充满大透镜的孔径。在减小重量的同时，这些轮辐还提高了结构刚性。镜筒内壁设计一些沟槽以减少杂散光反射，避免了图像对比度的降低。

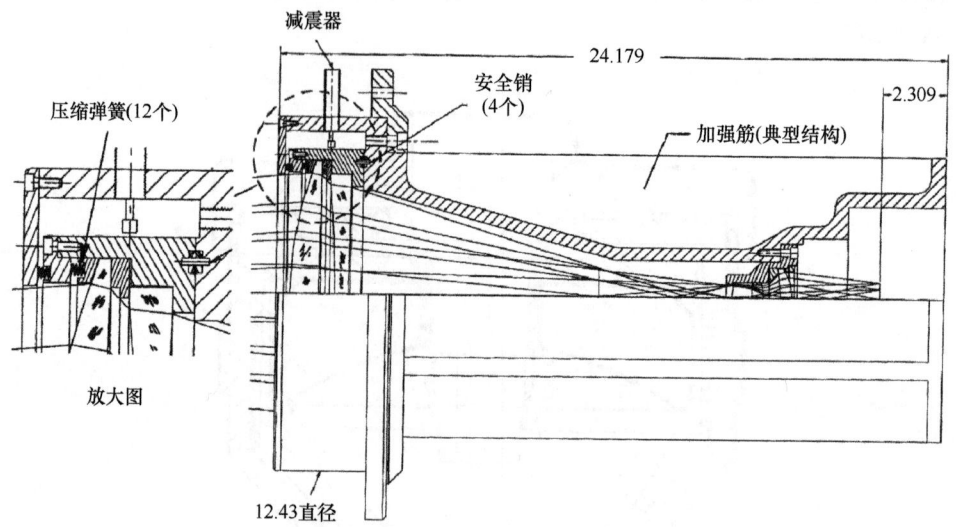

图 5.30 能够承受高冲击负载的准直物镜组件剖视图,尺寸单位是 in
(资料源自 Janos Technology, Inc., Keene, NH)

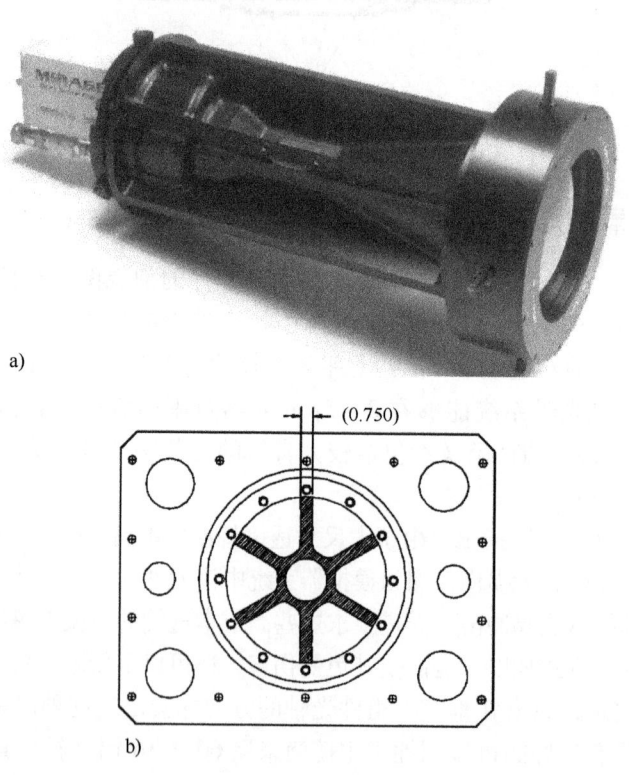

图 5.31 a) 图 5.30 所示准直透镜的照片(未安装法兰盘)
b) 组件中间结构剖视图
(资料源自 Janos Technology, Inc., Keene, NH)

大透镜镜座设计有固定法兰盘,将多个沿轴向放置的压缩弹簧压靠在与第一个透镜相接触的环形压圈上,由此产生的预紧力将隔圈压向第二个透镜,然后压向靠缘。镜座在镜筒中受到三个轴向排列的铝安全销的约束,从而保证不锈钢垫片能够被压入镜座和镜筒。若没有这些安全销,镜座就会在其周围的间隙内产生小的径向滑动。装配过程中,安全销径向定位镜座及其透镜。通过增加沿径向设置的压力弹簧(靠压在最外面的法兰盘上)将镜座牢靠地固定在镜筒的靠缘上。

三个安全销的设计使得在上述冲击负载下会被切断,使镜座移动。在组件周边四个位置沿径向设计的缓冲器使该镜座的移动受到阻尼,令透镜免受冲击的影响。照片中显示其中的三个缓冲器,一个是剖视图形式。所有缓冲器的作用都是非线性的,较高加速度时,具有更好刚性。

5.5.3 中红外物镜

图 5.32 给出了在不同应用领域为标准商用红外(IR)摄像机设计的四种相对孔径为 $f/2.3$ 的物镜组件。在 $3\sim5\mu m$ 波段范围内的光学性能接近衍射极限,表 5.1 给出了它们的光学和机械性能。图 5.33 给出了其中一种组件典型结构的剖视图。下面内容改编自 Palmer 和 Murray(2001)的资料。

图 5.32　四种 $f/2.3$ 物镜组件的照片。焦距范围为 13~100mm(0.51~3.94in),工作波长为 $3\sim5\mu m$
(资料源自 Janos Technology, Inc., Keene, NH)

表 5.1　$f/2.3$ 商用中红外物镜的性能

焦距/mm	视场(°)	长度/mm	直径/mm	重量/oz
13	38.9	46.8	57.1	≤8
25	22.8	46.8	27.1	≤8
50	11.8	46.8	61.9	≤7.5
100	6.0	107.6	117.3	≤31

机械零件使用的材料是 6061-T6 铝,透镜材料是硅和锗。带通滤光片、冷光阑、光窗和探测器阵列都包含在一个单独的杜瓦瓶中,由使用者提供。装配期间,为提高黏合力,在镜座的黏合区域和每个透镜的侧面事先涂一层美国通用电器(GE)公司生产的 SS4155 涂料作

为底漆。对透镜使用该涂料时要特别小心，因为不小心接触了透镜会对其抛光表面造成伤害。开始安装透镜时，让透镜的平倒边面压靠在镜座中的靠缘上并用垫片进行调整，利用机械方法将透镜相对于镜座中心轴线的同轴度调整到 1×10^{-6} in（25μm）之内，再利用打胶机将 GERTV655 型密封胶注入每个透镜周围，将透镜正确固定，并按厂商要求固化，接着安装压圈。压圈不会对透镜施加太大的预紧力，只是方便识别透镜的一个位置。

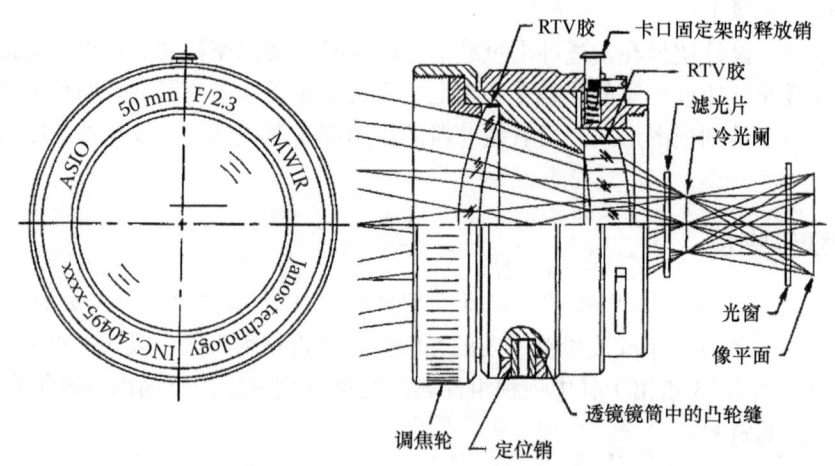

图 5.33　图 5.32 所示其中一种透镜组件的剖视图，所有这些透镜基本上具有同样的结构

（资料源自 Janos Technology, Inc., Keene, NH）

旋转前端的滚花轮对透镜实现调焦，使其作为一个整体结构在固定的镜筒（筒壁上设计有一个黄铜柱销）内，沿镜座上的螺旋式凸轮槽移动。完成调焦后，使用一个软头紧固螺钉（未给出）将调焦位置固定。通过一个卡口机构将每个透镜都固定到相机上，利用图最上端所示弹簧销可以松开卡口机构。

5.5.4　内调焦照相物镜

大部分照相物镜都需要调焦以清晰成像在胶片或探测器阵列上。通常，是使照相物镜轴向移动一小段距离来实现，移动量大小取决于物镜焦距。图 5.34 所示的方法（Jacobs, 1943）是通过改变照相物镜内部的空气间隔实现调焦的。透镜 1 和透镜 2 安装在镜座 A 中，透镜 3 和透镜 4 安装在镜座 C 中。使用这类物镜（天塞物镜）时，对光学元件 1 和 2 之间的间隔要求非常苛刻，需要精密加工出靠缘以保证该间隔。使用螺纹压圈将透镜 1 夹持到位，而通过研磨将其他透镜安装到镜座中。旋转套筒 B 改变透镜 2 和透镜 3 之间的空气间隔，以实现对组件的调焦。透镜并没有绕着光轴旋转，所以调焦过程中图像不会有横向移动。利用图 5.34 未给出的一些方法将镜座 A 锁定到镜座 C 上。

套筒 B 左右侧的螺纹具有不同的螺距［单位长度上的螺纹数，如单位英寸螺纹数（tpi）N_1 和 N_2］。当旋转套筒时，其螺距差异的作用就相当于细螺纹，应用下面公式：

$$N_{\text{FINE}} = \frac{N_1 N_2}{N_1 - N_2} \tag{5.4}$$

利用两种容易制造的较大螺距值 N_1 和 N_2 就能够实现这种精确调焦。

现代高性能照相物镜使用差动螺纹原理的一个例子就是德国蔡司公司生产的波拉纳

（Planar）照相机，焦距为 85mm，相对孔径为 $f/1.4$，如图 5.35 所示，并很早就被用于 Contax35mm 胶片相机。旋转滚花轮使置于细牙螺纹和粗牙螺纹上的一个带螺纹的内环圈转动，因而整个内置部件带着可移动透镜沿轴向滑动，而不会绕其光轴旋转。

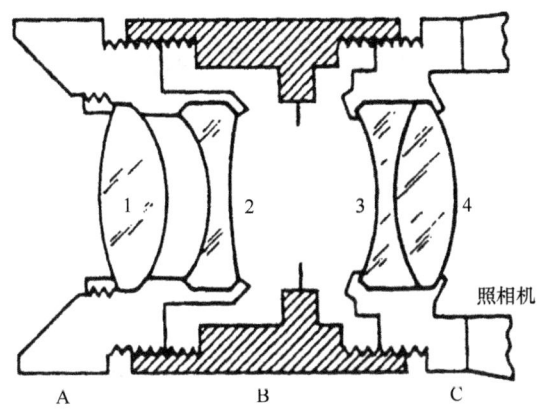

图 5.34　一种简单的内调焦透镜的安装示意图
（资料源自 Jacobs, D. H., *Fundamentals of Optical Engineering*, McGraw Hill, New York, 1943）

图 5.35　一个现代高性能、具有差动螺纹内调焦机构的照相物镜
（资料源自 Carl Zeiss, Inc., Oberkochen, Germany）

5.5.5　调焦双目望远镜

天体观察望远镜及许多军用望远镜主要用于观察（有限）远距离物体，所以在观测无穷远目标时需要调焦。双目观景望远镜和一些地面用望远镜需要采用一些方法对感兴趣的目标进行调焦。图 5.36 给出了三个物点发出光线的典型光路图：①无穷远；②较近距离；③很近距离。如图 5.36 所示，这些物点的像沿光轴分布。为了使观察者能够清晰地看到所选择的图像，必须移动目镜焦平面使其与该像面重合。

双目望远镜中最常用的方法是沿系统光轴移动目镜，直至图像位于焦点上。大部分目镜是安装在一种螺纹机构上,能够沿轴向移动,从而成像在眼睛的焦点处。调整目镜镜筒上的调焦环就可以完成该运动。

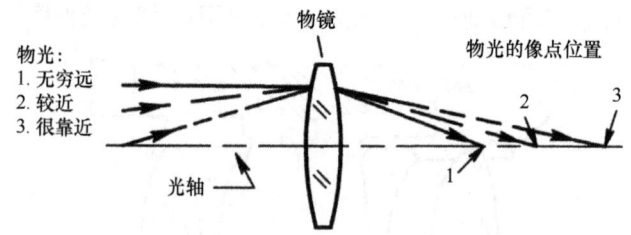

图5.36 望远物镜将不同物距的物体成像在不同位置的光路示意图。
目镜必须做相应移动,使眼睛能够清晰地观察到这些像

(资料源自Yoder, p. r., Jr. and Vukobratovich, D., *Field Guide to Binoculars and Scopes*, SPIE Press, Bellingham, WA, 2011)

图5.37给出了一种有代表性的调焦目镜剖面图(Horne,1972)。光学结构是凯尔纳(Kellner)目镜形式(参考Rosin,1965)。采用机械方法将双胶合目镜滚压在黄铜镜座中,利用固定压圈将平—凸场镜压靠在黄铜镜座的靠缘上。场镜镜座上集成设计有一个视场光阑,以保证有清晰的视场边缘。安装在镜体内的可旋转部件由塑料模压制成,透镜就装配在其中,该部件的外侧设计有螺纹,固定不动的外镜筒上有同样的内螺纹与之配对。使用锥头紧固螺钉将滚花轮与内旋转部件锁定在一起,当滚花轮转动时透镜组件沿轴向移动并实现调焦。

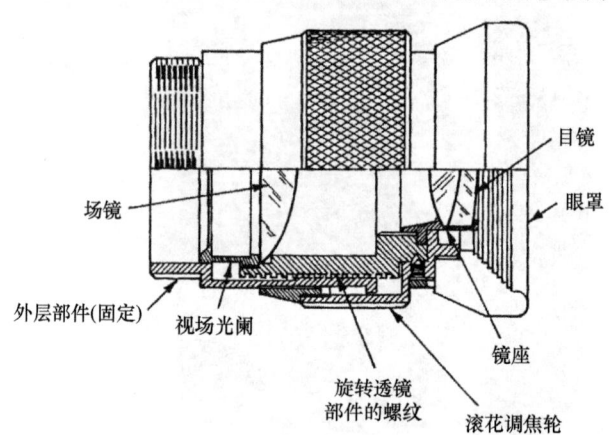

图5.37 一个利用透镜旋转实现调焦的望远目镜。优点是使用塑料机械零件
(资料源自Horne, D. F., *Optical Production Technology*, Adam Higher Ltd., Bristol, England, 1972)

图5.38给出了另一种较简单的目镜,镜座上安装有两个透镜(一个单透镜和一个双胶合透镜),旋转调焦环时,通过螺纹使镜座转动。第二次世界大战时期的民用和军用双目望远镜都采用这种基本设计。该目镜用在一种军用双目望远镜中。用一种密封胶或密封垫填充透镜与金属间的缝隙,再将稠润滑剂涂在螺纹上,密封效果很好。常温下,后一种密封方法能使螺纹连接正常工作,而在极端温度下,黏度发生变化,润滑剂变得相当僵硬(若很冷)或稀软。

以旋转透镜方式实现调焦的缺点:如果透镜残留有楔形,出射光轴可能会偏离,旋转透镜时,就会扫描出一个锥形光路。从而破坏两个目镜出射光束的平行性。通常会造成眼睛疲劳,用户很反感。

第 5 章　多透镜组件安装技术

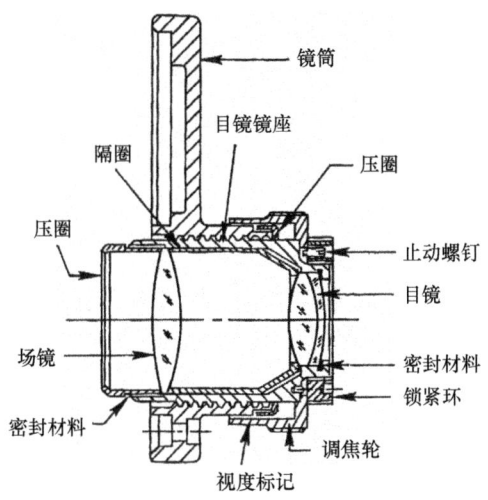

图 5.38　利用透镜转动实现调焦的另一种目镜组件，广泛应用于二次世界大战及其后的军用双目望远镜中
（资料源自 US Army，Washington，DC）

图 5.39 给出了如何利用中心调焦环完成双目望远镜的调焦。两个目镜固定在一个桥式结构中，在连接两个望远镜的中心铰链内插孔中，设计安装一个带螺纹的轴。当旋转调焦旋钮时，会使桥式铰链移动，并根据对图像清晰度的需求使两个目镜前后移动。

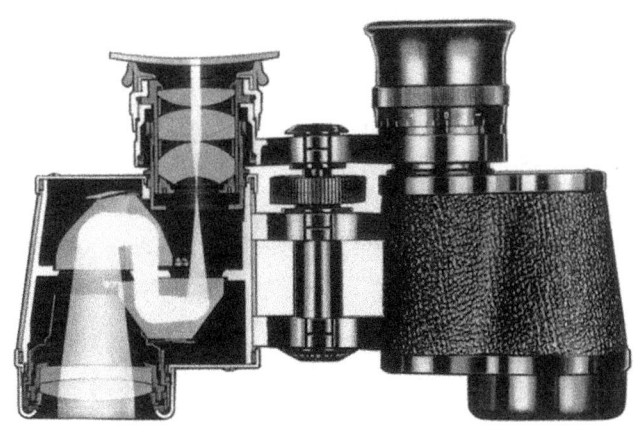

图 5.39　一种民用双目望远镜的传统设计方案，通过旋转中心调焦旋钮实现目镜调焦
（资料源自 Carl Zeiss，Inc.，Oberkochen，Germany）

5.5.6　视度调节

上述讨论的调焦目的就是将被关注物体的像调整到目镜前焦面的焦点位置。对于望远镜或双目观察仪器，若放大倍率大于 3 倍，必须具备这种调焦能力。还要具备的另一种能力是补偿不同用户眼睛调焦能力的变化或任一双目望远镜用户眼睛之间的差别，称为屈光度调整。对于军用光学仪器，通常要求 ±4 屈光度（D），非军用设备（民用消费品）稍微小些。为了便于装定，通常在调焦旋钮上设计有调整量刻度，按照 $\frac{1}{4}D$ 或 $\frac{1}{2}D$ 增量增加和进行标

定。调整时，使其对准目镜上的某固定标记。

假设让焦距为 f_E（以 mm 或 in 为单位）的目镜沿轴向移动实现调焦，那么进入眼睛的准直光束变化 1D 所需要的位移量 Δ_E 为

$$\Delta_E = \frac{f_E^2}{39.37} \quad (\text{单位为 in}) \tag{5.5a}$$

$$\Delta_E = \frac{f_E^2}{1000} \quad (\text{单位为 mm}) \tag{5.5b}$$

为了使用方便和读取调焦范围时避免歧义，在调焦旋钮旋转角度不超过约 270° 的角度范围内，应从零位（即无穷远对应的焦点位置）任何一侧都能够实现屈光度的调整范围要求，因此需要的螺距（单位与 Δ 一致）是

$$\text{螺距} = \frac{360}{2\varphi}(\text{总的轴向移动量}) \tag{5.6}$$

设计实例 5.2 是利用上述公式设计目镜调焦机构的例子。

设计实例 5.2　望远目镜屈光度调整量

焦距 $f_E = 1.569\text{in}$（39.843mm）的目镜焦点位置变化 ±4D。

（a）需要轴向移动量 Δ_E？（b）如果是通过旋转调焦旋钮 ±120° 实现该运动量，单头调焦螺纹的螺距应是多少？

解：

（a）由式（5.5a），若焦点位置变化为 1D，则每屈光度的 $\Delta_E = (1.569^2/39.37)\text{in} = 0.0625\text{in}(1.588\text{mm})$（每屈光度 0.795mm），所以，±4D 焦点位置的变化应需要 ±4 × 0.031in = ±0.124in(±6.350mm) 轴向运动量。

（b）根据式（5.6），螺纹螺距是 [(360/240) × 0.248]in = 0.375in (2.667tpi)。对应的公制螺纹应是 9.525mm/螺纹或 0.105 个螺纹/mm，是一种很粗的螺纹。实现该运动量的方法，请参考其他内容。

设计实例 5.2 中（b）给出的结果 [译者注：原书错写为（c）] 表示一种非常粗的螺纹，采用一种螺旋凸轮可以完成所需要的运动。然而，还可使用另一种成本不太高的方法，即使用多头螺纹⊖，就是并行加工出一组多个相同的粗螺纹。图 5.40 所示的目镜是在长约 0.28in（7.1mm）的圆柱形镜筒上设计有六条平行的等间距螺纹。每条螺纹的螺距直径是 1.180in（29.97mm）。由于所有六条螺纹同时承担镜筒上对应螺纹的功能，将螺纹缺陷均衡减少，因此，即使最少量的润滑，用户都会感觉到相对平滑的调焦运动。

一种比较复杂的目镜结构非常成功地应用于军事领域，如图 5.41 所示。透镜安装在镜座（11）中，当滚花轮（28）沿螺纹（29）转动时，镜座沿轴向滑动而实现调焦。透镜不旋转，因此不会产生准直误差。止动销（34）在壳体（13）上的一条缝中滑动，在滚花轮转动时阻止镜座旋转。借助一个螺纹压圈（图中未给出）使壳体与光学仪器相接触，在安

⊖ 也可以称为多线螺纹。

图 5.40　多头目镜调焦机构的配对螺纹件，在 0.0625in（1.587mm）的间隔内有六条平行的槽，每圈的轴向移动量是 0.375in（9.525mm）

（资料源自 Yoder, P. R., Jr., *Mounting Optics in Optical Instruments*, 2nd edn, SPIE Press, Bellingham, WA, 2008）

装滚花轮（28）之前，先把螺纹压圈套在目镜壳体（13）上。当与仪器壳体上对应的螺纹啮合时，该滚轮就压靠在壳体（13）上法兰盘的右端，将目镜安装到位。由于没有提供机械分度方法，所以使用这种设计必须小心，保证目镜是绕着光轴转动，并且在夹紧固定之前使壳体（13）上视度调整分划的基准标记明显显示在仪器的正常使用位置。在与法兰盘相邻的槽中安装一个 O 形环，将目镜与壳体密封分隔开。

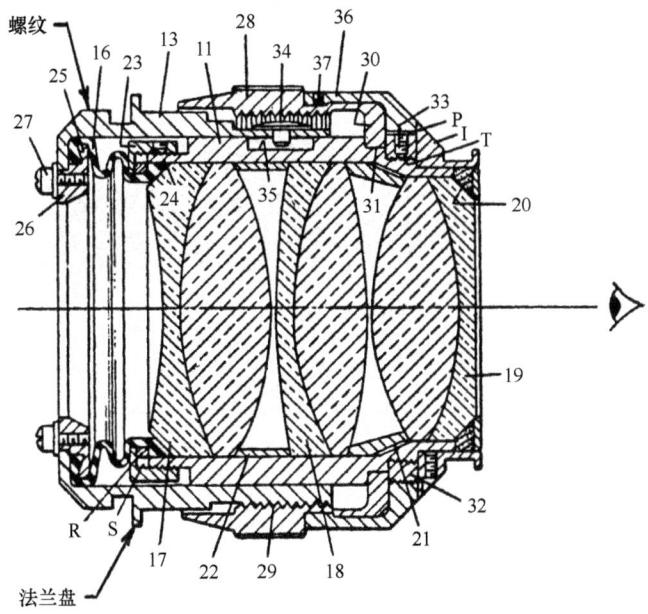

图 5.41　一个比较复杂的军用望远镜目镜的典型结构。该透镜没有采用旋转调焦方式，其设计特点就是采用静态/动态组合密封（橡胶伸缩管），实现调焦无须透镜旋转

（资料源自 Quammen, M. L. et al., U.S. Patent, 3, 246, 563, 1966）

此种设计的一个很奇特的性质就是使用橡胶伸缩管（16），同时实现动态和静态密封。将压圈（23）通过螺纹拧在镜座（11）的一端，在橡胶伸缩管与透镜（17）之间便形成静态密封，拧紧后用紧固螺钉（24）将它们固定。同样，可用压圈（26）将橡胶伸缩管夹持在目镜壳体的另一端。因此，在目镜的固定零件与可移动（但不旋转）零件之间实现了灵活的动态密封。利用密封元件（20）将接目镜（19）与其镜座密封隔离，避免潮气浸入透镜间的空气间隔。在螺纹上涂抹一种润滑剂，保证在一个比较宽的温度范围内有良好的灵活性。

对军用仪器，如使用上述密封技术装配出的双目望远镜，经测试表明，如果压差为 $5\ \text{lbf/in}^2$，由漏气造成的压力下降不会超过每小时 $0.05\ \text{lbf/in}^2$。这种密封水准接近仪器中只采用静态密封达到的水平，超过了最常采用的动态密封，如润滑包装或 O 形环密封能够达到的水平（Quammen 等，1966）。

对于采用中心调焦旋钮进行调焦的双目望远镜，如图 5.39 所示实例，传统的设计方法是，当旋转位于中心铰链上的滚花调焦旋钮时，两个目镜同时沿其轴线移动。此外，一个目镜具备单独的调焦能力以平衡左右眼之间的适应误差。这种设计使目镜在棱镜镜座盖板上的导孔中滑动，因此，很难完全密封目镜与这些平板之间的间隙。大部分廉价消费品仪器也并不准备采取密封措施。

图 5.42 以局部剖视图的方式给出了民用双目望远镜实现调焦的方法，没有对移动的零件（如目镜）进行动态密封。转动铰链上的调焦轮，带动内置透镜（箭头所指）在两个物镜内移动，实现系统的反复调焦，一双眼睛就能观察到远处物体的聚焦图像。所有暴露在外的透镜都要被静态密封。承载调焦轮的轴的旋转动密封很容易实现，使用一个有弹性的 O 形环即可。每种设计中，在支撑调焦旋钮的轴架另一侧还设计有第二个调节旋钮，以保证屈光度调整。转动该旋钮，会使一个可移动透镜的运动发生偏离从而补偿适应误差。

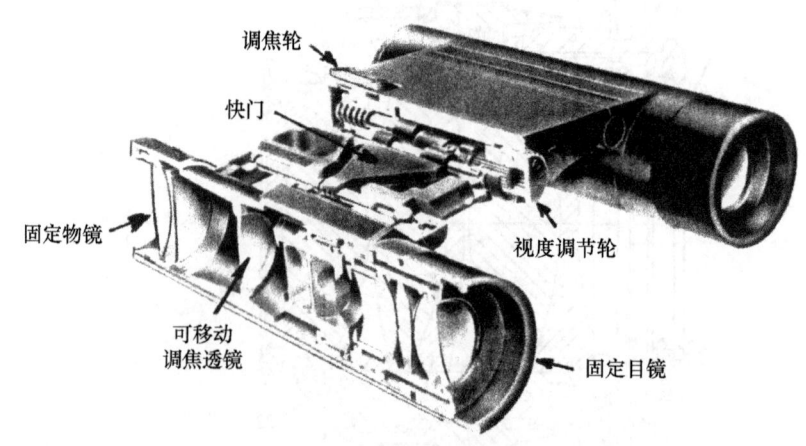

图 5.42　一个设计有内调焦机构的民用双目望远镜的局部剖视图，该仪器采用静态密封。旋转调焦旋钮时，图中标有箭头的透镜沿轴向移动
（资料源自 Swarovski Optik KG，Hall in Tyrol/Absam, Austria）

5.5.7 变焦物镜

为普通民众、专业电影和电视及军事应用研制的照相和摄影变焦物镜的成功应用,在很大程度上归功于机械工程师和设计师设计出的结构。该机构能够平稳精确和快速地使透镜组沿光轴移动,从短焦距广视场改变到长焦距窄视场,实现光学系统焦距和视场的变化,同时还保持清晰聚焦。光学设计师已经成功地设计出大相对孔径的透镜,在较大的变焦范围内具有良好的成像质量。虽然大部分物镜都工作在可见光光谱范围内,但也为军用和安全目的研制出了红外变焦望远镜,可以组合在前视红外系统中(Fischer 和 Kampe, 1992)。下面将针对几种变焦系统的一些重要设计特性进行总结和概括。

Ashton(1979)介绍过一种著名的用于 35mm 电影摄影机的变焦镜头的设计。尽管是很早之前的一种设计,但其结构原理仍可用作现代应用的有益指导。如图 5.43 所示的光机系统剖面图,变焦物镜的有效焦距为 25~250mm、相对孔径为 f/3.6、变倍比为 10:1。最大的水平视场为 45°,可以变焦到大约 1.2m(4ft)的物距。组件的尺寸大约如下:镜筒长度是 300mm(11.8in),直径是 150mm(5.905in)。最外面(左边)的双胶合透镜是固定的,后面的双分离透镜可以移动,由外部的一个电动机(没有画出)带动实现变焦。与大部分变焦物镜一样,通过移动两组透镜实现变焦功能:第一组透镜由一个单透镜和一个三透镜组组成,移动比较长的距离,从图示长焦摄影位置向前移动到广角摄影位置;第二组透镜是一个双胶合透镜,从图示长焦摄影位置向前移动到一个使它反转方向的位置,然后向后移动到广角摄影的位置。透镜系统中,其他元件固定不动,其作用有两个:校正像差和保证将图像聚焦在胶片或电子传感器接收平面上。

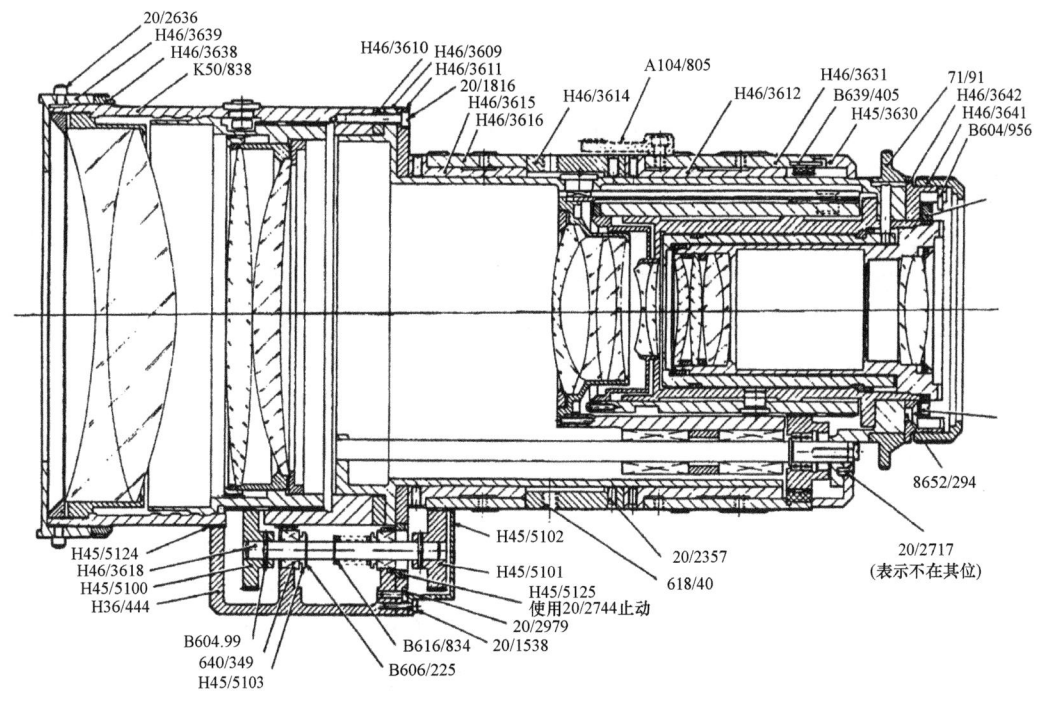

图 5.43　有效焦距 25~250mm、相对孔径 f/3.6、变倍比 10:1 的变焦摄影物镜组件的剖视图

(资料源自 Ashton, A., *Proc. SPIE*, 163, 92, 1979)

图 5.44 给出了一个变焦结构的分解图，有三个主要元件：两个套筒（A 和 B）和一个连接框架 C。前变焦组固定在该框架的前面，主框架在球衬套中沿透镜壳体中一根与机械轴平行的导向杆运动。衬套在横向受到弹簧的预载，以减少变焦期间的图像漂移。固定在壳体上的一个定位键嵌入主框架上的定位槽中，避免主框架旋转。第二个透镜组（双胶合透镜）固定在套管 B 的前面。该套管外表面上加工有一个环形齿轮和一个螺旋凸轮，一个固定在主框架上的凸轮从动件（未画出）在该凸轮上滑动，当一个外置电动机（未画出）带动套管旋转时为双胶合透镜提供受控运动。套管 A 固定在透镜的壳体上，在套管 A 上加工出另外一条凸轮槽。固定在套管 B 上的一个凸轮从动件啮合在该槽中，当该从动件转动时带动套管 B 运动。套管 B 上的环形齿轮要有足够的长度保证在整个轴向运动期间都能与驱动齿轮啮合。主框架的运动可以看作是两种凸轮形式（运动）之和。

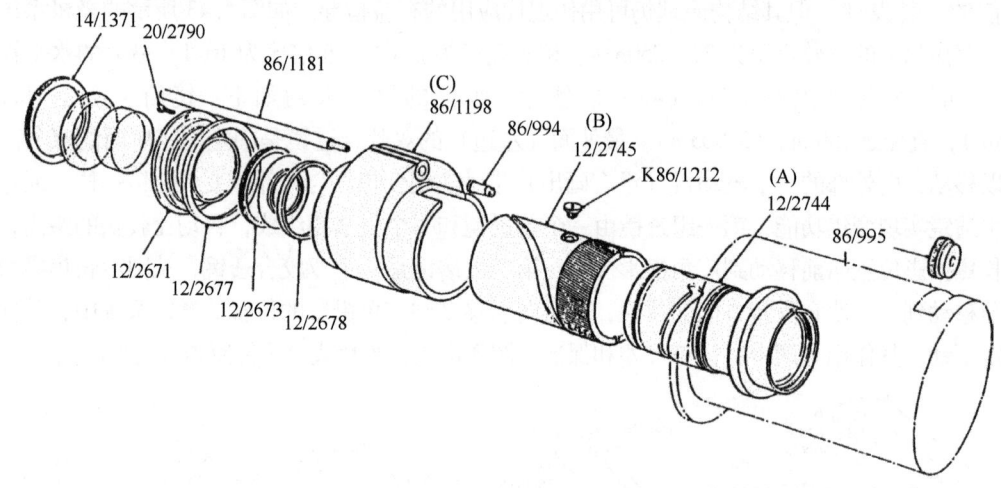

图 5.44 图 5.43 示出的光机系统中变焦机构的分解图
（资料源自 Ashton，A.，*Proc. SPIE*，163，92，1979）

套管 A 和 B 是一对配对部件。套管 A 外侧上的凸环起着轴承面的作用，变焦运动期间压靠在套管 B 的内径上。两个配对表面都进行过阳极硬化处理，有良好的耐磨性；套管 A 上的环是用金刚石车床加工出来的，精密平稳地安装在镗磨过的套管 B 的内表面内。两个轴承面间允许的间隙是 7~10μm（0.0003~0.0004in）。更小的间隙会造成太大的扭矩阻力和严重的表面磨损，更大的间隙则导致图像跳动，反向变焦运动会出现散焦（或对焦不准）。利用一个轮廓模板，采用金刚石车床加工凸轮槽。凸轮从动件是聚亚氨酯，无间隙地放置在槽中以消除空回。透镜安装在铝镜座中，并用螺纹压圈夹紧。镜座依次固定到铝套管和主框架上。

下面介绍一种较新形式的变焦物镜（Yoder，2008），如图 5.45 所示。焦距是 15~150mm（0.59~5.90in），相对孔径为 $f/2.8$。该物镜组件长 172mm（6.77in），直径是 155mm（4.53in）。物镜的相机端是一个标准的 C 安装界面，专门为连接幅面对角线是 11.0mm（0.433in）的摄影机准备的。透镜（对无穷远）有固定的焦距，其大小可以在 10:1 的范围内变化。视场可以 40.3° 变化到 4.2°，相对孔径从 $f/2.8$ 变化到 $f/16$。在原理样机阶段，物镜组件的重量约 1600g（3.57 lb），在此研发阶段，还没有准备减重。

第 5 章 多透镜组件安装技术

按照顺序讨论，该光学系统包括：在光线入射孔径处是一个四片型被动式稳像系统，5°动态范围；一个由七片透镜组成的 5∶1 变焦比的变焦系统，一个五片透镜组成的两个变焦位置的变焦比是 2∶1 的变焦子系统和一个肖特 GG475（负蓝）滤光片。空间频率为 20lp/mm 处，整个变焦范围内轴上和 0.9 视场的平均多色 MTF 性能分别为 69% 和 25%，其中包括了衍射的影响。

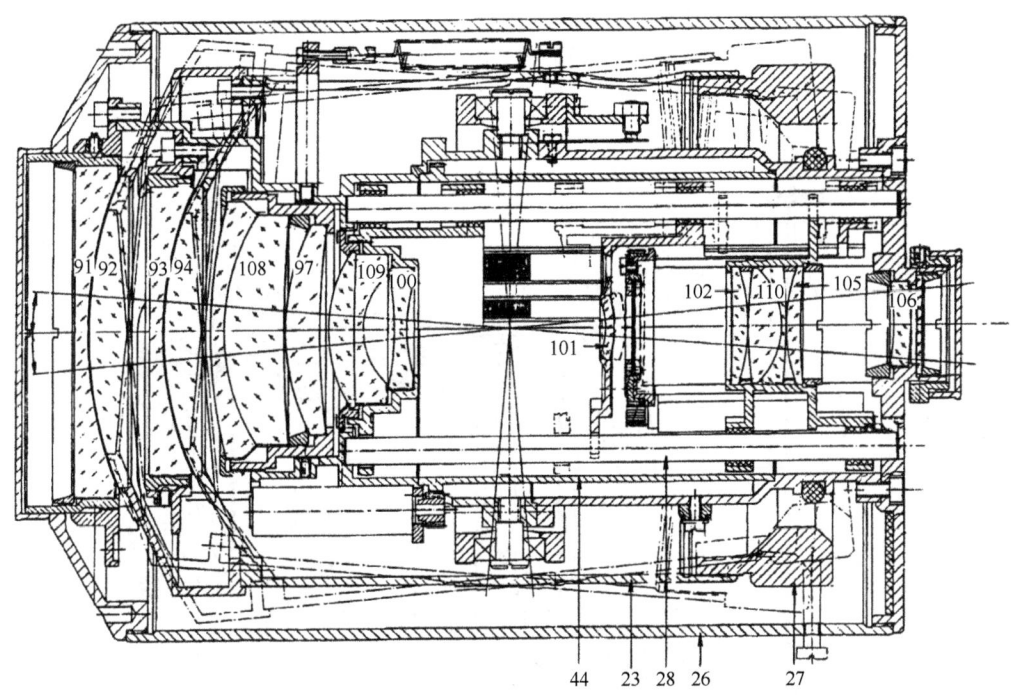

图 5.45　一个焦距是 15~150mm（0.59~5.90in）、10∶1 变焦比的变焦物镜组件的光机布局图。它可以与一个幅面对角线尺寸是 11mm（0.433in）的视频传感器（或者摄像机）联用，具有被动稳像的特性
(资料源自 Bystricky, K. M., Bista Research, Inc., Tragoss, Austrisa)

一个由电动机驱动的圆柱形凸轮（标号 44）沿该组件中为特定一组透镜定制加工的槽移动，可以使 5∶1 系统中的两个变焦透镜组（标号 109 和 100，以及标号 101）实现同步运动。第三个变焦透镜组（标号 102，110，和 105）在同一个凸轮上另一条独立的槽的控制下作轴向移动，只要主变焦系统到达其极限位置，就会启动 2∶1 系统。

两个双分离透镜组成稳像子系统，每个双分离透镜都由一个平凹透镜和一个平凸透镜组成，使用同样的玻璃材料（肖特 K10）。每个双透镜的弯曲表面有一样的绝对曲率半径，空气间隔为 0.25mm。正的单透镜（标号 92 和 94）固定在一根重量较轻的管状结构上（标号 23），一起放置在滚球轴承上，并围绕着正交（陀螺）框架轴中的一个轴转动。该镜筒像面端的配重件（标号 27）用以静态平衡透镜的移动。这些透镜都会稍微地受到弹性预载，压向同心位置。当它们处于同心位置时，就会与对应的负透镜一起形成两块平板前后放置，不会使瞄准线偏离。如果由于振动或冲击使该组件经受快速的横向加速度作用，那么，正透镜及相关机械零件的惯性使它们保持不动，形成的光楔使瞄准线偏离，保证图像对准焦平面阵列。透镜组件的缓慢旋转不会使移动透镜产生相对位移，所以瞄准线通过组件的机械轴。

261

该组件中的大部分透镜是按常规方法安装在铝镜座中,用螺纹压圈装夹到位。只有几个玻璃-金属界面是球形表面,而且大部分是尖角接触型。一个透镜(标号100)倒过的边直接与相邻的双胶合透镜上的一个平的倒边相接触。因为没有安装压圈的空间,所以,使用黏结剂(Ciba-Gelgy Araldite1118 环氧树脂)将框架枢轴上的透镜(标号92和94)和一个固定透镜(标号101)安装到位。

Parr Burman 和 Gardam(1985)阐述了一种红外(IR)变焦物镜的光机设计。图5.46 给出了该物镜的剖视图。现在,安装前调焦透镜组的最外侧镜筒比之前的型号短,壳体部分包括有两个聚焦和调焦的直流伺服电机,以及齿轮。

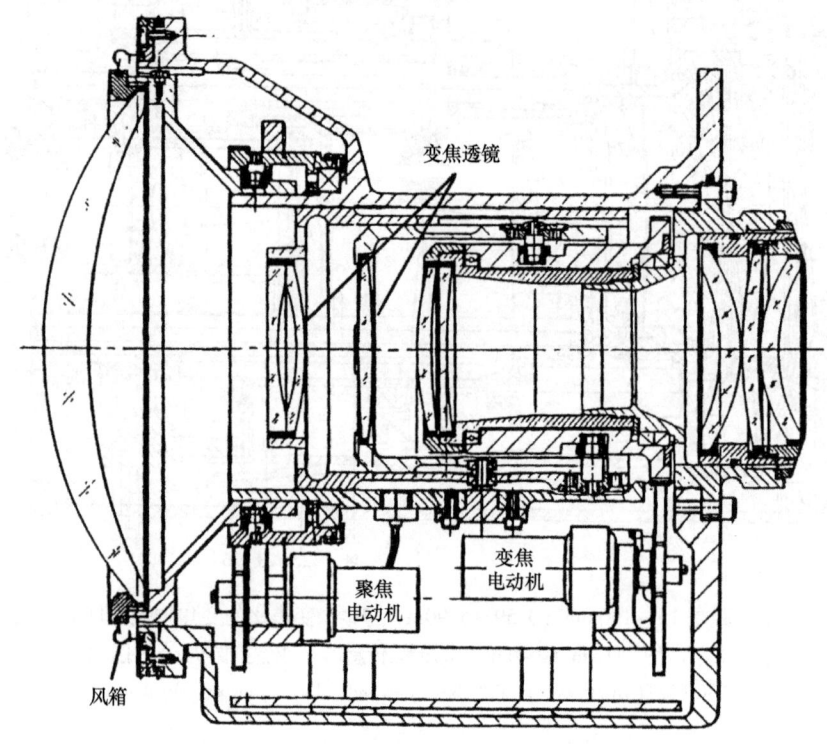

图 5.46 红外变焦物镜的机械装置的剖视图
(资料源自 Parr Burman, P. and Gardam, A., Proc. SPIE, 590, 11, 1985)

在这种新的设计中,凸轮从动件和凸轮槽之间的配合公差比较宽松,如图5.47 所示,主要原因是采用了一种双滚筒凸轮从动装置。左图给出了普通方法,为了避免过大的摩擦力,必须有一定量的横向间隙(典型值是5μm)。这本身就表示,当凸轮运动时,图像有横向跳动。右图给出了一种新的滚柱结构布局,与实际的凸轮从动件位于同一轴上的橡胶滚轮稍微压靠在凸轮槽的一侧,从而把凸轮从动件牢固地压靠在槽的另一侧。因此,只有凸轮槽与从动件接触的一侧才需要高精度加工,并且,即使透镜反向运动,也能避免空回。

除介绍变焦物镜设计外,Parr Burman 和 Gardam(1985)的文章对概率理论应用于变焦物镜的生产也做了有益讨论。

至此讨论的变焦物镜都是连续变焦的形式,在所有的变焦位置都要有良好的成像质量。但是,有些物镜仅要求在两个特定的焦距状态具备良好像质,图5.48 所示的就是这种双焦距组件的光机结构。该组件即 Palmer 和 Murray(2001)及 Palmer(2001)介绍过的红外照

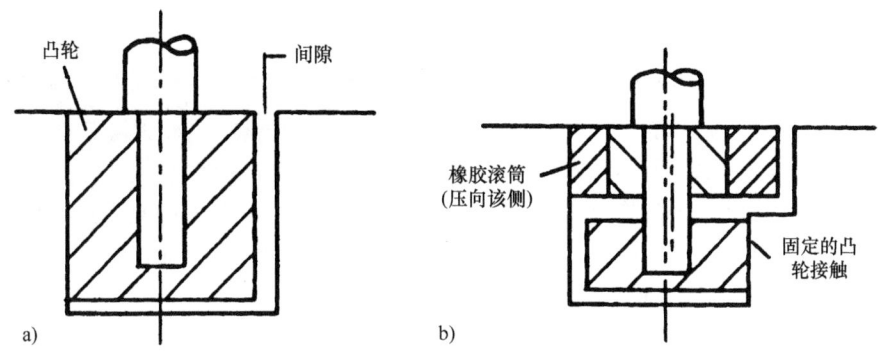

图 5.47　a) 变焦物镜凸轮从动件普通双滚柱传统设计方案　b) 改进设计方案的比较
（改进后的设计包含一个橡胶滚轮和一个阶梯形凸轮槽，将凸轮弹性夹固在凸轮槽一侧的壁上）
（资料源自 Parr Burman, P. and Gardam, A., *Proc. SPIE*, 590, 11, 1985）

相机，相对孔径为 $f/2.3$，波长范围为 $3\sim5\mu m$，光学系统的焦距为 50mm 和 250mm，在每一种焦距条件下都有几乎是衍射极限的成像质量。将一个镜座（包含有两块透镜）在组件内轴向滑动约 1.5in（38.1mm）就可以使系统的焦距从一种状态变化到另外一种状态。在每种状态下，通过另一镜座（包含一块透镜）同步地沿轴向移动可实现调焦。此间，一个直流电动机驱动焦距开关机构，再用一个步进电机实现调焦。每种机构都包含有一个正齿轮，带动柱形凸轮上的环形齿轮转动。柱销固定在变焦透镜镜座和调焦透镜镜座上，与凸轮上的螺旋形槽相啮合，当凸轮转动时驱动这些镜座轴向运动。这些柱销也与壳体上一些固定位置的槽啮合，避免透镜转动，因而保持视轴对准。滑动表面已经做过阳极硬化处理，表面光洁度为 $16\mu in$（微英寸），不用添加润滑剂。典型的径向间隙是 $12\mu m$。

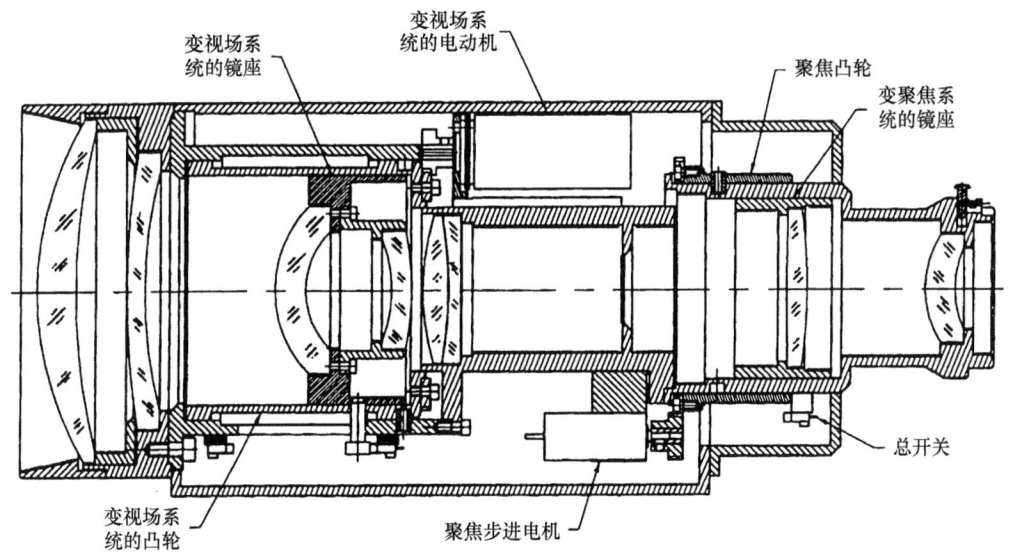

图 5.48　双视场中红外物镜的剖视图
（资料源自 Janos Technology, Inc., Keene, NH）

图 5.49 给出了上述红外物镜的外形照片。其长为 321.3mm（12.65in），一般都是圆柱

263

形。最大横向尺寸是高 126.8mm（4.99in）、宽 133.0mm（5.24in），组件重为8.3 lb（3.75kg）。与照相机的接口是一个卡口固定架。一个有弹性的柱销可以使这个机构松开。

组件的主壳体是 6061-T6 铝材料，透镜材料是硅和锗。用螺纹压圈装夹较大透镜，并将其压靠在靠缘上。透镜间的隔圈也为最外面的透镜提供支撑。其他透镜，则通过将 GERTV-655 密封胶灌注在其侧面四周而保证正确安装。

图5.49　图5.48所示的双焦距物镜组件的照片
（资料源自 Janos Technology, Inc., Townshend, VT）

Palmer（2001）介绍这种设计时指出，一个苛刻的设计要求就是变焦距的转换时间必须小于1s，这就要求电动机有较高的转矩和速度，嵌套的圆柱镜筒件的机械运动要平滑，有较小摩擦，需要最少的运动部件及选择合适的驱动齿轮比。所有这些要求都要通过合适的电动机来实现。为了提高最终运动位置的精度，设计中包含限位开关和限位块。

Parr Burman 和 Madwick（1988）介绍过一种高性能双视场机载变焦物镜。通过伺服系统控制可移动透镜的位置，使之与一个多项式算法相一致来实现消热，而这个多项式是根据组件内三点所感受到的温度确定。每个移动透镜组都安装在线性轴承上，由电动机驱动的循环滚柱丝杆传送到位。作为该项设计的明显贡献，作者认为包括软件（算法）的修改比较容易，可以使用微处理器控制组件的多种功能和监控组件的活动。

5.6　塑料光学组件

塑料透镜、塑料镜座、固定装置的光机组件和结构已经成为许多民用消费产品及少量军用和空间应用中的重要组成部分。经常遇到的几个例子如下：相机的取景器和物镜、电视投射系统、激光唱机和数字化视频光盘（DVD）读取器、手机相机、头盔夜视镜和电信（光纤光学）应用。本节，要对这类光机组件的设计总结出一些设计原则，并根据文献资料选取几个例子做进一步说明。与普通玻璃透镜一样，首先选取两个塑料透镜作为例子。

Horne（1972）介绍了一种 35mm 幻灯放映物镜，主要目的是降低成本，如图5.50所示。镜筒采用塑料模压而成，并设计有粗组合螺纹以便调焦。在该物镜中，设计人员利用塑料隔圈隔开和塑料压圈固定透镜。其间，无须采用高精度工艺确定间隔和定心。左图示意性给出的照明系统是由耐热玻璃（如 Pyrex 玻璃）模压而成的光学元件组成的。利用弹簧夹固定这些光学件，因此外形尺寸随温度变化。

Estelle（1979）对各种全玻璃和全塑料及混合式（包含玻璃和塑料）Kodak EKTRMAX 相机物镜做了比较，物镜焦距为 26mm（1.02in），相对孔径为 $f/1.9$。比较后指出，玻璃元件与丙烯酸有机玻璃透镜相组合，并采用塑料镜筒，那么，在温度发生变化时，物镜的后截距不会变化。由于玻璃透镜位于前面，所以内侧的塑料透镜免受某些不利环境条件的影响。这种原理已经应用于许多其他的最新领域。

这种技术的主要贡献是（利用压模或单点金刚石切削技术）促进了制造非球面能力的发展。根据 Lytle（1995）的观点，在玻璃/塑料混合系统中颇具优势的一种使用方法，是重

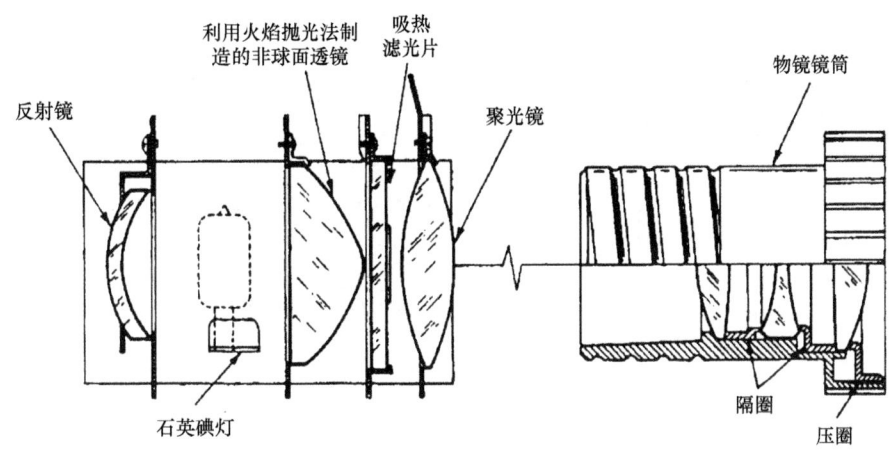

图 5.50 2×2in 投影光学系统示意图。固定透镜的镜筒、隔圈、
压圈均由塑料制成。照明系统光学元件由耐热玻璃制成

(资料源自 Horne, D. F., *Optical Production Technology*, Adam Hilger Ltd., Bristol, England, 1972.)

点将光焦度设置在玻璃元件上，而非球面塑料元件的设计是为了减小像差。

正如本书 4.10 节所述，塑料光学件本身很容易兼顾机械特性。镜座和壳体的布局也可以使零件数目最少，由装配消耗的人力资源成本最低，并允许使用机械方式紧固、黏结或热密封。作为例子，图 5.51 给出了一个由美国精密透镜（U. S. Precision Lens）公司⊖生产用于电视投影系统的三分离物镜。透镜的焦距是 9cm（3.5in），镜筒上贴有标签 Delta20，有固定的相对孔径 $f/1.2$，名义放大倍率是 9.3 倍。物镜组件的外形尺寸是，长 104.5mm（4.11in），包括调焦的运动量；直径是 117mm（4.61in），不包括安装法兰盘。

三块透镜安装在一个沿纵向切开（即分别模压出）的由两部分组成的塑料镜体中。该镜体上有模压出的轴向定位台阶（作用相当于靠缘）和径向定位台阶。这些台阶有足够的柔性，在模压成型过程中，允许透镜的外径和镜筒的内径稍有变化。有时候，这种安装方式又称为"蛤壳（clamshell）"式装配，如图 5.52 所示（Betensky 和 Welham，1979）。镜座的材料在热性能上与透镜材料类似。两个半壳体是对称的，透镜安装到位后，将它们胶合起来，或者用胶带绑扎在一起。这种类型的镜筒也可以用其他的安装形式，如采用自攻螺钉或在物镜组件上嵌套一个轻微干涉的外镜筒（见图 5.53），或者采用热密封将两个半镜筒紧固在一起。黏结剂并不总是适用的，因为它们的溶剂可能会伤害到塑料透镜表面。

图 5.51 一张全塑料电视投影物镜组件
的照片。由美国精密透镜公司生产

(资料源自 Yoder, P. R., Jr., *Mounting Optics in Optical Instruments*, 2nd edn, SPIE Press, Bellingham, WA, 2008)

⊖ 当时公司的英文名称为 U. S. Precision Lens, Inc.（Cincinnati, OH），现更名为 3M Precision Optics, Inc.。

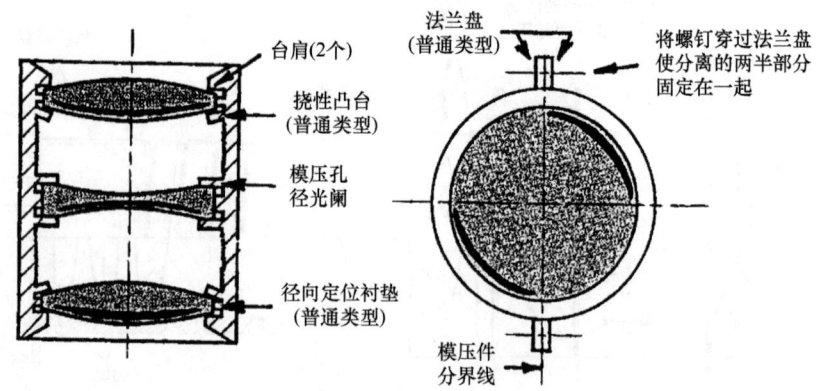

图 5.52　蛤壳式装配全塑料透镜的示意性侧视图和俯视图
（资料源自 U. S. Precision Lens, Inc., *The Handbook of Plastic Optics*, 2nd edn., Cincinnati, OH, 1983）

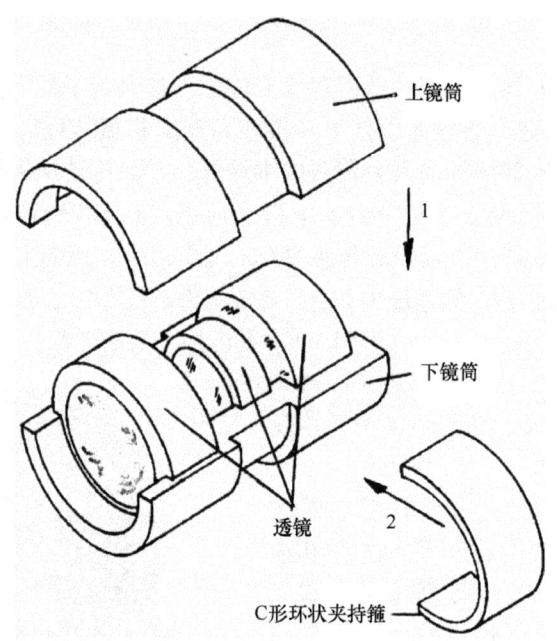

图 5.53　在全塑料透镜蛤壳式装配方式中，利用便于装卸的 C 形环夹固壳体的技术
（资料源自 Lytle, J. D., Polymetric Optics, in *OSA Handbook of Optics*, Bass, M., Van Stryland, E., Williams, D. R., and Wolfe, W. L., Eds., McGraw Hill, New York, 1995, Chapter 34）

图 5.54 给出了图 5.51 所示的组件内部结构的照片。图 a 去除了镜筒的一半，而图 b 又去除了两块透镜。在此能够看到将透镜模压定位的特点和减少杂散光的沟槽。使用自攻螺钉将两个半镜筒装配在一起，图中可以看到安装这种螺钉的两个孔（在阴影处）。将装配好透镜的镜座牢固地安装在外壳体的内径中，该透镜绕轴转动时可以沿轴向滑动，实现调焦。在壳体直径的相对位置上模压出一条螺旋形凸轮槽，两个螺钉置于凸轮槽中，将转动变换成轴向运动。完成调焦后，用置于一个或两个螺钉上的翼形螺母就可以将调整结果锁定。用穿过三个安装耳片的螺钉将该壳体固定在电视机的结构件上。图 5.51 也给出了其中的两个安装耳片。

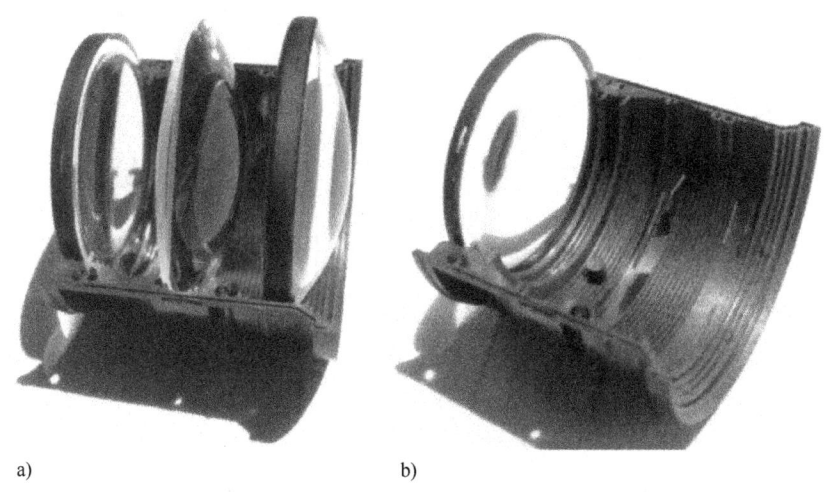

图 5.54　图 5.51 所示透镜组件的内部结构照片
a）卸除半个镜筒　b）卸除两块透镜，展示透镜的定位特点和用于消除杂散光的一些沟槽
（资料源自 Yoder, P. R., Jr., *Mounting Optics in Optical Instruments*, 2nd edn, SPIE Press, Bellingham, WA, 2008）

一些光机设计与刚刚描述过的形式类似的投影物镜组件，在镜座内增加了一个凸轮和凸轮从动件机构，可以改变透镜间的内部间隔，从而改变系统焦距，因而也改变了放大倍率。

5.7　透镜的液体胶合技术

使用一层非常薄的普通光学胶将热膨胀系数相差较大的玻璃透镜胶合在一起，低温下会造成透镜破裂。如图 5.14 所示，介绍物镜系统中厚双胶合透镜设计时，为了在相应黏结处得到较大的柔性，采用一种非同寻常厚的透明人造橡胶材料来避免上述问题。解决该问题的另一方法就是用一层很薄的流体胶合透镜，该技术值得在此进行专题讨论。

Mast 等人（1999）介绍过一种照相物镜组件，是为安装在美国夏威夷莫纳克亚山上的 Keck Ⅱ 天文望远镜中的深空间成像多目标光谱仪（DEIMOS）而专门研制的。如图 5.55 所示，该物镜由 9 块透镜、6 种材料组成。三块透镜是氟化钙（CaF_2）的，膨胀系数比其他玻璃材料大得多，也比玻璃材料更脆。最大的透镜直径约为 13in（330mm），所以由温度变化造成的外形尺寸变化是相当大的。

图 5.56 给出了 DEIMOS 物镜的光机设计。镜筒由若干个 303 不锈钢材料的筒组成，由隔圈确定透镜间需要的轴向间隔，所有透镜都安装在环状的不锈钢镜座中。平场镜（第九个透镜）和熔凝石英光窗是探测器组件的一部分，滤光片也单独安装。每个多透镜组件中，镜筒靠缘上有一层聚酯薄垫片，其中每一块透镜都在轴向被弹性夹固在聚酯薄垫片和压圈之间，压圈使用迭尔林（Delrin）聚甲醛树脂材料。密接透镜的间隔是借助于在透镜边缘周围加上一个环形（聚酯）薄垫片保证。因此，在透镜 1 和 2、4 和 5、5 和 6、7 和 8 之间形成的空腔充以某种合适的液体。为便于识别，这些表面都标有"X"，如图 5.56 所示。轴上空腔的厚度是 0.077~0.152mm（0.003~0.006in）。使用 GE-560 人造橡胶将每个多透镜组件

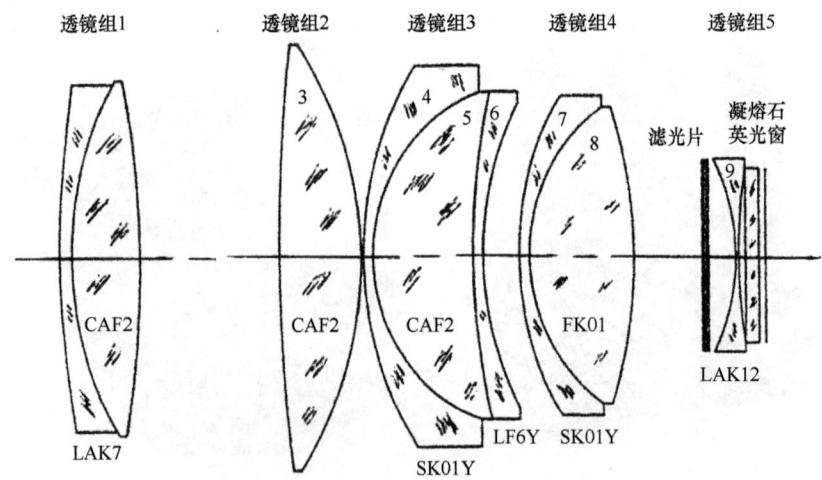

图 5.55　为深空间成像多目标光谱仪（DEIMOS）研制的照相物镜的光学系统
（资料源自 Mast, T. et al., *Proc. SPIE*, 3786, 499, 1999）

中的第一个透镜和最后一个透镜黏结在其镜座中。这些黏结剂支撑着这些透镜，并阻挡胶合液流出或泄漏。

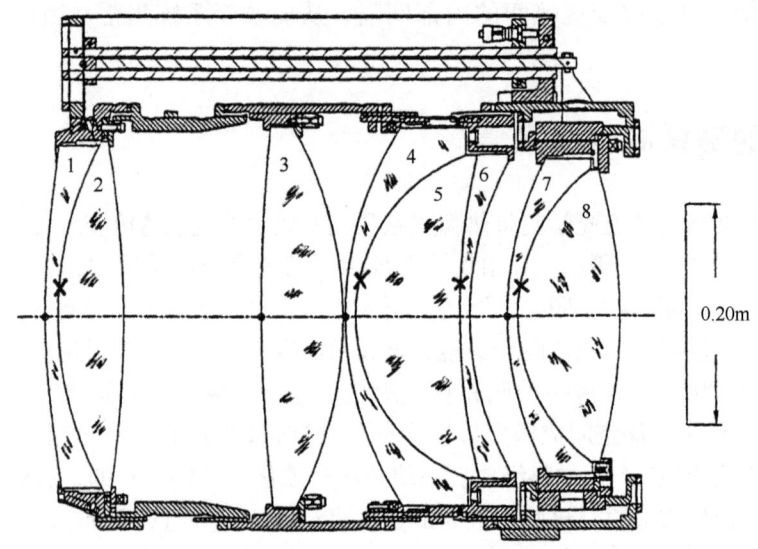

图 5.56　DEIMOS 照相机组件的光机设计布局
（资料源自 Mast, T. et al., *Proc. SPIE*, 3786, 499, 1999）

根据 Hilyard 等人的研究，这种应用中使用的胶合液体需要具备下列性质：在 0.38～1.10μm 光谱范围内有高的光透过率，在玻璃液体界面处有最小的菲涅耳损失，与玻璃、CaF_2、RTV 密封剂和 O 形环密封圈没什么化学反应。此外，也希望有下面特性：低黏性（使胶合液被毛细吸收到裂纹中，因为装配后 CaF_2 材料可能出现一些裂纹）、低密度（将透镜零件的静力畸变减至最小，尤其是透镜 6 特别薄）和低的热膨胀系数。

第5章 多透镜组件安装技术

在这种设计方案中必须保证液体能够在该物镜部件第一组、第三组和第四组透镜的空腔内流入和流出，所以，为了能够适应设计所规定的温度变化（-20~30℃），需要连接一些袋囊。Hilyard等人（1999）介绍的实验奠定了选择下述（零件）材料的基础：胶合液型号是Cargille LL1074，气囊厚为0.25mm（0.010in），以乙醚为基本成分的聚乙烯薄膜，阻挡胶合液的O形环是用Viton VO763-60或VO834-70，靠缘上的薄垫片采用聚酯薄膜。气囊使用热密封，不用黏结剂密封。

5.8 折反射系统

5.8.1 实心折反射物镜

一个折反射光学系统，是由折射元件和反射元件共同形成光焦度的系统。通常，认为这种系统是传统的反射系统，如牛顿望远镜或卡塞格林望远镜的改进型，都是利用折射光学元件来改进系统的性能。一般来说，与对应的反射式组件相比，这种混合系统有更大的相对孔径、外形尺寸更短、覆盖更大视场。本节将讨论几种不同类型折反系统的光机设计，包括手持照相机的物镜和用于导弹跟踪的长焦距远距离摄影机。

图5.57a给出了一个"实心"的折反射物镜，在35mm单透镜反射相机中，用作小型、耐用、环境稳定的远距离摄影物镜。正如Rayces等人（1970）指出的，实际上这种设计的原理就是在卡塞格林光学系统的主镜与次镜间的空隙中填充有用的玻璃。在用机械方式将光学元件紧密结合在一起的同时，使成像质量达到最好。由于它们有非常厚的侧面与透镜壳体的内孔径接触，所以，即使有振动或冲击，仍能保持对准。对长焦距物镜，一般需要采用长镜筒支撑主要部件，而该组件的总长度较短，因而减少了这方面的要求。

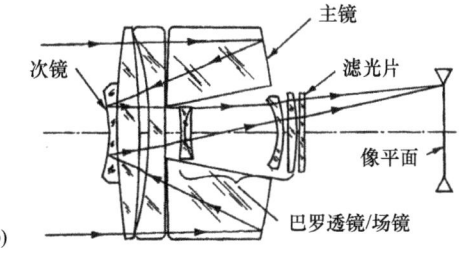

图5.57 a）1975年，发明者正在将实心折反物镜的早期样机安装在35mm照相机上进行测试的照片
（资料源自 Juan L., Rayces）
b）一个实心折反物镜的光学示意图（资料源自 Goodrich Corp, Danbury, CT）

该物镜有几种结构形式，部分由美国Perkin Elmer公司生产，另一部分由美国Vivitar公

司生产。图 5.57b 所示物镜的焦距是 1200mm（47.244in），聚焦无穷远时的相对孔径是 $f/11.8$，胶片尺寸是 24mm×36mm（简化为视场等于 1.03°）。第 5～10 个透镜相当于一个场镜，用来校正像差，并按照巴洛透镜⊖的方式，将后截距和等效焦距拉长。这种系统没有光阑，通过改变曝光量或滤光方式补偿环境的光照变化。为此，紧挨最后一块透镜放置的滤光片很容易更换。

图 5.58 给出了一个典型实心折反物镜的光学和机械零件的分解图。调焦机构使大孔径零件相对于小口径零件和安装法兰盘沿轴向移动。移动零件的行程约为 0.75in（19mm），调焦范围从无穷远到 23in（7m）的物距。采用精密的 14 头爱克米螺纹（Acme thread），使调焦环旋转约 1/3 圈就可以完成上述移动。

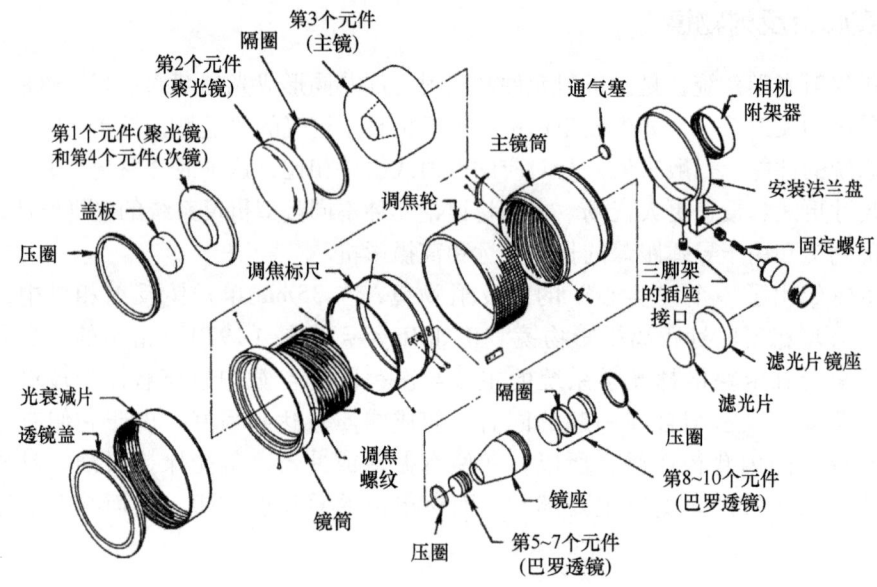

图 5.58 图 5.57 显示的实心折反物镜的分解图
（资料源自 Goodrich Corp.，Danbury，CT）

所有零件的尺寸公差都得以控制，无须使用车床装配技术就可以将光学零件安装在镜座中。尽管资料中没有专门举例进行说明，但是为了使胶片面（即像面）处的杂散光降至最低，物镜中要安装挡光板。

5.8.2 折反式星探测仪

图 5.59 给出了一个安装在航天飞机中的折反物镜，作为 K9 Hexagon 轨道侦察系统中的星探测仪，监控航天飞机的姿态（Cassidy，1982；Pressel，2013）。该系统的焦距为 10in（254mm），相对孔径为 $f/1.5$，视场为 ±2.8°，用一台多元件电荷传输器件（charge transfer device）作为探测器。Bystricky 和 Yoder（1985）讨论过该物镜的非球面设计。Yoder（1986）对物镜组件的机械结构进行过详细分析。

⊖ 根据 Morris（1992）定义，巴洛透镜是一种应用于望远镜中的透镜系统。在该系统中使用一块或多块具有强负光焦度的透镜以增大有效焦距和放大率。

第 5 章 多透镜组件安装技术

图 5.59 航天飞机姿态星传感仪的照片，包括一个快速（或大相对孔径）折反物镜和一个多探测器焦平面阵列

（资料源自 Cassidy, L. W., *Digest of Papers*, *A/SPIE/OSA Symposium*, *Technology for Space Astrophysics Conference*: *The Next 30 Years*, Danbury, CT, 1982）

根据该组件的光机示意图（见图 5.60），可以认为该组件是卡塞格林形式的一种改进型，组件的次镜直接镀在第二个大孔径折射元件的内表面上。无穷远对应的焦平面大约位于到第二块场镜最后表面顶点之外 1.4in（36mm）处。

上述组件中的两个大孔径透镜边缘要精加工出圆环形平面，与其因瓦合金镜座内的靠缘相接触，用弹簧夹在轴向施加预载。固定螺钉（图中未给出）沿径向旋进物镜壳体，顶住透镜的侧面，用这种方法调整物镜组件内透镜的同心。然后通过 12 个注入孔将一种人造橡胶剂（RTV-60）灌注到透镜与壳体间的环形空隙中，固化后，卸掉固定螺钉，将这些孔密封。

一块弯月形玻璃的球形前表面是主反射镜的反射表面，后凸表面挤靠在后镜座中已研磨成凹球面的靠台上。一个固定法兰盘压靠在反射镜通光孔径外的圆环平面上约束该反射镜（见图 5.61），再使用 RTV-60 人造橡胶固紧该反射镜。图中给出的尺寸表明，法兰盘施加预载的高度不同于球面靠台产生约束的高度，图中箭头指向施加预载的中心。在本卷 11.6 节，将讨论这种界面如何使光学件弯曲而产生拉伸应力，使光学表面变形。在这种情况中，应使反射镜有足够刚度，从而使高度失配造成的应力和变形既不会威胁到反射镜的寿命，也不会降低系统的性能。

用定心车装配工艺将场镜安装在镜座中，并用图 5.9 所示的装配技术讨论中采用的螺纹压圈固紧。调整该部件在组件中与光轴同心。定做镜座法兰盘和后镜筒间的隔圈，以确定到探测器组件的轴向间隔。一旦完成调试，就用定位销将部件固定到位。

如图 5.60 所示，探测器部件包括焦平面阵列、散热片、热电冷却器和电子线路装置，用三个轴向排列的柔性叶片将它支撑在主物镜组件上，每个柔性接触点处定制的隔圈决定探测器的轴向位置。

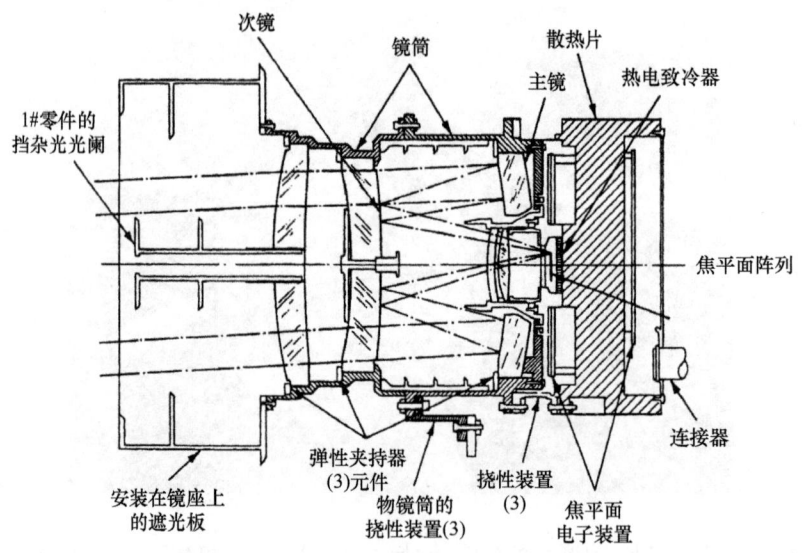

图 5.60　图 5.59 所示星探测仪的光机结构图
（资料源自 Cassidy, L. W., *Digest of Papers, A/SPIE/OSA Symposium, Technology for Space Astrophysics Conference: The Next 30 Years*, Danbury, CT, 1982）

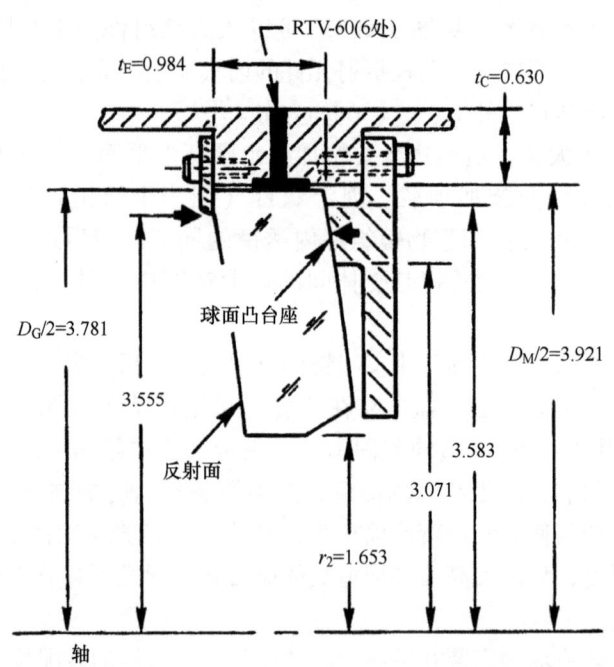

图 5.61　星探测仪物镜组件中球面弯月形主镜的装配示意图（单位为 in）
（资料源自 Yoder, P. R., Jr., *Mounting Optics in Optical Instruments*, 2nd edn, SPIE Press, Bellingham, WA, 2008）

5.8.3　折反式红外物镜

图 5.62 给出了工作在 8～12μm 光谱范围内的一种折反物镜的照片。焦距是 557mm

(21.91in)，相对孔径是 $f/2.3$，安装在一个三脚架上。安装在物镜组件后面的那个方形装置是一台红外摄像机。

图 5.62　一台包含有铝反射镜和机械结构的折反物镜组件的照片。
其焦距是 557mm (21.9in)，相对孔径是 $f/2.3$
（资料源自 Janos Technology, Inc., Keene, NH）

图 5.63 给出了上述物镜的前视图和侧面剖视图。反射镜和机械零件用 6061-T6 铝材制成，场镜是晶体材料锗。为得到最高的对准精度，组件中所有光学表面和光机界面都用单刃金刚石机床加工。为了减轻重量，在主镜背面加工出空槽。为避免清洁时伤害到反射面，反射面上镀以一氧化硅膜层，在 $8\sim12\mu m$ 光谱范围内的反射率大于 98%，对于此种应用，该表面足够平滑。

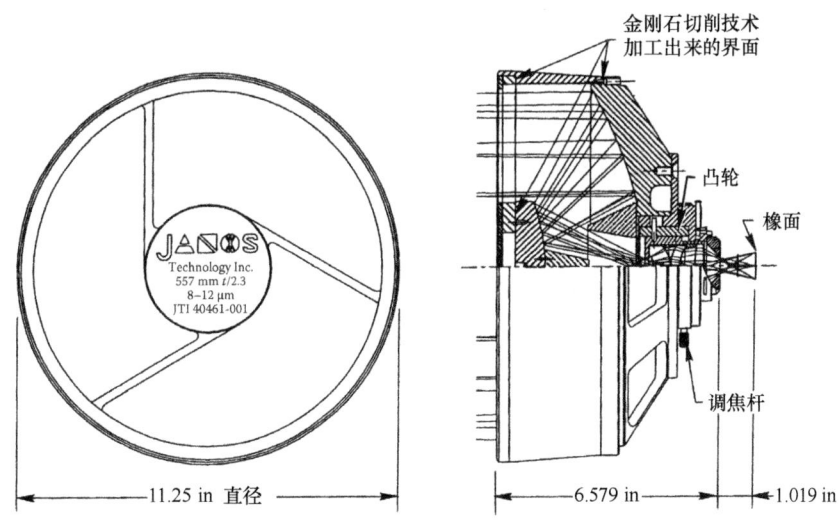

图 5.63　图 5.62 所示折反物镜组件的前视图和侧剖视图
（资料源自 Janos Technology, Inc., Keene, NH）

无须调整轴向位置和光学元件的倾斜。在安装折射元件之前，使用一台干涉仪完成次镜的对中心。为确认该反射镜没有变形，在同一台测试设备上还要测量出波前误差。使用 RTV655 黏结剂将透镜固定到位。内挡光板抑制杂散光。用手转动螺旋凸轮，带动透镜轴向运动，使物镜组件对不同物距聚焦。

5.8.4 卫星跟踪相机

大孔径宽视场折反物镜的一个非常经典的例子就是巴克尔-努恩的"卫星跟踪"相机（satrack），如图 5.64 所示。这种物镜是 20 世纪 50 年代中期为拍摄轨道卫星而研制，光学系统是施密特系统的改进型。物镜的孔径和焦距都是 20in（50.8cm），所以相对孔径是 $f/1$。为了避免视场边缘存在渐晕，球形主镜的直径约为 31in（79cm）。

上述相机的水平半剖视图和垂直半剖视图分别如图 5.65a 和 b 所示。系统的孔径光阑非常靠近主镜的曲率中心，而通常在施密特望远镜中放置的单校正板在此设计成一个三片型透镜，用来消除单施密特板中残存的少量轴向色差。三透镜的四个内表面都是非球面，三透镜中间那块透镜使用的玻璃材料不同于外侧两块透镜的材料。

胶片在一个柱面滚筒上传送，柱面滚筒的曲面与图像的弯曲焦面相配合。与胶片运动方向垂直的平面内的曲率必须是零，因为不能采用机械方法使运动的胶片弯曲成一个复合曲面。因此，在这个方向上涵盖的视场只限于 5°，而胶片运动的方向上，令人惊叹地可以达到 31°。在极值视场时，焦面会稍微偏离球形，胶片滚筒会稍呈非球面形状。通过认真设计（J. G. Baker 设计光学，J. Nunn 设计机械）和精密加工（美国 Perkin Elmer 公司负责加工光学件，美国 Boller Chivens 公司负责加工机械零件和装配）就可以研制出一个高质量的系统，一个无穷远点物体进入系统，其能量的 80% 都会聚在直径为 0.25mm（0.001in）的圆内。

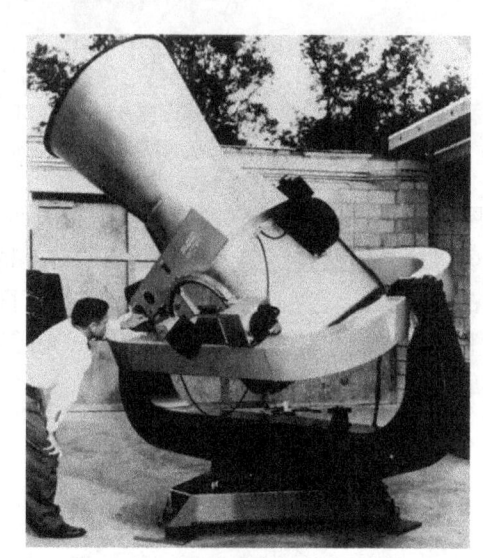

图 5.64 第一批卫星跟踪相机之一，正在美国加利福尼亚州巴萨迪纳市的 Boller Chivens 工厂进行最终校验
（资料源自 Goodrich Corp., Danbury, CT.）

按照原来设想，卫星跟踪相机是跟踪美国的先锋号卫星及后来美国发射的空间任务。在苏联第一颗人造地球卫星发射 23 天后，这类首台工作的仪器就及时拍摄到了它的第一张照片（Fahy, 1987）。从整体角度（或战略角度）考虑，为了拍摄各种轨道卫星的照片，可以在地球上精心选择的一些地方安装多台这类仪器，工作许多年。

5.8.5 导弹跟踪照相物镜

图 5.66 给出了一个比较简单的折反射照相物镜，焦距为 150in（3.8m），口径为 15in（38.1cm），相对孔径为 $f/10$。研制这种物镜是为了与 70mm 米切尔（Mitchell）电影摄像机配合使用，拍摄在美国新墨西哥州美军白沙滩试验场发射军用导弹时的照片。该物镜安装在

第 5 章 多透镜组件安装技术

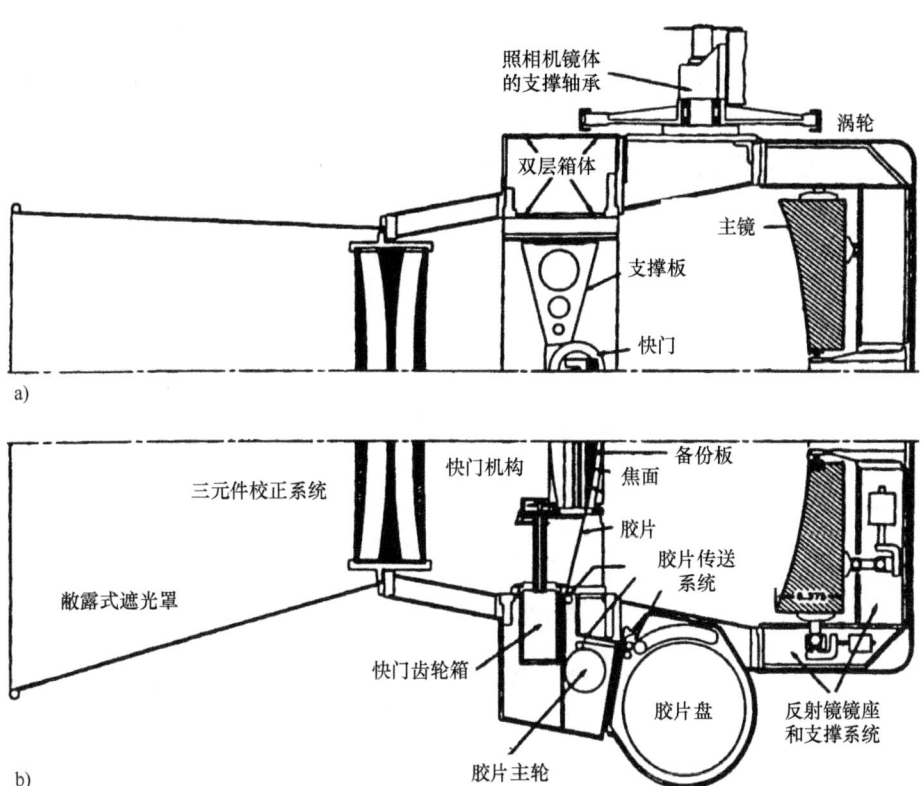

图 5.65 卫星跟踪相机组件的半剖视图
a) 俯视图 b) 垂直面视图
(资料源自 MIL-HDBK-141, *Optical Design*, Defense Supply Agency, Washington, DC, 1962)

支架上，可以在水平和俯仰方向进行大角度快速扫描。

图 5.66 一幅用来跟踪导弹的折反射照相物镜的照片，焦距为 150in (3.8m)，相对孔径为 $f/10$
(资料源自 Goodrich Corp., Danbury, CT)

图 5.67a 和 b 给出了上述物镜组件前端部和后端部的剖视图。它基本上是卡塞格林物镜改进型：在主镜曲率中心附近设计有两个大的折射透镜，以及由三分离透镜组成的一个场镜组。该物镜组在 ±0.6° 的视场范围内可以提供一个平的像场。按照机械结构划分，此透镜组主要由前、后镜座（铝铸件）组成，分别安装有校正透镜/次镜和主镜/场镜。物镜组件的安装界面，也是照相机的光学和机械界面，都在后镜座上。用一个有内隔热层的双层铝筒将前镜座固定在后镜座上。在入射孔径处设计一个圆筒形遮光罩。在物镜组件上喷涂白漆，以反射太阳光。

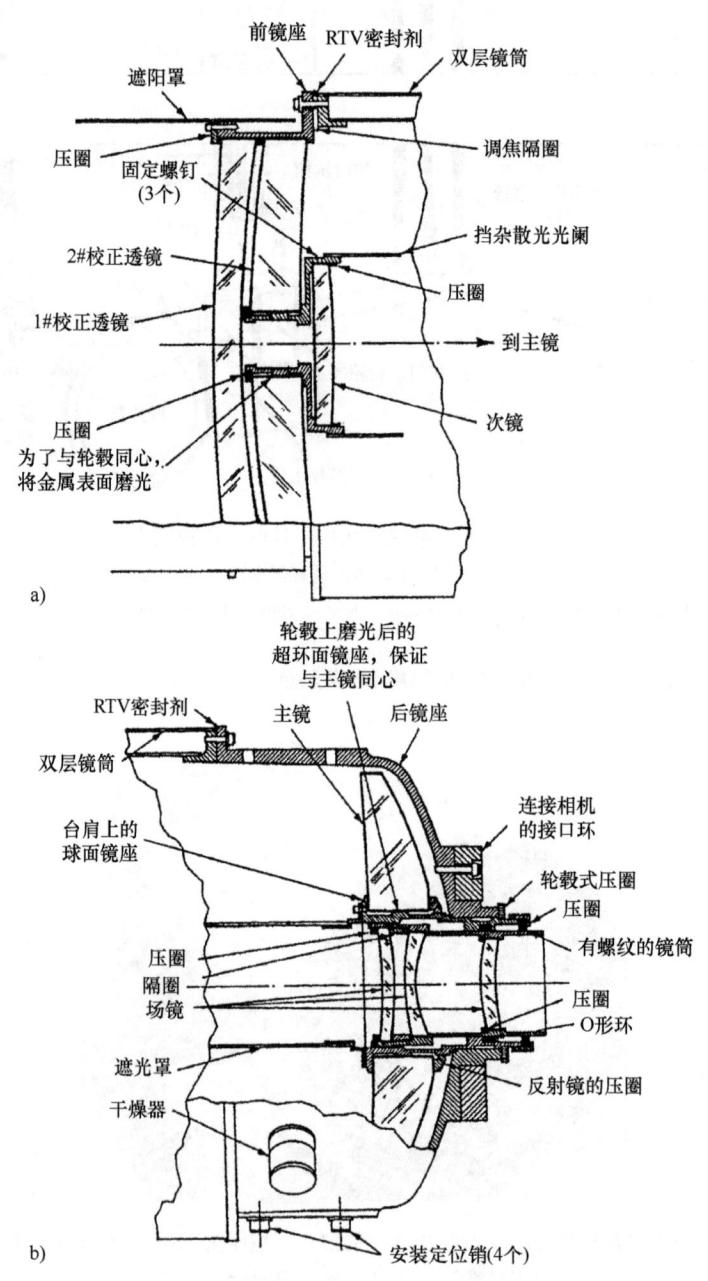

图 5.67 a) 图 5.66 所示折反物镜的前镜座剖视图 b) 图 5.66 所示折反物镜的后镜座剖视图
（资料源自 Goodrich Corp., Danbury, CT）

图 5.68a 给出了如何用一个隔圈环将两个大透镜隔开，以及利用一个螺钉连接的法兰盘将它们压靠在靠缘上。用单层或多层 0.001in（0.025mm）厚的聚酯薄膜带将玻璃-金属的轴向接触面局部地加以衬垫。装配时，将镜座光轴垂直地支撑在一个精密的主轴上，使主轴缓慢旋转，测量每块透镜接近边缘的端跳，就可以确定每个接触面处所需要的聚酯薄衬垫的厚度。一旦将同轴度以及对轴的垂直度调整到该机械方法的极限精度，并塞入定做的径向聚酯薄膜垫片（图中未给出），就安装上压圈保持对准。由于球面半径较大，轴向夹持力的径向分量就非常小，因此，透镜基本上不能自定心。

如图 5.68b 所示，利用机械方法将次镜的镜座固定在第二块校正透镜上。在镜座内进行校准，使物镜组件在旋转台上转动时反射镜表面没有晃动。借助于压靠在反射镜侧面上的三个固定螺钉进行径向调整。一旦正确地完成对中心，就用聚酯薄膜垫片（图中未给出）沿径向填充，并用压圈固紧。

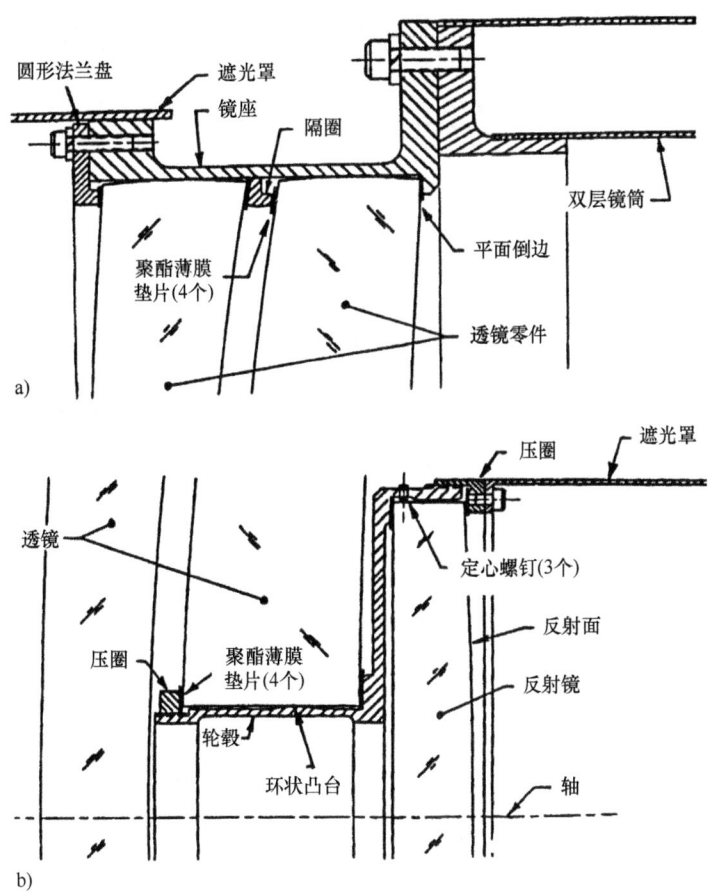

图 5.68 使用聚酯薄膜垫片衬垫图 5.67 所示组件中大尺寸前透镜之间界面的示意图
a) 该物镜的外环区域 b) 该物镜的中心区域
(资料源自 Yoder, P. R., Jr., *Mounting Optics in Optical Instruments*, 2nd edn, SPIE Press, Bellingham, WA, 2008)

在后镜座中，主镜被同心地安装在一个轮毂结构的装置上（见图 5.69a）。反射镜的第一个表面（反射面）压靠在一个凸的球形靠台上，靠台半径与弯曲的玻璃表面近似匹配。

为了与测量出的反射镜中心孔的内径相匹配，圆筒形轮毂结构上的靠座要加工成超环面形状。反射镜背面有一个高精度的平面，一个螺纹压圈压靠在该平面上使反射镜和轮毂装置的轴向相对位置被正确确定。接着，利用一个压圈将轮毂装置安装固定在后镜座铸件的中心孔内。在所有玻璃-金属相接触的界面处都使用聚酯薄膜垫片。

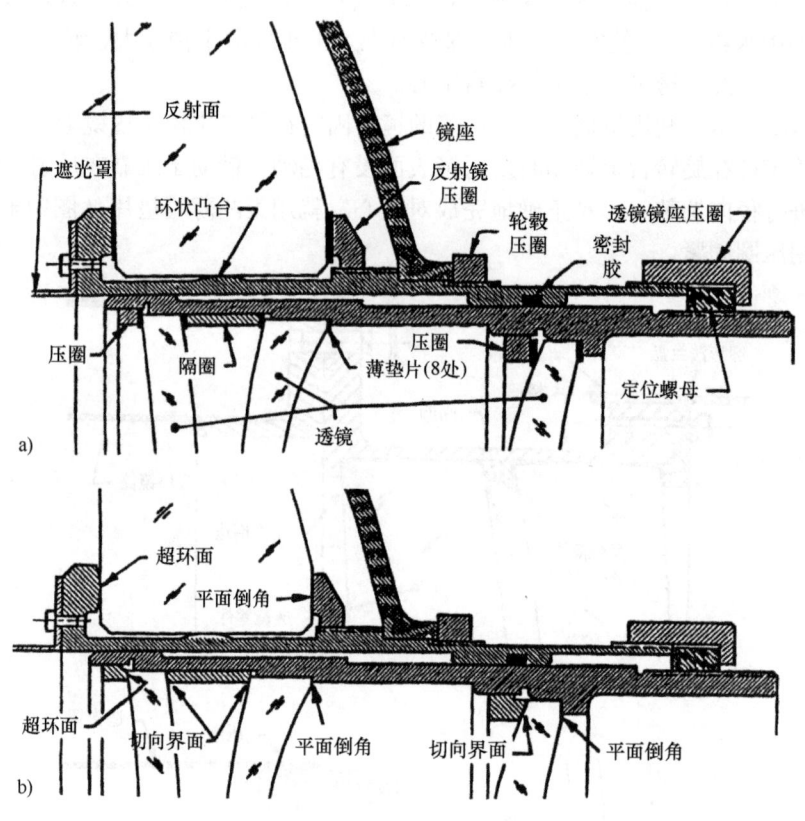

图 5.69　玻璃-金属界面使用多个聚酯薄膜垫片衬底的示意图
a）使用多个聚酯薄膜垫片衬垫玻璃-金属界面
b）建议在图 5.67b 所示物镜后镜座中使用本书第 4 章介绍的技术设计另外一种界面
（资料源自 Yoder, P. R., Jr., *Mounting Optics in Optical Instruments*, 2nd edn, SPIE Press, Bellingham, WA, 2008）

安装镜筒组件时，在前镜座与镜筒法兰盘之间插入不同厚度的临时聚酯薄膜垫片，根据实际的轴向厚度，重新计算光学系统，直到确定了合适的空间间隔，才算完成了前后镜座的调焦。之后，根据需要，稍微改变聚酯薄膜的厚度，使前镜座稍稍倾斜，将两个镜座的相对角度调准。没有提供直接进行横向调整的装置，但是，可以将镜筒与镜座界面处的螺栓安装孔开大一些，通过不断调整近似达到同心。用一台准直仪形成一个人造星点，通过一台显微镜目视检查该星点的像就可以测出对准误差。一旦完成调整，就用厚度合适的永久性隔圈替换这些聚酯薄膜垫片。

场镜组件是利用车床完成装配，然后安装在后镜座的轮毂结构中。用机械方法测量出轴向位置，并通过旋转轮毂后面的螺纹压圈进行调整。如果调整到位，就可以将压圈拧紧，之后对物镜组件进行最后一道检验照相测试。

建议对主镜和场镜的玻璃-金属界面采用另外一种设计方案，如图5.69b所示，在此不使用聚酯薄膜垫片。正如本书第4章讨论的，界面采用切表面、超环面或者平面。在装配大孔径校正透镜和次镜时，也可以替换成类似的不使用聚酯薄膜垫片的直接接触界面。

5.9 物镜组件的对准

5.9.1 概述

众多光学仪器和系统的调校，尽管对绝大多数此类设备的成功至关重要，但非常复杂，以至于此处的讨论无法涵盖其全部内容，所以只能概述该领域一些要点。换句话说，介绍的是其典型原因和效果、如何探测和校正误差及在校正所选择的折射、反射和折反射光机硬件中使用的有代表性的方法和仪器。

光学装置的调校误差通常包括光学表面的偏心、倾斜和/或轴向位移。其本身表现为所形成的图像相对于光轴或系统中预先设置的标记产生一定的线位移或角位移，或者对像质的影响（如聚焦误差、像差变大、分辨率降低、图像变形、不希望的光束渐晕及放大率误差）。对于未校准的非成像系统，通过光学系统后会形成不正确的能量分布。在装配期间及之后，通过对图像直接进行目视检测（借助或不借助如显微镜调校望远镜之类的仪器）完成对硬件的测试⊖、通过分析该光学系统摄取的照片或数字图像、利用干涉方法分析透射/反射波前或通过测量环围能量（或桶中能量）可以检测出上述所有这些缺陷。

本书第4章已经讨论过几种单透镜和多透镜与其镜座对准同心度的探测技术。同样的原理可以用来调整多透镜，使其与复杂系统中的一条公共轴线对准。

在大部分精密组件中，玻璃-金属接触面都在抛过光的光学表面上，而不在二级（研磨）面上。图5.70（Hopkins，1976）举例说明了三分离物镜的一种极端情况，所有透镜和隔圈都有楔形，透镜的侧面也不是圆柱形，隔圈与球形表面接触。为了与透镜相配合，将这些接触界面加工成球面，或者加工成锥面来保证相切接触。尽管存在着几何形状误差，该图中透镜表面仍然校准到一条公共轴线上。实现这一点的所有措施如下：将轴向接触界面设置在透镜A和C的外露表面上，使透镜可以在镜座内横向移动，并在装配过程中测量出误差。Hopkins还指出，虽然隔圈较圆会更好些，但如果装配时可以测量空气间隔，并能正确调整，那么这就不是必要的。这种方式并不总是适合的，在某些情况中，还是应当对隔圈的圆度有一定的要求。

5.9.2 望远对准技术

图5.71说明了一种已被成功应用的将多透镜调校对准到一条基准轴上的技术。在此给出的对准望远镜是一台民用装置，可移动的转像透镜具有非常大的动态范围。所以，望远镜可以聚焦在目标上的距离是从无穷远到望远物镜后面的某个位置，即望远镜内侧甚至观察者

⊖ 光学测量是光学调校的一个重要部分，如果无法探测到或定量给出结果，那么，在大多数情况下，也不可能校正一种误差。

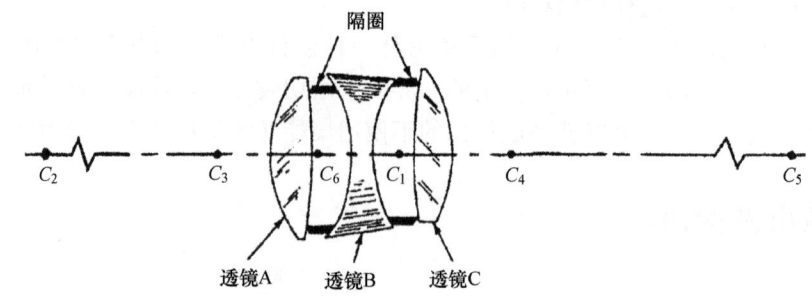

图 5.70 尽管有机械加工误差，但仍被理想地实现同心装配的一个三分离物镜
(资料源自 Hopkins, R. E., *Opt. Eng.*, 15, 428, 1976)

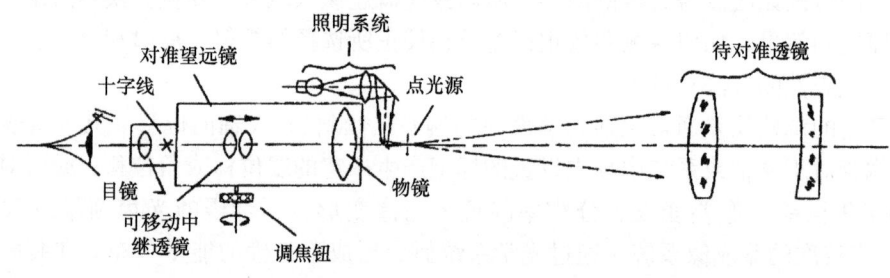

图 5.71 一台用来探测双分离透镜对准误差的对准望远镜的布局示意图

眼睛后面。调焦机构的精度非常高，因此，随着调焦距离的变化，瞄准线不会有明显晃动。图 5.72a 给出了一台很典型的对准望远镜，安装在一个可调整支架上，如图 5.72b 所示。该支架提供了两个轴的正交倾斜，很容易使望远镜的瞄准线对准。通过一种机构（未给出）也可以使望远镜实现水平和垂直移动。在整个调焦范围内，该仪器的图像晃动不大于 0.5″。为适合目前应用，对该设备进行了改进，增加了一个外部照明系统，在物镜的光轴上设置一个点光源，用于照明被调试的物镜。

图 5.73 所示示意性（并未按比例）地说明了如何使用该装置。图 a 中，入射在第一块透镜上的一条光线被 R_1 反射，反射后的光线进入对准望远镜时，仿佛发自图像 1。将望远镜调焦到该图像上，并根据需要使望远镜倾斜和平移，保证该图像对准望远镜十字线中心。然后，使物镜系统（图中的透镜 1 和透镜 2）倾斜，重新调焦望远镜并看到 R_2 表面反射的图像，也是与十字线中心对准（见图 b）。此时，望远镜的光轴就与第一块透镜的光轴相重合。

然后，针对表面 R_3 的反射像调焦望远镜，单独（与第一块透镜无关）调整第二块透镜的倾斜和横向位置，使图像 3 也在十字线的中心。这种情况如图 c 所示。最后，对图像 4 调焦，精调第二块透镜的方位，使图像与十字线中心重合，如图 d 所示。如果现在变换焦距，依次观察每一个图像，所有图像都应同心，这就表明第一块透镜的轴与第二块透镜的轴重合。

希望知道某个图像来自哪个表面，最简单的方法就是对被测物镜的标称光学（即共轴）系统进行光线追迹，依次把每个表面当作反射面处理，注意望远镜从无穷远向内调焦时图像出现的顺序。图 5.73 中，从右到左的反射像顺序是 1-4-2-3。用这种方法也可以对准比该物

图 5.72 a) 一台对准望远镜的照片 b) 望远镜的可调整支架
(资料源自 Brunson Instrument Company, Kansas City, MO)

镜更为复杂的系统。如果这些表面涂镀了高效率的增透膜,致使各表面的菲涅耳反射比较暗淡,就必须使用激光作为光源。使用这类光源,一定要注意激光束强度对人眼的安全极限。

5.9.3 点源显微镜调校技术

对于光学测量装置对准误差非常有用的一种较新仪器是点源显微镜(PSM™),图 5.74 给出了该仪器的外形视图。Parks 和 Kuhn (2005) 首先介绍了这种调校仪器。后续的一些论文 (Parks, 2006, 2007; Wang 等, 2012) 阐述了其典型应用。

如图 5.75 所示光学系统中有两个光源。仪器上部,一束单模光纤连接到一个激光二极管(图中未示出),形成一个直径约为 4.5μm、相对孔径为 $f/5$ 的发散点光源,工作波长 635nm。点光源之后的准直透镜产生一个位于无穷远的衍射极限人造星点,作为显微物镜的物点。点光源成点像在该透镜的焦点位置。第二个光源位于点源显微镜(PSM)的中心部位。是由一个红色发光二极管背后照射而形成的漫射扩展光源(毛玻璃板),聚光镜重新将扩展光源成像以充满显微物镜的入瞳。第一个分束镜将两束光合并,第二个分束镜将两束光折转到物镜中。

图 5.75 所示的最下面部分是点光源显微镜(PSM)的传感器组件,可以看到一个位于显微物镜焦点处的表面。如果该表面是垂直于光轴的平面镜面,则点光源发出的光束作为点

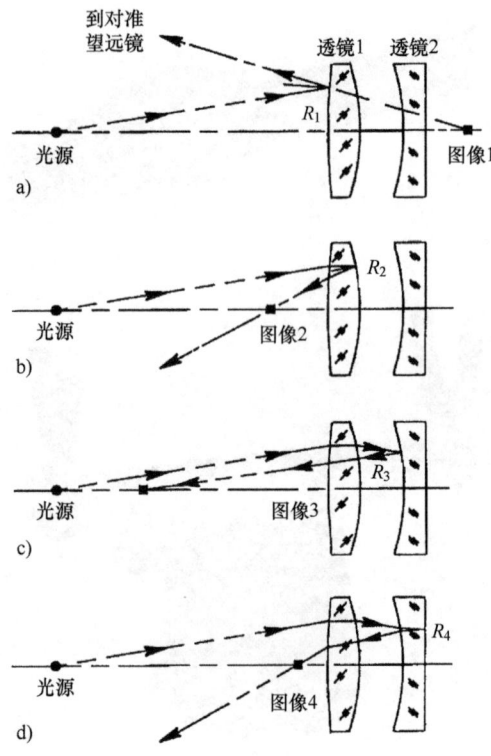

图 5.73 示意性说明使用图 5.71 和图 5.72 的仪器对物镜进行调试时，点光源和四个透镜表面反射像的位置
a) 透镜 1 的表面 R_1 产生的反射像 1　b) 透镜 1 的表面 R_2 产生的反射像 2
c) 透镜 2 的表面 R_3 产生的反射像 3　d) 透镜 2 的表面 R_4 产生的反射像 4

图 5.74　点源显微镜（PSM）的照片
（资料源自 Bob Parks, Optical Perspectives Group, LLC, Tucson, AZ）

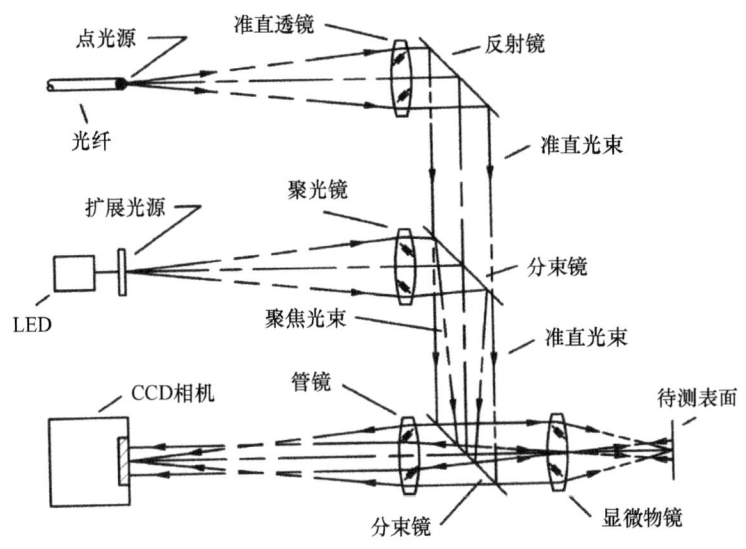

图 5.75 点光源显微镜（PSM）的光学系统示意图
(资料源自 Parks, R. E. and Kuhn, W. P., *Proc. SPIE*, 5877, 2005)

像返回到 CCD 相机上。若待测物体表面是一个透射凸球面（或者非球面的近轴区域），并且其曲率中心位于显微物镜焦点处，则点光源发出的光束以猫眼状点像形式返回到 CCD 相机上。如果待测物面是非镜面结构，扩展光源发出的光束返回，在相机上形成该表面的像。调整点源显微镜（PSM），让其中任一图像与采用电子方法在视频监视器上形成的十字线同心，从而使该仪器特别适合于各类应用的调校对准，其中一些已经在前面给出的参考文献中做了介绍。

一种应用如图 5.76 所示。该测试仪器准备测量上视图右侧凸反射面的曲率半径。注意到，此图仅表述了点源显微镜的点光源部分。第一步是将显微物镜的像面设置在反射镜表面的顶点。将点源显微镜移向反射镜，直至返回的反射光聚焦在 CCD 相机上。重新记录下点源显微镜的位置。点源显微镜移动的距离等于表面的半径。

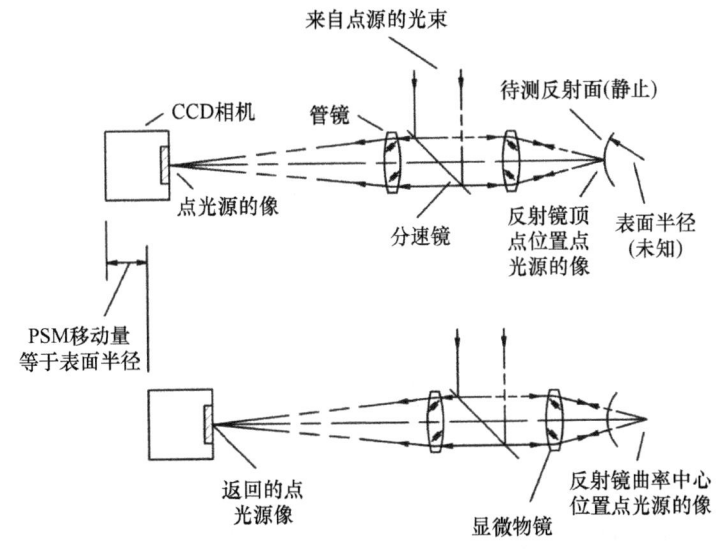

图 5.76 利用 PSM 测量凸球面反射镜的曲率半径

如果用一个目镜替换点源显微镜中的 CCD 相机，则构成目视版的点源显微镜。应当注意到，为了保护眼睛，可能需要进行适当的光学滤光。由于相机有 1024×760 个像素，并且点源显微镜的计算机软件一般都能够探测约 0.1 个像素的图像位移，所以，设计有电子传感器的仪器精度应当大大超过等效目视测试设备的能力。

5.9.4 精密转轴调校技术

Chanell 等人（1974）介绍了一种调校装配技术，可以将一系列透镜元件近乎完美地装配在一个镜筒中。图 5.77 给出了一个简化的物镜组件剖视图，是用作气泡室摄影的宽视场（110°）物镜。物镜中存在大量的某特定形式的光学畸变，并且要求完成装配后，物镜的整个图像中都能非常精确地（在几个微米的设计值范围内）满足要求。

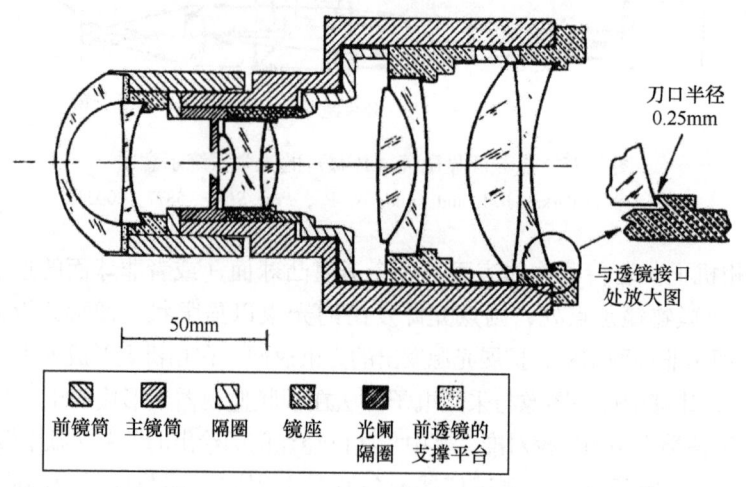

图 5.77　一个物镜组件（简化了）的光机布局图，要求几个零件非常精确的共轴
（资料源自 Carnell, K. H. et al., *Opt. Acta*, 21, 615, 1974）

该项技术就是将每一个透镜单独安装在一个黄铜镜座中，镜座是在高精度空气轴承单点金刚石车床（SPDT）上加工的。为了与透镜的球形表面相接触，在每个镜座内都加工出一个倒圆的（半径 0.25mm, 0.010in）"刀口"面（实际上是一个超环界面）。从旋转轴上卸下镜座之前，完成所有机械和透镜的装配。正如图 5.78 所示，把一个球面测试样板非常靠近地放置在透镜的外露表面，观察透镜表面与样板间的菲涅耳干涉条纹就可以监视其同轴度。如果随着转轴的缓慢旋转，干涉图保持静止不动，就可以断定具有良好的同心度（或共轴性），即表明旋转表面真正地与转轴的机械轴（即与镜座光轴）实现了共轴，共轴误差在几分之一个激光波长（一般 $\lambda=0.63\mu m$）范围内。然后，用室温下可以固化的环氧树脂胶（不确定）将透镜黏结在镜座上。固化后的环氧树脂胶，还保持略有柔软。有报道称，应用中采用约 0.1mm（0.004in）厚的环氧树脂层是比较合理的。完成胶合后的每一个顺序装配部件都安装在一个高精度孔径的镜筒中并用固定压圈压紧。根据判断，作者们认为系统的同心度误差不会超过 $1\mu m$（3.9×10^{-5}in）。

以与上述几乎相同的方式，还可以同时采用两个点源显微镜测量转轴上一个透镜的不同轴性。能够很容易地监控该透镜表面曲率中心的像，例如，如图 5.79 所示，利用精密转轴将一个弯月透镜元件与其镜筒的光轴对准。一个立方分束镜将来自两台点光源显微镜的光束组合，

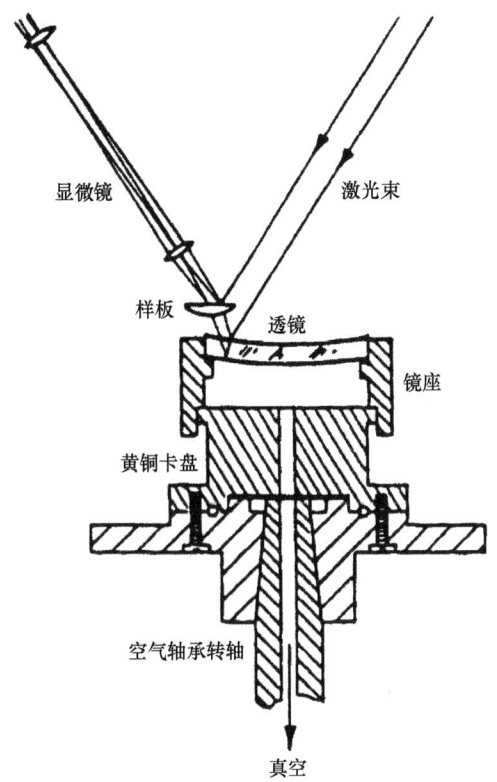

图 5.78 用于监控精密转轴上弯月透镜元件同心度的菲佐（Fizeau）干涉仪
（资料源自 Carnell, K. H. et al., *Opt. Acta*, 21, 615, 1974）

位于该分束镜下面的辅助透镜将来自两个点源显微镜的光束成像在公共光轴上，但位于轴上不同的位置。1#点源显微镜发出光束的图像位置设定是为了获得表面 R_1 反射回来的光束，而2#点源显微镜发出光束的图像位置设定是为了获得表面 R_2 反射回来的光束。随着转轴的缓慢旋转，两个像将会章动(nutate)，表明两个表面没有共轴。为了校正这种误差，在镜筒内横向平移和/或倾斜，直至图像运动达到最小为止。然后，将透镜固定在调校后的位置。由于是在同一台设备上可以同时观察到两个图像，所以，这种方法非常适合于生产过程中。

5.9.5 双目望远镜准直误差校准技术

双目望远镜有一个重要的性能要求：为了避免眼睛疲劳，远距离点物体发出的两条视线（LOS）必须是近乎平行地进入人眼。正如图 5.80a 所示的某种典型双目望远镜的测试图，左右侧视线应当是垂直平行的，一般公差约小于 2′。该误差称为垂直发散度（或双目垂直角差）。如果不大于 2′，如图 5.80b 所示，视线应当会聚向眼睛。如果是图 5.80c（译者注：原书错印为 9c）所示情况，则视线发散度不应超过 4。

在大部分军用和高质量民用双目望远镜中都设计有调校机构，使上述误差保持在允许的公差范围内。在较早期的一些双目望远镜和许多同时期的产品中，都是利用棱镜进行调校。图 5.81a 给出了一种有代表性的双目望远镜镜筒，外侧设计有可拆除的塑料或橡胶盖。箭头指向镜筒壁上的两个孔，可以用螺钉旋具（俗称螺丝刀）调校图 5.81b 所示的螺钉 A。该项

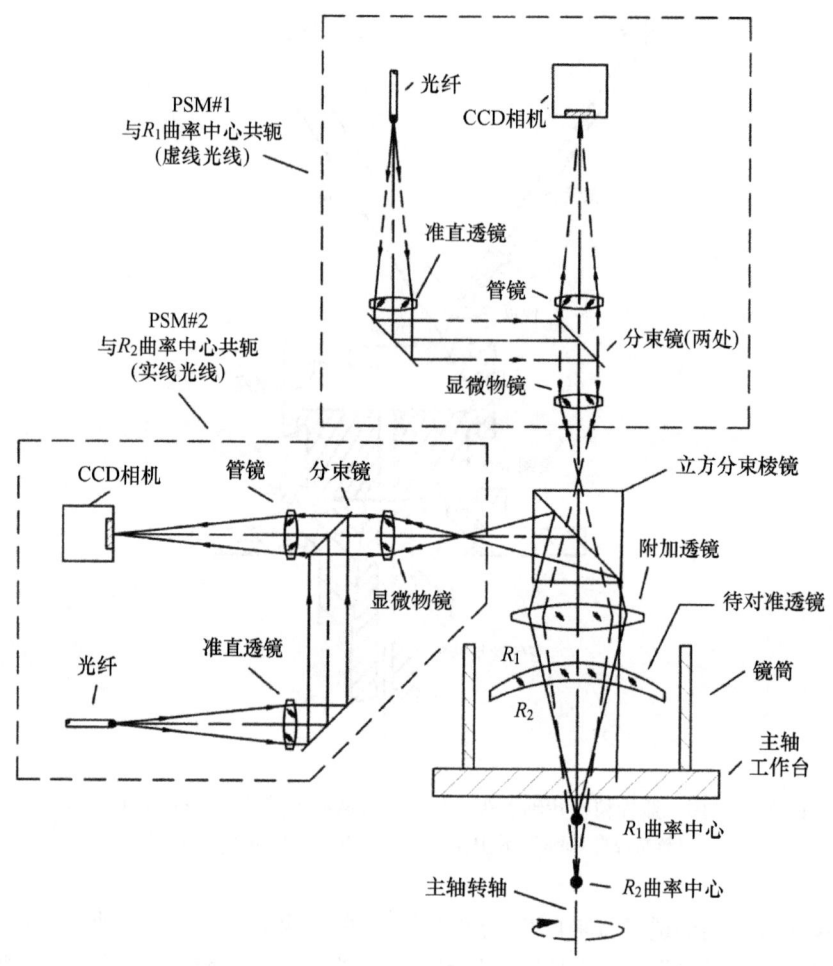

图 5.79 利用两台 PSM 同时观察精密转轴上弯月透镜两个曲率中心的设备。随着转轴旋转,当两个图像保持稳定时,表明完成调校

调整应当由有经验的装调师傅进行,并通过仪器判断何时进行调整。

图 5.81c 给出了另一种广泛使用的准直度调校仪器,可以看到沿双目望远镜双胶合物镜轴线的剖视图。双胶合透镜固定在铝镜座中的靠缘上,相对于其内径(ID)中心线,将其外径(OD)加工成偏心结构。将该镜座安装到一个铝制环中,该环孔的内径[相对于其外径]也被加工成偏心。将后面的环安装在双目望远镜一个望远镜铸铝镜筒中的凹槽中。两个物镜有这种结构布局。一个平的橡胶垫圈密封住镜座和偏心环到镜筒的外边缘。铝材料螺纹压圈提供轴向预紧力以便将透镜压进镜座中。用一个螺纹管帽压盖住上述垫圈、薄的铝滑环和螺纹压圈。滑环的作用是当拧紧螺纹压圈时,使橡胶垫圈的扭曲变形和透镜的旋转减至最小。利用密封元件密封剩留空间。

为了调校准直度,利用其偏心环的差动旋转而使两个物镜的光轴在纵向和横向得到调整或者调校棱镜的倾斜,从而保证每个望远镜的视轴彼此平行,并平行于双目望远镜的铰链轴,垂直和水平方向都在规定的公差内。Yoder 和 Vukobratovich(2011)、Cook(2012)及第一次世界大战以来美国陆军和海军使用的各种双目望远镜维护手册都规定,在最小、最大

第5章 多透镜组件安装技术

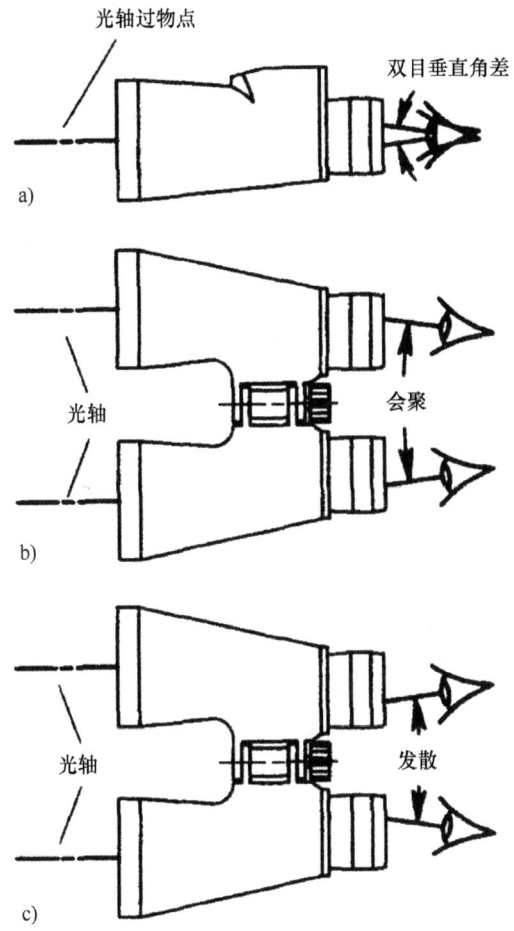

图5.80 双目望远目镜出射光束有三种常见的垂直和水平对准误差（这些误差会在使用中造成视疲劳）
a）表示左右视线间的垂直角度（发散）的侧视图　b）表示视线间水平角度（会聚）的俯视图
c）表示视线间水平角度（发散）的俯视图
（资料源自Yoder, P. R. Jr. and Vukobratovich, D., *Field Guide to Binoculars and Scopes*, SPIE Press, Bellingham, WA, 2011）

和中间（眼睛）瞳孔间距（IPD）设定位置都应当进行调校和测试，从而保证不同瞳孔间距的使用者都能够避免眼睛疲劳。遗憾的是，现代双目望远镜的制造商并非总是完成上述调校和测试。许多双目望远镜都是完成一个瞳孔间距位置的调校，而在其他设定位置可能存在着严重的非准直性。Cook（2012）将这种情况定义为有条件调准。

最好利用一台准直仪模拟一个位于无穷远的十字叉线物体，实现双目望远镜准直度的测试。准直仪的孔径应当足够大以充满最大瞳孔间距设定时两个双目望远物镜，如图5.82所示。双望远镜测试仪器，如图5.83所示，是目前流行的商用测试设备。一个望远镜设计有定心十字线，而另一个望远镜设计有标定过的分划图，以显示可允许的视线平行误差（单位为'）。两个望远镜调校对准，以便在通过一个目镜观察时使十字线与准直仪的像同心。通过另一个目镜，在能够观察到十字线的像的位置，从分划图上读出该误差。

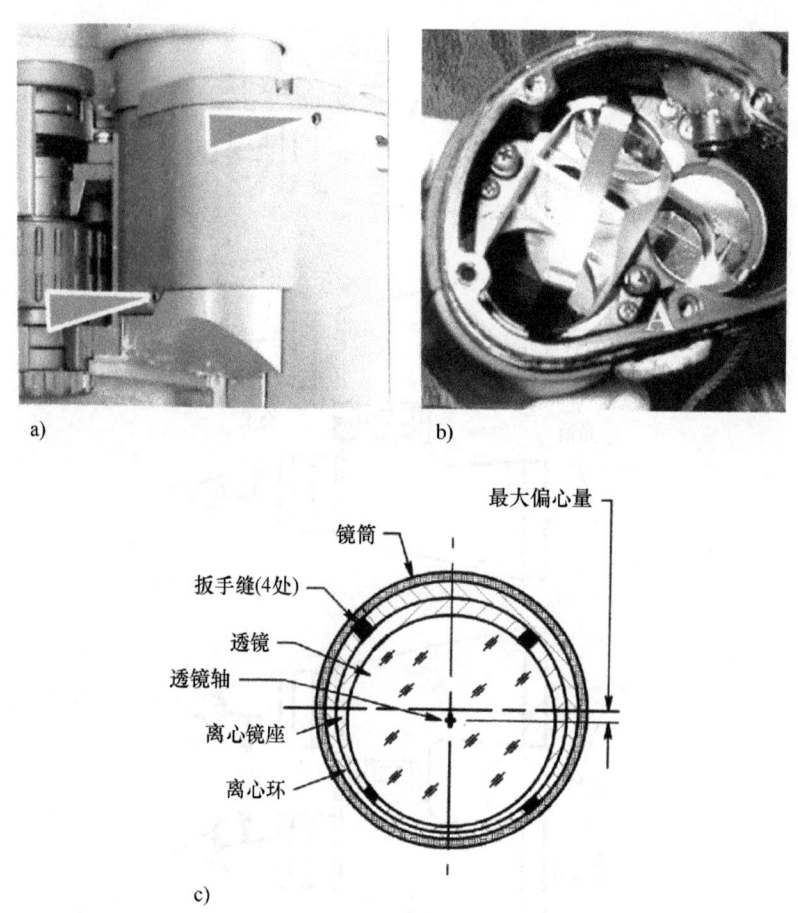

图 5.81 为了对仪器进行准直调校，设计有双偏心环结构的双目望远物镜镜座的前视图和结构图
a) 箭头指向镜筒上的开孔，用以调整棱镜调校螺钉 b) 表示推-拉倾斜调整螺钉的特写镜头 c) 结构图
（资料 a 和 b 源自 Cook, W. J., *Proc. SPIE*, 8491, 2012；资料 c 源自 Yoder, P. R. Jr. and Vukobratovich, D., *Field Guide to Binocular and Scopes*, SPIE Press, Bellingham, WA, 2011）

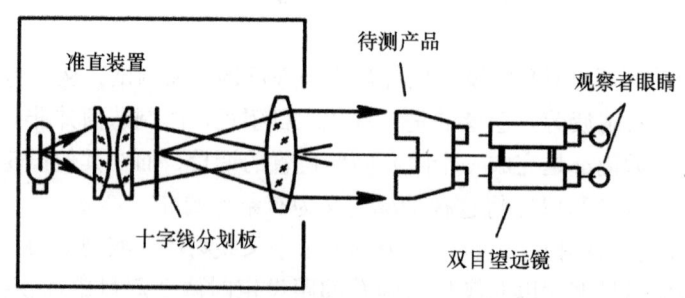

图 5.82 利用准直仪和两个望远镜测量双目望远镜准直误差的装置

通常，没有提供望远镜或双目望远镜物镜的轴向调焦方法，只是简单地压靠在望远镜的一个界面上。在设计有分划板的军用仪器中，一般来说，凡是对从最后一个透镜

顶点到分划板图之间的距离有贡献的零件的相关公差都要适当从严控制，或者使分划板能够轴向调整（如用垫片垫补），从而实现调焦。在最终装配过程中，可以通过观察远距靶板所成的图像与分划板中心的视差来检测有害的焦距误差。通过调整分划板校正明显可见的视差。

装配时，根据读数调整望远镜或双目望远镜目镜的屈光度范围，所以零屈光度设定对应着无穷远物体的聚焦像。能够有效地测量聚焦误差的一种仪器称为屈光度测定仪（或视度计），如图 5.84 所示，是一种简单的望远镜［长约为 3.5in（89mm），直径约为 1.4in（36mm）］，调焦量高达 -5 ~ +4 屈光度。该仪器设计有一个十字线分划板，并且外表面上设计有刻度，可以直接读出离焦量得的测量值，单位是屈光度。该屈光度测量仪紧靠在望远镜或双目望远镜目镜之后，并调整其焦点使其与通过测试产品观察到的图像相匹配。若随着眼睛在系统出瞳范围内移动时，已经观察不到两个分划板图像之间的视差，则认为满足聚焦条件。

图 5.83　商用双测量望远镜的照片，该装置简化了双目望远镜准直误差测量
（资料源自 Michael Mross，Vermont Photonics Technology，Brattleboro，VT）

图 5.84　调整望远镜或双目望远镜屈光度设定的屈光度测量仪照片

5.9.6　物镜组件的性能优化

经常按照以下方式设计物镜组件的装配，包括按照顺序装配法（或珀克法）（poker chip）完成的部件：在最后调校阶段，通过横向和/或轴向精细地调整一个或多个透镜而使完成装配后的产品性能能够得到优化。为了解释这种原理，如图 5.85 所示，利用三个径向定位调整螺钉对组件中的三块透镜进行横向调整，从而达到微调其像差贡献量的目的，由此补偿光学系统中由于其他原因产生的残留像差。使用这种技术时，移动透镜必须要对被补偿的特

定像差有足够的敏感度，以便在合理的移动量下能够达到预期效果。另外，这种移动对欲补偿的像差和其他像差一定不能太敏感，否则对调整的要求会过分苛刻。选择那个透镜或那几个透镜移动，需要光学设计师在公差分析过程中确定。最好的结构布局是选择多个透镜作为补偿元件，每个透镜对某种特定像差（相对于其他像差）会有较大影响。

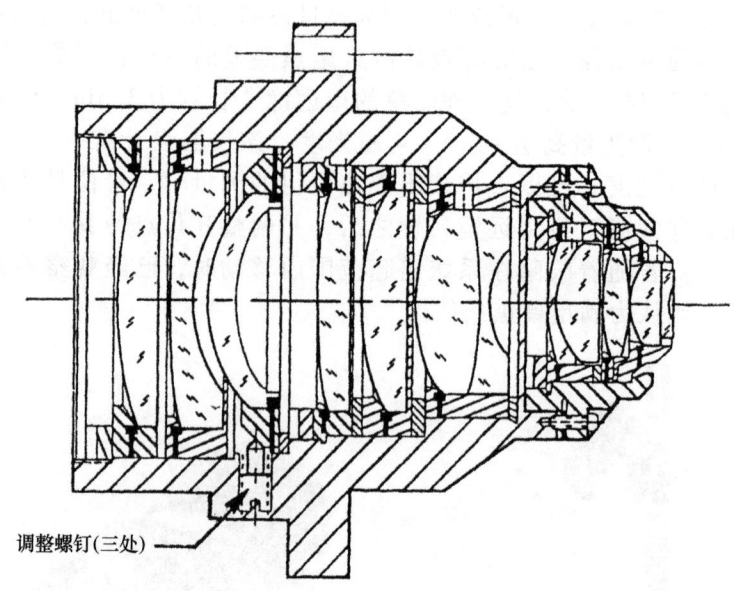

图 5.85　一个物镜组件的剖视图。在最后装配期间通过横向调整使系统的性能得到优化，一个透镜的作用就是一个像差补偿器

（资料源自 Vukobratovich, D., Optomechanical System Design, in *The Infrared & Electro-Optical System Handbook*, Vol. 4, ERIM, Ann Arbor and SPIE Press, Bellingham, WA, 1993, Chapter 3）

Williamson（1989）介绍过一种技术，阐述如何选择合适的补偿元件并应用于一种颇具代表性的高性能微光刻投影物镜系统，如图 5.86 所示。该物镜具有 5 倍的缩小率，包括 18 块透镜，像空间的数值孔径是 0.42，硅晶片上像空间视场直径是 24mm（0.944in）。补偿分为两步：①装配前，根据透镜元件的半径、折射率和厚度测量值重新计算空气间隔；②利用事先确定的补偿透镜进行装配后的校准优化，从而补偿表面形状误差和不规则度及少量的间隔残余误差造成的影响。还要测量透镜元件的残留楔形量并用于优化过程中。这里主要介绍第二个步骤。

Williamson 指出，对调校好的物镜做小量变动不会对光学设计中已经校正到非常好的 5 级和更高级的像差造成太大影响。另外，这些调整对三级像差有较大影响，因此，选择补偿器的过程应包括确定每块透镜在进行轴向移动、横向移动和绕轴转动时对三级球差、慧差、像散和畸变的敏感度。一般都是利用泽尔尼克（Zernike）多项式系数表示这些像差。由于对调整有影响的机构很容易增大仪器的总直径，因此，较为合理的要求是最大直径的透镜不应选为补偿元件，对于任何实际应用的组件，都必须把这个参数尽可能控制到最小。对三级像差，倾斜和偏心产生的效果是等效的，所以在此仅考虑偏心。应当注意的是，如果不对组件进行拆卸，则不可能补偿残留的透镜楔形误差，所以装配时必须特别小心谨慎。

图 5.87a 给出了单个透镜轴向移动 $25\mu m$ 时对灵敏度分析的结果。透镜 4、7、16 和 17

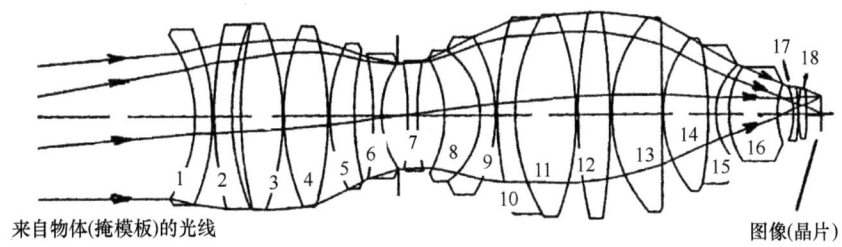

图 5.86　应用于微光刻技术的 5 倍缩小物镜的光学示意图
（资料源自 Williamson, D. M., *Proc. SPIE*, 1049, 178, 1989）

的横向调整分别最适合校正慧差、球差、像散和畸变。图 5.87b 给出了类似的结果，不同的是透镜偏心 5μm。可以看到，如果透镜 5 和 6 作为一对元件共同移动，则透镜的慧差变化是两者相加，而像散是抵消，畸变的变化则相反。双胶合透镜 8 和 9 偏心时，只是像散有大的变化。另外，由于双胶合透镜 14 和 15 偏心时，会产生较小的慧差和像散，因此最好是用于补偿畸变。根据上述结果，比较合适的像差补偿元件是轴向调整透镜 7 校正球差，横向移动透镜组 5 和 6 校正慧差，横向移动双胶合透镜 8 和 9 校正像散，横向移动双胶合透镜 14 和 15 校正畸变。

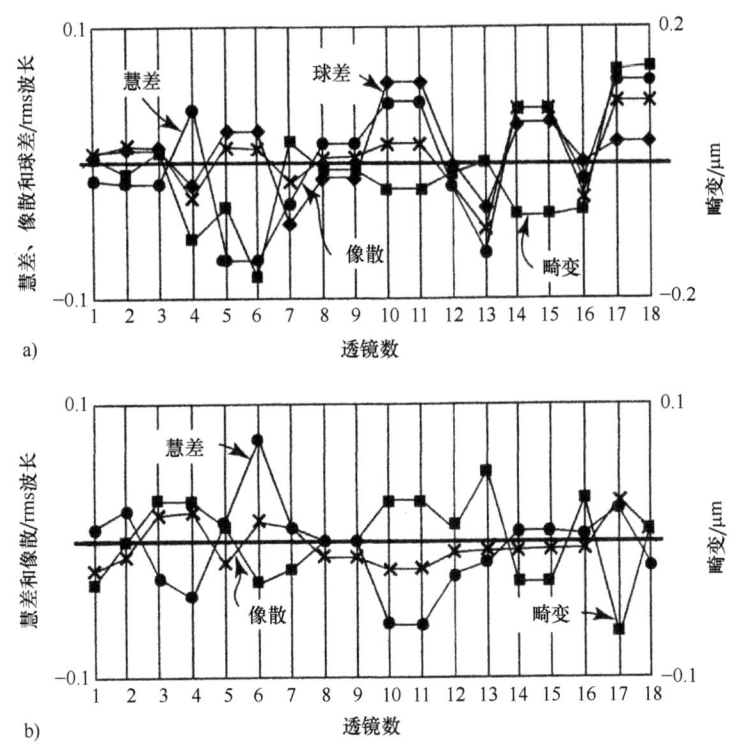

图 5.87　a）图 5.86 所示系统中每个透镜轴向单独移动 25μm 时对方均根波前像差造成的影响
　　　　　b）图 5.86 所示系统中每个透镜偏心 5μm 时对方均根波前像差造成的影响
（资料源自 Williamson, D. M., *Proc. SPIE*, 1049, 178, 1989）

与调试之前的性能测量值比较，对上述调整（除畸变补偿元件外）连续进行迭代，会使系统性能都有较大改进。图5.88给出了上述物镜系统在正交方向±12mm像面范围内产生的波前误差。这是将系统调整到没有倾斜和离焦时的结果，以泽尔尼克多项式系数和的二次方根（rss）表示波前误差，单位是波长，波长为0.633μm。这里同时给出设计值和测量值。

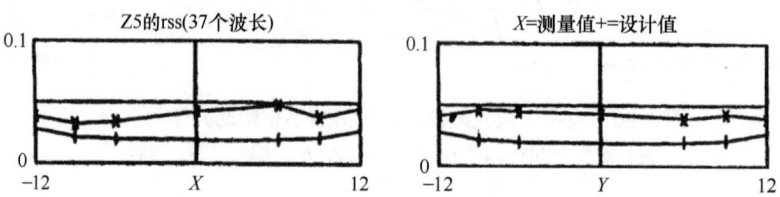

图5.88　图5.86所示的物镜系统补偿波前像差之后在正交方向上，±12mm像面范围内所有泽尔尼克多项式系数的设计rss值和测量出的rss值。倾斜和焦距误差已经消除
（资料源自Williamson, D. M., *Proc. SPIE*, 1049, 178, 1989）

Williamson进一步指出，在完成波前补偿之后，通过光刻测试来测量畸变值。如果畸变不能接受，通过干涉仪，利用畸变补偿元件将这种像差调至最小。然后，使用所有的补偿元件再次对波前误差进行优化。测量出的剩余畸变（用视场内不同视场的矢量长度表示），如图5.89a所示，与补偿前（见图5.89b）的畸变测量值相比，畸变性能的改善非常明显。

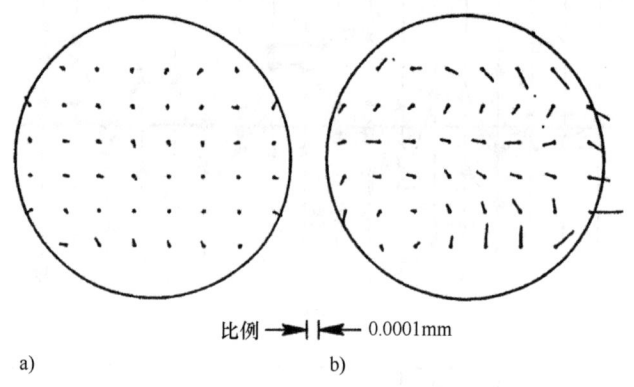

图5.89　图5.86所示系统的剩余畸变测量值
a）补偿后　b）补偿前（矢量长度代表局部像差的量值）
（资料源自Williamson, D. M., *Proc. SPIE*, 1049, 178, 1989）

像差优化技术中至关重要的一点，就是能在调整期间提供实时测量像差的方法。图5.90给出了一般的测试设备，包括一个装配多个透镜的镜筒，其中三块透镜作为像差补偿元件。这些透镜放置在标有检查孔的轴向位置处，由两个测微计驱动的正交推杆穿过这些孔，使透镜-镜座部件横向滑动。相对于测微计作用平面内推杆运动对称地设置第三个孔，一个弹簧（图中未给出）通过该孔形成恢复力。需要注意的是，在其他一些对准装置中，是使用压电致动器提供调整运动。

在该装置中，镜筒夹持在一个V形块上，依次又安装在一台干涉仪中（图中未给出），通常是使用相位干涉测量技术评估每块透镜移动对整个性能的影响。通过连续的近似调整实现优化。如果达到了系统的最佳性能，就用某种内部机构（图中未给出）将可移动透镜锁定

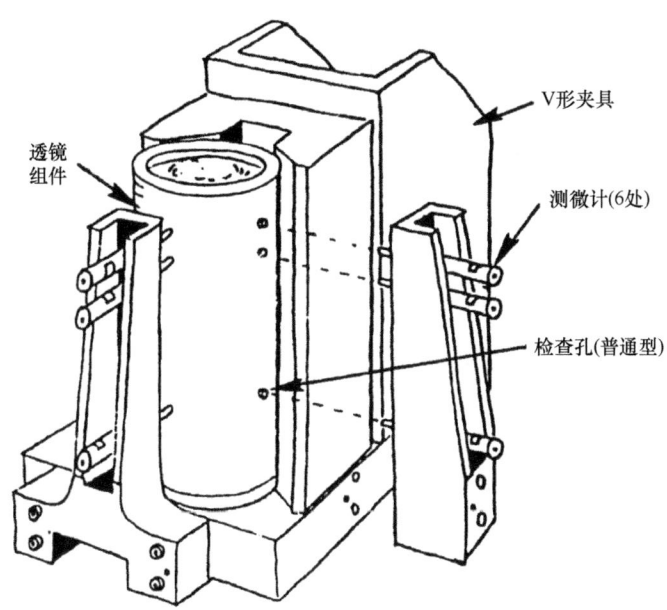

图 5.90 物镜组件调试设备示意图，为了优化系统性能，三个透镜可以做横向调整
(资料源自 Yoder, P. R., Jr., *Mounting Optics in Optical Instruments*, 2nd edn., SPIE Press, Bellingham, WA, 2008)

到位以保持对准，然后将检查孔密封，使湿气和脏污不会进入。

图 5.91 给出了一台监控"滑动物镜"调校期间物镜组件对准程度的干涉仪。利用立方分束镜上侧的视频摄像机能够观察到标准平面与后向反射镜之间两次通过物镜组件的干涉图。在每次迭代调整可移动透镜之后记录下波前质量。

为了优化某些高性能物镜组件的性能，除了其他补偿元件的横向调整外，对一个或几个透镜/镜座部件沿轴向做些小量移动是必要的。由于实际螺纹的牙太粗，在此不采用将带螺纹的镜座旋进镜筒螺纹的方法（类似某些物镜或目镜的调焦）实现物镜的轴向移动，即使设计成差动螺纹，也不可能与机械轴同心。此外，由于光学和机械零件中残留的较小楔形缺陷，可能会影响到光学零件的同轴度，以及使像差变大。所以，在进行轴向调整时，镜筒一定不能绕其轴转动。

Bacich (1988) 介绍过一些进行精密轴向调整的机构，在物镜镜筒之外可以比较容易地进行调整，图 5.92 给出了两种这样的机构。图 a 中，三个球以 120°间隔分别放进物镜镜座的竖直孔中，锥头固定螺钉穿过镜座的壁，球就落在锥头固定螺钉上。另外一个镜座（图中未给出）放在三个钢球的上面。将螺钉穿过镜筒壁上的孔并等量地旋进，从而小量地增加或减少相邻透镜间的空气间隔。图 b 中，将固定螺钉旋进镜座壁上三个楔形缝中也可以达到同样的效果，固定在悬臂楔形结构上的半球与相邻的镜座（图中未给出）相接触。无论哪种情况，如果镜座在轴向锁定在一起，表示调整完成，并已经固定。使用这些调整意味着，如果光学设计没有要求镜座侧边彼此相互对准，建议采用这些调校方法使某个透镜稍有倾斜。

物镜组件调整到最佳性能后，必须对其固定以便利用珀克法（poker chip）（通常称为顺序装配法）的物镜不会失准，图 5.93 给出了其中一种方法。三根连接杆穿过每个

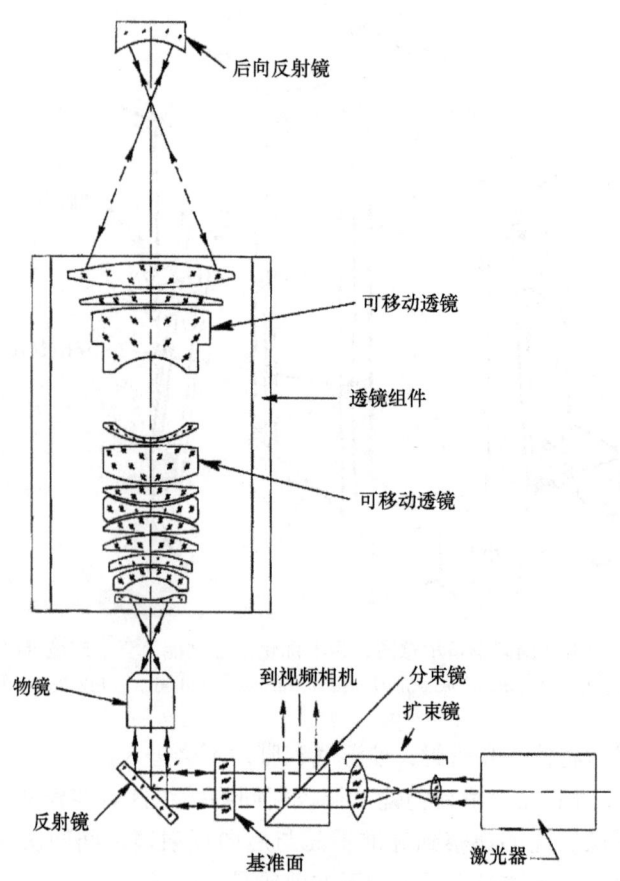

图5.91 用来评估横向调整可移动像差补偿透镜时光学组件性能的测试装置
(资料源自 Yoder, P. R., Jr., *Mounting Optics in Optical Instruments*, 2nd edn., SPIE Press, Bellingham, WA, 2008)

镜座和隔圈中的通孔,螺纹旋进镜筒下端面板的孔中。螺帽拧在连接杆上端螺纹上。拧紧螺母,就会将连接杆拉紧,由于镜座上所有相接触的凸缘都是平面,且垂直于系统的轴,所以,在不影响同轴度的情况下就将各个镜座沿轴向紧固在一起。

图5.94给出了另外一种将一系列按照顺序装配法(poker chip)对准的透镜-镜座部件装配在一起的概念。图5.94给出了三个镜座及安装在其内的透镜(图中没有给出透镜),这些镜座可能是组成一个复杂物镜组件的一串相似部件中的一部分。在每个镜座的上端面和下端面都设计有平的垫圈,每三个垫圈共面且与另一端面上的平行。镜座之间的隔圈确定轴向间隔。另外,在将镜座装配成一串时,为保证透镜顶点间有正确的空气间隔,也可以使垫圈彼此直接接触。在这种情况下,应当高精度地控制垫圈高度。透镜都在镜座中采用柔性方法安装和对准,所以,它们的光轴就是镜座外径的几何中心的集合,且垂直于垫圈端面。

在图5.94所示的最下面的镜座上,有三根定位固定销压进或旋进镜座上的孔中,垂直于镜座端面上由垫圈确定的平面。一旦镜座串接在一起,就将这些定位销穿过中间镜座和上镜座的通孔。装配期间,下一层的镜座相当于一个基准面。为将中间镜座对准,先横向移动进行调整,直至第二个镜座的光轴与其下层镜座的光轴对准。这

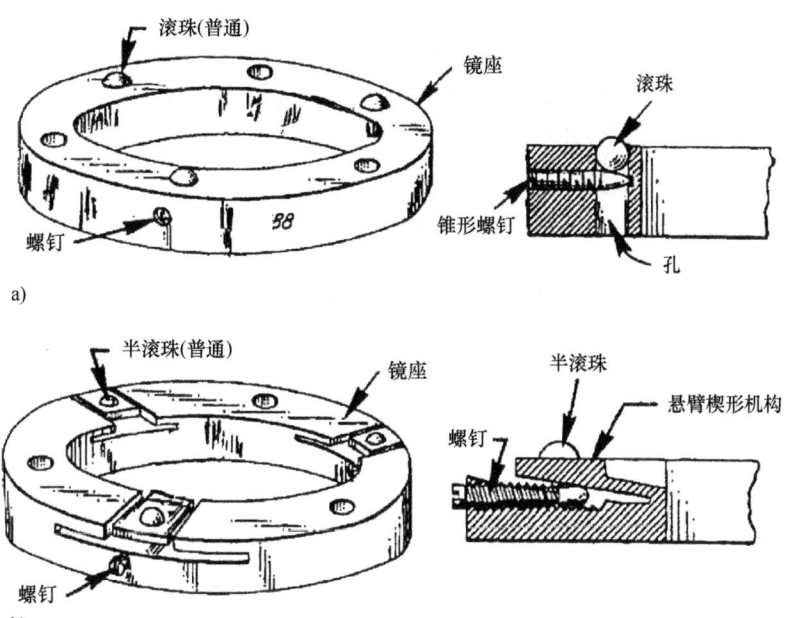

图5.92 用来调整相邻透镜/镜座部件间空气间隔的典型机构
a) 使用三个锥端螺钉,将滚珠压向上侧横向移动的元件
b) 另外一种装置,三个半球滚珠固定在整体悬臂梁楔形结构上,通过驱动楔形结构下方的球头螺钉实现高度调整
(资料源自 Bacich, J. J., U. S. Patent 4,733,945,1988)

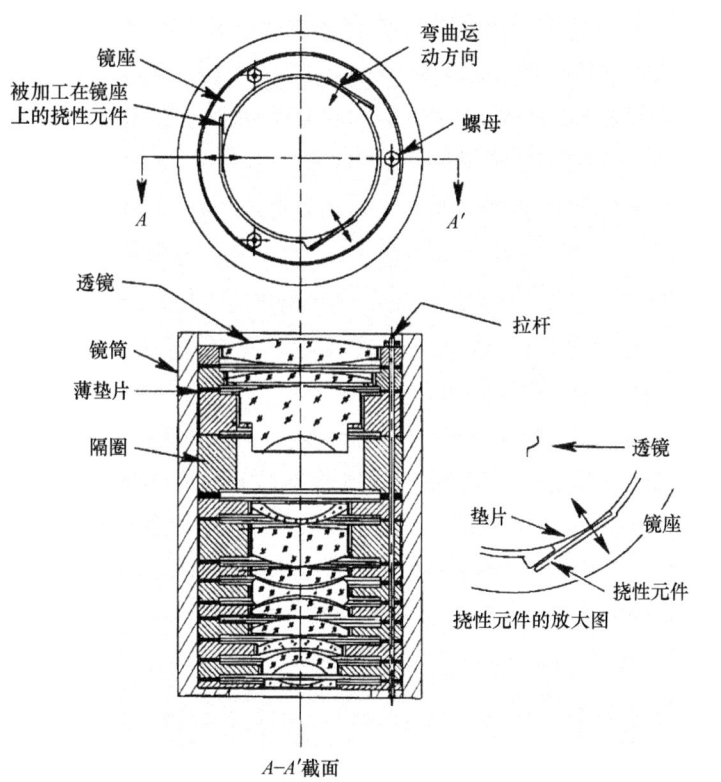

图5.93 利用顺序装配法(poker chip)完成光机组件对准后,一种固定其镜座的典型方法
(资料源自 Yoder, P. R., Jr., *Mounting Optics in Optical Instruments*, 2nd edn., SPIE Press, Bellingham, WA, 2008)

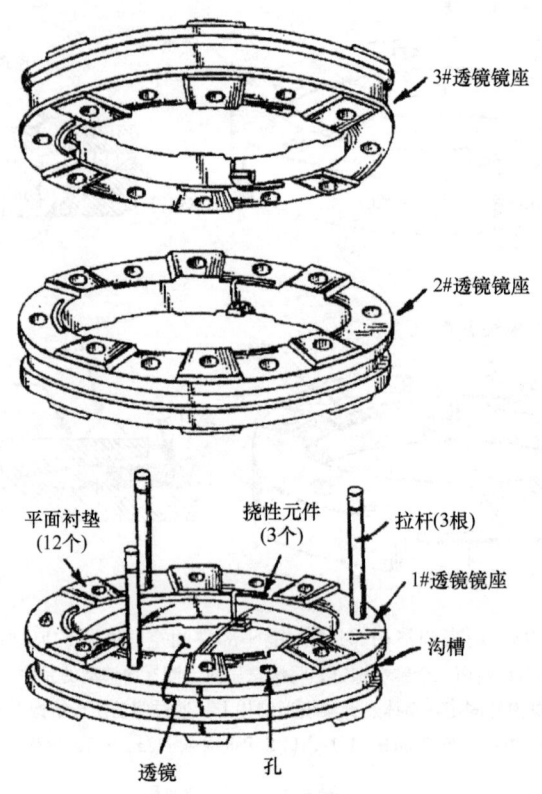

图 5.94 将三个按照顺序装配法（poker chip）完成装配的透镜镜座组装为物镜组件的分解图，举例说明横向对准后使用含有环氧树脂的液体定位固定销（liquid pinning rods）将一个镜座固定到另一个镜座上的技术
（资料源自 Bacich，J. J.，U. S. Patent 4，733，945，1988）

种调整应当在一个空气轴承转轴上利用定心误差干涉测量法或图 5.79 所示方法中的一对点源显微镜法（PSM）完成。完成调整后，在上镜座孔与定位固定销间的空隙中填充环氧树脂胶，并让其固化⊖；然后，将第三个镜座放在第二个镜座的上方，按照与第二个镜座同样的方法进行对准，也使用环氧树脂胶固定到位。用相同方法将组件中的所有透镜镜座串装在一起。

图 5.95 给出了一串 12 个镜座的示意性剖视图，每个都包含一块透镜，或者其作用相当于一个主要隔圈。对两个镜座（5 和 10）可以做轴向和横向调整，使整个光学系统的性能得到优化。可以使用图 5.91（译者注：原书错印为图 5.89）所示的此类测试设备，图 5.90（译者注：原书错印为 5.95）所示的装置可以提供横向调整方法。将专门研磨的非常平行的平面薄垫片（图中未给出）放置在镜座端面的精密垫圈之间，用作空气间隔的一种调整手段，如图 5.92 所示（译者注，原书错印为 5.93）。

如图 5.95 所示，除了要调整的那些镜座，其余镜座与固定杆之间都灌充有环氧树脂，将固定杆牢固地固定在镜座 1、2、6、7 和 11 上。在该装配阶段，在定位销周围灌充环氧树脂及固化之前，所有不可调整的零件已经相对于公共轴线装调好，相邻的空气间隔也校正准

⊖ 在其他资料中，该工艺称为液体或塑料定位法。

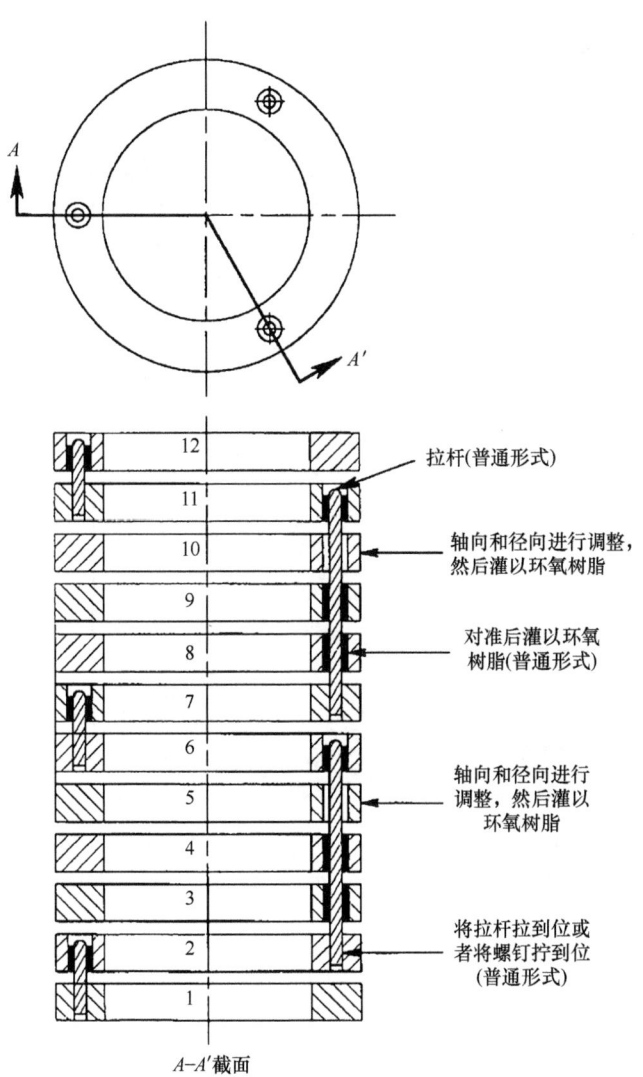

图 5.95 采用顺序装配法（poker chip）装配 12 块透镜部件、对准和使用环氧树脂固定到定位杆上的示意图。利用两块可调整镜座完成最后对准。对准后，使用环氧树脂将这些镜座胶合在定位销上
（资料源自 Bacich, J. J., U. S. Patent 4, 733, 945, 1988）

确。一旦最终完成定位，就用环氧树脂胶将移动镜座固定在定位销上。上述工艺全部完成，安装上镜筒而将该组件封装起来。

如果大功率、高数值孔径的显微物镜是应用在紫外及小于 248nm 波长范围，用于验收最新技术水平的半导体芯片或其他领域，如纳米级测量，Sure 等人（2003）已经指出装配和对准这类物镜组件存在的问题。其中需要考虑的不是实现透镜间的正确间隔和评估系统的成像质量，而是调整期间和之后横向可移动透镜的调整位置。由于透过光束是短波，并且有较高的光子能量，所以在这种物镜中不能使用胶合透镜。图 5.96 给出了一个有代表性的物镜剖视图，物镜的型号是 Leitz 150×DUV-AT，数值孔径为 0.9。该物镜由 17 块分离的单透镜组成，分别使用熔凝石英和氟化钙材料，具有分辨 80~90nm 物体细节的能力，系统的斯

切尔比大于 0.95，接近 0.99。为了在生产过程得到上述性能，要求采用专门的检验过程和对准技术，该技术将在下面内容中介绍。

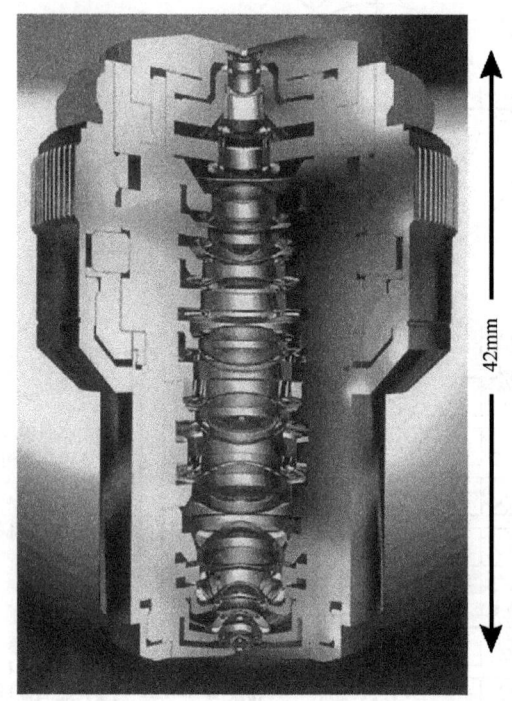

图 5.96　Leitz 150（译注：原书错印为 15）×DUV-AT 显微物镜的剖视图，数值孔径是 0.9
（资料源自 Sure, T. et al., *Proc. SPIE*, 5180, 283, 2003）

图 5.96 所示的设计给定公差见表 5.2 的最右列。与普通组件使用的典型值比较，满足"限定值"公差要付出较大代价。为了使透镜间的空气间隔误差达到 ±2μm，必须把每个透镜相对于某机械支架的定位精度控制在 ±1μm。使用图 5.97 所示的 Mirau 干涉仪，就可以完成图 5.96 所示物镜中部件的对准。如果需要确定安装支架上某平面的位置，可以将一块光学平板放置在环形刀口上，移动干涉仪并调焦在平面上，然后撤掉光学平板，将要测量的透镜部件放置在刀口上，重新将干涉仪调焦到透镜的顶点。需要注意的是，为保证光束能够沿透镜表面法线传播，干涉仪可能需要在两个方向上倾斜。测量出图中标有"Δh"的距离，精度 ±200nm，并与设计要求相比较。公差范围之内的部件可以用于物镜的装配。

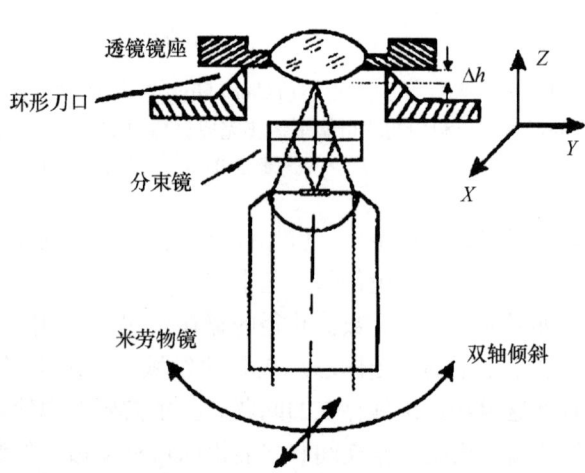

图 5.97　Mirau 干涉仪示意图，可以高精度确定透镜顶点-支架（基准）面的偏离量 Δh
（资料源自 Sure, T. et al., *Proc. SPIE*, 5180, 283, 2003）

表 5.2　高性能紫外显微物镜的制造公差

单透镜	典型值	极限值
半径误差	5λ①	0.5λ
表面误差	0.2λ	0.05λ
表面粗糙度（rms）/nm	5	0.5
中心厚度误差/μm	20	2
折射率误差	2×10^{-4}	5×10^{-6}
阿贝数（%）	0.8	0.2
组件		
偏心/μm	5	2
径向跳动/μm	5	2
镜座在壳体中的配合公差/μm②	10	2
空气间隔误差/μm	5	2

（资料源自 Sure，T. et al.，*Proc. SPIE*，5180，283，2003）

① 所有的 λ 都是 633nm。
② 沿直径方向计量。

在利用图 5.98 所示干涉测试设备调校显微镜中一个或多个横向可调整透镜元件时，可以监控波前误差。当物镜调整完成后，随着基准平面反射镜反射光的变暗，光学操作人员就可以在一台视频监视器上直接而实时地观察 CCD 相机中成像光学元件以每秒 20 幅的速度得到的像。波前误差，如慧差，源自图像不对称。若目视观察到的图像足够好，可以使标准光束与球面标准反射镜反射的光束相干涉，那么根据干涉图形，并同时使用快速傅里叶变换方法就可以确定波前的点扩散函数（PSF）。Sure 等人（2003）对这种测试技术进行过总结，Heil 等人（2005）又进行过更为详细的讨论。图 5.99 所示的一组干涉图形和对应 PSF 可以简要地解释如下：在移动物镜中的补偿透镜以减小慧差的过程中记录下干涉图的顺序，从开始观察到慧差时的约 2 条干涉条纹（见 5.99 图 b）减少到图 5.99j 所示的 0 条条纹。由于被测透镜并非理想透镜，所以在图 5.99j 中还可以看到残留的更高阶的慧形波前误差（三叶形）。作者们还指出，之所以选择这个例子是因为可以演示如何同时使用干涉条纹和点扩散函数研究分析测试样品的特性，而仅依靠干涉图很难做到。

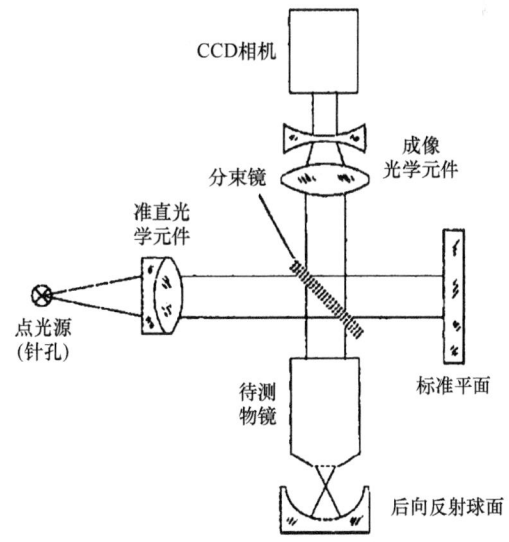

图 5.98　测量显微物镜性能的泰曼-格林干涉仪的原理图

（资料源自 Sure，T. et al.，*Proc. SPIE*，5180，283，2003）

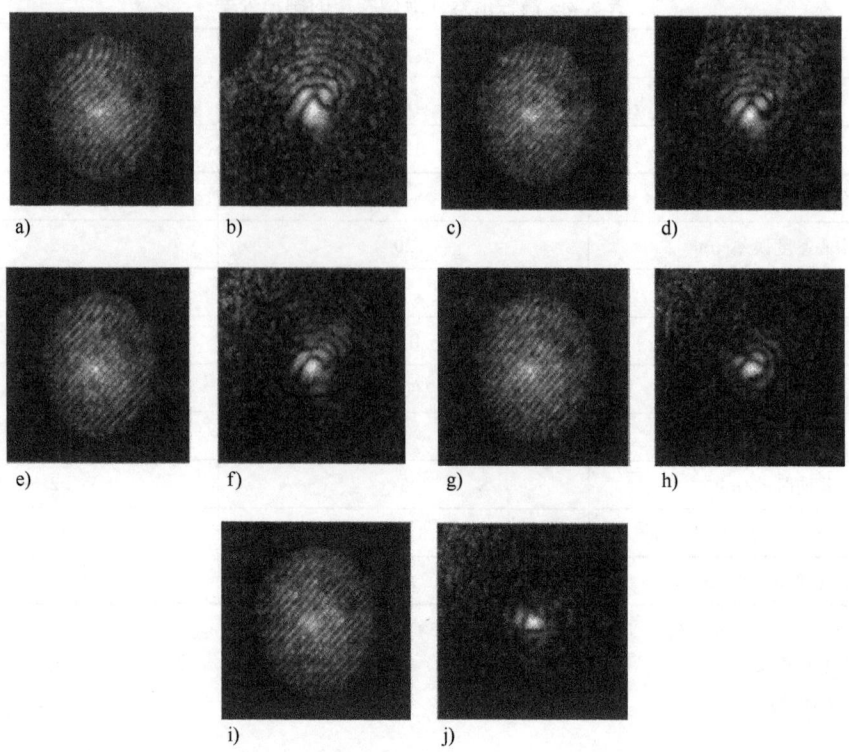

图 5.99　调整物镜中补偿透镜过程中记录下的 Leitz 150×DUV-AT 显微物镜的干涉图 a、c、e、g 和 i，以及对应的点扩散函数图 b、d、f、j。波长 $\lambda=266nm$

（资料源自 Sure，T. et al.，Proc. SPIE，5180，283，2003）

5.10　高性价比的演示验证/测试系统

有时候，用来演示验证一种新型光学仪器概念性设计和性能适应性的原理样机硬件需要以最低成本快速完成研制。Ison 等人（2011）介绍了一种此类仪器，是准备应用于外场试验的双通道气体过滤相关（GFC）传感器。该设计，由一些商业化货架机械组件组成。给定零件尺寸的制造公差时要照顾到机加车间的能力，装配时通过调校光学部件以实现所要求的调校精度，并且，重复使用光学元件的支撑结构以使设计和制造成本降至最低。由于这种方法与本章前面讨论硬件时通常采用的技术有很大差别，因此这里会介绍一些不同的设计特点。

图 5.100 给出了其光学系统示意图，图 5.101 给出了设计有可拆除防护罩和保护窗的仪器总布局图。入射光束通过可选择带通滤光镜并被分束镜分为两个通道。每个通道都设计有气室、聚焦光学系统（图中为"powered optics"）和探测器杜瓦瓶。全部零件都安装在一台 Thorlabs（译者注：美国一家经销光学机械、光学和光电子器件和设备的光子企业）36in 正方形轻型基板上。显然，有 5 个通用的 U 型支架结构。在利用 Newport 80tpi（译者注：每英寸螺纹数）自动推杆器调校时，每个支架都可以在稍微超大些的安装孔内沿两个水平方向移动。

第 5 章 多透镜组件安装技术

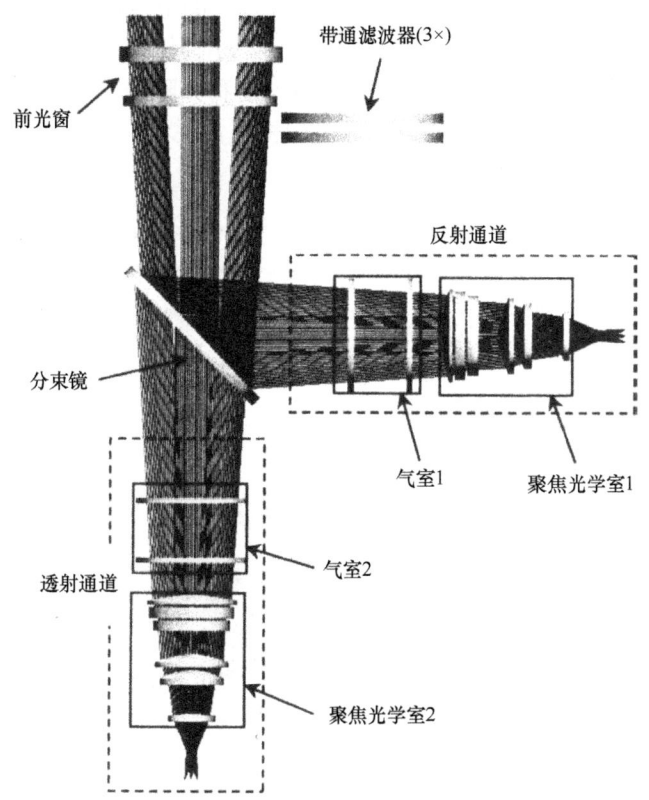

图 5.100 GFC 系统的光学示意图
(资料源自 Ison, A. M. et al., *Proc. SPIE*, 8125, 2011)

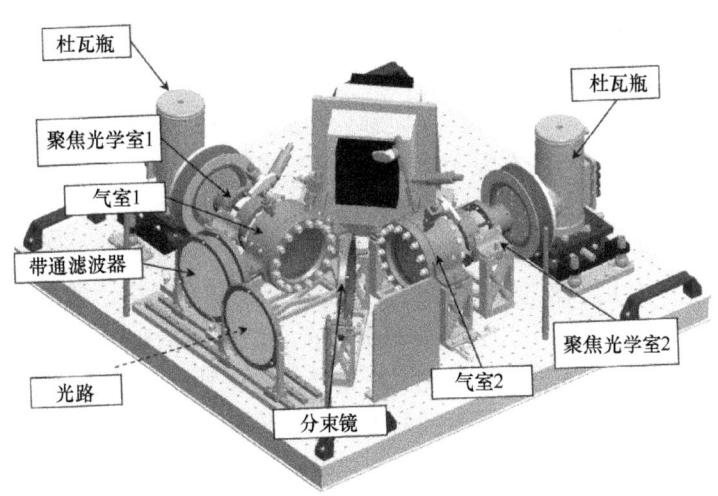

图 5.101 GFC 系统的光机布局图
(资料源自 Ison, A. M. et al., *Proc. SPIE*, 8125, 2011)

图 5.102a 给出了一个聚焦光学组件中的两个主要零件。用一个合适厚度的隔圈将透镜 6 和 7 隔开以保证具有正确的轴向间隔。透镜 7 压在靠缘（整体加工在前镜座上）的上表面

（表面A）。透镜8凹形入射面上的平面倒边压在该靠缘的下表面（表面B）。利用挠性压圈的预紧力将透镜压紧在靠缘的两侧。其中，挠性压圈的作用相当于本卷4.6.3节阐述的连续法兰盘压圈的功能。在后镜座中使用类似的结构固定和分隔透镜9和10。这些透镜组中的每个镜组都受到20 lbf（89N）的预紧力。在采用机械方法相对于表面D调校后，通过下面镜座壁注入弹性材料而将透镜11安装到位。

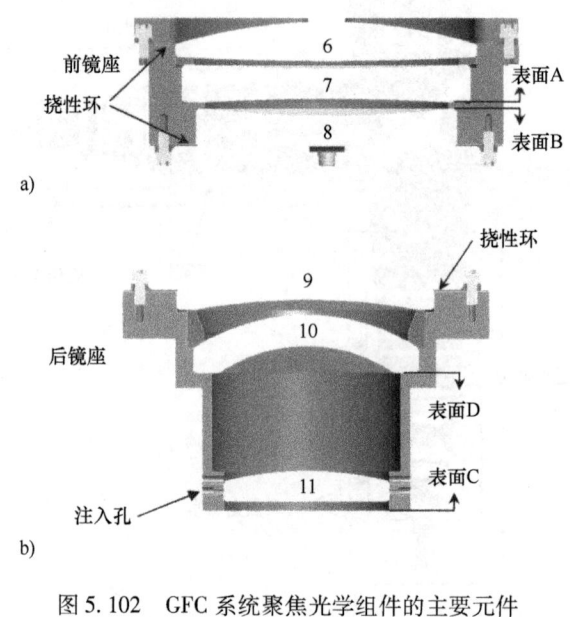

图 5.102　GFC系统聚焦光学组件的主要元件
a）第一个三透镜部件　b）第二个双分离透镜部件
（资料源自 Ison, A. M. et al., *Proc. SPIE*, 8125, 2011）

图5.103给出了挠性压圈的详细设计。图a中，有一个与透镜表面边缘相接触、厚度为0.032in（0.81mm）的三元乙丙橡胶（EPDM）垫圈。挠性压圈本身是6Al-4V钛材料，是带有三个凸台的环形结构，可以向外扩展而触到连接点。图5.103c给出了用来确定土台和压圈厚度以便提供合适预紧力的有限元分析（FEA）模型。该设计不同于本卷4.6.3节介绍的设计实例：凸台弯曲以提供所希望的预紧力，但压圈本身没有明显的弯曲。在前面设计中，压圈没有凸台、较宽，在其整个悬臂环范围内均呈挠性以提供预紧力。

图5.104a给出了利用三根变长度螺纹杆装配多个镜座的工序，螺纹杆的底部装有市售的工具球（tooling ball ends）。利用这些螺杆调整前、后镜座的轴向间隔，并且可以使螺杆在其支座中旋转以调整镜座光轴的共轴性。利用外部的探针式探测器（见图5.104b）定位每个镜座部件，将环氧树脂胶注入螺纹杆的螺纹中及工具球（tooling ball）与其支座间的界面内以约束镜座移动，固化后保证对准。这种对准工艺替代了较为常用的传统式镜筒设计方法，后者是直接将透镜装配在外镜筒中，再通过对光机界面提出精确的公差实现同心和正确的轴向位置。

Ison等人（2011）指出，由于所有组件的外形尺寸公差设置得很合理并且在普通的制造车间很容易制造，所以能够以最小代价和最快速度完成该光学仪器的设计和制造。上述对调校方法的认真考虑意味着，在装配期间，采用标准光机调校工具和实验室测试设备就能够

第 5 章 多透镜组件安装技术

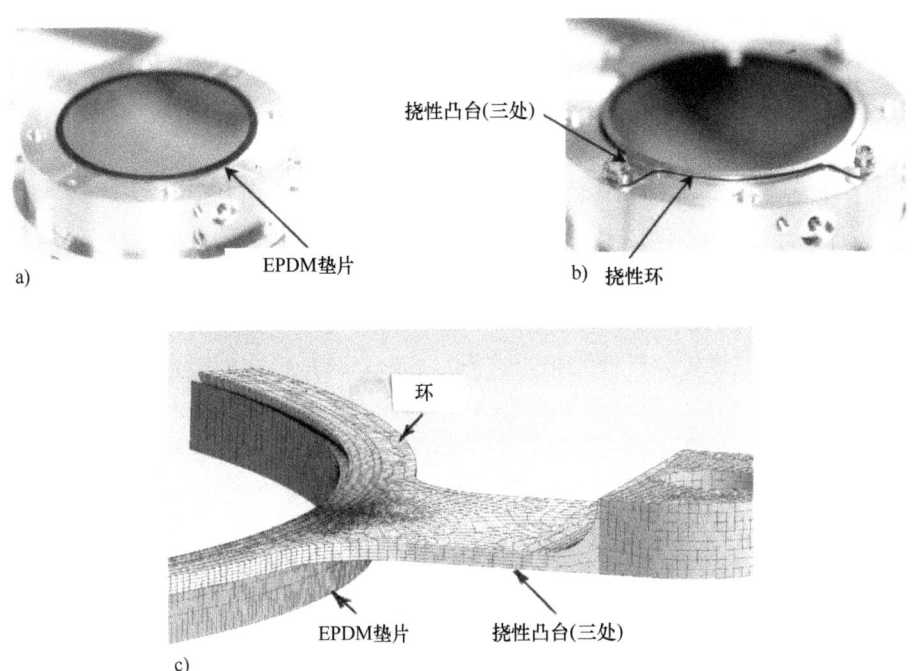

图 5.103 GFC 系统中使用挠性压圈固定透镜的详细视图
a) 透镜固定子系统中使用垫圈密封玻璃-金属界面的总图　b) 一个挠性凸台的特写镜头
c) 挠性压圈一个凸台的 FEA 模型。其中包含垫圈
(资料源自 Ison, A. M. et al., *Proc. SPIE*, 8125, 2011)

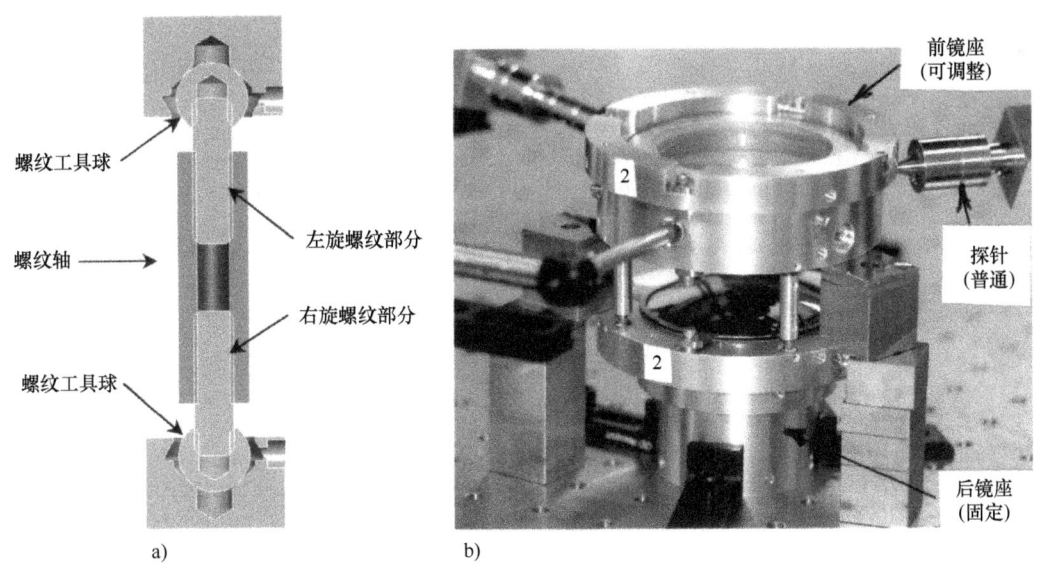

图 5.104　a) GFC 系统中, 用来连接聚焦光学部件中前后镜座并实现径向和横向间隔调整的螺杆结构图
b) 利用外部探针测量仪调校聚光部件并利用环氧树脂胶完成其固定的装置
(资料源自 Ison, A. M. et al., *Proc. SPIE*, 8125, 2011)

快速获得所需要的性能。

5.11 反射式望远系统的对准技术

原理上，上面叙述的透镜系统对准技术的许多内容可以应用到反射望远系统中。通常也需要使反射表面与光轴同心（或共轴），特别是系统中包含非球面时更是如此。由于篇幅限制，在此无法详细讨论这类系统中测量和校正对准误差的技术，感兴趣的读者可以在 Wilson (1999) 著作的第2章找到有关卡塞格林（Cassegrain）类型望远镜对准和测试方面的更详细资料。处理问题的方式也可以扩展到格雷戈里（Gregorian）形式的望远镜中。该参考文献还包括校准施密特（Schmidt）望远镜和场镜的内容。Parks (2006) 阐述了一种方法，利用点扩散函数（PSF）调校成像光谱仪及离轴式里奇-古雷季昂（Ritchey-Chretien）望远镜中改进型沃夫尼尔（Offner）系统。Yoder (2008) 对一些有代表性的反射系统的调校对准技术做了总结。Ruda (2011) 对该课题做了更详细阐述。

参考文献

Addis, E. C., Value engineering additives in optical sighting devices, *Proc. SPIE*, 389, 36, 1983.
Ashton, A., Zoom lens systems, *Proc. SPIE*, 163, 92, 1979.
Bacich, J. J., Precision lens mounting, U.S. Patent 4,733,945, 1988.
Bayar, M., Lens barrel optomechanical design principles, *Opt. Eng.*, 20, 181, 1981.
Benford, J. R., Microscope objectives, in *Applied Optics and Optical Engineering*, Vol. III, Kingslake, R., Ed., Academic Press, New York, 1965, Chapter 4.
Betensky, E. I. and Welham, B. H., Optical design and evaluation of large aspherical-surface plastic lenses, *Proc. SPIE*, 193, 78, 1979.
Bystricky, K. M. and Yoder, P. R., Jr., Catadioptric lens with aberrations balanced with an aspheric surface, *Appl. Opt.*, 24, 1206, 1985.
Carnell, K. H., Kidger, M. J., Overill, A. J., Reader, R. W., Reavell, F. C., Welford, W. T., and Wynne, C. G., Some experiments on precision lens centering and mounting, *Opt. Acta*, 21, 615, 1974.
Cassidy, L. W., Advanced stellar sensors—A new generation, in *Digest of Papers, AIAA/SPIE/OSA Symposium, Technology for Space Astrophysics Conference: The Next 30 Years*, Danbury, CT, p. 164, 1982.
Cook, W. J., Binocular collimation vs conditional alignment, *Proc. SPIE*, 8491, 84910G, 2012.
Estelle, L. R., Design, performance and selection of Kodak's "EKTRAMAX" lens, *Proc. SPIE*, 193, 2, 1979.
Fahy, T. P., *Richard S. Perkin and The Perkin-Elmer Corporation*, The Perkin-Elmer Corp., Norwalk, CT, 1987.
Fischer, R. E., Case study of elastomeric lens mounts, *Proc. SPIE*, 1533, 27, 1991.
Fischer, R. E. and Kampe, T. U., Actively controlled 5:1 afocal zoom attachment for common module FLIR, *Proc. SPIE*, 1690, 137, 1992.
Heil, J., Wesner, J., Mueller, W., and Sure, T., Artificial star test by real-time video holography for the adjustment of high-numerical-aperture micro-objectives, *Appl. Opt. Technol. Biomed. Opt.*, 42, 5073, 2005.
Hilyard, D. F., Laopodis, G. K., and Faber, S. M., Chemical reactivity testing of optical fluids and materials in the DEIMOS spectrographic camera for the Keck II telescope, *Proc. SPIE*, 3786, 482, 1999.
Hopkins, R. E., Some thoughts on lens mounting, *Opt. Eng.*, 15, 428, 1976.
Horne, D. F., *Optical Production Technology*, Adam Hilger Ltd., Bristol, England, 1972.
Ison, A. M., Sanchez, R. M., Kumpunen, M. A., Dilworth, S. G., Martin, J. W., Chaplya, P. M., and Franklin, J. W., Optomechanical design for cost effective DEMVAL systems, *Proc. SPIE*, 8125, 812502, 2011.
Jacobs, D. H., *Fundamentals of Optical Engineering*, McGraw-Hill, New York, 1943.
Lytle, J. D., Polymeric optics, in *OSA Handbook of Optics*, 2nd edn., Vol. II, Bass, M., Van Stryland, E., Williams, D.R., and Wolfe, W.L., Eds., McGraw-Hill, New York, 1995, Chapter 34.

Malacara, D., *Optical Shop Testing*, Wiley, New York, 1978.
Mast, T., Faber, S. M., Wallace, V., Lewis, J., and Hilyard, D., DEIMOS camera assembly, *Proc. SPIE*, 3786, 499, 1999.
MIL-HDBK-141, *Optical Design*, Defense Supply Agency, Washington, DC, 1962.
Morris, C., *Dictionary of Science and Technology*, Academic Press, San Diego, CA, 1992.
Palmer, T. A., Mechanical aspects of a dual field of view infrared lens, *Proc. SPIE*, 4444, 315, 2001.
Palmer, T. A. and Murray, D. A., Personal communication, 2001.
Parks, R. E., Alignment of optical systems, *Proc. SPIE*, 634204, 2006.
Parks, R. E., Lens centering using the Point Source Microscope, *Proc. SPIE*, 667603, 2007.
Parks, R. E. and Kuhn, W. P., Optical alignment using the Point Source Microscope, *Proc. SPIE*, 58770B-1, 2005.
Parr-Burman, P. and Gardam, A., The development of a compact IR zoom telescope, *Proc. SPIE*, 590, 11, 1985.
Parr-Burman, P. and Madwick, P., A high performance athermalized dual field of view I.R. telescope, *Proc. SPIE*, 1013, 92, 1988.
Price, W. H., Resolving optical design/manufacturing hangups, *Proc. SPIE*, 237, 466, 1980.
Pressel, P., *Meeting the Challenge: The Hexagon KH-9 Reconnaissance Satellite*, American Institute of Aeronautics and Astronautics, Reston, VA, 2013.
Quammen, M. L., Cassidy, P. J., Jordan, F. J., and Yoder, P. R., Jr., Telescope eyepiece assembly with static and dynamic bellows-type seal, U.S. Patent 3,246,563, 1966.
Rayces, J. L., Foster, F., and Casas, R. E., Catadioptric system, U.S. Patent 3,547,525, 1970.
Rosin, S., Eyepieces and magnifiers, in *Applied Optics and Optical Engineering*, Vol. III, Kingslake, R., Ed., Academic Press, New York, 1965, Chapter 9.
Ruda, M., Introduction to optical alignment techniques, SPIE Short Course SC010, 2011.
Sure, T., Heil, J., and Wesner, J., Microscope objective production: On the way from the micrometer scale to the nanometer scale, *Proc. SPIE*, 5180, 283, 2003.
U.S. Precision Lens, Inc., *The Handbook of Plastic Optics*, 2nd edn., Cincinnati, OH, 1983.
Valente, T. M. and Richard, R. M., Interference fit equations for lens cell design using elastomeric lens mountings, *Opt. Eng.*, 33, 1223, 1994.
Vukobratovich, D., Design and construction of an astrometric astrograph, *Proc. SPIE*, 1752, 245, 1992.
Vukobratovich, D., Optomechanical systems design, in *The Infrared & Electro-Optical Systems Handbook*, Vol. 4, Dudzik, M., Ed., ERIM, Ann Arbor and SPIE Press, Bellingham, WA, 1993, Chapter 3.
Wang, Y., Su, P., Parks, R. E., Oh, C. J., and Burge, J. H., Swing arm optical coordinate-measuring machine: High precision measuring ground aspheric surfaces using a laser triangular probe, *Opt. Eng.*, 51, 073603, 2012.
Westort, K., Design and fabrication of high performance relay lenses, *Proc. SPIE*, 518, 40, 1984.
Williamson, D. M., Compensator selection in the tolerancing of a microlithography lens, *Proc. SPIE*, 1049, 178, 1989.
Wilson, R. N., *Reflecting Telescope Optics II*, Springer, Berlin, Germany, 1999.
Yoder, P. R., Jr., Lens mounting techniques, *Proc. SPIE*, 389, 2, 1983.
Yoder, P. R., Jr., Opto-mechanical designs of two special purpose objective lens assemblies, *Proc. SPIE*, 656, 225, 1986.
Yoder, P. R., Jr., *Mounting Optics in Optical Instruments*, 2nd edn., SPIE Press, Bellingham, WA, 2008.
Yoder, P. R., Jr. and Friedman, I., A low-light-level objective lens with integral laser channel, *Opt. Eng.*, 11, 127, 1972.
Yoder, P. R., Jr. and Vukobratovich, D., *Field Guide to Binoculars and Scopes*, FG19, SPIE Press, Bellingham, WA, 2011.

第 6 章 光窗、整流罩和滤光片的设计和安装技术

Paul R. Yoder, Jr.

6.1 概述

光学仪器中的光窗,是其内部元件与外部环境间的一种透明界面。通常光窗是平行平板,使用光学玻璃、熔凝石英、塑料或晶体材料,允许所希望的辐射光通过,对成像质量和光强度有最小的影响,能隔绝污物、湿气和其他污染,在某些情况下,还要保持内外环境间有正的或负的压差。如果应用在红外领域,该光窗不能由于自身温度而产生影响其功能的辐射。一些望远镜,如施密特系统的前孔径就很靠近光窗,为了校正像差,光窗的一个或两个表面要有一定的曲面形状。一般来说这些曲面都是非球面,但不会偏离标准平面或球面太多。弯月形光窗,例如马克苏托夫(Maksutov)系统中使用的光窗,称为盖(或壳),比较深的盖称为整流罩。后者是球面或保角形状。

光窗安装设计的主要内容通常包括由机械和热产生畸变的程度、密封措施及在光学系统中的位置。如果放置在孔径光阑或瞳孔处,或者在其附近,主要考虑透过波前产生的变形。精加工和抛光造成的缺陷,例如擦痕、麻点和污点要尽量少。若光窗放置在像面附近,对波前的影响会小些,但光窗的表面缺陷或污点可能会叠加在像面上。在高能量或高功率激光应用领域,为了避免或至少使激光致伤(LID)减至最低,对洁净度及没有微小擦痕或其他物理缺陷的要求至关重要。后者的内容已经在本卷第 2 章讨论过,同时,还阐述了由于高速杂物、沙石、灰尘和雨雪冲击而导致光窗和整流罩连续不断受损的情况。在此不再赘述。

光窗或整流罩的一个重要功能是对仪器内部组件进行密封,免受外部环境影响。这也与仪器结构的整体性有关,为此,对密封技术将在卷Ⅱ第 7 章讨论。

由于平行平板对平行光束或稍有会聚或发散的光束基本上没有影响,所以,从调整和对准的观点看,这些平板可以视作光学系统中较好的零件。如果厚的平板光窗或滤光片放置在会聚或发散很严重的光束中,就会像棱镜一样产生像差,对于校准调试也很敏感。为避免产生严重问题,放置在光学系统内的光窗通常设计得足够薄。

高性能系统(如照相机或电光传感器)对平板光窗两表面间的楔形角要求分为两种:在单色光中应用,可以是几(角)分,因为该系统允许有一个固定的角偏离(或被补偿);如果应用在多色光系统中,则要求小于1″。若光窗是分段拼装,那么两片光窗共有的界面部分会造成双像和瞄准线指向误差。为保证系统性能,必须控制这些误差,因而对各片光窗的

第6章 光窗、整流罩和滤光片的设计和安装技术

楔形角要求较严。为控制有害的菲涅耳反射，对做成楔形的光窗要提出专门的安装要求，以保证楔形顶点的正确方向。如果楔形角比较明显，可能会引入光谱色散。

平面光波透射通过光窗后，成像质量会有所下降，本章讨论的每一种光窗都是根据允许的最大下降量规定光窗的光学性能，可以在全通光孔径范围内讨论，也可以选择部分孔径讨论，其要求取决于具体应用和使用的波长。例如，一个目视观察系统的允许波前误差可以大到（波长 0.63μm）一个波峰-波谷（p-v），一个工作波长为 10.6μm 的普通前视红外（FLIR）传感器中的光窗允许有 0.1 个波长 p-v 波前误差（等效于 0.63μm 工作波长时 1.7 个 p-v 波前误差）。对于高速飞行导弹的光窗或整流罩，可能在由瞄准线方向和整个传感器孔径确定的任意子孔径内都要求小于 0.1 波长 p-v 方均根误差。一个高性能的照相机物镜前面会安装一块保护光窗，要求其造成的波前误差小于 0.05 个波长 p-v（波长为 0.63μm）。

应当注意的是，透过波前误差包括由材料不均匀或加工造成的表面残留形状误差，以及装配或环境造成的机械变形等而导致的误差。在完成装配后的环境条件下，进行干涉测试就可以测量出这些缺陷，但不包括环境因素导致的误差。对于高精度应用，可能还需要进行模拟环境测试及严格的分析。据报道（Askinazi 等，2003），研究人员在应用计算机控制局部抛光以校正折射率不均匀性方面，已经取得了一些成功。

近年来，由于保形光窗在军事领域显现出巨大的空气动力学优势，其设计和研制受到越来越多的关注。本章将讨论大家感兴趣的这种光学元件。

对光窗特别有害的一个环境问题就是受到高速颗粒物质、小虫、雨或冰的磨损和腐蚀。该主题已经在本卷 2.2.10 节讨论过，如果需要更多信息可以参考所引证的资料，本章不再讨论。许多光窗、盖和整流罩的设计都是以分析空气动力学或流体动力学施加的动态或者静态压力差作为基础。本章将讨论这方面的内容。

一个光学滤光片就是一个特殊类型的光窗，光学滤光片由具有选择性透过特性的材料制成，是波长的函数；或者采用普通的折射材料，镀以合适的膜系，产生所希望的透射效果。一般来说，滤光片的装配与光窗的装配没有什么区别。如果滤光片使用的材料特别脆、吸收的光束能量会造成温度升高很快、滤光片暴露在高速气流中，或者滤光片是分段拼装而非整体结构等情况，就一定要对其机械设计给予专门考虑。

下面将讨论具有代表性的光窗、盖、整流罩和滤光片的设计和装配。

6.2　普通光窗安装技术

图 6.1 给出了一个用于密封光学系统的小口径圆形光窗的典型安装设计。光窗是直径为 20mm（0.79in）、厚为 4mm（0.16in）的圆板，材料是 BK7 玻璃，用在军用望远镜分划板投影分系统的照明光路中，照明光路的相对孔径是 $f/10$。表面的平面度仅要求 ±10 个波长 p-v（波长是可见光），两表面的平行度是 30′。根据美军标 MIL-S-11031，用聚硫化物密封胶将光窗黏结在一个不锈钢（材料型号 303）镜座中。另外，也可以使用 RTV 类的人造橡胶材料，这种方式既可以将光窗固定，也可形成有效密封。注意到，反射镜轴向压靠在镜座内一个平面环形靠缘上，用胶合剂填充加工靠缘而形成环行空间。注入胶合剂之前，先在金属与玻璃之间安装上薄垫片或可计量的金属丝，从而很容易地保证密封胶层的径向厚度具有足够好的均匀性。在密封剂固化之后，就可以去掉上述的垫片或金属丝。为了实现最佳密封，去

除垫片或金属丝后留下的间隙内,应当填充密封剂,并且固化。

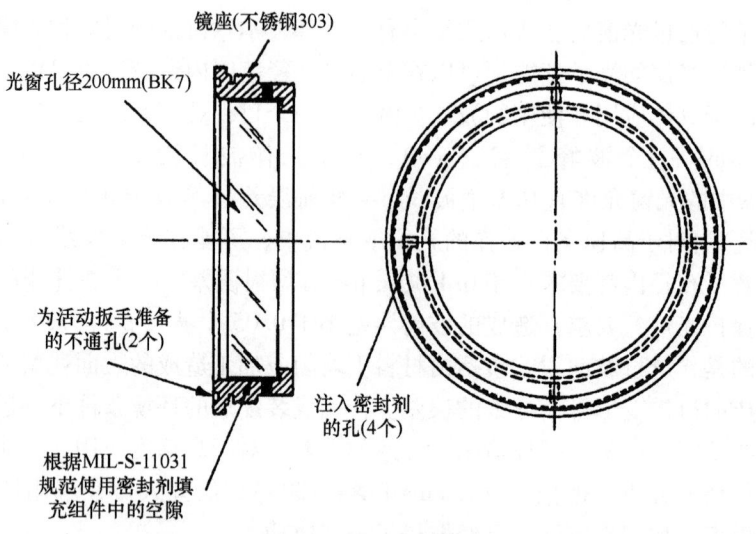

图 6.1　将玻璃零件黏结安装在镜座中的光窗部件
（资料源自 U. S. Army drawing）

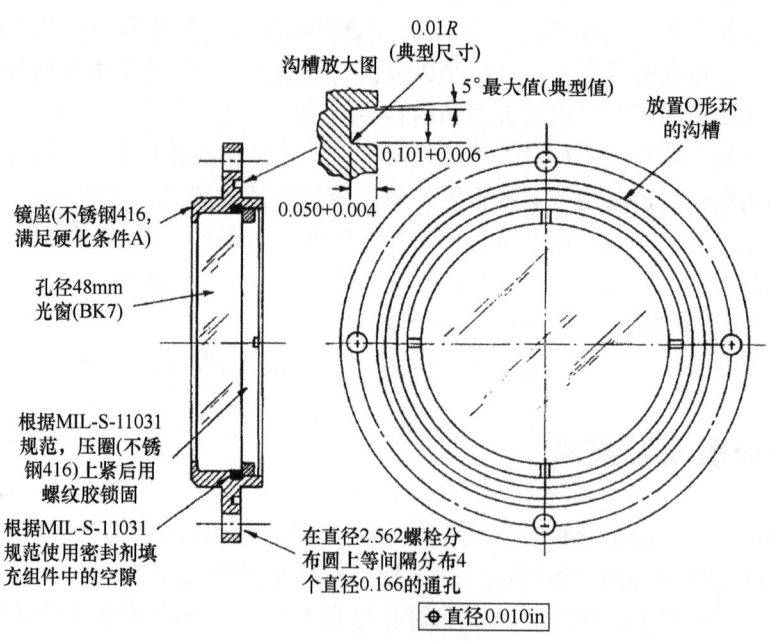

图 6.2　用压圈安装到位的光窗部件。尺寸单位是 in
（资料源自 U. S. Army Washington, DC）

如果图 6.1 所示的镜座没有设计密封剂灌注孔,而是在把光窗装配到镜座之前,仔细地在光窗侧面和镜座内径都涂上胶并安装在一起,或者利用皮下注射器将密封胶灌注在光窗边缘与镜座内径之间的窄槽内,结构会稍微简单些,但可靠性会降低。无论哪一种情况,在密封剂固化之前，都要把多余的溶剂清理干净。通过观察光窗侧面四周的密封剂是否连续，判断密封是否成功，更理想的方法是用压力测试方法来检测。在某些设计中，镜座上有一个外螺纹与仪器壳体的内螺纹相配合，在镜座法兰盘与仪器壳体之间安装一个平面垫片或 O 形垫圈实现密封。

图 6.2 给出了一个 BK7 玻璃制成的光窗部件，直径为 50.80mm（2.0in），厚度为 8.8mm（0.346in），使用符合美军标要求的密封剂，将它安装在不锈钢（型号 CRES416）镜座中，并用螺纹压圈压紧，压圈的材料也是不锈钢。该光窗安装在一个高倍率望远物镜前面，作用是实现环境密封。由于透过光窗的光束是平行光，并且一直充满光窗的通光孔径，所以关键技术就是控制透过光束的波前误差（绿光的球面光焦度是 ±5 个波长 p-v，不规则度是 0.05 个波长）和楔形角（最大为 30″）。

室温下，玻璃与金属间的最大和最小间隙分别是 0.53mm（0.020in）和 0.22mm（0.009in）。镜座上有一个安装 O 形环的环形沟槽，是为下一步装配密封镜座与仪器壳体界面准备的。详细视图中给出了沟槽的尺寸。注意到，安装孔在密封范围之外。用来固定部件的螺钉应当旋进仪器壳体的不通孔中。对密封的要求是望远境内 5 lbf/in² （3.45×10⁴Pa）的正压能保持较长一段时间。

6.3 特殊光窗安装技术

所谓特殊光窗，就是包括安装在航空/航天摄像机及如前视红外系统、微光电视（LLLTV）系统、激光测距机/目标指示系统之类传感器中的光窗，以及高真空应用领域中的光窗。相关内容可参考 Askinazi 等人（2001）和 Gentilman 等人（2003）撰写的资料。在此，我们有意地回避了高能量激光系统使用的光窗，因为其中的关键技术涉及透射元件所使用的材料而非其安装设计技术。有关激光对光学材料作用方面的资料已经相当丰富，包括本卷 2.2.12 节提供的参考文献，对该类光窗材料感兴趣的读者可以浏览和参考。

现代的航空侦察相机和电光传感器，通常安装在机身或外挂吊舱中有环控的舱段内。在大多数情况下，都要使用光窗，将该舱段或吊舱密封起来，并保证光窗在所处环境中具有良好的气动性。光窗质量要高，且在恶劣环境中有较长的寿命，根据热学方面的考虑，确定使用单层还是双层光窗，下面就来讨论这两类例子。安装在飞机或导弹上的一些光窗可能需要采取制冷措施，以抵消气流使表面发热的影响。

图 6.3 给出了一个安装在微光电视系统中的光窗。微光电视安装在机翼下的一个外挂吊舱内，使用的光谱范围是 0.45~0.9μm。将两块平板锌冕玻璃胶合在一起，构成一块 19mm（0.75in）厚的椭圆形光窗，孔径约为 25cm×38cm（9.8in×15.0in）。该光窗安装在一个铸铝的镜框中，镜框

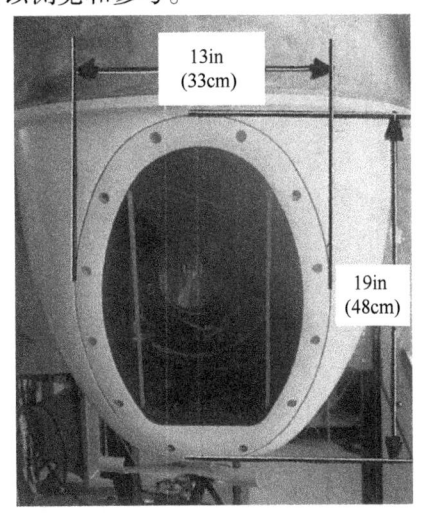

图 6.3 飞机外挂吊舱内微光电视系统中使用的椭圆形双层玻璃光窗
（资料源自 Goodrich Corporation, Danbury, CT）

与外挂摄影吊舱的曲面壳体接触,并用螺钉穿过图中能看到的沉孔将光窗组件固定到位。该部件的内部结构如图6.4所示。导线与一块玻璃板上的导电膜连接。为了保护膜层,利用光学胶将第二块平板玻璃胶合在该膜层上面。在执行军事任务时,该膜层可以提供热量,以达到防结冰和防结雾的目的,还可以衰减电磁辐射。因此,一旦这种设计的光窗受到损坏,可能要换掉。使用 RTV 型密封胶将该组件安装到位。完成装配后的光窗能够经受高达 11 lbf/in² (7.6×10^4 Pa) 的正或负压差,而不会受到损伤。光窗中两个外露表面镀有宽带增透膜,镜框的外部涂有白漆。

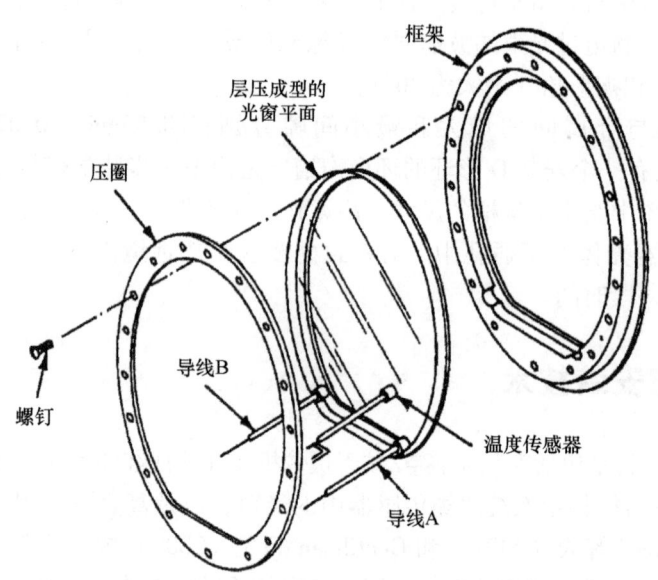

图 6.4 图 6.3 所示光窗组件的分解图
(资料源自 Goodrich Corporation, Danbury, CT)

图 6.5 中的多孔径光窗组件用于另一种军事领域,包括工作在 8~12μm 光谱范围内的前视红外系统传感器,以及工作在 1.06μm 波长下的激光测距机/目标指示装置。前视红外系统中较大的光窗是由一块厚约 1.6cm (0.63in) 的化学气相沉积 (CVD) 生长出来的硫化锌 (ZnS) 制成,孔径是 30cm × 43cm (11.8in × 16.9in)。较小光窗与上述光窗类似,椭圆形孔径是 9cm × 17cm (3.5in × 6.7in),用于激光系统,玻璃材料是 BK7,厚为 1.6cm (0.63in)。为了在指定波长和 47°±5°入射角范围内有最大的光谱透射比,所有表面都镀增透膜。如果雨水下落速率是 1in (2.5cm)/h,冲击速度接近 500mile/h (224m/s),这种膜系至少能够耐受 20min 的冲蚀 (Robinson 等,1983)。对透过波前

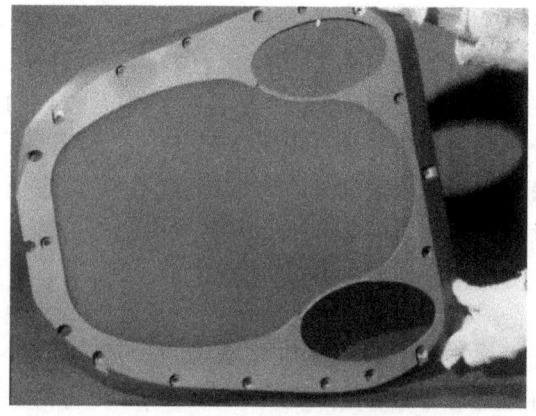

图 6.5 多孔径光窗组件。最大的零件是透红外的 ZnS,比较小的零件是 BK7 玻璃
(资料源自 Yoder, P. R., Jr., *Proc. SPIE*, 531, 206, 1985)

第6章 光窗、整流罩和滤光片的设计和安装技术

质量的技术要求如下：对前视红外光窗，波长为 10.6μm，要求在 2.5cm（1in）直径的瞬时孔径范围内有 0.1 个波长 p-v；若激光发射和接收光窗，波长是 0.63μm，要求在全孔径范围内有 0.2 个波长 p-v 光焦度，加上 0.1 个波长的不规则度。

该设计中使用的 CVD ZnS，不是最容易加工的材料。值得庆幸的是，这种材料在可见光光谱范围内有足够的透过率，因此，加工人员可以在大尺寸的毛坯材料中确定加工零件应取的材料位置，从而避免最严重的杂质和气泡。

如许多光窗的情况一样，为了能够消除前一道工序造成的所有表面损伤，研磨期间使用越来越精细的磨料，有控制地磨削材料[○]（Stollet 等，1961），使每次抛磨的机械强度都能达到最大。研磨时，楔形度也要控制在规定的范围内（如果是 ZnS 元件，最大值为 66″；对 BK7 玻璃元件，最大值为 30″）。从强度的原因考虑，光窗边缘也要有控制地研磨和抛光。

使用 RTV 密封剂将三个研磨好的光窗固定到用 6061-T651 铝板制成的轻质框架中。框架加工到图 6.5 所示的复杂轮廓后，要进行阳极化处理。通过框架边缘上的几个沉孔，用螺钉将黏结固定好的组件安装到飞机的吊舱上。将光窗框固定到刚度较大的吊舱结构上会引起窗框变形进而使光窗变形，或影响到密封性，所以窗框与吊舱的配合面在构型上必须紧密配合。

图 6.6 给出了一个典型的分段拼接光窗组件，安装在全景航空照相机前面，在军用飞机飞行过程中，全景航空照相机对地平方向的物体进行拍照。与这种相机配套使用的光窗，其外形尺寸取决于物镜入瞳的位置和尺寸及照相机的扫描视场。该光窗是双层结构的，熔凝石英玻璃在外，BK7 玻璃在内。由于飞机是高速飞行，所以一个非常重要的问题就是热。边界层效应将光窗的外层加热，因材料是一种发射效率大约为 0.9 的黑体，因而会向照相机和周围设备辐射热量。为防止这种有害的效应，外层玻璃的内表面镀一种低发射率的（金）膜层，该膜层对光窗的可见光透过率影响最小，但可以将红外光反射到照相机之外。光窗的其他表面镀以普通增透膜，保证在胶片敏感的光谱区有最高的光谱透射比。

图 6.6　与军用全景航空照相机一块使用的分段拼装光窗部件，对地平方向进行高空拍照。图中同时给出通过该光窗拍摄的一张拉长了的模拟照片
（资料源自 Goodrich Corporation, Danbury, CT）

光窗部件中心处的两块方形零件的尺寸约为 12.6in × 13.0in（32cm × 33cm），厚为 0.4in（1cm）。侧边的玻璃在一个方向上的尺寸稍小一点。两层玻璃错开几毫米。飞行期间，空调风通过两层玻璃间的空隙进行循环。分段光窗内外层玻璃中相邻玻璃之间要倒边，并用毛毡抛光法对倒边进行抛光，用柔性黏结剂将这些边胶合在一起。图 6.7 给出了界面处

[○] 控制性研磨工艺在 11.3.2 节中进一步讨论。

光线对称地通过相邻玻璃的光路。为防止系统的光学性能下降，用这种胶接方式使光束受到阻挡的宽度要降至最小。

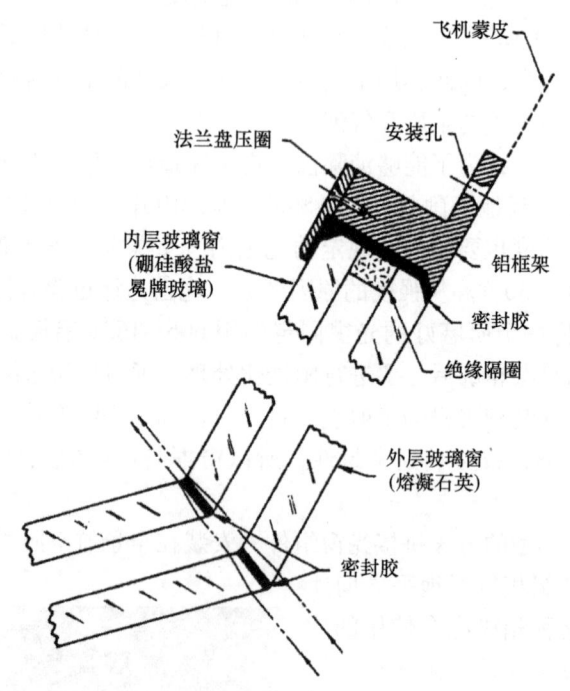

图6.7 图6.6所示的双层玻璃、分段拼装的航空照相机光窗的剖视图。
应当注意光束在胶合部位如何折射才能受到最少的阻挡
（资料源自 Goodrich Corporation, Danbury, CT）

如图6.7所示，在铝框架中加工出一条槽缝，使用一种室温硫化（RTV）橡胶黏结剂将玻璃零件密封在槽缝中，并用一个金属压圈压紧。用专用工具和工装，将光窗部件的外形轮廓及安装孔的样式都加工得与飞机的界面相匹配。

Haycock 等人（1990）介绍过一种为真空低温应用领域研发、安装在双层（壁）杜瓦瓶上的光窗组件，如图6.8所示。光窗的材料是锗，跑道形状的孔径尺寸约为 5.25in × 1.30in（133.3mm × 33.0mm）。由于要求严格的真空密封，因此使用弹簧加压的活塞将一个因瓦合金材料垫圈压在经过大角度倒边后的光窗边缘上，如图6.9所示。弹簧板的偏折提供了足够的总预载 [530 lbf（2350N）的水平]，在所有温度条件下（77~373K 范围内）都能将光窗夹持到位，并且在因瓦合金垫圈内产生最大约为 1200 lbf/in^2（8.27MPa）的压强。

为了使压力均匀地分布在光窗边缘周围，在弹簧板内边缘沿径向开一些缝。由于钛合金的热膨胀系数低、杨氏模量高和屈服应力高，所以用钛合金制造弹簧，光窗的框使用材料 Nilo 42（$Ni_{42}Fe_{58}$），与锗材料的热膨胀系数相近。为了比较容易地将活塞加工成特别形状，使用金属材料铝。

设计这种光窗的一个重要参数就是压入因瓦合金垫片的三角形间隙窄端（底端）的宽度。为了保证密封区域内达到所需的压力，需要一个小的尺寸。但是，如果太小，很难将被密封胶完全包裹的因瓦合金垫片装配到可用的空间中。作者发现，在这种应用中 0.010in

(0.254mm) 的尺寸是满足要求的。另一个重要尺寸就是，施加弹簧预载时，活塞两侧的间隙。间隙值采用 0.001in (25μm) 比较合适，足以减小钢垫片在较高温度下被挤出的可能性，因此在超过一周的期间内可保持密封。低温下对组件的测试表明，在 293～77K 的整个温度范围内，无论是在重复循环（大于 200 周）期间还是之后都没有泄漏，测试设备的精度约为 ×10^{-10} atm·cm^3/s。

Yoder（2008）介绍了上述设计的一种改进型设计，一个人造橡胶"衬垫"放置在倒过边的光窗及其安装底座间三角形间隙的底部，或者在同一位置上安装一个 O 形环。用类似刚才叙述的方法，将一个活塞弹性施压在人造橡胶"衬垫"上，直接沿径向和轴向将人造橡胶体压靠在光窗的侧面上。对于如航天类设备中的一些应用，采用这种方法密封是足够的。由于光窗侧面采用了大角度倒边，所以，这种设计的另一个优点就是，在将光窗压靠在安装界面上时，无须单独采取措施在光窗表面法线方向施加预载。

图 6.10 所示的剖视图中，举例详细说明了另一种真空密封光窗的设计。该光窗是一个氯化钠（单晶或多晶）圆盘，直径为 7.6cm（3in），厚约为 0.9cm（0.35in），镜座是不锈钢材的，并且不允许使用密封剂，因为组件在某种应用中会产生化学钝化，包括在气体介质中多光子激光导致的化学效应。长期使用中，当光窗受到激光脉冲辐照时，规定光窗在温度 200～275℃ 时能够保持内部压力相对于外部正常的大气压力有几毫托的压差，氦气的泄漏率约为 3×10^{-10} atm·cm^3/s。由于温度的快速波动，该设计必须能经受热冲击。

为了提供均匀的轴向弹性预载，以便经得起温度变化引起的外形尺寸变化，用 12 个均匀分布的螺钉分别压紧一串迭簧（或贝氏弹簧）垫圈，从而把光窗表面夹固在两个厚的不锈钢法兰盘之间，横向运动没有受到约束。该设计依靠摩擦力以保证在两个方向安装到位。使用一个 0.25mm（0.010in）厚的铅垫圈，将光窗的内表面与法兰盘密封在一起。如图 6.10 详细视图所示，该界面处法兰盘的外表面做成某种形状。法兰盘表面上有 1.9mm

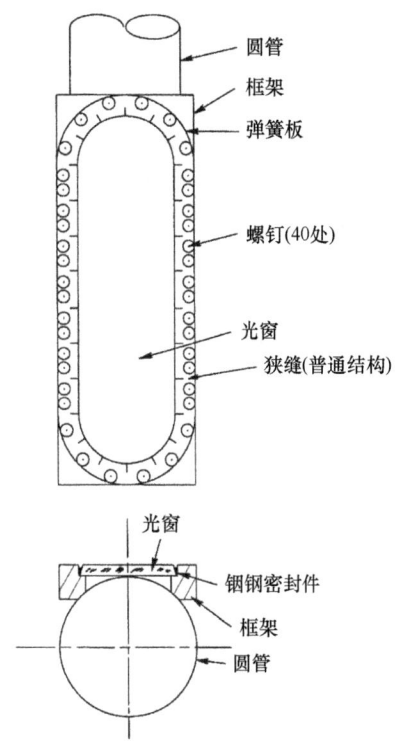

图 6.8 为了适应真空低温环境，用因瓦合金材料密封的光窗组件的俯视图和端视图
（资料源自 Haycock, R. H. et al., *Proc. SPIE*, 1340, 165, 1990）

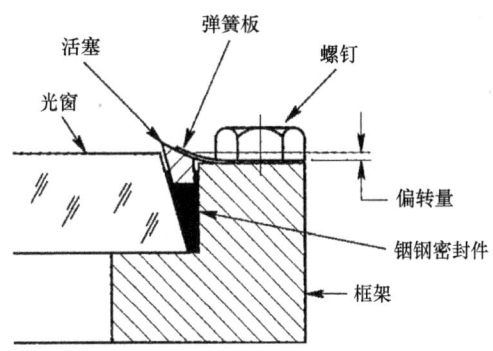

图 6.9 图 6.8 中给出的光窗组件进行压力因瓦合金密封的详细视图
（资料源自 Haycock, R. H. et al., *Proc. SPIE*, 1340, 165, 1990）

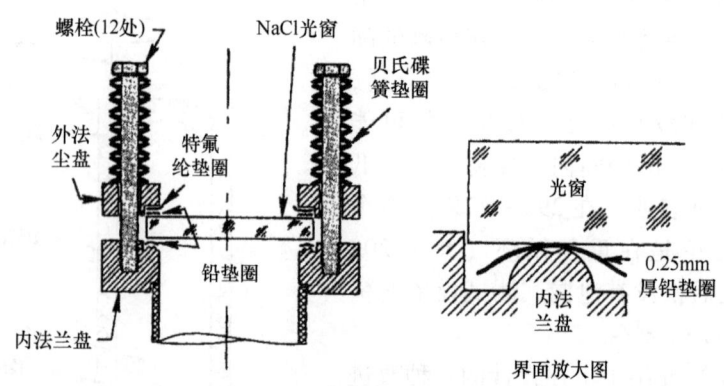

图6.10 一种红外仪器中使用的高温环境下真空密封的 NaCl 光窗视图
（资料源自 Manuccia, T. J., et al., *Rev. Sci. Instrum.*, 52, 1857, 1981）

(0.075in) 宽的超环面凸台，凸台中心切出一个 0.19mm (0.008in) 宽的凹沟槽。一个 0.25mm (0.010in) 厚的铅垫圈放置在光窗与法兰盘凸台之间。当受到弹簧的压力，沟槽的锋利边缘就会切穿铅垫圈，一个铅环落在构槽内，并且受力压入金属和晶体表面凹凸不平的微细纹中，由此形成密封。在光窗的外表面，0.125mm (0.005in) 厚的特氟纶（聚四氟乙烯塑料）垫圈和 0.25mm (0.010in) 厚的铅垫圈形成另一层密封，且对界面起着加垫片的作用。铅垫圈的表面要加工得粗糙些，使高的地方变形，从而将预载分布在光窗的一个大面积上。

6.4 保护盖和整流罩安装技术

6.4.1 球形表面

弯月形的保护盖（或罩）经常在下面一些领域用作光窗：需要有大视场的电光传感器、鲍惠（Bouwer）望远物镜、马克苏托夫（Maksutov）望远物镜或盖伯（Gabor）天文望远镜（Kinslake, 1978），在大的锥形空间内工作的扫描装置或深水装置的保护光窗。整流罩就是一种比较深的盖，超半球形的盖就是视角范围超出180°的整流罩。

图6.11给出了一个装配好的超半球形整流罩的照片。该整流罩的外径是127mm (5.0in)，厚度是5mm (0.2in)，角度孔径约是210°。图示部件的材料是冕牌玻璃，而军事应用中使用的许多整流罩是用红外材料制成的。绝大部分红外整流罩抗侵蚀、抗霉菌、抗颗粒磨损及抗雨蚀的性能都低于工作环境中对长寿命的期望值。本卷2.2节已经讨论过这些问题及提高材料性能和镀膜保护的措施。

保护盖和整流罩的安装通常包括如下方法：①将它们固定到一个金属的圆环状法兰盘上，或使用人造橡胶直接固定在仪器壳体上；②采用机械方法将它们夹固到位，再用垫圈或人造橡胶密封；③将光学件与壳体焊接在一起。图6.12给出了第一类和第二类安装方法的三种装配布局示例。图a给出了一个整流罩约束于一个圆环形法兰盘，通过一个柔性氯丁橡胶垫片对界面密封。图b给出了使用一种环氧树脂将整流罩黏结在法兰盘或仪器的仪表前盖

第6章 光窗、整流罩和滤光片的设计和安装技术

图 6.11 冕牌玻璃超半球整流罩的照片,用人造橡胶体将它安装在一个金属法兰盘中

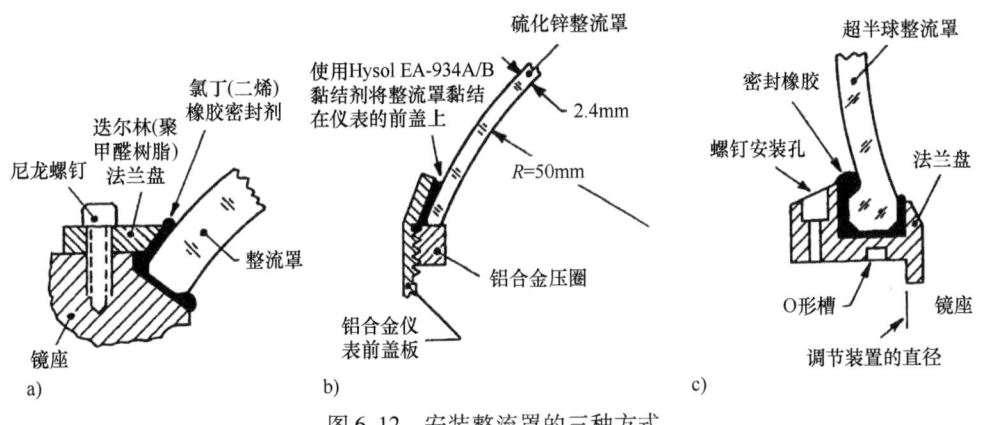

图 6.12 安装整流罩的三种方式

a) 使用一种柔性垫圈和一个法兰盘夹固整流罩(资料源自 Vukobratovich, D., *Introduction to Opto-Mechanical Design*, SPIE Short Course, 2003) b) 用一个内压圈约束整流罩(资料源自 Speare, J., and Belioli, A., *Proc. SPIE*, 450, 1821, 1983) c) 使用人造橡胶夹固和密封超半球整流罩(见图 6.11)

上,用一个压圈进行轴向约束。图 c 给出了一个超半球整流罩,按照图 6.11 所示的方式,用人造橡胶将它安装在一个环形座中。

图 6.13 给出了一个军用导弹的剖视图示意。一个深球冠形整流罩安装在前端,保护目标搜索/自导引雷达收发装置,红外或可见光传感器,后部是导弹的火箭电动机和尾翼,对武器起着稳定和制导作用。整流罩的作用相当于一个光窗,将需要的辐射光传输给传感器,并且在导弹飞行期间,相当于一个空气动力学结构。导弹的壳体是一个圆柱体,包括传感器、电子组件、制导控制器、驱动尾翼的电动机、弹头和火箭电动机的燃料。当飞行速度达到亚音速时,整流罩可以用塑料、玻璃、锗或其他晶体制成,这取决于使用的波长。如果应用于超音速领域,气流摩擦会使整流罩表面的温度升得非常高。这种发热材料发出红外辐射的量,部分地取决于其发射度,表明一个黑体如果处于整流罩温度下应当具备的辐射能力。如图 6.14 所示,整流罩顶点处的温度是马赫数和海拔的函数。因为随着海拔升高,空气密

度减小，空气与整流罩材料的热交换随之变得较慢，所以这个温度（称为驻点温度）会出现在较低的海拔。当整流罩表面在红外传感器中变得较热时，来自该热体的辐射会使此传感器的信噪比降低。或者说，在极端情况下会使传感器饱和，从而变得无法使用。在 $3 \sim 5 \mu m$ 波长范围内，经常使用的整流罩材料是氮氧化铝（AlON）、蓝宝石和尖晶石。图 6.15 给出了这些材料（和氧化钇）的发射度（有时称为发射率），它们是波长和温度的函数。一般来说，低吸收系数意味着低的发射率。不经常使用氧化钇作为光窗或整流罩的材料，原因是这种材料对热冲击很敏感。

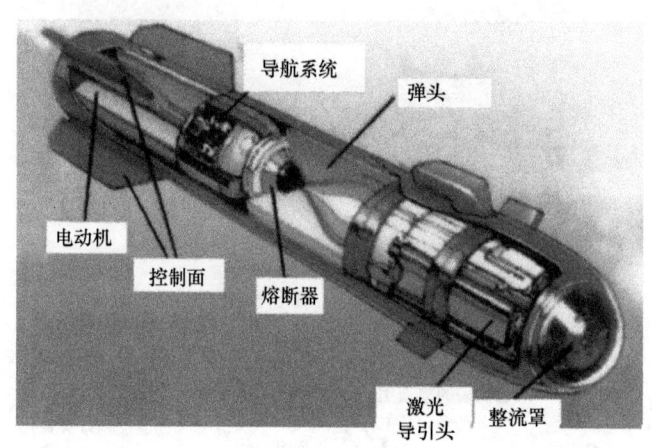

图 6.13　一个火箭助推导弹的侧视图示意，整流罩形状的光窗安装在导弹前端保护内部的传感器

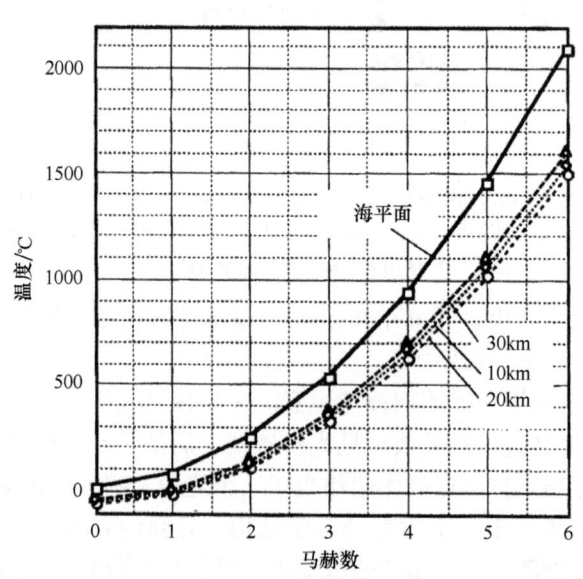

图 6.14　整流罩顶点处驻点温度随速度和海拔而变化

（资料源自 Harris, D.C., *Materials for Infrared Windows and Domes, Properties and Performance*, SPIE Press, Bellingham, 1999）

图 6.16a 给出了使用普通的成型、研磨和抛光技术制造半球整流罩的方法。利用一个给

第6章 光窗、整流罩和滤光片的设计和安装技术

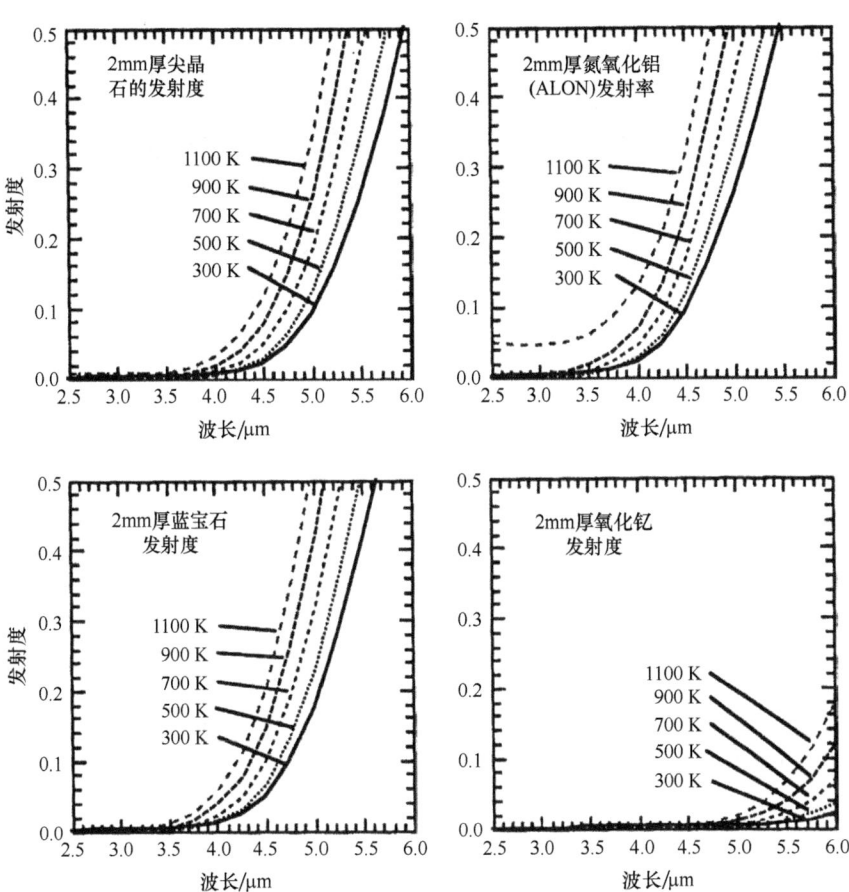

图 6.15 几种红外光窗材料发射度对温度的依赖关系，是波长的函数

(资料源自 Harris, D. C., *Materials for Infrared Windows and Domes, Properties and Performance*, SPIE Press, Bellingham, 1999)

定高度和直径的晶体毛坯件制造三个整流罩基板。首先，用金刚石锯加工成三个近似相同的圆盘，再利用普通的研磨设备，从每个坯件中去除（或磨碎）大量的材料（粗线之外部分），形成整流罩的粗糙内外球形表面（粗线部分）。该工艺相当缓慢，接着是对球面进行抛光。

如图 6.16b 所示，Harris (2003) 介绍了一种先进方法，利用与图 6.16a 所示的相同尺寸的晶体毛坯件可以切割出一系列整流罩，每个整流罩的尺寸与上述普通工艺切割出的整流罩相同。在这种掏挖工艺中，使用一种在整流罩形金属材料上设计了金刚砂刀刃的刀具完成球面的切割。当一个小尺寸的中心圆柱材料被精细切割，对坯件进行分离，但是坯件仍然能够固定在基底坯件上时，就停止掏挖工艺操作。然后，对其球面进行精磨并根据所确定的方法将其抛光到设计要求，参考 Pollicove 等人 (2003) 和 Harris (2011) 的参考文献。重复该工艺以形成更多的坯件，成为有用的整流罩。与图 6.16a 所示的传统工艺相比，该工艺可以从一根给定的坯件材料中获取更多的整流罩，获取一根给定尺寸整流罩所需的时间也少得多。

图 6.17 给出了两种陶瓷整流罩（代表性材料是蓝宝石）的结构布局，用铜焊方法将整

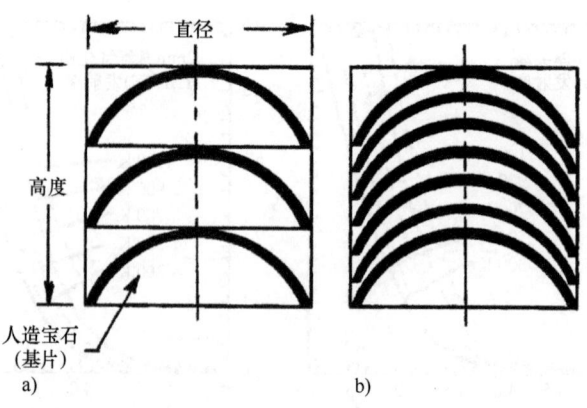

图 6.16　将一块圆柱形蓝宝石毛坯件加工成半球整流罩
a) 普通的加工方法　b) 用一种球形壳状加工工具加工半球整流罩的"掏挖工艺"
(资料源自 Harris, D. C., . Proc. SPIE, 5078, 1, 2003)

流罩安装在一个空空导弹的圆柱形弹体上，弹体材料是钛 6A1-4V。如图 6.17a 所示，将整流罩的底面对焊在圆柱形中间转换环（含有 99% 的铌和 1% 的锆组成的合金）材料的一个平面上。这种材料的热膨胀系数是 $(4 \sim 4.5) \times 10^{-6}/℃$，与蓝宝石非常匹配。整流罩的 c 轴近似地垂直于整流罩的基底。在此使用的钎焊合金是 Incusil-ABA 焊料（一种合金，大约含 27.25% 铜、12.5% 铟、1.25% 钛，其余是银，在约 700℃ 温度下熔化）。晶体的 c 轴近似地与整流罩的底面垂直。在圆柱转换环的左边加工出 4 个定位凸台，在焊接期间为整流罩定位，右端安装在导弹前端的一个孔中。装配时，加热（弹体材料）钛金属，同时冷却（转换环材料）铌金属，从而实现干涉配合。一旦恢复到室温，两种金属就黏结在一起，然后使用 Gapasil-9 焊料（一种合金，约含 82% 的银、9% 的钯和 9% 的镓，熔点约为 930℃）⊖ 焊接结点处。两种结合部的焊接都要在小于等于 8×10^{-5} Torr 的真空中完成；但需要分两步进行，因为两种材料的熔化温度完全不同。首先焊接金属与金属间的结合部，然后再焊接金属与陶瓷的结合部。

为了使导弹的外表面具有连续的空气动力特性，导弹弹体会在轴向延伸到第 2 个焊接部之外。图 6.17a 给出了使用聚硫橡胶密封剂灌注整流罩和导弹前端面的空隙。该设计中的转接环足够薄，使径向稍有柔性，这就允许蓝宝石和钛材料随温度变化可以有不同的膨胀/收缩（热膨胀系数分别约为 $5.3 \times 10^{-6}/℃$ 和 $8.8 \times 10^{-6}/℃$，相差较大），使整流罩破碎的机会降至最小。

图 6.17b 给出了一种改进型焊接方法。圆柱形挠性环与导弹的钛材料壳体是一个整体，因此不需要单独的高精度圆柱形转接环，也无须采用干涉配合将它装配到导弹前端的孔中。根据上面的解释，圆柱形挠性环比较薄，径向具有柔性。在整流罩底面与圆柱环端部平面间有两个焊接部，使用 Incusil-ABA 合金焊料将一个厚度为 0.008in（0.20mm）的平面垫片

⊖ Incusil 和下面提到 Gapasil 都是美国加利福尼亚州圣卡洛斯市的 WESGO 公司注册的商标，网址是 www.wesgometals.com。

第6章 光窗、整流罩和滤光片的设计和安装技术

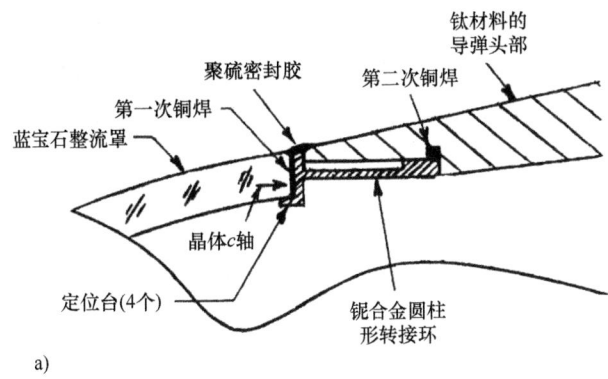

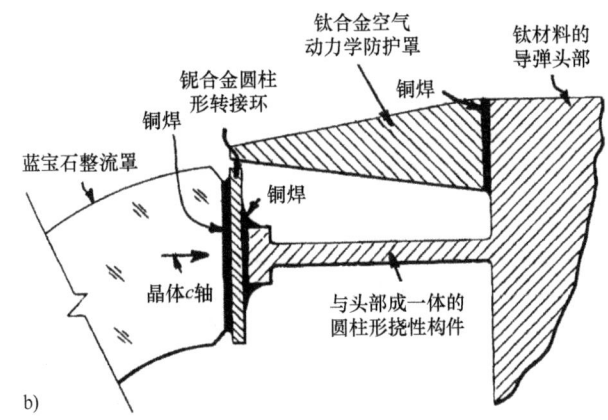

图 6.17 安装整流罩的示意图，将光学件铜焊到金属支架上
a) 使用一个分离的转接圆环零件的设计 b) 使用整体圆环的设计

(资料源自 Sunne, W. L., et al., Vehicle having a ceramicradome affixed thereto by a compliant metallic transition element, U. S. Patent5, 884, 1999a; Sunne, W. L., Vehicle having a ceramicradome affixed thereto by a compliant metallic "T"-flexure element, U. S. Patent5, 941, 479, 1999b)

（由99%的铌和1%的锆组成的合金制成）焊接在整流罩的底面上，使用 Incusil-15 合金将垫片的另一面焊接在转换环的平面端上。这种焊料与 Incusil-ABA 的成分基本一样，但不含钛。实际上，两种焊料的熔点相同，大约为700℃。用 Incusil-15 合金将一个由空气动力学构型的钛合金罩焊接在前端的靠缘上。所有3个焊接部在真空中同时完成焊接，因此，与图6.16a所述方法相比，该方案便于制造。

上面叙述的两种焊接装配整流罩的方法已经应用于生产，整流罩与导弹的结合部非常牢靠。为了证明焊接的强度和完整性，在 90 lbf/in^2 压差环境下对它们进行检验。Sunne (2003) 介绍了整流罩焊接技术进一步的发展情况，仅给出结论，没有更为详细的叙述。文献还指出，利用上述技术，已经成功焊接了其他的陶瓷整流罩，如 ALON。为保证成功焊接，整流罩材料中必须包含氧化物，才能与焊料不同程度地起反应。

6.4.2 保形表面

保形光窗是一种与安装光窗的结构构型融合成一体，实现最大空气动力学性能的光窗。

典型的应用是在高速飞机、导弹或炮弹所携带的光学仪器上替代以前的结构形式,如平板或球形表面的盖,或者整流罩。将整流罩制成某种特定的形状,可以使相邻气流的扰动最小,因而,在给定的飞行速度和海拔下,整流罩的表面温度会比常规设计的光窗低许多,从而大大提高了信噪比,进而提高了传感器的光学性能。保形光窗还可以减小空气阻力(因此增大武器的发射距离),减小雷达识别的特征。然而,存在这些优点并非没有缺点。其主要缺点是,光学设计更困难、加工和测试更复杂、更昂贵、设计时间更长,参考 Schaefer 等人(2001)的文章。此外,表面能够达到的精度比普通的结构形式可能要低。目前的重大进展正在逐步消除这些缺点,以便将来可以更自由地应用该技术,参考 Goldman 等人(2011)的文章。

保形光窗有三种基本的结构形式:①用多段平板拼装的方法,使相邻表面的外形轮廓近似一样,如图 6.18a 和 b 所示;②单轴或双轴曲面,如图 6.19a 和 b 所示的柱面和超环面光窗;③轴对称整流罩系统,如图 6.19c 所示。下面介绍不同形状的整流罩。

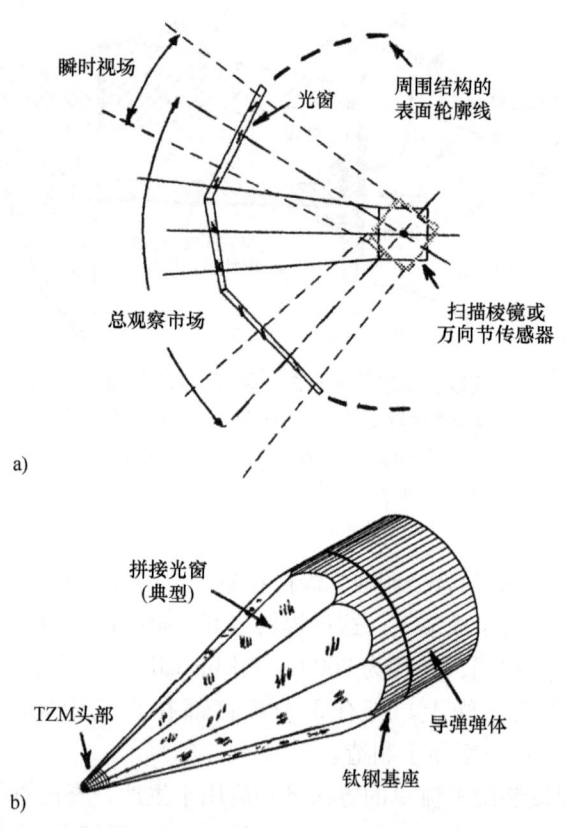

图 6.18 a) 多段平板组合光窗,有较大的观察范围,但组合后的表面轮廓较差(资料源自 Hartman, R., *Proc. SPIE*, 1760, 86, 1992) b) 由八段平板组成一个锥体形的导弹整流罩
(资料源自 Fraser, B. J., and Hemingway, A., *Proc. SPIE*, 2286, 485, 1994)

多面体的布局与周围结构的过渡衔接较差。图 6.6 和 6.7 所示的双层光窗就是这种设计的一般形式,安装在军用侦察飞机机身的腹部。图 6.18a 给出了传感器的瞬时视场,以及在扫描棱镜绕着水平轴旋转或传感器绕着正交的(陀螺)框架轴扫描时,由光轴扫过的总视

第6章　光窗、整流罩和滤光片的设计和安装技术

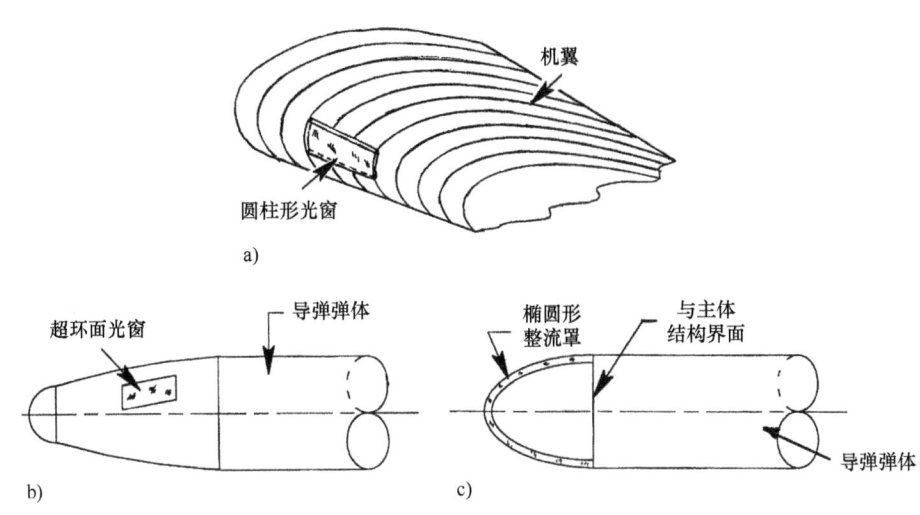

图6.19　保形光窗的结构形式
a）圆柱形板　b）超环面板　c）椭球体整流罩

场。图6.18b中，八块三角形平板组成一个"锥形"表面，其形状比普通的球形整流罩更符合空气动力学特性。光窗的顶端被一个钨/锆/钼（TZM）保护帽覆盖，应对高速摩擦造成的极端温度。如图6.18所示，光窗通过一个钛材料的圆筒与导弹的弹体相接触。如果导弹速度不太高，一般就利用弹性密封方式将该光窗固定在钛材料的圆筒上。

图6.19给出了三种不同结构形式的保形光窗。图a中，一个圆柱弯月形光窗，允许目标辐射传输到机翼内的一个电光传感器上。光窗形状与机翼的前缘配合得非常好。图b中，光窗放置在导弹的锥形表面上，该光窗是超环弯月形状，能够很好吻合轴向和水平方向不同的锥面半径。图c中，导弹整流罩具有椭球体形状，与图6.13所示的普通半球整流罩相比，有更好的空气动力学特性，完全与导弹的外表面浑然一体。如果安装在一个双轴陀螺框架系统中（且陀螺框架位于整流罩内轴上一个合适的位置），传感器就可以在相对于导弹轴线的俯仰和偏航方向上进行扫描。

不同于球形和椭球形整流罩的另一种很有用的结构形式是图6.20所示的正切卵形。使粗轮廓线A-B-C绕着A-C线旋转而形成外光学表面。A-C线对应着导弹圆柱体的对称轴。由下列公式给出半径 R_0：

$$R_0 = \frac{(R^2 + L^2)}{2R} \tag{6.1}$$

式中，R是导弹本体半径；L是整流罩的轴向长度。

这种整流罩形式能够在整流罩与导弹本体接口处提供一种平滑的形体过渡，非常具有空气动力学优势。从几何学观点出发，表面在接口处彼此相切，因此称为正切卵形。这类整流罩的顶点可以是尖的或滚圆成球形，以保证平滑过渡为圆拱形。

图6.21a给出了利用N-BK7材料制造的卵形整流罩。一般来说，是利用精密的计算机数控机床（CNC）将这类整流罩精磨到预期轮廓，再将表面抛光到最终尺寸。

被称为"VIBE"的新型抛光工艺是一种高压、高速全孔径抛光技术。已经证明，一种挠性磨具压靠在光学表面上快速振动，能够成功地对表面轮廓产生微量影响并快速实现受控

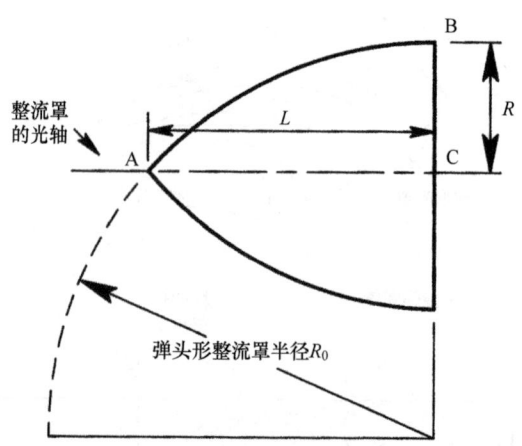

图 6.20　确定一个正切卵形保角整流罩外表面 A-B 的几何图形。
A-C 线是整流罩的对称轴。安装时，与导弹的中心线重合

抛光，如图 6.21b 所示。完工后的整流罩如图 6.21c 所示。

Murphy 等人（2005）、DeFisher 等人（2011）、Goldman 等人（2011）和 Parish 等人（2011）对氮氧化铝（AlON）整流罩和平面光窗的先进制造及测试技术进行过讨论。

如果传感器是通过保形整流罩观察外部景物，一般来说，随着瞄准线偏离整流罩的对称轴（见图 6.22a 和 b），传感器所形成的图像质量会由于像差出现严重偏差，像散是由此产生的最严重像差，慧差和球差稍有增加（Shannon 等，2001）。如图 6.22c 所示，在光学系统中增加补偿透镜可以减小像差。最简单的系统是利用固定的补偿系统（通常使用强非球面），而较复杂的系统可以移动补偿器，移动量要与扫描角成一定比例。

图 6.23 所示的对应图 6.22c 所示的基本系统，为了改善光束通过椭球体 MgF_2 整流罩后的成像质量，增加了两个固定的非球面透镜。由于必须透射 $3\sim5\mu m$ 光谱范围内的红外光线，所以主成像系统是一个含有氟化钙（CaF_2）折射元件的折反系统。第一块补偿透镜是 ZnS 材料的，第二块补偿透镜是 TI-1173 材料的，传感器光学系统安装在一个两轴陀螺框架系统中。位于焦平面上的探测器阵列与传感器光学系统一起扫描。低温杜瓦瓶的光窗（见图 6.22c）由锗材料制造。根据 Trotta（2001）的论述，这种传感器的成像质量完全可以与对应的球形整流罩的像质相比。

一个单轴水平扫描传感器透过一个倾斜的超环面保形光窗成像，图 6.24 给出了如何使用两个柱面透镜元件来补偿光窗造成的影响。在图 a 所示的侧视图中，光窗相对于水平轴线倾斜约 25°。在图 6.24b 和 c 所示的俯视图中，传感器的轴向分别是 0° 和 +15°，在此由其轴向截面代表光窗。为了优化成像质量，补偿器之间的间隔要随扫描角变化，间隔变化的大小随着被观察目标的距离而不同（Marushin 等，2001；Mitchell 和 Sasian，1999）。

有一种适用于包含普通整流罩或保形光窗的光学系统的测试方法。使用多块已知对比度和空间特性的靶标，并且使其与视场中所选择的点相对应，就可以评估一个模拟真实环境的透射图像的质量。利用多个准直仪能够获得真实的目标范围。这种方法可以测量系统的极限分辨率、靶标的可探测性及识别能力。

第6章 光窗、整流罩和滤光片的设计和安装技术

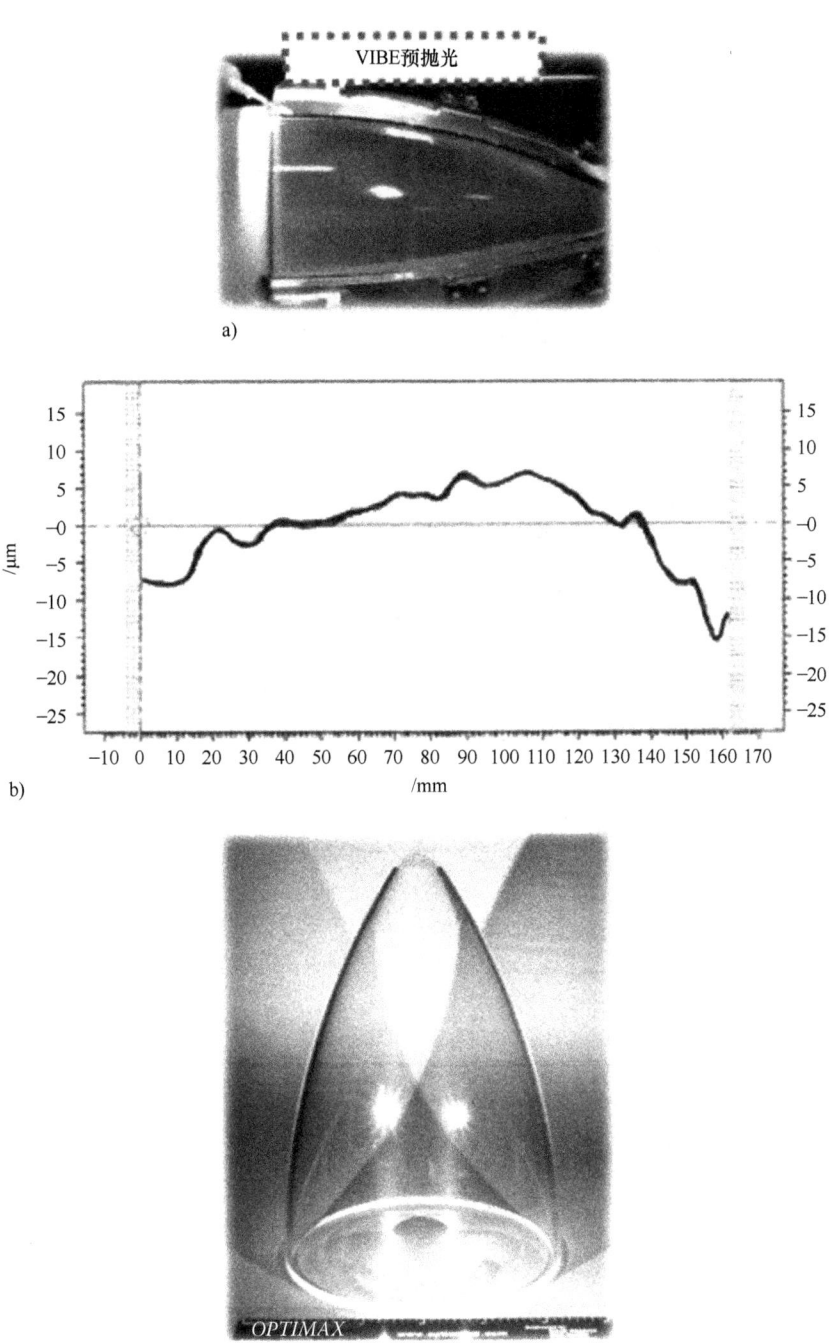

图6.21 a) "VIBE" 预抛光工艺期间，加工 N-BK7 材料的凸卵形整流罩照片 b) 利用 Taylor-Hobson 接触式探针轮廓仪测得的轮廓曲线图，与设计形状比较拟合 c) 完成 "VIBE" 抛光工艺厚的 N-BK7 卵形整流罩
（资料源自 Nelson, J. et al., *Proc. SPIE*, 8708, 15, 2013）

保形光窗元件级的测试要比普通光窗的测试复杂得多。Hegg 和 Chen（2001）介绍了一种相干测试如图6.23 所示的整流罩的技术。如图6.25 所示，这种技术使光线二次通过

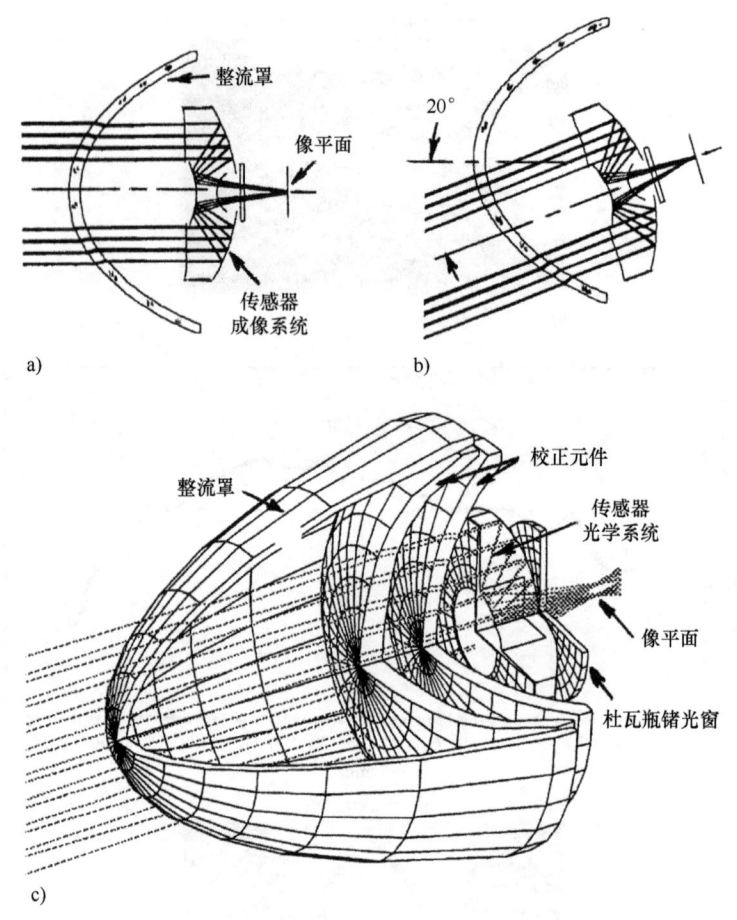

图 6.22 使用椭球保角整流罩时传感器的布局

a) 0°扫描角时的瞄准线 b) -20°扫描角时的瞄准线 c) 含有像差补偿板的光学系统图

(资料源自 Knapp, D. J., et al., Proc..SPIE, 4375, 146, 2110 and Trrotta, P. A., Proc.SPIE, 4375, 96, 2001)

整流罩。一个工作波长为 3.39μm 的红外干涉仪（图中未给出，位于图右边较远的位置）发出一束平行光，依次通过像差补偿镜、场镜和整流罩。透过后的光束遇到一块球面反射镜，沿同一条光路返回。补偿透镜和场镜的组合像差等于该设计整流罩产生的像差，但符号相反。这是一种零检测方法，主要根据是 Offner 的折射零检测原理（Offner，1963）。典型结构就是，补偿透镜和场镜都是平凸透镜，曲面是非球面。代替非球面透镜的另外一种方法就是在这些透镜的球面上使用衍射面。图 6.25 所示的光学透镜安装在有相同外径的柱形镜座中（有阴影线），所以将镜座简单地支撑在一个 V 形机械块上就可以精确地完成对公共轴线的对准。如图 6.25 所示，在两个相邻的表面间使用量规，可以精确控制镜座之间的间隔。

图 6.26 给出了采用 DeFisher 等人（2011）介绍的方法对正切卵形整流罩的测试结果。他们利用了一台称为"UltraSurf"的多轴、非接触式坐标测量仪（美国 OptiPro Sytems 公司研发），如图 6.27 所示。测量结果是一张外形轮廓图，用以与表面形状的理论值进行比较，从而为测试面建立一个误差图。

第6章 光窗、整流罩和滤光片的设计和安装技术

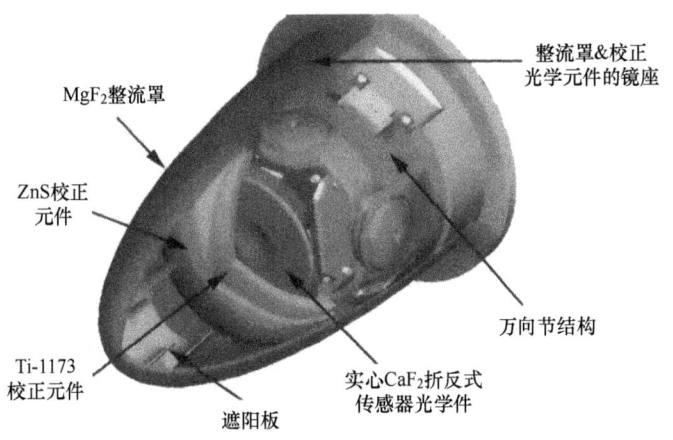

图 6.23 图 6.22 所示光学系统的局部剖视图
(资料源自 Raytheon Missile System, Tucson, AZ)

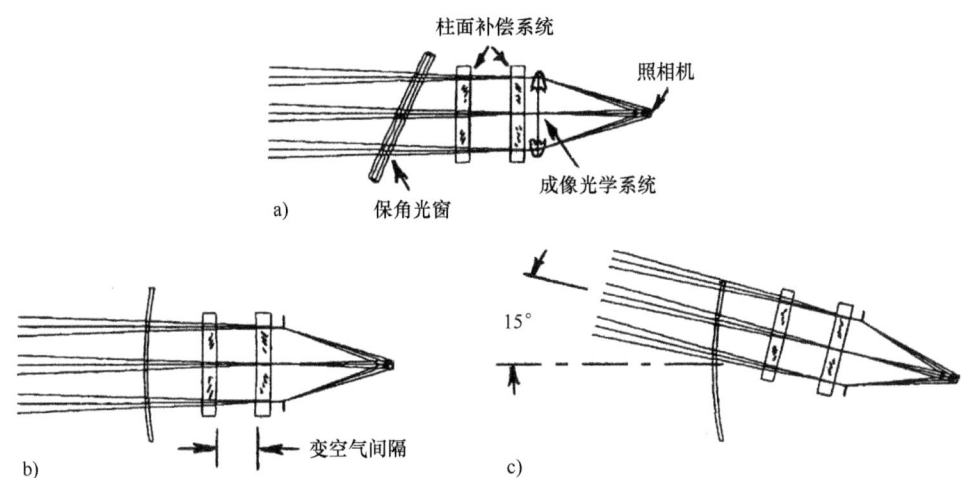

图 6.24 沿水平轴扫描的传感器系统示意图,该系统包含一个倾斜的柱面保形光窗和两个柱面补偿透镜
a) 侧视图 b) 0°扫描角时的顶视图 c) 15°扫描角时的顶视图
(资料源自 Marushin, P. H., et al., *Proc. SPIE*, 4375, 154, 2001)

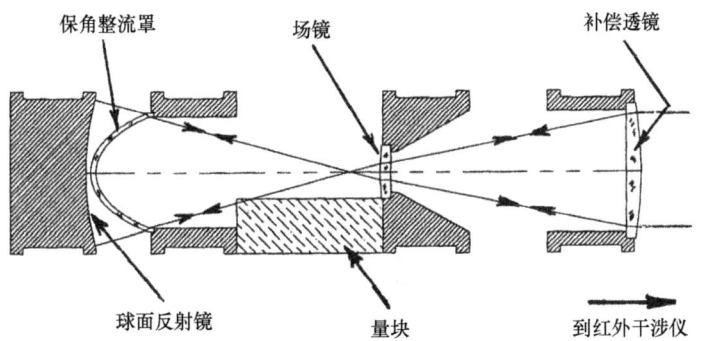

图 6.25 使用零透镜干涉测量保角整流罩的装置布局图示意
(资料源自 Hegg, R. G. and Chen, C. B., *Proc. SPIE*, 4375, 138, 2001)

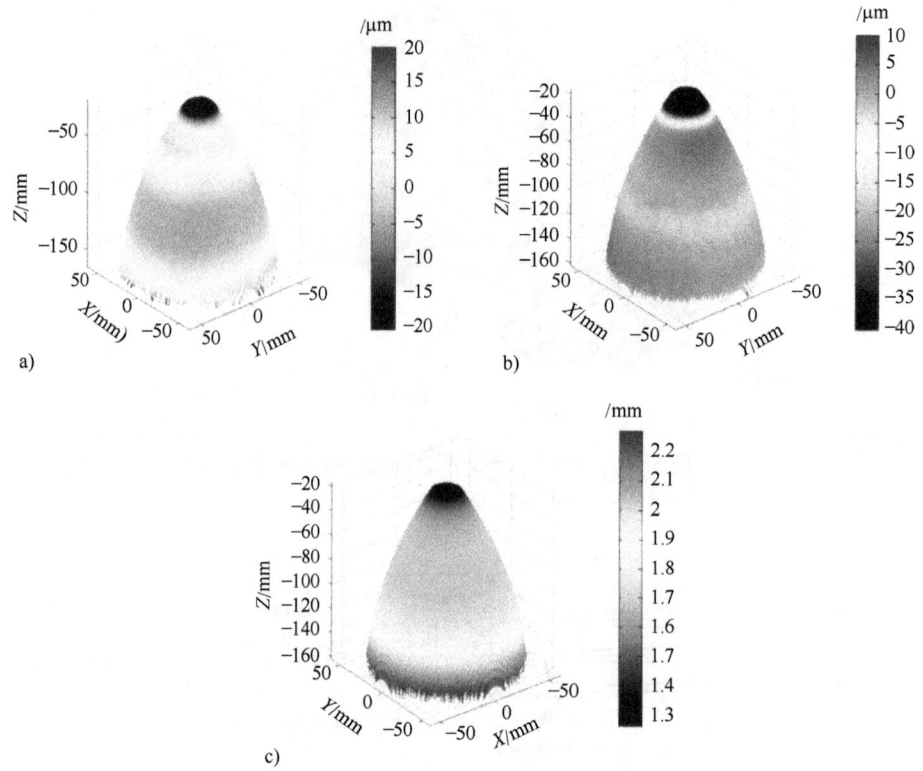

图 6.26 利用 OptiPro UltraSurf 非接触式测量系统获得的正切卵形 ALON™ 整流罩的外形轮廓数据
(资料源自 DeFisher, S. et al., *Proc. SPIE*, 8016, 2011)
a) 外表面误差 b) 内表面误差 c) 推导出的厚度误差

图 6.27 标示有运动轴的 UltraSurf 测量系统照片。探针随 B 轴和 Z 轴移动,而零件随 X、Y 和 C 轴运动
(资料源自 DeFisher, S. et al., *Proc. SPIE*, 8016, 2011)

第6章 光窗、整流罩和滤光片的设计和安装技术

6.5 压差效应

6.5.1 光窗最小厚度

Harris（1999）是这样阐述的，如果一块圆形平板光窗处于一个压力差为 ΔP 的环境中，压力均匀地施加在直径为 A_W 的自由孔径上，材料的断裂应力 S_F，其设计安全系数是 f_S，应用下列公式（改编自 Harris，1999）可以求出该光窗应有的最小厚度 t_W：

$$t_W = 0.5 A_W \left[\frac{K_W f_S \Delta P}{S_F}\right]^{1/2} \tag{6.2}$$

式中，若光窗处于未夹持状态，K_W 是常数，等于 1.25；若光窗处于夹持状态，$K_W = 0.75$。f_S 的习惯取值是 4。表 6.1 列出了[由 Harris（1999）给出]室温下，一些常用红外材料的最小 S_F 值。

表 6.1 红外光窗材料断裂应力 S_F 的估算值[①]

材料	S_F/MPa	材料	S_F/MPa
碳化硅	600	CaF_2（单晶）	100~150
氮化硅	600	磷化镓	100~120
蓝宝石（单晶）	300~1000	ZnS（标准）	100
金刚石（CVD）	100~800	ZnS（多谱段）	70
AlON	300	锗	90
尖晶石	190	SrF_2（单晶）	70~110
氧化钇（掺杂/未掺杂）	160	熔凝石英	60
硅	120	ZnSe	50
MgF_2（热压）	100~150		

（资料源自 Harris, D.C., *Materials for Infrared Windows and Domes*, *Properties and Performance*, SPIE Press, Brllingham, WA, 1999）

① 应当认为材料强度值是近似值，取决于表面的抛光质量、加工方法、材料纯度、测试种类及样品尺寸。此处列出的是室温条件下的强度值。

图 6.28 给出了这两类光窗边缘处的约束。如果采用 4.8 节讨论过的人造橡胶环支撑光窗，就是近似地应用了非夹持的条件，最大应力出现在光窗的中心。若用一个压圈或圆形法兰盘施加预载，就是应用了夹持条件，最大应力出现在夹持区域的边缘。为说明如何应用式（6.2），下面给出设计实例 6.1，其中设计一个承受压力差的蓝宝石光窗。

Dunn 和 Stachiw（1966）对用于深海潜艇中锥形厚平板光窗的厚度-自由直径之比 t_W/A_W 进行过研究（见图 6.29）。上视图中，沿锥形角为 90°的光窗的整个侧边给予支撑，光窗的内表面与锥形安装表面的小端齐平。压圈压紧氯丁橡胶垫圈以约束低压差下的光窗。对于下视图的平面光窗，在其侧面的中部位置设计一个 O 形环以实现密封，并且使用一个压圈保证零压差时，光窗不会落下。装配之前，两种光窗的侧面都涂以真空润滑油。Dunn 和

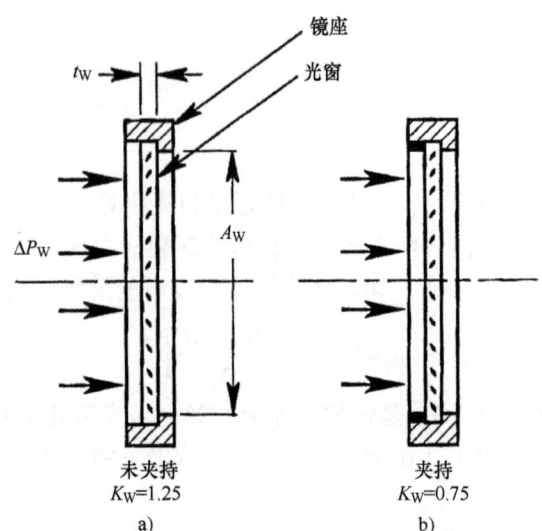

图 6.28 a) 未夹持的圆形光窗示意图 b) 夹持的圆形光窗示意图
(资料源自 Harris, D. C., *Materials for Infrared Windows and Domes, Properties and Performance*, SPIE Press, Bellingham, WA, 1999)

Stachiw 没有说明这些设计的细节,但可以推断,在有关试验的文献中会使用这种公差设计。因此,锥形角公差为 ±30′,锥形光窗的小直径公差为 ±0.001in (25μm),光窗侧边与相匹配的金属表面的光洁度方均根值 (rms) 精加工到 32,平面光窗周围径向间隙的典型值是 0.005~0.010in (0.13~0.25mm),光窗材料是美国 Rohm 和 Hass(公司的) B 级树脂玻璃(聚甲基丙烯酸甲酯或有机玻璃)。

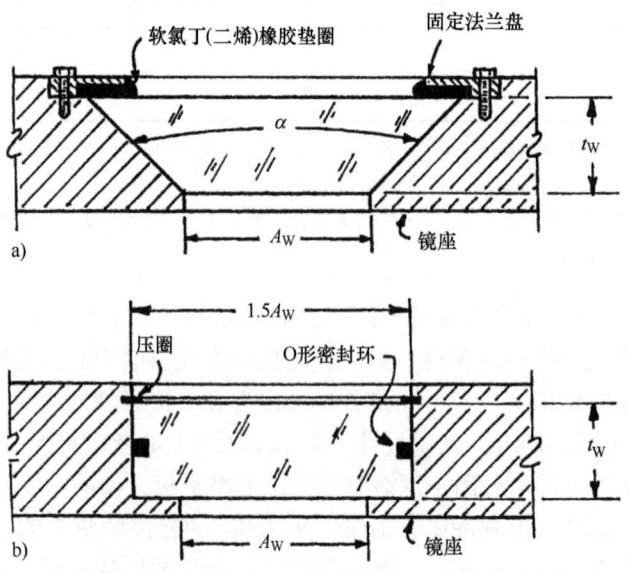

图 6.29 深海潜艇高压平板光窗的典型结构图,光窗材料是聚甲基丙烯酸甲酯
a) 90°锥形边 b) 圆柱形侧边
(资料源自 Dunn, G., and Stachiw, J., *Proc. SPIE*, 7, D-XX-1, 1996)

第6章 光窗、整流罩和滤光片的设计和安装技术

> **设计实例6.1　一个承受压力差的平板光窗的最小厚度**
>
> （a）一块圆形蓝宝石平板光窗均匀地夹持在其未受支撑的14.00cm（5.51in）通光孔径之外。假设安全系数是4，为了能够承受10atm的压差，则厚度t_W应当是多少？
>
> （b）若不被夹持，承受同样的压差应当设计多大的厚度？
>
> **解：**
>
> $\Delta P = 10\text{atm} = 10 \times 0.1013\text{MPa} = 1.013\text{MPa}(147.000\text{ lb/in}^2)$
>
> 由表6.1，有
>
> $S_F = 300\text{MPa}(4.35 \times 10^4 \text{ lb/in}^2)$
>
> $K_W = 0.75$（夹持）
>
> $K_W = 1.25$（未被夹持）
>
> 由式（6.2），如果采用夹持状态，有
>
> $t_W = [0.5 \times 14.00 \times (0.75 \times 4 \times 1.013/300)^{1/2}]\text{cm} = 0.704\text{cm}(0.277\text{in})$
>
> 由于上述条件对（a）和（b）中的光窗是一样的，根据式（6.2），有
>
> $t_W(夹持)/t_W(未夹持) = (0.75/1.25)^{1/2} = 0.775$
>
> 因此，$t_W(未夹持) = t_W(夹持)/0.775 = (0.704/0.775)\text{cm} = 0.908\text{cm}$
>
> （资料源自Yoder, P. R., Jr., *Mounting Optics in Optical Instruments*, 2nd edn., SPIE Press, Belingham, WA, 2008）

可以变化的参数包括直径、厚度、压差、安装法兰盘的结构，对锥形光窗情况，还包括锥形角（变化范围30°~150°）。测试期间，压力控制在每分钟600~700 lbf/in²（4.13~4.83MPa）的速率增加，直到光窗失效。还测试了光窗材料在低压环境中的冷变形位移（挤压），发现锥形光窗的强度随锥形角非线性增加，在较小的锥形角时强度最大。具有相同t/D_G比的平面光窗和90°锥形光窗几乎在同样的临界负载下失效。一个具有代表性的例子是，直径为1.0in（2.5cm）、厚度直径比$t/D_G = 0.5$的90°锥形光窗，在16000 lbf/in²（110MPa）的压力下失效。Dunn和Stachiw得出结论，失效压力与比值t/D_G成比例。

Dunn和Stachiw的定量研究结果表明，一个4.0in（10.2cm）自由直径的光窗厚度应当是2.0in（5.1cm）。预计在4000 lbf/in²（27MPa）压力下失效。希望光窗材料在上述压力失效状态下能够承受圆筒形镜座的挤压。如果该光窗用于载人应用领域，作者明智地建议进行验证测试。

Harris（1999）讨论过在对流层飞行导弹应用中的一块薄整流罩或保护盖能够承受上述压差ΔP_W的能力。相关的结构示意如图6.30所示。光学零件有一个均匀的厚度t_W，球面内径是R，直径是D_G，对应的角度是2θ。可以采用不夹持方式，即简单的支撑方式（例如，利用一种柔软的弹性环，从而使整流罩可以稍有弯曲），或者采用机械方式在整流罩圆形侧边四周进行夹持。假定一个均匀的正空气动压力施加在光窗的前表面上，并且整流罩后面的仪器腔体与外面大气设计有通气孔，因此静态时不存在压差。如果光窗侧边被夹持固紧，则由于运动引起的压差ΔP_W对整流罩产生的应力是压力；若边缘未被夹持，则玻璃中的应力就是张力。与压应力状态相比，在张力状态更低的应力水平就会使玻璃类材料失效。由于整

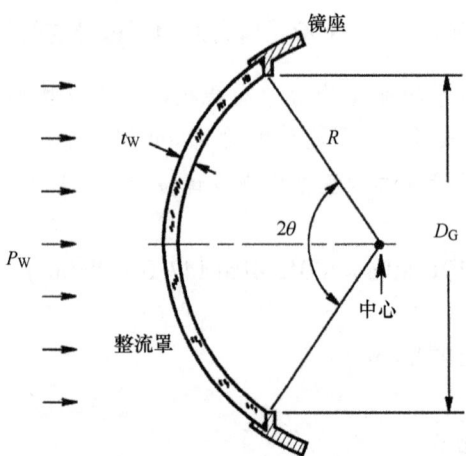

图 6.30 用于有压力差环境中简单支撑方式的整流罩示意图
(资料源自 Harris, D. C., *Materials for Infrared Windows and Domes, Properties and Performance*, SPIE Press S P I, Brllingham, WA, 1999)

流罩在较低张应力状态下就会失效,所以本节仅讨论未被夹持的安装条件。

Harris(1999)给出以下适合该应用情况的公式(首先归功于 Pickles 和 Field,1994):

$$\sigma_W = \frac{R\Delta P_W}{2t_W}\left\{\cos\theta\left[1.6 + 2.44\sin\theta\left(\frac{R}{t_W}\right)^{1/2}\right] - 1\right\} \tag{6.3}$$

$$\Delta P_W = P_{ST} - P_\infty = P_\infty\left(\frac{P_{ST}}{P_\infty} - 1\right) \tag{6.4}$$

$$\frac{P_{ST}}{P_\infty} = \left(\frac{\eta+1}{2}M^2\right)^{\eta/(\eta-1)}\left(\frac{2\eta M^2}{\eta+1} - \frac{\eta-1}{\eta+1}\right)^{-1/(\eta-1)} \tag{6.5}$$

式中,P_∞ 是整流罩周围的大气压力;M 是马赫数;η 是空气的热容量比,其他参数如前所定义。

不可能直接利用这些公式确定最小厚度值 t_W,但可以通过连续近似或绘制 S_W 与 t_W 的函数关系并选择唯一能够满足所述最大应力要求的 t_W 值。设计实例 6.2 说明这些公式的应用。

设计实例 6.2 能够承受某空气动力学压差、未受夹持的薄导弹整流罩的最小厚度(见图 6.30)

一种有硫化锌(ZnS)球形整流罩的导弹在 3km 高空,以马赫数 4 在飞行,P_∞ = 0.070MPa。已知整流罩的外形尺寸是 $R = D_G$ 50mm(1.968in)和 $\theta = 30°$。假设 $\eta = 1.4$:

(a)参考表 6.1 提供的材料断裂应力,为了满足安全系数 $f_S = 4$,整流罩的厚度应当是多少?(b)整流罩内的张应力是多少?

第6章　光窗、整流罩和滤光片的设计和安装技术

解：

根据式(6.2)，有

$$\frac{P_{ST}}{P_\infty} = \left[\frac{(1.4+1)\times 4^2}{2}\right]^{1.4/(1.4-1)} \times \left(\frac{2\times 1.4 \times 4^2}{1.4+1} - \frac{1.4-1}{1.4+1}\right)^{-1.4/(1.4-1)}$$

$$= 31013.751/1472.073 = 21.068$$

因此，$P_{ST} = (0.070 \times 21.068)\text{MPa} = 1.475\text{MPa}$

根据式(6.4)（译者注：原书错印为6.3），有

$$\Delta P_W = (1.45 - 0.070)\text{MPa} = 1.405\text{MPa}$$

根据式(6.3)（译者注：原书错印为6.4），有

$$\sigma_W = \frac{50.000 \times 1.475}{2t_W}\left\{0.866\left[1.6 + 2.44 \times 0.5\left(\frac{50.000}{t_W}\right)^{1/2}\right] - 1\right\}$$

将式(6.3)（译者注：原书错印为6.4）简化为下面运算式：

$$\sigma_W = \frac{36.875}{t_W}\left(1.386 + \frac{7.471}{\sqrt{t_W}} - 1\right)$$

已知 $\sigma_W = 25\text{MPa}$，利用连续近似法求解 t_W [译者注：原书将式(6.3)中 σ_W 式内的常数1错印为0.866，因此，结果略有不同，下面结果已经过核算和纠正]，有

第一次试算 令 $t_W = 7.000\text{mm}$

$$\sigma_W = [5.268 \times (1.386 + 2.824 - 1)]\text{MPa} = 16.9103\text{MPa}$$

第二次试算 令 $t_W = 6.000\text{mm}$

$$\sigma_W = [6.146 \times (1.386 + 3.050 - 1)]\text{MPa} = 20.272\text{MPa}$$

第三次试算 令 $t_W = 5.000\text{mm}$

$$\sigma_W = [7.375 \times (1.386 + 3.341 - 1)]\text{MPa} = 27.487\text{MPa}$$

第四次试算 令 $t_W = 5.500\text{mm}$

$$\sigma_W = [6.705 \times (1.386 + 3.186 - 1)]\text{MPa} = 23.950\text{MPa}$$

第五次试算 令 $t_W = 5.325\text{mm}$

$$\sigma_W = [6.925 \times (1.386 + 3.238 - 1)]\text{MPa} = 25.096\text{MPa}$$

结论：

(a) 当整流罩厚度大于5.325mm时，能够承受空气动力学负载。

(b) 最终厚度承受的应力是25.096MPa。

(资料改编自 Yoder, P. R., Jr., *Mounting Optics in Optical Instruments*, 2nd end., SPIE Press, Bellingham, WA, 2008)

Harris(1999)讨论过另外一种很有意义的压力差整流罩的应用。这种情况就是加农炮或迫击炮炮弹前面的红外(IR)传感器保护整流罩，加速度特别大，由下式给出其产生的压力 P_A（单位是MPa）：

$$P_A = \rho t_W a_G \tag{6.6}$$

式中，a_G 是加速度（是环境重力加速度的倍数）；ρ 是密度，单位是 kg/m^3；t_W 是整流罩厚度（单位是m）。

设计实例 6.3 讨论的就是这种情况。

设计实例 6.3　加农炮或迫击炮炮弹在高发射加速度下,施加到整流罩上的压力

一个有蓝宝石球形整流罩的炮弹从加农炮中射出,加速度 a_G 达 15000。将该值乘以 9.81m/s^2,可换算到 m/s^2 的单位。整流罩的厚度是 $2\text{mm} = 2 \times 10^{-3} \text{m}$,材料密度是 $3.98 \text{g/cm}^3 = 3.98 \times 10^3 \text{kg/m}^3$。求解对整流罩外表面施加的压力?

解:

$$P_W = [(3.98 \times 10^3) \times (2 \times 10^{-3}) \times (1.5 \times 10^4) \times 9.81] \text{kg/(m} \cdot \text{s}^2)$$
$$= 1.17 \times 10^6 \text{kg/(m} \cdot \text{s}^2)$$
$$= 1.17 \text{MPa}$$

在采用合适的解析工具对其在应用环境中的机械实用性进行详尽评估之前,或者预测制造、拆卸/转运和环境暴露(如机载灰尘、雨滴、冰雹、应力腐蚀和动态疲劳)过程中的故障概率之前,已经设计、制造和应用了许多整流罩和光窗。对许多光窗进行相当长时间的实验室和风洞试验及高低空亚音速飞行实践都显示,设计足以满足其目的。

多年来,在玻璃和其他脆性材料断裂力学基础上,已经研发出一些静态分析方法,并应用在各种光窗中。Fuller 等人 (1994) 对用于民航飞机高分辨率照相设备中的双层 BK7 玻璃光窗的最新设计和安装技术进行了非常透彻的讨论,此中,美国联邦飞行管理条例为光窗的验收制定并采用了严格的标准,要求光窗在设计工作条件下,再加上自动防故障装置,至少工作 10000h 后完好率达 99%,可信度 95%。

Pepi (1994) 介绍了一种能够满足类似可靠性要求,并能提供高光学性能的光窗设计,阐述了允许飞行之前必要的分析和测试的复杂程序。光窗设计选择双层结构,要求一旦外层光窗受到灾难性损伤,内窗仍保持完整性和可用压差。此外,要求外层光窗在内层光窗失效至少 8h 内能完好无损,且压差不变。图 6.31 给出了一个安装在镜座中的光窗截面图。

本卷 11.4 节将详细讨论 Fuller 等人 (1994) 和 Pepi (1994) 论文中的理论,以及光学零件应力公差的确定。

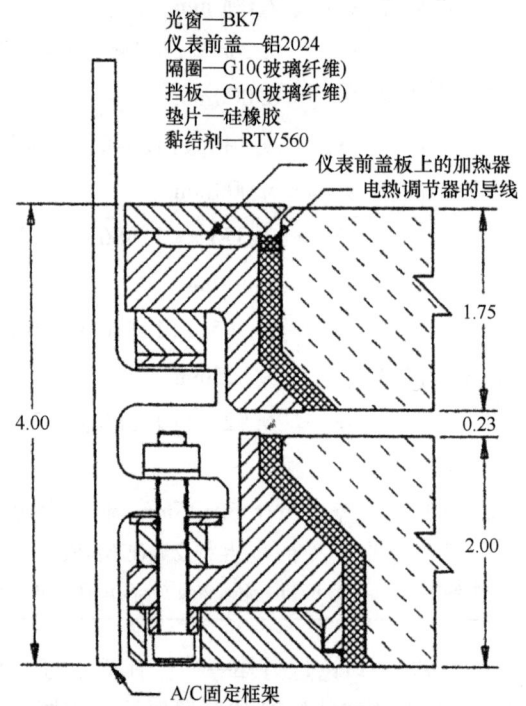

图 6.31　一种双层飞机光窗的安装结构截面视图。这种光窗是为载人航空摄影高光学性能要求而设计,在任何一层光窗失效时能保持操作的高可靠性及失效防护能力。尺寸单位是 in

(资料源自 Pepi, J. W., *Proc. SPIE*, 2286, 431, 1994)

6.5.2 光学性能衰退

如果光窗侧面仅简单地加以支撑固定，未受支撑表面的直径为 A_W 和厚度为 t_W，则受到一个均匀的负载 ΔP_W 时会发生变形，在透射后的光束中就会引入光程差（OPD）。Vukobratovich（1992）[源自 Sparks 和 Cottis（1973）] 给出了下列计算光程差的近似公式：

$$\text{OPD} = \frac{0.00889(n-1)\Delta P_W^2 A_W^6}{E_G^2 t_W^5} \tag{6.7}$$

式中，n 是光窗的折射率；E_G 是光窗材料的杨氏模量。

设计实例 6.4 进一步解释该公式的应用。

设计实例6.4 压差条件下，一个圆形平板光窗光学性能的下降

利用弹性压圈将一个厚度 $t_W = 2.000\text{mm}$（0.079in）的平板蓝宝石光窗固定在通光孔径为 80.000mm（3.150in）之外，并视其为一种简单的支撑安装方式。对光窗后面的腔体施压以产生 $\Delta P_W = 10\text{atm}$ 或 1.103MPa（147.000 lbf/in²）的压差。对于波长 3.8μm 的激光辐射，材料折射率 $n = 1.684$，杨氏模量 $E_G = 4.000 \times 10^5 \text{MPa}$（$5.801 \times 10^7$ lbf/in²）。激光波长下产生的光程差（OPD）是多少？

解：
由式（6.7），有
$$\text{OPD} = \{[0.00889 \times (1.684 - 1) \times 1.103^2 \times 80.000^2]/[(4.000 \times 10^5)^2 \times 2.000^5]\}\text{mm}$$
$$= 0.0399\text{mm} = 1.05 \text{ 个波长}$$

Vukobratovich（1992）还给出一些非常有益于圆形平板光窗设计的建议。其应用非常直截了当，由于篇幅有限，在此不再给出设计实例进行说明。

- 若使光程差（OPD）等于经常采用的瑞利（Rayleigh）四分之一波长公差，则光窗厚度确定为

$$t_W = 0.5131 \left[\frac{(n-1)\Delta P_W^2 A_W^6}{E_G^2 \lambda}\right]^{0.2} \tag{6.8}$$

- 如果对光窗性能的技术要求是瑞利（Rayleigh）公差的几分之一，则将该数值应用于式（6.7），并据此改变式（6.8）。
- 如果光窗仅受到加速度 a_G 的负载，则 ΔP_W 的量值是

$$\Delta P_W = a_G \rho_G t_W \tag{6.9}$$

式中，a_G 是加速度；ρ_G 是光窗材料密度。

- 当光窗仅承受空气动力学负载，即光窗后面的腔体是通气的，则采用以下公式：

$$\Delta P_W = 0.7 P_\infty M^2 \tag{6.10}$$

式中，P_∞ 是光窗周围的气压；M 是马赫数。

确定光窗上压力差对光学系统（包括光窗）性能影响的另一种方法，就是给光窗相对于其标称无压差条件的偏差值设置一个公差。可以应用由 Young（1989）给出的下列公式：

$$\Delta_x = 3Wa^2(m-1)(m+1)/(16\pi E_G m^2 t_W^3) \tag{6.11}$$

式中，Δ_x 是光窗中心偏转量（单位是 mm）；a 是施压半径；W 是施加的总负载；m 是玻璃泊松比的倒数；E_G 是玻璃的弹性模量；t_W 是光窗厚度。

设计实例 6.5 进一步解释该公式的典型应用。

设计实例 6.5　压差造成平板光窗表面中心的偏转

一个直径为 88.900mm（3.367in）的 N-BK7 光窗，其中直径为 76.200mm（3.000in）的通光孔径未受到夹持支撑，承受的压差是 0.25atm（0.028MPa）。假设，光学元件属于简单支撑方式。若忽略重力影响，那么，中心偏转量是多少？并分别用 mm 和激光波长（波长 0.633μm）表示该结果。相关参数如下：未受支撑的孔径半径 a =（76.200/2）mm = 0.038m（1.500in），t_W = 8.700mm（0.343in），泊松比 ν_G = 0.208，m = $1/\nu_G$ = 4.808，杨氏模量 E_G = 8.067×10⁴MPa（1.17×10⁷ lbf/in²）（译者注：参考本书第 3 版表 3.2，原书错印为 E_G = 8.067×10⁷MPa）。

解：

未被支撑的光窗面积是（π×0.038²）m² = 4.536×10⁻³ m²。由于 1MPa = 1×10⁶N/m²，施加在光窗上的总压力是

$$(0.028 \times 10^6 \text{N/m}^2) \times (4.536 \times 10^{-3} \text{m}^2) = 127.008\text{N}$$

根据式（6.11），有

$$\Delta_x = \left\{ \frac{3 \times 127.008 \times 0.038^2 \times (4.808-1) \times (4.808+1)}{16\pi \times (8.067 \times 10^4) \times 4.808^2 \times (8.700/1000)^3} \right\} \text{m}$$

$$= \frac{12.1687}{6.173 \times 10^7}\text{m} = 1.971 \times 10^{-4}\text{mm} = 0.197\mu\text{m}$$

$$= 0.311 \text{ 个波长（激光波长为 } 0.633\mu\text{m}\text{）}$$

（译者注：原书公式中间过程数据有误，已订正）

6.6　滤光片

在照相术、光度计、自动化学分析设备及热计量仪器中，都广泛使用玻璃和高质量塑料吸收滤光片。为了将系统（如激光系统）中某一特定的窄透过光谱带分离出来，经常使用一块玻璃的干涉滤光片，或者与普通的吸收滤光片组合在一起使用。使用干涉滤光片通常要求温度控制。作为二色性滤光片，偏振滤光片对方向性还是很敏感的。

胶质滤光片因其低成本和多样性受到关注。但其光学质量、厚度和表面轮廓的不均匀性，以及机械强度低和耐用性差，使胶质滤光片局限于低性能的应用领域，通常用于被保护的环境。如果将胶质滤光片夹在透明的更耐用的材料（如玻璃）之间，它的物理强度和耐用性会大大提高。

光学滤光片的许多应用，只要求被支撑零件与所用光束大概共轴或对准。在固定的实验室仪器中，可以将滤光片简单地落入一个狭缝中，通过重力固定。本卷第 4 章介绍的镜座安

第6章 光窗、整流罩和滤光片的设计和安装技术

装技术，如研磨装配、卡环、人造橡胶弹性安装和压圈安装等，常常使用在手提仪器中。对于投影仪及其他高温环境下的应用，可以用具有热膨胀的扣环约束热吸收滤光片。本卷图 4.16b 所示的滤光片的安装，就是这种普通类型。与普通滤光片相比，干涉滤光片相对于透射光束光轴的安装角度一般都有较高的精度要求，所以要特别注意这方面的安装设计。

图 6.32 给出了一组 4 块玻璃滤光片，安装在显微镜的多孔径滤光片转轮上。滤光片的通光孔径是 25.4mm（1.00in），厚度是 3mm（0.12in）。由于不需要将滤光片密封固定，也不用精确控制它们的位置及相对于系统光轴的方位，所以仅要求用一种弹性卡环固定每一个滤光盘，如本卷 4.4.3 节和图 4.20 所述。在滤光片转轮边缘上，有 4 个 V 形槽，90°间隔，手动使转轮从一个位置转到另一个位置，依靠一个弹性加载的球（图中未给出）落入 V 形槽中定位。在一些应用中，如果在组件的有效使用寿命期间不需要卸下滤光片，就用一种人造橡胶材料将它们固定到位，或者用一个连续的橡胶环，或者在圆盘边缘周围对称而断续地涂上一些橡胶黏结剂。应当注意，如果某种应用要求转轮在一个位置上提供最大透过率，而无须滤光，且转轮不处在平行光束中，则在转轮的该位置上，就要安装一块具有合适厚度和折射率的透明玻璃板，以保持光路长度及系统的聚焦性能不变。

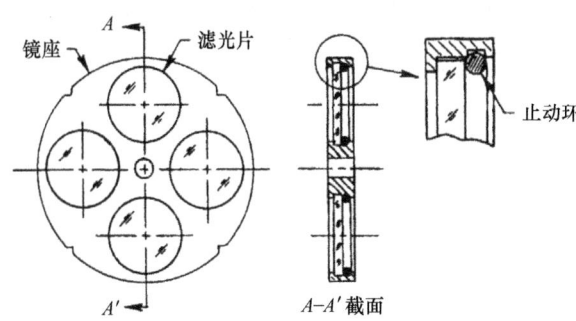

图 6.32 一种简单的滤光片转轮示意图，用卡环夹固着 4 块滤光片，这种支架使用 V 形槽和一个弹性球塞分度定位

（资料源自 Yoder, P. R., Jr., Optical mounts: Lenses, windows, small mirrors, and prisms, in *Handbook of Optomechanical Engineering*, 1997, CRC Press, Boca Raton, FL, Chapter 6, 1997）

如果滤光材料附着在一块折射基板上，就会提高滤光部件的刚性及对环境的适应能力，这种滤光片定义为复合滤光片。图 6.33 给出了这种滤光片的例子。使用普通的光学胶将一块 1.200mm（0.047in）厚的红色玻璃滤光片，胶合到一块轴向厚度为 7.500mm（0.295in）的冕牌玻璃光窗上。采用直径是 88.900mm（3.343in）的滤光片部件有两个目的：一个是使一定光谱区内的光线透过；另一个目的是作为一个受压光窗要具有足够刚度，可以将光学仪器密封在中等压力的环境中。如果整个 8.700mm（0.343in）厚的光窗都有滤光玻璃，能量损失会很大，选择复合结构就是为了避免出现过量的光能量损失。假设透过的是红色的 HeNe 激光，那么压力造成滤光片的最大垂度规定为 ±1 个波长。压力对该复合滤光片造成的弯曲不会超出技术要求或损坏胶合界面。

图 6.34 给出了另一类复合滤光片，一幅镶嵌起来的窄带干涉滤光片胶合在直径为 290mm（11.417in）的冕牌玻璃光窗之间。光窗和滤光片零件的设计尺寸都是 6.0mm（0.24in）厚。组合滤光片的零件厚度都一样，误差在 0.10mm（0.004in）之内。不用将零件的楔形角控制到特别严的公差，而是将正方形的滤光镜片加工到一个合理的楔角公差，按

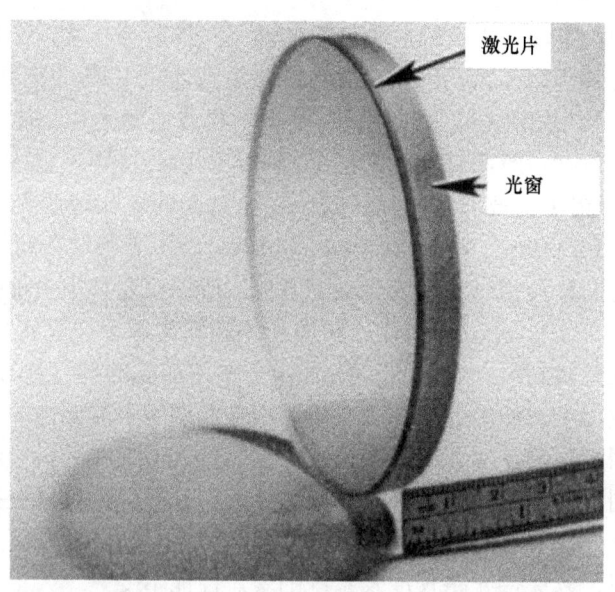

图 6.33 一个复合滤光片/光窗。其中，一个薄板玻璃滤光片胶合在一块比较厚的压力光窗上

正确的方位组合，使光束的平均偏离量最小。由于滤光片应用在一个非成像环境中，所以是允许的。镶嵌滤光片的外径要比光窗外径稍小，从而可以将一个连续的圆环形护圈胶合在两个光窗之间，使滤光镜的边缘免受环境的影响，其中护圈由若干段冕牌玻璃组成。胶合之后，要对组件的外径磨边。

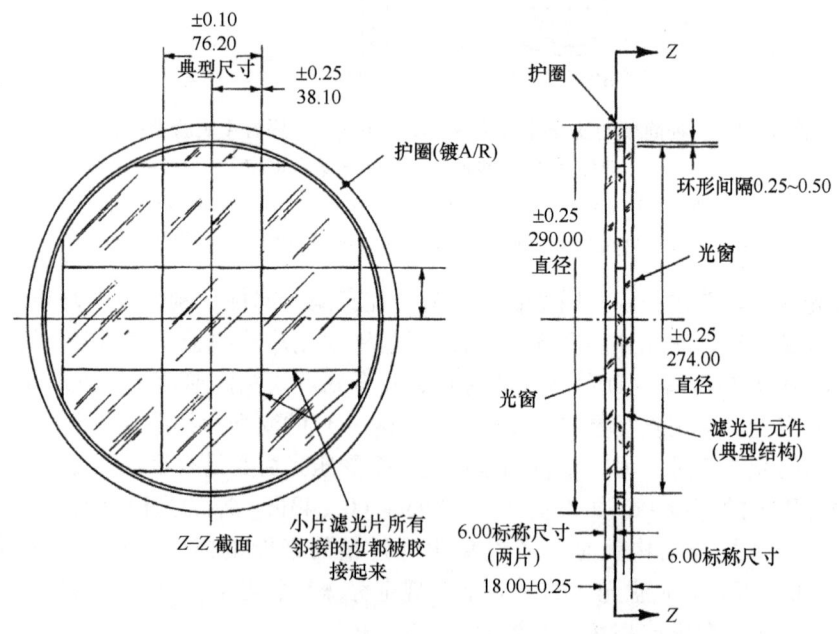

图 6.34 一个层状/加热镶嵌结构形式的复合干涉滤光片示意图
（资料源自 Goodrich Corporation, Danbury, CT）

由于干涉滤光片对温度敏感，在支座内安装一根电加热片使其环绕在光学部件镜座的周围。一个温度传感器（安装在光窗通光孔径外的一个表面上）用于驱动仪器内的温度控制电

路,为温度控制电路提供反馈信息。

在此描述的胶合后的滤光片组件安装在一个铝镜座中,用压圈沿周边压紧,压圈通过几个螺钉固定在镜座上。O形密封圈提供密封。图6.35给出了该组件的剖视图。该组件不会在压差较大的环境中使用。镜座与所在光学仪器的壳体是隔热的。加热器使滤光片全孔径范围内产生一个可接受的温度梯度。滤光片的标称设计温度是45℃(113°F),全宽度到最大半宽度处的标称光谱带通是3nm,中心波长是特定的近红外激光波长。该光谱带通之外的辐射被另一个普通的吸收滤光片(未画出)挡掉。

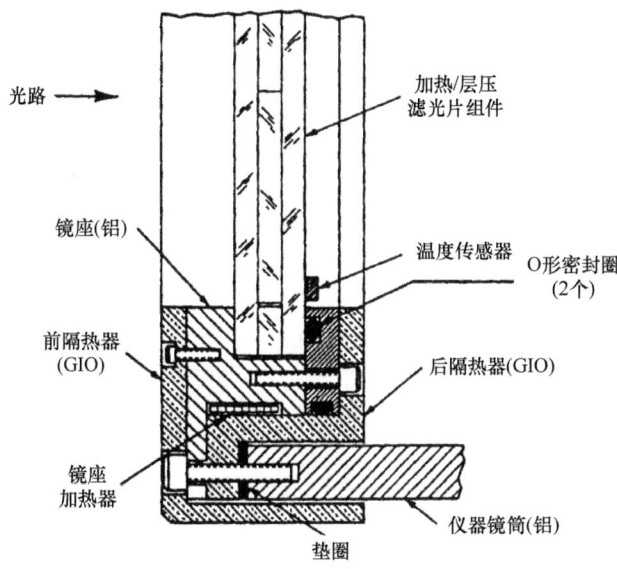

图6.35 安装图6.34(译者注:原书错印为6.27)所示滤光片的示意性剖视图
(资料源自 Goodrich Corporation, Danbury, CT)

参考文献

Askinazi, J., Estrin, A., Green, A., and Turner, A., Recent advances in the application of computer controlled optical finishing to produce very high quality, transmissive optical elements and windows, *Proc. SPIE*, 5078, 97, 2003.

Askinazi, J., Wientzen, R.V., and Khattik, C.P., Development of large aperture, monolithic sapphire optical windows, *Proc. SPIE*, 4375, 1, 2001.

DeFisher, S., Bechtold, M., and Mohring, D., A non-contact surface measurement system for freeform and conformal optics, *Proc. SPIE*, 80160W, 2011.

Dunn, G. and Stachiw, J., Acrylic windows for underwater structures, *Proc. SPIE*, 7, D-XX-1, 1966.

Fraser, B.S. and Hemingway, A., High performance faceted domes for tactical and strategic missiles, *Proc. SPIE*, 2286, 485, 1994.

Fuller, E.R., Jr., Freiman, S.W., Quinn, J.B., Quinn, G.D., and Carter, W.C., Fracture mechanics approach to the design of glass aircraft windows: A case study, *Proc. SPIE*, 2286, 419, 1994.

Gentilman, R., McGuire, P., Fiore, D., Ostreicher, K., and Askinazi, J., Large-area sapphire windows, *Proc. SPIE*, 5078, 54, 2003.

Goldman, L.M., Twedt, R., Balasubramian, S., and Sastri, S., ALON® optical ceramic transparencies for window, dome, and transparent armor applications, *Proc. SPIE*, 801608, 2011.

Harris, D.C., *Materials for Infrared Windows and Domes, Properties and Performance*, SPIE Press,

Bellingham, WA, 1999.

Harris, D.C., A peek into the history of sapphire crystal growth, *Proc. SPIE*, 5078, 1, 2003.

Hartman, R., Airborne FLIR optical window examples, *Proc. SPIE*, 1760, 86, 1992.

Haycock, R.H., Tritchew, S., and Jennison, P., A compact indium seal for cryogenic optical windows, *Proc. SPIE*, 1340, 165, 1990.

Hegg, R.G. and Chen, C.B., Testing and analyzing conformal windows with null lenses, *Proc. SPIE*, 4375, 138, 2001.

Kingslake, R., *Lens Design Fundamentals*, Academic Press, New York, 1978, p. 311.

Knapp, D.J., Mills, J.P., Hegg, R.G., Trotta, P.A., and Smith, C.B., Conformal optics risk reduction demonstration, *Proc. SPIE*, 4375, 146, 2001.

Manuccia, T.J., Peele, J.R., and Geosling, C.E., High temperature ultrahigh vacuum infrared window seal, *Rev. Sci. Instrum.*, 52, 1857, 1981.

Marushin, P.H., Sasian, J.M., Lin, J.E., Greivenkamp, J.E., Lerner, S.A., Robinson, B., and Askinazi, J., Demonstration of a conformal window imaging system: Design, fabrication, and testing, *Proc. SPIE*, 4375, 154, 2001.

MIL-S-1103 I B, *Sealing Compound, Adhesive: Curing (Polysulfide Base)*, U.S. Government Printing Office, Washington, DC, 1998.

Mitchell, T.A. and Sasian, J.M., Variable aberration correction using axially translating phase plates, *Proc. SPIE*, 3705, 209, 1999.

Murphy, P.E., Fleig, J., Forbes, G., and Tricard, M., High precision metrology of domes and aspheric optics, *Proc. SPIE*, 5786, 112, 2005.

Nelson, J., Gould, A., Smith, N., Medicus, K., and Mandina, M., Advances in freeform optics fabrication for conformal window and dome applications, *Proc. SPIE* 8708, 15, 2013.

Offner, A., Null corrector for paraboloidal mirrors, *Appl. Opt.*, 2, 153, 1963.

Parish, M., Pacucci, M., Corbin, N., Puputii, B., Chery, G., and Small, J., Transparent ceramics for demanding optical applications, *Proc. SPIE*, 80160B, 2011.

Pepi, J.W., Failsafe design of an all BK-7 glass aircraft window, *Proc. SPIE*, 2286, 431, 1994.

Pickles, C.S.J. and Field, J.E., The dependence of the strength of zinc sulfide on temperature and environment, *J. Mater. Sci.*, 29, 1115, 1994.

Pollicove, H.M., Fess, E.M., and Schoen, J.M., Deterministic manufacturing processes for precision optical surfaces, *Proc. SPIE*, 5078, 90, 2003.

Robinson, B., Eastman, D.R., Bacevic, J., Jr., and O'Neill, B.J., Infrared window manufacturing technology, *Proc. SPIE*, 430, 302, 1983.

Schaefer, J.P., Eicholtz, R.A., and Sulzbach, F., Fabrication challenges associated with conformal optics, *Proc. SPIE*, 4375, 128, 2001.

Shannon, R.R., Mills, J.P., Pollicove, H.M., Trotta, P.A., and Durvasula, L.N., Conformal optics technology enables window shapes that conform to an application, not to conventional optical limitations, *Photon. Spectra*, 35, 86, 2001.

Sparks, M. and Cottis, M., Pressure-induced optical distortion in laser windows, *J. Appl. Phys.*, 44, 787, 1973.

Speare, J. and Belioli, A., Structural mechanics of a mortar launched IR dome, *Proc. SPIE*, 450, 182, 1983.

Stoll, R., Forman, P.F., and Edleman, J., The effect of different grinding procedures on the strength of scratched and unscratched fused silica, in *Proceedings of Symposium on the Strength of Glass and Ways to Improve It*, Union Scientifique Continentale du Verre, Charleroi, Belgium, Vol. 1, 1961.

Sunne, W.L., Dome attachment with brazing for increased aperture and strength, *Proc. SPIE*, 5078, 121, 2003.

Sunne, W.L., Nagy, P.A., and Liguori, E.B., Vehicle having a ceramic radome affixed thereto by a compliant metallic 'T'-flexure element, US Patent 5,941,479, 1999b.

Sunne, W.L., Ohanian, O., Liguori, E., Kevershan, M., Samonte, J., and Dolan, J., Vehicle having a ceramic radome affixed thereto by a compliant metallic transition element, US Patent 5,884,864, 1999a.

Trotta, P.A., Precision conformal optics technology program, *Proc. SPIE*, 4375, 96, 2001.

Vukobratovich, D., Principles of optomechanical design, in *Applied Optics and Optical Engineering*, Vol. XI, Shannon, R.R. and Wyant, J., Eds., Academic Press, San Diego, CA, 1992, Chapter 5.
Vukobratovich, D., *Introduction to Opto-Mechanical Design*, SPIE Short Course SC014, 2013.
Yoder, P.R., Jr., Non-image-forming optical components, *Proc. SPIE*, 531, 206, 1985.
Yoder, P.R., Jr., Optical mounts: Lenses, windows, small mirrors, and prisms, in *Handbook of Optomechanical Engineering*, CRC Press, Boca Raton, FL, 1997, Chapter 6.
Yoder, P.R., Jr., *Mounting Optics in Optical Instruments*, 2nd edn., SPIE Press, Bellingham, WA, 2008.
Young, W.C., *Roark's Formulas for Stress and Strain*, 6th edn., McGraw-Hill, New York, 1989.

第 7 章 棱镜设计和应用

Paul R Yoder, Jr.

7.1 概述

本章，首先阐述决定棱镜功能的几何形状，然后讨论棱镜的具体设计。这些棱镜在光学仪器中没有光焦度，因此自身不会成像，这类元件相对于系统内其他元件的小量运动或失准不会影响总的系统性能。波罗棱镜或立方棱镜就是很好的例子，波罗棱镜可以绕着垂直于反射面的轴线倾斜，而立方棱镜可以绕着三个正交轴的任何一条倾斜。在这两种情况中，对于棱镜小量的倾斜，反射后的光束不会受到影响。具有这种特性的棱镜称为（相对于某特定轴线）恒偏棱镜。

尽管一些特定类型的棱镜具有这些及其他的奇异特性，但还是需要认真地确定和固定所有棱镜的正确位置和方位。这些棱镜的安装是光机设计的任务，将在本卷第 8 章讨论。

棱镜在光学仪器中的主要用途如下：
- 使光线偏转角度；
- 将一个光学系统折叠成给定的形状或限定的尺寸；
- 提供正确的成像方位；
- 横向移动光轴；
- 调整光路的长度；
- 对光瞳处的光束能量或孔径进行分割或组合；
- 对一个像面处的图像进行分割和组合；
- 对光束进行动态扫描；
- 使光发生色散；
- 利用棱 f 镜平衡系统像差。

本章将研究能够实现上述功能的各类棱镜的设计。表 7.1 列出了大部分棱镜结构参数的相关公式，并假设已知棱镜孔径值 A ［一般为 38.100m（1.500in）］的前提下，作为设计样例给出应用每个公式的计算结果。

光学设计师和工程师经常用作棱镜设计指南的参考文献，是本书第 II 卷第 3 章"光学设计"由美国国防部 1962 年出版的标准 MIL-HDBK-141。该章给出了许多常用棱镜的外形尺寸、轴向光路长度和隧道图的一般计算公式。除了其中一些参考文献是由 Walls 和 Hopkins（1964）、Hopkins（1965）、De Vany（1981）、Wolfe（1995）、Smith（2008）和 Yoder（2008）及本书前几版外，大部分设计实例都在一本绝版书中阐述过：1953 年，由美国陆军法兰克福军工厂 Otto K. Kaspereit 先生编撰并出版的《火控光学系统设计》（*Design of Fire Control Optics*，ORDM-21）。为了使这些设计内容随手可得和使用方便，本书总结了31类棱镜和棱镜部件的设计实例，并给出了所有类型的几何图或功能图，但并非都是精确尺寸，同时给出了大部分棱镜（以棱镜孔径 $A×A$ 为基础）的外形尺寸公式。在某些情况下，还提供棱镜体积和重量的近似公式和轴测图。本卷第8章介绍安装技术时，会用到这些信息。

表 7.1 棱镜设计参数的定义

参 数	定 义
A	准直光束能够通过的孔径直径
B，C，D 等	其他线度尺寸
a，b，c，d 等	典型的倒角（边）或者其他尺寸
α，β，γ，δ，θ，φ 等	角度
ρ	玻璃密度
t_A	轴向光路长度
V	棱镜体积（忽略倒角并认为是尖角）
W	棱镜重量
n（译者注：原书错印为 N）	玻璃折射率

注：正如本卷第11章所述，温度变化产生的应力可以根据焊接尺寸确定其上限。

7.2 几何关系

7.2.1 空气-棱镜界面的折射和反射

光线在两种介质，如空气和玻璃界面上的传播性质由折射定律和反射定律决定（见图7.1），界面处的折射由斯涅尔定律表示为

$$n_i \sin I_i = n_i' \sin I_i' \tag{7.1}$$

式中，n_i 和 n_i' 是第 i 个界面前后的折射率；I_i 和 I_i' 分别是已知光线在同一个界面前后相对于表面法线的入射角和折射角。

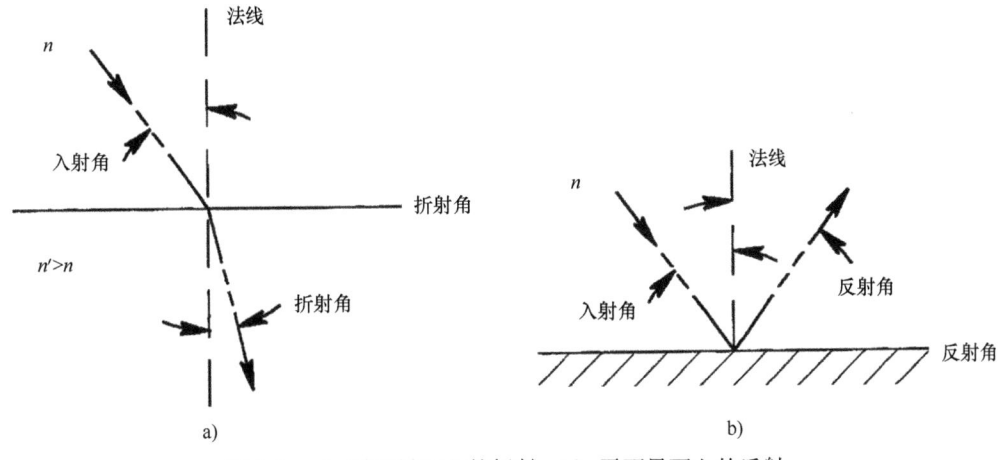

图 7.1 a) 平面界面上的折射 b) 平面界面上的反射

在一个光学表面处的反射服从反射定律，表示如下：
$$I' = -I \tag{7.2}$$
式中的角度是界面处的入射角 I 和反射角 I'。负号表示入射光线和反射光线位于入射点表面法线的两侧。

7.2.2 平板玻璃造成光束位移

如图 7.2 所示，如果一块平板玻璃的折射率是 n，厚度是 t_A，并垂直于光轴放置，由于折射，一个图像通过该平板后就会产生轴向位移。图 a 给出了透镜在没有平板时一个远距离物体的像。图 b 中，将一块平板沿光轴方向放置在某一位置。平板的插入既不会影响透镜的焦距（EFL），也不会影响像的大小。光轴也不会发生偏离。该像沿轴向移动，远离透镜的距离为 D_A，可利用下列近轴公式⊖求得：

$$D_A = \frac{(n-1)t_A}{n} \tag{7.3}$$

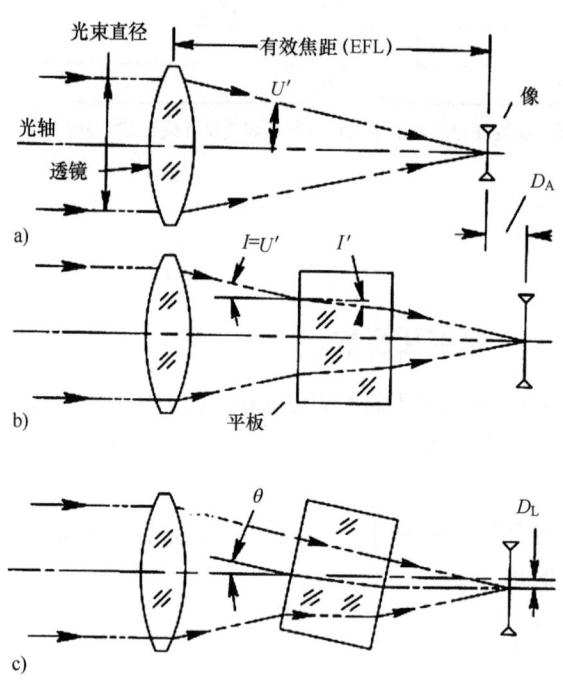

图 7.2　a）由一个物镜组成的简单光学系统，将无穷远物体光束聚焦成像
　　　　b）由于在垂直于会聚光束光轴的位置放置了具有折射面的平板玻璃或棱镜，像面沿轴向移动一个距离 D_A　c）令玻璃平板或棱镜倾斜，像面横向移动 D_L

如果同样一块平板玻璃相对于光轴倾斜一个角度 θ，则光轴和图像都会横向平移 D_L（见图 7.2b）。该位移量的精确计算公式是

$$D_L = t_A \sin\theta \left[1 - \left(\frac{1 - \sin^2\theta}{n^2 - \sin^2\theta} \right)^{1/2} \right] \tag{7.4}$$

⊖　小角度近似。

第 7 章 棱镜设计和应用

或者，简化为以下的近轴形式：

$$D_L = t_A \arccos\theta\left(\frac{n-1}{n}\right) \tag{7.5}$$

式中，θ 是平板玻璃的倾斜角，单位为°。下面以设计实例 7.1 进一步解释这些公式的应用。

设计实例 7.1　插入平板玻璃造成的图像轴向和横向位移

直径为 25.400mm（1.000in）的平行光束入射到焦距为 125.000mm（4.921in）和孔径为 30.000mm（1.181in）的一块正透镜中。一块厚度为 25.000mm（0.984in）和折射率 $n = 1.517$ 的平板玻璃垂直于光轴地放置在透镜的会聚光束中。(a) 图像沿光轴移动多少？(b) 如果 (a) 中的平板玻璃倾斜 20°，光轴和图像横向位移多少？(c) 利用近轴公式重新计算 D_L，并与 (b) 的计算结果进行比较。

解：

(a) 由式 (7.3)，有

$$D_A = \{[(1.517 - 1) \times 25.000]/1.517\}\text{mm} = 8.520\text{mm}(0.335\text{in})$$

(b) 由式 (7.4)，有

$$D_L = (25.000 \times 0.342) \times \left[1 - \left(\frac{1 - 0.342^2}{1.517^2 - 0.342^2}\right)^{1/2}\right]\text{mm}$$

$$= \{8.550 \times [1 - (1 - 0.342)^{1/2}]\}\text{mm} = (17.678 \times 0.473)\text{mm} = 3.114\text{mm}(0.123\text{in})$$

(c) 利用式 (7.5) 近轴公式，有

$$D_L = \left(25.000 \times \frac{20.000}{57.296} \times \frac{0.517}{1.517}\right)\text{mm} = 2.974\text{mm}(0.117\text{in})$$

(b) 中的精确结果与 (c) 中的近轴结果的一致性误差是 4.5%。

7.2.3 棱镜隧道图

一块反射镜上或一块棱镜内的反射会使已有的某种形式的光路折转。图 7.3 中，一块透镜对一个远距离直立箭头（图中未给出）所成的图像被反射镜（如虚线 MM' 所示）反射成像为 $A'B'$。在此注意到，如果将纸面沿着虚线 MM' 折叠，那么，虚像[⊖] AB^* 及实线表示的光线就完全与实像 $A'B'$ 和反射后的光线（虚线）重合。通常，用比较简单的共轴或未折转的镜像表示这种折转图是很方便的。对于内反射棱镜，未折转的光线传播图就称为隧道传播图。由于这种方法有助于近似地确定所需孔径即棱镜尺寸，所以，在设计一个含有棱镜的光

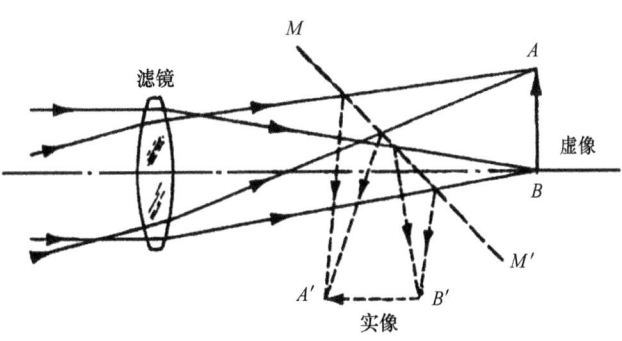

图 7.3　使用一块反射镜折转光路

⊖ 实像位于一个特定的位置，并能够显示在屏上。虚像可以被眼睛直接观察，但不能显示在像面位置的屏上。

学仪器时，隧道光线传播图特别有用。

图 7.4 给出了一个直角棱镜 ABC 的隧道光线传播图。光线 $a\text{-}a''$ 和 $a\text{-}a'$，以及 $b\text{-}b''$ 和 $b\text{-}b'$ 都是以反射表面为对称。为举例说明光线隧道传播图的应用，现在讨论图 7.5 所示的望远镜光学系统。这种望远镜是射击用望远镜或是双目望远镜的一支，光学系统中设计了泊罗正像棱镜系统。棱镜使图像正立，如图 7.4 所示的不同位置处使用"箭头与鼓槌正交"表示的。图 7.6 给出了该光学系统的前半部分，包括隧道图所代表的棱镜。对角线表示光路的折转。图 a 中，通过泊罗棱镜的光路，都表示为普通的折射光路，每个反射面处的光线都没有发生转折。如果棱镜正方形端面的宽度是 A（测量到尖角），那么每个棱镜的轴向宽度就是 $2A$。图 b 中，隧道图的轴向长度是 $2A/n^2$。这些量就是等效空气层的厚度，等效于光线在玻璃板中传播的路程。在后一种视图中，会聚到轴上像点的边缘光线，在表面处没有发生折射，直线穿过玻璃（没有偏折）。对于近轴情况，这些光线在棱镜表面上的交点与实际值一致。

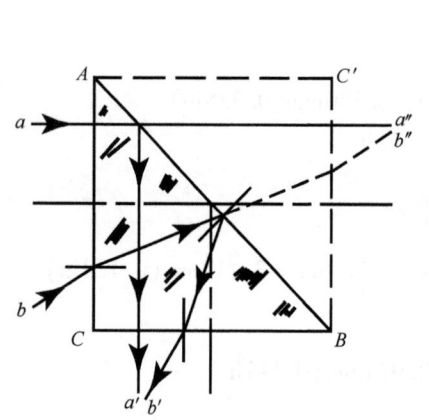

图 7.4 一块直角棱镜的光线隧道传播图

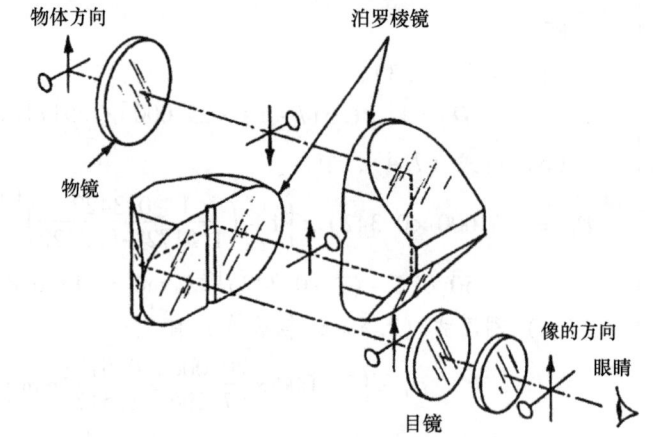

图 7.5 一种设计有泊罗正像棱镜的典型光学系统

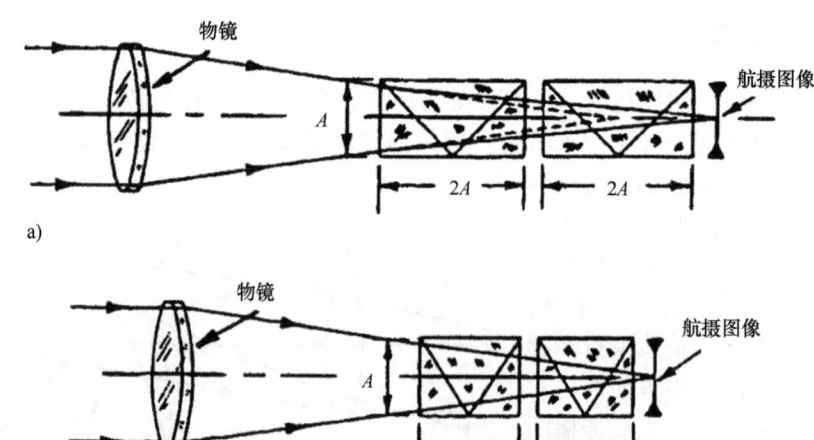

图 7.6 图 7.5 所示的设计有两个泊罗棱镜的望远镜物镜
a) 普通的隧道图，在空气-玻璃界面处有折射
b) 平板等效空气层厚度等于棱镜厚度的隧道图，光线直接通过

(资料源自 Smith, W. J., *Modern Optical Engineering*, 4th edn., McGraw Hill, New York, 2008)

Smith (2000) 就是利用这种隧道图, 举例说明如何计算 7×50 型双筒望远镜中泊罗棱镜的尺寸(对最大孔径轴外光束也不会产生渐晕), 并使它具有最小值。物镜的焦距选择 7in (177.8mm), 像的直径是 0.625in (15.88mm)。作者从类似图 7.6b 所示的注意到, 端面宽度 A_i 与"等效空气层的厚度"之比是 $A_i : 2A_i/n_i$, 或是 $n_i/2$ (译者注: 原书错印为 $n_{i/2}$)。如果 $n = 1.5$, 这个比就会减少到 $1.2/1.5 = 3:4$。然后, Smith 设计了图 7.7 所示的隧道图以说明用该比例确定棱镜的最小孔径 A_1 和 A_2。从棱镜前端面最上面的那个角到后端面的顶点画一条虚线, 其斜率是 m, 等于刚刚推导出的那个比值的一半, 或者说是 $n_i/4$。如果一组棱镜的外形尺寸都符合上述比例关系, 那么这些虚线就是该棱镜族中(没有倒过角的)锐角的轨迹。虚线和全视场最外面光线[称之为上边缘光线(URR), 直接指向图像的顶部]的交点高度位于棱镜的顶角。应当注意, 棱镜的隧道图必须沿光轴, 按系统设计给出的空气间隔设置。

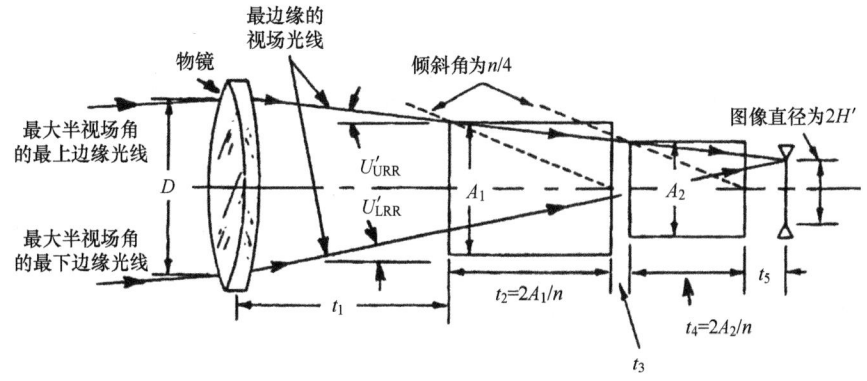

图 7.7 图 7.6b 所示的详细视图。根据棱镜的几何比例和最大的无渐晕光线确定最小的棱镜孔径, 假设棱镜的玻璃折射率 $n = 1.5$

(资料源自 Smith, W. J., *Modern Optical Engineering*, 4th edn., McGraw Hill, New York, 2008)

如图 7.7 所示, 上边缘光线的斜率是

$$\tan U'_{URR} = \frac{(D/2) - H'}{EFL_{OBJ}} \tag{7.6}$$

第二块棱镜的半孔径是 $A_2/2 = H' + (t_4 + t_5)\tan U'$, 也有 $A_2/2 = mt_4 = (n_i t_4)/4$。令两个公式相等, 得到第二块棱镜的厚度:

$$t_4 = \frac{t_5 \tan U'_{URR} + H'}{(n_i/4) - \tan U'_{URR}} \tag{7.7}$$

第二个棱镜孔径是

$$A_2 = \frac{n_i t_4}{2} \tag{7.8}$$

使用类似逻辑, 可以推导出第一块泊罗棱镜的厚度和孔径表达式:

$$t_2 = \frac{(t_3 + t_4 + t_5)\tan U'_{URR} + H'}{(n_i/4) - \tan U'_{URR}} \tag{7.9}$$

和

$$A_1 = \frac{n_i t_2}{2} \tag{7.10}$$

棱镜的这些近似尺寸应通过几何光线追迹进行确认。对于需要设计能够产生渐晕的特定结构件以控制轴外像差的情况尤为重要。在确定最终设计之前,最好将这些尺寸增大百分之几以满足保护性倒边及尺寸公差的需要。下一个设计实例给出一个有代表性的棱镜孔径的设计计算。

设计实例7.2　一个望远正像系统泊罗棱镜尺寸的计算

求解图7.7所示的光学系统中棱镜的最小孔径 A_1 和 A_2,假设物镜焦距 EFL_{OBJ} 是177.800mm(7.000in),物镜孔径是50.000mm(1.968in),图像直径是15.875mm(0.625in),每块棱镜的折射率 $n=1.620$,$t_3=3.175$mm(0.125in),$t_5=12.700$mm(0.500in)。

解:

由式(7.6),有
$$\tan U'_{URR} = [(50.000/2) \times (15.785/2)]/177.800 = 0.096$$
所以, $U'_{URR} = 5.484°$

由式(7.7),有
$$t_4 = \{(12.700 \times 0.096 + 15.875/2)/[(1.620/4) - 0.096]\}\text{mm} = 29.634\text{mm}(1.167\text{in})$$

由式(7.8),有
$$A_2 = [(1.620 \times 29.634)/2]\text{mm} = 24.004\text{mm}(0.945\text{in})$$

(译者注:原书错印为0.945mm)

由式(7.9),有
$$t_2 = \{[(3.175 + 29.634 + 12.7000) \times 0.096 + 15.875/2]/[(1.620/4) - 0.096]\}\text{mm}$$
$$= (12.307/0.309)\text{mm} = 39.828\text{mm}(1.568\text{in})$$

由式(7.10),有
$$A_1 = [(1.620 \times 39.828)/2]\text{mm} = 32.261\text{mm}(1.270\text{in})$$

一般来说,在目视光学系统中,如第二块棱镜出射端面或目镜第一表面这样的光学表面,相对于无穷远光束的像面至少保证有15个屈光度,从而使灰尘和表面缺陷(如擦痕或麻点)位于焦面之外。在Smith给出的例子中,目镜焦距(物镜焦距除以放大率)为(177.800/7.000)mm = 25.4mm(1.000in)。一个屈光度的聚焦误差近似为[(目镜焦距)^2/39.37]mm = 0.645mm(0.025in)(译者注:据原书作者解释,该例子中一个屈光度等于焦距39.37),那么15个屈光度就应当为9.625mm(0.375in)。选择0.500in(12.700mm)的空气间隔,所以棱镜表面应当置于观测者眼睛的调焦范围之外。

这种确定棱镜孔径的通用几何分析技术,可以应用于会聚或发散光束中其他类型的棱镜。对于这些计算孔径的解析方程式的推导工作,感兴趣的读者可以自己实践。一旦棱镜的孔径确定,就可以利用本卷9.2.4节讨论的确定反射镜上投射点的技术,确定折射光束在棱镜反射表面上的投射点。主要差别在于,这种技术是在玻璃内部使用折射光线的斜率。用几何光线追迹和许多计算机辅助设计(CAD)程序也可以确定这些投射点。

7.2.4 全内反射

如果一条光线入射在一个 $n > n'$ 的界面上 [就是直角棱镜斜边的内表面 (第 2 表面)],就会出现全内反射 (TIR)。在隧道图的讨论中,假设所有光线都发生反射,就像表面镀有银反射膜或铝反射膜一样,许多人称这样的表面为镀银面。然而,如果棱镜的斜表面是裸露的 (即没有在背面镀膜),根据 Snell 定律,对于小入射角度的光线和/或低折射率材料,光线可能会通过该表面漏入到周围空气中 (图 7.8 所示的光线 a-a'),这条光线将不参与棱镜之后光学系统的成像。如果增大光线的角度 I_2,折射角 I'_2 也增大。当 I_2 增大到某一个角度时,I'_2 会达到 $90°$,此时 $\sin I'_2 = 1$。由于正弦函数不会超过 1,所以 $I_2 > I_C$ 的光线将发生内反射,如同表面镀银一样。与 $I'_2 = 90°$ 相对应的角度 I_2 称为临界角,符号为 I_C。利用下列公式计算该角度:

$$\sin I_C = \frac{n'_2}{n_2} \tag{7.11}$$

空气中,$n' \cong 1.00029$,而在真空中是 1,所以 $\sin I_C = 1/n_2$ 是一个非常接近的近似值。

通过选择足够高的折射率,使所有应当反射的光线在反射表面的入射角都大于 I_C,就可以利用棱镜全内反射的优势,在没有光能量损失的条件下发生反射,并且反射面上无须镀反射膜。由于全内反射只发生在清洁表面上,所以要特别注意,不要使反射表面被湿气、手指印或外来物质污染,这些污染会增大环绕该反射面的外围空间的折射率,从而使有用的光线折射出棱镜。

在前面讨论图 7.6、图 7.7 所示和设计实例 7.2 时,演示验证了如何确定一个光学系统中 (见图 7.5) 泊罗棱镜所需要的孔径。在一个望远镜的初步设计中,若采用非镀银泊罗棱镜,则完成的另一种计算应是设计实例 7.3。该设计中,采用了具有不合适折射率的棱镜,现在确定无渐晕系统能够具有的最大视场。

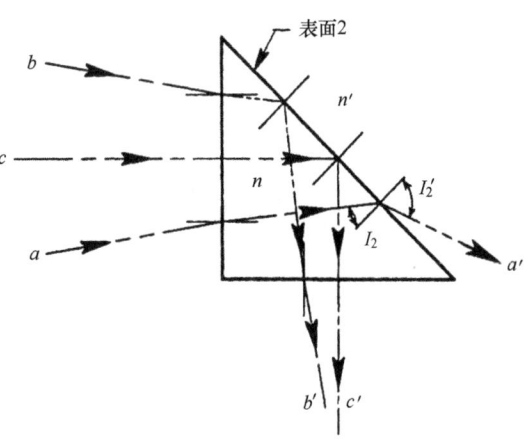

图 7.8 光线通过一个未镀银膜且具有低折射率的直角棱镜的光路图。光线 z-z' 的入射角 I_2 小于临界角 I_C,因而漏出了反射面。光线 b-b' 和 c-c' 的入射角 I_2 大于临界角 I_C,所以发生全内反射

设计实例 7.3 未镀银反射面泊罗棱镜的望远镜设计具有的最大视场

假设,图 7.5 和图 7.6 所示的棱镜未镀银,置于空气中,玻璃材料的折射率是 1.620。物镜焦距是 177.800mm (7.000in),入瞳直径 $D = 50.000$mm (1.969in)。由于没有考虑全内反射,无渐晕望远镜在物空间能够观察的最大视场是多少?假设孔径光阑位于物镜上。

解:
由式 (7.11),有

光机系统设计（原书第4版） 卷 I 光机组件的设计和分析

$$\sin I_C = 1/1.620 = 0.617, \text{ 因此 } I_C = 38.118°$$

由图7.4所示的几何关系，对位于入瞳面上的光线 $a\text{-}a'$，有

$$I' = 45° - I_C = 6.882°$$

由式 (7.1)，有

$$\sin I = 1.620 \times \sin 6.882° = 0.194, \text{ 因此, } I = 11.193°$$

该角度等于入射到透镜孔径底侧并指向图像顶侧的下边缘光线（LRR）的斜率。因此，$U'_{LRR} = 11.193°$，$\tan U'_{LRR} = 0.198$。

将式 (7.6) 进行修改以应用于下边缘光线（将分子中的负号改变为正号），得到：

$$\tan U'_{LRR} = [(50.000/2) + H']/177.800 = 0.198$$

求解像高，$H' = 10.183\text{mm}(0.401\text{in})$

近轴像高 $H' = (\text{EFL}_{OBJ})\tan U'_{PR}{}^{\ominus}$ (7.12)

因此，无渐晕望远镜物空间的圆形总视场（有时称为实际视场）：

$$\pm \arctan(H'/\text{EFL}_{OBJ}) = \pm 3.278°$$

或者，总视场为 6.556°。

在某些望远镜和双目望远镜中，由于棱镜玻璃材料的折射率太低，因此，对所有希望产生全内反射的影响很明显，许多早期设计和目前一些廉价产品更是如此。利用以下方法很容易识别这类仪器：将该仪器置于眼睛前面约30cm（12in）位置，将其指向一个明亮表面或白天的天空（但不是太阳！），近似沿着目镜光轴观察其出瞳。如果玻璃折射率太低，则出瞳边缘将会如图7.9左图所示，稍呈方形而非如右图所示的圆形。这表明，一些光线从第一棱镜的每个玻璃—空气界面折射漏掉，如图7.10所示。同样的现象也会发生在第二个泊罗棱镜的两个反射面上，因此光轴折转90°的四个表面的透射光束会产生渐晕。

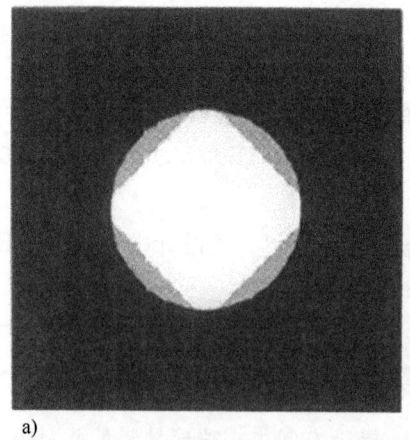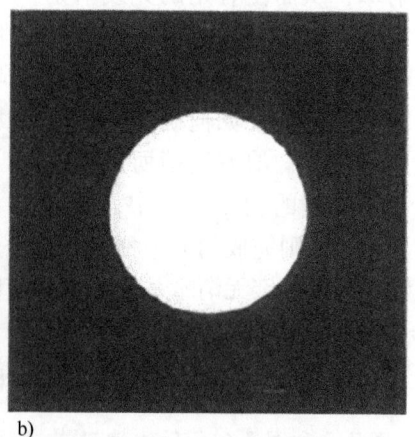

a) b)

图7.9 从设计有泊罗棱镜的望远镜或双目望远镜观察到的出瞳形状
a) 低折射率造成渐晕，形成方形出瞳形状 b) 高折射率棱镜形成无渐晕圆形光瞳

(资料源自 Yoder, p. r., Jr., and Vukobratovich, D., *Field Guide for Binoculars and Scopes*, SPIE Press, Bellingham, WA, 2011)

$\ominus$ 原书对 U'_{PR} 没有定义，作者解释是，该角度是与主光线对应的角度，相关图中没有表示。——译者注

第7章 棱镜设计和应用

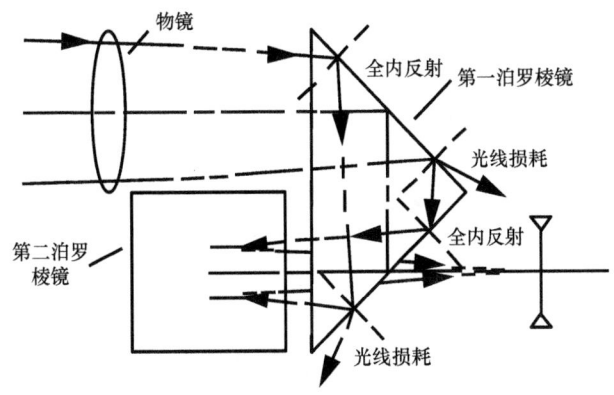

图 7.10 光线通过低折射率泊罗棱镜的传播路程,在 4 个反射表面上造成全内反射(TIR)的部分损失,形成具有渐晕的方形出瞳

(资料源自 Yoder, p. r., Jr., and Vukobratovich, D., *Field Guide for Binoculars and Scopes*, SPIE Press, Bellingham, WA, 2011)

再次参考图 7.10 所示,可以看到,入射到物镜的光线彼此平行并平行于光轴,因此光线发自轴上一个远距离物点。由于这些光线入射在透镜孔径的边缘,所以经常称为边缘光线。经过透镜后会聚为一个轴上点像。其会聚角正比于光束的相对孔径、速度或 f 数,后者参数表示为[○]

$$f 数 = \frac{焦距(EFL)}{透镜入瞳(EP)孔径} \qquad (7.13)$$

例如,一个透镜的入瞳(EP)是 40.000mm(1.575in)、焦距(EFL)是 177.800mm (7.000in)的透镜的 f 数是 $f/4.4$。如果没有渐晕,该比的二次方确定了某已知物体发光度的图像照度,在此忽略大气影响。由于具有渐晕,图像照度按照一定比例(即无渐晕面积与整体孔径面积之比)下降。

在设计含有泊罗棱镜的望远镜时,如前所述,可能会有部分光束受到遮挡,如果折射率太低,则非常希望知道该系统具有多大 f 数才不会造成渐晕。图 7.11 给出了这种关系,列出了双目望远镜和一般望远镜通常采用的 4 种高质量玻璃类型的折射率。BK7 代表早期设计及目前廉价仪器中使用的 $n = 1.57$ 硼硅酸盐冕牌玻璃。若使用这种玻璃,透镜的 f 数必须采用 $f/5$ 或更低以确保整个光束全内反射。许多新型设计都选择 $n = 1.569$ 的 BaK4 玻璃,能够

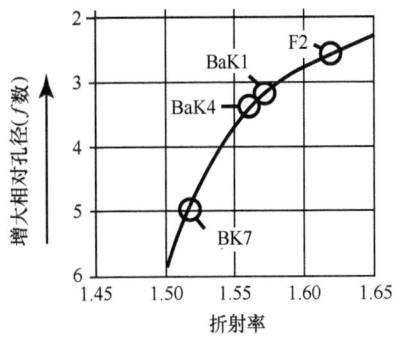

图 7.11 在望远镜或双目望远镜中,由于采用不同折射率玻璃材料的泊罗棱镜而使物镜相对孔径受限的曲线图。圆圈代表特别经常使用的玻璃材料。较高折射率的玻璃材料可以形成快速物镜结构,即较为复杂的物镜设计,没有渐晕,不会造成方形出瞳

(资料源自 Yoder, p. r., Jr., and Vukobratovich, D., *Field Guide for Binoculars and Scopes*, SPIE Press, Bellingham, WA, 2011)

○ 从物空间部分看,入瞳是孔径光阑的像。孔径光阑是约束一束通过光学系统的光束尺寸的机械孔径。

使透镜的 f 数达到 $f/3.2$，并使光学系统的长度较短。其他玻璃，如 BaK1 的 $n=1.573$，F2 的 $n=1.620$ 代表其他设计选择的玻璃类型，使透镜的 f 数分别达到约 3.2 和 2.6。

7.2.5 棱镜和平板玻璃的像差

许多平板和内反射棱镜的设计都会使入射面和出射面垂直于透射光束的光轴。如果光束是平行光，并以垂直于入射面和出射面的方式通过棱镜，就不会引入像差，若光束是会聚或发散的，则会产生像差，当光束与光轴成某个角度进入棱镜时就会变成不对称光束。在一束会聚光束中，一个棱镜会过校正三种纵向像差（球差、色差和像散），而欠校正横向像差（慧差、畸变和横向色差）。Smith（2008）给出了精确和近轴计算棱镜（折射率为 n）像差贡献量的一般公式。他把棱镜定义为一块厚度为 t 的平板，其表面垂直于光轴，或者相对于光轴倾斜一个角度；也可以使用透镜设计软件逐面进行光线追迹确定这些像差。感兴趣的读者可以参考 Smith 对这两方面的论述。

7.3 光束折转棱镜

7.3.1 直角棱镜

直角棱镜将光束折转 90°，如图 7.4 所示的光束隧道。图 7.12（译者注：原书错印为图 7.12a 和 b）给出了该类棱镜的三视图，第二表面上产生全内反射时，一条以最大角度 I_1 入射的光线光路图。该棱镜及本章将要讨论的所有其他棱镜都假设位于 $n_1=1.000$ 的空气中。外形尺寸测量到尖角。设计实例 7.4 给出了图 7.12 所示的外形尺寸和角度的计算公式及所示棱镜参数的计算值。

设计实例 7.4　孔径为 $A=38.100\mathrm{mm}$，$n_2=1.517$ 和 $\rho=2.510\mathrm{g/cm^3}$ 的直角棱镜（见图 7.12）

参数	公式编号
$t_A = A = 38.100\mathrm{mm}(1.500\mathrm{in})$	(7.14)
$B = 1.414A = 53.873\mathrm{mm}(2.121\mathrm{in})$	(7.15)
$I_C = \arcsin(1/n_2) = 41.239°$	(7.16)
$I_1' = 45° - I_C = 3.761°$	(7.17)
$I_1 = \arcsin[(n_2/n_1)(\sin I_1')] = 5.711°$	(7.1)
$V = 0.5A^3/1000 = 27.653\mathrm{cm^3}(1.688\mathrm{in^3})$	(7.18)
$W = V\rho/1000 = 0.069\mathrm{kg}(0.153\mathrm{lb})$	(7.19)

7.3.2 分束（或合束）立方棱镜

将两个直角棱镜沿斜边表面胶合在一起，并在该界面镀以半反膜，就构成一个立方分束镜或立方合束镜。这种类型的棱镜如图 7.13 所示。设计实例 7.5 中给出其设计公式和典型计算。

第7章 棱镜设计和应用

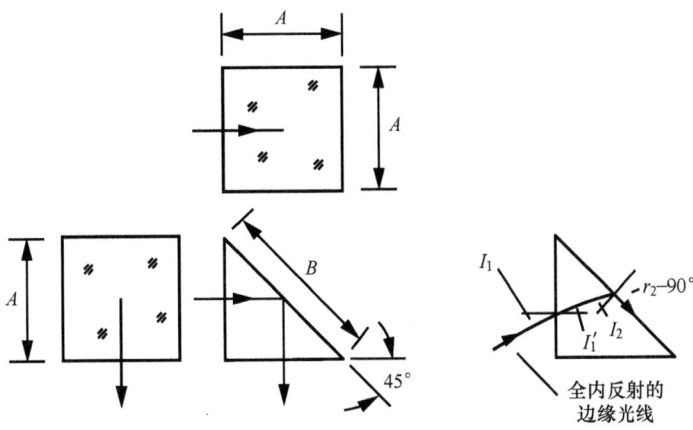

图7.12 一种典型的直角棱镜结构

设计实例7.5 分束（合束）立方棱镜（见图7.13）孔径 $A = 38.100\text{mm}$，$\rho = 2.510\text{g/cm}^3$，$A_G = 10$，$F_S = 10$ 和 $J = 13.790\text{MPa}$

参数	公式编号
$t_A = A = 38.100\text{mm}(1.500\text{in})$	(7.14)
$V = A^3/1000 = 55.306\text{cm}^3(3.375\text{in}^2)$	(7.20)
$W = V\rho/1000 = 0.139\text{kg}(0.305\text{ lb})$	(7.19)

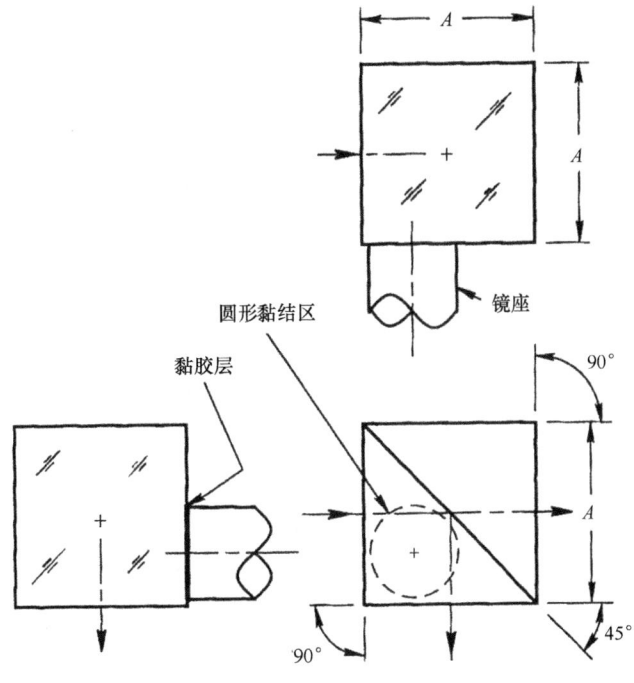

图7.13 分束或合束立方棱镜的典型结构图

351

与通常从光学原因考虑一样，本章假设胶合在一起的棱镜是由相同的材料制成，以避免温度变化造成的不利影响。

如果分束/组合棱镜（或由多个零件组合起来的任何棱镜）是黏接在一个机械支座上，黏接部位应仅设置在一个零件上；黏结面不应当跨越到棱镜之间的胶合处，主要原因是两块玻璃表面不可能精确地共面，黏结剂的厚度差别可能会降低黏结强度。如果胶合后要对相邻表面重新研磨，跨越胶合面的黏接是允许的。

分束立方棱镜使用的设计公式也可应用于某些有可能用作高速摄像机旋转棱镜的单立方棱镜。

7.3.3 菱形棱镜

图 7.14 所示的菱形棱镜等效于孔径为 A 的两个直角棱镜的组合。其中，端面长度为 D 的两个反射表面平行。这些棱镜可以组合为外形尺寸为 $A \times A \times C$ 的平板，主要用于使光轴横向移动一段距离 B，而不改变光轴方向。通过这种棱镜观察到的像在两个子午面内都是正立的。下面给出设计实例 7.6 及与此相关的公式。

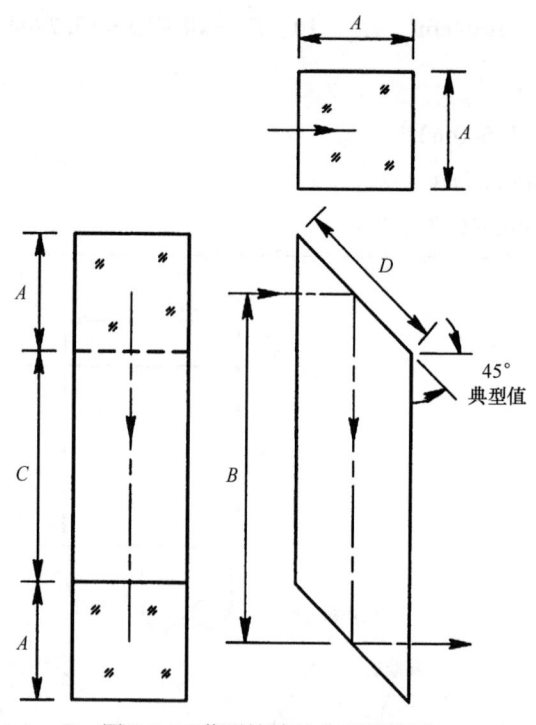

图 7.14 菱形棱镜的典型结构图

设计实例 7.6 孔径 $A = 38.100\text{mm}$ 和 $\rho = 2.510\text{g/cm}^3$ 的菱形棱镜（见图 7.14）

参数	公式编号
$B \equiv 135.000\text{mm}(5.315\text{in})$	（选择值）
$t_A = A + B = 173.100\text{mm}(6.815\text{in})$	(7.21)

$$C = B - A = (135.000 - 38.100)\text{mm} = 96.900\text{mm}(3.815\text{in}) \quad (7.22)$$
$$D = 1.414A = (1.414 \times 38.100)\text{mm} = 53.873\text{mm}(2.121\text{in}) \quad (7.23)$$
$$E = 2A + C = (2 \times 38.100 + 96.900)\text{mm} = 173.100\text{mm}(6.815\text{in}) \quad (7.24)$$
$$V = (A^3 + A^2C)/1000 \quad (7.25)$$
$$= [(55306.341 + 1451.610 \times 96.900)/1000]\text{cm}^3$$
$$= 195.967\text{cm}^3(11.959\text{in}^3)$$
$$W = V\rho/1000 = [(195.967 \times 2.510)/1000]\text{kg} = 0.492\text{kg}(1.082\text{ lb}) \quad (7.19)$$

这种棱镜对于绕着垂直于反射面的轴线倾斜不敏感，所以在该平面内棱镜能提供固定的偏离量。绕着棱镜的长轴旋转，会使光束的偏离与反射面旋转量之间存在着 2∶1 的关系。这种棱镜常用在军用潜望镜系统中，横向平移瞄准线，以便从堑壕中、障碍物后面或如装甲车之类的密闭车辆中观察目标。

7.3.4 泊罗棱镜

如果一个直角棱镜的放置，能够使光束从斜边表面进入，又从斜边表面出射，如图 7.5 和图 7.15 所示，该棱镜就称为泊罗棱镜。图 7.16 左图中，光线 a-a' 入射和出射都平行于光轴传播，而光线 b-b' 和 c-c' 以不同的视场角进入棱镜。注意到，光线 a-a' 和 b-b' 旋转 180°，并从斜边出射。如果该棱镜直角是精确的 90°，那么这些出射光线与对应的入射光线平行。即使泊罗棱镜绕着垂直于 A-B-C 端面的任一轴线旋转，也是正确的。因此，这种棱镜是一个（光线）反向棱镜，在反射面内保持恒定的偏离角。绕着一条平行于 A-C 边的轴线旋转，会造成反射光束偏离图面，像反射镜一样，偏离量是棱镜旋转角的两倍。

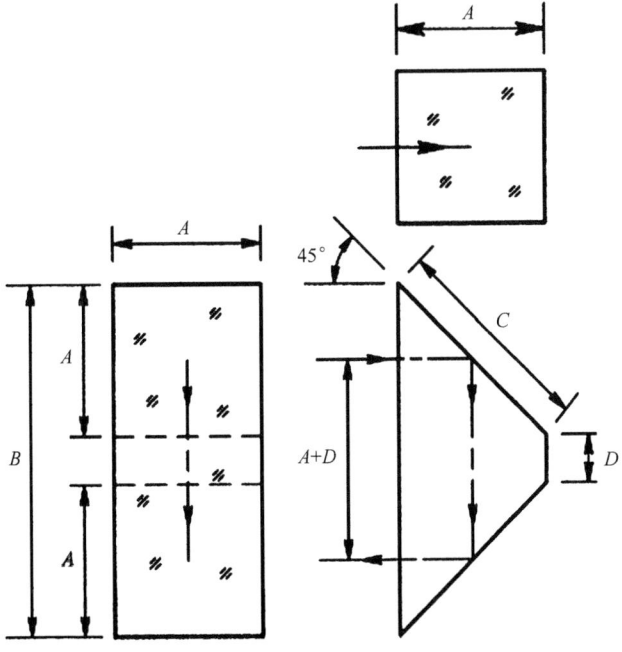

图 7.15 泊罗棱镜的典型结构

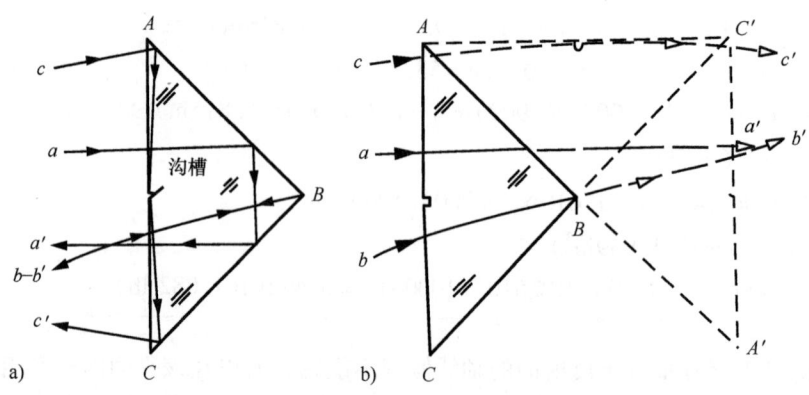

图 7.16　a) 光线通过泊罗棱镜的典型光路图
　　　　b) 棱镜的隧道图

图 7.16（译者注：原书错印为 7.15）所示的光线 $c\text{-}c'$ 代表一条入射在棱镜孔径边缘的视场光线。第一次反射后，它以掠入射角的形式入射到斜边表面 $A\text{-}C$ 上。由于最终会有三次反射，所以产生一个倒像。由于这种光线对主像不产生有用的贡献，所以被称为"鬼"线，会增加杂散光，在斜边表面中心切出一条沟槽可以消除这种光线以及下面涉及的类似现象。这种沟槽结构不会对通过棱镜的有益光线产生干扰。

该棱镜（见图 7.16）的几何图形相当于两个孔径为 $A \times A$、具有正方形反射面的直角棱镜与外形尺寸为 $A \times A \times D$ 的一块平板的组合，其中平板夹在两块直角棱镜中间。设计实例 7.7 给出了设计公式和外形尺寸的典型值。

设计实例 7.7　泊罗棱镜：孔径 $A = 38.100\text{mm}$ 和 $\rho = 2.510\text{g/cm}^3$（见图 7.15）

参数	公式编号
	选择值
$D = 0.24A = 9.144\text{mm}(0.360\text{in})$	
$t_A = 2A + D = 85.344\text{mm}(3.360\text{in})$	(7.26)
$B = 2A + D = 85.344\text{mm}(3.360\text{in})$	(7.27)
$C = 1.414A = 53.873\text{mm}(2.121\text{in})$	(7.28)
$V = (A^3/1000) + (A^2D/1000) = 68.580\text{mm}^3(4.185\text{in}^3)$	(7.29)
$W = V\rho/1000 = [(68.580 \times 2.510)/1000]\text{kg} = 0.172\text{kg}(0.379\text{ lb})$	(7.19)

7.3.5　阿贝-泊罗棱镜

Ernst Abbe 修改了泊罗棱镜的设计，棱镜的一半相对于另一半旋转 90°。这种棱镜有时称为 2 型泊罗棱镜，如图 7.17 所示。设计公式和外形尺寸的典型值见设计实例 7.8。注意到，由于棱镜结构布局的差别不会改变外形尺寸，也不会改变计算公式，这些设计实例的计算结果是一致的。

设计实例7.8 阿贝-泊罗棱镜：孔径$A=38.100$mm 和$\rho=2.510$g/cm^3（见图7.17）

参数	公式编号
$D = 0.05A = 1.905$mm(0.075in)	选择值
$t_A = 2A + D = 78.105$mm(3.075in)	(7.26)
$B = 2A + D = 78.105$mm(3.075in)	(7.27)
$C = 1.414A = 53.873$mm(2.121in)	(7.28)
$V = (A^3/1000) + (A^2D/1000) = 58.071$cm^3(3.544in^3)	(7.29)
$W = V\rho/1000 = [(58.07 \times 2.510)/1000]$kg $= 0.156$kg(0.071 lb)	(7.19)

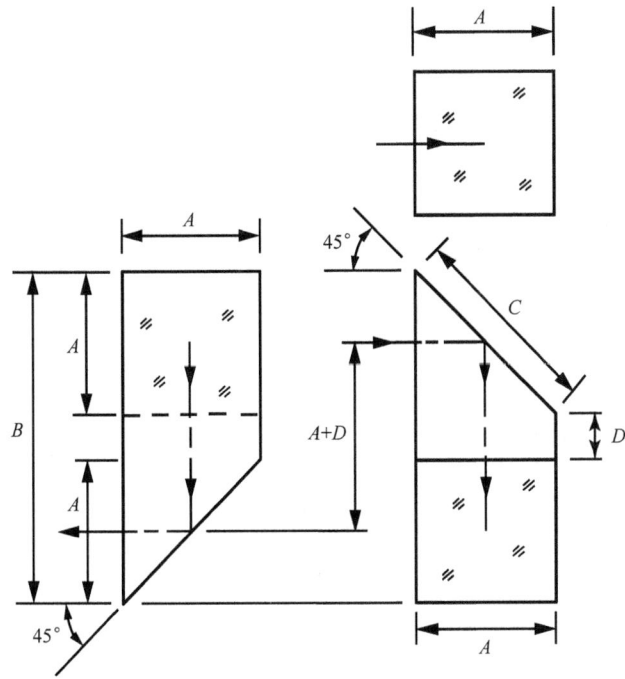

图7.17 阿贝-泊罗棱镜的结构图

7.3.6 阿米西棱镜

阿米西棱镜（见图7.18）是一块孔径为A的直角棱镜，其斜边表面是一个90°"屋脊"面，所以，反射光束经过了两次反射，而不是一次，透过的图像在与图中下侧直角面相垂直的方向上发生翻转（见设计实例7.9）。

设计实例7.9 阿米西棱镜：孔径$A=38.100$mm 和$\rho=2.510$g/cm^3（见图7.18）

参数	公式编号
$t_A = 1.708A = 65.075$mm(2.562in)	(7.30)

$$a = 0.354A = 13.487\text{mm}(0.531\text{in}) \quad (7.31)$$
$$B = 1.414A = 53.881\text{mm}(2.021\text{in}) \quad (7.15)$$
$$C = 0.854A = 32.537\text{mm}(1.281\text{in}) \quad (7.32)$$
$$D = 1.354A = 51.587\text{mm}(2.031\text{in}) \quad (7.33)$$
$$E = 1.440A = 54.882\text{mm}(2.161\text{in}) \quad (7.34)$$
$$V = 0.888A^3/1000 = 49.112\text{cm}^3(2.997\text{in}^3) \quad (7.35)$$
$$W = V\rho/1000 = [(49.112 \times 2.510)/1000]\text{kg} = 0.123\text{kg}(0.271\text{ lb}) \quad (7.19)$$

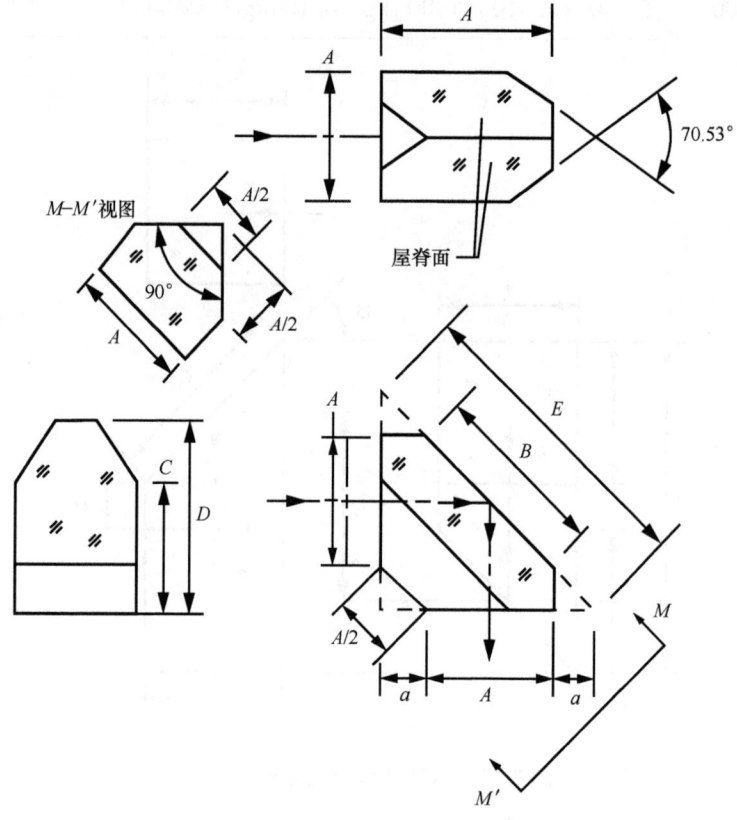

图 7.18　阿米西棱镜的典型结构图

屋脊棱镜的使用方式：两屋脊面间的棱可以将通过的光束分成两束；或者光束的尺寸一定，使用尺寸比较大的棱镜，使光束先后分别投射到屋脊面上。图 7.19a 和 b 分别给出了这些可能性。如果是分束，为了不产生明显的双像，双面角必须是精确的 90°（误差在几个角秒之内）。为了获得理想的屋脊角，需要增大人力资源和工装夹具，一般会提高棱镜的成本⊖。

图 7.19 中，将棱镜画成具有相同的入瞳尺寸，所以，图 a 中，光束尺寸与棱镜孔径 A

⊖ 任何屋脊棱镜屋脊面的两次反射都会形成与偏振有关的相移，由于干涉效应而降低了图像质量。将一个屋脊面镀以薄膜而将两次反射恢复到同相，达到补偿该效应的目的。

几乎一样大，并且同心。图 b 所示的光束孔径不可能大于 $A/2$。在这种情况下，由于该光束首先由一个屋脊面反射，然后由另一个屋脊面反射，所以光束光轴横向移动 $A/2$。

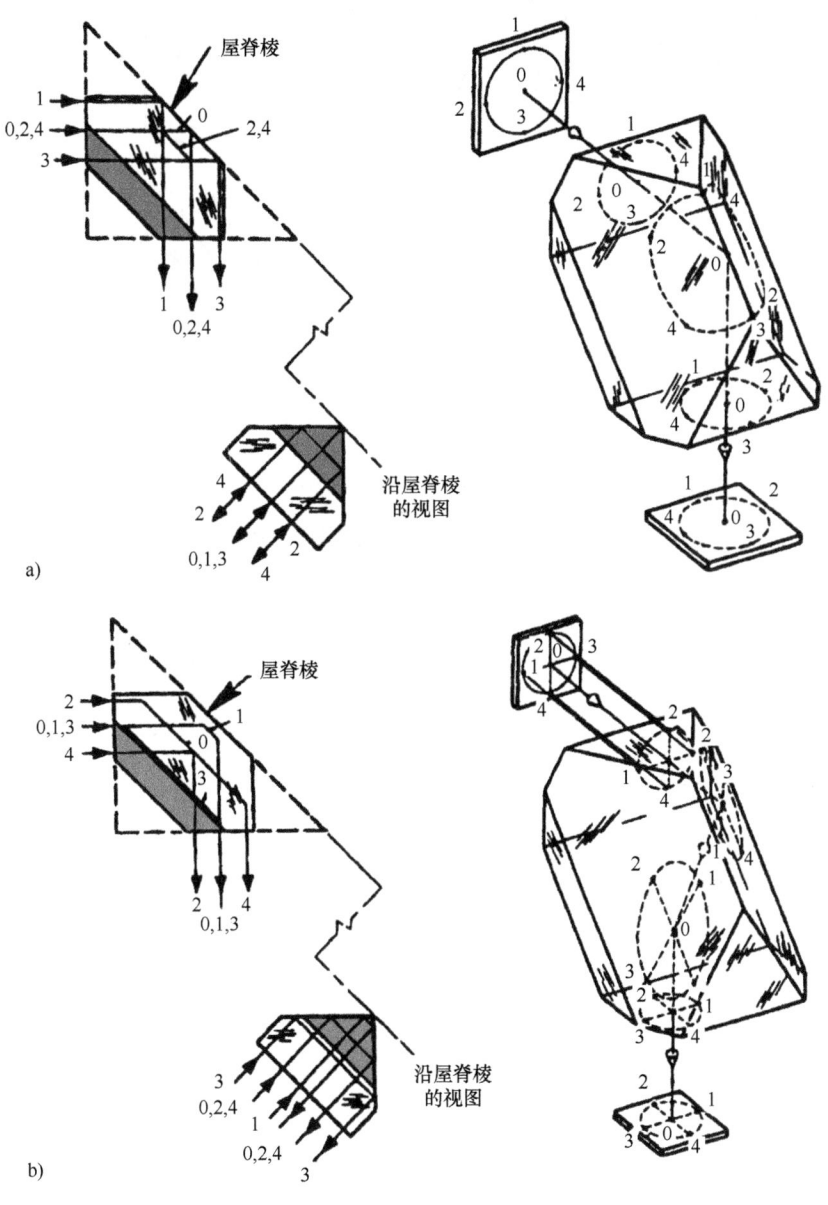

图 7.19 阿米西棱镜
a）对称地用作一块分束反射镜　b）偏心地用作全光束反射镜
（资料源自 MIL-HDBK-141，*Optical Design*，Defense Supply Agency，Washington，DC，1962）

7.3.7 法兰克福（军工厂）的 1 类和 2 类棱镜

这些棱镜组件和功能类似阿米西棱镜，分别使入射光束偏转 115°和 60°而不是 90°。图 7.20a 和 b 是其结构图，并给出设计实例 7.10 和 7.11。

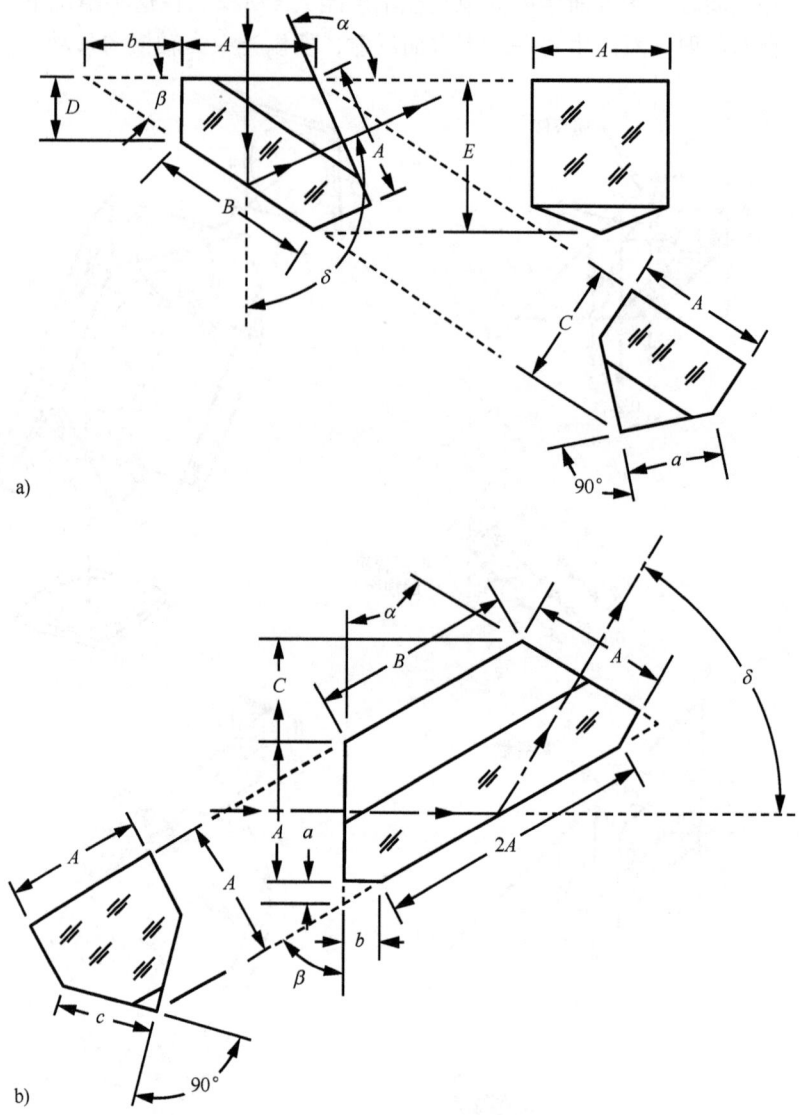

图 7.20 法兰克福（军工厂）棱镜的结构图
a) 1 类棱镜 b) 2 类棱镜

（资料源自 Kaspereit, O. K., *Design of Fire Control Optics* ORDM2-1, Vol. 1, U. S. Army, Washington, DC, 1953）

设计实例 7.10　法兰克福（军工厂）1 类棱镜，孔径 $A = 38.100\text{mm}$（见图 7.20a）

参数	公式编号
$\alpha = \delta = 115°$	已知
$\beta = 32.5°$	已知
$t_A = 1.570A = 59.817\text{mm}(2.355\text{in})$	(7.36)

第 7 章　棱镜设计和应用

$a = 0.707A = 26.937\text{mm}(1.061\text{in})$	(7.37)
$b = 0.732A = 27.889\text{mm}(1.098\text{in})$	(7.38)
$B = 1.186A = 45.187\text{mm}(1.770\text{in})$	(7.39)
$C = 0.931A = 35.471\text{mm}(1.397\text{in})$	(7.40)
$D = 0.461A = 17.564\text{mm}(0.692\text{in})$	(7.41)
$E = 1.104A = 42.062\text{mm}(1.656\text{in})$	(7.42)

（资料源自 Kaspereit, O. K., *Design of Fire Control Optics* ORDM2-1, Vol. I, U. S. Army, Washington, DC, 1953）

设计实例7.11　法兰克福（军工厂）2 类棱镜，孔径 $A = 38.100\text{mm}$（见图7.20b）

参数	公式编号
$\alpha = \beta = \delta = 60°$	已知
$t_A = 2.269A = 86.449\text{mm}(3.404\text{in})$	(7.43)
$a = 0.155A = 5.906\text{mm}(0.233\text{in})$	(7.44)
$b = 0.268A = 10.211\text{mm}(0.402\text{in})$	(7.45)
$c = 0.707A = 26.949\text{mm}(1.061\text{in})$	(7.46)
$B = 1.464A = 55.778\text{mm}(2.196\text{in})$	(7.47)

（资料源自 Kaspereit, O. K., *Design of Fire Control Optics* ORDM2-1, Vol. I, U. S. Army, Washington, DC, 1953）

7.3.8　五角棱镜

五角棱镜既不转像也不倒像，仅使光轴精确地转折90°，图7.21给出了这种棱镜的设计图。光线在图面内保持恒定的偏离角。通常的应用包括光学测距机、测绘仪器、光学校准设备和计量设备，要求有一个精确的直角偏转。反射面并非全内反射面，所以，必须镀反射膜。设计实例7.12给出了此类棱镜的外形尺寸计算例子。

设计实例7.12　五角棱镜：孔径 $A = 38.100\text{mm}$ 和 $\rho = 2.510\text{g/cm}^3$（见图7.21）

参数	公式编号
$t_A = 3.414A = 130.073\text{mm}(5.121\text{in})$	(7.48)
$B = 0.414A = 15.773\text{mm}(0.621\text{in})$	(7.49)
$C = 1.082A = 41.224\text{mm}(1.623\text{in})$	(7.50)
$D = 2.414A = 91.973\text{mm}(3.621\text{in})$	(7.51)
$V = 1.500A^3 = 82.951\text{cm}^3(5.062\text{in}^3)$	(7.52)
$W = V\rho/1000 = [(82.951 \times 2.510)/1000]\text{kg} = 0.208\text{kg}(0.095\text{ lb})$	(7.19)

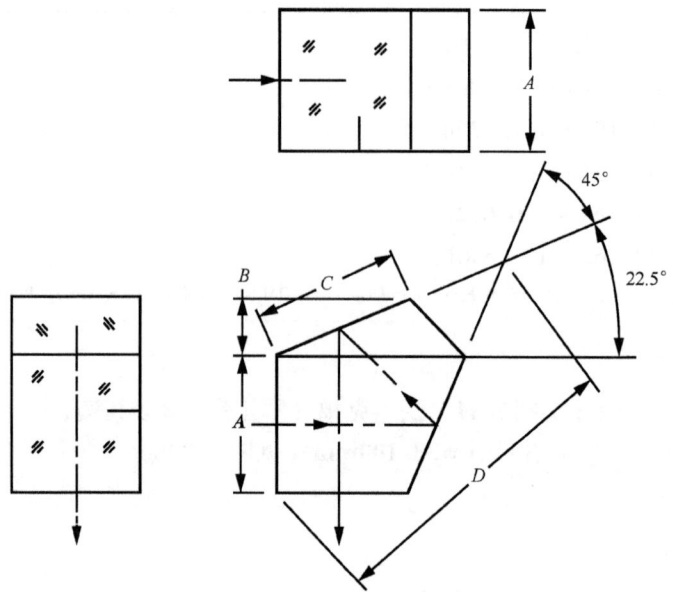

图 7.21　五角棱镜的典型结构图

7.3.9　五角屋脊棱镜

如果将五角棱镜的一个反射面设计成 90°屋脊，该棱镜就使垂直于折射面方向的透射图像形成倒像。当材料和孔径一定，五角屋脊棱镜的体积和重量要比普通五角棱镜大 20% 左右。增加一个屋脊面，不会改变五角棱镜固定偏离的特性。图 7.22 给出了屋脊五角棱镜结构图，设计实例 7.13 给出了该设计的计算公式。

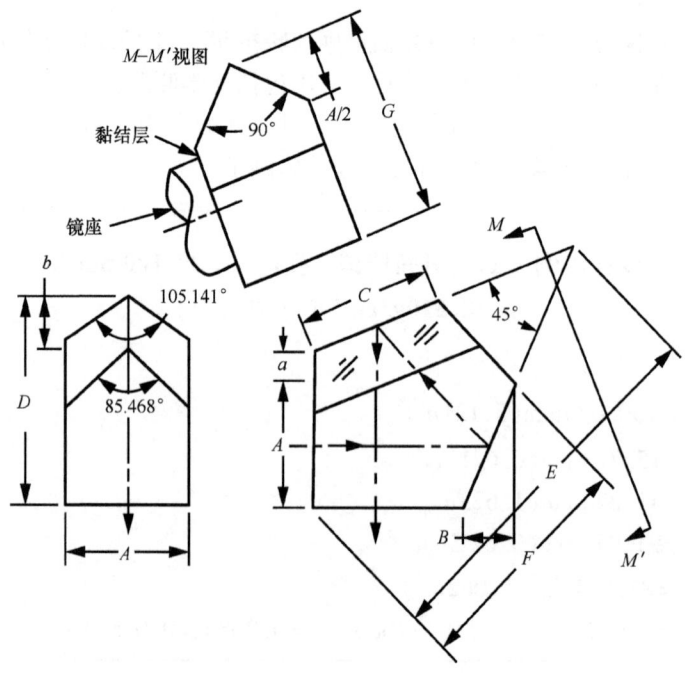

图 7.22　五角屋脊棱镜的典型结构图

> **设计实例7.13　五角屋脊棱镜：孔径$A = 38.100$mm 和**
> **$\rho = 2.510$g/cm³**（见图7.22）
>
> | 参数 | 公式编号 |
> |---|---|
> | $t_A = 4.223A = 160.896$mm$(6.334$in$)$ | (7.53) |
> | $a = 0.237A = 9.030$mm$(0.355$in$)$ | (7.54) |
> | $b = 0.414A = 15.773$mm$(0.621$in$)$ | (7.55) |
> | $B = 0.414A = 15.773$mm$(0.621$in$)$ | (7.49) |
> | $C = 1.082A = 41.224$mm$(1.623$in$)$ | (7.50) |
> | $D = 1.651A = 62.903$mm$(2.476$in$)$ | (7.56) |
> | $E = 2.986A = 113.767$mm$(4.479$in$)$ | (7.57) |
> | $F = 1.874A = 71.399$mm$(2.811$in$)$ | (7.58) |
> | $G = 1.621A = 61.760$mm$(2.431$in$)$ | (7.59) |
> | $V = 1.795A^3/1000 = 99.275$cm³$(6.058$in³$)$ | (7.60) |
> | $W = V\rho/1000 = [(99.275 \times 2.510)/1000]kg= 0.250kg(0.552$ lb$)$ | (7.19) |

7.3.10　BⅡ-45°半五角棱镜

Bauerfeind 45°棱镜（译注：有时称为"BⅡ-45°半五角棱镜"）通过两次内反射使光轴偏离45°（见图7.23）。第一次反射是小视场全内反射，由于入射角对于全内反射太小，所以第二次反射发生在一个镀银的反射面上。别汉棱镜中较小的那块零件实现第二次反射（见7.5.4节），并且几何尺寸等于五角棱镜的一半，因此称为半五角棱镜。设计实例7.14介绍了这类棱镜的具体设计。使光轴偏转60°的此类棱镜已经在某些应用中使用。

> **设计实例7.14　BⅡ-45°半五角棱镜：孔径$A = 38.100$mm 和**
> **$\rho = 2.510$g/cm³ 的菱形棱镜**（见图7.23）
>
> | 参数 | 公式编号 |
> |---|---|
> | $\alpha = 22.5°$ | 已知 |
> | $\beta = 45°$ | 已知 |
> | $\delta = 45°$ | 已知 |
> | $t_A = 1.707A = 65.040$mm$(2.561$in$)$ | (7.61) |
> | $B = 1.082A = 41.224$mm$(1.623$in$)$ | (7.62) |
> | $C = 1.707A = 65.040$mm$(2.561$in$)$ | (7.63) |
> | $D = 2.414A = 91.981$mm$(3.621$in$)$ | (7.51) |
> | $V = 0.750A^3/1000 = 41.480$cm³$(2.121$in³$)$ | (7.64) |
> | $W = V\rho/1000 = [(41.480 \times 2.510)/1000]kg= 0.104kg(0.229$ lb$)$ | (7.19) |

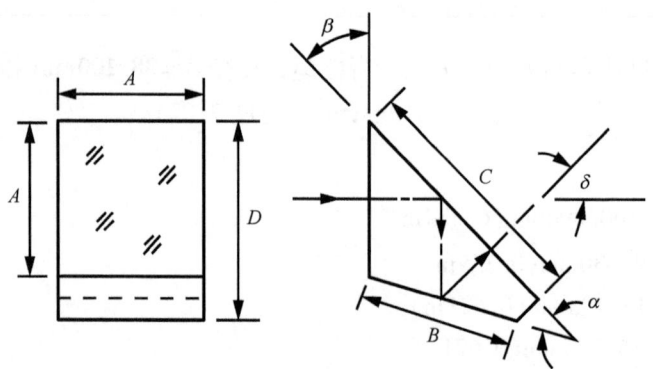

图 7.23　B II-45°半五角棱镜结构图

7.4　正像棱镜

本节介绍的棱镜组件或系统能够使透镜形成的颠倒（上下）和翻转（左右）图像重新调整方向，使观察者看到的图像与物体方向一致，棱镜在子午面内的反射次数都是偶数。

7.4.1　泊罗正像系统

具有相同孔径 A 的两个泊罗棱镜彼此 90°放置，棱镜之间有一定的空气间隔（见图 7.5），或者胶合（见图 7.24），而组成一个泊罗正像系统。光轴在每一个方向上都会有一个横向位移，位移量等于 A 加上直角棱镜之间平板玻璃的厚度 D（见图 7.16）。设计实例 7.15 介绍的是一个胶合组件。这类正像系统常用于双目望远镜及小型望远镜中。该系统不是具有固定偏离量的棱镜部件，因此部件的移动或错位将造成透射光束位移。

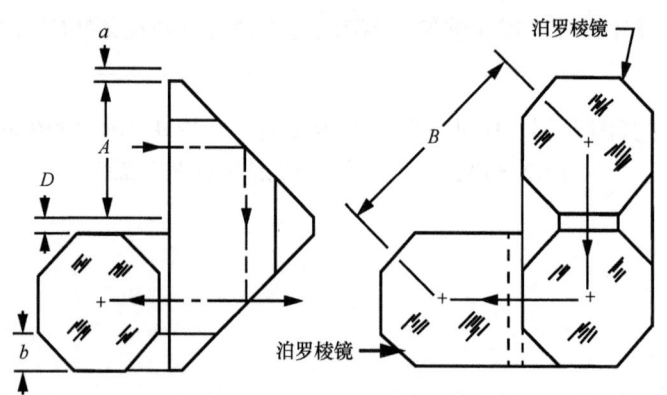

图 7.24　泊罗正像棱镜系统的结构图。界面间有一定空气间隔，或者胶合在一起

设计实例 7.15　泊罗正像棱镜：孔径 $A = 38.100\text{mm}$ 和 $\rho = 2.510\text{g/cm}^3$（见图 7.24）

参数	公式编号
$D = 0.100A = 3.810\text{mm}(0.150\text{in})$	选择值

$t_A = 4.600A = 175.260\text{mm}(6.900\text{in})$ (7.65)

$a = 0.100A = 3.810\text{mm}(0.150\text{in})$ (7.66)

$B = 1.556A = 59.246\text{mm}(2.333\text{in})$ (7.67)

$V = 2.200A^3/1000 = 121.674\text{cm}^3\ (7.425\text{in}^3)*$ (7.68)

$W = V\rho/1000 = 0.305\text{kg}\ (0.139\text{ lb})*$ (7.19)

* 此处忽略大的倒边（图 7.24 所示的尺寸 b），因此 V 和 W 估值会稍大。

7.4.2 阿贝-泊罗正像系统

将两个阿贝-泊罗棱镜以分离或胶合形式相组合，使入射面和出射面反向相对，就组成一个正像棱镜系统，其功能与泊罗正像系统一样。在图 7.25 所示的等效光学设计中，两个直角棱镜胶合在一个泊罗棱镜斜边上。这种结构形式的优点在于可以将最大的元件（泊罗棱镜）固定在机械镜座上，而胶合方法足以支撑较小的棱镜。正如泊罗正像棱镜系统，阿贝正像棱镜系统也不是一种具有恒定偏转角的棱镜。在此给出设计实例。

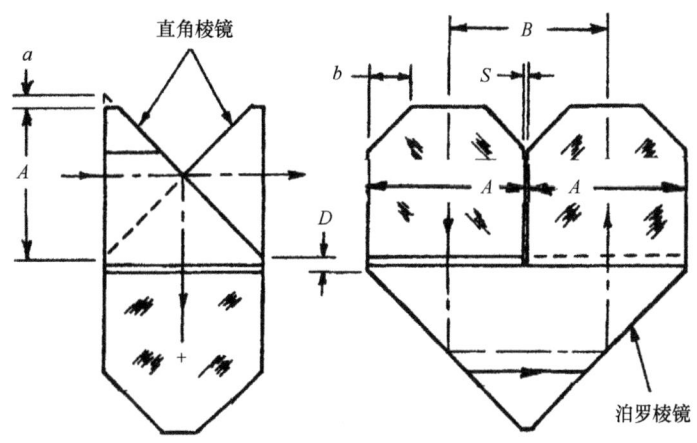

图 7.25 阿贝-泊罗正像棱镜系统结构图

设计实例 7.16 阿贝-泊罗正像棱镜系统：孔径 $A = 38.100\text{mm}$ 和 $\rho = 2.510\text{g/cm}^3$（见图 7.25）

参数	公式编号
$D = 0.200A = 7.620\text{mm}(0.300\text{in})$	已知
$t_A = 4.801A = 162.918\text{mm}(6.414\text{in})$	(7.69)
$a = 0.100A = 3.810\text{mm}(0.150\text{in})$	(7.66)
$b = 0.358A = 13.658\text{mm}(0.538\text{in})$	(7.70)
$S = 0.050A = 1.905\text{mm}(0.075\text{in})$	(7.71)
$B = 1.201A + S = 45.758\text{mm}(1.802\text{in})$	(7.72)
$V = 3.283A^3/1000 = 181.571\text{cm}^3(11.080\text{in}^3)$	(7.73)

$$W = V\rho/1000 = 0.534\text{kg}(0.243\text{ lb}) \tag{7.19}$$

注释：忽略大的倒边（图7.25所示的尺寸b），因此，V和W估值会稍大。

泊罗和阿贝正像棱镜系统可以用作双目望远镜应用中的备选设计方案，通常都希望[相对于观察者的眼瞳距（IPD）]增大物镜光轴间距以增强体视感。根据图7.24所示和设计实例7.15，应当注意到，该参数是泊罗棱镜系统中的$B = 1.556A$。由图7.25所示和设计实例7.16，一个阿贝-泊罗正像棱镜系统的最大光轴间隔是$B = 1.100A$。已知孔径$A = 50\text{mm}$和瞳孔距IPD $= 72\text{mm}$，所以，与泊罗棱镜相比，物镜瞄准线间隔增大25%，将会明显增强体视观察感。

设计时，若已经给定孔径A和玻璃材料，需要考虑的另一个重要方面是泊罗和阿贝正像系统的重量，大都希望较轻重量。假设，两种正像部件采用相同的玻璃材料，根据设计实例7.16，可以看到，阿贝-泊罗棱镜的重量比等于其体积比，或者$2.600/3.283 = 0.79$，有利于泊罗棱镜的设计。通过这些比较可以证明，若希望提高体视双目望远镜的应用，几乎会一致地选择泊罗棱镜系统。

7.4.3 阿贝-科尼棱镜

Kaspereit（1953）将这种棱镜称为阿贝A类棱镜，如图7.26所示，通常由两部分胶合组成。较大零件设计有屋脊面，其二面角的棱平行于入射和出射光轴。由于具有四次反射，所以该棱镜具有正像棱镜的作用，经常应用于共轴结构，即物镜和目镜共光轴的双目望远镜和望远镜中。图中给出了入射面和出射面尺寸相同的对称式棱镜具有的相关角度和外形尺寸。入射和出射面垂直于光轴，因此这种棱镜可以应用于平行或会聚入射光束中。在某些近期设计的双目望远镜中，如为了减轻重量而设计的Zeiss Victory8×56型双目望远镜，采用一种不对称结构形式，出射面比入射面小。

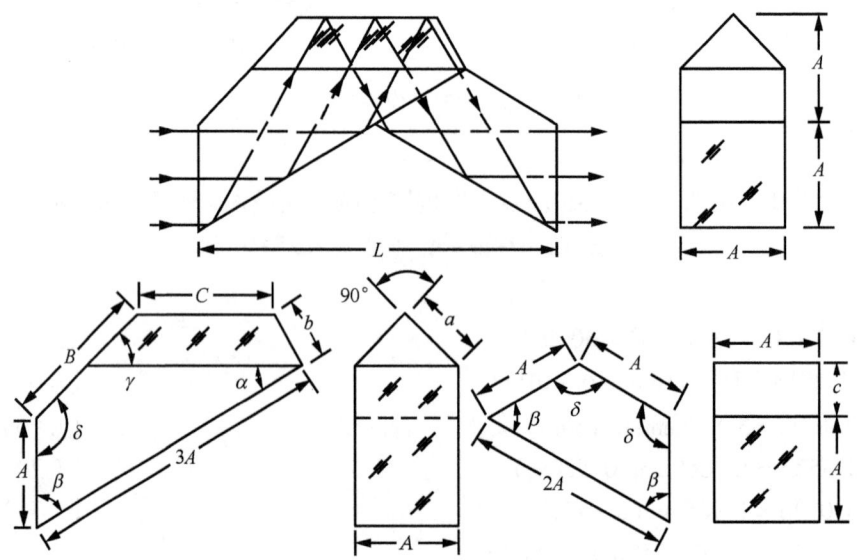

图7.26 阿贝-科尼正像棱镜系统的结构图

设计实例 7.17 介绍了对称形式棱镜系统的计算公式和相关外形尺寸。

设计实例 7.17　阿贝-科尼正像棱镜系统：孔径 $A = 38.100\text{mm}$ 和 $\rho = 2.510\text{g/cm}^3$（见图 7.26）

参数	公式编号
$\alpha = 30°$	已知
$\beta = 60°$	已知
$\gamma = 45°$	已知
$\delta = 135°$	已知
$t_A = 5.196A = 197.968\text{mm}(7.794\text{in})$	(7.74)
$a = 0.707A = 26.937\text{mm}(1.061\text{in})$	(7.37)
$b = 0.577A = 21.984\text{mm}(0.866\text{in})$	(7.75)
$c = 0.500A = 19.050\text{mm}(0.750\text{in})$	(7.76)
$B = 1.414A = 53.873\text{mm}(2.121\text{in})$	(7.15)
$C = 1.309A = 49.873\text{mm}(1.964\text{in})$	(7.77)
$L = 3.464A = 131.978\text{mm}(5.196\text{in})$	(7.78)
$V = 3.719A^3/1000 = 205.684\text{cm}^3(12.552\text{in}^3)$	(7.79)
$W = V\rho/1000 = 0.516\text{kg}(1.135\text{ lb})$	(7.19)

7.4.4　施密特屋脊棱镜

这种棱镜有四次反射，可以使图像颠倒和翻转，同时使光轴偏转 45°。施密特屋脊棱镜经常应用于大地望远镜中的正像系统，使目镜的光轴向上倾斜，以便在对目标的瞄准线处于水平方向时易于使用（见图 7.27）。该棱镜用于平行光束或会聚光束中。设计实例 7.18 总结了这方面的内容。

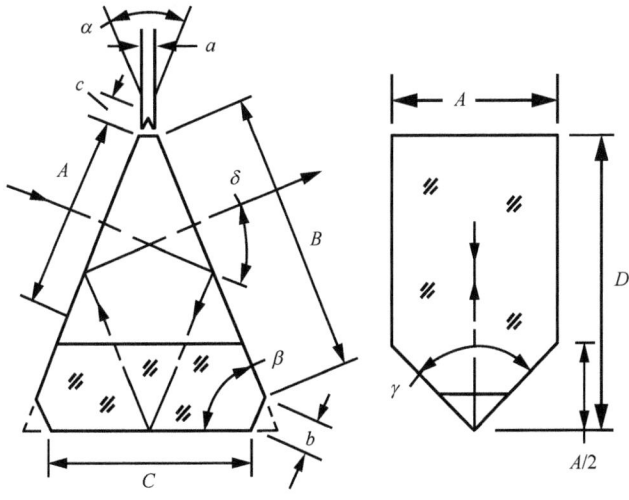

图 7.27　施密特屋脊正像棱镜的结构图

设计实例 7.18　施密特屋脊棱镜：孔径 $A = 38.100\text{mm}$（见图 7.27）

参数	公式编号
$\alpha = 45°$	已知
$\beta = 67.5°$	已知
$\gamma = 90°$	已知
$\delta = 45°$	已知
$t_A = 3.045A = 116.015\text{mm}(4.568\text{in})$	(7.80)
$a = 0.100A = 3.810\text{mm}(0.150\text{in})$	(7.66)
$b = 0.185A = 7.049\text{mm}(0.278\text{in})$	(7.81)
$c = 0.131A = 4.991\text{mm}(0.197\text{in})$	(7.82)
$B = 1.468A = 55.931\text{mm}(2.202\text{in})$	(7.83)
$C = 1.082A = 41.224\text{mm}(1.623\text{in})$	(7.84)
$D = 1.527A = 58.179\text{mm}(2.291\text{in})$	(7.85)

一个施密特屋脊棱镜与一个 BⅡ-45°半五角棱镜组合成图 7.28 所示的一种轴向非常紧凑的正像棱镜系统。由于其类似传统的别汉棱镜（见 7.5.4 节），有时称为别汉屋脊棱镜。采用机械或黏结方法将这种棱镜固定在一块共用平板上（图中未给出），因而在对角反射面之间可以形成一个很薄的空气间隔，典型厚度是 0.050～0.100mm（0.002～0.004in）。当光束从这些表面、屋脊面和出射面反射时，都发生全内反射。棱镜入射面和出射面垂直于光轴，因此可以用于物镜形成的会聚光束中。为了保持空气间隔清洁和没有湿气，在棱镜完成装配后，可以将一条橡胶条或光学胶条放置在空气间隔整个外棱周围，并立即固化到位。

一种比较简单的施密特棱镜没有屋脊面，因此自身不能用作正像元件。在这种设计中，一个简单的平面反射面代替图 7.27 所示的二面屋脊面。通常保留图中标有的倒边 b，使反射面的标称尺寸为 $A \times C$。如果与其他具有屋脊面的棱镜（如阿米西棱镜）串联组合，则该系统将具有正像作用。

如果使没有屋脊面的施密特棱镜与改进型 45°半五角棱镜（图 7.24 所示的 B 表面位置设计有一个含有二面棱的屋脊面）相组合，就形成另一类紧凑的适用于双目望远镜或望远镜中的共轴正像棱镜系统。Seil（1991，1997）阐述过这类正像棱镜系统的应用，详细情况请参考本卷 8.26 节。

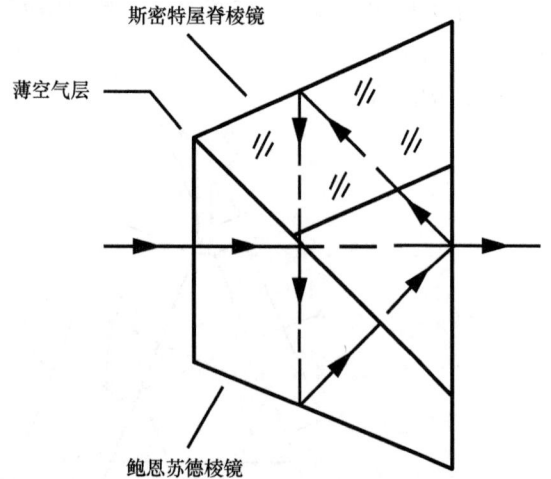

图 7.28　一个施密特屋脊棱镜与一个 BⅡ-45°半五角棱镜组成

7.4.5 列曼棱镜

列曼（Leman）正像棱镜（见图7.29）曾一度流行应用于图7.30所示的小型双目望远镜中，希望增大物镜光轴间隔（相对于光瞳间距）。最大光瞳间距的典型值约为72mm（2.835in），在该位置，每个棱镜保证3A的光轴偏转量，因此，最大的物镜光轴间隔是$6A+72\text{mm}$。设计实例7.19给出了此类棱镜的设计公式和例样计算。

设计实例7.19　列曼棱镜：孔径$A=20.000\text{mm}$（见图7.29）

参数	公式编号
$\alpha = 30°$	已知
$\beta = 60°$	已知
$\gamma = 120°$	已知
$t_A = 5.196A = 197.937\text{mm}(5.195\text{in})$	(7.74)
$a = 0.707A = 26.937\text{mm}(1.061\text{in})$	(7.37)
$b = 0.577A = 21.984\text{mm}(0.866\text{in})$	(7.75)
$B = 1.310A = 49.911\text{mm}(1.965\text{in})$	(7.86)

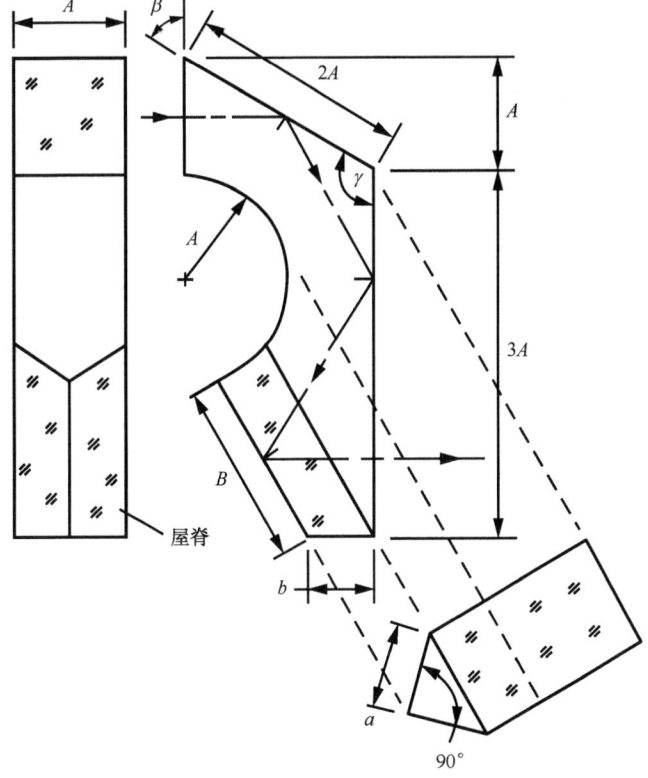

图7.29　列曼正像棱镜的结构图

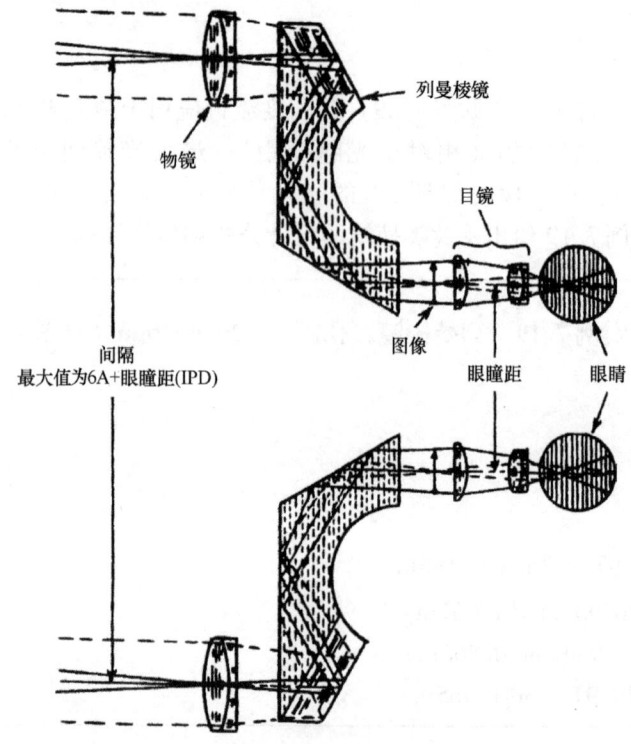

图 7.30 一种双目望远镜中的列曼棱镜

(资料源自 Kaspereit, O. K., *Designing of Optical System for Telescope*, U. S. Army, Washington, DC, 1933)

7.4.6 阿米西/五角和直角/五角屋脊正像系统

一个阿米西棱镜与一个五角棱镜组合在一起，就会在垂直于光轴的每个方向产生两次反射，因而可以用作正像系统。通常，这些棱镜都被胶合在一起，如图 7.31a 所示。该设计已经用在某些尤其是亨索尔特（Hensoldt）公司早期生产的双目望远镜中。一种功能等效的正像棱镜系统是采用一个直角棱镜和一个五角屋脊棱镜，如图 7.31b 所示。

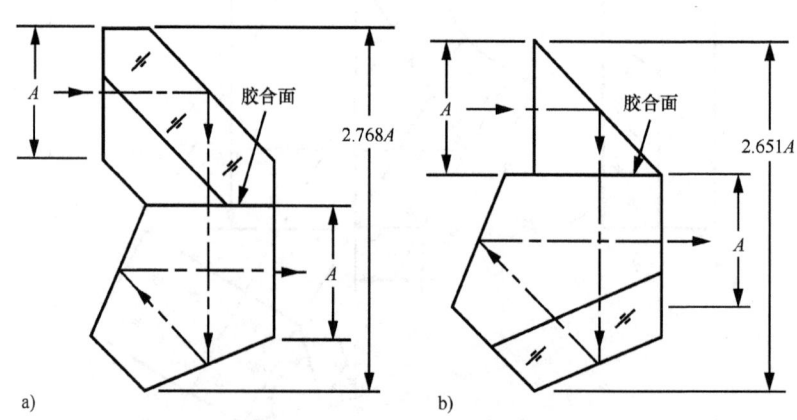

图 7.31 其他正像棱镜胶合组件
a) 阿米西/五角正像系统 b) 直角/五角屋脊正像系统

(资料源自 Yoder, P. R., Jr., *Mounting Optcs in Optical Instruments*, 2nd edn, SPIE Press, Bellingham, WA, 2008)

7.4.7 60°棱镜/屋脊棱镜系统

图 7.31b 所示设计的改进型如图 7.32 所示,应用于一种小型化军用试验双目望远镜(Yoder,1960)中。已经发现,由于两个棱镜胶合之前可以用垂直入射光检测屋脊角,因此很容易制造和检测。在屋脊面发生全内反射,但其他表面必须镀银或镀铝。图 7.31 所示的两种棱镜均属此种情况,所以三种部件的光学透过率基本相同。

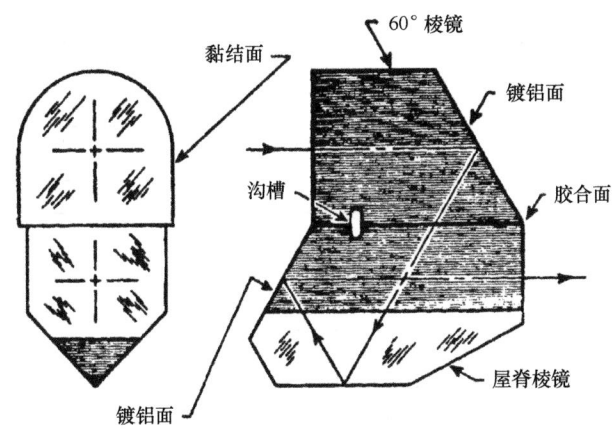

图 7.32 一种应用在某种军用双目望远镜中的小型正像棱镜组件
(资料源自 Yoder, P. R., Jr., *J. Opt. Soc. Am.*, 50, 491, 1960)

7.5 消旋棱镜

7.5.1 道威棱镜

道威棱镜[○]是削除了直角顶点部分的直角棱镜。光轴平行于斜边表面入射和出射,并且距离斜边表面的高度相等(见图 7.33)。一般来说,该单次反射棱镜在斜边表面上都能满足全内反射条件。和其他具有偶次反射的棱镜一样,这种棱镜只影响反射面内的成像方向。如果这类棱镜绕着光轴旋转,则图像以棱镜旋转速度的两倍转动。最常用于抵消光学系统中由其他零件完成瞄准线扫描运动造成的图像旋转。采用这种方式时,通常称其为消旋棱镜。

由于折转反射镜或棱镜的独特结构,消旋棱镜也可以静态地应用在一个具有固定的有害像旋转的光学系统中。棱镜的机械安装必须保证棱镜具有正确的方位以使传输的图像方位满足设计要求。

由于光轴在入射面和出射面上是倾斜入(出)射,其只能应用在平行光束中。另外一些类型的道威棱镜端面也允许有其他的倾斜角度(Sar-El,1991)。本节主要讨论最经常使用的 45°入射情况。设计实例 7.20 就是一种有代表性的棱镜。

○ 它也称为哈廷-道威棱镜。

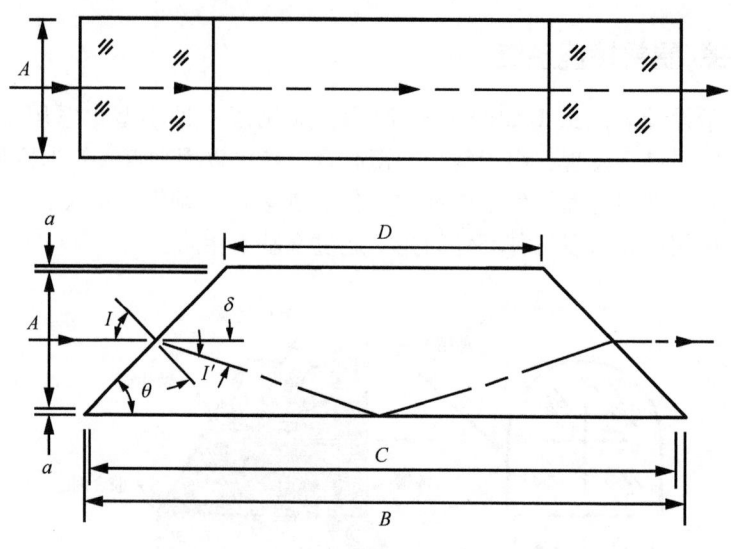

图7.33 道威消旋像棱镜结构图

设计实例7.20 道威棱镜：孔径$A = 38.100\text{mm}$，$n_d = 1.517$ 和 $\rho = 2.510\text{g/cm}^3$（见图7.33）

参数	公式编号
$\theta = 45°$	已知
$I = 45°$	已知
$I' = \arcsin[(\sin I)/n_d] = 27.787°$	(7.87)
$\delta = I - I' = 17.213°$	(7.88)
$a = 0.050A = 1.905\text{mm}(0.075\text{in})$	(7.89)
$t_A = 2[(A/2) + a]/\sin\delta = 141.926\text{mm}(5.588\text{in})$	(7.90)
$B = (A + 2a)[(1/\tan\delta) + (1/\tan\theta)] = 177.112\text{mm}(6.973\text{in})$	(7.91)
$C = B - 2a = 173.302\text{mm}(6.823\text{in})$	(7.92)
$D = B - 2(A + a) = 97.102\text{mm}(3.823\text{in})$	(7.93)
$V = [AB(A + 2a) - A(A + 2a)^2 - Aa^2]/1000$ $= 215.800\text{cm}^3(13.169\text{in}^3)$	(7.94)
$W = V\rho/1000 = 0.542\text{kg}(1.192\text{ lb})$	(7.19)

因为光轴在倾斜表面处要发生偏转，所以道威棱镜的某些外形尺寸取决于玻璃的折射率。表7.2给出了一个普通的道威棱镜的外形尺寸如何随五种肖特玻璃的折射率变化。

7.5.2 双道威棱镜

双道威棱镜包含两个道威棱镜，每个道威棱镜的孔径是$(A/2)A$，两个单道威棱镜的斜边表面平行且密接空气间隔，形成正方形孔径。与道威棱镜一样，该棱镜通常以相同方式用作像旋或消像旋装置。图7.34给出了其结构图，设计实例7.21给出了具体的计算数据。

表7.2 道威棱镜的外形尺寸、体积和重量随玻璃类型和折射率 n_d 的变化

玻璃	NBK7	NSK16	P-LAK35	NSF1	N-LASF9HT
n_d	1.5168	1.6204	1.6935	1.7174	1.8503
$\rho/(g/cm^3)$	2.510	3.580	3.850	3.030	4.410
a/mm	1.905	1.905	1.905	1.905	1.905
t_A/mm	141.926	127.906	120.684	118.640	109.366
B/mm	177.112	162.755	155.083	152.901	142.927
C/mm	173.302	158.945	151.273	149.091	139.117
D/mm	97.102	78.935	71.263	69.081	59.107
V/cm³	215.800	192.823	180.573	177.090	161.163
W/kg	0.542	0.690	0.695	0.537	0.711

注：该棱镜孔径 A 是个常数，为 38.100mm（1.500in）。

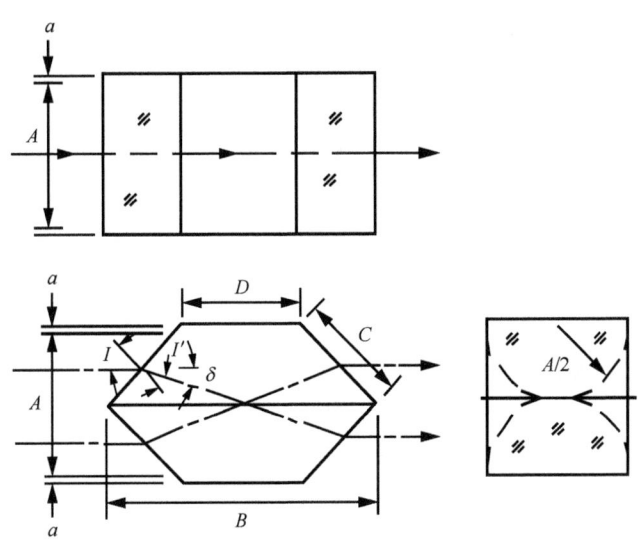

图 7.34 双道威像旋棱镜的结构图

设计实例 7.21 双道威棱镜：孔径 $A=38.100$mm，$n_d=1.517$ 和 $\rho=2.510$g/cm³（见图 7.34）

参数	公式编号
$\theta = 45°$	已知
$I = 45°$	已知
$I' = \arcsin[(\sin I)/n_d] = 27.783°$	(7.1)
$\delta = I - I' = 17.217°$	(7.88)
$a = 0.050A = 1.905$mm (0.075in)	(7.89)

$$t_A = 2(A/4)/\sin\delta = 64.359\text{mm}(2.534\text{in}) \tag{7.95}$$

$$B = (A+2a)[(1/\tan\delta)+(1/\tan\theta)]/2$$
$$= 88.578\text{mm}(3.487\text{in}) \tag{7.91}$$

$$C = [(A/2)+a]/\cos\theta = 29.635\text{mm}(1.167\text{in}) \tag{7.96}$$

$$D = B-(A+2a) = 46.668\text{mm}(1.837\text{in}) \tag{7.97}$$

$$V = AB(A+2a)-2A[(A/2)^2+a]^2/1000$$
$$= 107.979\text{cm}^3(6.589\text{in}^3) \tag{7.98}$$

$$W = V\rho/1000 = 0.271\text{kg}(0.596\text{ lb}) \tag{7.19}$$

若已知孔径 A 和折射率 n_d，则双道威棱镜是对应标准道威棱镜长度的一半。为了使渐晕造成的光能量损失最小，通常双道威棱镜45°面前后缘仅给出最小的保护性倒边。因此，这些棱易碎，加工和装配时必须特别小心以防损坏。

正如图7.34右图所示，进入双道威棱镜的一束圆形光束被转换成一对具有弯曲边缘的 D 光束。由于衍射的影响，会降低透过光束的质量。为避免渐晕，双道威棱镜后端的孔径一定要足够大，才能接收到转换后光束的整个方形光斑。如果棱镜的反射表面不精确平行，45°角制造得也不够精确，就会产生双像。

道威棱镜和双道威棱镜最经常用作消像旋装置。图7.35给出了为此目的利用道威棱镜的一种光学系统，是典型的军用全景望远镜。直角端棱镜（有时，或者是一个45°放置的反射镜）和光窗绕着垂轴转动，因此将瞄准线指向位于水平方向的物体。若没有消旋棱镜，扫描线的扫描将会使观察者看到的图像旋转。使消旋装置随扫描线同步运动，并保证其运动速率是扫描线的一半，即可保证目视图像总是正像。

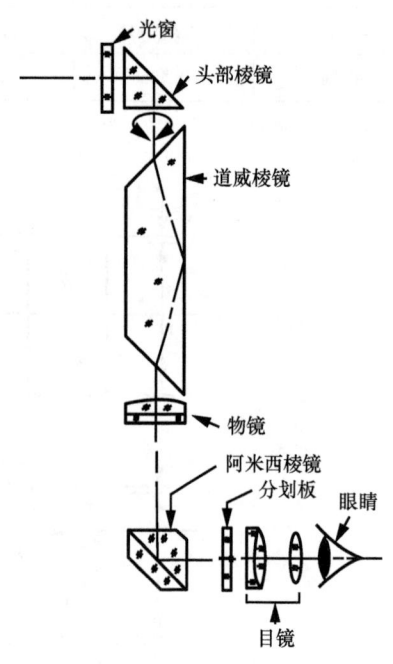

图7.35 道威消旋棱镜在军用全景望远镜中的应用。避免了端棱镜在方位扫描时造成的图像旋转

7.5.3 倒像棱镜

另一种用作消像旋装置的棱镜是 Kaspereit（1953）阐述的倒像棱镜（译者注：也称为FA-0°复合棱镜或反像棱镜），如图7.36所示。它是将两个零件胶合在一起的棱镜组件，有三次反射，与阿贝-科尼棱镜很相似，但具有一个中心反射面而非屋脊面。这种棱镜不同于道威棱镜和双道威棱镜：由于入射和出射面都垂直于光轴，所以能够应用于会聚和发散光束中。其中心反射面必须镀以反射膜，以避免折射损耗。

设计实例7.22给出了该棱镜的设计公式及一种有代表性的镜像棱镜参数计算。

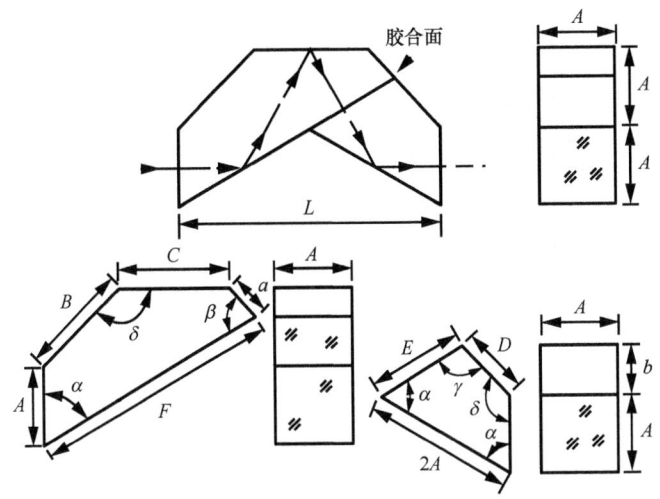

图7.36 倒像棱镜旋像装置结构图

（资料源自 Kaspereit, O. K., *Design of Fire Control Optics ORDM2-1*, Vol. I, U.S. Army, Washington, DC, 1953）

设计实例7.22 镜像棱镜：孔径$A = 38.100\text{mm}$和$\rho = 2.510\text{g/cm}^3$（见图7.36）

参数	公式编号
$\alpha = 60°$	已知
$\beta = 60°$	已知
$\gamma = 135°$	已知
$\delta = 135°$	已知
$t_A = 5.196A = 197.968\text{mm}(7.794\text{in})$	(7.74)
$a = 0.518A = 19.736\text{mm}(0.777\text{in})$	(7.99)
$b = 0.634A = 24.155\text{mm}(0.951\text{in})$	(7.100)
$B = 1.414A = 53.873\text{mm}(2.121\text{in})$	(7.15)
$C = 1.464A = 55.778\text{mm}(2.196\text{in})$	(7.101)
$D = 0.867A = 33.033\text{mm}(1.301\text{in})$	(7.102)
$E = 1.268A = 48.311\text{mm}(1.902\text{in})$	(7.103)
$F = 3.268A = 124.511\text{mm}(4.902\text{in})$	(7.104)
$L = 3.464A = 131.978\text{mm}(5.196\text{in})$	(7.78)
$V = 4.196A^3 = 232.065\text{cm}^3(14.162\text{in}^3)$	(7.105)
$W = V\rho/1000 = 0.583\text{kg}(1.283\text{ lb})$	(7.19)

7.5.4 别汉棱镜

别汉棱镜有五次反射，常常用作一种小型的旋像器/消像旋器，代替道威棱镜、双道威棱镜及δ棱镜，可以应用于会聚或发散光束中。图7.37所示的就是这种棱镜，是不含屋脊面的施密特棱镜与45°半五角棱镜的组合。

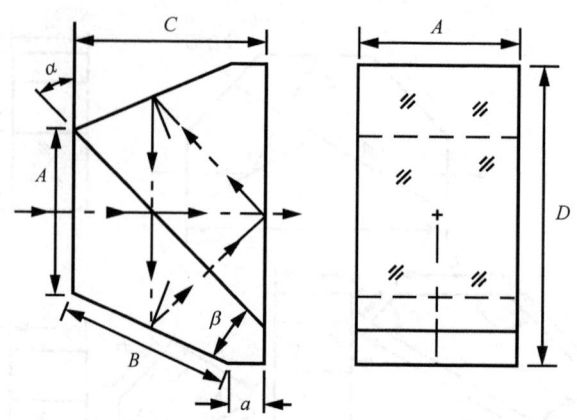

图 7.37 别汉旋像棱镜结构图

由于此种棱镜取决于第一和第五次内反射的全反射,所以这些未镀膜的表面之间有 0.050mm (0.002in) 的空气间隔。通常,采用机械方法保证该间隔,而不能用胶合技术。两个靠外的反射面(图 7.37 所示的 B)必须镀如铝或银的反射膜。这些二次反射表面既要透射又要反射,并且有两个未镀膜的透射面,所以,与其他类型的旋像棱镜/消旋棱镜相比,光的透过能力会受到损失。设计实例 7.23 给出了别汉棱镜的设计计算。

设计实例 7.23 别汉棱镜:孔径 A = 38.100mm 和 ρ = 2.510g/cm³(见图 7.37)

参数	公式编号
$\alpha = 45°$	已知
$\beta = 22.5°$	已知
$A = 38.100\text{mm}(1.500\text{in})$	已知
$a = 0.207A = 7.887\text{mm}(0.310\text{in})$	(7.106)
$b = 0.100\text{mm}(0.004\text{in})$	假设
$t_A = 4.621A = 176.060\text{mm}(6.931\text{in})$	(7.107)
$B = 1.082A = 41.224\text{mm}(1.623\text{in})$	(7.62)
$C = 1.207A = 45.987\text{mm}(1.810\text{in})$	(7.108)
$D = 1.707A = 65.037\text{mm}(2.560\text{in})$	(7.109)
$V = 1.801A^3 = 99.552\text{cm}^3(6.075\text{in}^3)$	(7.110)
$W = V\rho/1000 = 0.250\text{kg}(0.550\text{ lb})$	(7.19)

7.5.5 δ 棱镜

δ 棱镜如图 7.38 所示,由图示的光路就可以明确地看出其功能。该系统有三次反射,所以,使其绕着入射光束的光轴旋转,就可以起到一个旋像器或消像旋器的作用。入射面和出射面发生全内反射,具有反射和透射两种功能。中间界面(底端面)镀铝或银而成为反射面。适当选择折射率和半顶角 θ,使棱镜内的光路相对于棱镜的垂直中心线对称,因此出射轴与入射轴共线。由于入射面和出射面都是倾斜的,所以该棱镜只能用在平行光束中。

第 7 章 棱镜设计和应用

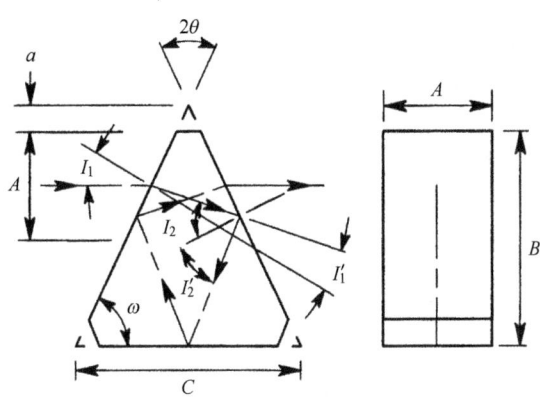

图 7.38 δ 旋像棱镜的结构图

设计 δ 棱镜从选择折射率开始。折射率一定要高,通常都大于 1.700。从实际情况出发,针对使用波长,如 n_d,选择对应的合适玻璃类型。表 7.3 列出了作为这类棱镜备选材料的 6 种肖特玻璃,其他玻璃供应商也提供了类似玻璃。

表 7.3 $n_d > 1.700$ 的一些肖特玻璃

玻璃	N-SF10	N-SF4	SF11	N-SF6	P-SF68	PLASF50
n_d	1.7283	1.7551	1.7847	1.8052	2.0052	1.8086

设计 δ 棱镜的第二步是确定角度 θ (假设已知 $n_2 = n_d$),使入射光轴和出射光轴共线,且公差很小。假设,棱镜位于空气中,则利用两个公式可以确定角度 I_1':

$$I_1' = \arcsin\left(\frac{\sin\theta}{n_2}\right) \tag{7.111}$$

$$I_1' = 4\theta - 90° \tag{7.112}$$

设计实例 7.24 进一步说明如何利用连续近似确定 θ 值,从而使这两个方程中的 I_1' 彼此相等。在这种情况下,假设两个公式结果的一致性小于 5″就足够了。选择肖特 LaSNF-9 玻璃作为棱镜材料。图 7.39 所示的 δ 棱镜的角 θ 随玻璃折射率变化。

设计实例 7.24

第 1 部分:确定 LaSFN-9 δ 棱镜的顶角,已知 $n_d = 1.8503$。假设角度公差是 5″,对顶角 θ 进行迭代,直至式 (7.111) 和式 (7.112) 结果之差小于该公差。计算如下:

试算次数	θ	由式 (7.111) 计算的 I_1' (°)	由式 (7.112) 计算的 I_1' (°)	误差 (″)
1	26.000	(0.43837/1.8503) = 13.7048	4 × 26.0000 - 90 = 14.0000	-1063
2	25.900	(0.43680/1.8503) = 13.6547	4 × 25.9000 - 90 = 13.6000	+197
3	25.920	(0.43712/1.8503) = 13.6648	4 × 25.9200 - 90 = 13.6800	-55
4	25.918	(0.43708/1.8503) = 13.6638	4 × 25.9180 - 90 = 13.6720	-30
5	25.916	(0.43705/1.8503) = 13.6628	4 × 25.9160 - 90 = 13.6640	-4

注:迭代,直至两个结果之差小于 5″(假设的公差),如图 7.38 所示。

> 该最终误差是可以接受的。
> 第2部分：检验上述最终值的全内反射。设计实例7.25介绍这部分内容。

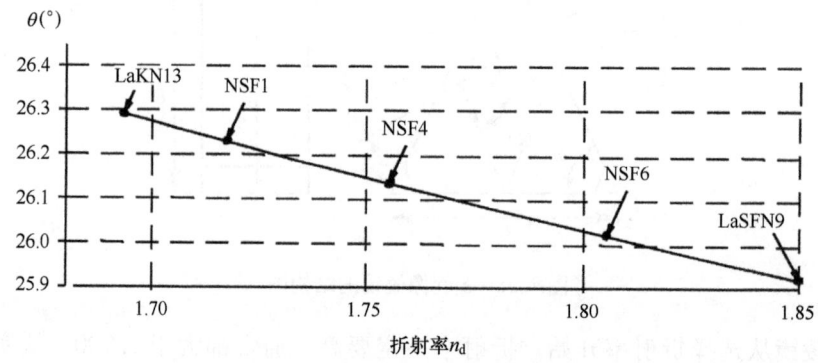

图7.39 δ棱镜半顶角 θ 随折射率的变化

下面来确定上述设计实例中已经确定了 θ 角的 δ 棱镜是否能使所有的视场光线发生全内反射。如果入射在图7.40a所示的物镜系统底部的最低边缘光线能够发生全反射，那么由于所有其他视场光线在棱镜的第二临界表面上会有更大的入射角，自然会得出正确结论。注意到，棱镜可以视为厚度为 t_A/n 的等效玻璃块，因此这些光线可以无折射地通过。由下式给出能够达到图像最大像高位置的最低边缘光线的角度 U'_{LRR}：

$$U'_{LRR} = \arctan \frac{H' + (EP/2)}{EFL} \tag{7.113}$$

根据图7.40b所示的几何图形，有

$$I_1 = \theta + U'_{LRR} \tag{7.114}$$

$$I_2 = 2\theta - I'_1 \tag{7.115}$$

由式（7.11），$I_C = \arcsin(1/n_2)$。若在棱镜第二表面发生全内反射，I_{2LRR} 必须等于或大于 I_C。

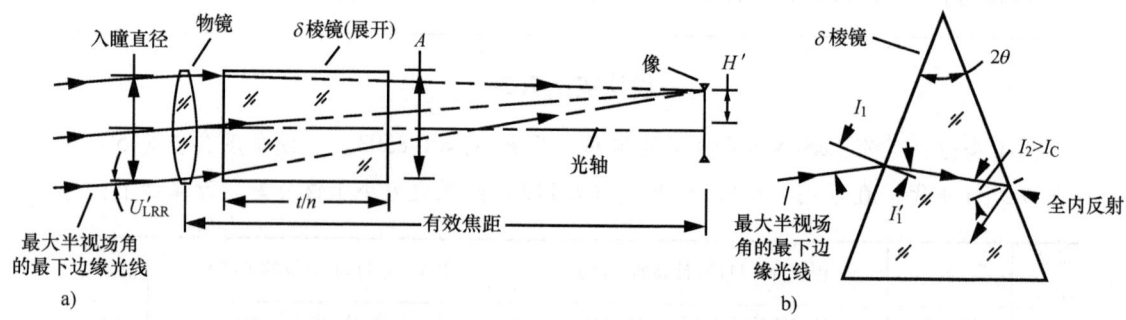

图7.40 a）确定 δ 棱镜中视场光线发生全内反射的几何图形
b）δ 旋像棱镜中一条发生全内反射的光线光路图

设计实例7.25利用这些公式进一步说明上述设计实例中计算出的具有高折射率和顶角的 δ 棱镜是否会发生全反射。假设该棱镜具有一个特定的孔径，并在设计实例7.26中给出了计算值。

设计实例7.25　验证所有的视场光线都能够全反射地通过 δ 棱镜（见图7.40a）

图7.40a所示光学系统是一个物方总视场为7°的7×35望远镜。物镜焦距（EFL）= 175mm（6.890in）。最低边缘光线（LRR）以3.5°的最大半视场角直接入射指向图像顶点位置，像高 $H' = (\text{EFL})(\tan 3.5°) = 10.703\text{mm}(0.421\text{in})$。

由下式给出达到像面顶点的最低边缘光线与光轴的夹角：

$$U'_{\text{LRR}} = \arctan \frac{\frac{\text{EP}}{2} + H'}{\text{EFL}}$$

（译者注：原书错印为 U_{LRR} 和 H）

图7.40b中，棱镜顶角 2θ 已经在上述设计实例中求出，$n = 1.8503$ 时是51.832°。所以有

$$I_1 = \theta + U'_{\text{LRR}} = 25.916° + \arctan\{[10.703 + (35.000/2)]/175.000\}$$
$$= 35.071°。$$

由式（7.1），有

$$I'_1 = \arcsin(\sin 35.071/1.8503) = 18.092°$$

根据图7.40b所示的几何图形，有

$$I_2 = (2 \times 25.916 - 18.092)° = 33.740°$$

根据式（7.11），为了产生全内反射，I_2 必须等于或大于 $I_C = \arcsin(1/n_2) = 32.7145°$。在该设计中，上述最低边缘光线的 I_2 大于 I_C，因此满足全反射条件。双目望远镜视场内的所有光线，由于都是以大于最低边缘光线入射角的角度入射在棱镜的反射面上，所以，都可以发生全内反射。

设计实例7.26　δ 棱镜几何形状的设计：$A = 34.000\text{mm}$（1.399in），
$n = 1.8503$，$\theta = 25.916°$，$\rho = 4.440\text{g/cm}^3$（见图7.38）

参数	公式编号
$\omega = 90° - \theta = 90° - 25.916° = 64.084°$	(7.114)
$a = 0.100A = 3.400\text{mm}(0.134\text{in})$	(7.66)
$B = 1.483A = 50.427\text{mm}(1.986\text{in})$	(7.117)
$C = 2.414A = 82.062\text{mm}(3.231\text{in})$	(7.118)
$t_1 = 0.667A = 22.685\text{mm}(0.893\text{in})$	(7.119)
$t_2 = 0.824A = 28.003\text{mm}(1.104\text{in})$	(7.120)
$t_A = 2.982A = 101.427\text{mm}(3.993\text{in})$	(7.121)
$V = 1.503A^3 = 59.074\text{cm}^3(3.608\text{in}^3)$	(7.122)
$W = V\rho/1000 = 0.262\text{kg}(0.119\text{ lb})$	(7.19)

7.6 其他棱镜类型

7.6.1 内反射圆锥形棱镜

一些锥形棱镜具有锥形反射面,并且是平面镀膜反射面,从而使光束沿相反方向返回并通过锥面。图 7.41 给出了这类结构。设计实例 7.27 给出其设计公式。

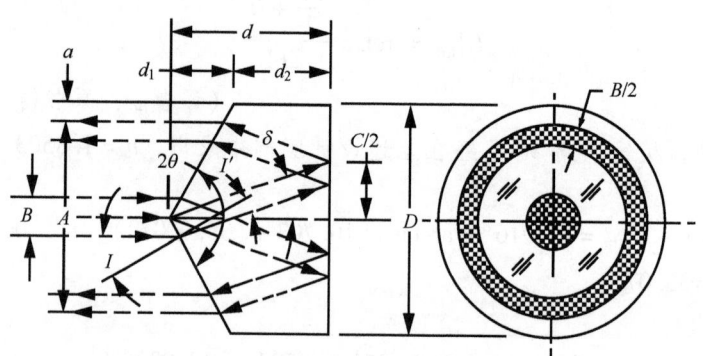

图 7.41 内反射锥形棱镜结构图

(资料源自 Yoder, P. R., Jr. et al., *Appl. Opt.*, 14, 1890, 1975)

设计实例 7.27 内反射锥形棱镜: $n = 1.517$,
$\rho = 2.51 \text{g/cm}^3 = 0.091 \text{lb/m}^3$(译者注:原书错印为 lb/m^{-3})

参数	公式编号
输出环形外径 $A = 38.100 \text{mm}(1.500 \text{in})$	已知
输入光束外径 $B = 3.000 \text{mm}(0.118 \text{in})$	已知
$\theta = 60°$	已知
$I_1 = 90° - \theta = 30°$	(7.123)
$I_1' = \arcsin(\sin I_1/n) = 19.247°$	(7.1)
$\delta = I_1 - I_1' = 10.753°$	(7.124)
$a = 0.100A = 3.810 \text{mm}(0.150 \text{in})$	(7.66)
$D = A + 2a = 45.720 \text{mm}(1.800 \text{in})$	(7.125)
$r = D/2 = 22.860 \text{mm}(0.900 \text{in})$	(7.126)
$d_1 = [(A/2) + a]/\tan\theta = 13.198 \text{mm}(0.520 \text{in})$	(7.127)

(译者注:原书公式分母中多印一个 θ)

$d = (A/4)[(1/\tan\theta) + (1/\tan\delta)] = 55.642 \text{mm}(2.191 \text{in})$	(7.128)
$d_2 = d - d_1 = 42.444 \text{mm}(1.671 \text{in})$	(7.129)
$C = 2d\tan\delta = 21.139 \text{mm}(0.832 \text{in})$	(7.130)
$t_A = A/(2\sin\delta) = 102.079 \text{mm}(4.019 \text{in})$	(7.131)

$$V = (\pi r^2/1000)[(d_1/3) + d_2] = 76.917 \text{cm}^3 (4.693 \text{in}^3) \quad (7.132)$$
$$W = V\rho/1000 = [(76.917 \times 2.51)/1000] \text{kg} = 0.1943 \text{kg}(0.427 \text{ lb}) \quad (7.19)$$

一种典型应用是将小尺寸圆形激光束转换成具有较大外径的环形光束（Yoder等，1975）。

由于其旋转对称性，所以将该棱镜加工成具有圆形横截面的结构形式，通常安装在管状镜座中的弹性垫圈内。棱镜的顶点是一个尖点，或仅仅有一个特别小的保护倒角。如果一个具有同心孔的平面反射镜相对于光轴倾斜45°放置在输入激光束与该棱镜之间，就可以提供一种很方便地分离共轴光束的方法。

若在该锥形棱镜的前后两端，都设计一个完全一样的锥形表面，就构成了一个共轴透射型锥形反射镜，完成上述的同样功能，但在平面内没有光束反向。由于增加了一个锥形面，此种结构形式要比单锥形面长一倍，加工费用更昂贵。

7.6.2 锥形立方棱镜

把一个实心的玻璃立方体沿对角线对称地切成一个棱锥体，再对所有四个表面抛光并且彼此形成精确的90°，就得到一个四面体形状的棱镜（见图7.42）。不同的作者称这类棱镜为立方锥形棱镜[⊖]或四面体棱镜。从最大端面入射的光线顺序受到其他三个端面的反射，然后从该入射面出射。每个使用普通折射率材料的内表面都会出现全内反射。返回的光束包括六部分，用内切圆表示正面圆形孔径内每个三角形区域的一份反射。

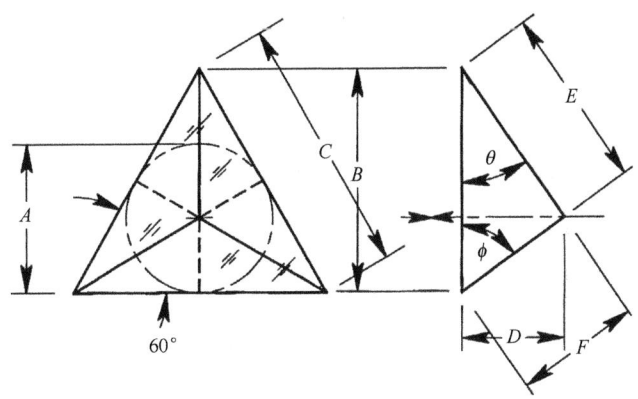

图7.42 四面体锥形立方棱镜的结构图

一个理想的锥形立方棱镜是理性的四面体。Yoder（1958）和其他作者已经阐述过90°二面角误差与各种出射和入射光束间不平行度误差的关系。简单来说，如果棱镜的每个角度误差都是ε，表7.4列出了由此产生的回返光束偏离量$\delta_{1,2,3}$、$\delta_{2,3,1}$和$\delta_{3,1,2}$。当其向入射光源回返时，这些反射光束呈发散状。n是玻璃折射率。注意到，如由于表面1-2-3的顺序反射与表面3-2-1的顺序反射会有同样的结果，所以每种情况只需要三个δ值。

图7.43给出了1个理想的和5个不理想的锥形立方棱镜反射光形成的6个几何图像，虽然是任意的，但保持固定比例。光斑间隔和相对方位对应着表7.4列出的值。紧密相邻的

⊖ 锥形立方棱镜是常用但不准确的名称。

光斑表示多束光叠加在这些角位置的中心。在第六种情况中,利用箭头表示入射光束与反射光束光轴平行度的角误差。

表 7.4 90°二面角误差产生的平行度误差

情况序号	1	2	3	4	5
表面1-2	$\pm\varepsilon$	$\pm\varepsilon$	$\pm\varepsilon$	$\pm\varepsilon$	$\pm\varepsilon$
表面1-3	0	$\pm\varepsilon$	$\pm\varepsilon$	$\pm\varepsilon$	$\pm\varepsilon$
表面2-3	0	0	0	$\pm\varepsilon$	$\pm\varepsilon$
$\sin\delta_{1,2,3}$	$2n\sqrt{2}\sin\varepsilon/\sqrt{3}$	$2n\sqrt{2}\sin\varepsilon$	$2n\sqrt{2}\sin\varepsilon/\sqrt{3}$	$4n\sqrt{2}\sin\varepsilon/\sqrt{3}$	$4n\sqrt{2}\sin\varepsilon/\sqrt{3}$
$\sin\delta_{2,3,1}$	$2n\sqrt{2}\sin\varepsilon/\sqrt{3}$	$2n\sqrt{2}\sin\varepsilon$	$2n\sqrt{2}\sin\varepsilon/\sqrt{3}$	$4n\sqrt{2}\sin\varepsilon/\sqrt{3}$	$4n\sqrt{2}\sin\varepsilon/\sqrt{3}$
$\sin\delta_{3,1,2}$	$2n\sqrt{2}\sin\varepsilon/\sqrt{3}$	$2n\sqrt{2}\sin\varepsilon$	$2n\sqrt{2}\sin\varepsilon$	0	$4n\sqrt{2}\sin\varepsilon/\sqrt{3}$
$\delta_{1,2,3}$	$1.63n\varepsilon$	$2.83n\varepsilon$	$1.63n\varepsilon$	$3.26n\varepsilon$	$3.26n\varepsilon$
$\delta_{2,3,1}$	$1.63n\varepsilon$	$2.83n\varepsilon$	$1.63n\varepsilon$	$3.26n\varepsilon$	$3.26n\varepsilon$
$\delta_{3,1,2}$	$1.63n\varepsilon$	$1.63n\varepsilon$	$2.83n\varepsilon$	0	$3.26n\varepsilon$

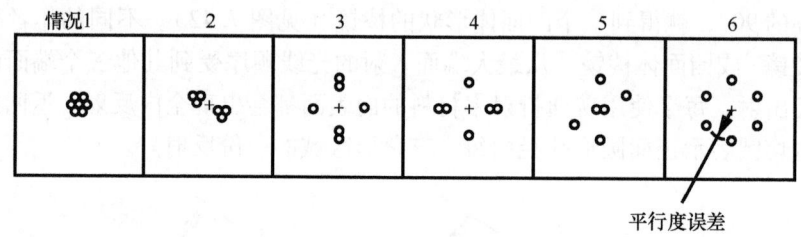

图 7.43 由均匀的二面体角误差造成的反射光束平行度误差(见表 7.4)

设计实例 7.28 给出一个三角形截面锥形立方棱镜的设计公式,假设孔径为 A。在下面应用中,就是利用锥形立方棱镜的四面体特性:干涉术,协同目标的激光跟踪或非常遥远距离工作(如地球到航天飞机或到月亮)中空间相邻载体使用的发射机和接收机的光学系统。在光束从光源传输到目标并返回的时间内,横向轨道运动可能会使返回光束无法传送到接收器。若使返回光束有一定发散度,就有可能收集到足够的反射光能量以完成任务。

设计实例 7.28 锥形立方棱镜:$A = 38.100\text{mm}$(1.500in)

参数   公式编号

$\theta = 35.264°$

$\varphi = 54.736°$

$B = [(A/2)/\sin 30°] + A/2 = 1.500A = 57.150\text{mm}(2.250\text{in})$ (7.133)

$C = A/\tan 30° = 1.732A = 65.989\text{mm}(2.598\text{in})$ (7.134)

$D = A\tan\theta = 0.707A = 26.937\text{mm}(1.060\text{in})$ (7.135)

$E = B\sin\varphi = 0.866A = 32.995\text{mm}(1.229\text{in})$ (7.136)

$F = E/\tan\theta = 1.225A = 46.673\text{mm}(1.838\text{in})$ (7.137)

$t_A = 2D = 1.414A = 53.873\text{mm}(2.121\text{in})$ (7.138)

第7章 棱镜设计和应用

图 7.41 所示的和设计实例 7.28 中确定的锥形立方棱镜是一个具有尖锐二面角棱的三角形结构。这种最流行的改进型设计是将其侧面研磨成与孔径外切的一个圆形（虚线）。图 7.44 所示的实例是 1976 年由美国国家航空航天局（NASA）发射的激光地球动力学卫星（LAGEOS）上采用的 426 件熔凝石英棱镜中的一件。该卫星的研制是为了向科学家提供地壳移动的超精确测量，尽可能帮助他们理解地震、大陆板块移动和极地运动。棱镜的每个二面角都精确到比 90°大 1.25″。发射到卫星上的激光束以 6 束具有足够发散度（根据前面叙述过的理论，$3.26 \times 1.46 \times 1.25″ = 5.95″$）和能量的光束返回，即使在光束往返传输期间，月亮相对于地球有较大位移，也能到达地球上的接收望远镜。

另外一种锥形立方棱镜的结构是把它的侧边切割成六边形，与棱镜的圆形通光孔径相切。这种结构形式允许将几个棱镜紧凑地组合在一起，拼装成一个镶嵌反向棱镜。因而有效增大了棱镜组的孔径。这些棱镜经常用作测量靶标。

如果需要在普通折射材料传输范围之外工作，常常会使用反射镜形式的立方锥形棱镜，这就是所谓的空心锥形立方棱镜（HCR）或三垂面反射镜。与实心棱镜相比，一般来说，如果孔径一定，这类棱镜具有较轻质量。前面引证的偏离量与角度误差的关系，除了将 n 简化为 1 外，也适用于反射镜类型。本卷 9.6 节将阐述为各种应用设计且具有不同机械结构的几种空心锥形立方棱镜。

图 7.44 一个高精度的熔凝石英锥形立方棱镜，圆形孔径是 3.81cm（1.50in）
（资料源自 Goodrich Corp., Danbury, CT）

7.6.3 合像式测距机的接目棱镜

图 7.45 所示的棱镜部件是由德国卡尔蔡司（Carl Zeiss）公司设计和制造的，应用在一种军用分视场合像式光学测距仪中。为了便于解释这种设计，首先介绍这类测距仪的功能。

正如图 7.46a 所示，远距离目标发出的光线通过仪器两端的光窗（图中未给出）进入测距机，五角棱镜将光线折转到仪器的中心。通过接目棱镜，将两个物镜形成的图形组合在一起，并通过目镜进行观察。由于目标位于无穷远，成像光束彼此间会稍有倾斜，且两个图像也不重合。操作人员移动可调整的补偿装置［图 a 给出了一个可以纵向滑动的光楔（见 7.6.6.3 节）］，使仪器一端的图像发生偏转，并重叠在另一端的图像上。一个读数装置与可移动光楔相连，读出移动的数据就可以测量出角度 θ，由下列公式计算目标距离 R：

$$R = \frac{B}{\tan\theta} \tag{7.139}$$

式中，B 是光学基线，是进入测距机的两束光中心线的横向间隔；θ 是目标发出的两束输入光束间的小发散角（Patrick，1969），该角度很小。

为保证零件彼此高精度对准，图 7.46 所示虚线矩形内的光学件都安装在一个刚性结构内，称为光学舱。这种结构通常使用低热膨胀系数材料（如玻璃、熔凝石英或因瓦合金）制成，使其热稳定性最好。由于五角棱镜的固有特性，对图面内的旋转不敏感，所以无须固定在光学舱上。任一个五角棱镜在垂直于纸面的平面内旋转都将使其图像相对于垂直方向的

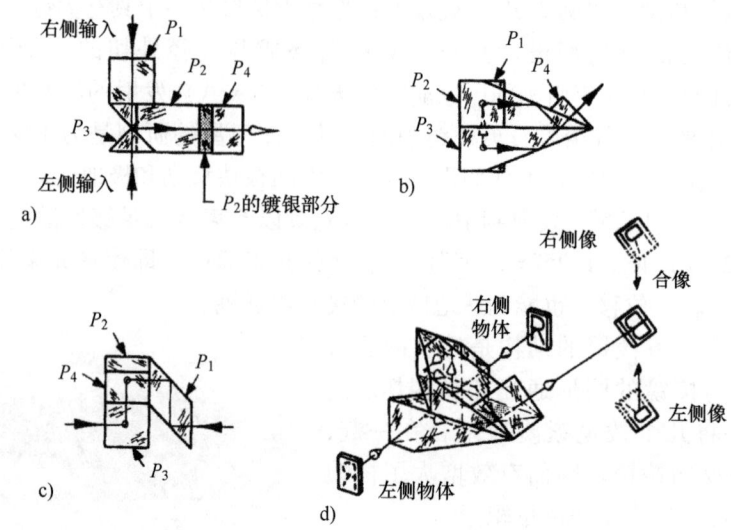

图7.45 德国蔡司公式为合像式光学测距仪设计的接目棱镜
a) 顶视图 b) 侧视图 c) 端视图 d) 轴测图
(资料源自 MIL-HDBK-141, *Optical Design*, Defense Supply Agency, Washington, DC, 1962)

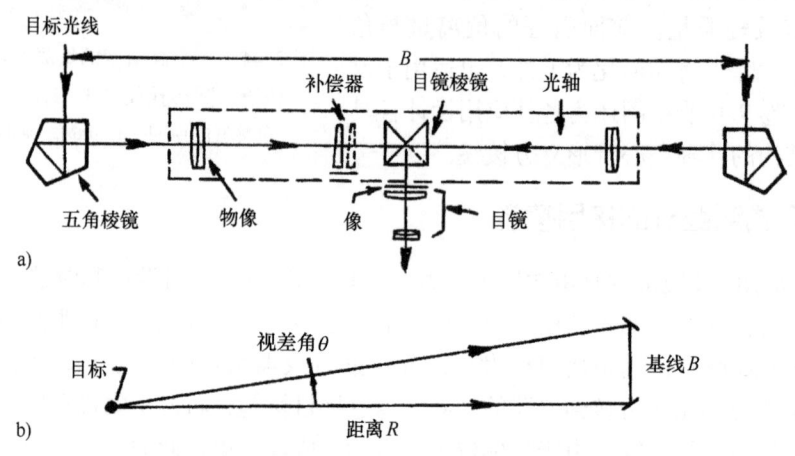

图7.46 a) 合像式光学测距机的光学示意图
b) 用来确定目标距离参数的测距三角形
(资料源自 Kaspereit, O. K., *Designing of Optical Systems for Telescopes*, U.S. Army, Washington, DC, 1933)

图像有一定的旋转。在光学系统中可以设计一种机构（有时称为平分调整装置），使操作者能够调整一个图像的垂直位置。通常利用一块垂直于光轴但可以绕水平轴稍有旋转能力的玻璃平板。稍微改变玻璃平板的倾斜角就会使后面的图像在垂直方向移动而丝毫不影响图像质量。

图7.45所示的接目棱镜包括4个棱镜零件，分别标定为 $P_1 \sim P_4$，并胶合在一起。P_2、P_3 和 P_4 的折射角都是 22.5°，目镜的光轴向上倾斜 45°。来自右物镜的光束入射到菱形棱镜 P_1，在 P_1 和 P_2 中发生 5 次内反射之后通过 P_4，聚焦在像面上。这条光路的最后一次反射

发生在 P_2 棱镜底表面的局部镀银面上，所以这束光形成图像的上半部。来自左物镜的光束在 P_3 内反射两次，通过 P_4 到达像面。这束光没有经过 P_2 面上的镀银面，形成图像的下半部。观察到的图像沿垂直方向分成两部分，分别由不同的光学系统形成，因此这种测距机被称为分视场合像式仪器。调整补偿器使一个像直接叠在另一个像上之前，操作人员看到的是两个在横向没有对准的半像，由此确定重合度，并根据标定的距离范围确定距离。

Kaspereit（1953）和 MIL-HDBK-141（1962）讨论过测距机接目棱镜的其他一些形式。所有功能与刚才讨论相同，就是将左右光学系统产生的图像组合起来，测量出 θ 角并计算出距离。

7.6.4 双目单筒物镜的棱镜系统

如果一台望远镜和显微镜设计的物镜是单筒物镜，两只眼睛观察物镜的同一个图像，这种光学仪器就是使用图 7.47（译者注：原书错印为 7.46）所示的棱镜系统。这种仪器没有体视感，因此称为"双目单筒镜（biocular）"，而不是"双目双筒镜（binocular）"。如图 7.47a 所示，该棱镜系统由 4 块棱镜组成，一块直角棱镜 P_1，胶合到菱形棱镜 P_2 上，胶合面镀以局部反射膜，一个等光路补偿块 P_3 和第二块菱形棱镜 P_4。绕着输入轴对称地旋转这些棱镜，改变观察者的眼睛间距（IPD），以适合不同的操作人员。IPD 典型的可调整值是 56~72mm（2.20~2.83in）。通常，在光学仪器上标有刻度，很容易设置该距离。

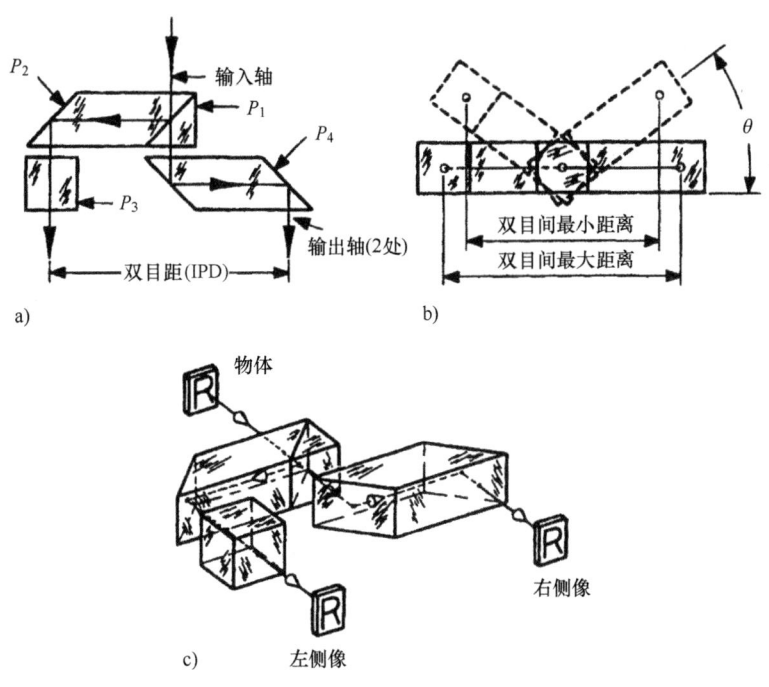

图 7.47 一个双目单筒镜的棱镜分束系统
a) 顶视图 b) 端视图 c) 轴测图。IPD 代表眼距
（资料源自 MIL-HDBK-141，*Optical Design*, Defense Supply Agency, Washingtong, DC. 1962）

这类棱镜组件的应用包括光学显微镜和利用像增强器的军用夜视装置。

7.6.5 色散棱镜

在如光谱仪和单色仪一类仪器中，经常利用棱镜将复色光分离为，或者说色散为，单色光。光学材料的折射率 n 随波长变化，所以，凡是与棱镜的入射面和出射面非垂直透过的光线的偏折（相对于初始入射光线方向），都取决于折射率 n、入射面上的入射角及棱镜顶角 θ。

图 7.48 给出了两种色散棱镜。在每种情况中，一束"白光"以 I_1 的角度入射。在棱镜内部，光线被分成各种颜色的光谱。为了清楚起见，图中放大了光线之间的角度。经出射面折射后，蓝光、黄光和红色光线以不同的偏离角 δ_λ 出射。由于 $n_{蓝色光}$ 大于 $n_{红色光}$，所以蓝光偏折得最厉害。如果使用一个透镜或反射镜，将出射光线成像在胶片、探测器阵列或屏幕上，不同颜色的多个像就会在横向略微不同的位置上形成。虽然在此提到的颜色仅涉及如蓝色、黄色和红色，但应当理解，色散现象适合于所有波长，在一个确定的应用中，要考虑短波、中部和长波。

在图 7.48a 所示的较简单的棱镜设计中，只有折射。图 7.48b 中，有一次折射和一次反射，棱镜绕垂直于折射面的轴小量旋转，不改变光线的偏折，因此，这种棱镜称为"固定偏折"棱镜。在这种情况下，通常选择高折射率材料，在反射面上可以发生全内反射，增强光线的传输能力。

当一束波长 λ 的平行光束对称地通过一个棱镜，使 $I_1 = -I'_2$，$I'_1 = -I_2$，则该波长下棱镜的偏离角最小，$\delta_{MIN} = 2I_1 - \theta$。该条件是透明材料折射率测量法的基础。其中，是通过逐次近似法确定该种材料棱镜的最小偏折角 δ_{MIN}。然后，应用以下公式：

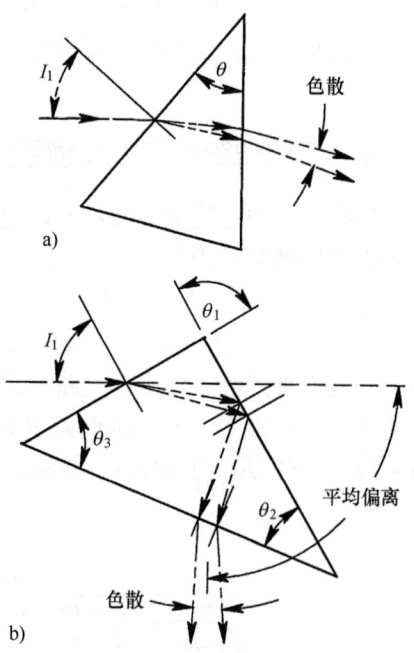

图 7.48 白光色散
a) 一个简单的棱镜
b) 含有全内反射的一个固定偏折棱镜
（资料源自 Yoder, P. R., Jr., *MountingOptcs in Optical Instruments*, 2nd edn, SPIE Press, Bellingham, WA, 2008）

$$n_{PRISM} = \frac{\sin[(\theta+\delta)/2]}{\sin(\theta/2)} \quad (7.140)$$

如果需要任意两条不同颜色的光线从棱镜平行出射，就必须使用至少两个由不同玻璃材料制成的棱镜组合。通常，将这些棱镜胶合在一起，称为"消色差棱镜"。图 7.49 给出了一个消色差棱镜的结构图。这类棱镜可以这样设计：选择折射率和第一块棱镜的顶角，反复使用 Snell 定律确定合适的入射角和第二个棱镜的顶角，以满足选定波长所希望的偏离角及其他两种波长所希望的色散量，已经选定的波长在这两种波长的范围之内。最短与最长波长的出射光线之间的夹角称为"初级色差"；在此，这种色差基本上为零。任何一条极限波长与中间波长的光线之间的夹角称为"棱镜的二级色差"。

图 7.49 所示的消色差棱镜可以按照下面程序进行设计：首先选择该设计准备使用的玻璃，然后可以假设，黄光是以空气中最小的偏离角入射到第一块棱镜，对于任意一个假定的 θ 值，该光线的有关角度 $I'_1 = I_2 = \theta/2$，当然，红光和蓝光会有色散；利用 Snell 定律，即

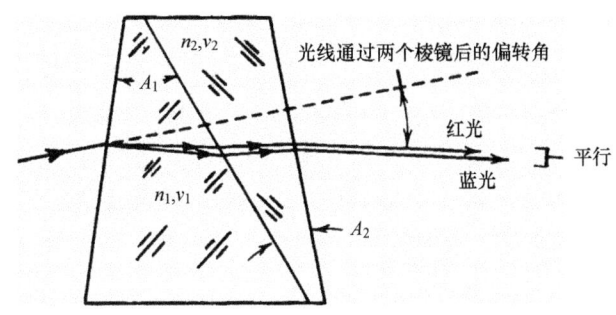

图7.49 一个典型的消色差棱镜

（资料源自Smith, W. J., *Modern Optical Engineering*, 4th edn., McGraw Hill, New York, 2008）

式（7.1），确定黄光（钠d光谱线）的 I_1 角；之后，加上第二块棱镜，重新确定 I'_2 角，最后，由下面公式计算所需要的 θ_2 角：

$$\cot\theta_2 = -\frac{\Delta n_2}{2\Delta n_1 \sin(\theta_1/2)\cos I'_2} + \tan I'_2 \tag{7.141}$$

式中，Δn_1 和 Δn_2 分别是棱镜1和2中红光与蓝光的折射率差。

完成色散棱镜的初级设计还要计算所需孔径。通常假定一束平行光入射，使棱镜的孔径足够大，不会对色散光束造成切割。

7.6.6 薄楔形棱镜

7.6.6.1 薄楔形镜

具有小几何顶角和轴向厚度（与棱镜的孔径相比，较小）的棱镜称为"光楔"。图7.50给出了一个典型例子。由于顶角较小，可以假定以弧度表示的角度值等于它的正弦值，改写式（7.140）（译者注：原书错印为7.146），可以得到空气中光楔偏离角的简单公式：

$$\delta_\lambda = (n_\lambda - 1)\theta \tag{7.142}$$

另一个重要公式是表示光楔的色散，即色差为

$$d\delta_\lambda = dn_\lambda \theta \tag{7.143}$$

利用这些公式设计的光楔具有最小偏离角。光学仪器中常用的结构形式是入射光束垂直于入射面，因此，$I_2 = \theta$，$I'_2 = \arcsin(n\sin I_2)$，以及 $\delta = I'_2 - \theta$。如无另加说明，便假定 n 是光谱带宽中心波长的折射率。该偏折角与式（7.142）（译者注：原书错印为7.95）的计算结果相差很小。

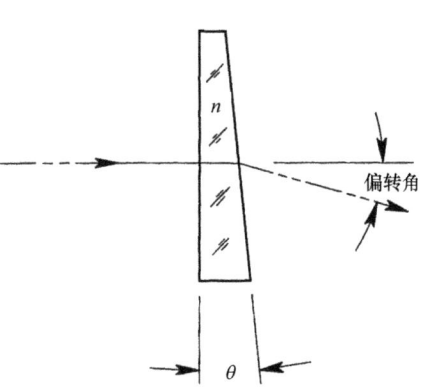

图7.50 光线在一个薄光楔中的偏折

7.6.6.2 累斯莱楔形系统

两个同样的薄光楔前后串联安装，并且可以绕着光轴反向等速旋转，就组成一个可调光楔。这种光楔可以应用于各种领域，例如为激光束提供可变的指向、将光学系统某一部分的光轴与该系统另一部分的光轴调准、眼科中测试眼睛的会聚度或者在某些光学测距机中测量距离。这些光楔被称为累斯莱光楔或者偏折仪，后者最常用在测距机中。

累斯莱楔形系统的功能如图 7.51 所示。通常，光楔是圆形的；为清晰起见，在此将它们的孔径（在左边）表示成小的矩形和大的矩形。图 7.51a 和 c 给出了两个最大的偏折位置，在这种情况中，光楔的顶点方向一致，系统的偏折量 $\delta_{system} = 2\delta$，其中 δ 是一个光楔的偏折角。如果光楔从最大偏折位置反方向旋转一个 β 角（见图 7.51d），其偏折角就变成 $\delta_{system} = 2\delta\cos\beta$，偏折角（偏离可达到的最大值）的变化是 $2\delta(1 - 2\cos\beta)$，继续转动光楔，直到 $\beta = 90°$，达到图 7.51b 所示的条件，顶点相反，系统的作用相当于一个平板，偏折角为零。

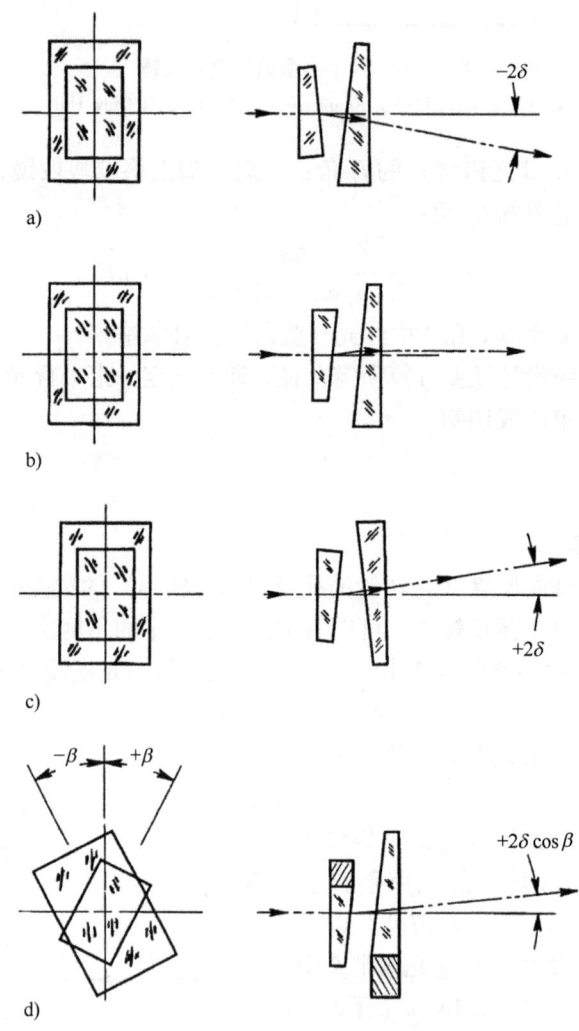

图 7.51 累斯莱楔形棱镜系统的功能
a) 两块光楔的底部一起朝下，光线向下偏折 b) 两块光楔的底部反向，光束不发生偏折
c) 两块光楔的底部一起朝上，光线向上偏折 d) 一般情况，光楔反向旋转一个 ±β 角度
（资料源自 Yoder, P. R., Jr., *Mounting Optics in Optical Instruments*, 2nd edn, SPIE Press, Bellingham, WA, 2008）

在累斯莱楔形系统中，光楔的反向旋转可以在轴向产生变化的偏折角，有时候，再增加一个与第一个系统一模一样的系统，前后串联放置，就可以提供在正交方向上各自独立的光轴变化。另外一种结构就是一个单独的累斯莱楔形系统，其安装方法能够保证让两个光楔一

起绕着光轴旋转，以及彼此反向转动。该结构形式主要是为极坐标系提供偏折变化。

7.6.6.3 平动移像光楔

将一块楔形棱镜放置在会聚光束中，会使图像在横向移动一段距离，位移量与楔形偏折量（单位为°）及楔形镜到像面的距离成比例。图 7.52 给出了该装置的示意图。如果棱镜沿轴向移动 D_2-D_1，图像的位移量就从 $D_1\delta$ 变化到 $D_2\delta$。

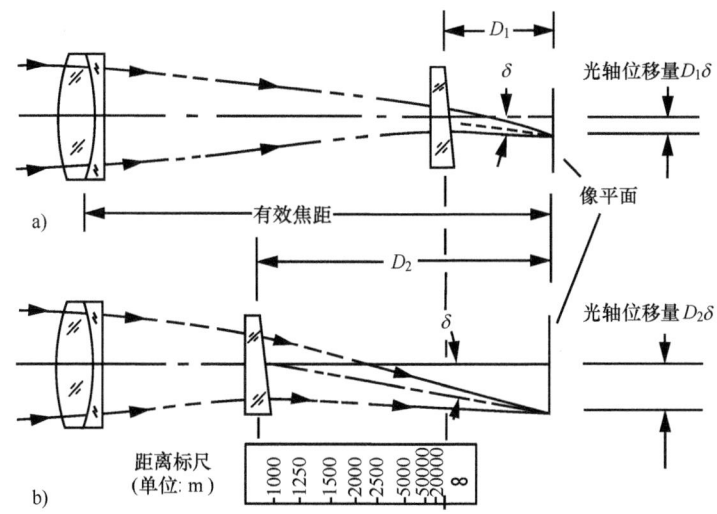

图 7.52　光学测距机中使光束发生偏折的轴向平动光楔系统。图 a 适用于远距离目标，图 b 适用于近距目标

（资料源自 Kaspereit, O. K. *Design of Fire Control Optics ORDM* 2-1，Vol. I，U. S. Army，Wshington，DC，1953）

在发明激光测距机之前，这种装置的一个重要应用就是在军用光学测距机中。图 7.52 所示的距离刻度，表示一台典型测距机 ［见图 7.46（译者注：原书错印为 7.51）］ 单侧结构的目标距离变化。距离变化量是光楔移动量的函数。注意到，这是一个非线性的变化。这种原理也可以应用到现代的一些应用中，其要求图像在横向非线性地位移一个小的距离。如果使用一个长焦距镜头，需要对光楔消色差。

7.6.6.4 调焦光楔系统

将两个相同光楔的底部反向放置，并安装在一个线性平台上，保证每一光楔相对于光轴在横向平移相等的量，因此通过玻璃的光路是可变的。图 7.53 所示的这种装置的工作原理。在各个组合中，两个光楔的作用都相当于一个平板，如果放置在一个会聚光束中，该系统能够改变成像距离，因而可以用于将不同距离的物体成像在一个固定的像面上。

这类调焦系统已经用于大孔径航空摄像机和望远镜，这些仪器用于如导弹或航天飞机发射舱等应用中。在这些环境中，目标的距离快速变化，成像光学元件大且重，不可能迅速和精确地移动以保持焦距稳定。对于初级近似，$t_1 = t_0 \pm \Delta y_i \tan\theta$，焦距变化是 $2t_i[(n-1)/n]$。其中，t_0 是每个光楔几何中心的轴向厚度。

图 7.54 给出了一种典型应用的光学示意图，具有调焦光楔系统的特性。该系统是光学跟踪记录仪（ROTI），用来跟踪美国佛罗里达州卡纳维拉尔角（Cape Canaveral）和其他地点航天飞机的发射。正如 MIL-HDBK-141（1962）阐述的，该系统大体上就是一个 $f/4.17$

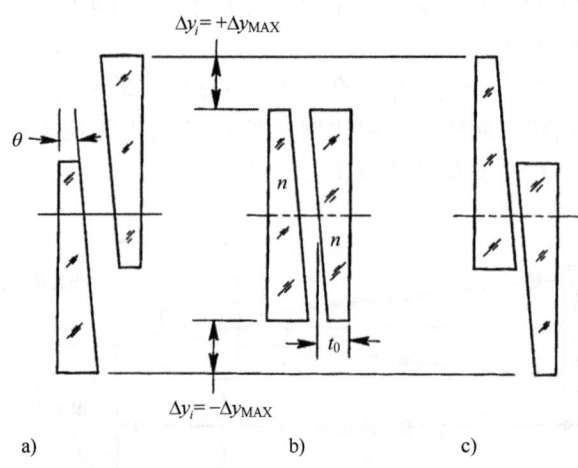

图 7.53　一个调焦光楔系统
a) 最短的光路　b) 标准光路　c) 最长光路

(资料源自 Yoder, P. R., Jr., *MountingOptcs in Optical Instruments*, 2nd edn, SPIE Press, Bellingham, WA, 2008)

的牛顿望远镜,有一系列准直双胶合透镜和5个双高斯型照相物镜,形成五组不同放大倍率的透镜部件,跟踪分划板安装在主镜的焦点处。系统的最小有效焦距是100in(2.54m),焦距可以等步长地调整到500in(12.7m)。

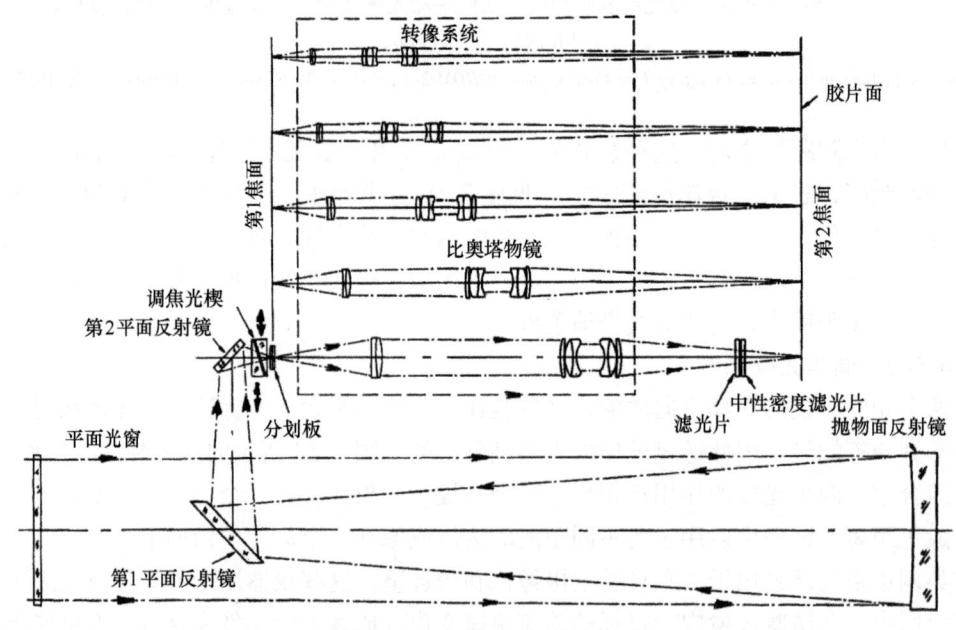

图 7.54　具有调焦光楔系统特性的光学跟踪记录仪的光学示意图
(资料源自 MIL-HDBK-141, *Optical Design*, Defense Supply Agency, Washington, DC, 1962)

调焦光楔紧跟在该望远镜的分划板之后,光楔横向移动时,便改变了玻璃的光路,因而改变了系统在物空间的焦距,使观察距离从无穷远变化到约2750m。光楔机构与实时测距的雷达系统相连,保持照相系统聚焦准确,成像清晰。两个工作人员操作两个辅助的肘形光学望远镜（一个是水平的，一个是俯仰的），通过观察目标控制系统的瞄准线。这两种望远镜都固定在主望远镜支架上，并相对于后者完成轴线校准。

7.7 变形棱镜系统

在非最小偏折角条件下，利用一种折射棱镜可以改变折射面内平行透射光的宽度（见图7.55a）。正交面（垂直于图面）内的光束宽度并没有变化，因此产生了变形放大率。棱镜使这些光束发生偏折，并引入像差。如果两个同样的棱镜反向放置，如图7.55b所示，就可以消除这两种变形。在这种情况下，存在光轴的横向位移，但没有角偏离和色差。光束的压缩和放大取决于棱镜的顶角、折射率及两棱镜相对于输入轴的方位。图7.55b所示的结构在一个方向上是一台望远镜，因为光束通过光学系统后的平行度未变。

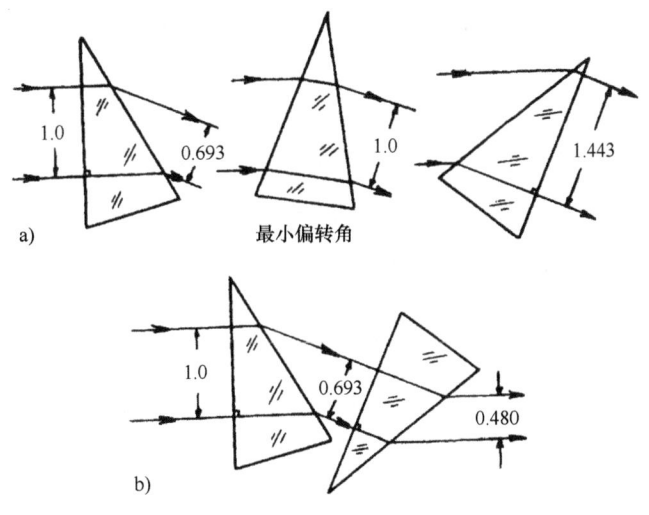

图7.55　变形棱镜的功能
a) 各种入射角下的单个棱镜　b) 一个变形望远镜
（资料源自 Kingslake, R., *Optical System Design*, Academic Press, Orlando, FL, 1983）

大约在1835年，Brewster首先介绍了双棱镜变形望远镜，目的是替换当时使用的柱面透镜（Kingslake，1983）。由于半导体激光束在正交方向上的光束尺寸和角发散度差别太大，现在使用的双棱镜变形望远镜就是为了改变光束尺寸和角发散度或将矩形激光束（如受激准分子激光器发射的光束）转换成更合适的形状，方便于材料处理和医学外科应用（L'Esperance等，1989）。图7.56a所示的望远镜设计有一个消色差棱镜，可以用于宽的光谱范围（Lohmann和Stork，1989）。已经叙述过，为了得到较高的放大倍率，变形望远镜中可以设计多个棱镜。图7.56b给出了一个极端情况下的例子，包含10块棱镜。据研究，如果要使用一种材料对中等和高放大倍率的聚光镜消色差，这是最佳结构（Trebino，1985；Trebino等，1985）。

只包含一块棱镜的一种变形望远镜（Forkner，1986）如图7.56c所示。它有三个起作用的端面，其中一个是全内反射面。可以设计入射面和出射面的位置，以满足布儒斯特角，所以，如果偏振光束入射在这些表面上，这些表面上的菲涅耳反射损失便可以忽略不计。

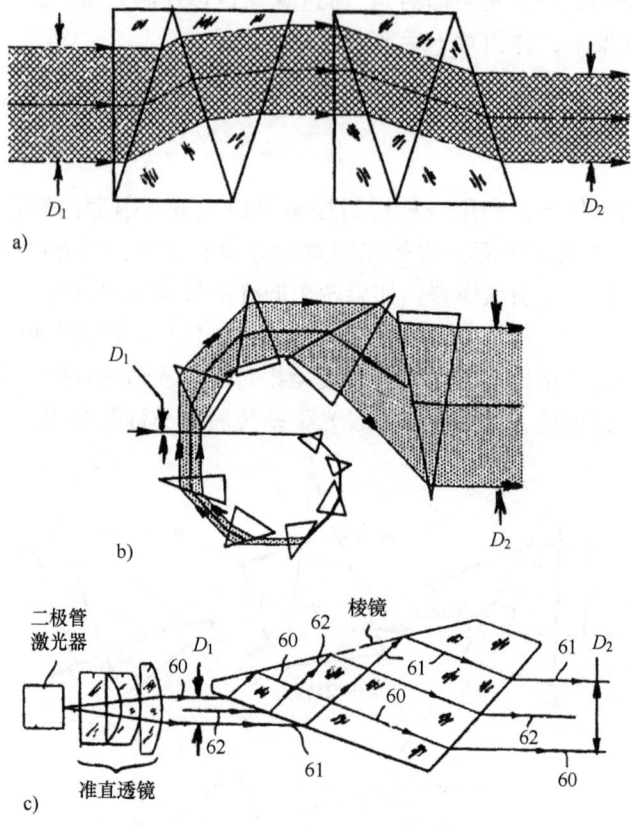

图 7.56 三种变形棱镜望远镜的光学系统

a）一种消色差棱镜组件（资料源自 Lohmann, A. W. and Stock, W., *Appl. Opt.*, 28, 1318, 1989）
b）一个串联棱镜组件（资料源自 Trebino, R., *Appl. Opt.*, 24, 1130, 1985）
c）一种用于光束整形的单棱镜设计（资料源自 Forkner, J. F., U. S. Patent No. 4, 623, 225, 1986）

参考文献

De Vany, A.S., *Master Optical Techniques*, Wiley, New York, 1981.
Forkner, J.F., Anamorphic prism for beam shaping, US Patent No. 4,623,225, 1986.
Hopkins, R.E., Mirror and prism systems, in *Applied Optics and Optical Engineering*, Kingslake, R., Ed., Vol. III, Academic Press, New York, 1965, Chapter 7.
Kaspereit, O.K., Ordnance Technical Notes No. 14, *Designing of Optical Systems for Telescopes*, U.S. Army, Washington, DC, 1933.
Kaspereit, O.K., *Design of Fire Control Optics ORDM 2-1*, Vol. I, U.S. Army, Washington, DC, 1953.
Kingslake, R., *Optical System Design*, Academic Press, Orlando, FL, 1983.
L'Esperance, F.A., Jr., Warner, J.W., Telfair, W.B., Yoder, P.R., Jr., and Martin, C.A., Excimer laser instrumentation and technique for human corneal surgery, *Arch. Ophthalmol.*, 107, 131–139, 1989.
Lohmann, A.W. and Stork, W., Modified Brewster telescopes, *Appl. Opt.*, 28, 1318, 1989.
MIL-HDBK-141, *Optical Design*, Defense Supply Agency, Washington, DC, 1962.
Patrick, F.B., Military optical instruments, in *Applied Optics and Optical Engineering*, Kingslake, R., Ed., Vol. V, Academic Press, New York, 1969, Chapter 7.

Sar-El, H.Z., Revised Dove prism formulas, *Appl. Opt.*, 30, 30, 1991.
Seil, K., Progress in binocular design, *Proc. SPIE*, 1533, 48, 1991.
Seil, K., Private communication, 1997.
Smith, W.J., *Modern Optical Engineering*, 4th edn., McGraw-Hill, New York, 2008.
Trebino, R., Achromatic N-prism beam expanders: optimal configurations, *Appl. Opt.*, 24, 1130, 1985.
Trebino, R., Barker, C.E., and Siegman, A.E., Achromatic N-prism beam expanders: Optimal configurations II, *Proc. SPIE*, 540, 104, 1985.
Walles, S. and Hopkins, R.E., The orientation of the image formed by a series of plane mirrors, *Appl. Opt.*, 3, 1447, 1964.
Wolfe, W.L., Nondispersive prisms, in *OSA Handbook of Optics*, 2nd edn., Bass, M., Van Stryland, E., Williams, D.R., and Wolfe, W.L., Eds., Vol. II, McGraw-Hill, New York, 1995, Chapter 4.
Yoder, P.R., Jr., Study of light deviation errors in triple mirrors and tetrahedral prisms, *J. Opt. Soc. Am.*, 48, 496, 1958.
Yoder, P.R., Jr., Two new lightweight military binoculars, *J. Opt. Soc. Am.*, 50, 491, 1960.
Yoder, P.R., Jr., *Mounting Optics in Optical Instruments*, 2nd edn., SPIE Press, Bellingham, WA, 2008.
Yoder, P.R., Jr., Schlesinger, E.R., and Chickvary, J.L., Active annular-beam laser autocollimator, *Appl. Opt.*, 14, 1890, 1975.
Yoder, P.R., Jr. and Vukobratovich, D., *Field Guide for Binoculars and Scopes*, SPIE Press, Bellingham, WA, 2011.

第 **8** 章　棱镜安装技术

Paul R. Yoder, Jr.

8.1　概述

棱镜机械镜座设计得是否合适，取决于许多因素，如光学元件的固有刚性；表面（尤其是反射面）的允许移动量及畸变；工作期间，光学元件压靠在安装基准面上的稳态力的大小、位置和方向；受到外部冲击和振动时驱使光学元件压向或远离基准面的瞬态力；热效应；接触光学元件安装表面的形状和质量；安装固定面（通常指经过加工的表面，如垫圈）的尺寸、形状、方向和平滑度和支架的刚性及长期稳定性。此外，设计必须兼顾装配、调校、维修、包装尺寸、重量和结构布局的限制。最后的也是很重要的一点，必须考虑整个仪器的成本。

本章将讨论棱镜的各种安装技术，包括运动学、半运动学和非运动学界面。本卷第 10 章介绍和讨论界面设计原理。通常认为，棱镜是刚性实心多面体，平面以不同的二面角相交。一些棱镜，如泊罗棱镜、正像棱镜、锥形棱镜和锥形立方棱镜，由于减重和包装原因，可能使表面具有曲面孔径，从而与旋转对称的透射和反射光束形状一致。

8.2　运动学、半运动学和非运动学原理

一个空间物体有 6 个自由度（DOF）或是可以运动的方式，即沿 3 个正交坐标轴的平动和绕 3 个坐标轴的转动。如果一个物体每种可能的运动是通过棱镜与镜座间玻璃-金属的点预紧力接触而被单独制约，该物体则被运动学约束。如果一种运动受到多种方式的约束，如若两个以上的力同时作用到一个表面上以约束一个自由度或利用多组可能的接触方式控制棱镜在一定温度下的位置或方向，该物体就属于过约束，可能会受到过大的应力而变形。对于光学零件，这两种情况都不期望发生，因此光机工程师通常会不遗余力地避免引入过约束。

将约束力传递到点接触的光学元件中有可能造成过度的局部内接触应力及随之的光学表面变形。为了减小这些不利影响，许多成功的安装实例都采用小面积接触以分散负载。一些被称为半运动学安装技术的独特设计可以控制所有 6 个自由度，并且不会产生过约束。

运动学或半运动学原理非常适用于许多棱镜的安装设计——尤其在高性能应用领域，要求光学元件具有精确的相对位置，光学表面有最小变形，光机支撑无论在有利或有害环境下都没有应力。尽管如此，对许多其他的光学装置，采用较为简单的非运动学安装方法也能够满足光学元件的性能要求。下面介绍各类棱镜的安装实例。

8.3 棱镜的夹持式安装技术

8.3.1 夹持式棱镜安装支架：运动学方式

图 8.1a 给出了所要求的 6 种约束如何施加到一个矩形平行六面体的物体上，如一个简单的立方棱镜。可以看到有 6 个球固定在三个相互正交的平面上。如果一个物体与所有的 6 个球都保持点接触，那么它就唯一受到约束。X-Z 面内的三个点确定了一个平面，该物体的下端面就落在该平面上，这些点阻止物体在 Y 方向上的平动及绕 X 轴和 Z 轴的转动，Y-Z 平面内的两个点阻止 X 方向上的平动及绕 Y 轴的转动，X-Y 平面内的一个点控制着最后一个自由度（DOF）（沿 Z 轴的平动）。作用在该棱镜的一个近点上，并指向（坐标）原点的一个力，将会把物体压向所有的 6 个球。在大部分应用中，这个力应当通过物体的重心。如果这个力比较小，重力忽略不计，该接触表面不会有弹性变形，即可进行运动学设计。

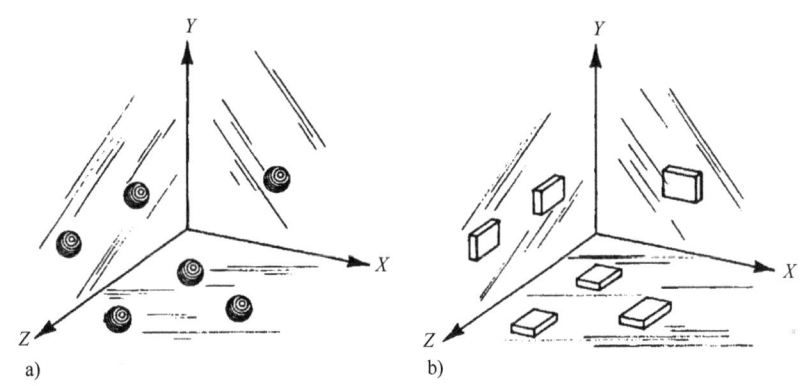

图 8.1 一个矩形平行六面体的光学零件，如立方棱镜的定位基准面
a）球面点接触的运动学安装　b）小面积接触的半运动学安装
（资料源自 Smith, W. J., *Modern Optical Engineering*, 4th edn., McGraw Hill, New York, 2008）

8.3.2 夹持式棱镜安装支架：半运动学方式

图 8.1b 给出了一种方法，将上述的安装概念还原到实际应用中。利用衬垫上的小面积接触替代点接触。将垫圈表示为矩形，但其形状并非很重要。在 X-Z 和 Y-Z 平面内放置的多个衬垫，都经过认真加工，使其精确共面。所有衬垫上的基准面和接触的棱镜表面必须有正确的角度关系，即彼此正交，从而使立方棱镜的面接触不会退化为线接触。由于避免了过约束和点接触，所以这类安装方法称为半运动学安装技术。

与本卷 4.6.1 节介绍的轴向预紧固定透镜的情况一样，为了防止棱镜在规定的最大加速度下脱离衬垫，用以下公式计算施加于棱镜的最小预紧力 P_{MIN}：

$$P_{MIN} = Wf_S \sum a_G \quad (4.10a)$$

式中，W 是物体重量，单位是 lb；f_S 是规定的安全系数；$\sum a_G$ 是在 P_{MIN} 作用方向施加的所有外部静态和动态力的矢量总和，如恒定的加速度、随机振动、谐振和冲击。

每一种力的量值都表示为重力加速度 a_G 的倍数。P_{MIN} 的方向应通过物体重心。由于各种外力不会同时出现,所以 Σa_G 的量值可以表示为最可能发生的值或最差情况下的值,该值必须针对每一具体情况确定。为简单起见,假定一个外力 a_G 起着主要作用,忽略小面积接触的摩擦力和力矩,可以将式(4.10a)简化为

$$P_{MIN} = W f_S a_G \tag{4.10b}$$

注意到,如果棱镜的重量单位是 kg,为使量纲一致,该公式必须再乘以系数 9.807,力的单位就是 N(牛顿)。安全系数 f_S 可以在 1.5~2.0 之间指定一个值。

半运动学棱镜安装技术的另一个重要方面是必须小心控制装配应力造成的表面变形。遗憾的是,没有一个简单的公式可以将表面畸变与施加的力联系起来。对于一种给定的棱镜安装形式,确定该棱镜变形的最佳方法就是使用有限元(FEA)分析法。用有限元分析法分析棱镜受力状况的详细内容已经超出本书的讨论范畴。利用有限元法分析光学-机械学问题的内容,请参考 Doyle 等(2002)的文章。

Lipshutz (1968) 介绍过一个将立方分束棱镜,安装在一个半运动学镜座中的例子,如图 8.2 所示。该棱镜(见图 8.2a)是由两块相同的直角棱镜胶合而成。镀有半透半反膜层的斜边表面将光束分为两束。胶合棱镜可以视为前面讨论过的一个刚体,需要 6 个约束定位。施加不适当的力可能会使表面变形,温度变化会使外形尺寸变化。

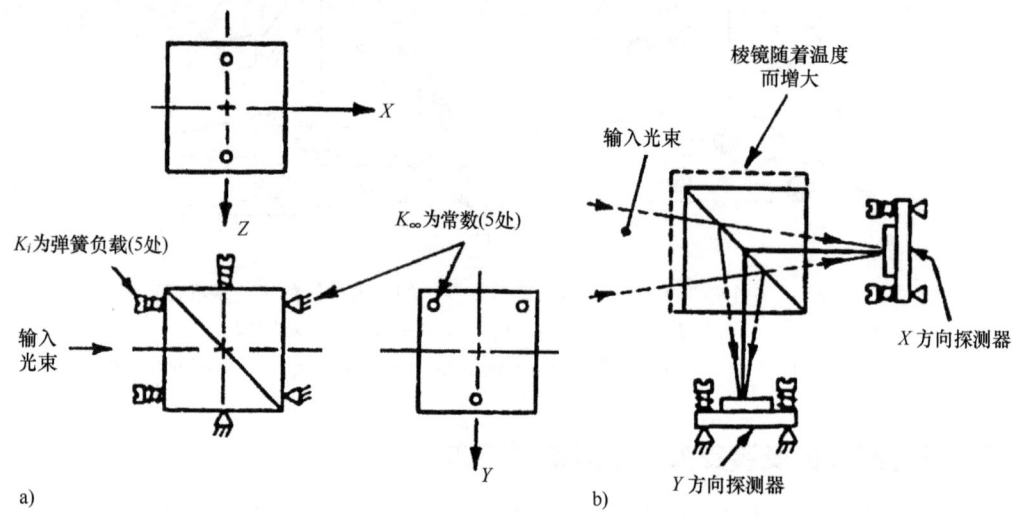

图 8.2 a)一个立方分束棱镜半运动学安装的三视图 b)温度升高影响分束镜光学功能的典型示意图
(资料源自 Lipschut, M. L., *Appl. Opt.*, 7, 2326, 1968)

这类棱镜经常用来将一束会聚到像面的光束分成两部分。每一部分光束都会形成一个图像,如图 8.2b 所示。为使这些像彼此对准,同时相对于光学仪器的结构基准也保持对准,该棱镜不能在反射面内(X-Y)移动,也不能绕着任何一个正交轴旋转。单纯沿 Z 轴平动不会引入任何误差,但移动量应尽可能小。

一旦光学系统被调准,就必须保证该分束镜一直压靠在 5 个安装衬垫上,图 a 所示的 K_∞。它们是仪器结构上突起的面积,假设具有接近无穷大的弹性系数。这些衬垫约束两个方向的平动及绕三个轴的转动。5 个约束力(图 8.2a 所示 K_i)具有相对较低的弹性系数,

被表示为压力弹簧。为了使玻璃受到纯粹的压力,将这些压力弹簧直接设置在安装衬垫的相对面,因此玻璃表面的变形最小。图 8.2b 所示的虚线表示温度升高如何使立方棱镜膨胀。在这种结构布局中,每一路图像(在 Z 和 Y 探测器上)的光路不会由于这些变化发生偏离,因此不会引进瞄准误差。

如果不是立方棱镜,而是另外一种结构形式的棱镜,由于很难把约束力施加到正对应的支撑衬垫上,安装设计就比较复杂,如图 8.3 所示。如图 8.3a 所示,采用半运动学结构形式,将一个直角棱镜压靠在折射端面和一条棱上。基板上的三个共面衬垫提供 Y 方向的约束,而压入基板中的三个定位销又增加了(X-Y 面内的)三个约束。注意,在基板上需要有一个孔能使光线通过,图中未给出。按照理想情况,所有衬垫和定位销都要求光学有效孔径(图中未给出)之外与棱镜接触。

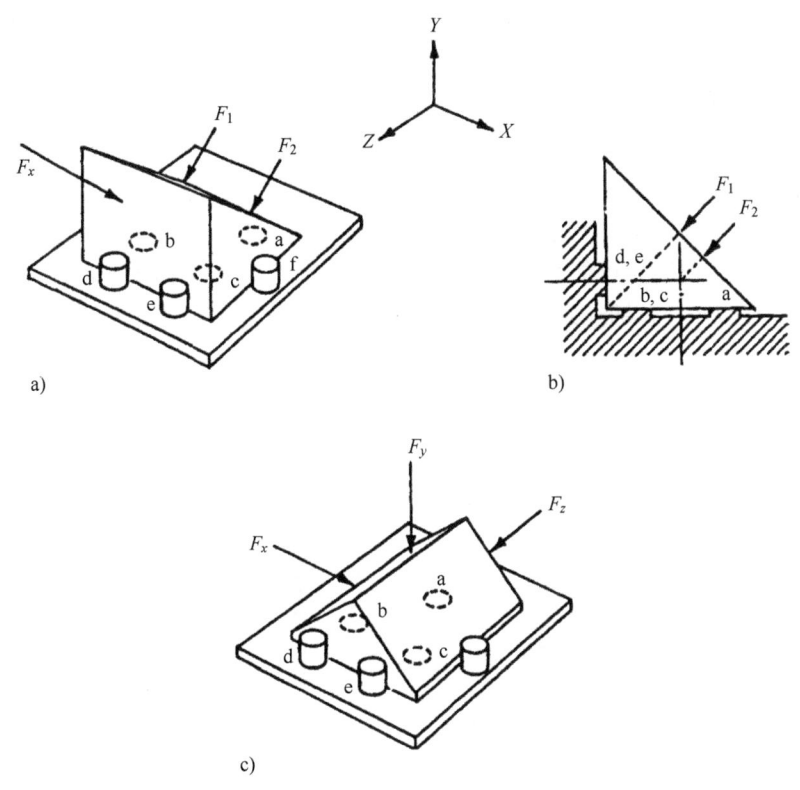

图 8.3 半运动学安装方式的示意图

a)和 b) 直角棱镜,以其折射面和一条棱作为基准 c) 泊罗棱镜,以其斜表面、一个三角形和一条棱为基准

(资料源自:Durie, D. S. L., *Mach. Des.*, 40, 184, 1968)

图 8.3b 给出了同一个棱镜的侧视图。预载作用力 F_1 和 F_2 垂直于棱镜的斜边端面,并在斜面的长棱附近与棱镜接触。F_1 对称地指向最近衬垫 b 与最近定位销 d 间的中间位置,F_2 则对称地指向衬垫 a 和 c 及定位销 e 之间的位置。水平方向的力 F_x(译者注:原书错印为 F_1)将棱镜压靠到定位销 f 上,F_1 和 F_2 的水平和垂直分量将棱镜压靠在三个衬垫和剩下的两个定位销上。由于作用力没有精准指向衬垫,将产生弯曲趋势(即力矩),尽管为防止弯曲对自由度的约束不是最佳,但由于棱镜有相对较好刚性,这样的(约束)布局也足够了。

图 8.3c 中，泊罗棱镜的斜端面由三个共面的平面衬垫定位，而衬垫设置一个有孔的底板（图中仍未给出孔的位置）上，其中一个三角形的端面接触到两个定位销，一个倒过边的棱接触到第三个定位销。定位销轴线必须垂直于垫圈表面。图中没有给出光学通光孔径。一个平行于底板又稍微高于底板的力 F_z 将棱镜夹持到两个定位销（标示为 d 和 e）上，而作用力 F_x 也恰好刚过底板上方一点，将棱镜夹持到第三个定位销（标示为 f）上。第三个力 F_y 压靠在双面棱的中心，将棱镜夹固到三个衬垫 a、b 和 c 上。因为棱镜刚度大，表面变形很小。作用力 F_y 被分成两个平行的力：一个指向衬垫 a，另一个指向衬垫 b 和 c 中心连线的中点。所以这使出现的任何变形减小。

图 8.4 给出了一个三角形底面的直角棱镜。垂直方向压靠在基板上三个（突出的）共面垫圈上，横向压靠在三个定位销上。三个长螺钉旋进底板中拉紧压板，通过一个弹性垫片（人造橡胶）将棱镜压靠在三个衬垫上。一个两端固定的片簧（在此，定义为"跨式"弹簧）将棱镜沿水平方向压靠在定位销对面。这种安装方式的优点在于，其结构布局不会遮挡光学表面的圆形通光孔径，各个作用力不一定造成棱镜变形。在棱镜受到冲击和振动时，弹性衬垫（受压中）和三根螺钉（受拉中）能够为棱镜保持正确位置提供必要的预载。在此假定，衬垫的弹性系数远远小于共同起作用的螺钉的弹性系数，所以不考虑螺钉的弹性作用。普通弹性材料的弹性范围有限，容易随时间蠕变，并且，在持续高压力载荷下，即在大于材料弹性变形的载荷下，可能会永久变形。因此，可以认为以本节建议的方式使用这些材料是不可靠的。然而，如果能够正确地了解和使用这些材料，就可以提供一种安装某些棱镜的便利方法。

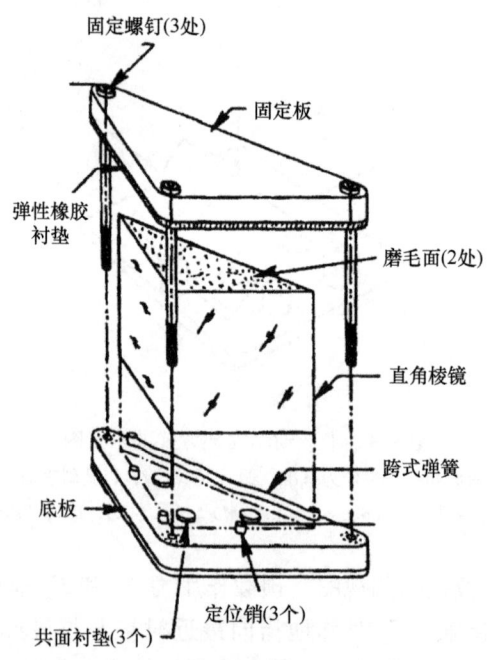

图 8.4 一个直角棱镜的半运动学安装示意图，一块受压的人造橡胶衬垫施加预载
（资料源自 Vukobratovich, D., Optomechanical system design, in *The infrared & Electro Optical Systems Handbook*, Vol. 4, ERIM, Ann Arbor, MI, Chapter 3, 1993）

第8章 棱镜安装技术

被称为 Sorbothane™ 的材料[⊖]，是一种具有黏弹性、热固性的以聚醚为主要原料的聚亚安酯，经常用作机床的隔振装置。如果负载下厚度变化不大于总厚度的20%，则是弹性变形。一般来说，比较适合下面的界面设计，即在最大加速度环境下，在弹性材料的受压方向产生最大作用力。

厂商的资料表明，静态负载下垫圈内的压应力 C_S（采用美国惯例单位制）取决于硬度和变形量 δ（表示为垫圈厚度 t_P 的百分比），如图 8.5 所示。该垫圈修正后的压缩模量 (CCM)（包括为修正外形而设置的形状因子 S_F）是

$$CCM = \frac{100 C_S (1 + 2 S_F^2)}{假设的百分比变形量} \tag{8.1}$$

若是圆形垫圈，有

$$S_F = \frac{D_P}{4 t_P} \tag{8.2a}$$

对于方形垫圈，有

$$S_F = \frac{L}{4 t_P} \tag{8.2b}$$

而环形垫圈则有

$$S_F = \frac{OD - ID}{4 t_P} \tag{8.2c}$$

式（8.2）中，D_P 是垫圈直径；L 是垫圈边长；OD 和 ID 是环形垫圈的外径和内径；t_P 是无承压垫圈的厚度。

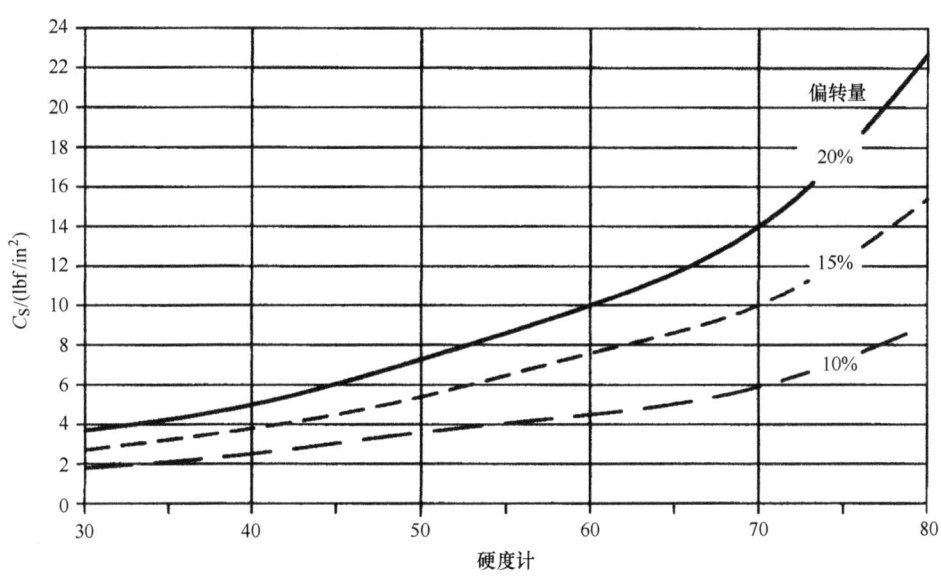

图 8.5 一种具有黏弹性的材料承受的压应力 C_S 与硬度的关系曲线，表示不同百分比衬垫厚度情况下的变形
（资料源自 Sorbothane, Inc., Kent, OH）

⊖ 美国俄亥俄州肯特市 Sorbothane 公司生产的一种专利产品。

由下面公式确定垫圈的弯曲量 δ：

$$\delta = \frac{Pt_P}{\text{CCM}(A_P)} \tag{8.3}$$

式中，P 是预紧力；A_P 是垫圈的接触面积［参考式（8.4a）～式（8.4c）］；其他参数与前述定义一致。

若是圆形垫圈，有

$$A_C = \left(\frac{\pi D_P^2}{4}\right) \tag{8.4a}$$

对方形垫圈，有

$$A_S = L^2 \tag{8.4b}$$

环形垫圈则有

$$A_R = \left(\frac{\pi}{4}\right)(\text{OD}^2 - \text{ID}^2) \tag{8.4c}$$

利用设计实例 8.1 进一步解释这类安装设计技术。

设计实例 8.1　利用承压弹性垫圈施加预紧力的棱镜安装技术

一个五角棱镜边长 $A = 1.500\text{in}$（38.100mm），重 0.459 lb（0.208kg）。如图 8.4 所示，被夹靠在刚性基板上三个共面的垫圈上。将一块硬度为 30、厚度为 0.375in（9.525mm）的圆形垫圈（Sorbothane 公司生产的一种专利材料）放置在压板与棱镜上端面之间。
（a）如果在垂直加速度 $a_G = 6.7$ 倍重力之下承压 20%，那么垫圈直径 D_P 应是多大？假设 $f_S = 1.5$。（b）垫圈应当设计在棱镜的上表面吗？

解：
（a）由本卷式（4.10），在上述加速度条件下约束光学件的垂直预紧力 P 是

$$Wf_S a_G = (0.459 \times 1.5 \times 6.7)\text{lbf} = 4.613 \text{ lbf}(2.097\text{N})$$

图 8.5 中，选择 20% 曲线和硬度为 30 的垫圈，则

$$C_S \approx 3.7 \text{ lbf/in}^2 (2.55 \times 10^4 \text{Pa})$$

圆形垫圈的面积是

$$A_C = \pi D_P^2 / 4 = 0.785 D_P^2$$

由式（8.1），有

$$\text{CCM} = \frac{100 \times 3.7 \times (1 + 2 \times 0.444 D_P^2)}{20} = \frac{370 + 32.865 D_P^2}{20}$$

$$= 18.500 + 1.643 D_P^2$$

由式（8.2），有

$$\delta = \frac{4.613 \times 0.375}{(18.500 + 1.643 D_P^2) 0.785 D_P^2} = \frac{1.730}{14.523 D_P^2 + 2.898 D_P^4}$$

连续近似 D_P，对该公式进行迭代，直至计算出的 δ 值等于 0.375 的 20% 为止，误差小于 3%。该设计中，D_P 取 0.940in（23.876mm）。

第 8 章 棱镜安装技术

> (b) 由图 7.21 所示和设计实例 7.12，五角棱镜端面的内切圆直径是 1.20A；或者说，在该情况下，是 1.800in (45.720mm)。由于 D_P 小于端面宽度 A，因此，可以得出结论，垫圈很容易放置在棱镜的上表面。

Sorbothane 厂商在其资料中指出，在使用之前可以用甲基乙基酮溶液清洗垫圈表面，并在垫圈上涂一薄层黏合剂，如美国 Load 公司制造的 7650 聚氨基甲酸乙酯，将其安装到位。

图 8.6 给出了另一种半运动学安装技术的示意图。使用三个悬臂弹簧，将一个五角棱镜压靠在底板上三个共面的圆形衬垫上。这种方式约束了一个平动和两个倾斜，使用一个跨式片簧将棱镜压靠在三个定位销上，横向约束其他的平动和第三个倾斜。如同本卷 4.6.4 节设计的透镜约束一样，应用式 (4.24) 和式 (4.25) 设计该应用中悬臂弹簧需要的片夹弯曲量 Δ，并检验每个弹簧夹的弯曲应力。为了方便读者，将公式重写如下：

$$\Delta = \frac{(1-\nu_M^2)4PL^3}{E_M b t^3 N} \tag{4.24}$$

$$S_B = \frac{6PL}{bt^2 N} \tag{4.25}$$

式中，ν_M 和 E_M 是弹簧材料的泊松比和杨氏模量；P 是总预载；L 是弹簧的自由（悬臂）长度；b 和 t 是弹簧的宽度和厚度；N 是所用弹簧数目。

S_B 不应大于材料屈服应力的 50%，即安全系数等于 2 比较合适。

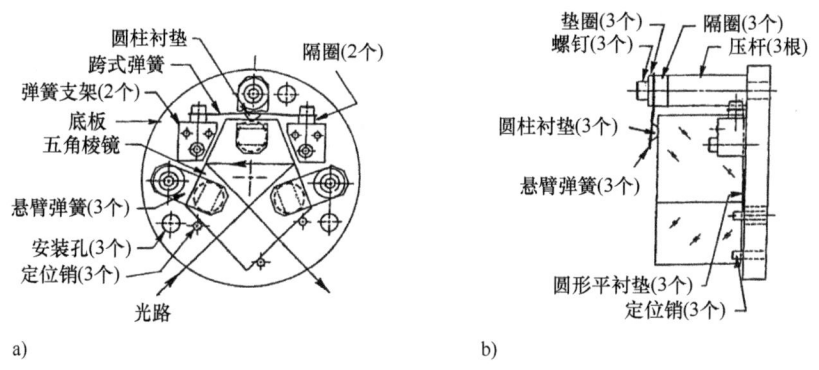

图 8.6 使用悬臂和跨式弹簧约束方式对五角棱镜进行半运动学安装
a) 俯视图 b) 正视图
(资料源自 Yoder, P. R., Jr., *Proc. SPIE*, 3429, 7, 1998)

利用与悬臂弹簧设计有关的另一个公式确定该形变弹簧悬臂端相对于固定端的弯曲角度 φ，如图 8.7a 所示。采用下面公式（改编自 Young, 1989），角度单位是° (度)：

$$\varphi = \frac{(1-\nu_M^2)(6L^2 P)(57.3)}{E_M b t^3 N} \tag{8.5}$$

式中，P 是总预载力；L 是弹簧的自由长度；ν_M 是弹簧材料的泊松比；E_M 是材料的杨氏模量；b 是弹簧宽度；t 是弹簧厚度。

设计实例 8.2 是这类安装设计的例子。

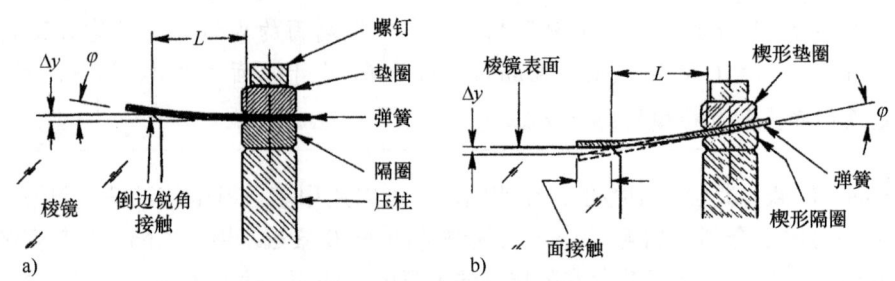

图 8.7 悬臂弹簧与棱镜相接触的两种结构图
a) 弹簧接触到棱镜倒边 b) 弹簧平靠在棱镜表面上

(资料源自 Yoder, P. R., Jr., *Mounting Optcs in Optical Instruments*, 2nd edn, SPIE Press, Bellingham, WA, 2008)

设计实例 8.2　多个悬臂弹簧约束棱镜的安装技术

假设图 8.6 所示五角棱镜具有以下外形尺寸和材料特性：$W = 0.267 \text{ lb}(0.121 \text{kg})$，$a_G = 8$，$N = 3$，$L = 0.375 \text{in}(9.525 \text{mm})$，$b = 0.250 \text{in}(6.350 \text{mm})$，$t = 0.020 \text{in}(0.508 \text{mm})$，弹簧材料为 BeCu，$E_M = 18.5 \times 10^6 \text{ lbf/in}^2 (1.27 \times 10^5 \text{Pa})$，$\nu_M = 0.350$，$S_Y = 155000 \text{ lbf/in}^2 (1.069 \times 10^3 \text{Pa})$。

(a) 弹簧偏转量应是多少？(b) 弹簧产生多大弯曲应力？(c) 该应力条件下的安全系数应选多少？(d) 每根弹簧的弯曲角多大？

解：

(a) 由式 (4.10b)，有
$$P = (0.267 \times 8 \times 1.5) \text{lbf} = 3.204 \text{ lbf}(14.252 \text{N})$$

由式 (4.24)，有
$$\Delta = \frac{(1 - 0.350^2) \times 4 \times 3.204 \times 0.375^3}{(18.5 \times 10^6) \times 0.250 \times 0.020^3 \times 3} \text{in} = 0.0053 \text{in}(0.135 \text{mm})$$

(b) 由式 (4.25)，有
$$S_B = \frac{6 \times 3.204 \times 0.375}{0.250 \times 0.020^2 \times 3} \text{lbf/in}^2 = 24030 \text{ lbf/in}^2 (165.7 \text{Pa})$$

(c) $f_S = \dfrac{S_Y}{S_B} = \dfrac{155000}{24030} = 6.45$

(d) 由式 (8.5)，有
$$\varphi = \frac{(1 - 0.350^2) \times 6 \times 0.375^2 \times 3.204 \times (1 - 0.350^2) \times 57.3}{(18.5 \times 10^6) \times 0.250 \times 0.020^3 \times 3} = 1.225°$$

在图 8.8 所示的安装设计中，弹簧与棱镜表面间使用柱面垫圈可以保证每个界面处都能以可靠的方式与棱镜平面实现线接触。如果缺少一个衬垫，偏转后的悬臂弹簧就会接触棱镜保护性倒边的棱，如图 8.7a 所示。这是非常不希望出现的情况，正如本卷 11 章将要讨论的，由于棱角较尖锐，玻璃尖角界面处的应力较大，弹簧施加的悬臂作用力容易使棱镜受到损伤（破碎）。

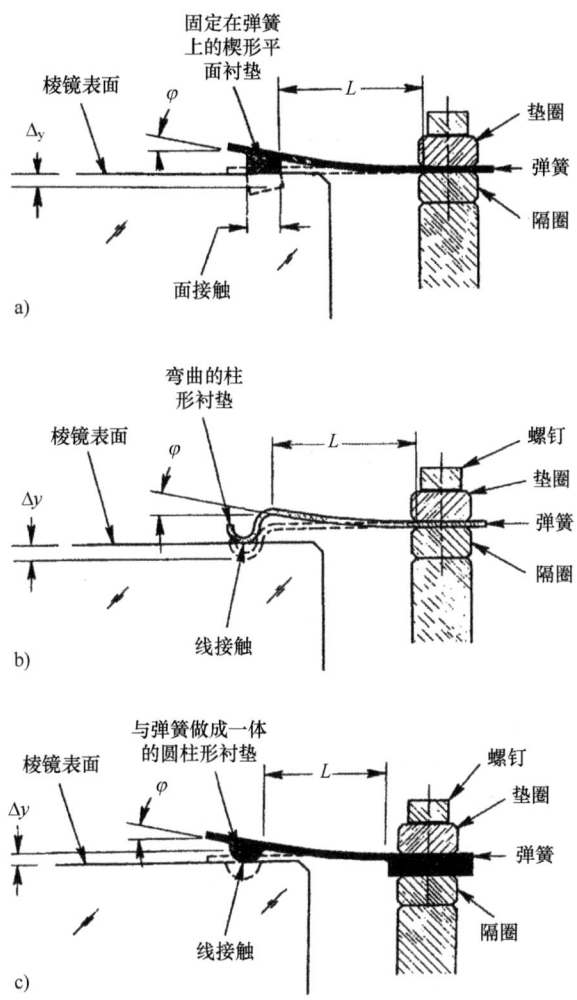

图 8.8 悬臂弹簧的构型图，用不同形状的衬垫压靠在棱镜的一个平面上
a）平面衬垫 b）将弹簧弯成凸的柱面 c）整体加工成圆柱形或球形衬垫
（资料源自 Yoder, P. R., Jr., *Mounting Optcs in Optical Instruments*, 2nd edn, SPIE Press, Bellingham, WA, 2008）

在图 8.7 和图 8.8 所示的设计中，弹簧相对于棱镜表面的偏转角度取决于螺纹杆上弹簧上下设计的楔形零件，并由式（8.4）确定楔形角。下面楔形零件的轴向长度决定悬臂弹簧固定端的高度及弹簧偏转量。

如果将弹簧的端部弯成一个凸的柱面形状，如图 8.8b 所示，那么在弹簧变圆的部分就会形成线接触。由于很难将弹簧做成具有特定半径的光滑圆柱体，所以最好的方法是将衬垫整体加工在弹簧中，如图 8.8c 所示。注意到，设计人员也可以通过螺钉、焊接或胶接方法将一个单独加工的圆柱形衬垫固定到弹簧上，基本上能实现同样的功能。通过认真设计都可以确定凸圆柱体与平棱镜表面界面处产生的应力，并调整到可以接受的水平。

设计悬臂或跨式弹簧上的柱体衬垫还应考虑弯曲表面的角度范围。图 8.9 给出了相关的几何关系：R_{CYL} 是垫圈半径，d_P 是衬垫宽度，α 是曲率中心处测量出的柱表面的半角范围。图 8.9a 中，弹簧并未弯曲，垫圈中心接触棱镜表面，应当不产生预紧力。为了提供需要的预紧力，应当减小弹簧下面的隔圈的厚度。图 8.9b 中，弯曲弹簧以施加预载力 P，并根据

式 (8.4) 计算出垫圈的倾斜角 φ。如果 α 大于 φ，则不会与棱镜有尖角接触。一旦确定了 α，就可以根据 $(2R_{CYL}\sin\alpha)$ 计算 d_P 的最小值。

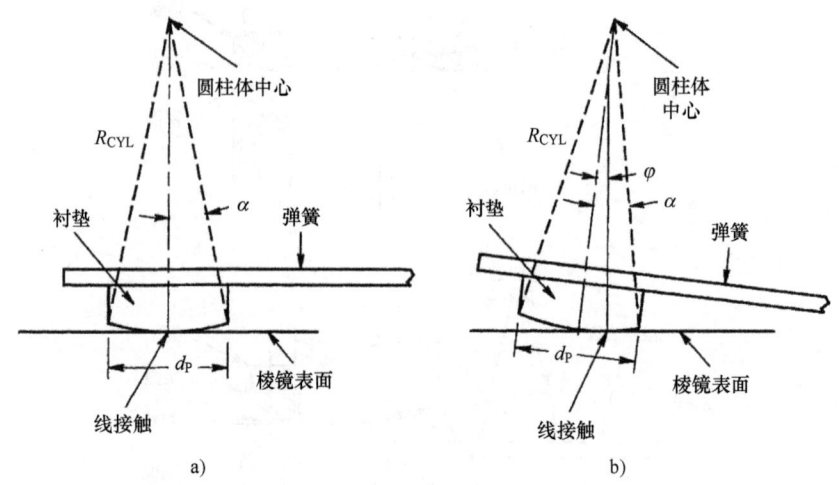

图 8.9 设计弹簧上柱体衬垫时采用的几何关系，同样的几何图形也可以应用于球形衬垫
（资料源自 Yoder, P. R., Jr., *Mounting Optcs in Optical Instruments*, 2nd edn, SPIE Press, Bellingham, WA, 2008）

图 8.10 表示如何使用跨式弹簧而不是悬臂式弹簧安装棱镜的技术。为了将作用力分布在棱镜某个指定的小区域内，在弹簧的中心设计一个凸面衬垫。如果可以确认弹簧的作用是对称的，衬垫准确地平放在棱镜表面，就可以使用平的衬垫。然而，制造的形状误差或公差可能使衬垫倾斜一个不正确的角度，而使应力集中在衬垫的一条棱上。将衬垫弯曲成一种柱体或球体形状，就可以消除这种可能性。在一根立柱中设计了平行的挠性叶片结构，可以使立柱间隔随弹簧弯曲而稍有变化。

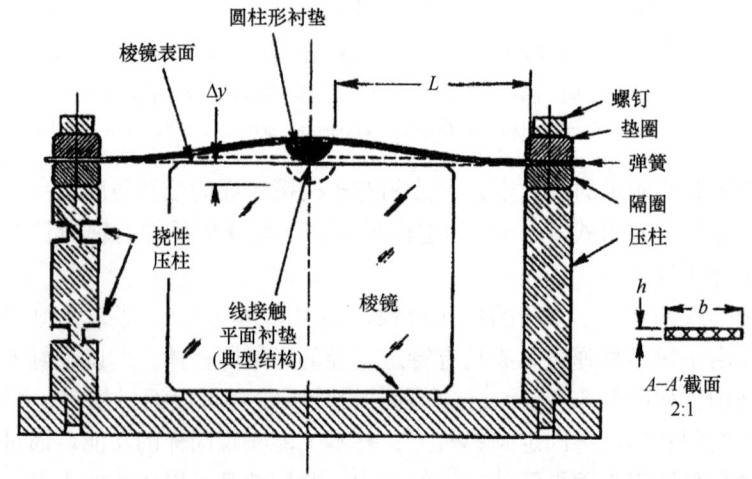

图 8.10 带有柱体或球体衬垫的跨式弹簧对棱镜的约束。左侧立柱设计了两个挠性叶片结构，可以使该立柱弯曲成一个薄的 "S" 形曲线，因此，当其弯曲而对棱镜施加预紧力时，跨式弹簧的长度会稍有变化。为了清晰起见，图示叶片结构的厚度有些夸大
（资料源自 Yoder, P. R., Jr., *Mounting Optcs in Optical Instruments*, 2nd edn, SPIE Press, Bellingham, WA, 2008）

跨式弹簧中偏离自由状态的偏转量 Δy 以及弯曲应力 S_B 可根据以下公式（改编自 Young，1989）计算：

$$\Delta y = \frac{0.0625(1-\nu_M^2)P_i L^3}{E_M b t^3} \tag{8.6}$$

$$S_B = \frac{0.750 P_i L}{b t^2} \tag{8.7}$$

式中，P_i 是每根弹簧的预紧力（= 总预紧力/N，其中 N 是弹簧数目）；L 是弹簧总的自由长度；b 是弹簧宽度；t 是弹簧厚度；ν_M 和 E_M 分别是弹簧材料的泊松比和杨氏模量。

设计实例 8.3 进一步说明引用公式的具体应用。

设计实例 8.3　利用跨式弹簧结构固定棱镜的设计技术

利用 BeCu 材料的单根跨式弹簧来固定安装与设计实例 8.2 同样的棱镜，如图 8.10 所示。棱镜重量为 0.267 lb（0.121kg），加速度是重力加速度的 12 倍。弹簧的外形尺寸和性质是 $L = 2.080\text{in}(52.832\text{mm})$，$b = 0.100\text{in}(2.540\text{mm})$，$t = 0.012\text{in}(0.305\text{mm})$，$\nu_M = 0.350$，$E_M = 18.5 \times 10^6 \text{ lbf/in}^2 (1.27 \times 10^5 \text{Pa})$，$S_Y = 155000 \text{ lbf/in}^2 (1.069 \times 10^3 \text{Pa})$。

（a）与弹簧初始接触位置相比，需要多大的偏转量？（b）弹簧中的弯曲应力是多少？（c）安全系数的标称设计值是多少？

解：

必需的预紧力是

$$P_i = (0.267 \times 12)\text{lbf} = 3.204 \text{ lbf}(14.252\text{N})$$

（a）由式（8.6），有

$$\Delta x = \frac{0.0625 \times (1 - 0.350^2) \times 3.204 \times 2.080^3}{18.5 \times 10^6 \times 0.100 \times 0.012^2}\text{in} = 0.0059\text{in}(0.151\text{mm})$$

（b）由式（8.7），有

$$S_B = \frac{0.75 \times 3.204 \times 2.080}{0.100 \times 0.100^2} \text{lbf/in}^2 = 4998 \text{ lbf/in}^2 (34.5\text{MPa})$$

（c）弹簧安全系数 $f_S = 155000/4998 = 31$，足够了。

本卷第 11 章将计算图 8.6 所示的设计中预紧弹簧的预紧力在棱镜中产生的接触应力，还要讨论弹簧结构布局和位置变化。

图 8.11 给出了跨式弹簧的一种硬件应用，由奥地利 Swarovski 光学公司提供，是民用双目望远镜的部分结构图。弹簧中心压靠在棱镜顶部，将棱镜固定在镜筒内的靠缘上，用螺钉将弹簧一端固定在望远镜壳体上，另一端置于壳体壁上的一条槽缝中。在弹簧被弯曲以施加预载力时弹簧弦长稍有变化，这种布局允许弹簧在槽内滑动。这种结构也省掉了 4 个螺纹孔和 4 个螺钉。注意到，在该设计中，弹簧上没有使用衬垫，而是成对角线形式压靠住棱镜的倒边。

跨式弹簧约束棱镜的另一种稍显粗糙的形式，如图 8.12 所示。使用一个两端折弯的平板弹簧，将阿米西棱镜的折射表面夹靠在军用肘形望远镜镜体内的平面衬垫上。压靠在弹簧中心的那个螺钉，迫使弹簧的两端压住棱镜基面。稍微有些弹性的几个衬垫（一般是合成橡胶

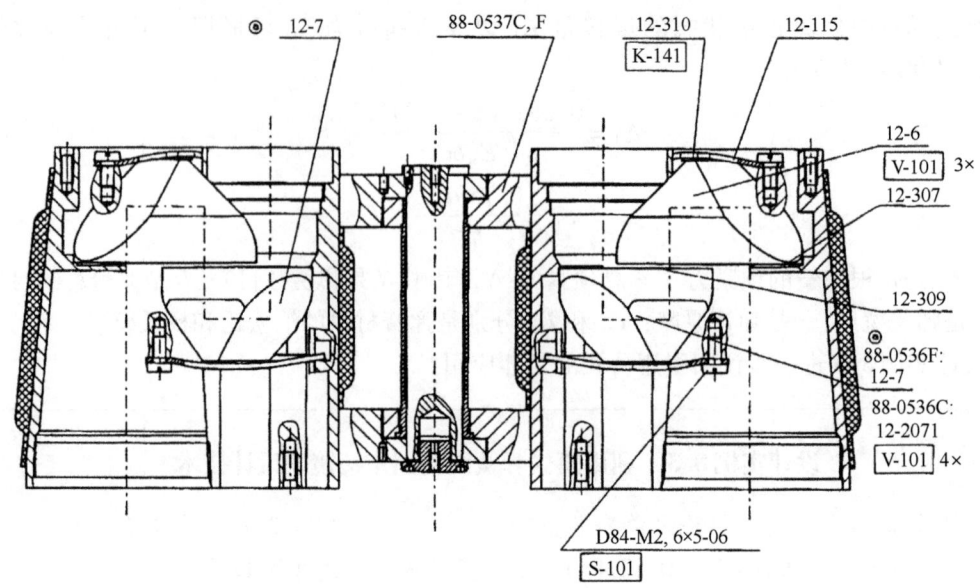

图8.11 使用跨式弹簧约束现代民用双目望远镜中的泊罗棱镜
(资料源自 Swarovski OPTIK, Absam/Tyrol, Austria)

或弹性材料),固定在三角形盖板的内表面,用螺钉将盖板安装在铸造壳体的两个侧面上,就可以在垂直于图面的方向为棱镜提供约束,这种约束在图中表现不明显。利用衬垫使盖板与镜座密封。装配期间,用弹性密封材料将仪器物镜和目镜两端及弹簧的预紧螺钉进行密封。

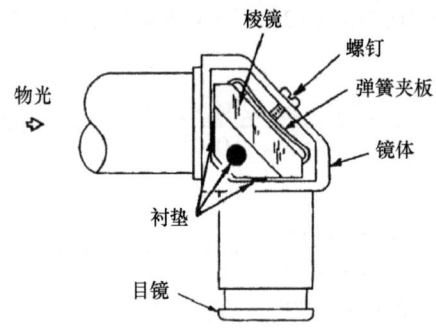

图8.12 一个小型军用望远镜的示意图。其中,阿米西棱镜被弹簧压靠在参考衬垫上
(资料源自 Yoder, P. R., Jr., Optical mounts: Lenses, windows, small mirrors, and prisms, in *Handbook of Optomechanical Engineering*, Ahmad, A. Ed., CRC Press, Boca Raton, FL, 1997, Chapter 6)

上述设计的一个缺点就是弹簧两端尖锐且不规则的边棱可能会碰到玻璃。在特别高的加速度条件下,集中的接触应力可能会使玻璃破碎。设计人员对这种结构设计的望远镜进行过检查,在弹簧界面上已经观察到了玻璃碎渣。如果规定加工过程要特别注意将弹簧两端滚圆,将不会有这种伤害。

该设计中还有一个非常重要的方面,为了使弹簧在振动或冲击期间,特别是在极端温度条件下不会接触到棱镜的屋脊棱,就不要将螺钉拧进壳体中太深。应当规定螺钉的正确长度及合适公差,既能给棱镜足够的预载,又使弹簧不致接触到棱镜。制造方法中应包括检验装配后实际公差的详细条款。

8.3.3 夹持式棱镜安装支架：非运动学方式

下面讨论使用弹簧将棱镜夹固在安装面上的非运动学方法。第一个例子就是在军用和民用双目望远镜及普通望远镜中广泛使用的泊罗棱镜正像系统。图 8.13 和图 8.14 给出了第二次世界大战（WWII）期间及后来许多 7×50 军用双目望远镜使用的设计。在该设计中，棱镜使用轻钡冕牌 573574 玻璃，镜座材料是铝，压板材料是弹性回火磷青铜，遮光罩是涂了黑漆的铝合金，衬垫是软木。值得注意的是，软木会造成菌类生长，为此，在军用和该高性能民用仪器中不再使用，而一些结构形式已经采用替代材料人造橡胶。该设计中弹簧带有角度和弯曲的部分都具有合适的挠性，并提供一定的预紧力将弹簧固定在支架上，支架结构布局的设计，一定使其对准压靠在仪器镜座内壁上三个铸造凸台平面（经过加工的）上，并利用三个螺钉和两个定位销固定。

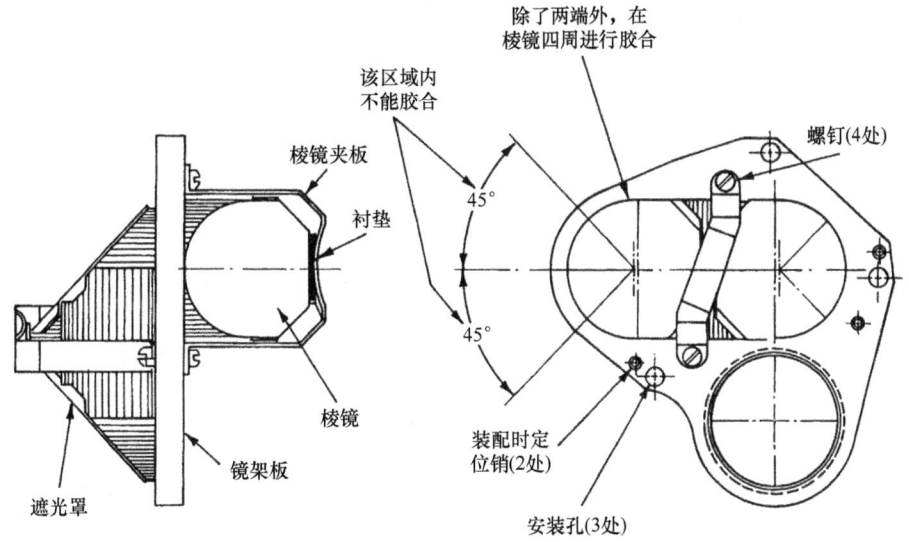

图 8.13　使用典型的压板技术安装望远镜和双目望远镜中泊罗棱镜正像组件的示意图
（资料源自 Yoder, P. R., Jr., *Proc. SPIE*, 531, 206, 1985）

这种棱镜玻璃的折射率足够高，可以发生全内反射，因此棱镜没有镀银。使用遮光罩可以减少经反射面进入光路的杂散光。遮光罩边缘处的薄边是向内弯的，所以遮光罩不会碰到反射孔径内的玻璃。将棱镜安装在镜座两侧的平底槽中。为了与棱镜的斜边端面相配合，这些安装槽加工成跑道形状，在压板作用下限制棱镜的旋转和平动。在该具体设计中，使用注射器将弹性密封剂沿棱镜直角边注入玻璃-金属间的缝隙中，以提供额外约束，第二次世界大战期间及之后一段时间，使用橡胶元件。如今，多半使用少量如室温硫化硅橡胶（RTV）材料。

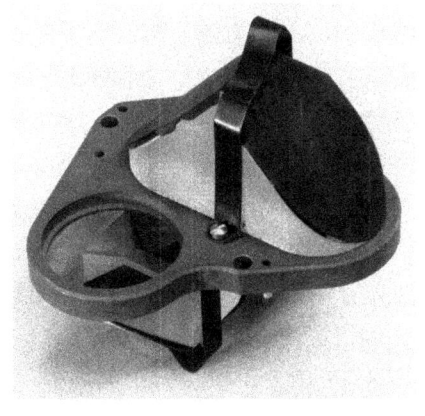

图 8.14　图 8.13 所示的采用压板技术完成安装后的泊罗正像部件的照片

另外一个非运动学夹持棱镜的安装例子是图 8.15 所示的潜望镜头部棱镜的结构。该部件也是军用光学仪器的一部分,并设计了一个改进型单道威棱镜,顶角分别是 35°、35°和 110°而不是通常的 45°、45°和 90°。该棱镜可以绕着一条水平横轴倾斜,从而使瞄准线在俯仰方向能够从天顶扫描到水平线下约 20°。

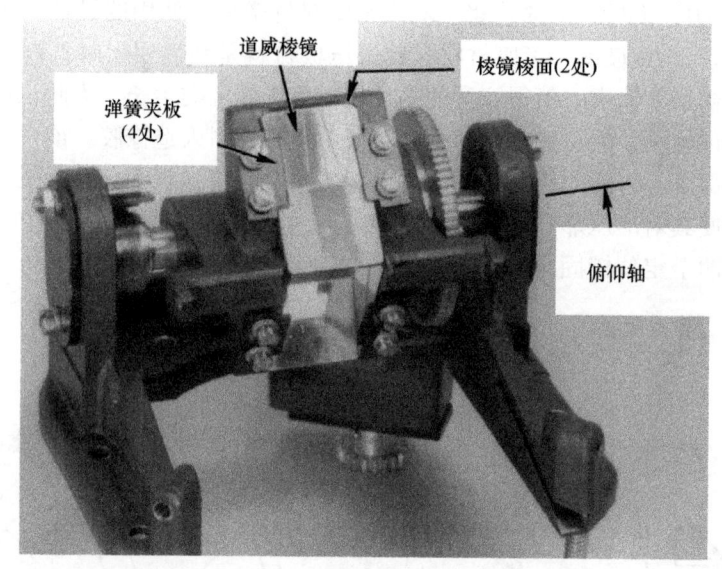

图 8.15 军用潜望镜俯仰扫描头部部件中采用压板夹持方法安装的道威棱镜

使用 4 个弹簧夹将棱镜安装在铸铝镜座中,用螺钉将弹簧夹固定在棱镜入射面和出射面附近的铸铝镜座上。棱镜反射面(斜边面)的棱放置在铸铝座中经过加工的窄台阶上,名义上这些台阶是平行的。棱镜端面要稍微高出镜座[小于 0.5mm(0.02in)],弹簧的下侧面局部减薄加工出阶梯面。所以,当弹簧底端靠在镜座上时,可以得到大约合适的预载。一旦对准中心,由于夹持力的集中作用,棱镜就不可能产生平行于斜边表面滑动。这些力的矢量名义上垂直于安装表面。

图 8.16a 给出了图 8.15 所示的光学仪器中棱镜的扫描功能。棱镜绕着一根水平轴旋转,该旋转轴位于棱镜中心下方很近且反射面稍后的一个位置。通常,这个运动在光学上受限于最大转角时折射光束的切割。为了限制实际运动,在仪器内设计一个机械光阑,保证该应用中,能够接受极端角度位置时的渐晕。

图 8.16b 给出了双道威棱镜的光束扫描。总的扫描角大于 180°。透过光束的孔径是相同尺寸道威棱镜扫描光束孔径的两倍。现在的旋转轴位于棱镜的几何中心。

为了实现图像绕光轴旋转或消像旋,最常用棱镜形式是道威棱镜、双道威棱镜、别汉棱镜和 δ 棱镜。本书第 7 章将对其逐一阐述。为了成功应用,所有这些棱镜都必须安装牢靠,装配期间还要能够进行调整,从而保证工作时像的横向移动量最小。下面讨论一种可调整消旋棱镜的机械安装设计技术。

图 8.17 中,可以看到一种有代表性的安装别汉棱镜的剖视图(Delgado,1983)。如果这种棱镜用在平行光束中,只需要调整光轴相对于旋转轴的角度。若该棱镜应用于会聚光束中,需要对角度和横向位置进行两方面调整。轴承抖动会造成角度误差,为将其

第 8 章 棱镜安装技术

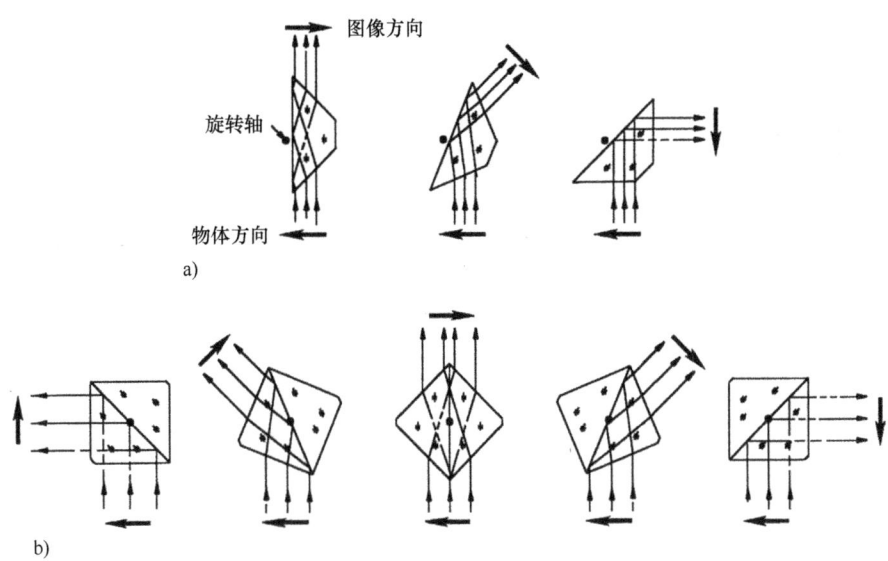

图 8.16 a) 道威棱镜的光束扫描 b) 双道威棱镜的光束扫描

减至最小,将背靠背安装的 5 级角接触轴承按照厂商标识的高点进行配对与定向,之后预紧。旋转 180°测量出的径向跳动约为 0.0003in (7.6μm),使用细牙螺纹(图中未给出)横向调整轴承的轴,使其相对于光学系统光轴的同心度高于 0.0005in (12.7μm)。在轴承座内沿折射面方向横向调整棱镜,调整方法就是通过压力垫圈压靠在反射面上的细牙螺纹,使棱镜沿着一个垂直方向上的基准平面滑动。为完成角度调整,设计了一个球形座,其旋转中心位于斜边表面与光轴的交点处(使轴的交叉耦合最小),图 8.17 所示的倾斜调整螺钉控制着该运动。

在图 8.13 ~ 图 8.17 所示的安装方法中,棱镜都是压靠在镜座内加工过的表面上。由于这些表面实际上不可能加工得如同抛光的玻璃表面一样平整,所以接触会出现在这些表面的三个最高点上。一般来说,这些点不会直接与夹持力共线,因而有力矩作用在玻璃上,表面就可能出现变形。由于棱镜的刚性足够好,不会有明显弯曲,因此这些设计在目视应用领域工作得很好。在一些高精度的应用中,若可能,建议在金属表面上加工出高精度的共面接触面,保证夹持力矢量垂直通过这些表面。安装不应依靠玻璃与基准面间的摩擦力约束棱镜的横向移动。如果可能,应当单独提供主动的横向约束。

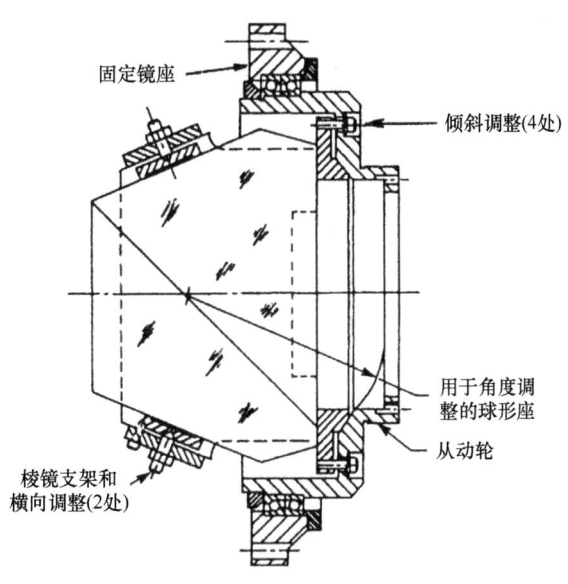

图 8.17 别汉棱镜消像旋部件的光机结构图
(资料源自 Delgado, R. F., *Proc. SPIE*, 389, 75, 1983)

8.4 棱镜的黏结安装技术

8.4.1 概述

许多光机工程师非常喜欢的一种棱镜安装技术,就是使用黏结剂固定玻璃和金属。一般来说,这种安装技术可以提供足够的机械强度,能够经受绝大部分军事和航天应用中存在的冲击、振动和温度变化,同时还可以降低界面的复杂性,使包装紧凑。由于该技术本身简单,所以,经常应用在民用消费品领域。

对于玻璃金属黏结技术,需要讨论的内容包括黏结剂的特性、黏结层的面积和厚度、胶合表面的透明度、黏结剂和被胶合材料热膨胀系数的不一致性、胶合的尺寸、胶合组件的工作环境及胶合操作需要注意的事项。本卷第3章已经列出了一些常用于这种目的的胶合剂及其主要性质。除有特殊的应用要求外,应当遵照厂商推荐的方法应用和固化这些黏结剂。对于任何具体应用,如果存在有关工艺和材料的适用性问题,应当咨询生产厂商。对很重要的应用,建议对选用的黏结胶及操作方法进行试验验证。

为得到最大的黏结强度,黏结层应当有一个特定厚度。针对本书许多地方提到的3M EC2216-B/A环氧树脂胶,经验表明0.003~0.005in (0.075~0.125mm) 的厚度比较合适。确保正确胶层厚度的一种方法就是在使用黏结剂之前,把具有设计厚度的隔圈(金属线、塑料钓鱼线或平的薄垫片)对称放置在一个胶合表面(通常是金属表面)的三个位置。在装配和固化期间,一定要特别小心地把玻璃零件压靠在这些隔圈上。注意,不要把黏结剂漏黏到隔圈与任何一个零件之间,因为这会影响黏结层的厚度。在玻璃与金属表面之间,能够得到均匀的环氧树脂胶薄层的另外一种技术是在胶合表面之前,把一些小的玻璃珠或塑料小球掺到环氧树脂胶中。当牢固地将这些零件固定在一起时,最大的珠子接触到两个端面,并且其直径就是表面间隔。能够获得具有各种精密受控直径的珠子,只要得到所需要的尺寸,获得特定厚度的黏结就比较简单了。

Hatheway (1993) 和 Genberg (1997) 明确证明过,薄的胶层比厚的胶层强度大。黏结剂的杨氏模量随直径与黏结厚度之比变化,可以大到100倍。黏结强度还取决于黏结剂的泊松比,其比值从约0.430(一些环氧树脂)到约0.999(一些人造橡胶)。人造橡胶的热膨胀系数还取决于直径-厚度比。这些参数都会影响到冲击、振动及温度变化时的黏结能力。

Yoder的研究(Yoder, 1988, 2008)针对将棱镜黏结到镜座上时在棱镜与机械镜座之间如何确定合适的黏结面积给出了指导性意见。一般来说,以美国常用单位制表示的最小的黏结面积Q_{MIN}由式(8.8)确定[译者注:原书错印为式(8.7)]:

$$Q_{MIN} = \frac{Wa_G f_S}{J} \tag{8.8}$$

式中,W是光学零件重量;a_G是最恶劣条件下的加速度因子;f_S是安全系数;J是黏结部位的抗剪强度或抗拉强度(通常几乎是相等的)。

安全系数至少是2,考虑到没有计划到的某些非最佳条件,如黏结处理期间,清洁不足,所以安全系数可能会取到4。下面给出设计实例8.4,进一步阐明上述公式的应用。

第8章 棱镜安装技术

设计实例8.4 一块棱镜黏结直径的计算

一块由BK7玻璃材料制作的屋脊五角棱镜，端面宽度$A = 1.500$in（3.810cm），黏结到一块金属支架上。玻璃密度为0.091 lb/in³（2.511g/cm³）。采用环氧树脂胶单圈圆形黏结该棱镜，$J = 2000$ lbf/in²（13.790MPa）。在加速度$a_G = 250$条件下，若使安全系数等于4，则黏结直径应当多大？

解：

由设计实例7.13，棱镜体积是

$$(1.795 \times 1.500^3) \text{in}^3 = 6.058 \text{in}^3 (99.275 \text{m}^3)$$

其重量是

$$(6.058 \times 0.091) \text{lb} = 0.552 \text{lb} (0.250 \text{kg})$$

由式（8.8），黏结面积至少是

$$[(0.552 \times 250 \times 4)/2000] \text{in}^2 = 0.276 \text{in}^2 (178.064 \text{mm}^2)$$

其最小直径是

$$[(4 \times 0.276)/\pi]^{0.5} \text{in} = 0.593 \text{in} (15.057 \text{mm})$$

由于在固化（收缩）及温度变化（膨胀或收缩取决于温度变化的代数符号）期间，黏结剂的尺寸变化与黏结区尺寸成比例，所以建议被黏结面积不要太大。如果必须使用大面积黏结固定一个很重的光学零件，尤其需要承受高加速度时，就应将黏结区域分成一组小面积黏结，如三角形、环形或圆形。这些黏结区域的总面积等于上述单个面积的计算值。

图8.18给出了无须采用大面积黏结方法而将棱镜固定在基板镜座上的一个实例。该棱镜是一块熔凝石英立方分束镜，$A = 1.375$in（35.000mm）。黏结胶涂满整个棱镜底面，此表面有两个并排的三角形表面。为了消除残留的任何阶梯形，胶合后需要对该表面进行精磨。采用Stoll等人（1961）首次提出的受控研磨工艺，去除粗磨工艺对玻璃表面的损伤。两种材料的热膨胀系数相差较大，分别是$\alpha_M = 4.90 \times 10^{-6}/℉$（$8.82 \times 10^{-6}/℃$）和$\alpha_G = 0.32 \times 10^{-6}/℉$（$5.76 \times 10^{-7}/℃$），因此，在设计验证试验中，当处于-30℃温度环境中时，该玻璃破碎。

设计分析（参考本卷设计实例11.16）表明：（1）黏结面积尺寸要比最高加速度预计值情况下将光机组件固装在一起所必需的计算值大许多；（2）大面积黏结在低

图8.18 采用过大黏结面积将一块熔凝石英立方分束镜固装在钛材料基板上，该棱镜在低温测试中破碎。对该设计进行修改，由三个较小的黏结区进行替换，并在三角形区域中增加一个中心黏结点
（资料源 Yoder, P. R. Jr., *Mounting Optics in Optical Instruments*, 2nd edn., SPIE Press, Bellingham, WA, 208）

温下的微量收缩会在玻璃中产生足够大应力,因而造成玻璃破碎;(3)将黏结面积减小为一个三角形区域中有三个较小的圆形黏结面积,应当能够解决低温下的破碎问题,同时仍然具有足够大的强度,能够承受预计的加速度。这些结论需要通过对新的黏结方案进一步测试才能得以证实。

8.4.2 典型应用

图 8.19 给出了军用望远镜中大型泊罗棱镜的安装技术。在该设计中,棱镜远离垂直安装面的部分是悬空的。泊罗棱镜的材料是肖特 SK16 玻璃,重 2.200 lb(0.998kg)。使用 3M EC2216B/A3 黏结剂将棱镜固定到 416 号不锈钢支架上,棱镜一侧最大黏结面积上的抗拉强度 $J \approx 2500$ lbf/in² (17.23Pa)。玻璃、金属和胶的热膨胀系数分别是 $\alpha_G = 3.9$ ppm/℉、$\alpha_M = 5.5$ ppm/℉、$\alpha_C = 57$ ppm/℉。胶合表面最后一道加工工序是(使用 KH 粗沙)对玻璃表面精磨,用 63 号沙对金属表面精磨。设计实例 8.5 介绍采用上述黏结安装方法时,如何计算棱镜可以承受的最大加速度。

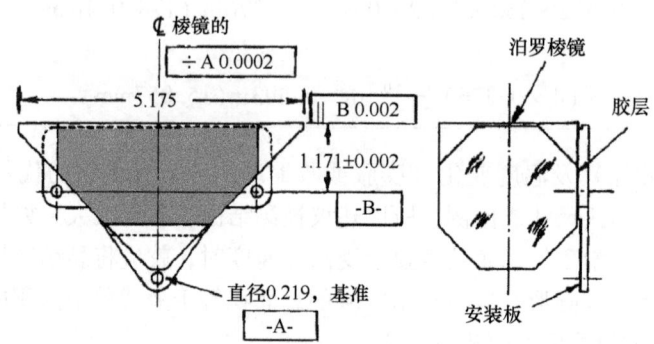

图 8.19 以悬臂方式将大尺寸泊罗棱镜黏结安装在支架上,以便承受大的加速度

设计实例 8.5 采用黏结方式安装大尺寸棱镜,计算其能够承受的加速度

图 8.19 所示的泊罗棱镜是 SK16 玻璃材料,利用 3M EC2216-A/B 环氧树脂胶将其黏结在 416 型不锈钢支架上,棱镜被黏结的三角形端面的整个面积是 5.6in² (36.129cm²)。棱镜重 2.200 lb (0.998kg)。(a) 若安全系数 $f_S = 2$,此黏结棱镜能承受多大加速度?(b) 若冲击加速度是 $a_G = 1200$,该组件的安全系数应是多大?

解:

(a) 式 (8.8) 重写如下:

$$a_G = \frac{JQ}{Wf_S} = \frac{2500 \times 5.6}{2.20 \times 2} = 3182$$

(b) 若冲击是 $a_G = 1200$,则黏结后棱镜组件的安全系数是

$$\frac{3182}{1200} \approx 2.7$$

注:当冲击试验是装甲车辆中军用潜望镜的一项试验项目时,认为此处阐述的棱镜组件承受了大于 1200 倍重力加速度的冲击。

图 8.20 所示的胶合结构图是包含两个零件的组合棱镜，如别汉棱镜。利用薄垫圈临时确定中心的空气间隔，将一块玻璃板黏结到与玻璃-金属黏结区域（图中未给出）对应的相反侧的棱镜面上，从而采用机械方式使两块棱镜彼此固定下来。如前所述，由于不可能保证相邻两个零件的研磨表面共面，所以仅对一个棱镜使用黏结剂以确保与外部结构黏结。该黏结方案是三角形布局。

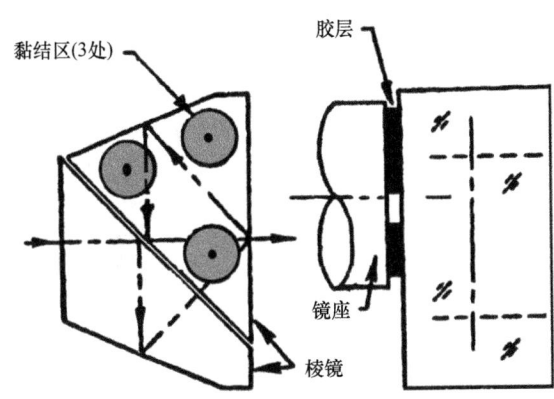

图 8.20 双元件棱镜部件（别汉棱镜）的一个棱镜上三角形分布着的圆形黏结点
（资料源自 Yoder, P. R., Jr., *Mounting Optcs in Optical Instruments*, 2nd edn, SPIE Press, Bellingham, WA, 2008）

按照惯例，一辆装甲车（坦克）的主要武器由一个火炮瞄准手操纵，使用两种光学仪器获得敌方目标，并对目标开火。通常，主要的火控瞄准是一个潜望镜，突出在炮塔盖之外，第二个瞄准装置一般是望远镜，沿侧边突出在炮塔前面，并与武器铰接固定。Yoder（2008）对后一类仪器具体产品的重要设计特征进行过讨论，在此做些概括和总结。

这种望远镜属于铰链结构连接形式，即在望远镜的中部有一个铰链装置，望远镜前端部可以随火炮在俯仰方向摆动，而后端基本上固定不动，因此不同身材的炮手都可以使用目镜系统。图 8.21 给出了该望远镜的光学系统示意图，有一个固定的 8 倍放大率和约为 8°的视场，出瞳直径约为 5mm，所以物镜孔径直径约 40mm。一般来说，望远镜整个镜体的直径是 2.5in（63.5mm），当然棱镜的壳体直径会更大些。中间间隔较远的转像透镜形成正像，并将图像从物镜焦点转换到目镜的焦点。

图 8.22 给出了该望远镜系统的两个棱镜组件。第一个棱镜组件包括三块棱镜：两块 90°棱镜和一块泊罗棱镜。利用齿轮使泊罗棱镜能够在机械铰链内绕水平轴转动且位于望远镜前后组件的中途位置，从而保证在枪炮所有俯仰角位置都能形成正像。由两个 90°棱镜组成的第二个棱镜组件，可以使光轴在垂直方向偏移，并令光轴在水平方向旋转 20°，最终使目镜转到火炮手眼点附近一个非常方便的位置。

望远镜中的所有棱镜都以图 8.22 所示的 A-A 剖面图（译者注：原书错印为 8.20）形式黏结到支架上。支架安装在一块基板上，再用螺钉和两个金属定位销固定到其镜座上，因此能够承受武器射击及非常粗糙道路上运输造成的剧烈冲击和振动。利用密封在配装零件键槽中的 O 形润滑环将组件中旋转接头密封。

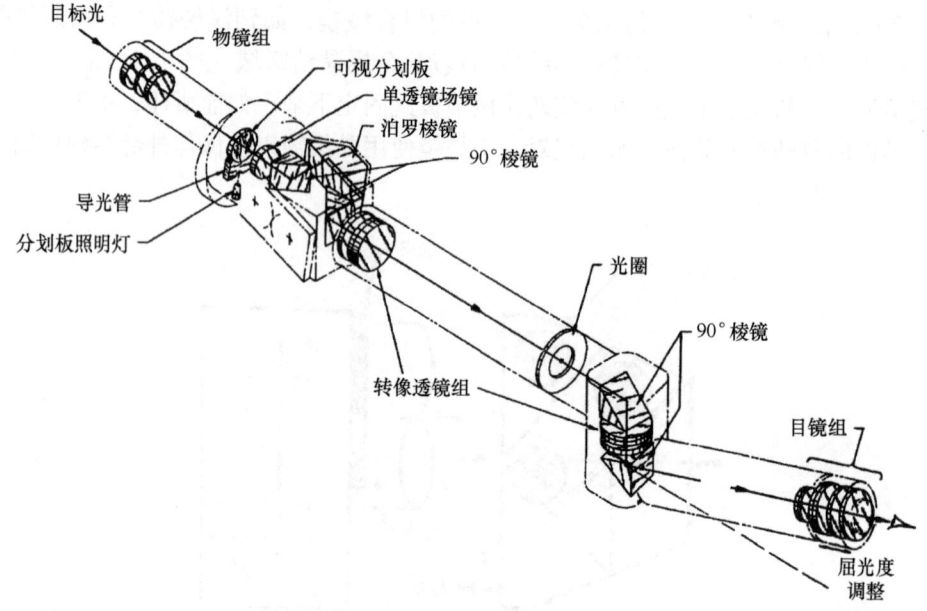

图 8.21 铰链式望远镜的光学示意图
(资料源自 U. S. Army)

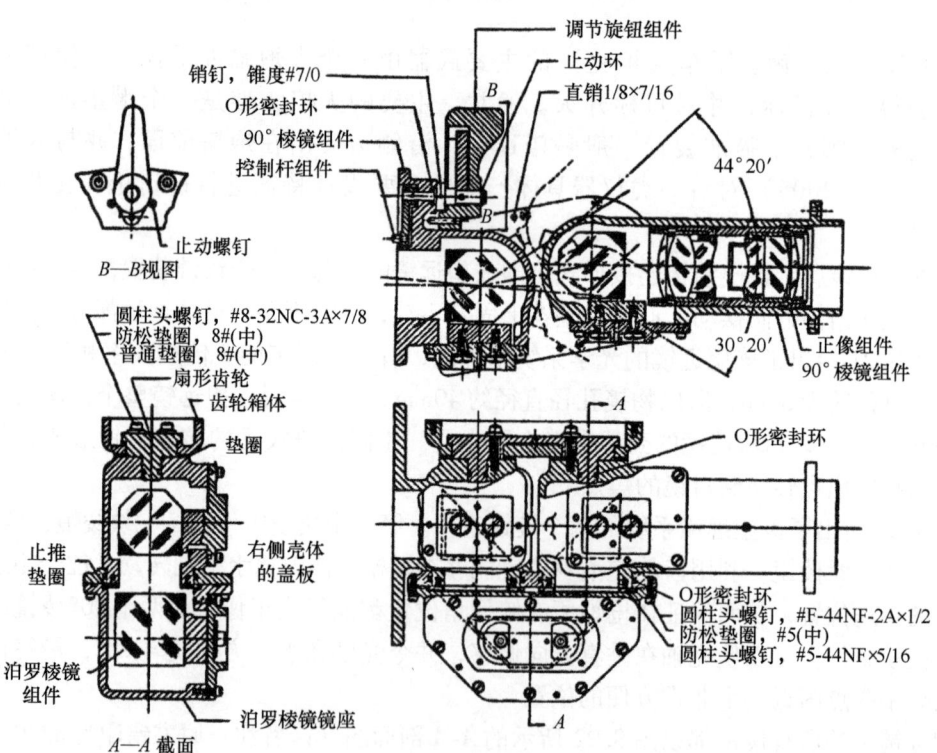

图 8.22 图 8.21 中望远镜的悬臂式铰链机构
(资料源自 U. S. Army)

8.4.3 棱镜双侧安装技术

在某些光机设计中，采用双侧固定的方法将棱镜安装在支架上。Willey（1991）介绍过一种典型的施密特棱镜安装技术，图 8.23 给出了其设计概念。通过框架壁上（标有"P"）的中心孔，把 3M EC2216B/A 环氧树脂胶灌注进去，将棱镜支撑在 U 形铝支架中一对平行的内表面之间。研究人员曾认为，这种安装方法比单侧黏结方法更牢靠。

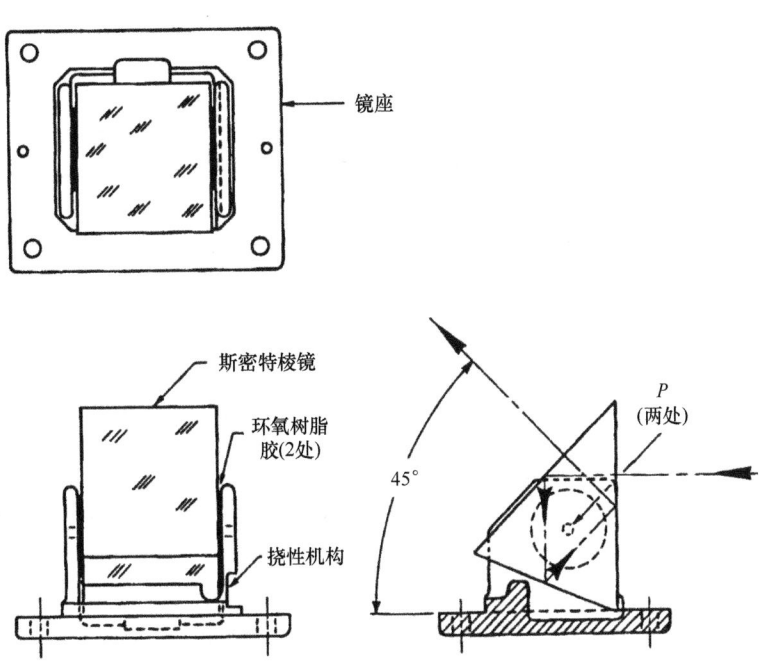

图 8.23　黏结在 U 形支架两侧的施密特棱镜的示意图
（资料源自 Willey，R.，Private communication，1991）

最初，在低温下对几个部件进行测试发现，棱镜黏结部位的顶端出现破裂。分析表明，金属相对于玻璃的不同收缩率造成刚性镜架绕着黏结区域底部硬化后的环氧树脂胶转动，对每块黏结区的顶部都会施加比较大的张力，通过局部减薄一个支架臂在黏结区域以下的厚度（图 8.23 所示的挠性机构）会使上述问题得到改善，这就允许被减薄的一边随温度变化而弯曲，大大减少了黏结区内的应力，因而解决了该问题。

Backmann（1990）介绍了另外一种双侧安装棱镜的方法，已在荷兰得到成功应用。该棱镜是一个冕牌玻璃立方分束镜，黏结在 U 形框架的双臂之间。在这种设计中，框架材料是不锈钢，所以热膨胀的不匹配量最小。在低温测试造成正对着注胶孔的玻璃出现破裂之后，使用了另外一种技术，即通过侧壁上的孔直接将树脂注入接触区域。玻璃破裂的现象归结为，充满注胶孔的环氧树脂胶柱的局部收缩。现在提出的这种方法如图 8.24a 和 b 所示，在棱镜镜框中（使用工装夹具）将棱镜正确调准，然后，把两根短的不锈钢支撑棒插入两壁上稍大一点的安装孔中。利用夹具或垫片使每根支撑棒临时与安装孔同心。用薄的环氧树脂胶将这些支撑棒的端面黏结到棱镜的侧面上（图 8.24 所示的第一次黏结），具有合适直径的少量玻璃珠掺进环氧树脂胶中以保证正确的黏结厚度。当支撑棒与棱镜间的黏结剂固化之后，再用环氧树脂胶将支撑棒黏结到框架的壁上（图 8.24 所示的第二次黏结）。采用这种设计不需要严格控制棱镜黏胶面间的厚度及精密的平行度或框架两壁间的精密平行度。

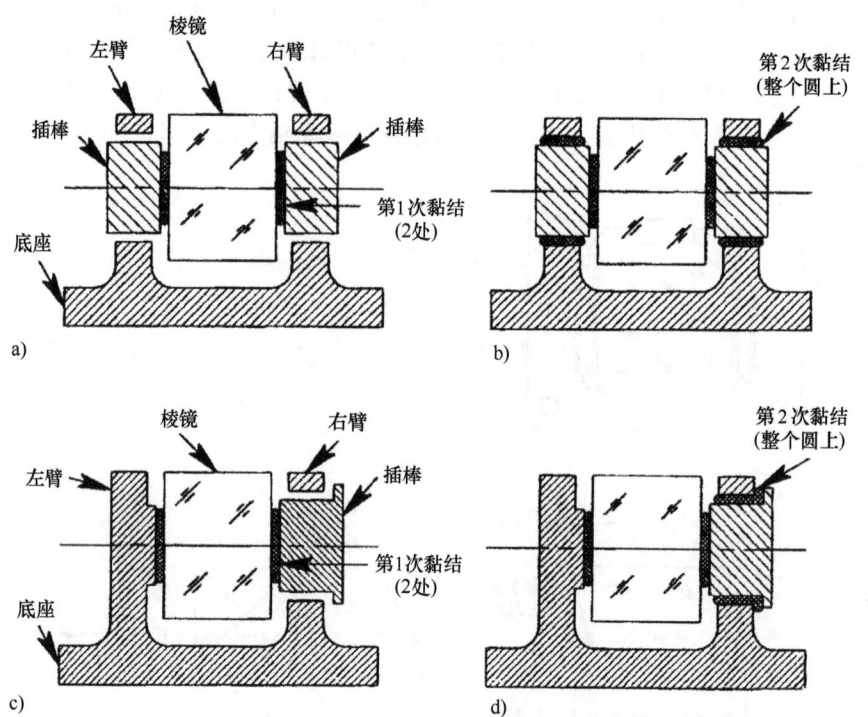

图 8.24　将棱镜黏结到 U 形支架上的两种概念。图 a 和 b 中，通过支架中的安装孔，将两个支撑棒与棱镜黏结。调校之后，将支撑棒黏结在安装支架中。图 c 和 d 中，将棱镜对准并黏结在一侧支架上。该连接点固化后，通过该支架的安装孔将支撑棒与棱镜的另一侧相黏结。再次固化后，将第二根支撑棒黏结到第二根支架上

（资料源自 Beckmann, L. H. J. F., Private communication, 1990）

图 8.24c 和 d 给出了 Beckmann 安装技术的改进型。在第一次黏结步骤中，仅使用一根支撑棒将棱镜直接黏结到镜座的一侧壁上。最终结果类似采用图 8.24a 和 b 所示方法得到的结果。应当注意，棱镜侧壁上直接黏结的那部分表面，必须相对于棱镜的设计位置和方向有一个精确定位，因为在黏结准备期间唯一可以调整的就是绕着垂直于该表面的轴旋转，以及平行于该表面的两个正交方向上的平移，并且必须在黏结剂固化之前完成调整。

在使用一种环氧树脂胶黏结玻璃和刚性材料时，如金属，在操作时一定要特别小心，确保金属与玻璃结合部周围不会溢出过量的黏结剂，固化期间，溢出的黏结剂在对角线方向的不均匀收缩很容易使玻璃形成应力。已经知道，在低温环境下，环氧树脂沿着溢出黏结剂形成的对角线曲面收缩，会将玻璃卡盘与光学零件拉开。图 8.25a 给出了这种不期望有的黏结剂溢出；图 b 给出了比较理想的黏结结构，仔细控制黏结剂用量就可以得到这种效果。

图 8.26 给出了 Seil（1991，1997）介绍的一种不同形式的棱镜黏结技术。一个施密特-别汉正像棱镜部件中的每块棱镜（图 8.26 所示 466 和 467 号零件）安装在一个严密配合的镜座中，该镜座模压在民用双目望远镜注塑镜筒中。一个厚度约为 1.0mm（0.04in）的塑料隔圈（零件号 414）放置在棱镜之间以确保空气间隔。隔圈的孔径保证光束无遮挡通过。

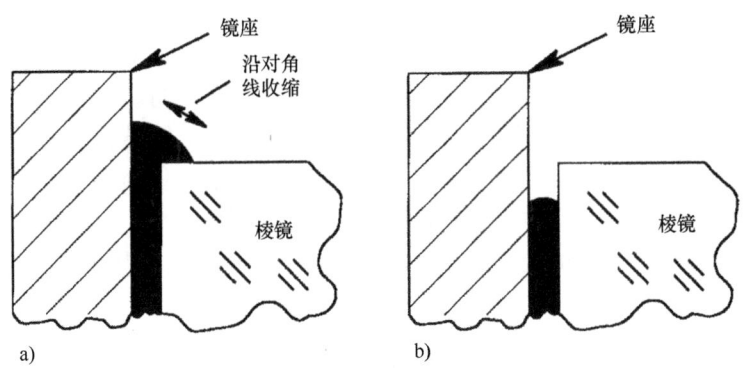

图 8.25 a) 表示一种不希望有的黏结接点,黏结部位边缘有过量环氧树脂溢出。固化期间或低温环境下,溢出的环氧树脂胶沿对角线方向收缩,从而造成棱镜变形或破裂
b) 表示一种希望的黏结结构,没有溢出

透过镜筒壁上的开孔,使用少量紫外固化黏结剂,事先将棱镜组件安装固定到镜筒上(参看棱镜侧的三角形区域)。当临时黏结已经固化并确认完成了正确对准,就可以透过镜体壁上同一开孔加添几滴聚氨酯黏结剂将棱镜牢牢固定。镜体和黏结剂都稍有弹性,因此能够适应两种相邻材料具有不同热膨胀系数的特性,把黏结收缩造成的潜在问题降到最低限度。使用高精度模压结构件和内置的基准面,因此不需要调整和对准。

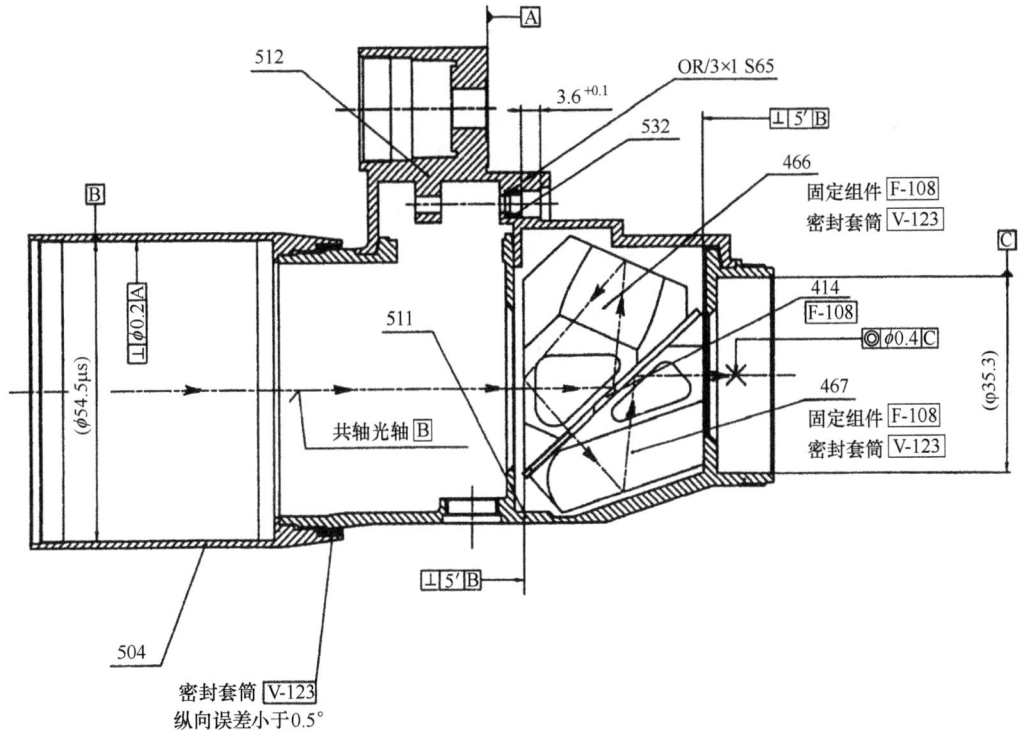

图 8.26 望远镜镜筒中的施密特-别汗正像棱镜系统,利用结构中的
检查孔注入黏结胶珠进行固定
(资料源自 Seil, K., Private communication, 1997)

图 8.27 给出了 Seil（1997）提供的一张棱镜组件照片，该组件由一个泊罗棱镜正像系统和一个菱形棱镜组成，也是采用刚才介绍过的两步黏结技术将其固定安装在塑料镜座中。在这种设计中，利用一种临时和（稍后）较为长久但稍有挠性的黏结（珠）剂将一个泊罗棱镜固定在塑料镜架上。如图 8.27a 所示，镜架可以在部件主体结构（包含第二个泊罗棱镜）的两根平行金属杆上滑动，所以，第一块棱镜相对于第二块棱镜做轴向运动，从而实现光学仪器调焦。图 8.27b 非常清楚地给出了固定棱镜的黏结（珠）层，以及可移动部件。这个设计的主要特征就是零件的数目最少，装配容易。采用此装配技术的产品已经通过了用户验收，证明该类组件具有较长的使用寿命和良好的光机性能。

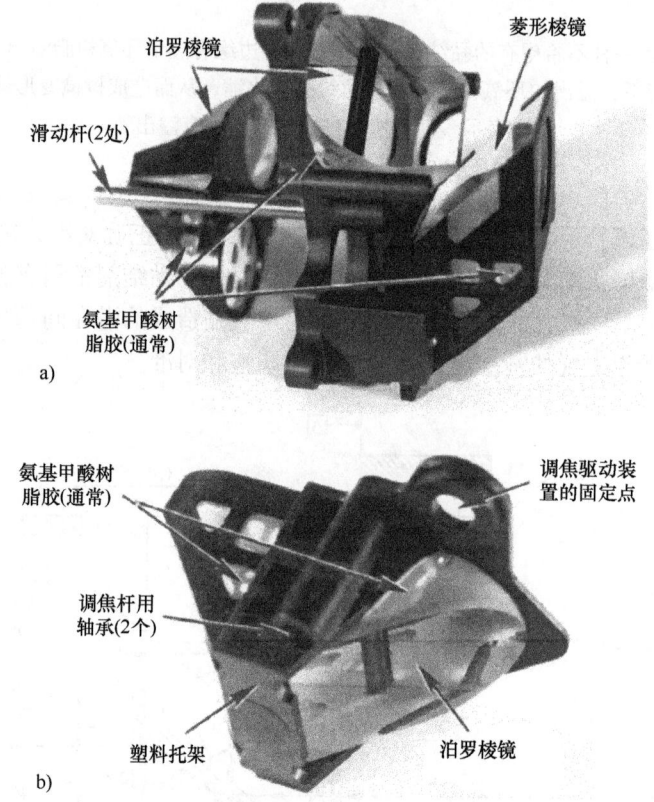

图 8.27　a）由可变间隔的泊罗棱镜正像系统和一个菱形折转光束棱镜系统组成的棱镜组件的照片，用黏结（珠）剂将组件安装在塑料镜筒中，采用图 8.26 所示的方法将玻璃零件与结构件连接
b）图 a 所示的组件中可移动泊罗棱镜的特写照片
（资料源自 Seil, K., Private communication, 1997）

8.5　大尺寸棱镜的挠性安装技术

由于大尺寸棱镜的重量较大，实际尺寸也较大，所以安装这类棱镜有实际困难。典型问题就是安装点之间的间隔比较大，这些距离上不同的热膨胀会使界面出现应变，从而造成光学表面无法对准或变形。一般来说，在安装设计中使用挠性技术可以避免这些问题。

第8章 棱镜安装技术

图 8.28 给出了安装该类棱镜的概念。将一块棱镜支撑在三个复合挠性支架上。挠性支架直接胶接在棱镜的底面上，并采用机械方法加以固定。为减小胶合部位的应变，三个挠性支架在三个方向都设计为可以弯曲。使用一号挠性支架将棱镜水平固定在一个固定点，第二个挠性支架约束了棱镜绕该固定点的转动，而第一与第二个挠性支架间的一个径向方向允许有相对膨胀，第三个挠性支架等效于在顶端和底部都有一个万向接头，因此，仅能在垂直方向支撑棱镜，阻止了它绕着另两个挠性支架的连线转动，但无法在径向约束棱镜。

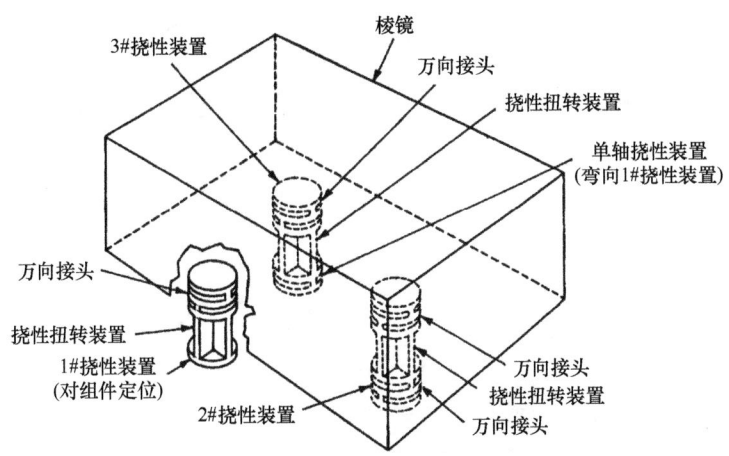

图 8.28 大尺寸棱镜挠性安装技术的概念性视图

图 8.29 给出了按照刚才介绍的方法装配好的一个棱镜部件示意图。这个三元件复合棱镜的作用相当于一串外表面镀膜反射镜，包括一个直角棱镜和一个反射式阿米西棱镜。图 8.30

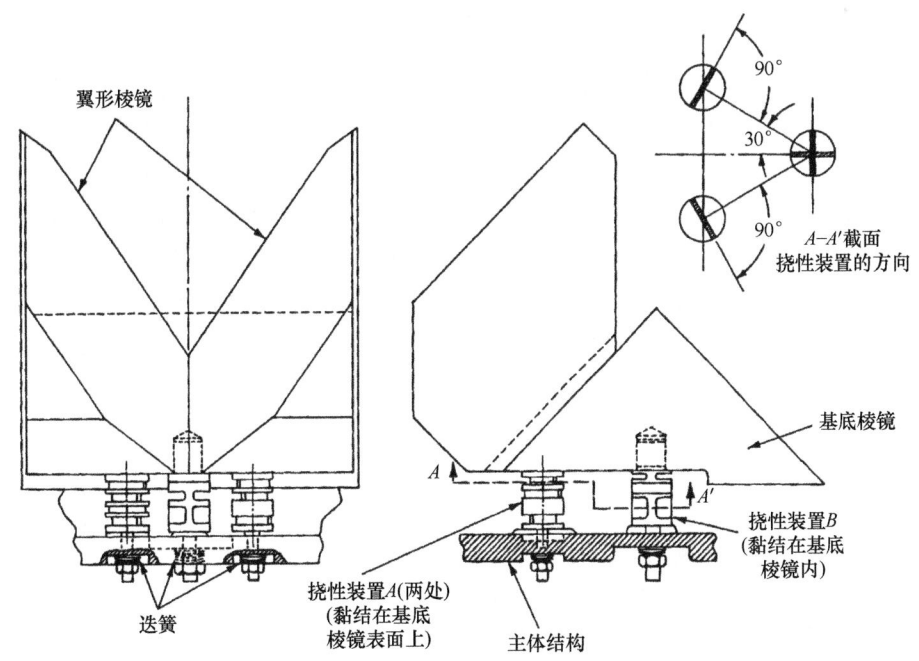

图 8.29 使用三个挠性安装柱黏结固定一个大尺寸棱镜组件的光机结构图
(资料源自 ASML Lithography, Wilton, CT)

给出了该系统在微光刻术模版投影系统中的应用。复合棱镜宽为6in（15.2cm），长为7.3in（18.5cm），高为6.3in（16.0cm）。棱镜材料都是微晶玻璃（Zerodue），热膨胀系数基本为零。该棱镜组件在一个铸铝结构（热膨胀系数是12ppm/℉）内受到三点支撑，安装点之间的间隔是4in（10.2cm）。处在半控制的运输环境中，温度变化40℉，那么不均匀膨胀约是 2×10^{-3} in（0.051mm）。如果使用刚性安装，会对棱镜及镜座施加一个较大的作用力。

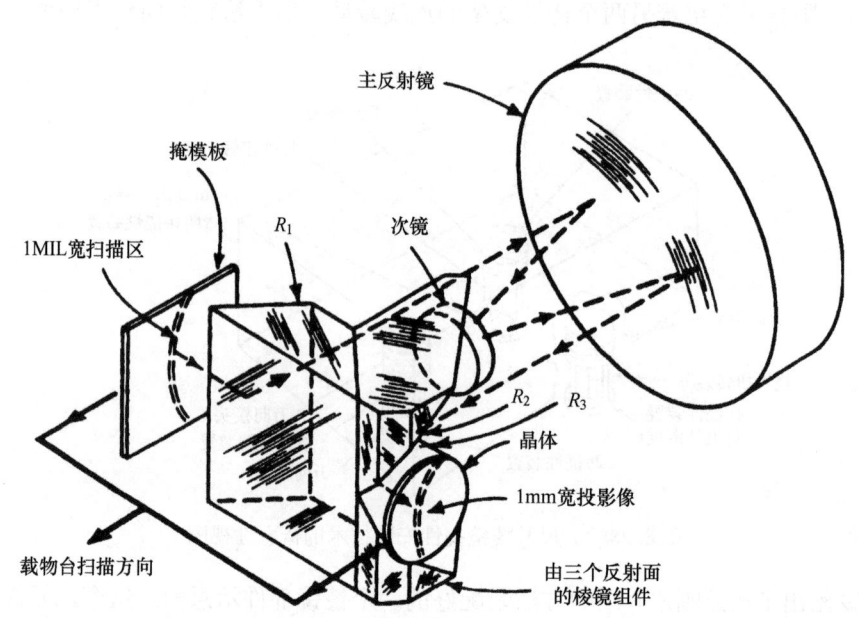

图8.30 微光刻模版投影系统示意图，其中使用的棱镜系统就是图8.29所示的棱镜部件
（资料源自 ASML Lithography, Wilton, CT）

为了使这些具有不同热膨胀系数的材料适应温度的变化，同时没有损伤，可以使用挠性装置将棱镜固定在镜筒结构上。设计这种安装结构布局一定要避免热效应造成其在所示的坐标系中沿着两个轴（X 和 Y 轴）平移及绕着三个轴旋转。是为了确定挠性装置B在壳体结构上的位置，以及基底棱镜的位置（固定在同一个挠性装置的顶部）。挠性装置B可以绕其轴扭曲，并且其上表面可以倾斜，但沿横向不能弯曲。由于横向的不同膨胀不会对棱镜造成应力，所以两个挠性装置A都可以在横向弯曲，（译者注：原书作者将此段英文修改为现在的表达方式），因为温度变化造成沿 Z 轴的微量移动没有影响。工作环境控制在 ±2℃，从外部采取措施使整台仪器与激烈的冲击和振动相隔绝。

图8.31给出了该棱镜组件的照片。采用光学胶合的方法，将两侧的棱镜安装在底侧直角棱镜的一个端面上，再利用直角棱镜斜边面上的三个挠性支柱将其固定在系统的镜筒上。厚为0.020in（0.508mm）和长为0.120in（3.048mm）的多个挠性叶片被加工成直径为0.750in（19.050mm）的因瓦合金支柱。挠性柱B有一个转矩挠性和一个万向接头，使用EC2216B/A环氧树脂将它黏结在直角棱镜的一个孔中。用同样的黏结剂将其他两个挠性柱黏结到直角棱镜的斜边表面上。其中一个挠性柱有一个万向接头和一个单片挠性叶片，在朝向挠性柱"B"的方向上提供柔性。第三个挠性柱有两个万向接头。图8.31给出的截面图 AA' 表示这些挠性柱几乎位于一个等边三角形的角上，同时表示将温度变化对棱镜的影响降

到最低时各个关键挠性柱的方位。每个挠性柱的底端都有一节螺纹,穿过底板上的孔及几个盘形(贝氏)垫片(Belleville washer),用螺母拧紧,给螺纹加上预载,就基本上会适应温度变化所需要的轴向变化量。

图8.31　图8.29所示采用挠性技术安装的复合棱镜的照片
(资料源自 ASML Lithography,Wilton,CT)

本卷第10章将详细介绍不同类型挠性装置的设计及其应用。如果在光学仪器的光机系统设计中准备采用这种结构,建议首先阅读该章内容。

参考文献

Beckmann, L.H.J.F., Private communication, 1990.
Delgado, R.F., The multidiscipline demands of a high performance dual channel projector, *Proc. SPIE*, 389, 75, 1983.
Doyle, K.B., Genberg, V.L., and Michels, G.J., *Integrated Optomechanical Analysis*, SPIE Tutorial Text TT58, SPIE, Bellingham, WA, 2002.
Durie, D.S.L., Stability of optical mounts, *Mach. Des.*, 40,184, 1968.
Genberg, V., *Handbook of Opto-Mechanical Engineering*, CRC Press, Boca Raton, FL, 1997.
Hatheway, A.E., Analysis of adhesive bonds in optics, *Proc. SPIE*, 1998, 2, 1993.
Lipshutz, M.L., Optomechanical considerations for optical beam splitters, *Appl. Opt.*, 7, 2326, 1968.
Seil, K., Progress in binocular design, *Proc. SPIE*, 1533, 48, 1991.
Seil, K., Private communication, 1997.
Smith, W.J., *Modern Optical Engineering*, 4th edn., McGraw-Hill, New York, 2008.
Stoll, R., Forman, P.F., and Edelman, J., The effect of different grinding procedures on the strength of scratched and unscratched fused silica, in *Proceedings of Symposium on the Strength of Glass and Ways to Improve It*, Union Scientifique Continentale du Verre, Charleroi, Belgium, 1961, p. 1.
Vukobratovich, D., Optomechanical system design, in *The Infrared & Electro-Optical Systems Handbook*, Vol. 4, Dudzik, M., Ed., ERIM, Ann Arbor, MI, 1993, Chapter 3.
Willey, R., Private communication, 1991.
Yoder, P.R., Jr., Non-image forming optical components, *Proc. SPIE*, 531, 206, 1985.
Yoder, P.R., Jr., Design guidelines for bonding prisms to mounts, *Proc. SPIE*, 1013, 112, 1988.
Yoder, P.R., Jr., Optical mounts: Lenses, windows, small mirrors, and prisms, in *Handbook of Optomechanical Engineering*, Ahmad, A., Ed., CRC Press, Boca Raton, FL, 1997, Chapter 6.
Yoder, P.R., Jr., Mounting-induced contact stresses in prisms, *Proc. SPIE*, 3429, 7, 1998.
Yoder, P.R., Jr., *Mounting Optics in Optical Instruments*, 2nd edn., SPIE Press, Bellingham, WA, 2008.
Young, W.C., *Roark's Formulas for Stress and Strain*, McGraw-Hill, New York, 1989.

第 9 章 小型反射镜的设计和安装技术

Paul R. Yoder, Jr.

9.1 概述

根据美军标军事系统、设备和设施的人体工程设计标准 U. S. MIL- STD- 1472D，如果一个物体的重量不超过 56 lb（35.4kg），那么一个人用双手可以安全地从地板上拿起这个物体，并放置在高 5ft（1.52m）的水平面上。假定一个柱面平板实体反射镜的直径与厚度之比是 9∶1，使用超低膨胀系数玻璃（ULE）材料，则该重量所对应的直径应约为 20.0in（约 51cm），厚度约为 2.23in（5.66cm）。虽然个人意见有些武断，但此计算公式可以成为区分"小"和"大"反射镜尺寸界限的基础。大至 8m（约 26ft）的单板反射镜在本书卷 Ⅱ 第 2 章讨论，主要考虑因素是将重量和表面变形降到能够接受的水平。卷 Ⅱ 第 3~5 章，讨论与重力方向成不同夹角的大反射镜的安装技术。卷 Ⅱ 第 2 章还阐述了更大尺寸拼装孔径反射镜阵列的安装设计。各种尺寸金属反射镜的设计和安装是卷 Ⅱ 第 6 章讨论的课题。

本节讨论较小反射镜的设计技术。为了帮助读者回忆如何使用反射镜，本章列举了反射镜的一些普通应用，然后分别从几何学、成像方向和系统功能的观点进行讨论。对于给定尺寸的发散、会聚和平行光束，总结了确定平面反射镜表面在这些光束中所需孔径的方法，解释了反射镜第二表面形成的鬼像及它们（与主像有关）的光强度估测。选择的反射膜种类对主像和鬼像强度的影响也会进行讨论。

当然，必须考虑同一台光学仪器中同时有平面反射镜和曲面反射镜零件的安装。与折射元件相比，反射光学元件对施加的力更敏感，主要原因是某表面的变形造成反射波前局部光路的变化是该变形量的两倍。此外，表面变形造成反射光线的角偏转是表面局部倾斜量的两倍。另一方面，这些光学元件相对于系统其他元件某种特定形式的小量线性位移和角偏不会影响整个系统的性能。两个非常有说服力的例子：一个理想的平面反射镜在其自身的平面内不改变方位的移动；另一个是泊罗反射镜部件绕着垂直于反射面的一根轴线倾斜。

虽然衍射光栅的许多性质与反射镜一样，但是，由于衍射光栅对沟槽的方向性非常敏感，或者说具有其他一些光衍射特性，所以它们并不能像反射镜一样享有多个运动自由度。根据曲面反射镜的成像性质，这类反射镜对平移和倾斜也比较敏感。一般来说，应当保持所有反射镜的位置和方位不变，因此这些零件的安装就会成为一个复杂的光机设计问题。在此列举一些典型的安装小反射镜的例子，以此定量说明已成功使用的各种安装技术。

9.2 基本设计原则

9.2.1 反射镜的应用

平面反射镜，无论是单独使用还是多个组合，在光学仪器中都有非常重要的作用，但没有光焦度，因而本身不能成像。这些反射镜在光学仪器中的主要用途如下：
- 使光线转折（或偏离）一定角度；
- 使一个光学系统折叠成一个给定的形状或包装尺寸；
- 提供正确的成像方向；
- 横向移动光轴；
- 分割或者组合一个光瞳处的光束强度或孔径；
- 提供动态光束扫描；
- 使光束色散（使用光栅）。

其中大部分功能与本书第8章讨论的棱镜一样。曲面反射镜虽然具有其中的几种功能，但它们最经常的应用是成像，如反射式望远镜。

9.2.2 几何外形

大多数小反射镜都是实心的单基板的，形状是正圆柱体的，或者矩形的平行六面体的，专用的反射镜会有其他的面形。一个例子是牛顿望远镜中的平面折转反射镜，形状是椭圆形。当该反射镜相对于光轴倾斜45°时，对输入光束的遮拦最少。反射镜的光学表面有平面、球面、非球面、柱面或超环面。曲面可以是凸面或凹面。小反射镜的第二表面（即背面）通常是平面的，一些反射镜通过加工使整体形状成弯月。光学仪器中使用的大多数反射镜都是第一表面反射类型，并镀有一层薄的金属反射膜，如铝，然后再覆盖一层保护介质膜（代表性的材料是氟化镁或一氧化硅）。非金属基板的代表性材料是硼硅酸盐冕玻璃、熔凝石英或一种低膨胀材料［如康宁公司的超低热膨胀材料ULE或微晶玻璃（Zerodur）］。传统上，基板厚度是最大表面尺寸的1/6~1/5，根据需求选择较薄或较厚的基板。

对于第二表面反射的反射镜，需要在反射镜的后表面镀一层反射膜，因此第一表面的作用就是一个折射面。从光学设计观点出发，与第一表面反射的反射镜相比，这类成像反射镜具有明显优点，原因是有更多变量（玻璃厚度、折射率、更多的半径）可以用来校正像差。显然，折射表面要镀一层增透膜（A/R），如氟化镁，以减小该表面形成鬼像的影响。

9.2.3 反射像的方向

一块反射镜的反射会产生一个（符合）左手（成像原则的）图像。这就意味着物体在反射平面内出现了颠倒（译者注：实际上，就是平常说的左右反转的"镜像"）。图9.1表示一个箭头形状的物体A-B经过一次反射出现的颠倒（或镜像）。如果观察者在点O（译者注：眼睛位置）直接看物体，点B出现在右边，但在图像A'-B'中是在左边。注意到，使用一只眼睛通过反射镜的延长部分P-P'就可以观察到整个图像。如果物体是一个字，可以很容易地直接读出，但是，符合左手成像原则的图像是前后反向的，如果不仔细思考很难辨认。如图 9.2 所示，图 a 所示的字母 P 表示右手像，即使是上下颠倒，也可以读出。而图 b 所示的是左手像，无论如何转动页面，都不易读出。

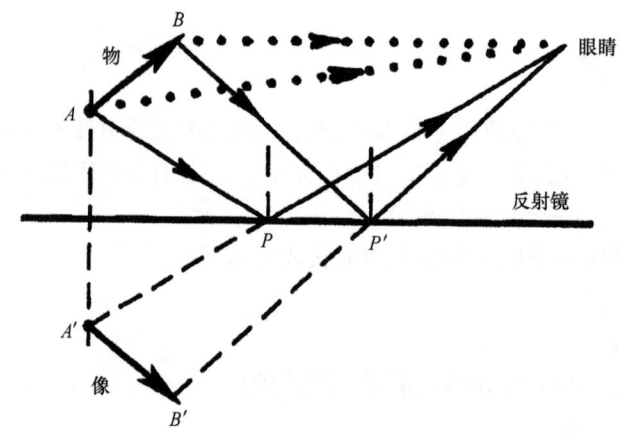

图 9.1　观察者通过一块平面反射镜观察到的一个箭头形物体的反射像。注意到，与直接看到的物体相比，图像有明显颠倒，光线仅利用反射镜表面的有限部分

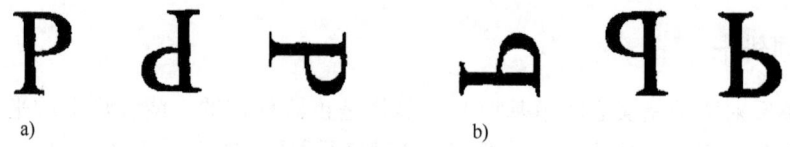

图 9.2　图 a 中，绕着视线旋转图像，可以很容易地读出图中内容。
但是，无论如何都不容易辨认图 b
a) 右手像　b) 左手像

应用反射镜系统，图像方向变得稍微复杂些。每一次反射都使图像颠倒一次。奇数次反射形成一个左手像，而偶数次反射形成一个右手像。在需要一个正立的非镜像的光学系统中，如地上望远镜，都必须认真考虑每个方向出现的反射次数。如果多个反射镜的反射平面不是正交的，那么图像可能会绕着光轴旋转。可能需要一个像旋器/消像旋器（如本卷 7.5.6 节讨论的别汗棱镜）以校正这个潜在的方位问题。

每一次反射都会使斜入射的光线偏离某个角度 δ_i，多块反射镜在同一个平面内的反射造成的角偏离是其代数相加。图 9.3 给出了两块反射镜的情况，总的偏离角是 $\delta_1 + \delta_2$。图 9.4 给出了两种潜望镜的设计原理。图 a 中，反射镜 M_1 和 M_2 平行，与 X 轴（译者注：原书错印为 x 轴）成 45°夹角，由于反射镜反射面的法线是反向的，所以偏离角异号，因此 $\delta = \delta_1 + \delta_2 = 0$，输出光线平行于输入光线。两块反射镜之间的光路是垂直的，所以两块反射镜上入射点的 X 方向上的间隔是零。

图 9.4b 给出了一个较为普通的潜望镜形式，两块反射镜之间的光线与 Y 轴（译者注：原书错印为 y 轴）成一个角度 σ 传播，输出与输入的光线方向有一个偏离角 δ。现在，两个入射点间在 X 和 Y 方向上就有了两个间隔（Δx 和 Δy）。总的偏离量仍然是两块反射镜单个偏离量的和。如前所述，第二个偏离量是负的，其他角度的符号如图 9.4 所示。为了设计这样一个潜望镜，设计程序应当首先确定垂直和水平方向的位移量 Δx 和 Δy 以及角偏离量 δ。

第 9 章 小型反射镜的设计和安装技术

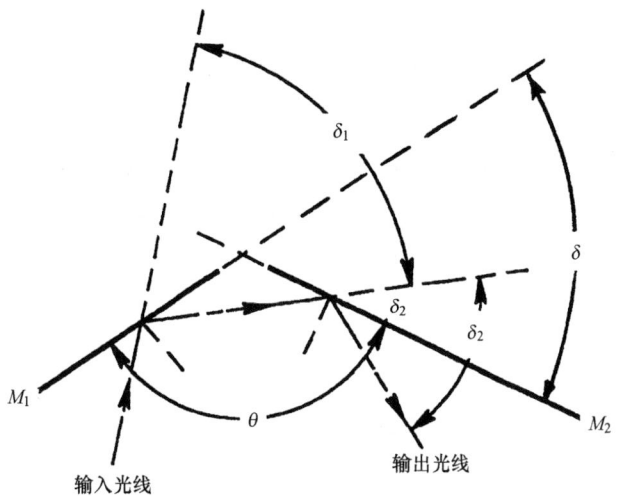

图 9.3 光线在彼此夹角为 δ 的两块平面反射镜之间的偏折。总的角偏离是 δ_1 和 δ_2 的和

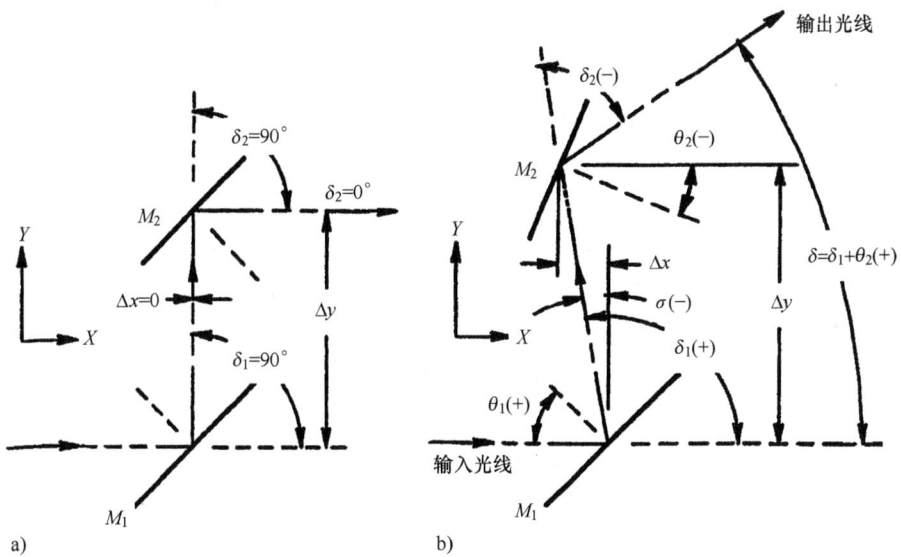

图 9.4 两块反射镜设计成一个潜望镜，一条光线通过后产生的偏折和横向位移
a) 两块反射镜平行，并且使光线 45°入射 b) 一般情况，角度的代数符号表示在括号中

可以利用下面公式确定其他参数：

$$\sigma = \arctan\left(\frac{\Delta x}{\Delta y}\right) \tag{9.1}$$

$$\theta_1 = \frac{\sigma + 90°}{2} \tag{9.2}$$

$$\theta_2 = \frac{\delta - \sigma - 90°}{2} \tag{9.3}$$

$$\delta_1 = 180° - 2\theta_1 \tag{9.4}$$

$$\delta_2 = \delta + \sigma - 90° \tag{9.5}$$

设计实例 9.1 进一步阐述上述公式的应用。

设计实例9.1 双反射型潜望镜的几何布局

图9.4b所示的潜望镜的光轴在垂直方向的位移量是
$$\Delta y = 24.000\text{in}(609.600\text{mm})(译者注:原书错印为 \Delta x),$$
光轴偏离 $\delta = 30°$。反射镜光轴水平方向位移量 $\Delta x = -2.000\text{in}$ (-50.800mm)。
(a) 反射镜光轴之间的倾斜角 σ 多大? (b) 反射镜法线的倾角 θ_1 和 θ_2 是多少?
(c) 每个光轴在反射镜位置的偏离角 δ_1 和 δ_2 是多少?

解:
(a) 由式 (9.1),有
$$\sigma = \arctan(\Delta x/\Delta y) = \arctan(-2.000/24.000) = -4.764°$$
(b) 由式 (9.2),有
$$\theta_1 = (-4.764° + 90°)/2 = 42.618°$$
由式 (9.3),有
$$\theta_2 = [30.000° - (-4.764°) - 90.000°]/2 = -27.618°$$
(c) 由式 (9.4),有
$$\delta_1 = 180° - 2 \times 42.618° = 94.764°$$
由式 (9.5),有
$$\delta_2 = 30.000° + (-4.764°) - 90.000° = -64.764°$$

(译者注:原书错印为64.764°)

正如所预计,最后两个角度之和是偏离角 $\delta = 30.000°$。

如果通过潜望镜的光路是三维(3D)的,就是说包括了反射面之外的角度,那么本来是相当简单的设计就变得比较复杂。因此,需要借助某种光学设计程序或采用如 Hopkins(1965)提出的矢量分析技术逐面进行光线追迹。具有多次反射的光学系统,如图9.5所示,应用这些技术可以得到很好的结果。有时候,将一个复杂光路展开的过程称之为光路拉直。

使用多反射镜系统的另外一个重要内容就是中间像和最终像的方位,许多设计师采用的一种简单技术就是以等比例的形式勾画出系统的草图,并观察一支铅笔或一只与鼓槌交叉的铅笔被反射表面反射时图像发生的变化,如图9.6所示。图 a 给出了在反射面内的情况,而图 b 给出了二维方向上的变化。一个物镜或转像透镜自然会形成一个倒像(见图9.7a)。图9.7a 中,A 处的一个物体被透镜 B 投影成像在 S 处的屏幕上。图像的中心位于距离该透镜分别是 Δx 和 Δy 的位置。使用 Smith (2008) 阐述的逻辑可以设计出许多种反射镜系统,图9.7b 给出了其中一种。对于面对类似设计问题的工程师,可参考该项讨论的细节。

9.2.4 光学表面上的光束投影

前表面反射镜的物理尺寸,主要取决于光束照射在反射表面上的面积(称为光束投射),加上提供安装、校准误差及使用过程中光束的运动等需要考虑的所有额外增加的面积。可以根据光学系统按比例缩放出来的展开图确定光束的表面形状,展开图中至少给出了两个方向上光束的最边缘的光线。这种方法使用起来相当耗时,并由于综合的细微绘图误差,常常不精确。

第 9 章 小型反射镜的设计和安装技术

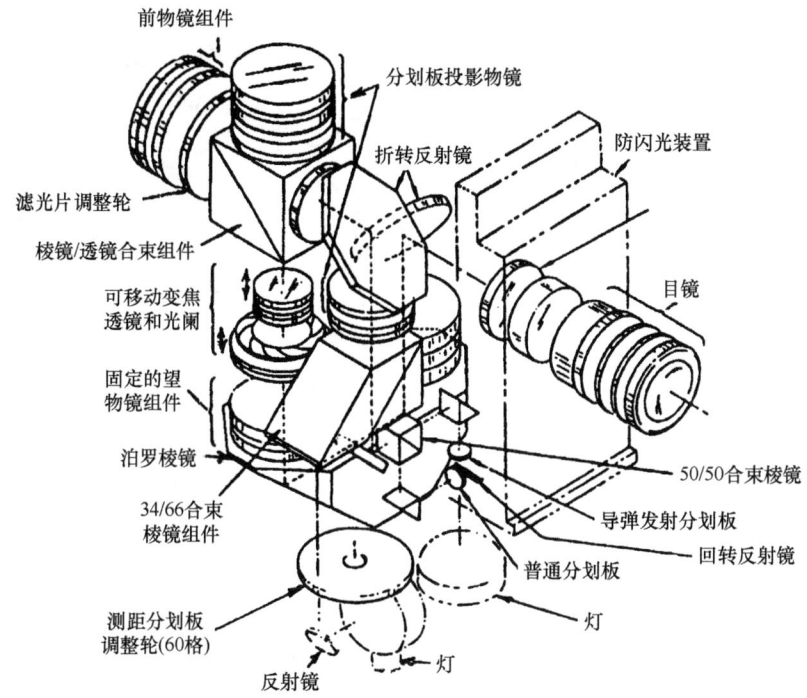

图 9.5 某种装甲车炮手潜望镜中使用的变焦望远镜光学系统示意图。使用反射镜法线和光轴光路的矢量表示式可以比较容易地将这种令人费解的光路展开
（资料源自 U. S. Army，Washingtong，DC）

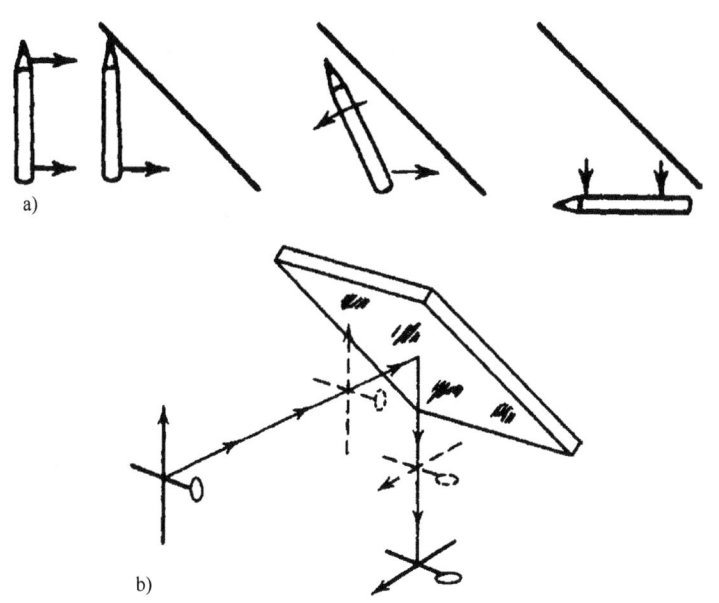

图 9.6 a）使用一支"跳动铅笔"考察一块平面反射镜反射时图像方位在共反射面内的变化
b）一个箭头与一根鼓槌相交代表一个物体，可以考察二维图像的方位变化
（资料源自 Smith, W. J., *Modern Optical Engineering*, 4th edn., McGraw-Hill, New York, 2008）

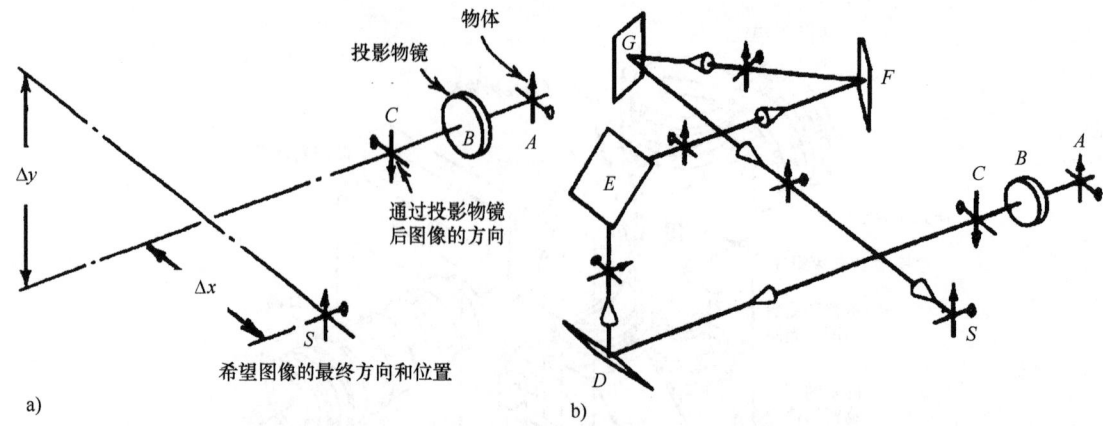

图 9.7　a) 一种典型的反射镜系统设计问题的表示方式。A 处的物体成像在 S 处屏幕上的一个特定位置，并具有特定方位　b) 可以满足上述要求的许多反射镜结构中的一种

(资料源自 Smith, W. J., *Modern Optical Engineering*, 4th edn., McGraw-Hill, New York, 2008)

使用能够表述光束特性的计算机辅助设计（CAD）程序可以很容易地实现该目的。最精确的方法就是让光学设计师对光学系统进行光线追迹，确定最边缘光线在反射表面上的交点。

利用几何公式，如 Schubert（1979）给出的公式，就可以根据一个椭圆的长轴和短轴来表示一束对称光束在一个倾斜反射镜上的交点轮廓，而该椭圆的方向和位置取决于光束光轴在表面上的交点，如图 9.8 所示。下面给出改编过的舒伯特（Schubert）公式：

$$W = D + 2L\tan\alpha \tag{9.6}$$

$$E = \frac{W\cos\alpha}{2\sin(\theta - \alpha)} \tag{9.7}$$

$$F = \frac{W\cos\alpha}{2\sin(\theta + \alpha)} \tag{9.8}$$

$$A = E + F \tag{9.9}$$

$$G = \frac{A}{2} - F \tag{9.10}$$

$$B = \frac{AW}{(A^2 - 4G^2)^{1/2}} \tag{9.11}$$

式中，W 是光束截面在反射镜/光轴交点处的宽度；D 是光束在基准面处的直径，基准面距离反射镜/光轴交点是 L，并垂直于光轴；α 是反射后最边缘离轴光线的发散角；E 是光束截面的上边缘到反射镜/光轴交点的距离；θ 是反射镜表面相对于光轴的倾斜角（或者是 90°减去反射镜法线的倾斜角）；F 是光束截面的下边缘到反射镜/光轴交点的距离；A 是椭圆的长轴；G 是光束截面中心偏离反射镜/光轴交点的距离；B 是椭圆短轴。

只要将基准面放置在 D 小于 W 的位置，就可以将这些公式应用于任意传播方向的光束。如果是平行于光轴传播的一束准直光束，α 和 G 就等于零，上述公式便简化为对称的情况：

$$B = W = D \tag{9.12}$$

$$E = F = \frac{D}{2\sin\theta} \tag{9.13}$$

$$A = \frac{D}{\sin\theta} \tag{9.14}$$

设计实例 9.2 进一步解释这类计算。

第 9 章 小型反射镜的设计和安装技术

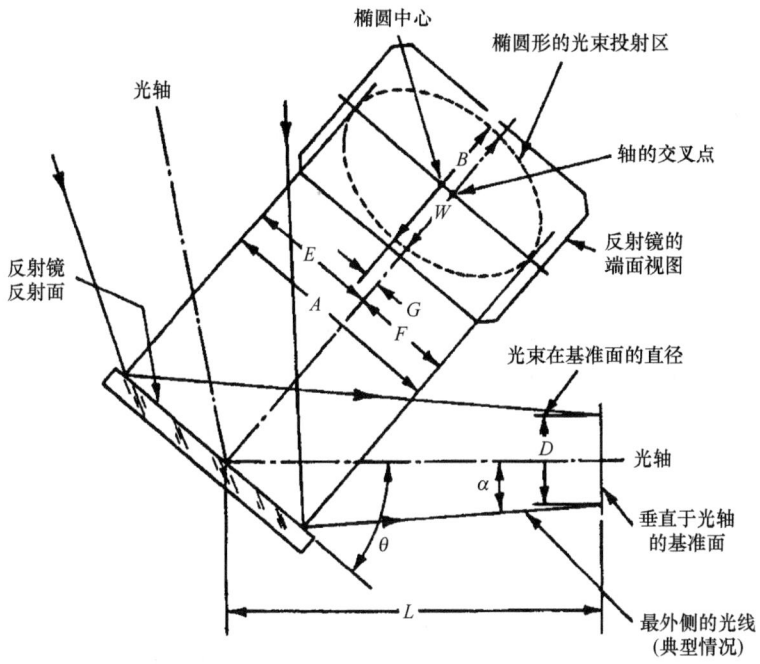

图 9.8 一束旋转对称光束入射在一个倾斜反射镜上形成的截面形状。该图用以定义各参数间的几何关系
（资料源自 Schubert, F., *Mach. Des.*, 51, 128, 1979）

设计实例 9.2 圆形光束与倾斜反射镜相交的光束投影（见图 9.8）

一束圆形光束在垂直于光轴的基准平面上的直径是 $D = 2.000\text{in}$（50.800mm），与一块（与光轴倾斜 30° 的）平面反射镜的距离是 $L = 2.000\text{in}$（50.800mm），如图 9.8 所示。

(a) 如果光束的发散角 $\alpha = \pm 0.6°$，反射镜上椭圆形光束的投影尺寸是多少？
(b) 若光束是准直光束，其投影尺寸又是多少？

解：
(a) 由式 (9.6)，有
$$W = (2.000 + 2 \times 2.000 \times \tan 0.6°)\text{in} = 2.042\text{in}(51.864\text{mm})$$
由式 (9.7)，有
$$E = \{(2.042 \times \cos 0.6°)/[2\sin(30° - 0.6°)]\}\text{in} = 2.080\text{in}(52.832\text{mm})$$
由式 (9.8)，有
$$F = \{(2.042 \times \cos 0.6°)/[2\sin(30° + 0.6°)]\}\text{in} = 2.006\text{in}(52.952\text{mm})$$
由式 (9.9)，有
$$A = (2.080 + 2.006)\text{in} = 4.086\text{in}(103.784\text{mm})$$
由式 (9.10)，有
$$G = [(4.086/2) - 2.006]\text{in} = 0.037\text{in}(0.940\text{mm})$$
由式 (9.11)，有
$$B = [(4.086 \times 2.042)/(4.086^2 - 4 \times 0.037^2)^{1/2}]\text{in} = 2.042\text{in}(51.867\text{mm})$$

> 注意椭圆光束投影相对于反射平面内的光轴，会稍微偏心向上，但相对于正交平面内的光轴是对称的。
>
> (b) 若该例中的光束是准直光束，则 α 是零，因此根据式 (9.12)，有
> $$B = W = 2.0000 \text{in} (50.800 \text{mm})$$
> 由式 (9.13)，有
> $$E = F = [2.000/(2 \times \sin 30°)] \text{in} = 2.000 \text{in} (50.800 \text{mm})$$
> 由式 (9.14)，有
> $$A = (2.000/\sin 30°) \text{in} = 4.000 \text{in} (101.600 \text{mm})$$
> 现在，光束在两个方向的投影都是对称的。
>
> 注意对于一个保守的设计，反射面的整体尺寸应大于上述计算值，以满足安装、反射镜运动和公差要求。

9.2.5 反射镜镀膜

光学仪器中使用的大多数反射镜都镀有高反膜、金属薄膜或非金属薄膜。镀膜用的金属通常是铝、银和金，这些金属在紫外、可见光和红外波段都有高反射率。在金属膜上面可以覆盖一层保护膜，如一氧化硅（SiO）或氟化镁（MgF_2）以提高膜层寿命。非金属膜层包括单层介质膜或多层介质膜。多层膜是高折射率和低折射率材料的组合。介质反射膜比金属膜的光谱带宽更窄，但对指定的波长会有很高的反射率。在单色系统中，如使用激光辐射的光学仪器，这种膜系特别有用。

图 9.9 给出了垂直入射和两种偏振态下可见光反射率与波长的关系曲线，图 a 给出了镀过保护膜的铝膜系；图 b 给出了加强紫外波段反射率的铝膜。图 9.10a 给出了垂直入射条件下红外反射率与波长的关系，膜系是第一表面镀金保护膜，而图 9.10b 所示的膜系是第一表

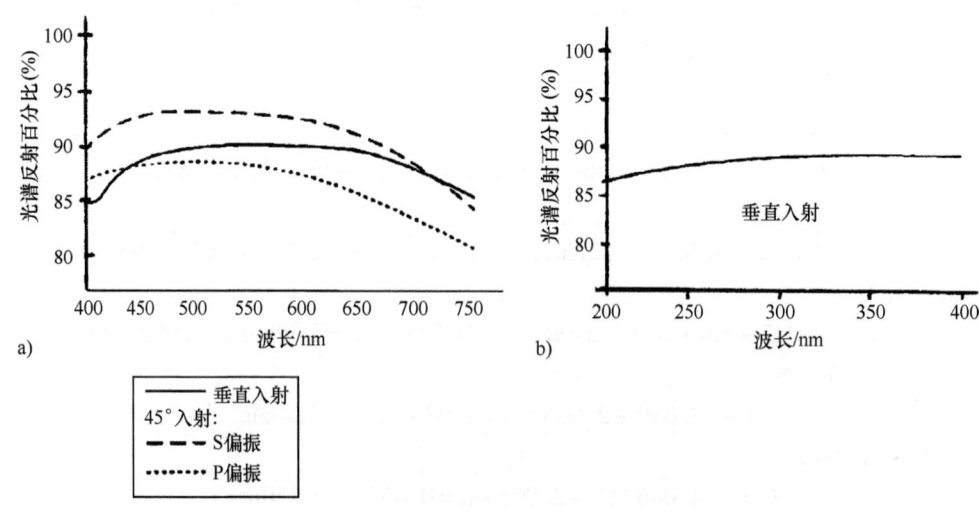

图 9.9　第一表面金属膜系的光谱反射率与波长的关系
a) 保护后的铝膜　b) 加强紫外反射的铝膜

（资料源自 Yoder, P. R., Jr., *Mounting Optics in Optical Instruments*, 2nd edn. SPIE Pres, Bellingham, WA, 2008）

面镀银保护膜。图 9.11a 给出了典型的第一表面多层介质膜系在 45°入射角下两种偏振态的红外（IR）反射率。第二表面镀银膜系反射镜在垂直入射条件下的反射率如图 9.11b 所示。从环境使用寿命的观点出发，后者设计膜系要比第一表面镀膜有优越性，膜系的反射侧与外界环境隔绝，在管理或使用过程中可以免受伤害。这种薄膜的背面暴露在外，出于同一目的，镀上一层保护膜，如电镀铜，再加一层珐琅涂料。

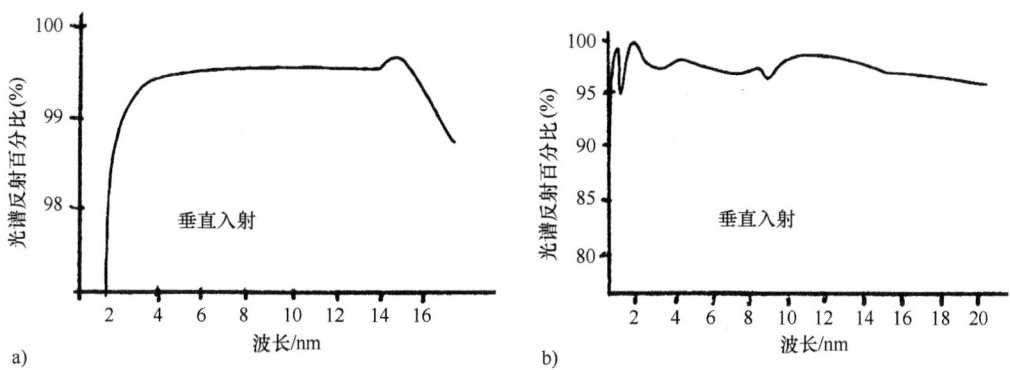

图 9.10　第一表面膜系的反射率与波长的关系
a) 保护后的金膜　b) 保护后的银膜

（资料源自 Yoder, P. R., Jr., *Mounting Optics in Optical Instruments*, 2nd edn. SPIE Pres, Bellingham, WA, 2008）

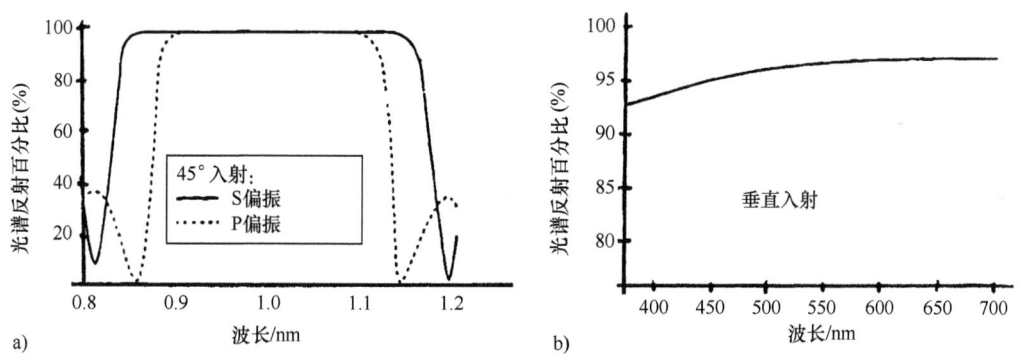

图 9.11　a) 第一表面多层介质膜系的光谱反射率与波长的关系
b) 第二表面银层膜系的光谱反射率与波长的关系

（资料源自 Yoder, P. R., Jr., *Mounting Optics in Optical Instruments*, 2nd edn. SPIE Pres, Bellingham, WA, 2008）

有时，某些应用仅要求反射率约为 4%，在这种情况下，使用未镀膜表面作为部分反射分束面。一个表面的实际反射率随着入射角和入射光的偏振态而变化。图 9.12 所示的多条曲线可以清楚地看出这些影响，其中，玻璃在空气中的折射率是 1.523。实线代表非偏振光的光谱反射比；短点划线代表 P 偏振光，其中电矢量平行于入射面；长点划线代表 S 偏振光，其中 E 矢量垂直于入射面[⊖]。在该偏振状态时，P 偏振分量消失。

⊖ 为避免用同一个字母表示两个英语单词"parallel"和"perpendicular"而造成混乱，所以，正常情况下，对垂直方向的偏振光束所使用术语来自德文单词"senkrecht"。

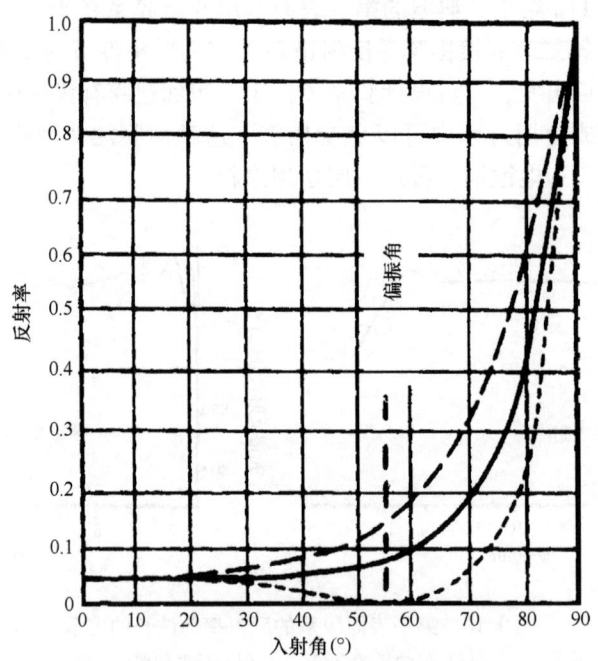

图9.12 一个未镀膜空气-玻璃界面在各种入射角度下的反射率。玻璃折射率是1.523。实线代表非偏振光，短点划线和长点划线分别代表P偏振光和S偏振光分量

(资料源自 Lenkins, F. A. and White, H. E., *Fundamental of Optics*, 3rd edn., McGraw Hill, New York, 1957)

如果是垂直入射，可以根据菲涅尔（Fresnel）公式（Jenkins 和 White，1957；Smith，2008）求得折射率分别为 n_1 和 n_2 两种材料间界面的反射率 $(R_S)_\lambda$［译者注：原书错印为 $(R_S)_\lambda$］：

$$(R_S)_\lambda = \frac{(n_2 - n_1)_\lambda^2}{(n_2 + n_1)_\lambda^2} \tag{9.15}$$

例如，如果一束单色光沿法线入射到未镀膜的玻璃（空气中玻璃的折射率是 n_D = 1.523）表面上，其反射率 $R_S = (1.523 - 1.000)^2/(1.523 + 1.000)^2 = 0.043(4.3\%)$。注意到，这就是图9.12所示的入射角为零时的值。

如果给定波长的光束不是垂直入射在电介质表面上，如玻璃表面，就可以用下列公式求得菲涅耳（Fresnel）反射率：

$$R_S = \frac{1}{2}\frac{\sin^2(I-I')}{\sin^2(I+I')} + \frac{\tan(I-I')}{\tan(I+I')} \tag{9.16}$$

式中，I 和 I' 分别是入射角和折射角，括号内的第一项代表辐射的 S 偏振分量，第二项代表 P 偏振分量。若是垂直入射，该公式则简化为式（9.15）。

对一个光学表面，应用式（9.16），并且，$n = 1.523$，$I = 70°$，可求得 $I' = 38.097°$，$R_S = (1/2)[(\sin^2 31.902°/\sin^2 108.098°) + (\tan^2 31.902°/\tan^2 108.098°)] = 0.175$，近似等于图9.12所示玻璃的反射率值。

通常，折射光学表面都要镀增透膜以降低表面的反射率，从而降低该表面反射光束强度和增强其透射光束（译者注：原书错印为反射光束）强度。这些膜系可以是单层膜或多层

膜。最简单的单层膜系会造成空气/薄膜界面第一次反射的光束与薄膜/玻璃界面第二次反射的光束间的相消干涉。当这些光束的相位精确地相差180°（或$\lambda/2$），就会出现相消干涉。由于第二次反射的光束两次通过薄膜，所以，当薄膜的光学厚度是$\lambda/4$时就会产生$\lambda/2$的相移；如果相位差为180°的两束反射光束相干涉，则其波振幅相减，组合后的强度就是零。注意，仅对一种指定波长，并且光束振幅相等时，才会出现完全的相消干涉。如果满足下列公式，就会出现前述的后一种情况：

$$n_2 = (n_1 n_3)^{1/2} \tag{9.17}$$

式中，n_2是薄膜的折射率；n_1是周围介质的折射率（典型的是空气有$n=1$）；n_3是玻璃的折射率。

所有的折射率都是针对某特定波长λ而言。

如果没有一种合适的薄膜材料恰好满足对某种玻璃增透膜折射率的要求，两束反射光束就会出现不完全抵消。按照下式计算由此出现的表面光谱反射率：

$$R_S = (R_{1,2}^{1/2} - R_{2,3}^{1/2})^2 \tag{9.18}$$

式中，$R_{1,2}$是空气-薄膜界面的反射率；$R_{2,3}$是薄膜-玻璃界面的光谱反射率。

设计实例9.3会对读者非常有用。

设计实例9.3 计算玻璃表面反射光束的反射率和强度

一块N-BK7平板玻璃的折射率是$n_D = 1.517$，镀上一层减反膜（A/R）。如是垂直入射，请问：（a）反射率为零时，膜层的理想折射率应是多少？（b）如果镀以$n_D = 1.380$的氟化镁（MgF_2）膜层，反射率是多少？（c）将该结果与未镀膜平板的反射率相比较。

解：

（a）由式（9.17），有

$$n_2 = (1.000 \times 1.517)^{1/2} = 1.232$$

（b）由式（9.15），镀膜情况下有

$$R_S = (1.380 - 1.000)^2 / (1.380 + 1.517)^2 = 0.017$$

（c）由式（9.15），未镀膜情况下有

$$R_S = (1.517 - 1.000)^2 / (1.517 + 1.000)^2 = 0.042$$

未镀膜表面反射率是镀膜表面反射率的0.042/0.017倍，或者说几乎增大了2.5倍。

在指定波长下，可以设计出具有零反射率或使反射率大大下降的高效、多层介质增透膜系。图9.13给出了四条膜系的光谱反射率与波长的关系曲线：一条是单层（MgF_2）膜，一条是整个可见光光谱区都有低光谱反射率的宽带多层膜，两条是$\lambda = 550nm$处有零反射率的多层膜系。所有这些膜系都镀在冕牌玻璃上。V_1和V_2膜层称为"V膜系"，因为其光谱透过特性曲线像一个三角形。

9.2.6 后表面反射镜形成的鬼像

前表面反射镜与后表面反射镜间的明显差别就是后表面反射镜要求使用一块透明的基

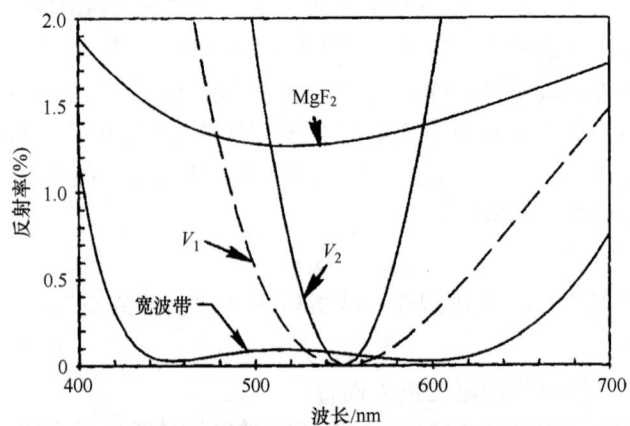

图 9.13 几种普通的增透膜在可见光光谱范围内的光谱反射率变化曲线

(资料源自 Yoder, P. R., Jr., *Mounting Optics in Optical Instruments*, 2nd edn. SPIE Pres, Bellingham, WA, 2008)

板,而前表面反射镜没有这种要求。本卷表 3.13~表 3.16 列出了普通的非金属和金属反射镜材料的机械性质和质量因数。这些材料中,熔凝石英有最好的折射性质,剩下的大部分材料的折射能力都相对较低甚至没有。通常,后表面反射镜都使用光学玻璃材料 (见表 3.1) 或晶体 (见表 3.7~表 3.11)。从机械设计的观点,表 3.6 给出的塑料材料作为反射镜材料不是太好。作为成像光学元件,后表面反射镜的一个明显的优点就是多了一个表面半径、非球面度、轴向厚度和折射率,有利于控制像差。

如图 9.14 所示,将一块后表面反射的平板反射镜相对于光轴倾斜 45°放置在会聚光路中,会发生什么情况。将会形成两个相同尺寸的像:主像来自镀银面,即分束用的后表面,而"鬼"像(或次像)由前表面反射形成。这两个像并不重合,它们在轴向相距 d_A,横向相距 d_L。如果垂直入射,仅在轴向不重合。

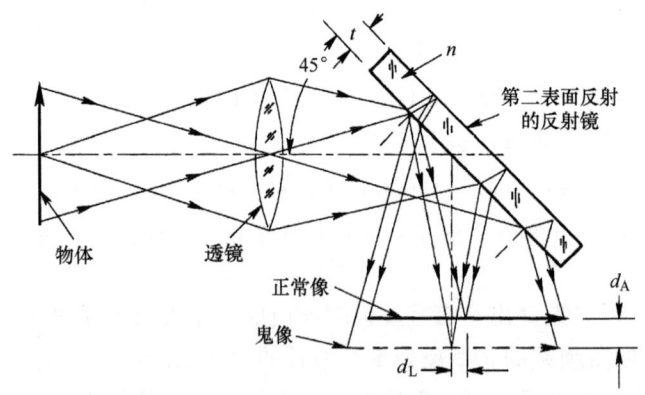

图 9.14 后表面反射式平面反射镜与光轴倾斜 45°放置,前表面形成的鬼像

(资料源自 Kaspereit, O. K., *Design of Fire Control Optics ORDM* 2-1, Vol. 1, U. S. Army, Washingtong, DC, 1952)

后表面成像的反射镜经常用于中等孔径的天文摄像望远镜中折反射式系统的主镜和次镜。很明显,对于非实心基体的反射镜以及边缘逐渐变薄或拱形背部的反射镜,是不能使用后表面成像的。

图 9.15 给出了一个后表面反射式凹面反射镜，其作用是对远距离物体形成一个正常的图像或主像。由于被后表面反射镜反射的光线必须通过反射镜的前（折射）表面才能到达反射面，所以前表面会形成一个鬼像。如果光学系统的焦深包括有正常的像和鬼像，并且鬼像强度相对于主像足够大，就会观察到双像。Yoder（2008）阐述过计算平面和曲面反射镜两个图像的间距及其相对强度。

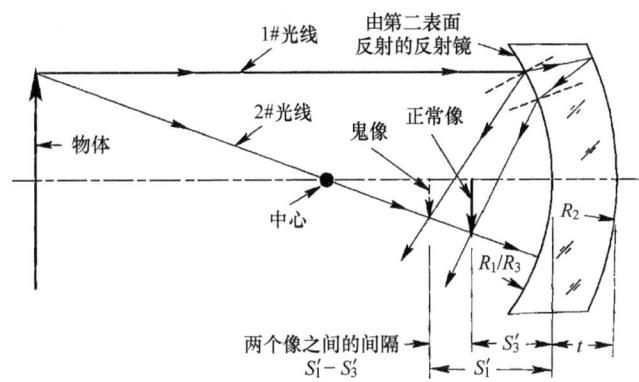

图 9.15　由同心球面（后表面反射）弯月反射镜前表面形成的鬼像
（资料源自 Kaspereit, O. K., *Design of Fire Control Optics ORDM* 2-1, Vol. 1, U. S. Army, Washingtong, DC, 1952）

9.3　小反射镜的半运动学安装技术

正如本卷第 8 章开始和第 10 章所述，在选择小反射镜的安装方案时，最好研究一下运动学基本原理。必须把反射镜看作柔性平板，除非与其他外形尺寸相比，反射镜相当厚。本卷 8.1 节，讨论了确定棱镜安装是否合适的一些因素。由于棱镜的应用类似反射镜，所以在此重复阐述下列因素：反射镜本身的刚性；反射面的移动和变形允差；工作期间将反射镜压靠在安装面上的静态力的大小、位置和方向；如果是暴露于极端的冲击和振动环境中，驱使反射镜压向或脱离安装面的瞬时力；热效应；反射镜上安装面的形状；镜座上安装表面（衬垫）的尺寸、形状和方向及镜座的刚性和长时间的稳定性。设计必须再次兼顾到装配、调整、维修，包装的尺寸、重量和外形的限制，并且可以实现。

图 9.16 给出了一种将平板玻璃反射镜固定到金属表面上的相对简单的方法。使用三个弹簧夹将反射面压靠在三个经过加工（研磨）的平的共面衬垫上。弹簧的接触点正对着衬垫，从而使弯曲力矩最小。这种设计约束了一个平动和两个倾斜。定位弹簧夹的隔圈要加工到合适厚度，使弹簧夹按控制的量施加夹持力（预载），并且垂直于反射镜。

弹簧夹要设计得足够刚性以抑制反射镜可能遭受的最激烈的冲击和振动。通常，将它们设计成悬臂梁形式，其长度等于固定结构（图 9.16 所示的螺钉）的边缘与反射镜上接触区最近边缘之间的距离。为了给预载设置上限，经常使安全系数 $f_S = 2$，即预载超出要克服动态载荷所需力的 2 倍。再次使用式（4.10b）（下面重新列出）计算所有弹簧夹需要的总预载 P：

$$P_A = W f_S a_G \tag{4.10b}$$

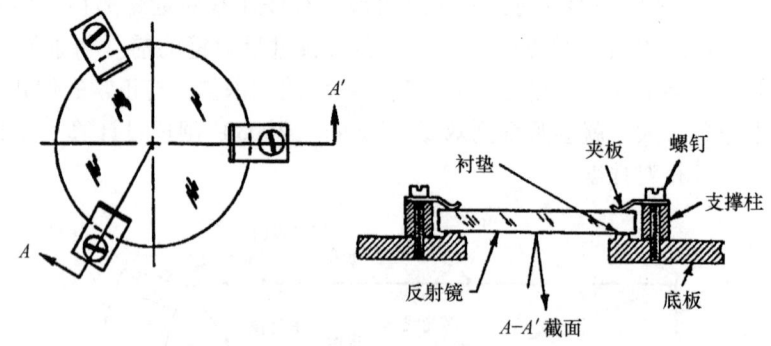

图9.16 使用三个弹簧夹将平面反射镜安装在一块底板的共面衬垫上
(资料源自 Durie, D. S. L., *Mach. Des.*, 40, 184, 1968)

在这种情况下，式中 W 是反射镜重量。如果有 N 个弹簧夹，每一个都应提供 P/N 个单位的力。为了方便，再次利用式（4.24）以确定每个弹簧夹为了施加一个特定预载所需要的变形：

$$\Delta = \frac{(1-\nu_M^2)4PL^3}{E_M bt^3 N} \quad (4.24)$$

式中，ν_M 是弹簧材料的泊松比；P 是预载；L 是弹簧（悬臂部分）的自由长度；E_M 是弹簧材料的杨氏模量；b 是弹簧宽度；t 是弹簧厚度；N 是使用的弹簧数目。

由如下公式计算由于施加的弯曲而在悬臂弹簧内产生的应力 S_B：

$$S_B = \frac{6PL}{bt^2 N} \quad (4.25)$$

所有参数的定义与前面一样。注意到，如果采用不需要打孔的方法将弹簧固定在镜座上，则 S_B 应减少 3 倍。

在图 9.16 所示的设计中，并没有采取专门措施，而仅依靠摩擦力来限制反射镜在衬垫上的横向移动和绕着法线旋转。由于一块平面反射镜对这些运动并不敏感，所以这样设计是可行的。如果增加一个光阑，或者如果反射镜是圆形的，保证支撑件的尺寸与反射镜的间隙实现最小配合就可以避免光学件有过量的横向移动。如果反射镜刚好与组件光阑相触，就必须考虑热膨胀系数的差别。

图 9.17 给出了 Durie（1968）提出的一个不太理想的安装设计，反射镜边缘直接放在底板上一个环形支撑面上。如图 9.17 所示，弹簧夹施加夹持力，但是，除非支撑面能像反射镜一样平，否则，该表面上处处都会有小的凹凸不平，由此会产生弯曲力矩，反射面可能变形。类似的凹凸不平也可能来自于反射镜和安装面之间的外来物质（如灰尘）。与光学零件-镜座连续接触相比较，发生这种局部"小衬垫"效应的可能性非常小。

如果要将平面形状的前表面反射镜安装在一个没有打孔的底板上，有时候需要采用图 9.18 所示的结构。在这种设计中，压板是实体的，所以不会弯曲。将三个由柔性材料（如氯丁橡胶）制成的小衬垫安装在反射镜下方，正对着压板的位置，就在镜座内设计了一种弹性，同时在反射镜四周形成了一种三点悬空支撑。为了适应反射镜的厚度变化，往往要对该衬垫加压。也可以将柔性衬垫放置在反射镜表面与压板之间，为了避免因接触区没有对准而产生反射镜的过分变形，必须使底板支撑面非常平，或者升高衬垫。有时可以考虑使用

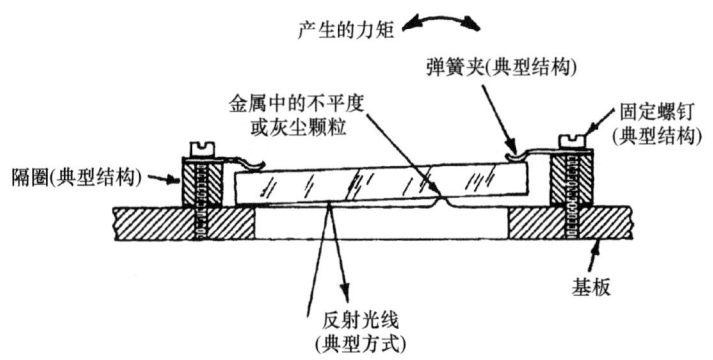

图9.17 一个不太理想、没有使用衬垫就将平面反射镜安装在一块底板上的设计。
表示界面上存在灰尘颗粒时产生的影响
（资料源自 Durie, D. S. L., *Mach. Des.*, 40, 184, 1968）

如聚酯带（Mylar tape）之类的薄塑料带作为这种衬垫，尽管这类材料的弹性不是非常好。如果是这种情况，设计中必须考虑反射镜基板的楔形。该安装方式的缺点是，一段时间以后，这种弹性材料可能会永久性变形或变得相当僵硬以至于使预载发生变化。

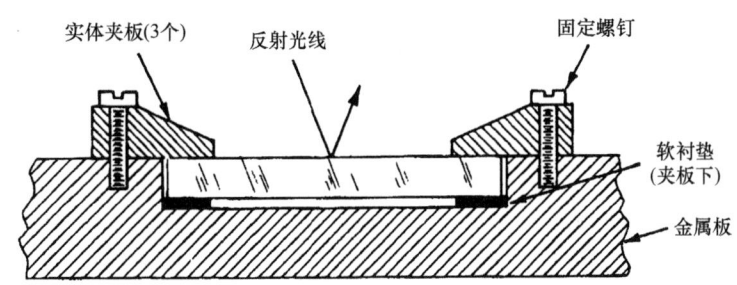

图9.18 利用弹性垫圈和实心压板将平面反射镜安装在一块底板上的技术

圆形、矩形或非对称性反射镜常常可以像透镜一样安装。使用螺纹压圈能够夹持直径大至6in（15.2cm）的圆形反射镜。对螺纹安装技术，外径尺寸（OD）受限的主要原因是随着孔径增大，高质量的薄圆形压圈的加工难度会不断增加。可以使用连续的（即环状的）法兰盘结构夹持更大的圆形反射镜。有些反射镜可以使用三个或更多的悬臂弹簧夹固定。很明显，使用弹簧夹的数目取决于反射镜的尺寸，为了保持每个弹簧夹有合适的弯曲应力，较大的总预载要使用较多的弹簧夹。

图9.19 给出了一种利用固定压圈安装反射镜的概念，应用于安装小的圆形的第一表面反射镜。尽管也可以采取类似方法安装一个凹面反射镜，但是，这是一个凸球面反射镜。其反射面接触镜座中的靠缘并在定中心后利用固定压圈压紧。一般来说，固定压圈与镜座内螺纹是动配合，因此，如果反射镜具有大的楔形角，则自身就可以与反射镜对准。在反射镜的抛光面上形成切向接触。如果该表面的半径足够短，由于轴向力径向分量平衡的结果（见图4.9），该透镜能够与镜座的机械轴自动定中心。然而，这并不适合长半径透镜表面的情况。假设是图9.19所示的情况，利用三个临时径向定位螺钉使反射镜与镜座外径定中心，然后，定做能满足目前间隔的曲面隔圈，对称放置在反射镜周围三个定位点。这些隔圈应当同心，且位于反射镜重心（CG）平面轴上位置或附近。固定压圈拧紧后就可以产生预紧力，

然后去除定心螺钉。为了避免隔圈在冲击或振动环境下产生位移，一旦组件完成装配，将环氧树脂胶填充在镜座壁上隔圈名义中心位置处的三个小孔内。图中所示隔圈的外径上都有一个很浅的圆形凹坑，从而为环氧树脂正确固定隔圈提供空间。注意到，由于径向隔圈是在透镜定心之后定做配装在所选定的位置空间，所以，反射镜外径无须严格的公差。

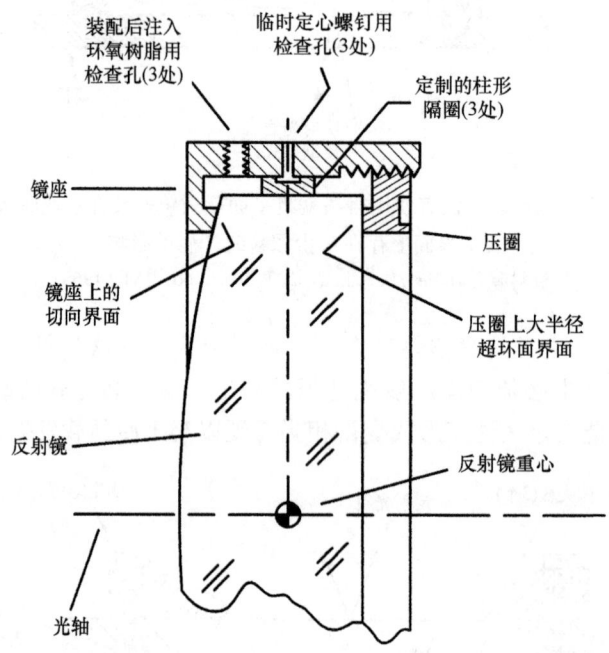

图 9.19 使用螺纹固定压圈将一个前表面凸反射镜安装在镜座中的概念性结构布局。利用三个径向临时推拉螺钉对光学表面定中心后，将三个定制隔圈插入到反射镜侧面周围三个位置

图 9.20 是更为常见的第一表面凹反射镜的安装概念。如 4.7 节所述，在反射镜第二凸面上设计切面接触面（锥面）。固定压圈设计为凸超环面形状，以便适应反射镜平面倒边的界面。

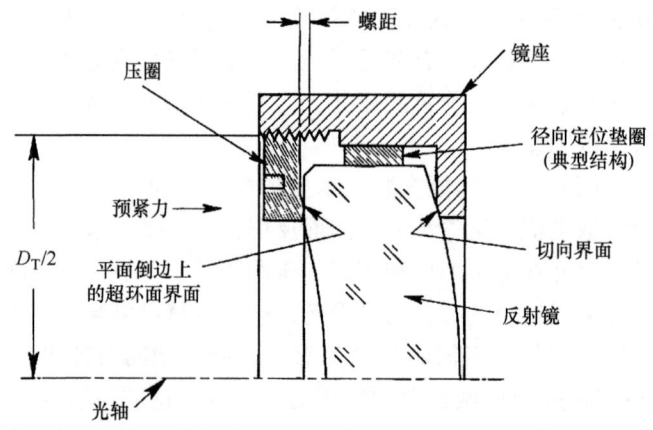

图 9.20 使用螺纹压圈安装一个后表面反射式弯月形反射镜的概念性结构布局
（资料源自 Yoder, P. R., Jr., *Mounting Optics in Optical Instruments*, 2nd edn. SPIE Pres, Bellingham, WA, 2008）

第9章 小型反射镜的设计和安装技术

应当注意,由于光学零件和机械零件具有不同的膨胀或收缩系数,所以,对于本章讨论的这类及其他的所有反射镜安装镜架,温度变化都会对径向定位垫圈的配合和轴向预紧力的持久性带来一些问题。显然,选择热膨胀系数非常接近反射镜热膨胀系数的金属零件,可以使该问题大大得以缓解。

与成像透镜的安装一样,在螺纹压圈安装设计中,如果一个规定大小的扭矩 Q 在固定的温度环境下作用在压圈上,由此产生的总预载 P 的设计值可由式(4.14)确定:

$$P = \frac{5Q}{D_T} \tag{4.14}$$

式中,D_T 是螺纹中径。

图9.21给出了另外一种安装方式,在这种情况中,小的圆形反射镜的第二表面是一个凹面反射面。反射镜的反射面压靠在一个相切的界面上,反射镜前表面的一个平的倒边与压圈的超环界面相接触,接触点出现在两侧相同的高度上。选择这些界面的形状、尺寸及压圈螺纹中的松配合,以此保证最小的接触应力,并将由安装产生的力矩造成反射镜弯曲的可能性降至最小。

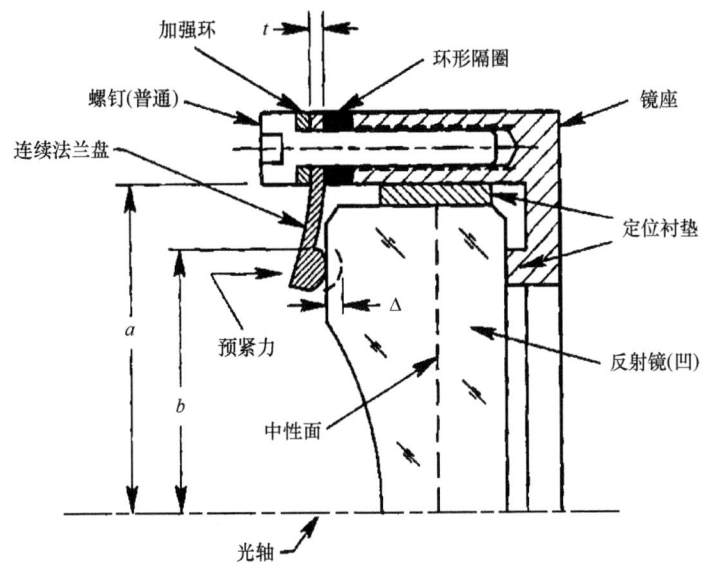

图9.21 使用圆环形连续法兰盘对前表面反射式凹面反射镜施加预载的概念性结构布局
(资料源自 Yoder, P. R., Jr., *Mounting Optics in Optical Instruments*, 2nd edn. SPIE Pres, Bellingham, WA, 2008)

图9.21所示的连续法兰盘的功能与前面叙述过的安装透镜时使用的螺纹压圈的作用基本一样。可以根据式(4.19)~式(4.21)计算出法兰盘变形量 Δ 所施加的总预载量,根据 Ypung (1989) 的研究,这种预载作用在一个圆形的带孔的板上,外边缘被固定,沿轴向的负载均匀地施加在内边缘上,使该边缘发生变形。为了方便理解,重述这些公式:

$$\Delta = (K_A - K_B)(P/t^3) \tag{4.19}$$

其中

$$K_A = 3(m^2-1)[a^4 - b^4 - 4a^2b^2\ln(a/b)]/(4\pi m^2 E_M a^2) \tag{4.20}$$

$$K_{\mathrm{B}} = \frac{3(m^2-1)(m+1)\left[2\ln(a/b)+(b^2/a^2)-1\right]\left[b^4+2a^2b^2\ln(a/b)-a^2b^2\right]}{4\pi m^2 E_{\mathrm{M}}\left[b^2(m+1)+a^2(m-1)\right]} \quad (4.21)$$

（译者注：原书错印为4.2）

式中，P 是总预载；t 是法兰盘悬臂部分的厚度；a 是悬臂部分最外侧的半径；b 是最内侧的半径；m 是法兰盘材料泊松比 ν_{M} 的倒数；E_{M} 是法兰盘材料的杨氏模量。

装配时，拧紧紧固螺钉可以使金属与金属牢固地接触，为了能产生预期的法兰盘偏转量，需要把镜座与法兰盘之间的隔圈研磨到预定厚度。现场定做隔圈可以补偿加工透镜过程中出现的厚度变化。法兰盘的材料和厚度是主要的设计变量，外形尺寸 a 和 b，以及得出的环形宽度 $(a-b)$ 可以变化，但这些参数通常取决于反射镜的直径、镜座壁厚及对总尺寸的要求。

使法兰盘弯曲部分产生的应力 S_{B} 一定不能大于材料的屈服应力 S_{Y}。在此应用式（4.20）和式（4.21）[根据 Young（1989）的公式改编]：

$$S_{\mathrm{B}} = \frac{K_{\mathrm{C}} P}{t^2} = \frac{S_{\mathrm{Y}}}{f_{\mathrm{S}}} \quad (4.22)$$

$$K_{\mathrm{C}} = \frac{3}{2\pi}\left[1 - \frac{2mb^2 - 2b^2(m+1)\ln(a/b)}{a^2(m-1)+b^2(m+1)}\right] \quad (4.23)$$

式中，f_{S} 是安全系数。对于应用这些公式所做的一些讨论，以及为了说明这些应用而进行数学计算的例子，读者可以参考本卷 4.6.3 节的内容。

与透镜一样，沿固定螺钉之间测量出的法兰盘的局部变形量 Δ 应当与螺钉处的变形量基本上相同。从而保证沿反射镜边缘有均匀的预载。如果在一个比较厚的圆环上加工出比较薄的环形区，作为法兰盘的挠性部分，就可以实现这个目的，同时也提高了法兰盘被夹持部分的刚性。如图 9.21 所示，使用一个垫圈或增强环以加强法兰盘也能够做到这一点。

增加螺钉数目有利于减少对反射镜边缘施加不均匀预载的可能性。Shigley 和 Mischke（1989）讨论过某种高压舱中在一种密封法兰盘上使用螺钉进行约束时应当有的间隔。如果将这种研究应用于反射镜安装的情况，假设螺钉个数是 N，应当满足下列关系：

$$3 \leqslant \frac{\pi D_{\mathrm{B}}}{Nd} \leqslant 6 \quad (9.19)$$

式中，D_{B} 是穿过螺钉中心的螺栓分布圆直径；d 是螺钉头的直径⊖。在光学仪器应用中，特别是如果使用一个比较硬的备用环或法兰盘夹持部位被加厚，这个判断准则就可能过于保守。建议更好地运用工程经验及可能的试验。另外，如果反射镜不太大，为了保证成功地固定法兰盘，可以使用图 4.31b 所示的螺帽。

图 9.22 给出了一个（被用作平板式分束镜的）半透半反反射镜的半运动学安装结构图。分束镜的膜系镀在前表面上，这个表面被压靠在一些小面积固定的衬垫上并在这些点的正对面，直接施加弹性预载。在此设计中，以及任何与反射镜的反射面硬性接触的设计中，该表面的位置和方向都不能随光学件的温度变化而变化。当然，温度变化造成约束的位移可能会影响到该表面的位置和方向。

⊖ 例如，如果 $D_{\mathrm{B}} = 17.0\mathrm{in}(431.8\mathrm{mm})$ 和 $d = 0.375\mathrm{in}(9.525\mathrm{mm})$，则 $24 \leqslant N \leqslant 48$。

第 9 章　小型反射镜的设计和安装技术

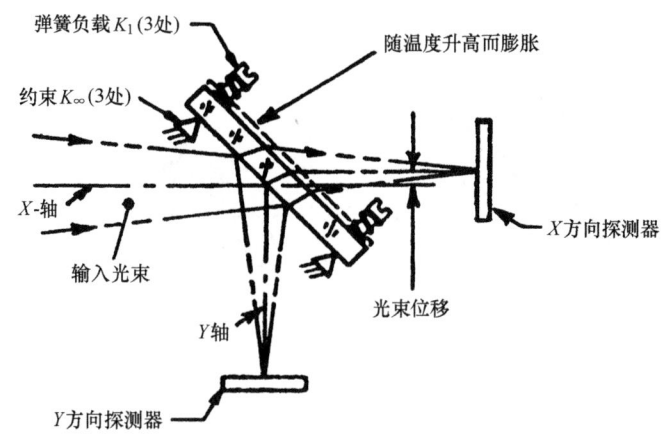

图 9.22　前表面镀膜的分束镜的安装
（资料源自 Lipshuta，M. L.，*Appl. Opt.*，7，2326，1968）

早期的许多设计中，仅通过摩擦力在径向对光学件进行约束。一般来说，一块平面反射镜的性能对这些运动是不敏感的，所以这种设计可以接受。使用弹性预载将反射镜压靠在几个固定的制动块上，可以避免光学件有过大的横向移动。如果将反射镜毫无弹性地压在硬的制动块上，就必须考虑热膨胀系数之差。

图 9.23 给出了 Yoder（1997）提出的一种安装反射镜的概念。这种设计使用一个弹性负载机构和两个固定约束，这三个约束位于与反射面平行的平面内，彼此相隔 120°，另外还有三个弹性负载机构在与反射面正交的方向上对反射镜施加预载，压靠在共面衬垫上。如果使用压缩卷簧，就可以采用悬臂夹持的方式。由于所有 6 个自由度都受到了弹性负载的约束，并且都有较小的接触面积而不是点，所以这种安装是半运动学的。

在这种设计中，由于弹簧的柔性，反射镜与衬垫间的界面是自对准的。确实可以假设在整个衬垫的接触面上都密切接触。在没有这种柔性的设计中，如果衬垫没有理想地与反射镜表面对准，那么在玻璃和衬垫边缘之间就会出现局部的线接触，因而会出现应力集中，伤害到反射镜的光学图像质量。从产生应力的观点，如果将衬垫加以改进，变为曲面的接触表面，就可以消除这个潜在的问题，设计就更有确定性。图 9.23a 给出了在悬臂弹簧上设计的球面衬垫。因此，在预载作用下，由于金属与玻璃间存在局部的弹性变形，因此在与反射镜的界面上会形成小的圆形接触区。

有几家供应商出售的一种小反射镜镜座就有一个圆柱形的腔体，其内径要比被安装的圆柱形反射镜的外径稍大，该镜座如图 9.24 所示。在图示的镜座下方有两根塑料棒插在镜座壁中，反射镜的侧边靠在两根塑料棒上。两根塑料棒彼此平行，且平行于腔体的轴。镜座顶部的塑料固定螺钉稍微施加一点径向预载，将反射镜压靠在下面的塑料棒上。应当采用最小的预载力使反射镜的背侧接触靠缘以避免反射镜变形。塑料零件沿反射镜径向的适应性有助于避免温度变化对反射镜造成伤害或使反射镜变形。经常使用的塑料零件材料是迭尔林（聚甲醛树脂）或尼龙。

通常，不会使用图 9.24 所示的塑料压圈，原因是，如果使用了非理想的靠缘而产生过量约束，轴向预紧力就很容易使反射镜变形。值得注意的是，从安全角度出发，使用压圈还是有利的，将压圈旋进镜座中足够长一段距离，万一反射镜和镜座前倾时还可以起到制动块

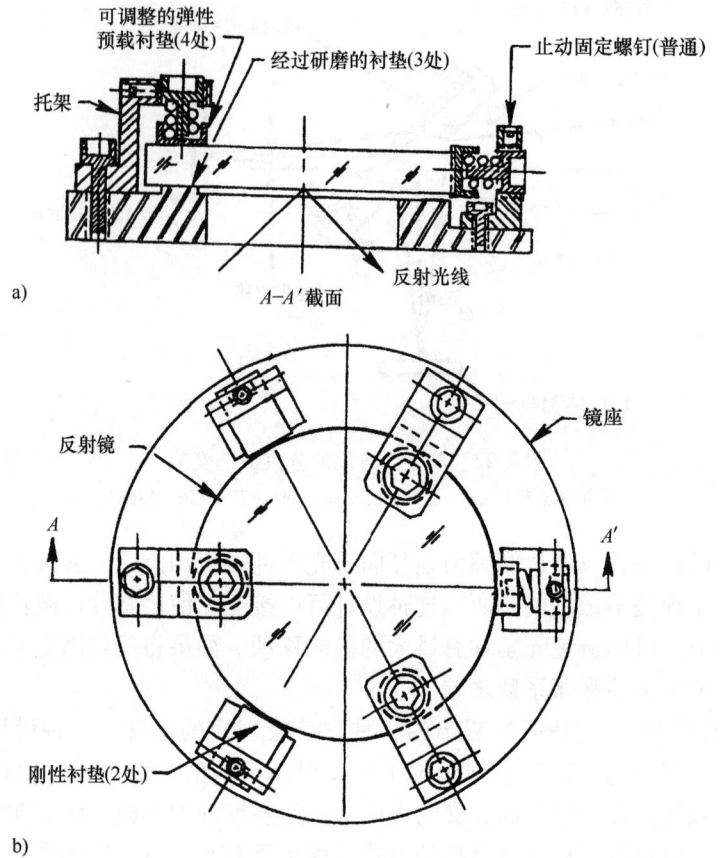

图 9.23 半运动学弹性安装反射镜的概念
a) 侧视图 b) 俯视图
(资料源自 Yoder, P. R., Jr., Optical mounts: lenses, windows, small mirrors, and prisms, in Hnadbook of Optomechanical Engineering, Ahmad, A. Ed, CRC Press, Boca Raton, FL, 1997)

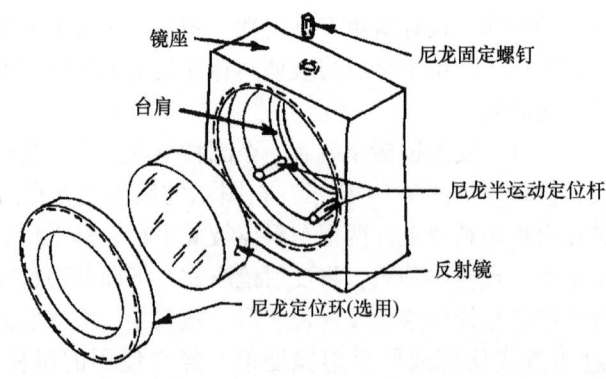

图 9.24 一种典型的民用小反射镜的安装。其特点是，一个弹性固定螺钉以 V 形支架的方式将光学件的侧边压靠在两个平行的弹性定位销上。最好使用一个压圈作为安全约束，而不是提供轴向预载
(资料源自 Vukobratovich, D., Introduction to optomechanical design, SPIE Short Course SC014, 2014)

的作用,但旋进不能太多,避免正常使用时对反射镜施加大的轴向力。

Vukobratovich(2014)建议使用一种运动学安装结构,如图9.25所示,沿边缘安装一块矩形反射镜。反射镜的背面支撑在三个点上,两个点位于反射镜下端两个角上,一个点在顶部中间。在垂直方向,反射镜支撑在两个点上,每一个点距离边缘都是0.22a。其中,a是反射镜长边(水平方向)的长度。如此设计会使由重力造成的反射镜变形降至最小。注意到,并没有对反射镜的背后支撑施加预载,在垂直方向起作用的唯一预载是自重。如果底部支撑放置得稍微靠前一点,没有位于包含重心的平面内,就会施加一个倾覆力矩。该力矩很容易将反射镜压靠到顶部后支撑上。若没有摩擦力,反射镜很容易在底部两个支撑点上滑动,直到与底部两个背部支撑点相接触。如果将点接触改变成小的面接触,设计成半运动学方式,摩擦力将会起作用,不能保证反射镜与背部底端的支撑相接触。若有意地从外部施加一个水平力使反射镜移动,就能实现与这些支撑的接触。增加垂直方向和正交水平方向的预紧力应当能够提供更积极有效的控制。

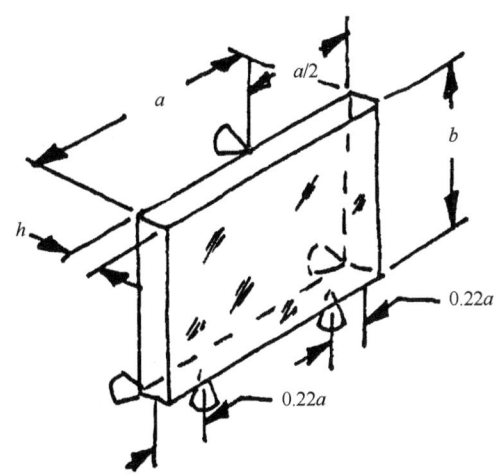

图9.25 沿一块矩形反射镜边缘支撑,对其实现运动学安装的示意图,但并未显示出轴向预紧力
(资料源自 Vukobratovich, D., Introduction to optomechanical design, SPIE Short Course SC014, 2014)

正如本卷前面所指出,每当一个光学件(如一块反射镜)受到预载力而压靠到对面侧的基准面或表面上时。其优点在于,施加的预载力垂直于光学表面,并且使力的作用线通过光学材料直接指向位于光学件另一侧的某种特定形状的垫圈中心。图9.26给出了采用这类方式对反射镜进行轴向约束的一种典型布局。图a中,因为具有正确的界面设计,反射镜受力却没有变形。图b中,衬垫没有与作用力对准,反射镜受到一个力矩的作用,如图所示,反射镜趋于变弯。

图9.27a给出了安装在NASA大地测量卫星(GEOS)卡塞格林望远镜中的次反射镜结构。其主镜的孔径是12.25in(31.1cm),次镜孔径是1.53in(3.9cm)。本卷7.5.3节已经详细讨论过该望远镜的结构设计。

Hookman(1989)介绍过一种使用美国康宁公司生产的超低膨胀材料(ULE)制成的次镜。这种反射镜安装在因瓦合金材料的镜座中,在径向和轴向分别受到由RTV566材料制成的垫圈的支撑,并被压靠到三个0.002in(0.05μm)厚的聚酯薄膜(Mylar)垫圈上,而这

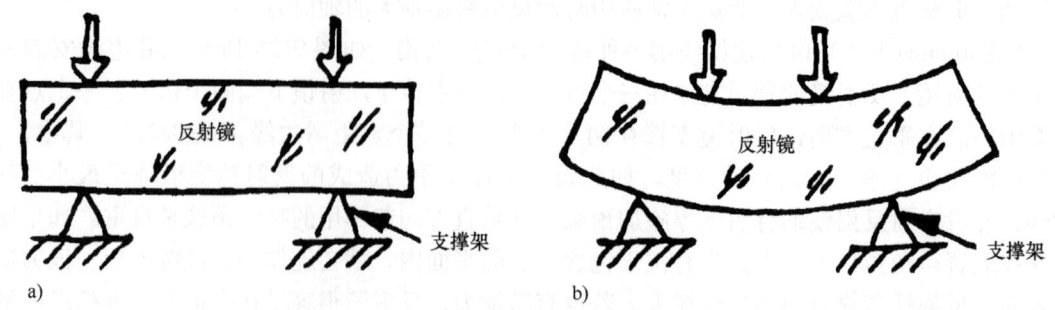

图 9.26 作用力位置对反射镜变形的影响的示意

a) 约束反射镜时,作用力和支撑点正确相对 b) 由于作用力指向支撑点之间,所以,一个弯曲力矩施加在反射镜上

(资料源自 Vukobratovich, D., Introduction to optomechanical design, SPIE Short Course SC014, 2014)

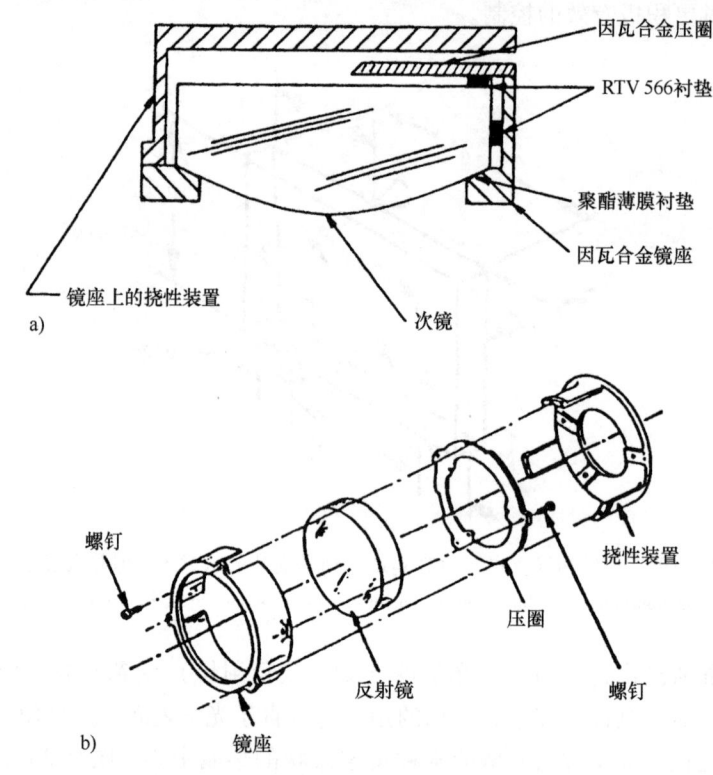

图 9.27 大地测量卫星 (GEOS) 中望远镜次镜的安装

a) 局部剖视图 b) 分解图

(资料源自 Hookman, R., *Proc. SPIE*, 1167, 368, 1989)

些垫圈在反射镜孔径四周等间距分布 (见图 9.27b)。为了避免垫圈移动,使用环氧树脂将它们黏结到位。径向使用的 RTV 垫圈直径是 0.200in (5.1mm)、厚是 0.01in (0.25mm),轴向使用的垫圈有同样直径,但厚度是 0.025in (0.64mm)。使用三个螺钉将因瓦合金压圈安装在镜座的端部,如分解图所示。当次镜落靠到镜座上时,固化后的轴向 RTV 衬垫被压缩了 0.002in (0.05mm),实现对部件大约为 2.15 lbf (9.6N) 的预载力。通过轴向调整使径向衬垫位于反射镜的中性面内。

一般来说，因瓦合金反射镜镜座与铝安装壳体的热膨胀系数有较大差别，为了将这种差别造成的温度影响降到最低，将镜座放置在三个挠性叶片的端部，而这些叶片是整体加工在6061-T6 铝镜座中。挠性叶片长为 0.5in（12.7mm）、宽为 0.32in（8.1mm）、厚为 0.20in（0.5mm）。温度变化不会影响反射镜的径向位置或倾斜。

9.4 反射镜的黏结安装技术

9.4.1 反射镜背面的单点和多点黏结安装技术

在小反射镜的安装中，可以使用黏结剂将玻璃与金属黏结在一起。这种设计技术简单紧凑，同时能够提供足够的机械强度，经受得起大部分军用和航天应用环境中的剧烈冲击、振动和温度变化。因为该技术应用简单，如果操作正确，可以可靠工作，所以常应用于不是非常精密的仪器中。

本卷 8.4.1 节列出了（棱镜）玻璃-金属黏结技术的关键因素：黏结剂本身的性质，黏结层厚度，被黏结表面的清洁度，被黏结材料热膨胀系数的差异度，黏结区域的尺寸，黏结部件的工作环境，以及完成黏结的工艺水平。这些方面也可应用于反射镜黏结。通常，采用薄的环氧树脂层或厚的聚氨酯黏结剂黏结反射镜。表 3.26 列出了通常用于该目的的黏结剂及主要性质。一般来说，应当按照厂家的推荐，使用和固化这些黏结剂的工艺操作，除非有特殊的应用需求。本卷 8.4.1 节阐述了棱镜安装过程中正确实现黏结层厚度的方法，也适用于反射镜安装。对于重要应用，比较明智的做法是通过实验验证选择黏结剂和使用方法。

可以将外形尺寸约达 6in（15cm）的前表面反射镜的背侧直接黏结到机械支架上。最大的端面尺寸与反射镜厚度之比应当小于 6:1，以便安装应力、加速度的影响和固化期间黏结剂的收缩或者极端温度条件下支架的微量膨胀或收缩不会造成光学表面变形。图 9.28 所示的就是这种设计。反射镜的材料是 BK7 玻璃，直径为 2in（5.1cm）、厚为 0.33in（0.84cm），两者之比为 6:1；重约为 0.09 lb（0.040kg）。安装基座是不锈钢 416，并且有一个圆形的凸台用于黏结反射镜。设计目的就是在给定的安全系数条件下，确定该黏结（凸台）面积多大才能承受所要求的冲击量级或振动加速度。

本卷 8.4 节已经介绍过如何设计一块合适的黏结面积，从而将一块棱镜牢固地黏结在机械镜座上。这些讨论也可以应用到反射镜上。为了方便读者，在此，重述该节中有关计算最小黏结面积的重要内容。

根据 Yoder（1988）研究，最小黏结面积 Q_{MIN} 由下式确定：

$$Q_{MIN} = \frac{W a_G f_S}{J} \tag{8.8}$$

式中，W 是光学零件的重量；a_G 是最恶劣条件下的加速度系数；f_S 是安全系数；J 是黏结区的抗剪强度或抗拉强度（通常，近似相等）。

安全系数至少是 2，考虑到一些未预测到的非理想工作条件等因素的影响。例如，操作过程中清洁度不够，安全系数可能要等于 4。应当注意到黏结层厚度（与反射镜厚度相比，总是很小），式（8.8）中并没有包含黏结剂的杨氏模量 E 及其泊松比。如果黏结层较厚，这些参数会影响反射镜的性能。

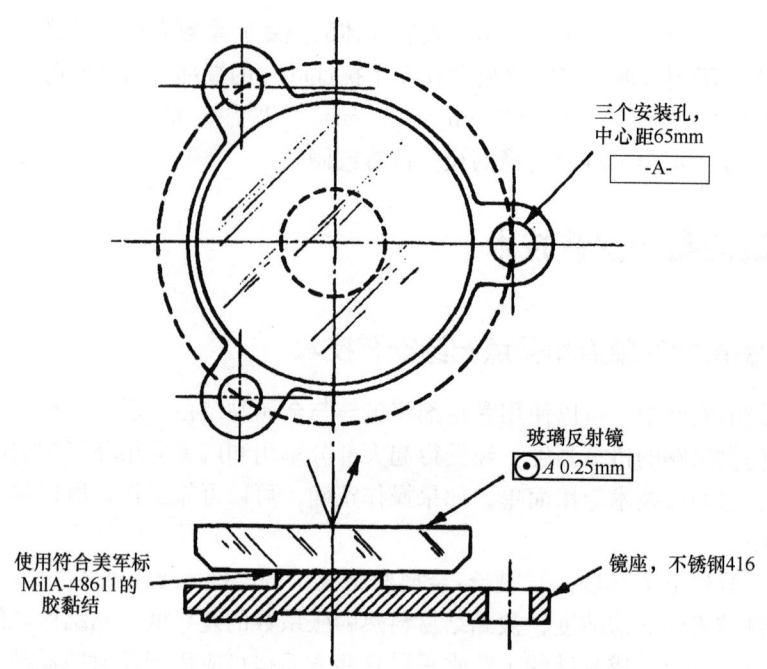

图 9.28 一个前表面反射式平面反射镜组件，反射镜的后表面被黏结在镜座法兰盘的一个平面衬垫上
(资料源自 Yoder, P. R., Jr., *Proc. SPIE*, 531, 206, 1985)

由于固化（体缩）和温度变化期间（收缩或膨胀取决于变化的符号），黏结层的尺寸变化正比于被黏结的共面面积，所以黏结面积不要太大。如果为了夹装一个很重的反射镜，必须使用较大的黏结总面积，可以将它分成多个小的黏结区，如三角形、圆环形或其他任意形状。设计实例9.4 和图9.29所示进一步解释了这类设计。

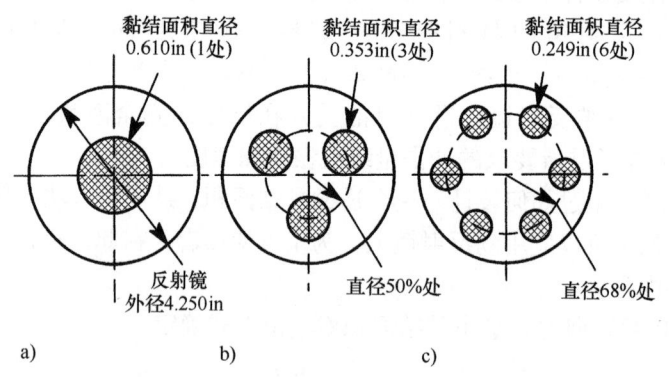

图 9.29 根据设计实例9.4，按照相同的比例给出前表面反射镜（直径 D）背面上具有相等总黏结面积的布局图
a）一个中心黏结点 b）50%位置处以等边三角形分布的三点黏结 c）在68%半径处以环状形式分布的六个黏结点

Genberg（1997）和 Vukobratovich（2014）指出，由于面外刚度的变化和热膨胀系数是其泊松比的函数，所以环氧树脂胶和人造橡胶具有不同的黏结性质。一般来说，环氧树脂胶的 ν 值约为0.43，而人造橡胶的 ν 值达到0.4999。在整个 ν 值范围内，面内（剪切）刚度几乎相同。

> **设计实例9.4 小型反射镜的单点和多点黏结安装技术**
>
> 一块圆形平面微晶反射镜直径为4.250in（107.950mm），厚度为0.708in（17.983mm），用3M EC2216B/A黏结剂黏结到一块金属基板上。若安全系数取4，黏结后的组件要承受高达 $a_G=200$ 的冲击。微晶玻璃的密度为0.091 lb/in³（2.53g/cm³）。假设黏结剂的黏结强度 $J=2500$ lbf/in²（17.24MPa）。请问：最小黏结面积 Q_{MIN} 和直径 D 应是多少？（a）单点黏结；（b）按照等边三角形排列的三个等大小黏结点的每个点；（c）反射镜半径68%位置处，按照圆形排列的六个等大小黏结点的每个点。
>
> **解：**
>
> 反射镜重量 $W=[\pi \times (4.25/2)^2 \times 0.708 \times 0.091]\text{lb}=0.914\text{ lb}(0.416\text{kg})$
>
> （a）由式（8.8），单点黏结时有
>
> $$Q_{MIN}=[(0.914\times 200\times 4)/2500]\text{in}^2=0.293\text{in}^2(1.877\text{cm}^2)$$
>
> 黏结点直径是
>
> $$D_1=[2\times(0.293/\pi)^{1/2}]\text{in}=0.611\text{in}(15.514\text{mm})$$
>
> （b）三点黏结，每个黏结点的面积是
>
> $$Q_{MIN}/3=0.293\text{in}^2/3=0.098\text{in}^2$$
>
> 每一个黏结点的直径是 $[2\times(0.098/\pi)^{1/2}]\text{in}=0.353\text{in}(8.957\text{mm})$
>
> （c）六点黏结，每一个黏结点的面积是
>
> $$Q_{MIN}/6=0.293\text{in}^2/6=0.049\text{in}^2$$
>
> （译者注：原书公式错印为0.293/3）
>
> 每一个黏结点的直径应是 $[2\times(0.049/\pi)^{1/2}]\text{in}=0.249\text{in}(6.334\text{mm})$
>
> 注：单点和多点黏结区域应当设计在反射镜背面，如图9.29所示，按照相同的比例绘制。

Hatheway（1993，2007）验证了较厚黏结层在冲击、振动及温度变化而使黏结剂和黏结后材料产生微小热胀冷缩所具有的能力。图9.30给出了一种典型的硅橡胶黏结剂——康宁3110，其黏结刚性系数随厚度-直径比 t/D 变化。Hatheway的分析和实验报告指出，使用较厚的上述黏结剂能够黏结极薄的小型反射镜（$D/t=6$），并且成功应用于冲击、振动和温度变化等不利条件而丝毫没有黏结故障或使反射镜出现过大的形变。例如，图9.31给出了一对边长为1.000in（25.400mm）、厚度为0.125in（3.175mm）的正方形BK7玻璃反射镜，$D/t=8/1$，用DC3110硅橡胶黏结。Hatheway比较了三种金属支架：铝6061-T651、不锈钢316和钛6A1-4V。在±30℃（±54℉）温度范围内，反射镜变形量不大于1/4波长。其中，工作波长为1.55μm，上述每种金属的黏结层厚度分别是0.085in、0.039in和0.012in（2.159mm、0.991mm和0.305mm）。与通常使用环氧树脂胶黏结厚度约为0.004in（0.102mm）相比，这种黏结层厚度分别约比其厚21、10和3倍。上述设计进一步验证了足够高的自然频率，远超出准备应用的黏结组件的驱动频率。

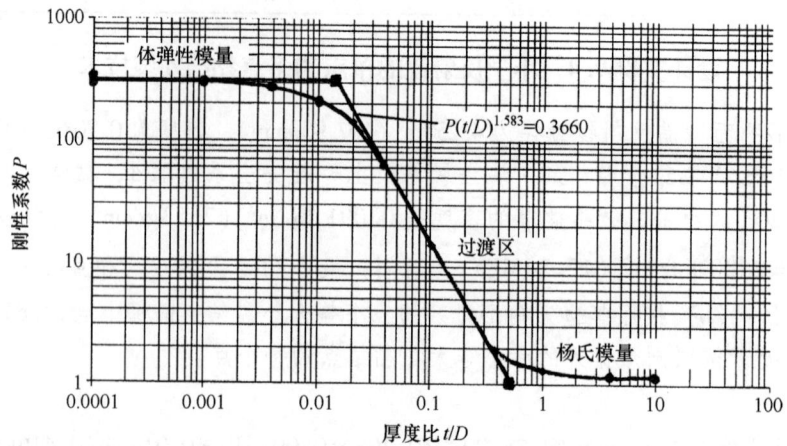

图 9.30　表示硅橡胶黏结层刚度与黏结层厚度—黏结层直径之比 t/D 函数关系的图表
（资料源自 Hatheway, A. E., *Proc. SPIE*, 6665, 2007）

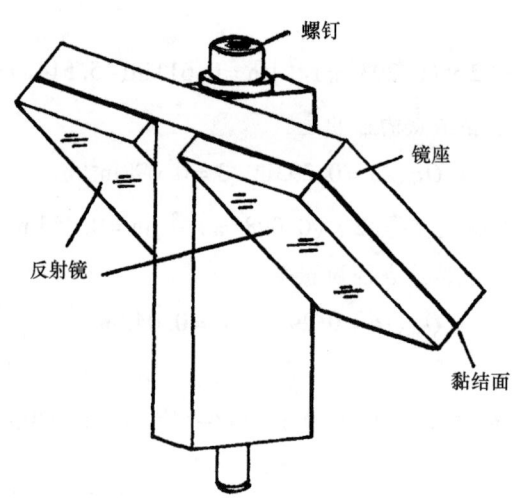

图 9.31　采用较厚的硅橡胶层将一对正方形薄玻璃反射镜黏结到金属支架上。比较了铝、不锈钢和钛支架的应力随温度的变化
（资料源自 Hatheway, A. E., *Proc. SPIE*, 6665, 2007）

9.4.2　环形黏结安装技术

　　4.8 节讨论过使用圆环状弹性材料将透镜侧面固定⊖到圆柱形镜座中。这种技术可以看作是黏结技术的一种改进型；就像应用在透镜中一样，该技术也可以很好地应用于小型和中型反射镜的安装。图 9.32 给出了这种安装。弹性材料充满反射镜与镜座内径间的整个厚度空隙 t_E，类似本卷图 4.51 所示。可以应用式（4.25）或式（4.26）确定 t_E，令径向近似实现消热设计。再利用式（4.27）和式（4.28）估算由于自重或径向加速度造成的反射镜径向偏心量的大小。使用该技术还可以安装矩形反射镜。

　　⊖　此处采用的工艺经常称为灌封工艺，意味着利用黏结环封装透镜侧面。

第9章 小型反射镜的设计和安装技术

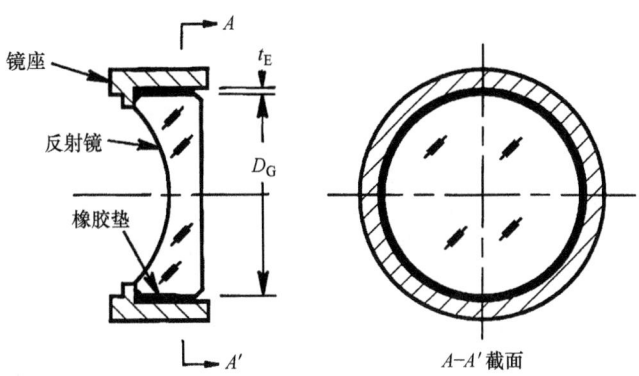

图9.32 采用图4.43所示的安装透镜的方法，使用一个弹性圆环将前表面凹反射镜安装在镜座中的结构布局

图9.33a 给出了由 Mammini 等人（2003）开发的另外一种技术，是将反射镜弹性安装在镜座中的技术。反射镜的尺寸如图所示。在反射镜外径和镜座内径之间的间隙内，安装12块弹性垫圈。在这种设计下，反射镜的材料是熔凝石英（$a_G = 0.5 \times 10^{-6}$），镜座材料是科瓦铁镍钴合金（Kovar）（$a_M = 0.55 \times 10^{-6}$），弹性垫圈材料是 DC6-1104 硅橡胶（$a_E = 261 \times 10^{-6}$）。根据式（4.27），弹性垫圈的名义"消热"厚度是0.914mm（0.036in）。衬垫边缘的尺寸（如果是方形）或直径（对于圆形）是d_E，是一个设计参数。

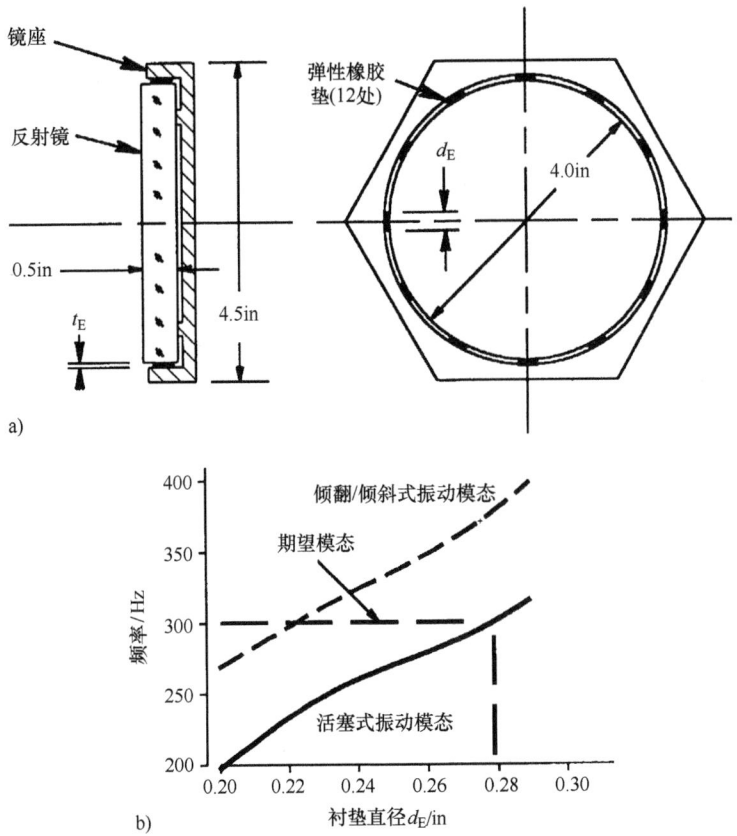

图9.33 a）采用边缘安装方式将一块平面反射镜固定在多个（12）弹性衬垫上。衬垫尺寸是d_E，厚度是t_E b）这种形式的反射镜安装在活塞振动模式和倾斜/倾翻振动模式下的基频曲线

（资料源自 Mammini, P. et al., *Proc. SPIE*, 5176, 26, 2003）

据 Mammini 等人（2003）介绍，对该设计进行振动模态的有限元分析表明，活塞振动模式（译注：据原书作者进一步的解释，这种模式是垂直于反射镜表面的振动，类似发动机中活塞的运动，所以称为活塞振动模式）和倾斜/倾翻振动模式的基频随 t_E 变化。图 9.33b 所示利用参考文献中引出的数据点将这些变化进行了样条拟合。应用要求这些频率至少是 300Hz。长的竖线表明，d_E 至少应当是 0.28in（7.11mm）。实际使用的厚度是 0.289in（7.34mm）。热分析表明，10℃ 的温度变化会在整个反射镜表面形成小于 1/300 个波长的不共面的表面变形，波长是 633nm。

Vukobratovich（2014）介绍了一种径向约束圆形透镜或反射镜的技术，将一片薄聚酯薄膜放置在光学件外径和镜座内径之间（见图 9.34）。在三个地方将这种薄膜穿孔，并且使这些孔与穿过镜座壁的径向通孔相对准。通过这些孔注入 RTV 化合物，直到反射镜的侧边。固化后形成的 RTV 衬垫就会防止反射镜绕着它的轴旋转（即时钟旋转），并在径向约束光学件。

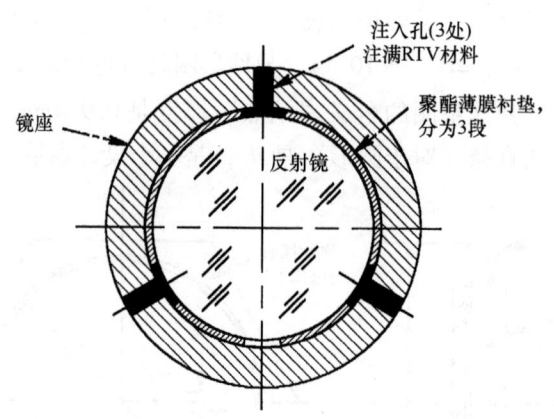

图 9.34　一种反射镜安装概念，通过镜座壁上的三个孔及聚酯薄膜在径向对应的三个孔注入弹性材料（RTV），形成三个弹性衬垫

（资料源自 Vukobratovich, D., Introduction to Optomechanical Design, SPIE Short Course SC014, 2014）

Doyle 等人（2012）详细讨论了用于黏结光学元件的黏结剂的机械性质对组件结构性质的影响，为有限元技术中对这些黏结部位建模提供了有益指导。

9.5　小反射镜挠性安装技术

本节，讨论几个将反射镜安装在挠性机构上的典型例子。主要原因有两个：第一，避免由于反射镜及其安装镜座具有不同的热膨胀系数而造成反射镜变形；第二，能够以基本上无应力的方式使曲面光学表面的顶点与光轴同轴。

图 9.35 给出了采用一种共面挠性安装的原理将圆形反射镜安装在镜座中。镜座悬挂在三个挠性叶片上。曲线箭头表示每一个挠性叶片单独起作用时的运动方向。如果是理想状态，这些自由（运动）的线应当相交于一点［如反射镜基板的中心（CG）］，挠性长度是相等的，三个挠性叶片的固定端形成一个等边三角形。这种挠性系统的功能可以解释如下：如果没有 C，挠性叶片 A 和 B 的组合作用就只能允许反射镜绕着点 O 旋转。其中，点 O 是挠

性叶片 B 与挠性叶片 A 的延长线的交点。与 C 共面，由于 C 在该方向上是刚性的，所以绕点 O 旋转是不可能的。

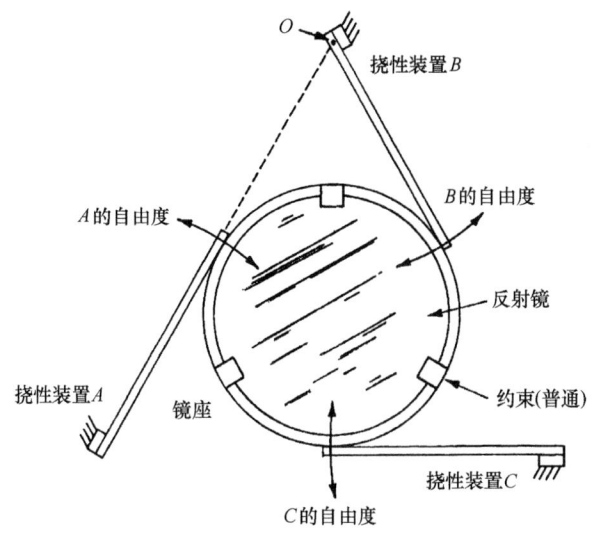

图 9.35　共面（径向）挠性安装一个圆形反射镜的概念性示意图

虽然从这个前视图上看得不明显，但是叶片可能有足够的弯曲强度从而避免反射镜沿其法线方向平动，否则就需要施加轴向约束。均匀的温度变化会造成部件中的所有零件热膨胀，反射镜的径向运动受到抑制，但不会在反射镜内产生应力。由于热膨胀或收缩，造成反射镜的唯一运动方式是绕着一条法线（该法线通过三条自由运动线的交点）有小的旋转。主要原因就是挠性叶片的长度会稍有变化。可以由公式 $\theta = 3\alpha\Delta T$ 近似得到该旋转量 θ，单位是°。其中，α 是挠性材料的热膨胀系数，单位是 ppm/℉（译者注：原书错印为 ppm/°）；ΔT 是温度变化。如果挠性材料是铜化铍合金，热膨胀系数是 9.9ppm/℉，$\Delta T = \pm 20$℉，则 $\theta = 1.2'$。大多数应用中，这种旋转是无足轻重的。

图 9.36 给出了一种完全不同的黏结技术（Høg，1975）。一块圆形反射镜黏结在三个平的挠性叶片上，接着使用螺钉、铆钉或黏结剂等机械方法，将它们固定到一个圆柱或圆管上，圆柱直径基本上与反射镜直径相同。挠性叶片是平的，所以可以在径向弯曲以适应不同的热膨胀系数。它们采用一样的自由长度和材料，因此由于热感应产生的倾斜会降到最小。为了能够得到足够的接触黏结面积，以及避免挠性叶片被弯曲成圆杯形，需要将反射镜和镜座上固定挠性叶片的局部区域加工成平面形状。在挠性叶片能够满足振动和冲击要求的同时，应当尽可能地减轻重量，同时

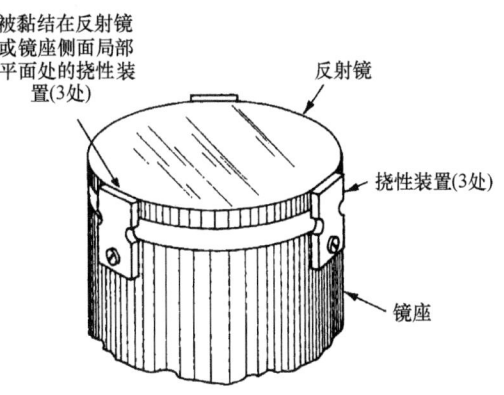

图 9.36　一种"端部安装技术"的概念性视图，使用径向挠性装置安装一块圆形反射镜

(资料源自 Hog, E., *Astron Astrophys*, 4, 107, 1975)

要具有柔性。这种安装结构可以用于支撑成像反射镜及平面反射镜。尽管温度会有变化，但该设计还是趋于使光学件保持同心（或共轴）。

图 9.37 给出了安装所谓的"蘑菇形反射镜"的技术。这种反射镜的背面上有一个突出的圆柱台或圆柄，并与反射镜同心。这个圆柄是反射镜整体的一部分，或者是使用黏结剂正确地黏结在一起。为了便于加工，以及使残余应力最小，整体圆柄和反射镜背面的交面应留有圆角，而不是图中所示的尖角。在安装法兰盘圆柱部分，要加工出一系列 N 个挠性叶片，将反射镜的圆柄装入法兰盘中，并与挠性叶片的内径黏结在一起。与图 9.36 所示的挠性叶片一样，该挠性叶片采取同样的方式工作，温度变化时，仍能保持反射镜共轴，满足径向的技术要求，因此反射镜的变形最小。

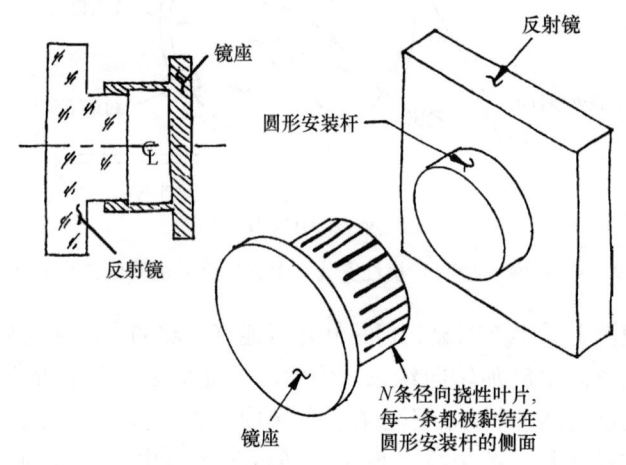

图 9.37 采用径向兼容挠性装置安装一块方形反射镜的概念性视图，反射镜的背面有一个同心的与反射镜成一体的圆柄。挠性叶片被加工在镜座中，并与圆柄黏结在一起
（资料源自 Vukobratovich, D., Introduction to Opto-Mechanical Design, SPIES Short Course SC014, 2014）

图 9.38a 给出了一种挠性安装的概念。一个圆形反射镜的柱形侧面与三个挠性装置中心处的凸台相黏结。挠性装置与反射镜的侧边相切放置，两端被固定在镜座结构上（参考图 9.38b）。如果挠性安装支架的材料与镜座不一样，那么，在每一个挠性支架一端与镜座相接触的界面处，可以提供良好的切向柔性以允许温度变化。黏结时，为了使反射镜与挠性支架调准，需要设计专用工装夹具。

图 9.39 给出了一个有可能被黏结到直径为 15.0in（38.1mm）反射镜侧面上的四角螺钉的机械设计，目的是为了固定挠性叶片。选择四角螺钉的材料，使其热膨胀系数与反射镜尽可能密切相配。例如，因瓦合金 36 四角螺钉可以与超低热膨胀系数反射镜（如微晶玻璃）匹配。可以选择如 3M 216B/A 之类的环氧树脂胶作为黏结剂，通过四角螺钉中心小孔注入黏结剂。在黏结剂中加入间隙控制片或者微型球以获得合适的黏结厚度。仔细地将正方形孔的端面与反射镜表面对准。利用环氧树脂胶将图 9.40 所示的挠性装置黏结到四角螺钉上，并用螺钉（或环氧树脂胶）固定到结构镜座上。

图 9.41 给出了其他类型的四角螺钉、螺纹螺栓和挠性装置，这些器件已经成功黏结到反射镜上，并固定到光学仪器结构上。图 a 所示的器件黏结到反射镜基板内的凹槽内，图 b 所示的器件黏结到反射镜表面的外面。

第9章 小型反射镜的设计和安装技术

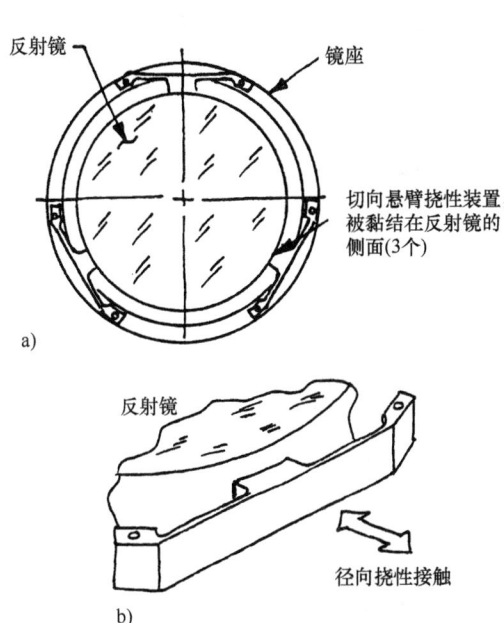

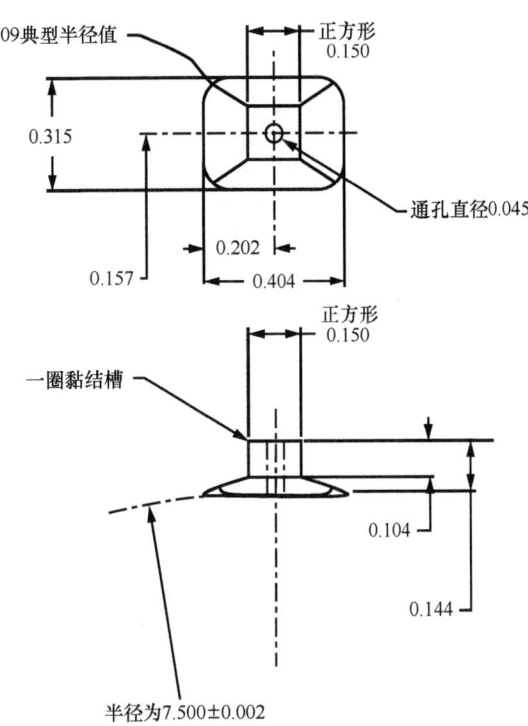

图9.38 a) 使用三个切向接触的挠性支架安装一块圆形反射镜的概念性视图
b) 挠性支架的两端固定在镜座结构上
（资料源自Vukobratovich, D., and Richard, R., Proc. SPIE, 959, 1988）

图9.39 将一个四角螺钉黏结到直径15.0in（38.1cm）反射镜侧面的设计方案，以满足图9.35所示挠性安装形式（单位为in）
（资料源自Yoder, P. R., Jr., Mounting Optics in Optical Instruments, 2nd edn., SPIE Press, Bellingham, WA, 2008）

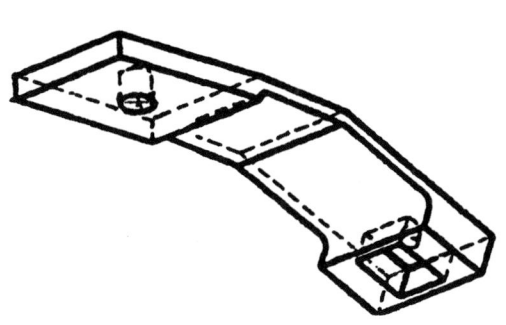
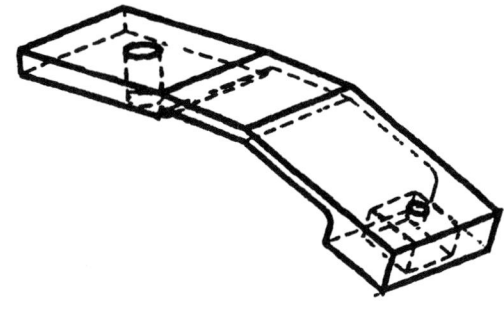

图9.40 悬臂式挠性装置的俯视图和仰视图，设计为与图9.39中四角螺钉和圆形反射镜镜座相拟合的形状
（资料源自Yoder, P. R. Jr., Mounting Optics in Optical Instruments, 2nd edn., SPIE Press, Bellingham, WA, 2008）

可以将一块方形或矩形的小反射镜安装在一个被固定在三个悬臂挠性叶片上的镜座中，如图9.42所示。虚线表示自由度的方向（近似为直线）。在这种情况下，这些线的交点是固定不变的，并且不会与反射镜的几何中心，或者该反射镜和镜座组合后的重心相重合。改变对反射镜倒角的角度，并重新设置挠性支架的位置，可以使交点同心并从动态观点出发，设计得到了改进。镜座与仪器壳体结构之间存在着不同的热膨胀，但不会对反射镜造成过大应力。由于挠性叶片在该方向上有较高刚性，所以反射镜不会有轴向移动。

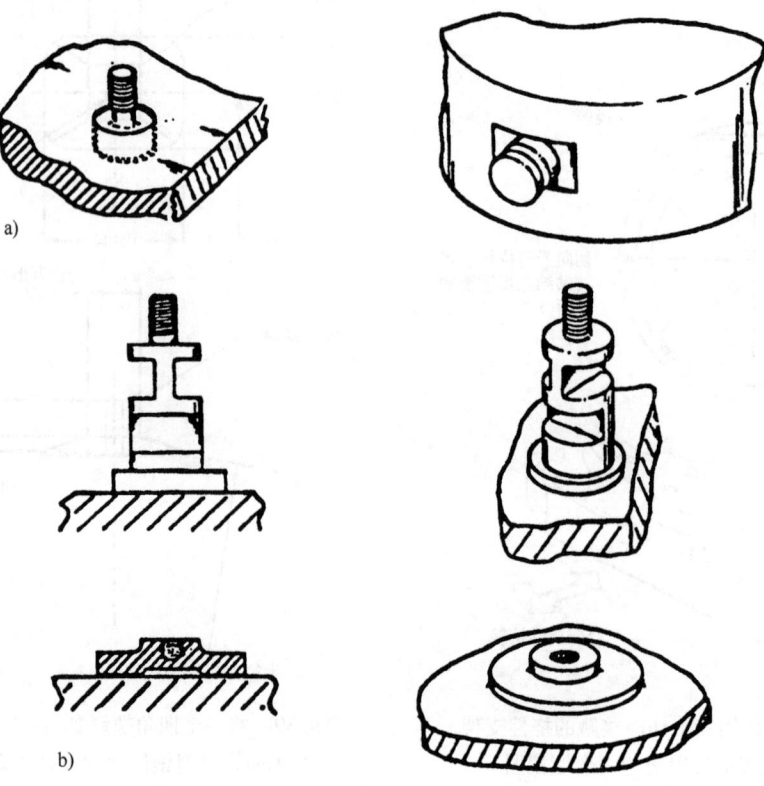

图9.41 各种四角螺纹、螺纹螺栓、万向节挠性螺栓和垫圈的示意图，黏结到反射镜侧面或背面以方便固定挠性装置
（资料源自Yoder, P. R. Jr., *Mounting Optics in Optical Instruments*, 2nd edn., SPIE Press, Belingham, WA, 2008）

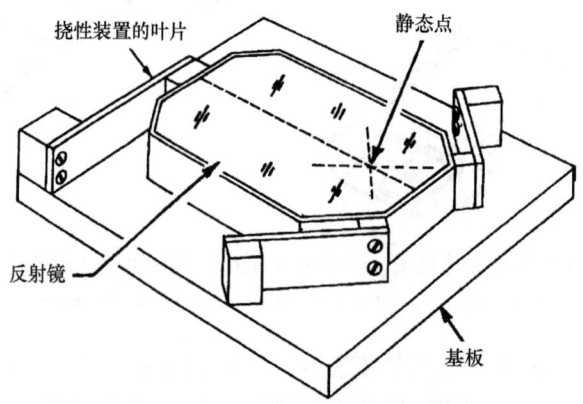

图9.42 采用挠性叶片安装一个带框矩形反射镜的概念
（资料源自Yoder, P. R. Jr., *Mounting Optics in Optical Instruments*, 2nd edn., SPIE Press, Belingham, WA, 2008）

第9章 小型反射镜的设计和安装技术

若安装一个无框矩形反射镜，四角螺钉的结构布局如图9.41所示，但要具有能够直接固定在反射镜侧面上的黏结平面。可以采用四角螺纹固定圆形反射镜的类似方法，直接在三个位置采用图9.40所示的挠性结构，从而使反射镜与镜座结构相连。

图9.43给出了另外一种使用悬臂挠性支架相切安装圆形反射镜的概念。挠性支架与环形镜座混成一体。通常，使用电火花加工（EDM）工艺在镜座内径上加工出一些狭缝，即形成一个挠性支架。反射镜的这种安装方式是本卷4.10节透镜安装技术的一种扩展。同时，为了消除温度变化造成的偏心量，要求挠性叶片在切向和轴向是刚性的，在径向是柔性的。在复杂的投影光学系统中，为了利用显微光刻技术（特别强调光学元件高精度同心）将图像形成在计算机芯片上，经常使用这种普通类型的安装方式。

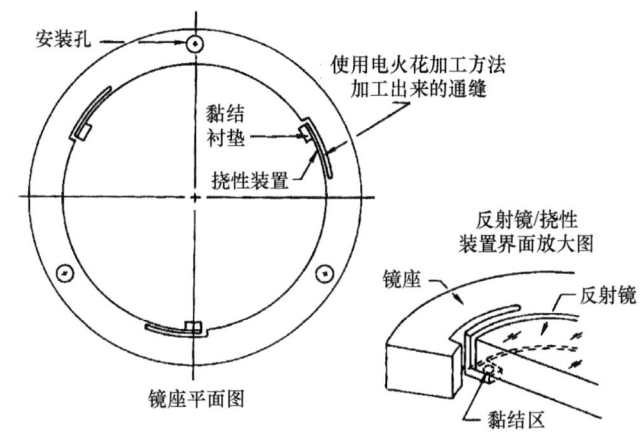

图9.43 将一块圆形反射镜安装在三个挠性支架上，而挠性支架直接加工在镜座内壁上。这种安装技术类似本卷图4.54a和c所示的方法

如果反射镜是应用在高精度、高性能的仪器中，就可以采用图9.44所示的方法进行安装。黏结三个四角螺钉的圆形反射镜被固定在切向放置的悬臂上，悬臂内包括两套万向接头类的挠性叶片。将三个轴向可调整和计量的杆类支架（内含有挠性叶片）压固在四角螺纹上。由于切向臂挠性叶片的作用，如此安装基本上可以保证在径向对温度变化不敏感。轴向支架中设计有热补偿装置，从而使该方向上对温度变化也不敏感。轴向补偿机构包括不同金属长度的选择，重新安装布局实现热补偿。在某些应用中，可以使用差动螺钉，将切向臂的固定端固定到托架上，为调整切向挠性叶片的长度提供便利。轴向计量杆中表示出的"套筒螺母"机构非常便于轴向调整，当然也可以使用差动螺钉。使用这些轴向机构的差分运动可以调整反射镜在两个轴向的倾斜。这些机构能够控制和稳定光学元件的所有六个自由度。

图9.45给出了Mammini等人（2003）提供的一张直径为4in、厚度为0.5in熔凝石英反射镜的照片。三个衬垫被环氧树脂胶黏结在反射镜上，并固定在径向有弹性的两脚挠性叶片上，而挠性叶片被整体加工在因瓦合金36安装板内。两脚架挠性叶片将反射镜隔离开来，由于温度变化是差动作用在不同热膨胀系数的材料上，所以，造成的表面变形最小。

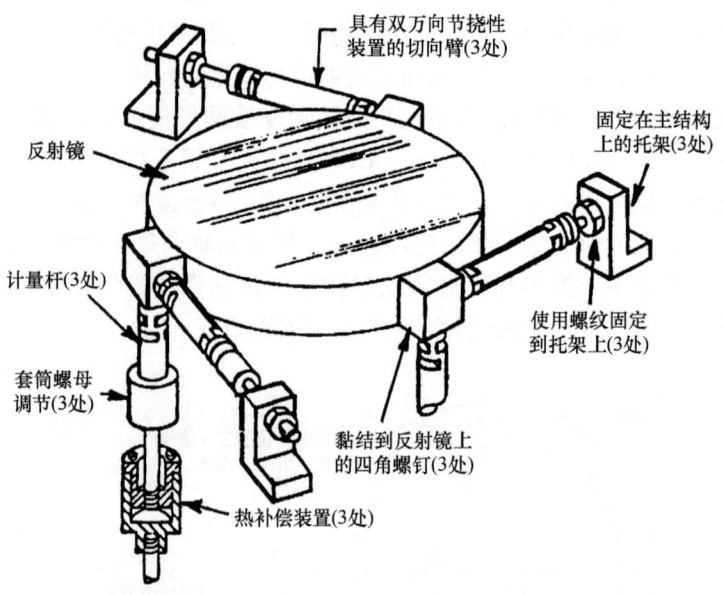

图9.44 为了使温度变化或安装应力对圆形反射镜产生的表面位移、倾斜、错位（despace）和/或变形降到最小而设计的挠性安装系统。这种安装技术提供所有6个自由度的调整

（资料源自 Yoder, P. R. Jr., *Mounting Optics in Optical Instruments*, 2nd edn., SPIE Press, Belingham, WA, 2008）

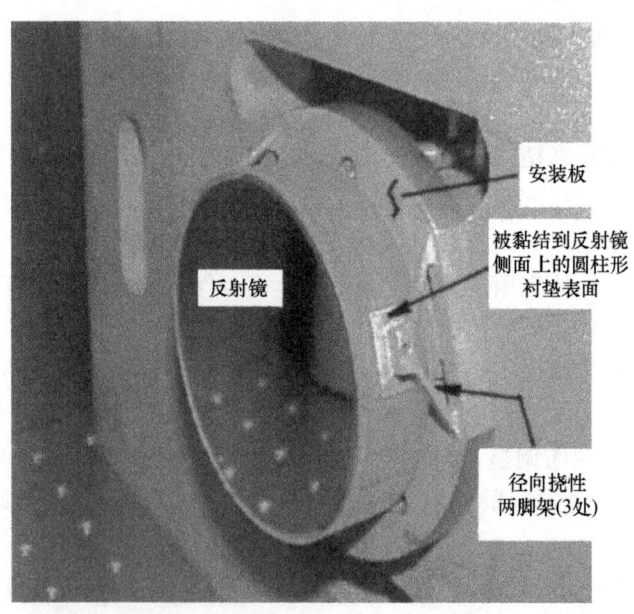

图9.45 图9.33所示的利用直径为4in的人造橡胶垫圈安装反射镜的布局图。将径向具有弹性的两脚挠性支架整体加工在因瓦合金36安装底板上

（资料源自 Mammini, P. et al., *Proc. SPIE*, 5176, 26, 2003）

第9章 小型反射镜的设计和安装技术

9.6 多反射镜安装技术

有时候，为了某些特殊的应用目的，在光机部件中需要使用两块或更多反射镜。例如，使用两块互成45°角的平面反射镜就可以使光束偏转90°。如果刚性地连接在一起，则五角反射镜与五角棱镜有同样的作用，但光束无须透过玻璃。采用合适的反射膜系，能够使五角反射镜装置应用在较大的光谱范围。一般来说，五角反射镜要比同孔径的五角棱镜质量小。

多反射镜设计和加工过程中的一个重要问题就是，如何确定和保持这些反射镜的正确相对位置，从而使反射镜组对准后有长期的稳定性，且不会使光学表面变形。已经使用的一种方法就是采用机械措施，单独地将这些反射镜夹固到一块精密加工的金属壳体上，或者固定到一种组合结构上，这种组合结构保证各个表面之间有正确的角度和位置关系。其他方法包括玻璃-玻璃零件之间的黏结，或者玻璃-金属零件之间的黏结，以及玻璃零件之间的光胶配合。

图9.46给出了采用机械夹固方法形成的五角反射镜。该组件由两块矩形的、两端倒圆的镀有金膜的反射镜组成。使用三颗螺钉将每一块反射镜都固定在铸铝镜座一侧的三个（经过研磨加工的）共面衬垫上，保证有精确的45°两面角。螺钉穿过反射镜上的通孔，为了施加预载，在每个螺钉上加两个盘形（贝氏）垫圈，将反射镜压靠在衬垫上。土星系列运载火箭在发射前需要使用自动经纬仪系统进行方位校正，该组件就是自动经纬仪系统中的一个部件，所以是应用在卡纳维拉尔角发射中心的一个混凝土掩体内，一般有比较稳定的环境条件（Mrus等，1971）。

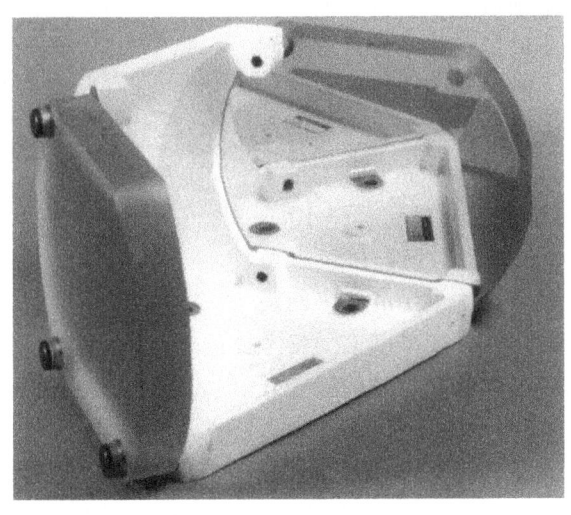

图9.46 直接将反射镜夹固到一个经过精密加工的机械铸件上的五角反射镜组件
（资料源自 Yoder, P. R. Jr., *Appl. Opt.*, 10, 2231, 1971）

在二次世界大战期间，已经成功利用黏结技术制造出多种稳定的五角反射镜组件，并应用于老式光学测距机中（Patrick，1969）。如图9.47所示，采用光学胶合方法将玻璃反射镜的侧边黏结到抛过光的玻璃基板上，然后将该组件固定到测距机的光路中。图9.48给出了这类五角反射镜的实际装置。其基板是金属的，有用孔径超过50mm（1.97in）。

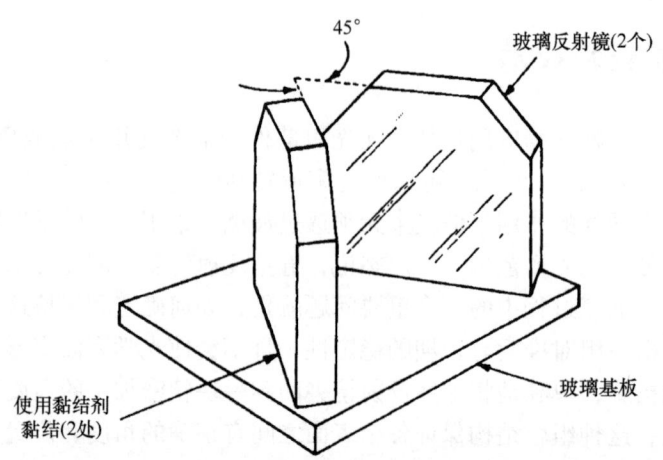

图9.47 将反射镜侧边胶合在玻璃基板上的五角反射镜部件

图9.49给出了Yoder（1971）介绍的一种五角反射镜部件。采用光胶方法将两个平面微晶（Cer Vit）反射镜中抛过光的端面胶合到微晶（Cer Vit）弯板底座上。弯板底座经过粗磨和抛光，45°角的设计公差在1″之内。为了减轻重量又不降低强度，弯板加工成中空的。使用光学胶将两块三角形微晶（Cer Vit）盖板固定到组件的上下端部，将一块矩形盖板胶合在组件背面。这三块盖板不仅起着机械支柱的作用，而且将暴露出的光胶部分进行密封。将一块因瓦合金板黏结到其中一块盖板上作为安装界面。如果使用的反射镜尺寸约为 11cm×16cm×1.3cm（4.33in×6.30in×0.51in），那么组件的通光孔径是10cm（3.94in）。图9.49所示的左反射镜前侧棱上可以观察到的白色光斑是一个正确黏结的小平面反射镜，在望远镜装配期间，用作校准基准。参考文献还介绍了一种具有类似结构和尺寸的屋脊五角反射镜组件（见图9.50）。

图9.48 一个实际的五角反射镜部件，将反射镜的侧边黏结在金属托架上
（资料源自PLX, Inc., DeerPark, NY）

为了验证采用光胶方法完成的这些设计，将一台五角反射镜组件的原理样机进行热极限、振动和冲击环境试验。首先，从−2℃到+68℃（即28°F到154°F）多次温度循环，同时用干涉仪监控反射后的波前。这种测试设备可以探测到$\lambda/30$的变化，固有误差小于$\lambda/15$。其中，波长$\lambda = 0.63\mu m$。五角反射镜中，由于温度变化产生的最大变形（即波峰-波谷值）量是$\lambda/4$。然后，组件进行振动试验，沿三个正交轴的每个轴向加负载达到$5g$，频率是5~500Hz，没有出现故障。较高频率时，在两个轴向出现谐振。在8ms的脉冲时间内，冲击实验在两个方向上的最大负载达到$28g$，试验后的干涉测量结果证明样机性能没有受到永久性影响。

第9章 小型反射镜的设计和安装技术

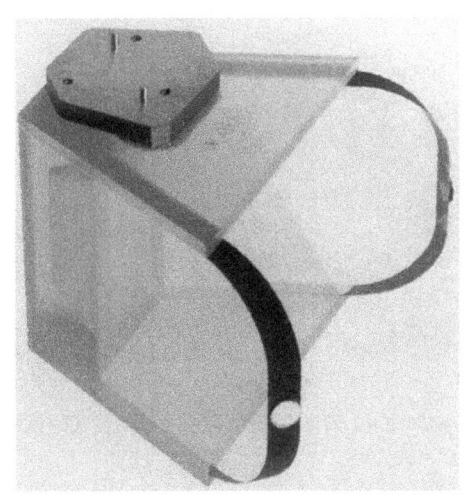

图9.49 一个通光孔径10cm（3.94in）、将微晶（Cer Vit）元件光胶在一起的五角反射镜部件
（资料源自Yoder, P. R., Jr., *Appl. Opt.* 10, 2231, 1971）

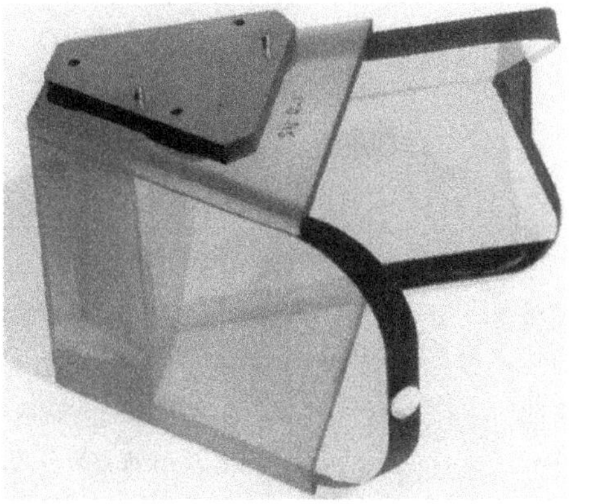

图9.50 一个通光孔径10cm（3.94in）、将微晶（Cer Vit）元件光胶在一起的屋脊五角反射镜部件
（资料源自Yoder, P. R., Jr., *Appl. Opt.* 10, 2231, 1971）

图9.51给出了一个功能等效于泊罗棱镜的屋脊反射镜。美国PLX公司（Deer Park, NY）研制了这种组件，孔径稍微超过1.75in（44.4mm）×4.0in（102mm）。反射镜材料是0.5in（12.7mm）厚的派热克斯玻璃。用环氧树脂胶将这些反射镜黏结到一根派热克斯玻璃龙骨的长边上，依次将龙骨黏结到一块0.125in（3.2mm）厚的不锈钢安装板上。端面板（或屋脊板）加工成标准的90°夹角。每一块板都与一块反射镜顶部和另一块反射镜尾部黏结在一起。反射镜之间要对准到90°，公差小到0.5″。反射镜成像的公差小至0.1个波长，波长$\lambda = 0.63\mu m$。

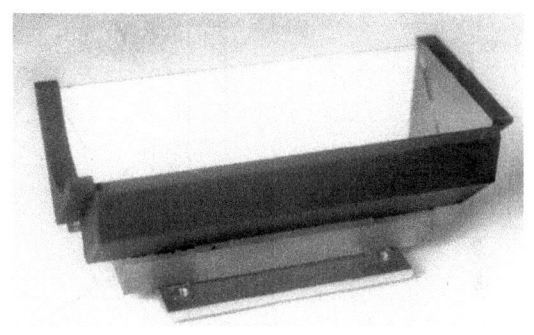

图9.51 一个泊罗棱镜型的屋脊反射镜组件，孔径近似是1.75in（44.4mm）×4.0in（102mm）
（资料源自PLX Inc., Deer Park, NY）

图9.52给出了一个空心锥体后向反射镜（HCR）的前后视图，是反射镜型的立方锥体棱镜。这种装置也是由PLX公司研制，包括三个方形表面的派热克斯玻璃反射镜。该装置的孔径约为45mm（1.77in）。这些反射镜彼此边对边黏结，并作为一个部件安装在一个铝制镜座中，在三个弹性垫圈（灰色）周围使用一种橡胶材料（白色）以易于装配。该装置使光线偏离180°时，精度是0.25″~5″。如果是可见光，反射后的波前误差可以小到0.08个波长，实际值与孔径的大小有关。其可用孔径超过5in（12.7cm）。

图9.53给出了另外一种民用空心立方锥体后向反射镜。根据Lyons和Lyons（2004）的研究，该装置由三个反射镜组成，沿着每个反射镜的一条边都有一条经过精密加工的沟槽。相邻两个反射镜的边沿着这些沟槽黏结在一起。这种设计保证在反射镜界面处有非常小的黏结宽度，约为0.001in（25μm）。图9.53所示的尺寸表示通光孔径与装置的外侧前端直径的关系。

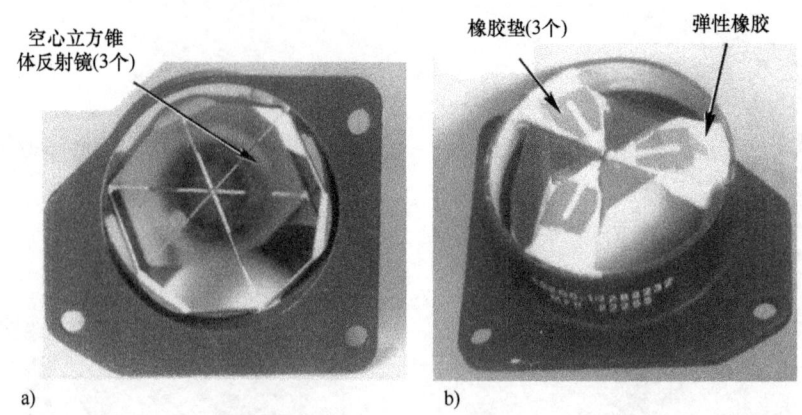

图9.52　一个空心立方锥体后向反射镜的前后视图，孔径约为45mm（1.77in），安装在一个法兰盘式的镜座中
（资料源自 PLX，Inc.，Deer Park，NY）

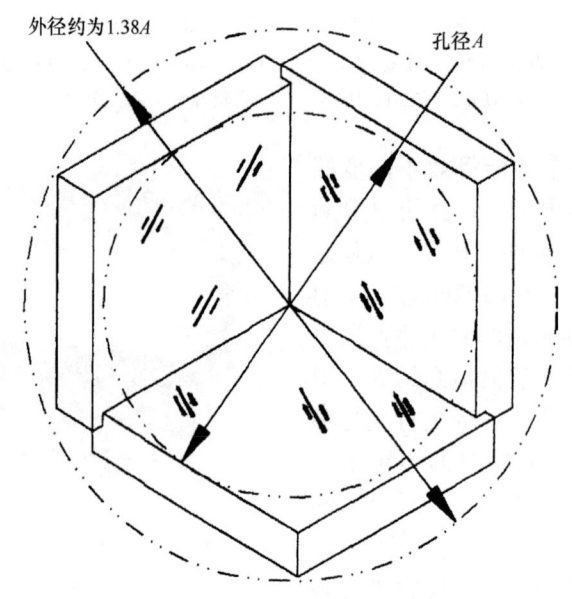

图9.53　空心立方锥体后向反射镜的前视示意图
（资料源自 Lyons，P. A. and Lyons，J. J.，Private communication，2004）

在图9.54所示的空心锥体反向反射器中，将一块玻璃板的一端胶合到一块反射镜部件的背面，而另一端黏结在金属安装底座内的一条凹槽中。底板上有一个螺纹孔，便于和具体应用中的硬件结构相连接。孔径为2.50in（6.35cm）装置的外形尺寸如图9.54所示。使用派热克斯玻璃或微晶（Zerodur）玻璃反射镜，是铝底座还是因瓦合金底座，取决于具体应用所要求的温度变化和对成本的限制。测试表明，在温度变化约200℃（360°F）的范围内，一些样机的光学和机械性能都是稳定的。有些样机在温度170K时仍工作得很好。

图9.55给出了一种专用的空心锥体后向反射器，三反射镜阵列的虚顶点位于金属球的中心，误差为0.001～0.005in（2.54～12.70μm）。通常，这类装置被称为球形座后向反射器（SMR）。球形直径的代表值范围为0.5000～1.5000in（12.700～38.100mm）。球形座后向反射器应用在加工制造业和度量衡行业中，在电光坐标测量仪（CMM）或激光目标跟踪

第9章 小型反射镜的设计和安装技术

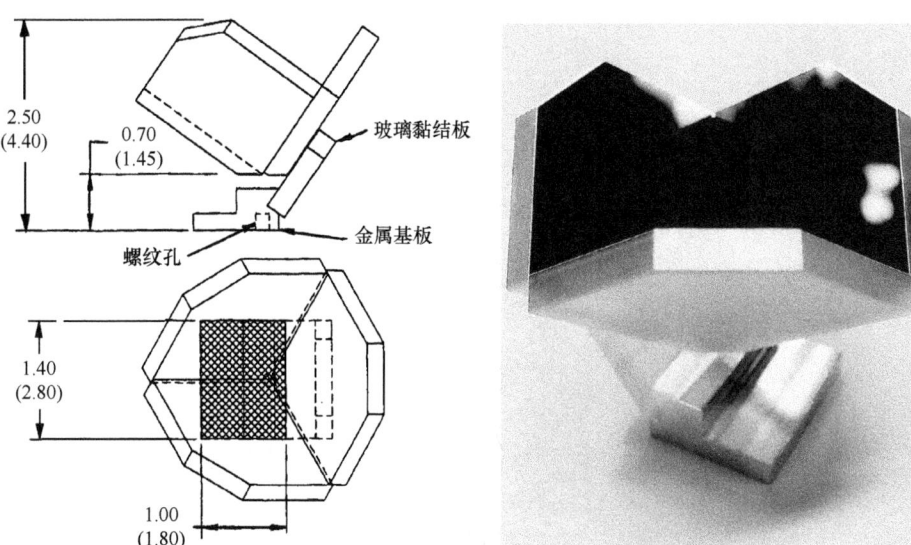

图9.54 黏结到金属底座上的空心锥体后向反射器的示意图和照片。图中的外形尺寸为外径是2.50in的样机
(资料源自 Lyons, P. A. and Lyons, J. J., Private communications, 2004)

仪进行跟踪和测量距离时作为目标使用。Bridges 和 Hagan（2001）介绍过一种此类跟踪仪（这类系统的功能示意图，见图9.56）。这些研究表明，该装置可以测量远至35m（约115ft）处物体上的特征位置，在5m（16.4ft）范围内的测量精度是 $\pm 25\mu m$（$\pm 0.001in$）。这种装置成功的关键就是绝对距离的测量。其中，一束中红外光束与跟踪器光束共轴传送到球面后向反射镜，计算出往返时间。如果工作期间光束临时变暗，就无须再次标定而重新开始测量。还可以使系统对缓慢的对准漂移进行监控。

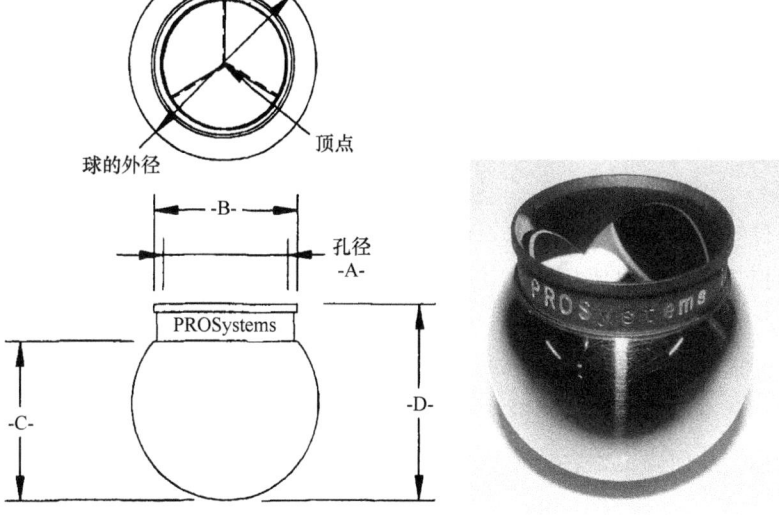

图9.55 球形座空心后向反射器的示意图和照片。如果球体直径分别是0.500in、0.875in和1.500in，那么对应的尺寸分别是 $A=0.30$、0.50 和 1.00；$B=0.37$、0.60 和 1.15；$C=0.42$、0.73 和 1.23；$D=0.52$、0.92 和 1.51（单位为in）
(资料源自 Lyons, P. A. and Lyons, J. J., Private communications, 2004)

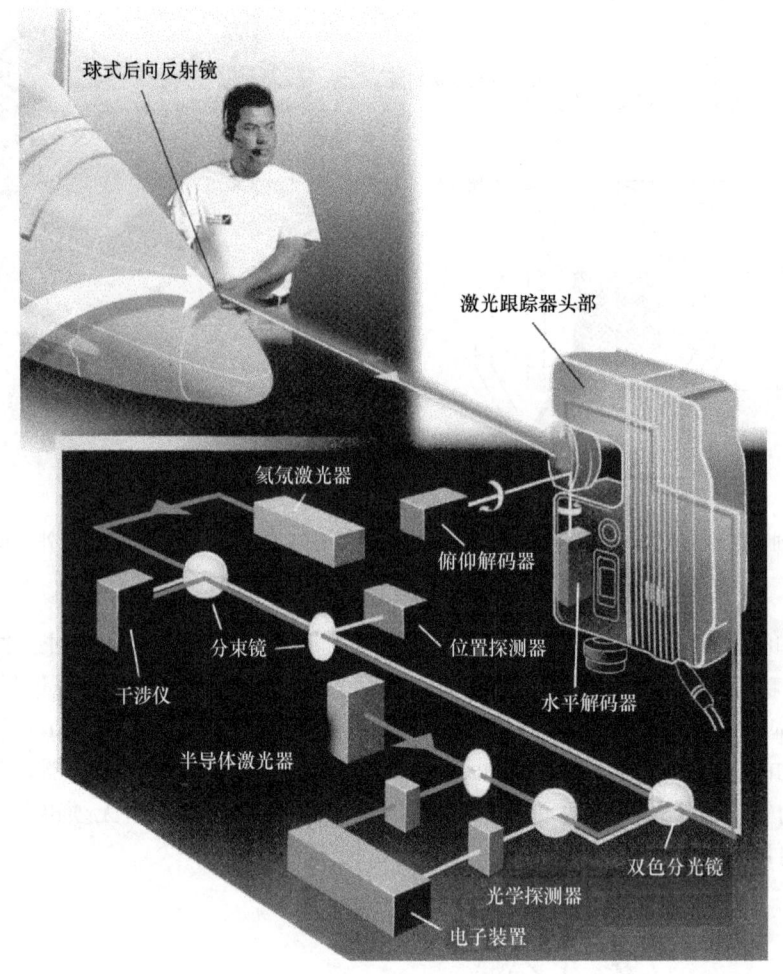

图9.56 使用激光跟踪器和球形座后向反射器远距离测量目标上选定点的位置

(资料源自 Bridges, R., and Hagan, K., Laser, tracker maps three-dimensional features, Ind. Phys., 28, 200, 2001, Copyright 2001, American Institute of Physics)

为了具有良好的抗腐蚀性和磁性，球形靶标的壳体由420CRES材料制成。靶标的表面采用计算机数控（CNC）机床加工、手工研磨和抛光，达到很高的球面度［实际的球形误差在 ±0.000025in（0.64μm）之内］。为了对系统标定，可以采用磁性方法把它们放置在跟踪器上一个三面形的（运动学方式）座中。工作期间，该靶标固定到被测表面上，或者用手控制，使它与被测表面接触。当该靶标在被测表面上移动时，跟踪器就能确定被测表面在所选点处的坐标，从而确定了它的轮廓及表面上特征点的相对位置。系统软件自动地补偿球体的半径。

上述应用中重要之处就是，对于已经确定的靶标装置来说，两面角的误差及这些角度之间的最大误差是比较小的。正如Yoder（1958）指出的，在立方锥体棱镜或空心锥体反射镜中角度偏离90°的误差决定着180°光线偏离的绝对精度。返回的光束实际上包括有六束，每块反射镜返回两束。如果是空心锥体后向反射镜，最大的偏离误差 $\delta = 3.26\varepsilon$。其中，ε 是两面角的误差。并且，所有这些误差都是相等的，有相同的符号。在激光跟踪器应用中，如果偏离误差太大，在较大的靶标范围内，跟踪器将会从一个回程光束"跳到"另一个回程光束。安装在球形镜座中的后向反射器的角度误差范围是 3″ ~ 10″，角度差是 2″ ~ 10″。顶点的中心误差小至 0.0002in（5.1μm）。

空心锥体后向反射镜的一个重要特性就是反射镜镀膜。通常，对第一表面反射镜镀膜会在跟踪器偏振光束中引入相移，使系统的性能下降。为了使该问题降到最低限度，可以在反射镜上涂镀专用膜系。减少这种相移的一种镀膜就是由美国 Denton Vacuum 公司（Moore Stown，NJ）研制的零相位镀银膜。Bridges 和 Hagan（2001）指出，应当对一批反射镜镀膜产生的实际剩余相移进行测量，并且，为了应用在一个给定的球形座后向反射器中，要选择具有相似相移的反射镜配成一组，从而很容易使跟踪器探测和跟踪到实际目标的距离达到最大。

空心锥体后向反射镜的一个改进型结构就是横向传输后向反射镜（LTR）。图 9.57 给出了美国 PLX 公司（Deer Park 市，NY）研发的这类装置实例。这种装置包括一个单片反射镜和一个屋脊反射镜，前者位于一个细长盒子中的一端，而后者位于另一端。所有这三块反射镜都是互相垂直的，所以这个装置的作用就相当于一个薄片穿过一个较大孔径的空心锥体后向反射镜。光束的横向偏离可以达到 30in（76cm），孔径达 2in（5cm）。

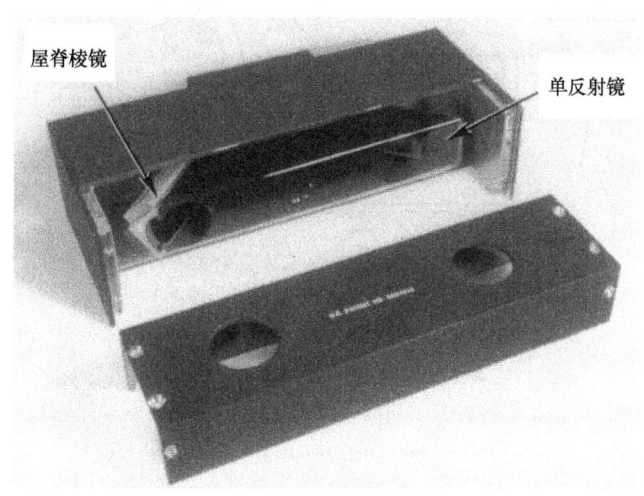

图 9.57 一个横向传输的后向反射镜，孔径约为 1.0in（2.5cm），光束的横向偏离约为 5in（13cm）。为了看到反射镜，已将盖板卸掉

（资料源自 PLX，Inc.，Deer Parl，NY）

9.7 小反射镜中心和多点安装技术

一些实心的轻型反射镜安装在一个与反射镜基板中心孔同心的轮毂状结构上，图 9.58

给出了一个实例,该轮毂结构位于跟踪导弹摄影应用中折反射式物镜的后端。其中,物镜焦距为150in(3.81m)(译者注:图9.58中是100in),F数是$f/10$。直径约为16in(40.6cm)的弯月形主镜的两个表面都是球面。其中,第一个表面是凹反射面;第二个表面是凸面形状,其半径比第一个表面小以减轻重量。

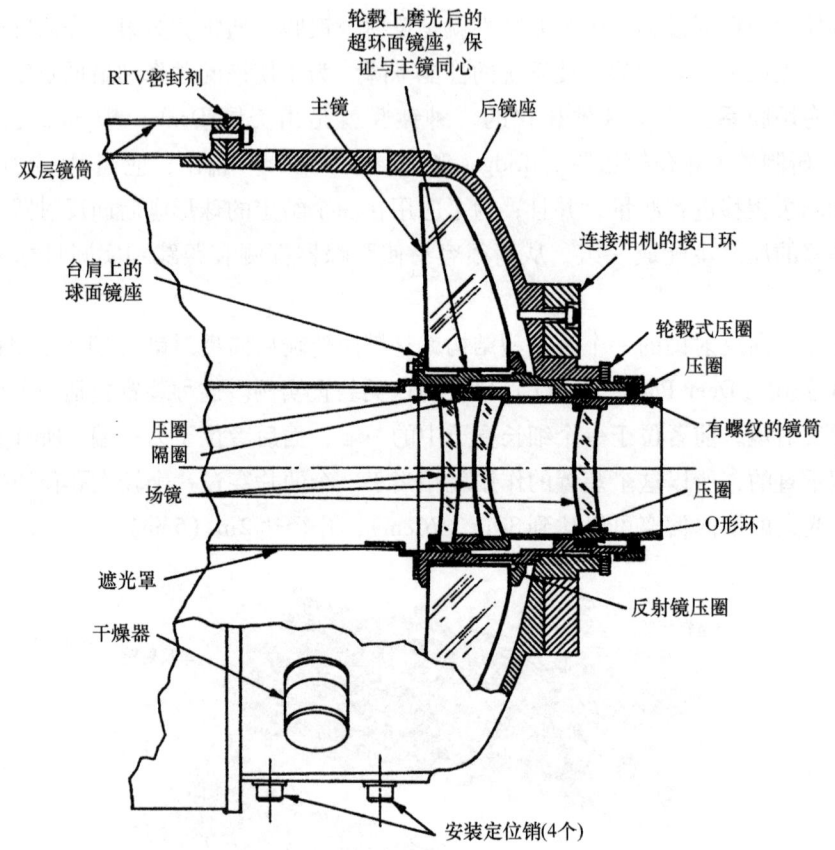

图9.58 一个焦距为100in(254cm)和$f/10$的折反射式摄像机后端部截面图,显示主反射镜的轮毂式安装技术

(资料源自Yoder, P. R. Jr., *Mounting Optics in Optical Instruments*, 2nd edn., SPIE Press, Belingham, WA, 2008)

这种安装技术中,第一个反射镜表面压靠在轮毂装置整体靠缘的凸球面镜座上。对镜座半径进行精密研磨,使其与反射镜表面紧密配合。在圆柱形轮毂上设计一个环形垫圈,精磨其外径以便与反射镜中心孔的内径在室温下精密配合。该接口界面保证该反射镜共轴。一个固定螺帽压靠在反射镜背面的平面倒角上,从而提供轴向预紧力。将聚酯树脂薄垫片安装在组件中玻璃-金属轴向界面间,以保证光学元件表面与非理想的机械表面紧密接触。

图9.59给出了将单拱形反射镜安装在轮毂结构上的一种设计概念。其中,轮毂装置与

反射镜的锥形截面呈现球形卡装接口。该卡装结构以大面积接触形式限制反射镜在其重心附近及最厚和最结实部分所有 6 个自由度方向的移动,从而减小了光学表面的应力。反射镜背面设计为平面,锥形镜体的轴线垂直于该平面,并且锥体的顶点与平面重合。将设计有锥形外表面和凹球形内表面的金属垫圈放置在基板的锥形面内。轮毂装置设计有一个凸球面,与垫圈共同形成一个轴承系统。锥形面之间会有轻微滑移,但镜座的膨胀/收缩不会改变锥体顶点与反射镜背侧平面的一致性。

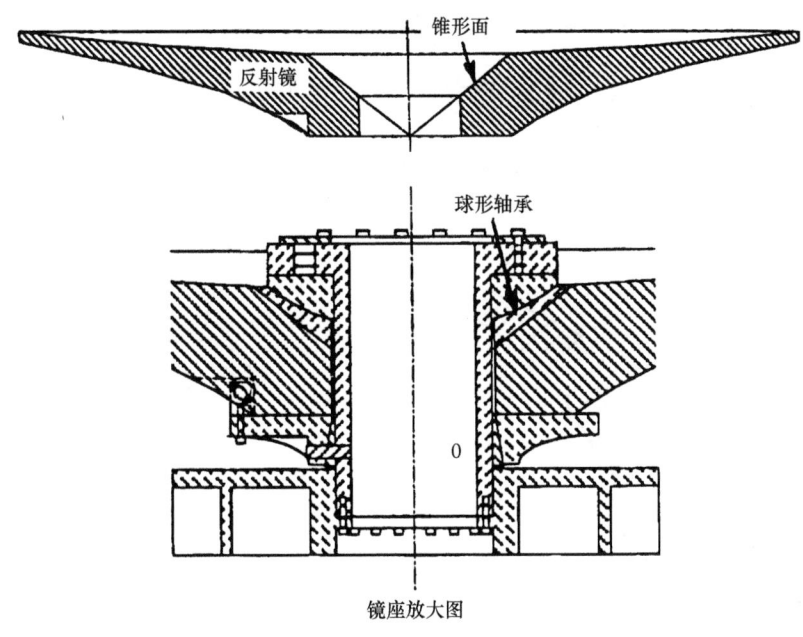

图 9.59 采用轮毂式安装方式装配具有锥形光机接口界面的单拱形反射镜示意图
(资料源自 Sarver, G. et al., *Appl. opt.*, 1, 387, 1990)

Vukobratovich(2014)指出,如果重心移向光学表面顶点,那么可能会增大采用轮毂安装方式安装单拱形反射镜的难度。轮毂镜座不可能在上述重要顶点的平面内提供支撑,在水平轴向位置或附近可能会产生像散。

图 9.60 给出了双拱形反射镜的一种成熟安装方式。这种技术采用三个等间隔分布的挠性夹持组件支撑直径 20in(50.8cm)的熔凝石英双拱形反射镜。其中,挠性夹持组件的排布方向使其在径向具有柔性而在其他方向都呈刚性。当温度降到约 10K 时,可以使铝安装板以不同的程度与熔凝石英反射镜接触。每个夹持组件都是一个 T 形因瓦合金 36 零件,并安装到反射镜背面环形分布的锥形孔中。两个平行的挠性支架长为 91mm(3.6in)、宽为 15mm(0.6in)和厚为 0.04in(1.0mm),采用 6A14V ELI 钛材料。托板相隔约为 25mm(1in)。Vukobratovich(2014)对该设计进行了广泛分析后认为,能够提供合格的热性能,并能够承受航天飞机典型的发射负载及航天飞机迫降着陆条件下仍能残存(会有某些损伤)。

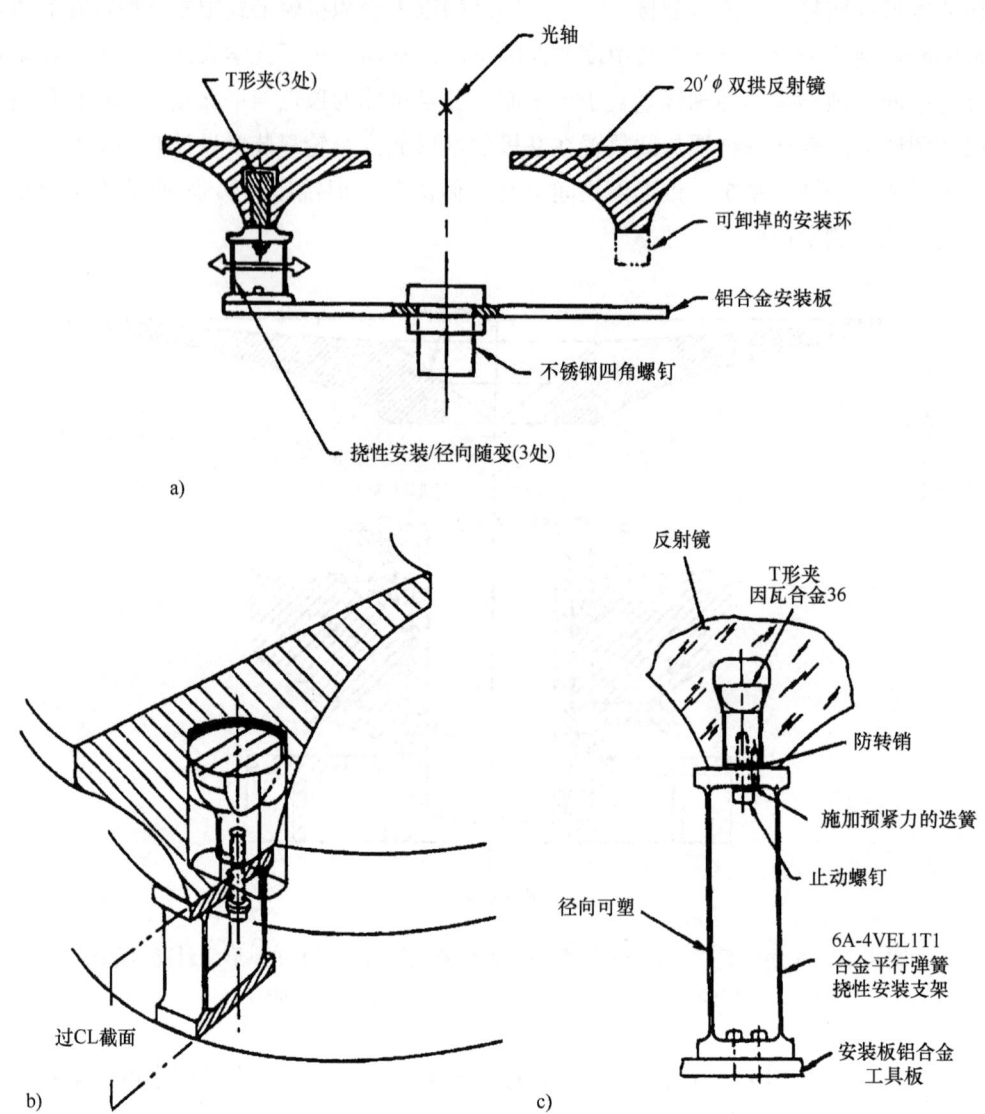

图 9.60 双拱形反射镜的一种安装设计
a) 截面图　b) 一个夹持装置和挠性机构的轴测图　c) 挠性机构的截面图
（资料源自 Iraninejad, B. et al., *Proc. SPIE*, 450, 34, 1983）

9.8 重力对小反射镜的影响

  本章至此,很少注意分析外部力,如重力或运行加速度对反射镜表面轮廓的影响。如果是中等孔径,厚度和材料的选择能够保证具有适当的刚性,对性能要求也不太高,那么就可以把光学件看作是一个刚体,采用半运动学或非运动学安装方式而对性能不会有过多影响。然而,若上述条件中任何一项或全部都不能满足,就必须考虑外力的影响。重力最为普遍,所以,讨论将限于能造成自重偏转的重力影响。一种特殊情况是空间中的重力释放及引起的

第9章 小型反射镜的设计和安装技术

相关问题。当重力消失时,在地面制造和安装的反射镜不会变形。这方面的问题将在卷Ⅱ的 4.6 节讨论。

当反射镜光轴处于垂直位置时,反射镜变形最严重。下面讨论两种简单情况:圆形反射镜和矩形反射镜,每种反射镜都是简单采用侧面四周支撑方式。根据 Young (1989) 挠性理论,假设简单的未被夹持的平板受到均匀重力负载(垂直于平板表面)的作用,可以推导出下列偏转量公式:

$$\Delta y_{\text{CIRC}} = \frac{3W(m-1)(5m+2)a^2}{16\pi E_G m^2 t_A^3} \tag{9.20}$$

$$\Delta y_{\text{RECT}} = \frac{0.1422wb^4}{E_G t_A^3 (1 + 2.21\xi^3)} \tag{9.21}$$

式中,W 是反射镜总重量;w 是单位面积重量;m 是泊松比倒数;E_G 是杨氏模量;a 是反射镜半孔径或最长外形尺寸;b 是反射镜最短外形尺寸;t_A 是反射镜厚度;$\xi = b/a$;反射镜面积为 πa^2(圆形反射镜),或者 ab(矩形反射镜)。

推导出的上述偏转量(垂度)是反射镜中心位置的计量值,表示光学表面的下垂深度(或矢深)。图 9.61 给出了圆形和矩形反射镜的几何图形,设计实例 9.5 和设计实例 9.6 给出典型的偏转量计算。

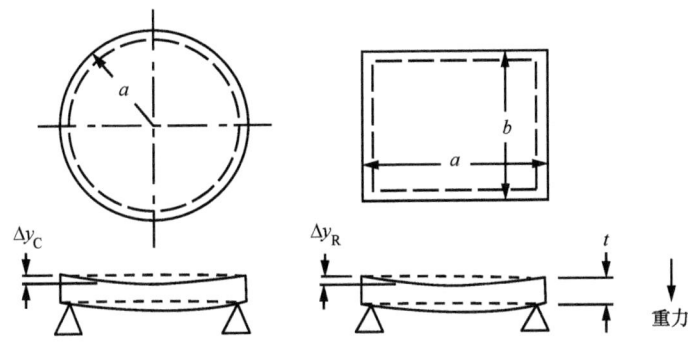

图 9.61 其侧面受到均匀支撑的圆形反射镜和矩形反射镜的几何图形
(资料源自 Vukobratovich, D., introduction to optomechanical design, SPIE Course SC014, 2014)

设计实例 9.5　重力造成圆形反射镜垂直方向的偏转量(或下垂量)

一块直径 $D_G = 20.000\text{in}$(50.800cm)的圆形熔凝石英平板反射镜的边缘,在垂轴方向均匀地受到支撑。假设直径厚度比为 5,请计算其自重造成的偏转量,单位为红光波长 $[\lambda = 2.49 \times 10^{-5}\text{in}(0.6328\mu m)]$。

解:

假设熔凝石英材料的参数是

$$\rho = 0.0796 \text{ lb/in}^3 (2.21\text{g/cm}^3)$$
$$E_G = 10.6 \times 10^6 \text{ lbf/in}^2 (7.3 \times 10^4 \text{MPa})$$
$$\nu_G = 0.17$$

$$m = 1/0.17 = 5.882$$
$$a = (20.000/2)\text{in} = 10.000\text{in}(25.4\text{cm})$$
$$t_A = (20.000/5)\text{in} = 4.000\text{in}(10.160\text{cm})$$
$$W = (\pi \times 10.000^2 \times 4.000 \times 0.0796)\text{ lb} = 100.531\text{ lb}(45.696\text{kg})$$

由式（9.20），有

$$\Delta y_{\text{CIRC}} = \frac{3 \times 100.531 \times (5.882 - 1) \times (5 \times 5.882 + 2) \times 10.000^2}{16\pi \times (10.6 \times 10^6) \times 5.882^2 \times 4.000^3}\text{in}$$
$$= 3.90 \times 10^{-6}\text{in} = 3.90 \times 10^{-6}/2.49 \times 10^{-5} = 0.16\lambda_{\text{RED}}$$

设计实例9.6　重力造成矩形反射镜垂直方向的偏转量（或下垂量）

一块直径 $D_G = 20.000\text{in}$（50.800cm）的矩形熔凝石英平板反射镜边缘在垂轴方向均匀地受到支撑，$b = 12.500\text{in}$（31.750cm）。反射镜光轴位于垂直方向，假设最大的外形尺寸厚度比为5。计算反射镜红光波长 [$\lambda = 2.49 \times 10^{-5}\text{in}(0.6328\mu\text{m})$] 下的自重偏转量（或下垂量）。

解：

假设熔凝石英材料的参数是

$$\rho = 0.0796\text{ lb/in}^3(2.21\text{g/cm}^3)$$
$$E_G = 10.6 \times 10^6\text{ lbf/in}^2(7.3 \times 10^4\text{MPa})$$
$$\xi = 12.500/20.000 = 0.625$$
$$t_A = (20.000/5)\text{in} = 4.000\text{in}(10.160\text{cm})$$
$$W = (20.000 \times 12.500 \times 4.000 \times 0.0796)\text{lb} = 79.600\text{ lb}(36.182\text{kg})$$
$$w = [79.600/(20.000 \times 12.500)]\text{lbf/in}^2 = 0.318\text{ lbf/in}^2$$

由式（9.21），有

$$\Delta y_{\text{RECT}} = \frac{0.1442 \times 0.318 \times 12.500^4}{(10.6 \times 10^6) \times 3.333^3 \times (1 + 2.21 \times 0.625^3)}\text{in}$$
$$= 1.85 \times 10^{-6}\text{in}(4.71 \times 10^{-5}\text{mm})$$
$$= \frac{1.85 \times 10^{-6}}{2.49 \times 10^{-5}}$$
$$= 0.07\lambda_{\text{RED}}$$

特别关注的一种情况是，在相对于光轴一定的径向距离上采用对称分布的三点支撑式安装的圆形反射镜。由 Vukobratovich（1997）推导的式（9.22）给出了最佳情况下（即支撑点位于最大径向尺寸 R_{MAX} 的68% 位置）的表面下垂量：

$$\Delta y_{\text{MIN}} = 0.343\rho R_{\text{MAX}}^4(1 - \nu^2)/(E_G t^2) \tag{9.22}$$

式中，ρ 是密度；R_{MAX} 是反射镜半径；ν 是泊松比；E_G 是杨氏模量；t 是反射镜厚度。

设计实例9.7给出了该公式的应用。

第9章 小型反射镜的设计和安装技术

设计实例9.7 如果采用三点最佳位置支撑方法，圆形反射镜表面在垂直轴向的下垂量

一块直径 $D_G = 20.000\text{in}(50.800\text{cm})$ 的圆形平板反射镜受到三点支撑，三个支撑点等距位于 $0.68R_{\text{MAX}}$ 位置。直径厚度比为5。如果材料是具有超低热膨胀系数的材料（ULE），请问，反射镜中心的下垂量是多少？将结果表示为波长数，$\lambda = 2.49 \times 10^{-5}\text{in}$ （$0.6328\mu\text{m}$）。

解：

假设，ULE 材料的参数是

$$\rho = 0.0796 \text{ lb/in}^3 (2.21\text{g/cm}^3)$$
$$\nu_G = 0.17$$
$$E_G = 9.8 \times 10^6 \text{ lbf/in}^2$$

反射镜厚度 $t = (20.000/5)\text{in} = 4.000\text{in}(10.160\text{cm})$

由式（9.22），有

$$\Delta y_{\text{MIN}} = \frac{0.343 \times 0.0796 \times (20.000/2)^4 \times (1 - 0.17^2)}{(9.8 \times 10^6) \times 4.000^2}\text{in}$$
$$= 1.7 \times 10^{-6}\text{in}(4.32 \times 10^{-5}\text{mm})$$
$$= \frac{1.7 \times 10^{-6}}{2.49 \times 10^{-6}} = 0.68\lambda_{\text{RED}}$$

如果将三个等间隔 $0.68R_{\text{MAX}}$ 支撑点移动到反射镜边缘，反射镜中心下垂量会增大，约为由式（9.22）推导出的最小下垂量的3.9倍。标称平面反射镜的形状应当类似一个浅盘，就是说边缘高而中心低。如图9.62a所示，支撑点之间的反射镜边缘也会有明显下垂。

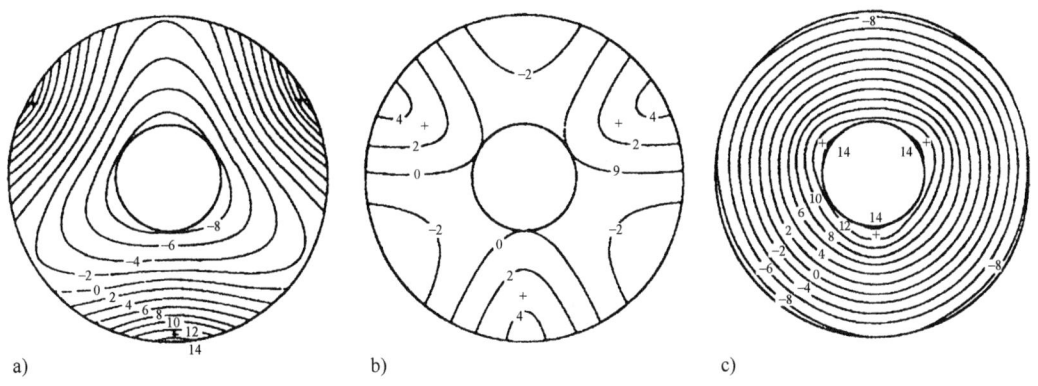

图9.62 位于不同半径位置上三点支撑（标有"+"号）的圆形反射镜的表面轮廓：图a为96%；图b为73%；图c为38%。该轮廓间隔是针对直径为4m（158in）的实心反射镜，但图形分布适用于具有相同直径厚度比的类似结构的反射镜

（资料源自 Malvick, A. J., and Pearson, E. T., *Appl. Opt.*, 7, 1207, 1968）

如果将三个等间隔支撑点移动到紧靠反射镜中心位置，其边缘四周几乎有相等的下垂量，如图9.62c所示。该图形几乎是对称分布使人们相信，对系统调焦至少能够部分地补偿

重力影响，从而提高成像质量。应当注意到，重力对圆形反射镜的影响近似于随当前位置重力垂线与反射镜对称轴之间夹角的余弦变化。

增加轴向反射镜的支撑点数目应能够减少重力对水平放置反射镜表面变形量的影响。可以使用如 9、18、36 等多点支撑，通过 3 个或更多个对称分布的杠杆机构起作用。这些安装支架通常称为 Hindle（汉德）支架以纪念 Hindle 早期的独创性贡献（1937），有时也称为横杠支架。图 9.63 和 9.64 给出了其中的两种支架的示意，卷Ⅱ 4.6 节将简要地进行介绍。Hindle 在 1937 年提出的设计公式已经稍作改进，并由美国 Willman-Bell 公司（1937）重新公布。

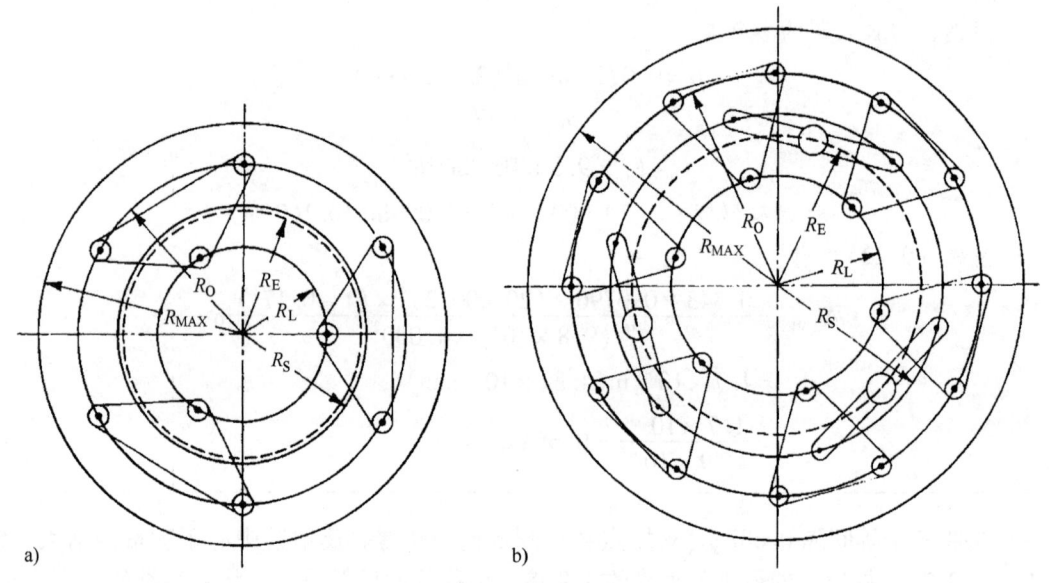

图 9.63 多点（Hindle）轴向机械支撑点布局
a) 9 点支撑　b) 18 点支撑
(资料源自 Hindle, J. H., Mechanical flotation of mirrors, in *Amateur Telescope Making*, Book One, Willmann-Bell, Inc., Richmond, VA, 1945 as republished [1946].
Copyright [1996] by Jeremy Graham Ingalls and Wendy Margaret Brown)

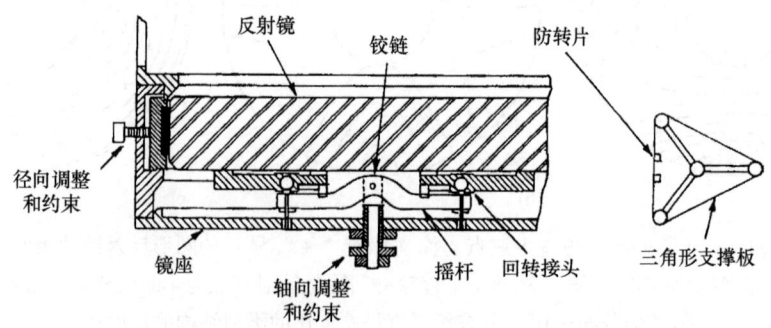

图 9.64 18 点 Hindle 支架一个横杠机构的示意图
(资料源自 Hindle, J. H., Mechanical flotation of mirrors, in *Amateur Telescope Making*, Book One, Willmann-Bell, Inc., Richmond, VA, 1945 as republished [1946].
Copyright [1996] by Jeremy Graham Ingalls and Wendy Margaret Brown)

第9章 小型反射镜的设计和安装技术

参考文献

Bridges, R. and Hagan, K., Laser tracker maps three-dimensional features, *Ind. Phys.*, 28, 200, 2001.
Doyle, K.B., Genberg, V.L., and Michels, G.J., *Integrated Optomechanical Analysis*, SPIE Press, Bellingham, WA, 2012.
Durie, D.S.L., Stability of optical mounts, *Mach. Des.*, 40, 184, 1968.
Genberg, V., Thermal and thermoelastic analysis of optics, in *Handbook of Optomechanical Engineering*, Ahmad, A., Ed., CRC Press, Boca Raton, FL, 1997, Chapter 9.
Hatheway, A.E., Analysis of adhesive bonds in optics, *Proc. SPIE*, 1998, 2, 1993.
Hatheway, A.E., Designing elastomeric mirror mountings, *Proc. SPIE*, 666504, 2007.
Hindle, J.H., Mechanical flotation of mirrors, in *Amateur Telescope Making, Book Two*, (1937) as revised and republished (1996) by Willmann-Bell, Richmond, VA Copyright (1996) by Jeremy Graham Ingalls and Wendy Margaret Brown.
Høg, E., A kinematic mounting, *Astron. Astrophys.*, 4, 107, 1975.
Hookman, R., Design of the GOES telescope secondary mirror mounting, *Proc. SPIE*, 1167, 368, 1989.
Hopkins, R.E., Mirror and prism systems, in *Applied Optics and Optical Engineering*, Vol. III, Kingslake, R., Ed., Academic Press, New York, 1965, Chapter 7.
Iraninejad, B., Vukobratovich, D., Richard, R., and Melugin, R., A mirror mount for cryogenic environments, *Proc. SPIE*, 450, 34, 1983.
Jenkins, F.A. and White, H.E., *Fundamentals of Optics*, 3rd edn., McGraw-Hill, New York, 1957.
Kaspereit, O.K., *Design of Fire Control Optics ORDM 2-1*, Vol. I, U.S. Army, Washington, DC, 1952.
Lipshutz, M.L., Optomechanical considerations for optical beam splitters, *Appl. Opt.*, 7, 2326, 1968.
Lyons, P.A. and Lyons, J.J., Private communication, 2004.
Malvick, A.J. and Pearson, E.T., Theoretical elastic deformations of a 4-m diameter mirror, *Appl. Opt.*, 7, 1207, 1968.
Mammini, P., Holmes, B., Nordt, A., and Stubbs, D., Sensitivity evaluation of mounting optics using elastomer and bipod flexures, *Proc. SPIE*, 5176, 26, 2003.
MIL-STD-1472D, *Human Engineering Design Criteria for Military Systems, Equipment, and Facilities*, U.S. Department of Defense, Washington, DC, 1989.
Mrus, G.J., Zukowsky, W.S., Kokot, W., Yoder, P.R., Jr., and Wood, J.T., An automatic theodolite for pre-launch azimuth alignment of the Saturn Space Vehicles, *Appl. Opt.*, 10, 504, 1971.
Patrick, F.B., Military optical instruments, in *Applied Optics and Optical Engineering*, Vol. V, Kingslake, R., Ed., Academic Press, New York, 1969, Chapter 7.
Roark, R.J., *Formulas for Stress and Strain*, 3rd edn., McGraw-Hill, New York, 1954.
Sarver, G., Maa, G., and Chang, L., SIRTF primary mirror design, analysis, and testing, *Appl. Opt.*, 1, 387, 1990.
Schubert, F., Determining optical mirror size, *Mach. Des.*, 51, 128, 1979.
Shigley, J.E. and Mischke, C.R., The design of screws, fasteners, and connections, in *Mechanical Engineering Design*, 5th edn., McGraw-Hill, New York, 1989, Chapter 8.
Smith, W.J., *Modern Optical Engineering*, 4th edn., McGraw-Hill, New York, 2008.
Vukobratovich, D., Optomechanical design principles, in *Handbook of Optomechanical Engineering*, A. Ahmad, Ed., CRC Press, Boca Raton, FL, 1997, Chapter 2.
Vukobratovich, D., Introduction to optomechanical design, SPIE Short Course SC014, 2014.
Vukobratovich, D. and Richard, R., Flexure mounts for high-resolution optical elements, *Proc. SPIE*, 959, 18, 1988.
Yoder, P.R., Jr., Study of light deviation errors in triple mirrors and tetrahedral prisms, *J. Opt. Soc. Am.*, 48, 496, 1958.
Yoder, P.R., Jr., High precision 10-cm aperture penta and roof-penta mirror assemblies, *Appl. Opt.*, 10, 2231, 1971.
Yoder, P.R., Jr., Non-image-forming optical components, *Proc. SPIE*, 531, 206, 1985.
Yoder, P.R., Jr., Design guidelines for bonding prisms to mounts, *Proc. SPIE*, 1013, 112, 1988.
Yoder, P.R., Jr., Optical mounts: Lenses, windows, small mirrors, and prisms, in *Handbook of Optomechanical Engineering*, Ahmad, A., Ed., CRC Press, Boca Raton, FL, 1997, Chapter 6.
Yoder, P.R., Jr., *Mounting Optics in Optical Instruments*, 2nd edn., SPIE Press, Bellingham, WA, 2008.
Young, W.C., *Roark's Formulas for Stress and Strain*, McGraw-Hill, New York, 1989.

第 10 章 挠性装置的运动学设计和应用技术

Jan Nijenhuis

10.1 概述

光学组件（如反射镜、透镜和棱镜）、镜座、支架和壳体是构成光学系统或仪器的几个实体例子。每个实体都必须安装在仪器的结构内或其上。常用的安装方法包括螺栓固定、夹持、压圈和黏结。通常，这些方法能足以使各组件在工作和环境载荷下保持原状态不变。但对于光学系统，由于其对位置精度、稳定性有严格要求并需要没有机械应力，所以上述方法常常不够，很明显需要采用更多技巧和工艺实现设计目的，本书阐述其实现方法。本章重点介绍安装各种组件的原理，每个组件都采用运动学安装方式，对所有 6 个自由度（DOF）均独立约束，或者有意留下某些自由度以便能够自由活动而进行调整。假设这些都是刚性组件且无限结实，通常对组件造成的过约束负载很容易使其变形，因此降低了仪器的性能。

每个刚性物体都有 3 个平移自由度和 3 个旋转自由度。任何平移或旋转都可以定义为这些运动的线性组合，所以，通常是沿着笛卡尔坐标系的轴定义这些自由度。约束 6 个自由度就意味着该刚体不能运动——至少是运动学意义上的概念。由于机械支架的刚度有限，施加外部负载将造成机械弯曲和外形尺寸变化。因此，根据技术规范要求计算和评价一个支架的实际刚度，就显得更为重要，结合已经完成的设计实例进一步说明计算过程。

本章将系统讨论一个简单刚体自由度的各种约束方式，首先介绍一个自由度的约束方法，然后逐渐增加约束数目，直至刚性物体不能移动为止；阐述被称为支柱和各种形式板簧的典型结构元件，每种元件都能够约束一个或多个自由度。总之，这些元件统称为挠性装置。

根据自由度控制来考虑问题的主要优点是用户无须做任何计算，仅根据推理就能够设计和确定（或安排）支撑结构（和装置）。此后，根据刚性物体的负载、性能要求和环境条件确定结构元件的外形尺寸。并非总是一次就能够确定静态解，或许必须进行多次迭代。如果有经验，用户将会很快获得最佳解，换句话说，用最少材料获得最高的性能。

本章介绍或涉及的硬件既包括简单的光机部件，也有高级系统。在此给出的正确约束每个自由度的技术（或规则）适用于所有的复杂刚体，同时介绍多个简单的挠性安装实例。此外，在本书其他章节还包括另外的例子。一个采用许多个正确约束零件的较复杂例子是欧洲超大望远镜（E-ELT）中的拼接式主反射镜。其孔径为 39.3m（129ft），有望成为世界上最大近红外望远镜。在此所要考虑的主要特性（包括该望远镜在内的所有仪器）总是可实现的最高性能和可预测的最轻重量。

10.2 自由度控制

10.2.1 静态设计的优点

如果一个刚体的6个自由度之一受到约束，就认为该刚体处于静态受控。利用力和力矩平衡的6个公式，可以计算反作用力并给出刚体支架需要的强度/刚度。对刚体施加更大约束将造成过量负载。经常询问的一个问题是，为什么静态设计如此重要？其关键之处在于，传统的过量约束结构运转得非常理想，但实现却很困难。乍看起来，这是对的，并且当其满足要求时，总是利用目前现有的设计或标准产品；然而，若要求新产品的设计性能优于现有产品，就会出现问题。微米或毫米精度常常已经不够了。在这种情况下，根据自由度考虑和分析问题的优势在于使设计过程更具有逻辑性。同时要明白并已经得到证明，依据自由度方式思考问题要比大多数人所期望的要难，但其益处是，对结构在机械和热负载下的性能预测和理解更全面。此外，例如定位装置的绝对精度会得到提高。

目前有一种非常流行的趋势，即利用有限元法（FEM）提前对建议的机械结构设计进行分析。其结果可能显示，即使在过量约束情况下也没有问题。然而，该结果可能是该设计众多情况下的一种，提供的是非常有限的知识。分析人员需要进行更多计算以揭示所有设计参数间的相互关系，通常以获得大量数据而告结束，因此常常很难处理。关注设计自由度及提前了解结构元件的工作原理将使设计工程更为直接。为此，本章将通过一些简单实例描述较复杂的约束应用。

10.2.2 控制一个自由度

图10.1给出了一个矩形刚性物体，在一个方向受到一个支柱的约束⊖。10.3.2节给出了支柱的设计公式。目前，只需要明白，这种情况可能是一个细长零件（或许是一根杆状物体），其横向尺寸（或直径）与其长度相比较小。与其抗弯或扭转刚度相比，这类零件具有很高的伸缩刚度，所以可以忽略抗弯或扭转刚度的影响。

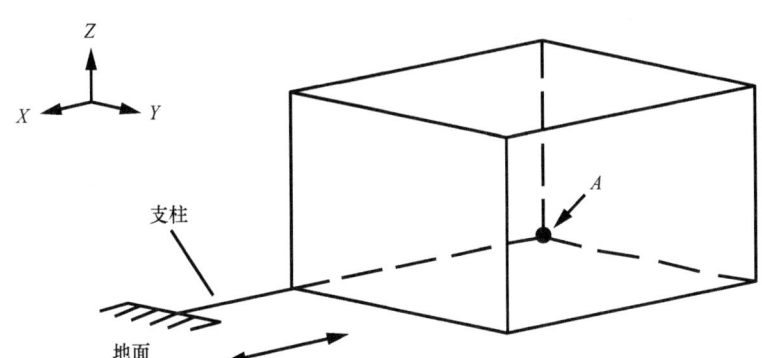

图10.1 基底上一个支柱约束一个刚体的一个自由度（刚体在X方向的平移），用双箭头表示该约束

约束一个自由度的另外一种方法是利用板簧。一块板簧等同于一块薄板，能够承受共面

⊖ 在此，用双箭头表示一个受约束的自由度。

内的负载。共面外的负载或造成弯曲或扭曲变形，因此，一个板簧约束 3 个自由度：共面内 2 个平移和 1 个旋转。图 10.2a 中，两个板簧彼此正交放置⊖。这种组合称为折叠板簧。将这两个板簧彼此连接在一起以形成一个二面角的棱，因此只有 1 个自由度（Y 方向平移）受到约束。此外，能够将负载从一个受施刚体转移到固定域（此处系指地面）的唯一途径是沿着该二面棱。图 10.2b 给出了一个同等结构布局，利用一个刚性非常好的支柱，将刚性体沿 Y 方向（并经过第二个支柱）连接到基底上。

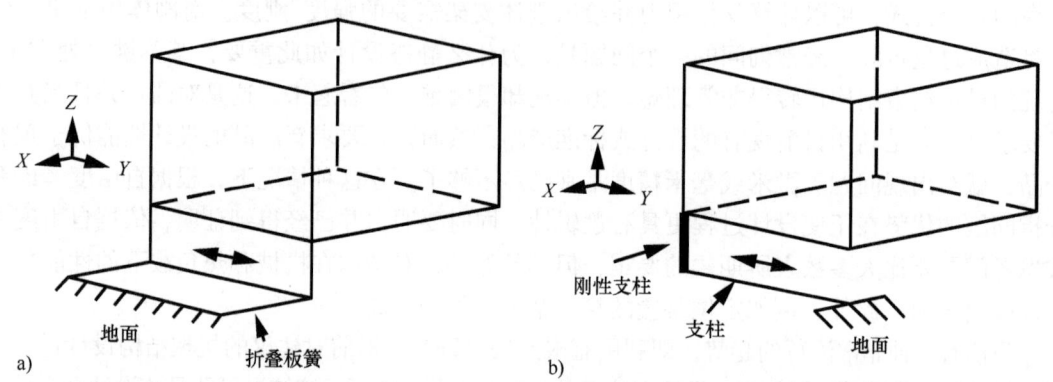

图 10.2　a) 一个固定在基底上的折叠板簧约束一个刚体在 Y 方向上的平移
b) 利用一个刚性支柱等效约束 Y 轴（译者注：原书错印为 Z 方向）方向的平移自由度

如果刚性体与基底连接，那么约束 1 个自由度的另一种方法是利用 4 个支柱，如图 10.3 所示。2 个支柱位于 Y-Z 平面内，2 个位于平行于 X-Y 面的平面内。所有 4 个支柱都汇聚于公共点 A。Y 方向的自由度也受到约束。利用如支柱、板簧挠性装置或折叠板簧挠性装置等不同方法约束 1 个自由度的实际影响将在 10.3 节进一步阐述。

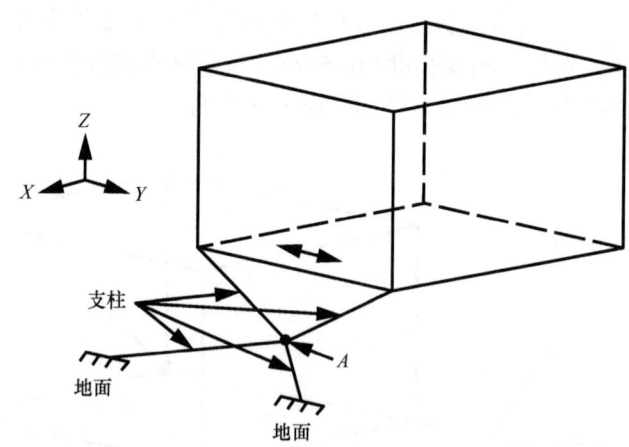

图 10.3　利用垂直平面内 4 个相交支柱约束刚体在 Y 方向 1 个自由度的结构布局图

图 10.4 所示的是利用两个板簧和一个中间非常结实的物体将该刚性体连接到基底上。在这种情况中，与其共面内承载能力相比，由于板簧在共面外的承载能力忽略不计，所以只

⊖ 通常，两个板簧垂直放置，然而实际并非必须如此。从实际出发（即限定的空间），有可能偏离这种常规情况更为有利，在 10.2.5 节，将进一步进行讨论。

第 10 章 挠性装置的运动学设计和应用技术

有 X 方向一个自由度受到约束。10.3.3 节将进一步做定量分析。

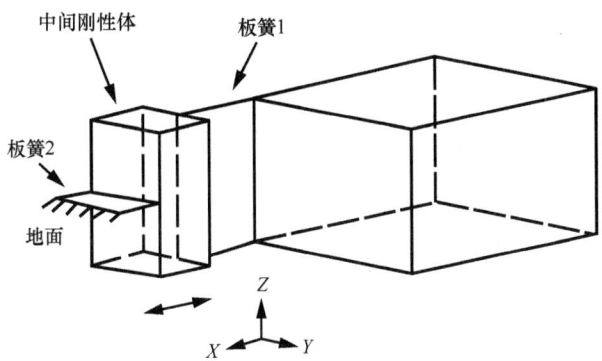

图 10.4 利用板簧（1 和 2）并通过第二个刚性体约束目标刚性体在 X 方向的一个自由度

10.2.3 控制两个自由度

现在，讨论如何约束两个自由度。正如人们可以预料的，将更多的支柱或板簧与刚性体相连接就可以达此目的。这看起来似乎相当烦琐，但是，对于理解通过逐步增加约束直至一个刚性体的所有自由度都得到约束带来的影响，是非常重要的。图 10.5a 中，利用两个垂直的支柱约束刚性体在 X 和 Y 方向的自由度。这两个支柱在刚性体内的 A 点相交。A 点只能在 Z 方向平移。绕着 A 点处相交边棱的 3 个旋转自由度仍然保留不变。如图 10.5b 所示，将这些支柱固定，使旋转点 A 位于刚形体之外和 Y-Z 平面内。用图 10.5c 所示方式固定这些支柱，A 点移动到 X-Y 平面。注意到，两个支柱实际上并不在 A 点相连。

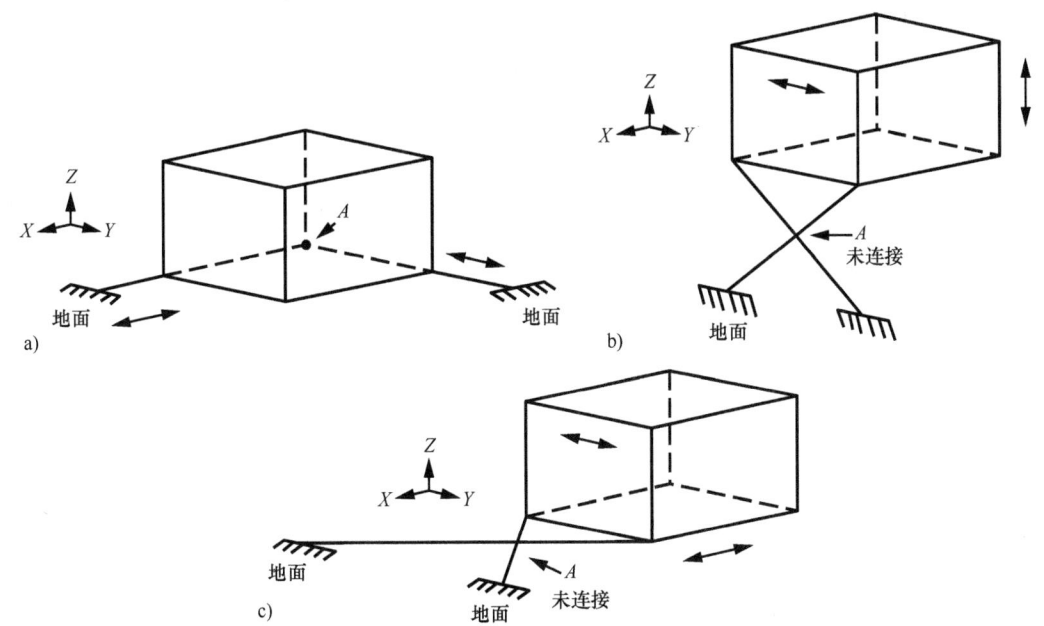

图 10.5 图 a 所示的刚性体受到两个支柱（相交于刚体内 A 点）的约束，在 X 和 Y 方向不能平移，但能够沿 Z 轴平移和绕着任一轴旋转；图 b 和 c 所示的刚性体同样是两个自由度受到约束，但交点 A 位于刚性体外面

两个支柱也可以是平行的，如图 10.6 所示。有可能确定 X 方向没有平移且绕 Y 轴没有旋转的平面，因此能够约束 2 个自由度。

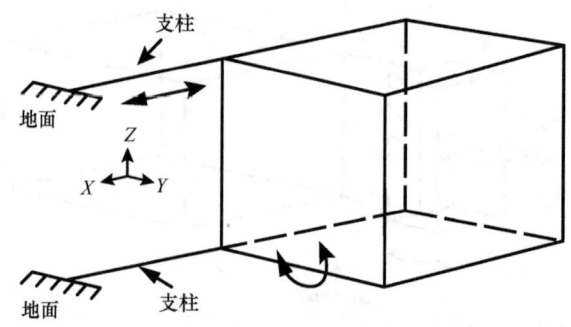

图 10.6　两个相互平行且在垂直方向有一定间隔的支柱约束刚性体的
两个自由度，即沿 X 轴没有平移和绕 Y 轴没有旋转

如果将图 10.6 所示的一个支柱移离，使其不相交也不平行（即异面斜交），如图 10.7 所示。在这种情况下，没有特定的点可以确定为旋转中心，同时约束沿 X 和 Y 轴的平移，其他 4 个自由度是不受约束的。

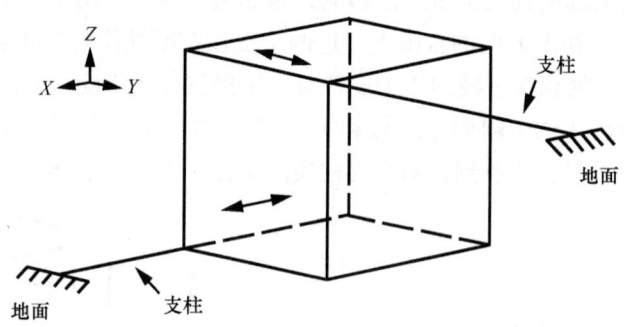

图 10.7　两个在垂直方向具有一定间隔的异面斜交（即不平行也不相交）
支柱约束刚性体的两个自由度（沿 X 和 Y 轴平移）

不采用支柱而用受约板簧（CLS）也可以约束刚性体的自由度（见图 10.8）。在一块薄板上加工出两个相邻的孔和两条共线的切槽。剩下的两块薄板之间，在 A 点处，仍然保留有很小一部分连接，X 和 Y 方向的负载可以在 A 点转换。介绍这种连接方法的主要目的是其制作简单且成本低廉。此外，这种连接具有相当长的长度，所以能够很容易地将平板部分固定在刚性体和基底上。另外，可以根据用户需要调整 A 点的位置。

10.2.4　控制三个自由度

当三个自由度受到约束时，另外三个自由度是自由的。假设，受约束的自由度是平移，则布局图可能如图 10.9a 所示。三个支柱在刚性体的 A 点相连。A 点处的三个旋转自由度并没有受到约束，所以这些支柱的应力性质有可能对旋转产生少量约束。由于支柱有效变短，所以大于几度的旋转量将会造成小量的寄生平移。

第 10 章 挠性装置的运动学设计和应用技术

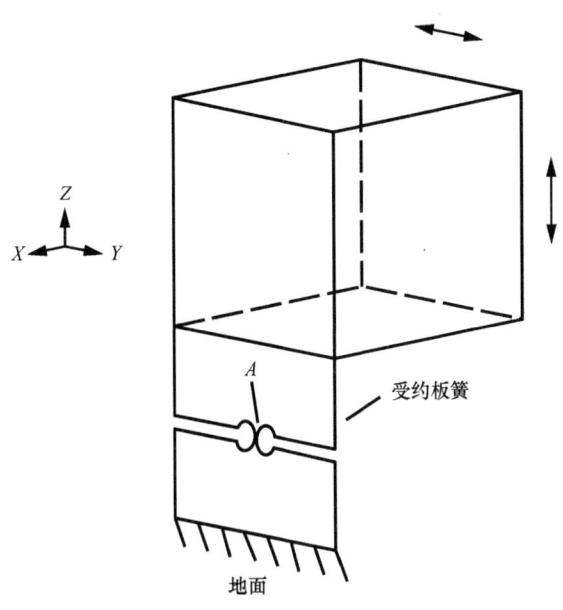

图 10.8　用来约束刚性体沿 Y 和 Z 方向平移的受约板簧

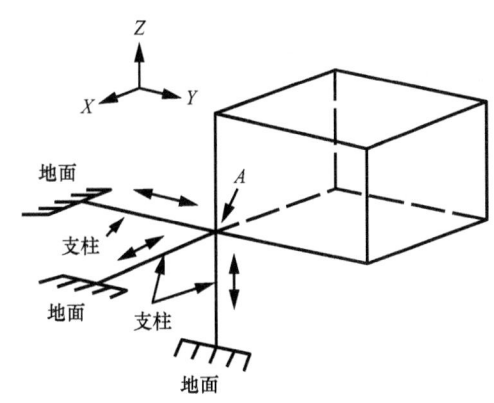

图 10.9　三个相交于 A 点且相互垂直的支柱约束刚性体的三个平移自由度。三个旋转自由度是自由的

另外，还可以利用三个折叠板簧约束三个平移自由度，如图 10.10 所示。利用电火花加工（EDM）工艺制造这类装置。从一个立方体材料中加工出一段恒定厚度的板簧，并使其法线与立方刚性体结构的对角线重合。利用电火花工艺制造的板簧 1 垂直于立方体的侧边 1，因此，与给出的结构相比，两段板簧彼此垂直。铰链点是立方体的角点。由于是整体（单片）结构，所以该铰链不产生摩擦力或滞后。电火花切割工艺形成的小量间隙对每个旋转自由度产生一定影响。

若以不同方式布局 3 个立柱，就会得到 3 种自由度的不同约束结果。例如，如果 3 个共面支柱中的两个彼此平行，而第三个与其垂直（见图 10.11a），则绕 Y 轴旋转和沿 X 和 Y 轴的平移会受到约束。利用一根折叠板簧也能够获得相同的结果，如图 10.11b 所示。从机械学的观点出发，后者更容易实现。实际情况可能会尽量避免采用这种方案。

在图 10.11a（译者注：原书错印为 10.10a）所示的两个平行支柱之间增加一个对角线支柱，就得到图 10.12 所示的传统支柱结构，约束两个平移自由度和一个旋转自由度。支柱

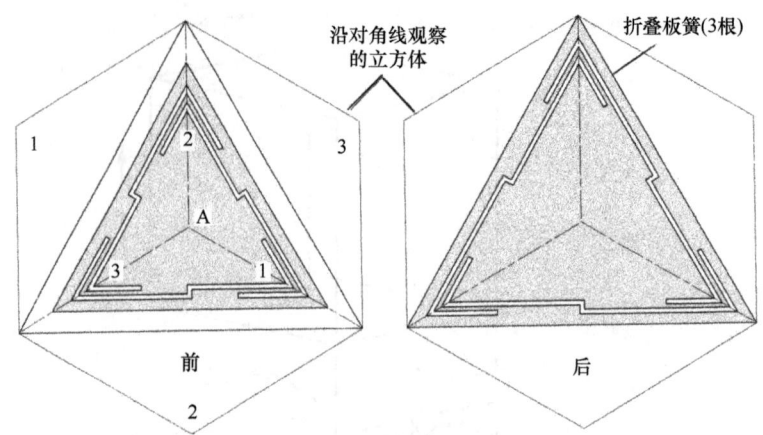

图 10.10 三个折叠板簧沿立方体对角线的截面图

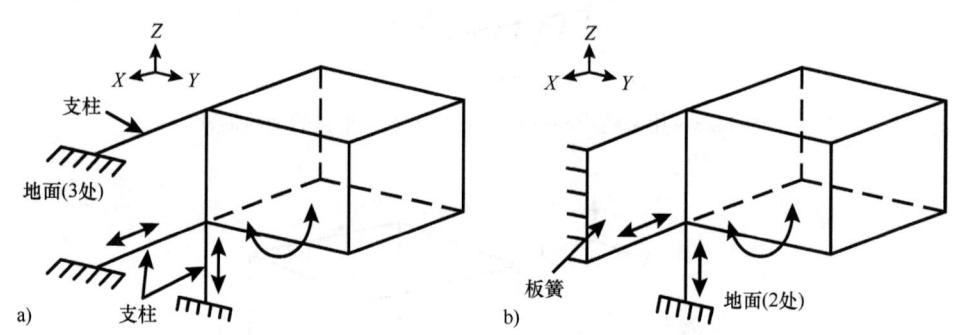

图 10.11 a) 三个共面支柱约束刚性体的三个自由度
b) 利用一个板簧实现相同功能的结构布局

的功能与图 10.11b 所示的完全相同。同样，由于实际问题，有可能会避免使用这种方案。

另一种方法中，两个支柱共面，而第三个支柱与其垂直并移到刚性体的另一角，如图 10.13 所示。沿 X 方向的平移及绕 Y 轴的旋转受到约束，正如同 Z 方向平移。由于支柱并不相交，所以不可能确定刚性体的旋转中心。

若是图 10.14 所示情况，有可能形成绕 X 和 Z 轴的旋转及 Z 方向的平移。

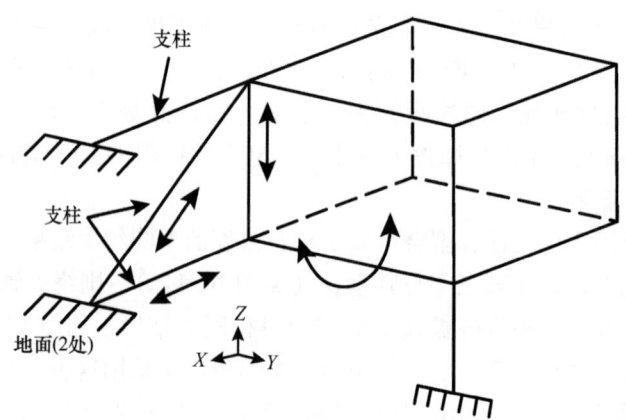

图 10.12 三个共面支柱，其中一个沿对角线方向，功能与图 10.11b 所示的板簧相同

第 10 章 挠性装置的运动学设计和应用技术

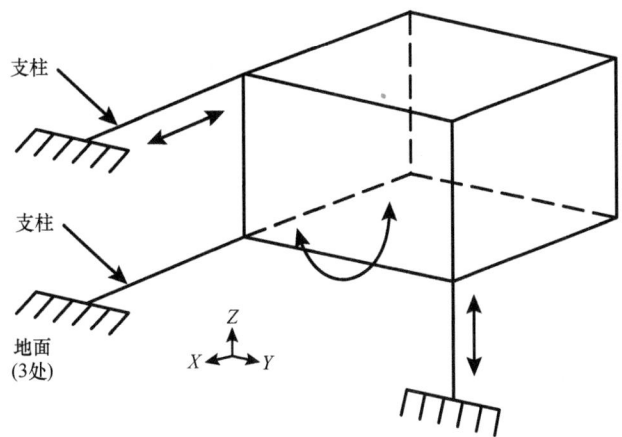

图 10.13 三个支柱约束刚性体 X 和 Z 方向的平移和绕 Y 轴的旋转

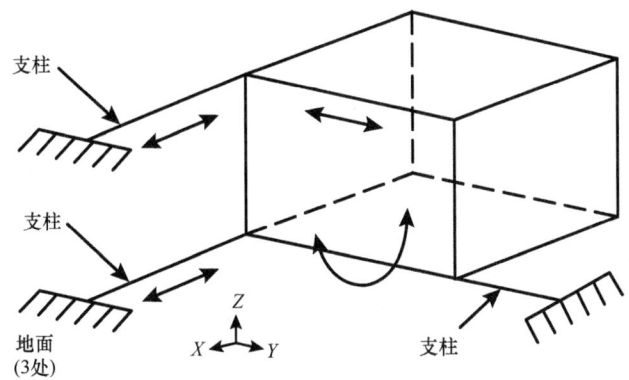

图 10.14 两个共面支柱和与其平面相垂直的另一个支柱约束刚性体沿 X 和 Y 方向的平移及绕 Y 方向旋转,总共 4 个自由度受到约束。这种方法非常适用于要求物体在一个方向平移而在相对于该方向的另外两个正交方向倾斜的情况

当所有三个支柱都平行但不共面时,会出现一种很有趣的情况,如图 10.15 所示。现在,刚性体不可能沿 X 方向平移或绕 Y 或 Z 轴旋转,而该刚性体在与该三个支柱相垂直的平面内能够自由平移和旋转。在对此刚性体进行调校对准时,这是一个很有用的性质。

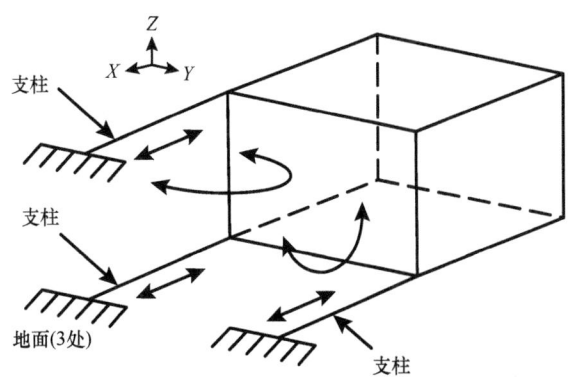

图 10.15 三个平行支柱(两个位于 X-Z 平面内,一个位于 X-Y 平面内)约束刚性体沿 X 轴平移及绕 X 和 Z 轴旋转

图 10.16 中，用三个折叠板簧代替图 10.15 所示的 3 个支柱。此外，刚性体设计为圆柱体。这类圆柱体很容易想象为固定透镜的镜筒。透镜光轴沿 Z 轴方向。为便于定心，重要的是需要进行横向移动而对轴向没有影响。与支柱相比，使用折叠板簧额外还具有一个重要优点。由于支柱是横向弯曲变形的，所以，若使用折叠板簧，则 Y-Z 平面内的横向移动将在 X 方向（应当是透镜的焦点）造成小的位移。对于调校光学组件，这是不能接受的。图 10.16 所示的方案没有上述缺点。除了实现预期的横向移动外，有可能使光学件绕 Z 轴旋转。对于调校离轴反射镜，这种布局非常有用。由于透镜通常是旋转对称，所以旋转不会影响光学性能。然而，从机械学观点，约束剩余的三个自由度是很重要的。

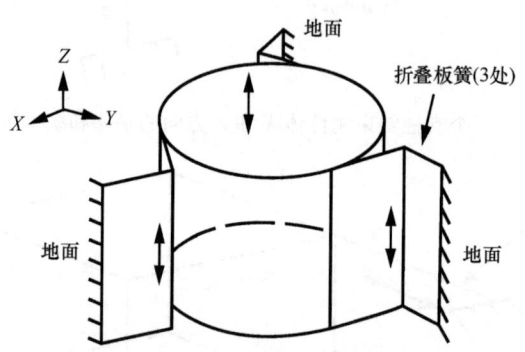

图 10.16　三个折叠板簧以 120°的间隔布局固定在一个圆柱型刚体上，其二面角的棱彼此平行，并平行于圆柱体的轴。这种布局约束了刚性体在三个轴向的平移。绕 Z 轴可有限旋转

应当注意，三个支柱或折叠线不应当共面，这意味着在某些自由度下，系统是过约束，不是三个而是四个自由度受到约束。如果三个支柱都位于一个垂直面内，那么绕着垂直于折叠线并与三条折叠线共面的轴旋转将不再受到约束。

将三个板簧旋转 90°，如图 10.17 所示。感兴趣的仍然是透镜或反射镜的安装问题。光学元件在面内运动是不可能的，但是，有可能使透镜绕着 X 和 Y 轴旋转，出现倾斜运动。另外，Z 方向平移也是可能的。

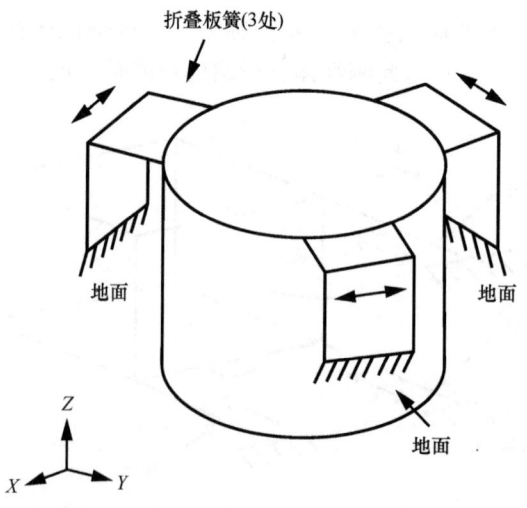

图 10.17　三个折叠板簧以 120°的间隔布局固定在一个圆柱刚体上（其二面角的棱共面），约束刚性体沿 X 和 Y 方向平移和绕着 Z 轴旋转

第 10 章　挠性装置的运动学设计和应用技术

再次用支柱代替三个板簧，形成图 10.18 所示的结构布局。假设，三个支柱长度相同，并且是相同材料。如果温度发生变化，圆柱体和板簧的外形尺寸都将稍有变化，然而，圆柱体的中心保持不变，该中心称为热中心（TC）。只会绕 Z 轴产生轻微的旋转。旋转对称透镜不会产生任何不良后果。如果是一个问题，返回到图 10.17 所示的方案就能够得以解决，那样不会造成旋转。另外，在这种情况下，圆柱体中心是热中心。应当注意，热中心的位置取决于支柱或板簧施加在透镜上的力，因此采用不一致的支柱/板簧将会造成热中心漂移。如图 10.17 和图 10.18 所示，支柱一样并按照 120°间隔分布，X-Y 平面内任何方向的刚度都相同。适当地改变这些角度不会影响热中心的位置。然而，这类变化将影响 X-Y 平面内设计刚度的分布。

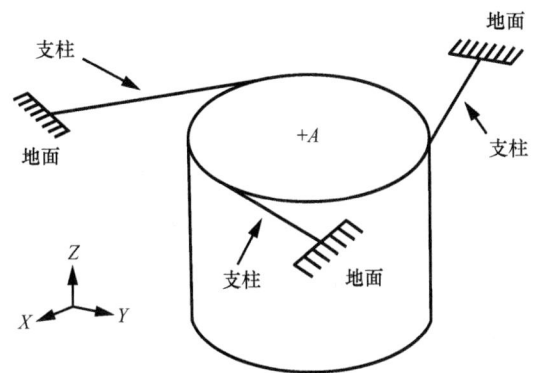

图 10.18　三个共面支柱以 120°间隔沿圆柱体圆形截面切向分布，约束两个平移
（X 和 Y 方向）和绕 Z 轴旋转。可以绕 X 和 Y 轴旋转（倾斜）及沿 Z 轴平移

还可以采用图 10.19 所示 3 个支柱的方案。3 个支柱具有不同的方位，并且互不相交，因此，不可能平移，但仍然有 3 种旋转。图 10.19 给出了如何确定这些旋转。3 种旋转的线性组合都是可能的。

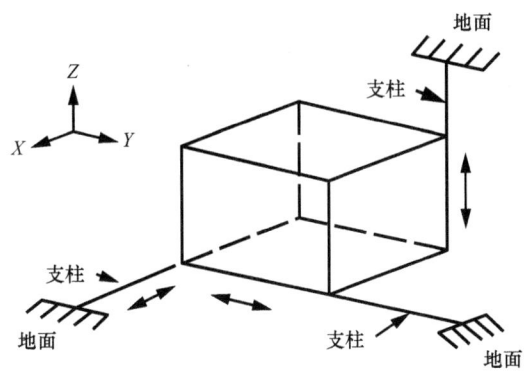

图 10.19　3 个支柱分别平行于一个主轴并固定于一个刚性体的不同顶角处，
因此两个支柱是共面的，第三个支柱垂直于前两个支柱所在的平面。
这种结构布局约束刚性体沿每个轴向的平移，但允许绕每个轴旋转

约束 3 个自由度可以有许多种选择方案。然而，已经给出的多个实例已足以使读者理解，若采用每种备用方案时各会造成什么结果。

10.2.5 控制四个自由度

控制四个自由度就意味着，只有两个自由度是不受约束的。可以是两个旋转，两个平移，或者一个平移和一个旋转。图 10.20 给出了第一种方案的实例，类似图 10.18 所示的情况，但现在是约束 Z 方向的平移。注意到，包含有共面支柱的平面与第四个支柱中心线的交点 A 不能移动。还注意到，剩余两个自由度是平行于 X 和 Y 轴并且中心在 A 点的两个旋转。假设圆柱体有一个反射镜面，是用金刚石车床加工出的与三个支柱共面的表面。反射镜表面安装在一种卡登（Cardan）万向节㊀头上，用于扫描应用。由于能够将系统的光瞳设置在反射镜上，并且，反射光束绕着反射镜顶点旋转，因此这是一种非常受到青睐的结构布局。图 10.21 给出了具有代表性的这类结构布局的实例。

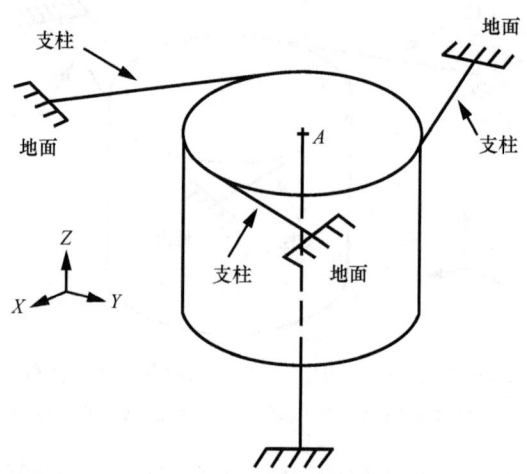

图 10.20 围绕圆柱体表面并以 120°间隔分布的三个共面支柱和一个平行于 Z 轴且通过 A 点的支柱约束所有三个平移及绕 Z 轴的旋转。两个自由度（绕 X 和 Y 平面倾斜）不受约束

四立柱也可以设计为两组平行的约束机构，如图 10.22 所示。剩余的自由度是，一个绕 X 轴旋转，一个沿 Z 方向平移。设计这些支柱的结构布局还有其他的选择方案。然而必须小心，不要过约束某些自由度。图 10.23 给出了这种情况，绕 Y 轴旋转受到两个约束，三个自由度尚未受到约束：沿 Y 轴方向的平移及绕 X 和 Z 轴的旋转。将一个垂直支柱旋转到 X-Y 平面内或使一个水平支柱绕 Z 轴旋转 90°应当能够校正这种不必要的条件。

约束四个自由度的另一种方法是使用两个受约板簧，如图 10.24a 所示。不受约束的自由度是绕着铰链轴旋转，铰链轴连接两个约束和 X 方向平移。图 10.24b 给出了另一种方法。即使支柱弯曲使交点移动，该铰链轴也不会移动。若是共面情况，无须那对支柱。平行于旋转轴方向有少量偏离对性能没有任何影响，并避免支柱有任何物理交叉。

如图 10.25 所示，两对支柱也可以有垂直焦点 A 和 B。由于旋转轴的实际位置可能会与其他结构件相交，所以这也是一种非常实际的情况。这种结构布局的转动刚度远大于图 10.24a 或 b 所示的。人们或许会希望设计的装置具有两个不受约束的平移（两个自由度），然而，由于其只使用 4 个支柱，所以是不可能的。

㊀ 由卡登（Cardano）首先（约1545年）表述的一种围绕顶角实现旋转运动的装置，是现在处处使用的万向节的原型。

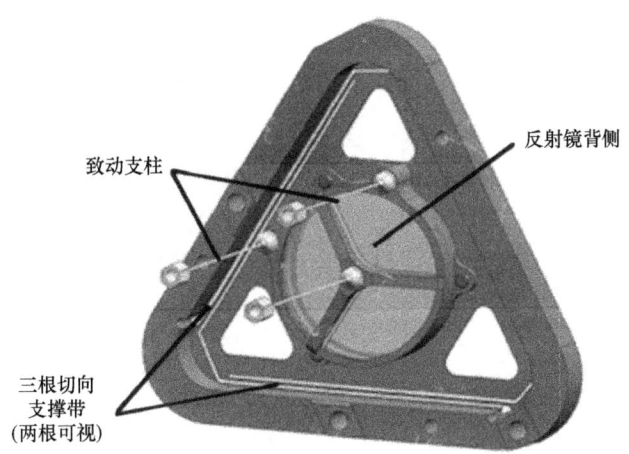

图 10.21 一个功能上类似图 10.20 的翻动/倾斜装置包括三角形镜座中的一块反射镜，而镜座受到三角形环状结构内三个横向支柱（可以观察到两个）的支撑，最后将环状结构固定在基板上。一个中心支柱固定到基板上，从而约束反射镜的轴向位置。两个支柱平行于反射镜光轴且与反射镜侧面相连接，长度可调，从而使反射镜法线能够在正交方向倾斜小的角度

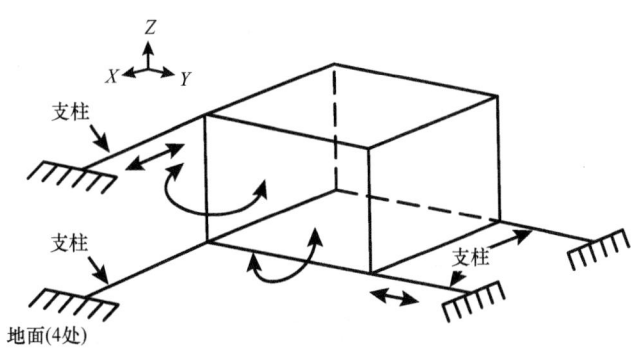

图 10.22 一组平行支柱位于 X-Z 平面内并固定在基板上，另一组平行支柱位于 X-Y 平面内。这两组平行支柱约束刚性体两个平移和两个旋转自由度。两个自由度（绕 X 轴旋转和沿 Z 轴平移）不受约束

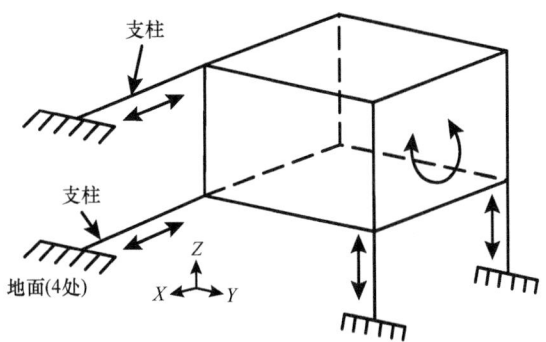

图 10.23 两组平行支柱约束刚性体沿 X 和 Z 方向平移和绕 X 和 Y 轴旋转。其中绕 Y 轴旋转是过约束的

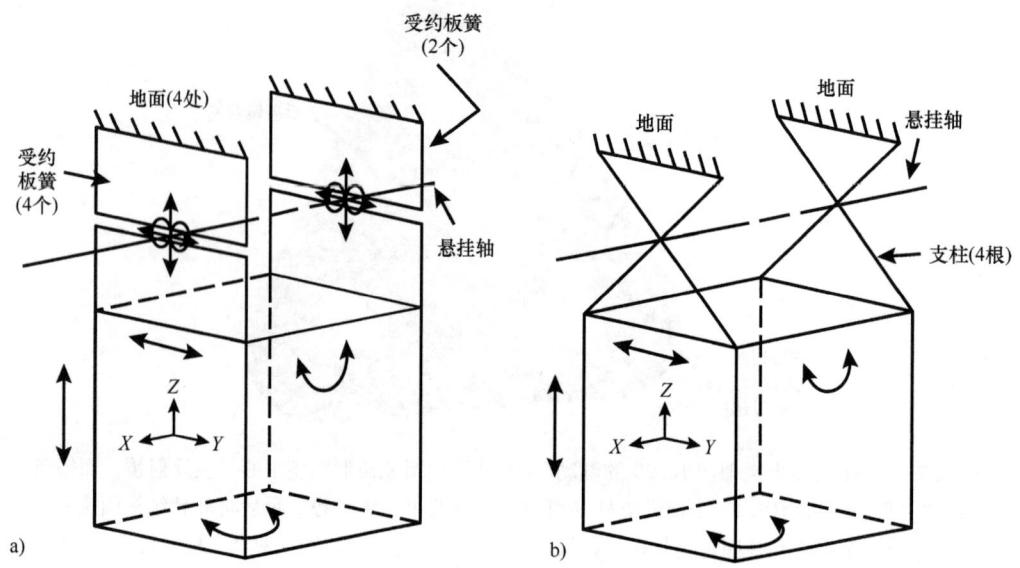

图 10.24 a）两个受约板簧约束 4 个自由度，即沿 Y 和 Z 轴方向平移和绕这两个轴的旋转。绕着连接铰链中心的铰链轴旋转和沿着 X 轴的平移仍然不受约束
b）另一种方法是利用 4 个沿着对角线排列的支柱（在其跨越点处，并不相连）约束相同的自由度

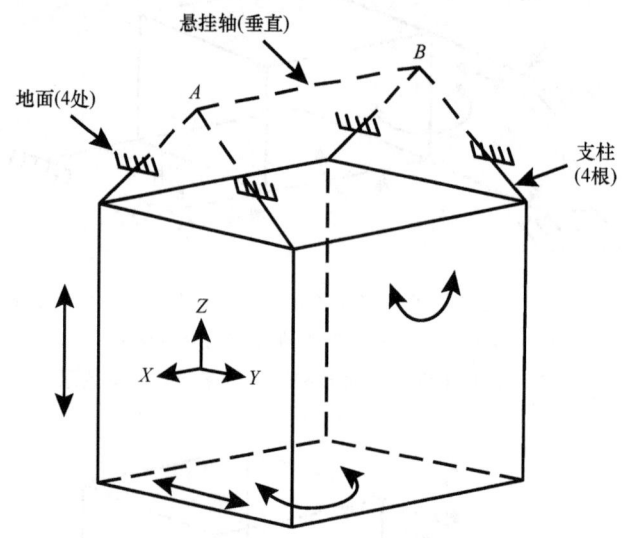

图 10.25 两组具有垂直交点（A 和 B）的支柱约束刚性体沿 Y 和 Z 轴的平移和绕 Y 和 X 轴的旋转

10.2.6 控制五个自由度

下面进一步讨论的内容是约束五个自由度。这意味着，剩下的一个自由度是平移或旋转。图 10.26 给出了一个平移自由度不受约束的例子，利用一个板簧和一个受约板簧，只是沿 X 方向能够自由平移。实际上，经常使用两个平行的板簧获得以弹性变形为基础的线性导向系统。优点是简单和具有更优良的动态性能。后者属性源自两个板簧具有相同的刚度。

第 10 章 挠性装置的运动学设计和应用技术

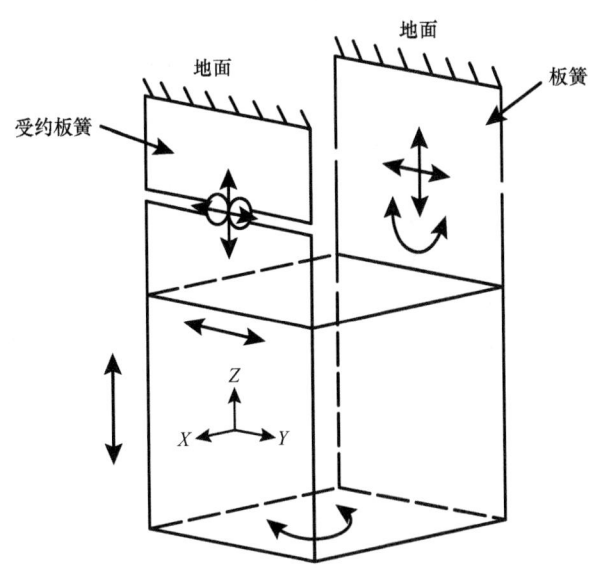

图 10.26 两个平行板簧（一个是受约板簧）约束刚性体只能在平行于 X 轴方向平移

由于认为两个板簧一样，所以系统成为过约束。是否成为一个问题取决于多方面因素。如果平行导向系统是由一块材料（即整片材料），那么如利用切割和线侵蚀工艺制造，就认为不存在问题。因为制造精度很高，所以可以超定导致的问题可以忽略。然而，若使用两个分离的板簧，可能就会出现问题。两个板簧或许（由于机械误差原因）不是理想的平行，因而造成彼此干涉，刚体也不会精确地遵循两个板簧的指示运动。两个板簧属于共面弯曲，因此，当沿 X 轴平移时，刚性体绕 X 轴会有少量旋转。是否出现该问题取决于应用和精度需求。

另外一个关注的焦点可能是，用螺栓将分离的板簧固定到刚性体上可能对微滑移很敏感⊖。滑动不可避免地意味着迟滞和精度损失。已经从机械方面研究过减小这些影响的措施，但这些超出了本章的研究范围，卷 II 第 7 章将进行讨论。

图 10.27 所示的结构布局，采用一个板簧和一个受约板簧控制五个自由度。剩下的一个自由度是绕着板簧两个中性面交线的旋转。即使制造公差达到最小，其结果也是微不足道，但利用两个板簧的布局也会使设计过约束。

图 10.28 给出了刚性体受到 5 个支柱支撑的两种布局。图 a 所示的 5 个支柱约束 5 个自由度：3 个平移和两个旋转，绕 Y 轴的旋转不受约束。图 b 所示的也有 5 个支柱，同样约束 5 个自由度。所有旋转都被约束，只有沿 Y 轴的平移是自由的。

图 10.29 给出了对一个不受约束自由度特别重要的一种改进型。刚性体的一条棱受到一个板簧的支撑，从而约束 Z 和 Y 轴方向的平移和绕 X 轴的旋转。固定在刚性体前下棱端部的两个支柱约束沿 X 轴的平移。这些支柱也可以避免绕 Z 轴的旋转。绕着平行于 Y 轴的一条轴旋转是不受约束的。图 10.30 给出了一种通常称为挠性支撑轴承或挠性支承的批量供应产品，在光机领域中广泛用作精密铰链。这类装置适用于单端模式（左图）或双端模式（右图）。结构形式一般采用耐腐蚀钢零件，并用铜焊或一般焊接工艺连接在一起。另外，也可以利用铣磨和线侵蚀组合工艺制造整体结构，这是一种很昂贵的方法。两类结构都能够获得不同的尺寸和载荷能力。

⊖ 在美国，表述微滑移（microslip）的相同术语是"黏滑（stick-slip）"。

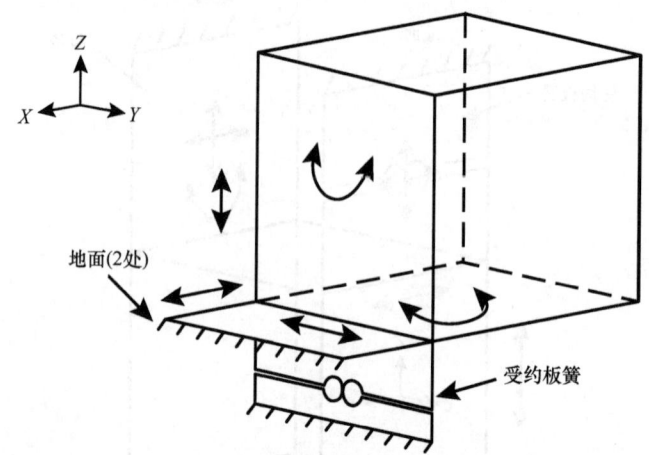

图 10.27　两个垂直板簧（一个是受约板簧）约束刚性体仅允许绕着 Y 轴旋转

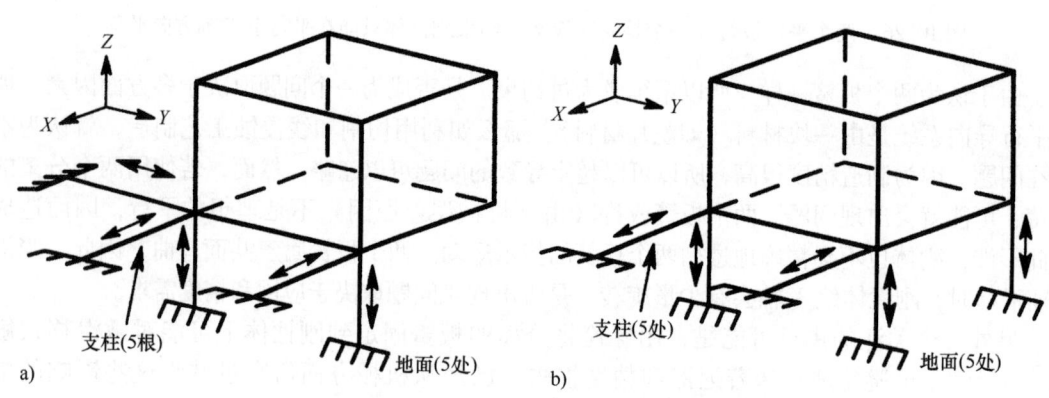

图 10.28　约束 5 个自由度的 5 个支柱布局
a) 绕 Y 轴的旋转不受约束　b) 沿 Y 轴的平移不受约束

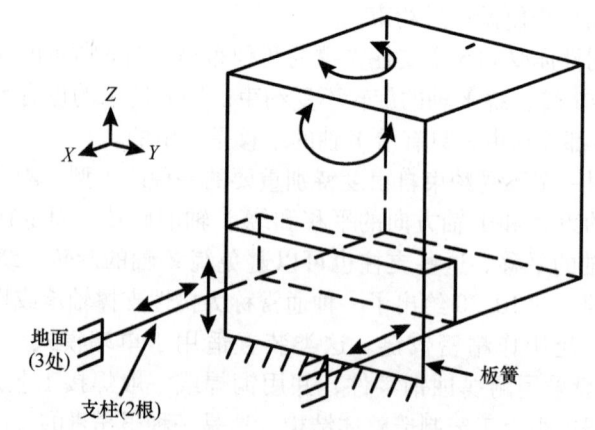

图 10.29　两个支柱都平行于 X 轴，一个板簧平行于 Y-Z 平面，其组合效果约束刚性体只能绕着 Y 轴旋转

第 10 章 挠性装置的运动学设计和应用技术

图 10.30 一种批量生产的单端（悬臂式）十字弹簧支承（左图），相当于图 10.29 所示的功能；右图是该装置的双端形式。两种形式都可以获得各种尺寸和不同的载荷能力
（资料源自 Riverhawk Company, New Hartford, NY）

图 10.30 所示两种挠性支承的一个重要问题是，它们实际上属于超定系统。用两个平行板簧代替两个支柱，每个板簧约束三个自由度，则该布局是四倍超定系统 $[(3 \times 3) - 5 = 4]$。是否是问题取决于制造公差。毫无疑问，这是一种非常实用的装置。然而，有一种趋势是设计师更希望使用两个十字弹簧支承作为旋转轴，如同使用普通的滚珠轴承一样。由于支承的对准问题，所以这种布局不会达到最佳的性能状态。

如果需要达到可能的最佳性能，应当考虑图 10.31 所示的结构布局，交线 A-B 是旋转轴，这种结构是哈伯兰德（Haberland）车轮形铰链的改进型。尽管能够获得的最大旋转量有所减小，但是作为一种铰链，其性能比十字弹簧支承更精密。最好采用线蚀刻工艺在实体坯材上制成一个整体铰链。

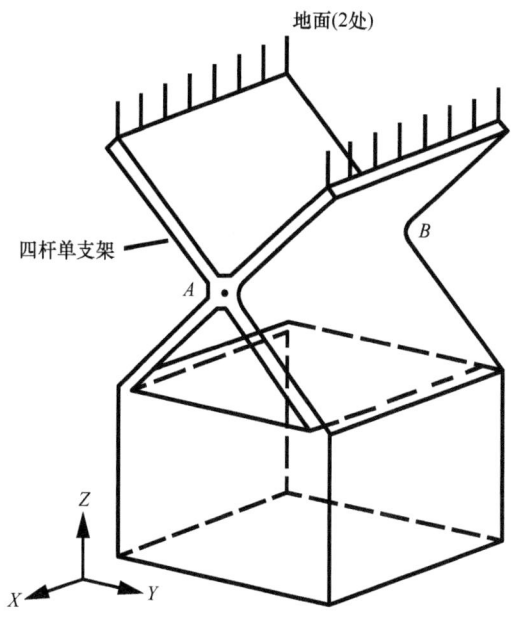

图 10.31 交线 A-B（其二面角棱）作为旋转轴的两个折叠板簧（左侧和右侧）约束刚性体的 5 个自由度，只有绕 A-B 轴的旋转不受约束。这是哈伯兰德铰链的基础

10.2.7 控制六个自由度

若利用支柱约束一个物体的 6 个自由度，则通过改变支柱长度能够简单地调整所有的 3 个旋转和 3 个平移量。图 10.32 给出了以这种方式支撑的一个刚性体。

可以观察到，三个垂直支柱的长度约束 Z 方向平移及绕平行于 X 和 Y 轴的轴线的旋转。例如，将支柱 6 加长会造成刚性体绕 A-B 边旋转。同样，使支柱 3 加长将造成刚性体绕 B-C 边旋转。支柱 5 和支柱 6 改变相等长度能够使刚性体绕 A-D 边旋转。应用相类似的逻辑可以使剩余的其他自由度得以确定。

图 10.33 给出了约束六个自由度的另一种方法。为了具有更好的透视效果，利用虚线画出一个立方体。平行支柱对 $A1$-$A2$、$B1$-$B2$ 和 $C1$-$C2$ 位于垂直平面内，并被连接到刚性体上（虚线三角区）。分别或一起平移边 1、2 和 3 将会沿 X、Y 和/或 Z 轴产生平移。例如，在立方体 A 角所有三个边上同时施加相等的平移将会使刚性体沿着立方体的对角线 A-B 平移。由于是平行四边形，因此不可能出现旋转。

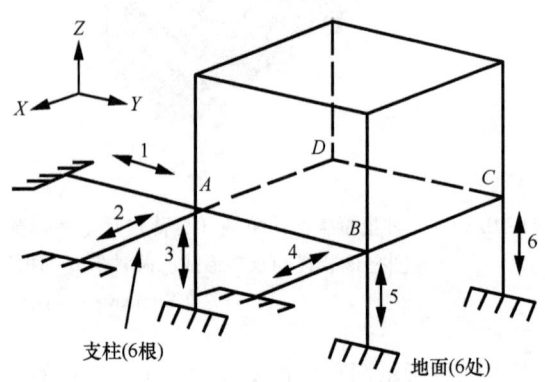

图 10.32　6 个支柱（标有号码）（三个平行于 Z 轴，三个垂直于 Z 轴）约束刚性体的 6 个自由度。通过改变支柱长度能够改变所有 6 个自由度

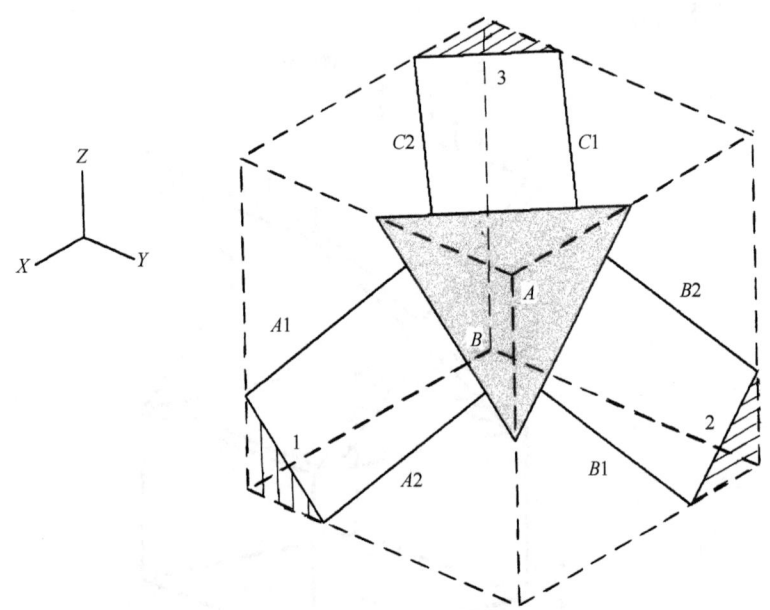

图 10.33　三对平行支柱（$A1$-$A2$）、（$B1$-$B2$）和（$C1$-$C2$）约束刚性体（虚线立方体）所有 6 个自由度相对于基板（虚线三角形）的运动

图 10.34 给出了一个立方体及其 6 个表面的对角线，对角线形成两个四面体（A 和 B）。假设，B 固定在基板上，利用 6 个支柱将 A 固定在 B 上。支柱编号分别为 1~6，长度相等，相邻支柱夹角是 90°。这种结构是众所周知的六轴运动平台，较正式些，称为斯图尔特（Stewart）平台。广泛应用于飞机飞行模拟平台。单独或者组合起来调整支柱长度，能够使操作员操纵 A 沿着六个自由度相对于 B 运动。图 10.35 给出了一个作为飞行模拟器使用的颇具代表性的六轴运动平台机构。

图 10.36 给出了更小且商用化的 6 轴运动平台。该装置能够提供约 220mm（8.7in）的行程及约 1000kg（2200 lb）的载荷，据报道，位置重复精度的典型值是 $\pm 0.002 \mathrm{mm}(\pm 8 \times 10^{-5} \mathrm{in})$。此类装置一般用于实验室测试、光电传感器、天文仪器和军事应用中。

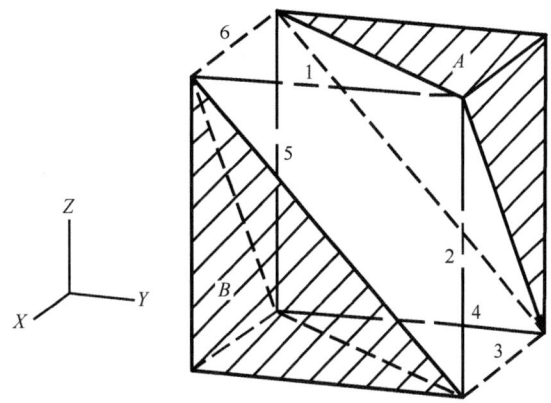

图 10.34 6 轴运动平台的功能表示法，6 个可调整支柱（标有编号）使刚性体具有 6 个运动自由度

图 10.35 用作飞行模拟器装置的斯图尔特（Stewart）运动平台
（资料源自 AXIS Flight Training Systems GmbH, Graz, Austria）

图 10.36 一种商业化的 6 轴运动平台，通过改变 6 个单独受控支柱的长度以调整 6 个自由度
（资料源自 Physik Instrumente, LP, Auburn, MA）

10.2.8 内部自由度

前面章节介绍了如何约束一个刚性体的自由度——给人一种感觉，似乎绝对都是这种情况。实际上，刚体本身也可能刚度不够。例如，野营者经常使用的便携桌（见图 10.37）有四个支撑，每个支撑有 2 只脚。由于桌子本身扭转刚度不够，所以全部 8 只脚都能够与高低不平的地面接触。同样的挠性适用于其中每个座椅。

图 10.37 由四个支撑的野营桌没有足够的抗扭转刚度，因此能够使其立在高低不平的地面上

光机硬件中经常会出现类似情况。如果刚度不够，任何承受弯曲或扭转载荷的刚性体都会发生变形。某些情况中，弯曲或扭转载荷要比拉伸或剪切载荷造成的变形大。

10.2.9 准静态自由度约束

所有的结构元件都要约束一个或更多的自由度，并且，每个元件都要具备一定刚度，其他自由度是不约束的。这意味着，这些自由度的约束刚度比受约束自由度的小，所以可以忽略不计。迄今为止介绍的所有结构元件都是以弹性为基础。现在，介绍两种更重要的结构元件：球体和圆柱体。根据使用方法，约束特定数量的自由度。

图 10.38a～d 中，圆圈代表一个与平面、凹柱面或两种形式沟槽相接触的球体或圆柱体。在理论上，与基准表面相接触的刚性体将在该接触线方向或接触点与刚性体中心连线确定的方向受到约束。然而，只有在没有摩擦情况下这种结论才正确。例如，平面上一个球体的滚动接触，摩擦力很小，球体的确只受限于一个自由度。若是滑动接触，摩擦力通常不能忽略。只有正确地进行润滑（摩擦系数远小于 0.1），才能不考虑摩擦力的影响。经常将球体固定在一个"运动物体"上，因此，运动时不能转动，只能滑动。如果该刚性体是圆柱体，并且，有两个表面相交，如图 10.38c 和 d 所示，则有两个自由度受限。

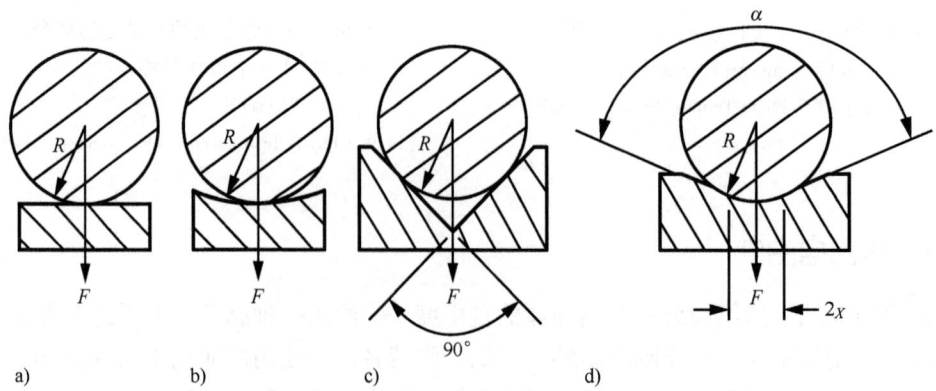

图 10.38 图 a～c 所示为一个半径为 R 的球体或圆柱体与平面、凹球面或 90°V 型槽相接触；图 d 所示为球体或圆柱体与角度为 α 的 V 型槽相接触的一般情况

图 10.38d 给出了一个球体或圆柱体与具有特定角度 α 的 V 型槽相接触的一般情况。根据 α 值，可以求得水平和垂直方向的不同刚度。x 方向尺寸可以量化为 $x = R[90 - (\alpha/2)]$。该视图还可以看作是一个球体与一个锥形基准面相接触的截面图。此球体在三个自由度受到约束，其结构布局将在 10.3.6 节详细讨论。表 10.1 总结了一个球体或圆柱体能够提供的自由度约束与接触物体的关系。实际上，利用这些结构元件能够获得相当好的结果。然而，应当认识到，这在很大程度上归功于可以利用现代化制造技术获得高精度零件。下面将进一步详细介绍全弹性结构件与类似球体和圆柱体一类元件之间的区别。

10.3 控制自由度的结构元件

前面已经介绍了如支柱和板簧之类的结构元件，本节将详细阐述其具体特性。还要讨论折叠板簧和受约板簧。已经表明，有效地利用材料是良好结构设计很重要的性质。

10.3.1 支柱（一个自由度）

10.3.1.1 刚度特性

最简单形式的支柱是具有恒定圆形或矩形横截面积的物体，其长度比截面积尺寸大。若一端呈悬臂式，则在力 F 作用下，可以横向弯曲，如图 10.39a 和 b 所示；或者轴向改变长度，如图 10.39c 所示。图 10.39b 所示的情况表示支柱右端受制导。

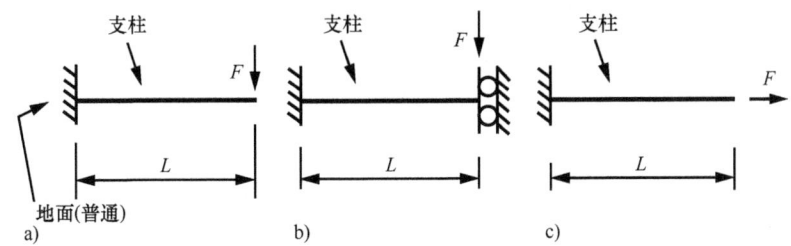

图 10.39 一种简单的杆状支柱
a) 负载下弯曲情况 1 b) 负载下弯曲情况 2（右端的运动受到制导） c) 负载拉伸

如图 10.39 所示，（在拉力或压力条件下）支柱的轴向刚度（N/m）是

$$C_{\text{AXIAL}} = \frac{EA}{L} \tag{10.1}$$

式中，E 是杨氏模量（N/m²）；A 为横截面积（单位为 m²），对于矩形支柱 $A = bh$，对于圆形支柱 $A = \pi d^2/4$；L 是长度（单位为 m）。

圆和矩形截面支柱的抗弯刚度（或弯曲刚度）分别是

$$\text{若是圆形支柱} \quad C_{\text{BENDING}} = \frac{3EI}{L^3} \tag{10.2a}$$

$$\text{若是矩形支柱} \quad C_{\text{BENDING}} = \frac{12EI}{L^3} \tag{10.2b}$$

式中，I 是惯性矩（单位为 m⁴）。若是圆形支柱，$I = (\pi/64)d^4$。对于外形尺寸为 b 和 h 的矩形支柱，当 $h > b$ 时，$I = (1/12)bh^3$；$b > h$ 时，$I = (1/12)hb^3$。由上述方程，读者应当注

意到，矩形支柱的长度-厚度比不变化时（假设宽度不变），抗弯刚度不会变化。

为了比较两种抗弯刚度，在设计实例10.1中，计算了一种典型情况下两种结构的比值。

设计实例10.1　一种悬臂梁式圆形支柱在拉伸与弯曲模式下的刚度比值

（a）计算一根铝支柱在拉伸和弯曲模式下的刚度，其中直径为1.0mm，长度为50.0mm；（b）这些参数之比是多少？假设杨氏模量 $E = 70\text{GPa}(70 \times 10^9 \text{N/m}^2)$。

解：

（a）由式（10.1），有

$$C_{\text{AXIAL}} = [(70 \times 10^9) \times \pi \times (1.0 \times 10^9)^2 \times (1/4)/(50.0 \times 10^{-3})] \text{N/m} = 1.1 \times 10^6 \text{N/m}$$

（b）由式（10.2a），有

$$C_{\text{BENDING}} = [3 \times (70 \times 10^9) \times (\pi/64) \times (1.0 \times 1.0^9)/(50.0 \times 10^{-3})] \text{N/m} = 82.5 \text{N/m}$$

两种刚度之比是

$$1.1 \times 10^6 / 82.5 \approx 13\,333$$

由上述简单计算可以看到，假如长度远大于直径，则一根支柱的抗抗拉刚度将比其抗弯刚度大几个数量级（OM）。

人们常说，如果没有确切定义，则机械零件的刚度不是高就是低，所以，下面给出经验法则。一般来说，高刚度意味着刚度值大于 10^6N/m，低刚度即刚度值小于 10^3N/m。将高-低刚度值比较可以看到，相差三个数量级（OM）。经常使用该法则判定一个刚性体是否在所有的自由度方向都退耦，这就是为什么忽略那些低刚度值只能对计算产生微小影响的原因。此外，计算时可以消除变量数目，从而使计算变得更容易。

实际上，不会总能获得三个数量级的差。作为折中，将理论值与实际值进行比较，可以接受较低的比值，但以较大误差为代价。一般认为，只有两个数量级的解耦量是不够的。还有4个或5个数量级的解耦设计能力，并且，通常与纳米数量级的加工机床相关。

一根支柱的刚度与其动态性能有关。假设该支柱约束刚性体的垂直平移（见图10.40a），利用式（10.3a）计算该支柱的轴向一阶固有（或特征）频率：

$$f_{\text{nTRANSLATION}} = \frac{1}{2\pi}\left(\frac{C}{W}\right)^{1/2} \tag{10.3a}$$

$$f_{\text{nROTATION}} = \frac{1}{2\pi}\left(\frac{k}{J}\right)^{1/2} \tag{10.3b}$$

式中，$k = Cb^2$；C 是抗拉刚度或拉压刚度（单位为 N/m）；W 是刚体重量（单位为 kg）⊖。

注意到，刚度与重量之比确定该一阶固有频率，因此，采用较低刚度和较轻重量，仍能获得较高一阶固有频率 f。这类支架可能适合安装小型透镜或棱镜（具有几克重量），采用薄支柱支撑。

同样，可以获得一阶旋转固有频率的估算值。如图10.40b所示，两个平行支柱支撑一个刚性体，约束垂直方向的旋转和平移。水平支柱约束水平方向平移。式（10.3b）给出旋

⊖ 本书处处都会解释使用术语"重量"而非"质量"的理由。为统一起见，此处保持这种表述。

第 10 章 挠性装置的运动学设计和应用技术

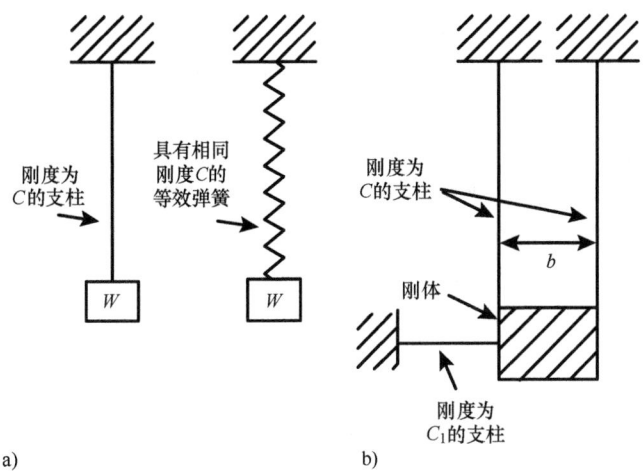

图 10.40　a) 由一个支柱和一个等效弹簧支撑的一点重量 W，每种情况中，支撑架的刚度是 C
b) 由三个支柱支撑的刚性体，每个支柱都有特定的刚度

转模式下的频率 f。式中，k 是扭转刚度（单位为 N·m/rad）；J 是物体的转动惯量（单位为 kg·m^2）。

10.3.1.2　减小翘曲

支柱的任意截面内都会存在相同的拉应力。这意味着，对一种给定量的材料，已经确定了可能有的最高抗拉刚度。重要的是，当一种结构需要具有最佳动态性质时，能够满足其需求。

一种简单的矩形（棱形）支柱在翘曲时具有相当有限的轴向抗压载荷能力。为了解决该问题，应当研究支柱弯矩与轴向位置的关系。

通常，只是在支柱的根部才会有较高的弯矩。这意味着支柱的其他部分的变形很小，可以使该支柱的大截面位于这些位置。由此造成支柱抗弯刚度的增大量非常有限，如图 10.41 所示。

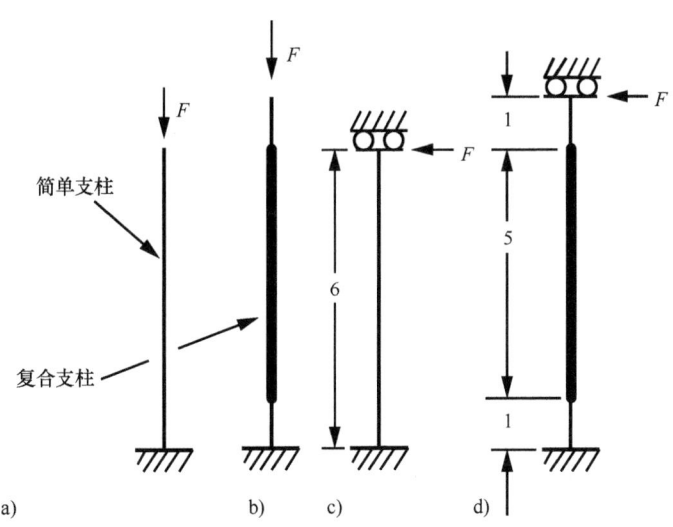

图 10.41　图 a 和 b 给出了提高支柱在受压状态下抗翘曲载荷能力的技术；图 c 给出了支柱具有六个单位的长度和特定的弯曲刚度；图 d 给出了总长为 7 个单位的另一种支柱，中心部分直径更大且有 5 个单位的长度，依次提高弯曲刚度

491

图 10.41c 和 d 所示的具有相等的横向刚度，倘若细截面部分相同且长度比如图 10.41 所示。做出下面合理假设：与细截面部分相比，粗截面部分的变形可以忽略不计。请注意，与原来的棱形支柱相比，支柱的中心粗部分的长度并没有增长 7/6 倍，但支柱的抗弯刚度提高了 $(7/6)^3 = 1.6$ 倍。

假设，较粗部分的抗拉刚度比较细部分的大，可以得出结论，该刚度提高了 $6/(1+1) - 3$ 倍。事实上，由于横截面面积的突然变化，该值会稍小些。

10.3.1.3 提高抗拉-抗弯刚度比

下式给出一根支柱的抗拉刚度与抗弯刚度之比：

$$\frac{C_{\text{TENSION}}}{C_{\text{BENDING}}} = Q \frac{L^2}{d^2} \tag{10.4}$$

一般来说，Q 取 16/3 或 4/3，具体数值取决于所用硬件的结构布局。该比值经常需要取极值，如 1000。对于一种具体设计，该比值可能会过高，在这种情况下，假设 $Q = 16/3$，由式 (10.4)，要求长度-厚度比是 13.7。

改善这种状况的一种方法是改变较细部分的结构布局，而保持其横截面积不变。在一个有效设计中，支柱截面中一节短的局部区域变为矩形薄板而不是一个圆形杆，如图 10.42 所示。令薄板与杆的横截面积相等，则抗拉刚度保持不变，而一个方向的抗弯刚度降低到 $1/t^2$。其中，t 是薄板厚度。通过厚度减小为 1/2 而使较细部分刚度比提高 4 倍。这还意味着，改进后支柱的解耦比也将同样发生变化。

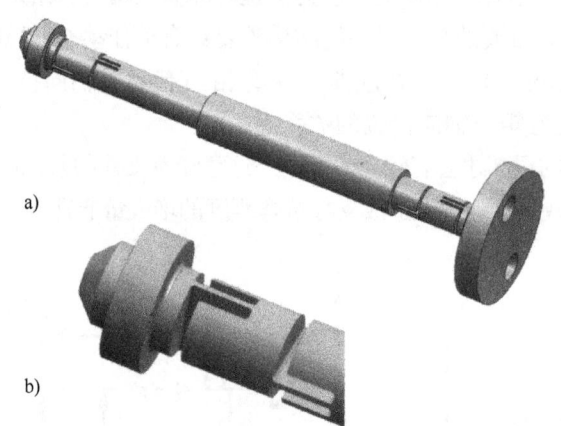

图 10.42　含有两个整体交错板簧（位于两端）的支柱
a) 俯视图　b) 详细视图

这种装置的缺点是，与其垂直的横向方向的抗弯刚度大幅增大。宽度增大 2 倍使抗弯刚度提高 4 倍。可以增加第二个板簧，与第一个板簧串联并旋转 90°，以解决上述问题。注意到，两个板簧之间有一个小的过渡区，对性能稍有影响。支柱需要有足够的总长以容纳四个细板簧及较长的中间部分。实际上，由于需要的偏转量通常很小，所以这几乎不成为问题。

采用铣削工艺可以获得图 10.42 所示的较细板簧，因而对其厚度设置了一个明确的限制。为了进一步减小厚度，采用电火花加工工艺。若该段结构太薄，在操作过程中容易受损（如塑性变形，甚至破碎）。这就是为什么一个止动器常常整体集成在铰链设计中的原因。图 10.42 给出了一个详细实例。窄缝直接加工在挠性叶片两端的支柱内。当挠性叶片弯曲时，相邻的窄缝闭合，限制弯曲。若利用线侵蚀工艺制造铰链，则无须增加成本就能很容易地完成这种止动器的制造。请注意,此处的"细"是相对的概念。也就是说,一定要计算挠性叶片中的弯曲应力以确保具有合适的厚度。

在图10.43b所示的支柱中,利用波面形状的弹性铰链代替方形角板簧(见图10.43a),弯曲变形更集中。用最薄部分的中心定义铰链轴线。为了获得与铣削法制造的铰链具有相同的抗弯刚度,较细部分一定要相当短。10.3.3节和10.3.5节将讨论应力与所需变形间的函数关系。

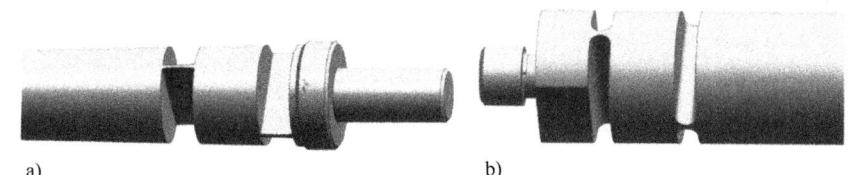

图10.43 a)有两个交错板簧(用普通机械加工方法制造)的支柱端。注意到易使应力集中的尖角 b)有两个交错的波形弹性铰链(利用EDM加工方法制造)的支柱端。平滑过渡的尖角易分散应力,使支柱更耐用

一些支柱,可能会在不同部分设计两个或更多具有不同长度、直径、横截面形状和尺寸的圆柱形结构。利用下列公式并作为一组串联弹簧计算其抗拉刚度:

$$C_{\text{EQUIVALENT}} = \left(\sum_{i=1}^{n} C_i^{-1} \right)^{-1} \tag{10.5}$$

图10.44给出了具有不同抗拉刚度的三种几何形状。设计实例10.2~10.4给出这些刚度及其解耦比的计算。已经证明,随着设计从图10.44a所示演化到图10.44c所示,解耦比逐渐得到改善。

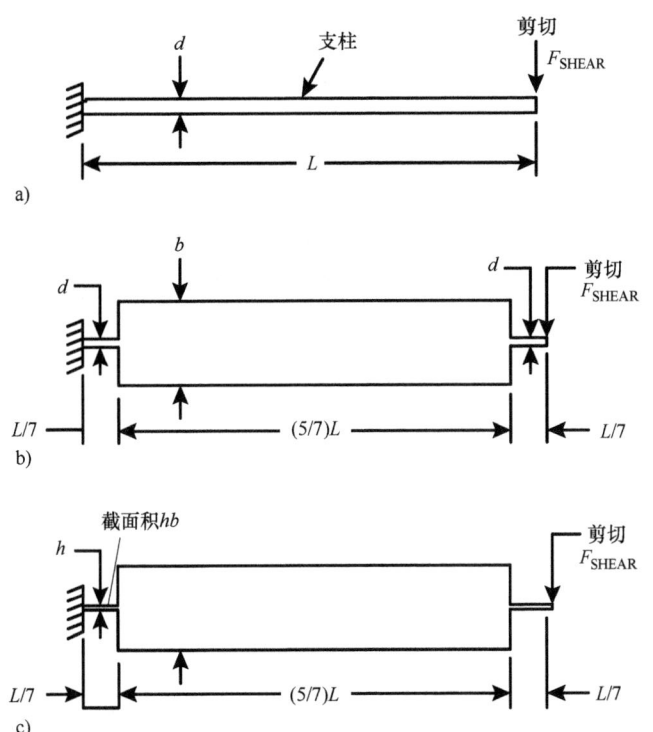

图10.44 a)整个长度范围内具有恒定横截面的圆柱形支柱 b)支柱总长度不变,但中间较长的一部分是更大的圆柱形来刚度增大 c)同上的圆柱形支柱,两端设计有类似矩形平行板簧的结构

**设计实例 10.2 一根简单圆柱形支柱的抗拉刚度和抗弯刚度，
如图 10.44a 所示，已知直径 d 和长度 L**

一根简单圆柱形结构的铝材料支柱（见图 10.44a）具有下列尺寸：$d = 2.000$ mm（0.079in），$L = 50.000$ mm（1.969in）。其杨氏模量为 70GPa（4.827×10^{-4} lbf/in²）。(a) 支柱的抗拉刚度和抗弯刚度是多少？(b) 解耦比是多少？

解：

(a) 计算截面积 A 和惯性矩 I，有

$$A = \frac{\pi d^2}{4} = 3.142 \times 10^{-6} \text{m}^2 (2.027 \times 10^{-9} \text{in}^2)$$

$$I = \frac{\pi d^4}{64} = 7.85 \times 10^{-13} \text{mm}^4 (1.886 \times 10^{-6} \text{in}^4)$$

由式（10.2a），有

$$C_{\text{BENDING}} = \frac{3EI}{L^3} = [3 \times (70 \times 10^9) \times (7.854 \times 10^{-13})/(50 \times 10^{-3})^3] \text{N/m}$$

$$= 1.32 \times 10^3 \text{N/m} \ (7.538 \text{ lb/in})$$

由式（10.1），有

$$C_{\text{TENSILE}} = \frac{EA}{L} = \left[\frac{(70 \times 10^9) \times (3.142 \times 10^{-6})}{0.050}\right] \text{N/m} = 4.399 \times 10^6 \text{N/m} (2.512 \times 10^4 \text{ lb/in})$$

(b) 抗拉刚度与抗弯刚度之比是

$$\frac{1.32 \times 10^3}{4.399 \times 10^6} = 3333$$

此即刚度解耦比，是一个合理值而非极值。

**设计实例 10.3 一根包含有中间加粗段的支柱的抗拉刚度和抗弯刚度，
如图 10.44b 所示，总长 L 分为 1:5:1 三段**

一根三节圆柱形结构的支柱具有下列参数：$d = 2.000$ mm（0.079in），$L = 50.000$ mm（1.969in），$b = 5d = 10.000$ mm（0.394in）。两节较细部分的直径为 d，长度为 $L/7 = 7.143$ mm（0.282in）。材料的杨氏模量是 70 GPa（4.827×10^{-4} lbf/in²）。(a) 支柱的抗拉刚度和抗弯刚度是多少？(b) 新的解耦比是多少？

解：

(a) 计算粗和细圆柱体的横截面积，有

$$A_{\text{L}} = \frac{5^2 \pi b^2}{4} = 7.854 \times 10^{-5} \text{m}^2 (5.067 \times 10^{-8} \text{in}^2)$$

$$A_{\text{S}} = \frac{\pi d^2}{4} = 3.142 \times 10^{-6} \text{m}^2 (2.02 \times 10^{-9} \text{in}^2)$$

(b) 根据式（10.1），有

$$C_L = \frac{EA_L}{(5/7)L} = \left[\frac{(70 \times 10^9) \times (7.854 \times 10^{-5})}{(5/7) \times (50 \times 10^{-3})}\right] \text{N/m} = 1.5 \times 10^8 \text{N/m}$$

$$C_S = \frac{EA_S}{(1/7)L} = \left[\frac{(70 \times 10^9) \times (3.142 \times 10^{-6})}{(1/7) \times (50 \times 10^{-3})}\right] \text{N/m} = 3.2 \times 10^7 \text{N/m}$$

(c) 根据式 (10.5),有

$$C_{\text{TENSILE}} = \frac{1}{\frac{1}{C_L} + \frac{2}{C_S}} = \left(\frac{1}{\frac{1}{1.5 \times 10^8} + \frac{2}{3.2 \times 10^7}}\right) \text{N/m} = 1.4 \times 10^7 \text{N/m} (175.125 \text{ lbf/in})$$

(d) 与设计实例 10.2 相比,支柱的抗弯刚度将提高 $(7/6)^3$ 倍,因此有

$$C_{\text{BENDING}} = [(7/6)^3 \times (1.32 \times 10^3)] \text{N/m} = 2.10 \times 10^3 \text{N/m} (11.991 \text{ lbf/in})$$

该支柱的解耦比是 $1.40 \times 10^7 / 2.10 \times 10^3 = 6697$。这是设计实例 10.2 中支柱的 2 倍。

设计实例10.4 如果一根圆柱形支柱直径为 b,两端设计为外形尺寸为 dh 的薄矩形板,如图 10.44c 所示,计算其抗拉刚度和抗弯刚度。端部薄板的截面积等于设计实例 10.3 中细圆柱体的截面积

解:
由于端部截面积一样所以,该支柱的抗拉刚度与设计实例 10.3 一样。因此有

$$C_{\text{TENSILE}} = 1.40 \times 10^7 \text{N/m}$$

h = 设计实例 10.3 端部面积/b,那么(译者注:原书公式计算有误,已更正)

$$h = (3.142 \times 10^{-6} / 10 \times 10^{-3}) \text{m} = 0.314 \times 10^{-3} \text{m}$$

抗弯刚度按照比例(即直径为 d 与矩形面积 bh 两部分的惯性矩之比)从设计实例 10.3 减小,即

$$C_{\text{BENDING}} = (2.1 \times 10^{-3} \text{N/m}) \frac{I_{\text{RECTANGULAR}}}{I_{\text{CIRCLE}}} = (2.1 \times 10^{-3} \text{N/m}) \frac{\frac{1}{12} bh^3}{\frac{\pi}{64} d^4}$$

$$= (2.1 \times 10^{-3} \text{N/m}) \times \frac{\frac{1}{12} \times (10 \times 10^{-3}) \times (0.314 \times 10^{-3})^3}{\frac{\pi}{64} \times (2 \times 10^{-3})^4}$$

$$= 68.9 \text{N/m} (0.393 \text{ lbf/m})$$

解耦比是 $1.40 \times 10^7 / 68.9 = 203000$。

这就表明,与上个设计实例相比有很大改善(提高 5 个数量级!)。

10.3.2 板簧(三个自由度)

一条薄板材料仅有一根板簧的作用。这种结构元件能够承受与板材共面的载荷。然而,由于厚度较薄,在垂直于板材表面的负载下会变弯。

板簧各种参数如图 10.45 所示。利用式（10.1）可以计算抗拉刚度和抗压刚度。载荷 F 造成剪切和弯曲变形，哪种变形起主要作用取决于板簧的布局。其优点是长度 L 比宽度 b 小，由下列公式也能够得到验证。可以看到，弯曲变形正比于 L^3，而剪切变形正比于 L，因此，弯曲变形对长度 L 相当敏感，应当减至最小。

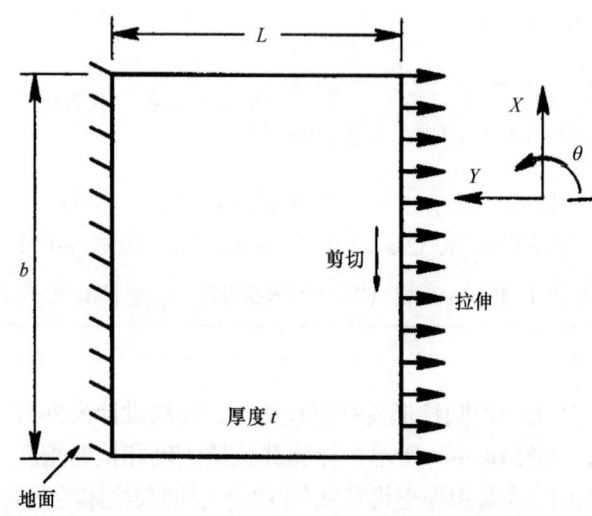

图 10.45　承载均匀分布拉伸载荷 F_{TENSION} 和剪切载荷 F_{SHEAR} 的板簧，板簧厚度是 t

剪切模量 G、杨氏模量 E 和泊松比 v 之间有下列相互关系。

由 F_{SHEAR} 造成的剪切变形是

$$F_{\text{SHEAR}} = \frac{FL}{Gbt} \tag{10.6}$$

由 F 造成的弯曲变形是

$$F_{\text{BENDING}} = \frac{FL^3}{3EI} \tag{10.7}$$

由 F 造成的变形量比是

$$\frac{F_{\text{BENDING}}}{F_{\text{SHEAR}}} = \frac{FL^3/3EI}{FL/Gbt} = \frac{GL^2 bt}{3E(1/12)tb^3} = \frac{4EL^2}{2E(1+v)b^2} = \frac{2L^2}{(1+v)b^2} \tag{10.8}$$

若下列关系式成立，则 F_{BENDING} 是主要的：

$$L > b\sqrt{\frac{1+v}{2}} \tag{10.9}$$

注意，对于大多数材料，$v = 0.3$，因此，为了使变形最小，$L < 0.8b$。

由下式给出剪切和弯曲应力：

$$\tau = \frac{F}{bt} \tag{10.10}$$

$$\sigma = \frac{FL}{bt^2/6} \tag{10.11}$$

10.3.3　受约板簧（两个自由度）

一根受约板簧是一个弹性铰链，如图 10.46 所示，在一条薄板材料上简单地加工出两个具有一定（小）距离的孔而可制成。两孔之间仍保留一小部分材料。这条材料可以在两个方向（绕 X 和 Z 轴）弯曲及绕 X 轴扭曲。孔的直径可以相等或不相等，因而有两种结构布局。

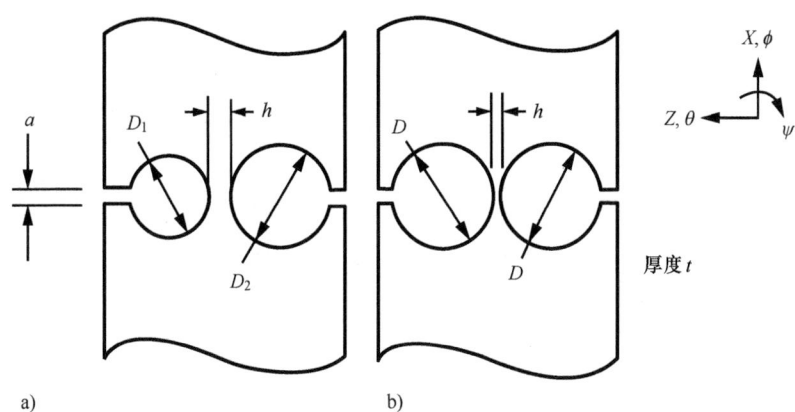

图 10.46　受约板簧的结构布局图
a）孔的直径不相等　b）孔的直径相等

图 10.46 所示的每种运动的有关公式表述如下：

$$\frac{2}{D} = \frac{1}{D_1} + \frac{1}{D_2} \tag{10.12}$$

$$C_X = 0.48\sqrt{\frac{h}{D}}Et \tag{10.13}$$

$$C_Z = 0.56\sqrt{\frac{h}{D}}Et\left(1.2 + \frac{D}{h}\right)^{-1} \tag{10.14}$$

$$k_\psi = 0.093\sqrt{\frac{h}{D}}Eth^2 \tag{10.15}$$

$$\Psi \approx 10.7\sqrt{\frac{D}{h}\frac{T_\psi}{Eh^2 t}} \tag{10.16}$$

$$\sigma_\psi \approx 0.58\Psi E\sqrt{\frac{h}{D}} \tag{10.17}$$

式中，C_X 是 X 方向抗拉/抗压刚度（单位为 N/m）；C_Z 是 Z 方向横向刚度；k_ψ 是绕 Y 轴的转动刚度（单位为 N·m/rad）；Ψ 是绕 Y 轴旋转角度（单位为 rad）；σ_ψ 是弹性铰链的最大应力强度（单位为 MPa）；h 是弹性铰链的宽度；D、D_1 和 D_2 是圆孔直径（单位为 m）；E 是材料的杨氏模量（单位为 GPa）；t 是薄板材料厚度（单位为 m）；T_ψ 是为获得旋转角 Ψ 而施加的力矩（单位为 N·m）。

10.3.4　弹性铰链（一个自由度）

如果一根受约板簧的厚度适当增大一定量，由于面外自由度受约，则由此产生的弹性铰链（见图 10.47）只剩下一个自由度，只有图面内的旋转 Ψ。式（10.12）~式（10.17）能够使读者在已知旋转角 Ψ 条件下计算各种刚度性质和应力。此外，由于不再忽略抗弯刚度，所以能够利用式（10.18）和式（10.19）计算绕 X 轴和 Y 轴的抗弯刚度：

$$k_\theta = \frac{C_x t^2}{12} \tag{10.18}$$

$$k_\varphi = \frac{C_z t^2}{12} \tag{10.19}$$

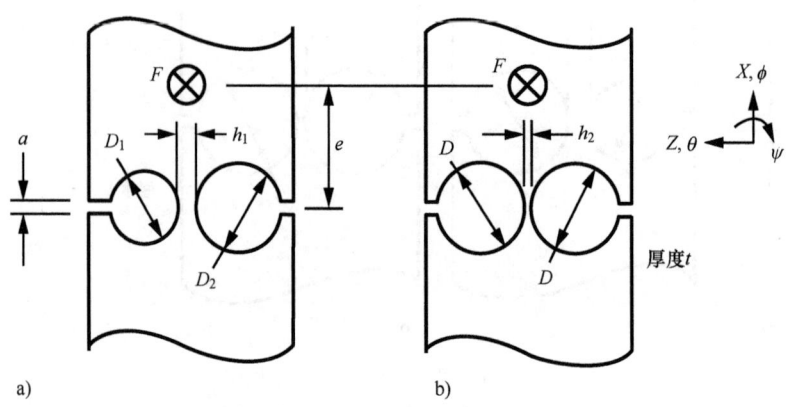

图 10.47 一种受约板簧结构。一个施加在 X 方向的垂直力使板簧向页面内弯曲，平行于二面棱的剪切力使两个圆形孔之间的连接梁翘曲
a) 孔的直径不相等 b) 孔的直径相等

实际应用中很少计算 Y 方向刚度。这种刚度取决于剪切载荷和相关的弯曲载荷，弯曲变形是主要形变。通过下列公式，可以将 F 的刚度 k_θ（单位 N·m/rad）转换为线性刚度（单位 N/m）：

$$C_Y = \frac{C_x t^2}{12 e^2} \tag{10.20}$$

10.3.5 准弹性铰链（两个自由度或五个自由度）

不采用设计有圆形孔的受约板簧（或上节介绍的弹性铰链），而是采用设计有长度为 L、横截面积为 ht 的简单矩形梁结构（见图 10.48）。约束两个自由度或五个自由度取决于厚度 t。如果长度 $L = 2.1\sqrt{Dh}$，其抗拉刚度就等于对应受约板簧的刚度，同时 k_ψ 减小 2.3 倍。尽管应当意识到，板簧的旋转中心是不固定的，但这可能是非常有利的。没有变形时，载荷施加在板簧长度的中间，随着变形量越来越大，便沿横向方向 Z 偏移。根据不同应用，确定是否能接受该变形量。若使其长度 $L = 0.9\sqrt{Dh}$，就能够使一个矩形板簧（RLS）铰链的抗弯刚度与受约板簧的相等，那么抗拉刚

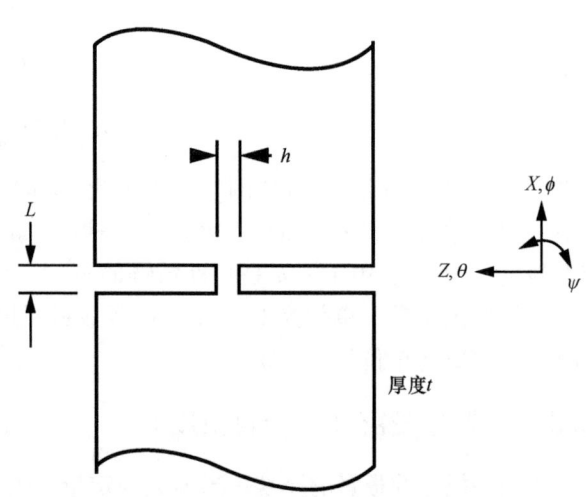

图 10.48 一根设计有矩形横截面积挠性梁（尺寸为 ht）结构的弹性铰链，长度 L 可以在三个方向上翘曲

度将会大 2.3 倍。长度 $L = 1.2\sqrt{Dh}$ 的矩形板簧与受约板簧具有相等的抗剪切刚度。

尽管铣削两个孔就很容易制造一个弹性铰链,但存在三个问题:

(1) 为了使扭转刚度 k_ψ 小,必须使宽度 h 也小。如果 $h < 1$mm(0.039in),制造公差就可能成为一个问题。

(2) 两个主要部分之间薄桥梁式结构的应力很高。

(3) 大孔占据较大空间。

由于是切割出圆孔一部分,所以采用电火花加工工艺(EDM)能够减轻上述的潜在问题,如图 10.49 所示。注意到,限制最大旋转角 ψ 的制动量(在其最大值时,空间 a 闭合)可能不够,需要采用另一种方法限制该旋转运动。

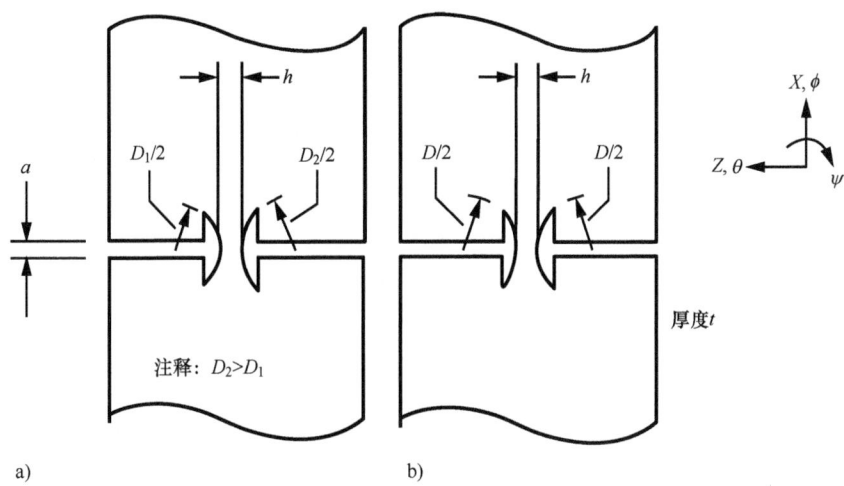

图 10.49 改进后的受约板簧。利用电火花制造工艺很容易实现该设计
a) 半径不相等的部分圆孔 b) 半径相等的部分圆孔

设计实例 10.5 是利用弹性铰链原理设计一个小型反射镜的单轴倾斜支架⊖。图 10.50 给出了其结构布局。

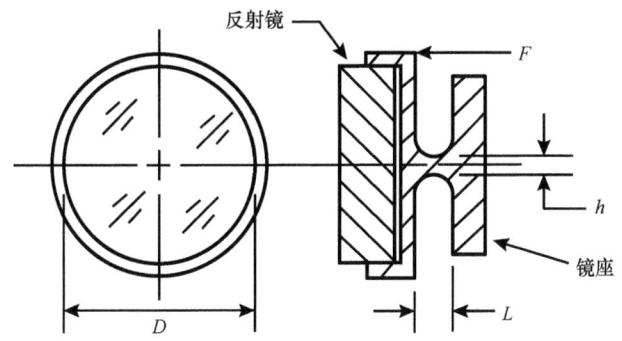

图 10.50 安装在受约板簧(厚度 h 和长度 L)上的反射镜在受到致动力 F 作用下,可以使一个轴倾斜

⊖ 在解决这类问题时,可能要采用一小块被称为"翘曲铰链"的自由装置,可以从下面内部网站获取相关资料:http://en.vinksda.nl/flexure-hinges-theory-and-practice。

设计实例 10.5　安装在受约弹性铰链上的小型反射镜

一块圆形反射镜安装在圆柱形镜筒中，并通过一个受约板簧连接到基板上，如图 10.50 所示。一个螺钉（未画出）从横向施加一个外力。假设，该螺钉自锁后，调整后反射镜位置是稳定的。反射镜安装在镜筒中以保证在力 F 作用下不会变形。该反射镜倾斜 1°。计算弹性铰链中的力 F 和应力。材料是铝（$E = 70\text{GPa}$，$\sigma_{\text{yield}} = 276\text{MPa}$，$h = 0.4\text{mm}$，$L = 10\text{mm}$）。

解：

式（10.16）改写为

$$T_\psi = \frac{\psi}{10.7}Eh^2 t\sqrt{\frac{h}{L}}$$

$$= \left[\frac{\pi}{10.7 \times 180} \times (70 \times 10^9) \times (0.4 \times 10^{-3})^2 \times (50 \times 10^{-3}) \times \sqrt{\frac{0.4 \times 10^{-3}}{10 \times (10 \times 10^{-3})}}\right]\text{N} \cdot \text{m}$$

$$= 0.183\text{N} \cdot \text{m}$$

相关的调整力是

$$F = \frac{2T_\psi}{t} = \left(\frac{2 \times 0.183}{50 \times 10^{-3}}\right)\text{N} = 7.3\text{N}$$

铰链中的弯曲应力是

$$\sigma_{\text{BENDING}} = 0.58\psi E\sqrt{\frac{h}{L}} = \left[0.58 \times \frac{\pi}{180} \times (70 \times 10^{-9}) \times \sqrt{\frac{0.4 \times 10^3}{10 \times 10^{-3}}}\right]\text{MPa} = 142\text{MPa}$$

该应力小于铝材料的 σ_{yield}，所以是可接受的。

铰链的拉伸应力（垂直于反射镜）由下式给出：

$$C_{\text{TENSILE}} = 0.48Et\sqrt{\frac{h}{L}} = \left[0.48 \times (70 \times 10^{-9}) \times (50 \times 10^{-3}) \times \sqrt{\frac{0.4 \times 10^{-3}}{10 \times 10^{-3}}}\right]\text{N/m}$$

$$= 3.4 \times 10^8 \text{N/m}$$

此值相当大，表明该反射镜具有很高谐频，是实际应用中所期望的。

10.3.6　折叠板簧（一个自由度）

折叠板簧是两个板簧彼此垂直固定在一起的一种组合（见图 10.51）。虽然其功能与支柱一样，但安装方式完全不同，具有一定优点。

折叠板簧的固定部分不承载面外力或力矩。这意味着，外部载荷条件必须与板簧折叠线处的载荷等效。因此，如果在其连接点位置施加一个负载 F（其方向平行于折叠线），则自由部分的弯曲力矩等于 FL。同样适用于板簧的固定部分。

从功能观点出发，可以用位于两个板簧平面交线位置的一根支柱代替折叠板簧。将其固定在刚性体和基板上的位置应当是在 A 和 B 点。这就是为什么利用折叠板簧能为设计提供新的选项。

应当注意，折叠板簧的两部分未必一定彼此垂直。制造期间，二面棱内侧会自然形成小

第10章 挠性装置的运动学设计和应用技术

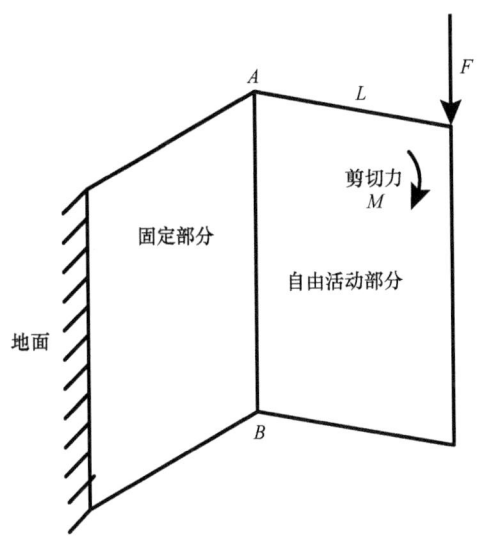

图 10.51 折叠板簧的一条棱在力 F 作用下,该板簧承受剪切力矩 M

的但有限的半径,因此造成上述偏差。使该棱设计得更结实,如图 10.52a 所示(译者注:原书错印为 c),可以减小这种影响。利用电火花加工工艺进行精加工是实现此目的最好方法。然而,应当注意,选择实施该方法时,会伴随出现下垂的后果,如图 10.52 所示。

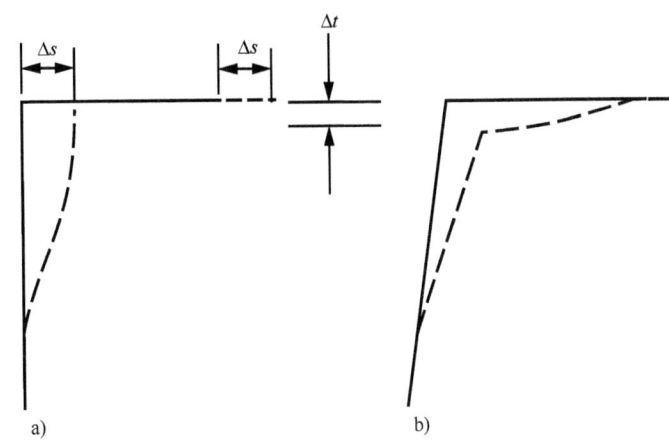

图 10.52 由于折叠板簧的二面角不是 90° 而产生变形量 Δs,随之形成变形量 Δt
a)直角 b)钝角

由于折叠板簧的剪切变形,作用力 F 造成的下垂量是单个板簧下垂量的两倍,见式 (10.9)。与其相比,折叠板簧的刚度减半。请注意,图 10.52 所示的情况并不影响刚度。

让人很感兴趣的是,将折叠板簧的抗拉刚度与长度为 L 且具有矩形截面的支柱的抗拉刚度进行比较。利用式 (10.21) 计算折叠板簧的刚度,用式 (10.1) 计算支柱刚度。为便于读者比较,此处再次写出式 (10.1):

$$C_F = \frac{1}{2\left(\dfrac{L^3}{3EI} + \dfrac{L}{Gbt}\right)} \tag{10.21}$$

$$C_{\text{AXIAL}} = \frac{EA}{L} \tag{10.1}$$

应用下列公式计算支柱的惯性矩 I 和剪切模量 G，就能够确定与折叠板簧具有相同抗拉刚度的支柱的横截面积：

$$I = \frac{tb^3}{12} \tag{10.22}$$

$$G = \frac{E}{2(1+v)} \tag{10.23}$$

$$A = \frac{tb^4}{2[4L^4 + 2(1+v)Lb^2]} \tag{10.24}$$

与剪切变形相比，如果可以忽略弯曲变形（译者注：原书多印一个"3"），则该公式变为

$$A = \frac{tb^2}{4(1+v)(L)} \tag{10.25}$$

折叠板簧和普通支柱的截面积比是

$$\frac{A_{\text{FLS}}}{A_{\text{strut}}} = 8\left(\frac{L}{b}\right)^2 \left[2\left(\frac{L}{b}\right)^2 + (1+v)\right] \tag{10.26}$$

$$\frac{A_{\text{FLS}}}{A_{\text{strut}}} = 8\left(\frac{L}{b}\right)^2 (1+v) \tag{10.27}$$

现在，这些公式的应用见设计实例10.6。

设计实例10.6 确定折叠板簧抗拉刚度与普通支柱相同时的横截面积，并假设材料相同

解：

支柱与折叠板簧都采用铝材料，泊松比 $v = 0.3000$，长度为 L，并假设 $b = 2L$。由式（10.26），有

$$\frac{A_{\text{FLS}}}{A_{\text{strut}}} = 8\left(\frac{L}{b}\right)^2 \left[2\left(\frac{L}{b}\right)^2 + (1+v)\right] = 8 \times \left(\frac{1}{2}\right)^2 \times \left[2 \times \left(\frac{1}{2}\right)^2 + 1.3\right] = 3.6$$

（译者注：原书公式有误）

由于板簧有较大的截面积，所以，可以得出结论，与支柱的制造相比，会需要更多的材料。这点不是很理想，因此最好选择支柱结构。

10.3.7 不同形状界面上的接触应力

10.3.7.1 平板上的球形接触面

很久之前，Hertz（1896）就阐述了球形面与平板接触界面上的应力，如10.2.9节图10.38a所示，Johnson（1985）等人通过介绍摩擦力和表面粗糙度对所获结果的重要性，拓展了这种理论。

下面列出主要的公式以帮助读者计算接触应力和刚度：

接触模量

$$\frac{1}{E_C} = \frac{1-v_1^2}{E_1} + \frac{1-v_2}{E_2} \tag{10.28}$$

第 10 章 挠性装置的运动学设计和应用技术

相关半径
$$\frac{1}{R_C} = \frac{1}{R_1} + \frac{1}{R_2} \tag{10.29}$$

接触圆半径
$$a = \left(\frac{3FR_C}{4E_C}\right)^{1/3} \tag{10.30}$$

最大压力
$$p = \frac{3F}{2\pi a^2} = \frac{1}{\pi}\left(\frac{6FE_C^2}{R_C^2}\right)^{1/3} \tag{10.31}$$

（译者注：原书公式将分子中的 E_C^2 错印为 R_C^2）

最大剪切应力（其中 $z = 0.48a$）　　$\tau = 0.31pz$ (10.32)

最大拉伸应力（在 $r=a$ 处）　　$\sigma = \dfrac{p}{3}(1-2\upsilon)$ (10.33)

标称位移
$$\delta = \frac{a^2}{R_C} = \left(\frac{3F}{4E_C}\right)^{2/3}\left(\frac{1}{R_C}\right)^{1/3} \tag{10.34}$$

标称刚度　　$C = 3E_C a = (6FR_C E_C^2)^{1/3}$ (10.35)

请注意，式（10.28）～式（10.35）适用于球形表面间的接触（其中一个可以是平面，即半径无穷大）。假设某个表面的半径很大，因此也能够用来处理一些特定的情况。

若接触界面的面积是圆形，这些是最常用的公式。对于线接触和具有两个正交半径的两个表面间的接触，还有其他公式，Hale（1999）编著的著作附录 C 做了很好的总结。

可以在下列网址中获得非常有用的一种解析工具，用以计算接触区域内的 Hertz 应力和刚度：http://en.vinksda.nl/software-toolkit/hertz-contact-stress-calculations。

如果需要，该免费软件可以分析表面粗糙度的影响，其结果一般都比较保守。图 10.53 给出了该程序的一个例子（未考虑粗糙度）。进一步计算（未示出）表明，将熔凝石英球面的表面粗糙度提高到 $1.0\mu m$（3.9×10^{-5} in）将使应力和接触刚度降低 3 倍，由此看出粗糙度对计算结果的重要性。

根据 Brewe 和 Hamrock（1977）的资料，Vukobratovich（2014）总结了一种计算 Hertz 接触应力的近似方法。据报道，精度约小于 4%。

10.3.7.2　V 型槽中的球形接触面

V 型槽中的球体约束两个自由度。图 10.38c 所示的 V 型槽是由两个垂直表面组成，一般由制造工艺实现。毫无疑问，该夹角必须是 90°。图 10.38d 所示是一种更为一般的设计，夹角 α 可变（图 10.38 所示约为 240°）。角度变化影响界面的刚度。组合应用三种不同的类型就形成一种所谓的运动学安装支架。经常应用运动学支架安装光学组件，因此拆除和替换能够使定位精度保持不变。

利用下列公式可以计算 V 型槽中一个球体在垂直和水平方向的刚度 C_V 和 C_H：

$$C_V = C\sin^2\alpha \tag{10.36}$$
$$C_H = C\cos^2\alpha \tag{10.37}$$

若 $\alpha = 45°$，则这两个刚度相等。然而，如果需要，可以选择不同的刚度值，在所期望的方向上获得更高刚度。请注意，摩擦力对 V 型槽连接中的球体性能有重要影响，将在 10.4.2 节讨论。

10.3.7.3　锥体中的球形接触面

式（10.39）和式（10.40）给出了锥体连接中球体在垂直和水平方向的刚度。由于是

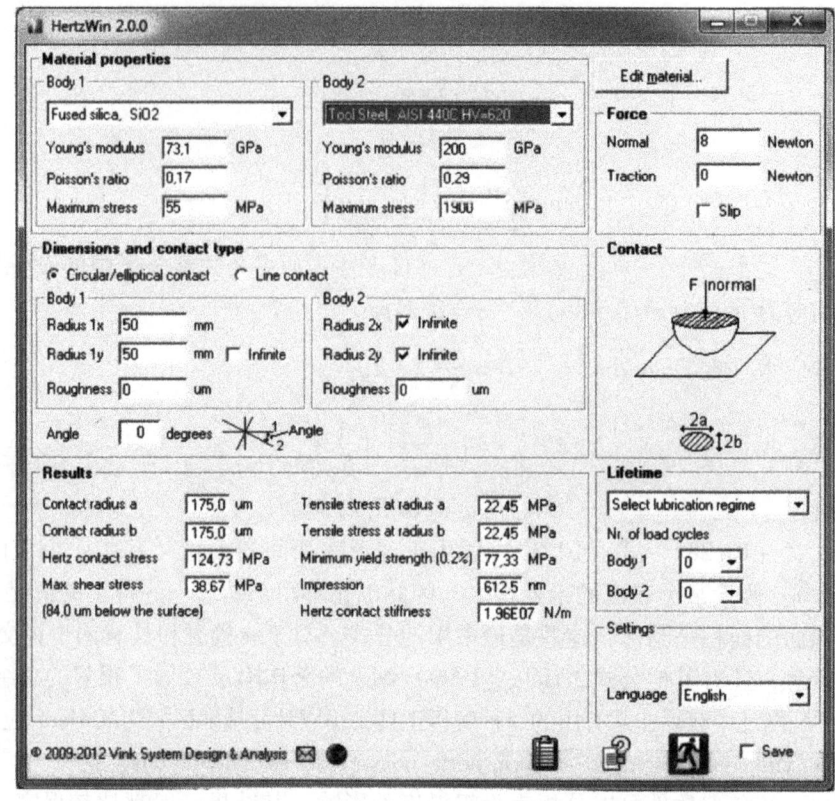

图 10.53 若是球面压靠在平面上，利用"Vink System and Analysi" 免费软件输出一份典型的关于 Hertz 接触应力的计算结果

线接触而非两个点接触，所以都比 V 型槽连接中球体的刚度大。如果球体与锥体之间的实际载荷条件基本上类似圆柱体与平板间的情况，就能够计算其刚度。假设圆柱体的半径为 R 和接触长度为 $l = 2\pi R\sin\alpha$，则可以确定球体的轴向载荷 F_{AXIAL} 和径向载荷 F_{RADIAL}，如图 10.54a 所示。下面介绍这些参数的计算公式以及设计这类界面时的其他重要内容。图 10.54b 给出了各参数之间相互关系的几何图形。

线载荷
$$P = \frac{1}{2\pi R\cos\alpha}\left(\frac{F_a}{\sin\alpha} + \frac{2F_r\cos\phi}{\cos\alpha}\right) \tag{10.38}$$

应当注意的是，$\cos\alpha$ 变化范围是 $-1 \sim +1$。将这些值代入式（10.38）中，就可以确定最大和最小线载荷 P_{MAX} 和 P_{MIN}：

轴向刚度
$$C_a = \left[\frac{2\pi^2 E_C R(\cos\alpha)(\sin^2\alpha)}{\ln\left(\frac{4d_1}{b_{MAX}}\right) + \ln\left(\frac{4d_2}{b_{MIN}}\right) - 2}\right] \tag{10.39}$$

为了获得相当准确的近似值，$d_1 = R$，$d_2 = 10R$，有

径向刚度
$$C_r = \left[\frac{\pi^2 E_C R\cos^3\alpha}{\ln\left(\frac{4d_1}{b_{MAX}}\right) + \ln\left(\frac{4d_2}{b_{MIN}}\right) - 2}\right] \tag{10.40}$$

线接触的半宽度为

第 10 章 挠性装置的运动学设计和应用技术

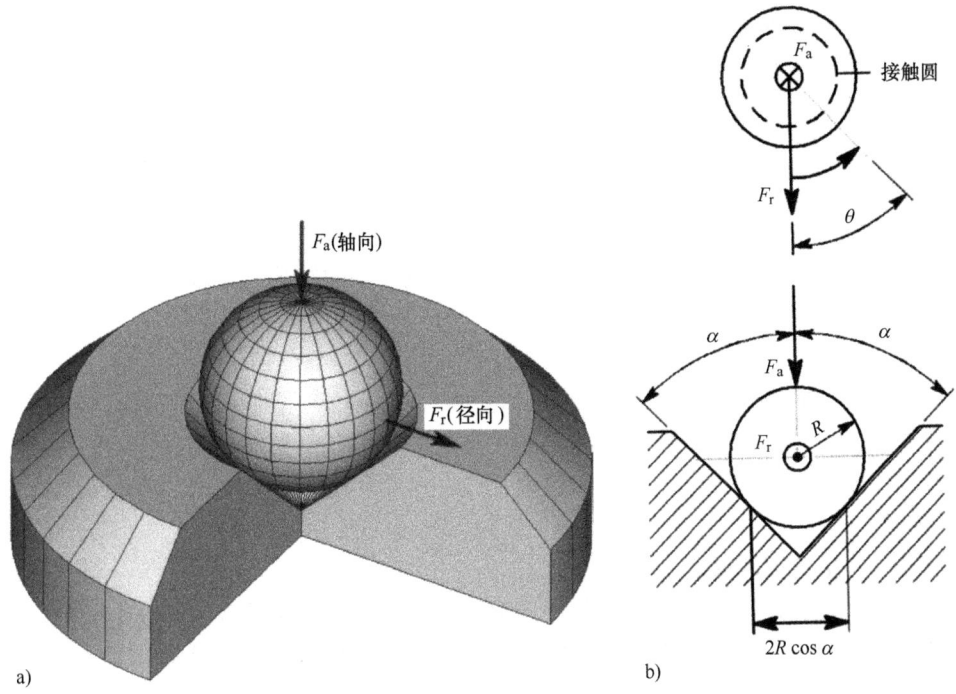

图 10.54 a) 一个球体位于锥形孔中，垂直方向的力 F_{AXIAL}（一般是重力）保证其安装到位，沿圆形线接触区域分布的力 F_{RADIAL} 实现径向约束 b) 表示圆环接触的几何图形

$$b_{\text{MIN}} = \left(\frac{4P_{\text{MIN}}R_{\text{C}}}{\pi E_{\text{C}}}\right)^{1/2} \quad (10.40\text{a})$$

$$b_{\text{MAX}} = \left(\frac{4P_{\text{MAX}}R_{\text{C}}}{\pi E_{\text{C}}}\right)^{1/2} \quad (10.40\text{b})$$

最大压力
$$p = \frac{2P_{\text{MAX}}}{\pi b} = \frac{1}{\pi}\left(\frac{PE_{\text{C}}}{\pi R_{\text{C}}}\right)^{1/2} \quad (10.41)$$

最大剪切应力（$z=0.78b$ 位置） $\qquad \tau = 0.30p \qquad (10.42)$

讨论球体与锥体界面线接触时需要考虑的一个重要问题是，接触质量取决于锥体和球体的表面几何形状及质量。例如，如果锥体形状稍呈卵形（或椭圆形），就不可能有线接触，而是两点接触。下节将讨论可能存在的结果。

10.4 光机组件的安装和自由度约束

光机组件安装在仪器内部，必须保证在环境（机械或温度）发生变化时不会使这些组件变形或失配，否则会使光学性能下降，甚至造成机械故障。前面两节已经介绍过自由度的约束原理，并专门对结构件提出了质量要求。现在，需要应用这些知识安装光学组件。还将阐述如何采用专用方式调整某些自由度，以使光学组件与仪器中的其他组件对准。

10.4.1 光机组件的安装技术

正如本书第 2 章所述，控制一个组件的 6 个自由度往往很大程度上取决于环境。很多光学系统必须以非常紧凑的形式安装在一起，因此，可供选择的光学组件安装的方式很少。例如，安装在高性能照相机物镜内的透镜通常是层叠在一个镜筒中，可以用不同的方式装配。例如，或许从功能上，每一个都单独固定在一块平面基板上，但由于元件间相互关系的调整需要逐个实现，因此，从机械结构上将比较麻烦和复杂。多个机构进行调整会变得非常昂贵。

在其他的许多光机仪器中，与照相物镜相比，其结构可能需要采用完全不同的装配计划。光学组件或其安装或许彼此干涉，或者与前面设计中的结构件干涉。例如，如果试图利用支柱结构支撑一个棱镜，有可能出现下面情况：其他组件放置在要固定支柱的位置。为此，需要进行折中，并可能造成一种很不理想的布局。

环境也严重影响着光机设计。应用于空间的光机系统必须能够承受发射及低压、极端温度、辐射和重力释放等条件。军用环境下的仪器经常暴露在极端振动和冲击、极端温度、湿度和淋雨，甚至浸入水中。与上述照相物镜相比，这些环境条件要求采用完全不同的内部安装规范和材料。

10.4.1.1 光机组件形状

与非规则形状的元件安装相比，圆形光学元件的安装通常比较容易和成本较低。再次以摄像物镜为例，可以用车床加工安装镜座和镜筒，由于是利用同一台设备加工其界面，因此能够保持光学元件同心。若是矩形或不规则形状的元件（如棱镜），实现难度就更大。用来安装的表面常是平行的，因此，自然会建议，利用板簧或许是最好的固定方案。与圆柱形镜筒相比，这些零件的制造成本更昂贵，元件的调校对准可能更难。

10.4.1.2 透射或反射光学元件的安装技术

诸如透镜之类的透射元件通常只能利用其圆柱侧表面或光学表面非常边缘部分进行安装。对于小反射镜，一般利用边缘安装。由于可能存在热膨胀（尤其采用黏结工艺），因此利用反射镜背面安装或许是一个很棘手的问题。安装棱镜最常用的方法是机械夹持或黏结底表面。大反射镜，如本书一些章节所讨论的，由于其超大的尺寸及其对重力、热效应和振动都非常敏感，因此需要采用复杂的安装方案。上述所有情况中，都必须避免对光学元件产生过大的机械应力。光机设计的主要目的，是以最直接的方式，将仪器及其安装支架的各种零件相互连接，并以一种简单的方式设计与其相接触的基板界面。如何达到此目的是卷Ⅱ第7章谈论的内容。

10.4.1.3 温度变化产生的热应力

安装易脆元件（如玻璃、塑料或陶瓷）时需要特别小心谨慎。温度变化会在元件中造成热应力，取决于与其安装座（或支架）及所用黏结剂热膨胀系数（CTE）间的匹配。这些应力很容易造成光学元件破碎。图10.55给出了透镜和棱镜出现此类事故的例子，图11.53和图11.54给出了类似故障的例子，前者是双胶合厚透镜，后者是黏结到钛材料镜座上的熔凝石英棱镜。热膨胀系数相差很大的零件不合理地黏结或装配在一起，低温时就会出现这些故障。

金属反射镜一般比玻璃反射镜的塑形更好些，因而对脆性问题不太敏感。较小尺寸时，有可能用螺栓或黏结剂直接将金属光学元件固定在机械镜座上。热膨胀系数差会引进应力，但不会造成严重的事故。当然，如果光学表面与其镜座的界面设计不合理，可能会发生畸变。如果可能，每个光学元件都应以静定方式安装。

第 10 章 挠性装置的运动学设计和应用技术

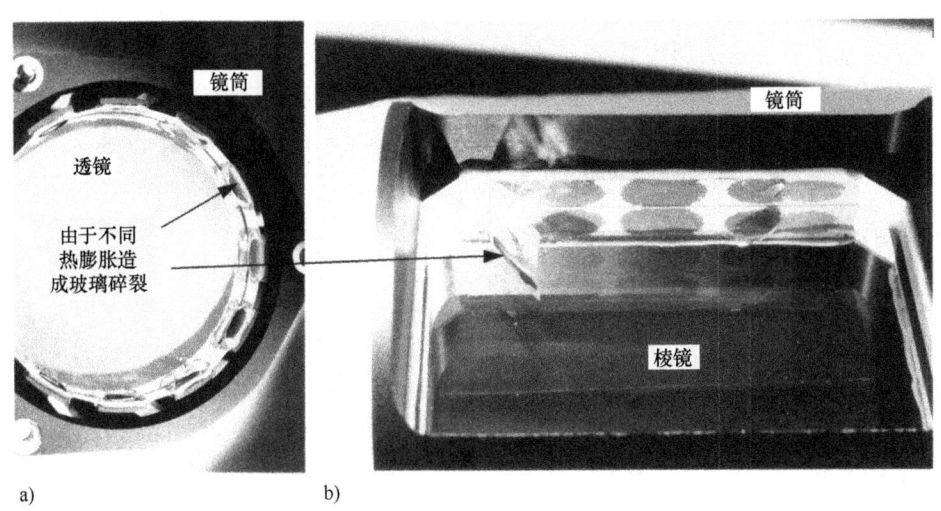

图 10.55 玻璃与金属镜座热膨胀系数不匹配，温度变化时，造成玻璃零件出现应力破裂
a) 透镜 b) 棱镜

10.4.1.4 隔热

利用黏结材料（或具有低导热性能的金属零件）将光学元件固定在机械镜座上可能产生隔热效果。若组件突然遇到温度变化，会由此产生应力。例如，卫星发射期间一台仪器从温暖的环境进入寒冷的室外或热真空测试过程中，就会出现这种现象。

10.4.1.5 批量生产或一次性生产

设计仪器的生产数量在某种程度上或影响设计本身。这种思想至少可以从两方面得到解释：首先，设计和制造单台仪器，如尽可能长时间应用而无须现场维修的天文望远镜，需要认真选择材料、特别稳定的元件调校对准、遥控测试能力（如可能）及复杂的温度控制。仅有一台的詹姆斯·韦伯（James Webb）太空望远镜，由于其高空间轨道运行而不可能进行维修服务，因此设计期间就需要考虑调校对准、测试和维修性并且遥控操作。必须具有高可靠性及长期的高性能，从而增大了技术条件的复杂性，需要注意细节，并且对研发、制造、质检、装配、安装、发射、调校对准、性能评估及地面操作等每一步骤中的设备和工艺都要周密筹划和严格执行。因此，这类系统价格昂贵且需要花费很长时间才能投入使用就不足为奇了。

另一个与此对应的极端例子是一种大批量生产但非常简单的光学仪器，如内置于广泛使用的电话、计算机等设备内的照相机，具有足够小的尺寸，无须（或至少不接受）维修。由于这类设备往往在一年内就会更换或研制出功能更强的新型号，设计有这类光学系统的设备的寿命较短，其光学系统无须特别长的寿命。如果发生故障，整台设备便被废弃和更换。

上述两种特殊例子之间的一些光机仪器包括天文望远镜、双目望远镜、数码摄像机、步枪瞄准望远镜和测量经纬仪等，是为专业和业余天文学家、观鸟者、领航员、自然研究小组和猎手各类人员设计的。这些仪器可以按照低性能或高性能标准设计，以满足潜在各种用户的使用意愿或能力。所有这些情况的设计完善度与销售价格有关。低端仪器可能在设计、装配和调校对准方面都比较粗陋，而较昂贵的高端仪器才能真实反映制造厂商的高质量产品的技术能力及期望。

本章概述的设计、装配和调试对准原理最适用于较小批量或/甚至单台中等和高成本光学仪器。从本章最后讨论的超大孔径（直径 39m）新型天文望远镜（包括 798 块反射镜镜片）的安装设计技术，应能明显感觉到该特点。为了满足此类巨型仪器的性能而增大了设计的复杂性，因此，要求采用运动学安装原理从而使光学元件能够可靠定位和支撑，并且丝毫不会引入对性能有影响的应力及光学表面变形。

10.4.2 其他安装技术

10.4.2.1 三板簧安装法

一种安装光学元件的常用方法是三板簧安装法，将板簧固定在光学元件或含有光学元件的机械镜座上，同时约束所有 6 个自由度。如图 10.56 所示，其中一个板簧看不见。采用两个平行的板簧，第三个板簧对称地⊖安装在另外两个板簧之间，并与其垂直。根据具体情况，也可采用不同的结构布局，选择另外的角度，采用最佳安装刚度。若安装圆形透镜或小型反射镜，三个板簧最好 120°间隔分布，横向刚度应该相等。垂直于透镜方向的刚度应是横向刚度的两倍。

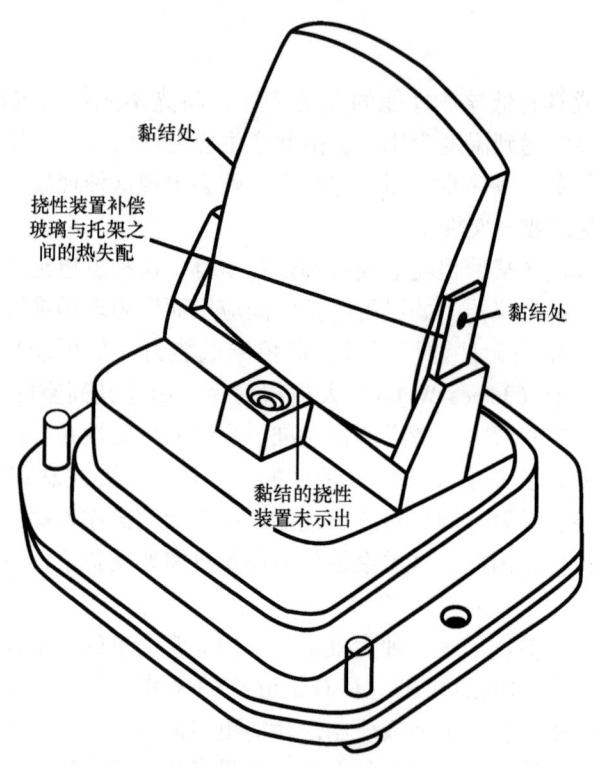

图 10.56　利用三个挠性簧片固定一块反射镜（一个未给出），避免温度变化产生过大应力

如图 10.56 所示，有人可能会认为，每个板簧约束三个自由度，会造成支架三倍过约束。为了克服该问题，可以替换三个受约板簧。然而，利用三个普通板簧不会如此糟糕，原因是黏结节点略带弹性，能够减缓过约束。通常，若黏结斑面积相当小（一般是直径小于

⊖ 第三个板簧相对于热中心的位置很重要（见 10.4.2.2.2 节）。

8mm），完全正确。由于适量的黏结材料是通过锥形小孔注入，因此名义上板簧的宽度应当与黏结斑大小相同。之所以使黏结斑直径小些的原因是必须保证温度变化时热应力要低。

三个板簧还能够提供一个热中心（TC），位于反射镜侧面黏结点中心的水平连线与通过第三个黏结点中心的垂线的交点位置。通常，该热中心应位于光轴上。虽然其位置取决于板簧刚度，但即使光学元件受到温度梯度影响，仍保持其位置不变。

这种设计中的板簧通常不需要很薄，原因是热失配造成的变形不会大于几十个微米。如此量值的变形很容易被几毫米厚的挠性结构吸收。可以利用普通的机械方法制造板簧，其优点是光学仪器的重心（CG）位于板簧之间的中心，这种对称型结构有助于平衡黏结点上的作用力。正如本书8.4节讨论黏结点尺寸时所述，只有在光学元件较重或受到极端冲击/振动条件下，才需要采用大的黏结面积。在确定使用大尺寸黏结面积时，光学元件与安装支座之间有可能加剧热失配问题，应当格外谨慎。

有时，光学元件很小。在这种情况下，可以省去第三个（较低位置）板簧。原因是侧面黏结点能够提供足够的稳定性。仍然以静态确定方式（约束2×3个自由度）安装光学元件。应当注意，黏结点的扭转刚度不能再忽略，并且不再有一个热中心。

10.4.2.2 运动学安装支架

一种运动学支架由分离的两部分组成：一部分固定了三个球状物体或被加工成球形的突出体；另一部分设计有三个V型槽，并使球形体能够拟合到V型槽中，是10.3.6.2节所述结构元件的组合形式。小球通常固定在一个可移动的组件上，而设计有V型槽的组件固定在基板上。然而，对改变这种布局没有任何异议。如图10.57所示，安装了三个小球的圆环实际上可以理解为固定有玻璃透镜、反射镜、机械致动器等元件的镜座。

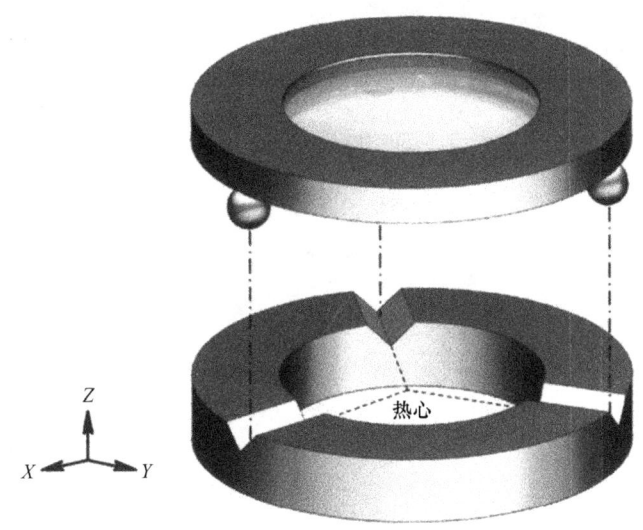

图10.57 一种支撑光学元件的运动学支架，能够毫不错位地进行拆卸和替换。未给出预紧方式

精密制造的运动学支架（见图10.58a和b）具有一个重要特性：能够对称设计以适应任何的120°旋转方向。这意味着，承载光学元件的零件可以从仪器中拆下和重新安装而丝毫不影响其相关的旋转对准精度。如果一台光学仪器的精密部件或组件由于分别包装和运输而需要拆卸，这种性质就非常重要。此外，如果固定的接口界面和组件的尺寸制造精度高，

满足严格的制造公差,则维修期间可以使用新的元件或部件直接进行替换。

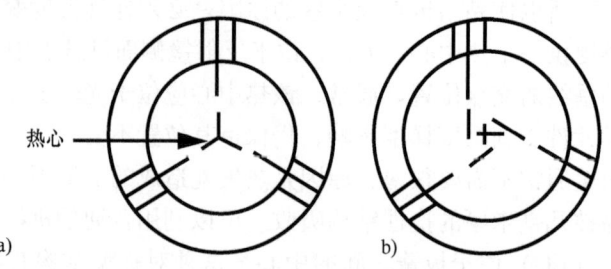

图 10.58 运动学支架基座上三个 V 型槽的布局

a) 对称分布,二面角 120°,交点在几何中心 b) V 型槽对称分布,但二面角的延长线并不在几何中心相交

应当注意的是,每种结构布局都有一个热中心。图 a 中,热中心位于二面角的公共交点。图 b 中,热中心位于每对 V 型槽交点形成的三角形的重心。

运动学支架的预紧力通常由重力和/或弹簧提供(见图 10.59)。对于后者,接触面会稍有变形(设计有预定值),因此弹簧应保证预紧力的重复性很高。不鼓励利用螺钉将一个运动学支架中固定的和可拆卸的零件组装在一起,因为这种方式很难施加一个规定的预紧力。

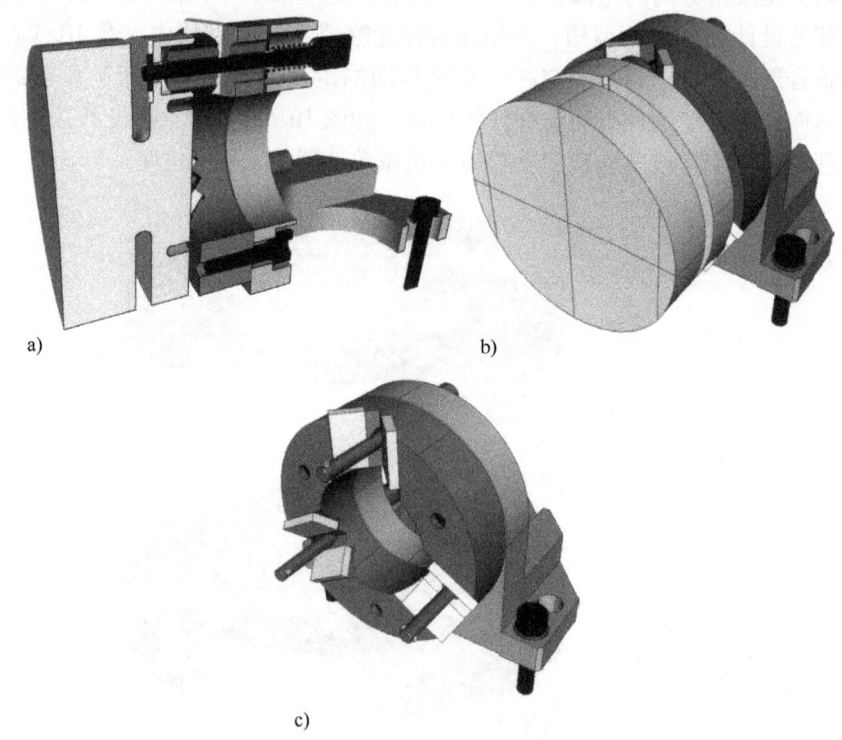

图 10.59 采用运动学支架作为反射镜的支撑结构

a) 利用三个弹簧式预载柱塞正确固定一个可拆卸支架 b) 一个 V 型槽和另一个运动学支架上的球形衬垫 c) 固定在 V 型槽上且具有不同材料的陶瓷薄板

V 型槽经常选择 90°角。假若摩擦系数并不等于或大于 1,是完全可以接受的。然而,在将零件安装在光学系统中之前,尤其是应用于真空环境下时,需要非常彻底地对其进行清

第 10 章 挠性装置的运动学设计和应用技术

洗。因此,大大提高了摩擦系数,很容易做到摩擦系数大于 1。选择正确的材料组合是有益的。图 10.59c 给出了一种运动学支架三个 V 型槽基座,陶瓷薄板固定在三个 V 型槽上。这种结构允许具有不同的表面硬度和摩擦特性。平板之间的角度可以大于 90°,从而为设计优化提供另外变量。另外可选择的参数是减小 V 型槽的角度(即 $\alpha < 90°$),因此能够在接口界面范围内提高横向刚度并减小轴向刚度。选择合适的角度可以使刚度分量相等,如 70°角度。最大摩擦系数能达到 1.4,通常该数值已经足够了。元件/装置任何方向的刚度都将等于 V 型槽一个表面法线方向的刚度,因此刚度比是 100%。如果 V 型槽角度是 90°,则横向的刚度比是 0.75,轴向刚度比是 1.5。利用式(10.39)和式(10.40)能够得到这些关系。

应用运动学支架应当明白其具有的重要特性,下面将进行阐述。

10.4.2.2.1 接触应力

球形与 V 型槽之间是两点接触。由于接触面积很小,因此会出现较高的赫兹应力。可以利用 10.3.6 节介绍的方法计算应力。很明显,不希望接触点位置产生任何弹性变形,所以,必须选择合适的材料,一般采用具有高强度极限的材料。降低接触应力的一种方法是设计具有曲面接触轮廓的 V 型槽,如图 10.60 所示。光机工程师将这种概念称为哥特风格的界面(gothic arch interface),还可以用来为一个球形形成一个接触底座。

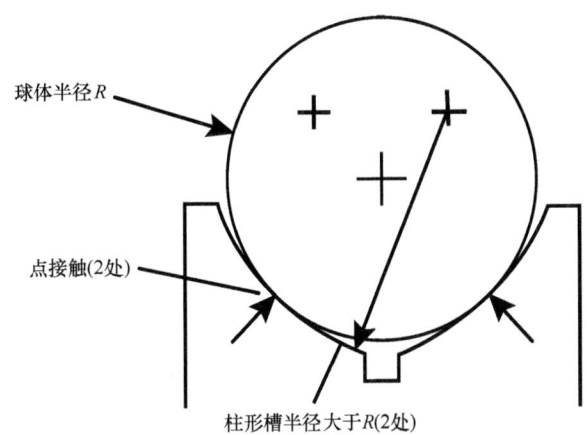

图 10.60 为减小球形(或圆柱形)与支撑槽之间赫兹应力而建议的一种方法。其中,V 型槽不是平面而是两个半径很大且不同心的圆柱形表面,通常称为哥特风格界面

表面接触应力可能很高,因此,运动学支架的适用范围有一定的局限性,归纳如下:
- 一个运动支架能够承受的加速度有限。通常,这就意味着应当应用于较为静态的领域。
- 由于发射期间的高载荷,因此很难应用于空间领域。
- 冲击负载很容易伤及接触区域,应当避免。如果采用易脆材料,冲击会造成球体或 V 型槽破碎。

然而,如果一个或多个配合界面由于上述原因而仅发生弹性变形,这并不意味着运动学支架不能再次使用。其性能会稍有下降,但其重复安装性仍然很好。通过重新调校有可能对由此产生的失准进行补偿。如果遇到大的温度变化,可以发现运动学支架性能或稍有下降。为了避免对运动学支架的滑动能力造成影响,V 型槽材料应当比球体更硬。例如,已经发现硬化钢和 ZiO_2 是一对很好的组合。

10.4.2.2.2 热中心

每个运动学支架都有一个热中心,是光学应用中非常有用的一个性质。图 10.58 给出了其位置。注意到,热中心具有二维性(2D)而非三维性(3D)。

若使用的材料具有不同的热膨胀系数,温度变化会改变元件及其支架的尺寸,球体和 V 型槽之间会产生相对运动,但热中心的横向位置不会改变。一般来说,轴向也会有移动,这种移动取决于所用材料。尽管光学系统轴向变化很重要,但相比之下,横向变化更为重要。最重要的技术要求是保持光学元件中心都位于光轴上。

10.4.2.2.3 热梯度

可以使热梯度达到最小,但不可能完全消除。其结果是使光学元件及其支架的形状变化非常小。这些变化不可能是对称的,也不可能均匀地按比例变化。如果涵盖支架的温度梯度很大,元件的中心可能稍有偏移。由于温度趋于均衡,梯度的存在常是暂时的。

10.4.2.2.4 摩擦力

运动学安装中存在着摩擦力并且影响着其可重复性。当装入光学元件时,总是会有一个球体首先接触到一个 V 型槽表面。然后,球体下滑直至接触到另一个表面。下滑期间,摩擦力的影响最大。接着,使用运动学支架,首先接触另一个点,产生不同的应力分布。因此,可以得出结论,摩擦力有可能影响支架的可重复性。通常,这种影响很小。

设计支架具有一定弹性可以使摩擦效应降至最小,图 10.61 给出了一个实例。预紧力作用下,接触点仍然保持在一起。已经对这种结构布局进行过测试并表明,光学支架的可重复性提高到小于 1μm。由于透镜(或反射镜)及其镜座的尺寸在局部温度变化时会发生变化,并且其热膨胀系数通常都不一样,因此球体很可能会在 V 型槽中有位移。由此产生的摩擦力可能会影响透镜/反射镜的光学表面形式。图 10.62(译者注:原书错印为 10.68)所示的 V 型槽采用一种平行导引机构能够使其影响降至最低。然而,现在方向改变了 90°。

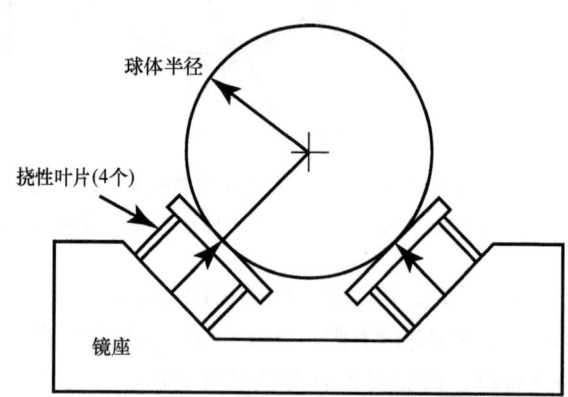

图 10.61 采用挠性 V 型槽表面以减小表面接触应力的方法

10.4.2.2.5 位置不确定性

假如没有采取专门措施减小摩擦效应,那么不确定性关心的仍然是运动学支架的位置可重复性。假设球体和接触面都采用相同的材料,则球面接触点位置的不确定性近似地由下式给出:

$$\delta \approx \mu \left(\frac{2}{3R}\right)^{1/3} \frac{1}{3} \left(\frac{F}{E}\right)^{2/3} \tag{10.43}$$

式中,δ 是位置不确定性;μ 是摩擦系数;R 是球半径;F 是作用在接触点的力;E 是球体和配合材料的弹性模量。

为了近似量化该不确定性，假设接触材料是钢（$E=0.2\mathrm{MPa}$），球半径是10mm，摩擦系数是1.0，作用力是75N，由此产生的不确定性是$2.1\mu\mathrm{m}$。为了进一步减小该值，应增大球体半径或者减小作用力。

10.4.2.2.6 其他类型的运动学支架

图10.57所示的运动学支架，由于V型槽以120°间隔设置，因此，所有横向的刚度都相等，垂直方向的刚度是横向刚度的两倍。改变角度间隔将会影响刚度。实际情况可能无法保证使用120°的V型槽布局，不认为这种结构布局的后果会很严重，但对仪器的具体技术要求将表明是否合适。相当常见的一种布局是两个V型槽彼此共线排列，第三个V型槽与其垂直。该布局中每个V型槽界面都是普通表面。

图10.62a给出了普通的运动学支架。当V型槽绕着由其二面角棱确定的轴线旋转45°，就获得一种改进型布局。现在，三个V型槽表面位于一个公共平面内，其他三个表面垂直于该平面（见图10.62b）。一些形式的力F（图10.62a或b中的重力或弹簧力）需要保证支架与三个V型槽之间真正接触。热中心仍然存在，并且运动学支架的刚性没有变化。没有非常明显的理由表明为何一定要使用这种类型的运动学支架而非普通支架。主要取决于一些特定的环境条件。从机械设计观点，图10.62b所示的这类的运动学支架较容易制造，常常不用额外使用弹簧。

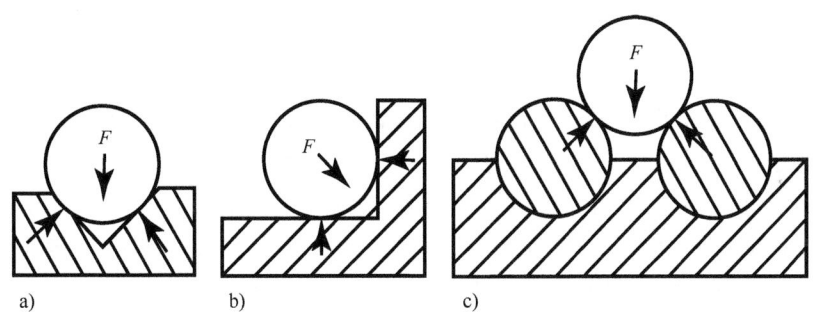

图10.62　三种运动学支架，F是各种情况中施加的预紧力
a）将一个球体放置在V型槽中的普通布局形式
b）V型槽旋转90°的另一种布局形式　c）用两个球体代替V型槽的形式

运动学支架设计中，不采用三个V型槽而是六个球体，两个球体与第三个球体接触，如图10.62c所示。这种方案的优点是非常便宜，很容易获得钢珠和陶瓷球。对于普通的运动学支架，建议球体和V型槽选用不同材料以减小接触摩擦力。若在真空环境中应用，还要避免冷焊。

如果使用弹簧将光学镜座预紧在其运动学支架上，如图10.62b所示，则选择预紧力要使加速度或外部负载不能影响每个球体与其V型槽之间的接触。倘若施加在光学元件上的外部载荷方向没有变化，则拆装的精度有可能保持在微米和微弧度数量级。必须满足两个重要条件：

（1）重新安装前后的外部载荷大小和方向必须相同，重力和弹簧载荷完全能满足该技术要求。显然，螺栓固定方式是不合适的，其造成的预紧力变化很大并取决于摩擦力。

（2）球体与V型槽表面之间的摩擦力一定要小，否则，两侧表面可能无法与球体接触。

10.4.2.3 开尔文夹持形式

可以不采用运动学支架结构而采用开尔文（Kelvin）夹持形式（见图10.63a），在可移动部分和固定基板之间提供六个接触点。一种接触（锥形槽内一个球体）约束三个自由度，一种接触（V型槽中一个球体）约束两个自由度，第三种接触（一个球体与一个平面接触）约束一个自由度。由于这种接触是面接触，而不是真正的点接触，因此，开尔文夹持形式并不是严格意义上的运动学支架布局。真正的运动学支架设计中，接触面的变形和应力取决于每块面积的几何形状和弹性。

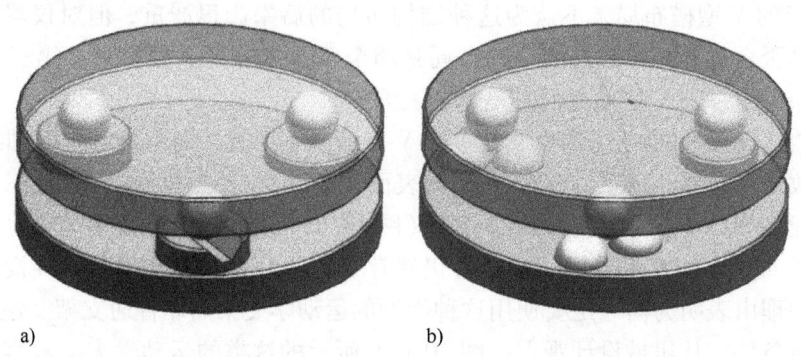

图10.63　a) 传统运动学支架的半透明演示图。球体放置在锥形、V型槽（内）和平面上
　　　b) 另一种结构布局。三个球的作用等效于锥体，两个球的作用等效于V型槽

传统的开尔文夹板的负载分布在整个面积上且面积的大小决定着可重复性，因此潜在有不稳定因素。例如，当一个球体放置在锥形槽中，形成一条圆形接触线，某种程度上说，可重复性是锥形槽和球体两者圆度的函数。另一种设计中，一个可移动球体放置在三个紧邻的固定球上（紧密相邻的球体是锥形槽的一种替代方案），一对球体形成V型槽，第二个可移动球接触这些固定球并约束两个自由度。形成点接触且确定可重复性的因素只有摩擦力、球的尺寸及材料的弹性。图10.63b给出了开尔文夹板结构，利用三个球作为锥形槽，两个球作为V型槽及平板，是一种约束所有六个自由度的真正运动学支撑结构，且比传统设计便宜。

10.4.2.4 六支柱安装方式

利用六根相连支柱固定一个光学装置是为两个装置（可能，一个装置是固定的，另一个是可移动的）之间提供静态接口界面最常用的技术。如果能够很好地确定界面负载，就可以形成较好的客户和供销商关系。两类装置的研发对彼此间的影响很小，一般不用于安装单个元件。

将支柱连接到两种结构上的最佳方式是采用与支柱中心线共轴的螺纹连接。这意味着，接触区域垂直于使用期间施加的预应力和实际的负载。在这种方式中，接触区的轻微滑动可以忽略不计。

支柱的尺寸取决于被支撑元件的重量。选择的直径可以小至0.5mm（取决于制造水平）或大至5mm，或者可能更大，取决于施加的负载。也必须考虑具有合适的长度—直径比。

下面介绍利用六根支柱安装一个装置的实例，图10.64给出了该装置的安装部件。与每个部件相关的"K"值表示使用时的开氏温度值。这是内部的低温段（右上图），冷却到

2K。中间段冷却到4K，而外部结构冷却到10K。利用由医用注射针制成的六根支柱将每段结构与其他段连接。由于支柱都是空芯且不锈钢的热导率很差，因此具有良好的隔热性。圆柱形也具有相当大的抗弯强度。

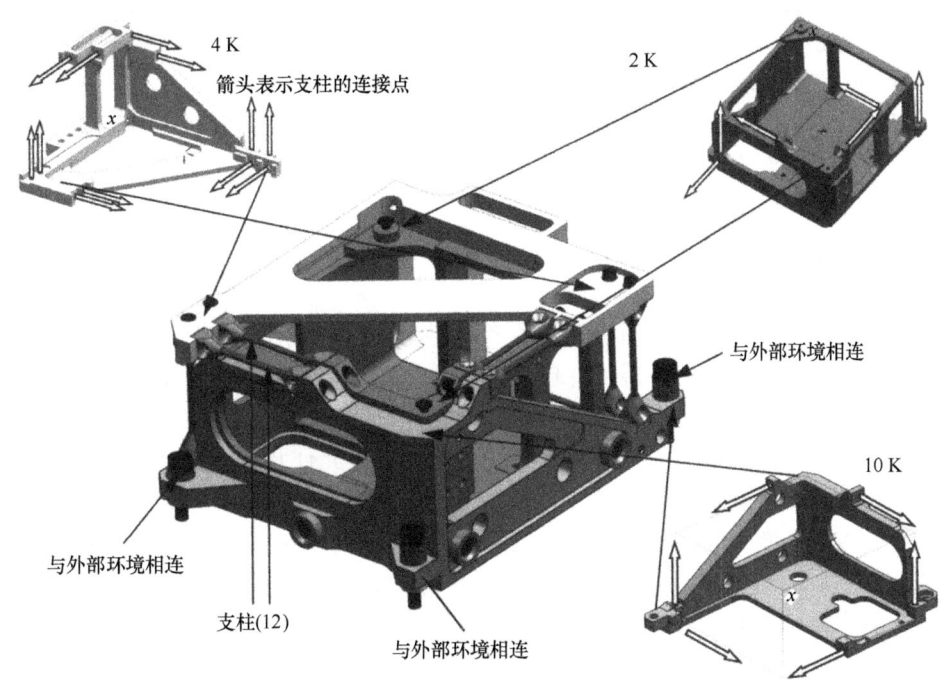

图10.64 一个低温装置的结构布局，采用支柱形式连接部件
(资料源自SRON，Netherlands Institute for Space Research，Utrecht，the Netherlands)

10.4.3 其他挠性安装实例

Stubbs等人（2013）阐述了挠性安装韦伯空间望远镜近红外摄像机（NIRCam）光学组件的例子。规定发射时的环境温度约为295K，工作温度25K。需要采用热膨胀系数相匹配技术，尤其是光学件与镜座中支撑透镜的挠性结构之间黏结剂的热膨胀系数。最关心的是应力及由此造成的光学性能恶化。通过分析和测试验证设计的成功与否，测试程序包括对选择材料试样的检测及故障样机透镜安装架部件的测试。然后，利用测试结果确定每个连接处的安全系数，并确定每种情况中安全系数的期望值。

Weingrod等人（2011）详细阐述了界面区域成像光谱仪（IRIS）中各种光学元件及其组件的运动学安装。大部分光学元件都安装在双腿挠性结构上。已经证明，在最坏工作条件下，反射镜表面在10mm孔径范围内的最大变形量是1nm和<1mrad。

10.5 通过控制自由度调校光学元件

用本节和其他章节介绍的静态方法安装的绝大部分光学元件（尽管不是全部）都可以通过改变一个或更多自由度进行调校对准。调整一个支柱能够造成一个被连接元件平移或旋转，调整一根板簧可以获得相同结果。如果是在将设备交付给用户之前完成这件事（大概是一次），应当称为调校。如果针对购买的装置及用户可以操作的一些设备进行调校，以提供一种合理的误差检测方式，就可以进行现场验收。理论上，校准是永久性的，应使硬件工作在一个稳定的环境条件下。然而，校准或多或少都会受到环境的影响，尤其是振动、冲击和温度影响。通常，为了进行校准，需要制定误差测量方法以具备性能专用测量工具，一般来说，这些都是产品的辅助设备——如果需要可以购买，但不属于产品本身。相比之下，诸如并非人们现场使用的星载光学仪器之类的设备则应当设计在飞行设备中或将其从地球送入到预定位置。很明显，为调校提供致动器和能量将大大提高需要调校仪器的复杂性和成本。确定和提供这些工具已经超出本章研究内容。

10.5.1 调校对准

进行调校之前，应当确切知道调校哪一个自由度及调校精度。对于某些类型的光学装置，可以利用市售的一种光学分析软件包完成，并能获得很高的测试精度。

最容易和最便宜的方法是根据机械公差安装元件。然而，某些元件一般是设计用做光学补偿器，必须以一种很特定的方式对其进行调校以补偿该元件及其支撑结构的制造误差。通常，要求如透镜或反射镜之类的元件在光轴方向或横向进行调校。绕着某一横向轴旋转常常可以与横向平移相交换，取决于可能产生的光学像差。某些情况下，旋转和平移可以全交换（如球面反射镜）。一般来说，具有最小但又有足够调校灵敏度的机构选作调校参数，以产生最佳和最快的调校结果。

静态支撑结构最主要的特性之一是，调整其中一个自由度几乎不会影响结构元件中约束其他自由度的应力大小。设计期间优化该自由度解耦使这些应力值降至最小。

图 10.65 给出了一个调校机构实例，一块板相对于活塞中另一块板调校，端部倾斜。为方便调校，两块板专门设计有机械保障措施。利用三角形排列的三个螺钉（图中仅给出两

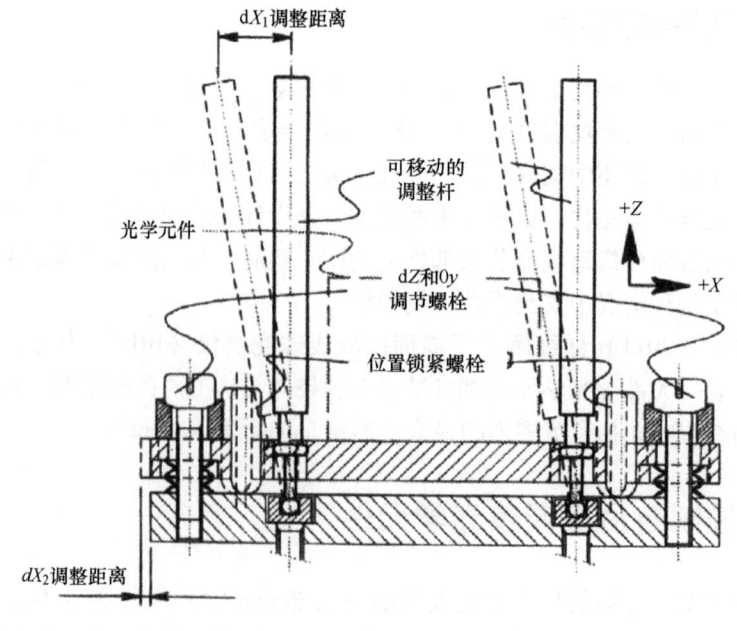

图 10.65 利用两种工具调校其基板上光学支架的实例

个）控制着它们在这些方向上的相对位置。这些运动是利用蝶形弹簧⊖加载的弹力。调整一个螺钉会使装置绕着其他两个螺钉的接触点连线旋转。以同样的方式调整所有三个螺钉将会改变活塞的位置。摩擦力约束三个横向自由度（XY方向平移及面内旋转）。

利用两种调校工具（图中称为把手）能够调整横向运动（两个平移和面内旋转自由度）。这些工具较长并且在一个特定的轴向距离位置设计有两个球形面。这些球形体落在上平板的两个通孔中和下平板的两个盲孔中。使调校工具倾斜会使上平板相对于下平板做共面运动。若能反馈（如可以源自一台相机或监视器）显示工具的运动结果，则可以将上平板调整到其最佳共面位置。很明显，为了避免过多次迭代调整，事先必须考虑好将六个自由度调整到何种程度。

若已经确定上平板的最佳位置，现在有可能通过上紧三个锁紧螺钉（紧靠调整螺钉）固定其位置。最好是将这些锁紧螺钉设计得与调整螺钉相连，从而使平板内的局部弯曲应力降至最小。

图 10.66 给出了两块平板之间另外一种调校类型，是一种简单的弹性铰链。调整螺钉会产生小的旋转。固定到一块平板上的受约板簧用于锁紧所确定的位置。利用普通螺钉将板簧固定到第二块平板上即可。这种夹持固定方法对于上平板相对于下平板位置的影响可以忽略不计（尽管不是零），其原因是当上平板旋转时加持固定方向垂直于板簧的运动方向。利用图示的电容位置传感器之类测试仪器，可以测量平板间相对位置的改变。

这两个实例表明，一旦锁紧对调校有明显影响，就需要反复进行调试和再次锁紧。将一根受约板簧黏结到部件上会提高锁紧效果，但与金属或玻璃材料相比，由于黏结材料对温度变化会有完全不同的反应，因此可能会有热敏感问题。还可以用黏结材料填充弹性铰链两侧的缝隙。更糟糕的是，由于黏结材料固化期间收缩并且具有较大的热膨胀系数，因此，外形尺寸会随着温度变化而变化。这些因素将影响固定元件与可调校元件的空间关系。

必须指出，任何一次调校的准确度和精确性都会有差别。如图 10.67 所示，应当不言自明。

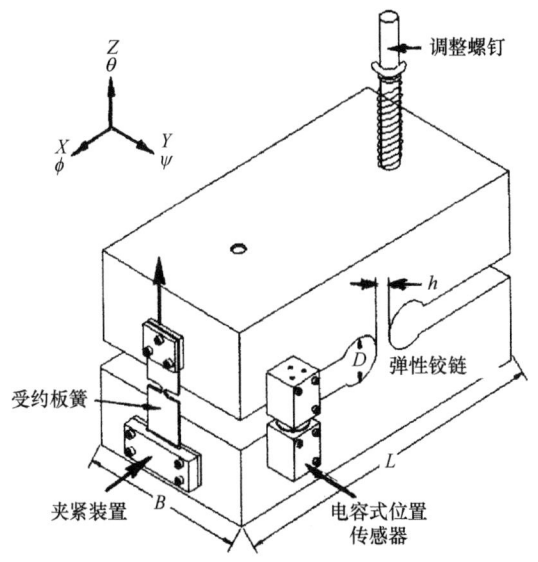

图 10.66　调整和锁紧上组件与基板间角度的方法

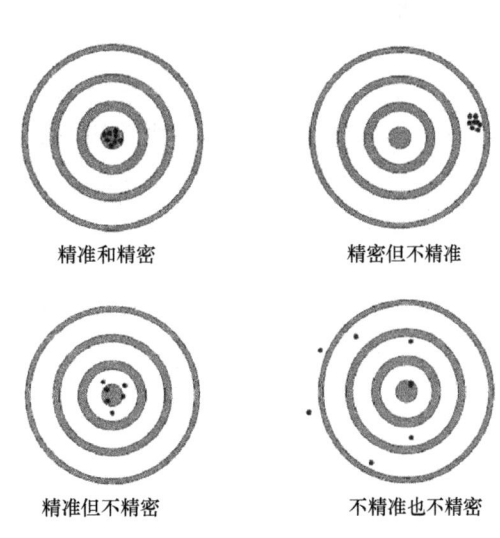

图 10.67　调校准确性和精确度的定义

⊖　一些人称之为贝氏（Belleville）弹簧垫圈。

10.5.2 对准稳定性

已经完成一次调校，重要的是调校结果不会随时间改变。现在，区分短期漂移和长期稳定性，其形成原因不同。短期漂移的主要原因如下：

(1) 调校期间所用螺栓和螺钉扭矩设定的变化，影响内部应力分布，也因此影响结构变形。减小扭矩设定也会影响调校对准。

(2) 螺栓和螺钉变松会产生同样效果。

(3) 螺栓呈现稳定效果。也就是说，在短周期内，螺栓的内应力趋于减小。这就是众所周知的事情，需要验证扭矩值。在一个短的时间间隔内反复对螺栓加大和放松扭矩将大大降低稳定效果。

造成长期不稳定性的主要原因如下：

(1) 温度变化，尤其是在不同材料组合使用并且没有进行合理的热补偿情况下。只有在光学元件和结构件采用相同材料的极少数情况下，才能获得最佳结果。反射镜及其结构都采用铝材料是一个很好的实例。

(2) 并非所有的材料都有良好的蠕变性。例如，已知因瓦合金（Invar）材料的稳定性较差，必须采用合理的热处理工艺和谨慎处理。用于夹持因瓦合金零件的螺栓可能会引起蠕变。通过合理的机械设计，有可能将这些影响降至最低。

(3) 光学元件（特别是金属元件）中产生的应力可能会释放，因此造成光学表面变化。使该应力低于表面微屈服应力能保证最小的应力释放。

10.6 刚度设计

计划建造欧洲超大望远镜（E-ELT）项目及美国"30米望远镜"（TMT）项目两个巨大的新型地基光学望远镜。前者是一台直径39m的拼接型主反射镜，后者是一台直径30m的拼接主镜。期望两台望远镜在能够支付的价格前提下达到可能的技术极限。从技术的观点，两者非常类似。E-FLT用于观察南半球，而美国TMT是观察北半球的。图10.68给出了欧洲超大望远镜的效果图。图中前侧两个微小人像可以作为该望远镜尺寸的参考线索。

E-ELT的主反射镜共由798块六边形反射镜组成，从而保证能够以合适的进度和成本生产，安装之后，调校对准为一个连续的全孔径光学表面。每块拼接板宽1.2m和厚50mm，采用横杠机械结构支撑。这意味着，该反射镜受到静态形式支撑，因此，横杠的几何形状与薄拼接板的刚性共同决定着拼接板的重力变形。

本节将阐述荷兰应用科学研究组织（TNO）设计的M1样机的子拼接组件，重点介绍拼接板的安装。图10.69给出了当前设计，图10.70给出了安装的主要组件。

图10.68 孔径为39m的欧洲超大天文望远镜的效果图

第 10 章 挠性装置的运动学设计和应用技术

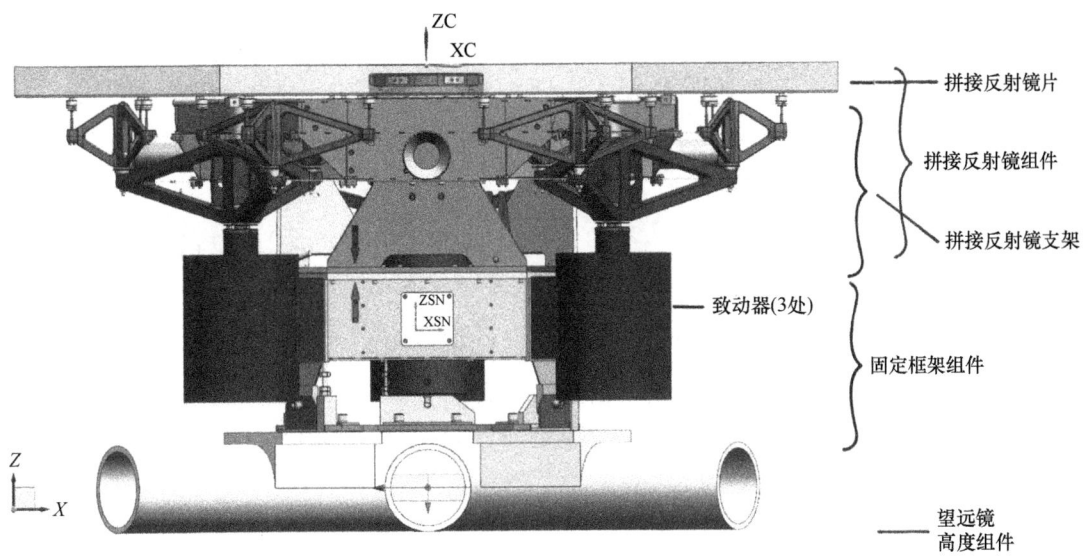

图 10.69 荷兰应用科学研究组织（TNO）设计的 E-ELT M1 主反射镜样机一块拼接板组件的支撑结构侧视图

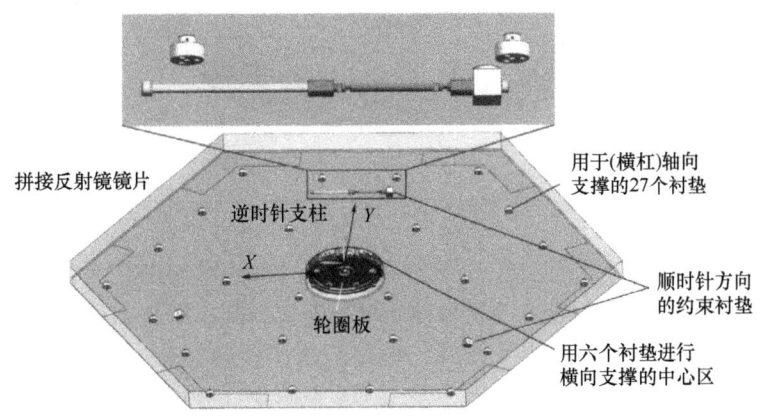

图 10.70 反射镜拼接板装置主要部件概图

10.6.1 拼接反射镜的支撑技术

在反射镜拼接板（见图 10.71 后视图）中心位置，采用轮毂形式（称为轮圈板）横向支撑，而在轴向由连接拼接板背侧不同区域的 27 根支柱与横杠上的 27 个衬垫相连。一根与拼接板背侧相平行的支柱将拼接板上锁紧衬垫与运动框（MF）连接。

每根支柱约束 1 个自由度，而轮圈板（见图 10.72）约束 3 个自由度。似乎总共约束 31 个自由度，可能会得出结论，反射镜拼接板支撑移进严重超约束。然而，下节将会解释，这种理解不对。事实上，反射镜拼接板支撑是静定态。

为了保证与反射镜拼接板的热膨胀差别最小，轮圈板采用因瓦合金材料。反射镜拼接板材料将采用微晶材料或超低热膨胀玻璃（ULE）。这些材料是热膨胀系数很低的玻璃陶瓷，因此该部件中需要采用因瓦合金材料。虽然轮圈板与反射镜拼接板之间的热失配很小，但反

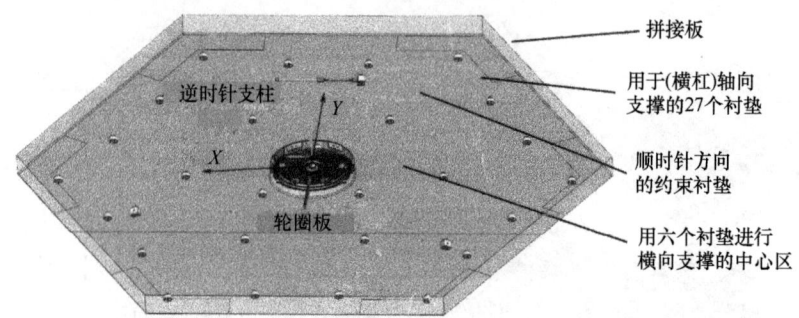

图 10.71 反射镜拼接板的后斜视图

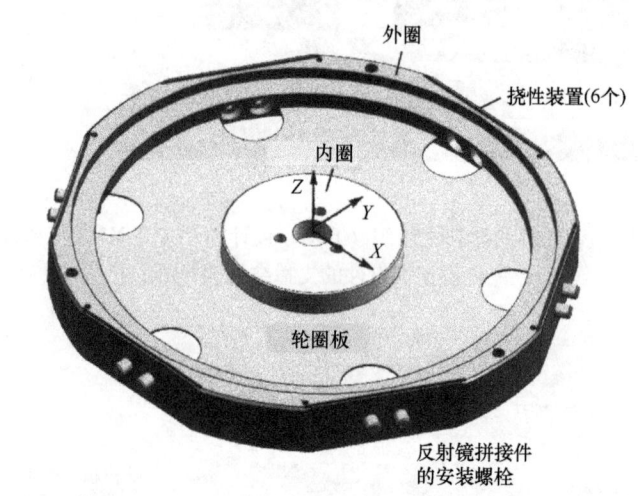

图 10.72 轮毂结构布局，主要用于表述横向支撑反射镜拼接板的挠性轮圈板特性

射镜表面仍然会造成不可接受的变形，所以在轮圈板外环边缘周围有六个切向挠性片与拼接板相连。隔板中心，焊接一个圆环以便与移动框架连接，其作用相当于一块固定底板。

这六个挠性片使该连接过约束。此外，板簧两端连接到外环。这意味着，6×3 个自由度（两个平移和一个旋转）被约束两次，产生 36 个约束。是否成为一个问题取决于结果。只有外环与反射镜轮圈板之间的连接是过约束，而轮圈板与支撑结构其余部分的连接并不属此类。其他的重要事实是，外环是一个整体零件，具有对称分布，并且所有连接都是共面。由于挠性位移小，将板簧两端连接到外环应不会成为问题。

轮圈板的横向刚度是 $1.7 \times 10^8 \text{N/m}$（在 $X\text{-}Y$ 面内）。垂直于轮圈板方向的刚度是 $41 \times 10^8 \text{N/m}$（在 Z 方向），因此，在 $X\text{-}Y$ 和 Z 方向运动的解耦大于 4100。

10.6.2 拼接反射镜的轴向支撑技术

一块反射镜拼接板的轴向支撑布局如图 10.73 和图 10.74 所示。

利用九组三支柱结构（见图 10.75）承担与反射镜表面相垂直的重力载荷分量。每组三支柱结构连接到外三脚架（OT）或内三脚架（IT）上，共有六个外三脚架和三个内三脚架。利用横杠支柱（见图 10.75b）将两个外三脚架和一个内三脚架与顶层三脚架（TLT）连接。利用三个顶层三脚架支柱（见图 10.75c）将所有三个顶层三脚架连接到运动框架（MF）。运动框架的作用相当于固定底板。

第 10 章 挠性装置的运动学设计和应用技术

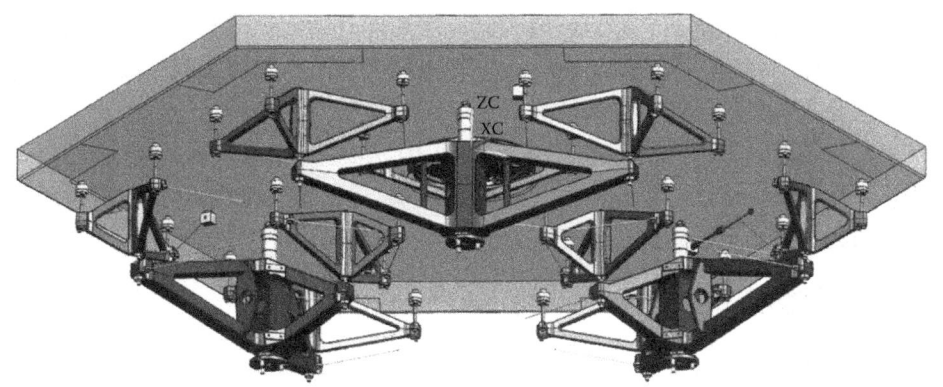

图 10.73 轻型横杠支柱轴向支撑视图

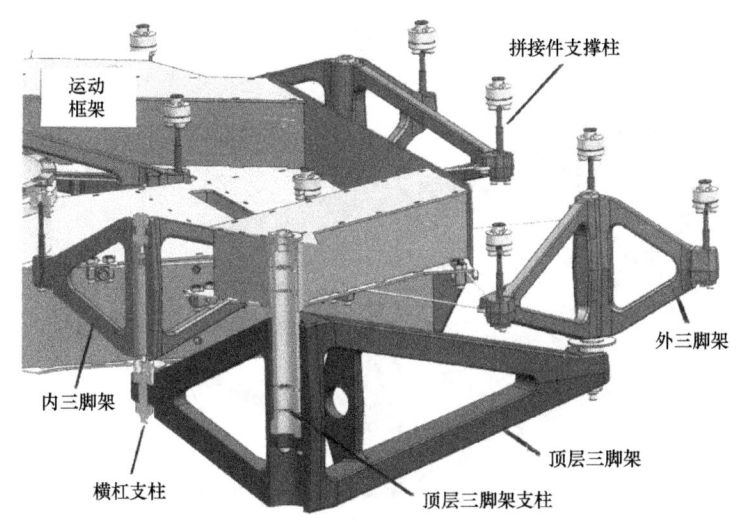

图 10.74 用于支撑反射镜拼接板的横杠组件局部斜视放大图

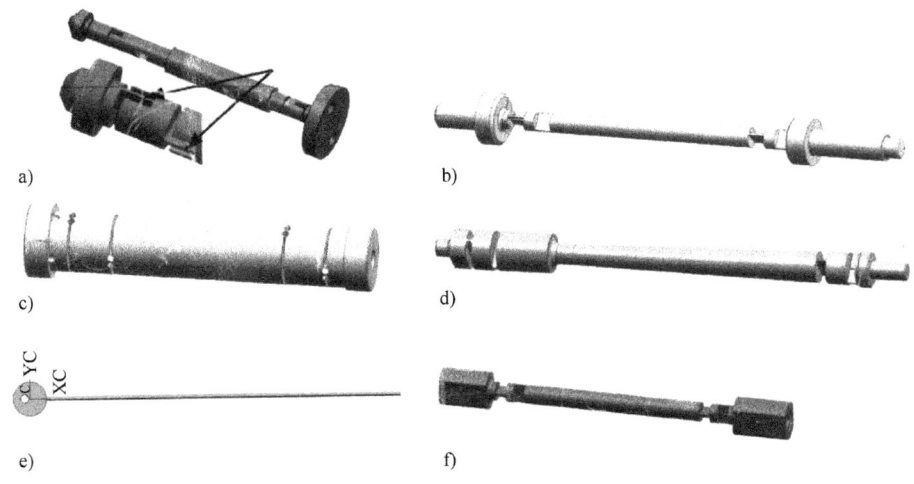

图 10.75 反射镜拼接板安装和调校过程中采用的各种支柱
a) 拼接板支撑支柱 b) 横杠支柱 c) 顶层三脚架支柱
d) PACT 支柱结构 e) 三脚架的横向支撑支柱 f) 时序支柱

由于采用三个顶层三脚架，并且能够控制三个异面自由度，因此可以在反射镜表面垂直方向形成静态支撑。利用一个三脚架，一个支柱支撑其他三个支柱。利用以三脚架几何图形为基础的类似公式可以计算横杠载荷分布。

所有支柱两端设计有不同类型的铰链（见图 10.75a~f），从而获得最佳轴向—横向刚度比。计算结果表明，该比值是 22 500，使微晶玻璃/超低膨胀玻璃反射镜拼接板与其钢/铝支架结构之间的热膨胀系数差造成的影响降至最小。

10.6.3 横杠的横向支撑技术

前面章节所述反射镜拼接板的横向和轴向支撑只能保证拼接板在水平方向正常工作。一旦拼接板倾斜，横杠结构将承受横向重力负载。迄今为止，三脚架只有三个自由度（Z 向平移和绕 X 和 Y 轴旋转）受到约束。平行于反射镜表面的自由度（X 和 Y 向的平移和绕 Z 轴旋转）还未受到约束。已经设计了三个支柱校正这种状况。这三个支柱共面，并且固定在三脚架的支架端部，如图 10.76 所示，另一端连接到运动框架上（见 10.6.6 节）。

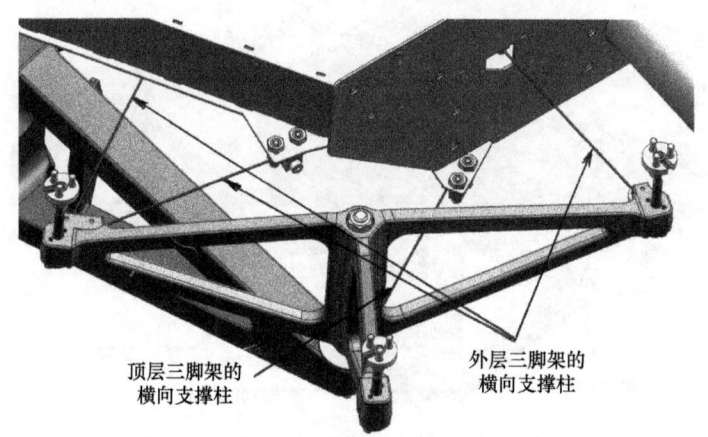

图 10.76 横杠支架中 TLT 和 OT 结构的横向支撑布局

10.6.4 时序约束

利用隔板避免反射镜拼接板绕 Z 轴旋转（见图 10.69）。然而，其自身刚度不足以提供高时序固有频率，所以，在距离拼接板中心可能的最大间隔位置增加一根时序约束（clocking restraint）支柱（见图 10.75f）。用螺栓将该支柱固定到已经焊接到反射镜背面（并固定到运动框架上）的衬垫上（见图 10.77）。在这种方式中，绕 Z 轴的旋转被约束了两次。解决该矛盾的方法是，减小隔板中心环的转动刚度以使其可以忽略不计。

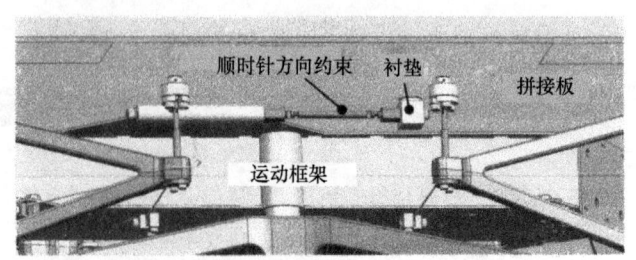

图 10.77 横杠支架中的时序约束支柱

10.6.5 运动框架及其挠性

运动框架组件（见图 10.78）是一个以静态方式连接反射镜拼接板的刚体，被连接到固定框架组件上（见图 10.69）。采用三根支柱和三根折叠板簧。三根支柱与致动器连接，控制拼接板的活塞和端部的倾斜方向。三根板簧控制其他三个自由度。用螺栓将其中心部分固定到运动框架组件上，并将另一端安装到固定框架组件上。运动框架组件是一个由多片薄金属板组成的箱型结构，其扭矩和抗弯刚度都很高。

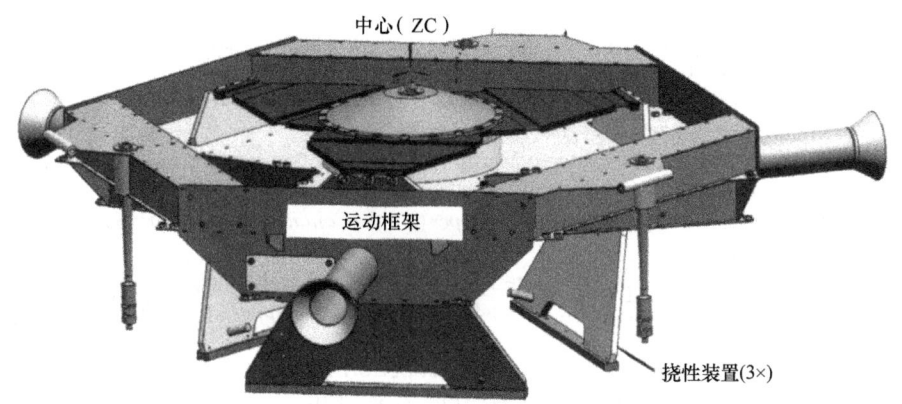

图 10.78　运动框架及其挠性支架

10.6.6 对静态支撑结构的具体考虑

有充分的理由表明，可以采用静态方法决定拼接板的支撑结构，表述如下：
- 用螺栓将拼接板隔板与运动框架固定在一起。当温度变化时，拼接板会上下稍有移动，因此运动框架也稍有移动。然而，这些平移并不完全一样。隔板挠性保证不会使反射镜产生额外的变形。
- 横杠结构的机械公差会造成三脚架有少量倾斜。由于该结构中的挠性装置，使反射镜不会产生明显变形。
- 支撑运动框架的三根支柱上下移动高达 ±7.5mm，以使反射镜拼接板的活塞和端部保持合理的倾斜位置，所以折叠板簧有相当大的弯折。弯折负载将被运动框架吸收，不会传输到反射镜拼接板。

致谢

过去 25 年来，作者作为系统工程师和光机专家一直在荷兰应用科学组织工作。荷兰应用科学组织是一个大型合同研究组织，为空间和天文应用及半导体公司研发和制造精密设备。在该组织积累的工作经验为编写该章"运动学设计和挠性应用"内容奠定了大部分技术基础。非常感谢荷兰应用科学组织在本人编撰该章内容时，给予我的时间并允许利用相关技术资料。希望本章内容对该书读者有所帮助。

参考文献

Braddick, H.J.J., *The Physics of Experimental Method*, Chapman and Hall, Ltd., London, U.K., 1963.

Brewe, D.E. and Hamrock, B.J., Simplified solution for elliptical-contact deformation between two elastic solids, *J. Lubr. Technol.*, 99, 485, 1977.

Cacace, L.A., *An Optical Distance Sensor*, University Press TU, Eindhoven, the Netherlands, 2009.

Cardaano, G., Specific source unknown, circa 1545.

Gloess, R., Challenges of extreme load hexapod design and modularization for large ground-based telescopes, *Proc. SPIE*, 7739, 2010.

Hale, L.C., *Principles and Techniques for Designing Precision Mechanisms*, Lawrence Livermore National Laboratory, University of California, Livermore, CA, 1999.

Hamelinck, R.F., Adaptive deformable mirror based on electromagnetic actuators. ORO Grafisch Project Management, Koekange, the Netherlands, 2010.

Henselmans, R., *Non-Contact Measurement Machine*, *Eindhoven*, Ponsen & Looijen b.v., Wageningen, the Netherlands, 2009.

Hertz, H.R., *Über die berührung fester elastischer Körper* (*On the Contact of Rigid Elastic Solids*), MacMillan, London, U.K., 1896.

Johnson, K.L., *Contact Mechanics*, Cambridge University Press, Cambridge, MA, 1985.

Moore, J.H., Davis, C.C., and Coplan, M.A., *Building Scientific Apparatus*, Addison Wesley Press, Boston, MA, 1983.

Nijenhuis, J.R. and Hamelinck, R.F., Meeting highest performance for lowest price and mass for the M1 segment support unit for E-ELT, *Proc. SPIE*, 7735, 2010.

Nijenhuis, J.R. and Hamelinck, R.F., The optimization of the opto-mechanical performance of the mirror segments for the E-ELT, *Proc. SPIE*, 8336, 2011.

Seggelen, J., *A 3D Coordinate Measuring Machine with Low Moving Mass for Measuring Small Products in Array with Nanometer Uncertainty*, Technical University, Eindhoven, the Netherlands, 2007.

Slocum A.H., The design of three groove kinematic couplings, *Precis. Eng.*, 14, 67, 1992.

Soemers, H.M., *Design Principles for Precision Mechanisms*, T-Pointprint, Enshede, the Netherlands, 2011.

Stubbs, D.M., Horn, H.C., Cannon-Morret, J.C., Lindstron, O.F., Irwin, J.W., Ryder, L.A., Hix, T.T. et al., Adhesive bond cryogenic lens cell margin of safety test, *Proc. SPIE*, 8125, 2011.

Vermeulen, J., *Ceramic Optical Diamond Turning Machine: Design and Development*, Technical University, Eindhoven, the Netherlands, 2007.

Vermeulen, M., *High-Precision 3D-Coordinate Measuring Machine: Design and Prototype-Development*, Technical University, Eindhoven, the Netherlands, 1999.

Vukobratovich, D., *Introduction to Opto-Mechanical Design*, SPIE Short Course SC014, 2014.

Weingrod, I., Chou, C.Y., Holmes, H.C., Hom, C., Irwin, J.W., Lindstrom, O., Lopez, F., Stubbs, D.M., and Wuelser, J.-P., Design of bipod flexure mounts for the IRIS Spectrometer, *Proc. SPIE*. 8836, 2013.

Werner, C., *A 3D Translation Stage for Metrological AFM*, Eindhoven: Ipskamp drukkers b.v., Enschede, the Netherlands, 2010.

第 11 章 光机设计界面分析

Paul R. Yoder, Jr.

11.1 概述

本书讨论了多种类型的分析方法,卷 I 第 4 章介绍了一些例子,阐述了界面几何形状对透镜中预紧应力的影响;卷 I 第 1~5 章阐述重力和热效应对反射镜表面轮廓的影响;卷 I 第 7 章分析了对结构的消热差;本章介绍光机设计期间应当并能够完成的其他类型的分析。对光学系统成像质量的分析,虽然非常重要,但在其他著作,如 Kingslake(1983)、Kingslake 和 Johnson(2010)、Shannon(1997)、Laikin(2007)、Smith(2005,2008)及 Fischer 等人(2008)中,已有详细阐述,在此有意略去。本章也不详细讨论如何使用有限元分析法(FEA)进行结构设计和评估。对这些专题有许多出版物,如 Hatheway(1991,1992)、Pearson(1992)、Genberg(1997a,b)和 Doyle 等人(2012)都有非常好的总结,本章虽有引用,但为数不多。

本章首先概述 De Wite 等人(2006)在以下应用领域关于"重力对透镜元件(光轴沿垂直方向且采用边缘支撑方式)表面形状的影响"方面的研究,如许多高性能投影光刻系统、干涉仪或航空摄影机。在此,并不准备阐述航天飞机应用中重力释放造成的影响。

11.2.6 节将讨论 Vukobratovich(2013)对超大透镜(直径达 2m)自重引起表面变形的最新研究,消除过去人们对表面过量变形的恐惧感,以及如何补偿折射望远镜中透镜光程差(OPD)的不利影响。

继而讨论玻璃强度对其表面条件的依赖关系,如微观缺陷、研磨期间经常会形成的表面下裂纹的数量和大小。在外部施加应力或当这些瑕疵稍后达到临界尺寸时,会进一步扩展并瞬间造成光学元件破裂。用来预测这类故障及估算光学元件故障时间的分析方法通常是断裂力学、威布尔(Weibull)统计学和验证试验,并对其进行总结比较。

还要介绍施加的最大机械压应力及相关的拉伸应力对下列因素的依赖关系:施加力的量值、玻璃及其相接触金属表面的轮廓、接触材料的永久性机械性质。在此利用 Young(1989)、Timoshenko 和 Goodier(1970)、Yoder(2008)及本书先前版本中推导的通用公式可以保守地估算透镜、光窗、小反射镜和棱镜安装设计时经常采用的玻璃-金属界面处产生的接触应力。本章还将阐述,当将轴向夹持力施加在旋转对称元件两侧不同的径向离轴位置时,力矩产生的弯曲应力和光学表面变形。

将进一步讨论温度变化的影响:(1)机械预紧力(很大程度上决定光学系统中的接触应力);(2)边缘接触透镜和反射镜镜座中的径向和圆周应力;(3)径向和轴向机械间隙。

本章最后阐述玻璃-玻璃胶合件和玻璃-金属黏结件中热应力的计算方法。

11.2 垂轴透镜元件的自重变形

11.2.1 问题的本质

光学元件制造期间，通常采用夹具将透镜整个孔径夹持住，即采用机械方法支撑透镜，从而使重力对表面形状的影响降至最小。在测试和使用期间，必须夹持透镜的柱面而使光线通过透镜孔径传播。测试时，常将透镜的光轴垂直放置，使重力造成透镜表面形状的变化是旋转对称，然后测量光学系统的总性能。此时，一般不考虑每个透镜表面对理想表面的偏离量。使用中，这些透镜的光轴可能会再次处于垂直方向，因此重力变形会重新使性能下降。透镜中心的偏移经常称为自重偏移。

对于如需要极高光学性能的短波超紫外（UV）光刻机系统之类的应用，都可能采用干涉技术，并按照其使用时的安装方位测量每个透镜的表面轮廓，并通过局部抛光工序进行校正，以补偿重力的影响。只要这些元件的应用状态（相对于重力和相邻的光学元件）与测试状态保持一致（如果有的话），则其具有最佳性能（至少在与测试环境具有相同温度时）。

不额外采用局部抛光工序又能达到减小重力影响的一种方法是，增加透镜的轴向厚度。该方法对光学元件和结构件的尺寸，以及材料成本都会造成不利影响，因此不可能允许这样做。

11.2.2 平板重力影响的近似表达式

计算垂轴透镜在这种特定情况下重力影响的第一个近似表达式，是估算对等效圆形平板光学元件影响的。利用 Young（1989）表述的理论和图 11.1 所示几何图形，由下式给出平板常数 K_P⊖及其几何中心的重力变形量 Δy_C：

$$K_P = \frac{Et^3}{12(1-\nu^2)} \tag{11.1}$$

$$\Delta y_C = \frac{\rho t a_G (D/2)^4 (5+\nu)}{64 K_P (1+\nu)} \tag{11.2}$$

式中，E 是玻璃的杨氏模量；ν 是泊松比；ρ 是玻璃密度；t 是（均匀的）平板厚度；D 是平板直径；a_G 是重力加速度（该情况中定义为1）。

设计实例 11.1 给出了这些公式在一种典型透镜设计中的应用。

DeWitt 等人（2006）还研究了上述设计实例中同一垂轴透镜平板模型近似表达式参数变化的影响。依次变化厚度（孔径保持不变）、E 与 ρ 之比（作者称为之比密度）（保持直径和厚度不变）以及保持 E/ρ 不变条件下，按比例同时改变直径和厚度。利用上述式（11.1）和式（11.2）完成计算，结果列在表 11.1 中。注意到，随着三个变量增加（表中从左到右），Δy（译者注：原书错印为 Δ_y）随厚度 t 和比密度 E/ρ 增大而减小，随着比例增大而增大。这表明，与广泛推荐使用的最大纵横比 6/1 相比，某一给定透镜的纵横比并非设计期间唯一要考虑的参数。

⊖ 它也称为抗挠刚度。

第11章 光机设计界面分析

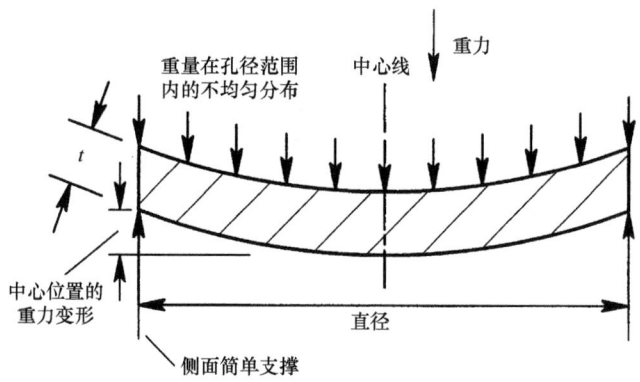

图11.1 一块平板玻璃的边缘受到简单的连续支撑,在重力载荷下,变形为一个垂轴弯月透镜
(资料源自 DeWitt, F. et al., *Proc. SPIE*, 6288, 2006)

设计实例11.1 光轴位于垂直方向、具有均匀厚度的圆形透镜(平板)的自重变形

由肖特F5玻璃材料制成的透镜近似为一块平行玻璃板,光轴处于垂直方向,并夹持边缘四周。若波长633nm,请问:透镜中心的自重变形是多少?假设,透镜直径 $2r$ = 4.000in(101.6mm), $E = 8.420 \times 10^6$ lbf/in² (5.805×10^4 MPa), $\nu = 0.220$, $\rho = 0.125$ lb/in³ (3.460g/cm³), $a_G = 1.000$。厚度是0.500in(12.700mm),所以纵横比 $D/t = 8$。请问,若波长是633nm,中心变形量是多少个波长?

解:
由式(11.1),玻璃板常数是

$$K_P = \frac{(8.420 \times 10^6) \times 0.500^3}{12 \times (1 - 0.220^2)} \text{lbf} \cdot \text{in} = 9.217 \times 10^4 \text{lbf} \cdot \text{in}(1.041 \times 10^4 \text{N} \cdot \text{m})$$

由式(11.2),自重变形是

$$\Delta y_C = \frac{0.125 \times 0.500 \times 1.000 \times (4.016/2)^4 (5 + 0.220)}{64 \times (9.217 \times 10^4)(1 + 0.220)} \text{in}$$

$$= 7.25 \times 10^{-7} \text{in}(1.84 \times 10^{-5} \text{mm})$$

[译者注:原书分子上错印为(5 + 5.220)]

单位换算为nm,则为

$$\Delta y_C = (7.25 \times 10^{-7}) \times (25.4 \times 10^6) \text{nm} = 18.42 \text{nm}$$

(译者注:原书将 10^6 错印为106)

若波长为633nm,则是 $18.42/633 = 0.029$ 个波长。

表11.1 固定厚度垂轴圆形平板的参数变化影响

比例系数	0.5×	1.0×	2.0×
厚度变化	直径为4.0in 厚度为0.25in 纵横比为16 $E/\rho = 8.35 \times 10^7 \text{in}^{-1}$ $\Delta y = -0.117\lambda$	直径为4.0in 厚度为0.50in 纵横比为8 $E/\rho = 6.74 \times 10^7 \text{in}^{-1}$ $\Delta y = -0.029\lambda$	直径为4.0in 厚度为1.00in① 纵横比为4 $E/\rho = 6.74 \times 10^7 \text{in}^{-1}$ $\Delta y = -0.007\lambda$

(续)

比例系数	0.5×	1.0×	2.0×
E/ρ 变化	直径为 4.0in 厚度为 0.50in 纵横比为 8 $E/\rho = 8.35 \times 10^7 \mathrm{in}^{-1}$② $\Delta y = -0.058\lambda$	直径为 4.0in 厚度为 0.50in 纵横比为 8 $E/\rho = 16.70 \times 10^7 \mathrm{in}^{-1}$② $\Delta y = -0.029\lambda$	直径为 4.0in 厚度为 0.50in 纵横比为 8 $E/\rho = 33.40 \times 10^7 \mathrm{in}^{-1}$② $\Delta y = -0.015\lambda$
透镜比例变化	直径为 2.0in 厚度为 0.25in 纵横比为 8 $E/\rho = 6.74 \times 10^7 \mathrm{in}^{-1}$ $\Delta y = -0.007\lambda$	直径为 4.0in 厚度为 0.50in 纵横比为 8 $E/\rho = 6.74 \times 10^7 \mathrm{in}^{-1}$ $\Delta y = -0.029\lambda$	直径为 8.0in 厚度为 1.00in 纵横比为 8 $E/\rho = 6.74 \times 10^7 \mathrm{in}^{-1}$ $\Delta y = -0.117\lambda$

(资料源自 DeWitt, F. et al., *Proc. SPIE*, 6288, 2006)

① 原书错印为 in^{-1}。——译者注
② 原书 E/ρ 中缺少单位 $\times 10^7 \mathrm{in}^{-1}$。——译者注

11.2.3 透镜最大变形量对应的直径-厚度比

如果设计说明书要求,直径为 D 且采用边缘支撑的垂轴透镜由自重产生的下垂量不能大于允许值 Δy_C,则由组合式 (11.1) 和式 (11.2),可以获得对应的最小透镜厚度:

$$t = \left[\frac{3\rho a_\mathrm{G} (D/2)^4 (5+\nu)(1-\nu)}{16 E \Delta y_\mathrm{C}} \right]^{1/2} \quad (11.3)$$

式中的所有项都在前面定义过。

利用该公式得出图 11.2 所示曲线,适用于四组由肖特 F5 玻璃材料制成的透镜,并且包含 1.0~6.0in (25.4~152.4mm) 不同直径。分别规定其自重变形量极限为 $\lambda/50$、$\lambda/20$、$\lambda/10$ 和 $\lambda/4$,波长是 632.8nm。显然,除最下面曲线中直径约大于 4.5in (约 114mm) 的透

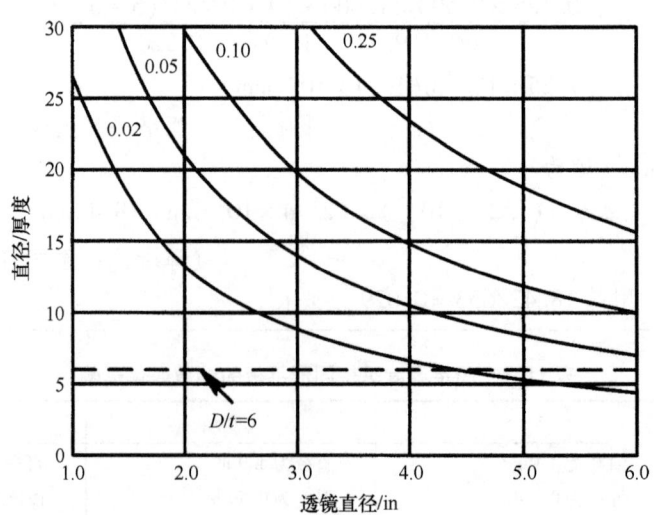

图 11.2 四种边缘支撑透镜的纵横比与直径的关系曲线,每种透镜都有图示的自重变形技术要求,以波长为单位。除了最下面一条曲线 (变形量为 $\lambda/50$) (译者注:原书错印为 $\lambda/5$) 外,所有透镜都满足 $D/t > 6$ 的技术要求

(资料源 DeWitt, F. et al., *Proc. SPIE*, 6288, 2006)

镜外，此处给出的所有透镜都满足 $D/t>6$ 条件下规定的变形量极限。一般来说，较小直径的透镜，尤其是当其变形公差放宽时，其厚度可以远小于 $D/6$。

11.2.4　透镜形状的影响

上述自重变形方面的讨论仅适用于可以近似视为平形平板的透镜、平板光窗、平板反射镜或干涉仪中使用的基准平板，而所有的实际透镜都有弯曲的表面，并分别称为平-凸、平-凹、双凸、双凹或弯月形透镜（见本卷图4.5）。

若透镜光轴是垂直方向，则上述闭合解析公式不适合这些透镜的自重变形量计算。DeWitt等人（2006）简要分析了半径91mm（3.58in）和厚度40mm（1.58in）基本结构形式的透镜（两个数据是随意选取的），试图对实际透镜与其等效平板结构之间的自重变形差别进行深入研究，并得出如下结论：

（1）形状的微小差别对变形量有较大影响。
（2）平板近似表达式的精度有限。
（3）利用式（11.3）得到的结果与有限元分析模型得到的结果具有良好的相关性。

11.2.5　机械界面瑕疵的影响

对光学零件和安装镜座之间界面的大部分考虑是假设其几何轮廓和尺寸是理想的，如前面讨论的垂轴透镜，在理论上是由理想的机械界面均匀地接触透镜通光孔径（CA）之外的底面。实际上，抛光工艺的主要目的也是为了使透镜表面形成理想的形状，但是形成的半径可能会稍有误差。另外，加工机床也会使金属零件表面形成瑕疵，至少在微观量级上。例如，应当加工成圆孔的镜座，实际上可能会稍显椭圆。同时认为是平整的表面或许稍有波浪形，偏离平均的几何尺寸。这类瑕疵也许是受到加工刀具局部压力时金属材料的弹性变形所致。刀具局部地加工（准确地说是撕裂）金属的晶体结构，特别是拐角处可能会造成表面粗糙或毛刺。其他瑕疵可能是由于机床上夹持零件的装置造成零件变形所致。没有夹持时，表面反弹，偏离预期形状。

造成小尺寸表面不规则的另一原因是金属零件机械加工过程中的化学处理工序，如铝的阳极氧化。尽管很薄，但这种镀膜能够造成表面粗糙和产生具有足够高度的厚度堆积，从而无法保证光学元件在机械应力下的安全性。

上述玻璃-金属界面中任何一种瑕疵都可能在两个、三个或更多的高点位置造成接触不良，取决于透镜的柔性——在很大程度上取决于其 D/t 比。对垂轴薄透镜表面的干涉测量可以揭示轮廓缺陷，如图11.3所示。干涉图显示，一块透镜放置在其镜座的靠缘上时，其上凹面的变形形状。该情况下呈现鞍状的表面形状误差主

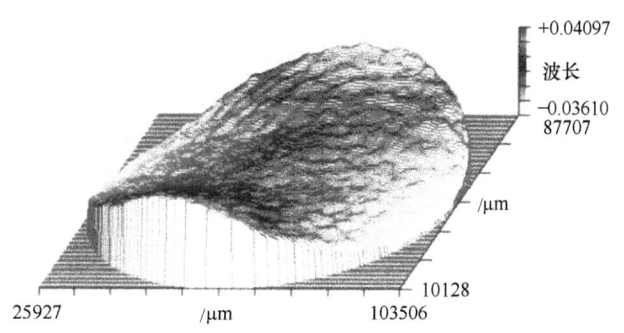

图11.3　一块垂轴透镜安装在靠缘上具有两个相距180°高点的镜座中，一个表面在被安装到位之前的干涉图，P/V 畸变值是 $\lambda/13$。当正确地安装在一个理想的镜座中，其畸变值是 $\lambda/94$

（资料源自 DeWitt, F. et al., *Proc. SPIE*, 6288, 2006）

要是由玻璃与其孔径两侧对应的金属结构上 2 个毫英寸级高点之间的点接触所致。非工作状态下不会施加预紧力，当采用带螺纹的固定压圈或多个弹簧夹将光学元件固定时，应当想到，表面可能会变形！

11.2.6 大型折射望远物镜的自重变形

天文望远镜发展史经常这样介绍，耶基斯（Yerkes）1m 的折射望远镜已经达到折射物镜孔径的极限。物镜自重变形产生的挠性是影响尺寸约束的因素，利用下面给出的变形式（11.4）可以计算一块大型折射望远物镜的自重变形量，并确定该变形量是否真正约束尺寸。

1900 年之前，多数大型天文折射望远镜已经投入使用，其中许多较大的望远镜都是克拉克（Clark）兄弟公司制造。该公司在为大型天文台设计的折射望远镜中采用改进型利特罗（Littrow）物镜。由于火石玻璃更易受到环境污染，因此，前面采用等凸面冕玻璃光学元件以尽量减少火石玻璃光学元件的暴露。面玻璃与火石玻璃之间间隔较大，通常等于焦距的15%。该空气隔非常方便于清洁，同时减少夜间热平衡时间。使色差降至最小就要求有较长焦距［耶基斯（Yerkes）折射望远镜的焦距约为 19.4m（764in）］。该光学元件较薄，纵横比（直径/厚度）约为 16，浅表面曲率。

根据 Vukobratovich（2013）的研究，多数大型折射望远物镜都采取简单支撑其边缘的方法进行安装。简单支撑意味着，当透镜偏移时其边缘可以旋转自如。对边缘进行夹持会造成透镜不可接受的翘曲。当重力垂直作用在透镜表面，即望远镜指向天顶而重力平行于光轴时，会出现最大变形。

对于轴对称圆形平板，若重力垂直作用在表面并采用简单支撑，如同望远镜指向天顶的情况，Young（1989）给出自重变形量 δ 的下列计算公式：

$$\delta = \frac{3}{256} \frac{\rho}{E} (5 + \nu)(1 - \nu) \left(\frac{D}{t}\right)^2 D^2 \qquad (11.4)$$

式中，ρ 是密度；E 是杨氏模量；ν 是透镜材料的泊松比；t 是轴向厚度；D 是未支撑透镜的直径。

变形量与透镜材料特性 ρ/E（称为逆比刚度）成正比，也与纵横比 D/t 二次方及直径二次方成正比。克拉克（Clark）物镜没有考虑直径问题，因此其透镜采用相同的材料和纵横比。火石元件的逆比刚度（$621 \times 10^{-9} \text{m}^{-1}$）约为冕玻璃元件（$300 \times 10^{-9} \text{m}^{-1}$）的两倍，这表明火石光学元件的变形量最大，因此约束着光学系统的总尺寸。在该情况分析中，两种玻璃材料的泊松比几乎相同，所以可忽略不予考虑。

由于焦点位置的最大波前误差不大于四分之一波长，所以天文望远物镜达到衍射极限。1900 年之前，望远镜主要用于目视观察，因此设计波长 λ 是 560nm，波长误差极限是 $\lambda/4 = 140$nm（译者注：原书错印为 160nm）。该误差必须分配到四个表面。一个透镜表面承担的对应误差是上述波前误差的一半，所以每个表面的最大误差是 80nm。

由式（11.4），当直径大于 103mm 时，火石玻璃（纵横比仍然是 16∶1）的自重变形量大于 80nm。其约为耶基斯（Yerkes）物镜直径的 1/10。由于变形量与直径的二次方成比例，因此耶基斯（Yerkes）物镜中火石玻璃光学元件的变形量约为 7.6μm，是 13.5 个可见光波长，严重超过根据衍射设置的公差。耶基斯（Yerkes）折射望远镜的性能很好，在良好的观察条件下能够以 0.12″的衍射极限分辨双星。这表明上述简单的变形量模型不精确。

然而，当透镜变形时，透镜两侧表面容易有相同的变形量。该变形量改变了透镜的表面曲率，因此焦距会变化。天文望远镜中，观察之前要调整焦距，消除变形量的影响。透镜两侧同时变形的这种补偿效应可以解释重力下垂现象为何不会使大型天文折射望远物镜性能恶化的原因。

在19世纪大型折射望远镜时代，一些天文学家已经理解了上述补偿效应。由于透镜表面的变形量并不是理想的球面形状，因而会产生一些剩余像差。利用一种更为成熟的模型（即平板弯曲和光学效应相结合的模型）能够计算剩余像差的量（Sparks和Cottis，1973）。

为了完成这种分析，将像差定义为光程差在焦点位置的变化。对于一块变形平板，一束波前通过时光程差的近似值由下式给出：

$$\text{OPD} \cong \frac{t}{2}(n-n_0)\left(\frac{d\delta}{dr}\right)^2 \tag{11.5}$$

式中，n是平板材料折射率；n_0是周围介质折射率；r是表面半径。

联解式（11.4）和式（11.5），得到变形透镜的光程差：

$$\text{OPD} = \frac{9}{32}\left(\frac{\rho}{E}\right)^2 \frac{r_0^6}{t^3}\left(\frac{r}{r_0}\right)^2 (\nu^2-1)^2\left[\frac{3+\nu}{1+\nu}-\left(\frac{r}{r_0}\right)^2\right]^2 \tag{11.6}$$

式中，$r_0 = D/2$。

将该公式重写为下列多项式：

$$\text{OPD} = \Delta L_2\left(\frac{r}{r_0}\right)^2 + \Delta L_4\left(\frac{r}{r_0}\right)^4 + \Delta L_6\left(\frac{r}{r_0}\right)^6 \tag{11.7}$$

式中，ΔL_2、ΔL_4和ΔL_6是变形系数；$\Delta L_2(r/r_0)^2$是弯曲产生的焦距变化，使用中已消除了焦距误差，因此该项设置为零。剩余项与变形产生的残余像差有关。$\Delta L_6(r/r_0)^6$项的数值很小，可以忽略不计。将剩余一项$\Delta L_4(r/r_0)^4$展开以表示弯曲造成的像差：

$$\text{OPD} = \frac{9}{1024}(n-n_0)\left(\frac{\rho}{E}\right)^2 \frac{(3+\nu)(\nu^2-1)^2}{(\nu+1)}\frac{D^6}{t^3} \tag{11.8}$$

利用式（11.8）得到的光程差及式（11.4）计算出的表面变形量绘制出图11.4所示火石玻璃光学元件的相关曲线。其中，纵横比为16:1，直径为0.5~2.0m（20~80in）。该曲线图表明，对于1m耶基斯（Yerkes）折射望远镜，自重变形产生的光程差约为0.02nm，焦点处产生的像差可忽略不计。

评价折射型太阳望远镜性能中使用的有限元和光学设计复杂模型已经确认这种分析方法的正确性。与19世纪大型折射望远镜不同，目前新一代折射型太阳望远镜采用Schupmann中等尺寸的结构布局。此类望远镜的一个例子是安装在加那利群岛上1m（40in）孔径的瑞典真空太阳望远镜。这种仪器中，物镜用作真空光窗。除了自重外，还要承受大约100kPa的大气压力负载。Scharmer（2002）指出，尽

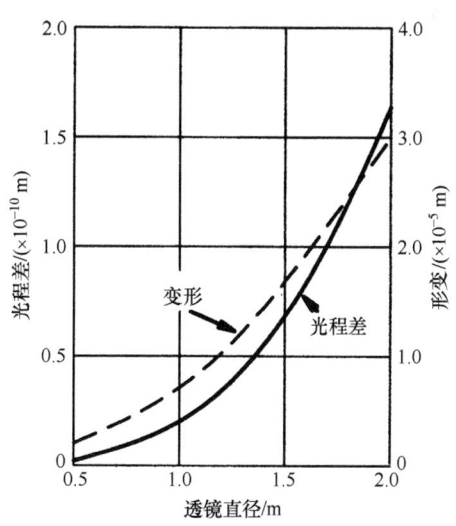

图11.4 纵横比为16:1及各种（大尺寸）直径的垂轴火石透镜（自重）表面变形量与所产生的OPD之间的关系曲线

（资料源自DeWitt, F. et al., *Proc. SPIE*, 6288, 2006）

管具有这种额外负载，但物镜变形产生的第四级和第六级光学像差项仍可忽略不计，与 Spark 和 Cottis（1973）研发的模型的预见结果一致。

最近，对一种甚至更大的（直径 1.5m）真空太阳望远物镜的设计分析再次表明，变形产生的像差特别小，可以忽略不计（Nelson 等，2008）。尼尔森（Nelson）进一步指出，通常认为挠性约束大尺寸折射型望远镜的说法没有理论基础。它还指出，透镜表面挠性是一种约束因素的思想，实际上源自对耶基斯（Yerkes）折射望远镜进行哈特曼（Hartman）测试时的一个失误（Fox，1908），并非该望远镜低劣的图像质量造成。

11.3 玻璃强度

11.3.1 概述

本书前面章节已经讨论过利用如螺纹固定环、法兰盘、悬臂弹簧及跨式弹簧之类结构约束透镜、棱镜、光窗和小型反射镜的方法。在每种设计中，与玻璃元件相接触的界面都采用独特形状的机械表面。真正能够传递约束力而固定光学元件的玻璃-金属接触区是点、线或特定形状的小型面积。假设玻璃与金属之间密切接触，施加预紧力，则玻璃和金属表面产生弹性变形（即应变）。应变是一个无量纲量，表示为 $\Delta d/d$，其中 d 是变形量。虎克（Hook）定律指出，这些应变在光学元件和镜座（支架）的变形范围内按照比例产生应力。应力表示为单位面积上的力，单位是 lbf/in^2 或 Pa。接触界面会形成压应力和拉伸应力两种。已经知道，与压应力相比，玻璃在拉应力作用下更容易破裂。本节将讨论拉应力对如光窗、透镜、小反射镜和棱镜的影响。

可以以一种简单的形式计算某一光机设计在给定环境条件下的应力，并与广为接受的一些（参与该项成功设计的）特定材料的损伤阈值相比较。实际上，与其他类型的材料，如金属材料相比，玻璃和陶瓷材料的机械强度是不协调的，即使是在一台设备上采用精心控制的方法加工相同类型的玻璃，应力的破坏水平也会有很大差别。玻璃强度与时间有很强的依赖关系。在某些条件下，随着应力发展，玻璃会突然破碎，而在另外条件下，破碎会延迟很长时间。

破碎的主要原因是光学表面上或紧贴表面层内存在瑕疵并与其大小有关。这些瑕疵在应力作用下会发展，发展速度取决于材料类型、瑕疵大小及周围环境湿度。图 11.5a [改编自 Harris（1999）] 给出了一个存在于光学表面下颇具代表性的条纹的放大截面图。这是一个被拉长了的椭圆形空腔，尺寸如图所示。造成破碎的拉伸应力是 σ_γ [⊖] 这种应力主要集中在椭圆体的端部，很容易将玻璃原子平面拉开和拉长，就是说空腔沿 X 方向扩展。由下式给出空腔两端的曲率半径 r 和横向应力 σ_γ：

$$r = \frac{b^2}{c} \tag{11.9}$$

⊖ 在研究玻璃和陶瓷材料承受应力耐受性的学术论文中，通常采用符号 σ 表示应力大小（Harris，1999；Pepi，2014）。为了保持一致性，在此继续采用该表示方法，直至 11.4 节及后面章节，但其中有关机械安装应力的参考资料，由于属性问题，采用符号 S。

$$\sigma_\gamma = \sigma_{\text{applied}}\left(1 + \frac{2c}{b}\right) = \sigma_{\text{applied}}\left[1 + 2\left(\frac{c}{r}\right)^{1/2}\right] \tag{11.10}$$

式（11.9）表明，随着条纹被拉长，尺寸 c 变大，r 更小。根据式（11.10）第 2 种表达形式，σ_γ 增大。如果这种应力大于材料的固有强度，则出现故障的概率增大。图 11.5b 给出了图 11.5a 所示的条纹如何能够存在于玻璃光学元件中。

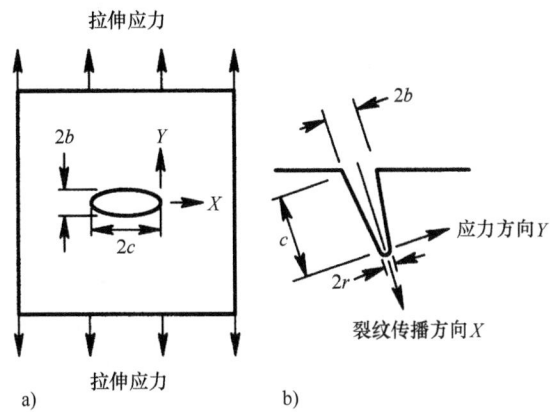

图 11.5 a）如玻璃之类易脆材料表面下一个条纹的放大图（资料源自 Harris, D. C., *Materials for Infrared Windows and Domes*, SPIE Press, Bellingham, WA, 1999）
b）表面下条纹的侧视图

若施加的应力足够大，条纹会随着 X 方向的速度增高［达到 1m/s（约 40in/s）］而变大，瞬间就会出现故障。这类故障称为快速破碎。具有类似瑕疵而应力较小，因此扩展速度也较慢，条纹就可能保持若干年才变得严重并造成破损。这类故障称为静态疲劳或应力腐蚀。扩展速度直接随着玻璃样片周围环境的相对湿度变化（Wiederhorn, 1967；Wiederhorn 等, 1982；Freiman, 1992），所以，真空中或者低温下，条纹不会扩大。

11.3.2 断裂力学理论

根据玻璃断裂特性之间的能量平衡、表面瑕疵演变成一条严重条纹所必需的尺寸及相关应力，Griffith（1921）提出下面关系式[⊖]：

$$\sigma_{\text{CR}} = \sqrt{\frac{2E\gamma}{\pi c}} \tag{11.11}$$

式中，σ_{CR} 是临界拉伸应力强度；E 是玻璃的弹性模数；γ 是表面能量；c 是条纹长度。该式称为格里菲斯（Griffith）方程。

一个重要的玻璃性质是临界应力强度 K_{IC}，也称为材料的断裂韧度，等于 $(2E\gamma)^{1/2}$。在（国际单位制）中，其单位是 $\text{Pa} \cdot \text{m}^{1/2}$；在美国惯例单位制中，其单位是 $\text{psi} \cdot \text{in}^{1/2}$。表 11.2 列出了一些可能有用的光学材料的临界应力强度 K_{IC}。在 Schulman 等人（1996）的资料中可以查阅到由肖特公司（Schott）、奥亚（Hoya）公司和俄罗斯厂商生产的 70 种光学玻璃的 K_{IC} 值。Lambropoulos 和 Varshneya（2004）列出了奥哈拉（Ohara）公司生产的 11 种玻璃的 K_{IC} 值。

⊖ Griffith 研究了金属疲劳及划痕对飞机零件强度的影响。

表 11.2 所选光学材料断裂韧度的近似值

材　料	数　据　源	$K_{IC}/(MPa \cdot m^{1/2})$
康宁 7940 熔凝石英	(a)	0.74
康宁 7900 96% 硅	(b)	0.71
康宁 7913 维克（vycor）玻璃	(b)	0.75
康宁 1723 铝矽酸盐玻璃	(b)	0.84
康宁 7740 耐热玻璃	(e)	0.76
康宁 7971 超低热膨胀玻璃（ULE）	(e)	0.75
肖特 BK1	(d)	0.82
肖特 BK7	(a)	0.85
肖特 UBK7	(b)	0.90
肖特 K3	(d)	0.79
肖特 K7	(d)	0.95
肖特 ZKN7	(d)	0.71
肖特 SK7	(d)	0.87
肖特 SK11	(d)	0.78
肖特 SK16	(a)	0.78
肖特 BaK2	(d)	0.72
肖特 BaF3	(d)	0.67
肖特 F2	(d)	0.55
肖特 F5	(d)	0.63
肖特 SF1	(b)	0.64
肖特 SF7	(d)	0.67
SF58	(a)	0.38
LaK10	(a)	0.95
KzF6	(d)	1.03
ZnSe	(c)	0.50
ZnS	(c)	1.00
Ge（单晶）	(c)	0.70
Si	(c)	0.90
ALON	(c)	1.40
蓝宝石	(c)	2.00
Y_2O_3	(c)	0.70
SiC	(c)	4.00
金刚石（单晶）	(c)	3.40

［数据源自，(a) Doyle 和 Kahan (2003)；(b) Pepi (1974)；(c) Harris (1999)；(d) Lambropoulos 等人 (1977)；(e) Schulman (1996)］。

图 11.6 给出了 Doyle 和 Kahan（2003）研究的三种普通玻璃（未规定条纹尺寸）的条纹扩展速度与应力的关系图。为了对速度能覆盖大的动态范围，该曲线图是半对数图。这类

曲线通常是直线，然而，对于 BK7 玻璃，正如 Bernstein（2009）所述，稍微有些弯曲。图中，为了简化数学表达方式，用两条相交直线近似表示 BK7 的曲线。

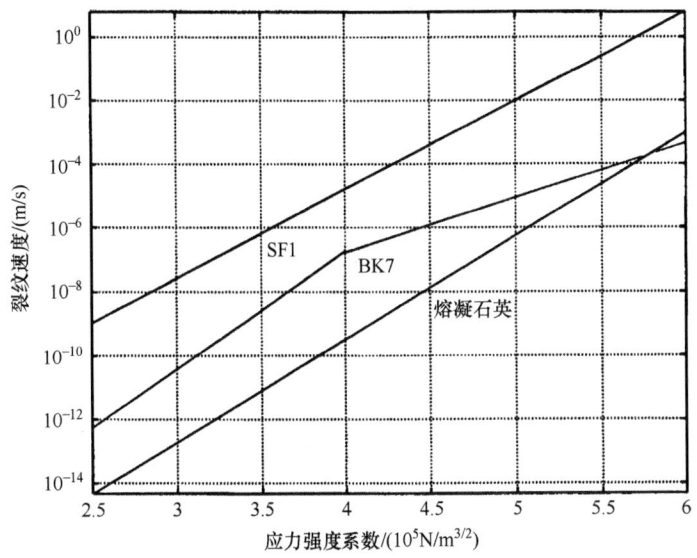

图 11.6　三种普通光学材料的条纹扩展速度与应力强度的关系曲线
（资料源自 Doyle, K. B. and Kahan, M., *Proc. SPIE*, 5176, 14, 2003）

若施加应力垂直于条纹所在平面，并作用在 Y 方向，很容易使条纹变长，加重 X 方向的瑕疵。将断裂韧性 K_{IC} 代入格里菲斯（Griffith）公式，即式（11.11），得

$$\sigma_{CR} = \frac{K_{IC}}{\gamma\sqrt{\pi c}} \tag{11.12a}$$

式中，γ 是一个与条纹几何形状有关的参数。在如玻璃之类脆性材料的断裂力学理论中，较为实际的方法是假设 $\gamma \approx \pi^{1/2}$。代入式（11.12a），得

$$\sigma_{CR} = \frac{K_{IC}}{\pi\sqrt{c}} \tag{11.12b}$$

光学元件表面可能存在许多条纹。在拉伸应力作用下造成破裂（即临界缺陷）的首要原因是扩展到表面下最深位置，图 11.5 所示的 c 对应着该深度。扩展到玻璃中的微条纹称为亚表面损伤（SSD）。这些条纹是在研磨过程中形成，并被抛光层覆盖，因此很难检测出。格里菲斯（Griffith）公式指出，减小亚表面损伤深度能够提高光学元件的强度。

在每个研磨阶段，逐步采用更小粒度磨料以消除前道工序磨料留下的麻点，即可以通过延长研磨时间减小亚表面损伤。作为一个粗略的经验法则，为达上述目的，去除表面材料的深度必须大于上述工序留下麻点深度的三倍。Stoll 等人（1961）定义这种工序为受控研磨。这种工序要比普通研磨工序耗时且成本高，因此仅应用于重要光元件或必须承受巨大应力的元件。

利用格里菲斯（Griffith）公式，有可能预测与材料强度有关的重要瑕疵的尺寸。遗憾的是，很难非破坏性测量一种具体材料的亚表面损伤深度。已经利用各种经验比例关系（以研磨工艺或表面测量为基础）对最糟糕情况下的亚表面损伤深度做过估算。例如，亚表面损伤深度与研磨工艺中使用的磨料尺寸有关。Randi 等人（2005）给出了磨料尺寸 d（单位

为 μm）与亚表面损伤深度（单位为 μm）之间的关系式：
$$0.3d^{0.68} \leq SSD \leq 2d^{0.85} \tag{11.13}$$

该关系式的缺点是亚表面损伤深度值变化范围大，与 600 号磨料对应的 19μm 磨粒，相差约 11 倍。另外，通过测量表面粗糙度估算亚表面损伤。Alenikov（1957）发现，若使用游离磨料研磨，亚表面损伤深度与表面粗糙度峰-谷值之比约为 4；而对于固着磨料研磨，Hed 和 Edwards（1987）认为 6.4 更合适。表面粗糙度的精确测量很难，峰-谷值与技术水平有关。Miller 等人（2005）利用熔凝石英材料进行试验后确定，亚表面损伤的最大深度约为表面擦伤长度的 2.8 倍。

正如下面所述，这些关系式适用于不同的评估数量级。若使用 120 号磨料（磨粒尺寸 109μm）研磨超低膨胀元件（ULE），亚表面损伤深度范围是 606~857μm。超低膨胀元件的临界应力强度 $K_{IC} \approx 700kPa \cdot m^{1/2}$。根据格里菲斯（Griffith）公式推导出这种材料的强度是 12~14MPa，而通过实验获得的强度测量值（破坏概率为 10^{-6}）是 24MPa。

通常，利用裸眼目视法完成玻璃光学元件在制造过程中和之后的光学表面检验。人眼在 250mm 明视距离（the closed-accommodation distance）上可分辨的擦痕极限尺寸约为 73μm。实际上，更现实的尺寸极限是 125μm，若表面擦痕长度是 125μm，对应的亚表面损伤深度约为 350μm。利用格里菲斯（Griffith）公式，则对应的玻璃强度应为 10MPa，小于磨光面上 24MPa 的估算强度。这些计算显示利用断裂力学理论与计算亚表面损伤深度以精确预计玻璃强度之间的差别。

由上述实例可以明显看出，玻璃元件的强度主要取决于其表面瑕疵的尺寸。零件体内较深的瑕疵、玻璃成分的变化或玻璃物理性质的变化对强度的影响都不会太大（Capps 等，1980）。在此获得的经验是：提高玻璃强度的唯一方法是减小每个元件光学表面瑕疵的数量和/或大小。

表 11.3 利用韦氏环上环测试法（Ring-on-Ring tests）测试 13 种 ZnS 样品的数据

样品编号 i	破坏应力 S/MPa	故障概率 $P_i = (i-0.5)/N$	式（11.15）中的项	
			$\ln\{\ln[1/(1-\sigma)_i]/N\}$	$\ln\sigma_i$
1	62	0.0385	-3.2375	4.1271
2	69	0.1154	-2.0987	4.2341
3	73	0.1923	-1.5438	4.2905
4	76	0.2692	-1.1596	4.3307
5	87	0.3462	-0.8558	4.4659
6	89	0.4231	-0.5977	4.4886
7	90	0.5000	-0.3665	4.4998
8	93	0.5769	-0.1507	4.5326
9	100	0.6538	0.0590	4.6052
10	107	0.7308	0.2718	4.6728
11	110	0.8077	0.5000	4.7005
12	125	0.8846	0.7698	4.8283
13	126	0.9615	1.1806	4.8363

（资料源自 Harris, D. C., *Materials for Infrared Windows and Domes*, SPIE Press, Bellingham, WA, 1999）

注：样品直径为 25.4mm；厚度为 1.96mm；负载环直径为 10.72mm；支撑环直径为 20.26mm；$N=13$。

11.3.3 玻璃强度的统计学分析

虽然断裂力学可以为理解玻璃故障提供理论基础，但预测玻璃强度只能依靠统计方法。测试玻璃样品时可以看到，强度值通常会散布在一个很大的范围内。从设计目的出发，知道平均值是没有用的，因为该值仅代表50%的故障概率。需要根据经验（或试验），为设计推导出较大平均强度的变化范围和安全边界。表11.4列出了几种光学材料的韦氏（Weibull）参数。

表 11.4 光学材料的韦氏特征参数

材　料	威布尔系数 m	比例系数 σ_0/MPa	测试面积/mm²	表面瑕疵深度 s/μm
肖特微晶玻璃	16.0	108.0	113	38（SiC600）
肖特微晶玻璃	5.3	293.8	113	抛光后
康宁熔凝石英	9.89	110[①]	100	抛光后
肖特 BK-7	30.4	70.6	113	38（SiC600）
肖特 F-2	25.0	57.1	113	38（SiC600）
多光谱 ZnS	9.99	77.5[①]	100	抛光后
CVD ZnS	15.7	54.8[①]	100	抛光后
单晶硅	4.54	346.5	—	抛光后
锗	3.4	119.8		抛光后
氟化钙	6.47	67.2[①]	100	抛光后
蓝宝石（r 平面）	4.10	545[①]	100	抛光到 80-50
氟氧化物玻璃（OFG）	3.71	119[①]	100	抛光到 1nm（rms）
尖晶石	19.5	248[①]	100	

（资料源自 Vukobratovich，2014）

① 式（11.18）中的特征强度。

一种不太保守的方法是利用平均标准偏差确定故障概率。例如，假设一种正态分布与平均值是三个标准偏离（即 3σ），则故障概率是 0.3%。为了使误差达到最小值，需要对多个样片进行测试。作为一个很粗略的经验法则，为了能代表一个较大批量生产的正态分布，可能需要测量 30 个样片。

实践表明，这种正态分布与玻璃强度测量所得到的数据范围较吻合。然而，与正态分布相关的数学理论是一个很复杂和麻烦的课题——需要采用制表或近似的积分计算。威布尔（Weibull）分布与玻璃强度数据拟合得相当好，并且容易使用。无论使用正态分布或韦氏分布，尚无理论根据，两者都是经验方法（Doremus，1983）。目前，最经常应用于玻璃强度，尤其是突然断裂分析的是威布尔分布。

一种两参数威布尔分布（法）以有代表性的样片测试为基础，可以预测一个 σ 应力等级时的故障概率。两个参数是威布尔系数 m（无量纲量）和比例系数 σ_0（应力单位），前者是故障曲线的斜率，也是样片数据变化的一种度量。较大的威布尔系数意味着变化较小。比例系数是样片平均强度的一种表示，较高的值意味着强度大。计算某种应力等级 σ 下故障概率 P_f 的双参数威布尔公式为

$$P_f = 1 - \exp\left[-\left(\frac{\sigma}{\sigma_0}\right)^m\right] \tag{11.14}$$

美国材料与实验协会（ASTM）制定了一个非常有用的标准 ASTM C1239-07,《报告高等级陶瓷材料单轴抗压强度数据和计算韦氏分布参数的技术标准》(Standard Practice for Reporting Uniaxial Strength Data and Estimating Weibull Distribution Prameters for Advanced Ceramics)，为利用威布尔分布计算强度提供了一个标准。威布尔分布是一个组群抽样，属于统计学抽样误差。威布尔参数中的误差取决于测试精度和测试样本数目 N，利用大量样本可以减少误差。ASTM C1239 中的表格给出了威布尔参数在 90% 置信区间条件下的最大似然估计法的上下边界。随着威布尔结果给出的数据应当包括样本数目、样本表面加工、样本表面面积和测试使用的应力速率。

图 11.7 给出了抛光和粗磨（磨料 SiC600）后肖特微晶玻璃表面的威布尔故障率曲线的一个例子。正如所期望的，在两种情况下，增大应力就会增大故障概率。对于粗磨表面，概率从 20% 变到 90%，应力仅增大约 18MPa，而对于抛光表面，同样的概率变化对应着约 150MPa 的应力变化。或许更明显，对于粗磨表面，在约 130MPa 时出现 100% 的故障概率，而抛光表面在约 400MPa 时达到 100% 故障概率，是前者的 3 倍。

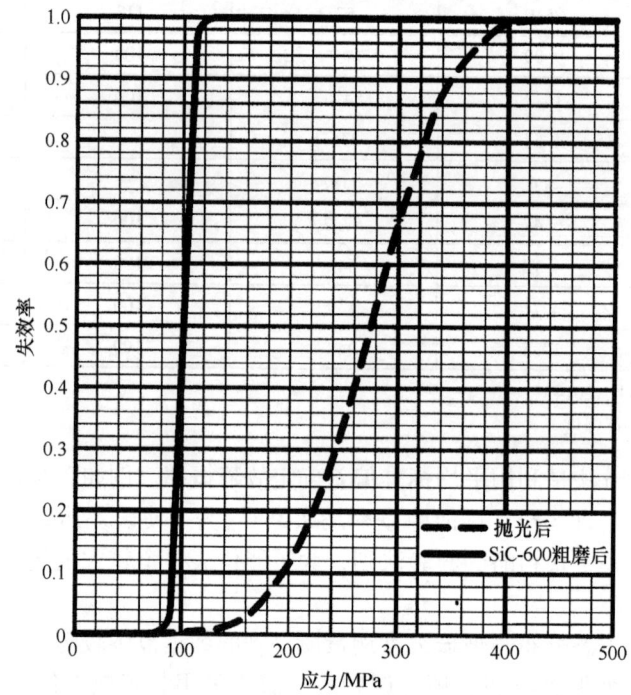

图 11.7 粗磨（虚线）和抛光（实线）后肖特微晶玻璃表面的威布尔故障概率曲线。显然，抛光样本对应力的敏感性降低

设计实例 11.2 的（a）部分是利用式（11.14）（译者注：原书错印为 11.12）计算图 11.7 所示左侧曲线的相关数据，而（b）部分是图中右侧曲线的相关数据。

设计实例 11.2

利用式（11.14）对微晶玻璃表面进行威布尔故障分析，是施加拉伸应力的函数：
（a）粗磨（SIC600 磨料）后表面；（b）抛光后表面。

第11章 光机设计界面分析

解：

（a）假设粗磨后微晶玻璃的抗压强度 $\sigma_0 = 108.0 \text{MPa}$，威布尔系数 $m = 16.0$（数据源自 Schott Technical Information TIE-33 *Design Strength of Optical Glass and Zerodur* 2004）。计算 0~160MPa 应力范围内 20MPa 间隔条件下的故障概率 P_f。将该数据与图11.7所示左侧曲线的数据进行比较。

重写式（11.14）如下：

$$P_f = 1 - e^{\exp}$$

式中

$$\exp = -(\sigma/\sigma_0)^m = -(\sigma/108.0)^{16}$$

在所选择的应力范围内，有

σ/MPa	$\exp = -(\sigma/108.0)^{16}$	$e^{\exp}$	P_f
0	-0	-1.000	0.000
20	-1.913×10^{-12}	-1.000	0.000
40	-1.254×10^{-7}	-1.000	0.000
60	-8.235×10^{-5}	-1.000	0.000
80	-0.008	-2.097	0.008
100	-0.292	-0.747	0.253
120	-5.397	-0.005	0.995
140	-63.572	-0.000	1.000
160	-538.443	-0.000	1.000

图11.7所示的对应的 P_f 值与表列结果相当吻合。

（b）假设抛光后微晶玻璃的抗压强度 $\sigma_0 = 293.8 \text{MPa}$，威布尔系数 $m = 5.3$（数据源自同一参考文献）。计算 60~440MPa 应力范围内 40MPa 间隔条件下的故障概率 P_f。将该数据与图11.7所示的右侧曲线的数据进行比较。

σ/MPa	$\exp = -(\sigma/293.8)^{5.3}$	$e^{\exp}$	P_f
60	-2.206×10^{-4}	-1.000	0.000
100	-0.003	-0.997	0.003
140	-0.020	-0.981	0.019
160	-0.040	-0.961	0.039
200	-0.130	-0.878	0.122
240	-0.342	-0.442	0.558
280	-0.775	0.4607	0.332
320	-1.573	0.2074	0.793
360	-2.936	0.0531	0.947
400	-5.131	0.0059	0.994
440	-8.504	0.0002	1.000

图11.7所示的对应的 P_f 值与表列结果相当吻合。

11.3.4 通过玻璃样件测试失效性

如果希望一块玻璃元件在其有用的寿命期间能够经受较大的张应力,可以在等于(或高于)应力期望值条件下测试多块样品以预估其强度。这就使人相信(虽然未得到证实),在整个寿命期望值期间,遇到同等强度的应力时,光学件不会失效。理想情况下,测试应当模拟使用条件。如果不可能测试实际抛光后的实物,那么最佳方法就是利用多个一模一样的样品进行测试,这些样品与被测试元件的材料一样,加工和储运方式也一样。这些数据可以按比例换算成光学件的实际尺寸,并作为该零件承受规定应力等级能力的表示,下面讨论该换算比例。

为了获得拉伸应力条件下一块元件强度的威布尔分析的输入数据,用于对玻璃样品施加应力直至破碎点的方法非常重要。通常,在表面经过抛光后的条形样品(代表设计元件)上采用三点或四点弯折测试方法(见图11.8a和b),但是,由于下面几个原因,并不适用于确定玻璃强度。三点或四点弯折测试方法中的应力是不均匀的(见三角图),因此在估算实际的断裂应力时会有误差。另外,施加单轴应力,则与应力方向相平行的临界裂纹不可能

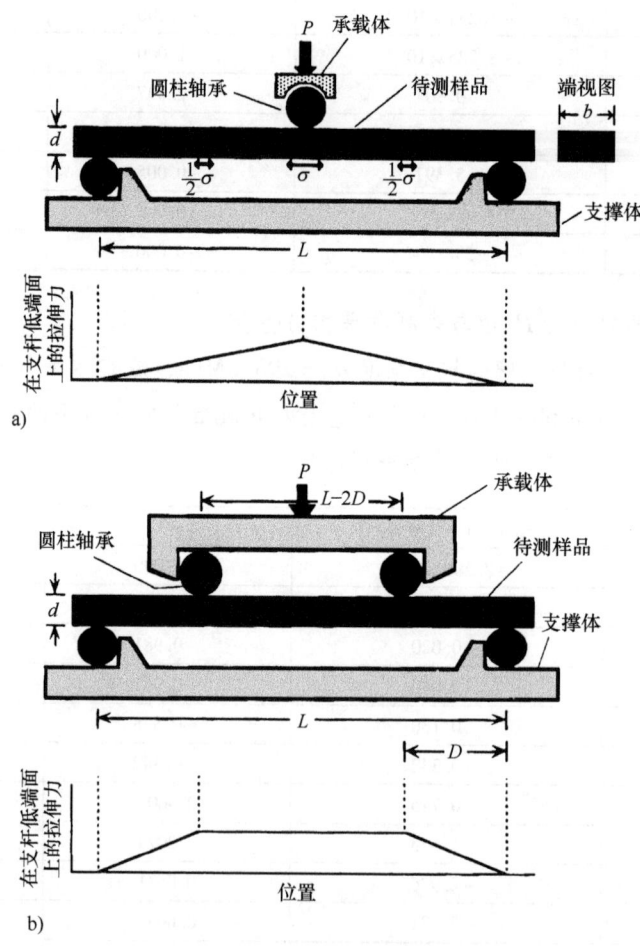

图 11.8 用于测量抗弯强度的装置

a) 三点弯折结构 b) 四点弯折结构。应注意到,图 b 所示的中心区域的应力是一个常数

(资料源自 Harris, D. C., *Materials for Infrared Windows and Domes*, SPIE Press, Bellingham, WA, 1999)

出现故障。同时，由于样品边缘的瑕疵通常都比表面的大，因此弯折试验中出现断裂常源自边缘而非样品表面。

对圆形元件采用环上环测试方法能够克服上述的三个问题，如图 11.9 所示。样品是圆形平行平板，表面经过抛光，代表设计的分划板。一个半径为 b 的圆形外环（位于下侧）支撑着待测样品，而一个半径为 a 的更小圆形平面区域（较靠内侧）（也称为环）向下压，对样品施加压力。在上侧圆环内，压力几乎是均匀的。ASTM C1499-09 标准《室温下高级陶瓷单调等双轴抗挠强度标准试验方法》（Standard Test Method for Monotonic Equibiaxial Flexural Strength of Advanced Ceramics at Ambient Temperature）适用于环上环测试方法。

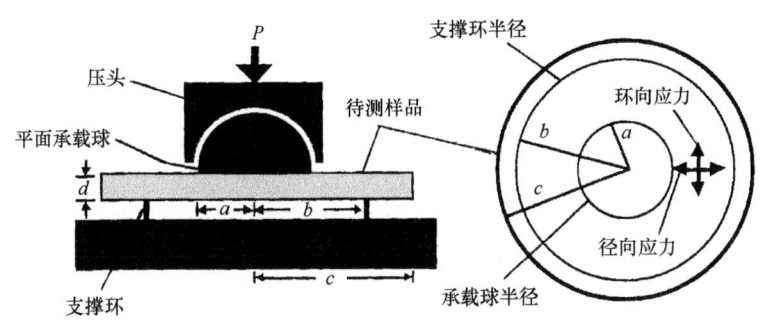

图 11.9

$$\ln[-\ln(1-\sigma_i)] = m\ln\sigma - m\ln\sigma_0 \tag{11.15}$$

理想情况下，待测样品的尺寸和表面光洁度应与光学元件一样，但并不实际，而是利用比例关系将测试结果扩展应用到设计分析。通常，样品的表面面积 A_S 与实际元件的面积 A_E 不一致。这就低估了样品的强度，但是不会改变失效概率 P_f。对不同面积失效概率的计算需要对威布尔公式中面积范围内的应力进行积分。

如果表面范围内的应力是均匀的，则式 (11.14) 中的失效概率可以写为

$$P_f = 1 - \exp\left[-\frac{A_E}{A_S}\left(\frac{\sigma}{\sigma_0}\right)^m\right] \tag{11.16}$$

式中，A_E 是光学元件的表面面积；A_S 是样品的表面面积。

根据格里菲斯（Griffith）断裂方程，当断裂概率一定时，玻璃强度与瑕疵深度的二次方根成比例，比例关系是

$$\frac{\sigma_2}{\sigma_1} = \left(\frac{d_2}{d_1}\right)^{1/2} \tag{11.17}$$

式中，d_1 和 d_2 是瑕疵深度；σ_1 和 σ_2 是对应的应力。

下述公式将这些比例系数与设计应力允许值 σ_A 对应的故障概率组合在一起：

$$\sigma_A = \frac{\sigma_0}{f_S}\left(\frac{d}{d_0}\right)^{1/2}\left(\frac{A_E}{A_S}\right)^{-1/m}\left[\ln\left(\frac{1}{1-P_f}\right)\right]^{1/m} \tag{11.18}$$

式中，f_S 是稍后将要讨论的安全系数。其他项前面定义过。

有时，可以将威布尔分析归一化到一个标准的单位测试面积，如 $1cm^2$（$0.39in^2$）。Klein (2009, 2011) 利用特征强度提出一种双模式威布尔分布的概念，对应的单位面积 S_C 代替前面的比例系数 σ_0。特征强度和比例系数之间的关系是

$$\sigma_C = \sigma_0 \Gamma\left(1 + \frac{1}{m}\right) \tag{11.19}$$

式中，Γ 是伽马函数（见表11.5）。

利用特征强度，则失效概率为

$$P_f = 1 - \exp\left\{-\frac{S}{S_C}\left[\Gamma\left(1 + \frac{1}{m}\right)\right]^m \left(\frac{\sigma}{\sigma_0}\right)^m\right\} \tag{11.20}$$

在光学工程应用中，经常用到的失效概率相当小（10^{-3} 数量级），因此威布尔分布会变得非常保守。测试过程中，一般是采用小尺寸样品，更会加重这种情况，所以会导致分析误差。减小这种误差的一种方法是增大待测样品的尺寸；另外一种方法是采用改进型威布尔分布模式，如 Hartmann（2007）提出一种三参数威布尔分布模型作为减小肖特微晶玻璃元件小故障概率估算误差的一种方法。

表 11.5 威布尔失效预测中采用的伽马函数

m	Γ	m	Γ	m	Γ	m	Γ
3	0.8930	6.5	0.9318	10	0.9514	17	0.9693
3.5	0.8997	7	0.9354	11	0.9551	18	0.9708
4	0.9064	7.5	0.9387	12	0.9583	19	0.9722
4.5	0.9126	8	0.9417	13	0.9611	20	0.9735
5	0.9182	8.5	0.9445	14	0.9635	22	0.9757
5.5	0.9232	9	0.9470	15	0.9657	25	0.9784
6	0.9277	9.5	0.9493	16	0.9676	30	0.9818

（资料源自 Harris, D. C., *Materials for Infrared Windows and Domes*, SPIE Press, Bellingham, WA, 1999）

当最大拉伸应力等于或大于材料强度时，红外系统中的易脆材料也会出现故障。Harris（1999）列出了几种红外光窗材料在室温下的强度近似值。本卷表 6.1 是其中表的一部分。

对于本章考虑的所有玻璃和晶体材料，是通过原子键断裂而非简单地将其拉长来区别一种易脆材料的断裂与弹性材料的变形。如前所述，一种材料抗裂纹扩展是其断裂韧性，用符号 K_{IC} 表示。这种材料参数在对光学元件的散粒研磨或倒边工艺中起着主要作用。目前对 K_{IC} 了解的大部分内容都源自微观力学理论对这些工艺正在进行的研究［参考 Lambropoulos 等，1996（a, b），1997］。表 11.2 列出了常用光学材料的 K_{IC} 值。在 Schulman 等人（1996）提供的资料中可以查阅到肖特（Schott）、奥亚（Hoya）和俄罗斯厂商 70 种光学玻璃的断裂韧性 K_{IC} 值。Lambropoulos 和 Varshneya（2004）提供了 11 种美国奥哈拉（Ohara）公司玻璃材料的 K_{IC} 值。根据 Doyle 等人（2012）提供的资料，一种玻璃的研磨硬度品质因数 LH_{FM} 与 K_{IC} 有下列关系：

$$LH_{FM} = \frac{E^{7/6}}{K_{IC} H_K^{23/12}} \tag{11.21}$$

安全系数是以威布尔分布的平均强度 σ_{AVG} 为基础，是与 50% 失效概率相关的一种强度，表示为 $S_0 x \Gamma$。其中，Γ 是伽马函数。表 11.5 列出了伽马函数（是模数 m 的函数）的相关值。

若缺少实际光学元件或样品的测量数据，根据对表面质量的假设（如根据先前制造和管理的经验，以及采用与实际光学元件相同的材料），则可能会得出相当不可靠的故障预测。

将玻璃强度理论应用于一种具体的设计中，也能够确定一个合理的（通常较为保守

第 11 章 光机设计界面分析

安全系数 f_S。Harris（1999）建议，对于威布尔系数约为 5.0 和比例系数约为 100MPa 的陶瓷光学元件，选取 $f_S=4.0$ 较为合适，对应着近似约为 0.1% 的失效概率或约 99.9% 可靠性。如果 m 较大，则安全系数可以更小。例如，如果 $m=20$ 且 S_0 保持约 100MPa 不变，则安全系数选择 1.4 就可以达到同样的可靠性结果。作为经验法则，对于光学元件应用，安全系数范围经常选择 $1.1 \leqslant f_S \leqslant 4$。

应当注意，如果光学元件故障可能造成伤害或生命损失（如有人驾驶飞机或载人飞船表皮上的光窗），应当采用较小的失效概率和/或相应较高的安全系数。6.5.1 节讨论过一个属于这种情况的实例及商业飞机中使用的机载摄像系统的双层光窗。这些硬件的设计是以三参数威布尔失效概率预测模式为基础，对原本存在有瑕疵的 BK7 玻璃样品进行了大量的试验（Fuller 等，1994；Pepi，1966）。这些研究表明，通过受控研磨及对精磨侧面和倒角进行酸蚀处理以消除残余的微小瑕疵（条纹），可以仔细地将 BK7 表面的拉伸应力公差加工到约 1250lbf/in^2（8.62MPa）。根据前面所述，认为是一个保守的估计。安全系数 f_S 是可以承受的应力 S_{ALLOW} 与平均应力 S_{AVE} 之比。Harris（1999）和 Pepi（2014）比较完整地解决了该问题。

11.3.5 静态疲劳

暴露于水蒸气（作为一种环境污染物）中的玻璃性能经过一段时间后可能会下降，而承受的拉伸应力低于产生快速故障所必需的量值，这种现象称为静态疲劳，或应力腐蚀。开始静态疲劳（试验）需要很少量的水——一般少于 10mg/mm^2。任意的陆地环境几乎都存在这种含水量等级（参考 Cranmer 等，1990）。在真空或者低温环境中工作的系统不会关心静态疲劳，但开始接触这类环境时，必须考虑其暴露的问题。

静态疲劳与裂纹在应力强度亚临界值状态下缓慢变大有关（参考 Ritter 和 Meisel，1976）。应力小时，裂纹扩大速度也减小。裂纹扩展到临界值需要一定时间。Paris 经验公式（Paris 等，1961）将条纹扩展速度 v^* 与前面所述的应力强度 K_{IC} 相联系：

$$v^* = A \left(\frac{K_1}{K_{IC}} \right)^n \tag{11.22}$$

式中，A 和 n 是材料常数。

有时，常数 n 称为应力腐蚀常数，而常数 A 通常用速度单位表示。该公式中，K_1 是施加应力。对于造成玻璃故障的表面瑕疵，应力强度 K_{IC} 与表面瑕疵深度 a 和施加应力 σ 有关：

$$K_{IC} = 1.12 \sigma \sqrt{\pi a} \tag{11.23}$$

虽然这种幂律关系是最经常遇到的函数式，并且在标准 NASA-STD-5018《人类空间飞行应用中玻璃、陶瓷和光窗的强度设计以及检验判据》（Strength Design and Verification Criteria for Glass, Ceramics, and Windows in Human Space Flight Applications）（发布日期 2011 年 8 月 12 日）中做了规定，但是，较早的研究有时采用指数函数形式。断裂理论是基于稍后的函数形式，并且更保守。

另外，利用威布尔参数⊖确定应力强度，无须知道最大瑕疵深度。

⊖ 利用标准 ASTM C1239-07《报告高级陶瓷单轴强度数据和计算威布尔分布参数的技术标准》（Standard Practice for Reporting Uniaxial Strength Data and Estimating Weibull Distribution Parameters for Advanced Ceramics）确定这些参数。

$$K_{\mathrm{I}} = K_{\mathrm{IC}} \frac{\sigma}{\sigma_0} \left[\ln\left(\frac{1}{1-P_{\mathrm{f}}}\right) \right]^{1/m} \tag{11.24}$$

临界压力强度是材料的一种固有性质,利用标准 ASTM C1421-16《室温下确定高级陶瓷断裂韧性的标准测试方法》(Standard Test Methods for Determination of Fracture Toughness of Advanced Ceramics at Ambient Temperature) 规定的方法测量。Lambropoulos 等人(1997)利用研磨硬度和弹性模量,给出了近似计算肖特(Schott)和奥亚(Hoya)光学玻璃临界应力强度或者断裂韧性的方法。

标准 ASTM C1368-10《根据恒应力速率(挠性试验)确定室温下高级陶瓷慢速裂纹扩展参数的标准测试方法》(Standard Test Method for Determination of Slow Crack Growth Parameters of Advanced Ceramics by Constant Stress-Rate (Flexural Testing) at Ambient Temperature) 和标准 ASTM C1576-05(2010)《根据恒应力挠性试验(应力破坏试验)确定室温下高级陶瓷慢速裂纹扩展参数的标准测试方法》(tandard Test Method for Determination of Slow Crack Growth Parameters of Advanced Ceramics by Constant Stress flexural Testing (stress Rupture) at Ambient Temperature) 规定了慢速裂纹扩展方程中常数 A 和 m 的测量方法。

相对湿度的变化会改变慢速裂纹扩展参数的值,因此应当随着其他参数一起报告湿度值。光学玻璃中,应力腐蚀参数 n 一般为 10~60,对于肖特光学玻璃,n 与热膨胀系数 α(单位为 $10^{-6}/K$)有下列关系:

$$n = 38 - 2.6\alpha \tag{11.25}$$

慢速裂纹扩展参数对于时间的积分给出一条裂纹扩展到极限尺寸和产生故障所需时间的关系。若应力腐蚀参数 n 较大($n > 10$)(对于光学玻璃,该假设很正常),失效时间 t_{f} 写为

$$t_{\mathrm{f}} = \frac{2K_{\mathrm{I}}^{n-2}}{\sigma^2 \gamma^2 A(n-2)} \tag{11.26}$$

利用该公式很难预测失效时间。计算应力强度的误差与前面讨论计算亚表面损伤深度具有相同误差。A 经常是未知数,因此,有时在分析中采用另一种失效时间近似计算方法。

一种方法是在威布尔方程失效时间中引入一个比例系数。如果已知某一应力 σ_1 下的失效时间 t_{f1},那么能够给出其他一些应力 σ_2 下失效时间 t_{f2} 的比例关系:

$$\frac{t_{\mathrm{f1}}}{t_{\mathrm{f2}}} = \left(\frac{\sigma_2}{\sigma_1}\right)^n \tag{11.27}$$

包括威布尔方程中的比例关系(Helfinstein,1974),能够满足失效时间 t_{f} 的应力设计值(基于实验室测试值 t_0)是

$$\sigma_{\mathrm{A}} = \frac{\sigma_0}{F_{\mathrm{S}}} \left(\frac{t_{\mathrm{f}}}{t_0}\right)^{1/n} \left(\frac{d}{d_0}\right)^{1/2} \left(\frac{S}{S_0}\right)^{-1/m} \left[\ln\left(\frac{1}{1-P_{\mathrm{f}}}\right)\right]^{1/m} \tag{11.28}$$

Pepi(2005)再次研究了确定玻璃强度与时间和湿度之间函数关系的解析方法。在此之前,Fuller 等人(1994)为计算拉伸应力造成裂纹光学元件失效寿命 t_{L} 而推导了一个精确但非常复杂的公式(这里未给出)。由于该公式中出现的一些参数并非总是适合具体设计的工程师,因此,Pepi(2005)从该公式入手,推导出下面比较简单的公式,无须知道这些参数:

$$t_{\mathrm{L}} = 0.0001 \mathrm{RH} \left(\frac{\sigma \, \mathrm{FS}_{\mathrm{A}}}{\sigma_i}\right)^{-(N'-2)} \tag{11.29}$$

式中,RH 是相对湿度(表示为小数形式);σ 是施加应力;FS_{A} 是一个近似系数,表示为

第11章 光机设计界面分析

$$FS_A = 2 \times 10^{-5} \sigma + 0.98 \tag{11.30}$$

对 N' 的一个保守估计为

$$N' = \frac{3N+2}{4} \tag{11.31}$$

普通光学玻璃 N 和 N' 见表 11.6。

表 11.6 各种易脆材料的标称和表观抗疲劳系数 N 和 N'

材料	N	N'	材料	N	N'
BK7	20	15.50	氟化钙	50	38.00
微晶玻璃（Zerodur）	31	23.75	硫化锌	76	57.50
熔凝石英	35	26.75	超低膨胀系数元件（ULE）	27	20.75
硒化锌	40	30.50	氟化镁	10	8.00

（资料源自 Pepi, J. W., Allowable stresses in glass and engineering ceramics, SPIE Schout Course, SC796, 1966）

Doyle 等人（2012）给出了显示一个 10in（25.4cm）直径光窗与所施加应力之间函数关系的图表，如图 11.10 所示。该光窗技术条件规定 100000h 寿命，失效概率为 10^{-5}。利用式（11.30）计算 N' 以解释残余应力的影响。代表失效时间规定值的竖直虚线与 $P_f = 10^{-5}$ 曲线相交在 1560 lbf/in² （约 10.8MPa）的拉伸应力位置。这应当是为了达到上述寿命而施加到该玻璃光窗上应力的上限。

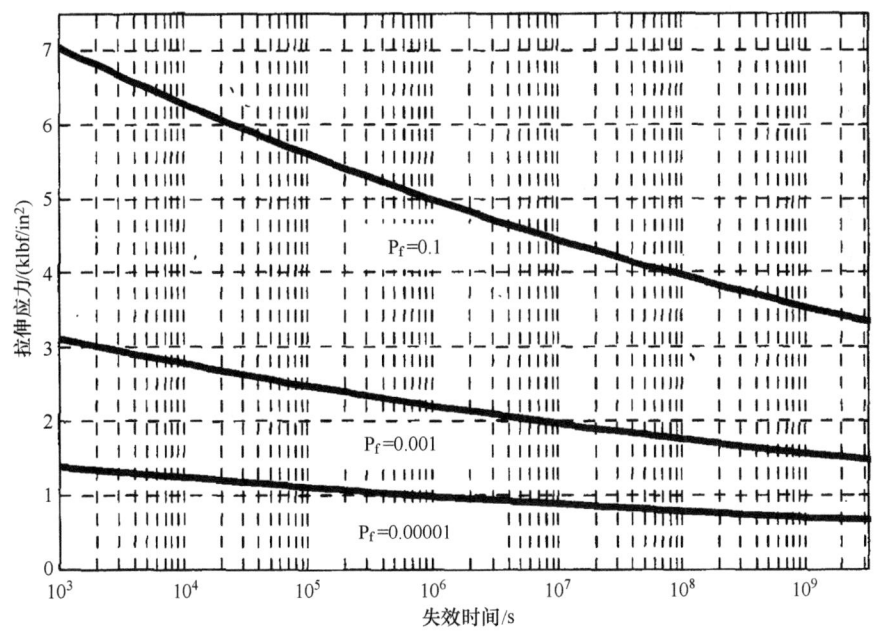

图 11.10 受压 BK7 玻璃在三种失效概率情况下的失效时间曲线

（资料源自 Doyle, K. B., Genberg, V. L., and Michels, G. J., *Integrated Optomechanical Analysis*, 2nd edn, SPIE Press, Bellingham, WA, 2012）

Pepi（1966）利用当时较为合适的理论和试验方法确定 BK7 玻璃光窗上四类表面瑕疵在潮湿环境中对寿命的影响。计算的可靠性为 99%，可信度为 95%（见图 11.11）。最上面曲线的光学零件表面的质量（擦痕和麻点）抛光到 60—10，符合美国军标 MIL-O-13830A。

较下面的曲线预测类似的 BK7 光窗受到如下伤害情况后的寿命：①受到以 234m/s（768ft/s）速度运动的机载灰尘的磨损并以 15°角度撞击玻璃表面；②受到以 29m/s（95ft/s）速度运动的风沙磨损并以 90°角度撞击表面；③利用维氏（Vichers）金刚石在中心部位划出一条约 50～100μm 宽和 20～25μm 长的划痕。具有这些瑕疵的光学零件的寿命缩短就表示某种应用精度光窗所处环境的预期值越来越严重。这些曲线可以作为近似值应用于由其他光学玻璃材料制造的光学零件及类似的不利环境中。

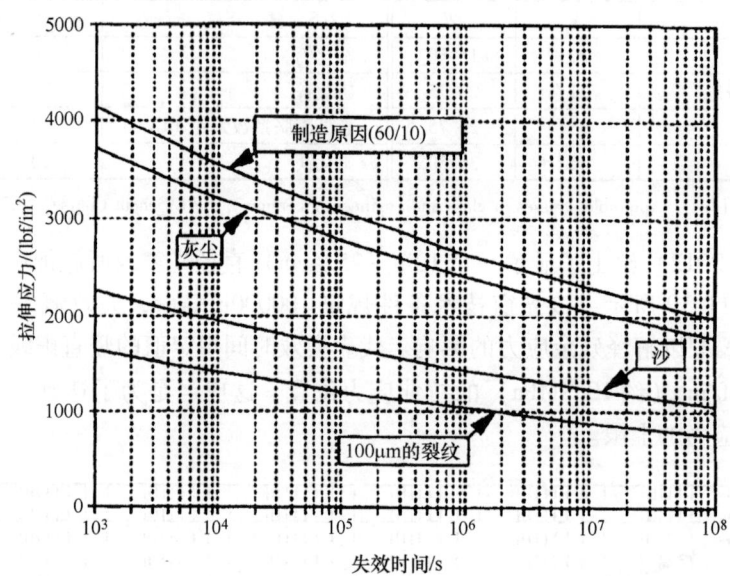

图 11.11 具有不同表面损伤程度的 BK7 玻璃具有的失效时间与施加的拉伸应力之间的关系曲线，其中，可靠性 99% 和可信度 95%

（资料源自 Pepi, J. W., *Proc. SPIE*, 2286, 431, 1994）

11.3.6 验证试验

一些需要玻璃具有很长寿命的关键性应用，如光纤通信（Ritter 等，1978）和载人航天飞行器的光窗（Miska，1993），要求对失效分析有特别高等级的可信度。由于失效的统计分析本身可能会存在错误，因此，如果没有采用完全可靠的安全系数，就很难获得如此高的可信度。可以利用验证试验取得所需要的可信度。在该试验中，以高于实际工作中的应力等级测试实际状态下的光学元件。验证试验还可以克服残留表面疵病及亚表面损伤实际尺寸的不确定性问题。

断裂力学为验证试验提供了理论基础。如果元件没有失效，则根据 Griffith 方程，可以允许有更大尺寸的疵病，然后，利用该试验（验证试验）获得的疵病尺寸或者深度计算实际工作应力状态下的失效时间。

根据 Evans 和 Weiderhorn（1974）的研究，该失效时间是

$$t_f = \frac{2K_{IC}^{2-n}}{A\sigma_A^2 \gamma^2 (n-2)} \left(\frac{\sigma_A}{\sigma_p}\right)^{2-n} \tag{11.32}$$

式中，σ_A 是实际工作中的应力；σ_p 是验证试验的应力；σ_p/σ_A 是验证试验比。

该比值越高将会增大试验后的失效时间。

由于验证试验要求所承受的应力远高于实际的经受应力，因此产品测试后能否正常工作是关心的一个问题。利用威布尔分布理论可以估算上述问题的概率。采用高应力比率以使测试期间裂纹的扩展降至最小，可以减弱测试后对玻璃的影响。根据同样的理由，在验证试验应力状态下采用短驻留时间。一般来说，在惰性气体（干燥氮气）中进行验证试验，以使湿气（会降低玻璃强度）的影响降至最小。

验证试验后对光学元件表面有任何明显的损伤都是产生失效的基础。验证试验是光纤光学的常规做法。光纤测试后立刻进行外层包裹以使其损伤降至最小。对于飞机或空间飞行器的光窗，强度验证试验的窗板是在中间，位于两块外层窗板中间，保护中间这块重要的光窗免受损伤。

11.4 光机界面处的应力

11.4.1 光学元件中压应力与拉伸应力的关系

本章后面大部分应力计算都是针对玻璃-金属界面上的压应力 S_C 的。Timoshenko 和 Goodier（1970）指出，随着这些界面上接触压应力的产生，材料中会伴随有拉伸应力。在预紧力弹性施加在受压区域边缘处会产生这种应力，并且沿径向点接触和沿横向线接触。作者利用下面公式计算拉伸应力 S_T：

$$S_T = (1 - 2\nu_G)S_C/3 \tag{11.33}$$

根据该公式，表 11.7 列出了几种光学玻璃、晶体及反射镜材料的 S_T 值，这些材料都是从本卷第 3 章相关各表中选出的。玻璃材料源自表 3.2，包括具有最大和最小 ν_G 值的材料，以及普遍采用的 BK7。晶体材料，是红外光学系统常用材料（源自表 3.7～表 3.11）。反射镜材料最经常使用的是非金属类材料（源自表 3.13）。根据表 11.7 的第 4 列所示，可以看到对于这些材料，S_T 是用 S_C 除以一个 4.54～9.52 之间的数值（译者注：原书错印为 9.55）。Crompton（2004）指出，光学工业的许多机构单位都是用 $S_T/S_C = 0.167$（或 1/6）的数值，作为光机界面应力分析的经验值。Young（1989）没有给出阐述这种关系的公式，而是规定机械结构 $S_T ≈ 0.133 S_C ≈ S_C/7.52$。根据式（11.32），对应泊松比是 0.4335。Vukobratovich（2004）的观点认为式（11.32）是比较保守的。Slocum（1992）给出几乎相同的公式，将易碎材料的赫兹（Hertzian）应力（即压应力）与挠性应力相联系，但是，在分母中使用倍数 2 而不是 3。在该领域专家不同意式（11.32）的正确性时，建议将该公式作为目前最合适的近似公式评估玻璃接触应力的重要性。本章稍后，将利用该公式估算拉伸应力。如果没有指定所用材料的 ν 值，则假设使用比例系数 1/6。

表 11.7　由式（11.26）计算出的一些光学材料的拉伸应力与压接触应力比

材　料	泊松比	S_T/S_C	S_C/S_T
光学玻璃			
K10	0.192	0.205	4.88
BK7	0.208	0.195	5.13
LaSFN30	0.293	0.138	7.25

(续)

材料	泊松比	S_T/S_C	S_C/S_T
红外晶体			
BaF_2	0.343	0.105	9.52
CaF_2	0.290	0.140	7.14
KBr	0.203	0.198	5.05
KCl	0.216	0.189	5.29
LiF	0.225	0.183	5.46
MgF_2	0.269	0.154	6.49
ALON	0.240	0.173	5.78
Al_2O_3	0.270	0.153	6.54
熔凝石英	0.170	0.220	4.54
锗（Ge）	0.278	0.148	6.76
硅（Si）	0.279	0.147	6.80
硫化锌（ZnS）	0.290	0.140	7.14
硒化锌（ZnSe）	0.280	0.147	6.80
反射镜材料			
派热克斯玻璃	0.200	0.200	5.00
Ohara E6	0.195	0.203	4.93
超低热膨胀玻璃（ULE）	0.170	0.220	4.54
微晶玻璃（Zerodur）	0.240	0.173	5.78
微晶玻璃（Zerodur M）	0.250	0.167	6.99

11.4.2 光学元件的拉伸应力公差

由前面阐述的一些实验和理论研究可以得出结论，拉伸应力远大于上述章节给出的光学玻璃和反射镜材料在满足完好率（Probability of survival）技术要求下能够承受的 1000 lbf/in² （6.9MPa）容限（译者注：原书错印为 lb/in）。最近，Cai 等人（2011）给出了普通玻璃和微晶玻璃样品的平均拉伸故障应力约为 2370 lbf/in²（约 16.3MPa）。这些作者利用有限元分析法模拟了实验结果，确认该极限应力对于测试样品是合理的。

鉴于该实例及其他资料，许多光机工程师不再将 1000 lbf/in²（6.9MPa）拉伸应力视为普通光学玻璃粗磨和抛光元件、非金属反射镜材料及易脆的光学晶体耐压范围的合理值。利用数控磨床或先进的抛光技术进行加工并用酸液对其研磨面（如侧面和倒边）仔细进行腐蚀以消除亚表面损伤后的元件承受的应力范围可以增大 2~3 倍。1000 lbf/in² 只是在设计安装光学元件时，为了与另外硬件设计进行比较，作为一个很方便的参考基准，并不作为一个应力范围。

由于硬件工作条件一般都没有生存条件严酷，因此工作期间损伤不应成为一个关心的问题。然而，工作条件下施加的安装力可能会相当大，足以造成光学表面变形，可能影响光学性能。由于与所需要的性能高低及表面在系统中的位置有关（表面对像面附近的畸变不太敏感，而对光瞳附近变形较敏感），因此无法给出有意义的一般性公差。在极少数情况中只能给出一些简单公式，估算表面变形与施加到光学元件上的力之间的函数关系。对于一般情况，最好的方法是利用有限元分析法完成这类计算。具体内容已经超出本书的范围。

11.4.3 应力双折射

工作应变产生的应力可以使应用中使用的光学元件性能下降，包括双折射造成偏振光。原因是材料的局部折射率发生变化，在光束通过应力变形区时，两个正交偏振分量之间形成光程差（OPD）。通常，用特定波长下透射光平行（∥）和垂直（⊥）偏振态的光程差允许值表示双折射的公差。根据 Kimmel 和 Parks (2004) 研究，对于偏振仪或干涉仪，各种仪器应用中元件的双折射不应当超过 2nm/cm；如光刻系统和天文望远镜之类的精密光学仪器，小于 5nm/cm；对于照相机、目视望远镜及显微物镜，小于 10nm/cm；而对目镜和放大镜，小于 20nm/cm；聚光镜和大部分照明系统允许有较高的双折射。在所有情况中，材料的应力光学系数 K_S 决定着施加应力与所产生的光程差之间的关系。应用本卷第 3 章式 (3.8)。为了便于参考，重写如下：

$$\text{OPD} = (n_\parallel - n_\perp)t = K_S S t \tag{3.8}$$

式中，t 是材料中的光路长度，单位为 cm；K_S 单位为 mm^2/N；S 是应力，单位为 N/mm^2。

本卷第 3 章表 3.3 列出了表 3.2 中光学玻璃在波长 589.3nm 和温度约 21℃（约 68°F）时的 K_S 值。已知该系数、光路长度和所允许的双折射，确定光学元件中对应的应力极限就是一件简单的事。

应当注意到，由于安装力产生的表面变形和相关的双折射效应主要发生在施加外力的局部区域 (Sawyer, 1995)，一般这些区域位于光学元件通光孔径附近，但在其之外，因此对整个光学孔径影响不大。

应力还形成在压紧玻璃元件的机械构件内。通常，与该金属材料的抗屈强度相比较（一般认为是造成外形尺寸变化千分之二时的应力），以便观察是否存在有足够的安全系数。在一些重要的应用中（如需要具有特别长稳定性的应用），可以将机械元件的应力限制到材料的微抗屈强度值（1ppm）。

11.4.4 点接触

当球形衬垫与光学元件的弯曲或平的光学表面接触时会形成点接触。如图 11.12a 所示，使用三个悬臂弹簧夹将一块平面反射镜压靠在精研过的衬垫上，每个弹簧夹都有一个凸球形衬垫⊖。按照式 (4.22)，弹簧偏转会产生所需要的预载。衬垫与凸或凹光学表面的界面，图 11.12b 和 c 给出了详细描述。应当注意到，在任意一类光学元件中都可能有这些表面轮廓，棱镜就是典型的经过粗磨和抛光的平面光学表面。这些都被处理为半径为无穷大的球面。

当玻璃和衬垫表面挤压在一起，双方都会发生弹性变形，形成一个直径为 $2r_C$ 的圆形接触面积 $A_{C\ SPH}$（见图 11.13）。接触面积的大小取决于表面的形状、半径、材料特性及预载。

⊖ 有时可以使用凹衬垫。

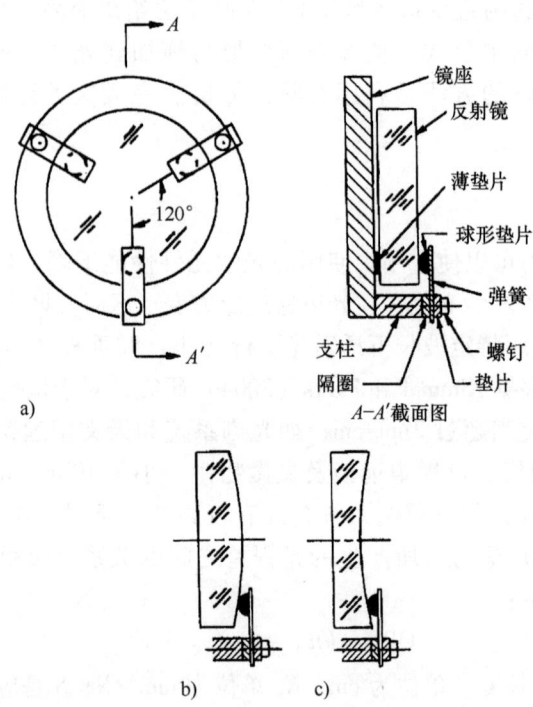

图 11.12 a) 由三个悬臂弹簧（带有凸球形衬垫）将平面反射镜约束到三个共面平面衬垫上的视图 b) 类似衬垫与凸表面接触的细节图 c) 类似衬垫与凹表面接触的细节图

利用下面公式（改编自 Roark，1954）⊖可计算接触面积：

$$A_{C\ SPH} = \pi r_C^2 \tag{11.34}$$

$$r_C = 0.721 \left(\frac{P_i K_2}{K_1}\right)^{1/3} \tag{11.35}$$

$$\sigma_{AVG} = \frac{P_i}{A_{C\ SPH}} \tag{11.36}$$

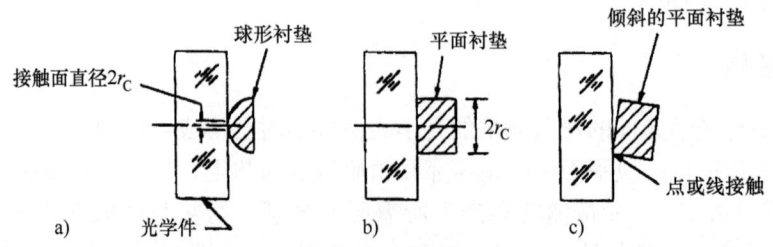

图 11.13 一个衬垫与一块平光学表面的界面形成的弹性变形区的直径 a) 与一个球形衬垫 b) 一块圆形平面衬垫与光学件密切接触 c) 一块与光学表面点接触（如圆形衬垫）或线接触（如矩形衬垫）的倾斜平面衬垫。后两种情况会造成局部应力集中

⊖ $A_{C\ SPH}$ 脚标中的"SPH"表示是球面衬垫接触。稍后讨论的类似应用中采用的其他一些术语，"CYL""SC""TAN"和"TOR"分别代表柱面、尖角、正切和超环面接触。

第11章 光机设计界面分析

对于凸光学表面
$$K_1 = \frac{D_1 + D_2}{D_1 D_2} \tag{11.37a}$$

对于凹光学表面
$$K_1 = \frac{D_1 - D_2}{D_1 D_2} \tag{11.37b}$$

对于平光学表面
$$K_1 = \frac{1}{D_2} \tag{11.37c}$$

$$K_2 = K_G + K_M = \frac{1 - \nu_G^2}{E_G} + \frac{1 - \nu_M^2}{E_M} \tag{11.38}$$

式中,$P_i = P/N$ 是每个弹簧上的预载;D_1 是光学表面曲率半径 r_1 的两倍;D_2 是接触的机械表面曲率半径 r_2 的两倍;E_G、E_M、ν_G 和 ν_M 分别代表玻璃和金属的杨氏模量和泊松比(见图11.14)。

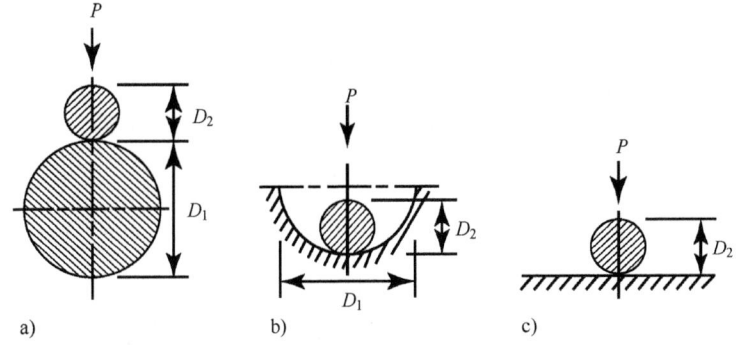

图11.14 与弹性物体间点接触的有关重要尺寸。显示凸球形衬垫与不同形状的光学件相接触,P 代表预载力
a) 凸光学元件 b) 凹光学件 c) 平面光学件
(资料源自 Yoder, P. R., Jr., *Mounting Optics in Optical Instruments*, 2nd edn, SPIE Press Bellingham, WA, 2008)

在与一个球形衬垫接触的区域内,挤压力是不均匀的。最大的接触压力出现在中心,从中心到边缘逐渐减小。利用式(11.38)确定其最大值,用 $\sigma_{C\ SPH}$ 表示:

$$\sigma_{C\ SPH} = 0.918 \left(\frac{K_1^2 P_i}{K_2^2} \right)^{1/3} \tag{11.39}$$

式中所有项在前面都定义过。应用式(11.32)将玻璃—金属界面内的最大压应力转换为最大拉伸应力。设计实例11.3给出了式(11.33)~式(11.38)和式(11.32)的应用。如果认为计算结果过大,可能需要对设计进行修改,包括增大衬垫的半径或增加弹簧和衬垫的数目。

设计实例11.3 球面衬垫与各种光学表面接触界面上的应力

利用三个悬臂式弹簧(见图11.12a)固定一个大直径 N-BK7 平-凸望远镜校正板/透镜。每根弹簧的凸球面衬垫半径为20.000in(508.000mm),材料是6061铝。衬垫分别压靠在具有下列曲率半径的凸透镜抛光面上:(a) 16.000in(406.400mm);(b) 半径相同,凹表面;(c) 无穷大(即平面)。总的预紧力是5.400 lbf(24.021N)。计算每种情况中玻璃承受的最大拉伸应力。

解：

根据表 3.2 和表 3.12 所示，有

$$E_M = 9.900 \times 10^6 \, \text{lbf/in}^2 (6.826 \times 10^4 \text{MPa}) \quad \nu_M = 0.332$$
$$E_G = 1.200 \times 10^7 \, \text{lbf/in}^2 (8.274 \times 10^4 \text{MPa}) \quad \nu_G = 0.206$$
$$D_2 = (2 \times 20.000) \, \text{in} = 40.000 \text{in} (1016.000 \text{mm})$$
$$P_i = \frac{5.400}{3} \, \text{lbf} = 1.800 \, \text{lbf} (8.700 \text{N})$$

根据式（11.38）（译者注：原书错印为 11.37），有

$$K_2 = \left(\frac{1-0.206^2}{1.2 \times 10^7} + \frac{1-0.332^2}{9.900 \times 10^6} \right) \text{in}^2/\text{lbf} = 1.697 \times 10^7 \text{in}^2/\text{lbf}(2.461 \times 10^{-5} \text{MPa}^{-1})$$

根据式（11.33）（译者注：原书错印为 11.32），有

$$\frac{\sigma_{T \ SPH}}{\sigma_{C \ SPH}} = [1 - (2 \times 0.206)]/3 = 0.1960$$

（a）凸透镜表面，有 $D_1 = (2 \times 16.000) \text{in} = 32.000 \text{in} (812.8 \text{mm})$

根据式（11.37a）（译者注：原书错印为 11.36a），有

$$K_1 = \frac{32.000 + 40.000}{32.000 \times 40.000} \text{in}^{-1} = 0.0563 \text{in}^{-1} (0.0022 \text{mm}^{-1})$$

根据式（11.39）（译者注：原书错印为 11.38），有

$$\sigma_{C \ SPH} = \left\{ 0.918 \times \left[\frac{0.0563^2 \times 1.800}{(1.697 \times 10^{-7})^2} \right]^{1/3} \right\} \text{lbf/in}^2 = 5347.0 \, \text{lbf/in}^2$$

则 $\sigma_{T \ SPH} = (5347.0 \times 0.1960) \text{lbf/in}^2 = 1048.0 \, \text{lbf/in}^2 (7.2 \text{MPa})$

（b）凹透镜表面，有 $D_1 = (2 \times 16.000) \text{in} = 32.000 \text{in} (812.8 \text{mm})$

根据式（11.37b）（译者注：原书错印为 11.36b），有

$$K_1 = \frac{32.000 - 40.000}{32.000 \times 40.000} \text{in}^{-1} = -0.0063 \text{in}^{-1} (-0.0002 \text{mm}^{-1}) (可以略去负号)$$

根据式（11.39）（译者注：原书错印为 11.38），有

$$\sigma_{C \ SPH} = \left\{ 0.918 \times \left[\frac{-0.0063^2 \times 1.800}{(1.697 \times 10^{-7})^2} \right]^{1/3} \right\} \text{lbf/in}^2 = 1241.8 \, \text{lbf/in}^2$$

则 $\sigma_{T \ SPH} = (1241.8 \times 0.1960) \text{lbf/in}^2 = 243.4 \, \text{lbf/in}^2 (1.7 \text{MPa})$

（c）平面表面，D_1 为无穷大，因此由式（11.37c）（译者注：原书错印为 11.36c），有

$$K_1 = \frac{1}{D_2} = \frac{1}{40.000} \text{in}^{-1} = 0.025 \text{in}^{-1} (9.8 \times 10^{-4} \text{mm}^{-1})$$

根据式（11.39）（译者注：原书错印为 11.38），有

$$\sigma_{C \ SPH} = \left\{ 0.918 \times \left[\frac{0.0250^2 \times 1.800}{(1.697 \times 10^{-7})^2} \right]^{1/3} \right\} \text{lbf/in}^2 = 3112.3 \, \text{lbf/in}^2$$

则 $\sigma_{T \ SPH} = (3112.3 \times 0.1960) \text{lbf/in}^2 = 610.0 \, \text{lbf/in}^2 (4.2 \text{MPa})$

11.4.5 短线接触

如果不在弹簧上使用球形衬垫而需要将光学件固定到位,可以利用凸柱面衬垫作为机械接口的界面。按照标准的安装方式,这种衬垫应当与弹簧成十字状放置在弹簧的端部,并且其轴长应等于弹簧的宽度 b。一个柱面衬垫不能用于凹光学表面。

从接触压力的观点出发,当光学表面是凸面时,由于是点接触,使用柱面衬垫与使用球面衬垫相比优势不大,或者说优点不明显。当表面是平面时,由于接触面积较大(且应力较小),所以柱面衬垫的主要用途是提高平面反射镜较靠外边缘附近或棱镜表面上承受预载的能力。

图 11.15 所示的俯视图是一个短线接触的例子。一个跨式弹簧与一个放置在其中心部位、长度为 b 的柱形衬垫对一块五角棱镜施加预紧力,沿水二次方向压靠在三个(固定在圆形基板的)圆柱形定位销上。利用对称设计的托架将弹簧的两端固定在基板上。注意到,衬垫中心距离基板上跨式弹簧的高度应尽可能接近定位销上接触面积的高度,以便使产生的力矩最小,不会将棱镜顶离基板上的三个平面衬垫。在三个定位销位置,也存在长度为 h_P 的圆柱形/平面界面。

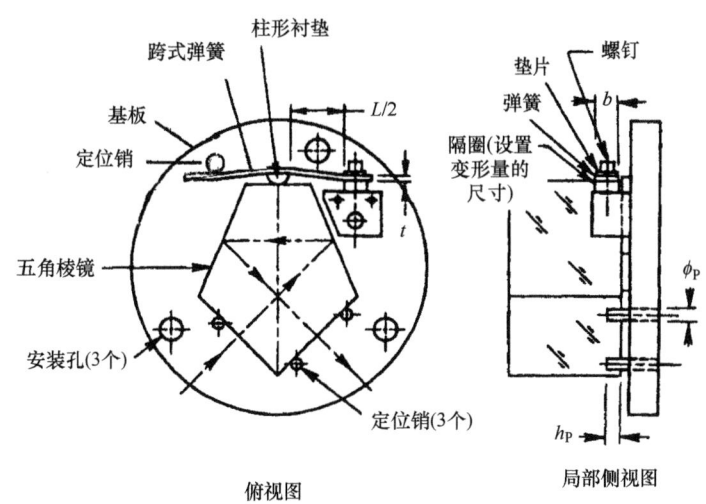

图 11.15 利用跨式弹簧固定五角棱镜的布局图,沿水二次方向将光学元件压靠在三个定位销上
(资料源自 Yoder, P. R., Jr., *Proc. SPIE*, 4771, 173, 2002)

图 11.16 给出了利用三个悬臂式弹簧固定图 11.15 所示棱镜的方法,沿垂直方向将棱镜压靠在三个共面平面衬垫上,而平面衬垫被固定在基板上或直接整体加工在基板上。这些衬垫的中心恰好在弹簧上柱形衬垫的中心之下。

一个柱面衬垫与一个平光学表面界面的接触压力可以建模为图 11.17 所示的模型。衬垫的长度是 b,半径是 R_{CYL},D_2 是 R_{CYL} 的两倍。预紧力 P 将衬垫压靠在玻璃上,因此单位长度上的预紧力是 P/b。沿着短线接触产生的峰值压力 $\sigma_{C\ CYL}$ 由以下公式(改编自 Young, 1989)给出:

$$\sigma_{C\ CYL} = 0.798 \left(\frac{P_i K_1}{K_2} \right)^{1/2} \tag{11.40}$$

式中,K_1 由式(11.36c)给出,K_2 由式(11.37)给出。定位销与棱镜之间矩形变形接触面积宽度 Δy 由下列公式给出:

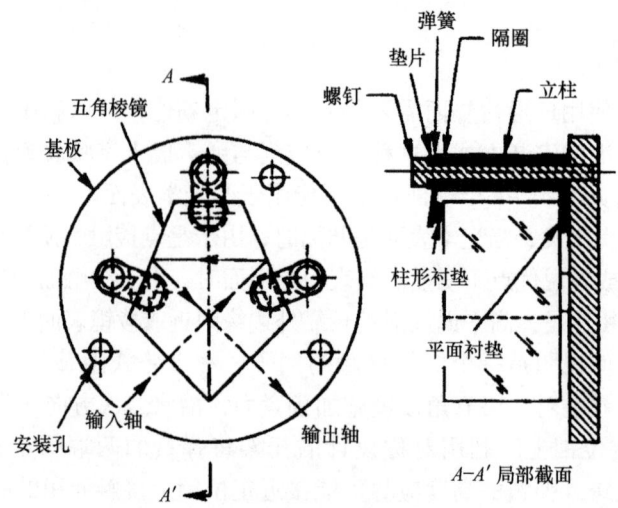

图 11.16 利用三个弹簧夹固定五角棱镜的布局图,沿垂直方向将五角棱镜压靠在基板上凸起的三个定位销上
(资料源自 Yoder, P. R., Jr., *Proc. SPIE*, 4771, 173, 2002)

$$\Delta y = 1.600 \left(\frac{K_2 P_i}{K_1} \right)^{1/2} \tag{11.41}$$

矩形变形接触面积是

$$A_{\text{C CYL}} = b \Delta y \quad (译者注:原书错印为 bA_{\text{C CYL}}) \tag{11.42}$$

该面积承受的平均应力是

$$\sigma_{\text{C AVG}} = \frac{P_i}{A_{\text{C CYL}}} \tag{11.43}$$

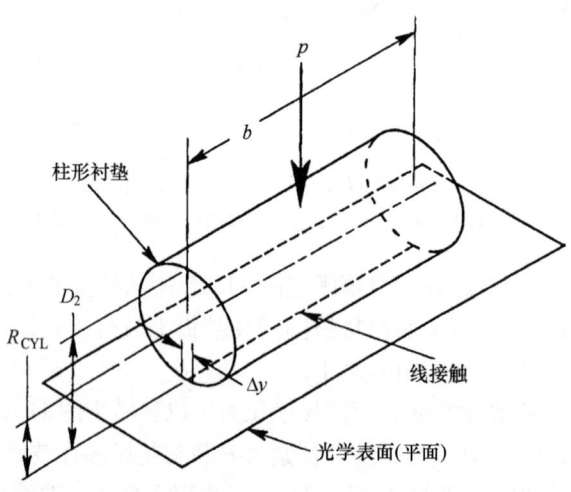

图 11.17 一个长度为 b、半径为 R_{CYL} 的柱面衬垫与一个平面光学表面之间的界面分析模型,P 是单位接触长度上的预紧力

设计实例 11.4 应用上述公式计算跨式弹簧上柱形衬垫与图 11.16 所示棱镜端面之间界面上的相关应力。

第 11 章 光机设计界面分析

设计实例 11.4　柱形衬垫与平面棱镜表面之间界面上的应力

图 11.15 中，柱形衬垫是 6061 铝材料，同心固定在夸式弹簧上，将棱镜压靠在三个定位销上。衬垫半径 12.000in（304.800mm）接触长度 b 是 0.125in（3.175mm）。棱镜是 BK7 玻璃。施加的总预紧力是 4.167 lbf（18.534N）。(a) 玻璃中最大的拉伸应力是多少？(b) 玻璃中平均拉伸应力是多少？

解：

(a) 根据表 3.2 和表 3.12 所示，有

$$E_M = 9.900 \times 10^6 \text{ lbf/in}^2 (6.826 \times 10^4 \text{MPa}) \qquad \nu_M = 0.332$$

$$E_G = 1.200 \times 10^7 \text{ lbf/in}^2 (8.274 \times 10^4 \text{MPa}) \qquad \nu_G = 0.206$$

衬垫直径是

$$D_2 = (2 \times 12.000) \text{in} = 24.000 \text{in} (609.600 \text{mm})$$

线预紧力是

$$P_i = \frac{P}{b} = \left(\frac{4.167}{0.125}\right) \text{lbf/in} = 33.336 \text{ lbf/in} (5.837 \text{N/mm})$$

根据式（11.37c）（译者注：原书错印为 11.36c），有

$$K_1 = \frac{1}{D_2} = \frac{1}{24.000} \text{in}^{-1} = 0.0417 \text{in}^{-1} (0.0016 \text{mm}^{-1})$$

根据式（11.38）（译者注，原书错印为 11.37），有

$$K_2 = \left(\frac{1-0.206^2}{1.200 \times 10^7} + \frac{1-0.332^2}{9.900 \times 10^6}\right) \text{in}^2/\text{lbf} = 1.697 \times 10^{-7} \text{in}^2/\text{lbf}(2.461 \times 10^{-5} \text{MPa}^{-1})$$

根据式（11.40）（译者注：原书错印为 11.39），有

$$\sigma_{C\ CYL} = \left[0.798 \times \left(\frac{33.336 \times 0.0417}{1.697 \times 10^{-7}}\right)^{1/2}\right] \text{lbf/in}^2 = 2284.0 \text{ lbf/in}^2 (15.7 \text{MPa})$$

应用式（11.33）（译者注：原书错印为 11.32）合表 11.7 中 σ_T/σ_C，有

$$\sigma_{T\ CYL} = (2284.0 \times 0.195) \text{lbf/in}^2 = 445.4 \text{ lbf/in}^2 (86.9 \text{MPa})$$

(b) 根据式（11.41）（译者注：原书错印为 11.40），有

$$\Delta y = \left[1.600 \times \left(\frac{1.697 \times 10^{-7} \times 33.336}{0.0417}\right)^{1/2}\right] \text{in} = 0.0186 \text{in} (0.473 \text{mm})$$

根据式（11.42）（译者注：原书错印为 11.41），有

$$A_{C\ CYL} = b\Delta y = (0.125 \times 0.0186) \text{in}^2 = 0.0023 \text{in}^2 (1.484 \text{mm}^2)$$

根据式（11.43）（译者注：原书错印为 11.42），有

$$\sigma_{C\ AVG} = \frac{4.167}{0.0023} \text{lbf/in}^2 = 1812.7 \text{ lbf/in}^2 (12.5 \text{MPa})$$

应用式（11.33）（译者注：原书错印为 11.32）和表 11.7 中 σ_T/σ_C，有

$$\sigma_{T\ CYL} = (1812.7 \times 0.195) \text{lbf/in}^2 = 353.5 \text{ lbf/in}^2 (2.4 \text{MPa})$$

可以按照刚才叙述的相同方法确定图 11.15 所示的每个定位销的接触压力。由于圆柱形定位销的半径远小于该例中圆柱定位销的半径，因此，与这些定位销相接触的棱镜表面中产生的应力，要比与棱镜端面相接触的衬垫中的应力大。

图 11.18a 给出了施加预紧力将图 11.15 所示的五角棱镜压靠在定位销上，由于一个定位销不可能放置在棱镜中心线上 90°直角位置，因此必须稍有些不对称。同时也造成定位销上的应力不相等。Yoder（2002）针对一种具体设计介绍了计算这些应力的方法。定位销设置在基板上，使其外形轮廓线恰恰位于棱镜通光孔径之外，如图 11.18b 所示。根据下面公式进行这类设计：

$$x_i = [(0.5CA)^2 - (0.5A - h_{pi})^2]^{1/2} \tag{11.44}$$

$$d_1 = 0.5A + x_1 + 0.5\phi_p \tag{11.45}$$

$$d_2 = 0.5A - x_2 - 0.5\phi_p \tag{11.46}$$

$$d_3 = A - a \tag{11.47}$$

$$P_1 = P_i \sin\theta \tag{11.48}$$

$$P_2 = \frac{P_i(d_1 \sin\theta - d_3 \cos\theta)}{d_2 - d_3} \tag{11.49}$$

$$P_3 = P_1 \cos\theta - P_2 \tag{11.50}$$

式（11.47）和式（11.49）由设计几何图形得出；选择折射面间的棱镜夹角作为一个基准点，一根旋转轴通过该点并平行于 Z 轴，使绕该旋转轴的顺时针力矩和逆时针力矩相等，推出式（11.48）。

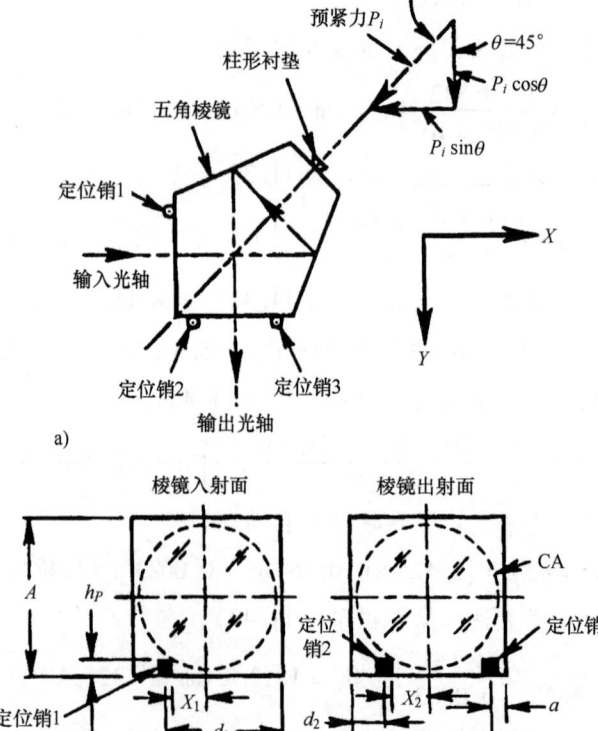

图 11.18 a）图 11.15 中五角棱镜反射面内的约束 b）棱镜通光孔径外定位销的布局
（资料源自 Yoder, P. R., Jr., *Proc. SPIE*, 4771, 173, 2002）

表 11.8 列出了 Yoder（2002）介绍了图 11.15 所示的应用于棱镜安装的材料和尺寸。在这篇论文中最初计算获得的应力相当大，因此理所当然地改变设计（见图 11.19）。移动跨式弹簧并通过一个黏在棱镜棱角上的弯曲金属衬垫施加预载，衬垫紧靠底板上方，又在反射面通光孔径之外。跨式弹簧右侧设计有一个滑配接头，从而使弹簧在对棱镜施加预紧力而发生弯曲时能够调整位置。迭代施加预紧力与 y 轴的夹角 θ，并利用式（11.43）~式（11.49）确定每个定位销上产生的预紧力。然后利用式（11.39）

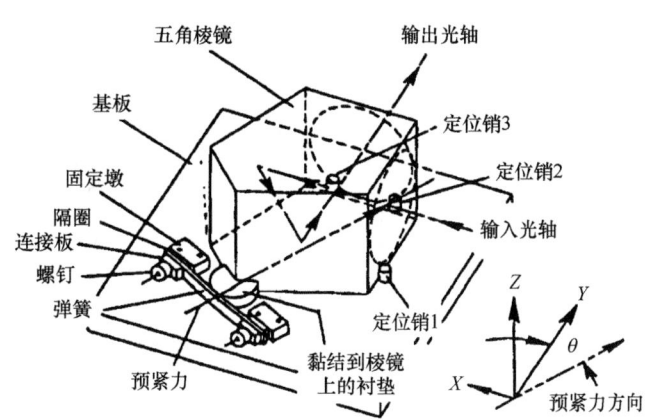

图 11.19 对一个位于 xy 平面内、与 y 轴成 θ 夹角的五角棱镜进行固定安装的弹簧结构布局图。以半运动学方法约束棱镜的一种倾斜和两种平移
（资料源自 Yoder, P. R., Jr., *Proc. SPIE*, 4771, 173, 2002）

和式（11.15）确定这些界面的压应力。表 11.9 总结了这些计算结果，并将这些数据绘成图 11.20 所示曲线图以确定最佳拟合公共值。没有一个角度值会使所有三个销钉产生同样的压力，该例子中接近相等的最佳折中值是 37.36°。假设平均压力值是 17600 lbf/in^2（121.35MPa），若采用该角度，在压力变化范围 6% 内，就可以认为各个定位销应力相等。

表 11.8　图 11.15 所示的应用于棱镜安装的材料和尺寸

A	1.250in	CA	1.125in
棱镜材料	BK7	W	0.267lb
Φ_P	0.125in	h'_{p1}	0.250in
定位销材料	416CRES	h'_{p2}	0.125in
K_1	8.000	h'_{p3}	0.271in
K_2	1.13E-7	a_G	12

（资料源自 Yoder, P. R., Jr., *Proc. SPIE*, 4771, 173, 2002）

表 11.9　五角棱镜（见图 11.19）安装中各定位销的预紧力和压应力随预载角 θ 的变化

	预紧力/lbf			接触压应力/(lbf/in^2)		
$\theta(°)$	定位销1	定位销2	定位销3	定位销1	定位销2	定位销3
40.0	2.060	0.588	1.867	19.222	14.519	17.565
38.0	1.973	0.801	1.723	18.812	16.957	16.877
37.4[①]	1.944	0.870	1.677	18.677	17.664	16.649
37.0	1.928	0.908	1.651	18.600	18.049	16.518
36.0	1.883	1.014	1.578	18.382	19.076	16.149

（资料源自 Yoder, P. R., Jr., *Proc. SPIE*, 4771, 173, 2002）
① 以作图的方法确定该值为所有定位销都合适的"最佳装配"角（见图 11.20）。

降低定位销上应力的技术，包括增加接触长度 h_P 和定位销半径 R_{CYL}，一般设计时都要求棱镜孔径没有渐晕，因而限制了这些量的变化。增加更多销钉不是改变设计的可行方法，因为这种设计缺少所需要的运动学方法，降低所要求的预载应当是有帮助的，但同时需要降

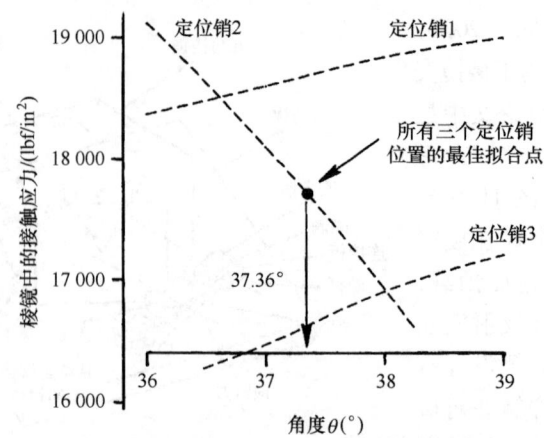

图 11.20 图 11.19 所示的五角棱镜在第 1~3 个定位销上的接触压应力随预紧角的变化。
可以认为"最佳拟合"角使压应力在约 6% 的误差范围内是相等的
(资料源自 Yoder, P. R., Jr., *Proc. SPIE*, 4771, 173, 2002)

低对 a_G 的技术要求。

依靠普通的柱面定位销对棱镜进行定位的所有装配方案中，基本要求就是定位销的轴必须平行于棱镜面，否则倾斜定位销与玻璃表面的接触点处会造成应力局部集中。Yoder (2002) 建议采用通常设计的定位销，如图 11.21 所示。这些定位销以立方体形式或圆柱体形式居中放置在一个圆形支柱顶端。立方体或圆柱体的一端有一个凸的球面半径与棱镜面接触。其半径远大于普通圆柱形定位销单独使用时的半径。支柱被压进安装基板上的一个定位孔中，与通常定位销的安装方式一样。选择球面半径使一定预载下的压力值满足要求。定位销相对于其轴线的特定方向一定要保证棱镜与定位销球面相接触。

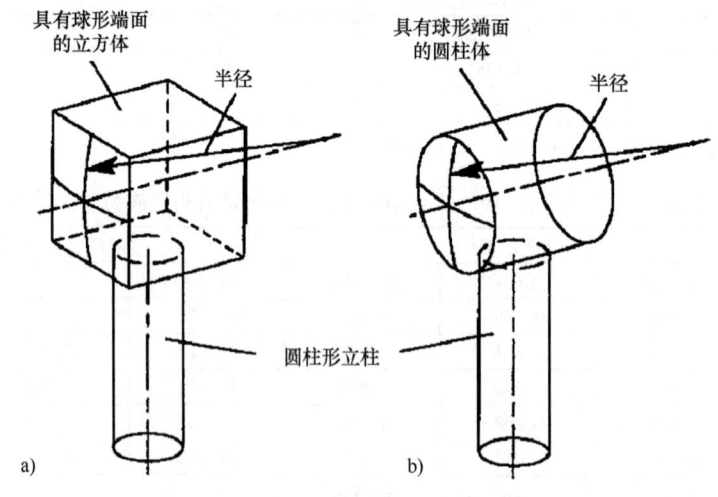

图 11.21 专用定位销的布局
a) 立方体元件设计在支柱顶部 b) 圆柱体元件设计在支柱顶部
每个定位销都有一个球形面与光学元件接触，可以代替通常使用的圆柱形定位销，
降低了棱镜平面与柱体表面之间的对准难度
(资料源自 Yoder, P. R., Jr., *Proc. SPIE*, 4771, 173, 2002)

利用11.4.4节描述的球面衬垫接触技术，可以确定这种专用定位销造成球面与平面界面处玻璃中的压力。例如，如果图11.19所示的安装设计是采用球面半径14.7in（37.34mm）的定位销，那么$\theta = 37.36°$时预载在第1~第3个定位销处产生的张应力分别降低到约1000 lbf/in^2、765 lbf/in^{2}和950 lbf/in^2。半径越大，应力减少得越多。

图11.22a和b所示的基本安装概念与上述五角棱镜的安装概念相同，但分别应用于立方分束镜和直角棱镜。也可以应用于其他的棱镜类型。

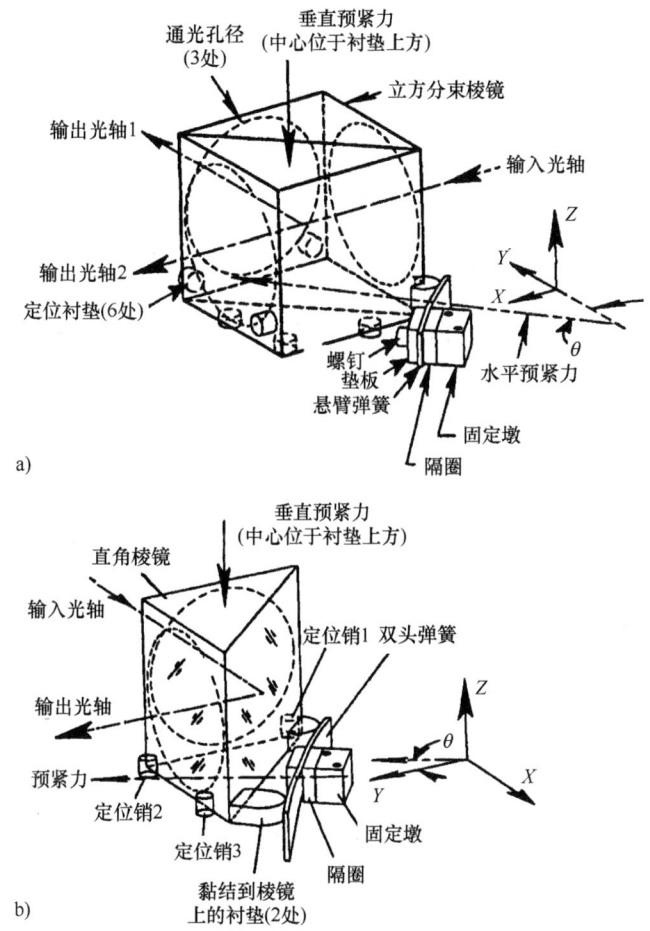

图11.22 a）用一个悬臂弹簧在xy面内产生预载的半运动学方式约束立方分束棱镜，弹簧与y轴成夹角$\theta = 37.4°$ b）用一个中心固定的跨式弹簧半运动学方式约束直角棱镜
（资料源自Yoder, P. R., Jr., *Proc. SPIE*, 4771, 173, 2002）

11.4.6 环面接触

如果借助如螺纹压圈（见图4.28）或圆形法兰盘（见图4.31）使抛光表面边缘承受轴向压力，那么在这种表面接触的装配方案中，圆形透镜、光窗或小反射镜内形成的接触压应力就取决于预载、光学表面半径、机械界面的几何形状及使用材料的物理性质。一般来说，这种压应力会随温度发生变化，变化的因果关系将在本章稍后讨论。

由于透镜和镜座材料都是弹性材料，恰好就在光学表面靠外边缘部分内侧玻璃与金属件之间形成一条较窄的环状形变接触区，轴向压力沿环状形变区的中心线有一个峰值 σ_C。该中心线距光轴的半径是 y_C。当透镜内的位置沿径向逐渐远离中心线，即指向或远离透镜的光轴时，压应力会减小。图 11.23 给出了针对这种界面一个解析模型。直径为 D_1 比较大的圆柱体代表光学表面，而直径为 D_2 比较小的圆柱体代表镜座界面，两个圆柱体有同样长度，都等于半径为 y_C 的圆的周长或 $2\pi y_C$。如图 11.23 所示，圆柱体彼此受到图示预紧力 P 的挤压，弹性形变区的环状宽度用 Δy 表示，并由式（11.40）给出。图 11.23 所示的光学表面表示为凸面。如果该表面是凹面，图中的小圆柱体就与大圆柱体的内侧面接触（见图 11.14b），几何图将不做改变。

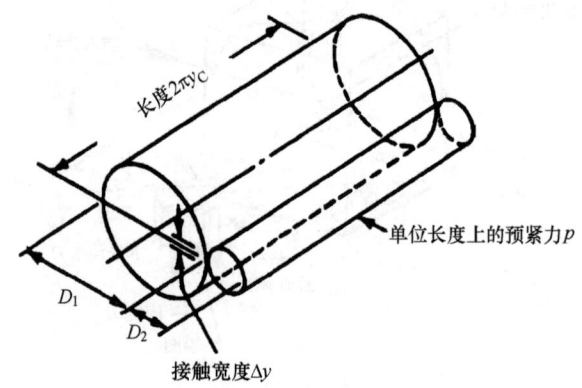

图 11.23　为一个凸的机械约束构件（小圆柱体）和一个凸的透镜或反射镜表面（大圆柱体）之间的环面接触界面建立的一般性解析模型

这种矩形变形区域内的平均接触压应力可以利用下列公式计算：

$$\sigma_{C\ AVE} = \frac{P}{A_C} = \frac{P}{2\pi y_C \Delta y} \tag{11.51}$$

峰值接触压应力是

$$\sigma_C = 0.798 \left(\frac{K_1 P}{K_2}\right)^{1/2} \tag{11.52}$$

式中，K_1 是由式（11.36a）或式（11.36b）推导出的，其数值取决于光学表面是凸面还是凹面；P 是环形接触面上单位长度上承受的预紧力或 $P/2\pi y_C$；K_2 由式（11.37）确定。

参数 K_1 将在下面章节以不同的机械界面形状进行专题讨论，计算出的玻璃、晶体和金属的 K_G 和 K_M 值列在本卷表 3.2、表 3.4、表 3.8、表 3.10、表 3.11 和表 3.14。

11.4.6.1　锐角接触界面

锐角接触界面在 4.7.1 节描述：金属零件上，在平的和圆柱形机械表面的相交线处研磨出一个半径 0.002in（0.051mm）的表面，该磨光表面就称为锐角面（Delgado 和 Hallinan, 1975；1998 年再版）。这种小半径的机械边角在高度 y_C 处接触玻璃，如图 11.24 所示。两个相交的机械表面之间的角度可以是 90°（见图 11.24），或者最好是大于 90°。机械表面之间形成钝的边角通常可以加工得更光滑，也就是说瑕疵很少（麻点或毛刺），因为麻点和毛刺可能会比一个夹角小于等于 90°的边棱更容易造成应力集中。再次应用图 11.23 所示的分析模式。

第 11 章 光机设计界面分析

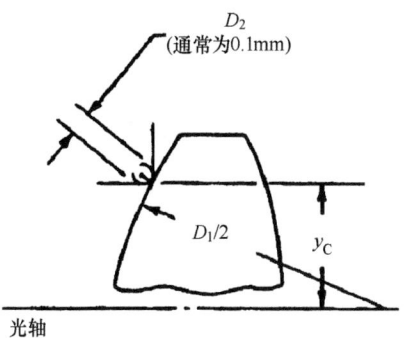

图 11.24 锐角机械面和凸光学表面之间界面的剖视图

假定锐角界面的 D_2 永远是 0.004in（0.102mm），将该值代入式（11.37a）：

$$K_{1\ SC} = \frac{D_1 \pm 0.004}{0.004 D_1}（采用美国惯用单位制） \quad (11.53a)$$

$$K_{1\ SC} = \frac{D_1 \pm 0.102}{0.102 D_1}（采用国际单位制） \quad (11.53b)$$

对于半径大于 0.200in（5.080mm）的凸或凹光学表面，上述公式中可以忽略 D_2，$K_{1\ SC}$ 值简化为常数 250in^{-1}（10mm^{-1}），由这种近似带来的误差不超过 2%。

为帮助读者理解这类界面下的应力分析，给出下面典型的设计实例 11.5 计算。

设计实例 11.5　锐角机械接触界面情况下，透镜承受的最大和平均接触应力

一个双凸锗透镜具有下列参数：$D_G = 3.100\text{in}(78.745\text{mm})$，$R_1 = 18.000\text{in}(457.200\text{mm})$，$R_2 = 72.000\text{in}(1828.800\text{mm})$，安装在 6061 铝材料镜座中，锐角接触界面，两个光学表面上 $y_C = 1.500\text{in}(38.100\text{mm})$。（a）若施加的轴向预紧力是 20.000 lbf(88.964N)，每个表面上产生的最大拉伸接触应力是多少？（b）平均接触拉伸应力是多少？

解：

（a）根据表 3.10，有

$$E_G = 1.504 \times 10^7\ \text{lbf/in}^2\ (1.037 \times 10^5\ \text{MPa}) \qquad \nu_G = 0.278$$

由表 3.12，有

$$E_M = 9.900 \times 10^6\ \text{lbf/in}^2\ (6.820 \times 10^4\ \text{MPa}) \qquad \nu_M = 0.332$$

根据定义，线性预紧力是

$$P = \frac{20.000}{2\pi \times 1.500}\ \text{lbf/in} = 2.122\ \text{lbf/in}(0.372\text{N/mm})$$

根据式（11.38）（译者注：原书错印为 11.37），有

$$K_2 = \left(\frac{1-0.278^2}{1.504 \times 10^7} + \frac{1-0.332^2}{9.9 \times 10^6}\right)\text{in}^2/\text{lbf} = [(6.135 \times 10^{-8}) + (8.988 \times 10^{-8})]\text{in}^2/\text{lbf}$$

$$= 1.512 \times 10^{-7}\ \text{in}^2/\text{lbf}(2.193 \times 10^{-5}\ \text{MPa}^{-1})$$

由于两侧半径都大于 0.200in（5.080mm），$K_{1\ SC} = 250\text{in}^{-1}(10\text{mm}^{-1})$。

根据式（11.52）（译者注：原书错印为 11.51），对于每个表面有

$$\sigma_{C\ SC} = 0.798 \left(\frac{250 \times 2.122}{1.512 \times 10^{-7}} \right)^{1/2} \text{lbf/in}^2 = 47268\ \text{lbf/in}^2 (325.910\text{MPa})$$

根据式（11.33）（译者注：原书错印为 11.32），有

$$\sigma_{T\ SC} = \frac{(1 - 2 \times 0.278) \times 47268}{3}\ \text{lbf/in}^2 = 6996\ \text{lbf/in}^2 (48.2\text{MPa})$$

(b) 根据式（11.41）（译者注：原书错印为 11.40），有

$$\Delta y = \left[1.600 \times \left(\frac{2.122 \times 1.512 \times 10^{-7}}{250} \right)^{1/2} \right] \text{in} = 5.732 \times 10^{-5}\ \text{in}$$

根据式（11.43）（译者注：原书错印为 11.42），每个表面有

$$\sigma_{C\ AVE} = \frac{20}{2\pi \times 1.500 \times (5.732 \times 10^{-5})}\ \text{lbf/in}^2 = 37021\ \text{lbf/in}^2 (255.3\text{MPa})$$

根据式（11.33）（译者注：原书错印为 11.32），有

$$\sigma_{T\ AVE} = \frac{(1 - 2 \times 0.278) \times 37021}{3}\ \text{lbf/in}^2 = 5479\ \text{lbf/in}^2 (37.8\text{MPa})$$

这些应力相当大。下面两个设计实例中，通过一些简单变化可以大大减小这些应力而丝毫没有减小预紧力。

11.4.6.2 相切界面

图 11.25 所示的剖视图和分析模型介绍了切向界面的概念。4.7.2 节定义为这样一种界面：一个凸球面透镜表面与一个圆锥形机械表面相接触形成的界面。这种界面类型不可能与凹光学表面一起使用。应用式（11.51）计算 $\sigma_{C\ TAN}$。$K_1 = 1/D_1$，其中 D_1 是光学表面半径的两倍，P 和 K_1 与尖角界面情况中一样。设计实例 11.6 举例说明了切向界面的应力计算。

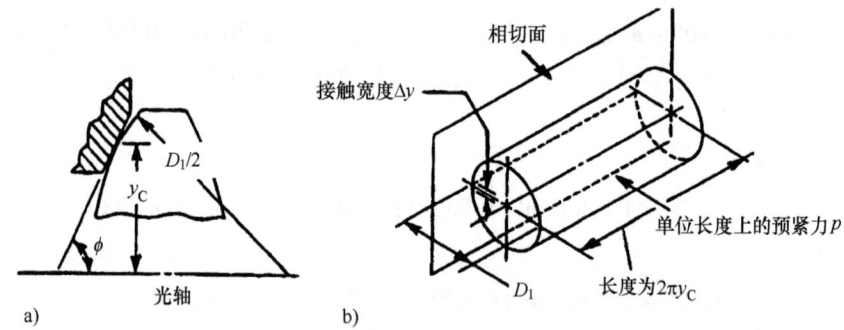

图 11.25　a) 一个切向（圆锥形）机械表面与一个凸光学表面接触界面的剖视图
b) 该类界面的分析模型

设计实例 11.6　透镜与机械界面切向接触时的最大拉伸应力

假设采用与上述实例完全相同的双凸锗透镜，具有下列结构参数：$D_G = 3.100\text{in}$ (78.745mm)，$R_1 = 18.000\text{in}(457.200\text{mm})$，$R_2 = 72.000\text{in}(1828.800\text{mm})$，透镜安装在 6061 铝材料镜座中，切向接触界面，两侧表面上 $y_C = 1.500\text{in}(38.100\text{mm})$。如果施加轴向预紧力是 20.000 lbf(88.964N)，每个界面上的最大拉伸应力是多少？

根据表 3.10，有

$$E_G = 1.504 \times 10^7 \text{ lbf/in}^2 (1.037 \times 10^5 \text{MPa}) \qquad \nu_G = 0.278$$

根据表 3.12，有

$$E_M = 9.900 \times 10^6 \text{ lbf/in}^2 (6.820 \times 10^4 \text{MPa}) \qquad \nu_M = 0.332$$

根据定义，线性预紧力是

$$P = \frac{20.000}{2\pi \times 1.500} \text{ lbf/in} = 2.122 \text{ lbf/in}(0.372\text{N/mm})$$

根据式（11.38）（译者注：原书错印为 11.37），有

$$K_2 = \left(\frac{1-0.278^2}{1.504 \times 10^7} + \frac{1-0.332^2}{9.9 \times 10^6}\right)\text{in}^2/\text{lbf} = [(6.135 \times 10^{-8}) + (8.988 \times 10^{-8})]\text{in}^2/\text{lbf}$$

$$= 1.512 \times 10^{-7} \text{in}^2/\text{lbf}(2.193 \times 10^{-5}\text{MPa}^{-1})$$

根据式（11.37c）（译者注：原书错印为 11.36c），有

$$K_{1 \text{ TAN}} = \frac{1}{D_1} = \frac{1}{2 \times 18.000}\text{in}^{-1} = 0.0278\text{in}^{-1}$$

根据式（11.52）（译者注：原书错印为 11.51），有

$$\sigma_{C \text{ TAN}} = \left[0.798 \times \left(\frac{0.0278 \times 2.122}{1.512 \times 10^{-7}}\right)^{1/2}\right]\text{lbf/in}^2 = 498.4 \text{ lbf/in}^2(3.44\text{MPa})$$

根据式（11.33）（译者注：原书错印为 11.32），有

$$\sigma_{T \text{ TAN}} = \frac{(1-2 \times 0.278) \times 498.4}{3}\text{lbf/in}^2 = 73.8 \text{ lbf/in}^2(0.51\text{MPa})$$

根据式（11.37c）（译者注：原书错印为 11.36c），对于 R_2 的切向界面有

$$K_{1 \text{ TAN}} = \frac{1}{D_1} = \frac{1}{2 \times 72.000}\text{in}^{-1} = 0.0069\text{in}^{-1}$$

根据式（11.52）（译者注：原书错印为 11.51），有

$$\sigma_{C \text{ TAN}} = \left[0.798 \times \left(\frac{0.0069 \times 2.122}{1.512 \times 10^{-7}}\right)^{1/2}\right]\text{lbf/in}^2 = 249.1 \text{ lbf/in}^2(1.72\text{MPa})$$

根据式（11.33）（译者注：原书错印为 11.32），有

$$\sigma_{T \text{ TAN}} = \frac{(1-2 \times 0.278) \times 249.1}{3}\text{lbf/in}^2 = 36.9 \text{ lbf/in}^2(0.25\text{MPa})$$

该应力远小于锐角接触界面产生的应力，应当没有应用问题。

比较设计实例 11.5 和设计实例 11.6 锗透镜第二表面的 $\sigma_{T \text{ SC}}$ 和 $\sigma_{T \text{ TAN}}$，可以看出，应力减少为 73.8/6996 = 1/94.8。主要原因是简单地改变了机械接触界面的轮廓。

11.4.6.3 超环面界面

在 4.7.3 节中讨论过与球面透镜接触的超环（或圆圈形状）机械表面。分别使用式（11.37a）和式（11.37b）获得凸面或凹面界面的 K_1 计算公式，D_1 等于光学表面半径的两倍，D_2 等于超环面截面半径 R_T 的两倍。与光学表面相接触的超环机械表面几乎总是凸面。小值 R_T 的极限情况应当等效于一个尖角。如果 R_T 增大到无穷大，并且透镜表面是凸面，极限情况就是切向界面。对于一个大 R_T 值，极限情况就是其半径等于光学表面半径，等效于

球面界面 (见 11.4.7.4 节)。

为了便于比较,将设计实例 11.5 和设计实例 11.6 中直径为 3.100in 锗透镜的形状改为一个弯月形透镜:凸面是 R_1,凹面是 R_2,机械界面改变为凸超环面。设计实例 11.7 举例计算第二表面承受的接触应力。

设计实例 11.7　超环面机械接触界面情况下弯月形透镜的最大拉伸应力

一个弯月形透镜的参数如下:$D_G = 3.100\text{in}(78.745\text{mm})$,$R_1 = 18.000\text{in}(457.2\text{mm})$,$R_2 = 72.000\text{in}(1828.8\text{mm})$。将透镜安装在 6061 铝材料镜座中,超环形界面,两侧表面上的 $y_C = 1.500\text{in}(38.100\text{mm})$。令 R_1 上的 $R_T = 10R_1 = 180.000\text{in}(4572.000\text{mm})$,$R_2$ 上的 $R_T = 0.5R_2 = 36.000\text{in}(914.400\text{mm})$。

如果施加的轴向总预紧力是 20.000lbf(88.964N),那么 R_2 界面上的最大拉伸应力是多少?

解:

根据表 3.10, 有

$$E_G = 1.504 \times 10^7 \text{lbf/in}^2 (1.037 \times 10^5 \text{MPa}) \qquad \nu_G = 0.278$$

根据表 3.12,

$$E_M = 9.900 \times 10^6 \text{lbf/in}^2 (6.820 \times 10^4 \text{MPa}) \qquad \nu_M = 0.332$$

根据定义,线性预紧力是

$$P = \frac{20.000}{2\pi \times 1.500} \text{lbf/in} = 2.122 \text{ lbf/in}(0.372\text{N/mm})$$

(译者注:原书分子错印为 20,000)

根据式 (11.38)(译者注:原书错印为 11.37),有

$$K_2 = \left(\frac{1 - 0.278^2}{1.504 \times 10^7} + \frac{1 - 0.332^2}{9.9 \times 10^6}\right)\text{in}^2/\text{lbf} = [(6.135 \times 10^{-8}) + (8.988 \times 10^{-8})]\text{in}^2/\text{lbf}$$
$$= 1.512 \times 10^{-7} \text{in}^2/\text{lbf}(2.193 \times 10^{-5} \text{MPa}^{-1})$$

对于 R_2 表面的超环面界面,有

$$D_1 = (2.000 \times 72.000)\text{in} = 144.000\text{in}(3657.600\text{mm})$$
$$D_2 = (2.000 \times 36.000)\text{in} = 72.000\text{in}(1828.800\text{mm})$$

根据式 (11.37a)(译者注:原书错印为 11.36a),有

$$K_{1\text{ TOR}} = \frac{144.000 - 72.000}{144.000 \times 72.000}\text{in}^{-1} = \frac{72}{10.368}\text{in}^{-1} = 0.0069\text{in}^{-1}(1.203 \times 10^{-3} \text{mm}^{-1})$$

根据式 (11.52)(译者注:原书错印为 11.33),有

$$\sigma_{C\text{ TOR}} = 0.798 \times \left(\frac{0.0069 \times 2.122}{1.512 \times 10^{-7}}\right)^{1/2} \text{lbf/in}^2 = 248.327 \text{ lbf/in}^2(1.712\text{MPa})$$

根据式 (11.33)(译者注:原书错印为 11.15),有

$$\sigma_{T\text{ TOR}} = \frac{(1 - 2 \times 0.278) \times 248.327}{3}\text{lbf/in}^2 = 36.752 \text{ lbf/in}^2(0.253\text{MPa})$$

该应力值对于实际光学应用不会有任何问题。

11.4.6.4 球面界面

一个压圈、镜座台阶或隔圈与凹、凸或平光学表面的球形机械接触（如4.7.4节所述），使轴向预紧力分布在一个大的环状面积上，因此基本上不会产生压力。假设这些表面的半径和轮廓尺寸配合密切（如误差在几个光波波长范围内），那么接触压力等于总预紧力除以环形接触面积。与刚介绍的锐角、切向和超环面接触界面相比，由于球形界面的接触面积较大，压力足够小，可以忽略不计。如果表面之间不能密切相配，接触可能会落到一个小的环形面积上，甚至是一条线（即尖角界面）。不希望其中的任一种情况发生，因为那可能会产生高应力。由于这个原因及需要高精度外形尺寸的机械零件加工成本较高，所以很少使用球形接触界面。

图 11.26a 所示的是利用图示法表示接触应力随金属界面表面剖视半径的变化，该设计类似于上述讨论的结构。透镜和镜座的设计参数列在图中，但没有给出锐角界面的应力，位于图的左上角。

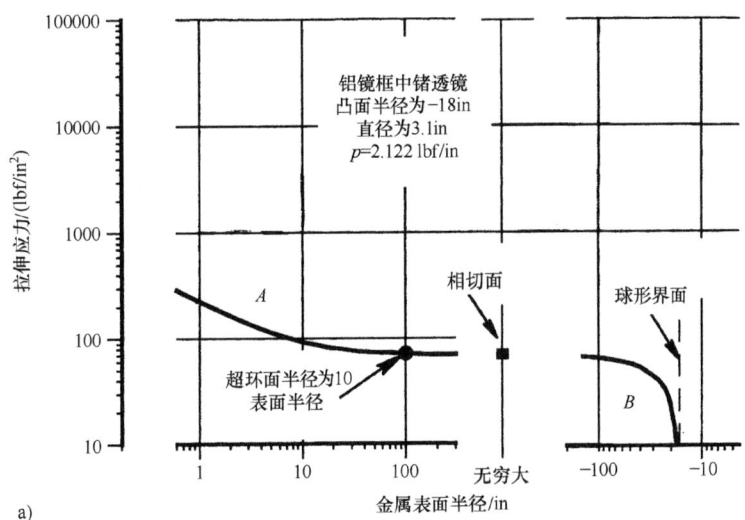

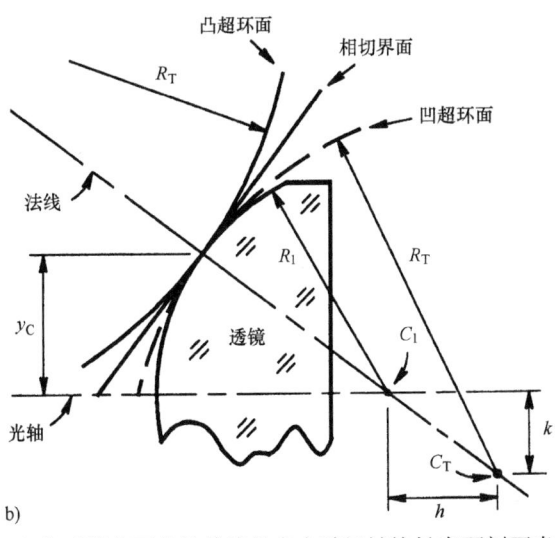

图 11.26 a) 一个凸透镜表面的拉伸接触应力随机械接触表面剖面半径的变化。曲线 A 代表凸超环面界面，曲线 B 是凹超环面界面。该曲线在球面界面位置结束。切向界面表示为一个无限大超环面半径。设计尺寸和特性如图所示 b) 表示三类接触表面所有的界面形式

图 11.26b 给出了机械元件与透镜抛光面界面之间几何关系的另一种形式。锐角界面是超环面的一种特定情况，凸面半径很小。凹超环面情况不太常用，但从技术角度讲是可能的。球面接触（玻璃和金属零件的半径相匹配）的情况也没有给出，是凹超环面的极限情况。

11.4.6.5 平面倒边界面

在 4.7.5 节讨论过平面倒边界面。倒边面可以垂直于透镜的光轴或有一定夹角（经常是 45°角）。由于其轮廓外形和方向不会严格控制，一般并不认为是精密表面，因此与这类表面的接触可能会形成不良接触。

正如球形界面的情况一样，由于倒边面上的接触面积较大，使轴向预紧力（总预紧力/接触面积）产生的接触应力本身就比较小。假设是密切接触，则这些应力可以忽略不计，然而，若接触表面并非真正的平面和平行，接触将会出现在高点处，该处的压力会增大。此外，如果这些表面的方位不能精确地一致，就会出现线接触（即锐角界面），从而会导致高的局部应力。

11.5 锐角界面、超环界面和相切界面接触情况下透镜安装的机械设计

最新发表的学术论文中，Hopkins 和 Burge (2011) 阐述了一种方法，利用美国机械工程师协会（ASME）Y14.5M（1994）关于美国国家标准工程制图及相关文件操作规范《确定尺寸即规定公差》文件中关于格式、几何尺寸和公差（GD&T）方面的指导原则，可以给出锐角、超环面和切向接触界面情况下镜筒中镜座的尺寸和公差。美国的工程组织仍然经常使用这些技术规范及后来的修订版，而国际标准化组织（ISO）制定的标准或地方标准也可能到处在使用。特别要关注镜座的结构形式、尺寸、角度方位及在周围机械环境中的位置。参考文献简要介绍了单透镜和多透镜的安装。没有阐述如何正确约束这些透镜、温度发生变化时热膨胀系数失配的影响及冲击和振动的影响，也没有讨论透镜在镜座中的安装及后来与镜座接触界面（即堆栈式顺序安装结构）的关系。下面介绍几种由 Hopkins 和 Burge 研究的部件结构。关于确定镜座公差的内容与美国机械工程师协会技术规范一致，在此不再详细叙述，可以在参考文献或规范中查阅到。

图 11.27 给出了一个光机部件具有的三种结构布局图，该部件由一个弯月形透镜及具有锐角内台肩的简单镜座组成。图 a 给出了理想的（同心）情况，图中标出三个重要的直径。透镜边缘周围的径向间隔等于 $(d_{bore} - d_{lens})/2$。装配过程中，将透镜放进镜座中，直至均匀地触及台肩［称为第一次（点）接触］以实现该条件；然后，径向移动透镜，保持与台肩全环接触，直到透镜边缘周围所有点到镜座内径的径向间隙都相等为止。

图 11.27b 中，将透镜放入镜座，使其均匀接触环形台肩。通常，透镜与镜座并不同心。当透镜边缘恰好在一点（右下方）触碰到镜座内壁时，偏心量最大。这种方法称为第二次点接触。应注意到，图形右上侧会有小的间隙。左侧间隙约为视图 a 中间隙的两倍。

图 11.27c 中，透镜安装到镜座中时，透镜已经倾斜。透镜侧面相反方向上有两个点触

到镜筒内径,这些是第一次点接触。当透镜触到镜座台肩时,出现第二次(点)接触,透镜倾斜量最大。图 a 给出了透镜顶点相对于镜座底面(机械基准面)的尺寸。应当避免出现图 c 所示的情况,采用螺纹压圈或其他方法施加预紧力,可能会出现这种现象。

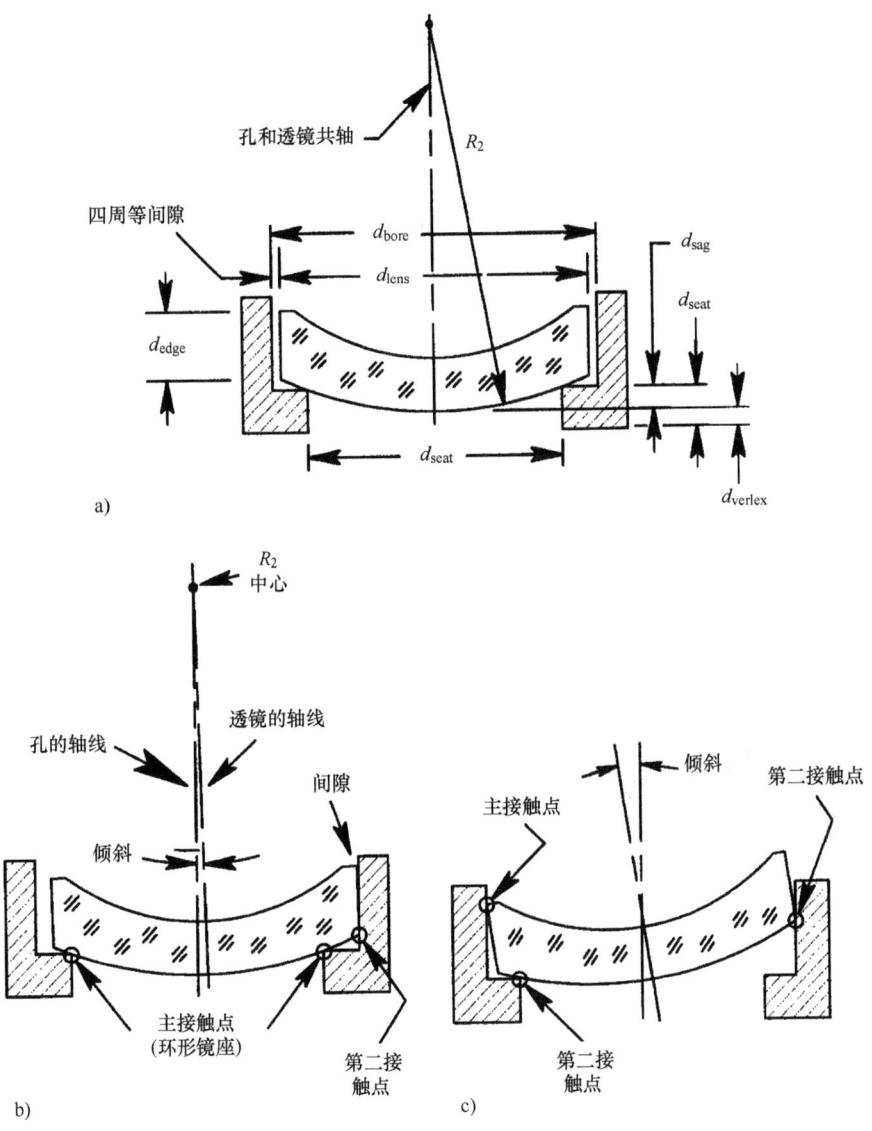

图 11.27 将一个弯月透镜安装到镜座中的示意图
a) 透镜和镜座非常理想地同心 b) 透镜偏心和倾斜地接触镜座内径,但保持与台肩环形接触
c) 与图 b 所示相同,单透镜倾斜得更严重,以至于无法与锐角台肩全部接触
(资料源自 Hopkins, C. L., and Burge, J. H., *Proc. SPIE*, 8131, 2011)

图 11.28 给出了安装直径为 1.000in(25.400mm)透镜的锐角界面型镜座的图样,其格式、几何尺寸和公差(GD&T)与 Hopkins 和 Burge 的规定一致。图 11.29 给出了透镜顶点相对于所选基准面的位置尺寸。

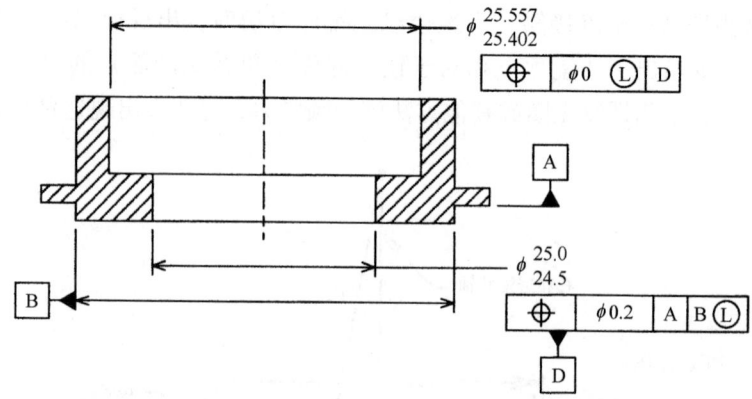

图 11.28 透镜外径是 1.004in（25.501mm），用于表述图 11.27 所示镜座 GD&T 的图样
（资料源自 Hopkins, C. L., and Burse, J. H., *Proc. SPIE*, 8131, 2011）

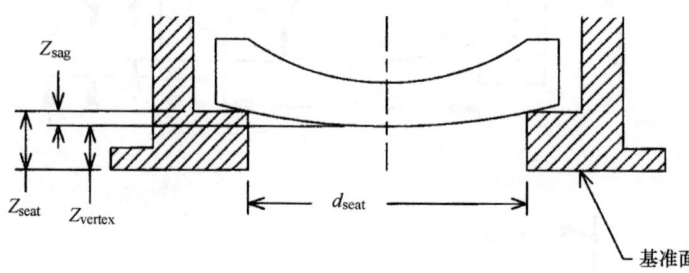

图 11.29 为了控制透镜顶点相对于镜座上指定基准面的位置，标出图 11.28 所示镜座的相关尺寸
（资料源自 Hopkins, C. L., and Burse, J. H., *Proc. SPIE*, 8131, 2011）

将圆柱体镜筒锐角界面半径［如本卷 4.7.1 节所述，一般磨光表面的半径约为 0.002in（0.051mm）］增大到最严重预紧力条件下能够在透镜中产生可接受应力所确定的半径，就可以简单地将锐角界面改变为超环面界面。图 11.30 给出了为同心设计的这类改进型镜座。如图 11.31 所示，使镜座台肩表面倾斜就可以形成切向界面。选择角度大小使透镜与台阶的环形接触恰好位于透镜通光孔径之外。图中该界面上的接触直径 24.500mm（0.965in）被 Hopkons 和 Burse 称为基准直径。从该直径平面测量 R_2 的弦高和到镜座底部附近的一个机械基准面（在该设计中是一个法兰盘的底面）的距离。

图 11.32 给出了一个镜座中安装两块透镜。图 a～c 分别给出了如何利用一个隔圈和一个压圈、一个台阶和两个压圈，

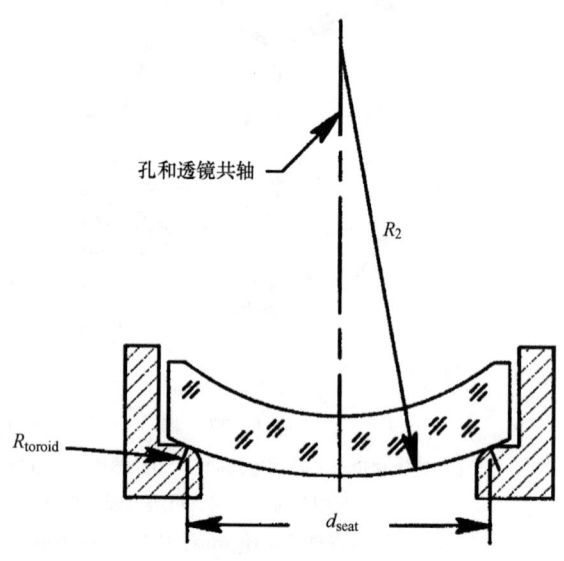

图 11.30 为了与透镜形成超环面接触，对图 11.29 所示镜座结构进行改进
（资料源自 Hopkins, C. L., and Burse, J. H., *Proc. SPIE*, 8131, 2011）

以及两个台肩和两个压圈对这些透镜进行隔离和轴向约束。图11.33 给出一种设计图11.32c 所示镜座及与上述透镜相切界面公差的方法。图中并未给出压圈螺纹。

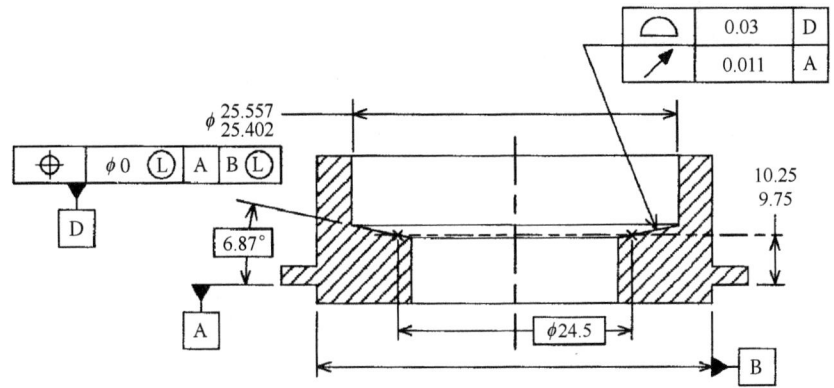

图 11.31　为了与透镜形成切向界面面接触，对图 11.29 所示镜座结构进行改进
（资料源自 Hopkins, C. L., and Burse, J. H., *Proc. SPIE*, 8131, 2011）

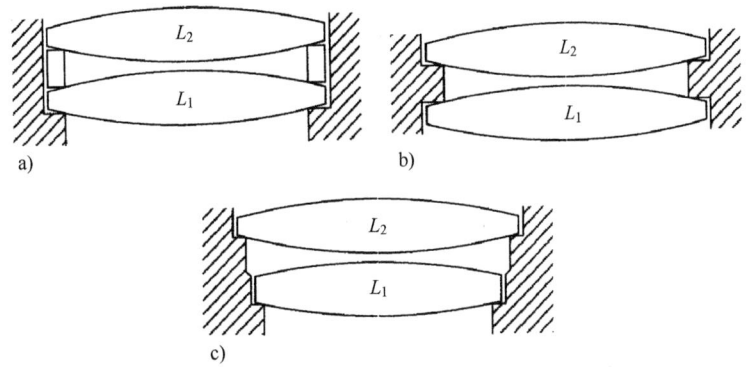

图 11.32　安装两块单透镜的三种可能的方法，保证中心空气间隔可控。
图 a 所示方法需要一个压圈，而图 b 和 c 所示方法都需要两个压圈
　　a) 一个隔圈　b) 一个集成在镜座上的台肩　c) 两个阶梯状台肩
（资料源自 Hopkins, C. L., and Burge, J. H., *Proc. SPIE*, 8131, 2011）

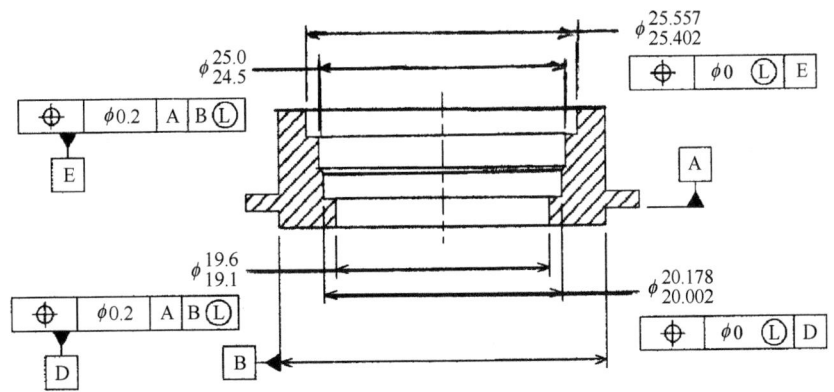

图 11.33　标注图 11.32c 所示镜座尺寸的一种方法。压圈螺纹并未给出
（资料源自 Hopkins, C. L., and Burge, J. H., *Proc. SPIE*, 8131, 2011）

11.6 偏心圆环接触界面的弯曲效应

在安装圆形光学件（透镜、光窗或小反射镜）时，如果由压圈或法兰盘施加的轴向紧固力及由这种安装给出的约束不是直接相对（即两侧偏离光轴的高度不一样），光学件内就会形成弯曲力矩，这种力矩会引起光学件变形，使一个表面变得更凸，另一个面变得更凹，如图 11.34 所示。光学元件的这种形变对成像质量会产生不利影响。利用弹簧或法兰盘非对称夹持非圆形光学件时，会产生同样的影响。

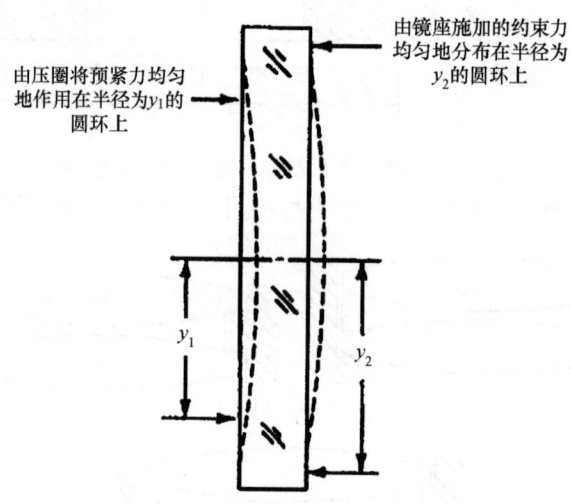

图 11.34　在一块平面平行板两侧的不同径向高度施加轴向预紧力和约束力会产生不同的弯曲力矩，使用本图评估由此造成的影响

（资料源自 Bayar, M. , *Opt. Eng.* , 20, 181, 1981）

弯曲时，变得更凸的表面处于拉紧状态，另一个表面被挤压。由于玻璃类的材料在拉力状态下比受压时更容易破碎（特别是表面划伤或玻璃内有损伤时），所以，如果弯曲影响比较大，就可能出现灾难性的结果。

11.6.1 光学零件的弯曲应力

Roark（1954）以薄平面平行板为基础（见图 11.34）推导了一套计算公式。Bayar（1981）指出，该公式的分析模型也可以用来计算简单透镜的拉伸应力。这种分析可以扩展到类似的样品中，包括圆形光窗和小的圆形无孔反射镜，近似程度部分地取决于表面曲率。由于元件比较坚硬，所以比较大的曲率会降低计算精度。

弯曲使表面更凸造成的表面拉伸应力 σ_T 近似地由下式给出：

$$\sigma_T = \frac{K_6 K_7}{t_E^2} \tag{11.54}$$

$$K_6 = \frac{3P}{2\pi m} \tag{11.55}$$

$$K_7 = 0.5(m-1) + (m+1)\ln\left(\frac{y_2}{y_1}\right) - (m-1)\frac{y_1^2}{2y_2^2} \tag{11.56}$$

式中，P 是总的轴向预载；m 是玻璃材料泊松比 ν_G 的倒数；t_E 是光学件（以较小者为准）边缘或轴上厚度；y_1 是较小的接触高度；y_2 是较大的接触高度。

为了降低这种弯曲力矩对光学表面形状、半径及破损概率的影响，两侧接触高度应尽可能相等。增大光学件厚度有利于降低此种风险。设计实例 11.8 介绍了如何应用上述公式。

设计实例11.8 若在平面平板反射镜两侧（距离光轴）不同径向高度施加预紧力约束，计算其承受的拉伸应力

一块熔凝石英平面平板反射镜直径是 20.000in（508.000mm），厚度 2.500in（63.500mm）。一侧放置在一个超环面台肩上，$y_1 = 9.500\text{in}(241.300\text{mm})$，另一侧利用超环面法兰盘压紧，$y_2 = 9.880\text{in}(250.952\text{mm})$。在规定的最低温度时，施加的预紧力是 2000 lbf（$8.90 \times 10^3\text{N}$）。请问，致冷反射镜（凸）表面承受的拉伸应力是多少？

解：

根据表 3.8，有 $\nu_G = 0.17$，所以 $m = 1/\nu_G = 5.882$。

根据式（11.55）（译者注：原书错印为 11.54），有

$$K_6 = \frac{3 \times 2000}{2\pi \times 5.882}\text{ lbf} = 162.348\text{ lbf}$$

根据式（11.56）（译者注：原书错印为 11.55），有

$$K_7 = \left[0.5 \times (5.882-1) + (5.882+1)\ln\left(\frac{9.880}{9.500}\right)\right] - \frac{(5.882-1) \times 9.50^2}{2 \times 9.88^2} = 0.454$$

根据式（11.54），有

$$\sigma_T = \frac{162.348 \times 0.454}{2.500^2}\text{ lbf/in}^2 = 11.793\text{ lbf/in}^2(0.081\text{MPa})$$

（译者注：原书错印为 11.53）

该应力相当合理。

11.6.2 弯曲光学件表面弧高的变化

图 11.34 中，一块平板受到不对称环形安装界面施加弯曲力矩的作用，其中心弧高会发生变化，Young（1989）推导出下列计算公式：

$$\Delta_{\text{SAG}} = \frac{K_8 K_9}{t_E^3} \tag{11.57}$$

$$K_8 = \frac{3P(m^2-1)}{2\pi E_G m^2} \tag{11.58}$$

$$K_9 = \frac{(3m+1)y_2^2 - (m-1)y_1^2}{2(m+1)} - y_1^2 \ln\left(\frac{y_2}{y_1}+1\right) \tag{11.59}$$

式中各项定义与前面一样。为了考察表面形变能否被接受，可以根据对系统成像质量的要求及光学件在系统中的位置所确定的公差（如 $\lambda/4$ 或 $\lambda/50$）进行比较确定。设计实例11.9是一种典型设计。

设计实例11.9　若在平面平板反射镜两侧（距离光轴）不同径向高度施加预紧力约束，计算其表面变形

与设计实例11.8一样，熔凝石英平面平板反射镜直径是20.000in（508.000mm），厚度2.500in（63.500mm）。一侧放置在一个超环面台肩上，$y_1 = 9.500\text{in}(241.300\text{mm})$，另一侧利用超环面法兰盘压紧，$y_2 = 9.880\text{in}(250.952\text{mm})$。在规定的最低温度时，施加的预紧力是2000 lbf（8.90×10^3 N）。请问，反射镜凸表面的变形量是多少个波长（波长 $\lambda = 633\text{nm}$）？

由表3.8，$\nu_G = 0.17$，因此有

$$m = 1/\nu_G = 5.882 \quad E_G = 1.060 \times 10^7 \text{ lbf/in}^2 (7.300 \times 10^4 \text{MPa})$$

分别根据式（11.58）、式（11.59）和式（11.57）（译者注：原书错印为11.57，11.58和11.56），有

$$K_8 = \frac{3 \times 2000 \times (5.882 - 1)}{2\pi \times (1.06 \times 10^7) \times 5.882^2} \text{in}^2 = 8.748 \times 10^{-5} \text{in}^2$$

$$K_9 = \left\{ \frac{(3 \times 5.882 + 1) \times 9.880 - 5.882 - 1 \times 9.500^2}{2 \times (5.882 + 1)} - 9.500^2 \times \left[\ln\left(\frac{9.880}{9.500}\right) + 1 \right] \right\} \text{in}^2$$

$$= 6.437 \text{in}^2$$

（译者注：原书错印为 $2 \times 5.882 + 1$）

$$\Delta_{\text{SAG}} = \frac{(8.748 \times 10^{-5}) \times 6.437}{2.500^3} \text{in} = 3.604 \times 10^{-5} \text{in} (9.154 \times 10^{-4} \text{mm}) = 1.45\lambda$$

（波长 $\lambda = 0.633\mu\text{m}$）

该表面变形如此之大，尽管（根据设计实例11.8）计算出的应力相当低，但该反射镜的安装设计不会满足任何实际应用要求。使 y_1 与 y_2 相等或非常接近可能会有很大改善。

11.7　温度变化的影响

当温度发生变化时，光学表面的半径、空气间隔和透镜厚度、光学材料和周围空气的折射率及结构组件的实际尺寸都会发生相应变化。其中任何一项都会使系统性能下降。可以应用卷Ⅱ的7.5节描述的光学仪器消热化技术将这些影响降至最小。系统中也会有轴向和径向温度梯度，这些因素可能以类似光学元件偏心或倾斜的形式影响成像质量和/或造成瞄准误差。另外，光学表面可能产生畸变，材料的光学和机械性质会变得不太均匀。包括折射光学元件在内的光学系统中的温度梯度是很大的，装配在组件内的光学和机械零件外形尺寸的变

化通常都会造成紧固力（预载）的变化，这些变化影响着光机界面处的接触应力。上述问题如果没有考虑，可能会造成严重后果，而仔细地进行光机设计就能够消除大部分问题或者大大减少其量值。

Giessen 和 Folgering（2003）提出了一系列对光学仪器进行成功热设计的指导性意见，在此讨论几种用来解决一些常见的与温度有关问题的方法，其中包括径向和轴向的温度变化影响；高温下由于与镜座接触面减小而造成光学元件错配的可能性；低温下集结的轴向和径向应力及温度变化造成焊结点处的剪应力。

11.7.1 温度降低造成的径向影响

温度变化会造成圆形孔径光学元件（如透镜、光窗、滤光片和反射镜）在径向和轴向两个方向相对于镜座材料的不同膨胀或收缩。下面讨论变化对径向尺寸的影响时已经假设：(1) 光学件和相关的镜座部分是旋转对称的；(2) 光学件的外径与镜座（使用的话，或者是刚性的径向定位衬垫）内径间的间隙较小；(3) 每次温度变化前后，所有的元件都处于均匀的温度环境下；(4) 光学材料（玻璃、陶瓷、金属或复合材料）和镜座（通常是金属）的热膨胀系数分别是 α_G 和 α_M。上述所有情况中，温度变化定义为 ΔT。

镜座的热膨胀系数通常大于安装在其中的光学件的热膨胀系数，镜座材料用因瓦合金及光学元件是玻璃材料，则是一种例外。通常情况下，温度下降会造成镜座沿径向向光学件的边缘收缩，使这些元件之间的径向间隔尺寸减小，并且如果温度下降得足够快，镜座的内边缘将会碰到光学件的外边缘。温度进一步下降还会产生一个径向力施加于光学件边缘，该力将沿径向挤压光学件形成径向应力。如果满足此节假设的近似条件，张力和压力相对于光轴是对称的。若这些压力足够大，光学件性能将受到不利影响，特别大的压力将造成光学件失效和/或镜座塑性形变。

如果 $\alpha_M > \alpha_G$，温度升高将造成镜座膨胀，远离光学件，因而增大了当前的径向间隔，或者形成一种间隙。当径向间隙增大太多，会使光学件在如冲击或振动等外力作用下发生位移，从而影响对准，光学性能随之受到影响。

11.7.1.1 光学元件中的径向应力

有一定降温 ΔT，边缘接触安装的光学元件中产生的径向压力 σ_R 可以由下列公式计算：

$$\sigma_R = -K_4 K_5 \Delta T \tag{11.60}$$

其中

$$K_4 = \frac{\alpha_M - \alpha_G}{\dfrac{1}{E_G} + \dfrac{D_G}{2 E_M t_C}} \tag{11.61}$$

$$K_5 = 1 + \frac{2\Delta r}{D_G \Delta T(\alpha_M - \alpha_G)} \tag{11.62}$$

式中，D_G 是光学件外径；t_C 是光学件边缘外正对着的镜座壁厚；Δr 是径向间隙。

如果 $\Delta r > [D_G \Delta T(\alpha_G - \alpha_M)/2]$，该光学件将不再受到镜座内径的约束，并且在 ΔT 温度范围内，径向应力不会继续发展。设计实例 11.10 分析了施加在光学元件侧面边缘上的压应力。

设计实例11.10 透镜中径向应力及其镜座中圆周应力的计算

一个直径为2.384in（60.554mm）由SF2材料制成的透镜安装在CRES416不锈钢镜座中，径向间隙$\Delta r = 0.0002$in（5.08×10^{-3}mm）。在68℉（20℃）环境温度下装配。透镜侧面对应的镜座壁厚是0.062in（1.575mm）。请问，-80℉（-26℃）（译者注：原书错印为62℃）时透镜中产生的径向压应力是多少？

解：

根据表3.8和表3.17所示，有

$E_G = 7.98 \times 10^6$ lbf/in²（5.50×10^4 MPa） $\alpha_G = 4.7 \times 10^{-6}$/℉（$8.4 \times 10^{-6}$/℃）

$E_M = 2.9 \times 10^7$ lbf/in²（2.00×10^5 MPa） $\alpha_M = 5.5 \times 10^{-6}$/℉（$9.9 \times 10^{-6}$/℃）

$$\Delta T = -80℉ - 68℉ = -148℉(-82℃)$$

如文中所述，在进行实际应力计算之前，很容易确定透镜周围的径向间隙是否足够大，即是否足以避免低温环境下产生应力。将下面计算出的量与Δr比较。

$$\frac{D_G \Delta T (\alpha_M - \alpha_G)}{2} = \frac{2.384 \times 148 \times (5.5 \times 10^{-6} - 4.7 \times 10^{-6})}{2} \text{in}$$
$$= 0.00014 \text{in} (0.00036 \text{mm})$$

该值小于Δr，因此产生径向应力。

根据式（11.61）和式（11.62）（译者注：原书错印为11.60和11.61），有

$$K_4 = \frac{5.5 \times 10^{-6} - 4.5 \times 10^{-6}}{\dfrac{1}{7.8 \times 10^6} + \dfrac{2.384}{2 \times (2.9 \times 10^7) \times 0.062}} \text{lbf/(in}^2 \cdot ℉)$$

$$= \frac{1.0 \times 10^{-6}}{1.282 \times 10^{-7} + 6.630 \times 10^{-7}} \text{lbf/(in}^2 \cdot ℉) = 1.264 \text{ lbf/(in}^2 \cdot ℉)$$

$$K_5 = 1 + \frac{2 \times 0.0002}{2.384 \times (-148) \times (5.5 \times 10^{-6} - 4.7 \times 10^{-6})} = -0.147$$

由式（11.60）（译者注：原书错印为11.59），有

$$\sigma_R = [-1.011 \times (-0.417) \times (-148)] \text{lbf/in}^2 = -62.41 \text{ lbf/in}^2 (-0.43 \text{MPa})$$

K_5和K_6是负值表明，低温下透镜周围还留有小的间隙，因此透镜和镜座中没有径向应力。

11.7.1.2 镜座壁内的切向（环向）应力

镜座与侧面接触光学元件在低温下具有不同收缩量的另一个结果就是按照下面规律在镜座内部产生应力：

$$\sigma_M = \frac{S_R D_G}{2 t_C} \tag{11.63}$$

式中所有项与前面定义相同。光学件还没有塑性变形或失效时，可以应用该公式确定镜座是否坚固得足以承受施加在光学件上的力。如果镜座材料的屈服应力大于σ_M，则存在安全系数问题。注意，若K_5是负值，镜座壁上没有应力。

设计实例 11.11 利用式（11.63）（译者注：原书错印为 11.62）确定铝材料镜座中玻璃反射镜在低温下的应力。

设计实例 11.11　计算径向约束反射镜在最低温度下发热径向应力以及镜座中的环向应力

假设，由 OharaE6 玻璃材料制造的反射镜[直径 20.000in（508.000mm）]安装在 6061-T6 铝材料镜座中，径向间隙为 0.002in（0.051mm），温度为 68°F（20℃）。反射镜柱面周围的镜座壁厚为 0.250in（5.080mm）。（a）如果温度降到 -80°F（约 -26℃）（译者注：原书错印为 20℃），请问，反射镜内的径向应力是多少？（b）镜座壁承受的环向应力是多少？

解：

根据表 3.13 和表 3.17，有

$E_G = 8.5 \times 10^6 \text{ lbf/in}^2 (5.86 \times 10^4 \text{MPa})$　　$\alpha_G = 1.5 \times 10^{-6}/°F (2.7 \times 10^{-6}/℃)$

$E_M = 9.9 \times 10^7 \text{ lbf/in}^2 (6.82 \times 10^4 \text{MPa})$　　$\alpha_M = 13.1 \times 10^{-6}/°F (23.6 \times 10^{-6}/℃)$

$$\Delta T = -80°F - 68°F = -148°F (-82.2℃)$$

（a）根据式（11.61）和式（11.62）（译者注：原书错印为 11.60 和 11.61），有

$$K_2 = \frac{13.1 \times 10^{-6} - 1.5 \times 10^{-6}}{\frac{1}{8.500 \times 10^6} + \frac{20.000}{2 \times (9.9 \times 10^6) \times 0.250}} \text{ lbf/(in}^2 \cdot °F)$$

$$= 2.790 \text{ lbf/(in}^2 \cdot °F)$$

$$K_5 = 1 + \frac{2 \times 0.0002}{20.000 \times (-148) \times (13.1 \times 10^{-6} - 1.5 \times 10^{-6})} = 0.988$$

由式（11.60）（译者注：原书错印为 11.59），有

$$\sigma_R = -[2.7900 \times 0.988 \times (-148)] \text{lbf/in}^2 = 408 \text{ lbf/in}^2 (2.81\text{MPa})$$

该应力不会对反射镜造成损伤。

（b）由式（11.63）（原书错印为 11.59）得到镜座中的环向应力，有

$$\sigma_M = \frac{408 \times (20.000/2)}{0.250} \text{ lbf/in}^2 = 16320 \text{ lbf/in}^2 (112.53\text{MPa})$$

根据表 3.18，6061-T6 铝材料的 σ_Y 约为 38000 lbf/in²（~262.0MPa），因此，安全系数是 38000/16320 = 2.3，是可以接受的。

11.7.2　升温后的径向影响

温度从装配时的环境温度升高 ΔT，使光学件与镜座之间的理论径向间隔 GAP_R 增大了 ΔGAP_R，其值可以由下式计算：

$$\Delta \text{GAP}_R = (\alpha_M - \alpha_G)\frac{D_G}{2}\Delta T \tag{11.64}$$

式中所有项与前面定义相同。

如果没有轴向约束（如同高温下的情况），光学元件侧面与镜座内径之间的径向间隙就使光学件在振动条件下发生倾斜（或绕着一条横轴滚动），直至边缘厚度为 t_C（译者注：原书错印为 t_A）的光学元件另一侧的点碰到镜座内径（见图 11.35）。由下式计算倾斜角：

$$\text{倾斜角} = \arctan\left(\frac{d_{\text{bore}} - d_{\text{lens}}}{2 d_{\text{edge}}}\right) \quad (11.65)$$

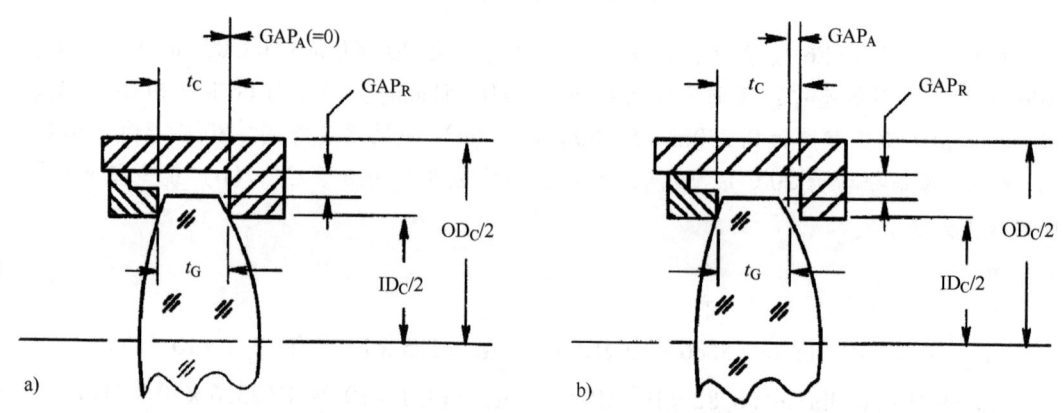

图 11.35　一块玻璃透镜和金属镜座组成的部件（其中金属材料的热膨胀系数大于透镜的热膨胀系数）内，温度升高的影响
a）装配温度　b）最高温度，图中产生的 GAP_A 会使透镜在振动条件下移动

11.7.3　温度变化造成轴向预紧力的变化

11.7.3.1　影响因素

Jamieson（1992）阐述了简单和复杂折射光学系统中如何实现被动式消热差问题。通常，光学材料和镜座材料的热膨胀系数是不一样的，镜座材料的热膨胀系数比玻璃的热膨胀系数大，所以温度变化 ΔT 会造成轴向总预紧力 P 变化。式（11.66）（译者注：原书错印为 11.65）（Yoder, 1992）将这种关系量化为

$$\Delta P = K_3 \Delta T \quad (11.66)$$

式中，K_3 为设计预载随温度变化的速率，有时该系数也称为设计温度灵敏度系数。知道一个已经确定了的光机设计的 K_3 值是非常有利的，因为综合考虑 ΔP 与装配预紧力，能够计算出任何温度下施加到透镜上的实际预紧力。如果没有摩擦力，那么使用单个压圈或其他非正规方法对透镜进行紧固，所有表面上的预紧力都相等。

如果 $\alpha_M > \alpha_G$（通常是这种情况），当温度升高 ΔT 时，镜座中的金属材料要比光学材料膨胀得更多，装配温度 T_A〔一般是 20℃（68℉）〕环境下确定的轴向预载也会随之减小，若温度升得非常高，预载就会消失（见图 11.35）。另外，如果透镜在轴向没有受到约束（如使用人造橡胶密封剂），当外部施加力时就会在镜座内自由移动。将轴向预载趋于零时的温度定义为 T_C，可以由下式求出：

$$T_C = T_A - (P_A / K_3) \quad (11.67)$$

在温度升至 T_C 之前，镜座与透镜保持接触，进一步升高温度，镜座与光学件之间将形成一个轴向间隙，该间隙不应超出该透镜无移动要求时的设计公差。

在单透镜元件构成的子组件、双胶合透镜子组件、双分离透镜子组件和一般的多透镜子组件中，温度由 T_C 升高 ΔT 造成的轴向间隙增加量 ΔGAP_A 可以分别近似求得：

$$\Delta GAP_A = (\alpha_M - \alpha_G) t_E (T - T_C) \tag{11.68}$$

$$\Delta GAP_A = [(\alpha_M - \alpha_{G1}) t_{E1} + (\alpha_M - \alpha_{G2}) t_{E2}](T - T_C) \tag{11.69}$$

$$\Delta GAP_A = [(\alpha_M - \alpha_{G1}) t_{E1} + (\alpha_M - \alpha_S) t_S + (\alpha_M - \alpha_{G2}) t_{E2}](T - T_C) \tag{11.70}$$

$$\Delta GAP_A = \sum_1^N (\alpha_M - \alpha_i) t_i (T - T_C) \tag{11.71}$$

式中，角标"S"表示隔圈，其他项的定义与前面相同。图 11.36 给出了上述情况中的前三种情况。

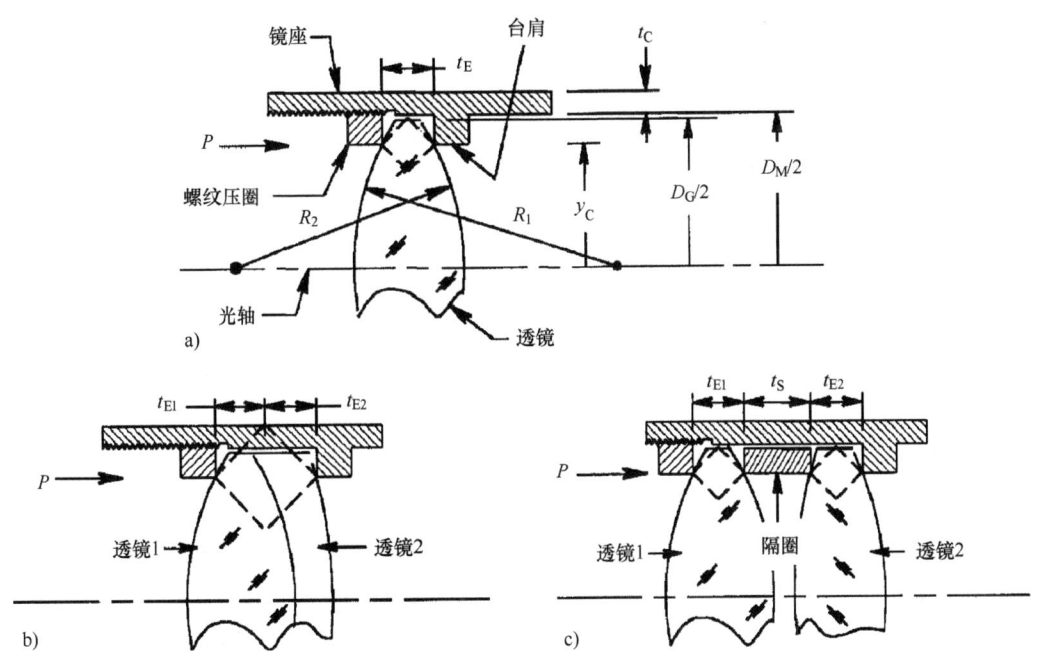

图 11.36 透镜装配方案示意图。所有视图均表示（用虚线）接触应力在透镜内的传播情况
a) 单透镜零件 b) 双胶合物镜 c) 双分离物镜

如果施加在组件上的预紧力较大，计算出的 T_C 值可能会大于 T_{MAX}，在此情况下，ΔGAP_A 将是负值，表示玻璃与金属的接触范围没有超出 $T_A \le T \le T_{MAX}$。

在几乎所有的应用中，一块透镜的位置和方向可以接受不同膨胀形成的轴向和径向间隙之内的微小变化。然而，如果透镜与其镜座表面之间有间隙，透镜又受到大加速度的作用（振动或冲击）时，玻璃与金属的撞击可能会损伤透镜。Lecuyer（1980）研究过长期施加振动载荷下玻璃表面受到的这类损伤（称为"微振磨损"）及其他多种情况。为将这种损伤降至最低，比较明智的方法就是设计透镜组件时，要在 T_{MAX} 处留有足够的剩余预载，保证透镜在最大加速度预期环境下能牢固地贴靠在机械界面上。正如本书前面所述，在轴向加速度是 a_G 的情况下约束重量为 W 的透镜所需的预紧力（以磅为单位），简单地说，就是 W 乘以 a_G，如果使用国际单位制，该预载（单位为N）是 $9.807 W a_G$。其中 W 的单位是 kg。为了使 T_{MAX} 时预紧力不为零，装配时施加的预紧力必须等于补偿加速度所需要的最小预紧力加上温度变化（从装配时的温度 T_A 升至 T_{MAX} 时的变化量）造成的预载下降量。

这类情况可以理解如下：将一块透镜想象为 T_A 装配，由于是通过压圈施加预紧力，所以透镜表面、压圈和台肩之间不存在轴向间隙。现在，温度升高到 T_C，因为 α_M 大于 α_G，金属比玻璃膨胀更多，因此预紧力消失，透镜之前、透镜之后或者两侧就会出现轴向间隙。在加速度作用下，透镜可以稍微有些自由移动。设计实例 11.12 讨论了如何量化计算该情况的 GAP_A。

设计实例 11.12　计算双凸单透镜及其镜座台肩之间在最高温度时的轴向间隙

一块 NBK7 材料的双凸透镜具有以下参数：直径 $D_G = 4.000\text{in}(101.600\text{mm})$，半径 $R_1 = 6.000\text{in}(152.400\text{mm})$，$R_2 = 4.000\text{in}(101.600\text{mm})$，重为 0.680 lb(0.309kg)，与 6061 铝镜座台肩锐角轴向接触且在最高存储温度下 160°F(71.1℃) 用螺纹压圈固紧，而轴向加速度 $a_G = 25$。透镜轴向厚度及镜座在接触高度位置的厚度都是 0.358in (9.093mm)。装配在 68°F(28℃) 环境下完成。请问，最高温度 T_{MAX} 时的轴向间隙是多少？

解：

$$\Delta T = (160 - 68)°F = 92°F(33.3℃)$$

根据表 3.2，有 $\alpha_G = 3.9 \times 10^{-6}/°F$。

根据表 3.17，有 $\alpha_M = 13.1 \times 10^{-6}/°F$。

镜座膨胀为

$$\alpha_M t_C \Delta T = [(13.1 \times 10^{-6}) \times 0.358 \times 92]\text{in} = 4.315 \times 10^{-4}\text{in}(1.096 \times 10^{-3}\text{mm})$$

透镜膨胀为

$$\alpha_G t_G \Delta T = [(3.9 \times 10^{-6}) \times 0.358 \times 92]\text{in} = 1.285 \times 10^{-4}\text{in}(3.264 \times 10^{-3}\text{mm})$$

轴向间隙为

$$(4.315 \times 10^{-4} - 1.285 \times 10^{-4})\text{in} = 3.030 \times 10^{-4}\text{in}(7.696 \times 10^{-3}\text{mm})$$

在振动或冲击下，如此小的间隙足以使该透镜相对于其初始对准状态有非常轻微的移动。将该值与光学系统公差分析所对应的公差进行比较，确定是否能够接受。

11.7.3.2　仅考虑体效应推导出的 K_3 近似式

若 $T \leq T_C$，利用 K_3 很方便计算温度变化对预紧力影响的计算。但是，即使是一个简单透镜/镜座结构，也很难完全使该值量化。例如，再次讨论图 11.36a 所示的设计。预紧力在透镜内产生的接触应力近似如图 11.37 所示，是 Genberg（2004）利用有限元分析法得到的结果。以菱形截面区表示应力形成区（环状）。装配后透镜的 K_3 近似为

$$K_3 = \frac{-\sum_1^n (\alpha_M - \alpha_i) t_i}{\sum_1^n C_i} \tag{11.72}$$

式中，C_i 是第 i 个部件弹性分量之一的柔量。每个透镜的柔量可以近似为 $[2t_E/(E_G A_G)]_i$，镜座的柔量为 $[t_E/(E_M A_M)]_i$，隔圈的柔量是 $[t_S/(E_S A_S)]_i$。

第 11 章 光机设计界面分析

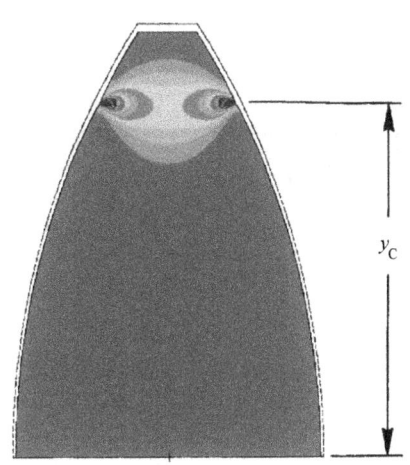

图 11.37　按照图 11.36a 所示方案施加预紧力时，透镜内应力分布的有限元分析
（资料源自：Genberg, V. L., Structural analysis of optics, in *Handbook of Optomechanical Engineering*, Ahmad, A., Ed., CRC Press, Boca Raton, FL., Chapter 8, 1991a）

或许除了玻璃和金属元件应力区域横截面积 A_i 外，这些公式中的所有项都应当是显而易见的。图 11.38～图 11.40 分别给出了镜座、透镜和两类隔圈的典型几何图形。

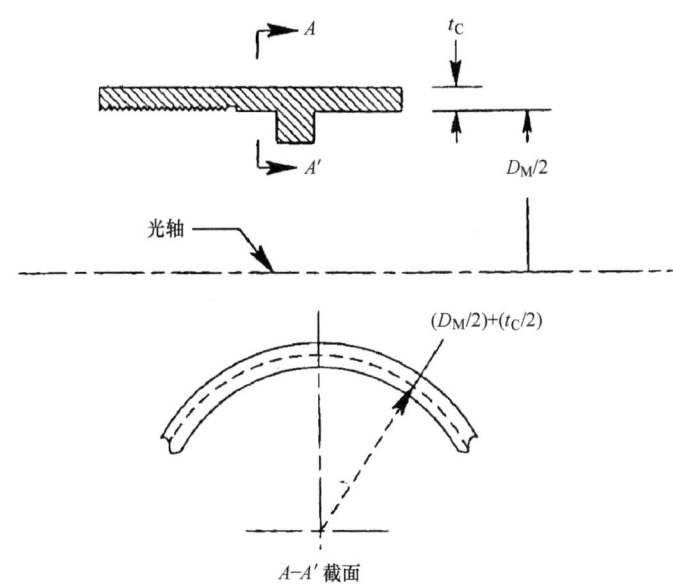

图 11.38　对一个简单透镜镜座内受压区域横截面积进行近似计算的几何关系图
（资料源自 Yoder, P. R., Jr., *SPIE Crit.* Rev., CR43, 305, 1992）

对于透镜元件，下面给出的两种情况都可以应用：如果 $(2y_C + t_E) \leqslant D_G$，受压区域（图 11.36 所示的菱形区域）完全位于透镜边缘侧面内，应用式（11.73a）（译者注：原书错印为 11.72a）。透镜厚度 t_E 是接触高度 y_C 位置的测量值。假设透镜两侧的高度相同，如果 $(2y_C + t_E) \geqslant D_G$，受压区域被透镜边缘截断，则利用式（11.73b）（译者注：原书错印为 11.72b）：

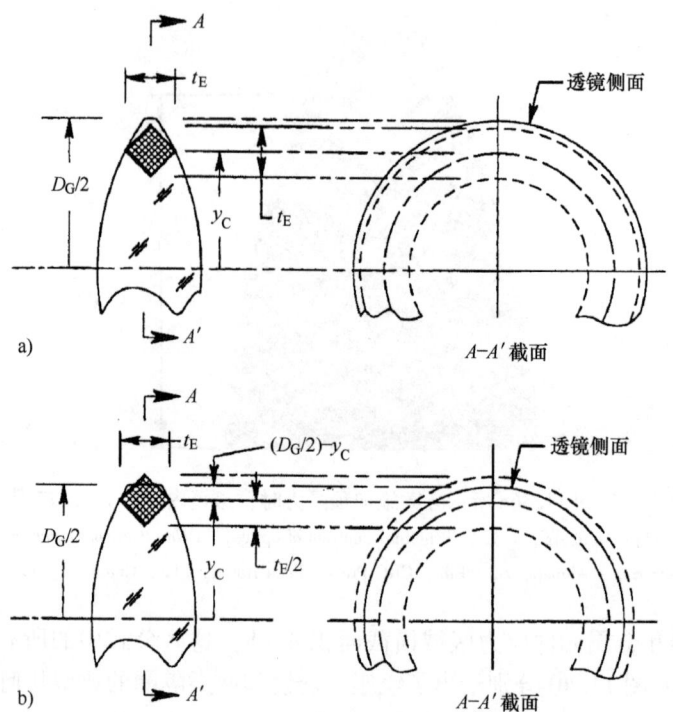

图 11.39 对透镜内受压区域的横截面积进行近似计算的几何关系图
a) 完全位于透镜边缘内 b) 被边缘截断
(资料源自 Yoder, P. R., Jr., *SPIE Crit. Rev.*, CR43, 305, 1992)

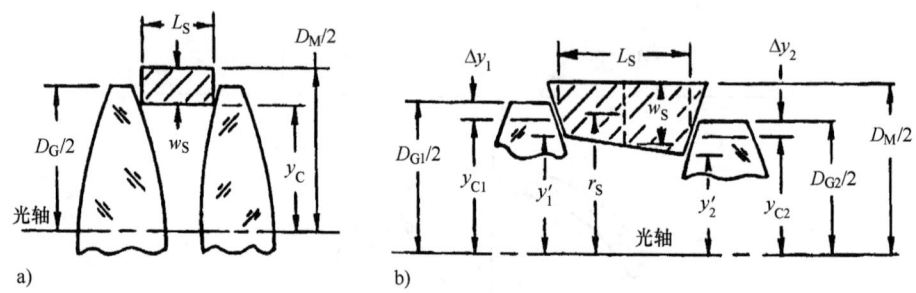

图 11.40 两类典型的透镜隔圈视图
a) 具有尖角界面的圆柱类隔圈 b) 具有相切界面的圆锥类隔圈
(资料源自 Yoder, P. R., Jr., *Proc. SPIE*, 2263, 332, 1994)

$$A_G = 2\pi y_C t_E \tag{11.73a}$$

$$A_G = \frac{\pi}{4}(D_G - t_E + 2y_C)(D_G + t_E - 2y_C) \tag{11.73b}$$

式 (11.74)（译者注：原书错印为 11.73）确定镜座 A_M：

$$A_M = 2\pi t_C \left(\frac{D_M}{2} + \frac{t_C}{2}\right) = \pi t_C (D_M + t_C) \tag{11.74}$$

式中，D_G 是透镜外径；D_M 是透镜侧面处的镜座内径；t_C 是与透镜侧面紧邻的镜座厚度。

第 11 章 光机设计界面分析

式（11.75）~式（11.80）（译者注：原书错印为 11.74~11.62）用于计算图 11.39 所示的每种隔圈的环形面积 A_S。如果图 a 所示的使用锥形或超环界面，或者说更多的透镜表面是凹面，则应对公式做适当修正。若是简单的圆柱面隔圈，有

$$w_{\text{SCYL}} = \frac{D_M}{2} - y_C \tag{11.75}$$

对于简单的锥形隔圈，有

$$\Delta y_i = \frac{(D_G)_i}{2} - (y_C)_i \tag{11.76}$$

$$y'_i = (y_C)_i - (\Delta y)_i \tag{11.77}$$

$$w_{\text{STAPER}} = \frac{D_M}{2} - \frac{y'_1 + y'_2}{2} \tag{11.78}$$

在两种情况中，有

$$r_S = \frac{D_M}{2} - \frac{w_S}{2} \tag{11.79}$$

$$A_S = 2\pi r_S w_S \tag{11.80}$$

其他隔圈的设计有类似公式，本卷图 5.3 和图 5.6 所示的可以查到实际隔圈的设计图。

应用上述公式，根据单透镜、双胶合透镜以及双分离透镜等具体情况，式（11.72）（译者注：原书错印为 11.71）则转换为下面形式：

$$K_{\text{3BULK}} = \frac{-(\alpha_M - \alpha_G)t_E}{\dfrac{2t_E}{E_G A_G} + \dfrac{t_E}{E_M A_M}} \tag{11.81}$$

$$K_{\text{3BULK}} = \frac{-(\alpha_M - \alpha_{G1})t_{E1} - (\alpha_M - \alpha_{G2})t_{E2}}{\dfrac{2t_{E1}}{E_{G1} A_{G1}} + \dfrac{2t_{E2}}{E_{G2} A_{G2}} + \dfrac{t_{E1} + t_{E2}}{E_M A_M}} \tag{11.82}$$

$$K_{\text{3BULK}} = \frac{-(\alpha_M - \alpha_{G1})t_{E1} - (\alpha_M - \alpha_S)t_S - (\alpha_M - \alpha_{G2})t_{E2}}{\dfrac{2t_{E1}}{E_{G1} A_{G1}} + \dfrac{t_S}{E_S A_S} + \dfrac{2t_{E2}}{E_{G2} A_{G2}} + \dfrac{t_{E1} + t_S + t_{E2}}{E_M A_M}} \tag{11.83}$$

11.7.3.3 考虑其他影响因素推导出的 K_3 近似式

Yoder 和 Hatheway（2005）认为，当温度增加 ΔT 时，下列简单透镜安装设计（见图 11.41a）中的一些会发生变化并影响 K_3 的设计值。假设镜座热膨胀系数 α_M 比透镜的热膨胀系数 α_G 大。

- 玻璃在高度 y_C 位置的整体压力；
- 透镜侧面对应的、厚度为 t_C 的镜座壁整体伸长率；
- 镜座（较弱）的螺纹和倒凹区的伸长率；
- 玻璃表面 R_1 和 R_2 在界面位置的局部变形；
- 压圈和台肩表面在界面位置的局部变形；
- 压圈和台肩的类法兰盘偏转；
- 预紧力施加的轴对称力矩造成透镜侧面相对应镜座壁厚出现枕形畸变；
- 螺纹丝扣接头的挠性；

- 透镜及机械零件尺寸径向变化不相等；
- 表面粗糙度对机械和玻璃表面造成的不确定性；
- 摩擦力的影响。

图 11.41 给出了其中一些影响的示意图。

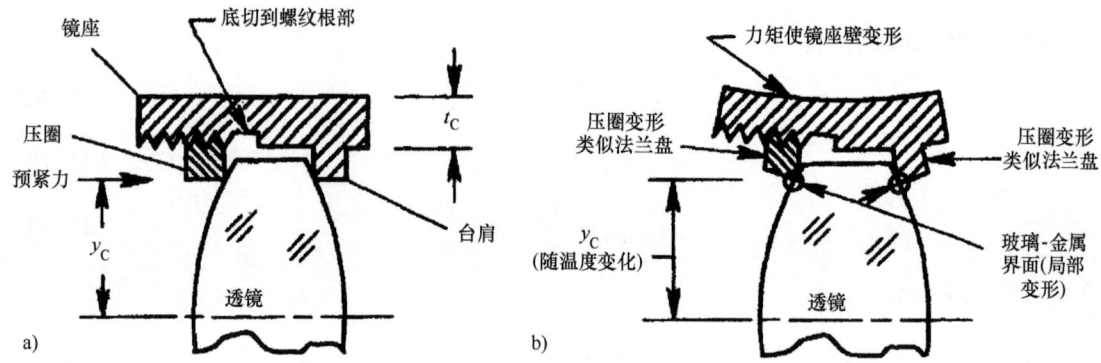

图 11.41 一个双凸透镜的简单安装示意图
a) 名义设计 b) 由于温度降低而使其发生一些变化，从而影响 K_3

(资料源自 Fischer, R. E., et al., *Optical System Design*, 2nd edn., McGraw-Hill. New York, 2008)

Yoder 和 Hatheway（2005）对 K_3 的潜在影响提出了一种估算方法，考虑到上面讨论的透镜和镜座壁中整体受压/拉长的影响，加上 4 种用闭式方程式表示的其他因素，在此将总结和概括这种理论，并以设计实例说明其应用。

11.7.3.3.1 玻璃和金属表面变形的影响

当横截面直径分别是 D_1 和 D_2 的两个平行圆柱体共同受到预载为 P 的作用时，其中心距会有一个变形量 Δx。Young（1989）给出了计算两个表面弹性变形的下列公式：

$$\Delta x = \frac{2p(1-\nu^2)}{\pi E}\left(\frac{2}{3} + \ln\frac{2D_1}{\Delta y} + \ln\frac{2D_2}{\Delta y}\right) \tag{11.84}$$

该公式是根据透镜与镜座之间环形接触模式推导，如图 11.25 所示。假定两种材料的杨氏模量和泊松比相同，尽管这并不符合实际情况。根据在此要求的精度，将两种材料的有关数据进行平均。线性预紧力 p 定义为 $P/(2\pi y_C)$，式中 y_C 是金属与透镜表面的接触高度。根据式（11.40）求得界面内变形面积的宽度 Δy。表面变形出现在透镜两侧的界面处。它们的作用相当于两个串联的"弹簧"，每个弹簧的匹配度等于：

$$C_D = \frac{\Delta x}{p} \tag{11.85}$$

该柔度连同与玻璃和金属整体效应相对应的柔度一起增加到式（11.81）[或式（11.72）]（译者注：原书错印为 11.71）的分母中，推导出更好的 K_3 近似表达式。

11.7.3.3.2 压圈变形的影响

假设带螺纹的压圈是通过螺纹被牢固地固定在镜壁上，可以以一种连续圆形法兰盘的安装方式变形，如 4.6.3 节所述。为方便讨论，再次列出式（4.19）~式（4.21）：

$$\Delta = (K_A - K_B)\frac{P}{t^3} \tag{4.19}$$

第 11 章　光机设计界面分析

$$K_{A} = \frac{3(m^2-1)\left[a^4 - b^4 - 4a^2 b^2 \ln\left(\frac{a}{b}\right)\right]}{4\pi m^2 E_M a^2} \quad (4.20)$$

$$K_{B} = \frac{3(m^2-1)(m+1)\left[2\ln\left(\frac{a}{b}\right) + \left(\frac{b^2}{a^2}\right) - 1\right]\left[b^4 + 2a^2 b^2 \ln\left(\frac{a}{b}\right) - a^2 b^2\right]}{4\pi m^2 E_M \left[b^2(m+1) + a^2(m-1)\right]} \quad (4.21)$$

式中，Δ 是变形量；K_A 和 K_B 是具体设计条件下的常数；P 是预紧力；t 是压圈截面的轴向厚度；a 是悬臂部分最外侧半径；b 是悬臂部分最内侧半径；m 是法兰盘材料的泊松比 ν_M 的倒数；E_M 是法兰盘材料的杨氏模量。

相当于一个法兰盘作用的压圈所具有的柔度是

$$C_R = \frac{\Delta}{p} = \frac{(K_A - K_B)}{t^3} \quad (11.86)$$

由式（11.86）（译者注：原书错印为 11.85）得到的值应增加到式（11.72）（或 11.81）（译者注：原书错印为 11.71）的分母中，从而得到更好的 K_3 近似值。

注意，压圈的变形会在其变形后的部位内形成弯曲应力，可以也应当利用式（4.22）和式（4.23）计算出：

$$\sigma_B = \frac{K_C P}{t^2} = \frac{\sigma_Y}{f_S} \quad (4.22)$$

和

$$K_C = \frac{3}{2\pi}\left[1 - \frac{2mb^2 - 2b^2(m+1)\ln\left(\frac{a}{b}\right)}{a^2(m-1) + b^2(m+1)}\right] \quad (4.23)$$

弯曲应力不能大于材料的屈服应力。考虑到该极限值，使用安全系数 2 比较合适。

11.7.3.3.3　台肩变形的影响

透镜镜座内台肩的作用与刚才阐述的压圈的作用方式相同。应当将该值增加到式（11.72）（译者注：原书错印为 11.71）的分母上，以得到一个更为精确的 K_3 值。

11.7.3.3.4　径向尺寸变化的影响

图 11.42 给出了当温度升高 ΔT 时一个双凸镜与压圈间以及透镜与台肩间的界面如何沿径向向外移动。由于具有不同的膨胀系数，$\alpha_M > \alpha_G$，所以界面位置沿径向向外移动 Δy_C。因为界面处的透镜表面倾斜一个角度 φ，接触界面沿轴向彼此移近 Δx，应用下面的关系式：

$$\varphi = 90° - \arcsin\left(\frac{y_C}{R}\right) \quad (11.87)$$

$$\Delta y_C = (\alpha_M - \alpha_G) y_C \quad (11.88)$$

$$\Delta x = \frac{-\Delta y_C}{\tan\varphi} \quad (11.89)$$

对于双凸透镜，每个透镜—金属界面都有尺寸变化，所以每个表面的 Δx 都必须增加到计算 K_3 的式（11.72）的（译者注：原书错印为 11.71）分子上，它们代表每变化一个单位温度时，由于不同膨胀造成的轴向尺寸变化，它们与预紧力无关。注意，如果是一个凹表面，Δx 应当是负值，有利于减小 K_3 的量值。此外，若透镜表面是一个平面（或平的斜面），Δx 是零，不会影响 K_3 的值。

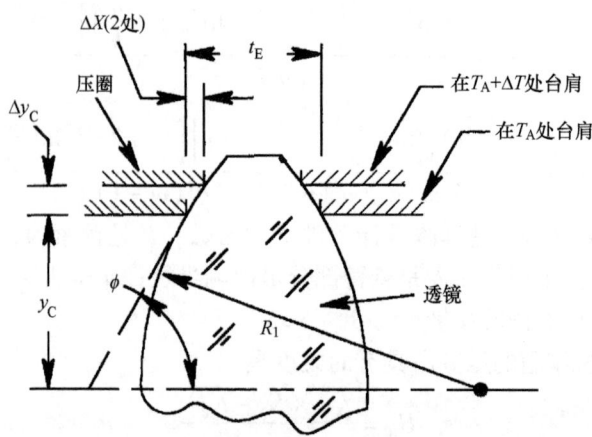

图11.42 图11.41a所示的透镜安装过程中由于温度升高造成外形尺寸径向变化的模型视图
(资料源自 Yoder, P. R., Jr., and Hatheway, A. E., *Proc. SPIE*, 5877, 38, 2005)

11.7.4 K_3 计算实例

本节通过一个透镜/镜座的设计说明和解释上述与温度相关的所有5种影响因素条件下的 K_3 计算。该设计是一个 BK7 材料的双凸单透镜，利用螺纹压圈沿轴向将其压紧在简单的镜座中，基本上与图11.41a所示的相同。表11.10列出了两种设计方案的相关参数：设计方案 A 中，镜座和压圈都是铝材料；设计方案 B 中，除了采用钛金属材料外，其他一样。在第一种方案中，玻璃和金属的热膨胀系数完全不同，而第二种方案中，几乎一样。两个设计实例的所有外形尺寸和温度变化都相同。设计方案 A 和 B 的计算目的是为了确定在加速度 $a_G = 15$ 和 T_{MAX} 条件下，为保持透镜—台肩接触所需要的装配预紧力。表11.11列出了计算顺序、计算公式和计算结果。假设一个初始预紧力，计算部件的柔度及一种影响因素下的有效 K_3 值，作为 T_{MAX} 条件下得到的轴向预紧力 P'，从 Wa_G 中减去 P'，得到新的 P_A，迭代该计算直至 P' 减小为零。

表 11.10 按照图11.41a所示安装方式装配双凸面单透镜，供表11.11计算采用的设计参数

参　数	透　镜	镜座和压圈
材料	BK7	6061-T6 铝
E_G 或 E_M	1.17×10^7 lbf/in² (6.83×10^4 MPa)	9.90×10^6 lbf/in² (8.41×10^4 MPa)
v_G 或 v_M	0.275	0.332
α_G 或 α_M	3.90×10^{-6}/°F (2.36×10^{-6}/℃)	1.31×10^{-5}/°F (2.36×10^{-6}/℃)
D_G 或 D_M	2.5000in(63.5000mm)	2.5020in(63.5508mm)
接触高度 y_C	1.1500in(29.2100mm)	1.1500in(29.2100mm)
y_C 处透镜边缘厚度 t_E	0.2500in(6.3500mm)	
$2y_C + t_E$	2.5500in(64.7700mm)①	
A_G	0.7952in(20.1985mm)	
表面半径(2个表面)	4.0000in(101.6000mm)	

第 11 章　光机设计界面分析

(续)

参　数	透　镜	镜座和压圈
镜座壁厚 t_C		0.1000in(2.5400mm)
压圈轴向长度 t_R		0.2500in(6.3500mm)
台肩的轴向长度 t_S		0.2500in(6.3500mm)
压圈和台肩的 OD/2		1.1800in(29.9720mm)
压圈和台肩的 ID/2		1.1500in(29.2100mm)
加速度 a_G		15[②]
透镜重量	0.2019 lb(91.5818kg)	
T_A	68℉(20℃)	
T_{MAX}	160℉(71℃)	
T_{MIN}	-80℉(-62℃)	

① 该值比 D_G 大，因此，利用式（11.73b）（译者注：原书错印为 11.72b）计算 A_G。
② 对于光学仪器运输，经常假设该加速度等级。

表 11.11　如图 11.43 和图 11.44 所示透镜，计算其与温度相关的系数

参　数	单　位	使用公式或公式编号	图 11.43 中的值[①]	图 11.44 中的值[②]
1. 玻璃和金属的整体受压/拉长				
$(y_C + t_E)$	in	—	2.5500	2.5500
A_G	in²	式（11.73b）	1.6081	1.6081
C_G	in/lbf	$2t_E/(E_G A_G)$	2.6575×10^{-8}	2.6575×10^{-8}
A_M	in²	式（11.74）	0.4829	0.4829
C_M	in/lbf	$t_E/(E_G A_G)$	5.2291×10^{-8}	3.1374×10^{-8}
K_3	lbf/℉	式（11.72）	-29.1636	-4.3141
2. 表面变形				
平均 E	lbf/in²	—	1.0800×10^{-7}	1.4100×10^{-7}
平均 ν	无	—	0.2700	0.2700
$K_{1Toroid}$	in^{-2}	式（11.37a）	0.1375	0.1375
K_2	in²/lbf	式（11.38）	1.7165×10^{-7}	1.3537×10^{-7}
Δy	in	式（11.41）	3.3703×10^{-2}	1.0801×10^{-2}
Δx	in	式（11.84）	2.9709×10^{-4}	3.3961×10^{-5}
C_D	in/lbf	式（11.85）	1.1568×10^{-7}	1.0155×10^{-7}
K_3	lbf/℉	式（11.72）	-7.4141	-0.9577
3. 压圈变形				
K_A	in⁴/lbf	式（4.20）	1.2925×10^{-12}	7.7083×10^{-13}
K_B	in⁴/lbf	式（4.21）	3.3242×10^{-14}	1.9948×10^{-14}
Δx	in	式（11.84）	2.0699×10^{-7}	1.6071×10^{-8}
C_R	in/lbf	式（11.86）	8.0594×10^{-11}	4.8056×10^{-11}
K_3	lbf/℉	式（11.72）	-7.4122	-0.9575

（续）

参　数	单　位	使用公式或公式编号	图 11.43 中的值①	图 11.44 中的值②
4. 台肩变形				
Δx	in	式（11.84）	2.0699×10^{-7}	1.6071×10^{-8}
C_S	in/lbf	式（11.86）	8.0594×10^{-11}	4.8056×10^{-11}
K_3	lbf/°F	式（11.72）	-7.4102	-0.9573
5. 径向尺寸变化				
角度 φ	°	式（11.87）	73.2904	73.2904
Δy_C	in	式（11.88）	1.0580×10^{-5}	1.1500×10^{-6}
Δx	in	式（11.89）	3.1772×10^{-6}	3.4534×10^{-7}
最终 K_3	lbf/°F	式（11.72）	-27.8829	-3.6022
要求的 P_A	lbf	—	2568③	334③

原书该表第 3 列中公式编号有误，已经修正。——译者注

① 表 11.10 是 BK7/铝镜座设计。
② 除镜座材料采用金属钛外，其他与实例 A 相同。
③ 迭代后。

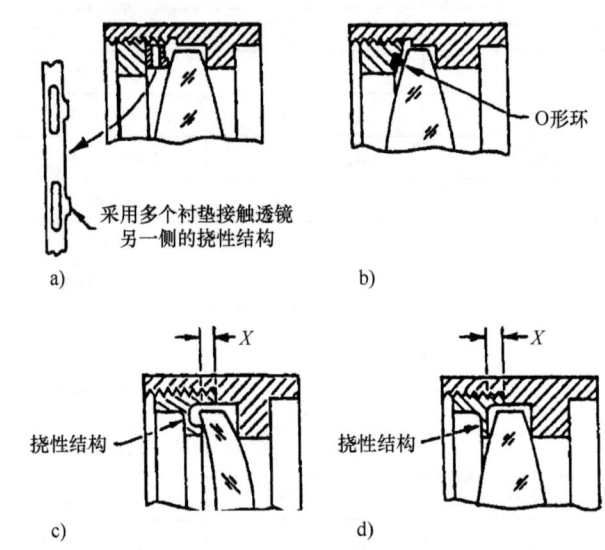

图 11.43　在透镜安装中提供轴向柔性的 4 种技术

a) 多层弯曲技术　b) O 形环接触技术　c) 接触凹表面的挠性压圈　d) 接触凸表面的挠性压圈

（资料源自 Yoder, P. R., Jr., *Mounting Optics in Optical Instruments*, 2nd edn, SPIE Press Bellingham, WA, 2008）

将包括与温度相关的每种影响因素都在内的所有 K_3 计算值都增加上述讨论的各种变化效应中，直至五种影响因素都考虑到为止。方案 A 中 P_A 的最终值是 2568 lbf (11 423 N)，方案 B 是 334 lbf (1486 N)。这两种预紧力都比较高，也不太合理，但从中看出选择镜座材料的热膨胀系数近似等于玻璃材料的热膨胀系数具有一定优势。

应当提醒读者，轴向预紧力随温度的变化在很大程度上取决于计算 K_3 所使用模型的成熟度。已经得到验证，随着更多的影响因素较早被考虑，K_3 会出现较大的变化（主要是减

少）。遗憾的是，综合考虑影响 K_3 结果的其他因素的计算技术尚没有报告。在一项预测温度变化对透镜和反射镜轴向预紧力影响的完善技术应用于一般设计之前，还需要做进一步研究。应当注意到，有限元分析法具有类似的分析能力，所以没有必要一定知道 K_3。

11.7.5 镜座轴向消热差和可控柔性的优点

改进设计后使成像质量和性能都得到提高的一个透镜实例是三分离中继（或转像）透镜组件，如图 11.44 所示。为了证明其正确性，首先计算由于温度升高造成轴向重要尺寸的变化，假设温度变化范围从装配时的温度 $T_A = 68°F$ 升高到最高适存温度 $T_{MAX} = 160°F$（温差 $\Delta T = +92°F$）；然后计算温度从 T_A 降到最低适存温度 $T_{MIN} = -80°F$（$\Delta T = -148°F$）时的变化；最后计算这些温度变化造成的径向尺寸变化，并确定两组尺寸变化的重要性。对两组修改后的设计完成类似计算。其中，布局、材料和尺寸变化减轻了原设计暴露出的潜在问题。

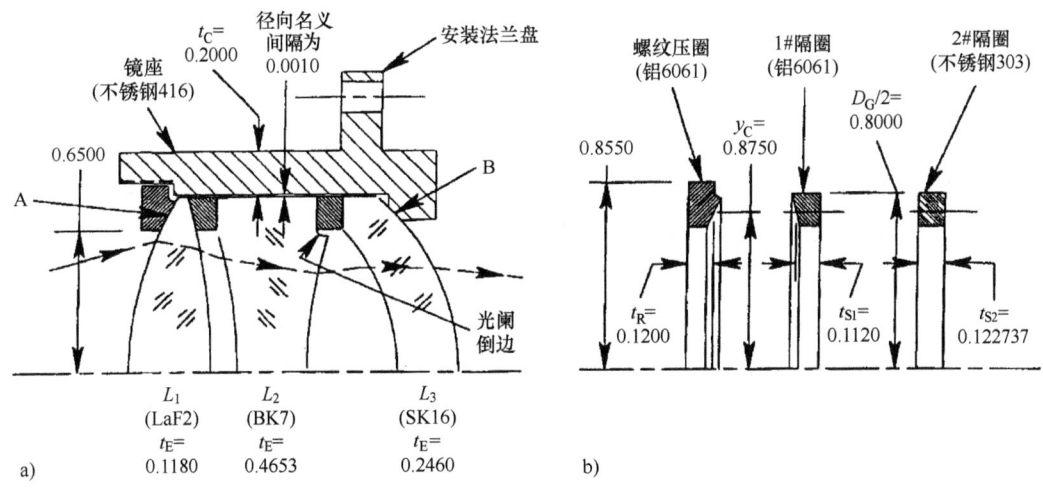

图 11.44　a）文中讨论的三透镜组件进行硬性安装的光机设计图
　　　　　b）压圈和隔圈的详细视图（单位为 in）

图 11.44a 所示的点 A 到 B 的轴向长度 $L_{AB} = t_{E1} + t_{S1} + t_{E2} + t_{S2} + t_{E3}$。其中，$t_{Ei}$ 是透镜与金属接触高度 y_C 处的边缘厚度；t_{Si} 是隔圈在上述高度 y_C 处的厚度。装配时，这些尺寸应符合表 11.12 列出的第 3 列的数据。注意，将尺寸表示为 6 位数并不意味着必须控制到这种精度，重要视图中标出这些数字是为了减少计算过程中的四舍五入误差，包括为了说明理论设计原理的正确性，可能使用小数字的相减。装配温度是 T_A 时的原设计给出的总长度 $L_{AB} = 1.064000\text{in}$。当温度升高 $\Delta T = T_{MAX} - T_A = 92°F$ 后，每个元件拉长了 $t_i \alpha_i \Delta T$，其中 α 的值见表 11.12 第 4 列。注意到，玻璃光路中的 L_{AB} 增长了 0.000523in，镜座壁从 A 到 B 的部分也随温度升高而变长。在 T_{MAX} 时，其长度是 $L_{AB} + L_{AB} \alpha_{CELL} \Delta T = 1.065282\text{in}$，所以拉长了 0.001282in。假定每个元件都是刚性的，不同的膨胀会在轴向造成 $+0.000759\text{in}$ 的间隙，这种小间隙可以在组件中任一界面处或分配给各元件之间，而光机设计师不可能控制这种分配。如果存在这类轴向间隙，施加给组件的预载对元件不再起约束作用，所以在加速度作用下元件可以自由移动。

表 11.12　图 11.44（译者注：原书错印为 11.43）所示组件中透镜、
隔圈和镜座壁在温度 T_A、T_{MAX} 和 T_{MIN} 时的轴向尺寸

元　件	材　料	T_A 处元件长度 t_i/in	元件的 CTE/$(10^{-6}/℃)$	T_{MAX} 处元件长度 t_i/in	T_{MIN} 处元件长度 t_i/in
透镜 L_1	LaF$_2$	0.118000	4.5	0.118049	0.117921
隔圈 S_1	A16061	0.112000	13.1	0.112135	0.111783
透镜 L_2	BK7	0.530000	3.9	0.530190	0.529694
隔圈 S_2	A16061	0.058000	13.1	0.058070	0.057888
透镜 L_3	SK16	0.246000	3.5	0.246079	0.245873
L_{AB}（透镜和隔圈）	—	1.064000	—	1.064523	1.063158
L_{AB}（镜座壁）	A16061	1.064000	13.1	1.065282	1.061937
ΔL（透镜和隔圈）	—	—	—	+0.000523	-0.000842
ΔL（镜座壁）	—	—	—	+0.001282	-0.002063
$\Delta(\Delta L)$	—	—	—	+0.000759	-0.001221

注：$T_A = 68℉$，$T_{MAX} = 160℉$，$T_{MIN} = -80℉$。

当温度降到 T_{MIN} 时，图 11.44a（译者注：原书错印为 11.43a）所示的组件中的元件将会变短，见表 11.12 最后一列。由于收缩程度不同，镜座长度的变化比透镜和隔圈长度的变化要大，长度 L_{AB} 之差是 0.001221in，原因是具有不同的收缩率。在这种情况下，透镜和隔圈受到挤压，镜座壁受到拉伸，这应当是所希望的结果。利用 Yoder 和 Hatheway（2005）阐述及早期总结的方法，可以计算组件的 K_3，并预计组件的预紧力如何随温度变化。由于篇幅限制在此不进行该项分析，留给感兴趣的读者自己完成。

刚才完成了对图 11.44a（译者注：原书错印为 11.43a）所示组件中轴向温度效应的分析，也可以应用到对径向尺寸变化的分析。随着温度升高，透镜和隔圈周围的径向间隙趋于增大，而随着温度降低，径向间隙缩小。如果这些间隙在组件中比较小，在某些较低的温度下就可能完全消失。由于在该方向上施加了压力，所以透镜中就会形成径向应力。当镜座壁向四周收缩时，其内表面有抗收缩的作用，壁内就会产生拉伸（环向）应力。

表 11.13 列出了图 11.44a（译者注：原书错印为 11.43a）所示组件在三种温度环境下的径向尺寸及尺寸变化。在第 6 栏，可以找到 T_{MAX} 温度时（元件的直径）/2 与（镜座内径）/2 之间的差值，这些差值就是径向间隙。如果没有轴向预载约束，元件就会被镜座挤成偏心。组件中所有透镜处的名义间隙 0.001000in（0.025400mm）都有较大增加。由于两个隔圈材料与镜座一样，所以它们的径向间隙没有变。因为在上述讨论中已知 T_{MAX} 温度时该设计不再有轴向预载，因此透镜偏心是预料中的。在振动环境下玻璃表面也可能出现微振磨损。当温度回到工作温度时，预紧力也将回到原来状态，透镜可能被约束在偏心位置。如果这些偏心超出了设计允许的限制，系统的光学性能就会恶化。

表 11.13 第 8 列所示还表明，当温度降到 T_{MIN} 时，镜座的内表面没有偏心。三个透镜的偏心量都是负值表明，镜座与玻璃接触。由于隔圈和镜座使用同一种材料，所以隔圈的间隙仍没有变化。

第 11 章 光机设计界面分析

表 11.13 图 11.44（译者注：原书错印为 11.43）实例中透镜、
隔圈和镜座壁在温度 T_A、T_{MAX} 和 T_{MIN} 时的径向尺寸

元件	材料	T_{ASSY} 时元件的半径/in	元件的 CTE/$(10^{-6}/℃)$	T_{MAX} 时元件的半径/in	T_{MAX} 时可能的偏心量/in	T_{MIN} 时元件的半径/in	T_{MIN} 时可能的偏心量/in
透镜 L_1	LaF2	0.800000	4.5	0.800331	0.001634	0.799467	-0.000020
隔圈 S_1	Al6061	0.800000	13.1	0.800964	0.001001	0.798449	0.000998
透镜 L_2	BK7	0.800000	3.9	0.800287	0.001678	0.799538	-0.000091
隔圈 S_2	Al6061	0.800000	13.1	0.800964	0.001001	0.798449	0.000998
透镜 L_3	SK16	0.800000	3.5	0.800258	0.001707	0.799586	-0.000139
镜座内径	Al6061	0.801000	13.1	0.801965	—	0.799447	—

注：$T_{ASSY}=68℉$，$T_{MAX}=160℉$，$T_{MIN}=-80℉$。

11.7.5.1 消热差

图 11.45（译者注：原书错印为 11.44）给出了图 11.44（译者注：原书错印为 11.43a）所示设计可能实现的一种改进形式，主要变化是镜座材料使用不锈钢 416（CRES 416），第二个隔圈使用不锈钢 303（CRES 303）。为了使镜座长度 L_{AB} 与透镜和隔圈的组合长度相同，第二个隔圈的轴向长度必须从 0.058000in 增大到 0.122737in。为达到第二个隔圈增加后的长度，又不改变透镜的轴上厚度或者轴上间隔，第二个透镜右侧使用阶梯形倒边。要得到同样结果，第 2 和第 3 个透镜上可以都使用阶梯形倒边，但会增加成本⊖。如果保留透镜 2 的全部 t_E 不变，而在透镜 3 上全部采用阶梯斜平面，这不是一个明智方案，因为会降低该透镜外环区域的强度，并且使透镜更难加工。表 11.14 列出了改进型设计的轴向尺寸。正如该表最后两栏的数据所示，在 T_{MAX} 和 T_{MIN} 两种条件下的 $\Delta(\Delta L)$ 参数值都是零，所以该设计在两种极端温度下都是轴向消热差的。

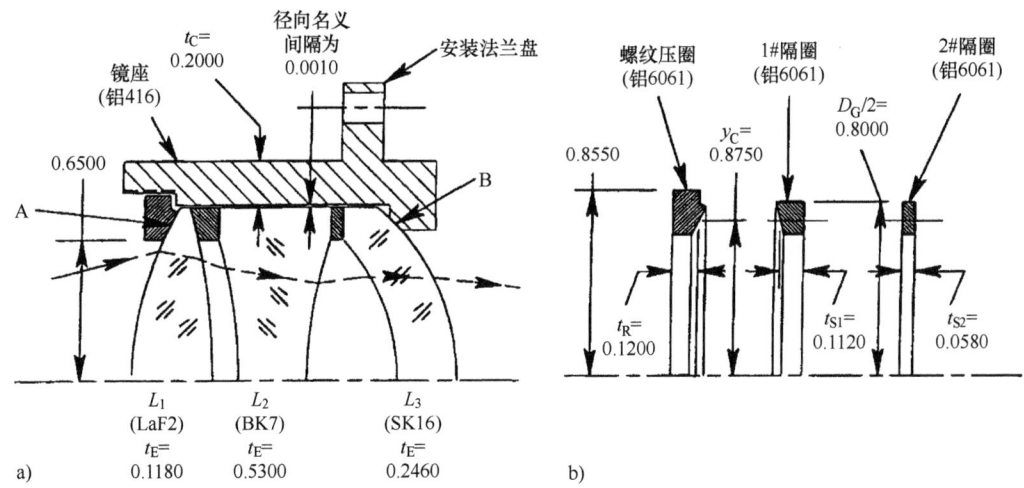

图 11.45 a）图 11.44 三分离透镜装配方案改进后的设计视图，其更接近于轴向消热差
b）压圈和隔圈的详细视图（单位为 in）

(资料源自 yoder, P. R., Jr., *Mounting Optics in Optical Instruments*, 2nd edn., SPIE Press, Bellingham, WA, 2008)

⊖ 应当注意，目前的第 2 透镜可能会改型。

表 11.14 图 11.45（译者注：原书错印为 11.44）组件中透镜、
隔圈和镜座壁在温度 T_A、T_{MAX} 和 T_{MIN} 时的轴向尺寸

元件	材料	T_A 处元件长度 t_i/in	元件的 CTE/$(10^{-6}/℃)$	T_{MAX} 处元件长度 t_i/in	T_{MIN} 处元件长度 t_i/in
透镜 L_1	LaF$_2$	0.118000	4.5	0.118049	0.117921
隔圈 S_1	Al6061	0.112000	13.1	0.112135	0.111783
透镜 L_2	BK7	0.465263	3.9	0.465430	0.464994
隔圈 S_2	CRES303	0.122737	9.6	0.122845	0.122563
透镜 L_3	SK16	0.246000	3.5	0.246079	0.245873
L_{AB}（透镜和隔圈）	—	1.064000	—	1.064538	1.063134
L_{AB}（镜座壁）	CRES416	1.064000	5.5	1.064538	1.063134
ΔL（透镜和隔圈）	—	—	—	+0.000538	-0.000866
ΔL（镜座壁）	—	—	—	+0.000538	-0.000866
$\Delta(\Delta L)$	—	—	—	+0.000000	-0.000000

注：$T_A = 68℉$，$T_{MAX} = 160℉$，$T_{MIN} = -80℉$。

表 11.15 给出了图 11.44 所示的修改后设计的径向尺寸随温度的变化。由于不锈钢镜座材料的热膨胀系数较低，所以，T_{MAX} 时透镜可能产生的偏心比原设计稍小些。在 T_{MIN} 时，修改设计的径向间隙仅比装配温度 T_{ASSY} 时稍有增大。这些间隙直至 T_{MIN} 都保持不变，因此透镜中决不会形成径向应力，也不会将拉伸应力引入镜座壁中。该设计对所有的温度条件都保留轴向预紧力，所以在免损范围内的任何环境温度下，只会使透镜产生很小的偏心，除非相应的加速度级别非常高。

表 11.15 图 11.45（原书错印为 11.44）实例中透镜、隔圈和
镜座壁在温度 T_A、T_{MAX} 和 T_{MIN} 时的径向尺寸

元件	材料	T_{ASSY} 时元件半径/in	元件的 CTE/$(10^{-6}/℃)$	T_{MAX} 时元件的半径/in	T_{MAX} 时可能的偏心量/in	T_{MIN} 时元件的半径/in	T_{MIN} 时可能的偏心量/in
透镜 L_1	LaF$_2$	0.800000	4.5	0.800331	0.001074	0.799467	0.000881
隔圈 $S_1$①	Al6061	0.800000	13.1	0.800964	0.000441	0.798449	0.001899
透镜 L_2	BK7	0.800000	3.9	0.800287	0.001118	0.799538	0.000810
隔圈 S_2	CRES303	0.800000	9.6	0.800707	0.000699	0.798863	0.001485
透镜 L_3	SK16	0.800000	3.5	0.800258	0.001148	0.799586	0.000762
镜座内径	CRES416	0.801000	5.5	0.801405	—	0.800348	—

注：$T_{ASSY} = 68℉$，$T_{MAX} = 160℉$，$T_{MIN} = -80℉$。
① 原书错印为 S_2。

11.7.5.2 增大轴向柔性

增大三透镜安装设计中的轴向柔性能够有计划地支配 K_3，将整块玻璃的压力、表面变形和镜座壁的伸缩等减小到微不足道的程度。这种特性可以表示为图 11.45 所示的不同形式，或者其他可合理应用的形式。所选结构布局必须对所有工作温度都能为透镜提供轴向约

束预紧力。图4.34c和d给出了一般类型设计，以及一系列弹簧夹或连续法兰盘的变形产生预紧力。

当设计中能够正确地提供轴向柔性时，从应力观点选择镜座金属材料以便使其热膨胀系数接近相关玻璃的热膨胀系数（如利用钛而非铝材料镜座安装BK7透镜）的优势则显得不太重要。幸运的是，与指定光学材料的热膨胀系数相匹配的镜座材料种类有限，而在镜座设计中有可能组合使用两种或更多金属材料，但会增加不希望有的复杂性。

Stubbs和Hsu（1991）利用钼材料镜座安装锗单透镜，需要承受温度在5min内从68℃降到-150℃的变化。为了避免对透镜施加过大应力，在透镜和压圈之间设计一个不锈钢波形弹簧。本卷第4章已经详细阐述了该设计以及能够补偿温度变化的其他设计。

图11.46给出了图11.44所示透镜组件第二种改进设计的布局图。此设计中，镜座和隔圈的材料与原设计仍然相同，但用一个柔性法兰盘代替实体的（即轴向是坚硬的）螺纹压圈。法兰盘中带螺纹的那部分定位圆环靠近透镜L_1，使这部分圆环偏转就可以对组件施加预载。选择该圆环柔性部分的厚度t及圆环尺寸，通过适当（即可以精确测量）偏转就能给出所需要的轴向力，而不会将额外应力引入弯头法兰盘中。

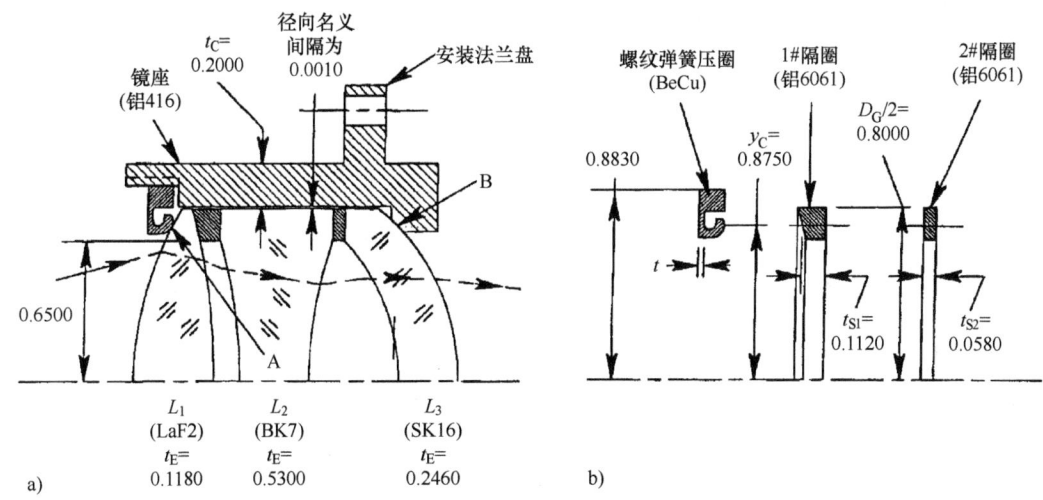

图11.46　a）为了在压圈处提供轴向匹配而对图11.44所示进行的改进设计
b）压圈和隔圈的详细视图（单位为in）

为了研究该修改设计如何正常工作，假设其要求柔性压圈有0.0220000in的变形。正如前面所述，在图11.44（译者注：原书错印为11.43）所示的设计中，温度变化从T_A到T_{MAX}会使透镜加隔圈的长度（与经过镜座的长度相比）产生+0.000759in的差分膨胀，这种长度变化约为压圈变形量的4%，所以在T_{MAX}温度时预载将近似地减少这个量值；同样，在T_{MIN}温度时，差分膨胀也会使压圈的变形变化（与经过镜座的长度相比）-0.001221in，这个长度变化约为法兰盘变形的6%，所以在T_{MIN}温度时，预载会大约增加这个量值。对于该透镜组件的特殊应用环境，这些变化不会很大。

11.7.5.3　其他柔性设计实例

本卷7.2.5节阐述过多角度成像分光摄谱仪（MISR）物镜组件的光机设计，每个透镜压圈下面都使用Vespel SP-1（译者注：是美国杜邦公司开发出的一种全芳香族聚酰亚胺树脂类塑料材料，具有良好的耐热性和耐磨耗性）隔圈。确定这些高热膨胀系数隔圈的厚度，以便在极端温度条件下，使经过透镜的轴向总长度基本上等于经过镜座的相应长度。该设计的特点使上述组件在一个大的温度范围内实现了轴向消热差。

图 11.47 给出了一块具有轴向和径向柔性的单透镜安装图。该项设计（Barkhouser 等，2004）安装在美国威斯康星州、印第安纳州、耶鲁、亚利桑那州基特峰国家光学天文观测站（WIYN）3.5m（138in）直径望远镜的高分辨率红外摄像机中。利用一个盘簧的挠性补偿轴向差分膨胀效应（类似图 4.31a 所示的连续法兰盘），6 个螺钉紧固着该弹簧，浮动环起隔圈作用并放在弹簧与透镜之间，其厚度决定着提供轴向预载的弹簧变形。

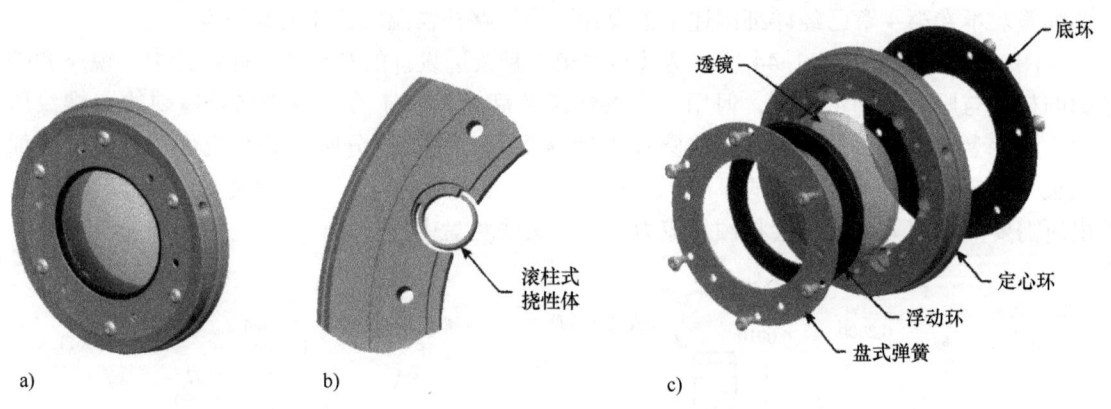

图 11.47 具有轴向和径向柔性的透镜安装
a）组件 b）径向挠性的详细视图 c）分解图
（资料源自 Barkhouser, R. H. et al., *Proc. SPIE*, 5492, 921, 2004）

在该透镜组件中使用一组六个"挠性卷筒式销钉"补偿径向差分膨胀效应，如图 11.47b 所示。采用一种放电加工（EDM）工艺将这些挠性构件加工成内径同心的铝环，这种方式非常类似图 4.54 所示的径向挠性构件。然而在这种情况中，透镜边缘并没有与挠性构件黏结在一起，而是在装配时将预先确定的径向预紧力施加到透镜边缘上，使透镜对称地受到约束。加工期间，通过控制外形尺寸确定该预载的量值。这些挠性组件的功能类似 Ford 等人（1999）讨论过的同心环，如本卷图 7.12 所示。

能够同时提供径向和轴向挠性的另一个透镜安装的例子已经在西班牙坦纳利佛市加那利群岛天文研究所（Instituto de Astrofisica de Canarias）设计成功，该透镜被用作多目标红外摄谱仪设备中的照相物镜及 10m 级加纳列大型望远镜（GTC）的低温近红外多目标摄谱仪，Alvarez 和 Rodriguez-Espinosa（1998），以及 Barrera 等人（2004a）分别对上述望远镜和挠性安装设计进行过讨论。

该物镜的局部剖视图如图 11.48 所示，标出了玻璃种类，一个开槽法兰盘为透镜元件提供轴向预载。图 11.49 给出了安装单玻璃透镜元件的径向布局。一根弹簧子组件沿径向对透镜施加预载，使其仅靠在两个固定支架上。三个支架都使用材料铝，并用聚四氟乙烯衬垫与透镜侧面接触。弹簧组件的详细情况如图 11.50a 所示。所有支架都经过精密加工，在透镜边缘每间隔 120° 施加径向约束，以保证透镜在组件中同轴。选择支架包括衬垫的外形尺寸，使其在设计上实现径向消热。在设计的温度范围内，少量的剩余差分膨胀效应使径向预载稍有变化，设计的对称性保证该透镜在 77K 工作温度时，其同轴度在允许的公差 ±75μm 之内。

第 11 章 光机设计界面分析

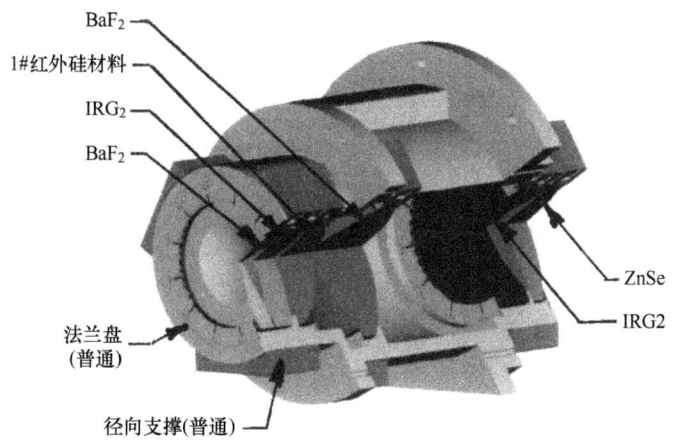

图 11.48 通过弹簧加载预紧力从而对透镜实施轴向和径向约束的红外照相物镜组件
(资料源自 Barrera, S. et al., *Proc. SPIE*, 5495, 611, 2004a)

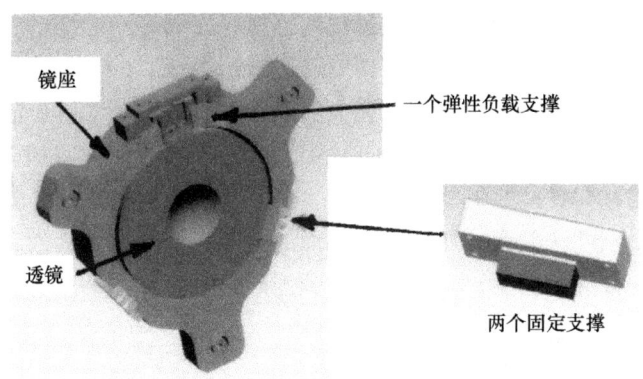

图 11.49 图 11.48（译者注：原书错印为 11.55）物镜中使用的径向柔性安装透镜的概念
(资料源自 Barrera, S. et al., *Proc. SPIE*, 5495, 611, 2004a)

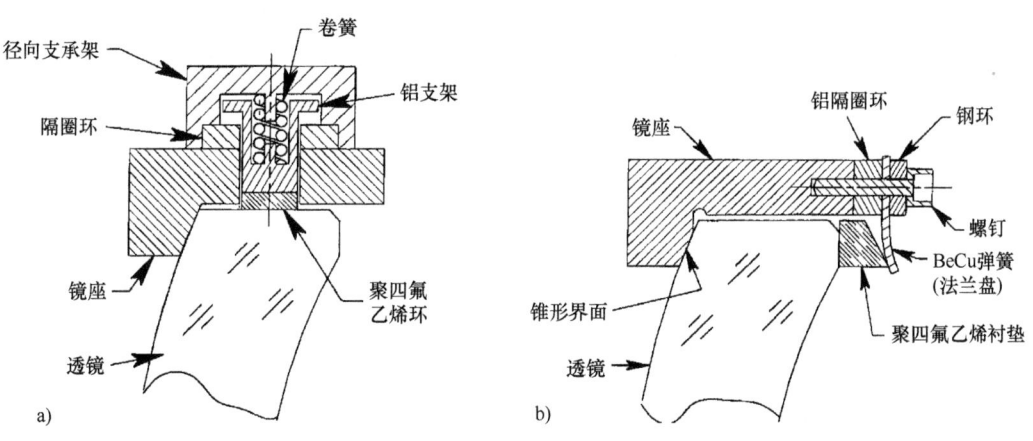

图 11.50 图 11.48 中物镜的柔性安装图。注意，这些图不一定符合比例
a) 径向支架 b) 轴向支架

(资料源自 Barrera, S. et al., *Proc. SPIE*, 5495, 611, 2004a, 以及与 Barrera, S. 的私人通信, 200b)

在该组件中，使用一个由铜化铍（BeCu）材料制成的环状法兰盘（图中又称为弹簧）提供轴向柔性，几个螺钉穿过一个硬质钢圈将该法兰盘固定在透镜的镜座上（见图 11.50b）（译者注：原书错印为 11.51b）。将弹簧外端部分沿径向切开，形成 12 个独立起作用的悬臂弹簧。这些弹簧的变形将透镜挤靠在轴肩上，其施加预紧力的方式与图 4.31a 所示的法兰盘一样。镜座和弹簧之间有一个铝环（隔圈），通过加工成不同厚度来调整每次偏转的量值。弹簧的厚度是 0.380mm（0.015in），弹簧的设计偏转值是 1.000mm（0.039in），室温下每个弹簧施加的轴向力是 40.5N（9.10 lbf）。温度变化时，弹簧的偏转稍有变化，对透镜几乎保持固定的轴向预载。如果工作温度是 77K，预载增大到 43.8N（9.85 lbf）。在最差情况下，每个弹簧的受力是 253.8MPa（36 809 lbf/in^2）。相对于材料的屈服应力，安全系数大约取 3（Barrera，2004b）。

通过一个聚四氟乙烯环形衬垫使弹簧施加负载的一侧与透镜接触，可以减少界面处的摩擦，并将预载分配在透镜表面上。同样原因，与其他透镜表面接触的轴肩面覆盖一层薄的聚酰亚胺（Kapton）胶带。如图 11.50b 所示，将聚四氟乙烯环形垫切成锥形，所以弹簧总是接触环面的内边缘，从而使每根弹簧的悬臂长度维持在 17mm（0.67in）不变。

Stevanovic 和 Hart（2004）还阐述过其他能够在低温条件下提供轴向柔性的透镜安装技术。该技术是在澳大利亚堪培拉市澳大利亚大学天文和天体物理学院研制成功的，并应用在双子星座子午线自适应光学成像仪（GSAOI）中。这是一台近红外照相机，将作为智利多共轭自适应光学系统（MCAO）的主要科研仪器。在图 11.51 所示的分解图示意性地描述了透镜的装配关系：一个刚性法兰盘式压圈与最外面的透镜有一个锥形界面，将两个透镜元件沿轴向紧固在镜座中的锥形轴肩上；一个波形垫圈连同一个普通隔圈放置在透镜之间，以提供

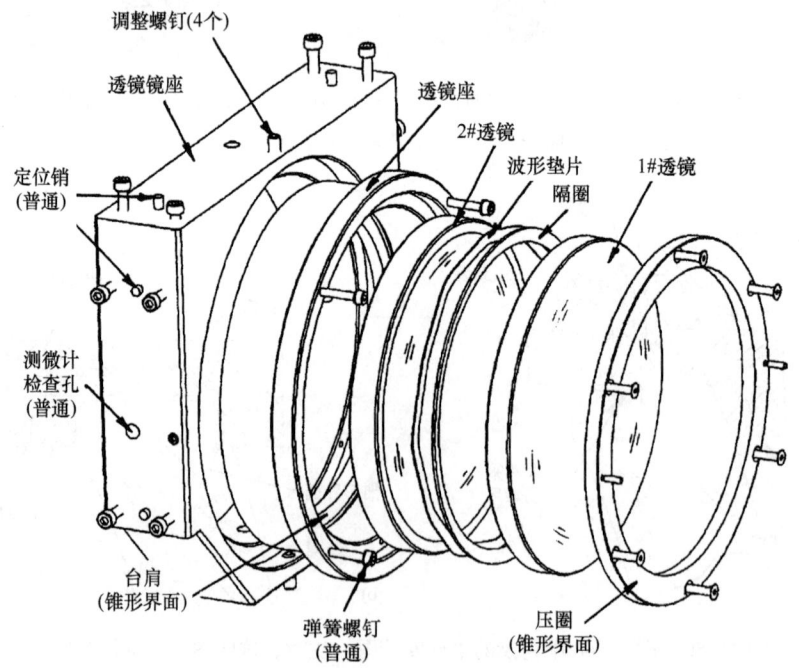

图 11.51　既有轴向支撑、又能调整同轴度的透镜装配分解图
（资料源自 Stevanovic, D. and Hart, J., *Proc. SPIE*, 5495, 305, 2004）

预置的轴向柔性。组件中的透镜材料是红外硅和氟化钙（CaF_2），直径170mm（6.69in）。这些透镜是该相机中的最大元件，对于比较小的透镜装配有类似的布局。为了在70K工作温度时有理论上的零间隙，这些透镜在室温下装配时要保证有正确的径向间隔。

图11.51（译者注：原书错印为11.52）所示的安装设计有一个显著特点，就是在透镜安装过程中镜座的校准是可调整的。4个定位螺钉允许在组件的两个轴向上调整镜座的横向位置。在镜座壁上设置几个测量孔，便于用千分尺测量调整后的镜座位置。

Stevanovic和Hart的论文详细分析了当温度冷却到工作温度时，镜座内尺寸瞬时变化的影响。所有元件都不会以相同速率冷却，因而会出现差分尺寸效应。分析表明，在设计的温度变化范围内，该设计足以避免光学件受到损伤。

11.8 温度变化造成光学胶合件和黏结件中的应力

本卷3.6节、8.4节和9.4节中，已经讨论过胶合透镜及将棱镜和小反射镜黏结到镜座上的方法。这些连接件中的三种主要应力源是固化过程中黏结剂的收缩、将光学元件拉离镜座或剪切连接点的加速度及高低温条件下差分膨胀与收缩。可以利用有限元分析法预测所有这些变化造成的结果，该内容已超出本书范围。Doyle等人（2002）总结和概述了胶合剂黏结模型的基本原理，Hatheway（1998）和Genberg（1997a）对该课题给出了更为详细的论述。本节将简要讨论导致应力的每种影响因素。

固化期间，大部分胶合剂都会使黏结层的每个尺寸收缩百分之几，由此在胶合层和黏结起来的元件中形成应力，并在装置的整个有效期内存在。通常这种应力比较小，但趋于将光学件和镜座拉弯。如果光学件很薄，就可能改变光学表面的形状，致使性能下降。设计期间需要做的修正工作包括，确保光学元件的强度在满足其他约束条件下尽可能合理地大，选择具有一定柔性和最小固化收缩量的胶合剂及尽量小的黏结横向尺寸。为使反射镜有足够强度，使用杨氏模量大的光学材料，但一般来说，这种选择不适合折射光学元件。对于大部分光学元件（如双胶合透镜、三透镜和多元件组合棱镜），黏结的横向尺寸是不变的，一般取决于对孔径的要求。

利用光学胶将透镜元件黏结在一起，在胶层固化期间以及透镜处于温度变化时，也会形成应力。图11.52a给出了一种极端情况下的例子，是为某特定军事应用设计的双胶合透镜，直径为3.54in（89.92mm）。由于光学性能方面的要求，光学设计采用FK51和KzFS7玻璃，而有经验的机械工程师很担心：在-80°F（-62℃）超低温环境下，两种玻璃材料具有不同的热膨胀系数是一个问题。它们的热膨胀系数分别是$1.33 \times 10^{-6}/℃$和$4.9 \times 10^{-6}/℃$，由于偏离组件装配温度$\Delta T = -148°F(-82℃)$，在胶合的直径范围内，一种玻璃收缩了0.0034in（0.087mm），另一种玻璃收缩了0.0013in（0.032mm），光学元件的厚度分别是22mm（0.866in）和28mm（1.102in），所以有足够的强度。特别冷时，表面不会出现严重变形，毫无疑问在黏结处会有应力。

如果冒险制造所需数量的双胶合透镜，并且无法使整个透镜组件通过低温测试，这就意味着需要重新设计主要的光学系统以解决该问题。与其这样，倒不如决定测试该透镜的模拟样件，希望以此证明设计是否合适。该模拟样件由两块上述玻璃平板组成，所选择玻璃板的厚度等于胶合后组件的设计厚度，使用标准光学胶并按照常规方法将它们胶合在一起（见

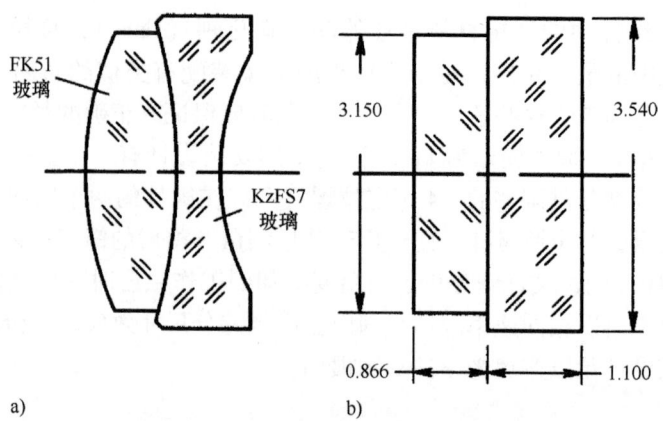

图 11.52 a）为某种军事应用设计的双胶合厚透镜截面图，由两种热膨胀系数相差较大的玻璃组成
b）用光学胶将两块玻璃平板胶合成上述双胶合模拟光学元件的截面图。
目的是为了进行低温测试以确认设计的正确性
（资料源自 Yoder, P. R., Jr., *Mounting Optics in Optical Instruments*, 2nd edn., SPIE Press, Bellingham, WA, 2008）

图 11.52b 所示截面图）（译者注：原书错印为 11.53b）。该样件逐渐冷却到规定低温，如图 11.53 所示，在达到规定的最低温度之前，测试失败。

在改变设计时，作为该问题的一种解决方案是采用一种更软的黏合剂代替光学胶。研究过大量的黏结剂后，选择电子印制电路板保形涂层通常使用的有弹性的透明密封剂 Sylgard XR-63-489（当时由美国康宁公司生产）。与普通的光学胶相比，它可以使用较厚的涂层，并形成较软的黏结层。利用另外设计的模拟样本进行低温测试表明，在规定的高低温范围内，这种胶合剂是可以接受的，还发现，该胶合对光学性能或者光透过率没有任何影响，所以成功完成了透镜生产并满足应用需求。

Vukobratovich（2002）认为本章作者引用 Chen 和 Nelson（1979）的一种理论方法计算胶合面或黏结点位置的应力作为非装配温度条件下不同外形尺寸变化的结果。本书第 3 版已将

图 11.53 图 11.52 所示双胶合透镜模拟样件
暴露于低温测试环境后的照片。正如所料，
由于热膨胀系数不同，组件破裂

该理论应用于上述透镜设计。与 Hatheway（2008，2013）后来的交流表明，Chen 和 Nelson 的方法并不十分严格。最近，Vukobratovich 非正式地指出，Chen 和 Nelson 做了一些简单假设，最重要的是，与被黏结元件的刚度相比，黏结剂的刚度要小。一般来说，对光机结构设计，这是一个很好的假设，而对许多电子应用，该假设不是很合适。因此，如 Suhir（1989）及 Tsai 等人（2004）出版的其他著作已经研发了一些用于分析上述学科领域的改进方法，所有这些分析技术存在一个问题，即黏结剂性质的不确定性抵消了提高公式精度所做的努力。例如，一种最广泛使用的黏结材料是 3M EC2216，在测量其弹性常数时，会存在大量散射。这方面很有参考价值的一份资料是 Cote 和 Desnoyers（2011）的论文。

第 11 章 光机设计界面分析

Chen 和 Nelson 的论文介绍了一种二维解析方法,即计算胶合面或黏结部位最大应力的一个公式[⊖],最近被 Vukobratovich 个人认为是错的。已经发现最新应用该理论(没有应用上述特定公式)而尚未公布的结果与有限元分析法有约 20% 的符合性。下面,进一步解释适合于设计计算的最新版本 Chen 和 Nelson 方法。

相关公式[⊖]如下:

$$\sigma_e = \frac{E_e}{2(1+\nu_e)} \tag{4.32}$$

$$\sigma_S = \frac{2(\alpha_1 - \alpha_2)\Delta T S_e [I_1(x)]}{t_e \beta (C_1 + C_2)} \tag{11.90}$$

式中

$$\beta = \frac{S_e}{t_e} \left(\frac{1-\nu_1^2}{E_1 t_1} + \frac{1-\nu_2^2}{E_1 t_1} \right)^{1/2} \tag{11.91}$$

$$x = \beta R \tag{11.92}$$

$$C_1 = -\frac{2}{1+\nu_1} \left| \frac{(1-\nu_1)I_1(x)}{x} - I_0(x) \right| \tag{11.93}$$

$$C_2 = -\frac{2}{1+\nu_2} \left| \frac{(1-\nu_2)I_1(x)}{x} - I_0(x) \right| \tag{11.94}$$

式中,σ_S 是黏结处的剪切应力;α_1 和 α_2 是两种待焊接材料的热膨胀系数;ΔT 是与装配温度的温度差;σ_e 是黏结剂的剪切模量。假设焊点是圆形,所以,R 是焊点半径;t_e 是黏结层厚度;E_1、E_2、E_e、ν_1、ν_2 和 ν_e 是三种材料的杨氏模量和泊松比值;t_1 和 t_2 是光学元件厚度;$I_0(x)$ 和 $I_1(x)$ 是修正第一类贝塞尔函数,由以下公式计算:

$$I_0(x) = a_0 + b_0 x^2 + c_0 x^4 + d_0 x^6 + e_0 x^8 + f_0 x^{10} \tag{11.95}$$

$$I_1(x) = a_1 + b_1 x^3 + c_1 x^5 + d_1 x^7 + e_1 x^9 + f_1 x^{11} \tag{11.96}$$

式中各常数见表 11.16。

表 11.16 式(11.95)和式(11.96)(译者注:原书错印为 11.94 和 11.95)中 $I_0(x)$ 和 $I_1(x)$ 的常数值

a_0	1.00000×10^{-0}	a_1	5.00000×10^{-1}
b_0	2.50000×10^{-1}	b_1	6.25000×10^{-2}
c_0	1.56250×10^{-2}	c_1	2.60417×10^{-3}
d_0	4.27350×10^{-4}	d_1	5.42535×10^{-5}
e_0	6.78168×10^{-6}	d_1	6.78168×10^{-7}
f_0	1.17738×10^{-10}	f_1	5.65140×10^{-9}

设计实例 11.13 应用了 Chen 和 Nelson 的二维方法来计算图 11.52a 所示双胶合透镜内的低温剪切应力(使用典型的光学胶完成胶合)。该设计实例中大的应力预测值将导致这样的

⊖ Chen 和 Nelson 参考文献第 182 页公式(20)。似乎不遵循前面的公式。

⊖ 本书第 3 版,对黏结光学元件的处理是以 Chen 和 Nelson 关于单横向轴方向剪切应力理论为基础的。本版应用其更为合适的公式计算两块圆形平板的最大二维应力,其中利用黏结剂将两块光学平板的整个表面黏结在一起。

判断：透镜在低温下会破碎。当然，上述测试已经证实这种预期是正确的。由于尚不清楚所用黏结剂的物理性质，因此在此也没有给出替代胶的应力计算。如前所述，对使用该黏结剂的模拟样件进行测试已经证实了该结构布局的变化。

设计实例 11.13　低温下不同的热收缩在双胶合透镜中产生的剪切应力

一个厚双胶合透镜的双平板热测试模拟样件是由热膨胀系数相差很大的两种玻璃组成的，如图 11.52b 所示，用光学胶胶合。直径 $2R = 3.150$in（80.0mm）。冕玻璃的厚度是 0.866in（21.996mm），火石玻璃的厚度是 1.100in（27.940mm）。请问，温度变化 $\Delta T = -148$°F（-82°C）时黏结处产生的剪切应力是多少？

解：

根据 1992 肖特玻璃目录（该设计处于其有效期间），

FK51 玻璃	KzSF7 玻璃
$\alpha_{G1} = 7.39 \times 10^{-6}$/°F	$\alpha_{G2} = 2.72 \times 10^{-6}$/°F
$E_{G1} = 1.175 \times 10^6$ lbf/in²	$E_{G2} = 9.860 \times 10^6$ lbf/in²
$\nu_{G1} = 0.274$	$\nu_{G2} = 0.293$

假设，$E_e = 1.6 \times 10^{-5}$ lbf/in²，$\nu_e = 0.430$，$t_e = 0.001$in（0.025mm）。

根据式（4.32），有

$$S_e = \frac{1.6 \times 10^{-5}}{2 \times (1 + 0.430)} \text{ lbf/in}^2 = 5.594 \times 10^4 \text{ lbf/in}^2 (3.857 \times 10^2 \text{MPa})$$

根据式（11.91）（译者注：原书错印为 11.90），有

$$\beta = \left[\frac{5.594 \times 10^4}{0.001} \times \left(\frac{1 - 0.274^2}{1.175 \times 10^7 \times 0.866} + \frac{1 - 0.293^2}{9.680 \times 10^6 \times 1.100}\right)\right] \text{in}^{-1} = 3.130 \text{in}^{-1}$$

（译者注：根据上表，E_{G1} 代入值应为 1.175×10^6）

根据式（11.92）（译者注：原书错印为 11.91），有

$$x = \beta R = 3.130 \times 1.575 = 4.930$$

（译者注：原书错印为 3.150）

根据式（11.95）（译者注：原书错印为 10.94），有

$$I_0(x) = 1.000 + \frac{2.500}{10} \times 4.930^2 + \frac{1.563}{100} \times 4.930^4 + \frac{4.274}{10^4} \times 4.930^6 +$$

$$\frac{6.782}{10^8} \times 4.930^8 + \frac{1.177}{10^{10}} \times 4.930^{10} = 24.803$$

根据式（11.96）（译者注：原书错印为 10.95），有

$$I_1(x) = \frac{5.000}{10} + \frac{6.250}{10^2} \times 4.930^3 + \frac{2.604}{10^3} \times 4.930^5 + \frac{5.425}{10^5} \times 4.930^7 +$$

$$\frac{6.782}{10^7} \times 4.930^9 + \frac{5.651}{10^9} \times 4.930^{11} = 22.775$$

（译者注：原书上式第三项中错将 4.930 印为 4.939）

> 根据式（11.93）和式（11.94）（译者注：原书错印为 11.92 和 11.93），有
>
> $$C_1 = -\frac{2}{1+0.274} \times \left|\frac{(1-0.274) \times 22.775}{4.930} - 24.803\right| = -33.672$$
>
> $$C_2 = -\frac{2}{1+0.293} \times \left|\frac{(1-0.293) \times 22.775}{4.930} - 24.803\right| = -33.313$$
>
> 根据式（11.90）（译者注：原书错印为 11.89，且式中错印为 S_s），有
>
> $$\sigma_S = \frac{2 \times (7.390 \times 10^{-6} - 2.720 \times 10^{-6}) \times (-148) \times (5.594 \times 10^4) \times 22.775}{0.001 \times 3.130 \times (-33.672 - 33.313)} \text{lbf/in}^2$$
>
> $$= 8479 \text{ lbf/in}^2 (58.5\text{MPa})$$
>
> 正如实验所观察到的，该应力足以使玻璃破碎。

利用黏结剂将光学元件固定在金属基座上的一个实例是熔凝石英分束立方棱镜被黏结到钛材料基板上，如图 11.54 所示。利用 3M EC2216 黏结剂将整个棱镜底面黏结到基板上。黏结后对玻璃基板研磨使其成为平面而丝毫显现不出有台阶，从而避免整个黏结面上胶层变化。尚不确定研磨过程是否采用受控工艺以使可能造成失效的亚表面层损伤降至最低。对一些仪器进行低温测试期间，如图 11.54 所示，所有棱镜都出现破裂。测试后推测，玻璃、黏结胶和金属热膨胀系数在极端工作温度条件下的不同影响造成上述结果。已经利用前面介绍的 Chen 和 Nelson 二维方法（1979）计算了这种黏结应力，设计实例 11.14 总结了该计算过程。应当指出，对黏结区域有下面假设：在实例 11.14 的（a）中，黏结区域直径对应着以正方形棱镜底面为限的圆；在实例 11.14 的（b）中，规定的总面积分成四个等面积的小圆，其中三个位于一个以表面几何中心为中心的等边三角形的顶点，第四个位于该表面的几何中心。

图 11.54　熔凝石英立方分束棱镜照片，底面宽 $A = 35$mm。用环氧树脂胶将精磨过的底面黏结到钛合金镜座上。在低温条件下，由于玻璃、胶合剂和金属的不同膨胀系数造成破裂

（资料源自 Yoder, P. R., Jr., *Mounting Optics in Optical Instruments*, 2nd edn., SPIE Press, Bellingham, WA, 2008）

设计实例 11.14 棱镜黏结处，由于低温条件下不同热膨胀系数产生的应力

图 11.54 所示的立方棱镜是熔凝石英材料的，利用 3M EC2216 环氧树脂胶将其黏结到钛材料基板上。棱镜底面宽度为 1.378in（35.000mm）。基板厚为 1.378in（26.695mm）。黏结层厚为 0.004in（0.102mm），（保守地说）外接圆直径 $2R = 1.949$in（49.498mm）。

(a) 如果温度变化 $\Delta T = -90°F$（$-82°C$），黏结处应力是多少？

(b) 若用直径 $2R = 0.250$in（6.350mm）的四个等面积黏结点代替上述工艺，其中三个点分布在等边三角形顶点，一个位于几何中心。计算 $\Delta T = -90°F$（$-82°C$）条件下，这些小黏结区的应力。

解：

根据本卷第 3 章，有

$\alpha_M = 4.90 \times 10^{-6}/°F$	$\alpha_G = 0.32 \times 10^{-5}/°F$	
$E_M = 16.5 \times 10^6$ lbf/in²	$E_G = 10.6 \times 10^6$ lbf/in²	$E_e = 1.00 \times 10^6$ lbf/in²
$\nu_M = 0.310$	$\nu_G = 0.170$	$\nu_e = 0.430$

根据式 (4.32)，有

$$S_e = \frac{1.00 \times 10^5}{2 \times (1 + 0.430)} \text{lbf/in}^2 = 3.497 \times 10^4 \text{lbf/in}^2 (2.411 \times 10^2 \text{MPa})$$

根据式 (11.91)（译者注：原书错印为 11.90），有

$$\beta = \frac{3.497 \times 10^4}{0.004} \times \left[\frac{1 - 0.310^2}{(16.500 \times 10^6) \times 0.866} + \frac{1 - 0.170^2}{(10.600 \times 10^6) \times 1.378} \right] \text{in}^{-1} = 1.018 \text{in}^{-1}$$

(a) 根据式 (11.92)（译者注：原书错印为 11.91），有

$$x = \beta R = [1.018 \times (1.949/2)] \text{in} = 0.992 \text{in} (25.198 \text{mm})$$

根据式 (11.95)（译者注：原书错印为 11.94），有

$$I_0(x) = 1.000 + \frac{2.500}{10} \times 0.992^2 + \frac{1.563}{100} \times 0.992^4 + \frac{4.274}{10^4} \times 0.992^6 +$$

$$\frac{6.782}{10^6} \times 0.992^8 + \frac{1.177}{10^{10}} \times 0.992^{10} = 1.2611$$

根据式 (11.96)（译者注：原书错印为 11.95），有

$$I_1(x) = \frac{5.000}{10} + \frac{6.250}{10^2} \times 0.992^3 + \frac{2.604}{10^3} \times 0.992^5 + \frac{5.425}{10^5} \times 0.992^7 +$$

$$\frac{6.782}{10^7} \times 0.992^9 + \frac{5.651}{10^9} \times 0.992^{11} = 0.5635$$

根据式 (11.93)（译者注：原书错印为 11.92），有

$$C_1 = -\frac{2}{1 + 0.310} \times \left| \frac{(1 - 0.310) \times 0.5635}{0.992} - 1.261 \right| = -1.326$$

根据式 (11.94)（译者注：原书错印为 11.93），有

$$C_2 = -\frac{2}{1 + 0.170} \times \left| \frac{(1 - 0.170) 0.5635}{0.992} - 1.261 \right| = -1.310$$

根据式（11.90）（译者注：原书错印为11.89，并错印为S_s），有

$$\sigma_S = \frac{2 \times (4.900 \times 10^{-6} - 3.200 \times 10^{-7}) \times (-90) \times (3.497 \times 10^4) \times 0.5635}{0.004 \times 1.018 \times (-1.326 - 1.310)} \text{ lbf/in}^2$$

$$= 1513 \text{ lbf/in}^2 (10.4 \text{MPa})$$

该应力值能或许不能造成棱镜破碎。改变设计势在必行。

(b) 式（11.91）（译者注：原书错印为11.90）中所有的量都与（a）相同，因此 $\beta = 1.018 \text{in}^{-1}$。$R = (0.250/2)$ in，因而有

$$x = \beta R = (1.018) \times (0.250/2) = 0.1273$$

另外，S_e 不变。

根据式（11.95）（译者注：原书错印为10.94），有

$$I_0(x) = 1.000 + \frac{2.500}{10} \times 0.1273^2 + \frac{1.563}{100} \times 0.1273^4 + \frac{4.274}{10^4} \times 0.1273^6 +$$

$$\frac{6.782}{10^6} \times 0.1273^8 + \frac{1.177}{10^{10}} \times 0.1273^{10} = 1.0040$$

根据式（11.96）（译者注：原书错印为10.95），有

$$I_1(x) = \frac{5.000}{10} + \frac{6.250}{10^2} \times 0.1273^3 + \frac{2.604}{10^3} \times 0.1273^5 + \frac{5.425}{10^5} \times 0.1273^7 +$$

$$\frac{6.782}{10^7} \times 0.1273^9 + \frac{5.651}{10^9} \times 0.1273^{11} = 0.5001$$

根据式（11.93）（译者注：原书错印为11.92），有

$$C_1 = -\frac{2}{1 + 0.310} \times \left| \frac{(1 - 0.310) \times 0.5001}{0.1273} - 1.0040 \right| = -2.6056$$

根据式（11.94）（译者注：原书错印为11.93），有

$$C_2 = -\frac{2}{1 + 0.170} \times \left| \frac{(1 - 0.170) \times 0.5001}{0.1273} - 1.0040 \right| = -3.8576$$

根据式（11.90）（译者注：原书错印为11.89，并错印为S_s），有

$$\sigma_S = \frac{2 \times (4.900 \times 10^{-6} - 3.200 \times 10^{-6}) \times (-90) \times (3.497 \times 10^4) \times 0.5001}{0.004 \times 1.0182 \times (-2.6056 - 3.8576)} \text{ lbf/in}^2$$

$$= 548.2 \text{ lbf/in}^2 (3.78 \text{MPa})$$

该应力应不会造成玻璃破损，因此是可以接受的。

设计实例11.14（a）给出的计算表明黏结部位的应力约为1500 lbf/in²（10.3MPa）。这种数量级的应力尚不能肯定大到足以使玻璃破裂，至少对无亚表面损伤的玻璃元件是如此。根据公布的低温测试结果可以肯定地说，非常赞同为减小应力所采取的措施，即将黏结面积分成4个0.25in（6.35mm）的圆形区。设计实例11.14（b）中的计算给出这种措施的量化结果，表明改变设计后，应力减小到约548 lbf/in²（3.8MPa）可以接受的水平。

也许还在怀疑刚才阐述的棱镜黏结情况中4个小黏结区的尺寸是随意选择的，现在就成功地利用下面方法确定这类情况中的黏结区尺寸。首先，确定在规定的冲击和振动负载条件下为了固定光学元件所需要的总黏结面积。Yoder（1988）介绍了一种棱镜固定方法，对于

确定小反射镜背面最小黏结区总尺寸也非常有用。所用公式是

$$Q_{\text{MIN}} = \frac{Wa_G f_S}{J} \tag{11.97}$$

式中，W 是光学元件重量；a_G 是需要承受的最苛刻条件下的加速度；f_S 是安全系数（通常选 2，但选 4 更好）。

根据 Chen 和 Nelson 的 1979 年的论文中的式（14），也称为"黏斑方程"，可以确定半径为 R 的圆形黏斑的最大应力：

$$\tau_{\text{MAX}} = \frac{(\alpha_1 - \alpha_2)\Delta T S_e \tanh(\beta R)}{\beta t_e} \tag{11.98}$$

式中，所有项定义如前所述。如果根据该公式计算出的热应力导出的最大黏结斑面积小于承受施加最大预载所需要的量值，则可以将该面积分为具有相同总面积的几个更小黏结区。因此，棱镜和反射镜的许多黏结安装结构都采用多个黏结区。

在反射棱镜或反射镜背面采用多个黏结区存在的问题是每个黏结区的厚度不相等，或者其位置相对于光学元件几何中心不对称。温度变化会造成胶层不同的膨胀或收缩，使反射镜表面倾斜。为了避免上述问题，大部分采用在光学元件圆柱侧面上涂黏结层的方式固定反射镜。胶层厚度变化会造成光学元件稍有偏心，但不会有倾斜。

黏结本身的详细设计非常重要。在某些设计中，通过镜座上较深的小孔将黏结剂注入镜座内表面上（很靠近反射镜背面）一些浅槽内。胶层固化后，每根长的胶条随着温度变化变短或拉长，会使反射镜倾斜，或许使玻璃破碎。应当清除每个孔中过量未固化的胶液以避免发生该问题。

如果利用环氧树脂胶将玻璃表面与如一种金属的刚性材料镜座表面黏结在一起，为了保证在玻璃-金属黏结缝处不会有过量的胶液形成圆角，一定要特别小心，如图 8.25 所示。为了方便起见，此处重新绘制如图 11.55 所示。在圆角截面最大尺寸即斜边方向，环氧树脂胶收缩量最大。该应力大到足以使玻璃破裂。图 11.55b 给出了仔细控制黏结处环氧树脂胶的量，避免在黏结缝处形成圆角。

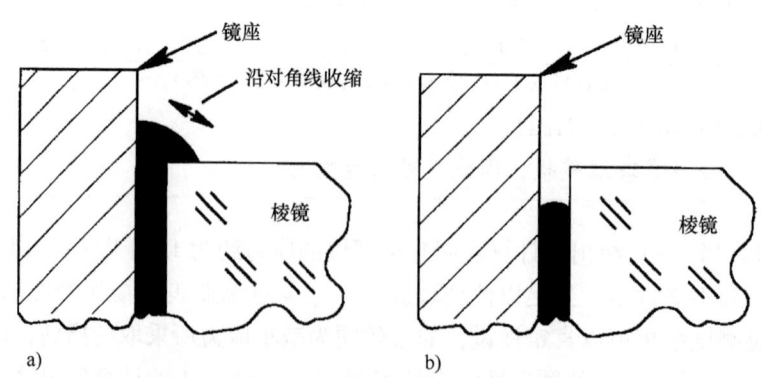

图 11.55　a）一种不希望有的黏结接点布局，黏结部位边缘有过量环氧树脂溢出并形成圆角。弹性层厚度没有按比例绘制。固化期间或低温环境下，环氧树脂胶沿圆角对角线方向收缩，会造成玻璃破裂
　　　　　b）一种理想的黏结结构，由于控制了环氧树脂胶的用量，没有形成圆角结构

（资料源自 Yoder, P. R., Jr., *Mounting Optics in Optical Instruments*, 2nd edn., SPIE Press, Bellingham, WA, 2008）

第 11 章　光机设计界面分析

参考文献

Alenikov, F.K., The effect of certain physical and mechanical properties on the grinding of brittle materials, *Sov. Phys. Tech. Phys.*, 27, 2529–2538, 1957.

Alvarez, P. and Rodriguez-Espinosa, J.M., The Gran Telescopo CANARIAS project. Project status, *Proc. SPIE*, 3352, 70, 1998.

ASME Y14.5m, *Dimensioning and Tolerancing*, ASME, New York, 1994.

ASTM C 1239-07, *Standard Practice for Reporting Uniaxial Strength Data and Estimating Weibull Distribution Parameters for Advanced Ceramics*, American Society for Testing and Materials, West Conshohocken, PA, 1995.

ASTM C 1368-10, *Standard Test Method for Determination of Slow Crack Growth Parameters of Advanced Ceramics by Constant Stress Rate Flexural Testing (Stress Rupture) at Ambient Temperature*, American Society for Testing and Materials, West Conshohocken, PA.

ASTM C 1421-10, *Standard Test Method for Determination of Fracture Toughness of Advanced Ceramics at Ambient Temperature*, American Society for Testing and Materials, West Conshohocken, PA.

ASTM C 1499-09, *Standard Test Method for Monotonic Equibiaxial Flexural Strength of Advanced Ceramics at Ambient Temperature*, American Society for Testing and Materials, West Conshohocken, PA, 2013.

ASTM C 1576-05, *Standard Test Method for Determination of Slow Crack Growth Parameters of Advanced Ceramics by Constant Stress Rate Flexural Testing*, American Society for Testing and Materials, West Conshohocken, PA, 2010.

Barkhouser, R.H., Smee, S.A., and Meixner, M., Optical and optomechanical design of the WIYN high resolution infrared camera, *Proc. SPIE*, 5492, 921, 2004.

Barrera, S., Private communication, 2004b.

Barrera, S., Villegas, A., Fuentes, F.J., Correa, S., Pérez, J., Redondo, P., Restrepo, R., et al., EMIR optomechanics, *Proc. SPIE*, 5495, 611, 2004a.

Bayar, M., Lens barrel optomechanical design principles, *Opt. Eng.*, 20, 181, 1981.

Bernstein, K.S., Structural design of glass and ceramic components for space system safety, in *Proceedings of the Second AIAA Conference, Space Safety in a Global World*, American Institute of Aeronautics and Astronautics, Reston, VA, 2009.

Cai, W., Cuerden, B., Parks, R.E., and Burge, J.H., Strength of glass from hertzian line contact, *Proc. SPIE*, 8125E, 2011.

Capps, W., Schaeffer, H.A., and Cronin, D.J., The effect of striae on the strength of glass, *J. Am. Ceram. Soc.*, 63, 570, 1980.

Cote, P. and Desnoyers, N., Thermal stress failure criteria for a structural epoxy, *Proc. SPIE*, 8125K, 2011.

Chen, W.T. and Nelson, C.W., Thermal stress in bonded joints, *IBM J. Res. Develop.*, 23, 179, 1979.

Cranmer, D.C., Freiman, S.W., White, G.S., and Raynes, A.S., Moisture and water induced crack growth in optical materials, *Proc. SPIE*, 1330, 152, 1990.

Crompton, D., Private communication, 2004.

Delgado, R.E. and Hallinan, M., Mounting of optical elements, *Opt. Eng.*, 14, S-11, 1975. Reprinted in *SPIE Milestone Series*, 770, 173, 1988.

DeWitt, F., Nadorff, G., and Naradikian, M., Self-weight distortion of lens elements, *Proc. SPIE*, 62880H, 2006.

Doremus, R.H., Fracture statistics: A comparison of the normal, Weibull, and Type 1 extreme value distributions, *J. Appl. Phys.*, 54, 193, 1983.

Doyle, K.B., Genberg, V.L., and Michels, G.J., *Integrated Optomechanical Analysis*, 2nd edn., SPIE Press, Bellingham, WA, 2012.

Doyle, K.B. and Kahan, M., Design strength of optical glass, *Proc. SPIE*, 5176, 14, 2003.

Evans, A.G., Fracture toughness: the role of indentation techniques, in *Fracture Mechanics Applied to Brittle Materials*, ASTM STP 678, Freiman, S.W., Ed., American Society for Testing and Materials, Philadelphia, PA, 1979.

Evans, A.G. and Wiederhorn, S.M., Proof testing of ceramic materials—An analytical basis for failure prediction, *Int. J. Fracture*, 10, 379, 1974.

Fischer, R.E., Tadic-Galeb, B., and Yoder, P.R., *Optical System Design*, 2nd edn., McGraw-Hill, New York, 2008.
Ford, V.G., White, M.L., Hochberg, E., and McGown, J., Optomechanical design of nine cameras for the Earth observing system multi-angle imaging spectro-radiometer, TERRA platform, *Proc. SPIE*, 3786, 264, 1999.
Fox, P., An investigation of the forty-inch objective of the Yerkes observatory, *Astrophys. J.*, 27, 237, 1908.
Freiman, S., *Stress Corrosion Cracking*, in Jones, R., Ed., ASM International, Materials Park, OH, 1992.
Freiman, S.W., Ed., *American Society for Testing and Materials*, p. 112, American Society for Testing and Materials, West Conshohocken, PA, 1979.
Fuller, E.R., Jr., Freiman, S.W., Quinn, J.B., Quinn, G.D., and Carter, W.C., Fracture mechanics approach to the design of glass aircraft windows: A case study, *Proc. SPIE*, 2286, 419, 1994.
Genberg, V.L., Structural analysis of optics, in *Handbook of Optomechanical Engineering*, Ahmad, A., Ed., CRC Press, Boca Raton, FL, 1997a, Chapter 8.
Genberg, V.L., Thermal and thermoelastic analysis of optics, in *Handbook of Optomechanical Engineering*, Ahmad, A., Ed., CRC Press, Boca Raton, FL, 1997b, Chapter 9.
Genberg, V.L., Private communication, 2004.
Giessen, P. and Folgering, E., Design guidelines for thermal stability in opto-mechanical instruments, *Proc. SPIE*, 5176, 126, 2003.
Griffith, A.A., The phenomena of rupture and flow in solids, *Phil. Trans. Royal Soc. London*, 163, 1921.
Harris, D.C., *Materials for Infrared Windows and Domes*, SPIE Press, Bellingham, WA, 1999.
Hartmann, P., Nattermann, K., Doehring, T., Kuhn, M., Thomas, P., Gath, P., and Lucarelli, S., Strength aspects for the design of Zerodur® Glass Ceramics Structures, *Proc. SPIE*, 666603, 2007.
Hatheway, A.E., An overview of the finite element method in optical systems, *Proc. SPIE*, 1532, 2, 1991.
Hatheway, A.E., Analysis of adhesive bonds in optics, *Proc. SPIE*, 1998, 2, 1998.
Hatheway, A.E., On the strength of glass, *Proc. SPIE*, 88360A, 2013.
Hatheway, A.E., Private communication, 2008.
Hatheway, A.E., Review of finite element analysis techniques: Capabilities and limitations, *Proc. SPIE*, CR43, 367, 1992.
Hed, P.P. and Edwards, D.F., Optical glass fabrication technology. Relationship between surface roughness and subsurface damage, *Appl. Opt.*, 26, 21, 1987.
Helfinstein, J.D., Adding static and dynamic fatigue effect directly to the Weibull distribution, *J. Am. Cer. Soc.*, 57, 113, 1974.
Hopkins, C.L. and Burge, J.H., Application of geometric dimensioning & tolerancing for sharp corner and tangent contact lens seats, *Proc. SPIE*, 8131, 2011.
Jamieson, T.H., Athermalization of optical instruments from the optomechanical viewpoint, *Proc. SPIE*, CR43, 131, 1992.
Kimmel, R.K. and Parks, R.E., *ISO 10110 Optics and Optical Instruments—Preparation of Drawings for Optical Elements and Systems: A User's Guide*, 2nd edn., Optical Society of America, Washington, DC, 2004.
Kingslake, R. and Johnson, R.B., *Lens Design Fundamentals*, 2nd edn., SPIE, Bellingham, WA, 2010.
Kingslake, R., *Lens Design Fundamentals*, Academic Press, Orlando, FL, 1978.
Kingslake, R., *Optical System Design*, Academic Press, Orlando, FL, 1983.
Klein, C.A., Characteristic strength, Weibull modulus, and failure probability of fused silica glass, *Opt. Eng.*, 48, 2009.
Klein, C.A., Flexural strength of infrared-transmitting window materials: Bimodal Weibull statistical analysis, *Opt. Eng.*, 50, 2011.
Laikin, M., *Lens Design*, 3rd edn., *Revised and Expanded*, Marcel Dekker, Inc., New York, 2007.
Lambropoulos, J.C., Fang, T., Funkenbusch, P.D., Jacobs, S.D., Cumbo, M.J., and Golini, D., Surface microroughness of optical glasses under deterministic microgrinding, *Appl. Opt.*, 35, 4448, 1996a.
Lambropoulos, J.C. and Varshneya, R., Glass material response to the fabrication process: Example from lapping, in *Optical Fabrication and Testing Workshop, Rochester*, Optical Society of America, Washington, DC, 2004.
Lambropoulos, J.C., Xu, S., and Fang, T., Loose abrasive lapping hardness of optical glasses and its interpretation, *Appl. Opt.*, 36, 501, 1997.
Lambropoulos, J.C., Xu, S., Fang, T., and Golini, D., Twyman effect mechanics in grinding and microgrinding, *Appl. Opt.*, 35, 5704, 1996b.

Lecuyer, J.G., Maintaining optical integrity in a high-shock environment, *Proc. SPIE*, 250, 45, 1980.
MIL-O-13830A, *Optical Components for Fire Control Instruments: General Specification Governing the Manufacture, Assembly and Inspection of*, U.S. Department of the Army, 1975.
Miller, P.E., Suratwalla, T.I., Wong, L.L., Feit, M.D., Menapace, J.A., Davis, P.J., and Steele, R.A., The distribution of subsurface damage in optical materials, *Proc. SPIE*, 599101, 2006.
Miska, H.A., Finishing and proof testing of windows for manned spacecraft, *Proc. SPIE*, 1993, 23, 1993.
NASA-STD-5018, *Strength Design and Verification Criteria for Glass, Ceramics, and Windows in Human Space Flight Applications*, Marshall Space Flight Center, Huntsville, AL, 2011.
Nelson, P.G., Tomczyk, S., Elmore, D.F., and Kolinski, D.J., The feasibility of large refracting telescopes for solar coronal research, *Proc. SPIE*, 7012, 31, 2008.
Paris, P.C., Gomez, M.P., and Anderson, W.E., A rational analytic theory of fatigue, *The Trend in Engineering*, 13, 9–14, 1961.
Pearson, E.T., Thermo-elastic analysis of large optical systems, *Proc. SPIE*, CR43, 123, 1992.
Pepi, J.W., Allowable stresses in glass and engineering ceramics, SPIE Short Course, SC796, 1966
Pepi, J.W., Failsafe design of an all BK-7 glass aircraft window, *Proc. SPIE*, 2286, 431, 1994.
Pepi, J.W., A method to determine strength of glass, crystals, and ceramics under sustained stress as a function of time and moisture, *Proc. SPIE*, 58680R, 2005.
Pepi, J.W., *Strength Properties of Glass and Ceramics*, SPIE Press, Bellingham, WA, 2014.
Randi, J.A., Lambropoulos, J.C., and Jacobs, S.D., Subsurface damage in some single crystalline optical materials, *App Optics*, 44, 12, 2005.
Ritter, J.E. and Meisel, J.A., Strength and failure predictions for glass and ceramics, *J. Am. Cer. Soc.*, 59, 478, 1976.
Ritter, J.E., Sullivan, J.M., and Jakus, K., Application of fracture mechanics theory to fatigue failure of optical glass fibers, *J. Appl. Phys.*, 49, 4778, 1978.
Roark, R.J., *Formulas for Stress and Strain*, 3rd edn., McGraw Hill, New York, 1954.
Sawyer, K.A., Contact stresses and their optical effects in biconvex optical elements, *Proc. SPIE*, 2542, 58, 1995.
Scharmer, G.B., Bjelksjo, K., Korhonen, T.K., Lindberg, B., and Petterson, B., The 1-meter Swedish solar telescope, *Proc. SPIE*, 4853, 47, 2002.
Schulman, J., Fang, T., and Lambropoulos, J., *Brittleness/Ductility Database for Optical Glasses*, COM Glass Database, Vol. 2, Center for Optics Manufacturing, Rochester, NY, October 10, 1996.
Shannon, R.R., *The Art and Science of Optical Design*, Cambridge University Press, Port Chester, NY, 1997.
Slocum, A.H., *Precision Machine Design*, Society of Manufacturing Engineers, Dearborn, MI, 1992.
Smith, W.J., *Modern Lens Design*, McGraw-Hill, New York, 2005.
Smith, W.J., *Modern Optical Engineering*, 4th edn., McGraw-Hill, New York, 2008.
Sparks, M. and Cottis, M., Pressure induced optical distortion in laser windows, *J. Appl. Phys.*, 44, 787, 1973.
Stevanovic, D. and Hart, J., Cryogenic mechanical design of the Gemini south adaptive optics imager (GSAOI), *Proc. SPIE*, 5495, 305, 2004.
Stoll, R., Forman, P.F., and Edelman, J., The effect of different grinding procedures on the strength of scratched and unscratched fused silica, in *Proceedings of the Symposium on the Strength of Glass and Ways to Improve It*, Union Scientifique Continental du Verre, Florence, Italy, 1961.
Stubbs, D.M. and Hsu, I.C., Rapid cooled lens cell, *Proc. SPIE*, 1533, 36, 1991.
Suhir, E., Stress in adhesively bonded bi-material assemblies used in electronic packaging, *Mater. Res. Soc. Symp. Proc.*, 72, 1989.
Timoshenko, S.P. and Goodier, J. N., *Theory of Elasticity*, 3rd edn., McGraw-Hill, New York, 1970.
Tsai, M.Y., Hsu, C.H., and Han, C.N., A note on Suhir's solution of thermal stresses for a die-substrate assembly, *J. Electron. Packag.*, 126, 115, 2004.
Vukobratovich, D., Private communication, 2002.
Vukobratovich, D., Private communication, 2004.
Vukobratovich, D., Private communication, 2013.
Weibull, W., A statistical distribution function of wide applicability, *J. Appl. Mech.*, 13, 293, 1951.
Wiederhorn, S.M., Influence of water vapor on crack propagation in soda-lime glass, *J. Am. Ceram. Soc.*, 50, 407, 1967.

Wiederhorn, S.M., Freiman, S.W., Fuller, E.R., Jr., and Simmons, C.J., Effects of water and other dielectrics on crack growth, *J. Mater. Sci.*, 17, 3460, 1982.

Yoder, P.R., Jr., Design guidelines for bonding prisms to mounts, *Proc. SPIE*, 1013, 112, 1988.

Yoder, P.R., Jr., Advanced considerations of the lens-to-mount interface, *SPIE Crit. Rev.*, CR43, 305, 1992.

Yoder, P.R., Jr. and Hatheway, A.E., Further considerations of axial preload variations with temperature and the resultant effects on contact stresses in simple lens mountings, *Proc. SPIE*, 5877, 38, 2005.

Yoder, P.R., Jr., Estimation of mounting-induced axial contact stresses in multi-element lens assemblies, *Proc. SPIE*, 2263, 332, 1994.

Yoder, P.R., Jr., Improved semikinematic mounting for prisms, *Proc. SPIE*, 4771, 173, 2002.

Yoder, P.R., Jr., *Mounting Optics in Optical Instruments*, 2nd edn., SPIE Press, Bellingham, WA, 2008.

Young, C.A., *A Textbook of General Astronomy*, Ginn, 1895.

Young, W.C., *Roark's Formulas for Stress & Strain*, 6th edn., McGraw-Hill, New York, 1989.

附　录

附录 A　光学零件和光学仪器的环境试验方法总结[一]

A.1　低温、高温、湿热试验

在试验箱（室）里进行环境试验，规定如下。

方法 10，低温：暴露时间为 16h，试验箱（室）温度针采用 10 个严酷等级。将 0℃ 到 -65℃，分为 10 个严酷等级。

（译者注：作者对此严酷等级解释如下。根据技术规范，把环境试验条件分成若干个等级。例如，可以将本方法的温度试验条件 0 ~ -65℃，分成 10 个严酷等级。在具体试验过程中，可以根据实际情况，选择该等级中的一级或多级。理论上，这个范围代表着被测试仪器预期的工作环境条件）

方法 11，高温（干热）：相对湿度小于 40%，暴露时间为 16h，试验箱（室）温度针采用 4 个严酷等级之一。将 10℃ 到 63℃，分为 4 个严酷等级。

还有额外试验，相对湿度小于 40%，温度分别为 70℃ 或 85℃，暴露时间为 6h。（译者注：与对应国标有较大差异）

方法 12，湿热：温度为 40℃ 和相对湿度为 92%，暴露时间采用 5 个严酷等级之一。将暴露时间 16h 到 56d，分为 5 个严酷等级。

还有额外试验，温度为 55℃、相对湿度为 92%，暴露时间为 6h 或 16h。

方法 13，凝露：温度为 40℃ 和相对湿度约为 100%，暴露时间采用 6 个严酷等级之一。将暴露时间 6h 到 16d，分为 6 个严酷等级。

方法 14，循环暴露，温度渐变：进行 5 次循环，温度变化率为 0.2 ~ 2℃/min，温度变化采用 9 个严酷等级之一。将温度变化范围 -65 ~ 40℃ 到 -65 ~ 85℃，分为 9 个严酷等级。（译者注：与对应国标有较大差异）

方法 15，循环暴露，温度突变（热冲击）：进行 5 次循环，温度变化采用 5 个严酷等级之一，对于 10kg 以下的试样温度变化容许时间低于 20s，对于更大的试样温度变化容许时间低于 10min。驻停直至温度稳定。将温度变化 -10 ~ 20℃ 到 -65 ~ 70℃，分为 5 个严酷等级。

方法 16，循环湿热：实验条件采用 3 个严酷等级之一，按照规定的温度变化率。将循环次数 5 次到 20 次，低温 23℃、相对湿度 82% 到高温 40℃、相对湿度 92%，以及低温 23℃、未指定的相对湿度和高温 70℃、未指定的相对湿度，分为 3 个严酷等级。（译者注：与对应国标有较大差异）

[一]　附录 A 摘录自国际标准 ISO 9022（译者注：我国有对应国标 GB/T 12085—2010，内容较为详细全面，感兴趣的读者请仔细阅读该国标。附录 A 中给出的实验方法与 GB/T 12085—2010 并不完全一致）。

A.2 机械作用力试验

以下试验方法规定了在冲击机、加速度机或电动振动台上进行试验时的条件,其中保持正常的环境大气条件。

方法30,冲击:实验采用半正弦冲击波在3个轴线方向均受到3次冲击,实验条件采用8个严酷等级之一。将半正弦波脉冲击持续时间0.5ms(对成套光学仪器)到18ms、加速度10g到500g,分为8个严酷等级。

方法31,碰撞:试验条件采用8个严酷等级之一。将每个轴线方向的冲击次数1000次到4000次、冲击持续时间6ms或16ms、加速度10g到40g,分为8个严酷等级。

方法32,倾跌和翻倒:倾跌的高度采用3个严酷等级之一(另有1个针对翻倒的严酷等级),对底部每个角和每个边各跌一次。将下落距离25mm到100mm,分为3个严酷等级。

方法33,自由跌落:置于运输贮存容器中或无保护(设计如此),根据样机的重量进行自由跌落2次到50次,自由跌落高度25mm到1000mm。

方法34,弹跳:在批准使用的工作台上,以双振幅为25.5mm、频率为4.75Hz试验,暴露时间采用3个严酷等级之一。将暴露时间15min到180min,分为3个严酷等级。

方法35,恒加速度:沿各轴线方向暴露时间1min到2min,加速度采用3个严酷等级之一。将加速度5g到20g,分为3个严酷等级。(译者注:与相应国标有较大的差异)

方法36,扫频振动(正弦):普通环境条件下,实验条件采用10个严酷等级之一,规定的频率周期数的扫描速率应为每分钟1个倍频程,针对船用、重型机械装置附近设备,频带范围(最低)为10~55Hz;针对高速飞行器和导弹上的装备等,频带范围(最高)为10~2000Hz。将振幅位移0.035mm到1.0mm、加速度0.5g到5g、频率周期数2到20,分为10个严酷等级。(译者注:与相应国标有较大的差异)

还可以按照下面的条件进行——按照扫描频率测试所定的特征频率或根据可操作的技术规范,沿各轴线方向振动,振动时间采用3个严酷等级之一。将振动时间10min到90min,分为3个严酷等级。(译者注:与相应国标有较大的差异)

方法37,随机振动:随机振动频率为20~2000Hz,振动时间为9~90min,随机振动功率谱密度采用26个严酷等级之一。将随机功率谱密度0.001g^2/Hz到0.2g^2/Hz,分为26个严酷等级。译者注:与相应国标有较大的差异)

A.3 盐雾试验

如果光学仪器中的零件和材料将会用在含盐的大气中,那么就要对其中有代表性的样品进行测试。只有在特殊例外的情况下才会对整台仪器进行测试。这种测试并不考虑能否真正代表实际的工作环境,而仅表示适合或不适合程度。

试验方法40规定如下。

试验箱(室)的容积应不小于400L,在测试期间箱内温度保持在约30℃(译者注:国标规定为35℃)。要注意,不允许把喷雾直接喷洒到样品上,也不允许凝结的水滴落到样品上。通过一些塑料喷嘴,以一定的速率气化注入盐雾,每小时输送规定容量的5%氯化钠水溶液。氯化钠的杂质低、纯度一定要高,并且必须控制溶液的pH值。

暴露时间采用7个严酷等级之一。将持续时间2h到8d,分为7个严酷等级。

A.4 低温、低气压试验

试验方法 50 规定如下。

硬件应当放置在一个试验箱中进行耐低气压试验，分别置于凝露和结霜环境中，以及非凝露和结霜环境中，从而模拟航空器、导弹无供热的情况，或者在高山区域工作/运输的情况。试验时间为 4h，试验条件采用 8 个严酷等级之一。将温度 −25℃ 和气压 60kPa（海拔 3500m）到温度 −65℃ 和气压 1kPa（海拔 31 000m）等条件，分为 8 个严酷等级。

A.5 砂尘试验

试验方法 52 规定如下。

因为砂尘（喷尘）可能会削弱运动零件的功能或造成表面不可接受的磨损，所以进行本试验，以评估样品抗高吹尘的能力。

除非另有说明，在试验期间要将光学表面覆盖好。砂尘中包含边缘锐利的微粒，其中 SiO_2 按重量不少于 97%。粒子的尺寸为 0.045~0.1mm，绝大部分（90%）小于 0.071mm。

3 个严酷等级分为，步骤 1，步骤 1 和步骤 3，步骤 1、步骤 2 和步骤 3。例如，步骤 1，试验温度为 18~28℃，相对湿度小于 25%，空气速度为 8~10m/s，颗粒密度为 5~15g/m³，暴露时间为 6h。

A.6 滴水、淋雨试验

在试验箱中进行试验，规定如下。

方法 72，滴水试验：脱钙或脱盐的水从高于 1m 的高度通过一个带孔的板（0.35mm 的孔）滴落在样品上。样品在试验箱中旋转。试验情况采用 9 个严酷等级之一。将试验时间 1min 到 30min、雨量 1.5mm/min 到 5.5mm/min，分为 9 个严酷等级。

方法 73，淋雨：试验箱内安装数个淋浴头，以模拟淋雨，淋到旋转的样品上，雨速为 5mm/min 或 20mm/min，时间为 30min。

方法 74，有风淋雨：风吹着雨水直接淋在样品上，风速为 18m/s 或 33m/s，雨速为 2mm/min 或 10mm/min，试验时间采用 6 个严酷等级之一。将试验时间 10min 到 30min，分为 6 个严酷等级。

A.7 高压、低压、浸没试验

试验方法规定如下。

方法 80，内高压：试验时间为 10min，与外界的压差及内部压降采用 13 个严酷等级之一。将外界的压差 100Pa 或 400Pa 及相应压差的 75%（严酷等级低）到 2%（严酷等级高）的内部压降，分为 13 个严酷等级。

方法 81，内低压：除了样品外部是比较高的压力外，其他的都与上述试验一样。

方法 82，浸没：将样品浸入水下 1m 到 400m，时间为 2h。

A.8 太阳辐射试验

试验方法 20 规定如下。

将样品放置在一个加热试验箱中测试,一个光源能够在6种光谱带中模拟任一种谱带照射样品到规定的辐照度(单位为 W/m^2),不同的谱带代表着不同的太阳能量。如果有臭氧产生的话,就需要去除臭氧。试验箱内的温度在25~55℃和25~4℃变化,相对湿度小于25%。共有4个严酷等级。其中两个严酷等级下使样品处于大约 $1kW·h/m^2$ 辐照环境下1~5个24h循环。另外2个严酷等级是为了评价光化学影响和实现人工老化处理,需要对代表性样品持续更长的时间(最多到240h)。

A.9 振动(正弦)与高温、低温综合试验

试验方法规定如下。

方法61,振动(正弦)与高温(干热)综合试验:相对湿度小于40%,频率周期10~55Hz(最低的)到10~2000Hz(最高的),试验条件采用13个严酷等级之一,结合特性频率实验时间有更多的严酷等级。将试验箱温度40℃、55℃、63℃,位移0.035mm到1.0mm,加速度$0.5g$到$5g$,频率周期数2到20,分为13个严酷等级。特性频率实验时间为10min或30min,按照扫描频率测试所规定的特性频率或根据可操作的技术规范进行。期数的扫描速率应为每分钟1个倍频程。

方法62,振动(正弦)与低温综合试验:相对湿度小于40%,试验条件采用17个严酷等级之一,结合特性频率实验时间有更多的严酷等级。将试验箱温度 -10℃、-20℃、-25℃、-35℃、-55℃、-65℃,以及与方法61相同数值的位移、加速度和频率周期数,分为17个严酷等级。特性频率实验时间为10min或30min,按照扫描频率测试所规定的特性频率或根据可操作的技术规范进行。期数的扫描速率应为每分钟1个倍频程。

两个条件试验方法的严酷等级,根据仪器是应用于天文学领域、一般工业领域、地面车辆、海军舰艇或飞船和导弹及特殊运输工具,来选择。

A.10 长霉试验

试验方法85规定如下。

如装配好的光学件、材料或表面镀膜/涂层之类的样品,放置在密闭的培养箱或气候室中28d或84d,培养箱或气候室的温度约为29℃,并且保持高湿度(相对湿度保持在96%以上)。只有在技术规范有要求时,才对整台仪器进行这项试验。试样用包含10种指定类型菌种的混合孢子悬浮液感染。用无菌白色纸制作的对照条,与试样一起被放置在培养箱或气候室中。按规定的条件试验至第7天,如对照条上的不长霉或长得很少,则认为该试验无效。在对试验做结论时,对所有的样品都要检验霉菌的生长情况和实际的损害(如膜层/涂层损伤、蚀刻或腐蚀情况)。如果技术规范要求评估对光学性能可能造成的影响,那么对照样品就要暴露在同样温度和湿度条件下同样的时间,但是没有霉菌孢子。在对试验做结论时,将长霉试验样品与那些无害化处理过的样品进行比较。

值得注意的是,环境测试的顺序会影响测试结果。长霉试验不应当在盐雾或砂尘试验之后,因为盐雾试验后容易拟制霉菌的生长,并且砂尘可能会为霉菌的生长提供营养。

A.11 污染(腐蚀)试验

在规定的大气环境条件下,被测试的样品(如装配好的光学件、材料样品或表面镀膜/

涂层）表面与浸透某特定试剂的毛毡垫片，接触一个特定的时间段。除非特定技术规范要求，否则不对整机进行测试。测试后的评估将样品分为5个伤害等级，从没有明显的衰减到严重衰减，以及有结构损伤。基本的测试方法如下。

方法86，基本的润肤剂和人造手汗：规定与石蜡油、甘油、凡士林、羊毛脂、冷霜脂和人造手汗接触1d、7d或30d，并检查验收。

方法87，试验室试剂：规定暴露于硫酸、硝酸、盐酸、醋酸和氢氧化钾等试剂的蒸馏水稀释液中10min或120min，以及暴露于乙醇、丙酮和二甲苯等试剂中5min、15min、30min或60min，并检查验收。

方法88，工业用物质：规定与液压油、多种合成油、冷却滑润乳化液、冷却润滑液和通用洗涤剂接触2h、6h或16h，并检查验收。

方法89，飞行器、舰艇和地面运输器用的燃料及有关物质：规定暴露于指定的试剂（汽油、柴油、多种润滑油和润滑脂、多种液压油、制动液，防冻和解冻液、灭火剂、通用洗涤剂、碱性和酸性电池溶液等）2h、6h或16h，并检查验收。

A.12 冲击、碰撞或自由跌落与高温、低温综合试验

试验规定了在一台冲击机、加速度设备或电动振动机上的升温和降温的环境试验方法。

方法64，冲击与高温（干热）：相对湿度小于40%，试样在3个轴线方向均受到3次冲击，试验条件采用15个严酷等级之一。将加速度$15g$到$500g$，半正弦波脉冲持续时间1ms到11ms，温度40℃、55℃、63℃或85℃，分为15个严酷等级。

方法65，碰撞与高温（干热）：相对湿度小于40%，半正弦波脉冲持续时间为6ms，试验条件采用8个严酷等级之一。将每个轴线方向冲击1000次到4000次，加速度$10g$到$25g$，温度40℃、55℃或63℃，分为8个严酷等级。

方法66，冲击与低温：试样在3个轴线方向均受到3次冲击，试验条件采用25个严酷等级之一。将加速度$15g$到$500g$，半正弦波脉冲持续时间1ms到11ms，温度-10℃、-20℃、-25℃、-35℃、-55℃或-65℃，分为25个严酷等级。

方法67，碰撞与低温：半正弦波脉冲持续时间为6ms，试验条件采用14个严酷等级之一。将每个轴线方向冲击1000次到4000次，加速度$10g$到$25g$，温度-10℃、-20℃、-25℃、-35℃、-55℃或-65℃，分为14个严酷等级。

方法68，自由跌落与高温（干热）：相对湿度小于40%，置于运输贮存容器中或无保护（设计如此），自由跌落2~50次，试验条件采用12个严酷等级之一。将跌落高度100mm到1000mm（取决于试样加包装的质量），温度40℃、63℃、85℃，分为12个严酷等级。

方法69，自由跌落与低温：置于运输贮存容器或贮存容器不做包装考虑（如果是这样设计的），自由跌落2~50次，试验条件采用20个严酷等级之一。将跌落高度100mm到1000mm（取决于试样加包装的质量），温度-25℃、-35℃、-40℃、-55℃、-65℃，分为12个严酷等级。

A.13 露、霜、冰试验

由一个试验箱（室）中环境条件的快速变化或将样品从一个低温箱中转到一个有空调

的房间而使其暴露于露（方法75）、霜（方法76）和冰冻（方法77）的环境中。在测试期间，对正常情况要求不与冰霜接触的仪器零件应当加以保护。试验分三步进行：

1. 放入10℃、-10℃、-15℃或-25℃的试验箱（室）内至温度稳定，每个实验方法有不同的严酷等级。

2. 霜、冰试验时，暴露在-5℃、-15℃或-25℃，并喷洒水（形成冰），直到温度稳定，或者形成75mm以上厚的冰为止。

3. 暴露在温度30℃和相对湿度85%环境下，稳定。

附录B 术语汇编

下面给出一些常用术语和符号的术语表，有助于读者在光机设计和设计分析过程中理解各种技术范畴内的简略语，以及作为缩写形式来描述仪器的各种性能。在许多情况中，通常在光机领域内的应用都是规定使用一个专用术语代表一种参数。希腊字母 α 就是一个很好的例子，在方程式中被用来代表一种材料的热膨胀系数，而使用缩写 CTE 就不合适。有时候，同一个术语或符号会代表有比较多的意义，因此，表示多个定义。常常使用角标来区别一种符号专用于某种特定材料。本附录给出了一些基本的参数及其计量单位，以及常用的词头、希腊字母符号、缩写、简称及本书使用的其他一些术语。

B.1 计量单位和使用的缩写

参数	国际单位制（SI）	美国（加拿大）惯用单位
角度	弧度（rad）	度（°）
面积	平方米（m^2）	平方英寸（in^2）
热导率	瓦特/米·绝对温标 [$W/(m \cdot K)$]	英制热单位每小时英尺华氏温度（$Btu/h \cdot °F$）
密度	立方米克（g/m^3）	磅每立方英寸（lb/in^3）
热扩散率	秒平方米（m^2/s）	平方英寸每秒（in^2/s）
力	牛顿（N）	磅（lb）
频率	赫兹（Hz）	赫兹（Hz）
热	焦耳（J）	英制热单位（Btu）
长度	米（m）	英寸（in）
质量	千克（kg）	磅（lb）
力矩（转矩）	牛顿米（$N \cdot m$）	磅力英尺（$lb \cdot ft$）
泊松比	（无）	（无）
压力	帕斯卡（Pa）	磅力每平方英寸（lbf/in^2）
比热容	焦耳每千克开尔文 [$J/(kg \cdot K)$]	磅绝对温度每英热单位（$Btu/lb \cdot °F$）
张量	微米每米（$\mu m/m$）	微英寸每英寸（$\mu in/in$）
应力	帕斯卡（Pa）	磅力每平方英寸（lbf/in^2）
温度	开尔文（K）摄氏度（℃）	华氏度（°F）

时间	秒（s）		秒（s），小时（h）
速度	米每秒（m/s）		英里每小时（mph）
黏性	泊（P），厘泊（cP）		磅力秒每平方英尺（lbf·s/ft^2）
体积	立方米（m^3）		立方英寸（in^3）
弹性（杨氏）模量	帕斯卡（Pa）		磅力每平方英寸（lbf/in^2）

B.2　单位的词头

英文	词头符号	词头名称
Mega	M	兆（百万）
Kilo	k	千
centi	c	厘（百分之一）
mili	m	毫（千分之一）
micro	μ	微（百万分之一）
nano	n	纳（十亿分之一）

B.3　希腊符号的代表意义

α	材料的热膨胀系数；角度
β	角度，在公式中被用来表示一个光学件被黏结后产生切应力的项
β_G	折射率随温度变化的变化率（dn/dT）
γ	①棱镜安装中一个弹性衬垫的形状系数；②支架几何形状参数；③格里菲斯（Griffith）方程中表示表面能量
γ_G	玻璃的热光系数
Γ	静态分析中的伽马系数
δ	一个被弹性支撑的光学件的偏心，光线的角偏离
δ_G	热离焦的玻璃系数
Δ	弹性偏转，某参数的有限量差（变化）
Δ_E	单位屈光度造成眼睛的调焦运动量
ΔP_W	一个光窗内外的压差
$\Delta y, \Delta x$	偏转量
θ	角度
λ	波长，肖特玻璃材料编目中的热导率
λ_{TK}	在计算 dn/dT 的 Sellmeier 公式中代表平均的有效谐振波长（单位为 μm）
M	在肖特材料目录中代表泊松比
μ_M, μ_G	金属与金属，玻璃与金属之间滑动摩擦系数
ξ	一块矩形反射镜最短与最长尺寸之间的比
π	3.14159
ρ	密度，易脆材料中腔体端部的曲率半径
σ	标准偏离量，应力

符号	含义
Σ	求和
S, σ	应力
σ_{AVG}	界面处平均接触应力
σ_B	弯曲元件，如弹簧中的应力
σ_{CCYL}, σ_{CSPH}, σ_{CSC}	玻璃与柱面、球面或锐角界面接触的峰值应力
σ_e	一个弹性元件的剪切模量
σ_i	黏结点处元件的受拉屈服强度
σ_M	镜座壁中切向拉伸（环向）应力
σ_S	黏结位置产生的剪切应力
σ_T	拉伸应力
ν, ν_G, ν_M	泊松比，玻璃、金属的泊松比
ϕ	角度
ψ	半锥角

B.4 其他物理量符号、缩写和术语

符号	含义
Å	长度单位，埃
A	孔径，面积
a, b, c 等	外形尺寸
-A-, -B- 等	指定的基准面
A/R	（膜系的）光谱反射比
a_a	折射材料的吸收系数
Abbe number（阿贝数）	光学玻璃色散的度量
ABL	美国空军（USAF）机载激光项目
ABS	作为角标——绝对值
A_C	一个界面中弹性变形区的面积
ACD	像散补偿装置
AFWL	空军武器实验室
a_G	重力加速度系数（解释为地球重力的倍数）
AHM	致动混合反射镜
ALI	Alpha-Lamp 集成项目（Alpha-Lamp Integration program）或先进的陆地成像仪
ALO	Alpha-Lamp 优化程序
ALOT	大型光学元件（系统）自适应技术
AMSD	行进的反射镜系统验证装置（为韦伯空间望远镜设计）
ANSI	美国国家标准局
AOP	环形光学元件原理样机
A_P	机械界面的衬垫面积
AR	肖特耐碱玻璃的编码

a_S	折射介质的散射系数
ASC/OP	美国标准化委员会光学/光电子仪器小组
ASCII	信息交换方面的美国标准编码
AMSD	先进的反射镜系统验证装置（JWST 中）
ASC/OP	美国标准委员会，光学和电光仪器分会
ASCII	信息交换的美国标准编码
ASME	美国机械工程协会
A_T	单圈螺纹的环形面积
AU	天文单位
AVG	作为角标，表示平均值
A_W	一个光窗未被支撑的面积
AWJ	研磨溶剂喷注口（美国康宁公司研制的设备中使用）
AXAF	先进的 X 射线天体物理学设备
b	弹簧的宽度，柱面衬垫的长度
BDTF	双向光谱透射比的分布函数
BFL	后焦距，像方焦距
BLAST	气球载大孔径亚毫米波望远镜
BMDO	弹道导弹防御组织
BRDF	双向光谱反射比的分布函数
BSM	光束转向镜
BSTS	助推段监视跟踪系统
BTU	英热单位
B_λ, C_λ	计算 n_λ 的 Sellmeier 公式中使用的常数
C	曲率中心，摄氏温度，作为角标表示圆形
C, C_M, C_F, C_S	与镜组（支架）几何形状相关的常数
C, d, D, e, F, g, s	作为夫琅和费吸收线的波长的角标
CA	通光孔径
CAD	计算机辅助设计
CAM	计算机辅助加工
CCC	碳/以碳为基质材料的复合物
CCD	电荷耦合装置
CCW	逆时针方向
CDR	关键设计评审
CE	同步工程（并行工程）
C-FISMM	低温远红外亚毫米波反射镜
CFRP	碳纤维增强塑料
CG	重心
C_k	被用来确定重力效应的反射镜安装类型系数
CLAES	低温柔性阵列标准具分光光度计

CLS	压缩板簧铰链
CMC	以碳或陶瓷为基质的复合材料
CMM	（三坐标）坐标测量仪
CMP	化学机械抛光
CNC	计算机数控（机床）
COIL	氧碘化学激光器
c_p	比热容
cP	厘泊
CR	肖特玻璃耐气候条件编码
C_R, C_T	径向和切向的弹簧常数
CRES	耐腐蚀（不锈）钢
C_S	衬垫中的压应力
C_T	超环面的曲率中心
CTE	热膨胀系数
CVCM	收集易挥发性（气体）可压缩材料
CVD	化学气相沉积
CW	顺时针方向或连续波（激光）
C_X, C_Y	X, Y 方向上的弹簧常数
CXT	交叉桁梁（对 MMT 桁架概念的改进）
CYL	作为角标表示圆柱形状
d	一种内螺丝头的主要参数
D	热扩散率；屈光度；一种内螺丝头的主要参数
D/t	反射镜直径与厚度之比（纵横比）
D_1, D_2	界面处光学表面或机械表面半径的两倍
D_B	螺栓圆周的直径
DBM	数据库管理员
DEIMOS	深空间成像多目标光谱摄制仪
DEW	定向能量武器
D_G	圆形光学件的外径
D_i 或 E_i	计算 dn/dT 的 Sellmeier 公式中的系数
DIN	度，定（德国工业标准感光片感光度单位）
DLC	类金刚石镀膜
D_M	金属或镜座零件的内径
dn/dT	折射率随温度的变化率
DOF	自由度
D_P	衬垫的宽度或直径
D_r	一种被压缩卡环的外径
D_T, d_T	内螺纹或外螺纹的中径
D/t	直径与厚度之比或者纵横比

E, E_G, E_M, E_e	弹性（杨氏）模量，玻璃，金属和橡胶的弹性（杨氏）模量
E/ρ	比强度，强度系数
ECM	电化学加工工艺（金属成型工艺）
EDM	电火花加工工艺（金属成型工艺）
E-ELT	欧洲特大型望远镜
EFL	有效焦距（对一个透镜或反射镜而言）
ELI	超低间隙类（钛类金属）
ELN	非电解镀镍，化学镀镍
EN	电解镀镍
EOS	地球观测系统
EPDM	三元乙丙橡胶
EPROM	可擦写可编程只读存储器
ESA	欧洲航天局
ESI	阶梯光栅光谱仪
ESONTT	欧洲南方天文台新技术望远镜
ESRF	欧洲同步辐射装置
EUY	紫外辐射
f	焦距，单点金刚石切削（SPDT）机床每转的横向进给量
F	力，华氏温度
f_E，或 f_O	目镜或物镜的焦距
FEA	有限元分析法
FECO	等色序干涉条纹
FED STD	美国联邦标准
FEM	有限元法
FIM	全量程移动
FLIR	前视红外传感器
F_{MIN}	约束运动需要的最小力
f_N	自然频率（或基频）
fod	作为角标，表示污染导致失效，异物损伤
FODI	终端光学元件损伤检测系统
FOM	品质因数，评价函数
FORCAST	设计有暗淡天体红外照相机的索菲亚(SOFIA)望远镜
FR	肖特耐污染(不是指环境污染)玻璃编号
f_S	安全系数
FUSE	远紫外分光探测器
g	重力加速度
GALEX	研究银河进化的探测器
GAP_R，GAP_A	界面处光学件及其安装件之间的径向和轴向间隙
GEO	地球同步人造卫星运行轨道（~35800km）

GNIRS	双子座近红外光谱仪
GOES	地球同步轨道环境卫星
grism	刻制在一个棱镜面上的衍射光栅
GSAOI	南双子星座自适应光学摄像仪
GTC	加纳列大型望远镜
Gy	辐射剂量单位(格雷)的缩写
H	螺纹齿顶—齿根的高度，一种材料的维克硬度
HCR	空心角反射镜
HEL	高能激光器
HeNe	氦氖激光器
HEXDARR	高输出偏心环形谐振腔
HG	肖特易磨玻璃的编码
HIP	均衡热压
HK	努普硬度
HRMA	高分辨率反射镜组件(在 Chandra 望远镜中)
HST	哈勃空间望远镜
i	平行平面平板倾斜角的近轴值；作为角标，表示"第 i 个"元件
I, I'	入射角，折射角
I, I_0	界面前后的光束强度
ICO	国际光学委员会
ID	内径
IEC	国际电技术委员会
IEST	环境科学技术研究所
IMC	图像的运动补偿
IPD	双目望远镜系统中的瞳孔距
IR	红外
IRAC	红外阵列相机
IRAS	红外天文卫星
IRMOS	红外多目标光谱仪
IRS	红外光谱仪
ISIM	集成科学仪器模块
ISO	标准化，红外空间观测站国际组织
IST	倒置 Serrurier 桁架(MMT 改进型桁架)
ITAR	国际武器运输监管
ITTT	红外望远镜技术试验台
IZM	带状集成弯月镜
J	黏结强度
JWST	杰姆斯·韦伯(James Webb)空间望远镜

K		热导率
K,K_S		绝对（开氏）温度，应力-光学系数
KAO		柯依伯(Kuiper)机载天文台
K_C		一种易脆材料的断裂韧度
K_1,K_A,K_G,K_M等		方程式中的常数项
k_W		光窗应力公式中的支撑条件常数
L		一根弹簧自由万区的长度；黏结区的宽度或直径
L_1,L_2		1号和2号拉格朗日点（太阳、地球、月亮轨道）
LAGEOS		激光地球动力学卫星
LAMA		大孔径有源（或主动）铝反射镜
LAMP		大孔径有源（或主动）反射镜项目
LEO		低的地球运行轨道（200～700km）
LID		激光造成的伤害
LIDT		激光损伤阈值
LIGO		激光干涉仪重力波观测站
LINAC		线加速度计
$L_{j,k}$		透镜隔圈的轴向长度
LLNL		美国劳伦斯利弗莫尔国家实验室
LLTV		微光电视
$\ln(x)$		x的自然对数
LODTM		大型光学零件金刚石车床
LORRI		远程侦查成像仪
LOS		瞄准线
lp		线对（分辨率测量中的单位，有lp/mm）
LRR		最大半视场角的下边缘光线
LS		板簧
LTR		侧移角反射器
LWOS		轻型光学系统
M		马赫数
m		泊松比的倒数；威布尔函数的模
MB		最小断裂力矩
MCAO		多层共轭自适应光学
MEO		中等高度的地球运行轨道（700～35000km）
MERTIS		水银辐射计和热红外光谱仪
MF		运动框
MICAS		小型红外相机和光谱仪
MIL-STD		美军标
MIPS		（空间红外望远镜设备 SIRTF 的）多波段成像光度计
MIRACL		先进的中红外化学激光器

MISR	多角度成像分光辐射计
MISSE	国际空间站试验用材料
MLI	多层绝缘
MMC	以金属为基质的复合材料
MMT	多反射镜形式的望远镜
MOCVD	金属有机化学气相沉积法
MRF	磁流变抛光
MTF	调制传递函数
MYS	微屈服应力
N	弹簧数目或桁架截面；在肖特玻璃名字前面表示"新（玻璃）"
n, n_{ABS}, n_{REL}	分别表示折射率，真空中的折射率，空气中的折射率
$n_{\parallel}$, $n_{\perp}$	分别表示偏振光平行分量和垂直分量的折射率
N'	易形成瑕疵的因素
NASA	美国航空航天管理局
NDM	中性数据模块
N_E, N_1, N_2	差分螺纹单位长度上的螺纹数
NGST	下一代空间望远镜
NIF	美国国家点火装置
NIST	美国国家标准化技术研究所
NOAO	美国国家光学天文台
NTT	（欧洲南方天文台）新技术望远镜
nu, v	玻璃的阿贝数
n_λ	特定波长下的折射率
OAO-C	轨道运行哥白尼天文台
OB, OBA	光具座，光具座组件
OD	外径
OEOSC	光学和电光学标准化委员会
OFHC	无氧高传导率
OM	数量级
OPD	光程差
OSA	美国光学协会
OSS	光学组件（部件）
OTA	哈勃空间望远镜光学望远镜组件
OTF	光学传递函数
P	预紧力；光焦度；一个移动光窗上的自由气流压力，概率
p	螺纹牙顶的间距；线性预紧力
PACVD	等离子法完成的化学气相沉积
P_C	反射镜中心距，或者镜座间中心距
PCRS	指向校准和基准传感器

P_f	故障概率
P_F, P_S	故障概率,生存概率
P_i	每个弹簧上的预紧力,第 i 表面上的预紧力
PIDDP	行星仪器定义和研发项目
PMC	以聚合(树脂)为基质的复合材料
ppi	每英寸有孔的数量
ppm	百万分之一
PR	肖特耐磷酸类玻璃的编号
PSD	功率谱密度
PSF	点扩散函数
PSM	点源显微镜
PTFE	聚四氟乙烯(Teflon)
p-v	峰谷(表面或波前畸变)值
q	单位面积上的热通量
Q	扭矩,黏结面积,或者质量系数(系统阻尼中)
Q_{MAX}	表面范围内最大的黏结面积
Q_{MIN}	满足连接强度的最小黏结面积
r	卡环截面半径
R	表面半径
RB	反应黏结
r_C	点接触界面处弹性变形区的半径
ReSIC	再结晶碳化硅
RH	相对湿度
rms	或者 RMS,方均根
ROC	曲率半径
roll	绕光轴的倾斜分量
ROMA	谐振腔光学元件材料评价
ROTI	光学跟踪记录望远镜
r_S	到隔圈中心的半径
R_S	镀膜表面的光谱反射比
RSA	速凝铝
RSP	速凝工艺
rss 或 RSS	和的二次方根
R_T	超环面的截面半径
RT	作为角标表示跑道的形状
RTV	硫化室温(一种密封剂)
RVC	网状玻璃碳
R_λ	波长 λ 时一个表面的光谱反射率
SALT	南非大型望远镜

SBL	天基激光器
SBL-IFX	集成有天基激光器的飞行试验计划
SBMD	小尺寸铍反射镜验证机（为 JWST 项目研制）
S_c	光机界面处接触压应力
SC	下属委员会（属 ISOTG 协会），SPIE 的短期培训班
SDIO	战略防御倡议组织［现在称为导弹防御局(MDA)］
SDOF	单自由度体系
SEM	二次电子显微镜
S_f	光窗材料的断裂应力
SF	材料的屈服应力
SINS	表面、界面和纳米结构科学
SIRTF	空间红外望远镜设备［现在称为斯必泽（Spitzer）太空望远镜］
S_j, S_k	第 j、k 表面的弧高
SLMS	轻型硅反射镜系统
SMR	球面反射靶标，安装在球形镜座中的后向反射器
S_{MY}	微屈服应力
SNLS	新加坡同步光源（Singapore Synchrotron Light Souce）
SOFIA	红外天文学同温层观测台
S_{PAD}	衬垫-光学件界面处的平均应力
SPA	平行表面致动器
SPDT	单刃金刚石切削
SPH	作为角标表示球面界面
S_r	光学元件-镜座界面处的径向应力
SR	肖特耐酸玻璃的编码
SSD	亚表面损伤
STSS	空间跟踪和监视系统
S_w	光窗材料的屈服应力
SWS	短波分光光度计
SXA	以专利铝金属作为基质的复合材料
S_y	屈服应力
t	折射介质中的光路长度，（弹簧或法兰盘）厚度
T	温度
t_0	计算 dn/dT 的 Sellmeier 公式中代表标准温度
T_A, T_{MAX}, T_{MIN}	分别代表装配温度，最高温度，最低温度
TAG	（ISOTC 内）技术顾问小组
TAN	作为角标表示切向界面
tanh	双曲正切函数
TAS	泰勒斯艾伦尼亚太空公司
t_C	镜座壁厚

T_c		装配预紧力降到零时的温度，即没有机械接触
T_e、T_E		透镜的边厚
t_3		环状弹性层的厚度
TERRA		地球观测卫星有效载荷的名称（"着陆"的拉丁语）
t_f		失效时间
TF		回转平台
T_G		玻璃转化温度
THEL		战术高能量激光器
TIR		全内反射；总的指示范围
TIS		总(积分)散射
T_L		寿命，失效期
TLT		顶级三脚架
TMA		三反射镜消像散系统
TML		总质量损失
TMT		三十米望远镜
TOR		作为角标表示一个超环面
t_P		一个弹性衬垫未受压时的厚度
tpi		每英寸的螺纹数
TR 或 T		透过率
t_W		光窗的厚度
T_λ		一个表面在波长 λ 时的透过率
U，U'		物像空间边缘光线相对于光轴的夹角
UCR		非致冷谐振腔项目
UDM		非致冷可变形反射镜
UKIRK		英国红外望远镜
ULE		美国康宁公司的超低热膨胀材料
ULT		超轻量化技术
UNC、UNF		统一标准粗牙或细牙螺纹
URR		最大半视场角的上边缘光线
USC		美国的传统单位制
UV		紫外
V		体积；透镜的顶点
V/H		航空照相机系统的速度-高度比
V_0/I_0		反射镜的结构效率
VC		振动准则
VHP		真空热压
VLA		非常低的吸收
VLT		非常大的望远镜
ν_λ		指定波长下的阿贝数

w	施加的单位负载量
W	重量
WCTA	蜡制锥形测试品
WFE	波前误差
WG	（ISO）工作小组
WIYN	美国威斯康星、印第安纳、耶鲁、国家光学天文台
w_s	隔圈壁厚
WWII	第二次世界大战
X, Y, Z	坐标轴，外形尺寸
y_C	光学表面上的接触高度
y_S	透镜镜座内径的一半
Z	一个系统在已知频率 f 下的阻尼系数

附录 C 单位及其换算

在本书中，根据具体讨论的内容或者所引用参考资料的内容，使用了两种单位：国际单位制（SI）和美国惯用单位制（USC）。无论什么时候，一个实际的量都是用两种单位制来表示，换算后的值放在括号内。几乎总是使用一种单位制的情况是极少数（如波长），在这种情况下，无须进行单位换算。

为了在没有给出等量数值情况下能够很方便地从一种单位制换算到另外一种单位制，对于经常遇到的一些参数，下面给出从 USC 单位制换算到另一种单位制的标准换算公式。在大多数情况中，需要乘上一个合适的系数。当然，除以表中列出的系数就可以实现逆向换算。

长度换算：

英寸（in）到米（m），乘以 0.0254；

英寸（in）到毫米（mm），乘以 25.4；

英寸（in）到纳米（nm），乘以 2.54×10^7；

英尺（ft）到米（m），乘以 0.3048。

质量换算：

磅（lb）到千克（kg），乘以 0.4536；

盎司（oz）到克（g），乘以 28.3495。

力或预载换算：

磅力（lbf）到牛顿（N），乘以 4.4482；

千克力（kgf）到牛顿（N），乘以 9.8066。

线性力的换算：

lbf/in 到 N/mm，乘以 0.1751；

lbf/in 到 N/m，乘以 175.1256。

弹性柔量换算：

in/lbf 到 m/N，乘以 5.7102×10^{-3}。

温度对预载依赖性的换算：

　　lbf/in 到 N/℉，乘以 8.0068。

压力、应力或者杨氏模量单位的换算：

　　lbf/in² (psi) 到 N/m² 或者 Pa，乘以 6894.757；

　　lbf/in² (psi) 到 MPa，乘以 6.895×10^{-3}；

　　lbf/in² (psi) 到 N/mm²，乘以 6.895×10^{-3}；

　　大气压到 MPa，乘以 0.1103，大气压到 lbf/in²，乘以 14.7；

　　Torr (真空度单位) 到 lbf/in²，乘以 1.933×10^{-2}；

　　Torr (真空度单位) 到 Pa，乘以 133.3。

扭矩或弯曲力矩的换算：

　　lbf·in 到 N·m，乘以 0.11298；

　　ozf·in 到 N·m，乘以 7.0615×10^{-3}；

　　lbf·ft 到 N·m，乘以 1.35582。

体积的换算：

　　in³ 到 cm³，乘以 16.387；

密度的换算：

　　lb/in³ 到 g/cm³，乘以 27.6799。

加速度的换算：

　　重力单位 (g) 到 m/s²，乘以 9.80665；

　　ft/s² 到 m/s²，乘以 0.30480。

比热容的换算：

　　Btu (英热量单位)/(lb·℉) 到 J/(kg·K)，乘以 4184；

　　Cal (卡)/(g·℃) 到 J/(kg·K)，乘以 4184。

热扩散系数的换算：

　　ft²/h 到 m²/s，乘以 2.5806×10^{-5}。

热导率的换算：

　　BTU/(h·ft·℉) 到 W/(m·K)，乘以 1.7296。

温度换算：

　　℉到℃，减去 32，乘以 5/9；

　　℃到℉，乘以 $\frac{9}{5}$，加上 32；

　　℃到 K，加 273.1。

Opto-Mechanical Systems Design, Fourth Edition, Two Volume Set: Opto-Mechanical Systems Design, Fourth Edition, Volume 1: Design and Analysis of Opto-Mechanical Assemblies/by Paul Yoder/ISBN: 9781482257700

Copyright © 2015 by Taylor and Francis Group, LLC.

Authorized translation from English language edition published by Taylor & Francis Group LLC; All rights reserved; 本书原版由 Taylor & Francis 出版集团旗下，CRC 出版公司出版，并经其授权翻译出版。版权所有，侵权必究。

China Machine Press is authorized to publish and distribute exclusively the **Chinese (Simplified Characters)** language edition. This edition is authorized for sale in the Chinese Mainland (excluding Hong Kong SAR, Macao SAR and Taiwan). No part of the publication may be reproduced or distributed by any means, or stored in a database or retrieval system, without the prior written permission of the publisher. 本书中文简体翻译版授权由机械工业出版社独家出版并在中国大陆地区（不包括香港、澳门特别行政区及台湾地区）出版与发行。未经出版者书面许可，不得以任何方式复制或发行本书的任何部分。

Copies of this book sold without a Taylor & Francis sticker on the cover are unauthorized and illegal. 本书封面贴有 Taylor & Francis 公司防伪标签，无标签者不得销售。

北京市版权局著作权合同登记图字：01-2015-6387 号。

图书在版编目（CIP）数据

光机系统设计：原书第 4 版. 卷Ⅰ，光机组件的设计和分析/（美）小保罗·约德（Paul R. Yoder, Jr.），（美）丹尼尔·乌克布拉托维奇（Daniel Vukobratovich）主编；周海宪等译. —北京：机械工业出版社，2020.6（2025.7 重印）

书名原文：Opto-Mechanical Systems Design, Fourth Edition, Volume Ⅰ: Design and Analysis of Opto-Mechanical Assemblies

ISBN 978-7-111-65604-3

Ⅰ.①光… Ⅱ.①小…②丹…③周… Ⅲ.①光学系统-系统设计 Ⅳ.①TN202

中国版本图书馆 CIP 数据核字（2020）第 083002 号

机械工业出版社（北京市百万庄大街 22 号　邮政编码 100037）
策划编辑：王　欢　责任编辑：王　欢
责任校对：张　征　封面设计：陈　沛
责任印制：常天培
河北虎彩印刷有限公司印刷
2025 年 7 月第 1 版第 8 次印刷
184mm×260mm · 40.5 印张 · 2 插页 · 1005 千字
标准书号：ISBN 978-7-111-65604-3
定价：279.00 元

电话服务　　　　　　　网络服务
客服电话：010-88361066　机　工　官　网：www.cmpbook.com
　　　　　010-88379833　机　工　官　博：weibo.com/cmp1952
　　　　　010-68326294　金　书　网：www.golden-book.com
封底无防伪标均为盗版　机工教育服务网：www.cmpedu.com